Gesamtverzeichnis des deutschsprachigen Schrifttums (GV) 1700 – 1910

Bearbeitet unter der Leitung von
Hilmar Schmuck und Willi Gorzny

Bibliographische und redaktionelle Beratung:
Hans Popst und Rainer Schöller

108

Peti - Ph

K · G · Saur München · New York · London · Paris 1984

CIP-Kurztitelaufnahme der Deutschen Bibliothek

Gesamtverzeichnis des deutschsprachigen Schrifttums :
(GV). - Munchen, New York, London, Paris : Saur.
Bd. 1 6 bearb. unter d. Leitung von Peter Geils
u. Willi Gorzny.
ISBN 3-598-30000-X

1700 1910 / bearb. unter d. Leitung von Hilmar
Schmuck u. Willi Gorzny. Bibliograph. u. red.
Beratung: Hans Popst u. Rainer Scholler

NE: Schmuck, Hilmar [Bearb.]

108. Peti - Ph. - 1984.

Techn. Realisierung und Druck: Norbert Gärtner, Mainz-Kastel
Binden: Karl Schaumann, Darmstadt
Printed in the Federal Republic of Germany
ISBN 3-598-30000-X (Gesamtwerk)

Petje, M e s h n u, litanie inu molitve. V' Zelouzi. Schotter, 1784. 40 S.

Petiet, J.

Petiet, Anweisung f. Locomotiven-Führer 2c., s. **Flachat.**

Petiet, J., **die Fabrikation des Eisens, s. Fabrikation.**

– H a n d b u c h für Locomotivenführer, s. F l a c h a t

Petiet, J., Handbuch f. Locomotivenführer, s. Schauplatz d. Künste u. H., 107. Bd.

Petiet, J., Handbuch f. Locomotiven-Führer, s. **Schauplatz, neuer, der Künste. 127. Bd.**

de Petigny, J., Etudes sur l'histoire, les lois et les institutions de l'époque Mérovingienne. Tome I. gr. in-8. Paris et Leipzig 843, Brockhaus et Avenarius. n. 2 1/3 ₰

Petigny, Mad., geb. Leveske, Idyllen und ländliche Erzählungen. 2 Thle. 12. Lübeck, Niemann und Comp. 807.

Petigny, Mad., geb. Leveske, **Idyllen u. ländl. Erzählungen.** Aus d. Franz. nach d. 2ten Ausg. übersetzt von Karl Reinhard. 2 Bde. Neue Ausgabe. 8. Leipz. Hinrichs. 813.

Petimesas, Thras. G., der Zwangsvergleich unter besond. Berücksicht. des griechischen Konkursrechtes, s. a. Beiträge, Berliner juristische. 9. Hft.

Der Zwangsvergleich unter besonderer Berücksichtigung des griechischen Konkursrechtes. Vergleichende u. dogmat. Untersuchung von Thras. G. **Petimesas**, Rechtsanw. in Athen. Berlin: R. v. Decker 1906. (54 S.) 8°
= **Beiträge**, Berliner Juristische, z. Civilrecht, Handelsrecht, Strafrecht. H 9. [c6. 5834 6

Petion, Hier., **Oeuvres.** III Tomes. 8. Paris. (Soc. Typ. à Berne.

Petion, Hier., auserlesene Werke; aus d. Französ. 1r Thl. 8. Frankf. a. M. u. Leipz. 795. Griesshammer. (Fischer u. Fuchs). 1 ₰ 6 ℊ

Petiot Ueber Weinbereitung mit Zusatz von Zucker und Wasser. Augsburg 1858. -- (Zit. nach Simon Bibliotheca vinaria)

Petiot, Honor., Quaestiones medicae XII. 36 pp. Monsp. 4°.
Haller, Bibl. chir. II, 332.

1749

Petis de la Croix, Frz. Geschichte des Krieges, welchen die Turken mit Pohlen, Moskau u. Hungarn geführt haben. A. d. Frz. von G. F. C. S. (265.) 8. Fürth u. Nürnberg 1775. - 2 Bd. 8. Leipzig 1779

Petiscus, August Heinrich

– das Brautpaar, oder Anstandslehre f. Jünglinge u. Jungfrauen bei ihren Eintritte in die höheren gesellschaftl. Verhältnisse. Mit 1 Kupf. u. 1 Vign. gr. 12. Berlin 827, Amelang.

Petiscus, A. H., Cäcilie, od. der Muttersegen. Töchtern gebildeter Stände gewidm. Mit Vign. gr. 12. Berl. 821. Amelang. 1 ₰ 12 ℊ

A. H. **Petiscus: Cäcilie od. d. Muttersegen; Töchtern gebild. Stände gewidm.** *Berl.*, Amelang. 825. gr 12° 1 ₰

PETISCUS, A. H. *Denkmäler menschlicher Tugend und Große* in Darstellungen aus der Geschichte und dem täglichen Leben. Der Jugend zur lehrreichen Unterhaltung gewidmet von A. H. Petiscus, Professor. Berlin, C. F. Amelang, 1832. IV, 524 S., schöner gestoch. Titel mit Vignette u. Frontispiz, gez. u. gest. v. L. WOLF. 8°. Grüner Halbldr. d. Z. 15.—
★ 1. Ausg. Biographien v. Hermann d. Cherusker, Niklas v. Wangen, Rudolf v. Habsburg, Ulrich v. Hutten, u. v. a. nebst Erzählungen. Das Titelkupfer zeigt Hermanns Empfang durch Thusnelda.

—— **Ehrenproben.** Histor. Erzähl. aus d. neuesten Zeit f. d. reifere Jugend gebild. Stände. Mit Ttlkpfr. 8. (29 B.) Leipzig 832, Engelmann.

PETISCUS. *Die Geschwister aus der Fremde.* Beitrag zur Nahrung für Geist und Herz der Jugend gebildeter Stände. Von A. H. Petiscus, Professor . . . Mit einem Titelkupfer [LUD. WOLF inv., J. P. WALTHER sc.]. Leipzig, W. Engelmann, 1831. VI, 356 SS. 1 Bl. 8°. Leicht bestoß. Or.-Karton. Histor. Erzählung. — Teilw. leicht fleckig. 12.—

Petiscus, Aug. Heinr., **die Hauptbegebenheiten d. Vorzeit u. Mitwelt.** Dargest. in ihrer Folge u. Bezieh. auf einander, z. Unterhalt. u. Belehr. gr. 8. (39 B. u. Ttlkpfr.) Berlin 835, C. F. Amelang.

—Johannes, od. d. Vatersegen. Jünglingen gebildeter Stände gewidmet. Mit 1 Vign. gr. 8. Berl. 825. Amelang. 1 ₰ 12 ℊ

Petiscus, A. H., Crösus, König in Lydien. 8. Berl. 811. (Schöne). 12 ℊ

– Menschenwerth in Beispielen aus d. Geschichte u. den tägl. Leben d. Jugend zur lehrreichen Unterhaltung dargestellt. Mit 1 Kpfr. u. 1 Vign. gr. 8. Berl. 826, Amelang.

—— **Menschenwerth** in Beispielen aus d. Geschichte u. dem tägl. Leben. Der Jugend z. lehrr. Unterhalt. dargest. 2., verm. u. verb. Aufl. gr. 8. (34 1/2 B., Ttlkpfr. u. Ttlvign.) Berlin 834, Amelang.

Petiscus, A. H., der Olymp, oder Mythologie der Aegypter, Griechen und Römer. Zum Selbstunterricht für die erwachsene Jugend und angehende Künstler. Mit 33 Kupfern. 8. Berlin, Amelang. 821.

– d. Olymp, od. Mythologie d. Aegypter, Griechen u. Römer. Zum Selbstunterr. f. d. erwachsene Jugend u. angeh. Künstler. 3e Aufl. Mit 40 Kpfrn. 8. Berlin 824, Amelang.

—— **der Olymp,** od. Mythologie d. Aegypter, Griechen u. Römer. Zum Selbstunterr. f. d. erwachs. Jugend u. angeh. Künstler. 4., u. 5., verb. u. verm. Aufl. M. 40 Kpfr. v. Ludw. Meyer. (à 13 1/2 B.) gr. 12. Berlin 832, Amelang. à Thlr.

Petiscus, Aug. Heinr., der Olymp, od. Mythologie d. Aegypter, Griechen u. Römer. Zum Selbstunterr. f. d. erwachs. Jugend u. angeh. Künstler. 6., verb. u. verm. Aufl. gr. 12. (14 1/2 B. u. 53 Abbild.) Berlin 837, C. F. Amelang. Thlr.

Petiscus, A. H., der Olymp, oder: Mythologie der Aegypter, Griechen und Römer. Zum Selbstunterricht für die erwachsene Jugend und angehende Künstler. 7., verb. und verm. Aufl. Mit 53 Abbildungen. gr. 12. (IV und 336 S. mit 27 Kpfrt.) Berlin 847. [Leipzig,] Amelang'sche Vrlgsh.

Petiscus, A. H., der Olymp, oder Mythologie der Aegypter, Griechen u. Römer. Zum Selbstunterricht für die erwachsene Jugend u. angehende Künstler. 7. verb. u. verm. Aufl. Mit 53 Abbildgn. gr. 12. (IV u. 336 S. mit 27 Kpfrtaf.) Berlin 848, (Leipzig) Amelang. 1 1/4 ₰

Petiscus, A. H., der Olymp oder Mythologie der Griechen, Aegypter und Römer. Zum Selbstunterricht für die erwachsene Jugend und angehende Künstler. 8. verb. Aufl. Mit 53 erläuternden Abbildgn. in Stahlst. Leipzig 854. Amelang. 8. (IV, 336 S. u. lith. Titel.) 1 ₰

— — Mit Einschluß der Nordischen und Indischen Götterlehre. Zum Selbstunterricht für die erwachsene Jugend und angehende Künstler; sowie für höhere Lehranstalten. 10. verb. Aufl. Mit 67 erläuternden Abbildgn. in Holzschn. (auf 26 Taf.). Leipzig (856.) Amelang. 8. (IV, 378 S. u. lith. Titel.) 1 ₰

Petiscus, A. H., der Olymp oder Mythologie der Griechen u. Römer. Mit Einschluß der Aegyptischen, Nordischen u. Indischen Götterlehre. Zum Selbstunterricht für die erwachsene Jugend u. angehende Künstler; so wie für höhere Lehranstalten. 12. verb. Aufl. Mit 67 erläuternden Abbildungen in Holzschn. (auf 26 Taf.) Leipzig 860. Amelang. 8. (VI, 405 S.) 1 ℛ

Petiscus, A. H., der Olymp oder Mythologie der Griechen u. Römer. Mit Einschluß der ägypt. u. ind. Götterlehre. Zum Selbstunterricht für die erwachsene Jugend u. angehende Künstler, sowie für höhere Lehranstalten. 13—15. verb. Aufl. Leipzig 862—67. Amelang's Verl. 8. (IX, 436 S. mit 77 erläut. Abbild. in Holzschn.) 1 ℛ; geb. 1 ℛ 10 ngr.

Petiscus, A. H., der Olymp oder Mythologie der Griechen und Römer. Mit Einschluß der aegypt., nord. und ind. Götterlehre. Zum Selbstunterricht für die erwachsene Jugend und angehende Künstler, sowie für höhere Lehranstalten. 16. Aufl. 1872. ℳ 3., und 17. verb. und verm. Aufl. 8. (VII, 454 S. mit 89 erläut. Abbild. in eingedr. Holzschn. und 27 Holzschntaf.) Leipzig 874, Amelang's Verlag. ℳ 3,50.; geb. 4 50

Petiscus, A. H., der Olymp oder Mythologie der Griechen u. Römer. Mit Einschluß der ägyptischen, nordischen u. indischen Götterlehre. Zum Selbstunterricht für die erwachsene Jugend u. angehender Künstler, sowie für höhere Lehranstalten. 18. Aufl. Mit 89 erläuternden Abbildungen in Holzschn. gr. 8. (VII, 454 S.) Leipzig 878. Amelang. n. 3. 50; geb. 4. 50

Petiscus, A. H., der Olymp od. Mythologie der Griechen u. Römer. Mit Einschluß der ägypt., nord. u. ind. Götterlehre. 19. Aufl. Mit 89 erläut. Abbildgn. in Holzschn. gr. 8. (VII, 400 S.) Leipzig 883. Amelang. 3. 50; geb. 4. 50

Petiscus, A. H., der Olymp, od. Mythologie der Griechen u. Römer. Mit e. Anh.: Die nordisch-german. Götterlehre. Zum Selbstunterricht f. die erwachsene Jugend u. f. höhere Lehranstalten. 20., v. E. Anthes besorgte Aufl. gr. 8. (VIII, 330 S. m. Abbildgn.) Leipzig 890. Amelang. geb. 4. 50

Petiscus, A. H., der Olymp od. Mythologie der Griechen u. Römer. Mit e Anh.: Die nordisch-german. Götterlehre. Zum Selbstunterricht f. die erwachsene Jugend u. f. höh. Lehranstalten. 21., v. E. Anthes besorgte Aufl. (VI, 268 S. m. 44 Abbildgn. u. 16 Vollbildern.) 8. Leipzig 905. C. F. Amelang. Geb. in Leinw. n. 3.—

—Predigt, Gott ist unsere Hülfe in d. Noth! gr. 8. Berl. ... 2e A. 809. (Mittler). 3 gr

Petiscus, A. H., Predigten. gr. 8. Berl. Achenwall u. Comp. 812.

— — Predigten. gr. 8. Berlin, jetzt Rücker. 812. Ist der Preis

—Schul- u. Hausbedarf aus d. neuesten Geographie u. Statistik 2c. gr. 12. Berl. 822. Amelang. 2 ℛ Hbg. Pr. 1 ℛ

— allgemeine Weltgeschichte; zur leichten Uebersicht ihrer Begebenheiten, so wie zum Selbstunterricht faßlich dargestellt. 2 Bde. Mit 2 Landcharten, Tabellen u. 16 Kupfern. gr. 8. Berlin 822, Amelang.

—Worte dankbarer Erinnerung am Grabe d. Hrn. Prediger E. G. Schmidt gesprochen. gr. 8. Berl. 814. (Mittler). 2 gr

Petiscus, H., s. Petiscus, August Heinrich

Petiscus, Johann Konrad Wilhelm

—Auswahl moral. Predigten. gr. 8. Berl. 794. Mylius. 1 ℛ

Petiscus, (J. C. W.,) Erzählungen. 2 Bde. 8. Leipz. 825, Engelmann.

– s.a. Fürstenbraut, Die.

FÜRSTENBRAUT, Die. (Roman von *Johann Conr. Wilh. Petiscus.*) 2 Thle. Mit Kpfrn. und Musik. Berlin, Späth, 1806. 8°. (2²/₃ Rthl.) (1 Mk. 80 Pfg.; etwas fleckig, Beck, Nördl., 1892; jetzt theurer!)

Petiscus, J. C. W. Predigt zur Empfehlung der neuen Armenanstalt der Stadt Leipzig etc. gr. 8. *Leipzig, Gräff.* 1803

Petiscus, Jh. Konr. Wlh., Predigt zu Empfehlung d. neuen Armenanstalt d. Stadt Leipzig 2c. gr. 8. Leipz. 803. (Wienbrack). 3 gr

—Rede bei d. feierl. Wahl der Stadtverordneten zu Berlin. 8. Berl. 809.

— s. Sonnabend, der.

Petit, le, s. Le-Petit.

Le Petit (Übers.), s. Abrantès, Laure Junot d'. Die Salons von Paris.

Petit, das Ausdehnungsgesetz der Gase, s: Dulong.

Petit, un bonheur ignoré, Coméd.-Vaud., s. Répertoire du Théâtre fr.

– (Übers.), s. Bulwer, Edward Lord Lytton Die Pilger des Rheins.

Le Petit, Dr., ausführliche Erklärung der Hogart'schen Kupferstiche, mit verkleinerten, aber vollständ. Copien derselben von E. Riepenhausen. Herausg. von Karl Gutzkow. 14e Lfrg. gr. 12. Göttingen 835. Dieterich. 1½ ℛ (Vergl. W. Hogarth)

– (Übers.), s. Geschichte der außereuropäischen Staaten.

Petit, Kardinal Lavigerie, s.: Blersch, Jos.

—Luther und Faust, in Vignetten zu deutschen Dichtern. Ein literar. Fibelbuch. 8. Leipzig 834. Böhme. ½ ℛ

– (Übers.), s. Mirabeau, Honoré Gabriel Riquetti Comte de Memoiren.

– (Übers.), s. Robertson, J. P Dr Francia ...

—Sittengallerie der Nationen. Das Buch der Völker in Bild. u. Vign. 2 Abthll. gr. 8. Mannheim 836, 37. Hoff. 1½ ℛ

(Petit.) Die Wirkung der deutschen Geschütze während der Belagerung von Paris. (Aus d. Franz.; Ausz.) Berlin 1874. 8°. (Orig. 1873.)

Petit, A., s. Handbibliothek, chirurgische, 15r Bd.

Petit, A., Gegen Harnbeschwerden, oder wie beseitigt man Urinunterdrückung, Urinverhaltung, unaufhörliches Drängen und zu häufiges Uriniren, permanenten und unbewußten Urinabgang im Alter, sowie auch bei Kindern und Erwachsenen im Schlafe oder das Bettnässen. Nach dem Französ., frei übers. u. mit Zusätzen versehen von Frz. Händel. Weimar 856. Voigt. gr. 8. (VI, 71 S.) 10 ngr.

Petit, A, Plafonds. Compositionen u. Entwürfe reicher Decken- u. Wanddecorationen f. Maler, Bildhauer u. Stuckateure. 30 (Lichtdr.-)Taf. Fol. Berlin 886. Claesen & Co. n. 60. —

Petit, Adolphe, s. A m u s s a t , Jean Zuléma: Vorträge über die Verengerungen ...

Petit, Ant., s. A b h a n d l u n g e n , Theoret. prakt., über die Geburtshülfe ... u. setze hinzu: Aus dem Französ. des Ant. Petit von J. E. G. Eichwedel.

Petit, Ant., üb. d. gesetzl. Zustand d. Negersclaven in Westindien; im Ausz. H. A. O. Reichard. 8. Leipz. 779. Weygand. 8 gl.

E. le Petit, Beiträge zur Verbesserung der Fischzucht. Mit besonderer Rücksicht auf die Verhältnisse in Oberfranken.
A. F.Z., 12. München 1887.

Petit, Frz. Eine Reise nach Athen und Argos. 34 S. Apost. *Cöln* 1879. 4°
Progr.

Petit, Georg Daniel, s.a. P e t i t t

PETIT, Geo. Dan.: Elementa juris aggeralis theor.-pract. oder allgem. Grundsätze zur Einleitung in die Deich- u. Dammrechtwissenschaft. *Celle*, Gsellius, 767. 8. (9 Gr.)

Petit, H. v., unentbehrlicher **Dolmetscher** für Deutsche, die nach Frankreich reisen, insbesondere für Diejenigen, welche die pariser Industrie-Ausstellung besuchen wollen. Enthaltend in gedrängter Kürze die nothwendigsten Erkundigungen und Erörterungen in Fragen und Antworten 2c. Nebst einer kurzen, leichtfaßl. Belehrung über die Aussprache und eine Beschreibung des Industrie-Palastes zu Paris. 16. (VII und 40 S.) Brieg 855, Schwartz.

Petit, H. v., neueste (deutsche, französische, englische und italienische) **Festgedichte** für Kinder, nebst einigen Polterabend-Gedichten für Erwachsene und einem Anhange von Mährchen. Brieg 854. Schwartz. 16. (4 Bl., 101 S.) n. 10 ngr.

— neueste **Festgedichte** für Kinder in deutscher, französischer, englischer, italienischer und spanischer Sprache. 2. verb. u. um Vieles verm. Aufl. Nebst einem Anhange: Polterabend-Gedichte für Erwachsene. Breslau 856. E. Trewendt. 16. (XII, 184 S.) 12 ngr.

— **Gedichte**. Brieg 857. Bänder in Comm. 16. (304 S.) n. 1 ₰. 10 ngr.

Petit, H. de, praktischer Lehrgang z. schnellen u. leichten Erlernung d. italien. Sprache. gr. 8. (9 B.) Breslau 843, Freund.

de Petit, H., praktischer Lehrgang zur schnellen u. leichten Erlernung der italienischen Sprache. gr. 8. Breslau 843, Freund. (Trewendt.) 1/2 ₰

— praktischer **Lehrgang** zur schnellen, leichten und doch gründlichen Erlernung der italienischen Sprache, nach der vervollkommneten Ahn'schen Methode für den Schul-, Privat- u. Selbstunterricht. Nebst einem vollständigen grammatischen Leitfaden. 2., sehr verm. u. verb. Aufl. Breslau 854. E. Trewendt. gr. 8. (IV, 268 S.) 22½ ngr.

Petit, H. v., praktischer Lehrgang zur schnellen, leichten und doch gründlichen Erlernung der italienischen Sprache, nach der vervollkommneten Ahn'schen Methode für den Schul-, Privat- und Selbstunterricht. Nebst einem vollständ. grammat. Leitfaden. 3., verm. und verb. (Titel-)Aufl. gr. 8. (IV und 268 S.) Breslau (852)62, Trewendt.

Petit, Henry, neues illustr. Kochbuch f. die feine u. bürgerliche Küche, s.: Kurth, H.

Petit, J., Oeuvres choisies. Esquisses en prose et poésies. 2 Vol. 8. Tübingen 840. (Fues.) n. 4 ₰

Petit, J. A., das Christentum, sein Wesen, seine Abweichungen, seine Zukunft. Nach dem Franz. v. H. Frank-Osten. (48 S.) 8. Leipzig 908. O. Mutze. 1. —

Petit, Jean Louis: Abhandlung von denen Krankheiten derer Knochen am menschlichen Leibe, worin die zur Heilung dererselben nöthige Instrumente...vorgestellet werden. (Traité des maladies des os dans lequel on a représenté les appareils et les machines qui conviennent à leur guérison. Dt.) Th.1 - 2, gbd., Abb.

Berlin: Haude 1725

JB 3.015

Jean Louis Petit

Joh[ann] Ludewig Petit,[Traité des maladies des os. Deutsch:] Abhandlung von denen Kranckheiten derer Knochen am menschlichen Leibe, worin die zur Heilung dererselben nöthige Instrumente... beschrieben... werden. Aus d. Frantz. übers. Th. 1. (2.) Berlin: Haude 1743. 1 Bd 8°

le Petit, Jh. Fr., Abhandl. von d. Kupfererzen. Münch., G. Franz. 4 gl.

le Petit, Jh. Geo. Wlh., († d. 1. Febr. 1801.) von d. Gelehrsamkeit d. Frauenzimmer. 8. Halle 766.

— Philosophie od. Christenthum? 8. Halle 784.

— s. Versuch in angenehmen Gedichten.

Petit, Johann Ludewig, s. P e t i t , Jean Louis

Petit, P. Ludov, s.: Collectio conciliorum recentiorum ecclesiae universae.

Petit, Ludov., Congr. Aug., s.: Serborum per Hungariam constitutorum ordinationes ecclesiasticae.

Petit, Waldem., der **Kupferschmied**, 4. Aufl. v. Höhne u. Rösling's Handbuch f. Kupferschmiede, s.a. **Werkstatt**, die. 1. Bd.

Petit W. der Kupferschmied. 4. Aufl (152 S) Leipzig 1910

Tafeln unbestimmter Integrale. Von G. **Petit** Bois, Bergingenieur. Leipzig: B. G. Teubner in Komm. 1906. (XII, 154 S.) 4° [07. 190].

Petit-Didier, Matth., Tractatus theologicus de auctoritate et infallibilitate summorum Pontificum in fidei et morum quaestionibus definiendis stabilita et adversus Benign. Bossuet necnon Honorat. Tournely vindicata. Gallice conscriptus latinitate donatus per Gallum Cartier. Augsburg 1727 (1738), 350 S., 4°

Das Original. Traité de l'infaillibilité du Pape. Luxembourg 1724, 12°. Über das Werk s. Hurter, Nomencl. litt. II, 1068 f. (2. Aufl.) Als Anhang hatte Petit-Didier die Abhandlung beigefügt: Dissertation historique et théologique, dans laquelle on examine quel a été le sentiment du concile de Constance et des principaux théologiens qui y ont assisté sur l'autorité du Pape et sur son infaillibilité. Luxembourg 1724, 12°, welche von Cartier gleichfalls ins Latein. übertragen wurde

—— Dissertatio historico-theologica, in qua examinatur, quaenam mens fuerit concilii Constantiensis praecipuorumque, qui eidem interfuerunt, theologorum circa auctoritatem et infallibilitatem Summorum Pontificum. Augsburg, 1738, 78 S., 4°.

Vgl. Hurter a. a. O., u. Freiburger Diöcesan Archiv Bd 20 (1889), S. 132. Zum Danke für die Übersetzung der beiden Schriften wurde der Benediktiner Cartier auf Antrag des Kardinals Quirin zum Mitgliede der Kongregation des Index libr. proh. ernannt. Vgl. Diöcesan-Archiv 1882, S. 218

Petit de Julleville, L., les époques principales de la littérature française, hrsg. v. Rich. Ackermann, s.: Klassiker-Bibliothek, französisch-englische. 28.

Petit-Senn, J. (de Genève). Bluettes et boutades, suivies de Esquisses genevoises. Avant-propos de Louis Reybaud. 2me édition In-12°, VIII et 316 p. 1846. Genève, Bâle et Lyon, H. Georg. 1 50

Petit-Senn, J. Bluettes et boutades. Avec un avant-propos de Louis Reybaud. 3me édit. revue et augmentée du double. In-32°, XXIX et 157 p. 1851. Genève, Bâle et Lyon, H. Georg. Jolie reliure en toile verte, tranches rouges. 3 —

Petit-Senn, J., Boutades et bluettes, s. Bibliothèque française rec. par Chr. Zoller.

Petit-Senn, J., Boutades et bluettes, s.: Bibliothèque Française, tome 2.

Petit-Senn, J., oeuvres anciennes et nouvelles. Tome 1—3. gr. 16. Basel 871. Georg. n. 8. —
1. u. 2. (VIII, 108 u. VII, 197 S.) n. 6. —
3. Bluettes et boutades. Avec un avant-propos de M. Louis Reybaud. 5. Ed. (XI, 101 S.) n. 2. —

— Le portefeuille de M. J. Petit-Senn (Dernières esquisses genevoises). In-12°, 370 p. 1865, Genève, Bâle et Lyon, H. Georg. 2 —

Petitalot, J. B. J., Coronula Mariana seu theologica dissertatio de beatissima deipara. Molinis 866. Tournai, Casterman. gr. 8. (IV, 309 S.) 1 ℳ

Petitbon, H., Lexikon der Handelskorrespondenz, deutsch-italienisch-spanisch, s.: Löwe, Heinr.

Petitgrand, H., Mémorial militaire français-allemand. — Französisch-deutsches Militär-Memorial. gr. in-18. (4⅚ B. u. 19 Bl. weisses Papier.) Paris 843, Renouard et Comp.

Petitjean, Alex: Die amerikanische Buchführung im Dienste der Kreditgenossenschaften. 2.Aufl., Wiesbaden Verl des Verbandes der nassauischen landw. Genossenschaften 1902.

Petition, die Abschaffung der Privat-Backöfen auf dem Lande ... betreffend. [Dresden 1840.] V: *Krecker, Andr.* (Kat. d. stat. Bureaus. Dresden 1890.)

(**Petition** um Abschaffung der Schutzmannschaft Hohe National Versammlung' Das königliche Patent vom 18 März c — Der Verein für Volksrechte Druck von W Lohmann 1 Bl Fol Flugblatt. Berlin, 28. Juli 1848.

Petition um eine Eisenbahnverbindung Annaberg-Schwarzenberg. 1855.

PETITION DES DEUTSCHEN APOTHEKER-VEREINS um Abänderung des Artikels 8 des Entwurfes eines Gesetzes betreffend Abänderungen der Gewerbe-Ordnung. Rostock, den 30. Mai 1882. Der Vorstand des Deutschen Apotheker-Vereins. CHR. BRUNNENGRÄBER. (Ohne bes. Titelblatt. — Druck von Adler's Erben in Rostock.) fol.

PETITION DER AERZTE MECKLENBURG-SCHWERINS um Reform der Medicinaltaxe vom 21. December 1844. (Als Manuscript gedruckt.) (Ohne bes. Titelblatt. Rostock. Druck von Adler's Erben.) 4°.

Pétition (de l')Association Suisse des Electriciens adressée à la Haute Assemblée fédérale concernant la Loi sur les Installations électriques. 10 p. 8. (Zurich, Impr. de la Société suisse du Grutli, 1901.)

Petition und Begleitschrift betreffend das „Familienrecht" in dem Entwurf des neuen Bürgerlichen Gesetzbuches f. d. Deutsche Reich. — Leipzig: Schäfer in Komm. [1899.] 39 S. 8° (Schriften d. Bundes deutscher Frauenvereine. H. 2.)

— der Synode Berlin Land gegen die Majoritätsbeschlüsse der 2. Kammer in Betreff der Ablösung der Renten u. Naturalabgaben auch f. die geistlichen Institute u. milden Stiftungen, eingereicht bei der 1. Kammer d. Abgeordneten. gr. 8. (14 S.) Berlin 850, Wohlgemuth's Buchhandlung (W. Schultze) in Comm. n. n. 1/12 ℳ

Petition, zeitgemässe gesetzliche Bestimmungen wegen verbesserter Einrichtung der Gelehrten-Schulen betreffend. Dresden 1843. V: *Meisel.* (Kat. d. stat. Bureaus. Dresden 1890.)

Petition des Dorotheenstädtischen Bezirksvereins an den Magistrat, betreffend die Canalisation Berlins, und der darauf ergangene Bescheid. Berlin 1876. Fol.

(Petition von 49 Bundesbeamten des Politischen, des Handels-, Industrie- und Landwirtschafts- und der Eisenbahnabteilung des Post- und Eisenbahn-Departements betr Besoldungen) An die Hohe Bundesversammlung, Bern. 1902 November 26. ([Mit] 3 Beilagen. 17 S. 8.

PETITION AN EINEN HOHEN BUNDESRATH, die Apotheken-Concessionen betreffend. Als Manuscript gedruckt. Halle. 1872. Druck der Waisenhaus-Buchdruckerei. 8°.

Militär- und Bergstrasse Bulle Simmenthal. Petiton an die Bundesversammlung. Bern 1869. 4.

Petition an die Schweiz. Bundesversammlung betr. Erlass eines Gesetzes über Kultussteuern. In-8°, 22 S. Zürich, Druck von Orell F. & Cie. 1879.

Petition der deputirten Bürger der Stadt Flensburg ... den Entwurf einer Städteordnung betreffend ... Hamb. 1838. H: *Bremer, Jürgen.* (A)

Petition der deputirten Bürger der Stadt Flensburg an die Ständeversammlung des Herzogthums Schleswig den Entwurf einer Städteverordnung betreffend. Nebst einigen Bemerkungen des Herausgebers [Jürg. Bremer]. Hamburg. 1838. P. 8°

Petition der Deckenfabrikanten und Händler zu Burg in Betreff ihres Hausirhandels Solingen 1849. 24 S 8

Petition und Denkschrift der karntner Handels- u. Gewerbekammer, betreffend die Herstellung einer Lokomotiv Eisenbahn von Tarvis uber den Predil nach Görz gegen Triest Klgft., Bertschinger, (1872). Quart. 16 S.

Petition der Deputirten des Buchhandels zu Leipzig an das Königliche Ministerium des Innern d. d. 21. Januar 1861 den französischen Vertrag betreffend. (Leipzig 1861. Druck von F A. Brockhaus.) 8°.

DIENSTMÄDCHEN. — Petition der (Berliner Dienstmädchen. (Komische Lithographie [Einblattdruck] mit zweideutigem Text.) Berlin (1848). 4°. (2 Mk. Kühl, c. 1885; 4 Mk. Oskar Rauthe, Berlin 1908.) Rar! — Dazu: Kabinets-Ordre auf die Petition der Dienstmädchen. Mit Abbildg. 4°. (Erotisch.) (Zus. 1 Mk. 50 Pfg. Paul Neubner, Cöln, 1892.)

Petition adressée ([par] la Direction de la Société centrale suisse de la Croix-Rouge) aux Hauts-Conseils législatifs concernant le perfectionnement du service sanitaire de l'armée en vue de la guerre. (1902 avril 17.) 24 p. 8. [Berne, Impr. coopérative, 1902.]

(Pétition de 60 directions cantonales, chambres de commerce et comités) A la Haute Assemblée fédérale à Berne (demandant: La suppression du droit pour l'accomplissement des formalités en douane perçu sur les paquets postaux originaires de l'étranger. [1901.]) 14 p. 4.

(Petition von 60 kantonalen Direktionen, Handelskammern und Vorständen) An die Hohe Bundesversammlung in Bern ([um:] Die Aufhebung der Zollbehandlungsgebühr auf den Postpaketen vom Ausland. [1901.]) 14 S. 4.

—— die dresdner, um Gewährung einer freien Verfassung der evangel. Kirche in Sachsen u. die öffentl. Meinung. Von e. Laien. gr. 8. (1 B.) Dresden u. Leipzig 845, Arnoldische Bh.

Ehrerbietigste Petition an Einen Hohen Reichstag betreffend die Umsturzvorlage. *(Berlin 1895: H. S. Hermann.)* (5 Bl.) 4° [Kopft. F.]
[illegible] 7840 3

Petition, das Eigenthumsrecht an musikalischen und dramatischen Werken betreffend. [Leipzig 1845.] V: *Heller*, *Rob.* & *Andere.* (Kat. d. stat. Bureaus. Dresden 1890.)

(Petition von Einwohnern des Herzogthums Schleswig an den König von Preussen um Abhülfe des beklagenswerthen Zustandes in Schleswig durch Entfernung der Landesverwaltung und um Wiederherstellung eines gesetzlichen und geordneten Zustandes daselbst Berlin 1850. Febr 19.) Hektographirt' Fol

(Petition gegen den Entwurf des Tumultuanten-Gesetzes.) An die hohe preußische Nationalversammlung hierselbst. — Der Pommern Verein für Wahrheit und Recht. Druck von C. Lindow. 1 Bl. Fol.
Flugblatt. Berlin, 1 Sept. 1848.

Pétition (de la Fédération ouvrière suisse) au Département fédéral du Commerce et de l'Industrie concernant la Révision des lois sur la responsabilité civile. [1902 Juillet 29.] 16 p. 8.

Petition von 19 Frauen-Vereinen an Seine Majestät, den deutschen Kaiser. 5. Juni 1894. — (Berlin 1894.) 2 Bl. 8°

Petition, eine frei-christl., u. das Schicksal derselben in der Hoh. Ersten Preuß. Kammer. Dem Volke zur Beurtheilung vorgelegt im Auftrage der freien christl. Gemeinde in Groß-Glogau vom Vorstande der genannten Gemeinde. 8. (36 S.) Glogau 851, Flemming's Sortiments-Buchhandlung. n. 3 ngl.

Petition des berliner Freihandelsvereins an die preußische Nationalversammlung gegen den Gesetzentwurf betr Zuschlag zu Eingangsabgaben. Berlin 1848. 16 S. 8.

Petition von in Oesterreich lebenden Freimaurern an den hohen Reichsrath um Wiedergestattung von Freimaurerlogen in Cisleithanien. Wien: Rosner 1874. 8 S. 8°
Abgedr. in: Bh. 17 (1874) S. 375—377.
Tt. 402.

Petition, gehorsamste, des *bürgerl. Handelsstandes der Haupt- u. Residenzstadt München* an die 1. Stände-Versammlung d. Kgrs Baiern. Den *Verfall des Handels* u. die Abstellung der denselben untergrabenden Missbräuche u. Beeinträchtigungen betreffend. Unterm 13. Apr 1819 überreicht. München. 8°. 56 S. Cart.

— f. die Würtembergische Geistlichkeit. 8. Stuttg. 797. Steinkopf. 5 ϗ

Petition vieler evangelisch-luth. Gemeinden der Provinzen Sachsen und Brandenburg betr. Emancipation der evang. luth. Kirche in Preußen. Wittstock 1849. 8 S. 8.

Petition des Linzer Gemeinderathes in Sachen der Kremsthalbahn. Linz 1874. V: *Wiser*, *Carl.* (Bibl.-Kat. d. Mus. Francisco-Carol. in Linz. Linz 1897.)

Petition der Vereinigten Genossenschaften der Gastwirte, Gruppe X. Czernowitz: Selbstverl. d. Genossenschaft 1888.

Petition der Gesellschaft ehemaliger Studirender des eidgen. Polytechnikums an den Bundesrath. 1877

Petition des Gewerbevereins in Claw an die deutsche Nationalversammlung in Frankfurt a. M. in Zolltarifs-Angelegenheiten. Calw 1848

Petition d. niederösterreichischen Gewerbevereines an das Abgeordnetenhaus, betr. die Abänderungen im VI. Hauptstücke der Gewerbeordnung. Beschlossen in der Plenar-Versammlg. vom 25. Apr. 1884. gr. 8. (24 S.) Wien 884. Seidel & Sohn. n. — 60

Petition der Gewerbsinhaber aus Oberösterreich an den österreichisch. Reichstag. 8°. Ried 1848.

Petition der Gewerbsinhaber von Salzburg an das österr. Reichsparlament. 8°. Salzburg 1848.

Petition, die Grävell'sche, in Sachen Schleswig-Holsteins an das Preußische Abgeordnetenhaus. Nebst deren Beilage: Für Schleswig-Holstein. Seid auf der Hut! Leipzig 864. O. Wigand. gr 8. (32 S.) n. 5 ngr.

Petition der Handels- und Gewerbekammer in Innsbruck an das k. k. Handelsministerium um Aufnahme der Fernbahn in das Eisenbahnbau-Programm der Regierung. Innsbruck 1875. V: *Payr*, *Karl.* (margr)

Petition des Handelsstandes zu Dresden und Chemnitz, betreffend das Frachtgeschäft der Eisenbahnen. Dresden 1860

Petition an das Haus der Abgeordneten in Berlin, die Unterschiede der Eisenbahn-Frachttarife im durchgehenden u im unterbrochenen Verkehr betr. Breslau 1861

Petition, an das hohe Haus der Abgeordneten zu Berlin, dafür Sorge zu tragen, daß die Einkünfte der Dom- u. Collegiat-Stifter zu Naumburg, Merseburg u. Zeitz nicht zu Sinecuren für adelige Herren, wie neuerdings beliebt worden, sondern, den Allerhöchsten Bestimmungen Königs Friedrich Wilhelm III. gemäß, für kirchliche u. Schulzwecke verwendet werden. Leipzig 865. O. Wigand. 8. (15 S.) $1\frac{1}{2}$ ngr.

— des Pfarrers und Lehrers Henn, das Cölibatgesetz betreffend, mit dem Motto: „Urtheilet selbst!" gr. 8. Constanz 837. Glückher. $\frac{1}{12}$ ϗ

Petition d. Pfarrers u. Lehrers Henn, das Cölibatgesetz betreff., mit d. Motto: „Urtheilet selbst!" gr. 8. (1 B.) Constanz 837, (Meck.)

(Petition gegen die Huldigung des Reichsverwesers (An eine hohe preußische National-Versammlung. Das sogenannte deutsche Reichskriegsministerium — Die Urwähler Friedländersche Buchdruckerei. 1 Bl. Fol.
Flugblatt. Berlin, 22. Juli 1848.

Petition Deutscher Industrieller an den Hohen Deutschen Reichstag betreffend das Telegraphen-Gesetz. *Frankfurt a M 1892 Enz & Rudolph.* (4 Bl., 4 S.) 4°
[Sonderr.] Palaz Adrien Gutachtl. Auseinandersetzung über d. Verhältniss d. Fernsprechwesens zu d. industr Ausnutzung d. Elektrizität 1892 (Ga 3113 4

— von Dr Jonas u. Genossen, s. a. Krause, H.

Petition von Dr. Jonas und Genossen, betreffend die Selbständigkeit der preuß. evangel. Landeskirche an Se. königl. Hoheit den Prinz-Regenten gerichtet unter dem 5. Mai 1859 Hrsg. von H. Krause. gr 8. (IV und 91 S.) Berlin 860, G. Reimer.

Petition an d. Badische II. Kamm. d. Landstände v. J. 1831 für Aufheb. d. Cölibatgesetzes, mit Vollmachten v. 162 Bad. kathol. Geistlichen, u. Antwort d. Erzbischofs auf d. Petition v. 1828. (Mit e. Vorw. v. [Heinr.] AMANN.) *Freiburg*, Fr. Wagner. 831. gr. 8. (4 Gr.)

Petition an die Hohe zweite Kammer der Sächsischen Ständeversammlung, das Concessionswesen bei Zeitschriften betreffend, ehrerbietigst überreicht von dem Vereine der Buchhändler zu Leipzig. (Leipzig 1845. Druck von C. E. Elbert.) 8°

Petition an die II. badische Kammer von 1831, betreffend Aufhebung des Coelibatgesetzes, mit Vollmachten von 162 badischen katholischen Geistlichen und Antwort des Erzbischofs auf die Petition von 1828. Freiburg i. Br. 1831. 8° 40 S. — Verhandlungen der badischen II. Kammer über die Petition betr. Coelibataufhebung. Stuttgart 1828. 8°

Petition an die zweite Kammer der badischen Landstände v. J. 1831 für Aufhebung des Cölibat-Gesetzes ... Freib. 1831. H: *Amann, Hnr.* (Wa)

— der Kammer-Stenographen des Reichsrathes um Systemisirung der Stenographen-Stellen. Wien 870. Klemm. gr. 8. (13 S.) 2 *ngr.*

Petition der Berliner Katzen-Musikanten. — Deine constitutionellen Berliner Katzenmusikanten. Druck von Brandes und Schultze 1 Bl. Fol.
Flugblatt. Berlin, 27. Mai 1848.

Petition, Die Kieler, gegen den Antrag Ussing's auf eine landesherrliche Erklärung über die Dänische Staatseinheitsfrage ... Kiel 1844. V: *Falck, Niels Nikolaus & Andere.* (BrMm)

⊙ Die Kieler **Petition** gegen den Antrag Ussings auf eine landesherrliche Erklärung über die dänische Staatseinheitsfrage Mit einem einleitenden Vorwort v. Fr[iedrich] Hedde Kiel. 1844 8°

— die kieler, gegen den Antrag Ussing's, auf eine landesherrliche Erklärung über die dänische Staatseinheitsfrage. M. e. einleitenden Vorw. v. Fr. Hedde. Lex.-8. (1 B.) Kiel 844, Universitäts-Buchh.

Petition deutscher Knappschaftskassen an den deutschen Reichstag betreffend die Stellung derselben zur Alters- und Invaliden-Versorgung. 4°. Zwickau 1888.

Petition des Kommandos der Bürgerwehr Berlins an die National-Versammlung betr den Erlaß einer Ordre bei Einführung des Bürgerwehr-Gesetzes Druck von E Litfaß. 1 Bl. Fol.
Flugblatt. Berlin, 6. Okt. 1848.

Petition der Kommunalbehörden zu Berlin wegen Beibehaltung der Städteordnung vom 19. Nov. 1808. Berlin 1849 8 S. 8.

Petition der auf Anstellung im Forstfach dienenden Corpsjäger mit Bezug auf die beabsicht. Reorganisation des Forstwesens. 8. (15 S.) Potsdam 848, (Stuhr'sche Buchh.)

Petition der Corpsjäger mit Bezug auf die beabsichtigte Revision des Forstwesens Potsdam 1848. 15 S. 8.

Petition des landwirthschaftlichen Teltower Kreisvereins gegen die Annahme der Gesetzvorlage wegen Erhöhung der Maischsteuer nebst Gutachten der Finanz-Kommission der Ersten Kammer darüber. Berlin 853. G. Bethge. gr. 8. (16 S.) nn. 2½ *ngr.*

Petition des landwirthschaftlichen teltowschen Kreisvereins gegen die Gesetzvorlage wegen der Erhöhung der Maischsteuer Berlin 1853. 16 S. 8.

Petition mehrer angesessener Landbewohner in den Kreislanden, die Verhinderung missbräuchlichen Forderns und Nehmens der Lehnwaare betreffend. [Leipz. 1845.] V: *Graichen, Hnr.* (Kat. d. stat. Bureaus. Dresden 1890.)

— f. die Würtembergischen Landstände. 8. Stuttg. 797. Steinkopf. 10 *ℛ*

Petition, Eine, an den böhmischen Landtag Prag. Dominicus 1869. 27 S. 8°

Petition betheiligter Landwirthe aus d. Emsthale wegen Aenderg. d. Berggesetzes. gr. 8. (VIII, 44 S.) Lingen 898. (R. van Acken.) n. 1. —

Petition preussischer Lebensversicherungs-Actiengesellschaften, betreffend die Entwürfe der Einkommen- und Kapitalrenten-Steuer. 8°. Berlin 1884.

Petition der allgemeinen Lehrer-Versammlung in Berlin vom 26. April (1848) an die Vertreter des preußischen Volkes. (Berlin 1848.) 16 S. 8.

— meine, an die petitionirenden, evangelisch-luther. Kirchen-Gemeinde-Glieder des Königr. Sachsen. (Aus den Papieren des scheintodtbegrabenen Rechtsanwaltes.) gr. 8. (2½ B.) Leipzig 845, Bernh. Tauchnitz jun.

Petition des gesunden Menschenverstandes an die preußischen Kammern. Februar 1851 Trier, Heyrodt. 54 S. 8.

Petition der grundbesitzenden Mitglieder des Vereins zum Schutze gegen Schädigungen durch industrielle Anlagen im rheinisch-westfälischen Industriebezirk. Dortmund. 1889. 15 S.

Petition, Die, von Mitgliedern der Universitäten Würzburg und Erlangen betreffend die Stellung der Privatdocenten an den Landesuniversitäten vor der Bayerischen Kammer der Abgeordneten. Würzburg 1882. V: *Seuffert, Bernh.* (Erman & Horn, Bibliogr. d. dtsch. Univ. 1. Leipz. u. Berl. 1904. S. 207.)

Petition, Motive und Entwurf zu einem Plane betreffend eine dritte deutsche Nordpolfahrt. Bremen 1875. 4°

Bund für Mutterschutz. [**Petition** zur Mutterschaftsversicherung an den Reichskanzler, Bundesrat u. Reichstag.] — Berlin 1907. 6 Bl. 4⁰ [Schriften des Deutschen Bundes f. Mutterschutz. Nr 12.]

„Petition an die deutsche National-Versammlung zu Frankfurt a. Main, Schutzzölle auf Eisen betreffend, von den obererzgebirgischen und voigtländischen Eisenhüttenwerksbesitzern des Königreichs Sachsen. Januar 1849", (Elbenstock) 1849. — Vorh.. Com. Bibl. Hamburg.

Petition an die Hohe deutsche National-Versammlung zu Frankfurt am Main Schutzzölle auf Eisen betreffend von den obererzgebirgischen und voigtländischen Eisenhüttenwerksbesitzern des Königreich Sachsen. (Eibenstock.) Januar 1849. 4⁰.

(Petition an die Nationalversammlung gegen eine erste Kammer.) Hohe Versammlung! Eine der wichtigsten Fragen — Druck von A. W. Hayn. 1 Bl. Fol.
Flugblatt. Berlin, 4. Juli 1848.

Petition an die Nationalversammlungen zu Berlin und Frankfurt für Gewerbefreiheit. Breslau 1848. V: *Kopisch, Carl Gottlieb.* (Kat. d. Druckschr. üb. Breslau. Breslau 1903. S. 46.)

Offene Petition preußischer Urwähler an Se Majestät den König. — Dr v. Arnim u. a. Druck von J. Petsch. 1 Bl. Fol.
Flugblatt. Berlin, 12. Nov. 1848.

Petition der Stadtgemeinde Olmütz an das k und k Gesammt Ministerium um Stadterweiterung und Aufhebung der Baureverse. (Mit 1 Plan.) 8. Olmütz 1869.

Petition der Stadtgemeinde Olmütz an das hohe k. k. Ministerium für Cultus und Unterricht um Wiederherstellung der im Jahre 1855 aufgelösten k. k. Franzens-Universität in Olmütz. — Olmütz 1870. Slawik. 14 S.

Petition eines Teutschen Patrioten an die Repräsentanten des Französischen Volks. [Altona 1793.] V: *Brakebusch, Joh. Georg Lorenz.* (MGT)

— um Reform des sächsischen Schulgesetzes. Vom pädagog. Verein zu Leipzig. Leipzig 868. Brandstetter. gr. 8. (19 S.) 2½ ngr.

Petition an den hohen Reichsrath um staatsrechtliche Anerkennung der Freimaurerei in den cisleithanischen Länder-Gebieten Oesterreichs. Wien: Rosner 1873. 23 S. 8⁰ [Umschlagtit.]

Petition an den Reichstag zum Entwurf eines Gesetzes betr. die Erwerbs- und Wirtschaftsgenossenschaften. 4⁰. Berlin 1888.

Petition an den Reichstag, Unfallversicherung beim Steinkohlenbergbau betreffend . . . [Lugau u. Ölsnitz 1881.] V: *Schibner, H.* (Kat. d. stat. Bureaus. Dresden 1890.)

Petition um Revision der Pressgesetzgebung. Der Hohen Zweiten Kammer der Ständeversammlung des Königreichs Sachsen überreicht von der Deputation des Vereins der Buchhändler zu Leipzig. d. d. Leipzig, 20. Januar 1864. Nebst einem Anhang, den Text der die Presse betreffenden Gesetze u. s. w. enthaltend. (Leipzig. Druck von F. A. Brockhaus.) 8⁰.

— wegen Rückberufung der Garden beschlossen im Verein der Berliner Tänzerinnen. Lex. 8. (8 S.) Berlin 848, Hirschfeld.
— 2—5. Aufl. Lex. 8. (à 8 S.) Ebd. 848. 1½ ngr.

Petition an den schweiz. Schulrath (von Schülern des Polytechnikums). 1869.

Petition um Schutz gegen Beschränkung des Verkehrs. Berl. 1848. V: *Prince-Smith, John.* (CBH)

— des Mühlenmeisters Soltau zu Winsen a. d. Luhe f. sich u. seine Miterben als Eigenthümer d. Gutes Wuhlenburg. Der 1. Cammer d. hoh. Stände-Versammlung d. Königr. Hannover am 29. Nov. 1832 überreicht. gr. 8. (2 B.) Lüneburg 833, Herold u. Wahlstab.

Petition an die Tit. Stadtbehörden (von Zürich) über Errichtung einer Lehrwerkstätte für Gross-, Klein- und Elektromechanik. (1901 Mai 10.) 11 S. 8. Zürich, Zürcher & Furrer, 1901.

Petition vom Stadtrathe zu Freiberg für die Untersuchung der Ausführbarkeit einer Eisenbahn Dresden-Freiberg nach der sächsisch-baierischen Eisenbahn. Freib. 1845.

Petition an die Ständeversammlung, Handelsgerichte und Handelskammern betreffend. Dresden 1845. V: *Clauss, Pet. Otto & Andere.* (Kat. d. stat. Bureaus. Dresden 1890.)

— an die hohe Ständeversammlung des Königr. Sachsen, um Herstellung eines Rechtsschutzes f. d. Eigenthum deutscher dramatischer Autoren u. Opern-Componisten ꝛc. gr. 4. (1 B.) Leipzig 843, (Herm. Fritzsche.) *

— an die hohe Ständeversammlung des Königr Sachsen, betreff. den Schutz der Rechte an literarischen Erzeugnissen. gr. 4. (1½ B.) Leipzig 843, (Herm. Fritzsche.) *

— an die hohe Ständeversammlung des Königr. Sachsen v. Stadtrathe u. den Stadtverordneten z. Freiberg um Verwendung f. die genauere Untersuchung d. Ausführbarkeit einer Eisenbahn f. d. erzgebirg Kreis ꝛc. 8. (2 B.) Freiberg 845, (Craz u. Gerl.) *

Petition der Holsteinischen Ständeversammlung an den König von Dänemark. Hamburg 1846. 8⁰

Petition an die Ständeversammlung für das Königreich Sachsen, die Bildung einer eigenen Zentralstelle für die Pflege des Handels u d. Industrie betr. 4⁰ Chemnitz 1843

Petition an die Ständeversammlung des Königreichs Sachsen, das Realschulwesen betreffend. Dresden 1845. V: *Beger, Aug. & Andere.* (Kat. d. stat. Bureaus. Dresden 1890.)

⊙ **Petition** der Schleswigschen Ständeversammlung an Se. Königl. Majestät betr die Trennung der schleswig-holsteinischen Finanzen von den dänischen Finanzen . . Beschlossen und erlassen in der 5 Diät 1844 Abgedruckt aus dem 2 Heft der Beilagen zu der Schleswigschen Ständezeitung, pag. 832—924. Hrgg. u. mit einer Einleitung versehen von [Heinrich] Tiedemann. Schleswig. 1844. 8⁰

Petition der schleswigschen Ständeversammlung an Se. Majestät, betr. die Trennung der schleswig-holsteinischen Finanzen von den dänischen Finanzen sowie die Feststellung eines neuen Beitragsverhältnisses beider Länder zu den Staatslasten und Vorlegung eines desfälligen Auseinandersetzungs-Plans zur Begutachtung der Stände. Beschlossen und erlassen in der 5. Diät 1844. Abgedruckt aus dem 2 Heft zu der schleswigschen Ständezeitung pag. 832—924. Hersg. und mit einer Einleitung versehen von dem Landinspektor Tiedemann zu Johannisberg. Schleswig 1844. 77 S. 8.

— der schleswig'schen Ständeversammlung an S. K. Majestät, betreff. die Trennung der schleswig-holsteinischen Finanzen von den dänischen Finanzen, sowie Feststellung eines neuen Beitragsverhältnisses beider Länder rc. Beschlossen u. erlassen in der 5. Diät 1844. Hrsg. u. m. e. Einleit. versehen v. Tiedemann. gr. 8. (5 B.) Schleswig 844, (Bruhn.) *

Petition der Breslauer Studenten an das Haus der Abgeordneten um Reform der akademischen Gerichtsbarkeit ... Breslau [1862]. V: *Herda, Reinhold.* (Erman & Horn, Bibliogr. d. dtsch. Univ. Leipz. u. Berl. 1904.) (Kat. d. Druckschr. üb. Breslau. Bresl. 1903. S. 290.)

—— die studentische, als Annex der allgemeinen Petition betr. die Einschränkung der jüdischen Machtstellung. Ein Beitrag zur Orientirung über Gründe und Zweck derselben. gr. 8. (24 S.) Leipzig 881, Drescher. * — 25

Petition, die studentische, als Annex der allgemeinen Petition betr. die Einschränkung der jüdischen Machtstellung. Ein Beitrag zur Orientirung über Gründe und Zweck derselben. 2. durchges. und bedeutend verm. [Doppel-]Aufl. gr. 8. (32 S.) Leipzig 881, Frohberg. * — 30

Petition d. Turnern u. Turnfreunden d. Prov. Sachsen an d. Hohe Haus d. Abgeordneten, Beschl. v. Vorst. d. M. T. V. zu Magdeburg, 31 1. 1862, Magdeburg, 1 S., 8°.

Petition d. XIV Turnkr. (Kgr. Sachsen) an d. Ständeversammlung d. Kgr. Sachsen um Staatsunterstützung z. Ausbildung v. Turnwarten u. Vorturnern in T. V., Dresden 1879, 7 S., 4°.

Petition des Allgemeinen Turn-Vereins zu Köln an das Hohe Haus der Abgeordneten. Köln 1865. 34 S.

Petition d. Linzer T. V. an d. Hohen Landtag f. Österreich ob d. Enns weg. Förderung d. Volks-Turnwesens, überr. im Novemb. 1866, Linz 1866, 14 S., 8°.

Petition d. T. V. in d. Prov. Preußen u. Posen an d. Hohe Haus d. Abgeordneten, Elbing 1863, 2 S., 8°.

Petition, die Uebergriffe der römisch-katholischen Priesterschaft im Königreich Sachsen betreffend. Dresden 1843. V: *Grossmann.* (Kat. d. stat. Bureaus. Dresden 1890.)

Entwurf. — An das hohe Haus der Abgeordneten in Berlin. PETITION des ärztlichen Vereins ... die Organisation des Medicinalwesens im Königreich Preussen betreffend. (Als Manuscript gedruckt.) s. l. & a. (Weimar. 1875. — G. Uschmann & Co.) 8°.

Petition des Vereins der Buchhändler zu Leipzig um Abänderung der den Buchhandel berührenden Bestimmungen des Entwurfs eines Gesetzes, betreffend Abänderung der Gewerbeorunung. (Ohne bes. Titelblatt. Leipzig 1882. Druck von F. A. Brockhaus.) fol.

Petition des Vereins deutscher Kaufleute an den Reichstag betr. den Entwurf eines Arbeitskammer-Gesetzes. Fol. Berlin, April 1910.

Petition d. Vereins f. Schulreform in Bayern, „Reform der Mittelschulen" an die hohe bayer. Kammer der Abgeordneten. Fol. (5 S. m. 16 S. in 12.) München 890. (Stahl sen.) n.n. — 25

Petition (des) Schweizerische(n) Elektrotechnische(n) Verein(s) an die hohe Bundesversammlung betreffend das Gesetz über die elektrischen Anlagen. 10 S. 8. (Zürich, Buchdr. des Schweiz. Grütliverein, 1901.)

Petition des schweizer. Vereins für Straf- u. Gefängnisswesen an die h. Bundesversammlung, betr. Errichtung eines schweiz. Zellengefängnisses für schwere Verbrecher. In-8°. Solothurn, J. Gassmann. 1880

Petition des Vereins deutscher Tabak-Fabrikanten und -Händler vom 18. Nov. 1880 an den h. Bundesrat des Deutschen Reichs: betreffend die Schädigung der deutschen Tabaks-Industrie und des Handels durch die Geschäftsgebahrung der Strassburger Tabakmanufactur. 1880.

Petition des Vereins deutscher Tabak-Fabrikanten und -Händler vom 12. März 1881 an den h. Reichstag zu Berlin, betreffend: Beschwerde gegen die Strassburger Tabakmanufactur. 1°. 1881.

Petition d. Ver. österr. Turnlehrer an d. Minist. f. Kultus u. Unterricht in Wien v. 7. 1. 1893, Brünn, 6 S., 8°.

Petition der Vertrauenspersonen der baugewerblichen Arbeiter im Königr. Preußen an das Haus der Abgeordneten. 1902. (46 S.) Fol. Hamburg (5) (902). Zentralkommission f. Bauarbeiterschutz G. Heinke. n. — 50

Rheingau, Petition der Vertreter des Rheingaues an Se Majestät den König, betreffend das Nobiling'sche Strombauproject für die Rheinstrecke Eltville bis Rüdesheim. Rheingau 1868.

Petition d. Vertreter d. Märkischen T. V. an d. Hohe Haus d. Abgeordneten, Beschl. auf d. Turntage d. Märkischen T. V. zu Berlin, 29. 12. 1861, Als Hs. gedr., Berlin 1862, 6 S., 8°.

Petition der Vorstände der landwirthschaftlichen Kreisvereine einige, die Interessen der Land- und Forstwirthschaft nachtheilig berührende Bestimmungen des, den Kammern jetzt vorliegenden Entwurfs zu einem neuen Berggesetz für das Königreich Sachsen betreffend. - Dresden 1850, 16 S.

Petition der Wanderversammlung d. württemb. Gewerbevereine um Erlass e. deutschen Reichsgesetzes betreffend die Erteilung von Erfindungspatenten. fol Reutlingen 1872

Petition, zweite, der deutsch-kathol. Gemeinde zu Dresden an die hohe Ständeversammlung des Königr. Sachsen u. zwar zunächst an die hohe zweite Kammer gr. 8. (2½ B.) Meißen 845, Klinkicht u Sohn. *

Petition, die zweite glauchaische, in Sachen betreffend die Verleihung e. freieren Kirchenverfassung. gr. 8. (⅔ B.) Glauchau 845, (Cramer.) Thlr.

Petitionen, dreizehn, vieler Bürger der Stadt Mannheim an die hohe zweite Kammer d. Landstände. gr. 8. (63 S.) Mannheim 848, Hoff. n. ⅛ ₰

— aus Rheinland-Westphalen an die hohen Nationalversammlungen in Frankfurt u. Berlin, alle zeitgemäßen Volkswünsche aussprechend, zusammengestellt Behufs der jetzt gegen Reaction u. Ueberstürzung hochnothwend. Betheiligung aller Staatsbürger an dem Verfassungswerke u. zur Erlangung einer dem Geiste der Zeit entsprechenden sittlichen Grundlage unserer Gesellschaft. gr. 8. (32 S.) Solingen 848, Amberger. 1½ ngr.

Petitionen, die sieben, von Leipzig an die zweite Kammer der sächs. Ständeversammlung. gr. 12. (1 B.) Braunschweig 845, Otto. (Leipzig, Mayer.)

Die sieben Petitionen der Berliner Mädchen. Lesemeiche Offizin. 1 Bl. 4. Flugblatt. Berlin, 1848/49.

Zwei Petitionen des Magistrats und der Stadtverordneten von Elbing an den 9 Provinzial-Landtag des Königreichs Preußen. Bellevue bei Constanz 1845 31 S. 8.

— zwei, des Magistrats u. der Stadtverordneten von Elbing an den 9. Provinzial-Landtag des Königr. Preußen. 16. (2 B.) Belle-Vue 815, Verlags-Buchh.

— zwei, vorgelesen in der Versammlung des General-Prediger-Vereins am 10. Septbr. d. J. zu ernster Erwägung u. Beherzigung in Gegenwart u. Zukunft. gr. 8. (16 S.) Oldenburg 851, Schulze. 1/12 ₰

Petitionscommission. Die Petitionskommission des Grossen Rates an den hohen Grossen Rat des Kantons Schaffhausen. Gegenstand: Beschwerden bezw. Rekurse der Bürgergemeinden Barzheim, Neunkirch, Stein und Thayngen über den Regierungsrat betreffend Ausscheidung und Besteuerung des Bürgergutes. (1903 November 13.) 20 S. 8. [Schaffhausen, H. Meier & Cie.]

Petitionsrecht, üb. das, d. Würtemberg. Landstände (v. F. Gutscher). 8. (Stuttg.) 797. Steinkopf. 10 gr

Petitmaître, Sigism., Neuveville: Dissertatio medica de usu et abusu nicotianae.
Basel; med. Diss. 1756.

C. Petitpierre

Der Rathgeber [Ratgeber] für die Erhaltung der Augen. ... Von C. Petitpierre. Mit e. Vorr. von C[arl] A[lexander] F[erdinand] Kluge. Berlin: Hirschwald 1828. XIV, 138 S. 8°

Petitpierre, (F[erdinand-]O[livier]). Apologie de Mr. P., pasteur de l'église de La Chaux de Fonds, lüe en Classe le 4. juin 1760. Suivie d'une courte histoire de ses démêlés avec la Classe; à laquelle on a joint quelques réflexions. 8. s. l. 1760.

Petitpierre, Fernand = Herdener, Haldi [Autorname].

Petitpierre, Gonzalve. La bataille de Laupen et l'entrée de Berne dans la Confédération suisse. Esquisse historique publiée à l'occasion de la grande fête commémorative des batailles de Laupen et de Morat, ainsi que du jubilé séculaire de l'admission de Berne comme canton suisse.... 8. Berne, Juin 1853.

Petitpierre, Gonzalve s. Jeanrenaud-Besson, Charles-Louis, et Petitpierre, Gonzalve.

Petitpierre, Karl, († ...) Entwurf einer neuen theolog. u. moral. Reformation; enth. einen neuen Entwurf d. wahren Theologie u. d. Entwurf einer allgem. Sittenreformation. 8. Gedruckt im Jahr 1765. (Altona), Hertel. 14 gr

Petitpierre, L., üb. das Eindringen v. Granulosazellen durch die Zona pellucida menschlicher Eier. Inaug.-Diss. gr. 8. (27 S. m. 3 Fig.) Leipzig 889. (Bern, Huber & Co.) n. — 60

Petitpierre, L. Ueber das Eindringen v. Granulosazellen durch die Zona pellucida menschl. Eier. Diss. gr. 8. (27 S. m. 3 Fig.) Lpz. 889. (Bern, Körber). * — 60

Petitpierre, Louis Frédéric: Hypomnemata ad Grotiani operis „De jure belli ac paris" primordia, s. Birr, Anton (Praes.)

Petit-Pierre, Samuel Auguste. 1. Gott ist die Liebe. 2. Nur in Christo ist das Heil! ... a. d. Franz. ... Berlin 1834. Ü: *Dielitz, Johann Gottlieb Ludw. Carl.* (Koner)

Petit-Pierre, S. A., Predigten. A. d. Franz. 1. Hft. gr. 8. ... Berlin 834, Fröhlich u. Comp.

Petit-Pierre's, S. A., in Neuchatel gehalt. Predigten. Hft. I. Gott ist die Liebe. — Nur in Christo ist Heil. — Das Reich Gottes. gr. 8. (3 B.) Berlin 834, [Heymann.]
Jede Predigt apart à 2 Gr.

Petit-Pierre, S. A., in Neuchatel gehaltene Predigten. Heft I. Gott ist die Liebe. — Nur in Christo ist Heil. — Das Reich Gottes. gr. 8. Berlin 835. Fröhlich u. Comp. 1/3 ₰

Petitpierre de Wesdehlen s. Wesdehlen.

Petit-poisson, Méthode théorétique d'Ortographe. 8. Strasb. König. 810.

Petitpoisson, C., la Sténographie, ou l'art d'écrire aussi vite que l'on parle, suivie de la Chirologie, ou l'art de converser avec les mains. 3e édit. (Mit 5 Steintaf.) 8. Strasbourg, Levrault. 5/6 ₰

Petit-poucet, le nouveau. Avec 6 planches chromolith. gr. 8. (5 S. Text.) Paris 872. (Leipzig, Opetz.) n. — 50

Petitt, Georg Daniel, s.a. Petit

Petitt, Ge. Dan., alias Petiscus: Elementa juris aggeralis theor.-pract. Oder allgemeine Grundsätze zur Einleitung in die Teich- und Damm-Rechts-Wissenschaft. Zelle 1767.

Petitval, Melle. A. de, das Schloß von Morteuil. A. d. Franz. v. F. Wesenfeld. 3 Thle. 8. (43½ B.) Magdeburg 838, Creutz'sche Buchh.

Petko, J., geolog. Karte der Gegend v. Schemnitz, s.: Abhandlungen d. k. k. geolog. Reichsanstalt. 2. Bd.

Petkoff, Georg: Die sozialen und wirtschaftlichen Verhältnisse in Bulgarien vor der Befreiung. Erlangen 1906: Junge & Sohn. (VI, 102 S.) 8° [J.]
Erlangen, Phil. Fak., Ref. v. Eheberg, Diss. v. 15. Aug. 1906
[Geb. 1. Febr. 85 Tirnovo; Wohnort: Tirnovo; Staatsangeh.: Bulgarien; Vorbildung: Staatshandelssch. Sistov Reife Juni 03; Studium: Leipzig 3, Erlangen 3 S.; Rig. 19. Juli 06.]

Petkoff, Nikola [aus Widdin in Bulgar.]: Das Ziel der Erziehung und der Evolutionismus in der Ethik ... Langensalza, Druck v. H. Beyer & Söhne, 1895; 3 Bl., 75 S. 8.
Jena, Phil. Fak., Inaug.-Diss. v. 1895

Petković Johann: Der Blinde Bettler von Bethnal-Green in der Ballade bei Percy und auf der englischen Bühne.
H. 1907 PN 2291 Diss.Wien, Univ. 1972

Petkovšek, Johann

Petkovšek, Joh., die Baugesteine Wiens in geologisch-bautechn. Beleuchtg. E. Hilfsbuch f. Gewerbeschulen, angeh. Steinmetze, Baumeister, Bildhauer, Fachlehrer der Naturwissenschaften u. s. w. gr. 8. (VIII, 108 S.) Wien 897. A. Pichler's Wwe. & Sohn. n. 2. —

Petkovsek, Joh., die Erdgeschichte Nieder-Österreichs. gr. 8. (VI, 343 S. m. 122 Abbildgn. u. 1 farb. Karte.) Wien 899. A. Hartleben. n. 6. —

— **Herbarium** f. Volks- u. Bürgerschulen. Fol. (24 Bl. Etiketten nebst Papier, 2 Bl. Klebestreifen u. 1 Bl. Bemerkgn.) Ebd. 896. In Pappdeckeln n. 2. —

— **Tabellen** zur Bestimmg. der Massen- u. Schiefer-Gesteine. M. erläut. Text. [Aus: „Period. Blätter f. naturkundl. u. mathemat. Schulunterricht“.] gr. 8. (4 S. m. 3 Tab.) Znaim 898. Fournier & Haberler. n. — 50

— die **geologischen Verhältnisse** Niederösterreichs. Zunächst z. Gebrauche an Lehrer- u. Lehrerinnen-Bildungsanst., an landwirtschaftl. Schulen u. s. w. verf. gr. 8. (V, 51 S. m. 40 Holzschn.) Wien 896. A. Hölder. n. — 84

PETKOW, NICOLAUS. Ueber die Dimethylaticonsäure, eine neue Isomere der Teraconsäure Strassburg i. E., 1897

Petkowić, Wladimir, a. Livaditza (Serbien) Ein frühchristliches Elfenbeinrelief im Nationalmuseum zu München. Halle a. S. 1905: C. A. Kaemmerer & Co. (83 S.) 8°
Halle, Phil. Fak., Ref. Goldschmidt, Diss. v. 6. Juli 1905
[Geb. 17/29. Sept. 74 Livaditza, Serbien Wohnort Halle, Staatsangeh. Serbien; Vorbildung Gymn. Kragujewatz Reife M. 93. Studium Belgrad 8, München 6, Halle 3 S., Rig. 16. Mai 05.]

Petkus [Schlagwort]

Petkus, s.: Preussen. Messtischblätter.

Petlik, J., Entwurf zu einem Wachhaus, s.: Studien aus der Special-Schule von Th. R. v. Hansen.

Petöcz, D. Mich., s. Petöcz, Mich.

Petöcz, Mich., Ansicht d. Welt. Ein Versuch, die höchste Aufgabe d. Philosophie zu lösen. gr. 8. (33 B.) Leipzig 838, Brockhaus.

— — neue Methode, die **Wechselfieber** ohne Chinarinde sicher und leicht zu heilen. gr. 8. Ebend. 820.

— neue Methode, die Wechselfieber ohne Chinarinde sicher u. leicht zu heilen. gr. 8. Preßb. 821. Landes. 2 fl.

— üb. die Schädlichkeit d. Kaffeetrinkens. 8. Preßb. 817. Landes. (Leipz., Andreä). 8 gr.

Petöcz, D. Mich., neue **Theorie** der **Heilkunde**. gr. 8. Preßburg, Landes. 819.

Petöcz, Mich.: Das Unmoralische der Todesstrafe. Nachtrag zu dessen „Ansicht der Welt“. Leipzig 1841.

Petöcz, Mich., das Unmoralische d. Todesstrafe. Nachtrag zu dessen „Ansicht der Welt.“ gr. 8. (7½ B.) Leipzig 842, Brockhaus.

Petöcz, Mich., die Welt aus Seelen. Lex.-8. (19 B.) Pesth 833, (Hartleben.)

Petőfi, Sándor

Petöfi, Alex., der **Apostel**. Letzte Dichtg. Deutsch v. Alex. Opitz. gr. 16. (VI, 120 S.) Frauenfeld 873. Huber. 1. 50

Petöfi, Alex., der **Apostel**. Ein ep. Gedicht. Deutsch v. Ludw. Stein-Abai. 8. (VII, 95 S.) Leipzig 892. W. Friedrich. n. 2. —

— **Auswahl** aus seiner Lyrik. Verdeutscht von Hugo v. Meltzl. 16. (XVI, 155 S.) Leipzig 871. Kollmann. n. 1. 80

— **Buch** d. Lebens. Gedichte. [Poetische Werke 2. Bd.] Mit Beiträgen namhafter Uebersetzer. Hrsg. v. Ludw. Aigner. 8. (404 S. m. Holzschn.-Portr.) Ebend. 883. n. 4. —

Petöfi's, Alex., Dichtungen, s. a. Classiker des In- u. Auslandes.

Petöfi, Alexander. [Dichtungen in deutscher Übersetzung] s. Opitz, Theodor Alexander Petöfi. Bern 1868

Petöfi, Alex., Dichtungen. Aus dem Ungarischen in eigenen und fremden Uebersetzungen. Herausg. von Karl Maria Kertbeny. Mit einem Vorw. von F. Bodenstedt. Leipzig 858. Brockhaus. 8. (XII, 592 S.) n. 2 Thlr. 12 ngr.

— 160 **lyrische Dichtungen**. Aus dem Ungar. im Versmaße der Orig. übers. von K. M. Kertbeny. 4., völlig neu bearb., durch zahlreiche, jetzt zum Erstenmale übers. Gedichte verm. Aufl. Elberfeld 866. Lucas. 8. (244 S.) 10 ngr.

Petöfi, Alex., sechzehn **erzählende Dichtungen**. Aus dem Ungar. metrisch, u. unter Beobachtung absoluter Reimkorrektheit, übersetzt von K. M. Kertbeny. 3. Ausg., theils gänzlich überarb., theils jetzt zum Erstenmale übers. Prag 866. Steinhauser. 16. (LXXVI, 264 S. mit dem photogr. Bildnisse des verewigten Dichters.) 1 Thlr.; geb. n. 1 Thlr. 10 ngr.

— 16 **erzählende Dichtungen**. Aus dem Ungarischen metrisch u. unter Beobachtung absoluter Reimkorrektheit, übers. von K. M. Kertbeny. 4., unveränd. (Titel-) Ausg. gr. 16. (LXXVI, 264 S.) Karlsruhe (1866) 879. Reuther. 3. —; geb. 4. 50

Petöfi, A., **Gedichte**, s. a. Universal-Bibliothek Nr. 1761 und 1762.

—— dass. — s. a. Bibliothek der Gesamt-Litteratur des In- und Auslandes.

—— dass. — s. a. Meyer's Volksbücher.

— Gedichte. Nebst einem Anh. Lieder anderer ungarischer Dichter. Aus dem Ungarischen übertr. durch **Kertbeny**. 8. (XX u. 467 S.) Frankfurt a. M. 849, Literar. Anstalt. n. 2¼ Thlr.

Petöfi, Alex., Gedichte. Aus dem Ungar. übers. v. Fr. **Szarvady** u. Mor. **Hartmann**. 16. (XL u. 224 S. mit 1 Stahlst.) Darmstadt 851, Leske. n. 1 Thlr.; in Engl. Einb. m. Goldschn. n. 1 Thlr. 12 ngr.

— **Gedichte**. Aus dem Ungarischen von Ladisl. Neugebauer. 16. (XVI, 240 S.) Leipzig 877. O. Wigand. 3. —; geb. n. 4. —

—— **Gedichte**. Aus dem Ungar. von Ladisl. Neugebauer. 16 (XVI, 240 S.) Leipzig 878. O. Wigand. ℳ 3, geb. *

Petöfi, Alex., **Gedichte**. Aus dem Ungar. von Ladisl. Neugebauer. 2. verb. und verm. Aufl. 12. (XVIII, 284 S.) Leipzig 885, O. Wigand. *ℳ 4.—; geb. *

—— **Gedichte**. Aus dem Magyar. übertr. v. Heinr. Melas. 2 Bde. gr. 8. (XII, 276; 371 S.) Hermannst. 891, Krafft. * 7 — geb. m. Goldschn. ** 11 —

— Gedichte. Aus dem Ung. von Ladislaus v. Neugebauer. (Ausg. der Petöfi-Gesellschaft.) 3., verb. u. verm. Aufl. (350 S. m. Bildnis.) kl. 8. Leipzig 910. Hesse & Becker Verl. 1.50; geb. in Leinw. 2.—; Geschenk-Ausg. 3. —

Petöfi, ausgewählte Gedichte. Aus d. Ungar. übers. von Ad. Dux. 16. Wien 846, Mörschner's Wwe. u. Bianchi. ½ Thlr.

Petöfi, ausgewählte Gedichte. A. d. Ungarischen übers. v. Ad. Dux. 16. (6⅞ B.) Wien 846, [Mörschner's Witwe u. Greeß.]

— **ausgewählte Gedichte**. Aus dem Ungar. übers. von Ad. Dux. Neue (Titel-)Ausg. Wien (846)867. Capellen. 16. (VIII, 102 S.) n. 12 ngr.

—— ausgewählte Gedichte. Uebersetzt von Hugo v. Meltzl. 2. verb. Aufl. 8. (80 S.) [München 883, Bibliographisch-artist. Institut.] Leipzig, Unflad. * 1 40

Petöfi's, Alex., ausgewählte Gedichte. Aus d. Ung. übers. u. m. Anmerkgn. vers. v. Andor v. Sponer. 8. (XVIII, 333 S.) Leipzig 896. H. Haessel. n. 3. —; geb. n. 4. —

Petöfi's, Alexander, Lyrische Gedichte. Deutsch von Theod. Opitz. (Mit dem Bildnisse des Verfassers.) 1. Bd. vom Jahre 1842—48. 2. Bd. vom Jahre 1847—49. 8. (506 u. 422 S.) Pest 1864, Heckenast 4 fl. 50 kr

—— lyrische Gedichte. Deutsch von Thdr. Opitz. 2 Bde. 1. Aufl. 1864. 3 Thlr. und 2. Aufl. mit einem durch Herrn Benkert-Kertbeny provocirten Vorwort. gr. 16. (XXXIII und 928 S. mit Portr. in Stahlst.) Pest 867, Heckenast's Verlag.

— lyrische Gedichte. Deutsch von Thdr. Opitz. 2 Bde. 2. Aufl. mit einem durch Herrn Benkert-Kertbeny provocirten Vorwort. Pest 868. Heckenast's Verl. gr. 16. (XXXIII, 928 S. mit Portr. in Stahlst.) 2 ℳ

Petöfi, Sándor, l'eroe Giovanni („János vitéz"). Prima versione italiana di Gius. Cassone. (103 S. m. Bildnis.) kl. 8. Budapest 908. (Wien, G. Szelinski.) 1. 40

—— der Held János. Ein Bauernmärchen. Aus dem Ungar. übers. durch Kertbeny. 16. (XVI und 132 S. mit P's. Bildn. in Stahlst.) Stuttgart 850, E. Hallberger.

— der Held János. Ein Bauernmärchen. Aus d. Ungar. übers. durch Kertbeny. Nebst d. Bildnisse d. Dichters (in Stahlst.) 16. (XVI u. 132 S.) Stuttgart 851, E. Hallberger. 1 ℳ; in Engl. Einb. mit Goldschn. n. 1¼ ℳ

— Held János. Ein ungarisches Märchen. In deutscher Nachdichtung von J. Schnitzer. Mit einem Vorwort von M. Jókai. Das Bildniß des Dichters von Barabás, die Illustr. von Jankó. gr. 8. (IV, 151 S. m. 5 Holzschntaf.) Budapest 878. Grill. n. 3. —

—— s. a. Liederkranz aus P.'s lyr. Dichtungen.

— Liederkranz aus Alex. Petöfi's lyrischen Dichtungen. Uebers. von Geo. v. Schulpe. 8. (XII, 108 S.) Minden 886. Bruns. n. 1. 50

— Liederkranz aus P.'s lyrischen Dichtungen. Uebers. von G. v. Schulpe. 2. Aufl 12. (XX, 140 S.) Minden 890. Bruns' Verl. n. 1 50

— Liederkranz aus P.'s lyrischen Dichtungen. Uebers. von Geo. v. Schulpe. 2., verm. u. verb. Aufl. 12. (XX, 140 S.) Minden i/W. 891. Bruns. n. 1. 50

— Schecken und Falbe, s.: Bibliothek der Gesamt-Litteratur d. In- u. Auslandes.

— prosaische Schriften, s.: Universal-Bibliothek.

—— der Strick des Henkers, s. a. Universal-Bibliothek Nr. 777.

Petöfi, Alex., der Strick des Henkers. Roman. Aus dem Ungar. von Kertbeny. 1. Aufl. 1852. * 20 Ngr. und 2., wohlfeile Aufl. 8. (164 S.) Halle 854(55,) Schmidt. *

— des Henkers Strick. E. romant. Erzählg. 12. (117 S. m. 5 Bild.) Budapest 896. K. Rózsa u. Frau. n. — 40

Petöfi, Alexander, Des Scharfrichters Strick. (A hóhér kötele.) Roman. Aus dem Ungarischen übersetzt von Eug. Müller. Druck v. J. Gámán's Erben. Klausenburg. kl. 8. (184 S.) Klausenburg, Demjén in Comm. 1870. 1 fl.

— der Wahnsinnige [Az Orült]. Orig.-Text der 1. Ausg., Losearten, Verdeutschung, Commentar von Hugo von Meltzl. [Aus: „Mag. f. d. Lit. d. Ausl."] gr. 8. (16 S.) Leipzig 879. Friedrich. n. — 50

Petöfi's, A., poetische Werke. Mit Beiträgen namhafter Uebersetzer hrsg. von Ludw. Aigner. (In ca. 20 Hftn.) 1—9. Hft 8. (à 4 B. m. 1 Holzschntaf.) Budapest 880—82. Aigner. à — 60

Petöfi's poetische Werke. Mit Beiträgen namhafter Uebersetzer. Hrsg. v. Ludw. Aigner. 10—12. Lfg. 8. (à 4 B.) Budapest 883. Aigner. à — 60

—— poetische Werke. Mit Beiträgen namhafter Uebersetzer hrsg. von Ludw. Aigner. 2 Bde. 8. Budapest 880,83, Aigner. à Bd. * ℳ 4. * 8 —
geb. in Halbfrz. à Bd. * ℳ 6,40. * 12 80

Inhalt:
Bd. 1. Liebesperlen. (374 S.)
„ 2. Buch des Lebens. (404 S. nebst Portr.)

Petöfi's, Alex., poetische Werke. Deutsch v. Jos. Steinbach. 8. (XXXIV, 1107 S. m. Bildnis.) Breslau 902. Schles. Buchdruckerei zc. n. 4. —; geb. n. 5. —

Alexander Petöfi's poetische Werke. Deutsch von Josef Steinbach. *Breslau S. Schottlaender 1902.* (XVIII, 1107 S.) 8° [F.] [01. 13043]

Alexander Petöfi's poetische Werke Deutsch von Josef Steinbach. 2. Aufl. Breslau Schles. Verl.-Anst. 1905. (XVIII, 1107 S.) 8° [F.] [07. 3825]

Ⓢ Poetische Werke. Deutsch v. Jos. Steinbach. 905. (KVL 34.) Ladenpr. aufgehoben.

Petöfi, Alex., poetische Werke in 6 Bdn. In deutscher Nachdichtg. v. Ign. Schnitzer. (379, 296 u. 298 S. m. 3 Bildnissen.) gr. 8. Wien 910. Halm & Goldmann. In 3 Halbperg.-Bde. kart. Subskr.-Pr. 42. —

— Wolken, s.: Hausbibliothek, deutsche.

Petöfi's Leben u. Werke, s.: Fischer, A.

Petong, Rich., die Gründung u. älteste Einrichtung der Stadt Dirschau. [Mit 2 autogr. Karten.] gr. 8. (44 S.) Königsberg 885. Beyer. n.n. 1. —

Petong, Rich., über publicistische Literatur beim Beginn der Nymweger Friedensverhandlungen. Nebst einem Verzeichniß gleichzeit. Quellenschriften für die Geschichte derselben Zeit bis zum Frieden von St. Germain. gr. 8. (III, 72 S.) Berlin 870, Kortkampf. * 1 60

Petong, Rich., Uebersichtskarte des Alpengebietes, für Schüler bearb. 1 : 506,000. 10 Bl. Chromolithogr. gr. Fol. Danzig 881, (Homann. — Elberfeld, Fassbender's Buchh.) ** 6 —

Petong, Rich., üb. Volkswohlfahrtseinrichtungen in fremden Staaten, insbesondere in Dänemark. Nach gesammelten Vorträgen. gr. 8. (36 S.) Berlin 891. Bibliograph. Bureau. n. — 40

Petonke, Walther, a. Gnewin in Pommern: Der Konflikt zwischen Preußens Staats- und Heeresleitung während der Okkupation in Frankreich, Juli bis November 1815. Greifswald 1906: H. Adler. (66 S.) 8° [F.]
Greifswald, Phil. Fak., Ref. Ulmann, Diss. v. 15. Dez. 1906
[Geb. 11. Apr. 83 Gnewin; Wohnort: Greifswald; Staatsangeh.: Preußen; Vorbildung: Gymn. Neustadt W.-Pr. Reife O. 02; Studium: Königsberg 1, Berlin 3, Greifswald 5 S.; Rig. 17. Nov. 06.]

Petow, Karl, aus Kiel: Über die Einwirkung von Phenyl- und Tolylhydroxylamin auf aromatische Thionylamine. *Rostock 1899: C. Boldt.* (39 S.) 8°
Rostock, Phil. Diss. v [31. Jan.] 1899

Petr Veliký ruský car, s. **Bibliotheka** obrázková pro mládež.

— **Менщиковъ и Лейбницъ. Разговоръ, бывшій въ Торгау 1711 годи.** Berlin 861. Behr. gr. 8. (20 S.) n. 10 ngr.

Petr, Johann Horyinil

Petr, Joh. Horyinil, theoretisch-praktisches Handbuch für Gold- u. Silberarbeiter. Anleitung zur Bestimmung des Feingewichtes u. inneren Geldwerthes der Gold- u. Silber-Legirungen u. zur Zusammensetzung derselben mittelst der Legirungs-Rechnung. Unentbehrlicher Rathgeber bei Vergleichung u. Verwandlung des Mark- u. Ducaten-Gewichtes in das im Münz- u. Einlösungswesen neu eingeführte Münzpfundgewicht u. umgekehrt. Mit einem Anh.: Populäre Anleitung zur Rechnung in Decimalbrüchen. Prag 865. Tempsky. Lex.-8. (XVI, 174 S. mit 11 Tabb.) 22½ ngr.

— **österreichischer Legur-Schimmel für Gold- u. Silberarbeiter, Juweliere u. zum Theil auch für Banquiers, Geldwechsler u. Kaufleute. Weimar 869. B. F. Voigt. gr. 8. (VI, 37 S.)** 9 ngr.

Petr, Josi, am Kreuzweg, s. a. Weichert's Wochen-Bibliothek.

[F.] Am Kreuzweg. Dorfroman a. d. Böhm. v. Josi **Petr**. M. 3 Vollb. *Berlin: A. Weichert [1897].* (103 S., 3 Taf.) 1 Bd 8.
— **Wochen-Bibliothek**, Weichert's. Bd 19. [97. 5459

Petr, K., über e. **Anwendung der elliptischen Funktionen auf die Zahlentheorie.** (8 S.) Lex. 8. Prag 908. (F. Řivnàč.) — 20
Sonderabdr. aus: „Sitzgsber. d. böhm. Gesellsch. d. Wiss."

Petr, K., Bemerkung zu e. Gauss'schen Formel üb. die Thetafunktionen. (64 S.) Lex.-8. Prag 905. (F. Řivnáč.) n. — 20
Sonderabdr. aus: „Sitzungsber. d. böhm. Gesellsch. d. Wiss."

Petr, T., neue Potenziallehre sammt dem Beweise der Unrichtigkeit d. von den Mathematikern bis jetzt angenommenen Definition vom Potenziren. gr. 8. (2½ B.) Oedenburg 844. (Wien, Benedikt'sche Buchh.)

Fest-Cantate aufgeführt bei der Feier des 50jährigen Jubelfestes der Gr. Loge zur Eintracht im Or.·. Darmstadt. Text von P[eter] Förmes. Musik von V. Petr. o. O. [1896]. 2 Bl. 8⁰ [Umschlagtit.]
Ohne Noten.

Fest-Cantate aufgeführt bei der Feier des 75jährigen Jubelfestes der Loge Johannes der Evangelist zur Eintracht im Or.·. Darmstadt am Sonntag, den 4. Oct. 1891. Text von P[eter] Förmes. Musik von V[ácslav] **Petr.** [Darmstadt 1891.] 2 Bl. 8⁰ [Umschlagtit.]
Ohne Noten: „Steiget zum Himmel, ihr Feierklänge, . . ."

Petr, W., Liedersammlung f. die Oberklassen höherer Mädchenschulen. (VI, 179 S.) gr. 8. Leipzig 903. G. Freytag. Geb. in Leinw. n. 1. 80

Petra, G. de, Le tavolette cerate di Pompei rinvenute à 3 e 5 luglio 1875. Gel. 1876 86 S. u. 4 Taf. 4°.

Petráček, N. J., O Horatiovych názorech filosofickych. Pr. 1888. 23 S.

Petračić, Andreas: Untersuchungen über die selbständige Bestandesausscheidung von Eiche, Buche und Föhre in Stärke- und Nutzholz-Güteklassen. München 1908: Kastner & Callwey. (42 S., 4 Tab.) 8°
München, Staatswirtsch. Fak., Ref. H. Mayr, Diss. v. 12. Nov. 1907
[Geb. 22. Okt. 79 Petrinja (Kroatien); Wohnort: Neugradiška; Staatsangeh.: Kroatien; Vorbildung: Ober-Realgymn. Rakovac Reife Juni 98; Studium: Agram 6, München 4 S.; Rig. 12. Nov. 07]

Petrak, A., die geistl. Rose, s.: Führich, Jos. v.

Petrák, Ed. R., illustrirter Führer durch das Riesengebirge, die Adersbach-Wockelsdorfer Felsenstädte u. den Stern. Im Auftrage d. österr. Riesengebirgsvereins bearb. Mit 70 Illustr., 1 Panorama v. der Schneekoppe u. 4 Karten. 12. (XVI, 348 S.) Wien 891. A. Hartleben. Geb. in Leinw. n. 3. 60

Petrak, Ulr.: Anleitung zum Safranbau, s. Kronfeld, Ernst Moritz: Geschichte d. Safrans u. seiner Cultur in Europa.

Petrak, Ulr., († d. 6. Juli 1814.) drei Kirchenlieder f. meine Pfarrgemeinde, bei besond. Andachten zu singen. gr. 8. Wien, (Gerold). 2 gr.

— geistl. Lieder. 8. Wien, (Gerold). 3 gr.

— Lieder d. Liebe. Mit Orgelbegleitung. 4. Wien, (Gerold). 6 gr.

— vierstimmige Trauergesänge mit willkührlicher Orgelbegleit., z. Gebrauch bei Beerdigungen, in Musik gesetzt v. M. Stadler. 4. Wien 815. Geistinger. (Gerold). 12 gr. Hdg. Pr. 6 gr.

Petrak, U., Unterred. d. Niederösterr. Saffran z. bauen. 8. Prag, Schönfeld. 797.

Petrak U.: Praktischer Unterricht den niederösterreich. Saffran zu bauen .. Wien u. Prag 1797 96 S. 1 kol. Tvl.

Petrak, Ulr., prakt. Unterricht, den niederösterr. Saffran zu bauen. Mit 1 ill. Kpf. 8. Prag 797. Schönfeld 8 gr.

Petraka, s. Petrarca

Petrakakos, Demetrios A., s.: Festschrift, Emil Friedberg usw. gewidmet.

Petrakakos, D. A., Die Satzungen üb. das Mönchtum in der orthodoxen anatolischen Kirche. 1. Bd. Die erste Organisation. (In griech. Sprache.) (XXVIII, 195 S.) gr. 8. Leipzig, A. Deichert Nachf. 1907 7. —

— Satzungen üb. das Mönchtum in d. orthodoxen anatolischen Kirche. 1. Bd. Die erste Organisation. [Die Regeln d. hl. Antonius, d. hl. Pachomius u. Basilius des Grossen. — Die kirchl. u. staatl. Bestimmgn. im 4. Jahrh. — Die rechtl. Stellg. d. Klöster u. Mönche.] (In griech. Sprache.) (XXVIII, 195 S.) gr. 8. Ebd. 907. 7. —

— *Σύμβολαι εἰς τὸ ποινικὸν δίκαιον τῆς ὀρθοδόξου ἀνατολ. ἐκκλησίας.* (VIII, 114 S.) gr. 8. Leipzig 909. A. Deichert Nachf. 3. 40

Petrakakos, Dem. A., die Toten im Recht nach der Lehre u. den Normen des orthodoxen morgenländ. Kirchenrechts u. der Gesetzgebung Griechenlands. (XIX, 248 S.) gr. 8. Leipzig 905. A. Deichert Nachf. n. 6. —

Petrakidès, Apostolos G. [aus Stenimacho]: Ein Fall von Struma maligna. Struma carcinomatosa ... Würzburg, P. Scheiner's Buchdr., 1892; 38 S. 8.
Würzburg, Med. Fak., Inaug.-Diss. v. 1892

Petraloysius Praenestinus, J., missa ascendo ad patrem, s.: Musica divina.

[F.] Beiträge zur Verständigung über Begriff und Wesen der sittlich-religiösen Erfahrung. Von Ernst **Petran,** Prediger zu Breslau. *Gütersloh: C. Bertelsmann 1898.* (VI S., 1 Bl., 359 S.) 1 Bd 8. [98. 7600 Gr

— Theodor Fliedner, d. Diakonissenvater, s.a. Für Feste u. Freunde d. inn. Mission, Hft. 2.

[F.] Theodor Fliedner, der Diakonissenvater (Von Ernst **Petran,** Pred. in Breslau.) *Berlin Buchh. d Ostdeutschen Jünglingsbundes [1897].* (16S.) 8.
= Feste, Für, u. Freunde d. Inneren Mission H. 2. [98. 9076

Petran, Ernst, das Gewissen, s.: Lehr u. Wehr für's deutsche Volk.

Petran, Ernst Halleluja, s. Ulbrich, Karl

— Herr, lehre uns beten! Eine Anleitung zum fruchtbaren Gebrauch der sieben Bitten des hl. Vaterunsers, zur Vertiefg. u. Bereicherung des Gebetslebens. [Aus: „Samenkörner des Gebets".] gr. 8. (30 S.) Breslau (902). Ev. Buchh. n. — 20

— Samenkörner des Gebets, 8 Predigten üb. das hl. Vaterunser. gr. 8. (IV, 106 S.) Ebd. 900. 1. 20

— dasselbe. 2. Aufl., vermehrt durch e. Anh.: „Anleitung zum fruchtbaren Gebrauch der sieben Bitten". gr. 8. (IV, 138 S.) Ebd. (902). Kart. n. 1.40

— wo ist d. Wahrheit? In d. Bibel od. bei d. „Wissenschaft" d. Sozialdemokraten u. Freireligiösen? E. Gespräch fürs deutsche Volk. Gekrönte Preisschrift. gr. 8. (67 S.) Berlin 895. Buchh. des Ostdeutschen Jünglingsbundes. n. — 40

Petran, J., hat der evangelische Christ v. der kritischen Behandlung der Bibel etwas zu fürchten? Ein Wort zur Verständigg. gr. 8. (71 S.) Braunschweig 893. C. A. Schwetschke & Sohn. n. 1. —

Petran, Johs., 80 Kirchenlieder aus dem schlesischen Prov.-Gesangbuch nach dem Beschluß der Prov.-Synode 1908, nebst Luthers Katechismus, 174 Bibelsprüchen, 18 Psalmen u. Gottesdienstordng. Lernstoff f. den pfarramtl. u. den schulplanmäß. evangel. Religionsunterricht. Auf Grund der 80 Kirchenlieder v. A. Treblin hrsg. (80 S.) 8. Breslau 910. W. G. Korn. p nn — 15

Petrarca, ein Denkmal der edlen Liebe und Humanität, von J. F. Butenschön, 1r Theil, 8. Leipzig, 796. Wolf. 1 Rthl. 10 sgl.

– Dass., s.a. Butenschön, Jh. Fr.

Petrarca, Ein dramatisches Gedicht in fünf Akten ... Hamb. 1806. V: *Westphalen, Engel Christine geb. von Axen.* (GGr) (FE) (Ky) (Schl) (EE) (MGT) (Cat d. Stadtbibl. Zürich. Zürich 1864—97.)

Petrarka; dramat. Gedicht in 5 A. (v. E. Christine Westphalen). Mit 2 Kpf. gr. 8. Hamb. 806. (Campe). 1 rℓ 8 gℓ

Petraka. Dramat. Gedicht in 5 Akt. v. d. Verfasserin der Charlotte Corday, m. K. gr. 8. Hamb. Hoffmann. 806.
Schreibp.
Velinp.

Petrarca, eine dramat. Dichtung, v. August Eckschläger. gr. 8. Wien, Binz. 814.

Petrarca, F. Ein Gedicht aus seinen Liedern gezogen ... Winterthur 1776. V: *Lenz, Jacob Michael Reinhold.* (GGr) (Mn) (BrMm)

Petrarca, Francesco, dargestellt von C. L. Fernow. Nebst dem Leben des Dichters ... Altenburg u. Leipz. 1818. V: *Merian, Hans Bernhard.* Ü: *Fernow, Carl Ludwig.* (GGr)

— — dargestellt von C. L. Fernow. s.a. Fernow.

Petrarca, Franz. Eine Biografie. Prag u. Leipzig 1794. V: *Meinert, Joseph Georg.* (EB)

Petrarka's Biographie, s.a. J. G. Meinert.

Petrarka's, Franz, Biographie, v. J. G. Meinert. 8. Prag, Neurentter. (Joachim in Lpz.) 794.

Petrarca, Frz., Biographie v. J. G. Meinert. 8. Prag, Neurentter. (Joachim, Leipz.) 794.

Anhang zu PETRARCA's Geschichte des literarischen Sonntags-Vereins in Berlin. (Berlin 1852: Druck von C. G. Brandis.) 4°.)**

Petrarca, Francesco

— Auswahl einiger d. vorzügl. Gedichte z. Beförderung einer genaueren Kenntniß d. Dichters wörtlich ins deutsche übers. u. mit kurzen Anmerkk. begl. v. W. Daniel. 8. Crefeld 830. Schüller. 12 gℓ

— Auswahl e. Gesänge aus, als Proben e. vollständ. Uebersetz. v. S. G. Laube. 8. Glogau 808. N. Güntersche B. 12 gℓ

Petrarch's, Frz., Bekenntnisse in Uebertragungen seines Briefes an die Nachwelt u. seiner drei Gespräche über die Verachtung d. Welt. Deutsch v. Ludw. v. Clarus. 16. (12 B.) Mainz 846, Kirchheim, Schott u. Thielmann.

Petrarca, Francesco, Brief an die Nachwelt. Gespräche üb. die Weltverachtg. Von seiner u. vieler Leute Unwissenheit, s.a. Zeitalter, das, der Renaissance. I, 2.

Francesco **Petrarca.** Brief an die Nachwelt. Gespräche über d. Weltverachtung. Von seiner u. vieler Leute Unwissenheit. Übers. u. eingeleitet von Hermann Hefele. (Jena. Diederichs) 1910. XXXVIII, 197 S. 8°
(Das Zeitalter d. Renaissance. Ser. 1, Bd 2.)

Franz **Petrarcas** poetische Briefe [Epistolae]. In Versen übers. u. mit Anm. hrsg. von F[ranz] Friedersdorff. *Halle a. S.: M. Niemeyer 1903.* (272 S.) 8° [03. 13.09 B

Petrarka, Franc., Bußpsalmen. Metr. übers. v. ein. Geistlichen d. Bisth. Augsburg. 32. (88 Seit.) Augsburg 839, (Kollmann'sche Buchh.)

— Canzoni. 16. Zwickau. 819. (Gebr. Schumann). 8 gℓ

Petrarca, Francesco, il canzoniere, s.: Biblioteca d'autori italiani.

Petrarcae, Franc., carmina incognita, s.a. Monumenta saecularia.

Petrarca, Francesco. Francisci Petrarcae Aretini carmina incognita [illegible] Martinus Thomas. 4

Petrarchische Chrestomathie, od. Auswahl d. vorzügl. Sonette u. Canzonen aus Fr. Petrarcas italien. Gedichten, mit deutscher treuer Uebersetzung u. erklärenden Anmerkk. 8. Hamb. 2e Aufl. v. Fr. Eccard. Durchgesehen u. mit Anmerkk. versehen v. C. J. Jagemann. 8. Ebd. (805). (Herold jun.) 1 ℛ 20 gr. Schrbp. 2 ℛ 4 gr.

—— Gedichte. Nach der Uebersetzung von Karl Förster, s. Collection Spemann.

— Gedichte, aus seinen Liedern gezogen. 8. Winterthur 776. Steiner. 4 gr.

Petrarca, Francesco, Gedichte. Uebers. von Wilh. Krigar. Berlin 855. Huber. 8. (539 S. u. Portr. in Stahlst.) n. 2 ℛ. $7\frac{1}{2}$ ngr.

Petrarca, Franc., Gedichte. Uebers. von Wilh. Krigar. 2. Aufl. Hannover 866. Rümpler. 8. (XIX, 560 S. mit 2 Stahlst.) 1 ℛ $22\frac{1}{2}$ ngr.; geb. mit Goldschn. 2 ℛ $7\frac{1}{2}$ ngr.

—— dass. — Uebersetzt von Wilh. Krigar. 2. Aufl. Neue (Titel-) Ausg. Mit 2 (Stahlst.-)Portr.: Petrarca und Laura. 8. (XIX, 560 S.) Halle 883, Gesenius' Verlag. *ℳ 4.; geb. * 5 50

— italien. Gedichte. Aus d. Italien. übers. u. mit erläut. Anmerkk. begleit. v. K. A. Förster. (Mit Originaltext z. Seite.) 2 Thle. 8. Leipz. 818—819. Brockhaus. 5 ℛ 2e verb. Aufl. unt. d. T.: Petrarca, sämmtl. Canzonen, Sonette, Balladen (?) u. Triumphe. gr. 8. Ebd. 833. 2 ℛ 6 gr.

— sämmtl. italien. Gedichte. Mit Anmerkk. herşgg. von K. F. Herrmann. 1r Thl. 8. Leipz. 796. Schwickert. 20 gr.

— sämmtl. italien. Gedichte, neu übers. von Fr. W. Brückbräu. Mit erläut. Anmerkk. 6 Bdchn. 12. Münch. 827. N. A. 829. Lindauer. 18 gr.

—— sämmtl. italien. Gedichte. Neu übers. v. Fr. W. Bruckbräu. Mit erläut. Anmerkn. 6 Bdchn. Neue Ausg. 12. (24 B.) München 829, Lindauer.
Vgl. Auswahl einiger d. vorzügl. Gedichte d. Petrarca rc.

— d. wunderbarliche Geduld der Bäuerin u. Gräfin Griseldis. Ein herrl. Exempel d. Geduld u. Demuth. Nacherzählt v. M. v. Cochem. Neue wohlf. Ausg. 8. ($2\frac{1}{4}$ B.) Passau 846, Pustet'sche Buchh.

Petrarca, Frz., Historia Julii Caesaris. Auctori vindicavit, secundum codicem Hamburg. correxit, cum interpretatione italica contulit C. E. Chr. Schneider. gr. 8. Leipz. 827. Er. Fleischer. 2 ℛ 12 gr.

Petrarchiae, (Franc.,) Historia Julii Caesaris, Auctori vindicavit, secundum codicem hamburg. correxit, cum interpretatione italica contulit E. E. Chr. Schneider. gr. 8. Leipz. 827, G. Fleischer.

—— sämmtl. Canzonen rc., Uebers. von C. Förster. 2 Thle. Vgl. Bibliothek italien. Classiker.

Petrarca's, F., Canzonen, Sonette, Ballaten und Triumphe, s. Bibliothek der Classiker des Auslandes. 78 und 79. Bd.

Petrarca, Franc., sämmtl. Canzonen, Sonette, Ballaten u. Triumphe, übers. u. mit erläut. Anmerkn. begl. v. Karl Forster. 2., verb. Aufl. gr. 8. ($34\frac{1}{4}$ B.) Leipzig 833, Brockhaus.

Petrarca, F., Lieder an und für Laura . . . Mannheim 1797. Ü: *Kaibel, Gg David.* (Adel) (Ky) (HS)

— Lieder an u. f. Laura; aus e. Manuscripte frei übers. (v. G. D. Kaibel). 16. (Manh.) 797.

— Poëmata minora, quae exstant, omnia. Nunc primo ad trudinam revocata ac recensita. Vol. I. (Latein. u. Italien.) 8maj. Mediol. 829. (Weber in Münch.) 1 ℛ 8 gr.

Petrarca's, Francesco, Reime. Uebersetzt u. erläutert v. Carl Kekule u. Ludw. v. Biegeleben. 2 Bde. gr. 8. (45 B.) Stuttgart 844, Cotta'sche Buchh.

— Rime, s.a. Bibliotheca romanica.

— Rime. Rerum vulgarium fragmenta, s.: Bibliotheca romanica 12.—15. Bd.

— le Rime. II Tmi. 18. Londra. (Sommer, Lps.)

Petrarca, F., Le Rime. Dresden 1774. H: *Walther, Conr. Salomon.* (MGT)

Petrarca, Francesco: Le Rime. 456 S., gbd. Abb.

Dresda: Walther 1774

JB 5.554

Petrarca, Frz., le Rime ital. ed. di Valenti. (N. Tit. v. Valenti Sc. poet. 1r.) 8. Berlin, Lange. 797. Rthlr.

— le rime ed. G. di Valenti. 8. Berl. 797. (Reimer). 1 ℛ 4 gr.

— — id. edizione de G. de Valenti. 8. Berlin. 798. Jetzt Reimer.

— le rime, ed. una nuove vita dell' Autore, più esatta delle antecendenti da C. L. Fernow. II Tom. gr. 12. Jena 806. Frommann. 1 ℛ Schrbp. 1 ℛ 12 gr. Velinp. 3 ℛ (Auch u. d. T.: Raccolta etc. Vol. IV. V.)

— — le Rime. Edizione formata sopra quella di Rovillio del 1574, con aggiunte e col ritratto dell' autore. 2 Tomi. in 18. Venezia. 820. (Vienna. Volke.)

Petrarca, Francesco, († d. 18. Jul. 1374), rime, secondo l'ediz. e col proemio di Ant. Marsard; aggiuntevi le memorie sulla vita del poeta i saggi di Ugo Foscolo, le dichiarazioni de migliori comentatori, etc. gr. 12. (568 S.) Parigi 847, Didot frat. n. 1 ℛ

Petrarca, F., die Sonette, s. Universal-Bibliothek Nr. 886; 887.

— 100 ausgewählte Sonette, übers. von Jul. Hübner. Mit 1 Titelkpfr. Berlin 868. Nicolai's Verl. br. 8. (256 S.) cart. n. 1 ℛ 15 ngr.

— Sonette u. Kanzonen. (Auswahl, Uebersetzg. u. Einleitg. v. Bettina Jacobson.) (300 S. m. Titelbild.) kl. 8. Leipzig 904. Insel-Verlag. n. 3. 50

Petrarca. Aus Petrarcas Sonettenschatz. Freie Nachdichtgn. v. J. Kohler. 8. (XIX, 115 S.) Berlin 902. G. Reimer. Geb. in Leinw. 3.—

— aus Petrarcas Sonettenschatz. 2. Sammlg. Freie Nachdichtgn. v. J. Kohler. (XI, 148 S.) 8. Berlin 903. G. Reimer. Geb. in Leinw. 3. —

— Sonetti. Con 1 rame. 16. Zwickau 819. (Gebr. Schumann). 8 gr.

Petrarca, Francesco, I trionfi. Testo critico per cura di Carl Appel. 8. (VI, 132 S.) Halle 902. M. Niemeyer. n. 1.—

— die Triumphe. In krit. Texte hrsg. v. Carl Appel. gr. 8. (XLIV, 476 S. m. 6 Taf.) Ebd. 901. n. 14. —

— — Viaggi in Francia, in Germania ed in Italia, descritti dal Prof. Ambr. Levati. Vol. I et II. 8. gr. Milano. 820. (Vienna, Volke.)

Petrarch, Frz., s. Petrarca, Francesco

Petrares, K.

Petraris, K., Handbuch d. neugriechischen u. deutschen Umgangssprache. 12. (VIII, 425 S.) Leipzig 898. O. Holtze's Nachf. 4. —; geb. in Leinw. n.n. 4. 60

Methode Gaspey-Otto-Sauer Neugriechische Konversations-Grammatik zum Schul- und Privatunterricht von K. Petraris [Petrares] Heidelberg: J. Groß 1895 (VIII, 476 S.) 8⁰

— neugriechische Konversations-Grammatik zum Schul- u. Privatunterricht. gr. 8. (VIII, 476 S. m. 1 Schrifttaf.) Heidelberg 895. J. Groos. Geb. in Leinw. n. 6. —

— dasselbe. Schlüssel. gr. 8. (87 S.) Ebd. 896. Kart. n. 2. —

Petraris, K. Lehrbuch der neugriech. Volks- u. Umgangssprache (Methode Gaspey-Otto-Sauer.) (VII, 269 S.) gr. 8. Heidelberg 903. J. Groos. Geb. in Leinw. n. 8. —

Petraris, K., A manual of modern Greek and English conversation. 12. (VIII, 425 S.) Leipzig 898. O. Holtze Nachf. 4. —; geb. in Leinw. n.n. 4. 60

Petraris, K., Manuale della conversazione italiana e greca moderna, s.: Biraghi, A.

— Manuel de la conversation grecque moderne et française. 12. (VIII, 425 S.) Ebd. 898. 4. —; geb. in Leinw. n.n. 4. 60

— Taschenwörterbuch d. neugriech. u. deutschen Sprache. 2 Tle. gr. 16. Ebd. 897. Geb. in Leinw. n. 7. 60; in 1 Bd. geh. 6. —; geb. in Halbfrz. n. 7. —
1. Neugriechisch-Deutsch. (IV, 430 S.) n. 3. 60
2. Deutsch-Neugriechisch. (II, 553 S.) n. 4. —

[T.] Taschenwörterbuch der neugriechischen und deutschen Sprache v. K. Petraris (Petrares). (In 2 Tln.) Tl (1.)2 (in 1 Bd). *Leipzig: O. Holtze's Nachf. 1897.* 1 Bd 8.
(1) [A. T.] Ἐπίτομον λεξικὸν τῆς νεοελληνικῆς καὶ τῆς γερμανικῆς γλώσσης ὑπὸ Κ. Πετράρης Μέρος 1. Ἑλληνογερμανικόν (2 Bl., 430 S.)
2 Deutsch-Neugriechisch. (1 Bl., 553 S.) [97. 1917]

Petrark und Laura, histor. Roman, von Gräfin v. Genlis, nach dem Franz. bearb. von Th. Hell. (Auch u. d. Titel: Genlis kleine Romane u. Erzählungen. 16s Bändchen.) 8. Leipzig, Hinrichs. 820.

Petrark, U., s. Petrak, Ulr.

Petrarka, s. Petrarca

Petras, Elisab., die bezähmten Widerspenstigen. Ein Nikolausscherz in 2 Aufzügen. (16 S.) 8. München (910). B. Höfling. — 50

Chronik der Stadt Konitz. Dargest. von Dr. P(aul) Petras. Buchschmuck von Hans Petras. Lfg 1. Konitz: Petras 1910. 8⁰ [10.14.1910]

Petras, Paul [aus Grünberg in Schlesien]: Über die mittelenglischen Fassungen der Sage von den sieben weisen Meistern. I. Teil: Überlieferung und Quelle .... Grünberg i. Schl., Friedr. Weiß Nachf. (Hugo Söderström) (1885): 76 S. 8⁰.
Breslau, Phil. Fak., Inaug.-Diss. v. 12. Sept. 1885.

Petras, Paul, über die mittelenglischen Fassungen der Sage von den 7 weisen Meistern. 1. Tl.: Überlieferung und Quelle. Inaugural-Dissertation. gr. 8. (74 S.) Grünberg i. Schl. 885. (Breslau, Köhler.) *

Petrasch, Chronik der tausendjähr. Stadt Obermarsberg, ehemaligen sächsischen Festung Eresburg, angefangen mit dem J. 1836. Aus des Verf. hinterlassenen Papieren. gr. 8. (84 S.) Brilon 848, Friedländer. (Leipzig, Hunger.) n. ⁵/₁₂ Thlr

Petrasch, k. k. Generalquartiermeister unter dem Oberkommando des Prinzen Eugen von Savoyen Originalerzählung des unglücklichen Treffens an der Donau nahe bei Salankament im Jahre 1717 Geschrieben zu Konstantinopel im Gefängnisse der sieben Thürme (Donation Liechtenstein) 8 Brünn 1790.

Petrasch, August (Werl/Westfalen), De menstruatione ejusque de via normali aberrationibus. Diss. med. Greifswald (Fr. W. Kunike) Okt. 1833. 32 S. mit Biogr. (3.—) 26178
Oppon.: A. Loweg, H. Mueller, W. Stabenow. — Gew.: Theod. Ploettner, Albert Pulte.

Die Geburtsfeier unseres Kônigs in der Freimaurer-Loge Agrippina zu Köln am Rhein am Vorabend des 3. Aug. 1828. Von B. Petrasch. Köln 1828: Dietz. 19 S. 8⁰
Kl. 2998 b. Beschreibung der Feier.

Petrasch, Carl, s. Petrasch, Karl

Petrasch, F. Karl, s. Petrasch, Karl

Petrasch, Joh., Anleitung zur Cultur der Alpenpflanzen in der Ebene, s. Seboth, Jos., die Alpenpflanzen.

v. Petrasch, Jos., sämmtliche Lustspiele. Mit einer Vorrede von C. A. Will. 2 Thle. gr. 8. Nürnb. 765. Felssecker. 3 Thlr 8 gr

v. Petrasch, Jos., († 1772.) Samml. verschiedener deutscher Gedichte. 2 Thle. gr. 8. Frankf. u. Leipz. 767, 68. 2 Thlr

SAMMLUNG verschiedener deutscher Gedichte eines Slavoniers (von *Joseph* Frhrn. v. *Petrasch*). Frankfurt und Leipzig 1767—68.
Anon.-Lex. IV p. 16 (nach Petrik u. der Allg. deutschen Biographie). — Rar!

Petrasch, Jos. v., Samml. versch. deutsch. Gedichte. Thle. gr. 8. Nürnb. 777.

Petrasch Karl: Beiträge zur Flora der Umgebung Pettaus. 9. Pettau 05. Progr.

Beleuchtung maurerischer Gegenstände, die jedem denkenden Freimaurer zu wissen nôthig sind. Von F. Karl Petrasch. Coblenz: 1823: Neue Gelehrten-Buchh. XVI, 119 S. 8⁰
Kl. 631. Gedichte u. drei Reden, Symbole u. Tendenz der Mrei behandelnd.

[Lied.] Am Schlusse der Tempel-Arbeit in der Loge Agrippina am 12. Sept. 8542, als Se. Königliche Hoheit der Prinz von Preussen dieselbe mit Seiner Gegenwart beglückte. [Unterz.:] C[arl] **Petrasch.** [Köln 1842.] 2 Bl. 4⁰ [Umschlagtit.]
Ohne Noten: „Die festlichste der Feierstunden . . .“

PETRASCH, Karl: Über das Vorkommen von Assimilationsgewebe in Blüten und Früchten. — 1906. 48 Bl., 9 Beil. Diss. Graz, Univ.

Petrasch-Wohlgemuth, Eugenie, die Kunst der Darstellung, nach Ernest Legouvé, C. Coquelin, Dupont-Vernon, Samson, Langlois-Fréville frei bearb. 8. (XIV, 84 S. m. Bildn.) Wien 900. M. Perles. n. 2.—; geb. n.n. 3.—

Petrasch-Wohlmuth, Eugenie, die Kunst der Darstellung, nach Ernest Legouvé, C. Coquelin, Dupont-Vernon, Samson, Langlois-Fréville, frei bearb. 2. Aufl. (XIV, 84 S. m. Bildnis.) 8. Wien 904. M. Perles. n. 2.—; geb. n. 3.—

Petrascheck (W.), Die floristische Gliederung der Schatzlarer Schichten bei Schatzlar und Schwadowitz. Wien 1909. 11 S.
Aus: Verhandl. der K. K. Geolog. Reichsanst. 1909, No 14.

Petrascheck, W., die Steinkohlenvorräte Österreichs. (15 S. m. 1 Taf.) Lex. 8. Wien 908. A. Manz. 1.20
Sonderabdr. aus: „Öst. Ztschr. f. Berg- u. Hüttenwes.“

— Das Verhältnis der Sudeten zu den mährisch-schlesischen Karpathen. (22 S. m. Fig.) Lex. 8. Teplitz-Schönau 908. A. Becker. 1.—
Sonderabdr. aus: „Der Kohleninteressent“.

— —, Das Vorkommen von Erdgasen in der Umgebung des Ostrau-Karwiner Steinkohlenreviers.
Aus: Verhandl. d. k. k. geolog. Reichsanst. 1908, No 14.

Petrascheck, Wilhelm, aus Dresden-Plauen. **Studien über Faciesbildungen im Gebiete der sächsischen Kreideformation.** Mit 14 Fig. im Text. *Dresden 1899: W. Baensch.* (55 S.) 8° ¶(Aus: Abhandlungen d. naturwiss. Gesellschaft Isis in Dresden, 1899, H. 2.)
Leipzig, Phil. Diss. v. [19. Jan.] 1900

Petraschek, Karl

Petraschek K.: *Josef Wesselys* Berufsbiographie. Ein Ausschnitt aus der Geschichte d. Forstwesens Oesterreich-Ungarns. Wien 1908. 319 S. Fig. 1 Tvl. 4°.

Petraschek, Karl: Josef Wesselys Berufsbiographie. Wien: Frick 1909. XI, 319 S. 8⁰

Petraschek, Karl, forstliches Vademecum. Messung, Berechng. u. Ausnutzg. lieg. Hölzer, nebst e. Anh. üb. Gewicht, Schwinden, Heizkraft u. Nutzwerth, sowie üb. Masse u. Gewichte verschiedener Länder f. Forstwirthe, Holzindustrielle u. Holzhändler. gr. 16. (VIII, 256 S.) Wien 883. Fromme. geb. n.n. 4.—

Petraschek, Karl, s.: Wessely's, Jos., Berufsbiographie.

Petraschek, Karl Otto, die rechtliche Natur des Bergwerkseigentumes nach österreich. Rechte unter Berücksicht. der deutschen u. französ. Gesetzgebung. Eine Studie. (VII, 136 S.) gr. 8. Wien 905. Manz. n. 3.10

Petrasi, Carl, über das Tripperrheuma. Inaugural-Abhandlung. gr. 8. (24 S.) München 848, Palm in Comm. n. 1/6

— die Verhütung u. Heilung der Hämorrhoiden u. ihrer Folgekrankheiten durch Kaltwasser. gr. 8. (16 S.) Kiel 850, Schröder & Co. n. 3

PETRASOVICS, Desiderius v Serubbabel. — (1903) 152 S. 4° (Handschr.)
Diss. Wien, Univ. Diss. 644

Petrasovics Desiderius von, Dr.: Die konstitutionelle Wandlung Napoleons I. im Jahre 1815.
II. 1905 PN 1958 **Diss.** Wien, Univ 918

Petraeus, Aug., Curiose Gedanken von der Lüsternheit der schwangern Weiber und vom Brechen. Dr. B. *Albini*, **Von der Entzückung und Hinfallung. A. d. Lat. v.** *M. M.* **54 S. Dresd. u. Lpz. 8°.**
1702

Petraeus, Bened(ikt) Nik(olaus) (Hrsg.):

s.: Basilius Valentinus, Frater: Chymische Schriften. 5.Ed. Th.1-3. O.O.: 1704

JB 251

Petraeus, Bened(ikt) Nik(olaus) (Hrsg.):

s.: Basilius Valentinus, Frater: Chymische Schriften. 6.Ed. Bd 1 - 2. Leipzig: 1769

JB 252

Aktienwesen und Spekulation [Akcionernaja kompanija]. Eine ökonom. u. rechtspsycholog. Untersuchung von L. v. Petrażycki [Lev Josifovič **Petrażickij**], Prof. Aus d. Russ. ins Deutsche übertr. unter Red. u. mit e. Vorw. d. Verf. Berlin: H. W. Müller 1906. (226 S.) 8° [07. 9519

Petrażycki, Leo v., die Fruchtvertheilung beim Wechsel der Nutzungsberechtigten. Vom Standpunkt d. positiven Rechtes u. der Gesetzgebg. Drei civilrechtl. Abhandlgn gr. 8. (XI, 268 S.) Berlin 892. H. W. Müller. n. 5.50

— die Lehre vom Einkommen. Vom Standpunkt des gemeinen Civilrechts unter Berücksicht. d. Entwurfs e. bürgerl. Gesetzbuches f. das Deutsche Reich. I. Bd. Grundbegriffe. gr. 8. (XII, 344 S.) Ebd. 893. n. 7.50

Petrażycki, Leo v., die Lehre vom Einkommen. Vom Standpunkt des gemeinen Civilrechts unt. Berücksicht. d. Entwurfs e. bürgerl. Gesetzbuches f. d. Deutsche Reich. II. Bd. Einkommenersatz. gr. 8. (XIII, 628 S.) Berlin 895. H. W. Müller. n. 12.80 (I. u. II.: n. 20.—)

Die Lehre vom Einkommen. Vom Standpunkt d. gemeinen Civilrechts unter Berücks. d. Entwurfs e. BGB. f. d. Deutsche Reich. Von Leo v. **Petrażycki**. Bd 1. 2. *Berlin: H. W. Müller 1893-95.* 2 Bde 8°
1 Grundbegriffe. 1893.
2. Einkommenersatz. Th. 1 Grundlegung. Th. 2 Zinsen. Th. 3 Arbeitseinkommen, Honorar, Unternehmergewinn. Anh. Entwurf (II), Civilpolitik u. polit. Oekonomie. 1895. [04. 1524

Petrażycki, L. v., über die Motive des Handelns u. üb. das Wesen der Moral u. des Rechtes. Aus dem Russ. ins Deutsche übertr. v. P. Balson. (64 S.) gr. 8. Berlin 907. H. W. Müller. 1.50

Petrażycki, Leo von, s. Petražickij, Lev Josifovič

Petreas, Stylianus M. [or. e. Kardamyle]: Ἡ Μάνη καὶ ὁ βίος τῶν Μανιατῶν ἐν συγκρίσει πρὸς τὰ παρ' ἀρχαίοις ... Athenae, τυπογρ. ἀδελφῶν Ἡ. Καλέργη, 1893; 1 Bl., 32 S., 1 Bl. 8.
Erlangen, Phil. Fak., Inaug.-Diss. v 1893

Petreins, F., neues Choralmelodienbuch, s.: Erk, L.

Petreins, Frz., Turn- und Vaterlands-Lieder für vier Männerstimmen componirt. (In 2 Heften.) 1 Heft, 27 Lieder enthaltend. gr. 8. (II und 38 S.) Erfurt 861, Körner's Verlag. *

Petreins, Frz., Turn- und Vaterlandslieder für 4 Männerstimmen, zunächst für die oberen Klassen höherer Lehranstalten, Gymnasien, Seminarien rc. hrsg. 2. Heft: 31 Lieder enth. hoch 4. (24 S.) Erfurt 862, Körner's Verlag. *
1. Heft. Ebendas. 1861. * 6 Ngr.

Petreius, I. P., Pub. Virgilii Mar. acta Frider. III. regis Daniae, ut et Hafniae, civitatum principis heroica. 4. Flensb. 759.

Jacobus Petrelli. Theses physicae et ethicae, quas propugnabit ornatus et eruditus Joannes Krafft, Badensis, metaphysices, physices ac ethices auditor, oppugnabunt Jacobus Petrelli aa. ll. et philosophiae magister, professor supremae grammatices, et eruditi Bernardus Weis, Badensis, Joannes Adler, Spirenses, physici.
Badenae in aula principalis Athenaei, die 14. Aprilis, anno MDCCLXI. Horis ante et post meridiem consuetis.
Rastadii typis C. A. Schell, typ. aul. 4 S. Rastatt, P 1761

Petrén, B., Reges Persarum stirpis Kijani. Diss. 1811 8 S. 4°

Petrenz, Rede bei der Begrüßungsfeier rc., s.: Goltz, Frhr. v. der.

Petrenz, Adolf

Petrenz, Adf., Ostpreußisches Dichterbuch. Buchschmuck v. Eduard Kado. (IV, 172 S.) 8. Dresden 905. C. Reißner. n. 2. —; geb. n. 3. —

Petrenz, C. L., die Mineralquelle v. Schandau in ihren Heilwirkungen dargestellt. 8. (2½ B.) Bautzen 846, Helfer. *

Petrenz, C. L., die Mineralquelle von Schandau in ihren Heilwirkungen dargestellt. 2. verb. u. verm. Aufl., nebst 1 (lith.) Uebersichtskarte der Sächs. Schweiz. Dresden 856. Burdach. 8. (VII, 37 S.) n. 8 ngr.

Petrenz, Carl Ludwig, s. Petrenz, Karl Ludwig

Petrenz, F. W. Th. Mängel des gewöhnl. Verfahrens bei dem Unterrichte in den alten Sprachen. 14 S.
Progr. Gumbinnen 1838

Petrenz. F. W. Th. Observationes in Horatii carminum aliquot locos. 23 S. [Carm. I, 1. 6. I, 3, 5—7. I, 24, 11—12. II, 1, 2. II, 3. 5—16. II, 10, 13. II, 11, 4—5. II, 13, 18. III, 3.] . . . .
Gumbinnen, Progr. 1844

Petrenz, F. W. Th. De orationum Olynth. Demosth. ordine. P. I. et II. 17 und 20 S. . . . .
Gumbinnen, Progr. 1833, 1834

Petrenz, F. W. Th. De participiorum lat. ratione atque usu 26 S. . . .
Gumbinnen, Progr. 1826

Petrenz, F. W. Th. Ueber d. abgesond. Unterr. in der Philos. auf Gymn. 12 S.
Progr. Gumbinnen 1829

Petrenz, K. A., Predigt an d. 3. Sekularfeste d. Einführ. d. Reformation in d. Mark Brandenburg, geh. am 1. Nov. 1839. gr. 8. (1¼ B.) Kottbus 840, (Meyer.)

Petrenz, K. A., wie hast du Renan's Leben Jesu aufgenommen? Eine Frage an das christl. Gewissen nebst einer Predigt am Sonntage Quasimodogeniti 1864 in der Oberkirche zu Cottbus gehalten. 8. (55 S.) Neu-Ruppin 864, Oehmigke und Riemschneider.

Petrenz, Karl Aug., Predigt am 14. p. Trinitatis üb. d. Episteln, gehalt. in d. Oberkirche zu Kottbus. 8. (1¼ B.) Kottbus 834. (Guben, Meyer.)

Petrenz, Karl Ludwig

Petrenz, Carl Ludwig (Kamenz), De pericarditidis pathologia. Diss. med. Präs. Wilhelm Andreas Haas. Leipzig (A. Deutrich) 21. VI. 1822. 32 S. (3.75) 26179
Gew: Johann Gottfried Boenisch, Heinrich Adolph Taeschner.

Petrenz, C. L., de Pericarditidis pathologia Dissert. inaug. medica. 4. Leipz. 822. Reclam 8 gr

Petrenz, Max, appr. Arzt a. Sdier: Ueber multiple Adenombildung in Schrumpfnieren. Würzburg 1904: A. Borst. (31 S.) 8°
Würzburg, Med. Fak., Ref. v. Rindfleisch
[Geb. 21. Aug. 78 Sdier, Wohnort: Sdier; Staatsangeh.: Sachsen; Vorbildung: Wettiner-Gymn. Dresden Reife O. 98; Studium: München 4, Würzburg 7 S.; Coll. 29. Juli 04, Approb. 16. Juli 04.]

Petrenz, Otto

Petrenz, Otto Wilhelm Franz, aus Gallingen, Kr Friedland Die Entwicklung der Arbeitsteilung im Leipziger Gewerbe von 1751 bis 1890. *Leipzig: Duncker & Humblot 1901.* (92 S.) 8° [= Staats- u. sozialwiss. Forschungen, H. 83]
Leipzig, Phil. Diss. v [9. März] 1901

Petrenz, Otto, die Entwicklung der Arbeitsteilung im Leipziger Gewerbe von 1751—1890, s. a. Forschungen, staats- u. socialwissenschaftliche. XIX. 2.

Die Entwicklung der Arbeitsteilung im Leipziger Gewerbe von 1751 bis 1890. Von Dr Otto Petrenz. *Leipzig: Duncker & Humblot 1901* (92 S.) 8°
= Forschungen, Staats- u. socialwissenschaftliche. Bd 19, H. 2.

Pétrequin, J. E., étude litteraire et lexicologique sur le dictionnaire de la langue française de M. E. Littré. gr. 8. (43 S.) Genf 874. Georg. n. 2. —

Petréquin, J. E., Lehrbuch der medicinisch-chirurg. u. topograph. Anatomie mit vorzügl. Berücksichtig. ihrer Anwendung auf Pathologie, gerichtl. Medicin, Geburtshülfe u. operative Heilkunde. A. d. Franz. v. E. v. Gorup-Besanez. (5 Lfgn.) Lex.-8. (32¼ B.) Erlangen 844, 45, Enke's Verl. *

— recherches expérimentales de thermométrie sur la climatologie du midi de la France et en particulier sur nice comparé à Lyon avec des applications à l'hygiène des malades et des touristes. gr. 8. (15 S.) Ebend. 874. n. 1. —

Petrescu, Genadius (Hrsg.), s. Actes et documents relatifs à l'histoire de la régéneration de la Roumaine.

Petrettini, (G.,) Papiri greco-egizi ed ultri greci monumenti dell I. R. Museo di Corte tradotti ed. illustrati. Con 3 tab. lithogr. gr. 4. (Wien, Heubner.) 826.

— s. auch Papyri.

Petreus', Johs., Schriften üb. Nordstrand, hrsg. v. Reimer Hansen, s. a. Quellensammlung der Gesellschaft f. schleswig-holstein. Geschichte. V.

Johannes Petreus' († 1603) Schriften über Nordstrand. Nach d. besten Hs. hrsg. von Prof. Dr. Reimer Hansen, Oberl. in Oldesloe. Mit 1 Facs. u. 1 Karte. *Kiel: Univ.-Buchh. in Komm. 1901.* (314 S.) 8°
= Quellensammlung d. Gesellschaft f. Schleswig-Holsteinische Geschichte. Bd 5.

Haeseler. — Petrev Bey, Oberst im osmanischen Generalstabe und Lehrer an der osmanischen Generalstabsschule. Unter Graf von .... Persönliche Erinnerungen. (Mit 1 Porträt.) 8. Berlin 1905.

Petri, s.a. Petrus

Petri *s. auch* Henric-Petri.

Petri, ..., Abhandl. v. Niederbronner Bad. 8. Straßb. 779.

Petri, Anleitung zu systematischem Selbstunterricht im Russischen, besonders f. militärische Zwecke. 3 Hfte. gr. 8. (187 S. m. 1 Tab.) Berlin 893. R. Eisenschmidt. n. 3. —; geb. n.n. 4. —

[F] Bestimmungen über die Berechnung der Tagegelder und Reisekosten der Provinzial-Beamten in den preussischen Provinzen. Bearb. u. im Selbstverl hrsg v Petri *Osterwieck/Harz: Buchdr v. A. W. Zickfeldt 1898* (94 S.) 1 Bd 8. [99. 5649 3

Petri, Bestimmungen üb. d. Berechnung der Tagegelder u. Reisekosten der Provinzial-Beamten in d. preuss. Provinzen. Osterwieck 899.

Petri, Gegenwart, Vergangenheit, Zukunft der Wasserkur. Zum 25jähr. Jubiläum der Wasserheilanstalt Laubbach. Coblenz 866. (Baedeker.) gr. 8. (III, 75 S.) n. 15 *ngr.*

Petri. Gantz neue vollständige geographische General-Charte vom gantzen Churfürstenthum Sachsen. 1759-1763. 15 Bl. K. v.

Petri (I.), Geschichte des Landkrankenhauses zu Detmold. Zum 25jähr. Jubelfeste 1887. Vortrag im naturwissenschaftl. Verein am 27. März 1888. 8. (40 S.) Detmold 888, Hinrichs'sche Hofbuchh. *

Petri und **Siemens & Halske**: Geschwindigkeitsmesser. Berlin (1892?)

—— Hydrotherapie bei Typhus abdominalis. gr. 8. (V und 46 S.) Coblenz 867, Baedeker. *

Petri. Karte von Franken, oder ausführliche in Form eines Diarii abgefasste Relation der Expedition des Printzen Heinrich in Franken. 1759. 8 Bl. K. v.

Petri, Plaudereien üb. die Erhaltung u. Beförderung der Gesundheit u. üb. die Verhütung v. ansteckenden Krankheiten. 8. (96 S.) Detmold 884. Meyer. cart. n. 1. —

Petri. Ausführl. Relation der von Prinz Heinrich gegen die Oesterr. u. Reichsarmee im May 1759 ausgefürten Expedition in Franken. 4. Mit 8 Krt. s. l. 1759.

Petri: Sammlung von Gnomen griechischer Dichter zum Gebrauch für Schulen. 16 S.– Herford, Progr. 1866.

Petri (II.), Schleusen und mechanische Schiffshebewerke. Nach einem Vortrag in dem Centralverein zur Hebung der deutschen Fluss- und Kanalschiffahrt. Fol. (8 S. mit 4 Text-Abbild. und 1 Taf.) Berlin 888, (Dierig und Siemens.) *
Aus: Glaser's Annalen für Gewerbe und Bauwesen, besonders abgedruckt.

Petri. Accurate Situations-Carte von einem Theil des Churfürstenthums Sachsen. 1761 und 1762. 24 Bl. K. v.

Petri, A., 240 Divertissemens français, ou Recueil des Charades, Enigmes, Logogriphes et matières pour un album. Ressource pour la conversation française et pour l'amusement social. 16. Zwickau 838. Laurentius. n. 2/3 *ß*

Petri, A., 240 Divertissemens franç., ou recueil des Charades, Enigmes, Logogriphes et matières pour un album. Ressource pour la conversat. franç. et pour l'amusement social. 16. (8¾ B.) Zwickau 838. [Posnanie, Lissner.] *

Petri, A., Alphabetisches Inhalts-Verzeichniß zu den Landesverordnungen für das Fürstenthum Lippe. Band I—XVIII. soweit dieselben Verwaltungsangelegenheiten betreffen, zum prakt. Gebrauch zusammengestellt. kl. 4. (17 S.) Detmold 885, (Hinrichs'sche Hofbuchh.) cart. *
Vgl: Gesetzsammlung für das Fürstenthum Lippe.

Petri. A., De quaestoribus romanis quales fuerint antiquissimis reipublicae tempori Diss. 1847. 85 S.

Petri, Alb. die Ausbildung der evangelischen Heidenboten in Deutschland m. besond. Berücksicht. d. Berliner Missions-Seminars u. e. Anh. üb. evangel. Missions-Anstalten außerhalb Deutschlands. Denkschrift. gr. 8. (VI, 192 S.) Berlin 873. Beck. n. 2. —

Petri, Alb., Gedenkblätter aus der Geschichte des Kirchspiels Padligar. Gesammelt u. zum Besten des Kirchbaues daselbst, zugleich als Beitrag zur Missions- u. Kirchengeschichte der Neumark hrsg. gr. 8. (87 S.) Züllichau 880. (Liebich.) n. — 50

— Missions-Agende. Eine Sammlg. liturg. u. homilet. Materials zum Gebrauch bei Missions-Gottesdiensten geordnet u. m. prakt. Winken versehen. Lex.-8. (VIII, 104 S.) Gütersloh 875. Bertelsmann. n. 1. 50

— neues Missionsbüchlein. Bilder aus der Mission alter u. neuer Zeit. Hrsg. vom christl. Verein im nördl. Deutschland. gr. 16. (132 S.) Eisleben 874. christl. Verein im nördl. Deutschland. geb. — 60

—— neues Missionsbüchlein. Bilder aus der Mission alter und neuer Zeit. Hrsg. vom christl. Verein im nördl. Deutschland. gr. 16. (132 S.) Leipzig 874, Christlicher Verein im nördl. Deutschland. geb. — 60

Petri, Alb., neues Missionsbüchlein. Bilder aus der Mission alter u. neuer Zeit. 12. (VI, 132 S.) Eisleben 890. Christl. Verein im nördl. Deutschland. Geb. n. — 40; in Leinw. n. — 60

—— s. Missionsgeschichte in Heften.

Petri, Alb., Uebersicht üb. d. im J. 1894 auf d. Gebiete d. engl. Philologie erschien. Bücher, Schriften u. Aufsätze, s.: Anglia.

Petri, Alb., Übersicht üb. die in d. J. 1895 bezw. 1896 auf d. Gebiete der englischen Philologie erschienenen Bücher, Schriften u. Aufsätze, s.: Anglia. Suppl.-Hft.

Petri, Albert

Petri, Ernst Alb. Theod. Berth. Anklänge an Volney's Les ruines und Godwin's Caleb Williams in Byron's Werken. 14 S. Progr. *Glauchau* 1885 4°

Petri, A[lbert]: Ueber Walter Scotts Dramen. ⟨T. 1.⟩ ⟨The House of Aspen. The Doom of Devorgoil⟩. Schmölln 1910: Böckel. 18 S. 4°
Schmölln S.-A., herz. R OP 1910 (945) [S 10. 328

Petri, A., das Ephoralamt. Beiträge zur Geschichte u. Bedeutg. desselben in der evangel. Kirche Deutschlands m. besond. Berücksicht. der preuß. Landeskirche. (VII, 97 S.) 8. Gütersloh 908. C. Bertelsmann. 1.50; geb. 2.25

Petri, *Ernst Albert Theod. Berth.*: Bulwers 'Falkland'. (I. Tl.) Glauchau, Druck v. R. Dulce, *1893*; 3—19 S. 4.
Glauchau, R m. PG, OP 1893 (563)

Petri, *Ernst Albert Theodor Berth.*: Bulwers 'Falkland'. II. Tl. [Forts. d. P-Beil. 1893.] Glauchau, Druck v. R. Dulce, *1894*; 3—27 S. 4.
Glauchau, R m. PG, OP 1894 (567)

Petri, *Ernst* Albert *Theodor Berthold*: Bulwers Falkland ... [= Progr. v. Glauchau 1893 u. 1894.] Glauchau, Druck v. R. Dulce, 1894; 45 S., 1 Bl. 4.
Leipzig, Phil. Fak., Inaug.-Diss. v. [6. Sept.] 1894

Geschichte der Johannes-Freimaurer-Loge zur Verschwisterung der Menschheit im Or. Glauchau nebst Bericht über die 50jährige Jubelfeier am 15. Nov. 1896 von A[lbert] **Petri** und H[erm.] **Albrecht.** Ms. f. Brr. Mit einem Titelbild die Mstr. v. St. darst. Glauchau 1897: Dulce. 195 S. 8°
Recens: Bh. 40 (1897) S. 288 (C. Gotthold); FZ. 51 (1897) S. 240 (K. Pilz); L. 20 (1897) S. 120.
cf. S. 4 (1897) S. 79 (J. G. Findel).
S. 171–187: Verzeichn. der Mitgl. der Loge von 1846—1896, zsgest. von H. Albrecht.

Petri, A[lbert]: 'The Coming Race' von Edward Bulwer, Lord Lytton. Eine Quellenuntersuchung. Schmölln 1908: Böckel. 19 S. 4°
Schmölln S.-A., herz. R OP 1908 (898) [S 08. 345

Petri, Antonie, Blumen-Märchen für Kinder. Elberfeld 867. Bädeker'sche Buchh. 16. (47 S.) n. 10 ngr

Petri, Aug., d. Vater, Anweis. nützl. Waldungen anzupflanzen. 1r Thl. mit Kpf. gr. 8. Frkf. a. M. 793. Jäger. 12 gr illum. 18 gr

PETRI, August: Auf Erfahrung gegründete Anweisung, nützliche Waldungen von allerlei Holzarten, welche in unserem Himmelsstrich gedeihen, anzupflanzen. Von dem Acacien-, Lerchen- und dem abendländischen Platanusbaum. - Frankfurt a. M. 1793. 104 S., 2 Taf.

Petri, August [pr. Arzt aus Dornach]: Ueber die vaginale Myomotomie und ihre Indicationen ... Strassburg i. E., Buchdr. Ch. Müh & C., 1896; 1 Bl., 5—107 S. 8.
Strassburg, Med. Fak., Inaug.-Diss. v 1896

Petri, Aug. C., Beschreibung e. Dungstreu- u. Säemaschine. Erfunden u. beschrieben. gr. 8. (2 B. u. 1 Stnt.) Wien 839, (Heubner's Verl.) *

Petri, Barthol. Timoth. Cornel., üb. die Beweislast. 8. Götting. 805. (Vandenhöck u. R.) 4 gr

Petri, Bd. J. Ch.: Ueb d. Beweislast. *Götting.*, Bayer. 804. 8. (4 Gr.)

Petri, Benno *Wilhelm Johann* [pr. Arzt aus Pommern]: Ein Fall von Mammacarcinom mit seltenen Metastasen in Lungen und Gehirn ... Greifswald, Druck v. J. Abel, 1894; 22 S. 8.
Greifswald, Med. Fak., Inaug.-Diss. v 30. Apr. 1894

Petri, Bernhard

Petri, Bernh., wissenschaftl. Abhandlung üb. diejen. ökonom. Aufgaben, welche in d. theresienfelder landwirthschaftl. Musterwirthschaftsanstalt z. ration. Verbesserung d. Landwirthschaft u. d. Ackerbaues, prakt. behandelt, u. als Beitr. z. landwirthschaftl. Industrie, als Muster f. Gütereinrichtungen ꝛc. in dies. Schrift beschrieben werden. 8. (5¾ B.) Wien 841, (Haas'sche Buchh.)

Petri, Bernh., wissenschaftl. Abhandlungen zur Begründung von Gütereinrichtungen. 2., bereicherte, verb. u. ergänzte Aufl. gr. 8. (15 B. u. 1 Tab.) Wien 844, Schaumburg u. Comp. *

Petri, Bernh., († d. ... Jan. 1854), Agronomie u. Agrikultur in Bezug auf staatswirthschaftl. Interessen u. Zeitfragen ꝛc. gr. 8. (VIII u. 91 S.) Wien 847, Schaumburg & Co. 27 ngr

Petri, (Bernh.,) Aufruf an Herrschafts- u. Schäfereibesitzer d. österr. Kaiserthums, d. Begründung v. Wollmärkten betreffend. 2e wohlf. Ausg. 8. Wien 824, Schaumburg u. C

Petri, [Bernhard]: Einige Bemerkungen eines praktischen Landwirths über das Ganze der Schafzucht. Leipzig 1817. 20 S.

— Beobachtungen u. Erfahrungen über die Wirkungen der Häckselfütterung mit Körner, Schrott, Kleien u. Knollen-Gewächsen ꝛc. 4. Aufl. gr. 8. (4½ B.) Wien 844, Schaumburg u. Comp. *

Petri, B., Beobachtungen und Erfahrungen über die Wirkungen der Körner- und Häckselfütterung, in sofern sie auf Stall- oder Winterfütterung der Schafe, des Hornviehes und der Pferde Bezug hat ꝛc. Nebst Beobachtungen von dem großen Nutzen der Säemaschinen, vorzüglich der Ugazischen. 8. Baden. (Leipzig, Voß. Wien, Gerold.) 819.

Petri B.: Beobachtungen u. Erfahrungen üb. die Wirkungen d. Körner- u. Häckselfütterung in so fern sie auf Stall- oder Winterfütterung d. Schafe, d. Hornviehes u. d. Pferde Bezug hat, verglichen m. den gewöhnlichen Futterarten dieser Thiere. Nebst meinen aus Erfahrungen gesammelten Beobachtungen v. dem grossen Nutzen d. Säemaschinen, vorzüglich d. Ugazischen ... Wien 1824. 86 S. 2 Tab.

— Beobachtt. u. Erfahrungen üb. die Wirkungen der Körner- u. Häckselfütterung. Nebst meinen Beobachtungen v. d. großen Nutzen d. Säemaschinen vorzügl. d. Ugazischen. Neue wohlf. Ausg. 8. Wien 824, Schaumburg u. C.

Petri, Bernh., vergleich. Darstellung d. Productionswerthes verschiedenart. Gewächse gegen einander, sowohl in Hinsicht d. Körnererzeugung, als auch vorzügl. in Bezug auf d. quantitative Verhältniß, das sie als Nahrungsmittel, statt Heu, f. uns. Nutzthiere erzeugen ꝛc. 8. (3½ B. u. 1 Tab. qu. Fol.) Wien 833, (Mayer u. Comp.)

Petri B.: Das Ganze d. Schafzucht in Hinsicht auf unser deutsches Klima, u. d. angrenzenden Länder, insbes. v der Pflege, Wartung u. den Eigenschaften d. Merinos u. ihrer Wolle ... Wien 1815. 484 S. 16 Tvl.

Petri, Bernh., das Ganze d. Schafzucht in Hinsicht auf uns. deutsches Klima, mit 16 K. gr. 8. Wien, Gerold. 815.

— d. ganze d. Schafzucht f. Deutschlands Klima u. d. ihm ähnliche d. angränz. Länder, mit besond. Hinsicht auf d. zu beobacht. Pflege u. Wartung d. Merinos u. Charakterisirung derselben. 2 Thle. in 3 Abthlgn. 2e sehr verm. u. verb. Aufl. mit 20 Kpfrtaf. gr. 8. Wien 825, Schaumburg u. C. Rthlr.

Petri, Bernh., Grundsätze und Erfahrungen über die Zucht und Veredlung von Pferden, Hornvieh, Schafen und Schweinen etc. gr. 8. (58 S.) Wien 44. Schaumburg. M. 1.25

Petri, Bernhard: Mitteilungen des Interessantesten und Neuesten aus dem Gebiethe der höheren Schaf- und Wollkunde. Bd 1. Wien 1829. XII, 223 S.

—— Mittheilungen d. Interessantesten u. Neuesten aus d. Gebiethe d. höheren Schaf- u. Wollkunde. 1. Bd. 8. (14 B. u. 2 B. Tab.) Wien 829, (Mayer u. Comp.)

— Mittheilungen d. Interessantesten u. Neuesten aus d. Gebiete d. höhern Schaf- u. Wollkunde. 1r Bd. 8. Wien 829. Schaumburg u. C. 1 Thlr 8 gr

Petri, Bernh., Mittheilungen des Interessantesten u. Neuesten aus dem Gebiete der höheren Schaf- u. Wollkunde, die Wollwaschfrage betreffend. 2. Bd. gr. 8. (11 B. u. 2 Stnt.) Wien 843, Schaumburg u. Comp. Thlr. *
1. Bd. Wien 1840. (Haas'sche Buchh.) * 12½ Ngr.

—— Mittheilungen üb. e. nachhalt. Wertherhöhung d. Grundeigenthumes durch e. wohlf. Ackerbestellung, verbunden mit e. alljährig unkostspiel. Gründungung d. Ackerfelder rc. 8. (1 B.) Wien 840, (Haas'sche Buchh.) Verklebt.

—— über Pflanzen-Ernährungsgrundsätze in gegenseit. Beziehungen d. Ertrags, d. Erschöpfung u. Befruchtung d. Bodens, durch prakt. Beispiele erläut., nebst e. Grundr. üb. systemat. Musterwirthschaften. 8. (6¼ B. u. 1 Tab.) Wien 839, Mayer u. Comp. *

— die wahre Philosophie des Ackerbaues, oder ein auf d. Erhöhung d. Grundeigenthums gestütztes, ganz neues Düngersystem. 2 Thle. gr. 8. Wien 824—27, Schaumburg u. Comp. à 20 gr.

Petri, Bernhard: Physiologisch-comparative Versuche über die Nahrungskräfte und Eigenschaften sehr verschiedenartiger Futterpflanzen ... Wien 1824. VIII, 87 S.

— physiologisch-comparat. Versuche üb. d. Nahrungskräfte u. Eigenschaften sehr verschiedenartiger Futterpflanzen. 8. Wien 824, Schaumburg u. C.

—— die Wartung, Pflege u. Zucht d. Schafe, od. vollständ. Unterricht üb. alles, was auf d. Naturgeschichte, Alter, Rassen, Kunstzucht u. Benutz. d. Schafe, nebst Kenntniß ihrer Wolle, Bezug hat. In 12 Monatsabschn. mitgeth. M. 1 (2) Kpfrt. (4. u. Fol.) 8. (18½ B.) Leipzig 831, Baumgärtner.
Aus der „Allgem. Encyklopädie d. Land- u. Hauswirthschaft rc., hrsg. v. Putsche" besond. abgedruckt.

—— ein Wort zur Zeit, an Güterbesitzer u. Landwirthe durch die Zuckerkultur mittelst der weißen Runkelrübe u. der Maispflanze, diesfalls die Abhängigkeit uns. Vaterlandes vom Auslande bald möglichst zu befreien rc. Nebst einer Analyse von dem sehr reichhalt. Zuckergehalte dieser Pflanzen rc. 8. (3 B.) Wien 845, Schaumburg u. Comp. *

Petri, C., s.: Petri, Karl.

Petri, C., die Brachiopoden der Juraformation v. Elsass-Lothringen, s.: Haas, Hippolyt

Petri, C. W., s. A. Kotzebue's Kostbarkeiten.

Petri, Camille: Ueber die Constitution der Fumarsäure und der Maleïnsäure. Ueber Tribrombernsteinsäure und Dibromacrylsäure. Strassburg, Universitäts-Buchdruckerei von Johann Heinrich Eduard Heitz, 1878. 8. 30 S

Petri, Carl, s. Petri, Karl

Petri, Chr. Abrah.

Petri, C. Ab., Ausz. d. christl. Lehren a. d. Dresdn. Kat. 8. Bautzen, Arnold. 778.

Petri, Chr. Abrah., († d. 2. März 1818.) vollständ. Auszug d. christl. Lehren aus d. Dresd. Katechismus. 8. Bautzen 779. Arnold. 6 gr

— Reden bei d. Confirmation d. Jugend. gr. 8. Bautzen 779. Deinzer. 4 gr

— 2 Sammll. d. wöchentl. Hauptsprüche auf 1778, 79. nach Ordn. d. Dresdn. Katechismus zergliedert. 8. Bautzen 779. 2e A. 782. Deinzer. 12 gr

Petri, E., Jakob u. Esau od. d. versöhnten Brüder. Festsp. in 4 Akten. 8. (32 S.) Braunschweig 897. J. Neumeyer. n. — 40

Petri, E., Ludwig Adolf Petri, weiland Pastor zu St. Crucis in Hannover. Ein Lebensbild, auf Grund seines schriftl. Nachlasses u. nach den Mitteilgn. seiner Freunde dargestellt. 1. Bd., m. dem Bildnisse Petri's u. e. Fksm. seiner Handschrift. 8. (IX, 348 S.) Hannover 888. Feesche. n. 4. 50; geb. n. 5. 50

Petri, E., D. Ludwig Adolf Petri, weil. Past. zu St. Crucis in Hannover. E. Lebensbild, auf Grund s. schriftl. Nachlasses u. nach d. Mitteilgn. s. Freunde dargest. 2. Bd. (XI, 340 S.) Hannover 896. H. Feesche. n. 4. —; geb. n. 5 — (kplt. bezogen: n. 6. —; geb. n. 8. —)

Petri, E., die Pflege der christlichen Gemeinschaft v. seiten der Kirche. Vortrag, geh. auf der VII. allgemeinen luther. Konferenz zu Dresden am 27. Septbr. 1893. gr. 8. (16 S.) Leipzig 894. Fr. Richter. n. — 25

Petri, E., zur Reform d. juristischen Vorbildung nach Erlass d. bürgerl. Gesetzbuches. gr. 8. (37 S.) Strassburg 897. W. Heinrich. n. – 60

Petri, E., Rußland, s.: Wissen, unser, von d. Erde.

— die deutsche Seemannsmission, s.: Bibliothek f. innere Mission.

Petri, E., wie soll der Lehrer der christlichen Volksschule an seinem Teile dazu beitragen, daß seine Schüler zu lebendigen Gliedern der christlichen Kirche heranwachsen? Vortrag, auf der 8. Generalversammlung des evangel. Lehrerbundes am 29. Septbr. 1880 zu Goslar gehalten. [Aus: „Monatsbl. des evangel. Lehrerbundes".] gr. 8. (32 S.) Hamburg 881. (Persiehl.) n. — 50

Petri, Eberh., auf dem Piratenschiff, s.: Volksbücher, Münchener.

Petri, Eduard. Die kolonialen Besitzungen des Russischen Reiches. SA. 8. *o. O u J* [1883 87].

Petri, Eduard, der Kaisersberger Doktor u. der kleine Matthis. Kirchl. Festspiel, nach den elsäss. Lebensbildern der Margarethe Spörlin. (34 S.) 8. Braunschweig 909. J. Neumeyer. — 60

Petri, Eduard, Johann Hus od. das Martyrium v. Konstanz. Geschichtliches Festspiel in 5 Aufzügen. (42 S.) 8. Braunschweig 908. J. Neumeyer. n. — 50

Petri, Eduard. Die Ursachen des Aussterbens der Völker niederer Kultur. SA. 8. [Braunschweig 1883.]

Petri, Emil, das Gesetz üb. das öffentliche Vereins- u. Versammlungsrecht f. Elsaß-Lothringen vom 21. VI. 1905 (GBl. S. 47) nebst Ausführungsverordnung. Auf amtl. Veranlassg. hrsg. u. erläutert. (XVI, 144 S.) 8. Straßburg 905. W. Heinrich. Geb. in Leinw. n. 8. 60

Petri, Emil, Referendar aus Strassburg i. E.: Die Gewährleistung für Mängel im Recht beim Sachkauf nach B.G.B. *Strassburg 1899: Elsäss. Druckerei.* (91 S.) 8°
Strassburg, Rechts- u. staatswiss. Diss. v. 1899

Petri, Emil [aus Buchsweiler, Unter-Elsass]: Das Pflichttheilsrecht der armen Wittwe. Strassburg, J. H. Ed. Heitz, Univ.-Buchdr., 1874. 8. 64 S.

Petri, Ernst [Praes.], s. Keil, David: De poenitentia morali.

Petri, Ernst Albert Theodor Berthold, s. Petri, Albert

Petri, Eug., Handbuch für den einjährigen Freiwilligen der königl. bayerischen Infanterie. München 869. Oldenbourg. gr. 8. (XIII, 351 S. mit eingedr. Holzschn.) n. 1 ℛ 11 ngr.

Petri, F., u. J. Gärtner, kurzgefaßte Darstellung der Reinigung der Städte u. Fabrikanlagen durch die Desinfektion mittelst des Petri'schen Verfahrens. Für Stadtmagistrate, Stadtverordnete, Kasernen-Verwaltungen ꝛc. Mit 3 (lith.) Taf. Abbildgn. gr. 8. (III, 32 S.) Berlin 877. Nicolai's Verl. n. 1. —

Petri F. Über den naturhistorisch-chemischen Unterricht an den höheren Lehranstalten. 15 S. **Progr.** Luisst. Rg. *Berlin* 1884.

Petri, üb. den naturhistorisch-chemischen Unterricht an den höheren Lehranstalten. — Benedikt v. Aniane. Von R. Foss. gr. 4. (24 S.) Berlin 884. Gaertner. n. 1. —

— Verdeutschungswörterbuch. Leipzig 1884

Petri: Über Brongniart's Vewerfung der Apetalae, im Vergleich mit den Ansichten von Grisebach, Bartling, Klotzsch, Agardh, Andrien, de Jussieu etc. Berlin, Schul-/Univ.-Schrift 1865.

Petri, F. E., unsers deutschen Vaterlandes abermalige Gefahr u. Errettung im J. 1815. 8. Frankf. am Mayn, Brönner. 815.

Petri, F. L., s. Bray, Mrs. E., Heinrich v. Pomeroy.

Petri, Ferdinandus [Hasso-Nassoviensis]: De enuntiatorum condicionalium apud Aristophanem formis et usu ... Halis Saxonum, *typ. express. offic. Caroli Salewski, Berolini*, 1887; VI + 63 S. 8°
Halle, Phil. Fak., Inaug.-Diss. v. [10. Okt.] 1887

Petri, F., de enuntiatorum condicionalium apud Aristophanem formis et usu. Diss. inaug. gr. 8. (62 S.) Halis Sax. 887. (Berlin, Mayer & Müller.) n. 1. 20

Petri, Ferdinand: Die Spanheimgesellschaft in Berlin. 1689—1697. Berlin 1908: Trowitzsch. S. 121—142. 8°
Berlin, k. Wilhelms-G, in Festschr. z. 50j. Jubil., P 1908** [S 08. 346

Petri, Fr., Leitfaden für den chemischen Unterricht. Anorganische Chemie. Berlin 870. Liebheit & Thiesen. 8. (IV, 154 S.) cart. n. 25 ngr.

Petri, Fr., Leitfaden f. den chemischen Unterricht. Anorganische Chemie. 2. Aufl. 8. (XIII, 192 S. m. eingedr. Holzschn.) Berlin 876. Nicolai's Verl. n. 3. —

Petri, (Fr.,) Mai-Blumen, oder deutsche Mai-Lieder, mit e. geschichtl. Anhange. gr. 12. Hanau 827, Edler.

Petri, Fr. G., s. Fr. W. Zachariä, die vier Stufen ꝛc.

Petri, Franz: Über Discision bei Dysmenorrhoe. *Kiel 1898: H. Fiencke.* (46 S.) 8°
Kiel, Med. Diss. v [12. Juli] 1898

Petri, Frz., a concept. B. V. M., polygraphia sacra s. elucidarium bibl. histor. mystic. XXII Tmi. fol. Augsb. 725.

Petri, Friedrich *Karl Wilhelm* [aus Greifswald]: Kritische Beiträge zur Geschichte der Dichtersprache Klopstock's ... (Theil e. gröss. Arb.) Greifswald, Druck v. J. Abel, 1894; 2 Bl., 86 S. 8.
Greifswald, Phil. Fak., Inaug.-Diss. v. 1. Aug. 1894

Petri, Frdr., kritische Beiträge zur Geschichte der Dichtersprache Klopstock's. gr. 8. (84 S.) Greifswald 894. (H. Jaeger.) n. 2. —

Petri, Fed. [illegible] Berlin 20. [illegible] 1837: De genere Armeniae. Berolini 186[illegible] [illegible]
Berlin, Phil. Diss. v. 24. Jan. 1863

Petri, Friedr., und J. H. v. Hefner-Alteneck, Ornamentik für Kunst und Gewerbe, s. Hefner-Alteneck, J. H. v.

Petri, Friedrich Erdmann

Petri, (Sam.) Fr. Erdm., die Abendmahlsfeier, als Fest der Sittsamkeit betrachtet. Ein Vorbereitungs- u. Abschiedsvortrag im Schullehrer-Seminar zu Dresden-Friedrichsstadt. 8. Neustadt a. O. 805. Wagner. 3 gl.

— Anleit. zum deutschen Richtigschreiben, f. mittler. Schul- u. Hausunterricht. Nach dessen Vorschule d. Sprachlehre zu brauchen. 8. Leipz. 809. Dyck. 6 gl.

— kleine Braga-Halle d. Geschichte deutscher Dichtkunst. Hersf., Industr.-Compt. 12 gl.

Petri, (Fr. Erdm.,) Brandtafel, oder kurzgef. Belehrung üb. Brandschaden-Verhütung ꝛc., 2e Aufl. Royal-Fol. Fulda 823, Roos.

Petri, Fr. Erdm., gedrängtes Deutschungs-Wörterbuch der unsre Schrift und Umgangs-Sprache entstellenden fremden Ausdrucke, zu deren Verstehn und Vermeiden. 3te Aufl. 8. Dresden, Arnold. 817.

— über Dichtkunst u. ihre Geschichte. Ein Unterrichtsbuch f. Gelehrtenschulen u. Handbuch f. Dichterfreunde. 1r Bd.: Opitz. gr. 8. Leipz. 817. Dyck. 21 gl.

— neuer Dollmetscher f. Volksschullehrer ꝛc. od. Verdeutschungs-Wörterbuch der in unserer Schrift- u. Umgangssprache üblichen fremden Wörter u. Ausdrücke. gr. 8. Leipz. 806. Weigel. 18 gl. 2e Aufl. s. Petri: Verdeutschungswörterbuch.

— Eichenkränze, Dichterische Darstell. aus deutscher Geschichte ꝛc. 4 Bde. gr. 8. Wiesbaden 827, 28. Schellenberg. 5 ℛ 8 gl. (4r u. letzter Kranz. A. u. d. T.: Morgen d. 19. Jahrhund. in Deutschland. Ein geschichtl. Bildersaal. 1 ℛ 8 gl.)

— Erinnerungen an meine Confirmation. 8. Fulda (813).

— Erinnerungen an Napoleon Bonaparte u. Philipp d. Macedonier. Nebst einig. Beill. 8. Schmalk. 822. Varnhagen. 9 gl.

– s. Fastenbüchlein von einem Prediger des Evangeliums.

– Frauenzimmerbibliothek
– – Kompendieuse (verfasst von *Friedr. Erdmann Petri*). O. O. 1800.
Anon.-Lex. II p. 119 (nach Meusel).

Petri, F. E., Fremdwörterbuch. 5. Aufl. 2 Thle. in 1 Bd. Dresden 1828. Hfz. 8. 1. 50

Petri, (Sam.) Friedr. Erdm., fromme Freundschaft. Pred. gr. 8. Gießen 840. (Fulda, Müllersche Brlsh.) Thlr. ¹

— unsers deutschen Vaterlandes abermalige Gefahr u. Errettung im Jahr 1815. 8. Frankf. a. M. 815. Brönner. 4 gl.

Petri, Friedr. Erdm., neuere Geschichte. 1 Tab. Fol. Würzburg 833, Etlinger'sche Brlsbuchh.

— kleine Geschicht-Pforte. Grundriß mit einigen Beistücken zur Ausführung. Als Unterrichts-Begründung u. Vorlage zu manchem Lehr- u. Handbuche. 8. Fulda 825, Müller.

— 300 Geschichtsaufgaben, mit Andeutung ihrer Ausführung, nach der Zeitfolge d. Personen u. Thatsachen zusammengestellt. 8. Leipz. 826, Hartmann.

—300 Geschichtsaufgaben, mit Andeutung ihrer Ausführung, nach d. Zeitfolge d. Personen u. Thatsachen zusammengestellt. 8. Leipz. 826. Lehnhold. 10 gr.

—kleine Geschichts-Pforte. Grundriß mit einigen Beistücken zur Ausführ. Als Unterrichts-Begründung u. Vorlage zu manchem Lehr- u. Handbuche. 8. Fulda 825. Müller. 16 gr.

—— Grundriß d. Dichtungs-Lehre f. Gelehrten-Schulen. 8. (5¼ B.) Würzburg 834, Etlinger'sche Verlsbuchh.

—Grundriß e. Geschichte der Deutschen. 8. Gießen, Heyer. 2gr. (Aus Schlez Denkfr. abgedr.)

—Grundsätze d. prosaischen Wohlredenheit ꝛc. 8. Pirna 811. Friese. 12 gr. 2e verm. A. 818. 16 gr.

— — Grundsätze prosaischer Wohlredenheit, oder Theorie des Styls. 2te Aufl. 8. Pirna, Friese, 818.

– s. Handbibliothek, Auserlesene, für Damen.

— gedrängtes Handbuch d. Fremdwörter in deutscher Schrift- u. Umgangssprache. 4e Aufl. 8. Dresden 823, Arnold.

Petri, Friedrich Erdmann [Hrsg.]

Gedrangtes Handbuch der Fremdwörter in deutscher Schrift- und Umgangssprache, zum Verstehen und Vermeiden jener, mehr oder weniger , entbehrlichen Einmischungen. 5. , rechtmäßige, tausendfältig bereicherte und sorgsam verbesserte Aufl. Th. 1.2.
Dresden, Leipzig: Arnold 1828. 8°

—gedrängtes Handbuch d. Fremdwörter in deutscher Schrift- u. Umgangs-Sprache, zum Verstehen u. Vermeiden jener, mehr oder weniger, entbehrl. Einmischungen. 6e, rechtmaß., tausendfältig bereicherte u. sorgsam verb. Aufl. 2 Thle in 8 Hftn. Dresden u. Leipzig 834. Arnold. 4 rß — 7e, rechtmäß., verb. Aufl. in 8 Hftn. 8. Ebd. 835. Pränum.-Pr. 2⅔ rß — 8e verb. Aufl. 2 Thle. gr. 8. Ebd. 838. 4 rß

—— gedrängtes Handbuch d. Fremdwörter in deutscher Schrift- u. Umgangsprache, zum Verstehen u. Vermeiden jener, mehr od. weniger, entbehrl. Einmischungen. 2 Thle. A—Z. 8., vielfältig, besond. auch f. Aerzte u. Arzneibereiter bereich. Ausg. gr. 8. (68¾ B.) Dresden u. Leipzig 838, Arnoldische Buchh.

Petri, Fr. Erdmann, gedrängtes Handbuch der Fremdwörter in deutscher Schrift- u. Umgangsprache, zum Verstehen und Vermeiden jener, mehr od. weniger entbehrl. Einmischungen. 9. rechtmäßige, tausendfältig bereicherte Aufl. In 8 Liefg. gr. 8. Dresden und Leipzig 844, 45, Arnoldische Buchh. à n. ⅓ rß 2 Thle. in Leinwand geb. n. 3 rß

Petri, Friedr. Erdmann, gedrängtes Handbuch der Fremdwörter in deutscher Schrift- u. Umgangsprache, zum Verstehen u. Vermeiden jener, mehr oder weniger entbehrl. Einmischungen. 9., bereicherte Aufl. 2 Thle. gr. 8. (77½ B.) Dresden u. Leipzig 845, Arnoldische Buchh. * 2 Thlr. — In Leinwd. geb. *

Petri, Frdr. Erdm., gedrängtes Handbuch der Fremdwörter in deutscher Schrift- u. Umgangsprache, zum Verstehen u. Vermeiden jener, mehr od. weniger entbehrlichen Einmischungen, nebst einem Namendeuter u. einem Verzeichniß fremder Schriftkürzungen. 10. tausendfältig bereicherte Aufl. 6 Lfgn. gr. 8. (VI u. 913 S.) Leipzig 851, Arnold. (à n. ⅓ rß) n. 2 rß

Petri, Friedr. Erdm., Handbuch der Fremdwörter in der deutschen Schrift- und Umgangsprache, zum Verstehen und Vermeiden jener, mehr oder weniger entbehrl. Einmischungen, mit einem eingefügten Namendeuter und Verzeichniß fremder Wortkurzungen, nebst den Zeichen der Scheidekunst und der Sternenkunde. 11. Aufl., von Neuem durchgearb. und tausendfältig bereichert von Wilh. Hoffmann. 6 Lfgn. Lex.-8. (831 S.) Leipzig 859—61, Arnoldische Buchh. à Lfg. * 10 Ngr. *

Petri's, Friedr. Erdm., Handbuch der Fremdwörter in der deutschen Schrift- und Umgangsprache, zum Verstehen und Vermeiden jener, mehr oder weniger entbehrl. Einmischungen, mit einem eingefügten Namendeuter und Verzeichniß fremder Wortkürzungen, nebst den Zeichen der Scheidekunst und der Sternenkunde. Von Neuem durchgearb. und tausendfältig bereichert von Wilh. Hoffmann. 12. Aufl. 1. Abdr. 10 Lfgn. 1863. * 2 Thlr. und 2. Abdr. 11 Lfgn. Lex.-8. (831 S.) Leipzig 864, Arnoldische Buchh. à Lfg. 6 Ngr.

Petri's, Friedr. Erdm., Handbuch der Fremdwörter in der deutschen Schrift- u. Umgangssprache, zum Verstehen u. Vermeiden jener, mehr oder weniger entbehrl. Einmischungen, mit einem eingefügten Namendeuter u. Verzeichniß fremder Wortkürzungen, nebst den Zeichen der Scheidekunst u. der Sternenkunde. Von Neuem durchgearb. u. tausendfältig bereichert von Wilh. Hoffmann. 12. Aufl. 2. Abdr. 9—11. Liefg. Leipzig 865. Arnoldische Buchh. Lex.-8. (S. 641—831.) Jede Liefg. 6 ngr.

Petri's, Frdr. Erdmann, Handbuch der Fremdwörter in der deutschen Schrift- u. Umgangssprache, zum Verstehen u. Vermeiden jener, mehr od. weniger entbehrl. Einmischgn., m. e. eingefügten Namendeuter u. Verzeichniß fremder Wortkürzgn. nebst den Zeichen der Scheidekunst u. der Sternenkunde; von Neuem durchgearb. u. tausendfältig bereichert v. Wilh. Hoffmann. 12. Aufl. Neuer Abdruck. gr. 8. (825 S.) Leipzig 875. Arnold. 5. 50

Petri's, Friedr. Erdmann, Handbuch der Fremdwörter in der deutschen Schrift- und Umgangssprache. Mit einem eingefügten Namendeuter, einem Verzeichniß der fremdsprachl. Wortkürzungen und einem Anhang brauchbarer Tabellen. 13. Aufl., neu bearb. und vielfältig verm. von Eman. Samostz. 12 Lfgn. gr. 8. (V, 946 S.) Leipzig 878,79, Arnoldische Buchh.
à Lfg. * 50 Pf. * 6 —

Petri, Dr Frdr. Erdm., *Handbuch der Fremdwörter in der deutschen Schrift- u. Umgangssprache.* Mit e. eingefügten Namendeuter u. Verzeichniss der fremdsprachigen Wortkurzungen. 13. Aufl., neu bearb. u. vielfältig vermehrt von Dr. *Eman. Samostz.* Leipzig, Arnoldi, 1880. Gr. Lex.-8°. Eleg. braun. Orig.-Srsb. m. Schwarzpress.
3 Bll. und 945 S. (à 2 Col.), 1 S. Abkürz. — Ed. I. 1806.

Petri's, Friedr. Erdmann, Handbuch der Fremdwörter in der deutschen Schrift- u. Umgangssprache. Mit e. eingefügten Namendeuter u. Verzeichniß der fremdsprachl. Wortkürzgn. 13. Aufl., neu bearb. u. vielfältig verm. v. Eman. Samostz. 2. unveränd. Abdr. gr. 8. (946 S.) Gera 889, Griesbach's Verlag. geb. 4 —

Petri's, Frdr. Edm., Handbuch der Fremdwörter in der deutschen Schrift- u. Umgangssprache. Mit e. eingefügten Namendeuter u. Verzeichniß d. fremdsprach. Wortkürzgn. 23. Ster.-[Titel-]Aufl. Der 13. neubearb. u. vielfältig verm. Aufl. v. Eman. Samostz. gr. 8. (III, 946 S.) Leipzig [889.] 902. C. Grumbach. Geb. in Leinw. 4. — ;
in Halbfrz. 5. —

(Petri, Friedrich Erdmann: Dr Friedrich Erdmann Petri's Handbuch der Fremdwörter in der deutschen Schrift- und Umgangssprache 21 Stereotypauflage von Emanuel Samostz. Gera 1899 (II). 946 S. 8°

Petri's, Frdr. Erdm., Handbuch der Fremdwörter in der deutschen Schrift- u. Umgangssprache. 25., unter Berücksicht. der neuen Rechtschreibg. vollst. neubearb. u. bedeutend erweit. Jubiläums-Ausg. der v. Eman. Samostz hrsg. 13. Aufl., nebst e. Vorwort v. Wilh. Erbt. (IV, 1194 S.) gr. 8. Leipzig (903). C. Grumbach.
Geb. in Leinw. 6. —; in Halbfrz. 7. 50

Petri, Frdr. Erdm., Handbuch der Fremdwörter in der deutschen Schrift- u. Umgangssprache. Mit e. Namendeuter u. Verzeichnis fremder Wortkürzgn. Unter Berücksicht. d. neuen Rechtschreibg. bearb. v. Rochus Seibt. 21.—30. Taus. (IV S. u. 1416 Sp.) gr. 8. München 909. 10. M. Kupferschmid. Geb. (ursprüngl. Pr. 4. —)

– s. Harles, Gottlieb Christoph: Übersichten der altgriechischen und römischen Literaturgeschichte.

—Hellas. Gedrängte Uebersicht der altgriechischen Staaten- u. Gelehrten-Geschichte. Nebst Anhang. gr. 8. Leipz. 818. Hinrichs. 18 gr.

— Hellenen; eine geschichtl. dichterische Perlenschnur. gr. 8. Eisenach 823. Bärecke. 1 Rthlr. 12 gr.

– (Hrsg.), s. H o r a t i u s Flaccus, Quintus: Sendschreiben an die Pisonen

— Huldigungsrede am 17. Juni 1810 in d. evangel. Pfarrkirche zu Fulda gehalten ꝛc. 8. Fulda 810.

— Klio u. Kalliope. Geschichte u. Dichtung in zeitfolgig geordneten Darstellungen. 1r Bd. 1e u. 2e Abthlg. 1 Rthl. 21 gr. u. 1r Bd. 3e Abthlg. A. u. d. T.: Das Christenthum in seinem Entstehen u. ersten Zeitalter. Ein geschichtl. Dichter Rosenkranz. 8. Eisenach 822, Bärecke.

Petri, F E. K r o n o s . Das Nöthigste von geschichtlicher Zeitkunde. Giessen 1817. 8° 6 gr. (Auch unter dem Titel. Anfangsgründe der geschichtlichen Zeitkunde. Fulda 1816. 8°)

— Kronos, od. Anfangsgründe d. geschichtl. Zeitkunde, zunächst f. studirende Jünglinge. 8. Gießen 817. Heyer. 6 gr.

—— L a u t v e r w a n d t s c h a f t e n deutscher Sprache, durch latein. u. französ. Wörter unterschieden. Als Beitr. zu vergl. Sprachkunde, zunächst f. Unter-Classen d. Gelehrten-Schulen, auch zur Selbstbelehr. f. Gebildete. 8. (4½ B.) Gießen 834, Heyer, Vater.

— L a u t v e r w a n d t s c h a f t e n deutscher Sprache, durch lateinische u. französ. Wörter unterschieden. Als Beitrag zu vergleichender Sprachkunde, zunächst für Unter-Klassen der Gelehrten-Schulen ꝛc. 8. Gießen 835. Heyer, Vater. ¼ Rthlr.

— Lehrbuch d. Geschichte d. Deutschen, s. J. F. Schlez, Handbuch. 6r Thl.

— Lehrbuch d. städtischen Gewerbkunde f. Gelehrten- u. Mittelschulen. 8. Leipz. 807. Dyck. 20 gr.

—— L e h r s ä t z e d. Redekunst. Für Gelehrten-Schulen. 8. (2 B.) Würzburg 833, Etlinger'sche Brlsbuchh.

— Lehrtafeln d. deutschen Rechtschreibung. Fol. Leipz. 809. Dyck. 2e A. Fol. Fulda 817. Roos. 1 Rthlr.

— Lehrtafeln d. deutschen R e c h t s c h r e i b. Fol. Leipzig, Dyk. 810.

Petri, Fr. Erd., L e h r t a f e l n d. deutschen Rechtschreibung. Fol. Leipz. Dyk. 811.

— Leitfaden z. Kenntniß u. Erhaltung d. menschl. Körpers ꝛc. 8. Pirna 809. Friese. 8 gr.

— magasin d' Exemples à l'usage des maitres à écrire. 8. Leipz. 805. Rein. 8 gr.

– s. M a g a z i n , Freyes literarisches.

— Magazin d. pädagog. Literaturgeschichte. 1n Bde, 1e u. 2e Samml. gr. 8. Leipz. 805—8. Dyck. 1 Rthlr. 10 gr. (A. u. d. T.: Uebersicht d. pädagog. Litt.)

— Mahnungen an Hindernisse wahrer Erziehung in den Häusern d. Vornehmen. 8. Pirna 809. N. A. 811. Friese. 8 gr.

— Materialien zu französ. Vorschriften u. Dictaten. 8. Leipz. 805. Rein. 8 gr.

— kleines Musterbuch deutscher Prosa in 30 Beispielen f. die Bildung studier. Jünglinge. 8. Marb. 816. Krieger. 16 gr.

—— kleiner N a m e n d e u t e r. Anh. zu d. 5., rechtmäß. Aufl. d. „Fremdwörter-Handbuches." Für d. Besitzer d. früheren Aufl. besond. abgedr. 8. (1¼ B.) Dresden 829, Arnold.

Petri, Friedr. Erdm., N a t i o n a l - K a l e n d e r d. Deutschen, od. Tagebuch deutscher Geschichte bis Ende 1827. 2 Bde. (12 Hfte. u. Register.) 8. (67¼ B.) Leipzig 828, 29, Klein. 3 Thlr., Schrbp. Thlr.

— nur drei Kirchenreden. gr. 8. Neustadt a. d. O. 818. Wagner. 6 gr.

De studio historiarum Orationes aliquot praefationes, fragmenta et epigrammata conquisivit ad rationem temporis digessit et notis quibusdam instruxit Fridericus Erdmann Petri. Schmalkaldiae 1823. 8°

— de studio historiarum orat. aliquot-praefationes fragment. et Epigrammata. 8. Schmalkald. 823, Varnhagen.

— Reden aus altrömischen Geschichtschreibern, lat. u. deutsch u. mit einigen Anmerkk. 1s Bdchen. Reden im Sallustius. 8. Schmalkalden 823, Varnhagen.

– s. S c h l e z , Jh. Fd.: Der Denkfreund.

— kleine Schriftkürzungslehre. 8. Leipz. 806. Dyck. 4 gr.

— Sinnverwandschaften der deutschen Sprache, mit gedrängten Erläuterungen u. vielen Beispielen begleitet. gr. 16. (307 S.) Sondershausen 847, Eupel. ½ Rthlr.

—— T a f e l g r i e c h i s c h e r G e s c h i c h t e. Fol. Würzburg 833, Etlinger'sche Brlsbuchh.

—— T a f e l d. G e s c h i c h t e d. M i t t e l - A l t e r s. Fol. Würzburg 833, Etlinger'sche Brlsbuchh.

—— T a f e l a l t e r G e s c h i c h t e n. Fol. Würzburg 833, Etlinger'sche Brlsbuchh.

Petri, (Sam.) Fr. Erdm., Uebersicht von B a y e r n s Geschichte. 2 Tabellen in Fol. Würzburg 833. Etlinger. ⅛ Rthlr.

—— Uebersicht d. w e s t r ö m i s c h e n G e s c h i c h t e. 2 Tab. Fol. Würzburg 833, Etlinger'sche Brlsbuchh.

— gedrängtes Verdeutschungswörterbuch d. in uns. Bücher- u. Umgangssprache häufig od. selten vorkomm. fremden Ausdrücke. Zunächst f. deutsche Geschäftsmänner, Jünglinge u. gebildete Frauenzimmer. 2e verm. Aufl. 8. Dresd. 812. Arnold. 3e A. 817. 2 Rthlr. 4e Aufl. u. d. T: gedrängtes Handbuch d. Fremdwörter in deutscher Schrift- u. Umgangssprache. 8. Ebd. 823. 3 Rthlr. 5e A. 2 Thle. 828. 4 Rthlr.

— Versuch e. deutschen Homoeophonik od. Samml. u. Erläuterung gleich- u. ähnlich-lautender Wörter. Nebst e. Anh. d. gewöhnlichen Schriftverkürzungen. 8. Pirna 805. N. A. 807. Friese. 10 gr. (A. u. d. T.: Gleich u. ähnlich lautende Wörter d. deutschen Sprache, f. d. Jugend ꝛc.)

— Vorblätter zu manchen Hand- u. Lehr-Büchern alter Geschichte, besonders v. Schlosser u. Galletti. gr. 8. Leipz. 827. Hartmann.

— Vorblätter zu manchen Hand- u. Lehr-Büchern alter Geschichte, besonders v. Schlosser u. Galetti. gr. 8. Leipz. 827. Lehnhold. 4 gr.

— Vorkenntnisse der Verskunst f. Deutsche ꝛc. 8. Pirna 809. Friese. 4 gr. 2e A. 812. 8 gr.

—— V o r s c h u l e d. Literar-Geschichte v. Griechen, Römern u. Deutschen. Zunächst f. Gymnasiasten u. Lyceisten. 8. (6 B.) Hersfeld 829, Industrie-Comptoir.

—— V o r s c h u l e d. Literar-Geschichte v. Griechen, Römern u. Deutschen. Zunächst f. Gelehrten-Schulen. 2., mit Berichtign. u. Zusätzen verseh. Ausg. 8. (6½ B.) Cassel 837 Luckhardt'sche Buchh.

— Vorschule d. Sprache f. Deutsche. 8. Leipz. 809. Dyck. 6 ggr. 2e Aufl. u. d. T.: Vorschule d. Sprachlehre f. Deutschlands Gelehrten- u. Mittelschulen. 8. Pirna 811. Friese. 6 ggr.

– Gleich und ähnlich lautende W ö r t e r der deutschen Sprache, s. P e t r i · Versuch einer Homoeophonik.

—— rhetorisches W ö r t e r - B ü c h l e i n, zunächst f. Gelehrten-Schulen. 8. (15 B.) Leipzig 831, Lehnhold.

— Rhetorisches W ö r t e r b ü c h l e i n zunächst für Gelehrtenschulen. 2e wohlf. Ausg. 8. Leipzig 839. Lehnhold. 1/4 ß

—— rhetorisches W ö r t e r b ü c h l e i n zunächst f. Gelehrtenschulen. 2., wohlf. Ausg. 8. (15 B.) Leipzig 839, [Wöller.]

Petri, Friedrich Ludwig Heinrich, s. P e t r i , Ludwig

P e t r i , G., traité de la conjonction „que". Progr. der Höh. Bürgerschule M.-Gladbach 1849.

Petri, Georg

Petri, Ge., Progr. duorum Gadarenorum δαιμονίων. Erf. 4°. 1797

– – s.a. P e t r i , Johann Christoph

Petri, Geo., mein Scherflein zur Bekämpfung des Sauerwurms, nebst e. Anh. über zwei nützl. Insekten als Freunde des Weinstockes. Beobachtungsfeld: Eine Gemarkg. am oberen Gebirge. gr. 8. (22 S.) Zweibrücken 900. (Stuttgart, F. Lehmann.) n. — 60

Petri, Georg Gottfried

— musikal. Drama: Gesang d. drei Männer im Feuerofen. 4. Görlitz. 765.

Petri, Geo. Gf., († d. 6. Juli 1795.) musikal. Gemüthsbelustigungen. 2 Thle. Fol. Pförten 761, 62.

— geistl. Kantaten über alle Sonn- u. Festevangelien. 8. Sorau 757.

Petri, Georg Heinrich Philipp.

P e t r i , G. H. P., de convulsionibus gravidarum parturientium et puerperarum. 4. Gött. Brose. 790.

— **Georg Heinrich Philipp** (Reifenhaus./Hannover), De convulsionibus gravidarum parturientium et puerperarum. Diss. med.-obstetr. Göttingen (H. M. Grape) 20. XII. 1790. 18 S. (4.75) 26183
Gew.: Johann Anton Petri (Vater).

Petri, Georg Karl

Petri, Georg. Car., diss. V. de studio magico Judaeorum. Vitteb. I. 727. II. 728. III 728. IV 730. V. 733. 4

Petri, Georg Karl [Praes.], s. U l r i c h , Friedrich Nikolaus: Dissertatio ex antiquitate Ebraea de ... sive studio magico Judaeorum.

— **Georg Wilhelm** (Herborn/Nass.), De arte cognoscendi universali, dialecticae praemittenda. Disput. Präs. Herm. Fried. Kahrel. Herborn (Regelin) Jan. 1760. 40 S. (4.75) 26184

Petri, Geo. Wlh., († d. 21. März 1804.) nähere Erklärung u. Bestätigung e. Aufsatzes in N. XVI. d. Marburg. theolog. Nachrr. d. J., Bremens kirchl. Angelegenheiten betreff. 8. Bremen 803.

– s. E r l ä u t e r u n g e n einiger der neuesten kirchlichen Angelegenheiten der Reichsstadt Bremen.

– s. U r t h e i l , Unbefangenes, über die kirchlichen Streitigkeiten ...

Petri, Gerlach, s. Selbstgespräche.

Petri, Gf. Erdm., Abschiedspredigt in Budissin, am Feste d. Reinigung Mariä. gr. 8. Budissin 811.

P e t r i , Gtfr. Erdm., an dem Eindrucke, den d. allmähl. Zurückziehen des Auferstandenen v. d. Erde auf d. Herzen seiner Jünger machte, erkennen wir den Trost, den Gott auch in uns. Trennungen v. werthen Freunden legt. Abschiedspredigt. gr. 8. (1 B.) Zittau 832, Schöps.

P e t r i , Gtfr. Erdmann, die schwersten Aufgaben im Dienste d. Kirche u. Schule. — Denkschr. sächs. Geistlichen u. Schullehrer z. Beglückwünschung d. Geh. Kirchen- u. Schulr. Dr. Schulze. gr. 8. (2 B.) Budissin 839. (Leipzig, Kummer.)

— beim Hinscheiden d. Unsrigen lernen wir, wie gut es uns ist, daß wir uns nur an einen unsichtb. Heiland halten können. Predigt z. Anfange d. Landestrauer, wegen d. Ablebens des Königs v. Sachsen, Friedrich August, am Sonntag Cantate 1827 in d. Hauptkirche zu Zittau gehalten. gr. 8. Zittau 827. (Schöps). 2 ggr.

— Beschreib. d. Feier d. dritten Reformations-Jubelfestes in d. Königl. Sächs. Ober-Lausitz. gr. 8. Zittau 818. Schöps 12 ggr. Schrbp. 16 ggr.

P e t r i , G. E., Beschreibung der F e y e r des dritten Reformations-Jubelfestes in der Königl. Sächs. Ober-Lausitz. gr. 8. Zittau, Schöps. 819. Rthlr. Schreibpap.

— s. Jh. Fr. Hnr. C r a m e r , Beicht- u. Communionbuch.

Petri, Gf. Erdm., Ermunterung z. Treue gegen d. heil. Ueberzeugungen, welche d. evangel. Kirche v. der röm.-kathol. geschieden haben. Predigt am Reformationsfeste 1824. gr. 8. Zittau 826. Schöps. 2 ggr.

(——?) Fastenbüchlein ꝛc., s. F a s t e n b ü c h l e i n.

— Festgesänge d. allgem. Stadtschule, zur Jubelfeier d. 50jähr. Regierung Friedrich Augusts. 8. Zittau 818.

— s. F r o m m , die Familie.

— über die beglückende Gegenwart Jesu bei denen, d. er wachend findet. 8. Zittau 816. Schöps. 2 ggr.

— Lieder, zur kirchl. Feier d. Reformationsjubelfestes 1817. 8. Zittau u. Leipz. 817. Schöps. 1 ggr.

— Predigt z. Andenken an d. 1521 begonnene Einführung der Reformation in Zittau, d. 31. Okt. 1821 in d. Kirche zu St. Petri u. Pauli gehalten, mit histor. Nachrr. üb. diese Begebenheit. gr. 8. Zittau 821. Schöps. 3 ggr.

— Predigten üb. d. wichtigen Angelegenheiten d. Herzens u. d. Lebens. gr. 8. Zittau 827. Schöps. 1 ß

— **Gottfried Erdmann** (Bautzen), Quae desiderentur adjumenta et praesidia ad augendam christianae religionis vim salutarem in civibus patriae nostrae Saxoniae. Diss. Bautzen (Mons.) 1839. 27 S. (3.75) 26185

— quae desiderentur adjumenta et praesidia ad augendam christ. religionis vim salutarem in civibus patriae nostrae Saxoniae. Dissert. 4maj. (3½ B.) Lipsiae 839, (Kummer.) *

— Rede bei d. feierl. Weihe d. neuen Fahnen d. Königl. Sächs. Infant.-Regiments Prinz Anton, gehalten am 13. Oct. 1822. gr. 8. Zittau. (Schöps). 1 gℓ

– s. Sonntagsblatt

— über das Zartgefühl, mit d. wohlgesittete Menschen einander behandeln. gr. 8. Zittau 816. Schöps. 4 gℓ

— über d. Zustand d. Verstorbenen. Predigt. gr. 8. Zittau 815. Schöps. 3 gℓ

— **Gotthelf Samuel,** Commentatio historica qua columnam igneam exercitui Thrasybuli praeviam et Clementini monumentis ingenii servatam disiicit solemnia simul sapientiae celebranda in acad. Vitembergensi indicit et ad capessendos honores philos. artiumque liberalium summos laureaeque poeticae victoriam reportandam invitat. (Wittenberg (Scheffler)) 17. X. 1750. 20 S. (4.25) 26186

Petri, Gotthelf Samuel [Praes.], s. Cranach, Lucas Polycarp: De jurejurando vi metuve extorto ad locum Ciceronis L. III. offic. c. XXIX.

Petri, Gotthelf Samuel [Praes.], s. Ruhmer, Johann Gottlob: De Judaeis ut Sodoma et Gomorra futuris ex Esaiae I. 9. et Rom. IX. 29

Petri, H, prose célèbre du XIXe siècle, s.: Schüler-bibliothek, französische. I, 12.

Sammlung von Schul- und Hausaufgaben zur Übung im Rechtschreiben. Für d. Hand d. Schüler Von H. **Petri.** H. 1. *Fulda: Fuldaer Actiendr. 1904.* 8° [F.] [04. 8155 4

Petri, H. Commentationis de Aeschyli Supplicum stasimo primo. Part. I. 8 S.
Herford, Progr. 1860

Petri, H., grundlegende Uebungen in der Rechtschreibung f. das 1. u. 2. Schulj. Vorstufe zur Sammlg. v. Schul- u. Hausaufgaben zur Uebg. im Rechtschreiben. (80 S.) 8. Dortmund 905. W. Crüwell. n. — 15

Petri, H. J. E., ub. d. Beweislast. 8. Götting. Schneider. 805.

Petri, H. Ph., Gedächtnissschrift auf d. verstorb. Gelehrten, Staatsmänner u. and. denkwürd. Personen d. J. 1827. Zugleich als e. Anh. v. J. G. Meusel's „gelehrtem Deutschland." gr. 8. (2½ B.) Berlin 829, Petri.

– (Red.), s. Museum des Witzes, der Laune, des Scherzes und der Satyre.

PETRI, Hermann (München): (Titel nicht festgestellt)
26.7.1872 - Chr 1871/72,21
Diss. Ingolst.-Landsh.-Mchn.

Petri, *Hermann* [Dir.]: *Bericht über die Feier des 25jährigen Bestehens der Anstalt.* Höxter, Druck v. C. D. Flotho, 1893; 12--13 S. 4.
Höxter a. d. Weser, König Wilhelms-G, OP 1893 (358)

—, *Die Feier des 25jährigen Bestehens der Anstalt.* 4 (S. 12—13).
Progr. König Wilhelms-G. *Höxter a. d. Weser* 1893 (358).

[F.] **Petri,** Hermann [Dir.]: Jahrbücher über die ersten 25 Jahre des König Wilhelms-Gymnasiums zu Höxter a. Weser. Höxter, Druck v. C. D. Flotho, 1892; VI, 37 S. 8.
Höxter, König Wilhelms-G, OP 1892 (356)

Petri, Hermann. Leben des heiligen Johannes Capistranus. Aus dem Holländ. München 1844. Ü: *Volk, Wilhelm Gustav Werner.* (KN 2, 226) (Zeitschr. f. Büch. N. F. 15, 1923, S. 118)

Petri, Hermann, Leben des heil. Johannes Capistranus. Aus d. Holland. gr. 8. (7⅝ B.) München 844, Literar.-artist. Anstalt. *

Petri, Hermann: Wittenberger Stammbuchblätter aus dem 16. Jahrhundert mitgeteilt. Naumburg a. S., Druck v. H. Sieling, 1893; 63—80 S. 4.
Pforta, k. Landes-S. Festschr. 1893 (248)

Petri, Hermann [Adjunct u. 2. Geistlicher]: Das Verbum mit Suffixen im Hebräischen. II. Teil: In den נביאים ראשנים. (Der 1., 3. u. 4. Teil folgt an anderer Stelle.) Leipzig, Druck v. W. Drugulin, 1890; 27 S. 4°
Pforta, k. Landes-S, P 1890 (239)

Petri, Herm. Thdr., die im Fürstenth. Lippe bestehenden Polizeiverordnungen. Unter Berücksicht. der bezügl. Reichsgesetze zusammengestellt. 4. (VIII, 388 S.) Detmold 892. (Hinrichs.) n.n. 6. —

Petri, J., u. O. Wegner, deutsche Gebührenordnung für Zeugen u. Sachverständige v. 30. VI. 1878 in der Fassung der Bekanntmachung des Reichskanzlers v. 20. V. 1898 (R.G.Bl. S. 689) nebst den nach §§ 13 u. 14 in Betracht komm. besonderen Taxvorschriften u. Bestimmgn. üb. Tagegelder u. Reisekosten. Mit Gesetzbegründg., umfangreichen Erläutergn. e. Tabelle u. ausführl. Sachregister hrsg. 2., erheblich erweit. u. verb. Aufl. gr. 8. (VIII, 102 S.) Berlin 900. A. Nauck & Co. n. 2. —; kart. n. 2. 25

Petri u. Wegner, Gebührenordnung, 3. Aufl., s.: Wegner, Otto.

Petri u. Wegner, Gebührenordnung f. Zeugen u. Sachverständige, 4. Aufl., s.: Wegner, Otto.

Petri, J. Chr., neue Fantasie-Blüten, s. Fantasie-Blüten.
[Jetzt (1836) von Avenarius u. Friedlein in Leipzig zu beziehen.]

Petri, J. Chr., der Mann von Welt, od. der Cavalier nach d. Mode. Ein romant. Gemälde aus dem Engl. des Mackenzie. 2 Thle. Mit 1 Kpf. 8. Leipz. 824. Kummer. 1 ℳ 20 gℓ

Petri, J. F., Predigt, gehalten bei d. Feier seiner 50jähr. Amtsführung, nebst d. übr. dabei gehalt. Reden u. veranlaßten Gedichten. Braunschw. (Vieweg). 6 gℓ

Petri, J. F. C., Antrittspredigt am Pfingstfeste. 8. Stendal 789. Franzen u. Gr. 2 gℓ

— Gedächtnißpredigten 1) auf d. Tod d. Frau v., u. 2) d. Hrn. v. Bismark. 8. Stend. 799, 800. Franzen u. Gr. 5 gℓ

— zwei Predigten bei d. Wechsel d. Jahrhund. 8. Stend. 801. Franzen u. Gr. 3 gℓ

Petri, J. G., der Brunnen-, Röhren-, Pumpen- u. Spritzenmeister, s. Schauplatz, neuer, der Künste u. H., 45. Bd.

— d. Brunnen-, Röhren- u. Spritzenmacher, s. Schauplatz d. Künste. 50r Bd.

Petri, J. G., unentbehrl. Feuerbuch ꝛc., s. Everats, M.

—— allerneuestes Complimentir- u. Anstandsbuch, od. Regeln f. Selbstbildung u. feine Lebensart. 12. (4 B.) Osterode 836, Sorge.

Petri, J. G., allerneuestes Complimentir- u. Anstandsbuch. 2., verb. Abdruck. 12. (4⅙ B.) Einbeck 844. (Osterode, Sorge.)*

Petri, J. G., d. thierische Magnetismus in seiner Anwend. auf d. Pflanzenwelt, d. Acker- u. Gartenbau, od. Anweis., wie man vermittelst dess., ohne Kosten, d. Wachsthum u. d. Gedeihen d. Feld- u. Gartenfrüchte im hohen Grade befördern etc. kann. 8. Ilmenau, 1824. Weimar, Voigt. — 15

Petri, (J. G.,) der thierische Magnetismus; in seiner Anwendnng auf d. Pflanzenwelt; der Acker- u. Gartenbau; nebst einigen wichtigen Recepten zur Bier- u. Essigbereitung mit Anwendung magnet. Mittel. 8. Ilmenau 824, Voigt.

Petri, J. G., der Pumpen-, Röhren- und Spritzenmeister. Nach dem Französischen von Janvier und Biston. Weimar. 2te Aufl. 1841. 8.

Petri, J. L., s. Petri, Johann Christoph

— **Johann** (Tundera/Schleswig), De Friderici Daniae et Norvagiae principis hereditarii serenis. et rel. justa et legitima postulatione in adjutorem episcopatus Lubecensis praemissis selectis quibusdam de huius praesulatus originibus, potioribus fatis, pactoque inter sereniss. domum Gottorp. et reverendiss. capitulum Lubecensea. 1647 inito. Präs. Franz Domin. Haeberlin. Helmstedt (Drımborn) 3. V. 1758. 142 S. (6.50 26187

Widm. v.: Franz Domin. Haeberlin.

Petri, Jh. A. Ph., von d. Unzertrennlichkeit d. Glaubens u. der Tugend. Eine Preis-Predigt. gr. 8. Götting. 802. Dieterich. 2 gr

Petri, Joh. Ad., le verbe français. Das gesammte französ. Zeitwort in 180 prakt. Uebungsaufgaben nach systematischer Reihenfolge, mit genauer Angabe der Beugung u. Anwendung desselben ꝛc. 8. (7½ B.) Leipzig 843, Wöller. *

Petri, Johann Christoph

— s. Briefe über Reval, nebst Nachrr. v. Est- u. Liefland, u. setze hinzu: (v. Jh. Cph. Petri.)

REVAL. — Briefe über Reval nebst Nachrichten von Esth- u. Liefland. Ein Seitenst. zu Merkel's Letten (von *Joh. Chp. Petri*). Deutschland 1800.
Anon.-Lex. I. p. 269 (nach Kayser u. Recke-Napiersky).

EHSTLAND. — Petri, Ehstland und die Ehsten. Ein Seitenstück zu Merkels Letten. 3 Bde. mit Kpfrn. Gotha 1802. 8°. (R Zinke's Dresdener Novbr.-Auct. 1905, no. 1167.)
„Umfassendes gesuchtes Werk. Unter der Bezeichnung „Hauszucht" werden hier alle Begierden u. Leidenschaften befriedigt, sowie Körperstrafen, besonders über die weiblichen Leibeigenen verhängt. Sittenlosigkeit überall."

Petri, Jh. Cph., Esthland u. die Esthen, od. histor.-geogr.-statistische Gemälde v. Esth- u. Liefland. 3 Thle. Mit Kpft. 8. Gotha 802. Ettinger. 5 rthl

— neueste Gemälde v. Lief- u. Estland unter Katharina II. u. Alexander I. in statist.-, polit.- u. merkantil. Hinsicht. 2 Thle. Mit 7 Kpf. u. 1 Pl. gr. 8. Leipz. 809. Dyck. 6 rthl

Petri, Joh. Christoph. Doctor der Philosophie etc Neuestes Gemälde von Lief- und Ehstland, unter Katharina II. und Alexander I., in historischer, statistischer, politischer und merkantilischer Ansicht. Mit 7 Kupfern und 1 Plane. (2 Bde.) 8. Leipzig 1809.

— Rußlands blühendste Handels-, Fabrik- u. Manufakturstädte in alphabet. Ordnung. Mit 1 Abbildd. gr. 8. Leipz. 811. Dyck. 20 gr.

Petri, J. C., de historia duorum Gadarenorum δαιμονιζομένων Erf. 1797. 4.

Petri, I. L., de historia duorum gadarenorum. 4. Erf. Görling. 797.

— — s.a. Petri, Georg

— Neueste Kunde v. Amerika, s. Länder- u. Völkerkunde. 17r u. 18r Bd.

Petri, J. L., neueste Kunde v. Amerika. 1r Bd. Nord-Amerika, mit Chart. gr. 8. Weimar, Industrie Comt. 815.

Petri, J. L., neueste Kunde v. Amerika. 2ter Band. (Aus d. Länder- und Völkerkunde 18ter Bd. abgedr.) M. Kupf. Weimar, L. Ind. Compt. 817.

— Musterbuch deutsch. Prosa. 8. Marb. Krieger. 815.

— neue Pittoresken aus Norden, od. statist.-historische Darstell. v. Lief-, Esth- u. Rußland. (1e Aufl. 805, ohne d. Verfs. Namen.) Mit 3 Kpft. 8. 2e A. Erf. 809. Müller. (Weygand in Leipz.) 1 rthl 4 gr

Petri, Jh. Ph.

— Aufschluß d. drei Gesichter Daniels, nebst Traum Nebucadnezars. 8. Offenb. 769. Brede. 2 gr

Petri, Jh. Ph. I., Aufschluß d. Zahlen Daniels u. d. Offenbarung Johannis. 8. (Offenb.) 768. Brede. 2 gr

Petri, Jh. Ph. I., († 1792.) Beweis z. Auflösung d. Gesichter u. Zahlen Daniels u. d. Offenb. Johann. 8. Offenb. 784. Brede. 3 gr

— gründl. Beweis, daß d. Wiederkunft Christi auf Erden u das Ende d. Antichrists zu einer u. gleicher Zeit geschehen werde. 8. (Offenb.) 774. Brede. 2 gr

— entsiegelte sieben Donnerstimmen, entsiegelt u. erklärt nach Anleitung Psalm 29, 8. 8. Offenb. 784. Brede. 2 gr

— das hohenpriesterl. Gebet Jesu Christi. 8. Hanau (Offenb.) 787. Weiß. 9 gr

— d. Offenbarung J. Christi durch Johann. v. Cap. 1—19, nach d. prophet. Sinn aufgeklärt ꝛc. 8. Offenb. 774. Brede. 5 gr

Petri, Jh. Ph. II., († d. 15. Nov. 1797.) Predigten über d. Sonn- u. Fest-Evangelien d. ganzen Jahres. 2 Thle. gr. 8. Eisenach. 778, 79. Wittekind. 2 rthl

— d. herrliche Reich Christi in d. Nähe u. Kürze zu erwarten. 8. Offenb. 784. Brede. 2 gr

— d. nahe 1000jährige Reich Christi u. darauf folgende Reich d. Vaters ꝛc. 8. Offenb. 769. Brede. 4 gr

— neue Samml. christl. Predigten u. e. Confirmations-Reden. gr. 8. Eisenach 795. (Bärecke). (W. Nauck in Leipz.) 1 rthl 6 gr

— neue Samml. v. Predigten u. etl. Confirm.=R. gr. 8. Ebend. (Sommer, Lpz.) 795.

— die Stunde d. Versuchung bei vorhand. Eröffnung d. 6n Siegels. 8. Offenb. 778. Brede. 3 gr.

— d. süße Vorgeschmack d. ewigen Lebens. 8. Offenb. 778. Brede. 3 gr.

— d. süße Vorgeschmack d. ewigen Lebens. 8. Ebend. 781.

Petri, Johann Samuel

Petri, Jh. Sam., († d. 12. April. 1808.) Anleit. zur prakt. Musik. 8. Lauban. 767. Wirtgen. 10 gr. N. A. 4. Leipz. 782. Breitkopf u. H. 2 ℛ

Petri, J[ohannes]: Festrede zur silbernen Hochzeit unseres Kaiserpaares am 27. Februar 1906. Meiningen 1906: Keyssner. (S. 18—24.) 4°
Schleusingen, k. G P 1906 (308)

Petri, Johannes, aus Berlin **Inconstanz des Erstarrungspunktes hochschmelzender Körper und Beiträge zur Kenntnis des Schwefels.** *Berlin (1898): G. Schade.* (56 S.) 8°
Erlangen, Phil. Diss. v 26. Okt 1898

De Friderici Daniae et Norvagiae principis hereditarii iusta et legitima postulatione in adiutorem in episcopatus Lubecensis. Praemissis … etis quibusdam de locis praesulatus originibus potioribus latis pactoque inter domum Gottorpiensem et Capitulum Lubecense anno 1647 inito. Praeside Francisco Dominico Haeberlin 1758 publice disputabit auctor responsurus Johannes **Petri** Tondera-Slesvicensis. Helmstadii (1758) 4 k

Petri, Johannes Theodor Hermann, s. Petri, Hermann

Petri, Jos., Aloisius v. Gonzaga, e. Heiliger d. Jesuitenordens, — s.: Flugschriften, katholische, zur Wehr u. Lehr'.
— die Protestkirche zu Speyer u. die Protestation v. 1529, — s.: Flugschriften, katholische, zur Wehr u. Lehr'.

Petri, Josef, Ingenieur aus Trier: **Theorie der aplanatischen Fläche und Versuche, sie auf Flächen zweiter Ordnung zu reduzieren.** *Rostock 1904: Adlers Erben.* (53 S.) 8°
Rostock, Phil. Diss. v [27 Juni] 1904

[F.] **Petri, Julius: Der Agnes-Bernauer-Stoff im deutschen Drama; unt. bes. Berücks. v. Otto Ludwigs handschriftl. Nachlass ... Berlin, Ullstein's Buchdr.,** *1892;* **47 S. 8.**
Rostock, Phil. Fak., Inaug.-Diss. v. [22. Dez.] 1891

Petri, Jul., Apostata, s. Bücherei, deutsche. 26. Bd.

Apostata. Von Julius **Petri**. Berlin H Neelmeyer [1905]. (S. 95–127.) 8° [F.]
— **Bücherei**, Deutsche. Bd 26, [3.] 05. 10:7

Petri, Jul., rothe Erde. Aus s. Nachlaß hrsg. v. Erich Schmidt. 8. (VIII, 428 S.) Berlin 895. Gebr. Paetel. n. 4. —; geb. in Leinw. n. 5. 50

Petri, Jul., Pater peccavi! Roman. 8. (162 S.) Stuttgart 892. J. G. Cotta Nachf. n. 3. —; geb. n. 4. —

Petri, Julius (geb. Barmen 31. 5. 1852) Versuche zur Chemie des Eiweissharns. Berlin (1876). (35 S.) 8°
Berlin, Med. Diss. v 19. Febr 1876

Petri, Justus (Karl Mor.) (geb. Detmold 5. 9. 1844) Ueber 44 im pathologischen Institut zu Berlin in der Zeit von 1850 bis zum März 1868 vorgekommene Fälle von Krebs der Speiseröhre. Berlin (1868). (47 S.) 8°
Berlin, Med. Diss. v 24. März 1868

Petri, K., s. katechet. Handbuch über d. v. Dr. Rosenmüller hrsg. christl. Lehrbuch.

• **Petri, K.**, katechet. Handbuch üb. das von Dr. Ro: senmüller herausgegebene christl. Lehrbuch. 1r u. 2r Theil u. 3ten Theils 1s, 2s u. 3s Stück. 8. Leipz. Hertel. 800. (Ir 1 Rthlr. 4 gr. IIr 1 Rthlr. IIIr 1s u. 2s 10 gr. 3s 10 gr.)

Petri, K. G. C., üb. die einem jeden Katechete nöthigen Haupterfordernisse. 8. Lübben, Gotsch. 813.

Petri, K. H., vor 65 Jahren in u. um Torgau. 8. (29 S.) Torgau 879. Jacob. n. — 50

Petri, K. H., die Nachbarstädte Torgau's: Annaburg, Belgern, Dommitzsch, Düben, Eilenburg, Prettin, Schildau, Wurzen. Geschichtliche Skizze. gr. 8. (III, 79 S.) Torgau 880. Jacob. n. 1. 20

Landwirtschaftliche Berechnungen. Eine Sammlung von Aufgaben aus d. verschiedenen Zweigen d. Landwirtsch. Zum Gebr. f. d. Unterr. an landwirtsch. Lehranst. bearb. von Karl **Petri**, Lehrer in Hohenwestedt. [Nebst] Lösungen. Berlin: P. Parey 1906. 2 Bde. 8° [F.]
— **Unterrichtsbücher**, Landwirtschaftliche. [Bd 57.] 06. 4040

Petri, Karl, landwirtschaftliche Berechnungen. Eine Sammlg. v. Aufgaben aus den verschiedenen Zweigen der Landwirtschaft. Zum Gebrauch f. den Unterricht an landwirtschaftl. Lehranstalten bearb. (Landwirtsch. Unterrichtsbücher.) (VIII, 285 S.) 8. Berlin 906. P. Parey. Geb. in Leinw. n. 2. 60; Lösungen (41 S.) n. 1. 20

Petri, Carl, landwirtschaftlicher Buchführer. Contobuch u. Anleitg., alle Buchgn. darin richtig auszuführen. Als Unterrichtsbuch f. landwirtschaftl. Schulen u. zum Gebrauche in kleinen Wirtschaften bearb. Fol. (16 S., S. 16 a—m, 17—153.) Berlin 896. P. Parey. Kart. n. 4. —

Petri, Karl Ergebnisse entomologischer Exkursionen im Gebiete Schässburgs. 68 S. Progr. *Schässburg* 1885

— das landwirtschaftliche Genossenschaftswesen. Ein Leitfaden f. den Unterricht an landwirtschaftl. Schulen, sowie zur Selbstbelehrg. (70 S.) gr. 8. Leipzig 903. H. Voigt. n. — 80

Petri, Karl, das landwirtschaftliche Genossenschaftswesen. Ein Leitfaden f. den Unterricht an landwirtschaftl. Schulen, sowie zur Selbstbelehrg. 2. verb. Aufl. (IV, 69 S.) 8. Leipzig 908. H. Voigt. — 80

Petri, Karl, Das landwirtschaftliche Genossenschaftswesen. Ein Leitfaden für den Unterricht an landwirtsch. Schulen, sowie zur Selbstbelehrung. gr. 8°. Leipzig, H. Voigt, 1903. 3. verb. Aufl. gr. 8°. Ebd. 1910.

— Gesetzeskunde, s. Kollath, Johannes

[F.] Der Guts-Sekretär. Prakt., durch Beispiele erläut. Anleitg z. Abfassg aller schriftl. Arbeiten d. Landwirts in Beruf und Verwaltg. Bearb. v. Carl **Petri**, Lehrer an d. landwirtschaftl. Lehranst. in Hohenwestedt '(Holstein)'. M. 591 Mustern u. Formularen. *Berlin: P. Parey 1898.* (VI, 296, 439 S.) 1 Bd 8. 98. 3884

Petri, Carl, der Guts=Sekretär. Praktische, durch Bei= spiele erläuterte Anleitg. zur Abfassg. aller schriftl. Arbeiten des Landwirts in Beruf u. Verwaltg. Mit 610 Mustern u. Formularen. 2., verm. u. verb. Aufl. gr. 8. (VI, 344 u. 453 S.) Berlin 902. P. Parey. Geb. in Leinw. n. 10. —

— Der Guts-Sekretär. Praktische, durch Beispiele erläuterte Anleitg. zur Abfassg. aller schriftl. Arbeiten des Landwirts in Beruf u. Verwaltg. 3., verm. u. verb. Aufl. Mit 678 Mustern u. Formularen. (VI, 377 u. 501 S.) gr. 8. Berlin 908. P. Parey. Geb. in Leinw. 10. —

— Handelskunde f. den Landwirt, s.a. Thaer-Bibliothek. 106. Bd.

Handelskunde für den Landwirt. Prakt. Anleitung f. d. Einkauf d. landwirtsch. Bedarfsgegenstände u. Verkauf d. Erzeugnisse d. Ackerbaues u. d. Viehzucht, unter Berücks. d. einschläg. gesetzl. Bestimmungen. Von Karl Petri, Lehrer. Berlin: P Parey 1904 (VII, 208 S.) 8° [F.]
= Thaer-Bibliothek. Bd 106. [03. 6064

Petri, Karl, a. Göcklingen: Über die in der Theorie der ternären kubischen Formen auftretenden Konnexe. Leipzig 1904: B. G. Teubner. (IV, 44 S.) 8°
München, Phil. Fak., Ref. Lindemann, Diss. v. 28. Sept. 1904
[Geb. 13. Sept. 81 Altleiningen Pfalz; Wohnort: Göcklingen; Staatsangeh.: Bayern; Vorbildung: Gymn. Landau Reife M. 99; Studium: München 7 S.; Rig. 4. Juli 03.]

Petri, Carl, s.: Lehr- u. Lesebuch f. Gewerbe-Lehrlingsschulen.

Monographie der Coleopteren-Tribus Hyperini mit 3 Taf. u. 58 Textfig. von Dr. Karl **Petri.** Berlin: R. Friedländer & Sohn in Komm. (1901). (IV, 208 S.) 4°(8°)
= Siebenbürger Verein f. Naturwiss. zu Hermannstadt. **Abhandlungen.** Bd 2. [...4000 2

Petri, Karl, Monographie des Coleopteren-Tribus Hyperini. Hrsg. vom siebenbürg. Verein f. Naturwissenschaften zu Hermannstadt. schmal Lex.-8. (IV, 210 S. m. 58 Fig. u. 3 Taf.) Berlin (902). (R. Friedländer & Sohn.) n. 7. —

Petri, Karl, Revision d. mittel- u. westeurop. Arten d. Gattg. Plinthus Germ., s.: Mitteilungen, wissenschaftl., aus Bosnien u. d. Hercegovina, 4. Bd.

— d. Schriftwerk d. Landwirts, s.a. Thaer-Bibliothek.

[F.] Das Schriftwerk des Landwirts. Anleitg z. Abfassg seiner schriftl. Arbeiten im Beruf u. bürgerl. Leben. Bearb. v. Carl **Petri,** Lehrer an d. landw. Lehranst. ... in Hohenwestedt '(Holstein)'. M. zahlr. Beispielen. *Berlin: P. Parey 1894.* (VII, 206 S.) 1 Bd 8.
— **Thaer-Bibliothek.** Bd 90. [94. 1388

[F.] Das Schriftwerk des Landwirts. Anleitg z. Abfassg s. schriftl. Arbeiten im Beruf u. bürgerl. Leben. M. zahlr. Beisp. Bearb. v. Carl **Petri,** Lehrer .. in Hohenwestedt '(Holst.)'. 2., verm. u. verb. Aufl. *Berlin: P. Parey 1897.* (VII, 246 S.) 1 Bd 8.
— **Thaer-Bibliothek.** Bd 90. [97. 6441

Das Schriftwerk des Landwirts. Anleitung z. Abfassung s. schriftl. Arbeiten im Beruf u. bürgerl. Leben. Mit zahlr. Beispielen. Bearb. von Carl **Petri,** Lehrer in Hohenwestedt. 3., neubearb. Aufl. *Berlin: P. Parey 1903.* (VIII, 275 S.) 8° [F.]
— **Thaer-Bibliothek.** Bd 90. [03. 14796

Das Schriftwerk des Landwirts. Anleitung z. Abfassung seiner schriftl. Arbeiten im Beruf u. bürgerl. Leben. Mit zahlr. Beispielen. Bearb. von Karl Petri, Lehrer in Hohenwestedt. 4., neubearb. Aufl. Berlin · Parey 1909. VII, 248 S. 8°
(Thaer-Bibliothek 90.) [09. 17243

Selbstverwaltungsämter. Leitfaden zur Vorbereitung für staatliche und kommunale Ehrenämter des Landwirts. Bearb. v Carl **Petri.** Berlin. 1894. = Landwirthschaftliche Unterrichtsbücher. Bd. 9. 8°.

— Selbstverwaltungsämter. Leitfaden zur Vorbereitung f. staatl. u. kommunale Ehrenämter d. Landwirts. 8. (VIII, 80 S.) Ebd. 894. Geb. in Leinw. n. 1. —

[F.] Selbstverwaltungsämter. Leitf. z. Vorbereitg f. staatl. u. kommunale Ehrenämter des Landwirts. Bearb. v. Carl **Petri,** Lehrer ... in Hohenwestedt '(Holstein)'. 2., verm. u. verb. Aufl. *Berlin: P. Parey 1896.* (VIII, 88 S.) 1 Bd 8.
(Landwirtschaftliche Unterrichtsbücher. [No 9.]) [97. 2835

Petri, C. Taxationslehre. gr. 8°. Berlin, Parey, 1895.

[F.] Taxationslehre. Von C[arl] **Petri,** Lehrer an d. landw. Lehranst. ... zu Hohenwestedt '(Holstein)'. *Berlin: P. Parey 1896.* (VII, 168 S.) 1 Bd 8.
— **Unterrichtsbücher, Landwirtschaftliche.** [Bd 19.] [96. 1389

Taxationslehre. Von C[arl] **Petri,** Lehrer. 2., umgearb. Aufl. Berlin: P. Parey 1903. (VII, 150 S.) 8° [F.]
— **Unterrichtsbücher,** Landwirtschaftliche. [19.] [03. 6071

— das landwirtschaftliche Versicherungswesen. Ein Leitfaden f. den Unterricht an landwirtschaftl. Schulen, sowie zur Selbstbelehrg. (82 S.) gr. 8. Leipzig 904. H. Voigt. n. — 40

Volkswirtschaftslehre. Von Carl **Petri,** Lehrer in Hohenwestedt. *Berlin: P Parey 1901.* (VIII, 102 S.) 8° [F.]
= **Unterrichtsbücher** Landwirtschaftliche [42] [01. 8786

Petri, Carl Heinr., Confirmandenstunden. Dictate nach Luther's kleinem Katechismus. 2., durchgesehene, veränd. und verm. Aufl. 8. (52 S.) Torgau 855, Wienbrack'sche Buchh. *

Petri, Karl Heinr., die Rectoren der Schule von Torgau. Eine Festgabe zum 50jähr. Amtsjubiläum des Hrn. Schuldir. Joh. Chrph. Friedr. Scharlach, Ritters des Rothen Adlerordens, zu Halle a. S. gr. 8. (47 S.) Torgau 879, (Jacob.) * 1 —

Petri, Leopold, Dr. jur., Kammergerichtsref. aus Cüstrin: **Geschichte** des Placet nach Zweck und rechtlicher Ausgestaltung. Ein Beitrag zur Entwicklungsgeschichte d. Kirchenstaatsrechts. *Soran N.-L. 1899: Rauert & Pittius.* (68 S.) 8°
Erlangen, Jur. Diss. v. 14. Dez. 1898

Petri, Leop., Geschichte des Placet nach Zweck u. rechtlicher Ausgestaltung. Ein Beitrag zur Entwicklungsgeschichte des Kirchenstaatsrechts. Diss. gr. 8. (VII, 68 S.) Sorau 899. (Leipzig, Buchh. des Vereinshauses.) n. 1.25

— **Ludwig (Friedrich Ludwig Heinrich)** (Lingerich/Lingen/Westfalen), De fungo medullari et morbis analogicis. Diss. med.-chir. Berlin (Nietack) 14. III. 1837. 28 S. u. Biogr. (M.: Fr. Humpe). (3.—) 26188
Oppon.: C. Reichert, F. Bahlmann, M. Cruse. — Gew.: Andr. Aug. Francke.

Petri, Ludw. Adf., Agende der Hannoverschen Kirchenordnungen. Mit histor. Einleitung, liturg. Erläuterung u. ergänzenden Zugaben zum erneuerten Gebrauch bearb. u. hrsg. 4. (VIII. 167 u. Agende 88 S.) Hannover 852, Hahn. n. 1⅚ ₰

Petri, Ludw. Adf., zum Baue d. Hauses Gottes. Manichfaltiges aus dem geistl. Amte u. f. dasselbe aus dem Nachlaß d. Verf. ausgewählt u. geordnet v. Rud. Steinmetz. gr. 8. (XII, 386 S.) Hannover 875. Wolff. n. 4. —

Petri, L. Ad., die Bedürfnisse u. Wünsche d. protestant. Kirche im Vaterlande. Mit Beziehung auf d. Entwurf e. Staats-Grundgesetzes f. d. Königr. Hannover. gr. 8. (3¼ B.) Hannover 832, Hahn.

— Beichtvermahnungen. gr. 16. (64 S.) Stuttgart 876. Buchh. der evangel. Gesellschaft. n. — 45

Petri, Ludw. Adf., Beleuchtung der Göttinger Denkschrift zur Wahrung der evangelischen Lehrfreiheit. Hannover 854. Hahn. gr. 8. (54 S.) 7½ ngr.

— letzte Gabe an die Gemeine. Sieben Predigten im Sommer vor seinem Heimgange geh. 8. (VI, 95 S.) Ebend. 873. n. 1. 25; geb. m. Goldschn. n. 2. —

—— der Glaube in kurzen Betrachtungen. 1.—4. Aufl. 16. (221 S.) Hannover 868—75, Hahn'sche Buchh. geb. mit Goldschn. * 2 40

Petri, Ludw. Adf., der Glaube in kurzen Betrachtungen. 5. Aufl. 12. (VII, 221 S.) Hannover 884. Hahn. geb. m. Goldschn. n. 2. 40

Petri, Ludw. Adf., der Glaube in kurzen Betrachtungen. 6. Aufl. 12. (VII, 221 S.) Hannover 893. Hahn. Geb. in Leinw. m. Goldschn. n. 2. 40

Petri, Ludw. Adolf, Gnade u. Wahrheit aus den heil. Evangelien. gr. 8. (36⅞ B.) Hannover 845, Hahn'sche Hofbuchh.

—— Gnade und Wahrheit aus den heiligen Evangelien. 2. Aufl. gr. 8. (VII, 519 S.) Hannover 876, Hahn'sche Buchh. * 7 —

— die Herrlichkeit der Kinder Gottes. gr. 8. (198 S.) Hannover 849. (Hahn.) baar n. ⅔ ß

— die Herrlichkeit der Kinder Gottes. 2. Aufl. Nebst e. Anh. v. 10 zumeist bereits früher gedruckten Predigten desselben Verf. gr. 8. (III, 336 S.) Ebend. 874. 3. 50

— die gegenwärtige Lage d. Kirche rc., s. Münchmeyer, F.

Petri, Ludw. Adv., Lehrbuch d. Religion f. d. obern Klassen protestant. hoher Schulen. gr. 8. (13¼ B.) Hannover 839, Hahn'sche Hofbuchh.

—— Lehrbuch der Religion f. die obern Klassen protest. hoher Schulen. 2., verb. Aufl. gr. 8. (14 B.) Hannover 843, Hahn'sche Hofbuchh.

— Lehrbuch der Religion f. die oberen Klassen, protestant. hoher Schulen. 3. verb. u. mit den drei ökumenischen u. dem Augsburgschen Bekenntnisse verm. Aufl. gr. 8. (XIV u. 257 S.) Hannover 850, Hahn. ⅔ ß

Petri, Ludw. Adf., Lehrbuch der Religion für die obern Klassen protestantischer hoher Schulen. 5., verb. Aufl. Hannover 859. Hahn. gr 8. (XI, 260 S.) 20 ngr.

Petri, Ludw. Adf., Lehrbuch der Religion für die obern Klassen protestantischer hoher Schulen. 6., verb. Aufl. gr. 8. (XI und 260 S.) Hannover 867, Hahn'sche Hofbuchh.

—— Lehrbuch der Religion für die oberen Classen protestantischer hoher Schulen. 7. Aufl. gr. 8. Ebendas. 873. 2 —

Petri, Ludw. Adf., Lehrbuch der Religion für die obern Klassen protestantischer hoher Schulen. 8. Aufl. gr. 8. (XI, 260 S.) Hannover 880. Hahn. 2. —

Petri, L. A., Lehrbuch der Religion f. die oberen Klassen protestantischer hoher Schulen. 9. Aufl. gr. 8. (X, 260 S.) Hannover 888. Hahn. n. 2. —

— Licht des Lebens. Ein vollständiger Jahrgang von Predigten aus den ordentlichen Evangelien. Nebst sieben Fastenpredigten. Hannover 858. Hahn. Lex.-8. (VI, 634 S.) n. 1 ß 10 ngr.

— Licht des Lebens. Ein vollständ. Jahrgang von Predigten aus den ordentl. Evangelien. Nebst 7 Fastenpredigten. 2. Aufl. Ebend. 870. gr. 8. (VI, 634 S.) n. 1 ß 10 ngr.

— Licht d. Lebens. Ein vollständ. Jahrgang v. Predigten aus den ordentl. Evangelien. Nebst 7 Fastenpredigten. 3. Aufl. gr. 8. (VI, 658 S.) Ebd. 888. n. 6. —

—— die Mission u. die Kirche. Schreiben an e. Freund. gr. 8. (3 B.) Hannover 841, Hahn'sche Hofbuchh.

—— die Mission u. die Kirche. Kurze Antwort an die Gegner der kirchl. Bestimmung dieses Verhältnisses. gr. 8. (4 B.) Erlangen 842, Bläsing.

Aus: Zeitschrift f. Protestantismus u. Kirche, 1842. Juliheft, besond. abgedruckt.

— Salz der Erde. Ein vollständiger Jahrgang von Predigten aus den ordentlichen Episteln. Hannover 865. Hahn. gr. 8. (VI, 642 S.) n. 1 ß 15 ngr.

— Salz der Erde. Ein vollständ. Jahrgang von Predigten aus den ordentl. Episteln. Ebend. 865. gr. 8. (VI, 642 S.) n. 1 ß 15 ngr.

— Salz der Erde. Ein vollständ. Jahrgang der Predigten aus den ordentl. Episteln. 2. Aufl. Mit dem Portr. d. Verf. (in Stahlst.) gr. 8. (IV, 654 S.) Ebend. 874. n. 6. —

— s. Segen d. evangel. Kirche.

— Summarien üb. die Episteln u. Evangelien d. Kirchenjahrs wie sie in Hannover gelesen werden. [Aus: „Sonntagsblatt."] Hrsg. v. J. Freytag. 8. (136 S.) Hannover 871. Meyer. geb. n. 1. —

—— vom Wort d. Lebens. Allen welche sich in dem Herrn freuen aus Glauben zu Glauben dargeboten. gr. 8. (31 B.) Hannover 838, Hahn'sche Hofbuchh.

—— das apostolische Zeugniß aus den heil. Episteln. gr. 8. (32 B.) Hannover 846, Hahn'sche Hofbuchh.

Petri, M., die Nachbarn, s. a. Volksbücher, neue.

[F.] Die Nachbarn. Von M. Petri. M. 4 Ill. *Berlin: Christl. Zeitschriftenver. 1895.* (80 S.) 1 Bd 8.
— Volksbücher, Neue. Bdch. 29. [97. 7647]

Petri, M., Ulachammal, s.: Lotosblumen, indische. Nr. 8.

Petri, M. L., Festrede bei d. Schließung d. Grundsteingewölbes z. Hermanns-Denkmale im Teutoburger Walde, am 8. Sept. 1841. 2. Aufl. Mit d. Verzeichnisse d. Einlagen in d. Grundstein. gr. 8. (1½ B.) Lemgo 841, Meyersche Hofbuchh. *

Petri, Marie, die letzten Homburger. Historische Erzählg. gr. 8. (132 S. m. Abbildgn.) Braunschweig (900). H. Wollermann. Geb. in Leinw. n. 1. 50

— durch Kampf u. Not. Erzählung aus d. alten Wolfenbüttel. Mit Abbildgn. v. H. Barmführ. 8. (114 S.) Ebd. 903. n. 1. 50; geb. in Leinw. n. 2. 40

— Marienblumen. Erzählungen. Nr. 1—15. gr. 8. (Mit Abb.) Ebd. 900. 902. n. 3. 60; je 5 Nrn. in 1 Bd. kart. n. 1. 50

1. Zwei Häuser. (38 S.) n. — 30. — 2. Friede auf Erden. (31 S.) n. — 25. — 3. Zu früh. (31 S.) n. — 20. — 4. Hilfe in der Not. (26 S.) n. — 20. — 5. Die Schwestern. (44 S.) n. — 25. — 6. Der Halbspännerhof. (64 S.) n. — 40. — 7. Glit. (31 S.) n. — 20. — 8. Auf der Asseburg. (18 S.) n. — 20. — 9. Ehrlich währt am längsten. (27 S.) n. — 20. — 10. Das Krüppelchen. (36 S.) n. — 25. — 11. Linie. Eine wahre Geschichte. (40 S.) n. — 25. — 12. Das Erbteil. (32 S.) n. — 25. — 13. Bruder u. Schwester. (32 S.) n. — 25. — 14. Abendfrieden. (20 S.) n. — 20. — 15. Der bunte Wagen. (24 S.) n. — 20.

— echte Minne. Historische Erzählg. gr. 8. (144 S. m. Abbildgn.) Ebd. (900). Geb. in Leinw. n. 1. 50

Petri, Marie, wohr is't, s.: Vom Jahrmarkt des Lebens.

Petri, Mor., Beiträge zur bessern Würdigung des Wesens u. der Bedeutung des Puseyismus durch Uebertragung einiger der wichtigsten betreff. engl. Schriften nebst einer Einleitung. 2 Hfte. gr. 8. Göttingen, Vandenhoeck u. Ruprecht.

Inhalt:

Hft. 1. Die Einleitung u. der Brief Pusey's an den Erzbischof von Canterbury. (12¼ B.) 843. 22½ Ngr.

„ 2. Der 90. Traktat mit seinen Zugaben u. die Predigt Pusey's über das Abendmahl. (10⅝ B.) 844. 20 Ngr.

– s. Child, Anna: Das Buch der Mütter.

Petri, Mor., zur Einführung Shakespeare's in die christliche Familie. Eine Gabe zunächst für Frauen u. Jungfrauen. Hannover 868. Meyer. gr. 8. (V, 188 S.) n. 25 ngr.

Petri, Mor., zur Einführung Shakespeare's in die christliche Familie. Eine populäre Erläuterg. der vorzüglichsten Dramen desselben. 2. verm. Aufl. Mit Shakespeare's Portr. in Stahlst. gr. 8. (292 S.) Hannover 877. Meyer. n. 4. 80; geb. n. 6. —

—— Elementar-Lesebuch d. englischen Sprache. Mit ausreichendem Wörterbuche u. kurzgefaßter Sprachlehre. gr. 8. (13 B.) Hambura u. Gotha 842, Friedr. u. Andr. Perthes.

Petri, Mor., s. Rothkehlchen, die.

Petri, Ph. Aug. (Hrsg.), s. Blackford, Martha: Die schottischen Weisen.

– (Hrsg.), s. Constant de Rebecque, Benjamin: Die Religion nach ihrer Quelle ...

– (Hrsg.), s. Cooper, James Fenimore: Sämmtliche Werke.

– (Hrsg.), s. Erato. Eine Auswahl lyrischer Gedichte.

– (Hrsg.), s. Schwestern, Die ...

– (Hrsg.), s. Toulongeon, F. Emm.: Geschichte von Frankreich.

Petri, Richard Julius

Petri, R. J[ulius] u. Albert Maassen: Zur Beurtheilung der Hochdruck-Pasteurisir-Apparate. 4°
Aus: Arbeiten a. d. Kaiserl. Gesundheitsamte. Bd 14. [1898.]

Petri, R. J., s.: Brehmer's, Herm., Aetiologie u. Therapie der chronischen Lungenschwindsucht.

Petri, R. J., der Cholerakurs im kaiserl. Gesundheitsamte. Vorträge u. bakteriolog. Praktikum. Mit 2 in den Text gedr. Abbildgn. u. 4 Mikrophotogrammen. (1. Bakteriologischer Thl. Anleitung in der Methodik u. Technik f. die bakteriolog. Diagnose der Cholera. — 2. Epidemiologischer Thl. Aetiologie u. Epidemiologie der Cholera, sowie die Massnahmen zur Bekämpfg. der Seuche.) gr. 8. (VIII, 260 S.) Berlin 893. R. Schoetz. n. 8. —; geb. n.n. 9. —

Petri, R. J., und A. Maaßen: Ueber die Herstellung von Dauermilch. Berlin 1891

Petri, R. J., üb. die Methoden der modernen Bakterienforschung, s.a. Sammlung gemeinverständl. wissensch. Vorträge.

Petri RJ, über die Methoden der modernen Bakterienforschung. (Sammlung gemeinverständlicher wissenschaftlicher Vorträge NF II, 10-11) Hamburg 1887

Das Mikroskop. Von s. Anfängen bis z. jetzigen Vervollkommng v Regiergsr. Dr. med. R[ichard] J[ulius] Petri, o. Mitgl. d. Kais. Gesundhtsamtes . M. 191 Abb. im Text u. 2 Facsimiledrucken. *Berlin R. Schoetz 1896.* (XXII, 248 S., 2 Portr.) 1 Bd 8. [56. 6495]

Petri, R. J., d. Mikroskop. Von s. Anfängen bis zur jetz. Vervollkommng. f. alle Freunde dieses Instruments. M. 191 Abb. im Text u. 2 Fcsmdrucken. gr. 8. (XXII, 248 S.) Berlin 896. R. Schoetz. n. 8. —; geb. n. 10. —

— s.: Veröffentlichungen, Görbersdorfer, aus Dr. Brehmer's Heilanstalt f. Lungenkranke.

— wie ist im Winter die Liegekur der Phthisiker einzurichten? gr. 8. (8 S.) Berlin 902. Goldschmidt. n. 1.—
Sonderabdruck aus: „Deutsche med. Presse".

Musikalisches Spruch-Schatzkästlein. Musikal. Haus- u. Lebens-Regeln verf. von R. Schumann u. gewählter [!] Sprüche u. Urtheile etc. über Musik, Kunst u. Musikal. Disciplinen verschied. Autoren, letztere gesamm., ausgew. u. hrsg. von R[ob.] Petri. Halle a. S.: Selbstverl. 1900. (16 S.) 8°

Petri, Rud. Wilh. Thdr., des Landwirth's Orakel. Die Bauernregeln der Völker Europa's, oder Regeln u. Sprüche aus dem Volksmunde über die Vorausbestimmung des Wetters, über den Einfluß desselben auf den Feld- u. Gartenbau u. über andere Naturbeobachtungen. Breslau 866. Kern's Verlag. gr. 8. (XVI, 116 S.) 22½ ngr

— S., Encratitae ad illustrem abbatem Bergensem de concubinatu epistola. Editio Secunda emendatior, et Tübingen rec. 1714. 32 S. (5.—) 26189

Petri, S., Taschenwörterbuch der romänischen und deutschen Sprache. 1. Thl.: Romänisch-deutsch. 16. (III und 516 S.) Hermannstadt 861, Closius.

Petri, S., s. Vaillant's, J. A., kurzgefaßte walach. Sprachlehre.

Petri, Samuel Friedrich Erdmann, s. Petri, Friedrich Erdmann

— Samuel Gotthelf (Klebitz / Sachsen), Eclogae antiquitatum Corsicarum. Präs. Jo. Wilhelm von Berger. Wittenberg (E. G. Eichsfeld) [12.] XII. 1743. 94 S. (6.—) 26190

Petri, St. Chr., wunderbare u. räthselhafte Menschen, Sonderlinge, närrische Kauze, feine Betrüger u. Charlatane etc. aller Zeiten u. Völker. Eine interessante Schrift für Leser aller Stände. 1 u. 2. Hft. 8. (226 S.) Quedlinburg 851, Basse. (à ⅓ Thlr) ⅔ Thlr

Petri, Theobald, approb. Arzt aus Trier Ueber Coxa vara. Ein Fall aus d. chirurg. Poliklinik zu München. *München 1903: C. Wolf & Sohn.* (22 S.) 8°
München, Med. Diss. v. 1903

Petri, U. Observations sur Athalie. Rheydt, höh. Lehranstalt, 1848. Progr.

Petri, U. Précis de l'histoire de la littérature française. Première partie. Barmen, R., 1852. Progr.

Petri, Ulr., de Petri Cornelii tragoedia Cid. Diss. Göttingen 1847, Dieterichsche Univ.-Buchh. 8°.

Anthologia Pindarica theologico-moralis sive locorum Pindari ad rerum divinarum officiorumque doctrinam spectantium per titulos digesta collectio. Scripsit subjectisque ... animadversionibus scholarum hibernarum auspicia ... celebraturus Collegii Carolini ducalis civibus proposuit Dr. **Victor Fredericus Lebrecht Petri,** ex Collegii moderatoribus, literarum antiquarum prof. publ. ord. 1831. 36 S. 8⁰ *Wolfenbüttel HzglB*

Petri, V. F. L. (Übers.), s. B i n g h a m , J. Elliot: Der Krieg mit China ...

– (Übers.), s. B l e s s i n g t o n , Marguerite Countess of: Meredith. – Strathern.

– (Übers.), s. B o y l e , Marie Louise: Der Förster.

Petri, Viktor Friedrich Lebrecht (Übers.), s. B r a y , Anna Eliza: Warleigh.

P e t r i, Vict. Friedr. Lebr., das **C h r i s t e n t h u m** in Braunschweig geg. Hrn. D. Geibel zu Lübeck u. d. evangel. Kirchenzeitung vertheidigt. Ein Beitr. z. neuesten Kirchengeschichte, allen protestant. Gemeinden Deutschlands z. Warnung. gr. 8. (5¼ B.) Braunschweig 832, (Vieweg.)

Commentationum in Jobum fasciculus primus. Scripsit et praemissis de Collegii Carolini indole atque ratione observationibus scholarum hibernarum exitum ... celebraturus ed. Dr. **Victor Fredericus Orthobius Petri,** linguarum antiquarum prof. publ. ord., Collegii moderatoribus adscriptus. 1833. 30 S. 4⁰ *Wolfenbüttel HzglB*

Commentationum in Jobum fasciculus secundus. Scripsit et scholarum aestivarum auspicia de more celebraturus literarum sacrarum studiosis Collegii Carolini civibus proposuit Dr. **Victor Fredericus Orthobius Petri,** ex Collegii moderatoribus, linguarum antiquarum prof. publ. ord. 1833. 28 S. 8⁰ *Br*

– (Übers.), s. D i s r a e l i , Benjamin: Neueste Werke.

—— drei **F e s t p r e d i g t e n.** Zum Besten d. St. Martini-Singechors. gr. 8. (5 B.) Braunschweig 826, Vieweg.

P e t r i, Vict. Friedr. Lebr., Gedächtnißrede z. Todtenfeier Lessing's am 15. Febr. gr. 8. (1½ B.) Braunschweig 838, [Vieweg u. Sohn.]

Petri, Vict. Frid. Orthobius, Guilielmo Taciturno immortali Batavorum libertatis conditori regiaeque hodie dominantis stirpis cels. auctori et exemplo sacrum. Roterodami 856. Baedeker. gr. 8. (16 S.)' 3 *ngr.*

Scholarum in Collegio Carolino ducali vertente hoc semestri aestivo habendarum et a. d. XIV. Calendas Majas auspicandarum initium indicit Dr. **Victor Fredericus Lebrecht Petri,** linguarum veterum prof. publ. ord., Collegii moderatoribus adscriptus. Insunt observationes aliquot in Pindari hymnum Olympicum primum. 1831. 22 S. 8⁰ *Br*

— **Viktor Friedrich Lebrecht** (Braunschweig), Parentalibus academiae Juliae Carolinae. Helmstedt (Fleckeisen) 4. VI. 1822. 44. S. mit Namen. (4.—) 26191

Enthält: Nomina professorum ordinum omnium qui ab initio fundatae acad. Juliae usque ad finem eius publice in ea docuerunt.

– s. P i c k e r i n g, Miß Ellen, Freund oder Feind.

— siehe: **P i n d a r s** Siegshymnen.

—— P r e d i g t üb. Matth. X, 14—17 am 31. Oct. 1830 in d. reform. Kirche zu Braunschweig geh. gr. 8. (1½ B.) Braunschweig 830, Vieweg.

—— P r e d i g t üb. 1. Timoth. VI, 11. 12 am Säcularfeste d. Augsburg. Confession d. 27. Juni 1830 in d. reform. Kirche zu Braunschweig geh. gr. 8. (1½ B.) Braunschweig, G. C. E. Meyer.

Petri, V. F. L., Sein oder nicht sein, oder hinter dem Berge wohnen auch Leute. Ein polemisch-pädagog. Commentar über Horat. Sat. II, 1. 20. f. Gelehrte u. Nichtgelehrte. gr. 8. (30 S.) Braunschweig 852, G. C. E. Meyer sen. n. ⅙ *rf*

– (Übers.), s. S t u a r t , M. Elisabeth: Lord Dacre von Gilsland.

Über Wesen und Zweck des Herzoglichen Collegii Carolini zu Braunschweig, ein Wort der Verständigung an seine Mitbürger, veranlasst durch das neulich erschienene Sendschreiben über Errichtung einer Universität oder eines polytechnischen Instituts hieselbst, von Dr. **Victor Friedrich Lebrecht Petri,** Prof. d. alten Literatur u. Mitgliede des Directoriums am Carolino. Braunschweig: G. C. E. Meyer 1831. 44 S. 8⁰ *Br*

Petri, W., wissenschaftliche Begründung der Wasserkur, gestützt auf eine dreizehnjährige Erfahrung. Coblenz 853. Baedeker. gr. 8. (IX, 188 S.) n. 20 *ngr.*

Petri, W., die Elemente der Buchstabenrechnung u. Algebra, s.: **B ü t t n e r, A.**

Ergänzungsrechenheft für gewerbliche Fortbildungsschulen. Zugleich e. Anleitung f. d. Schüler z. Selbstbilden von Aufgaben von [W.] Petri u. [Albert] G i e s e l e r. Arnsberg: J. Stahl 1906. (32 S.) 8° [F.] 108. 6937

— — dasselbe f. ländliche Fortbildungsschulen. (40 S.) 8. Ebd. 906. — 30

Petri, W., Heimatkunde der Prov. Westfalen, s.: G i e s e l e r, A.

— — in welcher **W e i s e** hat der Rechenunterricht der Fortbildungsschule die Bedürfnisse des praktischen Lebens zu berücksichtigen? Eine theoret. u. prakt. Anweisg. f. Lehrer an gewerbl. Fortbildungsschulen. (173 S.) gr. 8. Hilchenbach 904. [L. Wiegand.] Arnsberg, J. Stahl. Geb. n. 1. 80

— Methodik f. den Unterricht im Rechnen usw., s.: Gieseler, A.

— Rechenbuch f. höh. Mädchenschulen, s.: Räther, Heinr.

Der Rechenunterricht in landwirtschaftlichen Fortbildungsschulen. Eine theoret. u. prakt. Anregung f. Lehrer... Bearb. von [W.] Petri u. [Albert] Gieseler, Sem. Lehrern. Arnsberg: J. Stahl 1905. (196 S.) 8° [F.] [06. 3081 6

Warum und wie sind die Kinder zum selbständigen Bilden und Lösen der Rechenaufgaben, welche ihnen das spätere Leben stellt, anzuhalten? ⟨Eine Ergänzung zu jeder Rechenmethodik.⟩ Bearb. von [W.] Petri u. [Albert] Gieseler, Seminarlehrern. 2. Aufl. Arnsberg: J. Stahl 1906. (154 S.) 8° [F.] [08. 6938

Petri, Walter, appr. Arzt a. Detmold: Beitrag zur Kenntnis des tuberkulösen Duodenalgeschwüres. Tübingen: F. Pietzcker 1906. (16 S.) 8°
Tübingen, Med. Fak., Ref. v. Baumgarten, Diss. v. 24. Sept. 1906
[Geb. 2. März 80 Detmold (Lippe); Wohnort: Freiburg i. B.; Staatsangeh.: Lippe; Vorbildung: Gymn. Detmold Reife 98; Studium: Tübingen 4, Kiel 1, Freiburg i. B. 1, Leipzig 1, Tübingen 3 S.; Coll. 3. Aug. 06; Approb. 19. Febr. 04.]

Petri, Walther, aus Wiesbaden Untersuchungen über den Gerbstoff und Farbstoff der Früchte des Weinstockes und deren Gärungsprodukte ⟨Rotwein⟩. *München 1903: C. Wolf & Sohn.* (47 S.) 8°
München, Phil Diss. v 1903

Petri, Wilh., Beiträge zur Kenntniss der Itaconsäure, Citraconsäure u. Mesaconsäure. Inaugural-Dissertation. gr. 8. (46 S.) Bonn 881. (Göttingen, Vandenhoeck & Ruprecht.) n. 1. 20

— **Wilhelm** (Westfalen). De chorea sancti viti. Diss. med. Berlin (Brüschcke) 27. IV. 1829. 40 S. mit Biogr. (M.: Laar). (3.50) 26192
Oppon.: A. Gerhardt, M. Ruhfus, C. Thulemeyer.

Petri, Wilhelm [aus Frankfurt a. M.]: Konstitution der Iso-Purpursäure. Basel 1900. 52 S. 8°.
Basel. Phil. Diss. 1899/1900.

— **Wilhelm Albert** (Dillenburg/Nassau), Diss. jur., sistens selectas quasdam ex jure venatorio quaestiones. Präs. Joh. Heinrich Meier. [Erfurt] (J. H. Grosch) Mai 1713. (4.75) 26193
Gew.: Philipp Wilhelm von Boineburg.

Georg Christoph Petri von Hartenfels

Elephantographia curiosa, seu Elephanti descriptio, juxta methodum et leges imperialis Academiae Leopoldino-Carolinae naturae curiosorum adornata... Authore Georgio Christophoro Petri ab Hartenfelß [Petri von Hartenfels]. Erfordiae: Verf. 1715. 284 S. 8°

Petrich, Grundzüge e. Geschichte der Ehe. [Aus: „Evangel. Kirchen-Zeitung."] gr. 4. (17 S.) Berlin 875. Trowitzsch & Sohn. n. — 50

Petrich, Georg von

v. **Petrich,** G., Abhandl. über d. Baumschnitt, nach erprobten Regeln. Mit Kpf. gr. 8. Wien 820. Gräffer.

Petrich, Georg v., Abhandl. üb. d. Baumschnitt, nach erprobten Regeln. (2. Hft v. dessen: Obstgärtner). Mit Kpf. 8. Wien, 1820. Neuer T. 1822. Schaumburg. — 7½

— prakt. Gartenbaulehre, od. gründl. Unterricht f. Gartenfreunde, z. regelmässigen Anlegung u. weiteren Behandl. d. Gärten, um aus ihnen d. grösstmöglichsten Nutzen z. erzielen. (3. Hft d. Folgenden). Mit Kpf. 8. Ebend. 1820. Neuer T. 1822. — 7½

— prakt. Gartenlehre f. Gartenfreunde, wie selbe ihre Gärten d. Ordnung nach anzulegen u. zu behandeln haben, um den bestimmten Nutzen, wie auch das Angenehme zu genießen, was d. Natur bei angemessener Behandlung liefert. Mit Kpf. 8. Wien 820. Gräffer. 6 gr

— d. gründl. Obstgärtner, od. vollständ. Unterricht f. Gartenfreunde, d. sich ohne Hülfe e Gärtners ihre Gärten regelmässig anlegen, ihre Obstbäume selbst veredeln u. solche mit besond. Nutzen erziehen wollen. Nebst e. vollkomm. Anleit. z. Spalier-, Pyramiden- u. hochstämmigen Baumschnitte. 3 Abth. (1. Obstbaumzucht, 2. Obstbaumschnitt, 3. Gartenbaulehre) Mit Kpf. 8. Ebend. 1820. Neuer T 1822. 1. —

v. **Petrich,** (G.,) der gründl. Obstgärtner, od. vollständ. Unterricht f. Gartenfreunde, die sich ohne Hülfe eines Gärtners ihre Gärten regelmäßig anlegen rc. 1s Heft. Mit 4 Kpfrt. 8. Wien 822, Schaumburg.

— pomol. Samml. d. besten Gattungen Tafel-Obstes, nach d. Natur gezeichnet u. illum. 1s u. 2s Hft. Mit illum. Kpf. 4. Wien 820. Gräffer. 1 ℛ

— pomolog. Samml. d. besten Gattungen Tafelobstes, nach d. Natur gez. u. illum. 2 Hfte à 6 ill. Kpf. 4. Wien, 1820. (Klang.) 1 —

– Praktischer Unterricht für Gartenfreunde, s.a. Petrich Obstgärtner.

— — prakt. Unterricht für Gartenfreunde. Ein Gartenbuch, woraus jedweder Gartenfreund, ohne Hülfe eines Gärtners sich seine Obstbäume erziehen und alles zur Obstcultur nöthige gründl. erlernen kann. Mit Kupf. 8. Ebend. 820.

Der Alte im Walde oder Fürst Bismarcks Feierstunden. Fürst Bismarck 3. Von Hermann **Petrich.** *Anklam: A. Schmidt [1898]* (16 S.) 8° [Umschlagt. F.]
= **Petrich** Deutsche Männer. (Heftausg.) No 30.

Petrich, Hermann, Referendar: Über den Begriff des Erbvertrages nach dem Bürgerlichen Gesetzbuch. Greifswald 1900: J. Abel. (34 S.) 8°
Greifswald, Jur Diss. v. 1900

Petrich, Herm. Ernst Christoph Bindemann. Beitrag zur Litteratur- und Kulturgeschichte der letzten hundert Jahre. 30 S. Progr. *Stargard Po.* 1878

Petrich, Herm., Ernst Christoph Bindemann. Ein Beitrag zur Literatur- und Kulturgeschichte der letzten 100 Jare. gr. 4. (30 S.) Leipzig 878, Jonne. * 1 —

Petrich, Herm., Ernst Christoph Bindemann. Ein Beitrag zur Literatur- u. Kulturgeschichte der letzten 100 Jaro. gr. 4. (30 S.) Leipzig 878. Leipner. n. 1. —

Petrich. Herm., Vater Blume od. Was e. pommerscher Dorflehrer f. Gottes Reich u. Missionswerk getan hat. Der ganzen lieben Missionsgemeinde u. der Goßnerschen insonderheit erzählt. (23 S. m. Abbildgn.) 8. Friedenau-Berlin 904. Buchh. der Goßner'schen Mission. n.n. — 15

Vater Blume oder Was ein pommerscher Dorflehrer für Gottes Reich und Missionswerk getan hat Der ganzen Missionsgemeinde u. der Gossnerschen insonderheit erzählt von Hermann **Petrich** Friedenau Gossner sche Miss 1910 23 S 8° A12.2163

Die Brüder. Graf Zinzendorf. Von Hermann **Petrich.** *Altona: M. Hoffmann [1900].* (16 S.) 8° [Umschlagt. F.]
= **Petrich** Deutsche Männer. (Heftausg.) No 31 [00. 2183

Das Buch vom Deutschen Kaiserpaar im Jubeljahr. Festschrift v. deutschen Haus fürs deutsche Haus z. 1881–27. Febr –1906 von Hermann **Petrich.** Berlin: Schriftenvertriebsanst. 1906 (80 S.) 8° [Umschlagt. F.] [07. 9991 11

Das Buch vom deutschen Kaiserpaar im Jubeljahr Festschrift vom deutschen Haus fürs deutsche Haus z. 27 Febr 1881 -1906 Von Hermann **Petrich** Berlin Schriftenvertriebsanst (1906). 72 S. 8° [Umschlagt] [09. 16056

Petrich, Herm., Bugenhagen-Büchlein d. i. Lebensgeschichte Johann Bugenhagens, genannt Doctor Pommer. Zum Gedächtnis seines 400jähr. Jubiläums den 24. Juni 1885. Bevorwortet v. Jaspis. 12. (18 S.) Anklam 885. (Leipzig, Buchh. d. Vereinshauses.) — 15

— Caspar Cruciger, Luthers Freund u. Leipzigs Reformator. Ein Gedenkblatt zu seinem 400jähr. Geburtstage (1. I. 1904.) (16 S. m. 2 Abbildgn.) 8. Hamburg (904). Agentur des Rauhen Hauses. n. — 10

Der Diakonissenvater Festbüchlein z. 100. Geburtstag Theodor Fliedners, d. 21 Jan. 1900, von Hermann **Petrich** *Altona: M. Hoffmann [1900].* (16 S.) 8° [Umschlagt. F.]
— **Petrich**: Deutsche Männer (Heftausg.) No 39. [oo. 2195

Der gute Doktor Ernst Heim. Von Hermann **Petrich** *Anklam A. Schmidt [1897]* (16 S.) 8° [Umschlagt F.]
— **Petrich** Deutsche Männer (Heftausg.) No 9. [oo. 2168 8

Des deutschen Volkes Edelstein. Freiherr vom Stein. Von Hermann **Petrich** *Anklam: A. Schmidt [1898]* (16 S.) 8° [Umschlagt. F.]
— **Petrich** Deutsche Männer (Heftausg.) No 16. [oo. 2174

— **Herzog Ernst der Fromme, e. Pionier des Gustav-Adolf-Vereins u. e. Prophet des evangel. Kirchenbundes, s. a. Festschriften f. Gustav-Adolf-Vereine. 12. Hft.**

Petrich, Herm., Herzog Ernst der Fromme. Nach seinem Leben u. Wirken zum Gedächtnis seines 300jähr. Geburtstags, am 25. XII. 1901, dem deutschen Christenvolke aufs neue dargestellt. Mit Vorwort v. Lohoff. gr. 8. (16 S. m. Abb.) Hamburg 901. Agentur d. Rauhen Hauses. n. — 10

— dasselbe, s. a. Hausfreund, neuer. Nr. 8.

Erst wägen, dann wagen. Graf v Moltke Von Hermann **Petrich** *Altona: M. Hoffmann [1900].* (16 S.) 8° [Umschlagt. F.]
— **Petrich**: Deutsche Männer (Heftsausg.) No 35. [oo. 2193

Der Feldwebel des Königs. Albrecht Graf v Roon. Von Hermann **Petrich** *Altona M Hoffmann [1900]* (16 S.) 8° [Umschlagt. F.]
— **Petrich**: Deutsche Männer (Heftausg.) No 34. [oo. 2192

Ein feste Burg ist unser Gott oder Wie Doktor Luther ein Reformator geworden ist. Martin Luther. 1 Von Hermann **Petrich**. *Anklam: A. Schmidt [1898]* (16 S.) 8° [Umschlagt. F.]
— **Petrich** Deutsche Männer (Heftausg.) No 14. [oo. 2172

— **Deutsche Frauen. Erzählungen f. jung u. alt im lieben deutschen Vaterland. 12 Hefte. (Mit Abbildgn.) gr. 8. Hamburg 903. Agentur des Rauhen Hauses. à n. — 10; in 1 Bd. (VIII, 192 S.) n. 1. 50; geb in Leinw. n. 2. 50**

1. Das Lied v. d. Treue. (Gudrun.) (16 S.) — 2. Die Magd m. der Krone. (Königin Mathilde.) (16 S.) — 3. Der Liebe Leid. (Agnes Bernauerin.) (16 S.) — 4. Die Frau Magister. (Melanchthons Gattin.) (16 S.) — 5. Mutter Andreä. (16 S.) — 6. Die Schwestern. (Aemilie Juliane u. Ludämilie Elisabeth v. Schwarzburg-Rudolstadt.) (16 S.) — 7. Goethes Mutter. (16 S.) — 8. Die gute Luise. (Luise Scheppler.) (16 S.) — 9. Ein Stern in der Nacht. (Prinzessin Wilhelm v. Preußen.) (16 S.) — 10. Müde bin ich, geh' zur Ruh'. (Luise Hensel) (16 S.) — 11. Die Tabea v. Stellenbosch. (Christiane Kähler, geb Rueß.) (16 S.) — 12. Die Diakonissin im Purpur. (Kaiserin Augusta.) (16 S.)

Petrich, Herm., deutsche Frauen. Erzählungen f. jung u. alt im lieben deutschen Vaterland. Neue Ausg. m. Orig.-Illustr. v. A. Glattacker. (VIII, 188 S.) 8. Hamburg 910. Agentur d. Rauh. Hauses. 2.50; geb. in Leinw. 3. —

— dasselbe. In 2 Bdn. (III, 94 u. III, 92 S.) 8. Ebd. 910. Geb. in Leinw. à 1.20

Des Kaisers Freund. Grossherzog Friedrich v Baden. Von Hermann **Petrich**. *Anklam: A. Schmidt [1898].* (16 S.) 8° [Umschlagt. F.]
— **Petrich** Deutsche Männer. (Heftausg.) No 24. [oo. 2180

Dem Freunde Schutz, dem Feinde Trutz. General v Werder.Von Herm. Petrich. Anklam A. Schmidt [1898] (16 S.) 8° [Umschlagt.]
(Petrich· Deutsche Männer (Heftausg.) No 18.)

Unser Fritz. Kaiser Friedrich III. Von Hermann **Petrich** *Altona. M Hoffmann [1900].* (16 S.) 8° [Umschlagt F.]
— **Petrich** Deutsche Männer (Heftausg.) No 29. [oo. 2187

Ein Führer zum Leben. Johannes Gossner Von Hermann **Petrich**. *Anklam A. Schmidt [1898]* (16 S.) 8° [Umschlagt F.]
— **Petrich** Deutsche Männer. (Heftausg.) No 21 [oo. 2179

— **Fürsten u. Führer. Elf deutsche Männer. Erzählgn. f. jung u. alt im lieben deutschen Vaterland. 8. (VI, 248 S. m. Abb.) Anklam 899. Altona, M. Hoffmann. n. 1. 20; geb. n. 1. 80; eleg. geb. n. 2. 40; m. Goldschn. n. 3. —**

Fürsten und Führer Elf deutsche Männer Erzählungen f. jung u. alt im lieben deutschen Vaterland von Hermann **Petrich**. Mit vielen Bild. *Altona: A. Schmidt 1899.* (V, 248 S.) 8° [F.]
— **Petrich** Deutsche Männer (Bd 2) [oo. 2157 8

Das ganze Deutschland soll es sein. General v d. Tann Von Hermann **Petrich**. *Anklam: A. Schmidt [1897]* (16 S.) 8° [Umschlagt. F.]
— **Petrich** Deutsche Männer (Heftausg.) No 5. [oo. 2164 8

Gedenke, dass du ein Deutscher bist! Der Grosse Kurfürst. Von Hermann **Petrich** *Anklam A. Schmidt [1898]* (16 S.) 8° [Umschlagt F.]
— **Petrich** Deutsche Männer. (Heftausg.) No 20. [oo. 2178

Paul Gerhardt, seine Lieder u. s. Zeit. Ein Beitrag z. Geschichte d. deutschen Dichtung u. d. christl. Kirche. Auf Grund neuer Forschungen u. Entdeckungen von Hermann Petrich. Gütersloh: C. Bertelsmann 1907 (XVI, 240 S.) 8° [o6. 13941 8

Paul Gerhardt, seine Lieder u. s. Zeit Ein Beitrag z. Geschichte d. deutschen Dichtung u. d. christl. Kirche. Auf Grund neuer Forschungen u. Entdeckungen von Hermann **Petrich** 2., verm. u. verb. Aufl. Gütersloh: C. Bertelsmann 1907. (XVI, 240 S.) 8° [F.] [o7. 3806 8

Für Glauben und Freiheit. Herzog Bernhard v. Weimar. Von Hermann **Petrich**. *Anklam: A. Schmidt [1897].* (16 S.) 8° [Umschlagt. F.]
— **Petrich** Deutsche Männer (Heftausg.) No 8. [oo. 2167 8

Petrich, Herm., Moritz Goercke, s. a. Missionsschriften, neue.

Moritz Goercke Ein Missionsbild aus d. Heimat, nach eigenen u. fremden Erinnerungen gezeichnet von Hermann **Petrich**, Superint. (Berlin: Ev Missionsgesellsch. 1897.) (31 S.) 8° [Kopft. F.]
— [**Missionsschriften**, Neue.] No 54. [o6. 8043 8

Gutenbergbüchlein, zum 500jähr. Jubelfest d. Erfinders d. Buchdruckerkunst d. 24. Juni 1900. [Verf. Hermann **Petrich**.] *Altona: M. Hoffmann [1900].* (16 S.) 8° [Umschlagt. F.]
(Deutsche Männer von Petrich.) [oo. 2196

Der rheinländische Hausfreund. Johann Peter Hebel. Von Hermann **Petrich**. *Altona: M. Hoffmann [1900].* (16 S.) 8° [Umschlagt. F.]
— **Petrich** Deutsche Männer. (Heftausg.) No 27. [oo. 2185

— **Heimat u. Fremde. 12 deutsche Männer. Erzählungen f. jung u. alt im lieben deutschen Vaterland. 8. (VIII, 247 S. m. Abbildgn.) Altona 901. [M. Hoffmann.] Anklam, A. Schmidt. n. 1. 20; geb. n. 1. 75 u. n. 2. —**

Der Husarenvater. Hans Joachim v. Zieten. Von Hermann **Petrich**. *Altona: M. Hoffmann [1900]* (16 S.) 8° [Umschlagt. F.]
— **Petrich** Deutsche Männer (Heftausg.) No 20. [oo. 2184

Aus zwei Jahrhunderten. Zwölf deutsche Männer. Erzählungen f. jung u. alt im lieben deutschen Vaterland von Hermann **Petrich**. Mit zahlr Abb. *Altona: M. Hoffmann 1900.* (V, 247 S.) 8° [F.]
— **Petrich** Deutsche Männer. (Bd 3.) [oo. 2158 8

Unser Kaiser. Zum Gedächtnis s. fünfzigsten Lebens- u. zwanzigsten Regierungsjahres dem deutschen Volke gezeichnet von Hermann Petrich. Berlin: Schriftenvertriebsanst. 1909. 20 S. 8⁰ [Umschlagt.]

Unser Kaiser und sein Haus. Allerlei Bilder z. Gedächtnis d. 50. Lebensjahres d. deutschen Kaiserpaares. Gezeichnet von Hermann Petrich. Berlin: Schriftenvertriebsanst. 1908/09. 64 S. 8⁰ [Umschlagt.]

— unser Kaiser u. unsere Kaiserin. Ein Jubelbüchlein, darin f. jung u. alt erzählt wird, warum das deutsche Volk am 27. II. 1906 sich freuen soll. (20 S. m. Abbildgn.) 8. Berlin 906. Schriftenvertriebsanstalt. — 20

— Unsere Kaiserin. Allerlei aus ihrem Leben zur Feier ihres 50. Geburtstages, dem deutschen Volke, dem kleinen u. großen, erzählt. 1858—22. X.—1908. (20 S. m. Abb.) gr. 8. Ebd. (908). — 15

In Kaiserpracht auf hoher Wacht. Otto der Grosse. Von Hermann Petrich. *Anklam: A. Schmidt [1898].* (16 S.) 8° [Umschlagt. F.]
= Petrich. Deutsche Männer. (Heftausg.) No 19. [oo. 2177

Vom eisernen Kanzler, wie er geworden ist. Fürst Bismarck. 1. 2. Von Hermann Petrich *Anklam: A. Schmidt [1897].* 2 Bde 8° [Umschlagt. F.]
= Petrich: Deutsche Männer. (Heftausg.) No 11. 12 [oo. 2174 8

Petrich, Herm., drei Kapitel vom romantischen Stil. gr. 8. Leipzig 878, Leipner. * *M* 3.; geb. *

— drei Kapitel vom romantischen Stil. Ein Beitrag zur Charakteristik der romant. Schule, ihrer Sprache u. Dichtung, mit vorwiegender Rücksicht auf Ludw. Tieck. [I. Die Bildlichkeit, II. der Archaismus, III. die Mystik des romant. Stils.] gr. 8. (XVI, 152 S.) Ebend. 878. n. 3. —; geb. n. 4. —

Gesprengte Ketten. Armin der Cherusker Von Hermann Petrich. *Anklam: A. Schmidt [1897].* (16 S.) 8° [Umschlagt. F.]
= Petrich Deutsche Männer. (Heftausg.) No 1. 8

Um eine Krone. Friedrich I. Von Hermann Petrich *Altona: M. Hoffmann [1900].* (16 S.) 8° [Umschlagt. F.]
= Petrich: Deutsche Männer. (Heftausg.) No 25. [oo. 2183

Schwäbische Kunde. Ludwig Uhland. Von Hermann Petrich. *Anklam: A. Schmidt [1897].* (16 S.) 8° [Umschlagt. F.]
= Petrich: Deutsche Männer. (Heftausg.) No 10. [oo. 2169 8

Petrich, Herm., pommersche Lebens- u. Landesbilder. Nach gedr. u. ungedr. Quellen entworfen. 1. Thl. Aus dem Jahrhundert Friedrichs des Großen. Mit vielseitiger landesmännischer Beihilfe. gr. 8. (XII, 335 S.) Hamburg 880. Oemler. n. 5. 60; geb. n. 7. —

— pommersche Lebens- u. Landesbilder. Nach gedruckten u. ungedruckten Quellen entworfen. 2. Tl. A. u. d. T.: Aus dem Zeitalter der Befreiung. Mit vielseit. landsmänn. Beihilfe. 1. Halbbd. gr. 8. (X, 281 S.) Stettin 884. Saunier. 4. 50; geb. n. 6. — (I. u. II., 1.) n. 10. 10; geb. n. 13. —

— pommersche Lebens- u. Landesbilder. Nach gedruckten u. ungedruckten Quellen entworfen. 2. Tl.: Aus d. Zeitalter d. Befreig. Mit vielseit. landsmänn. Beihilfe entworfen. 2. Halbbd. (Schluß.) gr. 8. (X, 364 S.) Stettin 887. L. Saunier. n. 4. — (2. Tl. kplt.: n. 7. —)

Seines Volkes Lehrer. Maximilian II. v. Bayern. Von Hermann Petrich. *Anklam: A. Schmidt [1898].* (16 S.) 8° [Umschlagt. F.]
= Petrich: Deutsche Männer. (Heftausg.) No 22. [oo. 2180

Leier und Schwert. Theodor Korner. Von Hermann Petrich. *Altona: M. Hoffmann [1900].* (16 S.) 8° [Umschlagt. F.]
= Petrich: Deutsche Männer. (Heftausg.) No 28. [oo. 2186

Licht in der Finsternis. Otto Bischof v. Bamberg. Von Hermann Petrich *Anklam: A. Schmidt [1897].* (16 S.) 8° [Umschlagt. F.]
= Petrich: Deutsche Männer. (Heftausg.) No 7. [oo. 2166 8

— Wilhelm Licht, s. a. Missionsschriften, neue.

Wilhelm Licht. Ein Lebensbild aus d. heim. Missionsgemeinde Von Superint. Hermann Petrich zu Gartz a. O. *Berlin: Berl. ev. Missionsges. [1901].* (32 S.) 8° [F.]
= Missionsschriften, Neue. 66. [oo. 13133

— Königin Luise. Ein Bild ihres Lebens. Zu ihrem Gedächtnis dem deutschen Volke gezeichnet. 1. u. 2. Aufl. (1.—8. Tauf.) (96 S. m. Abb.) 8. Hamburg 910. Agent. des Rauhen Hauses. — 80; geb. 1. 50

— Königin Luise. Ihr Leben, Wirken u. Denken in 15 Geschichten. (32 S. m. Abbildgn.) kl. 8. Potsdam (910). Stiftungsverlag. — 10

— deutsche Männer. Erzählgn. f. jung u. alt im lieben deutschen Vaterland. Nr. 1—24 u. 30. gr. 16. (à 16 S. m. Abb.) Anklam. Altona, M. Hoffmann. à n. — 08
1. Gesprengte Ketten. Armin d. Cherusker. 897.
2. Ein berühmter Schuster. Hans Sachs. 897.
3. Ein Stiller im Lande. Gerhard Tersteegen. 2. Aufl. 897.
4. Im Vorfrühling. Ferdinand v. Schill. 897.
5. D. ganze Deutschland soll es sein. General v. d. Tann. 897.
6. Treue um Treue. Großherzog Friedrich Franz II. v. Mecklenburg-Schwerin. 897.
7. Licht in d. Finsternis. Otto Bischof v. Bamberg. 897.
8. Für Glauben u. Freiheit. Herzog Bernhard v. Weimar. 897.
9. Der gute Doktor. Ernst Heim. 897.
10. Schwäbische Kunde. Ludwig Uhland. 897.
11. Vom eisernen Kanzler, wie er geworden ist. Fürst Bismarck I. 897.
12. Vom eisernen Kanzler u. was er gethan hat. Fürst Bismarck II. 897.
13. D. Deutschen Reiches Morgenrot. Karl der Große. 898.
14. Ein feste Burg ist unser Gott od. Wie Doktor Luther e. Reformator geworden ist. 898.
15. D. Reich muß uns doch bleiben od. Wie Doktor Luther das Kirchenwesen reformiert hat. 898.
16. D. deutschen Volkes Edelstein. Freiherr vom Stein. 898.
17. Up ewig ungedeelt. Schleswig-Holstein. Erinnergn. zum 50jähr. Jubelfeste d. begonn. Freiheitskampfes. 1—3. Aufl. 898.
18. D. Freunde Schutz, d. Feinde Trutz. General v. Werder. 898.
19. In Kaiserpracht auf hoher Wacht. Otto der Große. 898.
20. Gedenke, daß du e. Deutscher bist! D. Große Kurfürst. 898.
21. Ein Führer z. Leben. Johannes Goßner. 898.
22. Seines Volkes Lehrer. Maximilian II. v. Bayern. 898.
23. Unter d. Zeichen d. Verkehrs. Heinrich v. Stephan. 898.
24. D. Kaisers Freund. Großherzog Friedrich v. Baden. 898.
30. D. Alte im Walde od. Fürst Bismarcks Feierstunden. 898.

— deutsche Männer. Erzählungen f. jung u. alt im lieben deutschen Vaterland. Nr. 25—29 u. 31—48. gr. 16. (à 16 S. m. Abbildgn.) Ebd. 899. 901. à n. — 08; (6 Nrn. in Bibliotheksbd. n. — 60)
25. Um e. Krone. Friedrich I. — 26. Der Husarenvater. Hans Joachim v. Zieten. — 27. Der rheinländische Hausfreund. Johann Peter Hebel. — 28. Leier u. Schwert. Theodor Körner. — 29. Unser Fritz. Kaiser Friedrich III. — 31. Die Brüder. Graf Zinzendorf. — 32. Marschall Vorwärts. Fürst Blücher v. Wahlstatt. — 33. Vater Max. Maximilian I. v. Bayern. 34. Der Feldwebel des Königs. Albrecht Graf v. Roon. — 35. Erst wägen, dann wagen. Graf v. Moltke. — 36. Der Soldatenpfarrer. Emil Frommel. — 37. Kaiser Rotbart. — 38. Columbus der Zweite. (Alexander v. Humboldt.) — 39. Der Diakonissenvater. Theodor Fliedner. — 40. Ein Maler nach dem Herzen des deutschen Volkes. (Ludwig Richter.) — 41. Ein Leben für Afrika. (Missionar Dr. Krapf.) — 42. Deutschland in Afrika. (Dr. Gustav Nachtigall.) — 43. In allen meinen Thaten. (Paul Fleming.) — 44. Durch Sturm z. Strand zum Vaterland. (Joachim Nettelbeck) — 45. Gai-han, Chinas Freund. (Karl Gützlaff.) — 46. Ein Fürst der Technik. (Werner v. Siemens.) — 47. Dein Reich komme. (Missionar Hugo Hahn.) — 48. Kaiserreisen. (Kaiser Wilhelm II. 1. Hft.)

Deutsche Männer. Erzählungen f. jung u. alt im lieben deutschen Vaterland von Hermann Petrich. (Heftausg.) No 1. *Anklam: A. Schmidt [1897].* 8° [F.] [oo. 2159 8

Deutsche Männer. Erzählungen f. jung u. alt im lieben deutschen Vaterland von Hermann Petrich. (Buchausg.) (Bd 1.) *Anklam: A. Schmidt 1898.* 8° [F.] [oo. 2155

Vater Max. Maximilian I. v. Bayern. Von Hermann Petrich. *Altona: M. Hoffmann [1900].* (16 S.) 8° [Umschlagt. F.]
= Petrich: Deutsche Männer. (Heftausg.) No 33. [oo. 2191

– Pastor Meinhof, s.a. Missionsschriften, Neue.

Pastor Meinhof Aus d. Leben e. Missionszeugen im vorigen Jh., den Missionsfreunden ... erzählt von Hermann Petrich. (Berlin: Ev. Missionsgesellsch. 1902.) (32 S.) 8° ([Missionsschriften, Neue.] No 74.)

[Umschlagt.] [F.] Melanchthon-Büchlein d. i.: Lebensgeschichte des Mag. Philippus, Dr. Luthers getreuen Mitreformators. Z. Gedächtn. s. vierhundertj. Geburtstages, d. 16. Febr. 1897, der ev. Christengem. aufs neue erzählt v. Hermann Petrich, Oberpfarrer zu Gartz a. O. M. Vorw. v. D. Emil Frommel. *Anklam: A. Schmidt (1896).* (16 S.) 1 Bd 8. [96. 8983

— pommersches Missionsbuch. Geschichte der Mitarbeit Pommerns am Werke der Heidenbekehrg. Ein Beitrag zur Kenntnis d. geistl. Lebens an der Ostsee. gr. 8. (XII, 72 S.) Anklam 886. (Leipzig, Buchh. d. Vereinshauses.) n. 1.50

— e. vergess. Missionsdirektor (August Carl Friedr. von Schirnding), s.a. Missionsschriften, neue.

Ein vergessener Missionsdirektor. (August Karl Friedrich v. Schirnding). Von Hermann Petrich, Superint. (Berlin: Berliner Ev. Missionsgesellsch. [1896].) (8 S.) 8° [Kopft. F.]
— [Missionsschriften, Neue.] No 53. [07. 1535

Die Missionspredigtreise. Erfahrungen, Beobachtungen u. Ratschläge zu ihrer Einrichtung (Verf. Hermann Petrich.) Gartz a. O. 1904. (1 Bl.) 4° [Kopft. F.] [05. 387 9

Des Deutschen Reiches Morgenrot. Karl der Grosse Von Hermann Petrich. *Anklam: A. Schmidt [1898].* (16 S.) 8° [Umschlagt. F.]
— Petrich Deutsche Männer (Heftausg.) No 13. [00. 2171

Petrich, Herm., Pastor u. Arbeiter. Ein Kapitel aus der Praxis f. die Praxis, m. besond. Rücksicht auf die ländl. Verhältnisse d. deutschen Ostens u. Nordens. gr. 8. (24 S.) Berlin 892. Buchh. der Berliner Stadtmission. — 30

— Paul Gerhardt-Büchlein. Altes u. Neues aus seinem Leben u. seinen Liedern. Zum 300jähr. Jubelgedächtnis dem lieben deutschen Volke erzählt. (48 S. m. Abb.) gr. 8. Berlin (907). Schriftenvertriebsanstalt. — 40; Schulausg. — 25

— Pommerngrüße aus aller Welt. Briefe pommerscher Missionare u. Missionarinnen, zur 25jähr. Jubelfeier der pommerschen Missionskonferenz, den 10. IX. 1910, an die heimatl. Gemeinde gerichtet. 1. u. 2. Heft. 8. Diesdorf b. Gäbersdorf, Kr. Striegau. (Buchdruckerei der Schreiberhau-Diesdorfer Rettungsanst.) à p — 20
1. Aus Asien. (32 S. m. Abb.) (910.)
2. Aus Amerika u. Afrika. (32 S.) (910.)

Die Posaunen von Medingen. [Verf.: Hermann Petrich] (Berlin Ev. Missionsgesellsch. [1903].) (20 S.) 8° [Kopft. F.]
— Missionsschriften, Neue. 75. [06. 8043

Das Reich muss uns doch bleiben oder Wie Doktor Luther das Kirchenwesen reformirt hat. Martin Luther 2. Von Hermann Petrich. *Anklam: A. Schmidt [1898].* (16 S.) 8° [Umschlagt. F.]
— Petrich Deutsche Männer (Heftausg.) No 15. [00. 2173

— Friedrich v. Schiller. Ein Gedenkblatt zu seinem 100. Todestage. 1.—98. Tauf. (Je 16 S. m Abbildgn.) 8. Hamburg (905). Agentur des Rauhen Hauses. — 15

— Friedrich v. Schiller. Sein Leben u. Dichten. Dem deutschen Volke u. seiner Jugend erzählt. 1.—18. Tauf. (Je 96 S. m. Abbildgn.) 8. Ebd. (905). n. — 80; geb. in Leinw. m. Goldschn. n. 1.50

— dasselbe, s.a. Für den Feierabend. 21. Bd.

Allerlei Schulbilder aus der Mission in den deutschen Kolonien (oder Wie es in d. Missionsschulen bei unsern farbigen Reichsbrüdern aussieht u. zugeht). Von Hermann Petrich. Berlin: Berliner ev. Missionsgesellsch. [1906]. (32 S.) 8° [Umschlagt. F.]
— Missionsschriften, Neue. No 81. [06. 7587

Ein berühmter Schuster Hans Sachs. Von Hermann Petrich. Anklam: A. Schmidt [1897]. (16 S.) 8° [Umschlagt.] (Petrich Deutsche Männer. (Heftausg.) No 2.)

Singet dem HErrn, alle Welt! Eine Paul Gerhardt-Reise durch d. Zungen u. Zonen d. Erde. Von Hermann Petrich. Berlin: Berl. ev. Missionsgesellsch. 1907 (32 S.) 8° [F.]
— Missionsschriften, Neue. No 86. [07. 4604

— Stargarder Skizzen-Buch. Alte Bilder in neuem Rahmen. [Mit einer (lith.) Ansicht von Stargard.] 8. (112 S.) Stargard 877. Weber. n. 1.80; cart. n. 2. —

Der Soldatenpfarrer. Emil Frommel. Von Hermann Petrich *Altona: M. Hoffmann [1900].* (16 S.) 8° [Umschlagt. F.]
— Petrich Deutsche Männer (Heftausg.) No 36. [00. 2194

Ein Stiller im Lande. Gerhard Tersteegen. Von Hermann Petrich 2 Aufl. *Anklam: A. Schmidt [1897].* (16 S.) 8° [Umschlagt. F.]
— Petrich Deutsche Männer (Heftausg.) No 3. [00. 2162 8

Treue um Treue. Grossherzog Friedrich Franz II. v Mecklenburg-Schwerin. Von Hermann Petrich. *Anklam: A. Schmidt [1897].* (16 S.) 8° [Umschlagt F.]
— Petrich Deutsche Männer (Heftausg.) No 6. [00. 2165 8

Up ewig ungedeelt. Schleswig-holsteinische Erinnerungen z. fünfzigjähr Jubelfest d. begonnenen Freiheitskampfes. Herzog Friedrich v. Augustenburg Von Hermann Petrich. 2. Aufl. *Anklam: A. Schmidt [1898].* (16 S.) 8° [Umschlagt. F.]
— Petrich Deutsche Männer (Heftausg.) No 17 [00. 2175

Petrich, Herm., von Armin bis Bismarck. Elf deutsche Männer. Erzählgn. f. jung u. alt im lieben deutschen Vaterland. 8. (VI, 236 S. m. Abb.) Anklam 898. Altona, M. Hoffmann. n. 1.20; geb. in Kaliko n. 1.80; eleg. geb. n. 2.40; m. Goldschn. n. 3. —

Von Armin bis Bismarck. Elf deutsche Männer Erzählungen f. jung u. alt im lieben deutschen Vaterland von Hermann Petrich *Anklam: A. Schmidt 1898.* (V, 235 S.) 8° [F.]
— [Petrich Deutsche Männer Bd 1] [00. 2156

Im Vorfrühling. Ferdinand v Schill. Von Hermann Petrich *Anklam A. Schmidt [1897].* (16 S.) 8° [Umschlagt. F.]
— Petrich Deutsche Männer (Heftausg.) No 4. [00. 2163 8

Marschall Vorwärts. Fürst Blücher v Wahlstatt. Von Hermann Petrich *Altona: M. Hoffmann [1900]* (16 S.) 8° [Umschlagt. F.]
— Petrich Deutsche Männer (Heftausg.) No 32 [00. 219.

— Hermann Theodor Wangemann. Sein Leben u. Wirken f. Gottes Reich u. f. d. Missionswerk insonderheit. D. Missionsgemeinde erzählt. gr. 8. (116 S. m. Bild. u. Bildn.) Berlin 895. Buchh. d. Berliner ev. Missionsgesellschaft. n. 1.60; geb. in Leinw. n. 2.20

— dasselbe, in Kürze erzählt, s.: Missionsschriften, neue.

Johann Hinrich Wichern. Leben u. Wirken d. Herolds d. inneren Mission. 1808, 21 April, 1908. Zum Jubelgedächtnis s. 100. Geburtstages dem lieben deutschen Volke erzählt von Hermann Petrich Mit vielen Bild. Hamburg Rauhes Haus (1907). 96 S. 8° [09. 10155

— Johann Hinrich Wichern. Leben u. Wirken des Herolds der inneren Mission. 1808—21. IV.—1908. Zum Jubelgedächtnis seines 100. Geburtstages dem lieben deutschen Volke erzählt. 1. u. 2. Aufl. (Je 96 S. m. Abbildgn. u. 1 Bildnis.) 8. Hamburg (908). Agentur des Rauhen Hauses. — 80; geb. 1.50

— dasselbe, s.a. Volksabende. 14. Heft.

Unter dem Zeichen des Verkehrs. Heinrich v Stephan. Von Hermann Petrich. Anklam: A Schmidt [1898]. (16 S.) 8° [Umschlagt. J.]
— Petrich Deutsche Männer. (Heftausg.) No 23.

Petrich, Herm., zwiefach gekrönt, d. i.: Lebensgeschichte der ersten preuß. Königin Sophie Charlotte. Zum 200jähr. Gedächtnis der ersten preuß. Königskröng. den 18. I. 1901. Dem deutschen Volke aufs neue erzählt. 12. (16 S.) Altona (901). M. Hoffmann. — 08

Petricic, Adam, die Stallkunde. Ein nützl. Handbuch f. alle Pferdebesitzer u. Jene, welchen Pferde zur Aufsicht od. Behandlg. anvertraut sind u. insbesondere f. jeden berittenen Militär. gr. 8. (VII, 225 S.) Wien 874. k. k. Hof- u. Staatsdruckerei. n. 3. —

Petrick, A., Ernst v. Schwaben. Trauerspiel in 5 Akten. 8. (200 S.) Berlin 873. W. Müller. n. 3. —

Petrick, A., zur Geschichte des Grafen Bothwell. gr. 8. (52 S. mit 1 Stammtaf. in qu. Fol.) St. Petersburg 874. (Berlin, Nauck'sche Buchh.) * 1 —

Petrick, A., Konrad von Marburg, Großinquisitor von Deutschland. Trauerspiel in 5 Akten. [Den Bühnen gegenüber als Mscr. gedr.] gr. 8. (IV, 215 S.) Berlin 875, Nauck'sche Buchh. *

Petrick, Alex., die Eroberung v. Constantinopel. Trauerspiel in 5 Akten. gr. 8. (VII, 143 S.) St. Petersburg 883. Schmitzdorff. n. 3. —

Petrick, C. L., Multiplications-Tabellen geprüft m. der Thomas'schen Rechenmaschine. Fehlerfreie Ster.-Ausg. 1. Lfg. 1—1000. Schmal-Fol. (206 S.) Libau 1875. Berlin, Nauck in Comm. n. 3. —

Petrick, C. L., Multiplications-Tabellen, geprüft mit der Thomas'schen Rechenmaschine. Fehlerfreie Ster.-Ausg. 2—4. Lfg. schmal-Fol. Libau 875—79. Meyer. à 3.—
2. 1001—2000. (201 S.) — 3. 2001—3000. (201 S.) — 4. 3001—4000. (201 S.)

Petrick, Georg [Dr. med. aus Arnsdorf bei Görlitz]: Über die Verbreitung des Carcinoms in den Lymphdrüsen. Leipzig, Druck v J. B. Hirschfeld, 1891; 14 S., 1 Taf. 8°
Erlangen, Med. Fak., Inaug.-Diss. v 1891

Petrick, Joh. Friedr., nachgelassene Schriften. 3 Bde. — A. u. d. T.: Der Geist uns. Zeit u. d. Christenthum, od. Beweis, daß d. wahre Bedürfniß d. Kirche Christi auch Bedürfniß d. Zeit sey. Für Denkende v. jed. religiösen, philosoph. u. polit. Confession. 3 Bde. gr. 8. (34 B.) Stuttgart 834, Hallberger.

Petrick, Jh. Geo., die Ideale, od. Parforce-Ritte ins Leben. 2 Bde. 8. Leipz. 806.

Petrick, Jh. Geo., u. K. G. Prätzel, Jugendphantasien 8. Lpz. 805. N. A. 809. (Herzog). 18 gl.

Petrick, Jh. Gttfr., Abschiedspredigt. 8. Görlitz 820. Anton in Halle 3 gl.

Petrick, Joh. Gtfr., das Mittelpunktleben d. Schöpfung u. Kanzelvorträge üb. d. Taufe, d. Beichte, d. Abendmahl, d. Unsterblichkeit u. d. Wiedervergeltung. gr. 8. (15 B.) Stuttgart 839, Hallberger'sche Vrlgh.

— Predigt z. Jubelfeier d. Reformationsfestes. 8. Leipz. 817. Centr. Compt. 6 gl.

Petrick, Jh. Gottfr., nachgelassene Schriften. 3 Bde. A. u. d. T.: Der Geist unserer Zeit und das Christenthum, oder Beweis, daß das wahre Bedürfniß d. Kirche Christi auch Bedürfniß der Zeit sey. 3 Bde. gr. 8. Stuttg. 834. Hallberger. 1½ ℳ

Petrick, Martin

Petrick, *Theodor* Martin [app. Arzt]: Über primäres Tonsillarcarcinom, m. bes. Berücks. e. Falles aus d. Leipziger chirurg. Klinik ... Leipzig, Buchdr. R. Hahn, 1895; 21 S., 1 Bl. 8.
Leipzig, Med. Fak., Inaug.-Diss. v 20. März 1895

Petrick, W., Brandenburg. s.: Zander.

Petrick, W., heimatkundl. Lesestücke aus d. Prov. Brandenburg, s.: Zander.

(Petrides, Ferd., k. k. Major im 7 Feld-Artillerie Reg.) Abhandlung über das Bändigen und Einfahren stütziger Pferde, über Anspannungs-, Zugs- und Fuhrwerkstheorie, nebst einer Besprechung der Mittel zur Erhöhung der Beweglichkeit und Manövrirfähigkeit der Artillerie. Ausschliesslich für die k. k. Artillerie bearbeitet und zusammengestellt nach den besten und neuesten Quellen. (Mit 4 Figuren-Taf.) 8. Laibach 1868.

(Petrides, Ferdinand, Major im Artillerie-Reg. Nr 7.) Behelf zum Distanzbeurtheilen nebst einer Beschreibung der wichtigsten Distanzmesser. Bearbeitet und zusammengestellt nach Möring, Köchert, Kühnel, O'Etzl, Streffleur etc. kl. 8. Laibach 1868.

Petrides, Ferdinand, Oberstlieutenant im k. k. Graf Bylandt-Rheidt-Feld-Artillerie-Regiment No. 9. Gebrauch der Artillerie im Feld- und Gebirgs-Kriege. Behelf für Artillerie-Offiziere und Truppenführer. (Donation Liechtenstein.) 8. Wien 1872

Petrides, Ferd., Gebrauch der Artillerie im Feld- u. Gebirgs-Kriege. Behelf f. Artillerie-Offiziere u. Truppenführer. gr. 8. (V, 49 S.) Wien 872. Seidel & Sohn. n. 1. 20

Petridis, Paul [Praes.], s. Mellmann, Johann Dietrich: Commentatio de interpretatione legum Romanarum; praesertim codicis repetitae praelectionis. Pars prima, eaque generalis.

Die Deutsche Petri-Gemeinde. Zwei Jahrh. evang. Gemeindelebens 1710—1910. Petersburg 1910. 497 S. IfA

Petriheil. Teichwirthschaftlicher Kalender f. das J. 1903. Hrsg. v. Graf zu Münster. 12. (173 S.) Leipzig, R. C. Schmidt & Co. Geb. in Leinw. n. 2. 50

Petriheil. Teichwirtschaftlicher Kalender f. d. J. 1906. Hrsg. v. Graf zu Münster. (208 S.) kl. 8. Leipzig. Berlin, R. C. Schmidt & Co. Geb. in Leinw. n. 2. 50
Erscheint nicht mehr.

Petrik, Geza. Bibliographia Hungariae 1712—1860 seu catalogus librorum in Hungaria ... Cum introd. Alexandri Szilágyi. Vol. 1—4. — Budapest: Dobrowsky 1888 – (1897).

Petrik, Géza. Bibliographia Hungariae (Magyarország bibliographiája) 1712—1860. Seu catalogus librorum in Hungariae, et de rebus patriam nostram attingentibus extra hungariam editorum. In ordinem redegit et secundum genera scientiarum speciali indice adiecto exhibuit. Cum introductione Alexandri Szilágyi. (Fortsetzung.) Volumen IV (Schlussband mit Register.) 8. Budapest 1892.

Petrik, G., s.: Ungarns deutsche Bibliographie 1801—1860.

Petrik L. Über Vacuumröhren, die zur Erzeugung von Röntgen-Strahlen dienen. 28. Wien I. R. 97
Progr.

Petrik, Leopold Philipp Reis Telephon. Ein Beitrag zur Entwicklungsgeschichte des elektrischen Fernsprechwesens. Mit einer Figurentafel. (Umschlagtitel: Telephon.) 8 (S. 3—40).
Progr. K. k. G Triest 1892

Petrik, Ludwig

Petrik, L., der Hollóházaer [Radványer] Rhyolith-Kaolin. Hrsg. v. der k. ung. geolog. Anstalt. Lex.-8. (10 S.) Budapest 889. (Kilián.) n. — 80

Petrik, Ludw., über die Verwendbarkeit der Rhyolithe für die Zwecke der keramischen Industrie. [Publication der königl. ungar. geolog. Anstalt.] Lex-8. (17 S.) Budapest 888, (Kilián.) * 1 20

Petrik, V., Lukianuv Sen. Charon, Prometheus. Pr. 1899. 24 S. 1.20

Petrikat, Edwin: Über luetische Darmstrikturen. Berlin 1910: G. Schade. 50 S. 8°
Berlin, Med. Diss. v. 5. Aug. 1910, Ref. Hildebrand
[Geb. 27. Nov. 83 Suwalki; Wohnort: Suwalki; Staatsangeh.: Rußland; Vorbildung: Gymn. Suwalki Reife Juni 04; Studium: Königsberg 7, Wien 2, Berlin 2 S.; Rig. 3. Aug. 10.] [U 10. 81

Unser profanes Leben. Instructionsvortrag gehalten am 9. Januar 1893 in der Loge zum rothen Kreuz zu Danzig von **Petrillo.** Danzig 1893: Groening. 15 S. 8°.

Petrillon ou le petit bonhomme Pierre. Histoire des revenues. Vienne 1798. V: *Spiess, Chn. Hch.* (wrztg 1799, S. 3504) (Hdschr. Mitth. von Gustav Gugitz, Wien) (biblport)

Petřina, Franz

— Über die vorteilhafte Anwendung der Zweigströme bei der Telegraphie. S. 10. 3 vgr
Separatabdruck

Petřina, Beiträge zur Physik. Mit 1 (lith.) Taf. (in 4.). Aus d. Sitzungsberichten d. k. Akad. d. W. Wien 854. (Gerold.) gr. 8. (16 S.) n. 5 ngr.

— Beiträge zur Physik. 1. Ein neuer Versuch über die wechselseitige Anziehung der Windungen einer galvanischen Spirale. 2. Mutmaßlicher Einfluß dieser Anziehung auf den Widerstand einer solchen Spirale. 3. Ein Wink zu einer neuen Auffassung der Induktions-Erscheinungen. 4. Neue Erklärung der durch elektrische Ströme im menschlichen Körper erregten Erschütterungen. S. 10. 120 vgr
Separatabdruck

— Beiträge zur Physik. 1. Fortsetzung mit 1 Taf. 5. Elektromagnetischer Rotations-Apparat mit dreierlei Bewegung bei einer und derselben Stromrichtung. S. 13. 332 vgr
Separatabdruck

Petřina Franz. Einfluß der Entfernung des Polardrahtes von der Magnetnadel auf das Maximum ihrer Ablenkung. S. 4. 165 vgr
Separatabdruck

Petrina, Frz., magneto-electrische Maschine von der vortheilhaftesten Einrichtung f. den ärztl. u. physikal. Gebrauch, nebst ein. theoret. Begründung, leichtfassl. Erläuterung u. Gebrauchsanweisung. gr. 8. (4 1/8 B. u. 10 eingedr. Figuren.) Linz 844. (Prag, Kronberger'sche Buchh.) *

Petrina, Dr. Franz —. Mittheilungen aus dem Gebiete der Physik. Von — —. Mit drei Figurentafeln. Aus den Abhandlungen der k. böhmischen Gesellschaft der Wissenschaften. (V. Folge. 9. Bd.) Prag. 1855. Druck von Karl Bellmann. (70 S. 4 Bl. 4.)

— **Mittheilungen aus dem Gebiete der Physik.** (Aus den Abhdlgn. d. k. böhm. Gesellschaft d. Wissensch.) Prag 855. (Tempsky.) gr. 4. (71 S. u. 3 lith. Taf.) 1 ₰.

Petrina, F.: Electromagnetischer Telegraph auf den österreichischen Eisenbahnen. Prag 1846. 4°

Petrina, Dr. Franz, elektro-magnetischer Telegraph auf den Oesterreichischen Eisenbahnen. Beschrieben und leicht faßlich erklärt von — 8. (40 S. 1 lithogr. Tafel). Prag, Gottlieb Haase Söhne, 1848.

Petřina, Frz., elektromagnet. Telegraph auf d. österreich. Eisenbahnen. Beschrieben u. leicht fasslich erklärt. Mit 1 lith. Taf. (in 4.) gr. 8. (40 S.) Prag 848. (Kronberger.) n. 1/3 ₰

— — neue Theorie des Electrophors, u. ein neues Harzkuchen-Elektroskop. gr. 4. (2 3/4 B. u. 1 Abbild.) Prag 846, (Kronberger'sche Buchh.) * —
Aus d. Abhandl. d. Gesellsch. d. Wissensch. (V. Folge, Bd. 1.) besond. abgedruckt.

— Über eine Vereinfachung beim telegraphischen Korrespondieren in große Entfernungen. S. 11. 375 vgr
Separatabdruck

Petřina, Heinrich

Petřina, Heinr., Polychromie-Ornamentik des classischen Alterthums. Ein Vorlagenwerk für den Zeichenunterricht, zugleich eine Mustersammlung für die kunstgewerbliche Industrie. 1. Thl. 1. u. 2. Lfg. Fol. (à 10 Chromolith. mit 1 Bl. Text.) Troppau 880. 81. Buchholz & Diebel. à n. 8. —

Petřina, Heinr., Polychromie-Ornamentik des classischen Alterthums. Ein Vorlagenwerk für den Zeichenunterricht, zugleich eine Mustersammlung für die kunstgewerbl. Industrie. 1. Thl. 3. und 4. Lfg. Fol. (à Lfg. 10 Chromolithogr.) Troppau 885,88, Buchholz und Diebel.
à Lfg. *ℳ 8.—. * 16 —
1. und 2. Lfg. Ebendas. 1880,81. à *ℳ 8.—.

Petřina, Heinr., Polychromie-Ornamentik d. class. Alterthums. Ein Vorlagenwerk f. d. Zeichenunterr., zugl. e. Mustersammlg. f. d. kunstgewerbl. Industrie. 1. Thl. 5. Lfg. Fol. (10 farb. Taf.) Troppau 897. Buchholz & Diebel. n. 8. —

Petřina, Thdr., klinische Beiträge zur Localisation der Gehirntumoren. [Aus: „Prager Vierteljahrschr."] gr. 8. (95 S.) Prag 877. Dominicus. n. 2. 40

Petřina, Th., Elektrodiagnostik u. Elektrotherapie der Lähmungen, — die Neurasthenie und ihre Behandlung, } s.: Wander-Vorträge, medicinische.

Petřina, üb. hohe typische Temperatur-Steigerungen bei acuter Sarcomatose innerer Organe, s.a. Wander-Vorträge, medicinische.

Ueber hohe typische Temperatur-Steigerungen bei acuter Sarcomatose innerer Organe. Von Prof. Dr. [Theodor] **Petřina.** *Berlin: Fischer 1894.* (17 S.) 1 Bd 8.
= Wander-Vorträge, Medicinische. H. 36. [97. 7363

Giuseppe Petrini

Joseph Petrinis [Giuseppe Petrini: Della Sciatica nervosa. Deutsch:] Neue Heilmethode des nervigten Hüftwehs. Aus d. Ital. übers. u. mit einigen Anm. vers. von C[arl] H[einrich] Spohr. Detmold & Meyenberg: Helwing 1787. 154 S. 8°

Petrini, Henrik, über e. gegenseitige Abhängigkeit zweier Zweige e. Integralkurve gewisser Differentialgleichungen. (7 S.) 8. Uppsala 910. (Berlin, R. Friedländer & Sohn.) nn — 60

— Bemerkungen über Gaskugeln. (10 S.) 8. Ebd. 909. nn — 60
2 Sonderabdr. aus: „Arkiv f. matem., astron. och fysik".

Theorie der Vektorfunktionen als Grundlage einer analytischen Darstellung der Hauptsätze des stationären Elektromagnetismus von H[enrik] Petrini. *Upsala 1894. E Berling* (60 S.) 4°
in Acta, Nova. Reg Societatis Scient Upsaliensis. Ser 3. Vol. 15, Fasc 2 (04. 4874

Petrini, Jos.

Petrini, J., neue Heilmethode d. nervicht. Hüftwehes, a. d. Ital. v. Spohr. m. K. 8. Lemgo, Meyer. (a. Bädeker u. K. in Duisb.) 787.

Petrini, Jos., Neue Heilmethode des nervigten Hüftwehs. A. d. Ital. 154 S. Detmold. 16°. A. D. B. LXXXIII, 104, A. L. Z. 1788, n. 137 1788.

Bosnien und das kroatische Staatsrecht Eine historisch-juridische Studie verf. von Dr Petrinjensis. *Agram Selbstverl 1898* (261 S.) 8°

Petrinjensis, Bosnien u. das kroatische Staatsrecht. Eine historisch-jurid. Studie. gr. 8. (IV, 263 S.) Agram 898. (F. Suppan.) n.n. 3. 50

Petrinjensis, Bosnien u. das kroatische Staatsrecht. Historisch-jurid. Studie. Agram 899.

Petrinó, O., Oesterreichs erster Argar-Congress, s. Belrupt.

Petrino, Otto Frhr. v., die Entstehung der Gebirge erklärt nach ihren dynamischen Ursachen. gr. 8. (VII, 74 S.) Wien 879. Gerold's Sohn in Comm. n. 1. 60

Petrino, O[tto] Freiherr v. u. **Zachar,** A[nton]: Programm zur Durchführung für eine Erntestatistik im Herzogtum Bukowina. Czernowitz Eckhardt 1869

Petrinus, Ernst Friedrich (Panitzsch bei Leipzig), Nonnulla de mydriaticis atque mydriasi. Diss. phys.-ophthalmiatr. Leipzig (A. Th. Engelhardt) 29. X. 1857. 24 S. mit Biogr. (M.: J. Thoss). (3.25) 26194

Petrinus, G. H., der Erdenpilger u. s. Schutzengel od. d. Herr führt d. Seinen. Großes geistl. Festspiel. Bezieh. aus: E. Prolog, Vorspiel: D. Aussendg. d. Schutzengels, 5 Aufzgn., 5 Erscheingn., 4 leb. Bildern, 1 Pantomime, 3 Scenen u. Chorgesang f. Orgel od. Harmonium. 3., verm. Aufl. 8. (71 S.) Frankfurt a/M. 895. (H. Bolelmann.) — 80

Petrinus, G. H., geistliche Wallfahrt nach Golgatha. Ein Kreuzweg-Büchlein besond. f. Kranke v. P., nebst Kreuz- u. Trost-Gedichten v. Antonie Jüngst. (64 S. m. Abb. u. Titelbild.) 16. M.-Gladbach 907. B. Kühlen. Geb. in Leinw. — 60

PETRIS, Nicolaus. De historia jejunii primis tribus ecclesiae saeculis. — (1837) 64 S. 4° (Handschr.) Diss. 24
Diss. Wien, Univ.

Petris, Nicolaus: • De Atheniensium sapientia et gloria. 52 S. 2°
Halle-Wittenberg, Phil. Diss. v. 7 Febr. 1835
Geb. Kea (Kykladeninsel; Griechenland) „a. d. VIII. Non. Jan. 1830". V

Pettritsch, Fany, Heimatkunde v. Kärnten. gr. 8. (XII, 183 S. m. 1 chromolith. Karte in qu. Fol.) Klagenfurt 871. Liegel in Comm. n.n. 1. 50

Petritsch, Fanny. Heimatkunde von Kärnten. Klgft., Liegel (typ. L. Hahn in Wien). 1872. 195 S.

Petritsch, F., Wolfgang u. Nannerl, s. a. Jugendbibliothek.

Petritsch, Fanny, Wolfgang u. Nannerl. Mozart's Kindheit. (Rothaug's Jugendbibliotb.) 8. (71 S. mit 4 Abb.) Prag, F. Tempsky. Geb. 40 kr. 1835.

Petritsch, Leo, zur Lehre v. der Ueberwälzung der Steuern m. besond. Beziehg. auf den Börsenverkehr (VII, 85 S.) gr. 8. Graz 903. Leuschner & Lubensky. n. 2. —

Petritsch, Leo, die Theorie v. der sogenannten günstigen u. ungünstigen Handelsbilanz. Volkswirtschaftliche Studie. gr. 8. (VII, 203 S.) Graz 902. Leuschner & Lubensky. n. 3. —

Petritsch, Leopoldine. Frobel's Erziehungs-Ideen in ihrem Einflusse auf Gemüth u. Charakter-Bildung. Klgft., Leon. (ca. 1875). 16 S.

***Petritsch,* Xav. Herm., institutiones ad eloquentiam. Pars I et II. 8maj. Prag 817 u. 18. Enders. 1 ⁄ 8 ℋ**

Petritschek, Josef: Zur Casuistik der Stieltorsion von Ovarientumoren während der Schwangerschaft. *München 1898: Kastner & Lossen.* (46 S.) 8°
München, Med. Diss. v. 1898

PETRITZ, Antonius De SS. Trinitate ex 15 libris sancti Augustini de eodem subjecto. — (1857) 202 S. 8° (Handschr.) Diss. 176
Diss. Wien, Univ.

Petrlik, Christ., das Gefrierverfahren im Venus-Tiefbau bei Brüx in Böhmen. [Aus: „Allg. Bauzeitg."] Fol. (8 S. m. 2 Taf.) Wien 897. (Prag, F. Řivnáč.) n.n. 3. —

Petrlik, Christ., das Walzen der Strassen als Mittel zur Erzielung v. Ersparnissen bei deren Erhaltung. Für Strassenverwaltgn., Bezirks- u. Gemeindevertretgn., Bau- u. Maschinen-Ingenieure, Bauunternehmer, Fabrikanten u. A. Mit 8 photolith. Taf. gr. 8. (39 S.) Prag 883. Řivnáč. n. 2. 40

Petro, Don; ein Roman, (von Chr. Aug. Vulpius). 8. Berl. 785.

Petro u. Ines. Trauersp. in 5 Aufz. v. Weidmann. 8. Wien, Wallishäußer.

ΠΕΤΡΟΒΙΤΖ, Π., 'ΟΡΘΟΔΟΞΟΣ ΔΙΔΑΣΚΑΛΙΑ ἬΤΟΙ ΧΡΙΣΤΙΑΝΙΚΗ ΘΕΟΛΟΓΙΑ 'ΕΝ 'ΕΠΙΤΟΜΗ. Εἰς χρῆσιν τῆς Καισαρικῆς etc. gr. 8. Vien. Gerold. 782.

Fürst **Petroff,** Der König der Hochstapler Bd 1 (Berlin M. Lehmann [1908].) 8° [F.] (08. 3011

Petroff, Fürst, der König der Hochstapler. 1.—10. Bd. (à 32 S.) gr. 8. Berlin (908). Verlag moderner Lektüre. à — 10

Petroff, offener Brief an den Metropoliten Antonius. (In russ. Sprache.) (23 S.) 8. Berlin (908). J. Ladyschnikow Verl. 1. —

Petroff, Bobi, aus Gornja-Orehowitza (Bulgarien): Die Politik Friedrich Augusts II. von Sachsen, Königs von Polen, während des Türkenkrieges 1736—39. *Leipzig 1902: O. Schmidt.* (53 S.) 8°
Leipzig, Phil. Diss. v. [22. Okt.] 1902

Petroff's, J. A., neuer russischer Dolmetscher für Deutsche. Leichteste Methode zur Erlernung der russ. Sprache durch Selbstunterricht. 1. Aufl. 1865. und 2., verb. und verm. Aufl. 8. (184 S.) Odessa 868, Berndt. cart.

Petroff's, J. A., neuer russischer Dolmetscher für Deutsche. Leichteste Methode zur Erlernung der russischen Sprache durch Selbstunterricht. 4., verb. u. verm. Aufl. 8. (IV, 184 u. Schrifttaf. 4 S.) Leipzig 879. Berndt. cart. 3. —

Petroff's, J. A., neuer russischer Dolmetscher f. Deutsche. Leichteste Methode zur Erlerng. der russ. Sprache durch Selbstunterricht. 5. Aufl. 8. (VIII, 192 S.) Leipzig 883. Berndt. cart. 3. —

Petroff's, J. A., neuer russischer Dolmetscher f. Deutsche. Leichteste Methode zur Erlerng. der russ. Sprache durch Selbstunterricht. 6., umgearb. Aufl. 8. (VIII, 192 S.) Odessa 892. E. Berndt's Verl. Kart. 2. 50

Petroff's, J. A., neuer russischer Dolmetscher f. Deutsche. Leichteste Methode zur Erlerng. der russ. Sprache durch Selbstunterricht. 7., durchgesch. Aufl. (199 S.) 8. Riga 905. C. J. Sichmann. Geb. in Leinw. n. 2. —

Petroff, N., über e. physikal. Verfahren zur Bestimmg. der Eigenschaften e. Schmiermittels. Bericht, erstattet in der russ. Sektion des internat. Verbandes f. die Materialprüfgn. der Technik am 12 III. 1899. (Definitive Resultate der hydrodynam. Theorie üb. Reibg. geschmierter Flächen, die nötig sind, um f. e gegebenes Schmiermittel e. pass. Versuchsmodus ausfindig zu machen.) (Deutsch u. französisch.) (16 S.) hoch 4. Stuttgart 899. Freiburg i. B., J. Bielefeld.
Sonderabdruck aus: „Baumaterialienkunde". n. 1. —

® Petroff, N., über e. physik. Verfahren zur Bestimmg. d. Eigenschaften e. Schmiermittels. 899. (KBL 34.) Erh. Pr. 2.

Petroff, N. N., über Hämaturie. (Aus dem Russ. übertr. v. M. Lubowski.) (14 S.) gr. 8. Leipzig 906. Verlag der Monatsschr. f. Harnkrankh. — 80
Sonderabdr. aus: „Monatsschr. f. Harnkrankh. usw."

Petroff, N. P., üb. die Möglichkeit e. genauen Kreisbogenverzahnung. Nach dem russ. Original bearb. Mit Zeichngn. auf 1 Taf. [Aus: „Rig. Industrie-Zeitg."] gr. 8. (19 S. m. 1 Tab.) St. Petersburg 887. (Eggers & Co.) n. — 80

— neue Theorie der Reibung. Mit Genehmigg. d. Verf. aus dem Russ. übers. v. L. Wurzel. Von der kais. russ. Akademie der Wissenschaften zu St. Petersburg m. dem Lomonosowpreise gekrönte Schrift. gr. 8. (VII, 187 S.) Hamburg 887. Voss. n. 5. —

Petroff, Nikolaus, aus Woronesch i. Russl.: Die Beziehungen zwischen der multiplen Sklerose und Dementia paralytica. *Berlin (1901): G. Schade.* (30 S.) 8°
Berlin, Med. Diss. v. 2. Juli 1901

Petroff, Theodor, appr. Arzt a. Tchirpan (Bulgarien): Ueber die Einwirkung der Metalle auf die Nieren. Würzburg 1905: F. Staudenraus. (36 S.) 8°
Würzburg, Med. Fak., Ref. Kunkel, Diss. v. 24. Febr. 1905
[Geb. 28. Juli 80 Tchirpan; Wohnort: Tchirpan; Staatsangeh.: Bulgarien; Vorbildung: Gymn. Sofia Reife Juli 99; Studium: München 7, Würzburg 3 S.; Coll. 8. Febr. 05; Approb. 31. Jan. 05.]

Petroff, Z[acharias], prakt. Arzt aus Kotel (Bulgarien): Aus dem pathologisch-anatomischen Institut der Universität Zürich. Ueber das gleichzeitige Vorkommen von Krebs und Tuberculose. Zür. Fischer u. Diggelmann Dr. 1897. 23 S. 8°.
Zürich, Med. Diss. [v. 29. Mai 1897].

Petroleum. Zeitschrift f. die gesamten Interessen der Petroleum-Industrie u. des Petroleum-Handels. Hrsg. u. Red.: Paul Schwarz. 1. u. 2. Jahrg. Oktbr. 1905 bis Septbr. 1907. à 24 Nrn. (à ca. 40 S. m. Abbildgn.) Lex.-8. Berlin [Berliner Union Verlagsgesellschaft]. Verlag f. Fachliteratur. à Jhrg. n. 24. —

Petroleum. Zeitschrift f. die gesamten Interessen der Petroleum-Industrie u. des Petroleum-Handels. Hrsg. u. Red.: Paul Schwarz. 3.—6. Jahrg. Oktbr. 1907—Septbr. 1911. à 24 Nrn. (à ca. 50 S. m. Abb.) Lex. 8. Berlin-Schöneberg, Verlag f. Fachliter. à Jahrg. 24. —

Petroleum, Gas, Electricität u. die f. die Feuerwehr damit verbundenen Gefahren. 12. München (900). Ph. L. Jung. n. — 40
Kann Petroleum explodiren? (8 S.) 893. — Gasleitungen bei Feuersbrünsten. (7 S.) 897. — Gefahren elektrischer Anlagen f. den Feuerwehrdienst. (8 S.) (898.)

Petroleum-Gebiete in Galizien, s.: Galizien.

Der Petroleum-Hafen in Hamburg 1:3000. Bureau f. Strom- u. Hafenbau, Hamburg 1904. *(Hamburg: [Selbstverl. d. Bur.: O. Meißner in Komm.] 1904)* (1 Kartenbl. 53×33 cm.) [lith.] [kol.] [illegible]

Petroleum-Lampe, die. Ein Rathgeber für Jedermann zur zweckmäß., billigen u. gefahrlosen Benutzung der Petroleum-Lampe, nebst dem Wissenswürdigsten über das Petroleum. Berlin 866. Berggold. gr. 8. (32 S.) n. 5 ngr.

Petroleumlampe, die, und ihre Behandlung. Praktische Anleitung zum Lampenputzen, für jeden Haushalt, sowie für Officierburschen. 8. (23 S.) Hannover 888. (Leipzig, H. Voigt.) ** — 50

Petroleum-Lampe, die deutsche, in Wort und Bild. (144 S) qu 8° Berlin 1893

Stowell's Petroleum Reporter: vol. 1 30. 1873 1901
Monthly trade journal. Published in English and German
Edited & published by S. H. Stowell, 1873—1885. Edited by Joseph Dame Weeks.
Pittsburgh, PA

Petroleum-Revier, Das Körösmezöer Einiges über das Körösmezöer Petroleum-Terrain der Ungarischen Karpathen mit näherer Beleuchtung jenes über 7000 Joch umfassenden Terrains, über welches, laut Bescheid des Kön. Ung. Berg-amtes zu Nagybánya, die Firma Salamon Rubin & Co. Máramarossziget verfügt. Máramarossziget, 1906. 20 S.

Petroleumspritzen (Socialdemokratische). 8°. Genf 1871.

Petroleums-Quelle, de, un de Wedde. Zwei Humoresken in Paderborner Mundart von dem Verf. des „Närsk Tuig." 16. (32 S.) Werl 879. Stein. — 30

Internationale Petroleumstatistik. Hrsg von d. Zeitschrift 'Petroleum', bearb. von Red. Joseph Mendel-Berlin. Bd 1 Berlin Verl. f Fachlit. 1910. 4° A 12.13078

PETRONE, Le, allemand sur les suites funestes et tragiques des intrigues amoureuses de la cour de Vienne, ou l'on voit l'opposition heureuse des douceurs que produit la constante amitié de deux Seigneurs Francois. Cologne 1706. Pet. in-8°. (3 Mk. 50 Pfg., veau, Alfr. Lorentz, Lpz., 1901, Anz. 43, der aber „Almand" und „Intriques" hat.)
Wiener Cat. (1774) verbotener Bücher. Vente de Dresde (183*), no. 970. — Très-rare!

Pétrone, s. Petronius Arbiter, Titus

Petroni's, Pietro, italienischer Dolmetscher, s.a. Bürchl, Fritz, italienischer Sprachführer.

Petroni, Pietro, italienischer Dolmetscher od. der beredte Italiener. Einfache u. prakt. Methode, in kurzer Frist u. ohne Lehrer das Italienische geläufig sprechen zu lernen. Ster.-Ausg. 8. (128 S.) Reutlingen 884. Enßlin & Laiblin. — 75; cart. — 90

Petronievics, Branislav, der ontologische Beweis f. d. Dasein d. Absoluten. Versuch e. Neubegründg. m. bes. Rücksicht auf d. erkenntnistheoret. Grundproblem. gr. 8. (29 S.) Leipzig 897. H. Haacke. n. — 75

Petronievics, Bronislav, die typischen Geometrien u. das Unendliche. (VIII, 87 S. m. Fig.) gr. 8. Heidelberg 907. C. Winter, Verl. 3. —

Petronievics, Branislav, Prinzipien der Erkenntnislehre. Prolegomena zur absoluten Metaphysik. gr. 8. (VI, 134 S.) Berlin 900. E. Hofmann & Co. n. 3. 50

Petronievics, Branislav, Principien der Metaphysik. I. Bd. 1. Abth. Allgemeine Ontologie u. die formalen Kategorien, m. e. Anh.: Elemente der neuen Geometrie u. III Taf. m. 56 geometr. Fig. (XXXI, 447 S.) Lex.-8. Heidelberg 904. C. Winter Verl. n. 15. —

Petronievics, Branislav: Der Satz vom Grunde. Eine logische Untersuchung. *Belgrad 1898: Kgl.-serb. Staatsdruckerei.* (72 S.) 8°
Leipzig, Phil. Diss. v. [21. Nov.] 1898

Petronilla

— junger Herzen Freud' u. Leid. Erzählgn. f. junge Mädchen. M. 15 Illustr. nach Originalen v. A. Bierbimpfel. gr. 8. (314 S.) Regensburg 897. Verlagsanstalt, vorm. G. J. Manz. n. 3. —; geb. n. 4. —; m. Goldschn. n. 4. 50

Petronilla, neuestes u. vollständigstes Innsbrucker Kochbuch. Nach bester u. richtigster Erfahrung verfaßt u. zusammengestellt. gr. 12. (XVI u. 171 S.) Innsbruck 852, Witting. 12 ngr.

Petronilla, neuestes u. vollständigstes Innsbrucker Kochbuch. Nach bester u. richtigster Erfahrung verfaßt u. zusammengestellt. Innsbruck 861. Vereinsbuchhandlung. 12. (XIII, 171 S.) 12 ngr.

Petronilla, Kochbuch, 3. Aufl., s.: Gstrein, Tiroler Kochbuch.

PETRONIUS Arbiter, Titus. — § * Begebenheiten des Enkolp. Aus dem Satyricon des *Petron* übersetzt (von Wilh. Heinse). Erster, Zweyter Bd. Mit Titelvignetten. Rom (Schwabach, Mizler), 1773. 8^0. (In Berlin: Ws 6010; auch in Wien, Stadtbibl.: Secr. A. 24.) (25 Mk., tadelloses Expl. in schönem gleichzeit. Ganzfrzbde., R. Bertling, 1892; 44 Mk., sehr schönes Expl. auf starkem Pap. mit vereinzelten Stockfl., Max Perl's Berliner Octob.-Auct. 1907, no. 459; 50 Mk., tadelloses Expl., Adolf Weigel, 1907; 85 Mk., sehr schönes Expl. auf starkem Pap., unbedeutend stockfl., Hldrbd. d. Zeit, Emil Hirsch, München, 1909.)

Erste Ausgabe in dem ersten Druck, der daran zu erkennen ist, dass die Vorrede vom „May 1772 während meiner Reise nach Italien, um den Winkelmannischen Apollo zu betrachten" datiert ist (2. Druck: Februar 1773). Das Werk erschien zur Ostermesse 1773.

I: Tit., 1 Bl., S. 5—48 Einleit. (dat. Augsburg, Februar 1773 während meiner Reise nach Italien, um den Winkelmannischen Apollo zu betrachten) u. 221 S. Mit 1 orig. Kpf. bei S. 16 der Einleit., welches meistens fehlt. — II: 256 S. incl. Tit. u. 2 Bl. Vorr.

Erste seltene u. sehr gesuchte deutsche Übersetzung des Petron. Vgl. darüber Matthisson, Erinnerungen Th. III. p. 113 u. über eine andere nicht gedruckte von J. Werther in Rostock: Leipz. Gel. Zeitung 1718. p. 546.

Petronius, der als Meister in der Kunst des raffiniertesten Sinnengenusses am Hofe Neros eine bedeutende Rolle spielte, hinterliess mit diesem Werke eine interessante Schilderung über das Privat- und Geschlechtsleben seiner Zeitgenossen.

Heinse schrieb darüber 1774 aus Halberstadt an Wieland: „Das Abscheulichste darinnen ist von der schänderischen Hand des Herrn Hauptmanns, der stündlich an meiner Seele, wie ein Lavater und Jakob Böhme des Priapus arbeitete. Die Uebersetzung wird mir so lange ich lebe ein Aergerniss seyn."

Heinse verfasste die Uebersetzg. nach dem Texte der Ausgabe von Peter Burmann Traj. ad Rh., van de Water, 1709. 4^0 — Ed. altera. Amst. ap. Janssenio-Waesbergios. 1743. II. 4^0. Titelkpf. (6 Mk. Albert Cohn, Berlin, 1887, 10 Mk. Scheible, 1883.)

— Begebenh. d. Enkolp, aus dessen Satyrikon übers. (v. W. Heinse). in 2 Bden. 8. Rom. (Schwabach) 773. 1 ℛ Mit neuem Titelblatt: Geheime Geschichte d. röm. Hofes, unter d. Regier. d. Kaisers Nero; aus d. Latein. des Petron übers., mit Anmerkk. Ebd. 783. 1 ℛ

Petronius, Begebenheiten des Enkolp, s.a. Bibliothek litterarischer u. culturhistor. Seltenheiten. Nr. 1. 2.

Begebenheiten des Enkolp. Aus dem Satyricon des [Titus] Petron[ius Arbiter] übers. (von Wilh. Heinse). Bd 1. 2. (Wortgetreuer Abdr. d. seltenen Uebersetzung.) Rom 1773. *(Leipzig: A. Weigel in Komm. 1898.)* 2 Bde 8°
— **Bibliothek** litterarischer u. kulturhist. Seltenheiten No 1. 2. [04. 98/1

— — Begebenheiten des Enkolp. Die Kirschen. Erzählungen. Hrsg. von C. Schüddekopf. (Wilh. Heinse's Werke, Bd. 2.) Leipzig, Insel-Verlag, 1903. 8^0. (Ldr. Mk. 8,50; br. 6—.) (9 Mk. Gust. Fock, Lpz., 1905; 4 Mk. 75 Pfg., wie neu, J. Eckard Mueller, Halle, 1907.)

— — Die Begebenheiten des Enkolp. Separatabzug aus der Gesamtausgabe Heinse's. Leipzig, Insel-Verlag, 1904. Druck der Offizin W. Drugulin in Leipzig. 8^0. 283 S. (Brauner Ldrbd. mit Seidenvorsatz Mk. 20—.) (24 Kr. F. Lang, Wien, 1906.)

Nur in 140 numer. Expll. auf ächt holländ. Büttenpap. hergestellt.

Petronius Arbiter. Bruchstücke eines Sittenromans aus Neros Zeit. Als Anhang 43 priapeische Lieder. Nach Büchelers kritischem Texte übersetzt. Stuttgart 1874. Ü: *Breitinger, Heinrich* (?). (BGE VI³, 156)

§ * — — Dasselbe, neue Uebers., tit.: Bruchstücke eines Sittenromanes aus Nero's Zeit. Als Anhang 43 priapeische Lieder. Nach Bücheler's kritischem Texte übersetzt. Stuttgart, J. Scheible, 1874. 8^0. (Mk. 3—.) Gänzlich vergriffen! (20 Kr. Halm & Goldmann, 1909.) VI—146 SS. (Auch in Wien, Stadtbibl.: Secr. A 89.)

Der anon. Übers. gibt S. VI am Schl. an, dass er die Uebersetzungen von Heinse, Gröninger, Wellauer . . benützt habe. Wer ist Wellauer u. wann ersch. seine Version? — Viell. ist ob. dtsch. Übers. von Heinrich Breitinger, der in Kürschner's Litt.-Kal. 1884. p. 34 als Übers. des P genannt wird.

Französ., ital. u. engl. Uebers. s. bei Graesse, Trésor V, 241

Orig. *Petronii Arbitri* satirarum reliquiae, ex recensione Francisci Buecheleri. Berolini, Weidmann, 1862. 8^0. XLIX—237 pp. — Satirae et liber Priapeorum iterum edidit Franciscus Buecheler. Adjectae sunt Varronis et Senecae satirae similesque reliquiae. Ib. ap. eund. 1871 8^0 244 pp. (Beides in Berlin, München &c.)

Petron, Buhlschaften d. Römer. s.a Buhlschaften.

Petronius Arbiter. Buhlschaften und Liebesintriguen der Römer unter der Regierung des Kaisers Nero . . . Cypripe bei Ganymed [Salzb.] 1792. Ü: *Heinse, Johann Jacob Wilhelm.* (Wr)

§ * — — Dasselbe, titulo: Buhlschaften u. Liebesintriguen der Römer unter der Regierung des Kaisers Nero, nach d. Latein. des *Petron* bearb. 2 Thle. in 1 Bde Zwote (!) verbess. Auflage. Cypriper, im Verlag bey Ganymed (Salzburg, Mayr) 1792. 8⁰ (Auch in Wien, Stadtbibl. Secr A 172.) (45 Mk., saub. Expl. in Ppb. m. Tit., Adolf Weigel, 1906.)
Sehr seltener Nachdruck, wie die folgende Ausgabe.

* — — Dasselbe. Dritte Auflage. Ebd. 1794. 8⁰ (In Berlin Ws 6020.) (2 Rthl. Heinr. Lesser, Breslau, c. 1872; jetzt viel theurer!)

Petronii cena Trimalchionis. Mit deutscher Uebersetzg. u. erklär. Anmerkgn. v. Ludw. Friedlaender. gr. 8. (V, 327 S.) Leipzig 891. S. Hirzel. n. 5. —

* — — Dasselbe, neue Uebers., tit.: Cena Trimalchionis. Mit deutscher Uebersetzung und erklärenden Anmerkungen von L. Friedlaender Leipzig 1901. 8⁰. (Mk. 5—.) (3 Mk. List & Francke, 1908.)

— cena Trimalchionis. Mit deutscher Uebersetzg. u. erklär. Anmerkgn. v. Ludw. Friedländer. 2. neu bearb. u. verm. Aufl. (V, 362 S.) gr. 8. Leipzig 906. S. Hirzel. n. 6. —; geb. n. 7. —

Petronius Arbiter, Gaius, Cena Trimalchionis, nebst ausgewählten pompejan. Wandinschriften, hrsg. v. W. Heraeus. s.a. Sammlung vulgärlateinischer Texte. 2.

[Titi] Petronii [Arbitri] Cena Trimalchionis nebst ausgewählten pompejan. Wandinschriften hrsg. von W[ilhelm] Heraeus. Heidelberg: Winter 1909 VI,47 S. 8⁰
(Sammlung vulgärlateinischer Texte. H. 2.)

— fragmentum ex bibl. St. Galli antiq. Mscripto excerpt. illustr. Lallemandus. 12. Paris u. Cassel 800. (Levrault in Strassburg). 7 gl Schrbp. 10 gl

Petron's Gastmahl d. Trimalchio, s.a. Universal-Bibliothek.

— — Das Gastmahl des Trimalchion, aus dem *Petronius* (übersetzt?) von Karl Friedr. Flügel, in Vermischte Beiträge zur Philosophie und den schönen Wissenschaften. Breslau, W Korn, 1762—64. II. 8⁰. Bd. II.

§ * — — Dasselbe, neue Uebers., tit.: Das Gastmahl des Trimalchio. Ein Cultur- u. Sittengemälde aus der Zeit des Kaisers Nero. Nach den Satiren des *Petronius* von Heinr. Merkens. Jena, Costenoble, 1876. 8⁰ (In München A. lat b. 1412 d.)
4 Bll., IX SS., 1 Bl 76 SS.

Petronius Arbiter. Geheime Geschichte des römischen Hofes unter der Regierung des Kaisers Nero, a. d. Lat. . . . Rom [Schwalbach] 1783. Ü: *Heinse, Joh. Jac. Wilh.* (JL)

§ * — — Dasselbe, titulo: Geheime Geschichte des römischen Hofs unter der Regierung des Kaisers Nero, aus d. Lat. des *Petron* übers. m. einigen Amerk. 2 Thle. Rom (ebd.) 1783. 8⁰. (1 Rthl.) I 48 u. 221 S. II: 256 S. (8 Mk. Scheible, 1872; jetzt theurer!) (In Berlin Ws 6015.)

Petronii Arbitri satirarum reliquiae. Adjectus est liber Priapeorum. Berlin 862. Weidmann. 8. (VIII, 127 S.) n. 12 ngr.

—— satirarum reliquiae ex recensione Franc. Buecheleri. gr. 8. (L und 237 S.) Berlin 862, Weidmann'sche Buchh. *

Petronii satirae et liber priapeorum. Iterum ed. Franc. Buecheler. Adjectae sunt Varronis et Senecae satirae similesque reliquiae. gr. 8. (248 S.) Berlin 871, Weidmann'sche Buchh. (M 1,80.)

Petronii satirae et liber Priapeorum. Tertium ed. Franc. Buecheler. Adjectae sunt Varronis et Senecae satirae similesque reliquiae. gr. 8. (252 S.) Berlin 882. Weidmann. 3. —

Petronii satirae et liber Priapeorum, tertium edidit Franc. Buecheler. Adiectae sunt Varronis et Senecae satirae similesque reliquiae. (Iteratum 1895.) gr. 8. (252 S.) Berlin 895. Weidmann. n. 3. —

[Titi] Petronii (Arbitri) Saturae et liber priapeorum. Quartum ed. Franciscus Buecheler. Adjectae sunt [M. Terentii] Varronis et [L. Annaei] Senecae saturae similesque reliquiae. Berolini: Weidmann 1904. (254 S.) 8⁰ [illegible]

— — Satiren. Nach dem Texte v. Frz. Bücheler verdeutscht durch einen Homo Heidelbergensis. Heidelberg 1910. 8⁰. Privatdruck nur in 100 Expl. (6 Mk. Bangel & Schmitt (Otto Petters), Heidelberg, 1910.)

Petronius Arbiter. Satyricon puritate donatum, ejectis obscoenis . . . Jenae 1701. H: *Phaedrus, Gg (= Adam Gschwend).* (Ebert)

— — c. n. ad modum Minellii. 12. Jenae. 702.

— Cum fragmentis. Lips. 731. Priapeia cum commentario G. Schoppii. Apuleii *Ανεχόμενος* ab cod. illustratus. Epistolae de propudiosa Cleopatrae libidine. Jos. Scaligeri ac Fr. Lindenbruchii notae. Patav. 664. 8. 12 gr. Das letzte Buch gehört dazu, und Druckort und Jahrszahl sind nur erdichtet.

— — c. fragmentis. 8. Lps. Fritsch. 731.

— satyricon, c. Supplem. Nadot. 8maj. Bipont. 790. (Treuttel u. W. in Strassb.) 10 gl Schrbp. 13 gl

— Satyricon, od. d. Gastmahl d. Trimalcion. Mit Nadots Ergänz. Neu übers. v. Ad. Gröninger. gr. 8. Berl. 796. Mit n. Tit. 8. Lpz. 804. N. A. 822. (W. Nauck). Engl. Pap. 1 ₰ 8 gl Velp. 2 ₰

§ * — — Des *Titus Petronius* Satyricon samt Nodots Ausfüllung, übers. von Adolf Gröninger. Berlin, gedruckt bei Joh. Friedr Unger, 1796. Gr. 8⁰. 275 S. (In Berlin: Ws 6048.) (1 Rthl., Schreibpap. 2 Rthl.) (4 Rthl. J. A. Stargardt, Berlin; 50 Mk. [!] Gust. Fock, Lpz., 1907; 100 Mk. Ferd. Schöningh, Osnabrück, 1911.)
Diese Ausgabe, soll nach Aussage des Herrn Justizrats G. Greve, eines Anverwandten des Uebersetzers, von d. Familie des Letzteren aus Verdruss über d. behandelten Gegenstand aufgekauft und im Garten zu N . . als Scheiterhaufen verbrannt sein. — Goedeke VII, 620, 4a. Soll bis auf zwei Exemplare behördlich verbrannt worden sein. Vgl. Intbl. 8⁰. Erlang. Lit.-Ztg. 1799. St 3f, 81/3. Widersprochen wurde dieser Nachricht im Westfäl. Anz. 1804.
Graesse: „Selon l'Intelligenzbl. zur Erlang. Litter. Zeit. 1799. p. 3 sq. cf. p. 81 sq. et d'après Degen, Nachtr. zu d. Deutsch. Uebers. d. lat. Schriftst. p. 205—216 toute l'éd. a été saisie et détruite à l'exception de 2 exempl. seulement, mais cette assertion est contestéé dans le Westphäl. Anzeiger 1804 no. 73.

* — — Dasselbe (ohne Namen des Uebersetzers). Blanckenburg u. Leipzig, Ernst, 1798. G. 8⁰. 257 S. (35 Mk. Adolf Weigel, 1911 Schönes Expl. auf Schreibpap.) (In Berlin: Ws 6056.)

§ — — Dasselbe. Mit reizender Titelvignette. Leipzig, Sommer, 1804. 8⁰. (1 Rthl.) 257 S. (15 Mk., tadelloses unbeschn. Expl., Schaper, Hannover, 1903; 25 Mk., etwas beschäd., Alfr. Lorentz, Lpz., 1905.)

— — Des *Titus Petronius Arbiter* Satyricon. Ein Gemälde der buhlerischen Ausschweifungen der Römer zur Zeit des Nero. Nebst *Petrons* Gastmahl des Trimalchio. Leipzig, 1822. 8°. (2½ Rthl., Scheible, vor 1885.)

Petronius Titus Arbiter, Satyricon. Latein. Text, nebst deutscher Uebers. u. erläut. Anmerk. Probeheft. Lex.-8. Berlin 845, Enbe. n. ⅓ ꝛ𝔭

— Satyricon. Latein. Text, nebst deutscher Uebersetzung und erläut. Anmerk. Lex.-8. Ebend. 845. n. ⅓ ꝛ𝔭 (NB. soll noch ein 2. [Schlußheft] folgen.)
[Mehr nicht erschienen.]

Petronii, **Titi Arbitri, satyricon et fragmenta ex recens. Burmanni; not. et glossar. add. Conr. Glo. Anton. 8maj. Lpz. 781. (Hahn). 1 ꝛ𝔭 12 𝔤𝔯**

Petronius Arbiter. Satyricon et Fragmenta. Berolini 1785. H: *Revitzky, Graf von Revissnye, Carl Emerich Alexander.* (ML) (Ky) (Gi) (BrMm)

— satyricon et fragmenta (ed. de Rewiczky.) 12. Berl. 785. Unger. 18 𝔤𝔯

PETRONIUS, Gaius Petronius Arbiter. Satyrikon. (Die Begebenheiten des Enkolp.) Übersetzt von Wilhelm Heinse. Wortgetreuer Nachdruck der ersten deutschen Auflage »Rom 1773« (herausgegeben und eingeleitet von Karl Hauer). Verlagsgesellschaft München (Berthold Sutter) 1909. Mit Zeichnungen von Franz Christophe. Lex.-8°. XV (XVI weiß) und 1 Bl. für zweiten Titel, 272 S.; am Anfang und am Schluß leeres Schutzbl.
[B. VI, 154.]
Außer der einfachen Ausgabe noch eine Luxusausgabe von 25 Exemplaren auf echt Bütten mit den Illustrationen auf kaiserlich Japan in Ganzpergament. (Insgesamt außer den 25 Exemplaren der Luxusausgabe nur noch 750 Exemplare der gewöhnlichen Ausgabe.)

Petronius, s. Schilderung e. röm. Gastmahls.

§ * — — Fragmentum Traguriense. — Schilderung eines römischen Gastmahl (!) zur Zeit des Kaisers Nero. Nach dem Lateinischen des *Petronius.* Nebst Bruchstücken aus demselben Autor u. erläuternden Anmerk. Berlin, C. G. Ende, 1843. 8°. 94 SS. (In Berlin: Ws 6520; München: A. lat. b. 1412 c.)

Petrons Werke. Uebersetzt. Salzb. 792. 2 Thle. 8. 1 rthl.

* — — *Titi Petronii Arbitri* sämmtliche Werke, metrisch und prosaisch übersetzt, mit einem vollständ. Commentare von J. G. Karl Schlüter. 2 Thle. Halle, Hendel, 1796. 8°. (Nur Th. 1 in Berlin.) (9 Mk. O. Richter, Lpz., vor 1885; 40 Mk. E. Frensdorff, 1904.)

Petrossi, Ferdinand

Petrossi, Ferd., Feldtaschenbuch für die k. k. Officiere aller Waffen, mit besond. Berücksichtigung des Generalstabs-Dienstes. Wien 866. Gerold's Sohn. 8. (V, 239 S. mit eingedr. Holzschn. u. 6 Steintaf.) n. 1 ꝛ𝔭 10 ngr.

— das Heerwesen des österreichischen Kaiserstaates. Ein Handbuch für Officiere aller Waffen nach authent. Quellen systematisch dargestellt. 2 Bde. Wien 865. Braumüller. gr. 8. n. 5 ꝛ𝔭 10 ngr.
1. Bd. Organisation u. Administration. (XV, 401 S. mit 104 in den Text gedr. Holzschn. u. 1 chromolith. Militär-Administrationskarte des österreichischen Kaiserstaates in Imp.-Fol.) n. 3 ꝛ𝔭 10 ngr.
2. Bd. Innerer Dienst u. Tactik. (VIII, 376 S. mit 27 in den Text gedr. Holzschn.) n. 2 ꝛ𝔭

Petrossi, Danemark's Land- u. See-Macht. Nach authentischen Quellen bearb. Supplement zum Vademecum für den militarischen Recognoscenten. Wien 864. Geitler 16. (53 S. u. 1 Tab. in 4.) n. 10 ngr.

—— Vademecum für den militärischen Recognoscenten. Organisatorische und takt. Notizen über das Heerwesen der grösseren europäischen Staaten. 5 Lfgn. 16. Wien 863. Leipzig, R. Hoffmann. à Lfg. * 10 Ngr.
Inhalt:
Lfg. 1. Die französische Armee. (88 S. mit 3 Tab. und 2 Stnt. in 4.)
» 2. Das deutsche Bundesheer. (96 S. mit 2 Tab. und 1 Stnt. in 4.)
» 3. Die russische Armee. (68 S. mit 1 Tab. und 2 Stnt. in 4.)
» 4. Die sardo-italienische Armee. Das Heerwesen der Schweiz. (79 S. mit 3 Tab. und 2 Stnt. in 4.)
» 5. Die türkische Armee. Die brittische Armee. (67 S.)

— Vademecum für den militärischen Recognoscenten. Organisatorische u. taktische Notizen über das Heerwesen der grösseren europäischen Staaten. 1—4. Liefg. Wien 863. Geitler. 16. Jede Liefg. n. 10 ngr.
Inhalt: 1. Die französische Armee. (88 S. mit 2 Tab. u. 2 lith. Taf. in 4.) — 2. Das deutsche Bundesheer. (96 S. mit 2 Tab. u. 1 lith. Taf. in 4.) — 3. Die russische Armee. (68 S. mit 1 Tab. u. 2 lith. Taf. in 4.) — 4. Die sardo-italienische Armee. Das Heerwesen der Schweiz. (79 S. mit 3 Tab. u. 2 lith. Taf. in 4.)

— Vademecum für den militärischen Recognoscenten. Organisatorische u. takt. Notizen über das Heerwesen der grösseren europäischen Staaten. 5. Liefg. Die türkische Armee. Die brittische Armee. Wien 865. (Leipzig, R. Hoffmann.) 8. (67 S.) n. 10 ngr.

Petrossi, Hauptmann im k. k. General-Quartiermeister-Stabe. Die Wehrkraft Frankreichs in ihrem Verhältnisse zu den Hilfsquellen des Landes. (Mit 20 Karten im Farbendruck auf 4 Tafeln.) (Separat-Abdruck aus der „österreichischen militärischen Zeitschrift", Jahrgang 1861, 1 und 2. Band.) (Donation Liechtenstein.)
8 Wien 1861.

Petrossi, die Wehrkraft Frankreichs in ihrem Verhältnisse zu den Hilfsquellen des Landes. Mit 20 (lith.) Karten in Farbendr auf 4 Taf. (in Fol.) Wien 861. Gerold in Comm. Lex.-8. (67 S.) n. 24 ngr.

Petrou, Michael: ***Πηγῶν ἔρευνα τοῦ Πλουτάρχου ἐν βίῳ Ἀγησιλάου τοῦ Λακεδαιμονίων βασιλέως . . . . Ἐν Ἀθήναις, ἐκ τοῦ τυπογρ. Ἀλεξάνδρου Παπαγεωργίου,*** **1888;** 76 S. + 1 Bl. 8°
Leipzig, Phil. Fak., Inaug.-Diss. v. 8. Aug. 1888

[Russ.] Pismo Svjaščennika Grigorija **Petrova** mitropolitu Antoniju. [Berlin Ladyschnikow 1908.] 23 S. 8°
[Brief d. Priesters G. Petrov an d. Metropoliten Anton.] 1o9. 8755

Rußlands Dichter und Schriftsteller von G[rigorij] S[piridonovič] Petrow [**Petrov**]. Von d. Verf. autor. Übers. von Hofrat A. v. Mickwitz. Halle a. S.: Waisenhaus 1905. (199 S.) 8° [J.] 1o5. 8863 3

Petrow, G. S., das Evangelium als Grundlage des Lebens. Aus dem Russ. ins Deutsche übertr. von A. v. Mickwitz. Einzige vom Verf. autoris. deutsche Ausg. nach der 21. russ. Aufl. (VII, 150 S.) 8. Hamburg (904). Agentur des Rauhen Hauses. n. 1.80

Petrow, G. S., das Evangelium als Grundlage d. Lebens. 2. Aufl. der einzigen vom Verf. autoris. deutschen Ausg. Nach der 21. russ. Aufl. ins Deutsche übertr. von A. v. Mickwitz. (VII, 150 S.) 8. Hamburg (908). Agentur des Rauhen Hauses. 1. 80

Petrow, G S . Der Freund der Enterbten und Der Siegeslauf der Bibel. Von G. A. (*d. i.* S.) P". ⟨Aus dem Russischen.⟩ (**Umschlag:* Russische Erzählungen.) [Illustriert.] 24 S. 8. Basel, Missionsbuchh., 1905. [fr. —. 10]

— Schule u. Leben. Autoris. Uebersetzg. von A. v. Mickwitz. (V, 216 S.) 8. Riga 906. J. Deubner. n. 2. —

— auf dem Wege zu Gott. Betrachtungen üb. Gott u. die göttl. Wahrheit. Aus dem Russ. ins Deutsche übertr. v. A. v Mickwitz. Einzige vom Verf. autoris. deutsche Ausg. (100 S.) 8. Hamburg 905. Agentur des Rauhen Hauses. n. 1. 20

Petrov, Stepan Gavrilovič [wirkl. Name], s. Skitalec [Pseud.]

Petrovac [Schlagwort]

Petrovac, s.: Serbien.

Petrovic, Alexander

Petrovic, Alex., die serbische Jahrhundertfeier u. die Blutnacht vom 11. VI. 1903. (47 S.) gr. 8. Berlin 904. Herm. Walther. n. 1. —

— Mazedonien u. die Lösung seines Problems. (161 S.) gr. 8. Ebd. 904. n. 2. —

— die madjarischen Sonderbestrebungen im Reiche der Habsburger. (95 S.) gr. 8. Ebd. 904. n. 2. —

— der russische Umsturz u. die Sozialdemokratie. (84 S.) gr. 8. Ebd. 905. n. 2. —

— Wahrheit u. Trug im Sozialismus. (144 S.) gr. 8. Ebd. 906. n. 2. —

Petrovič Bozidor: Studien zur Kritik des psychophysischen Monismus.
H. 1900 PN 1318 Diss. Wien, Univ. 86

Petrović, Fr Leo. O. F M.. Hercegovinensis provinciae alumnus: Disquisitio historica in originem usus Slavici idiomatis in liturgia apud Slavos ac praecipue Chroatos. Mostar 1908. XVI + 88 S. 8°.
Freiburg i. Schw Theol. Diss. 1908/09.

Petrovich, J. G., prolegomena medicinae ocularis. 8maj. Wien 818. Binz. 10 gr

PETROVICH, Lucas: Dissertatio iuridico-historica super iustitia et sequelis expeditionum cruciatarum. — (1840) 52 S. 8° (Handschr.) Diss. 135
Diss. Wien, Univ.

Petrovics, Paul, Hauptm. ad honores. Hydrotechnische Andeutungen, als vieljährige Erfahrungs-Beiträge zur mindestkostspieligen und völligen Sicherstellung vor der Ueberschwemmung, einer Strecke von beinahe 7 Quadrat-Meilen fruchtbaren Bodens und zur Erweiterung der Schiffahrt in der Gegend der sogenannten Wersetzer und Alibunarer und Illancser Moräste: durch zweckmässige Benützung des Theresien- und Bersaver-Canals für den hier schiffbaren Temes-Fluss, der in die nahe Donau bei Oppova, und weiter unten bei Pantsova mündet. Den Freunden und Gönnern jedes gemeinnützigen Bemühens, zur Beförderung der vaterländischen Cultur in Sanitäts-, landwirthschaftlicher und Handelsverkehrs-Hinsicht gewidmet. Nebst einer Uebersichts-Karte, den Längen- und Quer-Profilen des künftigen Theresien-Entwässerungs- und Schiffahrts-Canals. 4. Wien 1835.

Petrovics, Paul, Offic. der k. k. Armee. Die Donau in dem Sandmeere dreier Comitate Nieder-Ungarns Pesth, Bacs und Csongrad, so wie auch in Beziehung auf ihren Hauptnebenfluss die Theiss Ein patriotischer Vorschlag zur Erreichung hochwichtiger Landesvortheile, vorzüglich zur Verhütung künftiger Ueberschwemmungen der Städte Ofen und Pesth und als Voranlage zu einer Regulirung dieses Stromes. 8. Ofen 1839.

Petrovitch, M. Michel, sur une classe d'équations différentielles du premier ordre. gr. 8. (20 S.) Prag 901. (F. Řivnáč.) n. — 30
Sonderabdruck aus: „Sitzungsber. d. böhm. Gesellsch. d. Wiss."

Petrovits, Eveline, Alpenrosl u. andere Erzählgn., s. a. Bücherei f. die Jugend. 13. Bdchn.

Petrovits, E., Alpenrosl und andere Erzählungen. 2. Aufl. [Ambros' Bücherei. 13.] 8°. (69 S.) geb. K —.80
Wien: A. Pichler's Witwe & Sohn 1905.

Petrovits, L., s.: Ansichten, 50, v. Wien u. Umgebung.

Petrovits, L. E.

—— s. Entwürfe moderner Alphabete.

Petrovits, L. E., die Wiener Ringstrasse. Vollendeter Theil. 8 Ansichten, in Farben-Holzschn. ausgeführt v. F. W. Bader. qu. Fol. Wien 876. Manz. geb. 10. —

Petrovits, L. E., die Wiener Ringstrasse in ihrer Vollendung u. der Franz Josefs-Quai. 20 Ansichten nach Orig.-Aufnahmen in Farben-Holzschn. ausgeführt von F. W. Bader. qu. Fol. Wien 877. Manz. In qu. gr. 4. cart. n. 8. —

Petrow, ..., Slavon. Mythologie in alphabet. Ordnung. 8. St. Petersb. 792. Logan. 4 gr

Petrow, A N., der russische Donaufeldzug im J. 1853/54. Nach dem auf Allerhöchsten Befehl hrsg. gleichlaut. Werke v. A. N. P. nach dem Russ. bearb. v. A. Regenauer. Mit 6 Plänen u. 1 Uebersichtskarte. gr. 8. (VII, 350 S.) Berlin 891. E. S. Mittler & Sohn. n. 7. 50

Petrow, G. S., s. Petrov, Grigorij, Spiridonovič

Über einen neuen roten Farbstoff bildenden Bacillus von N **Petrow** Mit 1 Taf. (*Wiesbaden: O. Nemnich 1902.*) (S. 273–290.) 8°
= **Arbeiten** aus d. Bacteriol. Institut d. Techn. Hochschule zu Karlsruhe. Bd 2, H 4. [illegible]

Über einen neuen roten Farbstoff bildenden Bacillus von N **Petrow** Mit 1 Taf. (*Wiesbaden: O. Nemnich 1902.*) (S. 273–290.) 8°
= **Arbeiten** aus d. Bacteriol. Institut d. Techn. Hochschule zu Wiesbaden. Bd 2, H 4. [illegible]

Sammlung Petrowicz. Arsaciden-Münzen. Katalog Mit 25 Lichtdrucktaf. Verf. von Alexander R' v Petrowicz. Wien 1904 (Mechitharisten-Buchdr.). VI, 206 S. 4° [09. 10258

Petrowicz, Paul

— die Donau in d. Sandmeere dreier Comitate Nieder-Ungarns: Pesth, Bacs u. Csongrad, so wie auch in Beziehung auf ihren Hauptnebenfluß die Theiß. Ein patriot. Vorschlag zur Erreichung hochwichtiger Landesvortheile ꝛc. 8. Ofen 840. (Pesth, Heckenast.) 1/3 Thlr

Petrowicz, Paul, General-Karte zur Uebersicht der vorzügl. Wasserverbindungen in Europa, welche in verschied. Richtungen den Kreislauf fast aller schiffbaren Flüsse auffassen, und bei der bereits in Aufnahme gekommenen Dampfschiff-Fahrt und Eisenbahnen auch die entleg. Orte dieses Welttheiles in Handelsverbindd. bringen. In Situation, so wie die Hauptzüge im Profil nach ihrem Niveaux zur Meeresfläche bezeichnet, auch z. Theil hydrohistoriogr. dargestellt. Lithogr. Imp.-Fol. Wien 836, 37. (Leipzig, Rud. Weigel.) n. 2 1/2 Thlr

Petrowitch, Michel, sur l'équation différentielle de Riccati et ses applications chimiques. [Aus: „Sitzungsber. d. k. böhm. Gesellsch. d. Wiss."] gr. 8. (25 S.) Prag 897. (F. Řivnáč.) n. — 60

Petrowitsch, Alexei. Ein romant. histor. Trauersp. in 5 Akten, v. H. Bertuch. 8. Gotha, Steudel. 812.

Petrowitsch, Demeter, Andeutungen über Bildgießerei nach der Methode der Alten, in ihrem Verhältnisse zur Galvanoplastik u. der Bildgießerei-Methode unserer Zeit. gr. 8. (2 B.) Wien 845, (Benedikt'sche Buchh.) *

Schwanenlieder von Karl v. Petrowitsch. Berlin: Freund & Jeckel 1893. (64 S.) 8° [F.] [07. 8757

Petrowitsch, Wojislaw, petite grammaire française à l'usage des Serbes. (In serb. Sprache.) (Méthode Gaspey-Otto-Sauer.) (VII, 244 S. m. 1 Plan u. 1 Karte.) 8. Heidelberg 907. J. Groos. Geb. in Leinw. 2. 40

— Elementary English grammar for the use of Servians. (Method Gaspey-Otto-Sauer.) (In serb. Sprache.) (VI, 200 S. m. 2 Karten.) 8. Ebd. 908. Geb. in Leinw. 2. 40

Petrowitz, M., Marco, der serbische Königssohn, s. Jugendbibliothek für Schule und Haus.

Petrowsky, poetisch und prosaisch dargestellt. [Riga 1821.] V: *Bulmerincq, Johann Valentin von.* (R-N)

Petrschenig, Dr. Michael, Ueb. die textkritischen Grundlagen im 2. Theile v. Cassians Conlationes. (S.-A.) 8. (31 S.) Wien, *Carl Gerold's Sohn. 25 kr 1883.

Petrů, Vacl., proprava k české stilistice. I. Pro obecné školy. gr. 8. (145 S.) Taborč. Neuhaus 872. Jansky. n. 1. 50

Petrů, Wenzel

Petru, W., deutsches Lesebuch f. die 3. Klasse der Mittelschulen m. böhmischer Unterrichtssprache. gr. 8. (158 S.) Prag 887. Kober. n. 1. 20

Petrucci, Pietro Matteo

Petrucci, Pet. Matth., gottsel. Briefe. 8. Halle, Walsenh. 705.

Petrucci, P. M., Pastoralcorrespondenz f. höh. Seelenleitung, s. Leitsterne, 18. Bd.

Petrucci, Pietro Matteo. Pastoralcorrespondenz für höhere Seelenleitung . . , Regensb. 1837. Ü & H: *Schwab, Gallus.* (Th)

— aufgelöste geistl. Räthsel. 12. Verleb. 719.

Origine polyphylétique, homotypie & non-comparabilité directe des sociétés animales. Par R. Petrucci. Bruxelles & Leipzig: Misch & Thron 1906. VIII, 126 S. 4°
(Inst. Solvay Travaux de l'Institut de sociologie. 1. Notes et mémoires. Fasc. 7.) [10. 18343

Les Origines naturelles de la propriété. Essai de sociologie comparée par R. Petrucci. Bruxelles & Leipzig: Misch & Thron 1905. XV, 246 S. 4°
(Inst. Solvay Travaux de l'Institut de sociologie. 1 Notes et mémoires. Fasc. 3.) [10. 18340

Petrunkewitsch, Alex., Gedanken üb. Vererbg. (83 S.) gr. 8 Freiburg i/B. 904. Speyer & Kaerner. n. 1. 80

— künstliche Parthenogenese, s.: Jahrbücher, zoologische.

Petrunkewitsch, Alexander, aus Moskau ⟨Russl.⟩ Die Richtungskörper und ihr Schicksal im befruchteten und unbefruchteten Bienenei. Mit 4 Taf. u. 1 Textfig. *Jena: G. Fischer 1901.* (36 S.) 8° ¶ (Aus Zool. Jahrbücher, Abth. f. Anat. u. Ontog. d. Tiere, Bd 14, H. 4.)
Freiburg i. B., Phil. Diss. v. 1901

Petrunkewitsch, Alexander, Dr., aus Moskau ⟨Rußl.⟩ Das Schicksal der Richtungskörper im Drohnenei. Ein Beitrag zur Kenntniß d. natürl. Parthenogenese. Mit 3 Taf. *Jena: G. Fischer 1902.* (36 S.) 8° ¶ (Aus Zool. Jahrbücher, Abth. f. Anat. u. Ontog. d. Thiere, Bd 17, H. 3. — Forts. d. Abhandl.: 'Die Richtungskörper u. ihr Schicksal im befruchteten u. unbefrucht. Bienenei' in Zool. Jahrb., 14, 1901.)
Freiburg i. B., Phil. Hab.-Schr. v 1903

Petrunkewitsch, J. J., die Agrarkrisis u. die politische Lage in Russland, s.: Zur Agrarbewegung in Russland.

Petrus od. der Fels in den Brandungen der Jahrhunderte. Monatsschrift f. die Interessen des Glaubens u. Lebens der röm.-kathol. Kirche in Verbind. m. kathol. Geistlichen u. Gelehrten aller Diöcesen Deutschlands. Hrsg. v. Joh. Hast. 1. Jahrg. 1845. 12 Hfte. 4. (à 2 B.) (Leipzig, Jackowitz.) Einzeln à Hft. * 5 Ngr. Zusammen Thlr. *
(Das 1. u. 2. Hft. erschien in 8. unt. d. Ttl.: Die Lehre v. der Bibel, der Tradition ꝛc.)
Obige Zeitschrift, mit d. Zeitschrift „Paulus", 12 Hfte zusammengenommen, kostet * 1 Thlr. 10 Ngr.

— dass. Hrsg. v. Dems. 2. Jahrg. 1846. 12 Nrn. (à 2 B.) 4. Berlin, (C. H. Schultze.) *

Petrus oder der Fels in den Brandungen der Jahrhunderte. Monatsschrift für die Interessen des Glaubens und Lebens der römisch-kath. Kirche. In Verbindung mit kathol. Geistlichen und Gelehrten aller Diöcesen Deutschlands herausgegen von Johann Hast. Leipzig, Jackowitz, 1845, 1. Jahrgang, 12 Hefte, 4°, 3 Mk. — 2. Jahrgang, Berlin, Wolff, 1846, 4°, 12 Nummern, zusammen 2,50 Mk.

Petrus, Der Apostel. Nach den Mittheilungen der heiligen Schrift. Laibach 1854. V: *Elze, Theodor.* (HHBD IV, 21)

Petrus, d. büßende,. Scheusp. v. Reisner. gr. 8. Insbruck, Wagner. 769.

Petrus Canisius. Ein Vorbild für unsere Zeit. Nach der Civiltà cattolica. Wien Mayer & Comp. 1865. 38 S. 8⁰

Petrus Claver, St. Eine Lebensskizze. Salzburg [1904]. V: *Waser, Caspar.* (EB)

Petrus der Fels. Basel [1904]. V: *Segesser, Friedrich.* (BBullSchw 5, 1905.)

Petrus, Der heilige, und seine Nachfolger. Münster 1845. V: *Overhage, Heinrich.* (Rass)

Der hl. Petrus u. der Papst zu Rom, das sichtbare Oberhaupt der Kirche Paderborn, Bonif.-Dr., 1894, 12°, 10 Pf. (Bonif.-Brosch. Jahrg. 25, Heft 11.)

Petrus u. Nero. Drama in 5 Acten. Münster 869. Aschendorff. gr. 16. (116 S.) n. 10 ngr.

Petrus der erste Papst. Paderborn, Bonif.-Druckerei, 1870, kl. 8°, 10 Pf. (Bonifat.-Brosch. Jahrg. 1, Heft 4.)

Petrus und Paulus. Katholische Monatsschrift zunächst für Berlin und den Delegaturbezirk. Redigiert von Johann Nepom. Ruland. Berlin, Aschendorff, 1847—48, 4°, 2 Jahrgänge, à 12 Hefte und 3 Mk.

Petrus und Paulus. Kathol. Monatsschrift zunächst für Berlin und den Delegatur-Bezirk. Redig. von J. N. Ruland. 1. Jahrg. 1847. 12 Hefte. (à 3 Bog.) gr. 4. Berlin. [Münster,] Aschendorff'sche Buchh. Thlr. *

Petrus und Pius, Festspiel zur Feier des 25 jährigen Regierungs-Jubiläums unseres Heiligen Vaters Pius IX. Freiburg i. Br. 1871. V: *Weickum, Carl.* (Kat. Herder 1801—95.)

Petrus u. Pius. Festspiel zur Feier d. 25jährigen Regierungs-Jubiläums unseres heiligen Vaters Pius IX. 16. (34 S.) Freiburg i. B. 871. Herder. n. — 20; Musik dazu gr. 4. (8 S.) n. — 80

Petrus Canisius, der selige, Prozeß-Priester der Gesellschaft Jesu. Eine Lebensskizze zur Feier seiner Seligsprechung. Mit 1 Stahlstiche. Wien. Sartori 1865 195 S. 8⁰

Petrus in vinculis. [Erford.] 1754. V: *Wirsing, Gregor.* (JES)

Petrus, O. Cap., Philagia, s.: Bonifazius v. Mainz.

— kurzer Unterricht üb. den Ablaß u. die m. Ablässen versehenen Gegenstände. (82 S.) 16. Kevelaer (904). Butzon & Bercker. — 10

Petrus, O. Cap., kurzer Unterricht üb. das hl. Skapulier v. Berge Karmel. Aus den Quellen zusammengestellt. (32 S.) 16. Kevelaer (907). Butzon & Bercker. — 10

Petrus v. Alkantara, hl., das „goldene Büchlein" üb. die Betrachtung u. das innerliche Gebet. Aus dem Span. übers. u. hrsg. v. Philib. Seeböck, O. F. M. gr. 16. (270 S.) Würzburg (900). F. X. Bucher. n. — 90; Einbd. in Leinw. n.n.n. — 30

— goldenes Büchlein von dem Gebete und der Betrachtung. Aus d. Span. übersetzt u. mit einer kurzen Lebensgeschichte des heil. Verfassers begleitet. Von J. T. L., kathol. Priester. 12. Aachen 840. Cremer. 1/3 Rthlr.

Petrus von Alkantara, goldenes Büchlein von dem Gebete u. der Betrachtung. Aus dem Spanischen übersetzt u. mit einer kurzen Lebensgeschichte des heiligen Verfassers begleitet von J. T. L. 2. Aufl. Aachen 860. Cremer. 24. (208 S.) 10 ngr.

Petrus von Alcantara, goldenes Büchlein über das innere Gebet oder die Betrachtung, s. Führer, treue, zum himml. Vaterland, 3. Thl.

— dass. über das innere Gebet oder die Betrachtung; nebst e. kurzen Lebensgeschichte des Verfassers u. e. Anhang: Betrachtungen über die acht Seligkeiten. 8. Münster 840. Deiters. 1 Rthlr.

—— die himml. Flamme d. Gebetes u. d. Betrachtung. Hrsg. u. mit e. Morgen-, Abend-, Meß-, Kreuzweg- u. Vesper-Andacht verm. von e. kathol. Geistlichen. 8. (16 B.) Landshut 837, Thomann'sche Buchh.

Petrus de Alcántara a S. Maria, s.: Theresia v. Jesu, der hl., sämtliche Schriften.

Petrus Apostolus

— 1r Brief, übers. u. erläutert v. Chr. G. Hensler; nebst einer Uebersetz. d. 2n Br. 8. Sulzb. 813. v. Seidel. 1 Rthlr.

— Johannes, Jakobus u. Judas Briefe, übers. mit Anmerkk. v. G. Schlegel. gr. 8. Halle 783. Gebauer. 6 gr.

Petri Briefe, s.a. Baumgärtel, Geo. Friedr.

— Briefe, übers. mit Anmerkk. v. G. F. Baumgärtel. 8. Lpz. 788. Beer. 5 gr.

Petrus, Apostolus. Briefe, übersetzt, erläutert . . . Ronneburg 1824. Ü: *Eisenschmid, Gfr. Benjamin.* (Ky)

Petri, (des Apostels,) Briefe, übers., erläut. u. mit erbaul. Betrachtungen begleitet von G. B. Eisenschmid. 8. Ronneb. 824, Fr. Schumann.

— Briefe, übersetzt, erläut. u. mit erbaul. Betrachtungen begleitet (v. G. B. Eisenschmid). 8. Ronneb. 824. (F. Weber). 1 Rthlr. 15 gr.

— die beiden Briefe, übers. u: erklärt v. Jh. Fr. Schirmer. 4. Bresl. 778. Gutsch. 5 gGr

Die 2 Briefe des heil. Petrus mit verschiedenen daraus gezogenen Glaubenslehren. Amberg, 1807.

Petrus, des, zwei Briefe. Zur Erbauung ausgelegt v. Karl Braune. gr. 8. (114 S.) Grimma 847, Gebhardt. n. 16 Ngr

Petri apost. Epist. I. Capita priora latine vertit, subjunct. notis crit. et philolog. illustr. K. G. Köhler. 8maj. Leipzig 783.

— Versuch e. freien Uebersetz. d. beiden Briefe, u. d. 3 Briefe Johannis, mit Anmerkk. v. R. Chr. Ungewitter. 4. Frankf. a. M. 757. (Brönner). 1 Thlr 4 gGr

Petri Blesensis opusculum de distinctionibus in canonum interpretatione adhibendis, sive, ut auctor voluit, speculum juris canonici e codice manuscripto, olim Frider. Lindebrogii, nunc bibliothecae publicae Hamburgensis, descriptum edidit Theoph. Aug. Reimarus. (Ed. princeps.) 8maj. *Berolini*, Reimer. 837. (1 Thl.)

Petrus Canisius, s. Canisius.

Petrus de Ebulo, d. Magisters, liber ad honorem Augusti. Nach der Originalhandschrift f. akadem. Uebgn. hrsg. v. Ed. Winkelmann. gr. 8. (X, 96 S.) Leipzig 874. Duncker & Humblot. n. 2. —

Petrus d. Ehrwürdige, Abt. v. Clugny, s. Petrus Venerabilis

Petrus Emeritus, s.: Mitwirkung der Eltern bei der Erziehung ihrer Kinder.

Petri de Hallis, Summa de literis missilibus; ein Formelbuch, s. Fontes rerum Austriacarum.

Petri Hispani de lingua arabica libri duo, Pauli de Lagarde studio et sumptibus repetiti. Lex.-8. (VIII, 440 S.) Göttingen 883. (Dieterich's Sort.) n.n. 20. —

Petrus Hispanus (Petrus v. Lissabon, später Papst Johannes XXI.), die Ophthalmologie (liber de oculo). Nach Münchener, Florentiner, Pariser, Römer, latein. Codices zum 1. Male hrsg., in's Deutsche übers. u. erläutert v. A. M. Berger. gr. 8. (XXXIX, 135 S.) München 899. J. F. Lehmann's Verl. n. 3. —

Petrus Ibn Rahib, Chronicon orientale, ed. L. Cheikho, S. J., s.: Corpus scriptorum christianorum orientalium.

Petrus v. Laodicea, des, Erklärung des Matthäusevangeliums, s.a. Heinrici, C. F. Geo., Beiträge zur Geschichte u. Erklärung des Neuen Testamentes.

Des Petrus von Laodicea [**Petrus** Laodicenus] Erklärung des Matthäusevangeliums [Commentarius in evangelium Matthaei]. Zum 1. Male hrsg. u. untersucht von D. C[arl] F[riedrich] Georg Heinrici. Leipzig: Dürr 1908. (XLVIII, 356 S.) 4°(8°)
= **Heinrici**: Beiträge z. Geschichte u. Erklärung d. N. T 5. [08. 1511

Petrus Martyr, O. F. M., die St. Antonius-Kapelle in Söllheim bei Salzburg. Für Pilger nach Söllheim u. f. alle Verehrer des hl. Antonius v. P. verf. 16. (96 S. m. Abb. u. Titelbild.) Salzburg 899. A. Pustet. n. — 24

Petrus Pictor Burgensis (Piero de' Franceschi) De prospectiva pingendi. Nach d. Codex d. Kgl. Bibliothek zu Parma nebst deutscher Übs. z. erstenmale veröffentl. v. Dr C[onstantin] Winterberg. Bd I. II. *Strassburg: J. H. E. Heitz 1899.* 2 Bde 4.
I. Text. M. 1 Figurentaf. (2 Bl. 79, CLXXXVII S., 1 Taf.)
II. Figurentafeln. (2 Bl. 55 Taf.) [99 1727

Petri Siculi historia Manichaeorum. Appendix, siehe: Appendix.

Zwei Bücher gegen den Muhammedanismus [Adversus nefandam sectam Saracenorum libri duo]. Bruchstück e. Streitschrift von Petrus dem Ehrwürdigen (**Petrus** Venerabilis), Abt v. Clugny. Aus d. Lat. übers. von J(oh.) Thomä. Leipzig: Akad. Buchh. 1896. 136 S. 8° [11. 4039

Petrus Alfonsus, le castoiement d'un père à son fils. Traduction en vers français de la disciplina clericalis. Éd. nouvelle. Basée sur le manuscrit de Maihingen et conférée avec l'édition des bibliophiles. Publiée par Mich. Roesle. gr. 8. (IV, 56 S. m. 1 Taf.) München 899. Th. Ackermann. n. 1. 60

Petrus. Petri Philomeni de Dacia in algorismum vulgarem Johannis de Sacrobosco commentarius. Una cum algorismo ipso edidit et praefatus est Max. Curtze. Sumptibus societatis regiae scientiarum danicae. gr. 8. (XIX, 92 S.) Kopenhagen 897. A. F. Höst & Sohn. n.n. 2. 25

Petrus de Dacia, vita Christinae Stumbelensis, s.: Scriptores latini medii aevi Suecani.

Petrus, der Neujahrswunsch m. Hindernissen. Vorspruch zu Paillers Krippenspiel, s.: Schul- u. Vereinsbühne, christliche.

— das Waldkreuz, s.: Schul- u. Vereinsbühne, christliche.

Petrus, A., sind Rom u. seine Priester im Auslande Totengräber deutscher Art u. Sitte? (48 S.) 8. Paderborn 903. Bonifacius-Druckerei. n. — 40

Petrus, Alfred, aus Sommerfeld Beiträge zur Theorie der Herpolhodie Poinsots. *Halle a. S. 1902: C. A. Kaemmerer & Co.* (73 S.) 8°
Halle Phil. Diss. v. 1902

Petrus, C. B., de solemni actibus publicis declamatoriis apud vett. applaudendi more, e foro in chorum protracto, at omni plausu indigne digneque cum applausu tandem abrogato. Rost. 1801. 4.

Petrus, J., s.: Erzählungen f. Schulkinder.

Willis erste Ferien-Reise. Von J. **Petrus**. *Boppard: Marienheim [1899].* (16 S.) 8° [Umschlagt. F.]
— **Erzählungen** f. Schulkinder. Ser. 2, H. 8. [00. 7413 B

— ein gefangenes Königskind. Erzählung f. die Jugend. Nach geschichtl. Quellen zusammengestellt unter Benützg. des Werkes: „Bilder aus der französ. Revolution" v. E. M. Höfler. 16. (80 S.) Donauwörth 902. L. Auer. Kart. n. — 50

Klein Marthas Wunschzettel ans Christkind. Von J. **Petrus**. *M. Gladbach & New York: A. Riffarth [1898].* (16 S.) 8° [Umschlagt. F.]
— **Erzählungen** f. Schulkinder. [Ser. 1,] H. 11 [00. 7406 B

Petrus, P. B., étude du magnetisme animal sous le point de vue d'une exacte pratique. 8. (255 S.) Pise 852. (München, Franz.) n. 1 Thlr 22 Ngr

Petrusch, Carl, Erzählungen u. Märchen zur Nutzanwendung fürs Leben f. Knaben u. Mädchen von 6 bis 14 Jahren. (III, 132 S.) 8. Dresden 904. E. Pierson. n. 1. 50; geb. n. 2. 50

Petrusch, Karl, Vorbildungen, Mittel zur Kräftigung der Rückenmuskeln und zur Aufrechthaltung der Wirbelsäule, Pola 1883, 16 S., 8°

— Lust u. Leid in goldner Jugendzeit. Humoristisch erzählt aus seinem Leben. (IV, 150 S.) 8. Ebd. 904. n. 2. —; geb. n. 3. —

Petruschky, Johannes

Petruschky, Joh., Bericht üb meine Informationsreise zum Studium der Wohnungs-Desinfektion mittels Formaldehyd, s.a. Kampf, der, gegen die Infektionskrankheiten. IX.

Petruschky, J. Bericht üb. meine Informationsreise z. Studium d. Wohnungs-Desinfektion mittels Formaldehyd in mehreren größ. Städten. Leipz. 1903.

Petruschky, J., kurzer Bericht üb. die Thätigkeit der hygien. Untersuchungsanst. d. Stadt Danzig in d. J. 1898 bis 1901. 8. (4 S.) Leipzig 901. F. Leineweber. n. — 70

Petruschky, J., Bericht üb. die im J. 1898 u. 1899 angestellte Schulenquete. gr. 8. (27 S.) Leipzig 901. F. Leineweber. n. 1. —

— u. M. **Kriebel**, Experimental-Untersuchungen üb. die Ursachen der Sommersterblichkeit der Säuglinge u. die Möglichkeit ihrer Verhütg. (75 S. m. 1 Kurve) 8. Ebd. 904. n. 1. 50

— die experimentelle Frühdiagnose der Tuberkulose. Nach e. Referat, erstattet in der II. Sektion des Kongresses zur Bekämpfg. der Tuberkulose, Neapel, April 1900. gr. 8. (11 S.) Ebd. 900. n. — 50

Petruschky, Johs., d. wissenschaftl. Grundlagen u. d. bisher. Ergebnisse d. Serumtherapie, s.a. Sammlung klin. Vorträge.

Die wissenschaftlichen Grundlagen und die bisherigen Ergebnisse der Serumtherapie v. Johannes Petruschky (Danzig) *Leipzig: Breitkopf & Härtel 1898.* (20 S.) 8.
= Sammlung Klinischer Vorträge N. F. No 212. [98. 6106

— zur Heilstättenfrage. Vortrag, geh. am 31. III. 1900 im Verein f. Gesundheitspflege zu Danzig. gr. 8. (10 S.) Ebd. 900. n. — 50
3 Sonderabdrucke aus: „Gesundheit".

Die Heilung bei Tuberkulose, ihre Feststellung und Nachprüfung. Nach e. auf d. Versammlung Deutscher Naturforscher u. Ärzte zu Cassel geh. Vorträge. Von Dr. [Johannes] **Petruschky**. Leipzig: Leineweber 1904. 19 S. 8°
(Petruschky: Vorträge über Tuberkulose. N. F [H. 1.]) [11. 1313

— s.: Kampf, d., gegen d. Infektionskrankheiten.

— Kriterien u. Kontrolle der Heilung der Lungentuberkulose, s.: Festschrift zum 60. Geburtstage v. Robert Koch.

— der Notschrei der rheinischen Städte. gr. 8. (4 S.) Leipzig 900. F. Leineweber. n. — 50

— Schulhygiene u. Schularztfrage. Vortrag, geh. vor Danziger Lehrern u. Lehrerinnen am 28. I. 1899. 8. (22 S.) Ebd. 899. n. — 50
2 Sonderabdrucke aus: „Gesundheit".

— die Sommersterblichkeit der Säuglinge u. ihre Verhütung. (7 S.) gr. 8. Leipzig 903. F. Leineweber. Sonderabdruck aus: „Gesundheit". n. — 50

— der gegenwärtige Stand der Tuberkulin-Behandlung, s.: Über Heilstätten- u. Tuberkulin-Behandlung.

— Koch's Tuberkulin u. seine Anwendung beim Menschen, s.a. Klinik, Berliner. 188. Hft.

Koch's Tuberkulin und seine Anwendung beim Menschen. Von Dr. Joh **Petruschky**, Dir., Danzig. *Berlin: Fischer 1904.* (35 S.) 8°
— Klinik, Berliner. H. 188. [04. 3401

Petruschky, Johannes [pract. Arzt]: Untersuchungen über die Immunität des Frosches gegen Milzbrand .... Jena, Gustav Fischer, 1888; 2 Bl. + 28 S. + 1 Bl. 8°
Königsberg, Med. Fak., Inaug.-Diss. v. 7. Jul. 1888

Petruschky, J., Untersuchungen über die Immunität des Frosches gegen Milzbrand. Inaug.-Diss. gr. 8. (28 S.) Jena 888. (Königsberg, Koch's Antiqu.) n.n. — 80

— Vorträge üb. Tuberkulose. Neue Folge. Die Heilg. bei Tuberkulose, ihre Feststellg. u. Nachprüfg. Nach e. auf der Versammlg. deutscher Naturforscher u. Aerzte zu Cassel geh. Vortrage. (19 S.) gr. 8. Ebd. 904. n. — 70

Vorträge zur Tuberkulose-Bekämpfung Von Dr J[ohannes] **Petruschky**. [Folge 1.] Leipzig: Leineweber 1900. 8° [01. 1319

— Vorträge zur Tuberkulose-Bekämpfung. gr. 8. (104 S. m. 1 Tab.) Leipzig 900. F. Leineweber. n. 1. 50
Sonderabdruck aus: „Gesundheit".

Petruschky, Theod. (Carl Adolph), geb. Medzibor in Schles. 9. 4. 1826: De resectione articulorum extremitatis superioris. Berolini (1851). 43 S. 4°
Berlin, Med. Diss. v. 18. Febr. 1851

Ueber die drei ältesten fundamentalen Urkunden der Königlichen Kunst von Theod. **Petruschky**. Mit Genehmigung des Ordens † Meisters f. Kapitel-Brr der Grossen Landes-Loge von Deutschland [in Berlin] als Ms. gedr. Königsberg i. Pr. den 5. Nov. 1878. [Königsberg i. Pr. 1878]: Dalkowski. 65 S. 8°
Üb. das Wort J., den Kubus u. das Dreieck als älteste fundament. Urkunden der Mrei

Petruska, Franz —. Erläuterungen zum allgemeinen bürgerlichen Gesetzbuch von Prof. — —. 4. (220 S.) Preßburg. Druck von C. F. Wigand. 1853.

Petruska, Dr. Franz —. Erläuternde Noten zur österreichischen Wechselordnung von — —. 4. (56 S.) Preßburg. Druck von C. F. Wigand. 1853

Petruska, Franz (Hrsg.), s. Zeitschrift für Gesetzkunde und Rechtspflege ...

Petruzzi, P. Ideen zu einer Abhandlung über das Epos. Laibach, O. G., 1851, 12 S. 4. Progr.

Petry, Uebersichtskarte der Stadt Dortmund. Im Auftrage des Magistrates angefertigt in dem J. 1879. 1 : 10,000. (2. Aufl.) Chromolithogr. und color. Imp.-Fol. Dortmund 879, Köppen'sche Buchh. * *
Auf Leinw. in Etui * * M 7.; mit Stäben * *

Petry, A. Hieron II von Syrakus. (21) 4. Elberfeld 1861.

Petry, Albertvs ⟨geb. am 15 März 1823 in Braunfels Kr. Wetzlar⟩: De qvaestoribvs Romanis qvales fverint antiqvissimis reipvblicae temporibvs ... Bonnae, form. F. P. Lechneri 1847. 2 Bl., 35 S., 1 Bl. 8.
Bonn, Phil. Fak., Diss. v. 10 März 1847

Petry, Arthur: Beiträge zur Kenntnis der heimatlichen Pflanzen- und Tierwelt. T. 1. Über Naturdenkmäler und Verbreitungsgrenzen in der Umgebung von Nordhausen. Nordhausen 1910: Dr. d. 'Nordhäuser Allg. Zeitung'. S. 1—37. 4°
Nordhausen, k. RG OP 1910 (360) [S 10. 329

Petry, Arth., Beiträge zur Kenntnis der heimatlichen Pflanzen- u. Tierwelt. 1. Tl. Über Naturdenkmäler u. Verbreitungsgrenzen in der Umgebg. v. Nordhausen. (Progr.) (37 S.) Lex. 8. Nordhausen 910. (G. Wimmer.)
1. --

Petry, Arthur [Dr.]: Die Vegetationsverhältnisse des Kyffhäuser Gebirges. Teil I. Nordhausen, Druck v. C. Kirchners Buchdr. (Inh.: F. O. Schmülling) (1889); S. 1—20; 4°
Nordhausen, G, OP 1889 (282)

Petry, Arthur [Dr phil.]: Die Vegetationsverhältnisse des Kyffhäuser Gebirges. . . . Halle a. S., Verl. v Tausch & Grosse, 1889; 1 Bl. + 55 + 1 S. 4°
Halle, Phil. Fak., Inaug.-Diss. v. [6. Mai] 1889

Petry, Emil Fr. Th.

Petry, E. Fr. Th., auf welche Weise kann die Volksschule zur Hebung der Landwirtschaft beitragen? Gekrönte Preisarbeit der königl. Regierg. zu Wiesbaden. gr. 8. (72 S.) Leipzig 889. Siegismund & Volkening. n. 1. —

Petry, Emil Fr. Th., die Ausbildung der deutschen Jungfrau nach ihrer idealen u. praktischen Seite mit Berücksichtigung der Anforderungen der Gegenwart. [Gekrönte Preisschrift.] 2. (Titel-)Aufl. 8. (56 S.) Neuwied (1878) 883. Heuser's Verl. 1. —

Petry, E[mil] Fr. Th.: Die Ausbildung der deutschen Jungfrau nach ihrer idealen u. prakt. Seite m. Berücks. d. Anforderungen d. Gegenwart. ⟨Gekr. Preisschrift.⟩ 2. Aufl. — Neuwied & Leipzig: Heuser 1883. 56 S. 8° (Für d. Schule aus d. Schule. 44.)

Petry, Emil Fr. Th., üb. die geistige Frische im Lehrerberufe. Vortrag. gr. 8. (23 S.) Wiesbaden 886. Limbarth. n. — 40

Petry, Emil Fr. Th., in welcher Weise sorgt der Volksschullehrer am Besten f. seine Fortbildung? Von der königl. Regierg. zu Wiesbaden gekrönte Preisschrift. gr. 8. (54 S.) Wiesbaden 899. Ch. Limbarth's Verl. n. — 60

Petry, Emil Fr. Th., die ideale und practische Seite bei der Ausbildung der deutschen Jungfrau oder die weibliche Bildung nach den Anforderungen der Gegenwart. [Gekrönte Preisschrift.] 8. (56 S.) Dillenburg 878. (Neuwied, Heuser'sche Verlagsh.) * 1 —

Petry, Emil Fr. Th.: Die ideale und practische Seite bei der Ausbildung der deutschen Jungfrau oder: Die weibliche Bildung nach d. Forderungen d. Gegenwart. ⟨Gekr. Preisschrift.⟩ — Dillenburg 1878: Weidenbach. 56 S. 8°

Petry, Friedr., das Schloß Dux in Böhmen nach seiner neuesten Gestaltung. Mit e. kurzen Beschreib. d. daselbst befindl. bemerkenswerthen Gegenstände. 3. Aufl. 8. (2 B., 1 Ansicht d. Schlosses u. Abbild. d. Deckengemäldes im Familiensaale.) Teplitz 839. (Leitmeritz,) Medau.

Petry, Frdr., das Schloß Dux in Böhmen nach seiner neuesten Umgestaltung. Mit einer kurzen Beschreibung der daselbst befindlichen bemerkenswerthen Gegenstände. 4. Aufl. Mit der (lith.) Ansicht des Schlosses u. der treuen Abbildung des Deckengemäldes im Familiensaale. Prag 864. Silber & Schenk. 16. (IV, 24 S.) n. 2½ *ngr.*

Petry, Joh Albr. „Verzeichniss der bis jetzt bekannten und beschriebenen lebenden Nagethiere und deren Synonymen". pg. 3—19. 4°. A. Volkhart.
Augsburg, Progr. 1856/57

Petry, Johannes

Ein Erziehungsbild aus der Großväter Tagen von Dr. Joh. **Petry.** Ratingen (1910): Brehmen. 30 S. 8°
Aus: Ratinger Zeitung. Jg. 1910.
(Petry: Aus Ratingens Vergangenheit.) [10. 13881

Petry, Joh[annes], Direktor Dr.: Geschichte der Anstalt. Ratingen 1905: P. J. Brehmen. (S. III—XI.) 4°
Ratingen, st. PG P 1905 (550)

Petry, *Johannes*: Die Hausordnung der Fraterherren und der Tabernakelstiftung zu Emmerich. Ein Beitrag zur Geschichte der Internatserziehung. 4 (S. 3—19).
Progr. Städt Prg. *Steele* 1899
Lateinischer Text und deutsche Übersetzung.

Petry, Joh[annes], Dr Die **Hausordnung** der Fraterherren und der Tabernakelstiftung zu Emmerich. Ein Beitrag zur Geschichte d. Internatserziehung. (Hrsg. u. übers.) *Steele 1899: B. Berthold.* (S. 3—19.) 4° [Umschlagt.]
Steele, st. PG, P 1899 (404)

Petry, Joh[annes], Direktor Dr.: Lehrbericht der früheren Minoriten-Lateinschule zu Ratingen aus d. J. 1793. Ratingen 1906: P. J. Brehmen. (S. III—XXIII.) 4°
Ratingen, st. PG P 1906 (574)

Petry, Joannes [Rhenanus]: Quaestiones criticae ad Diras et Lydiam pertinentes ... Monasterii, ex typogr. I. Bredt, 1895; 30 S., 2 Bl. 8.
Münster, Phil. Fak., Inaug.-Diss. v. [17. Jan.] 1895

Ratingen in d. Revolutionsjahren 1848 u. 49 von Dr. Joh. **Petry.** Ratingen (1910): Brehmen. 74 S. 8°
Aus. Ratinger Zeitung. Jg. 1909.
(Petry: Aus Ratingens Vergangenheit.) [10. 13880

Aus Ratingens Vergangenheit. Ratingen in den Revolutionsjahren 1848 und 49 von Joh. **Petry**. Ratingen (1910): Brehmen. 74 S. 8°
Aus Ratinger Zeitung. Jg. 1909. [10. 13 5

Aus Ratingens Vergangenheit. Ein Erziehungsbild aus d. Grossväter Tagen. Von Dr. Joh. **Petry**. Ratingen 1910: Brehmen. 30 S. 8°
Aus: Ratinger Zeitung. 1910.

Petry, Joh[annes]: Der Widerhall des Hubertusburger Friedens am Niederrhein. Ein Beitr. z. Geschichte Friedrichs d. Grossen u. d. Stadt Emmerich. Ratingen 1900: Brehmen. 31 S. quer-8°
Ratingen, st. PG OP 1909 (624) [S 09. 357

Petry, Joh[annes]: Der Widerhall des Hubertusburger Friedens am Niederrhein. Ein Beitr z. Geschichte Friedrichs d. Grossen u. der Stadt Emmerich. Abt 3. (Schluss). Ratingen 1910: Brehmen. V, 32 S. quer-8° ¶ (Forts. d. P-Beil. 1909.)
Ratingen, st. PG OP 1910 (633) [S 10. 330

Petry, L., s.: **Collection Teubner.**

Petry, M., illustr. Führer durch Nancy. Mit Plan der Stadt u. 12 Illustr. (35 S.) gr. 16. Metz 903. P. Müller. n. — 80

Petry, M., Metz, ses environs et ses champs de batailles. Avec le plan de Metz et la carte des environs. Et 3 cartes postales en phototypie. 12. (40 S.) Metz 899. P. Müller. — 80

Petry, O Le roman de Jaufre (I). **Beiträge zur alt-provenzalischen Literatur. Remscheid, R., 1873. 29 S. 4.**
Progr.

Petry, O[tto]

Petry, O Die wichtigsten Eigentümlichkeiten der englischen Syntax mit Berücksichtigung des französischen Sprachgebrauchs. Für die oberen Klassen der Schulen mit drei- bis vierjährigem englischen Kursus. S 9 – 28 **Progr.** *Remscheid* 1876.
Vgl. dess Die Sprachgebrauchs nebst zahlreichen Übungsbeispielen zum Übersetzen aus dem Deutschen ins Englische VII, 127 SS.) 8. Remscheid 1876. Krumm. 1 Mk

Petry, O., die wichtigsten Eigenthümlichkeiten der englischen Syntax [mit Berücksicht. des französ. Sprachgebrauchs], nebst zahlreichen Uebungsbeispielen zum Uebersetzen aus dem Deutschen ins Englische. Für die oberen Klassen der Schulen mit 3—4jähr. engl. Kursus. 1. Aufl. (VII, 127 S.) 1876. *ℳ 1.; 2. verb Aufl. 8. (VIII, 131 S.) Remscheid 879, Krumm. * 1 20
geb. * 1 50

Petry, O., die wichtigsten Eigenthümlichkeiten der englischen Syntax [mit Berücksicht. des französ. Sprachgebrauchs], nebst zahlreichen Uebungsbeispielen zum Uebersetzen aus dem Deutschen ins Englische. Für die oberen Klassen der Schulen mit 3—4jähr. engl. Kursus. 3. Aufl. 8. (112 S.) Remscheid 880, Krumm. *ℳ 1,20.; geb. -

Petry, O., die wichtigsten Eigenthümlichkeiten der englischen Syntax [m. Berücksichtigung d. französ. Sprachgebrauchs], nebst zahlreichen Uebungsbeispielen zum Uebersetzen aus dem Deutschen ins Englische. 4. Aufl. 8. (XII, 160 S.) Remscheid 885. Krumm. n. 1. 50

Petry, O., die wichtigsten Eigentümlichkeiten der englischen Syntax [mit Berücksicht. des französ. Sprachgebrauchs], nebst zahlr. Übungsbeispielen zum Übersetzen aus dem Deutschen ins Englische. 5. Aufl. 8. (XII, 160 S.) Remscheid 888. Krumm. n. 1. 50; geb. n. 1. 80

Petry, O. Die wichtigsten Eigentümlichkeiten der englischen Syntax [m. Berücksicht. d. französ. Sprachgebrauchs], nebst zahlreichen Übungsbeispielen zum Übersetzen aus dem Deutschen ins Englische. 6. Aufl. 8. (VIII, 160 S.) Remscheid 892, Krumm. * 1 50; geb. * 1 80

Petry, O., die wichtigsten Eigentümlichkeiten der englischen Syntax (m. Berücksicht. d. französischen Sprachgebrauchs), nebst zahlreichen Übungsbeispielen zum Übersetzen aus dem Deutschen ins Engl. 6., nach den neuen preussischen Lehrplänen umgearb. Aufl. 8. (X, 164 S.) Remscheid 893. H. Krumm. n. 1. 50; geb. n. 1. 80

Petry, O., die wichtigsten Eigentümlichkeiten der englischen Syntax (m. Berücksicht. des französischen Sprachgebrauchs), nebst zahlreichen Übungsbeispielen zum Übersetzen aus dem Deutschen ins Englische. 7. unveränd., nach den neuen preuß. Lehrplänen umgearb. Aufl. 8. (X, 163 S.) Remscheid 896. H. Krumm. n. 1. 50; kart. n. 1. 80

Petry, O., die wichtigsten Eigentümlichkeiten der englischen Syntax (m. Berücksicht. des französ. Sprachgebrauchs), nebst zahlreichen Uebungsbeispielen zum Uebersetzen aus dem Deutschen ins Englische. 8. Aufl. (X, 163 S.) 8. Remscheid 903. H. Krumm. n. 1. 50; geb. n.n. 1. 80

Petry, O., die wichtigsten Eigentümlichkeiten der englischen Syntax (m. Berücksicht. d. französischen Sprachgebrauchs), nebst zahlreichen Übungsbeispielen zum Übersetzen aus dem Deutschen ins Englische. 10. Aufl. (VIII, 163 S.) 8. Remscheid 909. H. Krumm. 1. 80

[F.] **Petry**, *Otto* [Dir. Dr.]: Personalnachrichten aus der Geschichte der Anstalt 1870 – 1895. ([Umschlagt.:] aus den ersten 25 Jahren der Anstalt.) Remscheid, Druck v. H. Krumm, *1895;* 3—19 S. 4.
Remscheid, RPG m. R, OP 1895 (405)

Petry-Dereux, Dampfkesselfabrik: Katalog. Düren, Rheinl. (1891?)

Petry & Hecking, Maschinen-Fabrik: Röst-Apparate. Dortmund (1901?)

Petry & Hecking, Maschinenfabrik: Trocken-Apparate. Dortmund (1893?)

von Petrykowski, A. K. [aus Guttstadt in Ost-Pr.] Über Kystome (Cystoadenome) des Pankreas. . . Würzburg, Becker's Univ.-Buchdr., 1889; 35 S. 8°
Würzburg, Med. Fak., Inaug.-Diss. v 1889

Petrzikowski, Eduard, die Begutachtung der Unfallverletzungen. Leitfaden zur Untersuchg. u. Beurtheilg. Unfallverletzter, nebst Zusammenstellg. der häufigsten Verletzgn. u. deren Folgezuständen. B. Besonderer Thl. (XV, 706 S.) gr. 8. Berlin 907. Fischer's medicin. Buchh. 13. —
Allg. Thl. Ebd. 904. 4.50

PETSALIS, Nikolaus (Parga/Griechenl.): De syphilide. (Titel nach der Urkunde)
3.4.1838 - Urk; F 64
Diss. Ingolst.-Landsh.-Mchn.

Petsch

— s. a. **Petzsch.**

Petsch, Arthur, Assist. am Knappschafts-Lazareth, Sulzbach b. Saarbrücken: Über **Sinusthrombose.** *Bonn 1901: C. Georgi.* (39 S.) 8°
Bonn, Med. Diss. v. 3. Aug. 1901

Petsch, C. F., vollständ. Anleit. z. Cultur aller Rosen, d. Veredlung u. z. Treiben derselben. 12. Neuwied. 1839. (v. d. Beeck.) — 7½

Petsch, C. F., vollständ. Anleitung z. Cultur aller Rosen, d. Veredlung u. zum Treiben derselben. 12. (2 B.) Neuwied 839, Lichtfers.

Petsch, F., s. Gartenzeitung, Rheinländ. landwirthschaftliche.

Petsch, C. F., rheinl. landwirthschaftl. u. Garten-Zeitung, s. Zeitung.

PETSCH, Ernst (Wiesbaden): Ein Fall von Situs viscerum transversus.- München: Schreiber 1880. 16 S.
21.4.1880 - Urk (Titel: De situ viscerum transverso.); Chr 1879/80,15
Diss.Ingolst.-Landsh.-Mchn.

Petsch, F., s. Petsch, C. F.

Petsch, Friedr., vollständ. Anleit. z. Gemüse-Treiberei. 8. Leipzig, 1834. Weissensee (1839). Grossmann. — 10

Petsch, Heinr., über das Kartenzeichnen, insbesondere über die Herstellung v. Umgebungskarten, s.: Kaulich, Joh., über das Kartenlesen.

Petsch, Joh. („Past. Ordinar. der zu Zeyst in der Provintz Utrecht etablirten Gemeine von der Brüder-Unität"), Unpartheyische Untersuchung der Glaubwürdigkeit der unter dem Titul des entdeckten Geheimnisses der Bosheit der Herrnhutischen Secte heraus gekommenen Entrevuen eines verkappten Timothei Verini &c., welcher hinzugefügt eine Erörterung der Frage, Was Christlich und vernünftig daraus zu schliessen, daß die Gemeine auf die ihr in diesen Entrevuen beygelegte Beschuldigungen keine umständliche Antwort giebt? Leipzig u. Görlitz, In der Marcheschen Buchhandlung. 1750. 8°. (In Dresden.)
158 S. (incl. Tit. in Roth- u. Schwarzdruck u. 6 Bll. Vorr.), — Wenig bekannt und rar!

Petsch, Joh. Chrn. Wilh., Apfelweinbüchlein. Heilkräftiges Wesen u. segensreiche Wirkungen d. Apfelweins. Nach eigenen Erfahrungen. 3. umgearb. Aufl. 8. (28 S.) Berlin 852, Lassar in Comm. 1/4 ℔

— Erkenntniß und Verständniß, eine Leuchte durch's Leben. Das naturgemäße Heilverfahren durch richtige Anwendung des Apfelweins nach prakt. Erfahrung. 7., vervollständ. Aufl. gr. 8. (130 S.) Berlin 856, (Geelhaar.) *

Petsch, Joh. Chrn. Wilh., Erkenntniß und Verständniß, eine Leuchte durch's Leben. Ueber das naturgemäße Heilverfahren durch richtige Anwendung des Apfelweins, der Milch und des Wassers. 8. Aufl. 8. (139 S.) Berlin 857, (Geelhaar.) *

Petsch, Joh. Chrn. Wilh., das naturgemäße Heilverfahren durch richtige Anwendung des Apfelweins, der Milch u. des Wassers. 5. Aufl. 854. (90 S.) — 6. Aufl. 856. (124 S.) — 7. Aufl. 856. (130 S.) — 8. Aufl. 857. (139 S.) — 9. Aufl. Berlin 858. (Nauck u. Co.) 8. (135 S.) n. 10 ngr.

— Licht und Wahrheit. Apfelwein, Milch und Wasser als die zuverlässigsten Heilkräfte thatsächl. erprobt. 10. Aufl. 1859. und 11., vervollständigte Aufl. gr. 8. (164 S. mit 1 Stnt. in qu. 4.) Berlin 860, (Streerath und Comp.) *

Petsch, Joh. Chrn. Wilh., Licht u. Wahrheit im Gebiete der practischen Heilkunde, oder: die heilsamen Wirkungen u. segensreichen Folgen des unverfälschten Aepfelweins, mit reiner Milch u. frischem Wasser vereint. Nach vieljährigen Erfahrungen geschildert, wie durch Thatsachen bewiesen. 10. Aufl. 859. — 11. Aufl. 860. — 12. Aufl. Berlin 862. (Streerath & Co. — Geelhaar.) gr. 8. (94 S. u. 1 Tab. in Fol.) 15 ngr.

Petsch, Johann Jakob (Taucha / Meißen), De venditione inofficiosa. Exercit. jur. Präs. Georg Adolph Schuberth. Leipzig (Zeidler) 4. XI. 1723. 32 S. (4.50) 26196
Gew.: Carl Dachritz.

Petsch, Johannes: Die Busse des Reichsstrafgesetzbuches in ihrem Verhältnis zum Schadensersatzanspruch des gemeinen Civilrechts. *Berlin 1898:* G. Schade. (51 S.) 8°
Erlangen, Jur. Diss. v. 20. Apr. 1898

Petsch, Karl Andr. Die historische Glaubwürdigkeit der Kommentarien Caesars vom gallischen Kriege nach gegenwärtigem Stande der Kritik. 28 S. **Progr.** *Glückstadt* 1885.

Petsch, *Karl Andreas* Die historische Glaubwürdigkeit der Commentarien Caesars vom gallischen Kriege nach gegenwärtigem Stande der Kritik. 4 (27 S.). **Progr.** G. *Glückstadt* 1886 (257).

Petsch, K[arl]: * De Horatii studiis Lucretianis. 33 Bl. 4° (2°)
Halle-Wittenberg, Phil. Diss. v. 8. Aug. 1872
Geb. [Nausitz (Kr. Eckartsberga) 21. 7. 1846]

Petsch, Reinhold, a. Stettin: Verfassung und Verwaltung Hinterpommerns im 17. Jahrhundert bis zur Einverleibung in den brandenburgischen Staat ⟨Abschn. 1, Kap. 1—3.⟩ (Altenburg 1907: Piererschе Hofbuchdruckerei S. Geibel & Co.) (IV, 55 S.) 8° ¶ (Erschien vollst. 1907 als Staats- u. sozialwissensch. Forschungen H. 126.)
Berlin, Phil. Fak., Ref. Hintze, Diss. v. 18. Mai 1907
[Geb. 15. Dez. 82 Stettin; Wohnort: Stettin; Staatsangeh.: Preußen; Vorbildung: Marienstifts-Gymn. Stettin Reife M. 00; Studium: Jena 3, Heidelberg 2, Bonn 1, Berlin 5 S.; Rig. 17 Dez. 06.]

Petsch, Rhold., Verfassung u. Verwaltung Hinterpommerns im 17. Jahrh., s. a. Forschungen, staats- u. sozialwissenschaftliche. 126. Heft.

Verfassung und Verwaltung Hinterpommerns im siebzehnten Jahrhundert bis zur Einverleibung in den brandenburgischen Staat. Von Reinhold **Petsch.** Leipzig: Duncker & Humblot 1907. (XIV, 271 S.) 8°
— **Forschungen,** Staats- u. sozialwissenschaftliche. H. 126. [07: 7461

Petsch, Rob., neue Beiträge zur Kenntnis des Volksrätsels, s. a. Palaestra. IV.

Neue Beiträge zur Kenntnis des Volksrätsels. Von Robert Petsch. *Berlin Mayer & Müller 1899* (4 Bl., 152 S.) 1 Bd 8.
= Palaestra. [No] IV [99. 4767

— Ibsens „Brand". Eine Erklärg. des Werkes, zugleich e. Einführg. in die Weltanschaug. des Dichters. gr. 8. (75 S.) Würzburg 902. J. Frank. n. 1.50; geb. n. 2.—

Petsch, Rob., Einführung in Goethes Faust, s. a. Sammlung gemeinnütziger Vorträge.

(F) **Petsch,** R., Einführung in Goethes Faust. [Sammlung gemeinnütziger Vorträge. Nr 376—377.] 8°. (36 S.) † K —.50
Prag. Calve 1910.

Petsch, Rob., Freiheit u. Notwendigkeit in Schillers Dramen, s. a. Goethe- u. Schillerstudien. 1. Bd.

Freiheit und Notwendigkeit in Schillers Dramen. Von Dr. Robert Petsch, Privatd. München: C. H. Beck 1905. (IX, 300 S.) 8° [F.]
= Goethe- u. Schillerstudien. Bd 1. [05. 8636

Petsch, Robert (Hrsg.), s. Goethe- u. Schiller studien.

— Heinrich v. Kleist's Prinz Friedrich v. Homburg, s. a. Dichter, deutsche, des 19. Jahrh. 7. Bdchn.

Heinrich von Kleist: Prinz Friedrich von Homburg von Dr. Robert Petsch, Würzburg. *Leipzig & Berlin: B. G. Teubner 1903.* (48 S.) 8° [F.]
— Dichter, Deutsche, d. neunzehnten Jahrhunderts. Bdch. 7. [04. 8386

— s.: Lessing's, Gotth. Ephr., Briefwechsel m. Mendelssohn u. Nicolai üb. das Trauerspiel.

— Otto Ludwigs Makkabäer, s. a. Dichter, deutsche, des 19. Jahrh.

Otto Ludwigs Makkabäer von Dr. R[obert] Petsch, Würzburg. *Leipzig & Berlin: B. G. Teubner 1902.* (48 S.) 8° [F.]
— Dichter, Deutsche, des neunzehnten Jahrhunderts. Bdch. 2. [03. 13463

— Rich. Wagner's Die Meistersinger, s. a. Dichter, deutsche, des 19. Jahrh. 10. Bdchn.

Richard Wagner: Die Meistersinger von Dr. Robert Petsch, Würzburg. *Leipzig & Berlin: B. G. Teubner 1903.* (48 S.) 8° [F.]
— Dichter, Deutsche, d. neunzehnten Jahrhunderts. Bdch. 10. [04. 8389

Petsch, Robert, Dr., aus Berlin Formelhafte **Schlüsse** im Volksmärchen. *Berlin: Weidmann 1900.* (XI, 85 S.) 8°
Würzburg, Phil. Hab.-Schr v 1900

— formelhafte **Schlüsse** im Volksmärchen. gr. 8. (XI, 85 S.) Berlin 900. Weidmann. n. 2.40

Petsch, Robert, aus Berlin **Studien über das Volksrätsel.** *Berlin 1898: (C. Salewski).* (142 S.) 8° ¶ [Erschien vermehrt u. mit Abdruck d. Rockenbüchleins 1809 als No 4 d. 'Palästra']
Würzburg. Phil. Diss v 1898

– s.: **Theophilus.**

— Vorträge üb. Goethes „Faust", s.a. **Hochschulvorträge,** Würzburger. I.

Vorträge über Goethes 'Faust', geh. im Ferienkurs f. Lehrer 1902 von Dr. phil. Robert Petsch, Privatd., Würzburg. *Würzburg: Ballhorn & Cramer 1903.* (198 S.) 8°
— **Hochschulvorträge, Würzburger.** Bd 1.

Petsch, Rudolf, appr. Arzt. Aus d. chir. Klinik zu Giessen. Beitrag zur chirurgischen Behandlung der entzündlichen Verengerungen des Ductus choledochus. Giessen 1909: v. Münchow. 37 S. 8°
Gießen, Med. Diss. v. 10. Febr. 1910, Ref. Poppert
[Geb. 10. Aug. 81 Runkel; Wohnort: Gießen; Staatsangeh.: Preußen; Vorbildung: Gymn. Weilburg Reife O. 01, Studium: Gießen 6, München 1, Freiburg i. B. 3 S.; Coll. 8. Aug. 07; Approb. 14. Okt. 06.] [U 10. 1150

Petsch, Theod. (geb. Luschen in d. Lausitz 15. 2. 1843) Ueber Ileus. Berlin (1868) (32 S.) 8°
Berlin, Med. Diss. v. 18. März 1868.

Petsch, W., die gesetzliche Bestimmung über den Verlagsvertrag in den einzelnen deutschen Staaten, sowie die darauf bezügl. hervorragenderen Entwürfe u. von der Wissenschaft aufgestellten Grundsätze. Im Auftrage des Börsenvereins der deutschen Buchhändler zusammengestellt. Leipzig 870. (Exped. des Börsenblattes.) gr. 8. (X, 122 S.) n. 20 ngr.

W. PETSCH, Die gesetzlichen Bestimmungen über den Verlagsvertrag in den einzelnen deutschen Staaten sowie die darauf bezüglichen hervorragenderen Entwürfe und von der Wissenschaft aufgestellten Grundsätze. Im Auftrage des Börsenvereins der deutschen Buchhändler zusammengestellt. Leipzig 1870. Druck von B. G. Teubner. 8°.

Petsch, Wilhelm

Petsch, W. 1866! Aus dem Feldtagebuche eines preuß. Unteroffiziers. Berlin 1867. 8°.

Ade, mein Sundewitt! Gedichte v Wilhelm **Petsch.** 2. Aufl. Berlin. 1864 8°

Petsch, Wilh., Album der Handwerker-Vereine, s. **Album.**

Vor Düppel. Gedichte v. Wilhelm **Petsch.** 5. Aufl. Berlin. 1864 8°

Petsch, W. Düppel und Alsen. Berlin 1866. 8°.

Die Erstürmung der Düppeler Schanzen am 18. April 1864. Ein Gedicht v Wilhelm **Petsch.** 5. Aufl. Berlin. 1864 8°

— **des deutschen Knaben Friedrich Wilhelm Schulze Fahrten u. Abenteuer im Kriege gegen Frankreich. Ein Buch f. die deutsche Jugend. Mit 8 Tonbildern (Holzschntaf.) v. H. Lüders. gr. 8. (III, 236 S.) Ebend. 872. geb. n. 3. —**

— **dasselbe. 2. verm. Aufl. Mit 10 Tonbildern. 8. (218 S.) Ebend. 874. n. 4.**

Petsch, Wilh., mein **Feldtagebuch.** Skizzen u. Erlebnisse aus dem letzten dän. Kriege. Berlin 865. Schlesier. 8. (96 S.) 9 ngr.

— der **Feldzug** gegen Dänemark 1864. Mit eingedr. Holzschn. Berlin 864. Schlesier. 16. (112 S.) n. 4 ngr.

— der **Feldzug** gegen Dänemark 1864. 2., verb. Aufl. Ebend. 865. 16. (112 S. mit eingedr. Holzschn.) n. 4 ngr.

Petsch, Wilh. Unser Fritz. Kronprinz Friedrich Wilhelm's, Generalfeldmarschalls des Deutschen Reiches, Leben und Thaten. (216) 8. Bielefeld 1873. 3,00.

Petsch, Wilh., unser Fritz. Kronprinz Friedrich Wilhelm's, Generalfeldmarschall d. deutschen Reiches, Leben u. Thaten. Der deutschen Jugend erzählt. Mit 8 Tonbildern v. H. Lüders. 2. unveränd. Abdr. gr. 8. (216 S.) Bielefeld 874. Velhagen & Klasing. n. 3. —

Petsch, W. Die Gefallenen des 60. Regiments. (1864.) **Berlin 1866. 8°.**

—— **Hausbuch** für deutsche Familien. Mit Beiträgen von Bernh. Fränkel, Wilh. Lackowitz, Gebh. Leberecht ꝛc. 8. (III und 144 S.) Berlin 865, Schlesier.

—— **Heldenthaten,** Charakterbilder und Anekdoten aus dem Feldzuge gegen Dänemark 1864. 16. (79 S.) Berlin 865, Schlesier. *

—— **Heldenthaten** preußischer Krieger und Charakterbilder aus dem Feldzuge von 1866. 8. (88 S.) Berlin 867, Schlesier. *

—— der **Krieg** Preußens gegen Oesterreich und dessen Verbündete 1866. 16. (112 S. mit eingedr. Holzschn.) Berlin 866, Schlesier. *

— **die beiden Liebhaberinnen. Eine Erzählg. aus der Gegenwart. gr. 16. (208 S.) Ebend. 871. n. 1. —**

PETSCH, W., Die beiden Liebhaberinnen. (Mit illustr. Umschlag.) Berlin, o. J (c. 1873). 8°. (1/2 Rthl. Ed. Fischhaber, vor 1885.) Ziemlich zahm.

— **Helmuth Graf Moltke, d. deutschen Reiches Generalfeldmarschall. Ein Lebensbild f. die deutsche Jugend. Mit 8 Tonbildern v. Fritz Schulz. 8. (XIV, 195 S.) Bielefeld 874. Velhagen & Klasing. n. 3. —**

— **der eiserne Prinz. Prinz Friedrich Karl's v. Preußen, Generalfeldmarschalls d. deutschen Reichs, Leben u. Thaten. Der deutschen Jugend erzählt. Mit 8 Tonbildern v. H. Lüders. gr. 8. (VIII, 212 S.) Ebend. 873. geb. n. 3. —**

— **wilde Rosen.** Ein Märchenstrauß. Ein Festgeschenk für die Kleinen im Haus. Berlin 861. Mohr & Co. (Kastner.) gr. 8. (VII, 40 S. mit Holzschn.) 7½ ngr.

In Schleswig-Holstein. Gedichte v. Wilhelm Petsch. 10. Aufl. Berlin. 1864. 8°

— In Schleswig-Holstein. Gedichte. Mit der Photogr. des Dichters. Ebend. 864. 16. (143 S.) 15 ngr.; geb. 27 ngr.

—— in Schleswig-Holstein. Gedichte. gr. 16. (143 S. mit der Photogr. des Dichters.) Berlin 865, Schlesier. geb. mit Goldschn.

— — (Volks-Ausg.) Ebend. 865. gr. 16. (143 S.) n. 6 ngr.

— in Schleswig-Holstein. Gedichte. Berlin 869. Schlesier. gr. 16. (143 S. mit der Photogr. des Dichters.) 15 ngr.; geb. mit Goldschn. 27 ngr.

Unser Sieg bei Düppel. Gedichte v. Wilhelm Petsch. 3. Aufl. Berlin. 1864. 8°

— die Arends'sche Stenographie. Ein Wort an Deutschland's Lehrer u. Volkserzieher. Mit Genehmigung des Verfassers herausg. von C. Hedemann. Berlin 864. (F. Schulze.) gr. 8. (16 S.) n. 2½ ngr.

— der Tag von Lüneburg. Eine Erzählung. Harburg 870. Elkan. 8. (13 S.) 2⅓ ngr.

Der Uebergang nach Alsen am 29. Juni 1864. Ein Gedicht v. Wilhelm Petsch. Berlin. 1864. 8°

— Ludwig Uhland. Eine Jubelschrift zum 26. April 862. Ein Blatt für das deutsche Volk. Mit einem Prologe von Karl Weise. Berlin 862. Bach. gr. 8. (23 S.) 3 ngr.

— vom Kurhut bis zur Kaiserkrone. Historische Licht- u. Schattenbilder. 8. (III, 251 S.) Berlin 872. deutsches Verlags-Institut. n. 2. —

— vom Kurhut bis zur Königskrone. Episoden aus dem Leben berühmter Männer u. Frauen. Berlin 870. Langmann & Co. 8. (III, 252 S.) n. 20 ngr.

— Wie man das Lesen lehrt. Ein Wort an die Eltern. Berlin 860. Mohr & Co. (Kastner.) 8. (30 S.) 2½ ngr.

—— Kaiser Wilhelm der Siegreiche. Sein Leben und seine Thaten. Für das Volk und die Jugend. 8. (258 S. mit 12 Tonbildern.) Bielefeld 874, Velhagen und Klasing. cart. *

—— König Wilhelm als Soldat. Eine militair. Lebensbeschreibung dem Heere gewidmet. 16. (96 S.) Berlin 869, Schlesier. *

Petschacher, Rud., zur Gewerbegesetzgebung. Allen gesetzgebenden Factoren in gleicher Dringlichkeit empfohlen. gr. 8. (18 S.) Wien 880. Bloch & Hasbach. n. — 40

Petschaft, das,. Schausp. in 5 Aufz. v. Ziegler. 8. Wien, Wallishäußer.

Petschaft, das; e. abentheuerl. Geschichte. 3 Thle. 8. Frankf. 797—800. Herrmann. 2 Rthlr. 4 gr.

Petschaft, d., e. abenteuerliche Gesch. 5 Thle. 8. Frkft. Geßler. (Diez.) 797—800. (I. II. 1 Rthlr. 12 gr. III. 16 gr.)

7 Petschafte und Siegelabdrücke der Direction der Kaiser Wilhelms-Akademie zu Berlin von der Zeit der Gründung 1795 bis zur 100-Jahr-Feier 1895. Im Glasschrank

Petschar, Frz., das Zauberbuch. Erzählung. (14 S.) 8. Lorch 908. K. Rohm. — 20

*Petschar, Michael: Die objective Bildungskraft des altclassischen Lehrgutes und dessen sociale Bedeutung. S. 43—54. 8. Kaiser Franz Joseph-Gymn. (Landes-Unter- und Communal-Obergymn.) *Mährisch-Schönberg* 1901. Progr.

Petschar, Mich., Empirismus, Sprachgefühl u. Grammatik im altklassischen Unterricht. Progr. (34 S.) gr. 8. Klagenfurt 903. (K. Hanel.) n.n. — 90

Petschar, Mich. De Horatii poesi lyrica. I II 24, 20 SS. 8. Progr. G *Teschen* 1880. 1881

Petschar, M., de Horatii poesi lyrica. Pars I et II. gr. 8. (24 u. 20 S.) Teschen 880. 81. Prochaska. n. 2.—

Petschar, Mich., die Reformbewegung im altklassischen Unterricht. gr. 8. (47 S.) Stockerau 902. (Wien, W. Braumüller.) n. — 90

Petschar, M., de satira Horatiana. gr. 8. (22 S.) Rudolfswerti 878. (Wien, Hölder.) * 1 —

— die socialen Zustände u. das Gymnasium. Ein Beitrag zur Socialreform. gr. 8. (III, 83 S.) Freiburg i/B. 899. Herder. n. 1. 20

Petsche, E. A. Über die Organisation des naturwissenschaftlichen Unterrichts in den höheren Bürgerschulen und dessen Verteilung auf die einzelnen Klassen. 11 S. Progr. *[illegible]* 1877

Petsche, Ernst, Geschichte u. Geschichtschreibung unserer Zeit. Leipzig 865. O. Wigand. gr. 8. (IV, 219 S.) 1 Rthlr.

Petsche, Glo. Imm., († d. 16. Nov. 1810.) Anweis. f. christl. Aeltern, ihre Kinder zu treuen Unterthanen zu bilden. gr. 8. Leipz. 790. (W. Vogel). 2 gr.

— Beitr. z. Beförderung e. vernünft. Kinderzucht. 8. Chemn. 788. 2e A. 790. (Beer in Leipz.) 12 gr.

— Bergpredigt; nebst histor. Bergwerksnachrr. gr. 8. Freiberg 802. Craz u. G. 4 gr.

— Betrachtt. über d. Leidensgeschichte Jesu. Mit 1 Kpf. gr. 8. Pirna 799. 2e A. 803. 3e A. Dresd. 809. Arnold. 21 gr.

– s.a. Materialien zu Religionsvorträgen bei Begräbnissen.

— Material. z. Religionsvortr. b. Begräbn. a. d. Werk. deutsch. Kanzelredner. 3 Bde. z. 2 Stck. gr. 8. Chemnitz, Mauke. (Jacobäer in Lpz.) 800–2. (à 1 Rthlr.)

– (Übers.), s. Morus, Sam. Fr. Nath.: Samml. einiger akadem. Schriften.

— Predigten b. seiner Amtsveränderung. gr. 8. Freyberg, Craz u. G. 804.

– s.a. Predigten zur Belehrung und Beruhigung für Leidende.

— Predigten z. Belehr. u. Beruh. f. Leidende. 4 Bde. gr. 8. Lpz. Crusius. 792–96. (à 1 Rthlr.)

— zwei Predigten, bei seiner Amtsveränderung gehalten. 8. Freiberg 804. Craz u. G. 4 gr.

— Samml. einig. Religionsvortr. gr. 8. Freyb. Craz. 797.

Petsche, Johannes Zacharias: Sylloge anatomicarum selectarum observationum, s. A l b e r t i, Michael [Praes.]

Petsche, Matthias

— u. Hans **Wolfsgruber,** die Buchhaltung des Maurers, s. a. G r u b e r, Joh., u. Karl W a l l a n t s c h e k, Lehrbuch der gewerblichen Buchführung. X.

(F) **Petsche, M.** und **Wolfsgruber, H.,** Die Buchhaltung des Maurers. [Ergänzungshefte zu Gruber-Wallantscheks Lehrbuch der gewerblichen Buchführung. X.] Gr.-8°. (ill. 118 S. mit 16 Tafeln) Wien: Deuticke 1910. K 1.80

Petsche, Matthias, die Buchhaltung des Zimmermanns, s. a. G r u b e r, Joh., u. Karl W a l l a n t s c h e k, Lehrbuch der gewerblichen Buchführung. IX.

(F) **Petsche, M.,** Die Buchhaltung des Zimmermanns. [Ergänzungshefte zu Gruber-Wallantscheks Lehrbuch der gewerblichen Buchführung. IX.] Gr.-8°. (ill. 118 S. mit 16 Tafeln) Wien: Deuticke 1910. K 1.80

Petschek, Georg

Petschek, Geo., die A b f i n d u n g des materiellen Klagsanspruchs nach österreichischem Civilproceßrecht. gr. 8. (III, 55 S.) Wien 903. Manz. n. 1. —
Sonderabdruck aus: „Zeitschr. f. Notariat &c. in Österreich".

Petschek, Geo., der **E n t l o h n u n g s a n s p r u c h** des Armenanwalts nach österreichischem Recht. (72 S) gr. 8. Wien 906. A. Hölder. n. 1. 60
Sonderabdruck aus: „Ztschr. f. d. Privat- u. öffentl. Recht".

— der Schutz der Nachhypotheken gegen die Konversion e. bereits getilgten Schuld nach dem neuen Regierungsentwurf e. grundbuchsrechtlichen Konvertierungsgesetzes. (26 S.) gr. 8. Wien 906. Manz. n. — 85
Sonderabdruck aus: „Allg. öst. Gerichts-Zeitg."

Zivilprozeßrechtliche Studien zum Entwurfe eines Gesetzes, betreffend den Schutz gegen unlauteren Wettbewerb. Von Prof. Dr. Georg **Petschek.** Wien: Manz 1907. (53 S.) 8° [F.]
Aus: Allgem. österr. Gerichts-Zeitung. Jg. 57, No 51. 52. Jg. 58, No 1. 2. (07. 1908

— die **Z w a n g s v o l l s t r e c k u n g** in Forderungen nach österreichischem Rechte. 1. Thl.: Einleitung, Voraussetzgn. der Zwangsvollstreckg., Pfändungsverfahren. gr. 8. (VIII, 348 S.) Ebd. 901. n. 6. 60

Petschel, od. Petschely, Jh. Gf., († 1779.) Cantor Christianus, i. e. Cantica sacra ad quaevis tempora et ad quemvis animarum statum accommodata. Cum praef. Jh. Balth. Bernholdi. 8. Sulzb. (Nürnb.) 754. Schmidmer. 8 gl.

Petschel, Jul., nicht der Schule, sondern dem Leben. Ueber das Verhältnis der Volksschule u. ihrer Arbeit zu den wesentlichsten u. wichtigsten Ueberzeuggn. des sittl. Lebens. Ein Zeugnis aus der Volksschule f. Eltern u. Schulfreunde jeden Standes. (48 S.) 8. Mörs (904). J. W. Spaarmann. n. — 30

Petschelt, H., Musterung. Ein militär. Gedenkblättchen f. jeden deutschen Mann. Poetisch bearb. 8. (3 S.) Ludwigsburg 887. Wieland. n. — 20

Petschelt, Oskar, Tierarzt, a. Berlin: Aus d. Poliklinik d. Kgl. Tierärztl. Hochschule zu Berlin. Vorstand: Prof. Dr. Kärnbach. Untersuchungen über die im Anschluß an die Tracheotomie bei Pferden auftretenden Komplikationen an der Trachea. Stuttgart 1905: Union. (34 S.) 8° ¶(Aus: Monatshefte für prakt. Tierheilkunde Bd 17.)
Gießen, Med. Fak., Ref. Pfeiffer, Diss. v. 29. Nov. 1905
[Geb. 30. April 77 Seckerwitz; Wohnort: Berlin; Staatsangeh.: Preußen; Vorbildung: Gymn. Friedeberg N.-M. Reife M. 03; Studium: Berlin Tierärztl. Hochsch. 10 S.; Rig. 3. Juni 05.]

Petschenig, Mich., **B e i t r ä g e** zur Textkritik der Scriptores historiae Augustae. [Aus: „Sitzungsber. d. k. Akad. d. Wiss."] Lex.-8. (66 S.) Wien 879. Gerold's Sohn in Comm. n. 1. —

Petschenig Michael, Dr.: Beiträge zur Textkritik der *Scriptores historiae Augustae.* S. 93. 875 . . . . „ 1.—
Separatabdruck

Petschenig, M., Bericht über die Litteratur zu spät. röm. Geschichtsschreibern bis einschl. 1890. (Ammianus, Eutropius, Florus, Jordanes, Justinus, Orosius, Aurel. Victor). S.-A. s. a. 74 S. 1.50

– (Hrsg.), s. C o r p u s scriptorum ecclesiasticorum Latinorum. 51-53.

Petschenig, M., Maximiani elegiae. rec. et emend. S.-A. 1890. 37 S.

Petschenig, M., Emendationen zu des Corippus Johannis. S.-A. 1880. 18 S.

Petschenig, Mich., üb. die textkritischen **G r u n d l a g e n** im 2. Theile v. Cassians Conlationes. Lex.-8. (31 S.) Wien 883. (Gerold's Sohn.) n.n. — 50

— Über die textkritischen Grundlagen im zweiten Teile von Cassian's *Consolationes* S. 103. 83 . . . . „ —.50
Separatabdruck

– (Hrsg.), s. H o r a t i u s Flaccus, Quintus

PETSCHENIG, Michael: Kritische Kleinigkeiten. 1. Zu den Gedichten des Liber Salmasianus. 2. Zum Horazcommentar des Pomponius Porphyrion. — 1875. 27 S. Diss. Graz, Univ.

Petschenig, M.: Zur K r i t i k der Horazscholiasten. 28 S. 8° – Klagenfurt OG., Progr. 1872.

Petschenig, Mich., zur **K r i t i k** der Horazscholiasten. gr. 8. (32 S.) Berlin 874. Calvary & Co. n. 1. —

— zur **K r i t i k** der Scriptores historiae Augustae. gr. 8. (16 S.) Wien 885. (Pichler's Wwe. & Sohn.) n. — 40

— zur **K r i t i k** u. Würdigung der Passio Sanctorum quatuor coronatorum. [Aus: „Sitzungsber. d. k. Akad. d. Wiss."] Lex.-8. (21 S.) Ebend. 881. n. — 40

— Zur Kritik und Würdigung der *Passio sanctorum quattuor coronatorum* S. 87. 761 „ —.40
Separatabdruck

P e t s c h e n i g, Michael, F l a v i i Cresconii Corippi Africani grammatici opera, s. S t u d i e n, Berliner, für classische Philologie und Archaeologie.

Petschenig, M.: Zu den S c h o l i a s t e n des Horaz. – 14 S. 8° – Graz II. OG., Progr. 1873.

— zu den **Scholiasten** d. Horaz. gr. 8. (15 S.) Graz 873. (Leuschner & Lubensky.) n. — 50

P e t s c h e n i g, Mich., zu den Scholiasten des Horaz. gr. 8. (15 S.) Berlin 874, Calvary und Comp. *

Petschenig, Mich., lateinisch-deutsches Schul- u. Handwörterbuch, s.: Stowasser, J. M.

Petschenig, M. Scobere. — Zu Claudius Marius Victor, s. Studien, Wiener, 7. u. 10. Jahrg.

— Studien zu dem Epiker Corippus. Lex.-8. (40 S.) Wien 885. (Gerold's Sohn.) n. — 60

— Studien zu dem Epiker-Corippus. Lex.-8. (40 S.) Wien 885, (Tempsky.) * — 60
Aus: Sitzungsberichte der k. Akademie der Wissenschaften, besonders abgedruckt.

— Studien zu dem Epiker Corippus. S 109. 631 . . . . —.60
Separatabdruck

— die handschriftliche Ueberlieferung des Victor v. Vita. [Aus: „Sitzungsber. d. k. Akad. d. Wiss."] Lex.-8. (98 S.) Ebend. 880. n. 1. 60

— Die handschriftliche Überlieferung des Victor von Vita S. 96. 637 . . . . 1.60
Separatabdruck

Petschenka Matthias: De deminutivis et frequentativis, quae in supplementis Caesarianis leguntur. II. 1908 PN 2442 Diss. Wien, Univ. 1632 a

Petscherski, A., in den Wäldern. Russischer Volksroman aus dem Leben der Altgläubigen. Nach dem Orig. frei bearb. von L. v. d. Oelsnitz. 8. (408 S.) Berlin 878. Janke. n. 8. —

Petschili [Schlagwort]

Petschill, Golf v., s.: Asien, Herrich, A.

Petschke, August Fr.

— erste Anfangsgründe d. menschl. Wissens, vornehml. z. Gebr. f. d. Taubstummen. 8. Leipz. 800. (W. Rauck) 8 gr.

— Anleit. lesen zu lernen, s. Anleitung, Leipz. 800. u. setze hinzu: vornehml. z. Gebr. f. Taubstumme, (v. A. F. Petschke).

— Lehrbuch f. Taubstumme. 8. Leipz. 800, (W. Rauck), 8 gr.

– s. Nachricht, Historische, von dem Unterrichte der Taubstummen ...

– (Hrsg.), s. Raphael, G.: Die Kunst, Taube und Stumme reden zu lehren.

– (Übers.), s. Sicard: Über die Nothwendigkeit, Taubstumme zu unterrichten.

Petschke, Aug. Fr., († d. 7. April 1822.) allgem. faßlicher Unterricht in d. Declination d. deutschen Renn- u. Beiwörter. 8. Leipz. 807. (W. Rauck). 12 gr.

Petschke, A. F., allgem. faßlicher Unterricht in d. Declination d. deutschen Nenn- u. Beywörter. 8. Lpz. Sommer. 807.

– s. Versuch eines Unterrichts zum Clavierspielen.

Petschke, Ch. G., Moses Mendelssohns Uebersetzung des 110ten Psalms, beleuchtet. 8. 789. Jetzt Reimer in Berlin.

Petschke, Christoph Gottlob (Krischa/Lausitz). De nobilitatis nobiliumque privilegiis. Diss. philol.-polit. Präs. Jo. Gottlob Vollsack. Wittenberg (Chr. Schroeder) 19. XII. 1720. 48 S. (5.—) 26197

Petschke, Else. Mädchen aus aller Welt. Für deutsche Mädchen erzählt. [Illustriert.] 64 S. 8. Basel, Missionsbuchh., 1905. [fr. —. 35]
([Deutsche Bearbeitung des im] Verlage der Church of England Missionary Society erschienenen Buches «Girls and Girls».)

Petschke, Else, Mädchen aus aller Welt. Für deutsche Mädchen erzählt. 2. Aufl. (52 S.) 8. Basel 909. Basler Missionsbuchh. — 25

Petschke, Gottlob Immanuel, s. Petsche

— **Hermann Theobald** (Lausitz), De descendente vasalli successore ex jure Longobardico universali pars prior. Leipzig (Staritz) 8. VII. 1830. 43 S. (3.50) 26198
Gew.: Carl Einert, Ernst Friedrich Guenther.

Erster Bericht über die Wirksamkeit des Ausschusses für Unterstützung der hülfsbedürftigen Hinterlassenen der Brüder der Loge zum goldnen Apfel in den Jahren 1836 und 1837, vorgetragen am 3. April 1838 von dem dermaligen Vorstande des Ausschusses, [Maxim. Carl Aug.] P[etschk]e. [Dresden 1837.] 15 S. 8° [Kopftit.]
[3. Bericht u. d. Tit.:]
Dritter Bericht über die Wirksamkeit des Ausschusses für Unterstützung der von den Brüdern der Loge zum goldnen Apfel Hinterlassenen; abgefasst am Osterfeste 1845 von dem abgetretenen Vorstande des Ausschusses [Maxim. Carl Aug.] P[etschk]e. Die Maurerjahre von Joh. 1839 bis Joh. 1845 betreffend. [Dresden 1845: Gärtner.] 12 S. 8° [Kopftit.]

— **Maximilian Carl August** (Bautzen), Nova disceptatio de immunitate praediorum in Saxonia a tributis per praescriptionem immemorialem adipiscenda. Leipzig (C. Tauchnitz) 24. VII. 1800. 40 S. (3.25) 26199
Gew.: Christoph Sigismund von Ernest, August Cornelius Stockmann.

Petschler, Erich: Scarrons 'Typhon ou la Gigantomachie' und seine Vorbilder. Berlin 1910: Ebering. 187 S. 8°
¶(Ersch. auch als Buch ebd.)
Rostock, Phil. Diss. v. 19. Juli 1907, Ref. Zenker, Geffcken
[Geb. 24. April 83 Stralsund; Wohnort: Rostock; Staatsangeh.: Preußen; Vorbildung: Realgymn. Stralsund Reife O. 01; Studium: Leipzig 2, Rostock 7 S.; Rig. 13. Juli 07.] [U 10. 3971

Petschler, Erich, Scarrons „Typhon ou la Gigantomachie" u. seine Vorbilder. (Diss.) (191 S.) gr. 8. Berlin 910. E. Ebering. 5. —

Petschnig, H., kirchliche Kunst, s.: Ausstellungs-Bericht, officieller.

Petschorin, od.: Ein Duell im Kaukasus. Aus den hinterlassenen Papieren eines russischen Offiziers hrsg. v. Lermontow. 8. (26 B.) Frankfurt a. M. 845, Literar. Anstalt.

Petschow, Alfr., das amerikanische Zollgesetz u. der deutsche Handel. Eine Denkschrift an die deutsche Regierg. (54 S. m. Bildnis.) gr. 8. Leipzig 904. K. G. Th. Scheffer. n. 1. —

Petschow, Georg, über die Einwirkung einiger Ketone auf Dimethyl- und Diäthylanilin. Diss. Halle 1887, Lippertsche Buchh. 8°. 43 S.

Petschow, Georg [aus Danzig]: Über die Einwirkung einiger Ketone auf Dimethyl- und Diäthylanilin . . . Halle a. S., S. Schlesingers Buchdr., 1887; 43 S. + 2 Bl. 8°.
Halle, Phil. Fak., Inaug. Diss. v. [30. Jul.] 1887.

Petschull, die Typhusepidemie in Ems während des Sommers 1904. (8 S.) gr. 8. Jena 905. G. Fischer. n. — 50
Sonderabdruck aus: „Klin. Jahrb."

Petschull, Otto (geb. Skaisgirren in Ostpr. - 2. 1859) Ueber Schussverletzungen des Nervensystems. Berlin (1881). (30 S.) 8°
Berlin, Med. Diss. v. 28. Juli 1881

Pettau [Schlagwort]

Pettau, s.: Geologische Karten. Spezialkarte. (Oesterr.-Ung.)

Pettavel, Franz De argumentis quibus apud Platonem animorum immortalitas defenditur. Berolini 1815. (VI, 41 S.) 4°
Berlin, Phil. Diss.
nachgeliefert am 14. Okt. 1815 von d. am 23. Febr. 1813 geprüften Verf.

Pettavel, F., de argumentis, quibus apud Platonem animarum immortalitas defenditur. 4. Berl. 815. Dümmler. 6 gl.

Pettavel, Franz, De argumentis quibus apud Platonem animorum immortalitas defenditur. Disput. acad. Berlin (J. Fr. Starck) 1815. 41 S. (4.—) 26200

Pettavel, F., de argumentis, quibus apud Platonem animarum immortalitas defenditur. 4. Berolini, Dümmler. 816.

Pettendorfer, Alois, Gas im Hause. Wissenswertes üb. Einrichtgn. zur Verwendg. des Gases f. Beleuchtungs-, Koch- u. Heizzwecke, zusammengestellt f. das gaskonsumier. Publikum, insbesondere f. Hausbesitzer, Fabrikanten u. Gewerbetreibende. (34 S.) gr. 8. München (905). Val. Höfling. n. 1. —

Pettenegg, Eduard Gaston Pöttickh Graf u. Frh. v., s.a. Poettickh v. Pettenegg

Pettenegg, Ed. Gaston Frhr. v., zur Epitafik v. Tirol. Mit 23 Abbildgn. [Zinkogr.-Taf.] [Aus: „Jahrb. d. herald.-genealog. Vereines „Adler" in Wien."] gr. 8. (91 S.) Wien 875. (Innsbruck, Wagner.) n. 6. —

Katalog der Japonica-Sammlung S. Exc des Herrn Ed. G[aston] Graf v Pettenegg, Wien Keram Erzeugnisse Arbeiten in versch. Metall. Rüstungsstücke u. Waffen. Arbeiten in Stein u. Elfenbein [usw] Auktion in München 1903. Munchen 1903 Schon & Maison. 18 S. 4 Taf. 4° A 12.7007

—— Ludwig und Karl Grafen und Herren v. Zinzendorf, Minister unter Maria Theresia, Josef II., Leopold II. und Franz I. Ihre Selbstbiographien, nebst einer kurzen Geschichte des Hauses Zinzendorf hrsg. gr. 8. (295 S. mit 2 phototyp. Portr. und 12 Stamm-Taf.) Wien 879, Braumüller. * 8 —

Petteneg, Ed. Gaston Pöttikh Graf v., sphragistische Mittheilungen aus dem Deutsch-Ordens-Centralarchive. Lex.-8. (40 S. m. eingedr. Fig) Wien 884. (Frankfurt a/M., Rommel.) n. 3. —

Pettenegg, Ed. Gaston Graf von, Die Urkunden des Deutsch-Ordens-Central-Archives zu Wien. In Regestenform herausgegeben. I. Band. (1170—1809.) gr. 8°. (XXXV, 742 S.) Prag, Tempsky fl. 6. — 1886.

Pettenkofer und Choleragift, s. Oesterlen, Fr.

PETTENKOFER, Albert (Augsburg): Versuch einer kritisch-historischen Beleuchtung des dem Hippokrates zugeschriebenen Werkes: Peri physios anthropon.- München: Wolf 1857. 27 S.
23.5.1837 - Urk (Titel: Versuch einer kritisch-historischen Beleuchtung des dem Hippokrates zugeschriebenen Werkes: Über die Natur des Menschen.); P 63
Diss. Ingolst.-Landsh.-Mchn.

Jubil.-Ausg 1850–1900. Max v **Pettenkofer's** grundlegende Abhandlung vom 12. Januar 1850 'Ueber die regelmässigen Abstände der Aequivalentzahlen der sog. einfachen Radikale' nebst Reklamation d. Priorität gegen Dumas, u. die Biographie Pettenkofer's mit den neuesten phot. Aufnahmen. Als Anh.: Zur Atom-Theorie, mit 1 Tab.: System d. Elemente. Studie von Julius Quaglio. *Berlin: A. Seydel 1900.* (48 S.) 4°
[Umschlagt.] M. v Pettenkofer als Chemiker [oo. 6166

Pettenkofer, Max v (Hrsg.), s. Abhandlungen, Münchener medicinische, Reihe 5.

PETTENKOFER, M. v.
Ueber die regelmassigen Abstande der Aequ.valentzahlen der sogenannten einfachen Radikale (1850.) Jubiläumsausgabe, nebst Reclamation der Priorität gegen Dumas, Pettenkofer's Biographie u Anhang Zur Atomtheorie. mit einer Tabelle (System der Elemente) von J Quaglio. Berlin, 1900. 4to

Pettenkofer, M. v., d. Anfänge d. natürl. Systemes d. chem. Elemente, s.: Doebereiner, J. W.

Pettenkofer, Max v., Arbeiten aus dem hygienischen Institute, s.: Abhandlungen, Münchener medicinische.

Pettenkofer, Max v., s.: Archiv f. Hygiene.

Pettenkofer, Max v., ueb. die Aetiologie d. Typhus, s: Wolfsteiner.

Pettenkofer, Max v., Auftreten u. Verlauf der Cholera in dem kgl. bair. Strafarbeitshause Rebdorf etc., s.: Berichte der Cholera-Kommission für das Deutsche Reich.

Pettenkofer: Die Bewegung d. Grundwassers in München v. März 1856 bis März 1862. (S.-A.) 1862.

Pettenkofer, M. v. Beziehgn d. Luft z. Kleidung, Wohnung u. Boden. (3 Vort.) Braunschweig 1853.

Pettenkofer, Dr. Max v., o. ö. Prof. der Hygienie an der Universität München und Obermedicinalrath. Beziehungen der Luft zu Kleidung, Wohnung und Boden. Drei populäre Vorlesungen gehalten im Albert-Verein zu Dresden am 21., 23. und 25. März 1872. Mit in den Text eingedruckten Holzstichen.
gr. 8. Braunschweig 1872.

Pettenkofer M. v.: Beziehungen d. Luft zu Kleidung, Wohnung u. Boden. 3 populäre Vorlesungen. 3. Abdr. Braunschw. 1873. 115 S. (-s Vorlesungen H. 1).

Pettenkofer, M. v: Beziehungen der Luft zu Kleidung, Wohnung und Boden. 4. Abdr. Braunschweig 1877

Pettenkofer, Max v., Boden u. Grundwasser in ihren Beziehungen zu Cholera u. Typhus. Erwiederung auf Rud. Virchow's hygien. Studie „Canalisation oder Abfuhr." [Aus der Zeitschr. für Biologie.] München 869. Oldenbourg. gr. 8. (III, 140 S.) n. 1 ₰

Pettenkofer, Max v., der Boden und sein Zusammenhang mit der Gesundheit des Menschen. 1. und 2. Aufl. gr. 8. (32 S.) Berlin 882, Gebr. Paetel. *

Pettenkofer, Max., die Chemie in ihrem Verhältnisse zur Physiologie u. Pathologie. Festrede vorgetr. in der k. b. Akademie der Wiss. zu München am 28. März 1848. gr. 4. (40 S.) München 848. (Franz.) n. 1/3 ₰

Pettenkofer, M. v., die Cholera, s.: Bücherei, deutsche.

— über die Cholera v. 1892 in Hamburg u. über Schutzmassregeln. [Aus: „Archiv f. Hygiene".] gr. 8. (41 S. m. 1 farb. Taf.) München 893. R. Oldenbourg. n. 1. 20

— über Cholera u. deren Beziehung zur parasitären Lehre, s.: Zur Aetiologie der Infectionskrankheiten.

Pettenkofer, Max, die Cholera u. die Bodenbeschaffenheit in der k. k. österreich. Provinz Krain. Mit besonderer Rucksicht auf die Augaben hierüber in Dr. Drasche's monographischer Arbeit: „Die epidemische Cholera." (Abdr. aus dem Aerztlichen Intelligenzblatt.) München 861. Kaiser. 4. (20 S.) n. 8 ngr.

– Über Cholera mit Berücksichtigung der jüngsten Choleraepidemie in Hamburg, s.a. Abhandlungen, Münchener medicinische.

— Über Cholera mit Berücksichtigg d. Choleraepid. in Hamburg. (39 S) München 1892

Pettenkofer, M. v. Ueber Cholera mit Berücksichtigung der jüngsten Choleraepidemie in Hamburg. In-8⁰. 49 S. Oberstrass Zürich, E. Speidel. 1892 1 35

Pettenkofer, Max v., die Cholera vom J. 1866 in Weimar. Ein Gutachten. gr. 8. (20 S.) Weimar 867, Böhlau.

— die Cholera vom J. 1866 in Weimar. Ein Gutachten. Weimar 868. Böhlau. gr. 8. (20 S.) 3 ngr.

— die Cholera-Epidemie in der königl. bairischen Gefangenanstalt Laufen a. d. Salzach, s.a. Berichte der Cholera-Kommission f. das deutsche Reich.

Pettenkofer, Dr. M. v., die Cholera-Epidemie in der k. bayer. Gefangenenanstalt Laufen a. d. Salzach. Mit 8 lithogr. Tafeln. Berlin 1875. 4.

– Choleraexplosionen und Trinkwasser, s. Abhandlungen, Münchener medicinische.

— die Cholera-Prophylaxis in München v. Frank besprochen. [Aus: „Aerztl. Intelligenzbl."] gr. 8. (30 S.) München 875. J. A. Finsterlin. — 90

—— Cholera-Regulativ, s. Griesinger, W.

—— Desinfection von Schiffen, s. Berichte der Cholera-Kommission für das deutsche Reich.

Pettenkofer, Max v., Dr. Justus Freiherrn v. Liebig zum Gedächtniss. Rede im Auftrage der mathem.-physikal. Klasse d. k. b. Akad. der Wiss. in Mün-chen in der öffentl. Sitzg. am 28. März 1874 geh. 4. (50 S.) München 874. Franz in Comm. n. 1. 80

— Einleitung zum Handbuch der Hygiene u. der Gewerbekrankheiten, s.: Handbuch der speciellen Pathologie u. Therapie.

Pettenkofer, M. v., Förster, J. und Hilger, A. Ernährung und Nahrungsmittel. Verfälschung der Nahrungs- und Genußmittel. Handbuch der Hygiene und der Gewerbekrankheiten. 3. Aufl. 1. Abt. 1. Leipzig. 1882.

— explosion cholérique dans un pénitencier. Etude étiologique de l'influence du logement, du régime alimentaire, de l'eau potable, de l'occupation, de l'age, de l'état de santé et des relations humaines sur la marche du choléra au milieu d'une population soumise à un régime identique. Avec 8 planches (lith. in Fol. en travers). Traduit du rapport de la commission impériale allemande chargée de l'étude des épidémies cholériques. Imp.-4. (93 S.) Berlin 876. C. Heymann's Verl. n. 8. —

Pettenkofer, Max v. Festschrift d. niederrheinischen Vereins f. öffentliche Gesundheitspflege u. d. Centralblattes f. allgemeine Gesundheitspflege, hrsg. v. Finkelnburg, Lent, Wolffberg zur Feier d. 50jähr. Doctorjubiläums Max v. Pettenkofer's am 30. Juni 1893. (Hygienische Untersuchgn.) gr. 8. (V, 179 S. m. Fig., Bildniss, 2 Tab. u. 1 Taf.) Bonn 893. E. Strauss, Verl. n. 6. —

Pettenkofer, Max, zur Frage über die Verbreitungsart der Cholera. Entgegnungen u. Erläuterungen zu seiner Schrift „Ueber die Verbreitungsart der Cholera." München 855. Literar.-artist. Anstalt. gr. 8. (V, 46 S.) n. 7 ngr.

Pettenkofer, über den rechten Gebrauch des Arztes. Zur Belehrung f. Jedermann, besond. das Landvolk. 8. (3½ B.) Nördlingen 842, Beck'sche Buchh.

—— zum Gedächtniss des Dr. Justus Frhr. v. Liebig. Rede gehalten im Auftrag der mathemat.-physikal. Klasse der k. bayer. Akademie der Wissenschaften zu München in der öffentl. Sitzung am 28. März 1874. gr. 8. (40 S.) Braunschweig 874, Vieweg und Sohn. *

Pettenkofer, Dr., Ueber die wichtigsten Grundsatze der Bereitung und Benutzung des Holzleuchtgases. München 1857

— Gutachten über die Verlegung des katholischen Gottesackers in Augsburg. Augsburg 864. (v. Jenisch & Stage.) gr. 8. (16 S.) n. 3 ngr.

— u. H. v. **Ziemssen**, Handbuch der Hygiene u. der Gewerbekrankheiten, s.a. Handbuch, H. v. Ziemssen's, der speciellen Pathologie u. Therapie.

—— und **Ziemssen** (H. v.), Handbuch der Hygiene und der Gewerbekrankheiten. (Band I von v. **Ziemssen**s Handbuch der Speciellen Pathologie und Therapie. 3. Aufl.) Leipzig. 8.

Theil I. Individuelle Hygiene.

Abth. I. Einleitung von M. v. **Pettenkofer**. — Ernährung und Nahrungsmittel von J. **Forster**. — Verfälschung der Nahrungs- und Genussmittel von A. **Hilger**. 1882.

„ II. Heft 1: **Flügge** (C.), Fermente und Mikroparasiten. 1883. Mit 65 Abbildungen.
Heft 2: **Renk** (Fr.), Die Luft. 1886. Mit 27 Abb.
Heft 3: **Soyka** (J.), Der Boden. 1887. Mit 37 Abb.

Theil II. Sociale Hygiene.

Abth. I. Grössere Gemeinwesen
1. Hälfte: **Flügge** (C.). Anlage von Ortschaften. **Erismann** (F.). Die Entfernung der Abfallstoffe. — **Schuster** (A.), Beerdigungswesen. — **Forster** (J.), Massenernährung. 1882.
2. Hälfte: **Wolffhügel** (G.), Wasserversorgung. 1882.

„ II. Specielle sociale Einrichtungen.
Erismann (F.), Die Hygiene der Schule. — **Baer** (A.), Gefängniss-Hygiene. — **Hirt** (L.). Fabriken. — **Degen** (L.), Krankenanstalten. — **Schuster** (A.), Kasernen. — **Renk** (F.), Oeffentliche Bäder. — **Kunkel** (A.), Die Verkehrsmittel. 1882.

„ IV. Die Gewerbekrankheiten.
Hirt (L.), Die Gasinhalations-Krankheiten und die gewerblichen Vergiftungen. — **Merkel** (G.), Die Staubinhalations-Krankheiten. 1882.

Theil III. Allgemeiner Theil.
Geigel (A.). Oeffentliche Gesundheitspflege. 1882.

— — Ueber Hygiene u. ihre Stellung a. d. Hochschulen. (Aus der Wiener Medicin. Wochenschrift 1875 Nr. 6, 7, 8, 9.) 8°. brosch. (34 S.)

— —, über Hygiene und ihre Stellung an den Hochschulen. Briefliche Mittheilung an Dr. Wittelshöfer. München 1875. 8.

Pettenkofer, Max v. Die Immunität von Lyon gegen Cholera und das Vorkommen der Cholera auf Seeschiffen. 1868

— das hygienische Institut der königl. bayer. Ludwig-Maximilians-Universität München. gr. 8. (V, 26 S. m. 8 Steintaf. u. 1 Photogr.) Braunschweig 882. Vieweg & Sohn. n. 8. —

— s.: **Jugend, d. studier., u. d. Alkoholfrage.**

Kanalisation und Entwässerung von Ortschaften an Binnenseen. Zwei Gutachten 1. in hygien. Hinsicht v. Dr. Max v. Pettenkofer. 2. in Bezug auf d. Fischerei v. Dr. Bruno Hofer. *München: J. F. Lehmann 1898.* (20 S.) 1 Bd 8. [illegible]

—— das Kanal- oder Siel-System in München. Gutachten abgegeben von der durch den Stadtmagistrat gewählten Commission Prof. Dr. Feichtinger, Dr. Frank, Prof. Dr. v. Pettenkofer und Prof. Dr. H. Ranke. Lex.-8. (90 S. mit eingedr. Holzschn. und 2 lithogr. Plänen in qu. und gr. Fol.) München 869, Manz.

— und **Voit**, Karl, Dr., Ueber Kohlensäure-Ausscheidung und Sauerstoff-Aufnahme während des Wachens und Schlafens beim Menschen.

Pettenkofer, Max, über den Luftwechsel in Wohngebäuden. Munchen 858. Literar.-artist. Anstalt. gr. 8. (126 S. u. 2 lith. Taf. in 4. u. Fol.) n. 22 ngr.

PETTENKOFER, Max (Lichtenau): Ueber Mikania guaco.- München: Wolf 1844. 42 S. 30.6.1843 - Urk (Titel: De mikania guaco.); F 66
Diss. Ingolst.-Landsh.-Mchn.

München eine gesunde Stadt. Zwei Gutachten der Professoren Max v. **Pettenkofer** und H. v. **Ziemssen**. Separatabdruck aus der „Wissenschaftlichen Rundschau" der „Münchener Neuesten Nachrichten". München. 1889. 8°.

Pettenkofer, Max v.: Über Nahrung und Fleichextract. Braunschweig 1873.

Pettenkofer, v. Über Nahrungsmittel im allgem u. über d. Wert d. Fleischextrakts als Bestandteil menschl. Nahrg insbes. (317,84.) Braunschweig 1873.

Pettenkofer, Max v., über Oelfarbe u. Conservirung der Gemälde-Galerien durch das Regenerations-Verfahren. Braunschweig 870. Vieweg & Sohn. gr. 8. (V, 116 S.) n. 24 ngr.

— über Oelfarbe u. Conservirung der Gemälde-Gallerien durch das Regenerations-Verfahren. 2. Abdr. gr. 8. (V, 116 S.) Braunschweig 872. Vieweg & Sohn. n. 2. 40

— über Ölfarbe u. Conservirung der Gemälde-Galerien durch das Regenerations-Verfahren. 2. Aufl. gr. 8. (VII, 183 S.) Braunschweig 902. F. Vieweg & Sohn. n. 3. —

— outbreak of cholera among convicts. An etiological study of the influence of dwelling, food, drinking-water, occupation, age, state of health, a. intercourse upon the course of cholera in a community living in precisely the same circumstances. With 8 lith. tables (in qu. Fol.). Translated from the report of the cholera commission for the German Empire. Imp.-4. (106 S.) Berlin 876. C. Heymann's Verl. geb. n. 10. 50

— künftige Prophylaxis gegen Cholera nach den Vorschlägen in dem amtl. Berichte d. königl. bayer. Bezirks- u. Stadtgerichtsarztes Frank. gr. 8. (123 S.) München 875. lit.-artist. Anstalt. n. 2. 30

v. **Pettenkofer**, M. Rede zum Gedächtniss von Justus Freiherrn v. Liebig. Braunschweig, 1874.

—— Referat über chemische und pharmazeutische Produkte und Farbwaaren, s. Bericht der Beurtheilungs-Commission bei der Industrie-Ausstellung zu München.

Pettenkofer, M. v., rerum cognoscere causas. Ansprache. gr. 4. (16 S.) München 890. Franz' Verl. n.n. — 50

—— über einen neuen Respirations-Apparat. gr. 4. (48 S. mit 3 Stnt. in Imp.-Fol.) München 861, (Franz'sche Buchh.) *
Aus: Abhandlungen der k. bayer. Akademie der Wissenschaften, besonders abgedruckt.

Pettenkofer M. v.: Neue ätiologische u. prophylaktische Sätze aus den amtlichen Berichten üb. die Choleraepidemien in Ostindien u. in den Vereinigten Staaten v. Nordamerika. Braunschw. 1877. 48 S. (Særtr.). P.

Pettenkofer, Max v.: Über die Schwankungen der Typhussterblichkeit in München 1850-67. 1868.

– Zur Schwemmkanalisation in München, s.a. Abhandlungen, Münchener medicinische.

Pettenkofer, M. v: Zur Schwemmkanalisation in München. München 1891

Pettenkofer, Max v., zum gegenwärtigen Stand der Cholerafrage. gr. 8. (VI, 753 S. mit 4 Taf.) München 887, Oldenbourg. * 15 —

— zum gegenwärtigen Stand der Cholerafrage. [Mit 4 Taf.] gr. 8. (VI, 753 S.) München 897. Oldenbourg. n. 15. —

— über den gegenwärtigen Stand der Cholera-Frage u. üb. die nächsten Aufgaben zur weiteren Ergründg. ihrer Ursachen. gr. 8. (64 S. m. e. Tab. in qu. Fol.) München 873. Oldenbourg. n. 1. 50

— der epidemiologische Theil des Berichtes über die Thätigkeit der zur Erforschung der Cholera im J. 1883 nach Aegypten u. Indien entsandten deutschen Commission, besprochen. gr. 8. (V, 164 S.) Ebd. 888. n. 4. —

– 8 Thesen gegen die Münchener Schwemmkanalisation, s.a. Abhandlungen, Münchener medicinische.

Pettenkofer, M. von. Acht Thesen gegen die Münchner Schwemmkanalisation. In-8°. 22 S. München, J. F. Lehmann (Depot für die Schweiz: E. Speidel, Oberstrass-Zürich). 1892. 1 35
*** Münchner med. Abhandlungen. Heft 25.

—— chemische Untersuchung der Adelheidsquelle zu Heilbrunn in Oberbayern. gr. 4. (46 S.) München 851, (Franz.) *
Aus: Abhandlungen der 2. Classe der kgl. Akademie der Wissenschaften 4. Bd. 1. Abthl., besonders abgedruckt.

— Untersuchungen und Beobachtungen über die Verbreitungsart der Cholera nebst Betrachtungen über Maßregeln, derselben Einhalt zu thun. Mit 10 lith. Taf. u. 1 (lith.) Plan von München (in Fol.). München 855. Literar.-artist. Anstalt. gr. 8. (X, 374 S. mit Holzschn. im Text.) n. 2 *ꝑ*. 8 *ngr.*

Pettenkofer M, chem. Untersuchgn. d. Adelheidsquelle z. Heilbrunn 1851. —.84

— über Ursachen u. Gegenwirkungen von Cholera-Epidemien in Erfurt. Ein wissenschaftl. Gutachten abgegeben im Juni 1867. Erfurt 867. Neumann. gr. 8. (20 S.) 3 *ngr.*

— Verbreitungsart der Cholera in Indien Ergebnisse der neuesten aetiolog. Untersuchgn. in Indien. Nebst e. Atlas v. 16 (chromolith.) Taf. (in qu. 4.) nach J. Bryden. gr. 8. (VII, 121 S.) Braunschweig 871. Vieweg & Sohn. n. 7. 50

—— Die Verunreinigung der Isar durch das Schwemmsystem v. München, s.a. Tagesfragen, hygienische.
Vgl. Gegen d. Schwemmsystem. — Mittermaier, Ph. Gegen d. Schwemmsystem.

Pettenkofer, M. v: Die Verunreinigung der Isar durch das Schwemmsystem von München. Vortrag. München 1890

—— Vorlesungen. 1.—3. Heft. gr. 8. Braunschweig, Vieweg und Sohn. *

Inhalt:

Heft 1. Beziehungen der Luft zu Kleidung, Wohnung und Boden. Drei populaire Vorlesungen gehalten im Albert-Verein zu Dresden am 21., 23. und 25. März 1872. 1. und 2. Abdr. 1872,73. à *M 2,40., und 3. Abdr. (115 S. mit in den Text eingedr. Holzst.) 876. *M 2.

» 2. Ueber den Werth der Gesundheit für eine Stadt. Zwei populäre Vorlesungen gehalten am 26. und 29. März 1873 im Verein für Volksbildung in München. Ueber Nahrung und Fleischextract. Schreiben an Herrn Jos. Bennert, Generalagent der Liebig's Extract of Meat Company. 1. Abdr. 1873. *M 1,20., und 2. Abdr. (63 S.) 876. *M 2,40.

» 3. Zum Gedächtniss des Dr. Justus Frhrn. v. Liebig. Rede, gehalten im Auftrage der mathemat.-physikal. Klasse der k. bayer. Akademie der Wissenschaften zu München in der öffentl. Sitzung am 28. März 1874. — Ueber Hygiene und ihre Stellung an den Hochschulen. (77 S.) 876. *M 1,20.

— Vortrag üb. „e. Mittel zur schnellen u. sicheren Entfernung alter, verhärteter u. beschmutzter Ölfirnisse", nebst Demonstrationen. Geh. in der „Deutschen Gesellschaft zur Beförderung rationeller Malverfahren" in München am 28. Novbr. 1887. [Aus: „Techn. Mitteilgn. für Malerei".] Lex.-8. (8 S.) München 888. (Leipzig, Scholtze.) n. — 40

— Vorträge üb. Canalisation u. Abfuhr, s.a. Mittheilungen u. Auszüge aus dem ärztl. Intelligenzblatt.

Pettenkofer, Dr Max v (ber Hygienist, geb. 3. Dezbr 1818 in Lichtenheim bei Neuburg a. Donau, seit 1847 Univers.-Prof. in München), Vorträge über *Canalisation und Abfuhr* 1—3. Vortrag. Mit 1 Holzsch. (Mittheilungen u. Auszüge aus d. ärztl. Intelligenzbl. III. Serie. Nr. 4.) München 1876. 8°. 29 S. Cart.*)

— Vorträge über Canalisation u. Abfuhr. Mit 5 Holzschn. im Text. [Nach vom Autor rev. Stenogrammen.] gr. 8. (III, 149 S.) München 880. J. A. Finsterlin. n. 3. 20

— populäre Vorträge. 1—3. Hft. gr. 8. Braunschweig 876. Vieweg & Sohn. n. 5. 60

1. Beziehungen der Luft zu Kleidung, Wohnung u. Boden. 3 populäre Vorlesgn., geh. im Albert-Verein zu Dresden am 21., 23. u. 25. März 1872. Mit in den Text eingedr. Holzst. 3. Abdr. (115 S.) n. 2. —
2. Ueber den Werth der Gesundheit f. e. Stadt. 2 populäre Vorlesgn., geh. am 26. u. 29. März 1873 im Verein f. Volksbildg. in München. — Ueber Nahrung u. Fleischextract. Schreiben an Hrn. Jos. Bennert, Generalagent der Liebig's Extract of Meat Company. 2. Abdr. (63 S.) n. 2. 40
3. Zum Gedächtniss d. Justus Frhrn. v. Liebig. Rede, geh. im Auftr. der mathematisch-physikal. Klasse der königl. bayer. Akademie der Wissenschaften zu München in der öffentl. Sitzg. am 28. März 1874. — Ueber Hygiene u. ihre Stellung an den Hochschulen. (77 S.) n. 1. 20

— populäre Vorträge. 3 Hfte. gr. 8. Braunschweig 877. Vieweg & Sohn. n. 6. 10

1. Beziehungen der Luft zu Kleidung, Wohnung u. Boden. 3 populäre Vorlesungen, gehalten im Albert-Verein zu Dresden am 21., 23. u. 25. März 1872. 4. Abdruck. (115 S.) n. 2. 40
2. Ueber den Werth der Gesundheit für eine Stadt. 2 populäre Vorlesungen, gehalten am 26. u. 29. März 1873 im Verein für Volksbildung in München. — Ueber Nahrung u. Fleischextract. Schreiben an J. Bennert, General-Agent der Liebig's Extract of Meat Company. 3. Abdr. (63 S.) n. 1. 20
3. Zum Gedächtniss des Dr. Justus Frhrn. v. Liebig. Rede, gehalten im Auftrage der mathematisch-physikal. Klasse der k. b. Akad. der Wiss. zu München in der öffentlichen Sitzung am 28. März 1874. Ueber Hygiene u. ihre Stellung zu den Hochschulen. Ueber den hygienischen Werth von Pflanzen u. Pflanzungen im Zimmer u. im Freien. Vortrag, gehalten in der bayer. Gartenbau-Gesellschaft zu München im Jan. 1877. 2. Abdr. (101 S.) n. 2. 50

—— 16 Vorträge über Canalisation und Abfuhr, s. Mittheilungen und Auszüge aus dem ärztlichen Intelligenz-Blatt.

Pettenkofer, Dr. Max v., Was man gegen die *Cholera* thun kann. Ansprache an das Publikum. Im Auftrage des Gesundheitsrathes der k. Haupt- und Residenzstadt München verfasst. München, R. Oldenbourg, 1873. 8°. 64 S. Cart.*)

—— was man gegen die Cholera thun kann. Ansprache an das Publikum. Im Auftrage des Magistrats der königl. Haupt- und Residenzstadt München. 1.—7. Abdr. gr. 8. (64 S.) Ebendas. 873. *

Pettenkofer M. v.: Über den Werth d. Gesundheit f. eine Stadt … — Üb. Nahrung u. Fleischextract … Braunschw. 1873. 63 S. P.
(Do. H. 2).

– s. Zeitschrift für Biologie.

Pettenkofer, Moritz von, approb. Arzt aus München Ueber zwei Fälle von Strumitis. *München 1903: C. Wolf & Sohn.* (23 S.) 8°
München, Med. Diss. v. 1903

Pettenkofer, Wilhelm von, approb. Arzt aus München Beitrag zur operativen Behandlung der peri- und paratyphlitischen Abszesse. *München 1904: C. Wolf & Sohn.* (83 S.) 8°
München, Med. Diss. v 1904

Pettenkoffer, August

Pettenkoffer, A. u Strassgeschwandtner, A. Die k k Österreich Armee nach der neusten Adjustirung (36 col Bll) gr fol Wien 1850 [Leykam].

Pettenkoffer, A., und A. **Strassgschwandtner**, die k. k. Österreich'sche Armee nach der neuesten Adjustirung. Wien (853.) Leykum. Imp.-Fol. (36 lith. u. color. Bl.) 36 ℛ.; einzelne Bl. à 1 ℛ.

Pettenkoffer, A[ugust] & A. Strassgschwandtner. Die k. k. österreich sche Armée nach der neuesten Adjustirung. Gezeichnet und lithographirt von A. Pettenkoffer und A. Strassgschwandtner Verlag der Kunsthandlung Alois Leykum. k. k. Hof-Lithograph. Wien [1854].
Tit. 36 Taf. in kol. Lithogr gr 2°

Petter, Franz

— Anleit. zur gründl. Erlernung der Rechenkunst mit Anwendung d. Dezimalbrüche u. der zweckmäßigen Verkürzungen. gr. 8. Wien 823, Gerold.

—— Anleitung z. gründl. Erlernung d. Rechenkunst, mit Anwend. d. Dezimalbrüche u. d. zweckmäß. Verkürzungen, mit besond. Berücksichtig. f. d. kaufmänn. Bedürfniß u. den Selbstunterr. 2. Bd. gr. 8. (38 B.) Wien 829, Gerold.
1. Bd. Ebendas. 1828. 1 Thlr. 18 Gr.

Petter, Frz., Anleitung zur gründlichen Erlernung der Rechenkunst mit Anwendung der Decimalbrüche und der zweckmäßigsten Verkürzungen, mit besond. Berücksichtigung für das kaufmänn. Bedürfniß u. d. Selbstunterricht. 1r Bd. 2e verb. Aufl. gr. 8. Wien 840. Gerold. $1\frac{2}{3}$ ℛ (2r Bd. Ebd. 829. $1\frac{5}{6}$ ℛ)

—— Anleitung zur gründl. Erlernung der Rechenkunst mit Anwendung der Dezimalbrüche u. der zweckmäßigsten Verkürzungen, mit besond. Berücksichtig. f. d. kaufmänn. Bedürfniß u. den Selbstunterricht. 2. Bd. 2., verb. Aufl. gr. 8. ($31\frac{1}{2}$ B.) Wien 845, Gerold, Verl.
1. Bd. (2. Aufl.) Ebendas. 1840. 1 Thlr. 20 Ngr.

Petter, Frz., Anleitung z. gründl. Erlernung d. Rechenkunst mit Anwend. d. Decimalbrüche u. d. zweckmäßigsten Verkürzungen, mit besond. Berücksichtig. f. d. kaufmänn. Bedürfniß u. d. Selbstunterr. 1. Bd. 2., verb. Aufl. gr. 8. ($30\frac{3}{4}$ B.) Wien 849, [Gerold's Vrlsh.]
2. Bd. Ebendas. 1829. 1 Thlr. 20 Gr.

Petter, Frz., theoret.-prakt. Anleitung zu kaufmänn. Aufsätzen. Plan, Durchsicht u. Vorr. v. Joh. Mich. Hurtel. gr. 8. (29 B.) Wien 832, Mechitaristen-Congregat.-Buchh.

Petter, Frz., theoret.-prakt. Anleitung z. kaufmännischen Aufsätzen. Plan, Durchsicht u. Vorrede v. Joh. Mich. Hurtel. 2., verb. Aufl. gr. 8. ($29\frac{1}{2}$ B.) Wien 846, Gerold, Verl.

Petter, Franc., compendio di gramatica tedesca. Vienna 853. Mechitharisten-Congreg.-Buchhdlg. gr. 8. (186 S.) 20 ngr.

Petter Franz — Dalmatien in seinen verschiedenen Beziehungen dargestellt von ——. Mit Unterstützung der kaiserl. Akademie der Wissenschaften. 1ter Th. Wien, 1856. Druck und Papier von Leopold Sommer. (VIII. 296 S. 8)

Petter, Franz — Dalmatien in seinen veschiedenen Beziehungen dargestellt von — —. In zwei Theilen. Mit Unterstützung der kaiserl. Akademie der Wissenschaften. 2ter Th. Wien, 1856. Druck und Papier von Leop. Sommer. (VI. 314 S. 8.) (Franz Petter, geb 1798 am 4. Februar zu Waidhofen an der Ybs in Oestrr. unter der Enns, gestorben am 8. Juli 1853 in Cattaro.)

— Dalmatien in seinen verschiedenen Beziehungen dargestellt. Mit Unterstützung der k. Akad. d. W. in Wien. Gotha 857. J. Perthes. gr. 8. (VIII, 296 S.) n. 2 ℛ. 20 ngr.

— le frazioni decimali, le frazioni continue e il conteggio in parti aliquote. Vienna 853. Mechitharisten-Congreg.-Buchhdlg. gr. 8. (IV, 67 S.) 8 ngr.

Petter, Franc., Grammatica Tedesca per gl' Italiani. Con un Appendice sulla Calligrafia Tedesca. gr. 8. ($53\frac{1}{2}$ B. u. 2 Bl. Vorschriften.) Stuttgart 828. Cotta. Thlr.

— der Kreuzweg, eine Tugendschule. 12. Prag 816. (Schöps in Zittau). 4 xr

—— Lehrbuch d. kaufmänn. Buchhaltungs-Wissenschaft. Gründl. u. leichtfaßl., auf pract. Erfahrn. beruh. Anleitung, wie die Bücher d. Kaufleute, sowohl im Groß- als Kleinhandel u. in Fabriken, auf einfache Art u. in doppelten Posten zweckmäßig geführt werden können. Mit Schematen u. Tabn. 2., verm. u. verb. Aufl. gr. 8. (27 B.) Wien 841, [Heubner's Verl.]

Petter, (Frz.,) theoretisch-prakt. Lehrbuch d. kaufmännischen Buchhaltungs-Wissenschaft. Gründl. u. faßl, auf praktische Erfahrungen beruhende Anleit., wie die Bücher d. Kaufleute, sowohl im Groß- als Kleinhandel u in Fabriken, auf einfache Art u. in doppelten Posten zweckmäßig geführt werden können. Mit Schematen u. Tallellen. gr. 8. Wien 825, Heubner.

— die Schönschreibekunst, in 12 lithogr. Bl. mit erläut. Texte. 4. Grätz 823, (Miller.)

Petter, Frz., Versuch e. Geschichte d. amerikanischen Agave, besonders d. im Schloßgarten zu Friedland blühenden. gr. 8. Friedland 817. (Schöps in Zittau). 16 xr

—— botan. Wegweiser in d. Gegend v. Spalato in Dalmatien. Ein botan. Taschenbuch. Mit e. Vorbericht. 12. . . . Wien 832, (Gerold.)

Petter, I(gnaz), Volontärassistent am physiol. Institut zu Gießen: Kritische Studie zur Entwicklung des Sphygmographen. Gießen 1900: v. Münchow. (70 S.) 8°
Gießen, Med. Fak., Ref. Frank, Diss. v. 20. Febr. 1900
[Geb. 5. Dez. 75 Landshut; Wohnort: Gießen; Staatsangeh.: Bayern; Vorbildung: Gymn. Landshut Reife Juli 94; Studium: München 10 S.; Coll. 21 Dez. 05; Approb. 17 Dez. 00.]

Petter, N.: Das Ringerbuch. Aus d. Holländ. übers. v. J. F Lürman. Berlin 1814. 32 S.

Petter's, Nicolaes, Ring-Kunst vom J. 1674. Mit deutschem u. holländ. Text u. 71 Lichtdrucken der Kupferstiche Romein de Hooghe's neu hrsg. von K. Wassmannsdorff. 4. (XVI, 39 S.) Heidelberg 887. K. Groos. n. 10. —

Pettermand, A[mi]. Unsere Aufgabe gegenüber den Geisteskranken. Vortrag gehalten beim kirchlichen Instruktionskurs in Basel am 27. September 1905 von A. C[onstant] P', Pfarrer in Klein-Hüningen. 29 S. 8. Basel, Friedrich Reinhardt, 1906. (fr. —.60)

Pettermand, A[mi]. **Gedanken über Menschliche Kultur und Kunst, angeregt durch den Brand des Basler Stadttheaters ⟨7. Oktober 1904⟩, ausgesprochen am darauffolgenden Sonntag den 9. Oktober 1904 in der Kirche zu Kleinhüningen. Gedruckt auf den Jahrestag der Katastrophe im Oktober 1905. 12 S. 8. Basel, Georg & Co., 1905. [fr. —. 20]**

Petters: Die h. Religion Christi befödert auch das zeitliche Wol d. Menschheit. 11 S. –Komotau, Progr. 1852.

Achen-See und Umgebung. Bearb. von Hugo **Petters** in München. Maassst. 1:50,000. Gez. unter Zugrundlegung d. Orig.-Aufn. d. k. k. Militär. geogr. Inst. *(München: J. Lindauer 1901.)* (1 Kartenbl. 30 × 30 cm.) 8° [kol.] [02. 7166

Petters, Hugo. Der Gardasee und seine nächste Umgebung. Nach österreichischen und italienischen Generalstabs-Vermessungen. 1:100 000. Hildburghausen (1889) 1 Bl. c. K. NC. Sch.

Kaisergebirge mit Kufstein u. angrenzend. bayer. Gebiet. Auf Grund österr. u. bayer. amtl. Karten u. persönl. Begehungen bearb. u. ausgeführt von Hugo **Petters** i. München. 1:33,000. (Hrsg. von d. Sekt. Kufstein d. D. u. Ö. Alpenver. 1906. Kufstein: E. Lippott [in Komm.] 1906.) (1 Kartenbl. 56 × 45 cm.) 8° [lith.] [kol.]
[Umschlagt.:] Karte v. Kaisergebirge ... von H. Petters. [07. 846

Karte der Alpen (a. d. Umschl.: Neue ...). Vom Bodensee bis Wien u. von München bis Verona. Von Hugo **Petters.** Massst. 1:850,000. *Innsbruck: A. Edlinger [1899].* (1 Kartenbl. 40 × 65 cm) 8° [90. 8373

Karte der Alpen vom Bodensee bis Wien und von München bis Verona von Hugo **Petters.** Maßst. 1:850,000. (Innsbruck: A. Edlinger [1905]; Kartogr. Inst. v. H. Petters, Hildburghausen.) (1 Kartenbl. 65 × 40 cm.) 8° [lith.] [kol.]
[Umschlagt.:] Vom Bodensee bis Wien u. von München bis Verona von H. Petters. [05. 11613

Petters, H., Karte der Alpen vom Bodensee bis Wien u. Triest. Gezeichnet und zusammengestellt von H. Petters unter Mitwirkung von H. Waltenberger. Augsburg, Lamparts alpiner Verlag, 1882. gr. qu.-Fol. Kpfrst. u. kolor. (3 M.)

Petters, H. Karte d. Gardasees u. seiner nächsten Umgebung. 1:100,000. Nach österreich. u. italien. Generalstabs-Vermessgn. bearb. Kpfrst. u. Farbendr. gr. Fol. Münch. 890, (Lindauer). * 2 —

(Hugo) **Petters,** Karte von Meinigen und Umgebung. Neu bearb. u. ergänzt v. Dr. (Herm.) Pröscholdt. (Massst. 1:50,000.) 2. Ausg. *Meiningen: L. v. Eye [1893].* (1 Kartenbl. 34 × 39 cm.) 8° [Umschlagt.] [99. 7689

Petters (H). Neue Karte d. Alpen v. Bodensee bis Wien und v. München bis Verona. 1:85.000. 42 × 27 c.m Farbendr. u. kolor. Innsbruck. M. 2.—

Neue Karte der Alpen. Vom Bodensee bis Wien und von München bis Verona von Hugo **Petters.** 1:850.000. Innsbruck. 1899. Edlinger. 47 × 75. Gefalzt in Umschlag fl. —.60

Petters, H., Neue Karte der Alpen. Vom Bodensee bis Wien und von München bis Verona. 67 × 42 *cm* K 1.20
Innsbruck: A. Edlinger 1905.

Neue Karte von Thüringen und der Rhön. (Bearb. nach amtl. Quellen im Kartogr. Kupferstich-Inst. von H[ugo] **Petters,** Stuttgart. Maßst. 1:150,000.) (Meiningen: F. Funk [1905].) (1 Kartenbl. 47 × 42 cm mit Legende.) 8° [Kopft. lith.] [kol.] [05. 11818

Petters, Hugo. Karte von Süd-Thüringen und Franken. Zur Übersicht d hauptsächlichsten Kommunicationen. 2 Blatt: 1. Meiningen. — 2. Koburg. Kupferst. gr. Fol. Meiningen 889, v. Eye. à Blatt * — 90

Petters, H., Karte von Tirol und angrenzenden Ländern. 1:850,000. Chromolithogr. qu. gr. Fol. Berlin 884, Schropp'sche Hof-Landkartenh. * 3 —

Petters, H. Karte von Tirol und angrenz. Ländern. 1:850,000. Kupferst. u. Farbendr. Fol. Münch. 890, (Lindauer). * 1 50

Tirol (nebst d. angrenz. Ländern). Bearb. von Hugo **Petters.** Maasst. 1:850,000. *München: J. Lindauer (1901).* (1 Kartenbl. 39 × 40 cm.) 8° [kol.] [02. 7167

Petters, J., Andeutungen zur Stoffsammlung in den deutschen Mundarten Böhmens, s. Beiträge zur Geschichte Böhmens.

Petters, Ign.: Beitrag z. Dialekt-Forschung in Nord-Böhmen. Leitmeritz 1864. 16 S. 4° Schul-/Univ.-Schrift

Petters, Ig.: Beitrag zur deutschen Wortforschung. 7 S.– Leitmeritz, Progr. 1867. 4°

Petters, Ign.: Beiträge zur Dialektforschung in Nordböhmen. Zs. 36 S.– Leitmeritz, Progr. 1858,64,65.

Petters, Ign., Beiträge zur gotisch-hochdeutschen Wortforschung. Leitmeritz 1871. 8.
Progr. d. Obergymn. Leitmeritz.

Petters, Ign., Über die Bildung der deutschen und böhmischen Personennamen. Pisek 1856. Fol.
Progr. Gymn. Pisek. . . . . (D)

Petters, Ig.: Über die Ortsnamen Böhmens. 21 S.– Pisek, Progr. 1855.

Petters Josef: Quaestiones Lucretianae.
1884 PN 338 Diss. Wien, Univ. 1444

Petters, Otto, Kapuziner-Predigt, geh. am Cantatefestmahl, Sonntag, den 8. V. 1898. Zu Gunsten der Unterstützungskassen des deutschen Buchhandels gedruckt. schmal gr. Fol. (5 S.) Heidelberg 899. O. Petters. n. 1. 40

Plan der Heidelberger Stadtwaldungen nach d. Stand v. 1896 auf Gr. d. städt. Planmaterials hrsg. v. Otto **Petters.** Massst. 1:16000. *Heidelberg: O. Petters 1897.* (1 Ktnbl. ?) 1 Bd 8. [97. 674

Plan der Heidelberger Stadtwaldungen nach d. Stand von 1902 auf Grund d. städt. Planmaterials hrsg. von Otto **Petters.** Massst. 1:16,000. 3. Aufl. *Heidelberg: O. Petters (1902); Univ.-Dr. H. Stürtz, Würzburg.* (1 Kartenbl. 43 × 41 cm.) 8° [kol.] [02. 6564

Petters, Th.: Ueber die Bildung der deutschen und böhmischen Personennamen. 17 S.– Pisek, Progr. 1856.

Petters, Thdr., Rede bei der Wiedereinführung des heil. Aloysius-Vereines am 3. Sonnt. nach Ostern, 2. Mai 1852, den Gymnasiasten zu Kommotau vorgetragen. gr. 8. (15 S.) Prag 852, Credner & Kleinbub. 3 ngl.

Petters, Thdr., Rede bei der Wiedereinführung des heil. Aloysius-Vereines am 3. Sonnt. nach Ostern, 2. Mai 1852, den Gymnasiasten zu Kommotau vorgetragen. gr. 8. (15 S.) Prag 853, [Credner.]

Pettersch, Carl Hugo, Apollonius v. Tyana, der Heiden-Heiland. Eine philosophische Studie. gr. 8. (28 S) Reichenberg 879. (Berlin, Mayer & Müller.) n. 1. 20

Pettersch, Carl Hugo, d. Heiden-Heiland. Ein Essay. gr. 8. (19 S.) Wien 895. (Leipzig, Literar. Anstalt, A. Schulze.) n. 1. —

Pettersen, Karl: Scheuerungserscheinungen in der gegenwärtigen Litteralzone. Aus dem Norwegischen übersetzt von Richard Lehmann. ([S.-A.] Zeitschrift für die gesammten Naturwissenschaften. Bd. 53. 1880. S. 247—279.) Halle 1880. 33 S. 8°.

Pettersen, K., in anstehenden Fels eingeschnittene Strandlinien. [Aus: „Sitzungsber. d. k. Akad. d. Wiss."] Lex.-8. (13 S. m. 1 Kartenskizze.) Wien 889. (Tempsky.) n. 1. —

Pettersen Karl: Im anstehenden Fels eingeschnittene Strandlinien (mit 1 Karte). 8. 98.
I. 97 . . . . 1.—
Separatabdruck

Pettersen, Karl: Terrassen und alte Strandlinien. Aus dem Norwegischen übersetzt von Richard Lehmann. ([S.-A.] Zeitschrift für die gesammten Naturwissenschaften. Bd. 53. 1880. Heft 6. S. 783—843.) Halle 1880. 61 S. 8°.

Petterson, P. A., Romanis quae fuerint causae insectandi Christianos. Diss. 1851. 52 S. 1.50

Petterßon, A. J., Rede bei dem Begräbnisse d. Profess. ꝛc. Bengt Fredric Fries zu Stockholm am 18. April 1839. gr. 8. ($1\frac{1}{2}$ B.) Stockholm, (Fritze.) *

PETTERSSON, Alfred.
Experimentelle Untersuchungen über das Conserviren von Fisch und Fleisch mit Salzen. Akademische Abhandlung von Alfred Pettersson München 1900. 8:o. 70 s. (Ur: Archiv f. Hygiene. Bd 37.)

Pettersson, Otto, Beschreibung des Bifilar-Strommessers, s.a. Publications de circonstance du conseil permanent international pour l'exploration de la mer Nr. 25.

O Pettersson Beschreibung des Bifilar-Strommessers. Mit 1 Taf. Copenhague A F Høst & fils en comm. 1905. (6 S.) 4°(8°)
= Conseil permanent internat. pour l'exploration de la mer **Publications** de circonstance. No 25.

Pettersson, Otto, gezeitenähnliche Bewegungen d. Tiefenwassers, s.a. Publications de circonstance du conseil permanent international pour l'exploration de la mer. Nr. 47.

O. Pettersson: Gezeitenähnliche Bewegungen d. Tiefenwassers. 1909. 21 S. 1 Tvl.

— **Über Meeresströmungen, s.a. Veröffentlichungen des Instituts f. Meereskunde u. des geographischen Instituts an der Universität Berlin. 12. Heft.**

Über Meeresströmungen. Öffentl. Vortrag, geh. 1908 von Prof. Dr Otto Pettersson, Stockholm. Mit 34 Abb. Berlin: Mittler (1908). 68 S. 4° (8°)
(Veröffentlichungen d. Instituts f. Meereskunde u. d. geogr. Inst. an d. Univ. Berlin. H. 12.)

Pettersson, Ott und G Ekman Die hydrographischen Verhältnisse der oberen Wasserschichten des nördlichen Nordmeeres zwischen Spitzbergen, Grönland und der norwegischen Küste in den Jahren 1896 und 1897. Unter Mitwirkung von P T Cleve (Bihang till Kongl. Svenska Vetenskaps-Akademiens Handlingar. Band 23. Afd. II. No. 4) Stockholm 1898. 55 S., 13 Tf. 8°.

— über die Wahrscheinlichkeit v. periodischen u. unperiodischen Schwankungen in dem atlantischen Strome u. ihren Beziehungen zu meteorologischen u. biologischen Phaenomenen. (Ur svenska hydrografisk biologiska kommissionens skrifter.) (40 S. m. Fig., 8 Taf. u. 1 farb. Karte.) gr. Fol. Göteborg 905. (Berlin, J. Springer.) u.n. 10. —

Pettigrew, J Bell.

Pettigrew, J. B., die Ortsbewegung der Thiere, s.a. Bibliothek, internationale wissenschaftliche.

Pettigrew, J. B: Die Ortsbewegung der Thiere. Nebst Bemerkungen über die Luftschiffahrt. Leipzig 1875

Pettigrew, J. Bell, Die Ortsbewegungen der Tiere. Lpzg. 75. F. A. Brockhaus. M. 5.—

Pettin, Aug., wie ist es möglich, Noth u. Elend zu vernichten? Diese Zeitfrage zunächst vom christkathol. Standpunkte beantwortet. Sendschreiben an meine christkathol. Mitbrüder aller Länder. Im April 1846. gr. 8. (⅓ B.) Breslau, (Trewendt.) *

Pettinger, Adf. Handbuch f. Zeichenlehrer u. Zeichner. s. Peltz, E.

Pettinger, Adolf Über den Unterschied der optischen Erscheinung und der perspektivischen Konstruktion. 8 (S. 154—164).
In II Abschnitt der Festschrift z. 50jähr Jubiläum des Progr. Rg. am Zwinger *Breslau* 1886.
Nicht im Tauschverkehr.

— 30 **Vorhängetafeln** für das Ornamentzeichnen, im Anschluß an das elementare Zeichnen zur Einführg. in die Ornament-Formenlehre u. zur Übung im Zeichnen moderner Ornamente. 1. Tl. Bl. 1—10. Griechische Ornamentformen. 2. Tl. Bl. 11—30. Angewandte moderne Ornamentformen. Farbendr. qu. gr. Fol. Breslau 890. Klapper. n. 25. —

Pettinger, Adf., 30 Vorhängetafeln f. das Ornamentzeichnen, im Anschluß an das elementare Zeichnen zur Einführg. in die Ornament-Formenlehre u. zur Uebg. im Zeichnen moderner Ornamente. 1. Tl. Bl. 1—10. Griechische Ornamentformen. 2. Tl. Bl. 11—30. Angewandte moderne Ornamentformen. (Neue Titel-Ausg.) Farbendr. qu. gr. Fol Breslau 891. Priebatsch. n. 15. —; Auswahl 20 Blatt 12. —; 10 Blatt 6. —

Die Siegel und das Lamm. Betrachtungen über d. Offenbarung von William L. **Pettingill.** Autor. Übers. von Gräfin Elisabeth Groeben. Kassel: J. G. Oncken Nachf. 1908. (117 S.) 8° [F.]

Li Ta Tschu. Eine chines. Liebesgeschichte von Charles **Pettit.** Autor. Übers. von Gertrud Savič. Berlin: E. Fleischel & Co. 1906. (234 S.) 8° [F.]

Ⓢ Pettit, Ch., Li Ta Tschu. 906. (RBL 34.) Ladenpreis aufgehoben.

Pettit, James Harvey: Beiträge zur Bodenanalyse. Göttingen 1909: Huth. 55 S. 8°
Göttingen, Phil. Diss. v. 11. Aug. 1909, Ref. Tollens
[Geb. 9. Aug. 76 La Grange, N.-Y.; Wohnort: Urbana, Ill.; Staatsangeh.: Vereinigte Staaten; Vorbildung: Cornell Univ. B. Phil. Juni 00; Studium: Cornell Univ. 2, Göttingen 4 S.; Rig. 21. Juli 09.] [U 09. 1390

Pettko, J. v Geologische Karte der Gegend von Schemnitz. (Aus d. Abh. d. k. k. geol. Reichsanstalt.) Wien 1853. 4°

v. Pettko, Joh., geognostische Skizze der Gegend von Kremnitz. Mit der (lith.) geognost. Karte der Gegend von Kremnitz. Aus den Naturwiss. Abhndlgn. gesammelt u. durch Subscription hrsg. v. W. Haidinger. (I. Bd.) Imp. 4. (15 S.) Wien 847, Braumüller in Comm. n. ½ ß

— Tubicaulis von Ilia bei Schemnitz. Mit 1 lith. Taf. Aus den Naturw. Abhandlgn. gesammelt u. durch Subscription herausg. v. W. Haidinger. (II. Bd.) Imp. 4. (9 S.) Wien 849, Braumüller. n. ½ ß

Pettl, Ulr.: Histor. jur. civ. *Styr.* 769.

Pettmann, Grace, aus dem Wasser gezogen od.: Der Findling v. Trelagau. f.: Daheim u. Auswärts. 4. Hft.

Pettoello, Corrado, Korrespondenz f. Fabrik- u. Exportgeschäfte, s.: Meister, Emil.

Pettschacher, Bened., Theologia. III Tmi. fol. Salzb. (I. Wolf, A. 743.)

Petty, M., der kaufmännische Schnellrechner. Ein Handbuch f. Jedermann, der schnell u. sicher rechnen will, sowie f. Handels- u. Gewerbeschulen. Nach eigener Methode. gr. 4. (IV, 77 S.) Dresden 874. G. Dietze. n. 1. 50

Petty, M., der kaufmännische Schnellrechner. Ein Handbuch f. Jedermann, der schnell u. sicher rechnen will, sowie f. Handels- u. Gewerbeschulen. Nach eigener Methode. 2. Aufl. gr. 8. (IV, 77 S.) Dresden 884. G. Dietze. cart. n. 1. —

Pettyes, P. G. a., de reverentia templorum ecclesiasticorum N. T. Frcft. ad M. 1731. 4.

Petuchowski, M., Beiträge zur Bibelexegese d. Talmud. I. gr. 8. Frankfurt a/M. 894. J. Kauffmann. n. 3. —
Der Tanna Rabbi Ismael. (116 S.)

Petuchowski, M., s.: Mischnaiot.

Petuchowski, Marcus [aus Halberstadt]: Der Tanna Rabbi Ismael. Zugl. e. Beitr. z. Bibelexegese d. Talmuds ... Halle, 1892; 48 S., 1 Bl. 8.
Halle, Phil. Fak., Inaug.-Diss. v. [12. Okt.] 1892

Der Tanna Rabbi Ismael. Von Dr. M. Petuchowski. *Frankfurt a. M.: J. Kauffmann 1894* (116 S.) 8°
= Petuchowski: Beiträge z. Bibelexegese d. Talmud 1.

Petuel, Frz. Seraph, allgemeine Cultur-Geschichte der neueren Zeit in kurzer Ueberſicht u. mit beſonderer Berückſichtigung der gegenwärtigen Verhältniſſe dargeſtellt. München 862. (L. Finſterlin.) gr. 8. (IV, 84 S.) n. 10 ngr.

Petulſchnigg, M., u. Max. Brandals, kleine Geographie f. öſterreichiſche Volksſchulen. 4. Hft. 8. Graz. (Klagenfurt, F. Heyn.) n. — 40
Das Herzogth. Kärnten. (16 S.) 899.
Vergl.: Brandals, Max.

Pètursson, Pètur

—— Historia ecclesiastica Islandiae. Ab anno 1740, ad annum 1840. 4. (64½ B.) Havniae 844, (libr. Gyldendal.) *

Pètursson, Pètur, Commentatio de jure ecclesiarum in Islandia ante et post reformationem. 8. (8½ B.) Havniae 844, libr. Schubothe.

Pètursson, Pètur, Symbolae ad fidem et studia Tyrannii Rufini Presbyteri Aqvileiensis illustranda, e scriptis ipsius petitae, qvas pro gradu licentiae theol. rite impetrando, respondente Cand. M. Kyriksen publico erudit. exam. subjiciet. 8maj. Hauniae 840. (Philipsen.) 2, 3 ß

Petuſchnik, J. J., Tiſchlerkunſt, ſ. Roubo.

Petutschnigg, M. 400 landwirtschaftliche u. Haushaltungs-Rechnungen für die Mittel- u. Oberstufe der allgem. Volksschulen. Klgft., Leon, 1894. 34 S.

Petutschnigg, M. Rechnungs-Aufgaben für landwirtschaftliche Fortbildungs-Curse in Kärnten. Spittal a. d. Drau, Nest, 1899. 51 S.

Petworth, Miß; Geſchichte, od. ſie hat Recht ihn zu heirathen; aus d. Engl. 2 Thle. 8. Leipz. 775. Hilſcher. 9 gr.

Petz, s.a. Pez

PETZ, Aloys (Geisenfeld): De typho icterode.- Landishuti: Thomann 1815. 30 S.
2.5.1815 - Pe 347; F 57
Diss. Ingolst.-Landsh.-Mchn.

Petz, Andreas, s. Entwurf, Patriotischer, einer planmäßigen nächtlichen Stadtbeleuchtung.

Petz, Andr., die Freude d. biedern Tyroler bei der Anweſenheit d. Königl. Majeſtäten v. Baiern zu Innsbruck. 8. Innsbruck 808.

Der Illuminat. Ein Drama von Andr. Petz. [Landshut: Storno] 1803. VIII, 74 S. 8°
Kl. 4040b.

Petz, Andr., der Illuminat. Ein Drama. 8. Landsh. 803. Storno; (a. Thomann). 8 gr.

Petz, Andr., das katholiſche Kirchenjahr für Schule u. Haus erklärt. Regensburg 870. Puſtet. gr. 16. (319 S. mit 1 Stahlſt.) 9 ngr.

Petz, Andr., das katholiſche Kirchenjahr f. Schule u Haus. 2. verb. Aufl. Mit Titelſtahlſt. gr. 16. (320 S.) Regensburg 871. Puſtet. — 90

Petz, Andr., d. katholiſche Kirchenjahr, f. Schule u. Haus erklärt. 5., verb. Aufl. 12. (320 S. m. 1 Stahlſt.) Regensburg 896. F. Puſtet. — 90; geb. in Leinw. n. 1. 30

— die Maskerade. Schſpl. nach höherer Anſicht. gr. 8. Inſbr. 809. Wagner. 12 gr.

– s.a. Quodlibet, Neumodisches.

QUODLIBET, Neumodisches, oder eine gereimte Burleske gegen die häufigen Feyertage in katholischen Ländern .... (von *L. Andreas Petz*). Landshut 1804.
Anon.-Lex. III. p. 326 (nach Kayser, Meusel, Weller, Goedeke).

[F.] Die Theilnahme des 1. Hannoverschen Infanterie-Regiments Nr. 74 spez. d. Füsilierbataillons am Handstreich gegen Rocroy wie an d. Operationen d. Süd-Armee gegen Pontarlier. Von F. Petz, (Unteroffiz.) Duderstadt. *(Duderstadt:) Selbstv.; (Dr. v. F. Wagner 1896).* (28 S., 1 Bl.) 1 Bd 8.

Petz, Franz Seraph

Petz, Frz. Ser., der Biſchof u. das Domkapitel, od. die wechſelſeit. Beziehgn. der Biſchöfe u. ihrer Kapitel, hiſtoriſch u. kanoniſtiſch beleuchtet u. dargelegt. gr. 8. (88 S.) Paſſau 875. Bucher. 1. —

Petz, Frz. S., ſ.: Concils von Trient, des heil. ökumeniſchen, Canonen u. Decrete in neuer deutſcher Ueberſetzung.

—— philoſophiſche Erörterungen über die Unſterblichkeit der menſchlichen Seele und über den Zuſtand der abgeſchiedenen Seelen im Jenſeits, mit ſteter Rückſicht auf die wichtigeren Philoſopheme älterer und neuerer Zeit. gr. 8. (XI, 190 S.) Mainz 879, Kupferberg.

—— die Homiletik und Rhetorik in Beiſpielen nebſt kurzen Regeln. Ein Hilfs- und Handbuch für angehende Prediger und Redner. 8. (564 S.) Paſſau 876, Bucher'ſche Buchh.

—— Kosmos und Pſyche, oder philoſophiſche Unterſuchungen über die Welt und die Seele, über deren Weſen, Urſprung, Beſtimmung und Dauer, mit beſond. Rückſicht auf Plato, Ariſtoteles und Thomas v. Aquin, ſowie auf andere ältere und neuere Philoſopheme. gr. 8. (VIII, 165 S.) Mainz 879, Kupferberg.

— Philoſophie der Religion, oder Studien über Gott u. das Göttliche, mit ſteter Rückſicht auf die Lehren der größten Philoſophen aller Zeiten. gr. 8. (IV, 160 S.) Mainz 878. Kirchheim. 2. —

Petz, H., urkundliche Nachrichten über den literarischen Nachlass Regiomontans und B. Walters 1478—1522, s. Mittheilungen des Vereins für Geschichte der Stadt Nürnberg.

Petz, Hans, Herm. Grauert und Joh. Mayerhofer, drei bayerische Traditionsbücher aus dem XII. Jahrh. Festschrift, zum 700jähr. Jubiläum der Wittelsbacher Thronbesteigung hrsg. gr. 4. (XXIX, 208 S. mit eingedr. Holzschn. und 1 Tab.) München 880, [Kellerer's Verlag.] de Crignis. *

Petz, Hier., Leben u. Wunderthaten d. Hrn. Leopolds, Markgrafen in Oesterreich; aus d. Latein. v. Mt. Kropf. 4. Wien 756. Gerold. 12 gl

– Dass., s.a. Pez, Bernhard

Petz, J., s.a. Petz an der Ecke, Jul.

Petz, J., urkundliche Beiträge zur Geschichte der Bücherei des Nürnberger Rates, 1429—1538, s. Mittheilungen des Vereins für Geschichte der Stadt Nürnberg.

PETZ, Jacob (Tölz): De lactatione et nutritione artificiali neonatorum.- Monachii: Rösl 1833. 16 S. 20.12.1831 - Urk; F 60 Diss. Ingolst.-Landsh.-Mchn.

Petz, Joh. Bapt., d. Dienst d. Assistenten u. Ministri bei Pontifikalfunktionen. 8. (VII, 352 S.) Kempten 899. J. Kösel. 2. 70; geb. in Leinw. n. 3. 30

Petz, Jos., die Jahreszeiten. Zweistimmiger Gesang mit Declamation und Begleitung des Piano-Forte und Harmoniums. 3.—5. Aufl. 8. (16 S.) Graz 881—83. (Leipzig, Siegismund und Volkening.)

Petz, Jos., die Jahreszeiten. Zweistimmiger Gesang m. Declamation u. Begleitg. d. Piano-Forte u. Harmoniums. 6. Aufl. 8. (16 S.) Graz 885. (Leipzig, Siegismund & Volkening.) — 30

Petz, Josef. Rede auf den Tod Kayser Josephs des Zweyten gehalten im grossen Hörsaale der Universität zu Weimar als von derselben die Leichenfeyer für den höchstseligen Kaiser den III., VII. und VIII. May MDCCXC. begangen wurde. Wien o. J. V: *Span, Martin.* (Franz Gräffer, Kleine Wiener Memoiren. München 1918. Bd. I, S. 193. 490) (BiblPort)

—— eine Wanderung durch die Heimat. Zweistimmiges Liederspiel mit Declamationen und Begleitung des Piano-Forte und Harmoniums. 1.—3. Aufl. 8. (13 S.) (Ebendas.) 882,83.

—— eine Wanderung durch die Heimat. Zweistimmiges Liederspiel mit Declamationen und Begleitung des Piano-Forte und Harmoniums. 4.—6. Aufl. 8. (13 S.) (Ebendas.) 884,85. — 30

—— das Weihnachtsfest. Zweistimmiges Liederspiel mit Declamationen und Begleitung des Pianoforte und Harmoniums. Für die Jugend componirt. 2. Aufl. 8. (8 S.) (Ebendas.) 885. — 20

Petz, L [Übers.]
s. Genlis, St.-F. de: Der Pallast der Wahrheit. 1829.

Petz, L., s. Pallast, der.

Petz, L. Andreas, s. Petz, Andreas

Petz, Leop., s. Shakspeare dramat. Werke.

Petz, Rudolf

Petz, Rud., die neuen Steuern. E. kurze Darstellg. d. wichtigsten Bestimmgn. d. Gesetzes v. 25. X. 1896 betr. d. direkten Personalsteuern. [Aus: „Salzb. Volksblatt".] 8. (44 S.) Salzburg 897. (Mayr.) n.n. — 60

— dasselbe, die neue allgemeine Erwerbsteuer. — D. Erwerbsteuer d. zur öffentl. Rechnungslegung verpflicht. Unternehmgn. — Die Rentensteuer. — Die Personaleinkommen- u. Besoldungssteuer. 2., verb. u. m. Beispielen ergänzte Aufl. 8. (64 S.) Ebd. 897. n. — 80

Petz, Valentin: De Concordatis Germaniae
s. Hunold, Joachim

Petz an der Ecke, Jul., die Beseitigung des Arbeiterelends. Ein Beitrag zur Lösg. der sozialen Frage. (18 S.) gr. 8. Wien 906. „Austria" F. Doll. n.n. — 40

— die Feinde des Volkes u. ihr Wirken. (26 S.) gr. 8. Ebd. 906. n. — 20

— das Geheimnis, von der Wiege bis zum Grabe gesund zu bleiben. Gedankenbild. (III, 52 S.) gr. 8. Ebd. 906. n. 1. —

Petzall, Paul [Kammerger.-Ref.]: Die Abweichungen von der accessorischen Natur des Pfandrechts nach römischem Rechte ... Berlin, Buchdr. v. Th. Hildebrandt, 1895; 78 S. 8.
Göttingen, Jur. Fak., Inaug.-Diss. v [25. Febr.] 1895

Petzeck, J., ob d. Kirchenablass ein Nachlass d. göttl. Strafe sei? Frib. 1788. 8.

Petzek, Josef Anton von

Petzeck, Jos.: Allgem. Gerichtsordnung — nach allen bis 1789 darüber ergangenen Erläuterung. — u. Verordnn. im Grundtexte selbst abgeändert. *Freiburg.* 789. 8.

— Grundsätze d. Vorderösterreich. Privatrechts. 3 Thle. 8. Freiburg 792—94. Wagner. 3 rl 8 gl

— Katalog der v. 1783 bis 1794 in Oesterreich verbotenen Bücher. 8. Freiburg, Wagner. 8 gl

— diss. de modo, causas religionem concern. inter Catholicos et Protestantes controversas secundum leges Jur. Publ. Ecclesiastici German. finiendi. 8. Freiburg 779.

— diss. de potestate ecclesiae in statuendis matrimonii impedimentis. 8maj. Freiburg 783. Wagner. 9 gl (Wien v. Mösle). 8 gl

Petzek, Ios. Ant. de, Dissertatio de potestate Ecclesiae in statuendis matrimonii impedimentis. Friburgi 1783, in 8°. — Cum vindiciis contra binam diss. canonicam Argentoratensem. Das. 1787, in 8°.

– Sammlung aller politisch-geistl. Gesetze, die v. d. altesten Zeiten bis auf 1795 f. d. vorderösterr. Lande erlassen worden sind
Wagner, Freiburg [1795]

— Samml. aller polit.-geistl. Gesetze, die v. den ältesten Zeiten bis auf 1795 f. die vorderösterreich. Lande erlassen worden sind u. noch bestehen. 2 Bde. 8. Ebd. 797. 2 rl 6 gl

— systemat.-chronolog. Samml. aller jener Gesetze u. Verordnn., die von d. ältesten Zeiten bis auf 1794 für d. vorderösterr. Lande erlassen worden sind u. jetzt noch bestehen. 9 Bde. 8. Frburg. 794—97. Wagner. 8 rl 18 gl

Pezek, Ios. Ant., synops. iurium commun. ad tit. in alphab. ord. red. adcommod. 4. Frib. Wagner. 782.

— synopsis jurium commun. ad tit. in alphab. ord. red. ad commod. 4. Freiburg 783. (Wagner). 12 gl

Petzek, Jos. Ant., († d. 19. Juli 1804.) Untersuch., ob d. Kirchenablaß e. Nachlassung d. göttlichen Strafe sey ꝛc. gr. 8. Frburg. 788. Wagner. 9 kr (Wien, v. Mösle). 8 kr

– vindiciae dissertat. de potestate in statuendis matrimonii impedimentis. 8maj. Freiburg 787. Wagner. 15 kr (Wien v. Mösle). 16 kr

Petzel, die Operationen Napoleons von La Rothière bis Bar sur Aube vom 1.—25. II. 1814, s.a. Beiheft zum Militär-Wochenblatt. 1900. Hft. 6.

Die Operationen Napoleons von La Rothière bis Bar sur Aube vom 1. bis 25. Februar 1814. Vortrag, geh. zu Berlin 1900 von **Petzel**, Oberstlt. ⟨Mit 1 Kartenskizze.⟩ *Berlin: E. S. Mittler & Sohn (1900).* (S. 259–276.) 8° [F.]
= **Militär-Wochenblatt.** 1900. Beih. 6, [1.] [04 3290

Petzel, Friedrich des Großen Operationsplan f. den Feldzug v. 1759, s.a. Beiheft zum Militär-Wochenblatt.

Petzel. Friedrich d. Gr. Operationsplan für den Feldzug 1759. Berlin 1887. 8°. (Bh. z. M.W.B.)

Gedichte v. Hinrich Georg **Petzel**, Rector und Diaconus in Tönning. Tondern. 1817. 8°.
—— [2. Aufl.] ebd. 1819.

Petzel, Karl, das Turnen im Schulzimmer. Drei Wandtafeln. Imp.-Fol. Mit Begleitworten. gr. 8. (4 S.) Troppau 880, Volprecht. In Mappe *

—— und Friedr. Smital, der heimatkundliche Unterricht in den ersten drei Schuljahren. Zusammengestellt nach den Normallehrplänen für Volks- und Bürgerschulen. gr. 8. (IV, 69 S.) Ebendas. 880. *

Petzel, M., s.a. Claudius, Mart.

Petzel, M., zwei Freundinnen. Erzählungen für die Mädchenwelt. Mit 8 Einschaltbildern. (211 S.) 8. Berlin (907), Verlag Jugendhort. Geb. in Leinw. 5. —; Prachtausg. m. 4 Einschaltbildern 6. —

Petzel, M., aus Vergangenheit und Gegenwart, s.: Gumpert's, Th. v., Bücherschatz für Deutschlands Töchter.

Petzel, Maria, s.a. Redeatis.

Petzel, Marie, das Erdbeerkörbchen, s.: Schillings-Bücher.

— Gotteswege. Eine Erzählg. 8. (192 S.) Berlin 875. Rauh. 2. 25; geb. n. 3. 25

[F.] Gut verzinst. — Der Berggeist. — Onkel Eduard. Von Redeatis '(Maria **Petzel**)'. *M. Gladbach & New York: A. Riffarth [1896].* (119 S., 3 Taf.) 1 Bd 8.
= **Bibliothek** für junge **Mädchen.** Bdch. II. [97. 5293

— alte Märchen in neuen Kleidern. gr. 4. (IV, 122 S. m. 8 Holzschntaf.) Ebend. 875. n. 9. — geb. in Leinw. m. Goldschn. n. 13. —

Petzel, Marie, die erste große Reise. Eine Erzählg. aus der Mädchenzeit. gr. 16. (78 S.) Hamburg 876. Agentur d. Rauhen Hauses. n. — 60

Petzel, M., e. seliges Weihnachtsfest, s.a. Schillingsbücher.

— Ein seliges Weihnachtsfest u. andere Erzählungen. (120 S m. Abb.) kl. 8. Hamburg (910). Agentur des Rauhen Hauses. Geb. in Leinw. 1. —

Petzel, Marie, s. Petzel, Maria

Petzel, Minna [Martin Claudius], Bekenntnisse e. Diakonissin. Erzählung. 8. (32 S.) Berlin 887. Deutsche Evangel. Buch- u. Tractat-Gesellschaft. n. — 40

Petzel, Rosa, s. Claudius, Mart.

Petzel, Rud., Beiträge zur Geschichte d. Handfertigkeitsunterrichtes in Österreich. [Aus: „Die Volksschule".] gr. 8. (45 S.) Wien 887. V/2, Einsiedlergasse 25, Selbstverlag. n. 1. —

— der Handfertigkeitsunterricht. Seine gegenwärt. Ausbreitung u. Beziehung zur Schule. [Aus: „Freie pädagog. Blätter".] gr. 8. (28 S.) Ebd. 887. n. 1. —

— der Handfertigkeitsunterricht im Norden, s.: Herbe, Gfr.

Petzel, Rud., d. Handfertigkeitsunterricht in d. Schweiz u. in Frankreich, s.: Herbe, Gfr.

Petzel, R., die Knabenhandarbeit in Deutschland, s.: Herbe, G.

Petzel, Rud., 2104 gleich- u. ähnlichlautende Wörter, nebst ihrer Anwendung in Sätzen. Auf Grund der vom k. k. österreich. Unterrichts-Ministerium angeordneten Regeln u. des Wörterverzeichnisses für die deutsche Rechtschreibung bearb. gr. 8. (III, 126 S.) Troppau 880. Volprecht. n. 1. 50

Petzel, W. Bericht über die Expedition des Marschalls Bugeaud, Herzogs v. Isly gegen die Kabylen von Dellys im Herbste 1844. Berlin 1845. 107 S.

Petzel, W., Bericht üb. die Expedition des Marschalls Bugeaud, Herzogs von Isly gegen die Kabylen von Dellys. Im Herbste 1844. 8. (6¾ B.) Berlin 845, Stuhr'sche Buchh. *

Petzel, Willi, approb. Arzt aus Dresden: Experimentelle vergleichende Untersuchungen über die Einwirkung des Argentum aceticum und anderer Silbersalze auf Meerschweinchenaugen vom Standpunkte der Prophylaxe der Blennorrhoea neonatorum. *Leipzig 1901: B. Georgi.* (43 S.) 8°
Leipzig, Med. Diss. v. (22. Juni) 1901

Petzeld, (A.,) Leitfaden f. d. Unterricht in d. demonstrativen Arithmetik. 8. Neiße 827, Ennert.

Petzeld, A., Leitfaden f. d. Unterricht in d. demonstrativ. Arithmetik, in Gymnasien, hohen Bürger-, Real- u. Gewerbschulen mit Nutzen zu gebrauchen. 2., unveränd. u. wohlf. Ausg. 8. (13¼ B.) 829. 12 Gr., 3., verb. u. verm. Aufl. gr. 8. (10½ B.) Neiße 833, Hennings.

Petzeld, A., Leitfaden f. d. Unterricht in d. demonstrat. Arithmetik, in Gymnasien, hoh. Bürger-, Real- u. Gewerbschulen mit Nutzen zu gebrauchen. 4., verb. u. verm. Aufl. 8. (10¼ B.) Neisse 838, Hennings.

—— Leitfaden f. d. Unterr. in d. Geometrie der Ebenen u. d. Körper, f. Gymnasien u. hohe Bürgerschulen. 8. (3½ B. u. 6 Stnt. Fol.) Neiße 831, (Hennings.)

—— Leitfaden f. d. Unterr. in d. Mineralogie f. Gymnasien, hohe Bürger-, Real- u. Gewerbschulen. 8. (7 B.) Neiße 834, Hennings.

—— Potenz- u. Wurzel-Tafel d. natürl. Zahlen, enthalt.: I. Tafel d. Quadrat- u. Cubikzahlen v. 1 bis 1000. II. Tafel d. ersten 6 Potenzen v. 1 bis 100. III. Tafel d. Quadrat- u. Cubikwurzeln v. 1 bis 100. Zum Gebr. seiner Schüler besorgt. 8. (1¾ B.) Neiße 834, Hennings.

—— Sammlung v. Aufgaben z. Uebung in d. Algebra. 8. (5¼ B.) Neiße 832, (Hennings.)

Petzeld, A. Vorschläge zur Erweiterung d. Gymn., damit sie auch von denjenigen, die keinen gelehrten Stand wählen wollen, aber doch e höhere Bildung wünschen, mit Nutzen besucht werden können. 14 S. Progr. Neisse 1830

Verfassung der ungarischen Kriegsakademie. Im Auftrage des Kriegsministers und General-Majors Lázár Mészáros, aufgestellt von Josef Petzelt, Universitäts-Professor und vom Reichstage des Jahres 1848 in seiner 116. Sitzung angenommen. 8. Posth 1849.

[S.] Heimatkunde des Kreises Bomst (Wollstein). Unt. Benutzg amtl. Quellen bearb. v. L. Petzelt, Hauptl. Lissa i. P. F. Ebbecke 1898. (24 S., 1 Kt.) 1 Bd 8.

Petzelt, L., Heimatkunde des Kreises Bomst (Wollstein). Unter Benutzg. amtl. Quellen bearb. gr. 8. (24 S.) Lissa 899. F. Ebbecke. n. —20; m. Kreiskarte n. —60

Petzenbürger, A., elektrische Schnellbahn Berlin-Hamburg 286 km. gr. 8. (19 S.) Hamburg (901). F. Grabow. —50

PETZENDORFER, Franz Josef (Regensburg): De tuberculis pulmonum.- (Titel nach der Urkunde) 25.7.1832 - Urk: F 60
Diss.Ingolst.-Landsh.-Mchn.

Petzendorfer, J. N., Trauer-Rede auf d. Tod Maximilian Josephs Königs v. Baiern. 8. Passau 825. Ambrosi. 1 K

Petzendorfer L. die neue Buchkunst u ihre alten Vorbilder (16 S) Berlin 1900

Petzendorfer, L., Festschrift zur Feier d. 25jährigen Bestehens der Sektion Schwaben d. deutschen u. österreichischen Alpenvereins 1869—1894. Im Auftrag der Sektion verf. Mit 2 Lichtdr., 2 Autotyp. u. 2 lith. Taf. gr. 8. (47 S.) Stuttgart 894. (H. Lindemann.) n. 1. 50

Petzendorfer, L., humoristische Naturgeschichte d. alpinen Menschen. 2. Aufl. m. 10 Jllustr. v. G. Sundblad. 8. (60 S.) Stuttgart 888. [Lutz.] Augsburg, Lampart's alpiner Verlag. n. 1.—; cart. n. 1. 25

Der Freimaurer im Tode. Trauerfeier 1910. (Loge zu den drei Cedern, Stuttgart.) Von Ludwig Petzendorfer. [Stuttgart 1910.] 8 S. 8°. [Kopftit.]

— Schriften-Atlas. Eine Sammlung der wichtigsten Schreib- u. Druckschriften aus alter u. neuer Zeit, nebst Initialen, Monogrammen, Wappen, Landesfarben und herald. Motiven, f. die prakt. Zwecke des Kunstgewerbes zusammengestellt. 18 Lfgn. Fol. (à 8 Taf. m. Text 6 S.) Stuttgart 888. J. Hoffmann. à n. 1. — (cplt. geb.: n. 24. —)

— Schriften-Atlas. Eine Sammlg. der wichtigsten Schreib- u. Druckschriften aus alter u. neuer Zeit, nebst Initialen, Monogrammen, Wappen, Landesfarben u. herald. Motiven, f. die prakt. Zwecke d. Kunstgewerbes zusammengestellt. 2., verm. Aufl. 20 Hfte. Fol. (à 8 Taf.; m. 8 S. Text) Stuttgart 892. 893. J. Hoffmann. à n. 1. — (kplt. kart.: n. 21. —; geb. n. 25. —)

Petzendorfer, Ludw., Schriften-Atlas. E. Sammlung der wichtigsten Schreib- u. Druckschriften aus alter u. neuer Zeit, nebst Initialen, Monogrammen, Wappen, Landesfarben u. herald. Motiven, f. d. prakt. Zwecke d. Kunstgewerbes zusammengest. 3. Aufl. 20 Hfte. Fol. (à 8 z. Tl. farb. Taf. u. Text VIII S.) Stuttgart 897. 98. J. Hoffmann. à Hft. n. 1. — (kplt. geb. in Leinw.: n. 25. —)

Schriften-Atlas. Eine Sammlung d. wichtigsten Schreib- und Druckschriften aus alter u. neuer Zeit nebst Initialen, Monogrammen, Wappen, Landesfarben u. herald. Motiven, f. d. prakt. Zwecke d. Kunstgewerbes zsgest. von Ludwig Petzendorfer. Stuttgart: J. Hoffmann 1898. (123 Taf.) 4° [S. u. Ant.] [o. 6]¹³ 7

Petzendorfer, L., Schriften-Atlas. Eine Sammlung v. Alphabeten, Initialen u. Monogrammen. Neue Folge. 18 Hefte. (144 Taf. m. 8 S. Text.) Fol. Stuttgart (903—905). J. Hoffmann. à n. 1. —

Toast zum Johannisfest 1901. Den Schwestern gewidmet. [Von Ludw. Petzendorfer.] [Stuttgart 1901.] 1 Bl. 13×27,5 cm. [Kopftit.]
In Versen: „Fernab vom lauten Weltgetriebe…"]

Petzer. Ein Wort an die Grundbesitzer wegen Vertilgung der Maikäfer und Engerlinge Im Namen des Ausschusses des landwirthschaftlichen Filial-Vereines der prov. Vorstand — —. Innsbruck, 1856. Druck der Wagner'schen Buchdr. (2 Bl. 4.)

Petzer, Georg

Petzer, Geo., hippologische Studien. Als Lehr- und Lernbehelf für Artillerie-Regiments-Equitationen bearb. Mit Beiträgen und Anhang von Frz. Kahoutek. 1.—3. Aufl. gr. 8. (VI, 154 S. mit 64 Abbild. auf 2 lithogr. Taf. in qu. Fol.) Temesvár 873—75. (Budapest, Grill's Hofbuchh.) *

Petzer, Geo., hippologische Studien. Als Lehr- u. Lernbehelf für Artillerie-Regiments-Equitationen. Mit Beiträgen u. Anh. v. Frz. Kohoutek. Mit 64 Abbildungen auf 2 (lith.) Taf. 4., verb. Aufl. gr. 8. (X, 151 S.) Wien 879. Seidel & Sohn. n. 4. —

Petzer, G., hippologische Studie. Als Lehr- u. Lernbehelf f. Artillerie-Brigade-Equitationen u. f. die Cavallerie u. Artillerie-Cadetenschule. Mit Beiträgen von F. Kohoutek. 64 Abbildgn. 5., verb. Aufl. gr. 8. (X, 147 S.) Wien 889. Seidel & Sohn. n. 4. —

Petzer, R., d. moderne Staat. Was er will u. was er soll. Streiflichter auf einige brenn. Fragen der Gegenwart. gr. 8. (77 S.) Prag 895. H. Dominicus. n. 1. —

Petzet, Vorschriften üb. Verordnung, Abgabe u. Verbrauch der Arzneien im Eppendorfer Krankenhause. Zusammengestellt v. P. 2 Tle. 8. Hamburg 909. (W. Mauke Söhne.) In Leinw. kart. 3. —
I. (92 S.) 2. —. — II. (33 S.) 1. —.

Petzet, Chr., s. Russisch-Polen.

Die Blütezeit der deutschen politischen Lyrik von 1840 bis 1850. Ein Beitrag z. deutschen Lit.- u. Nationalgesch. von Christian Petzet. (In 5 Lfgn.) *München: J. F. Lehmann 19(02–)03.* (IV, 519 S.) 8° [F.] [03. 04]

Petzet, Christian, die Blütezeit der deutschen politischen Lyrik von 1840 bis 1850. Ein Beitrag zur deutschen Literatur- u. Nationalgeschichte. gr. 8. (IV, 519 S.) München 908. J. F. Lehmann's Verl. n. 9.—; geb. in Leinw. n. 10.—

Petzet, Chrn., die deutschen Ostmarken, s.: Kampf, der, um d. Deutschtum, Hft. 3.

[F.] Die preussischen Ostmarken. Von Christian Petzet. M. 1 Sprachenkt. *München: J. F. Lehmann 1898.* (2 Bl., 72 S., 1 Kt.) 1 Bd 8.
— Kampf, Der, um d. Deutschtum. H. 3. [98. 3519]

— bayerische Wahlreform. Direkte Landtagswahlen — gesetzl. Wahlkreiseinteilung — Minoritätenvertretung — Wahlpflicht. gr. 8. (29 S.) München 898. C. H. Beck. n. —50

Petzet, Erich, über das Heidelberger Bruchstück des Jüngeren Titurel (S. 287—320 m. 2 Taf.) gr. 8. München 903. (G. Franz' Verl.) n. —80
Sonderabdruck aus: „Sitzungsber. d. bayer. Akad. d. Wiss."

Petzet, Erich, Elternvereinigungen. Ihre Ziele u. ihre Wege. Im Auftrage d. Elternvereinigg. München. (28 S.) gr. 8. München 908. Süddeutsche Monatshefte. —60

— Paul Heyse als Dramatiker. (108 S.) 8. Stuttgart 904. J. G. Cotta Nachf. n. 1.50

— s.: Platen, Aug. Graf v., Tagebücher.

— u. Otto Glauning, deutsche Schrifttafeln des 9.—16. Jahrh. aus Handschriften der k. Hof- u. Staatsbibliothek in München. (In 5 Abtlgn.) 1. Abtlg. Althochdeutsche Schriftdenkmäler des 9.—11. Jahrh. (15 Taf. m. 34 S. Text.) 42×32 cm. München 910. C. Kuhn. Subskr.-Pr. 6.—; geb. 7.—; Einzelpr. 8.—; geb. 9.—

Petzet, Erich: Studien zu Johann Peter Uz ... (Soll vollst. ersch.) Berlin, *Druck v. A. Haack,* 1893; 68 S. 8.
München, Phil. Fak., Inaug.-Diss. v. 1893

Petzet, Erich, Studien zu Johann Peter Uz. Diss. gr. 8. (68 S.) Berlin 893. Weimar, E. Felber. n. 1.50

Petzet, Erich, Johann Peter Uz. Zum 100. Todestage des Dichters. gr. 8. (VII, 88 S. m. Bildn.) Ansbach 896. C. Brügel & Sohn. n. 2.—

Petzet, Erich [Vorw.]
s. Zahn, Ernst: Die Säge von Mariels. 1811.

Die Zentralisierungsbestrebungen im deutschen Bibliothekswesen und die bayrischen Bibliotheken. Von Erich Petzet in München. (Stuttgart: A. Bonz & Co. 1906.) (22 S.) 8° [Umschlagt. F.]
Aus: Süddeutsche Monatshefte. Jg. 3, H. 5. [06. 661]

Petzet, G. Chr., unser Prinzregent. Zur Feier d. 12. März 1891. gr. 8. (52 S. m. 13 Abbildgn.) München 891. Franz' Verl. n. 1.—

Petzet, Heinr., Lenz u. Liebe. Gedichte. 8. (VIII u. 119 S.) Leipzig 848, O. Klemm. n. $^2/_3$ ₰

§ PETZET, Heinr., Lenz und Liebe. Gedichte. Leipzig 1850. 8°. Zahm.

Petzet, J. Thomas, das älterliche Haus, ein Elementarbüchlein f. den ersten Lebensunterricht. Ein Versuch nach Graser's Elementarschule für's Leben. 2., verb. Aufl. 8. (5 B.) Hof 846, Grau.

Petzet, J. Thomas, das älterliche Haus, ein Elementarbüchlein für den ersten Lebensunterricht. Ein Versuch nach Graser's Elementarschule fürs Leben. 2. verb. Aufl. 8. (77 S.) Hof 847, Grau. $3^1/_2$ ngr

Petzet, Joh. Thom., erster Schreibe- u. Lesestoff. Ein Versuch nach Graser's Elementarschule für's Leben. 8. (11 B.) Hof 836, Grau.

—— erster Schreib- u. Lesestoff. Ein Versuch nach Graser's Elementarschule für' Leben. 2., verb. Aufl. 8. ($6^1/_8$ B.) Hof 846, Grau.

— erster Schreibe- u. Lesestoff. Ein Versuch nach Graser's Elementarschule fürs Leben. 2. verb. Aufl. 8. (96 S.) Ebd. 847. $4^1/_2$ ngr

Petzet, Johs. Heinr., der 350jährige Geburtstag der Reformation. Predigt über Jesaias 49, 8—23. gehalten am Donnerstag den 31. Oktbr. 1867 in der Kirche zum heil. Geist in Nürnberg. Nürnberg 867. Raw'sche Buchh. Lex.-8. (16 S.) n. 2 ngr.

Petzet, Johs. Heinr., Gedächtnißpredigt über Psalm 4, 9; gehalten bei der Trauerfeier für Se. Maj. den König Max II. von Bayern am 21. März 1864 in Bonnland. Schweinfurt, Giegler. gr. 8. (10 S.) n. 2 ngr.

Petzet, Johs. Heinr., die Gesellschaft im Garten Gethsemane ein Spiegelbild der ganzen Menschheit. Passionspredigt über Evang. Marc. 14, 43—52 am Dienstag, den 22. März 1881, als dem Tage der Enthüllung des Kaiserfensters gehalten. gr. 8. (12 S.) Nürnberg 881, Raw'sche Buchh. *

— Magdalena. Ein Gedicht in 12 Gesängen. gr. 16. (109 S.) Ebend. 870. n. 1.40

— Predigt über Ev. Luc. 16, 19—31; geh. am 1. Sonntag nach dem Feste der heil. Dreieinigkeit den 30. Mai 1875, dem Tage seiner Installation. gr. 8. (14 S.) Ebend. 875. n. —20

—— Predigt über Philipp. 1, 3—11, gehalten am Reformationsfeste, 23. Sonntag nach dem Feste der h. Dreieinigkeit 1863 in Bonnland. gr. 8. (16 S.) Schweinfurt 863, Giegler. *

Petzet, Johs. Heinr. 8 Predigten in Nürnberg bei verschiedenen Gelegenheiten gehalten [1865—1889]. gr. 8. (15; 16; 8; 14; 13; 14; 12; 14 S.) Nürnb. 890, Raw. * —75

Petzet, Johs. Heinr., Schön Bunle. Ein Gedicht in vier Gesängen. gr. 16. (XI, 80 S.) Nürnberg 868, Raw'sche Buchh. *

—— zur Sedanfeier. Festrede, gehalten am 2. Septbr. 1875 bei der Schulfeier im großen Rathhaussaale zu Nürnberg. gr. 8. (12 S.) Ebendas. 875. *

—— Sylvester-Predigt über Evang. Lucas 19, 5., gehalten am 31. Decbr. 1872 in der Kirche zum heil. Geist in Nürnberg. gr. 8. (13 S.) Ebendas. 873. *

—— Unser himmlisches Weihnachtsgeschenk. Letzte Predigt, üb. Tit. 2, 11—14 am ersten Weihnachts-Feiertag 1889 geh. gr. 8. (14 S.) Ebd. 889. * —20

—— zwei von Tausenden. Ein Gedicht in vier Gesängen. 8. (IV, 70 S.) Ebendas. 872. *

Petzhold, H. E., die käuflichen Düngemittel u. ihre Anwendung in der Landwirthschaft. Mit einer Vorrede von Will. Löbe. Stuttgart 865. Johannssen's Verlag. 8. (96 S.) n. 17½ ngr.

Petzhold, J., Geheimrath Dr. Friedrich Albert v. Langenn in Dresden. gr. 8. (12 S.) Dresden 883. v. Zahn & Jaensch. n. — 40

Petzholdt

— s. a. **Petzold, Petzoldt, Pezold, Pezolt.**

Petzholdt, Alex., die Agrikulturchemie in populären Vorlesungen. 2., umgearb. Aufl. gr. 8. (30 B. m. eingedr. Holzschn.) Leipzig 846, Lorck. *

Petzholdt Alex. De Balano et Calamosyringe. Additamenta ad Saxoniae Palaeologiam duo. Dresdae et Lipsiae 1841. 8.

Petzholdt, Alex., Beitrag zur Kenntniss der Steinkohlenbildung, nebst Kritik des Werkes v. P. F. Reinsch: Neue Untersuchungen über die Mikrostruktur der Steinkohle des Carbon der Dyas u. Trias. Nebst einer Taf. in Lichtdr. u. 3 (eingedr.) Holzschn. gr. 8. (34 S.) Leipzig 882. T. O. Weigel. n. 1.50

Petzholdt, Alexander. Beiträge zur Geognosie von Tyrol. Skizzen auf einer Reise durch Sachsen, Bayern, Salzkammergut, Salzburg, Tyrol, Oesterreich. Mit 54 in den Text eingedruckten Abbildungen. Leipzig 1843. XII, 372 S. 8°

—— Beiträge zur Geognosie von Tyrol. Skizzen auf einer Reise durch Sachsen, Bayern, Salzkammergut, Salzburg, Tyrol, Oestreich. gr. 8. (24 B. u. 54 eingedr. Abbild.) Leipzig 843, [Lorck.] *

— **Beiträge zur Geognosie von Tyrol. Skizzen auf einer Reise durch Sachsen, Bayern, Salzkammergut, Salzburg, Tyrol, Oestreich. Mit 54 eingedr. Abbild. gr. 8. Leipzig 843, J. J. Weber. n. 2⅔ ₰**

Petzholdt, Alex., Beiträge zur Kenntniss des Innern von Russland, zunächst in landwirthschaftl. Hinsicht. gr. 8. (VI und 194 S. mit 29 in den Text gedr. Abbildungen in Holzschn. und 1 in Kpfr. gest. und ill. hydrograph. Karte.) Leipzig 851, Weber. *

—— Beiträge zur Naturgeschichte des Diamantes. gr. 8. (4⅛ B. u. 1 Kpfrt.) Dresden u. Leipzig 842, Arnoldische Bh.

Petzholdt: Broschüre über galvanische Vergoldung und Versilberung, s. Roessler

—— de Calamitis et Lithanthracibus. Libri II. 8maj. (3 B. u. 3 Stnt.) Dresdae et Lipsiae 841, libr. Arnold.

Petzholdt, Alex., Erdkunde. Ein Versuch d. Ursprung d. Erde u. ihre allmähl. Umänderung bis auf d. heutigen Tag mit naturwissenschaftl. Nothwendigkeit aus d. Nebelhypothese d. La Place zu folgern. Nachträgl. Bearbeit. e. öffentl. Vortrages, geh. im k. Naturalienkabinet zu Dresden. gr. 8. (16½ B. u. 1 Tab.) Leipzig 840, Weber. Thlr. *

— zur Frage: wodurch werden die grauen Dolomite der oberen silurischen Gesteingruppe Liv- und Ehstlands gefärbt? Abdr. aus d. Archiv für die Naturkunde Liv-, Ehst- u. Kurlands. Dorpat 855. (Glaeser.) gr. 8. (22 S.) n. 6 ngr.

—— Geologie. 2., umgearb. u. verm. Aufl. gr. 8. (41⅝ B. m. 68 eingedr. Holzschn. u. 1 Tab.) Leipzig 845, Lorck. *

— s. Jahrbuch, Dresdner naturwissenschaftliches.

Petzholdt, Alex., über Calamiten u. Steinkohlenbildung. gr. 8. (4¾ B., 6 Stnt. u. 2 Kpfrt.) Dresden u. Leipzig 841, Arnoldische Buchh.

—— die sogenannte Kartoffelfäule. Eine auf Veranlassung des hohen Ministeriums des Innern unternommene Untersuchung dieser Krankheit. gr. 8. (11⅛ B.) Leipzig 846, Arnoldische Bh. *

Petzholdt, Alex., der Kaukasus. Eine naturhistor., so wie land- u. volkswirthschaftl. Studie (ausgeführt im J. 1863 u. 1864). 2 Bde. Leipzig, Fries. gr. 8. [1. Bd. (XVI, 387 S. mit 1 lith. Ansicht von Tiflis in Tondr. u. einigen eingedr. Holzschn.) 866. 2 ₰ 15 ngr., 2. Bd. (XI, 386 S. mit 44 eingedr. Holzschn. u. 1 chromolith. orograph. Karte in gr. Fol.) 867. 4 ₰ 15 ngr.] 7 ₰

– s. Liebig, Just. Der neu erfundene Patent-Dünger.

Petzholdt, Alex., zur Naturgeschichte der Torfmoore. [2. Beitrag.] (Aus dem Archiv für die Naturkunde Liv-, Ehst- u. Kurlands abgedr.) Dorpat 862. (Gläser.) gr. 8. (32 S.) n. 8 ngr.

Petzholdt, Georg Paul Alexand. (Dresden), Observationes quaedam de variolarum cum externarum tum internarum natura. Diss. med. Leipzig (Staritz) 29. I. 1833. 22 S. (3.25) 26201
Gew.: Clarus, Kuhl, Wendler.

Petzholdt A.: Der neu erfundene Patent-Dünger d. Prof. J. Liebig. Aus d. Engl. übers. u. m. erläuternden Zusätzen begleitet v. — 2. verm. Aufl. Dresd. u. Leipz. 1847 109 S.

PETZHOLDT, JULIUS. Biographisch-litterarische Skizze, von G. P. A. P. Abdruck aus dem Neuen Anzeiger für Bibliographie und Bibliothekswissenschaft, Oktober-Heft, 1857. Dresden, 1857. 12mo.

—— die Pockenkrankheit, mit besond. Rücksicht auf patholog. Anatomie. gr. 4. (16 B. u. 4 Taf. theilw. col. Abbild.) Leipzig 836, Otto Wigand.

— Reise im westlichen u. südlichen europäischen Russland im Jahre 1855. Mit in den Text gedr. Holzschn. u. (9 lith.) Karten (in 8. u. 4.). Leipzig 864. Fries. gr. 8. (XV, 501 S.) 4 ₰

Petzholdt, Alex., Silification organischer Körper. Eine geologische Abhandlung. Mit 32 Abbildgn. (auf 2 lith. Taf.). Halle 853. Schmidt. gr. 4. (VII, 37 S.) n. 1 ₰.

—— die Steinkohlen. 3 Briefe für das Volk. 8. (32 S.) Leipzig 848, Arnoldische Buchh.

Petzholdt, Alex., Streifzüge [landwirthschaftliche] in Frankreich und Algerien im J. 1862 und 1868. gr. 8. (X, 468 S. mit in den Text gedr. Holzschn., 1 lithogr. Plan von Algier und 1 chromolithogr. Karte von Algerien in qu. 4. und qu. Fol.) Leipzig 870, Fries. * 11 —

—— Turkestan. Auf Grundlage einer im J. 1871 unternommenen Bereisung des Landes. 8. (VI, 88 S. mit einigen in den Text gedr. Holzschn. und 1 Holzschntaf.) Leipzig 874, Schlicke. * 4 —

Petzholdt, Alex., Umschau im russischen Turkestan [im Jahre 1871], nebst einer allgemeinen Schilderung des „Turkestanschen Beckens“. Mit 27 in den Text gedr. Holzschn. u. einer (chromolith.) Uebersichts-Karte des Turkestanschen Beckens (in qu. gr. Fol.). gr. 8. (XV, 396 S.) Leipzig 877. Fries? n. 12. —

— chemische Untersuchung des Torflagers von Awandus, im Kirchspiele St. Simonis in Ehstland. Ein Beitrag zur Naturgeschichte der Torfmoore. (Aus dem Archiv für die Naturkunde Liv-, Ehst- u. Kurlands abgedr.) Dorpat 851. (Glaser.) gr. 8. (28 S.) n. 8 ngr.

— — chem. Untersuchgn. d. Torflagers v. Awandus 1861. —.48.

—— die galvanische Vergoldung, Versilberung, Verkupferung etc. — Bericht an den dresdener Gewerbeverein über die von Elkington u. v. Ruolz angegeb. neue Methode, Metallüberzüge jeder Art auf galvan. Wege herzustellen. gr. 8. (3½ B. u. 1 Stnt.) Dresden u. Leipzig 842, Arnoldische Bh. *

—— dass. 2., umgearb. Aufl. gr. 8. (6½ B.) Leipzig 843, Hartung. *

Petzholdt, Alexander. Versuch einer neuen Gletschertheorie. (Abdruck des vierzehnten Kapitels der grösseren Schrift desselben Verfassers: „Beiträge zur Geognosie von Tyrol.") Mit eingedruckten Holzschnitten. 8. Leipzig 1843.

Petzholdt A.: Populäre Vorlesungen üb. Agriculturchemie. Leipz. 1844. 363 S.

Petzholdt, Alex., populäre Vorlesungen über Agriculturchemie, in der ökonom. Gesellschaft für das Königr. Sachsen während des Winterhalbjahres $18^{43}/_{44}$ geh. Mit Sachregister. gr. 8. (23½ B. u. eingedr. Holzschn.) Leipzig 844. [Frankfurt a. M., St.-Goar.] * 1 Thlr. 25 Ngr. Hrbges. Pr. Thlr. *

Petzholdt, Alex., populäre Vorlesungen über Agriculturchemie, in der ökonom. Gesellschaft für das Königr. Sachsen während des Winterhalbjahres $18^{43}/_{44}$ gehalten. Mit Sachregister u. eingedruckten Holzschn. gr. 8. Leipzig 844, J. J. Weber. n. $1^{5}/_{6}$ ß — 2. umgearb. Aufl. gr. 8. Leipzig 846, Lorck. n. 2 ß

Petzholdt, Alphons, die Erzeugung der Eisen- u. Stahlschienen, s. a. Handbuch der chem. Technologie.

Petzholdt A, Erzeugung der Eisen- und Stahlschienen. (Handbuch der chemischen Technologie von Bolley VIII, 2) Braunschweig 1874

— Fabrication, Prüfung u. Uebernahme v. Eisenbahn-Material. Ein Hand- u. Hilfsbuch f. Eisenbahn-Ingenieure, Maschinen- u. Hütten-Techniker. Mit Vorwort v. Edmund Heusinger v. Waldegg. Mit 27 (lith.) Taf. Abbildgn. (in hoch 4., qu. Fol. u. qu. gr. Fol.) u. 254 (eingedr.) Holzschn. hoch 4. (X, 232 S.) Wiesbaden 872. Kreidel. n. 12. —

— die Locomotive der Gegenwart u. die Principien ihrer Construction. An den Objecten der Wiener Weltausstellg. 1873 in allgemein fassl. Darstellg. erläutert u. entwickelt. Mit zahlreichen in den Text eingedr. Holzst. u. (5) angehängten Tab. (in qu. Fol.). gr. 8. (XXIV, 400 S.) Braunschweig 875. Vieweg & Sohn. n. 12. —

— Studien üb. Transportmittel auf Schienenwegen u. Transportbetrieb. Ein Suppl.-Bd. zur Locomotive der Gegenwart. Mit zahlreichen in den Text eingedr. Holzst. u. (6) angehängten Tab. (in qu. gr. Fol.) gr. 8. (XXIV, 481 S.) Ebend. 876. n. 17. —

Petzholdt, Alph.: Verarbeitung der Metalle, s. Bolley, P.: Handbuch d. chem. Technologie.

Petzholdt, Georg Paul Alexander, s. Petzholdt, Alexander

Petzholdt, Julius

Petzholdt, Juls, Adressbuch deutscher Bibliotheken. Dresden 1844. 12. . . . (D.)
—. —— 2. Aufl. Ebda 1845. 8.

Petzholdt, Jul., Adressbuch deutscher Bibliotheken. 12. (8¾ B.) Dresden 845, Adler u. Dietze. *

—— Nachträge zur 2. Aufl. des Adressbuches deutscher Bibliotheken. 12. (IV und 96 S.) Dresden 848, Adler und Dietze. *
Aus des Verf. Adressbuch etc., 3. Ausg., besonders abgedruckt.

Petzholdt, Jul., Adressbuch deutscher Bibliotheken. 3. bericht. u. mit einem starken Nachtrage versehene Ausg. 12. (VI u. 179, IV u. 96 S.) Dresden 848, Adler & Dietze. 1⅓ ß

Petzholdt, Jul., Adressbuch der Bibliotheken Deutschlands, mit Einschluss von Oesterreich-Ungarn und der Schweiz. 4 Lfgn. gr. 8. Dresden, Schönfeld's Verlag. [1.—3. Lfg. (S. 1—472.) 874. à *ℳ 4.; 4. Lfg. (XI, S. 473—526.) 875. *ℳ 1,50.] * 13 50

Petzholdt, Julius (Hrsg.), s. Anzeiger für Bibliographie u. Bibliothekswissenschaft.

Petzholdt, Julius (Hrsg.), s. Anzeiger für Bibliothekswissenschaft.

—— Anzeiger f. Literatur u. Bibliothekwissenschaft, s. Anzeiger.

—— monatl. Anzeiger für gewerbl. Journalistik, s. Anzeiger.

—— s. Anzeiger, neuer, für Bibliographie und Bibliothekswissenschaft.

— s. Aphthonii Progymnasmata.

Petzholdt, Jul., ein Ausflug nach Augsburg und München. gr. 8. (13 S.) Dresden 858, Schönfeld's Buchh. *
Aus: Neuer Anzeiger für Bibliographie und Bibliothekwissenschaft. Hrsg. von J. Petzholdt. Jahrg. 1858, besonders abgedruckt.

— bibliographia Dantea ab anno MDCCCLXV. inchoata. Accedit conspectus tabularum divinam comoediam vel stilo vel calamo vel penicillo adhibitis illustrantium. gr. 8. (VI, 90 S.) Ebend. 872. n. 3. —

Petzholdt, Jul., Bibliographia Dantea ab anno 1865 inchoata, accedente conspectu tabularum divinam comoediam vel stilo vel calamo vel penicillo adhibitis illustrantium. Nova edit. supplemento aucta. gr. 8. (VI, 90 und Suppl. IV, 32 S.) Dresden 876, Schönfeld's Verlag. *
Suppl. allein *

Petzholdt, Jul., bibliographia Dantea ab a. 1865 inchoata, accedente conspectu tabularum divinam comoediam vel stilo vel calamo vel penicillo adhibitis illustrantium. Nova ed. duobus supplementis aucta. gr. 8. (VI, 90; 32 u. 46 S.) Dresden 880. Schönfeld's Verl. n. 7. 50; Suppl. II ap. n. 2. 50

Petzholdt, Jul., Bibliotheca bibliographica. Kritisches Verzeichniss der das Gesammtgebiet der Bibliographie betreff. Litteratur des In- u. Auslandes in systemat. Ordnung bearb. Mit alphabet. Namen- u. Sachregister. Leipzig 866. Engelmann. Lex.-8. (XII, 939 S.) n. 4 ß

—– Bibliotheca Oschatziensis. Geschichte u. Catalog der Bibliothek d. Franciscanerklosters zu Oschatz. gr. 8. (3¼ B.) Dresden 843, [Stuttgart, Hoffmann'sche Vrlgsh.] *

—— Bibliotheca Oschatziensis. Geschichte und catalog der bibliothek des Franciscanerklosters zu Oschatz. 2., bericht. ausg. gr. 8. (XVI und 36 S.) Dresden 851, Kuntze.

—— Bibliothek d. Hoch-Stiftes zu St. Johannes zu Meissen. — Zur Jubelfeier des Prof. Dr. Gtfr. Hermann zu Leipzig d. 21. Dec. 1840. gr. 8. (3½ B.) Meissen, Klinkicht u. Sohn.

—— Dresdens Bibliotheken. Ein Wegweiser für Fremde u. Einheimische. 16. (7 B. u. 2 Grundr.) Dresden 846, Adler u. Dietze. *

—— Bibliotheken der Kloester u. des Collegiat-Stiftes zu Freiberg. (Zur Geschichte der saechsischen Bibliotheken.) br. qu. 16. (2¼ B. m. 2 Vign.) Dresden 842. [Stuttgart, Hoffmann'sche Vrlgsh.]

Petzholdt, Jul. Bibliothekenlehre, bearb. v. A. Gräsel, s. Weber's, J. J., illustr. Katechismen Nr. 27.

(JULIUS PETZHOLDT), Bitte und Aufforderung, die Sammlung von biographisch-litterarischen Mittheilungen über die ordentlichen Mitglieder der naturwissenschaftlichen Gesellschaft zu Dresden betreffend. (Ohne bes. Titelblatt. — Dresden 1852.) 8⁰.

Petzholdt, Jul., „Das Buch der Wilden" im Lichte französischer Civilisation. Mit Proben aus dem in Paris als „Manuscrit pictographique Américain" veröffentlichten Schmierbuche eines deutsch-amerikanischen Hinterwäldler-Jungen. 1—3. Aufl. Dresden 861. Schönfeld. gr 8 (14 S. mit 8 lith. Taf.) n. 10 ngr.

— Julius, Catalogi bibliothecae secundi generis principalis Dresdensis specimen primum. — Accedit index librorum in coenobio Augustinianorum Dresdensi asservatorum. Leipzig (A. F. Boehme) 1839. 15 S. (3.50) 26202

—— Catalogi Bibliothecae secundi generis principalis Dresdensis spec. I. Accedit ind. libror. in coenobio Augustinianor. Dresdensi asservatorum. 8maj. (1 B.) Lipsiae 840, [Geuther.] *

— Catalogi bibliothecae secundi generis principalis Dresdensis specimen II. gr. 8. (15 S.) Lipsiae 840. (Dresden, Walthersche Hofbuchhandlung.) n. ⅙ rf — Specimen III. gr. 8. (15 S. mit 1 Kpfrtaf.) Ebd. 840. n. 6¼ ngr — Specimen IV. Accedit commentariolus de Georgio de Portis ejusque familia genealogicus e cod. ms. 1. descriptus. gr. 8. (16 S. mit 1 lith. Taf.) Ebd. 841. n. ⅙ rf — (Specimen V.:) Bibliotheca Oschatziensis. Geschichte u. catalog der bibliothek des Franciscanerklosters zu Oschatz. gr. 8. (XII u. 36 S.) Dresden 843, Walthersche Hofbuchhandlung in Comm. n. ⅜ rf — Specimen VI. gr. 8. (IV u. 16 S.) Ebd. 844. n. 6¼ ngr — Specimen VII. gr. 8. (VIII u. 16 S. m. 1 lith. Taf.) Ebd. 849. n. 6 ngr — Specimen VIII. gr. 8. (VIII u. 31 S.) Dresdae 851, Kuntze. n. 8 ngr (I—VIII.: n. 1 rf 21½ ngr)

— Catalogi bibliothecae secundi generis principalis Dresdensis specimen IX. Catalogus biblioth. Danteae. Nova edit. Dresden 855. Burdach. gr. 8. (VI, 56 S.) n. 12 ngr

Petzholdt, Jul., Catalogi bibliothecae secundi generis principalis Dresdensis specimen 9. Et s. t.: Catalogus bibliothecae Danteae. Nova editio. 8maj. (VI und 56 S.) Dresdae 855, [Kuntze.] *

-- — Spec. X.: Friedrich August König von Sachsen. Ein bibliograph. Beitrag. Neue aus dem Anzeiger für Bibliothekwissenschaft 1852 u. 1855 verm. Ausg. Dresden 857. Burdach. gr. 8. (18 S.) n. 5 ngr.

—— dass. — Specimen 10. Et s. t.: Friedrich August, König von Sachsen. Ein bibliograph. Beitrag. (Neue aus dem Anzeiger für Bibliothekwissenschaft 1852 und 1855 verm. Ausg.) gr. 8. (18 S.) Dresdae 856, Burdach. *

Specimen 1—8. Ibid. 1840—51. * 1 Thlr. 21½ Ngr.

— — Spec. XI.: Maria Antonia Walpurgis Kurfürstin von Sachsen, geb. Prinzessin von Bayern. Ein Beitrag zu einer deutschen Nationalliteratur. Neue aus dem Anzeiger für Bibliographie u. Bibliothekwissenschaft 1856 abgedr. Ausg. Dresden 857. Schönfeld. gr. 8. (32 S.) n. 10 ngr.

—— Catalogi bibliothecae secundi generis principalis Dresdensis specimen XII. Inest: Ex catalogo bibliothecae Danteae Dresdensis. gr. 8. (24 S.) Dresden 865, Schönfeld's Buchh. *

Specimen I—XI. 1840—57. * 2 Thlr. 18⅓ Ngr.

– s. Catalogus bibliothecae Danteae.

— catalogus bibliothecae Danteae Dresdensis a Philalethe, b. rege Johanne Saxoniae, conditae, auctae, relictae. gr. 8. (VI, 126 S.) Leipzig 882. Teubner. n. 5. —

—— Catalogus bibliothecae Theocriteae. gr. 8. (24 S.) Dresden 866, Schönfeld's Buchh. *

Petzholdt, J., Catalogus bibliothecae Theocriteae. Gel. 1875. 19 S.

—— Catalogus „Indicis librorum prohibitorum et expurgandorum." Specimen quod maxime viris praenobilissimis et perillustribus praefectis bibliothecarum Berolinensis, Bruxellensis, Dresdensis, Florentinae etc., eo consilio, ut catalogum ex opibus suis corrigant, suppleant atque augeant rite pie offert auctor. gr. 8. (34 S.) Dresden 859, (Schönfeld's Buchh.) *

Petzoldt, J., Fr. v. d. Trenck's Erzählung seiner Fluchtversuche aus Magdeburg. Nach Trencks eigenhändigen Aufzeichnungen in dessen gegenwärtig im Besitze seiner Majestät des Königs Johann von Sachsen befindlichen Gefängniß-Bibel wortgetreu herausgegeben von —. Nebst einer bibliographischen Uebersicht der Trencklitteratur, einer Beschreibung der Trenckbibel und des Trinkbechers, sowie einem Titelbilde. Dresden, G. Schönfeld's Buchhandlung (E. A. Werner). 1866. 8⁰.

Die Bibliographie umfaßt die Seiten VI—XIII des Anhangs.

— Johann Paul Freiherr v. Falkenstein. Sein Leben u. Wirken, nach seinen eigenen Aufzeichnungen hrsg. Mit (Stahlst.-)Portr. u. Gedächtnißreden. gr. 8. (VII, 115 S.) Dresden 882. v. Zahn's Verl. n. 4. —; geb. n. 5. —

—— zur Peter'schen Faustlitteratur. gr. 8. (12 S.) Halle 851, Schmidt's Vrlgsh. *

Aus des Verf.: Anzeiger für Bibliographie etc. Jahrg. 1851. 1. und 2. Heft, besonders abgedruckt.

— Handbuch deutscher Bibliotheken. Mit 7 lith. Taf. Halle 853. Schmidt. gr. 8. (XII, 443 S.) n. 2 rf.

— Katalog der von Sr. Maj. dem König Friedrich August von Sachsen nachgelassenen Kartensammlung, s. Katalog.

Katalog der von dem König Friedrich August von Sachsen nachgelassenen Kartensammlung. (Von Julius Petzholdt.) Ein Denkmal des Verstorbenen. Dresden. 1860. 8⁰.

Petzholdt, Jul., Katechismus der Bibliothekenlehre, s. a. Gräsel, A., Grundzüge der Bibliothekslehre.

— Katechismus der Bibliothekenlehre, s.a. Weber's, J. J., illustrirte Katechismen.

—— Katechismus der Bibliothekenlehre. Anleitung zur Einrichtung und Verwaltung von Bibliotheken. (Weber's illustrirte Katechismen. Nr. 27.) 8. (X und 217 S. mit 16 in den Text gedr. Abbildungen in Holzschn. und 15 Schrifttaf. in 4.) Leipzig 856, Weber. *

— — 2. verbess. Aufl. mit 17 in den Text gedruckten Abbild. und 15 Schrifttaf. (Siehe auch „Weber's Illustrierte Katechismen" Nr. 27; X d.) 8. Leipzig 1871.

— Katechismus der Bibliothekenlehre. Anleitung zur Einrichtung u. Verwaltung von Bibliotheken. Mit 17 in den Text gedr. (Holzschn.-)Abbildungen u. 15 Schrifttaf. 3., neu durchgeseh. Aufl. 8. (XII, 231 S.) Leipzig 877. Weber. cart. n. 2. —

Petzholdt, Jul., Katechismus d. Bibliothekslehre. Neubearbeitg., s.: Graesel, A., Handb. d. Bibliothekslehre.

—— Geheimrath Dr. Friedrich Albert v. Langenn in Dresden. gr. 8. (12 S.) Ebendas. 883. * — 40

—— Literatur d. saechs. Bibliotheken, zusammengest. u. bevorwortet. gr. 8. (4½ B.) Dresden u. Leipzig 840, Arnoldische Buchh.

—— zur Litteratur der Kriege in Folge der französischen Revolution 1789—1815. [Probe aus dem Kataloge der Kriegsbibliothek des Kronprinzen Albert von Sachsen.] gr. 8. (26 S.) Dresden 868, Schönfeld's Verlag. * — 80

— das Militärische aus dem Leben des Königs Johann v. Sachsen. Im Anh. die Oper „Saul König in Israel". Mit einem Portr. (in Lichtdr.). gr. 8. (69 S.) Dresden 881. v. Zahn's Verl. n. 1. 20; feine Ausg. n. 2. —

— aus dem Nachlasse des Königs Johann v. Sachsen. Ausführungen zu „v. Falkenstein's Charakterbild des Königs Johann v. Sachsen". gr. 8. (VI, 80; 65; XIII, 96 u. 48 S. m. 1 Stahlst.) Dresden 880. Baensch. n. 6. —; geb. n. 7. 50

— urkundliche Nachrichten zur Geschichte der sächsischen Bibliotheken. Dresden 855. Schönfeld. gr. 8. (52 S.) n. 16 ngr.

—— Philalethes, König Johann von Sachsen. Mit dem Portr. des Königs im Tode, radirt von H. Bürkner. gr. 8. (48 S.) Dresden 879, W. Baensch. *

— die Reisen des Königs Johann v. Sachsen nach Italien. [Aus: „Aus dem Nachlasse des Königs Johann v. Sachsen".] gr. 8. (65 S.) Ebend. 880. n. 1. 50

Petzholdt, Dr. Julius. Uebersicht der gesammten militärischen Bibliographie. (Abdruck aus dem „Neuen Anzeiger für Bibliographie und Bibliothekwissenschaft". September- u. October-Heft 1857.) 8. Dresden 1857.

— Uebersicht der gesammten militairischen Bibliographie. Abdr. aus d. Neuen Anzeiger f. Bibliogr. etc. Dresden 857. Schönfeld. gr. 8. (23 S.) n. 10 ngr.

—— chronologische Uebersicht von bibliographischen Systemen. gr. 8. (50 S.) Dresden 860, Schönfeld's Buchh. *
Vorstehende zwei Schriften des Verf. wurden aus: Neuer Anzeiger für Bibliographie und Bibliothekwissenschaft, Jahrg. 1857 und 1860, besonders abgedruckt.

Kritische Uebersicht der naturwissenschaftlichen Bibliographie. Der naturwissenschaftlichen Gesellschaft zu Dresden gewidmet von ihrem ordentlichen Mitgliede J. PETZHOLDT. (Aus dem Neuen Anzeiger für Bibliographie und Bibliothekwissenschaft J. 1861 und 1862 besonders abgedruckt.) Dresden. 1862. G. Schönfeld's Buchhandlung (C. A. Werner). 8o.

—— kritische Uebersicht der naturwissenschaftlichen Bibliographie. gr. 8. (45 S.) Dresden 862, Schönfeld's Buchh. *
Aus: Neuer Anzeiger für Bibliographie etc., besonders abgedruckt.

— Versuch e. Dante-Bibliographie von 1865 an. [Aus dem „neuen Anzeiger für Bibliogr. etc.] Ebend. 868. gr. 8. (33 S.) n,n. 15 ngr.

— Nachtrag dazu. Ebend. 869. gr. 8. (S. 35—42.) n.n. 5 ngr.

Petzholdt, M. Beiträge zur Naturgeschichte des Diamantes. Dresden und Leipzig 1842. 8.

Petzholdt, Marnzzi v., Gedichte. 8. (III, 80 S.) Linz 894. Städtebilder-Verlag. n. 2. —

Petzholts, Ernst [aus Potsdam]: Die Hauptpunkte der Humeschen Erkenntnislehre v. Standpunkte d. idealist. Empirismus aus krit. beleuchtet ... Berlin, Buchdr. v. G. Schade, 1895; 44 S. 8.
Rostock, Phil. Fak., Inaug.-Diss. v. [2. Mai] 1895

Petzholtz, L., Predigt, bei der Jubiläumsfeier der St. Nikolai-Kirche am 18. Septbr. 1887 geh. gr. 8. (10 S.) Potsdam 887. (Riegel'sche Buchh.) n.n. — 25

Petzinger, H. v., kurze Belehrung üb. das homöopathische Heilverfahren, nebst e. Anh.: Ueber die briefl. Verständigung m. dem Arzte. gr. 8. (15 S.) Königsberg 894. Gräfe & Unzer's Buchh. n. — 30

Petzinger, Joh(ann) Friedr. v.: Über das reformatorische Moment in den Anschauungen des Theophrastus von Hohenheim. *Greifswald 1898: J. Abel.* (42 S.) 8°
Greifswald, Med. Diss. v. 28. Apr. 1898

Petzke, L.: Der Turnunterricht an den höheren Unterrichtsanstalten. Berlin 1862. 30 S. Berlin, Königstädt. Realschule P 1862.

Petzke, L., Der Turnunterricht an den höheren Unterrichtsanstalten, Berlin 1862, 28 S., Gr.-8°.

Petzke, Paulus [Berolinensis]: Dicendi genus Tacitinum quatenus differat a Liviano ... Regimonti, typ. Liedtkianis, 1888; 80 S. + 2 Bl. 8°
Königsberg, Phil. Fak., Inaug.-Diss. v. 23. Jul. 1888

Petzke, P., dicendi genus Tacitinum quatenus differat a Liviano. Inaug.-Diss. 8. (80 S.) Königsberg 888. (Koch.) n. 2. —

Petzl, Heinrich

Petzl, H., Handbuch für die Gemeinden Mährens. Erläuterung der Gemeinde-Ordng., Gemeinde-Wahlordng. u. der Contributionsfonds-Gesetze. Zugleich Darstellg. d. eigenen u. übertragenen Wirkungskreises der Gemeinde auf Grund der besteh. Gesetze u. Verordnungen. gr. 8. (XIII, 776 S.) Brünn 889. Karafiat & Sohn. n. 10. —

Petzl, Heinr., Handbuch f. die Gemeinden Mährens. Erläuterung der Gemeinde-Ordng., Gemeinde-Wahlordng. u. der Contributionsfondsgesetze. 2., vollständig umgearb. Aufl. 3 Bde. gr. 8. (XI, 379; XII, 724 u. VI, 216 S.) Brunn 902. F. Irrgang. n. 19.—

Petzl, Heinr., die neuere Berliner Gabelsbergersche Systemurkunde, kritisch beleuchtet. (31 S.) gr. 8. Brünu (903). (G. & R. Karafiat.) n. — 70

— u. Ant. Kahler, die neue Berliner Gabelsbergersche Systemurkunde kritisch beleuchtet. 3, erweit. Aufl. (51 S.) gr. 8 Brünn (903). (Wien, Manz.) n. — 75

— Toastbuch. Eine Sammlg. v. Festreden u. Toasten f. alle Gelegenheiten. 12. (VIII, 184 S.) Ebd. 890. n. 1.—

Petzl, Jos., († d. 7. April 1817.) Ueber d. sogenannten Alben in d. Gegend v. Erding, phys. Abhandl. gr. 4. Münch. 809. (Franz). 4 gl (Auch in d. Denkschriften d. Akad. d. W.)

Petzl, J.: Über den glatten B e r y l l von Rabenstein im bayerischen Walde. (Aus den Abh. der kgl. Akad.) München 1809-1810. 4°

— über d. glatten Beryll v. Rabenstein im baierischen Walde. gr. 4. Münch. 811. (G. Franz). 4 gl (Auch im d. Denkschr. d. Akad. d. W.)

Petzl, J., das Bestreben d. Regierung von B a y e r n zur Verbreitung gemeinnütziger Kenntnisse. 4. München, Lindauer. 804.

— das Bestreben d. Regierung v. Baiern zur Verbreitung gemeinnütziger Wissenschaften. gr. 4. Münch. 804. J. Lindauer. 4 gl (bei Franz das.) 5 gl

– Über ein F o s s i l aus dem Steinkohlenwerke bei Häring in Tirol. (Aus d. Abh. d. kgl. Akad.) München 1809. 4°

— über ein Fossil aus d. Steinkohlenwerke bei Häring in Tyrol. gr. 8. Münch. 811. (Franz) 5 gl (Auch in d. Denkschr. d. Akad. d. W.)

— über ein Fossil aus d. Thonmergelflötzen bei Amberg. gr. 4. Münch. 809. (Franz). 4 gl (Auch in d. Denkschr. d. Akad. d. W.)

— Geschichte d. Mineralien-Cabinets der Akademie bis 1814. gr. 4. Münch. 814. (G. Franz). 5 gl

[Petzl, Joseph. Gruppenbilder nach Goethes Werken. Als Zug dargestellt auf dem Münchener Theater zur Feier seines 100. Geburtstages. München 1849.]
Rollbild. Aquarell in Federzeichnung. 4°

— vorbereitende Oryktognosie; zum Gebr. fr. Vorlesungen. 8. Münch. 807. Lentner. 14 gl

— Prüfung d. Vorurtheils einiger Studierenden wider gewisse Wissenschaften u. Sachgegenstände. 8. Münch. 807. Lentner. 2 gl

Petzl, Jos., über d. hörlbergischen gemeiwen Schörl. Münch. (G. Franz). 4 gl

— über den gegenwärt. Zustand d. mineralog. Sammll. d. k. Akad. d. Wissenschaften, nebst vorhergeh. geschichtl. Darstellung v. ihrem Entstehen bis zum gegenwärt. Zeitpunkte rc. gr. 4. Münch. 814. J. Lindauer. 4 gl

Petzl, Joseph, Ueber den gegenwärtigen Zustand der mineralogischen Sammlungen der königl. Akademie der Wissenschaften nebst vorhergehender geschichtl. Darstellg. von ihrem Entstehen an bis zum gegenwärtigen Zeitpunkte. Vorlesung zur Feier der 55. Wiederkehr des Stiftungsfestes der kgl. baier. Akad. d. Wissensch. München (Fr. S. Storno) 28. III. 1814. 28 Seiten. (4.—) 26203

Petzler, J. Alois, Die sociale Baukunst; oder Gründe und Mittel für den Umsturz und Wiederaufbau der gesellschaftlichen Verhältnisse, besonders wie solche sich in neuester Zeit in England, dem grossen Musterstaat der modernen Civilisation, ausgebildet haben. 1.—9. Heft. 8°. Hottingen-Zürich, Schweizer. Volksbuchhdlg., 1879.

Petzler, Johann, Grosse Jubiläumsfeier und imposanter Triumphzug in Erinnerung des hundertjährigen Bestehens der sozialdemokratischen Staatseinrichtung in Britannien. 8°. Nürnberg, Selbstverlag, Druck von Wörlein u. Co., 1897.

Petzold

— s. a. **Petzholdt, Petzoldt, Pezold, Pezolt.**

Erinnerungen dem Br. Wilm gewidmet am 27. März 1831, [Unterz.:] **Petzold.** [Berlin 1831.] 2 Bl. 8° [Umschlagtit.]
Gedicht.

Petzold & Company: Katalog über Brennerei-Anlagen und Spritfabriken. Jnowrazlaw (1897?)

Petzold & Company: Jll. Katalog mit Preisen für die Landwirthschaft. Jnowrazlaw (1897?)

Petzold & Company: Katalog über Rippenheizkörper usw. (Berlin) 1896

Petzold & Company: Katalog über Transmissionstheile in Rohguß moderner Construction. (Berlin 1896)

Petzold & Company: Kataloge und Prospekte über Lokomobilen usw. Jnowrazlaw . . . (1897?)

Petzold. Chronol. Übers. d. militär. Verhältn. d. Churmark Brandenburg seit d. ältest. Zeiten. Berlin 1818.

Petzold & Co: Systematische Zusammenstellung der Trägheitsmomente, Gewichte, Construction von Säulen, Ladenwänden etc., den Dimensionen und Widerstandsmomenten von Trägern usw. Berlin 1896

Petzold, A., kaufm. Prozeßkunde, s.: Haase.

Petzold, A. L., der Führer nach und durch London. In dialogischer Form. Deutsch und englisch. gr. 16. (VI und 88 S.) Freiberg 851, Reimmannsche Buchh. *

Petzold, A. L., Grammatik der englischen Sprache. Für höhere Unterrichts-Anstalten und zum Privatgebrauch. Annaberg 857. Rudolph u. Dieterici. gr. 8. (XV, 366 S.) n. 1 ℛ. 5 ngr.

Petzold, Alb., vom Blatt singen! E. prakt., kurzgef. u. leichtverständl. Anleitg. f. Mitglieder v. Gesangvereinen u. alle jene Sangeslustigen, welche ohne Mühe im Stande sein wollen, v. Blatt zu singen. gr. 16. (22 S.) Dresden 898. E. Poraes. — 30

Petzold, Alb., vom Blatt singen! Eine prakt., kurzgefaßte u. leicht verständl. Anleitg. f. Mitglieder v. Gesangvereinen u. alle jene Sangeslustigen, welche ohne Mühe bald im Stande sein wollen, vom Blatt zu singen. 2. Aufl. gr. 16. (28 S.) Dresden 899. E. Porges. n. — 30

Petzold, Albert [aus Freckleben (Anhalt)]: Über Komplikationen bei Ulcus Molle. . . Würzburg, Becker's Univ.-Buchdr., 1889, 38 S. 8°
Würzburg, Med. Fak., Inaug.-Diss. v. 1889

— der Philosoph Schramm. Wahrheit u. Dichtg. in Fritz Reuters „Ut mine Festungstid". Ein Beitrag zur Geschichte der deutschen Burschenschaft. Unter Benutzg. von Akten des königl. geh. Staatsarchivs zu Berlin üb. die Theilnahme Reuters, Schramms u. Anderer an burschenschaftl. Verbindgn., sowie sonst. Urkunden. 8. (86 S.) Berlin 900. C. Heymann's Verlag. n. 1. —

Petzold, Alexander, approb. Arzt aus Meerane: Zur Casuistik der Sehnenscheiden-Sarcome. *Leipzig 1901: B. Georgi.* (48 S.) 8°
Leipzig, Med. Diss. v. (17. Juni) 1901

Petzold, Alfons, trotz alledem! Gedichte. Auswahl u. Geleitwort v. Jos. Luitpold. (32 S.) kl. 8. Wien 910. Wiener Volksbuchh. 1. —

Cheme und Chemikalienkunde für Drogisten umfassend d. Gebiet d. anorgan.-theoret. Chemie u. d. gesanıten anorgan. Chemikalienkunde von Artur **Petzold**, Chefredakt. Berlin: Herrmann 1909. VIII, 278 S. 8° (10. 17567

— Die neuen Gesetze u. Steuern des J. 1909. Für Drogisten zusammengestellt u. erläutert. (48 S.) 8. Ebd. (909). — 60

Petzold, Aug., was kommt beim Desertiren heraus? oder: Die fünf mühseligen und gefahrvollen Dienstjahre bei der Fremdenlegion in Afrika, so wie Irrfahrt durch Frankreich und Heimkehr durch die aufständische Pfalz. Von ihm selbst beschrieben. 8. (67 S.) Leipzig 851, Wengler. *

Petzold, Carl ..., s. Petzold, Karl ...

Petzold, E., die Anpflanzung und Behandlung von Alleebäumen. gr. 8. (VIII, 79 S.) Berlin 878, [Wiegandt, Hempel und Parey.] Parey. * 1 50

—— und G. Kirchner, Arboretum Muscaviense. Über die Entstehung und Anlage des Arboretum Sr. K. Hoh. des Prinzen Friedrich der Niederlande zu Muskau, nebst einem beschreibenden Verzeichniss der sämmtl., in demselben cultivirten Holzarten. Ein Beitrag zur Dendrologie der deutschen Gärten. Lex.-8. (VII und 830 S. mit 1 lithogr. und ill. Plane des Arboretum zu Muskau in Imp.-Fol.) Gotha 864, (Windaus' Verlag.) *

Petzold, E., Beiträge zur Landschafts-Gärtnerei. 4. (55 S. mit 17 eingedr. Vign.) Weimar 849, Hoffmann.

Petzold, E., Beiträge zur Landschaftsgärtnerei. Zur Farbenlehre der Landschaft. Jena 853. Frommann. 4. (IX, 68 S. m. Holzschn. im Text u. 4 lith. u. color. Taf.) n. 1 ℛ.

Petzold, E., die Landschafts-Gärtnerei. Ein Handbuch für Gärtner, Architekten, Gutsbesitzer und Freunde der Gartenkunst. Mit Zugrundelegung Repton'scher Principien. hoch 4. (XVI und 293 S. mit Titel in Holzschn., 10 in den Text gedr. erläut. Fig. und 19 landschaftl. Ansichten in Holzschn. nach Orig.-Zeichnungen von Friedr. Preller und Carl Hummel.) Leipzig 862, Weber. *

Petzold, E., die Landschafts-Gärtnerei. Mit 6 erläut. Fig., 35 landschaftl. Ansichten u. Abbildungen nach Orig.-Aufnahmen v. Frdr. Preller d. J. 2., verm. Aufl. Lex.-8. (XX, 316 S.) Leipzig 888. Haessel. n. 20. —; geb. n. 25. —

Petzold, E., die Landschafts-Gärtnerei. E. Handbuch f. Gärtner, Architekten u. Freunde der Gartenkunst. M. 6 erläut. Fig., 35 landschaftl. Ansichten u. Abb. nach Orig.-Aufnahmen v. Frdr. Preller d. J. 2., verm. u. verb. Aufl. Neue wohlf. [Titel-] Ausg. Lex.-8. (XX, 316 S.) Leipzig (888) 896. G. H. Meyer. n. 12. —; geb. in Leinw. n. 15. —
Erschien auch in 10 Lfgn. à n. 1. 20.

— der Park von Muskau. Für Freunde der Landschaftsgärtnerei und den Fremden zum Wegweiser. Nebst 1 (lith. u. color.) Plane des Parks (in gr. Fol.). Hoyerswerda (856.) Erbe. 8. (4 Bl., 54 S.) n. 1 ℛ.

Petzold, E., Fürst Hermann v. Pückler-Muskau in seinem Wirken in Muskau und Branitz. gr. 8. Leipzig 874. Gera, Koehler.

Petzold, E., Fürst Hermann v. Pückler-Muskau in seinem Wirken in Muskau und Branitz sowie in seiner Bedeutung für die bildende Gartenkunst Deutschlands. Eine aus dem persönl. und briefl. Verkehr mit dem Fürsten hervorgegangene biograph. Skizze. gr. 8. (VI, 68 S. mit dem Portr. des Fürsten und 1 Ansicht seines Grabmals im Park zu Branitz, Holzschntaf.) Leipzig 874, Weber. * 2 —
—— dass. — s. a. Gartenflora 1874 Beilageheft.

Petzold Emil: Hölderlins Brot und Wein. Ein exegetischer Versuch. (48. 108). Sambor 96. 97.
Progr.

Petzold, Emma, die deutsche Hausköchin, e. erprobtes bürgerl. Muster-Kochbuch. Neueste verb. Aufl. m. Illustr. 8. (IV, 208 S.) Dresden 885. (Nadelli.) 1. 20; geb. 1. 50

Petzold, Emma, die deutsche Hausköchin, ein erprobtes bürgerl. Muster-Kochbuch. Neueste verb. Aufl. 8. (IV, 208 S. mit Illustr.) Dresden 885, Schneider's Buchh. ℳ 1.20.; geb. 1 50

Petzold, Emma, die deutsche Hausköchin, ein erprobtes bürgerl. Muster-Kochbuch. Neueste verb. Aufl. m. Illustr. 8. (IV, 208 S.) Dresden 888. (Leipzig, Siegismund & Volkening.) 1. 20; geb. 1. 50

Petzold, Emma, die deutsche Hausköchin, ein erprobtes bürgerl. Muster-Kochbuch. 6., verb. Aufl. 8. (IV, 192, 32 u. XIV S. m. Abbildgn.) Kirchberg (900). E. Schneider. Kart. 1. 50; geb. in Leinw. 2. —

— bestes Kochbuch fürs Haus. Nebst e. Küchenkalender: Was bringt jeder Monat auf den Markt? u. e. Anleitg. zur Ausübung der Vorschneidekunst [Transchierkunst]. 12 Lfgn. 8. (VIII, 612 u. 32 S.) Dresden 889. E. Schneider. à — 30

Petzold, Emma, bestes Kochbuch für Haus. Anweisung zur selbständ. Führung d. Küche u. vollkomm. Ratgeber z. Einmachen (Einsetzen) v. Früchten u. Gemüsen. Nebst e. Küchenkalender: Was bringt jeder Monat auf den Markt?, ferner e. Anleitg. z. Ausübg. d. „Vorschneidekunst" (Transchierkunst) m. Illustr. 2., durchges. u. verb. Aufl. 8. (VIII, 612, 32 u. XXVIII S.) Kirchberg 896. E. Schneider. Geb. in Leinw. 4. 50

— die kleine, deutsche Köchin, das beste Kochbuch f. einfache Küche. 2. Aufl. 8. (VIII, 128 S.) Ebd. 888. cart. — 75

Petzold, Emma, die kleine deutsche Köchin, das beste Kochbuch f. einfache Küche. 4., verb. Aufl. (11.—18. Taus.) 8. (IV, 128 u. VIII S.) Dresden 894. E. Schneider. — 60; geb. — 75

— die kleine deutsche Köchin, das beste Kochbuch f. einfache Küche. 5. verb. Aufl. 8. (IV, VIII, 128 S.) Ebd. (902). n. — 60; geb. — 75

Petzold, Ernst [aus Meitze (Prov. Hannover)]: Über Alliteration in den Werken Chaucer's mit Ausschluss der Canterbury Tales.... Marburg, Buchdr. Fr. Sömmering, 1889: 98 S. + 1 Bl. 8°
Marburg, Phil. Fak., Inaug.-Diss. v. 12. Nov.) 1889

Petzold, Ernst, Naturkunde f. höhere Mädchenschulen. Auf Grund der Lehrpläne f. das höhere Mädchenschulwesen vom 12. XII. 1908 bearb. I. u. II. Heft. gr. 8. Wien, A. Pichler's Wwe. & Sohn. Geb. u. geh. 2.95
I. (Klasse 7.) Mit 61 in den Text gedr. Abb., 4 (3 farb.) Taf. u. e. Anh. (II, 93 u. 16 S.) 911. Geb. u. geh. 1. 20
II. (Klasse 6.) Mit 114 in den Text gedr. Abb., 7 (farb.) Taf. u. e. Anh. (III, 127 u. 17 S.) 911. Geb. u. geh. 1. 75

Petzold, Ernst, zur Reform der Methodik des Physikunterrichts, s. a. Magazin, pädagogisches.

Zur Reform der Methodik des Physikunterrichts. Ein Beitrag z. Volksschulmethodik von Ernst **Petzold**. Langensalza: Beyer 1909. 50 S. 8°
(Pädagogisches Magazin. H. 379.) [illegible]

Gemeinde- und Ortslexikon des Deutschen Reichs. Verzeichnis sämtl. Gemeinden u. Gutsbezirke ... Auf Grund amtl. Materialien bearb. von E[rnst] H[ermann] **Petzold**. Bd 1. 2. (In 26 Lfgn.) *Bischofswerda: E. H. Petzold (1900–)1901.* 2 Bde 8° [F.]
1. A–K. 2. L–Z. [illegible]

Petzold, E. H., Gemeinde- u. Ortslexikon d. Deutschen Reichs. Verzeichnis sämtl. Gemeinden u. Gutsbezirke, ferner aller nicht selbständ. Ortschaften, Ortsteile u. s. w. des deutschen Reichsgebiets, sofern solche üb. 50 Einwohner zählen. Auf Grund amtl. Materialien bearb. 2 Bde. gr. 8. (XXIV, 1165 S. m. 1 farb. Karte.) Bischofswerda 901. E. H. Petzold. n. 13.—; geb. in Leinw. n. 15.—

— Gemeinde- u. Ortslexikon des Deutschen Reiches. 1. Nachtrag. Abgeschlossen am 1. III. 1904. (47 S.) gr. 8. Ebd. (904). n. — 50

— Städte-Lexikon des Deutschen Reichs. Verzeichnis sämtl. Städte des Deutschen Reichs, sowie aller ländl. Ortschaften m. dem Sitze e. Amtsgerichts u. solcher von üb. 5000 Einwohnern m. Angabe der Einwohnerzahl nach der Volkszählg. v. 1. XII. 1900, der Verwaltungs- u. Gerichtsbehörden, Verkehrsanstalten, Militärbehörden u. Truppenteile, Rechtsanwälte, Notare, Prozeßagenten, Rechtsbeistände, Gerichtsvollzieher, Bank- u. Speditionsgeschäfte rc. Auf Grund amtl. Materialien bearb. gr. 8. (XXIV, 129 S.) Ebd. 901. Geb. in Leinw. n. 2.—

— Verkehrs- u. Auskunfts-Kalender. Verzeichnis aller nennenswerten Verkehrsorte des Deutschen Reichs m. Angabe der neuesten Einwohnerzahl, der Verwaltungs- u. Gerichtsbehörden, Verkehrsanstalten, Militärbehörden u. Truppenteile, Rechtsanwälte, Prozessagenten, Bank- u. Speditionsgeschäfte sowie Adressen zur direkten Einholg. v. Geschäfts- u. Kreditauskünften, nebst Anh.: Die wichtigsten ausländ. Orte u. verschiedene f. den Geschäftsverkehr wicht. Angaben u. Tabellen. 5. Jahrg. 1907. (301 S.) kl. 8. Ebd. Geb. n. 2.—

— Verkehrs- u. Auskunfts-Kalender f. d. Deutsche Reich. Verzeichnis aller nennenswerten Verkehrsorte des Deutschen Reichs m. Angabe der neuesten Einwohnerzahl, der Verwaltungs- u. Gerichtsbehörden, Verkehrsanstalten, Militärbehörden u. Truppenteile. Rechtsanwälte, Processagenten, Bank- u. Speditionsgeschäfte sowie Adressen zur direkten Einholg. von Geschäfts- u. Creditauskünften, nebst Anh.: Die wichtigsten ausländ. Orte u. verschiedene f. den Geschäftsverkehr wicht. Angaben u. Tabellen. 1903. 8. (283 S.) Ebd. Geb. in Leinw. n. 1. 25

Petzold, F[ranz]: Die Synonyma in Barraus Histoire de la Révolution française nebst sachlichen Zusammenstellungen ⟨Reichstag[sverhandlungen], Gerichtswesen, Heer, Krieg u. s. w.⟩ Mühlhausen i. Thür. 1906: Danner. (35 S.) 4°
Mühlhausen Thür., st. OR i. E. P 1906 (331)

Petzold, F., die Synonyma in Barraus Histoire de la révolution française nebst sachlichen Zusammenstellungen (Reichstag[sverhandlungen], Gerichtswesen, Heer, Krieg usw.). (35 S.) 8. Mühlhausen i/Th. (906). (Heinrichshofen.) n. — 60

Petzold, F[ranz]: Zur Wiederholung des verarbeiteten Lehrstoffs. Mit Zugrundelegung von Gaspard, Les pays de France ⟨F. Petzold bei Velhagen & Klasing 1907⟩. Mühlhausen i. Thür. (1908): Danner. 31 S. 8°
Mühlhausen i. Th., st. OR OP 1908 (350) [S 08. 347

Petsold, Friedrich [aus Doberan in Mecklenb.]: Über die Schrift des Hippokrates „Von der Lebensordnung in akuten Krankheiten" nebst dem Schluss des „Revocativum memoriae" des Johann von St. Amand '(13. Jahrhundert)' ... [D. übrigen Theile d. Rev. mem. sind enth. in d. Berliner Dissertationen v. Otto Paderstein 1892, Carl Eicksen 1893, Rich. Reichel 1894, Georg Jul. Gust. Matern 1894 u. Friedr. Gust. Arth. Müller-Kypke 1893.] Berlin, Buchdr. v. G. Schade, *1894*; 28 S., 2 Bl. 8.
Berlin, Med. Fak., Inaug.-Diss. v. 21. Dez. 1894

Petzold, Geo. Dn., († d. 12. März 1790.) der Christus Gottes, nach d. Begriffe d. heil. Schriften. In Auszügen aus Predigten, mit Dr. Crusius Vorrede. 2 Thle. 8. Glogau 774, 75. Chr. F. Günther. 1 ß 4 gl

— das Geheimniß d. Evangelii, od. d. Geheimniß Christi. 8. Liegn. 783. (Chr. F. Günther in Glogau). 5 gl

Petzold, Gustav

Petzold, Gust., auf Meeres- u. Felsenpfaden. Eine Reise nach Norwegen m. dem Dampfer „Meteor" der Hamburg-Amerika-Linie vom 17. bis 30. VI. 1908. Lose Tagebuchblätter. (IV, 86 S. m. Abb.) gr. 8. Wanzleben 908. (Berlin, U. Meyer.) Geb. 3. —

PETZOLD, Heinz: Die Wiederurbarmachung der Kippen und Halden im Senftenberger Braunkohlenrevier. Vorträge. - Cottbus o. J. 62 S.

Petzold, Herrmann, approb. Arzt aus Kirchhasel bei Rudolstadt: Über vernarbte und vernarbende tuberkulöse Darmgeschwüre. *Kiel 1898: H. Fiencke.* (18 S.) 8°
Kiel, Med. Diss. v. [12. Dez.] 1898

Petzold, Hermann, a. Berlin: Die Dioptrik der Atmosphäre in ihrer Beziehung zur Theorie der Mondfinsternisse. (Leipzig [1907]: O. Brandstetter.) (43 S.) 4° ¶ (Aus: Archiv für Optik Bd 1.)
Rostock, Phil. Fak., Dieterici, Diss. v. 13. März 1907
[Geb. 28. Okt. 84 Berlin; Wohnort: Berlin; Staatsangeh.: Preußen; Vorbildung: Prinz Heinrich-Gymn. Schöneberg-Berlin Reife O. 03; Studium: Berlin 7 S.: Rig. 8. März 07.]

(**Petzold, J. G.,**) Reisen u. Schicksale e. deutschen Musikers, s. Reisen.

Petzold, Johann Nathanael

— kurze Abhandl. vom faulen Fieber. 8. Leipz. 773. (Hahn). 3 gr

– (Übers.), s. Alexander, William: Medicinische Versuche und Erfahrungen.

— diss. de delirio febrili. 4. Leipz. 762.

Petzold, Jh. Nath., s. 1) de Falbaire, der Fabrikant v. London. 2) Gefangene, der.

– (Übers.), s. Lind, Jakob: Abhandl. von Scharbock.

– (Übers.), s. Lind, Jakob: Versuch über die Krankheiten.

Petzold, Jh. Nath., s. Pächter, die drei.

– (Übers.), s. Pott, J. H.: Abhandl. von der Thränenfistel.

***Petzold*, Jh. Nath., († d. 8. Dec. 1813.)** de prognosi in febribus acutis specimen semioticum. 8maj. Leipz. 771. Ed. II. 777. (Aue in Altona). 8 gr

Johann Nathanael Petzold

Johann Nathanael Petzold, Von Verhärtung und Verengerung des untern Magenmundes. Dresden: Hilscher 1787. 46 S. 8°

— von Vorhersagung in hitzigen Krankheiten; aus d. Latein. 8. Hamb. 795. Gundermann. (Aue in Altona). 10 gr

Petzold, Johannes, approb. Arzt aus Weissenfels a. S. Über traumatische **Knochenneubildungen** im Musculus quadriceps femoris und Musculus temporalis. *Leipzig: G. Fock 1899.* (47 S.) 8°
Leipzig, Med. Diss. v. 12. Dez. 1899

Petzold, Joseph, s. Petzoldt

Petzold, K., das Erntedankfest, s.: Danner's, G., deutsche Jugendbühne.

Petzold, Karl [Dr.]: Materialien für den Unterricht in der Anatomie und Physiologie der Pflanzen. Zerbst, gedr. bei O. Schnee, 1892; 1 Bl., 16 S. 4.
Zerbst, herz. Franciscеum, OP 1892 (681)

Petzold, Karl: Petrographische Studien an Basaltgesteinen der Rhön. Halle a. S. 1883: Gebauer-Schwetschke. 48 S. 8°
Halle-Wittenberg, Phil. Diss. v 27. Juni 1883
Geb. Drohndorf (Anhalt) 26. 12. 1858. V.
Im Buchhandel Halle: Tausch & Grosse 1883. — Aus: Zeitschrift f. Naturwissenschaften. Bd 56. Halle a. S. 1883. S. 114—157. — Verf. erlebte die Diplomerneuerung 1933 als Studiendirektor a. D., Professor in Bernburg.

Petzold, Karl, petrographische Studien an Basaltgesteinen der Rhön. gr. 8. (48 S.) Halle 883. Tausch & Grosse. n. 1. —

Petzold, Carl Friedrich (Leipzig), De mutua peccatorum confessione in epist. Jacob. cap. V. v. 16. praescripta diss. Leipzig (B. Chr. Breitkopf) 26. XI. 1744. 80 S. (5.—) 26204

Petzold, Carl Jul., die Anpflanzung von Obstbäumen u. Sträuchern an Eisenbahnen u. Chausséen, sowie die Pflege u. Unterhaltung derselben. Leicht faßlich für den Laien dargestellt. Dresden 868. Meinhold & Söhne. 8. (16 S.) n. 2 ngr.

Petzold, Carl Jul., die rationelle Obstbaumzucht für den Landwirth, sowie der sicherste, natürl. u. billigste Schutz gegen Erfrieren der Blüthen im Frühjahre. gr. 8. (59 S.) Dresden 878. Klien? 1. 20

Petzold C. J.: Die Rose, deren Geschichte, Verbreitung, Cultur, Vermehrung u. Treiberei. Dresd. (1875). 60 S. P.

Petzold, Carl Jul., die Rose, deren Geschichte, Verbreitung, Cultur, Vermehrung u. Treiberei. (2. Aufl.) 8. (60 S.) Dresden 876. Meinhold & Söhne. 1. 50

— **Zimmer-Flora.** Kurze Unterweisung zur Kultur der beliebtesten Pflanzen im Zimmer. 8. (104 S.) Dresden 877. Meinhold & Söhne. 1. 50

Petzold, Maria: Quaestiones paroemiographicae miscellaneae. *Lipsiae 1904: R. Noske.* (79 S.) 8°
München, Phil. Diss. v. 1903

Petzold, Max, Aufgaben-Buch f. den Klavier- u. Violin-Unterricht. (62 S. m. 1 Notenbl.) kl. 8. Halberstadt (908). J. Schimmelburg. — 30

Petzold, Max, die Einzige, s. a. Bibliothek der Gesamtlitteratur d. In- u. Auslandes.

[F.] Die Einzige. Schausp. in 3 Aufz. v Max **Petzold.** *Halle a S.: O. Hendel (1897).* (52 S.) 1 Bd 8.
= Bibliothek d. Gesamtlitteratur d. In- u. Auslandes. No 1159. (95 898)

Petzold, Max, Fremdlinge, s.: Universal-Bibliothek.

Petzold, M., Iris. Historischer Roman. 8. (176 S.) Halle 890. Starke. n. 3. —; geb. 4. —

Petzold, Max, Iris. Historischer Roman. 8. (176 S.) Halle a/S. 891. Fr. Starke. n. 3. —; geb. n. 4. —

Petzold, N H., s. Petzoldt, Nikolaus Hartwig

Petzold, Osw., Meister-Prüfungsfragen f. freizusprechende Gesellen, gleichzeitig praktischer Führer des jungen Müllermeisters, s.: Ratgeber, kleiner, f. Müller. IV.

— 700 Prüfungsfragen f. freizusprechende Lehrlinge, gleichzeitig prakt Führer des jungen Müllergesellen, s.: Ratgeber, kleiner, f Müller. III.

Petzold, P., s. Pezold, Paul

Petzold, Paul, Referendar am Amtsgericht zu Lennep: Die Kausallehre des Strafrechts. Elberfeld 1906: E. Dick. (46 S.) 8°
Heidelberg, Jur. Fak., Ref. v. Lilienthal, Diss. v. 18. Mai 1906
[Geb. 13. Mai 83 Elberfeld; Wohnort: Lennep Staatsangeh.: Preußen; Vorbildung: Gymn. Barmen Reife O. 02, Studium Bonn 1, Leipzig 3, Bonn 3 S.; Rig. 13. Febr. 06.]

— **Paul** (Lengefeld /Vogtland), Observationum ad legem V. codicis de petitione hereditatis specimen. Leipzig (C. Tauchnitz) 22. III. 1804. 52 S. (3.75) 26205

— — Dasselbe. Leipzig (C. Tauchnitz) 22. III. 1804. 52 S. (3.75) 26206
Gew.: Johann Christian Klinkhardt (Oheim).

Petzold, Paul, prakt. Arzt, Lötzen: Aus der kgl. Univ.-Poliklinik für Haut- und Geschlechtskrankheiten zu Königsberg i. Pr. Direktor: Prof. Dr. W. Scholtz. Ueber das Vorkommen der Spirochaete pallida bei Syphilis. Leipzig 1905: B. Georgi. (31 S.) 8°
Leipzig, Med. Fak., Ref. Hoffmann, Diss. v. 22. Dez. 1905
[Geb 16 Mai 70 Wehlau; Wohnort: Lötzen; Staatsangeh.: Preußen; Vorbildung: Friedrichscollegium Königsberg Reife O. 91; Studium: Königsberg 13 S.; Coll. 22. Dez. 05; Approb. 26. Mai 03.]

Petzold, Sam. Gli. (Übers.), s. Chaufepié, Jak. Geo. de: Die Wahrheit der christlichen Religion ...

Petzold, S. Gli., Spätlinge einig. neuen geistl. Lieder. m. e. Anh. 8. Dresd. Hilscher. (C. F. Günther, Glogau.) 785.

Petzold, Sam. Gli., (✝ ...) **Spätlinge e. neuen geistl. Lieder, mit e. Anh. 8. Glogau 785. Chr. F. Günther. 8 gr**

Petzold, T., über das Turnen vom ärztlichen Standpunkte, v. T. P., Salzburg, 1 Bl., 8°.

Petzold, Th., der praktische Geometer. Ein Beschäftigungsspiel f. das reifere Jugendalter. 12. (20 S. m. Fig. u. 37 Holztäfelchen in Kästchen.) Leipzig 887. Spamer. 2.—

Petzold, Volker, a. Braunschweig: Systematisch-anatomische Untersuchungen über die Laubblätter der amerikanischen Lauraceen. Leipzig 1907: W. Engelmann. (34 S., 1 Tab.) 8°
¶(Aus: Englers Botan. Jahrbücher Bd 38 H. 4/5.)
Erlangen, Phil. Fak., Ref. Solereder, Diss v. 18. März 1907
[Geb. 9. Dez. 83 Braunschweig; Wohnort: Braunschweig; Staatsangeh.: Braunschweig; Vorbildung: Neues Gymn. Braunschweig Reife M. 02; Studium: Göttingen 4, Halle 4 S.; Rig. 1. Nov. 06.]

Petzold (W.). Weissenburg im Elsass wildwachsenden Gefaesspflanzen. Weissenb. 1879. 4°.

Petzold, Walt., Anleitg. zur Schönschrift (Kabinet-, Kanzlei- u. Schnellschrift.) (Umschlag: Jede Schrift muß sofort schön werden! Eine prakt. Anleitg. zur schnellen Erlerng. e. gewandten, schönen Schnellschrift in kurzen Übgn.) Mit Anh.: Verhütg. u. Heilg. des Schreibkrampfes. 2. Aufl. (8 u. 6 S. m. 8 Taf.) 8. Leipzig (910). E. Marré. —70

Petzold, Wilhelm Die Bedeutung des Griechischen für das Verständnis der Pflanzennamen. 4 (38 S.). Rsch. *Braunschweig* 1886 (632). Progr.

Petzold, W., die Bedeutung d. Griechischen f. das Verständnis der Pflanzennamen. 4. (38 S.) Leipzig 886. (Fock.) n. 1. 20

Petzold, Wilh., Elementarcursus der Elementar-Mathematik, Arithmetik u. ebene Geometrie, mit Rücksicht auf die Bedürfnisse der Jugend u. als Leitfaden für Lehrer. gr. 8. (17½ B. u. 1 Kpfrt.) Berlin 844, Nauck'sche Buchh.

Petzold, W., Fragen u. Aufgaben (m. Lösungen) aus dem Gebiete der astronomischen Geographie. (Zu: P., Leitfaden der astronom. Geographie.) [Aus: „Pädagog. Archiv".] gr. 8. (S. 577—610.) Bielefeld 892. Velhagen & Klasing. n. — 50

Petzold, W., Fragen u. Aufgaben (m. Lösungen) aus d. Gebiete der astronom. Geographie zu: P., Leitfaden der astronom. Geographie. 2. Aufl. gr. 8. (34 S.) Bielefeld 895. Velhagen & Klasing. n. — 50

Petzold, Wilhelm.
Die Grundzüge der chemisch-physikalischen Atomtheorie. Wissenschaftliche Abhandlung zum Programm des Gymnasiums zu Neubrandenburg, Ostern, 1877. 4to. Neubrandenburg, *n. d.* pp. 40, 4to.

Petzold, W., Leitfaden f. den Unterricht in der astronomischen Geographie. gr. 8. (62 autogr. S. m. Fig.) Braunschweig 885. Bruhn's Verl. n. — 80

Petzold, Wilh. Leitfaden f. den Unterricht in der astronomischen Geographie. 2. Aufl. gr. 8. (IV, 117 S. m. 1 Taf.) Bielef. 891, Velhagen u. Klasing. * 1 50; geb. ** 1 80

Petzold, Wilhelm: Ueber die Vertheilung des Gerbstoffs in den Zweigen und Blättern unserer Holzgewächse. Halle a. S. (1876): Plötz. 30 S. 8°
Halle-Wittenberg. Phil. Diss. v. 4. Aug. 1876
Geb. Keutschen (Kr. Weissenfels) 9. 2. 1848. V.

Petzold, Wilh. Verzeichnis der in der Umgegend von Weissenburg im Elsass wildwachsenden und häufiger kultivierten Gefässpflanzen. 45 S. Progr. *Weissenburg* 1879.

Petzold's Auskunftsregister zur Einholung von Geschäfts- u. Kreditauskünften direkt bei d. Gewährsleuten. 6. Jahrg. (106 S.) kl. 8. Bischofswerda (907). E. H. Petzold. 1.—

— **Tagebuch u. Auskunfts-Kalender f. Kontore auf d. J. 1908.** (VI, 331 S.) 35×12,5 cm. Ebd. Geb. 2.—
Erscheint nicht mehr.

Petzoldt

— s. a. **Petzholdt, Petzold, Pezold, Pezolt.**

Petzoldt: Sang u. Sänger deutscher Vorzeit. Dresden 1865.
Schul-/Univ.-Schrift

Petzoldt (A.), Wodurch werden die grauen Dolomite der oberen silurischen Gesteingruppe Liv- und Esthlands gefärbt? Dorpat 1855. 8.

Petzoldt, Alex., s. Petzholdt

Petzoldt, Alexand. Ludw. Eduard (Schoenau / Lausitz), De usu remediorum principalium inprimis formentationum frigidarum in morbis psychicis cum retis glacialis dicti Guentzii descriptione. Diss. med. Leipzig (Staritz) 24. V. 1839. 16 S., 1 Taf. (3.50) 26207

Petzoldt, Carl, s. Petzoldt, Karl

Petzoldt, C., Handwörterbuch für den deutschen Volksschullehrer. Unter Mitwirkung der namhaftesten Pädagogen hrsg. 2 Bde. in 14 Lfgn. gr. 8. (340; 379 S.) Dresden 872,73, Schulbuchh. [Leipzig, Jenne.] à Lfg. * 50 Pf. * 7 —

Petzoldt's, E., Handwörterbuch für den deutschen Volksschullehrer. 2. verm. Aufl., bearb. von Joh. Kroder. 10 Lfgn. gr. 8. (792 S.) Leipzig 877,78, Jenne. à Lfg. * ℳ 1. * 10 —

Petzoldt's, E., Handwörterbuch für den deutschen Volksschullehrer. 2., verm. Aufl., bearb. v. Johs. Kroder. gr. 8. (792 S.) Leipzig 877. 78. Leipner. n. 10.—

Petzoldt, E., historisch-geographisch-statistische Tabellen über Entstehung, Zu- und Abnahme der vornehmsten europäischen Staaten. Ein Versuch. gr. 8. (IV und 79 S.) Leipzig 863, [Klinkhardt.] *

Petzoldt, E., historisch-geographisch-statistische Tabellen über Entstehung, Zu- u. Abnahme der vornehmsten europäischen Staaten. Ein Versuch. Leipzig 863. G. Mayer. gr. 8. (IV, 79 S.) n. 12 ngr.

Petzoldt, Georg, Festmarsch, komp. u. d. Leipziger T. V. anläßlich d. Einweihung f. neuen Turnhalle gewidmet, Leipzig, 5 S., 2°.

Petzoldt, J., Kritik der reinen Erfahrung v. R. Avenarius, angezeigt v. J. P. [Aus: „Magazin f. d. Litteratur des In- u. Auslandes".] gr. 8. (32 S.) Dresden 889. Ehlermann. n. — 40

Petzoldt, Joh. Wolfg., Chronik der königl. bayerischen Stadt Schwabach, mit kurzer Bezeichnung des Lebens und Wirkens ihrer Regenten, vom Ursprunge der Stadt bis auf die neueste Zeit. Schwabach 854. (Nürnberg, v. Ebner.) gr. 4. (VII, 332 S.) n. 1 ℛ𝓉. 22 ngr.

Petzoldt, Joseph

Petzoldt, Jos., die deutsche Burschenschaft trotz aller Angriffe. gr. 8. (42 S.) Jena 884. Doebereiner. n. — 75

Petzoldt, Jos., die deutsche Burschenschaft trotz aller Angriffe. 2. verm. Aufl. gr. 8. (94 S.) Jena 885, Doebereiner Nachf. *

Petzoldt, Jos., Einführung in die Philosophie d. reinen Erfahrung. 1. Bd. Die Bestimmtheit der Seele. gr. 8. (XIV, 356 S.) Leipzig 900. B. G. Teubner. n. 8. —

Petzoldt, Jos., **Einführung** in die Philosophie der reinen Erfahrung. 2. Bd. Auf dem Wege zum Dauernden. (VIII, 341 S.) gr. 8. Leipzig 904. B. G. Teubner.
1. Bd. Ebd. 900. n. 8. —. n. 8. —

Petzoldt, Joseph Maxima, Minima und Ökonomie (Aus d. Vierteljahrsschr. f. wiss. Philos.) Altenburg, S.-A., in Comm. d. Schnuphase'schen Hofbuchh., 1891, 78 S., 1 Bl. 8°
Göttingen, Phil. Fak., Inaug.-Diss. v. [10. Jan.] 1890

Petzoldt, Jos., Maxima, Minima u. Ökonomie. [Aus: „Vierteljahrsschr. f. wissenschaftl. Philosophie".] gr. 8. (78 S.) Altenburg 891. (Schnuphase.) n 1. —

— **Sonderschulen** f. hervorragend Befähigte. (IV, 51 S.) 8. Ebd. 905. n. 1. —
Sonderabdruck aus: „Neue Jahrbb. f. Pädagogik".

Verzeichniß der in die Verlassenschaft des pens. Herrn Militär-Verpflegs-Oberverwalters Jos. Ritter von Petzoldt gehörigen Bilder und Landkarten, nebst den Verlassenschafts-Büchern von anderen drei Militärparteien, bestehend aus geschichtlichen, belletristischen und literarischen Werken, zum Theil in eleganten Einbänden, welche im April 1855 gegen gleich baare Bezahlung licitando veräußert wurden. Wien. 1855 Gedr. bei A. Dorfmeister (22 S. 8.)

— das Weltproblem v. positivistischem Standpunkte aus, s. a. Aus Natur u. Geisteswelt.

Das Weltproblem von positivistischem Standpunkte aus. Von Joseph **Petzoldt**. Leipzig: B. G. Teubner 1906. (X, 152 S.) 8° [F.]
— **Natur**, Aus, u. Geisteswelt. Bdch. 133. [07. 707]

Petzoldt, K., deutsches Liederbuch, s. Güssow, A.

Petzoldt, Carl [aus Lengenfeld i/V.]: Über den Einfluss verschiedenartiger Ernährung auf die Kohlensäureausscheidung des Tierkörpers. (Nach Versuchen an der Katze.) . Erlangen, Druck v. A. Vollrath's k. b. Hofbuchdr., 1891; 47 S., 2 Taf. 8°
Erlangen, Med. Fak., Inaug.-Diss. v. 1891

— **Carl Friedrich** (Klebic / Sachsen), De dignitate personali territoriis Germanorum communicabili. Diss. histor. pragmat. Präs. Adam Friedrich Glafey. Leipzig (Chr. Fleischer) 30. X. 1717. (5.—) 26208
Gew.: August Lebrecht u. Heinrich Erdmann von Watzdorff.

— — Dasselbe. Halle/Magdeburg (J. Chr. Grunert) 30. X. 1717. Rec. 1751. (5.—) 26209

— **Nikolaus Hartwig** (Bergedorf), De fundamento rigoris cambialis. Diss. inaug. Göttingen (Barmeier) 14. III. 1795. 38 S. (4.75) 26210

Petzold, N. H., comment. de fundamento rigoris cambialis. 4. Götting. 795. Brose. 4 𝔤𝔯

Petzolt, Ludw., s. Haage, Julius: Denkschrift aus Anlaß des 25jähr Bestehens des Turngaues Oberösterreich und Salzburg.

Petzolt, Ludwig, u. Haage, Julius, Rückblick auf die Tätigkeit des oberösterreichisch-salzburgischen Turngaues von seiner Gründung 1866 bis zum Jahre 1882, Salzburg 1882, 59 S., 8°.

Petzsch

— s. a. **Petsch.**

Petzsch, Bruno, Assistenzarzt: Ueber die Zerreissung des Streckapparates am Kniegelenk. Leipzig 1909: Lehmann. 29 S. 8°
Leipzig, Med. Diss. v. 12. Juli 1909, Ref. Trendelenburg
[Geb. 20. Sept. 76 Berlin; Wohnort: Vogelsang b. Gommern; Staatsangeh.: Preußen; Vorbildung: Gymn. Spandau Reife M. 99; Studium: Berlin Tierärztl. Hochsch. 2, Univ 9 S.; Coll. 20. Juli 09; Approb. 14. Juli 06.] [U 09. 2841

Petzsch, Carl Heinrich, s. Petzsch, Karl Heinrich

— **Friedrich Wilhelm** (Mutzschen/Meißen), De dubio legitimatorum per rescriptum principis jure in Germania. Diss. Präs. Gottlieb Wernsdorff. Wittenberg (C. Chr. Dürr) 26. III. 1791. 38 S. (4.50) 26212
Gew.: Johann Georg von Spillner.

— **Johann Gottlob** (Oschatz/Meißen), De moderamine inculpatae tutelae adultero competente. Diss. jur. Präs. Friedrich Gottlieb Zoller. Leipzig (Stopffel) 29. VIII. 1748. 26 S. (4.75) 26213

Petzsch, Karl Adm., († d. 26. Juni 1788.) Gedanken über wüst liegende Gegenden in Sachsen. 8. Leipz. 782.

Petzsch, Carl Heinrich (Meißen), De honore senibus assurgendi ad Cic. Cat. Maj. c. XVIII. § 3. exponit. Meißen (Loew) 4. II. 1742. 8 S. (4.50) 26211
Gew.: Georg Leberecht Wilck.

Petzsche, Johannes, approb. Arzt aus Priesteblich, Amtshauptmannschaft Leipzig: Zur Kenntnis der Tabes dorsalis und ihrer symptomatologischen Entwickelung. *Leipzig 1903: B. Georgi.* (18 S.) 4°
Leipzig, Med. Diss. v. (10. März) 1903

Petzsche, Oswald, Tierarzt: Aus d. chir. Klinik d. Tierärztl. Hochsch. zu Dresden. Über die Neurektomie und die Dauer der durch sie erzielten Dienstfähigkeit beim Pferde. Dresden-N. 1908: Ulrich. 71 S. 8°
Leipzig, Veterinär-Med. Diss. v. 30. Nov. 1908, Ref. Röder
[Geb. 11. Dez. 82 Schladitz; Wohnort: Dresden; Staatsangeh.: Preußen; Vorbildung: Nicolai-Gymn. Leipzig Reife O. 04; Studium: Berlin Tierärztl. Hochsch. 7 S.; Coll. 22. Dez. 08; Approb. 1. Aug. 08.] [U 09. 2842

Petzval, Josef

— Über Herrn Spitzers Abhandlung, die Integration mehrerer Differentialgleichungen betreffend, und die darin erhobenen Prioritäts-Ansprüche. S 28. 253 vgr.
Separatabdruck

— Über die Abhandlung Arcaris Ein Problem des Stoßes. S. 11 774 vgr.
Separatabdruck

— Über Herrn Dr. Hegers Abhandlung Die Auflösung von algebraischen Buchstabengleichungen betreffend. S. 14. 201 . . . . vgr.
Separatabdruck

— Bericht über eine Abhandlung des Dr Ant. Müller Professor der Mathematik in Zürich. S 29. 40 vgr
(Müller Grundgesetze der Konfiguration algebraischer Kurven.)
Separatabdruck

Petzval, Jos., Bericht über die Ergebnisse einiger dioptrischer Untersuchungen. Lex.-8. (4 B.) Pesth 843, Hartleben's Verlags-Expedit.

Petzval, Bericht über die Kulik'schen Factorentafeln. [Aus den Sitzungsber. der k. Akad. der Wiss.] Wien 866. (Gerold's Sohn.) Lex.-8. (3 S.) 1½ *ngr.*

— Bericht uber die Kulikschen Faktorentafeln. S. 53. II. 460 . . . . vgr.
Separatabdruck

Petzval, Jos., Bericht über dioptrische Untersuchungen. (Aus den Sitzungsberichten d. k. Akad. d. W.) Wien 857. Gerold in Comm. gr. 8. (60 S. mit Holzschn. im Text.) n. 10 *ngr.*

— Bericht über optische Untersuchungen. (Aus d. Sitzungsberichten d. k. Akad. d. W.) Wien 857. Gerold in Comm. gr. 8. (58 S.) n. 10 *ngr.*

— Bericht über optische Untersuchungen. Erster Bericht. Über die Art der Untersuchung: 1. Gang eines Lichtstrahles, der an der Trennungsfläche zweier verschiedener optischer Mittel anlangt. Über Okulare 2. Beleuchtungslehre, technische und mathematische. Das Leuchten in die Ferne und in die Nähe. Beleuchtungsapparate. S. 24. 50 . . . . 1.—
— — Zweiter Bericht: Über das Störungsproblem über sphärische Krümmung. S. 24. 92 . . . . vgr.
— — Dritter Bericht: Ausgleichungslehre. Begründung der neuen Methode der numerisch gleichen Maxima und Minima im Gebiete der Optik. Über große Ordnungen. Neue Methode, die Abweichungen aller in ein optisches Instrument einfallenden Strahlen in übersichtlicher Weise graphisch darzustellen. Plan des optischen Werkes. S. 24. 129 . . . . vgr.
— — Vierter Bericht: Über Camera obscura-Objektive überhaupt. Über ein neues Objektiv. Über Camera obscura und deren Einrichtung. Über die Verwendungsweise des Apparates. Über Diaphragmen. Eigenschaften einer guten Camera obscura. S. 26. 33 . . . . vgr.
Separatabdruck

— Über Professor A. Müllers Diskussionsmethode der algebraischen Flächen höherer Ordnungen. S. 41. 735 . . . . —.20
Separatabdruck

Petzval, Jos. Ueber Ant. Müller's Grundgesetze der Configuration der algebraischen Curven. Wien 1858.

— Integration der Differential-Gleichungen von linearer Form, s.: Abhandlungen, naturwissenschaftl., hrsg. v. W. Haidinger, I. Bd.

Petzval, Jos., Integration der linearen Differentialgleichungen mit constanten und veränderlichen Coefficienten. 1. Lfg. gr. 4. (XVII und 136 S.) Wien 851, (Braumüller.) *

— Integration der linearen Differentialgleichungen mit constanten und veränderlichen Coefficienten. 2—5. Liefg. Wien 853—58. (Gerold.) gr. 4. (1. Bd.: XVI, S. 137—417 u. 1 lith. Taf.; 2. Bd.: S. 1—560.) n. 14 *ℛℬ* 18 *ngr.*

Petzval, Jos., Integration der linearen Differentialgleichungen mit constanten u. veränderlichen Coefficienten. 6. Liefg. Wien 859. (Gerold.) gr. 4. (2. Bd.: XXX, S. 561—687.) n. 2 *ℛℬ* 20 *ngr.*

—— über das neue Landschafts- als Fernrohr-Objectiv. Lex.-8. (15 S. mit eingedr. Holzschn.) Wien 858, (Gerold's Sohn.) *
Aus: Sitzungsberichte der k. Akademie der Wissenschaften, Jahrg. 1858, besonders abgedruckt.

— Über das neue Landschafts- als Fernrohr-Objektiv. S. 31. 213 . . . . vgr.
Separatabdruck

Petzval Josef, Dr.: Die Mathematik in ihrer Beziehung zu den Naturwissenschaften. F. S. 1857 . . . . K —.70
Separatabdruck

Petzval, Joseph: Die Ministerialverordnung und der neue Entwurf von 1850 über Habilitation der Privatdocenten. Ein Separat-Votum im Auftrage mehrerer Mitglieder des philosophischen Professoren-Collegiums der Wiener Universität. 51 S., gbd.

Wien: typ.Keck 1850

JB 5.495

— über ein allgemeines Princip der Undulationslehre: Gesetz der Erhaltung der Schwingungsdauer. [Aus den Sitzungsberichten 1852 d. k. Akad. d. Wiss. abgedr.] Lex. 8. (25 S.) Wien 852. (Braumüller.) n. 4 *ngr.*

— Über ein allgemeines Prinzip der Undulationslehre: Gesetz der Erhaltung der Schwingungsdauer. S. 8. 134 . . . . vgr.
Separatabdruck

—— über ein allgemeines Princip der Undulationslehre: Gesetz der Erhaltung der Schwingungsdauer. Lex.-8. (25 S.) Wien 852, (Gerold's Sohn.) *

— über die Schwingungen gespannter Saiten. (Aus den Denkschriften der k. Akad. der Wissensch. zu Wien.) Ebend. 859. gr. 4. (48 S.) n. 20 *ngr.*

— Über die Schwingungen gespannter Saiten. D 17. I. 91 . . . . 2.—
Separatabdruck

— Über die Schwingungen gespannter Saiten. (Auszug.) S. 29. 160 . . . . vgr.
Separatabdruck

— über die Theorie des Grössten u. Kleinsten, s.: Abhandlungen, naturwissenschaftl., hrsg. v. W. Haidinger, II. Bd.

— Angströms experimentelle Untersuchungen über das Spektrum des elektrischen Funkens in Beziehung auf die Farben der Doppelsterne. S. 41. 561 . . . . . . vgr.
Separatabdruck

— über die Unzukömmlichkeiten gewisser populärer Anschauungsweisen in der Undulationstheorie u. ihre Unfähigkeit das Princip der Erhaltung der Schwingungsdauer zu ersetzen. [Aus den Sitzungsber. 1852 der k. Akad. d. Wiss.] Lex. 8. (41 S.) Ebd. 852. n. 8 *ngr.*

—— über die Unzukömmlichkeiten gewisser populärer Anschauungsweisen in der Undulationstheorie und ihre Unfähigkeit das Princip der Erhaltung der Schwingungsdauer zu ersetzen. Lex.-8. (41 S.) Wien 853, (Gerold's Sohn.) *
aus: Sitzungsberichte der k. Akademie der Wissenschaften J. 1852, besonders abgedruckt.

— Über die Unzukömmlichkeiten gewisser populärer Anschauungsweisen in der Undulationstheorie und ihre Unfähigkeit, das Prinzip der Erhaltung der Schwingungsdauer zu ersetzen. S. 8. 667 . . . . —.40
— — Fortsetzung. S. 9. 699 . . . . —.60
Separatabdruck

Petzval, Otto — Elemente der Geometrie nebst einiger Anwendung auf praktische Geometrie. Herausgegeben von — —. Pesth, 1856. Druck von Landerer und Heckenast. (227 S. 8.)

Petzval, Otto — Elemente der Mathematik für Obergymnasien und Realschulen herausgegeben von — —. Pesth, 1856. Druck von Johann Herz. (513 S. 8.)

Petzval, Otto, *k. k. Univ.-Prof. der höheren Mathem.* Analitische Geometrie auf der Ebene u. im Raume für Gymnasien und Realschulen. *Pest* 1858. Druck von *J. Herz.* 149 S., 8°. Mit vielen in den Text gedruckten Figuren. 1 fl. 24 kr.

Petzval, Otto, *Dr. k. k. Univers.-Prof. d. höher. Mathemat.* Stereometrie für Gymnasien und Realschulen. *Pest* 1858. Druck von *Joh. Herz.* 143 S., 8°. 1 fl. 24 kr.

Petzval, Otto, *Dr. k. k. Univers.-Prof. der höh. Mathematik.* Ebene u. sphärische Trigonometrie für Gymnasien und Realschulen von —. *Pest* 1857. Druck v. *Joh. Herz.* 157 S. gr. 8°. mit in den Text gedruckten Figuren.

Peucer

— s. a. **Peucker.**

Peucer, Bened. Aug., Rede bei der Beerdigung der irdischen Hülle des sel. Hrn. Dr. Frdr. Andreä, Superint. der Diöcese Bürgel u. Pfarrers zu Thalbürgel am 23. Juli 1851 gesprochen. gr. 8. (16 S.) Jena 851, Doebereiner in Comm. n. 2 ngl.

Peucer, Dan.

— erläuterte Anfangsgründe d. deutsch. Oratorie, in kurzen Regeln u. deutlichen Exempeln 2c. Jena 736. 2e Aufl. 740. 4e Aufl. 8. Dresd. 765. Walther. 12 gl.

— Luthers Br. v. Dollmetschen. 8. Lpz. 740.

Peucer, Daniel (Buttstädt), De necessaria philosophiae cum humanioribus litteris in scholis coniunctione oratio quam sub auspicium muneris scholastici sollemniter habuit. Weimar (Mumbach) 3. V. 1727. (3.75) 26214

— — Contagionem stili profani cum remedio proponit ac simul examen sollemne indicit. Eisenach (Krug) 8. IV. 1753. 12 S. mit Namen. (3.75) 26222

— Comment. different. apud Graecos vocum. Dresd. 749. 8. 12gr.

— — De dotibus juris cultoris ex mente Petri Baldi brevis commentatio qua lectissimi atque humanissimi auditoris sui Fried. Victor Fraenckel orationem valedictoriam indicit. Naumburg (Bossoegel) 11. X. 1733. 8 S. mit Namen. (3.75) 26216

— — De epistola Lutheri de interpretatione commentatio qua ad sacra scholastica cras finitis ante meridiem in templo sacris invitat. Naumburg (Bossoegel) (30. X.) 1736. 12 S. mit Namen. (3.75) 26219

— — De eruditione consuetudini serviente commentatio qua orationem valedictoriam adolescentis Gottfried Michael Pfundel indicit. Naumburg (Bossoegel) 5. IV. 1736. 8 S. mit Namen. (3.75) 26218

Peucer, Dn., (+ d. 21. Febr. 1756.) Lexicon graec. vocum synonymicar., potiss. ex Ammonis Lesbonacte et Philopono collect. etc. 8. Dresd. 748 u. 766. Walther. 12 gl.

— — De maledictionibus Lucianeis in Christum eiusque apostolos commentatio qua orationem valedictoriam stud. Geo. Felicis Decker indicit. Leipzig (Breitkopf) (26. II.) 1742. 8 S. mit Namen. (3.75) 26221

— — (Lausitz), De philosophis factis procul verbis tenus comentatio qua ad actum oratorium ipsis solemnibus piae memoriae sacrorum ab Luthero instauratorum dedicatis publ. habendum litterarum patronos invitat. Naumburg (Bossoegel) (3. XI.) 1732. 8 S. mit Namen. (3.75) 26215

— — De principio stili Latini commentatio qua orationem valedictoriam Geo. Christian Schmid indicit. Naumburg (Bossoegel) (13. IV.) 1739. 12 S. mit Namen. (3.75) 26220

— — De vanitate historiae judice agrippa commentatio qua auditoris sui bonae frugi studiisque ac doctrinis deditissimi Johann Jakob Schilling orationem valedictoriam indicit. Naumburg (Bossoegel) (4. V.) 1734. 8 S. mit Namen. (3.75) 26217

Peucer, Friedr., Weimarische Blätter. gr. 12. (26⅔ B.) Leipzig 834, [Böhme.]

— Weimarische Blätter. gr. 12. Leipzig 834. Klinckhardt. 2⅓ rß

[Gedicht.] **Zum Doppelfeste in der □ Amalia, 3/13 Sept. 1826.** [Unterz.: Friedr.] **Peucer.** [Weimar 1826.] 2 Bl. 8⁰ [Kopftit.]
„Strahlen, die aus Osten stammen,...“

[Gedicht.] **Zur Johannesfeier in der Loge Amalia zu Weimar 1844.** [Unterz.: Friedr.] **Peucer.** [Weimar 1844.] 1 Bl. 4⁰ [Kopftit.]
„Es tönt ein Klang durch Deutschlands Gauen, . . .“

Peucer, Friedr. (Übers.), s. Hugo, Victor: Hernani.

Zur Johannes-Fest- und Schwesternloge. Weimar 1843. [Unterz.: Friedr.] **Peucer.** [Weimar 1843.] 8 S. 8⁰ [Kopftit.]
Thema: Wir befinden uns in einer Loge, in einer Johannesloge, in einer Schwesternloge. Was bedeutet das?

[Lied.] **Zum Johannisfest.** [Unterz.: Friedr.] **Peucer.** [Weimar] o. J. 1 Bl. 8⁰ [Kopftit.]
Ohne Noten: „Welch' ein Moment ist diese Stunde!“

[Lied.] Zum maurerischen Jubelfest des [Br.] J. W. v. Goethe. 23. Juni 1830. [Unterz.: Friedr.] **Peucer.** [Weimar 1830.] 1 Bl. 8⁰ [Kopftit.]
Ohne Noten: „Die gold'ne Kugel schimm're heut . . .“

Heinemann, Karl Wilh. Anton: [Lied.] Dem Br. Heinemann am 19. Febr. 1840 von den besuchenden BBr. der Loge Amalia zu Weimar. [Unterz.: Friedr.] **Peucer.** o. O. 1840. 1 Bl. 8⁰ [Kopftit.]
Ohne Noten: „Sanft erglühn des Tempels Pforten . . .“

[Lied.] Zum Stiftungsfest der Loge Karl z. d. 3 Adlern in Erfurt, 19. Febr. 1841, die besuchenden Brüder aus Weimar. [Unterz.: Friedr.?] **Peucer.** o. O. [1841]. 1 Bl. 8⁰ [Kopftit.]
Ohne Noten: „Zu dem hehren Tag der Weihe...“

[Lied.] Dem geliebten Meister vom Stuhl, [v. Fritsch] am Stiftungsfeste der Loge Amalia [in Weimar] 24. Oct. 1841. [Unterz.: Friedr.] Peucer. [Weimar 1841.] 1 Bl. 8⁰ [Kopftit.]
Ohne Noten: „Wie im Walde ragt die Zeder, . . .“

[Lied.] Den geliebten besuchenden BBr. in der Loge Amalia zu Weimar. [Unterz.: Friedr.] Peucer. o. O. u. J. 1 Bl. 8⁰ [Kopftit.]
Ohne Noten: „Trenne sich die Aussenwelt . . .“

[Dasselbe u. d. Tit.:]
[Lied.] Den geliebten besuchenden BBr. in der Loge Amalia zu Weimar, den 7. April 1843. [Unterz.: Friedr.] Peucer. [Weimar 1843.] 1 Bl. 8⁰ [Kopftit.]
Ohne Noten.

[Lied.] Zur Johannisfeier in der Loge Amalia zu Weimar 1844. [Unterz.: Friedr.] Peucer. [Weimar 1844.] 1 Bl. 4⁰ [Kopftit.]
Zum Preise Herders; ohne Noten.

[Lied.] Dem vierundzwanzigsten Okt. 1845. [Unterz.: Friedr.] Peucer. [Weimar: 1845.] 1 Bl. 8⁰ [Kopftit.]
Ohne Noten: „Strahlen, die aus Osten stammen,“ . . .

Mosaiksteine. Aus den Säulenhallen der ger. u. vollk. ▭ Amalia zu Weimar. Von Friedr. Peucer. Ms. f. Brr. Weimar 1836. 103 S. 8⁰
Kl. 1261, Tt. 1899. 8 Gedichte, 8 kurze Vorträge mit histor. Anmerk.

Peucer, Friedr., Ein Theaterabend. Dramat. Studien. 8. (19½ B.) Leipzig 835, Kollmann.

Peucer, H. K. F., s. Theater, classisches, der Franzosen.

Peucer, Heinrich Karl Fr.

Peucer, Heroismus alter und neuer Zeit. gr. 8. Erfurt, Marlug. 817.

Peucer, Hnr. Karl Fr., Heroismus alter u. neuer Zeit. gr. 8. Erfurt 817. (Otto). 3 gr.

Peucer, H. C. F., Landsturmblatt für Weimar. s. Landsturmblatt.

– (Hrsg.), s. Sonntagsblatt für das Großherzogthum Sachsen-Weimar von 1818.

(Peucer, Tobias) (Übers.):

s.: Solingen, Cornelis: Embryulcia oder Herausziehung einer Todten-Frucht... (Embryulcia, ofte afhalinge eens doden vruchts... Dt.) Wittenberg: 1712
in: Solingen, C.: Hand-Griffe der Wund-Artzney... (Manuale operatien der chirurgie... Dt.) ...übers.von (T. Peucer). Andere Aufl. 1712

JB 3.105

(Peucer, Tobias) (Übers.):

s.: Solingen, Cornelis: Hand-Griffe der Wund-Artzney... (Manuale Operatien der chirurgie... Dt.) Andere Aufl. Wittenberg: 1712

JB 3.105

Peuchet, J., aus den Archiven der Pariser Kriminalpolizei. Interessante Kriminalfälle. (184 S.) 8. Gera (906). P. Stößner. n. 1. —

— Enthüllungen aus den Pariser Polizei-Akten. (164 S.) 8. Ebd. (906). n. 1. —

Peuchet, J., Memoiren aus d. Archiven d. pariser Polizei. Ein Beitr. z. Gesch. d. Moral u. d. Polizei. Deutsch von L. v. Alvensleben. 3 Bde. 8. (16, 17 u. 16¼ B.) Meißen 838, 39, Goedsche. à 1⅓ Thlr.

Peuchet, J., Welt u. Kerker! Memoiren aus den Archiven der Pariser Polizei. Aus dem Franz. 3 Bde. Illustrirte Ausg. 8. Meißen 850, Gödsche. 2 ß

Peucker

— s. a. Peucer.

(Peucker, v., General-Inspecteur des militär. Erziehungs- und Bildungswesens.) Denkschrift über den geschichtlichen Verlauf, welchen die Vorschriften über das von den Officiers-Aspiranten darzulegende Maass an formaler Bildung und die Erfolge dieser Vorschriften seit der Reorganisation des Heeres im Jahre 1808 genommen haben. Als Anhalt für die angeordnete Erörterung der Frage, ob und welche Veränderungen in den zur Zeit bestehenden gesetzlichen Vorschriften für die Prüfung zum Portepée-Fähnrich als räthlich und ausführbar erachtet werden können. Als Manuscript gedruckt. 8. Berlin 1861.

v. Peucker. Denkschrift über den geschichtlichen Verlauf, welchen die Vorschriften über das von den Offizier-Aspiranten darzulegende Mass an formaler Bildung und die Erfolge dieser Vorschriften seit der Reorganisation des Heeres i. J. 1808 genommen haben. (109) 8. Berlin 1861.

(Peucker, v., General der Infanterie, General-Inspect. des Militär-Erziehungs- und Bildungswesens.) Instruction für den Umfang und die Methode des Lehrganges an der königl. Kriegs-Akademie. 8. Berlin 1868.

Peucker. Luftschiffahrtsrecht. Dissertation. Leipzig. 1910.

Peucker. Ursprung und Fortbildung der französischen Sprache. Breslau, H. B. am Zwinger, 1853. 21 S. 4. Progr.

Peucker, A. T., Die Insel Hydra; histor. Mitteilungen von A. Miaulis. Aus d. Neugriech. übers. 1870. 27 S. 1.20

Peucker, A. Th., clef de la prononciation française. Alphabetisches Verzeichniß französischer Wörter u. Redensarten, deren Aussprache von den allgemeinen Regeln abweicht, oder welche sonst von den Deutschen unrichtig ausgesprochen zu werden pflegen. Für Lehrer und Lernende herausgegeben. Breslau (854.) E. Trewendt, 16. (XI, 91 S.) n. 5 ngr.

Peucker, A. Th., kurze theoretisch-praktische Grammatik der neugriechischen Sprache in ihrem Verhältnisse zur altgriechischen nebst einer Chrestomathie. Breslau 863. Maruschke & Berendt in Comm. gr. 8. (VIII, 101 S.) n. 15 ngr.

Peucker, A. Th., Histoire de la littérature française, à l'usage des écoles. gr. 8. (IV und 99 S.) Breslau 851 (52,) Trewendt und Granier.

—— Histoire de la littérature française, à l'usage des écoles. 2. édit. revue et augmentée. gr. 8. (IV und 99 S.) Breslau 862, Trewendt.

Peucker, A. Th., histoire de la littérature française à l'usage des écoles. 3. éd. revue et augmentée. gr. 8. (108 S.) Breslau 872. Trewendt. 1. 50

— s. P. de Kock. Andreas d'Savoyarde. — dess. d. Jungfrau v. Belleville. — dess. Der Leichtsinnige.

— prakt. Lehrgang zur schnellen u. leichten Erlernung der spanischen Sprache. 1. Cursus. gr. 8. (IV u. 107 S.) Breslau 849, Max & Co. in Comm. 1/3 ℛ

Peucker, A. (Th.) französischer Trichter, oder Anweisung, die franz. Sprache in fünf Stunden theoretisch und praktisch zu erlernen. Als Anhang die Vulgär-Sprache der Franzosen, oder Redensarten u. Worte der gemeinen Umgangssprache, die kein Wörterbuch enthält. 2e Aufl. 8. Breslau 837. Verlags-Cpt. 1/6 ℛ — 3e verm. Aufl. 8. Ebd. 838. 1/6 ℛ

—— Uebungsbuch zum Uebersetzen aus dem Deutschen in das Französische für die drei obern Klassen der Realschulen. 8. (IV und 60 S.) Breslau 852, (Max und Comp.)

—— Uebungsbuch zum Uebersetzen aus dem Deutschen in das Französische. Neue Ausg. gr. 8. (IV und 185 S.) Breslau 862, (Max und Comp.)

Peucker, Aug. Theod. (*in d. Vita:* Theodorus Augustus) (*geb. Sagan 1807*): De affinitate quae est inter linguam Graecorum antiquorum et recentiorum. Vratislaviae (1840). (36 S.) 8°

Breslau, Phil. Diss. v. 19. März 1840

Peucker, Eduard von

v. **Peucker**, (Ed.), Beiträge zur Beleuchtung einiger Grundlagen für die künftige Wehrverfassung Deutschland's. gr. 8. (57 S.) Frankfurt a. M. 848. (Leipzig, Fr. Fleischer.) 6 ngr — (2. Aufl.) gr. 8. (57 S.) Frankfurt a. M. 848, Schmerber. 1/4 ℛ

Peucker, General v. Das deutsche Kriegswesen der Urzeiten in seinen Verbindungen und Wechselwirkungen mit dem gleichzeitigen Staats- und Volksleben. 1. Th. Die im Staats- und Volksleben wurzelnden allgemeinen Grundlagen der Heeresverfassung, die aus solchen hervorgehende Entwicklung des Waffenrechts und der Waffenpflicht und die durch den Heerbefehl hervorgerufenen Veränderungen in der Staatsverfassung. 2. Th. Der Bereich der Organisation, der Bewaffnung, der Taktik, der Befestigungen und des Seewesens, und ein Blick auf das römische Heerwesen behufs Beurtheilung der Wirksamkeit der germanischen Kampfesweise und Gefechtsaufstellungen den römischen Heeren gegenüber. 3. Th. Wanderung über die Schlachtfelder der deutschen Heere der Urzeiten. I. Abth. Die Kämpfe in den letzten beiden Jahrhunderten vor dem Beginn unserer Zeitrechnung. II. Abth. Mit der Fortsetzung vom Jahre 4 n. Chr. bis zum Ausgang der Schlacht von Idistaviso im Jahre 16 n. Chr. Fortgesetzt und zum Abschluss gebracht von dem Landrath a. D. von **Wolff-Metternich**, Geh. Reg.-Rath. (4 Bde.) 8. Berlin 1860—1893.

v. **Peucker**, das deutsche Kriegswesen der Urzeiten in seinen Verbindungen u. Wechselwirkungen mit dem gleichzeitigen Staats- u. Volksleben. 1. u. 2. Thl. Berlin 860. v. Decker. gr. 8. (XIX, 1004 S.) n. 4 ℛ

Peucker, v., das deutsche Kriegswesen der Urzeiten in seinen Verbindungen und Wechselwirkungen mit dem gleichzeitigen Staats- und Volksleben. 3. Thl. A. u. d. T.: Wanderung über die Schlachtfelder der deutschen Heere der Urzeiten. 1. Thl.: Die Kämpfe in den letzten beiden Jahrhunderten vor dem Beginne unserer Zeitrechnung. gr. 8. (XI und 415 S.) Berlin 864, v. Decker'sche geheime Ober-Hofbuchdruckerei. *

1. und 2. Thl. Ebendas. 1860. * 4 Thlr.

Peucker, v., Wanderung üb. die Schlachtfelder der deutschen Heere der Urzeiten. Fortgesetzt u. zum Abschluss gebracht von v. Wolff-Metternich. 2. Aufl. 2 Thle. in 1 Bde. gr. 8. (XI, 245 u. III, 194 S.) Berlin 893 R. v. Decker. n. 6. —

v. **Peucker**, Gen. Wanderungen über die Schlachtfelder der deutschen Heere der Urzeiten (XI, 415) 8. I. (Kämpfe in den letzten zwei Jahrhunderten vor Beginn unserer Zeitrechnung.) Berlin 1864. 6,00.

Peucker, Franz, Referendar: Luftschiffahrtrecht. Grünberg i. Schl. 1910: Weller. 72 S. 8°

Leipzig, Jur. Diss. v. 10. Jan. 1911

[Geb. 7. Aug. 81 Grünberg i. Schl.; Wohnort: Breslau; Staatsangeh.: Preußen; Vorbildung: Gymn. Sorau Reife M. 03; Studium: Leipzig 3, München 1, Leipzig 1, Kiel 3 S.; Rig. 23. Nov. 10.] [U 11. 2912

Peucker, Gerhard: Besonderheiten hinsichtlich der Erteilung der Prokura durch Aktien-Gesellschaften. Breslau 1910: Breslauer Genossensch.-Buchdr. VIII, 42 S. 8°

Breslau, Jur. Diss. v. 2. Mai 1910, Ref. Meyer, Schott

[Geb. 21. März 83 Loewen, Kr. Brieg; Wohnort: Kattowitz; Staatsangeh.: Preußen; Vorbildung: Gymn. Wohlau Reife O. 03; Studium: Greifswald 2, Berlin 4, Breslau 2 S.; Rig. 18 Febr. 10.] [U 10. 518

Peucker, I. G. (Schweidnitz / Schlesien), De argumentis indirectis pro veritate idealismi critici. Diss. phil.-crit. Halle (Hendel) 1790. 60 S. (5.—)
Gew.: Christ. Gottl. Hanck. 26224

Peucker, K., morphometr. Skizze der beiden Koppenteiche, s.: Zacharias, O., u. E. Lemmermann, Ergebnisse e. biolog. Excursion etc.

Atlas für Handelsschulen. Begründet u. fachmännisch bearb. von Dr. Th[eodor] Cicalek, Prof., J. G. Rothaug, Fachlehrer, † Dr. Karl Zehden, Hofrat. Gez. u. red. von Dr. Karl **Peucker**. Ausgabe f. Akademien u. höh. Handelsschulen in 40 Haupt-Karten u. -Plänen auf 37 Kartenbl. u. gegen 70 Nebenkarten, Diagr., Stadt- u. Hafenplänen. 3. Ausg. *Wien: Artaria & Co. [1903].* (37 Kartenbl.) 4° [03, 3318

Peucker, Karl [aus Bojanowo]: Beiträge zur orometrischen Methodenlehre.... Trebnitz in Schles., Buchdr. Marotzke & Märtin, *1890;* VIII, 57 S., 1 Bl., 2 Taf. 8°

Breslau, Phil. Fak., Inaug.-Diss. v. 16. Sept. 1890

Peucker, Karl, Beiträge zur orometrischen Methodenlehre. Diss. gr. 8. (VIII, 57 S. m. 23 Fig. auf 4 Taf.) Breslau 890. (L. Köhler.) n. 1. —

Bulgarien mit Ostrumelien, und Türk. Thrakien. (Bearb. von Dr. Karl **Peucker**.) Maasst. 1:864,000. (Mit kartogr. u. statist. Beilagen z. Verständnis d. oriental. Krise.) [Mit 1 Nebenkarte.] *Wien: Artaria & Co. (1903).* (1 Kartenbl. 80×59 cm.) 8° [kol.]
[Umschlagt.:] Karte von Bulgarien .. von Dr. K. Peucker. [04, 1304

Peucker, Dr. Karl, in Wien Zur kartographischen Darstellung der dritten Dimension (Sonderabdruck aus: „Geographische Zeitschrift." 7. Jahrgang. 1901. Heft 1) 8 (Leipzig 1901.)

Peucker, Karl: Zur kartographischen Darstellung der dritten Dimension. ([S.-A.] Geographische Zeitschrift Jahrg 7. S 22—41) Leipzig 1901. 20 S. 8°.

Die Eisenbahnen Russlands (mit Theilen d. angrenzenden Länder u. Kl.-Asiens). (Les Chemins de fer de la Russie d'Europe.) (Bearb. von Dr. Karl **Peucker.**) Massst. [1:6,000000]. [Mit 2 Nebenkarten.] Ausg. 1906. (Wien: Artaria & C° 1906; Kartogr. Th. Bannwarth.) (1 Kartenbl. 53×68 cm.) [Kopft. lith.] [kol.]

Peucker, K., Generalkarte von Bosnien-Herzegowina nebst Dalmatien. 2. Aufl. 64×70 *cm* gefalzt in Umschlag K 3.—, auf Leinen K 4.80
Wien: Artaria 1908.

Peucker, K, Generalkarte des Königreiches Bulgarien. Mit Tabellen: Landeseinteilung und Bevölkerung, Eisenbahnwesen, Landesverteidigung, Geschichte. 2. Aufl. 94×70 *cm* gefalzt in Umschlag K 3.—, auf Leinen K 4.80
Wien: Artaria 1908.

Peucker, K., Generalkarte von Serbien und Montenegro. 1:864.000. Mit Beikarte „Bocche di Cattaro" und montenegrinisches Grenzland 1:320.000 gefalzt in Umschlag K 2.40
Wien: Artaria 1909.

Peucker, K., Karte von Makedonien, Altserbien und Albanien. 1:864.000. 63 × 66 *cm.* Gefalzt in Umschlag K 1.80
Wien: Artaria 1903.

Peucker, K., Karte von Makedonien, Altserbien und Albanien. 1:864.000. 2. Aufl. 66 × 63 *cm* Wien: Artaria 1903. K 1.80

Peucker, K., A. Steinhauser's Karte von Südost-Europa. 1:2,000.000. 70×80 *cm* in Umschlag K 3.60, auf Leinen K 6.—
Wien: Artaria 1903.

Peucker, K., Karte von Südost-Europa. Die Staaten der Balkanhalbinsel mit Teilen von Österreich-Ungarn bis Wien und Budapest sowie mit Rumänien. 3. Aufl. 74×88 *cm* gefalzt in Umschlag K 3.—, auf Leinen K 4.60
Wien: Artaria 1908.

Makedonien, Altserbien und Albanien. (Bearb. von Dr. Karl **Peucker.**) Massst. 1:864,000. [Mit 1 Nebenkarte.] [Nebst] Kartogr., hist. u. statist. Beilagen z. Verständnisse d. makedon. Frage. *Wien: Artaria & Co. (1903); Lith. Th. Bannwarth.* (1 Kartenbl. 62×64 cm.) gr.2° [kol.]
[Umschlagt.:] Karte von Makedonien ... bearb. von K. Peucker. 1903.

Peucker, Dr. Karl. Originalkarte der Insel Zante. 1:100 000. Gotha 1891 1 Bl. c. A. Sch.

— kleines Orts-Lexikon d. österr.-ungar. Monarchie, s.: Grissinger, K.

Peucker, Karl, kleines Orts-Lexikon v. Oesterreich-Ungarn. 2 Tle. 12. Wien, Artaria & Co. Geb. n. 2. 20
1. Oesterreich nach der Zählg. vom 31. XII. 1900. Mit Angabe der Meereshöhen. 3. Aufl. Neu zusammengestellt. (IV, 60 S.) 903.
2. Kgr. Ungarn u. Okkupationsgebiet m. Anh.: Die Nachbarländer der Monarchie, insbesond. das Deutsche Reich. (IX u. S. 61—145.) 904.
Die 2. Ausg. war bearb. v.: K. Grissinger u. K. Peucker.

Peucker, K., Kleines Ortslexikon von Österreich-Ungarn, enthaltend alle Ortschaften und Gemeinden von mehr als 2000 Einwohnern sowie alle Kurorte etc. Mit statistischen Tabellen aller Länder der Monarchie und der Staaten Europas und Ortstabellen der Nachbarländer, insbesondere des Deutschen Reiches. 3. Ausgabe. 8°. (X, 142 S.) Wien: Artaria 1904. geb. K 2.50

Peucker, K., Kleines Ortslexikon von Österreich-Ungarn. 3. Aufl. 8°. (X, 145 S.) mit Nachträgen 1906 geb. K 2.50
Wien: Artaria 1906.

Peucker, Karl, Schattenplastik u. Farbenplastik, s.a. Studien, kartographische. I.

Schattenplastik und Farbenplastik. Beiträge z. Geschichte u. Theorie d. Geländedarstellung von Dr. Karl **Peucker** Mit 2 Bildn. u. 5 Fig. Wien: Artaria & Co. 1898. (129, 12 S.) 8°
— Studien, Kartographische. 1.

Die Staaten von Südost-Europa. Rumänien, Serbien, Montenegro, Bulgarien, Kreta, Europ. Türkei, Griechenland. Red. von Dr. K(arl) **Peucker.** Rudolf Maschek sculps. Maßst. 1:3,000,000. Ausg. von 1903. *Wien: Artaria & Co. 1903; Kartogr. Th. Bannwarth.* (1 Kartenbl. 34×47 cm.) 8° [kol.]
[Umschlagt.:] Übersichtskarte d. Balkanstaaten. Rev. von Dr. K. Peucker. Aus: Scheda-Steinhausers Handatlas.

Peucker, Karl: Studien an Pennesi's Atlante Scolastico I—III. ([S.-A.] Mittheilungen der k. k. Geographischen Gesellschaft in Wien. Bd. 42 1899 u. 43. 1900.) Wien 1899—1900 1 Bd 12, 18, 32 S. 8°.

Peucker, K., Übersichtskarte der Balkanhalbinsel. 1:3,000.000
Wien: Artaria 1909. gefalzt in Umschlag K —.80

Peucker, K., Übersichtskarte der Balkanstaaten. 1:3,000.000. 40×56 *cm* Wien: Artaria 1903. in Umschlag K —.80

Übersichtskarte von Ost-Asien im Maßstabe 1:5,000,000 mit 14 Beikarten in großen Maßstäben (u. 1 Ansicht) entworfen u. bearb. von Dr. Karl **Peucker.** (Mit hist. u. statist. Tabellen.) *Wien: Artaria & Co. (1904).* (1 Kartenbl. 90×70 cm.) 8° [kol.]

Peucker, K., Übersichtskarte von Ostasien. 1:5,000.000. Mit 14 Beikarten in großen Maßstäben und einer Ansicht. 2. Aufl. mit Beikarte „Mukden". 92×71 *cm*
Wien: Artaria 1904. gefalzt in Umschlag K 1.60

Politische Übersichtskarte des europäischen Russland mit Tabellen polit.-statist. Verhältnisse. Bearb. von Dr. Karl **Peucker.** Maßst.: 1:6,000 000. [Mit 2 Nebenkarten.] (Ausg. von 1906.) Wien: Artaria & Co. 1906; (Kartogr. Anst. Th. Bannwarth). (1 Kartenbl. 53×69 cm.) 8° [Umschlagt. lith.] [kol.]

Übersichts-Karte der gewerblichen Unterrichts-Anstalten in Österreich. Im Auftr. d. k. k. Minist. f. Cultus u. Unterr. hrsg. (Entw. u. gez. von Dr. Karl **Peucker** Bearb. von Minist.-Sekr. Dr. Adolf Müller.) Massst. 1:1.700 000. *Wien: Artaria & Co. (1899).* (1 Kartenbl. 63×80 cm.) 8°

Umgebung von Liauyang – Mukden – Tiëling i. M. 1:1.000.000. (Bearb. v. Dr. Karl **Peucker.**) *(Wien: Artaria & Co. 1904; Kartogr. Anst. Th. Bannwarth.)* (1 Kartenbl. 14×24 cm.) [lith.] [kol.]
[Rückt.:] Innere Mandschurei. Umgebung von Liauyang .. bearb. von Dr. K Peucker.

Peucker, Ludwig, appr. Arzt a. Sorau: Über Brucheinklemmung, bedingt durch acut auftretende miliare Tuberkulose des Bauchfelles. Greifswald 1904: J. Abel. (27 S) 8°
Greifswald, Med. Fak., Ref. Friedrich, Diss. v. 27. Aug. 1904
[Geb. 13. Mai 81 Sorau; Wohnort: Sorau; Staatsangeh.: Preußen; Vorbildung: Gymn. Sorau Reife O. 99; Studium: Greifswald 2, Halle 2, Breslau 1, Berlin 2, Greifswald 2 S.; Coll. 4. Juli 04; Approb. 12. März 04.]

Peucker, Nicolaus, auserlef. Gedichte, f. Bibliothek deutscher Dichter. XIV.

Peucker's, N., wolklingende Paucke, f.a. Neudrucke Berliner.

* **HOCHZEITEN.** — Nicolaus Peuckers Wolklingende Paucke (1650—75) und drei Singspiele Christian Reuters (1703 und 1710). Hrsg. von Georg Ellinger. Berlin, Gebr. Paetel, 1888. (Berliner Neudrucke, Serie I, Bd. III.) 8°. XXIV bis 71 S.

Peucker, Nicolaus, NICOLAI Peuckers // Des berühmten // Cöllnischen Poeten/ // Und weyland Churfl. Brand. // Cammer-Gerichts=Advocati, wie // auch Stadtrichters und Rahts=// Cämmerers in Cölln an der Spree // wolklingende / lustige// Paucke // Von 100. Sinnreichen // Schertz=Gedichte / // Theils der Hohen Herr= //schaft in tiefster Unterthänig= // keit / theils vielen Hoch=Adelichen /// und andern vornehmen hiesigen Fa= //milien zu besondern Ehren ge=// schrieben /// Nunmehr aber nach des sel. // Autoris Tode in diese Ordnung // verfasset / mit Fleiß übersehen und // zum Druck befodert von // OTTO CHRISTIAN Pfeffern /// Buchhändlern in Berlin. // druckts Gotth. Schlechtiger / 1702. - 18 Blatt (nicht paginiert) Titelkupfer, Titelblatt, Vorrede und Ehrengedichte. - 558 S. und noch 3 Blatt (nicht paginiert) Register.
B. S. T. 12°.116.

* **HOCHZEITEN.** — Nicolai Peuckers, Dess berühmten Cöllnischen Poeten, Und weyland Curfl. Gerichts-Advocati, wie auch Stadtrichters und Rahts (!)-Cäm̄erers in Cölln an der Spree, wolklingende, lustige Paucke Von 100. Sinnreichen Schertzgedichte',..... nach des sel. Autoris Tode († 1674) .... übersehen und zum Druck befodert von Otto Christian Pfeffern, Buchhändlern in Berlin. druckts Gotth. Schlechtiger, 1702. Schmal-12°. (In Berlin 2 Expll.; 1 Expl. auch in der Breslauer Kgl. u. Universitäts-Bibl., sowie in der Göttinger Univers.-Bibl.: P. 2976.)

Portr. Peucker's mit Wappen, 17 Bll. Vorst., 558 S., 3 Bll. Reg. Darin sehr freie Hochzeitsgedichte. Nach der Vorrede hätten dieselben über 27 Jahre nach Absterben des Verfassers unbenutzt gelegen. Es scheint aber doch einen früheren Druck von P's Gedichten zu geben, denn das O. M. V. 1687. I 1b führt unter den libris serius exhibitis auf: „Nicolai Punckler s (augenscheinlich Druckfehler für „Peuckers") Poetische und Satyrische Gedichte. Berlin, bei Rupert Völckern. 8°".

Peucker, Osc., über die Befreiung einer gewissen Klasse der Staatsbürger von der persönlichen Besteuerung. gr. 8. (41 S.) Breslau 877. Leuckart. n. 1. —

Peucker, Osc., das Patronats-Recht im Lichte der Kirchengemeinde- und Synodal-Ordnung vom 10. Septbr. 1873 und der nach derselben erlassenen Gesetze, Verordnungen und Rescripte. gr. 8. (30 S.) Berlin 886, Heinicke. *

Peuckert, F. A., die ger. u. vollk. St. Johannisloge zu den drei Schwertern u. Asträa zur grünenden Raute im Orient Dresden 1738—1882. Ein Beitrag zur Geschichte der Freimaurerei in Dresden u. Sachsen. Nach archival. Quellen bearb. gr. 8. (IX, 277 S.) Leipzig 883. Zechel. 4. 50; Einbd. n.n. 1. —

Peuckert, Friedrich, s.a. P e u k e r t

Peuckert, Friedrich, Assistenzart a. Dresden: Aus der chirurg. Abt. d. Krankenhauses d. Diakonissenanstalt zu Dresden. ⟨Oberarzt: Obermedizinalrat Dr. Rupprecht.⟩ Ueber die von versprengten Nebennierenkeimen ausgehenden Geschwülste der Niere. Leipzig 1905: B. Georgi. (57 S.) 8°

Leipzig, Med. Fak., Ref. Marchand, Diss. v. 2. Jan. 1905

[Geb. 10. Nov. 78 Dresden: Wohnort: Dresden; Staatsangeh.: Sachsen; Vorbildung: Kreuzgymn. Dresden Reife O. 97; Studium: Leipzig 10 S.; Coll. 14. Jan. 05; Approb. 28. Febr. 02.]

Die Feier zur Erinnerung an das 150-jährige Bestehen der Loge zu den drei Schwertern und Asträa zur grünenden Raute im Or. Dresden am 20. und 21. Sept. 1890. [Von Friedr. Adolph **Peuckert.**] Dresden 1890: Ramming. 85 S. 8°

Auszug in: FZ. 44 (1890) S. 321—322; R. 17 (1890) S. 87—88.
cf. Fr. 25 (1890) S. 202—203.

Die ger. u. vollk. St. Johannisloge zu den drei Schwertern und Asträa zur grünenden Raute im Or. Dresden 1738 bis 1882. Ein Beitrag zur Geschichte der Freimaurerei in Dresden und Sachsen. Nach archivalischen Quellen bearb. von F[riedr.] A[dolph] **Peuckert.** Leipzig: Zechel 1883. VIII, 277 S. 8°

Recens: DrL. 12 (1882—1883) S. 895—896; BrL. 1 (1882—1883) S. 70—71 (R. Brandt); Bh. 26 (1883) S. 110—111 (J. G. Findel); FZ. 37 (1883) S. 92 (K. Pilz).
cf. Z. 13 (1883) S. 40.
Tt. 568. Nebst Gesch. der mit der Loge zu den drei Schwertern vereinigten neun Dresdner Logen, der Lehr- und Erziehungs-Anstalt für Knaben in Friedrichstadt-Dresden und Verzeichn. der Beamten, Ehrenmitgl. u. Mitgl. der Loge von 1741 bis 1882.

(Peuckert, S.,) Magazin kalligraph. Vorlegeblätter f. Schullehrer-Seminarien, Gymnasien, Bürger- u. Volksschulen. 1—8. Lfg. gr. 4. u. qu. gr. 4. Breslau 837, (G. P. Aderholz.) [1—6. gr. 4. (104 lith. Bl. u. 1 B. Text.) à * 7/12 Thlr., 7. u. 8. (32 lith. Bl.) à * 2/3 Thlr.] *

Peuger, Benedikt, Die göttliche Einsetzung der katholischen Bischöfe. Mit einer Dedikationsepistel an den gegenwärtigen hochw. Herrn Erzbischof von München. München, Lentner, 1828, 8°, 76 S.

Recens. Felders Littztg 1828, Bd. 4 S. 211—18.

Peuker, Jh. Geo., Darstell. d. Kant. Systems, mit seinen Hauptmomenten ꝛc. **gr. 8. Grottkau 790. (Mittler in Lpz.) 18 gr**

– (Hrsg.), s. M o n a t s s c h r i f t , Oberschlesische.

– s. N a c h r i c h t , Biographische, der vornehmsten schlesischen Gelehrten ...

– s. V e r s u c h einer Glaubenslehre für Kinder.

– s. V e r s u c h einer Moral für gebildete Jünglinge.

Peuker Karl: Die Kammlinienentwickelung. Ein Beitrag zur Methode der Orometrie. ([S.-A.] Der Wanderer im Riesengebirge [1889.] No. 3. 4.) Hirschberg 1889. 32 S 8°

Peuker's, Paul, Schriften. Hrsg. v. Frdr. Haßlwander u. Hans Fraungruber. 2 Bde. 8. Wien 899. (Th. Daberkow.) n. 3. 70; geb. in Leinw. n. 5. 50
1. Gedichte. (VIII, 280 S.) n. 1. 70; geb. n.n. 2. 50
2. Novellen. Touristisches Mosaik. (V, 303 S. m. Bildnis.) n. 2. —; geb. n. 3. —

PEUKER, Paul
(F) Paul Peucker's Schriften. Herausgegeben von Friedrich Hasslwander und Hans Fraungruber. I. Bd. Gedichte. II. Bd. Novellen. Touristisches Mosaik. Mit dem Bilde des Verfassers. Wien. [1899.] In Comm. Thiel. 8°. I. Bd. 230 S. II. Bd 303 S.
I. Bd. fl. 1.—, geb. fl. 1.50. II. Bd. fl. 1.20, geb. fl. 1.80

Peuker, Rud., Geschichte der göttlichen Offenbarung des alten Bundes. Zum Gebrauche an Unter- u. Real-Gymnasien. Wien 870. Braumüller. gr. 8. (X, 234 S.) n. 26 *ngr.*

Peuker, Rud., Geschichte der göttlichen Offenbarung d. neuen Bundes. Zum Gebrauch an Unter- u. Real-Gymnasien. gr. 8. (XII, 243 S.) Wien 871. Braumüller. n. 2. 60

Peuker, W. J., Erbauungs-Reden f. d. studierende Jugend. Neue Folge. gr. 8. (IV, 343 S.) Innsbruck 888. F. Rauch. n. 2. 40
Den 1. Bd. bildet: Peuker, W. J., Vorträge f. d. studierende Jugend. Mainz 880. Kirchheim. n. 2. 50

Peuker, Wenc. Jos., sursum corda sive libellus precum et hymnorum in usum juventutis literarum studiosae. 16. (186 u. 154 S.) Reichenberg 876. Jannasch. geb. m. Goldschn. n. 2. —

Peuker, Wenc. Jos., sursum corda sive libellus precum et hymnorum in usum juventutis literarum studiosae. Ed. II. 16. (180 S. m. 1 Stahlst.) Reichenberg 885. Jannasch. geb. m. Goldschn. n. 2. —

Peuker, Wencesl. Jos. Bonav., sursum corda sive libellus precum et hymnorum in usum juventutis literarum studiosae. Ed. III. emendata. gr. 16. (392 S. m. 1 Stahlst.) Reichenberg 894. F. Jannasch. Geb. in Leinw n. 2. —; in Ldr. n. 2. 50

Peuker, Wenzel Jos., Vorträge f. die reifere studierende Jugend. (112 S.) gr. 8. Wien 908. A. Opitz Nachf. 1. 60

Peuker, Wenzel Jos., Vorträge für die studirende Jugend. 8. (VIII, 271 S.) Mainz 880. Kirchheim. 2. 50

Peuker, Wenzel Jos., Vorträge f. die studierende Jugend. 2 Bd. Neue Folge. gr. 8. (IV, 346 S.) Innsbruck 902. F. Rauch. n. 3. —

Peukert, F. Le comte Pajol: „Les guerres sous Louis XV. 1—3." Göttingen 1885. 8°. (Aus: Göttingische gelehrte Anzeigen.)

Peukert, Friedr (geb. Jessnitz in Anh. 1. 10. 1856) Die Memoiren des Marquis von Valory deren Form, Verfasser und Abfassungszeit, Tendenzen und Quellenwerth. (Erster Theil.) Berlin 1885 (36 S.) 8°
• Vollst. ersch Berlin W Weber 1884
Berlin, Phil. Diss. v 19. Nov 1883

Peukert, Friedr., die Memoiren des Marquis von Valory. gr. 8. (VIII, 112 S.) Berlin 884, W. Weber. * 1 80

Peukert, Joseph, Gerechtigkeit in der Anarchie. („Autonomie", London, 7. Juni — 5. Juli 1890.) 8°. London 1890. Neue Aufl. 8°. New York.

Peukert, W. Die elektrische Licht- und Kraftübertragungs-Anlage der Harzer Werke zu Rübeland. (Magdeburg) 1897

Peukert, Wilhelm

Peukert, Wilh., üb. die Erklärung d. Waltenhofen'schen Phänomens der anomalen Magnetisirung. [Aus dem k. k. elektrotechnischen Institute in Wien.] [Aus „Sitzungsberichte d. k. Akad. der Wiss."] Lex.-8° (6 S.) Wien, Gerold's Sohn. fl. —.08. 1837.

Peukert, W., üb. die Erklärung d. Waltenhofen'schen Phänomens der anomalen Magnetisirung. [Aus dem k. k. elektrotechn. Institute in Wien.] [Aus: „Sitzungsber. d. k. Akad. d. Wiss."] Lex.-8. (6 S.) Wien 887. (Tempsky.) n. — 20

Peukert Wilhelm Über die Erklärung des Waltenhofenschen Phänomens der anomalen Magnetisierung. S. 95. II. 832 . — 16
Separatabdruck

Peulen, Henri: Beitrag zu einer naturgemässen Behandlung des deutschen und französischen Sprachunterrichtes in unsern Volksschulen. S. 3-14. Echternach, Progymn., Progr. 1860/61

Peultier, Etienne, Gantois, Concordantiarum universae scripturae sacrae thesaurus, s.: Cursus scripturae sacrae, III, 5.

Peuple: Le Peuple (Be I)
① Journal gratuit paraissant de temps à autre au gré de ses rédacteurs ⑤ 1851 ⑥ in-2° ⑦ irrégulièrement ⑧ Berne: C. Raetzer ⑪ August Moschard. directeur de l'enseignement publique, puis défenseur des intérêts catholiques au Culturkampf ⑬ BGSZ: 973 ⑭ Be: L ⑮ Le journal prétend être un «faible mais consciencieux défenseur des intérêts et des libertés» du peuple. Il veut défendre les principes du «vrai libéralisme» qui commande «la soumission aux lois et aux autorités». Une caractéristique plus exacte nous donne la «Berner Zeitung» (V) à la fin de 1851. Elle dit: «Es wird in Bern ein neues welsches Blatt herausgegeben, das den Titel ‚Das Volk' (le Peuple) führt. Das Blatt nennt sich liberal, ist aber offenbar schwarz . Es wird gratis vertheilt, namentlich bis zu den Nationalrathswahlen . Dahinter steckt . der Erziehungsdirektor Moschard.»

Peuple: Le Peuple (Be II)
① Organe libéral jurassien. Organe des Radicaux jurassiens (dès 25. 6. 1913) ④ L'Action (Be) ⑤ 30. 3. 1898—20. 4. 1918 ⑥ in-2° ⑦ bihebdomadaire ⑧ Porrentruy: X. Turberg, Imprimerie de la Société du journal Le Peuple (imprimeur-éditeur Joseph Billieux); Moutier A Imhoff; Delémont: Imprimerie du «Démocrate» ⑪ J.-B. Froidevaux. Ad.-L. Imhoff. Armand Kahn, Otto Schmid ⑫ radical ⑬ BGSZ 1 (no. 6411). 962, 973 ⑭ Be L.

Peuple. Au p' suisse. ([Appel publié par] Le comité central du Parti radical-démocratique suisse [à l'occasion de la]) Votation fédérale du 23 octobre 1910. 14 p. 8. (Lausanne, Impr Vaudoise.)

Peuple: Le Peuple suisse Genève
⑮ Titre indiqué par Heeb (BGSZ: 52, p. 31); v. «Le Peuple» (Ge).

Peuple volé par un roi, un. Documents recueillis et publiés par une société de patriotes belges. 8. Bruxelles 838. (Leipzig, Brockhaus et Avenarius) 1/3 ℞

Peuples: Les Peuples libres
v. La Russie libre.

Peuples, Les, de la Russie... Paris et Munic 1812. V: *Rechberg*, *Carl Graf von.* (EngG)

Peuples de la terre, ouvrez les yeux et voyez. [Appel adressé par un Français au peuple suisse pour l'inviter à combattre la République Française.] 8. *s. l. n. d.* [1797/98].

Peurosch, Berthold, Beiträge zur Lehre über die Entstehung des Indicans im Thierkörper. Inaugural-Dissertation. gr. 8. (32 S.) Königsberg 877. (Beyer.) n. 1. —

Peus, H., Religion u Moral. Vortrag, geh. in der freireligiösen Gemeinde zu Berlin am 22. Juni 1890. 8. (16 S.) Berlin 890. (W. Rubenow.) — 15

Peus, H., Unabhängigkeit der Überzeugung. Vortrag, geh. in der freireligiösen Gemeinde zu Berlin am 13. April 1890. 8. (22 S.) Berlin 890. (Rubenow.) — 15

Peus, Heinr., Gewissensfreiheit. 8°. Dessau, „Volksblatt für Anhalt", 1892.

— Verstand, Vernunft u. Freiheit. Vortrag. 8°. Dessau, „Volksbl. für Anhalt", 1892.

Peus, Heinr., Was will die Socialdemokratie? 8°. s. l. s. a. (Druck von H. Francke in Dessau.)

— Weltlichkeit der Schule. 8°. s. l. (Dessau), „Volksblatt für Anhalt", 1892.

— Weltlichkeit der Schule. gr. 8. (15 S.) Dessau 892. (Berlin, Buchh. d. „Vorwärts".) n.n. — 10

Peuschel, Chr. Adm., († 1770.) Abhandl. d. Physiognomie, Metoskopie u. Chiromantie. Mit vielen Kpf. 8. Leipz. 769. (Brockhaus). 16 ℞

Peuschel, C. A., Physiognomie, Metoposkopie u. Chiromantie. m. K. 8. Lpz. Heinsius. (Gleditsch.) 769.

Sangesbrüder in Algier. Musikal. Schwank von Moritz **Peuschel**. Op. 82. Text- u. Regiebuch. Leipzig: Gebr. Hug 1892. (56 S.) 8° [F.] 107. 14750

Peuschel, Mor., d. Zipfelmütze. Kinder-Lustsp. Beigabe zu P.'s „Zum fröhl. Weihnachtsfeste". 8. (24 S.) Leipzig 894. A. Strauch. —25

Peuschke: Raiffeisensche Darlehnskassenvereine. Berlin 1892.

Peusens, Frz. Carl, illustrirte Geschichte der römischen Kaiser von Jul. Caesar bis auf die neueste Zeit. Zeichnungen v. E. Grünnes, Holzschn. v. F. W. Bader. 1. Hft. gr. 8. (88 S. m. 23 Holzschntaf.) Wien 871. Faesy & Frick. n. 3. —

Peusens, Frz. Carl, illustrirte Geschichte der römischen Kaiser von Julius Caesar bis auf die neueste Zeit. Zeichnungen von E. Grünnes, Holzschn. von F. W. Bader. 2 Bde. gr. 8. (800 S. mit Holzschntaf.) Wien 872, Faesy und Frick. * 27 —

Peuser, Jacobo (Hrsg.), s. Ansichten d. Republik Argentinien Abt. Buenos Aires.

Peusquens, Georg, appr. Arzt: Ein Fall von Sirenenbildung. Bonn 1908: Eisele. 41 S. 8°
Bonn, Med. Diss. v. 31. Okt. 1908, Ref. Fritsch
[Geb. 8. März 80 Königswinter; Wohnort: Bonn; Staatsangeh.: Preußen; Vorbildung: Städt. Gymn. Bonn Reife O 00; Studium: Freiburg i. B. 4, Kiel 1, Würzburg 1, Berlin 2, Bonn 2 S.; Coll. 31 Okt. 08, Approb. 1. Juli 05.] [U 09. 358

Peusquens, Max, der 1. October 1879. Gemeinfaßliche Darstellung des bürgerl. Prozeßverfahrens, der Gerichtsorganisation und des Konkursrechts nach den neuen Reichsjustizgesetzen. 1. und 2. Aufl. (VI, 54 S.); 3. und 4. Aufl. gr. 8. (VI, 64 S.) Leipzig 879, [Reißner und Ganz.] Reißner. * 1 —

— le 1er Octobre 1879. Aperçu de l'organisation judiciaire, de la procédure civile et de la loi sur les faillites, mis en rapport avec les dispositions analogues des lois françaises. Traduit de l'allemand avec autorisation de l'auteur. gr. 16. (60 S.) Metz 879. Deutsche Buchh. n. 1. 20

— der Schöffen- und Geschworenendienst nach den Reichsjustizgesetzen. Anleitung für Laien. 1. und 2. Aufl. gr. 8. (VIII, 36 S.) Leipzig 879, [Reißner und Ganz.] Reißner. * — 75

— der Schöffen- u. Geschworenendienst nach den Reichsjustizgesetzen. Anleitung für Laien. 4. Aufl. gr. 8. (VIII, 36 S.) Leipzig 880. Reißner. n. — 75

Peusquens, Wilhelm H(ubert) M(aria) (geb. am 27 März 1850 in Heinsberg Rgbz. Aachen): Zur Aetiologie der Oculomotoriuslähmung ... Bonn, Druck v. J. F. Carthaus (1876). 24 S., 1 Bl. 8.
Bonn, Med. Fak., Diss. v. 22 Juli 1876

Peust, Post- u. Telegraphenlexicon. Alphabetisches Verzeichniss sämmtl. Bestimmungen, Taxen etc. für das Inland nach Stichworten geordnet, für das Ausland unter den betr. Ländernamen. Nach amtl. Quellen. 8. (88 S.) Köln 878. Warnitz & Co. n. 1. 20

Peust's Post- u. Telegraphenlexicon. Alphabetisches Verzeichniss sämmtl. Bestimmgn., Taxen etc., f. das Inland nach Stichworten geordnet, f. das Ausland unter den betr. Ländernamen. 2. Aufl. v. Scharnik. 8. (100 S.) Köln 884. Warnitz & Co. n. 1. 20

***Peutinger,* Konr., sermones convivales de mirandis Germaniae antiquitatib. ed. G. W. Zapf. 8. Augsb. 781. Bürglen. (Hasslinger in Linz). 8 gr**

—f. Frz Ant. Veith, hist. vitae atque meritorum.

Peutingeri, Conr., vitae et meritorum historia. Aug. Vind. 783. 8. 16 gr.

Peutinger, Ulrich

—*Εχιαγραφια* universi juris canonici. 4. ... 779.

Peutinger, P. Udalr., De mutata theologiae et de immutata ecclesiae fide. Salzburg, Duyle, 1796. 4°, 40 Pf. oder 20 Kr.

Peutinger, U., De mutata theologia, et de immutabili ecclesiae fide. Programma cives acad. invitat. O. O. (Fr. X. Duyle) 14. III. 1797. 34 S. (4.75) 26225

—de mutata theologia et de immutabili ecclesiae fide. Progr. 4. Salzb. 797. Duyle. 5 gr

Peutinger, Ulr., († d. 12. Juni 1817.) Geschichte d. Kirche uns. Herrn Jesu. 1r Thl. 1e Abtheil. gr. 8. Salzb. 802. Duyle. 1 fl 4 gr

—positiones eclecticae ex Philosophia practica universali. 4. Kaufbaiern 784.

Peutinger, Ulrich, Religion, Offenbarung und Kirche in der reinen Vernunft aufgesucht. Salzburg 1795, 8°, 475 S.

—Religion, Offenbarung u. Kirche, in d. rein. Vernunft aufgesucht. gr. 8. Salzb. 795. Duyle. 1 fl

Peutingeri Tabula itineraria. Ed. Scheyb. Cum tabulis. Vindob. 753. f. 15 rthl. Jetzt 24 rthl.

Peutingeriana tabula itineraria, q. in Aug. biblioth. Vindobon. conserv. fol. Vien. (Löffler, Mannh.) 753.

Peutingeriana Tabula itineraria primum aeri incisa et edita a Fr. Chr. de Scheub. 1753. Denus cum codice vindoboni collata emendata et nova Conr. Mannerti introduct. instructa studio et opera Acad. litt. regiae Monacensis. Fol. Münch. 824, Finsterlin. Rthlr.

Peutinger'sche Tafel, s. Miller, Konr., Weltkarte des Castorius.

Peutlschmid, Wenz., Denkblätter zur Belebung schöner Gefühle im weibl. Herzen. 2 Thle. 8. Prag 812. Widtmann. 1 fl 8 gr

—Handbuch f. Christen, welche auf d. Grundlage des Unterrichts fortbauen. 1r Bd. (A. u. d. T.: Darstell. aus d. bibl. Geschichte). gr. 8. Prag 815. (K. Haas in Wien). 16 gr

Peve, Carl, Mitteilgn. über die Wasserversorgung Münchens, anlässl. Besichtigg. d. Bauarbeiten durch d. städt. Kollegien als Leitfaden zusammengest. gr. 8. (28 S. m. 17 Taf.) München 895. (Th. Ackermann.) n.n. 6. —

Peveling, F., die Provinzial-Irrenanstalt zu Landsberg a. W. [Aus: „Zeitschr. f. Bauwesen".] gr. Fol. (10 S. m. 3 Kupfertaf. u. 4 Holzschn.) Berlin 892. W. Ernst & Sohn. Kart. n. 8. —

Peveling, Joseph [komm. Lehrer]: Geschichte der Gesetze von der Erhaltung der Materie und Energie. *Aachen, 1891;* S. III XL; 4° Aachen, R. m. Fachkl. (früh. k. GwS), OP 1891 (465)

Peveling, Joseph [aus Aachen]: Das System konfokaler Parabeln, die eine Strecke harmonisch teilen ... M. 17 Fig. im Text. [= Progr. d. Realschule zu Aachen 1892.] Aachen, 1891; XXII S. 4.
Tübingen, Naturw. Fak., Inaug.-Diss. v 1891

Peveling, Joseph [kommiss. Lehrer]: Das System konfokaler Parabeln, die eine Strecke harmonisch teilen. (= Inaug.-Diss. Tübingen 1891.) *Aachen, 1892;* III—XXI S. 4.
Aachen, R m. Fachkl. '(früh. k. GwS)', OP 1892 (468)

Peveling, Jos., das System konfokaler Parabeln, die e. Strecke harmonisch teilen. Diss. Lex.-8. (XXII S. m. 17 Fig.) Tübingen 892. (F. Fues.) n. – 80

Pew, Rich., Skizzen aus d. Heilkunde; aus d. Engl. v. C. F. Michaelis II. 8. Leipz. 787. (Aue in Alt.) 8 gr

Pew, Richard: Skizzen aus der Heilkunde. (Medical Sketches. Dt.) Übers.von Christian Friedrich Michaelis. 134 S., gbd.

Leipzig: Jacobäer 1787

JB 2.264

Pewsner, Golda, aus Mohilew (Russland): Leo Tolstoi als Pädagoge und der pädagogische Naturalismus. [Bernau bei Berlin.] 55 S. 8°. [25. VII. 08.]
Bern Phil Diss 1908/09.

Pewsner, Golda. Leo Tolstoi als Pädagoge und der pädagogische Naturalismus. Diss. Phil. Bern. 56 + *Errata* 1 S. 8. (Bernau bei Berlin, E. Grüner, [1909].)

Pewsner-Neufeld, Rachel [aus Moskau]: Aus dem anatomischen Institute in Bern. Ueber die Saftkanälchen in den Ganglienzellen des Rückenmarks und ihre Beziehungen zum pericellulären Saftlückensystem. Mit 2 Tafeln und 1 Abbildung im Text. Jena 1903. 25 S. 8°. [1. VII. 03.]
Bern. Med Diss. 1903/1904.

Pewsner-Neufeld, Frau Rachel. Ueber die Saftkanälchen in den Ganglienzellen des Rückenmarks und ihre Beziehungen zum pericellulären Saftlückensystem. Diss. Med. Bern. Mit 2 Tafeln und 1 Abbildung im Text. [Sep.-Abdr. aus: Anatomischer Anzeiger. Band 23.] *Kopftitel:* Aus dem anatomischen Institute in Bern. 25 S. 8. Jena, Gustav Fischer, 1903.

Pexa, J. L., s. Pexa, Leop. Joh. v.

Pexa, L. J. v. — Die gesammten gesetzlichen Bestimmungen in Ehesachen nicht nur der Katholiken, sondern auch aller anderer Religionsverwandten im Kaiserthume Oesterreich. Mit Inbegriff jener über die Ehepakte oder Ehekontrakte. Aus dem allgem. bürgerl. Gesetzbuche, dann aus dem neuen staatlichen, und dem kirchlichen Ehegesetze in folgende alphabetisch geordnete Kapitel: 1. Ehe und Eheverlöbniß. 2. Eheaufgebot. 3. Eheband. 4. Ehebruch. 5. Ehekonvalidation. 6. Ehedispensen oder Nachsicht von Ehehindernissen und Eheverboten. 7. Eheerklärung, feierliche Trauung. 8. Ehegericht. 9. Ehegesetze. 10. Ehehindernisse und Eheverbote. 11. Ehepakte. 12. Ehescheidung. 13. Ehetrennung, abgesondert und erläuterungsweise dargestellt von — —. Pest, 1857. Dr. von Josef Gyurian. Im Verlage des Verfassers. (183 S. 8.)

PEXA, L. J. Die gesammten gesetzlichen Bestimmungen in Ehesachen nicht nur der Katholiken sondern auch aller anderer Religionsverwandten im Kaiserthume Oesterreich mit Inbegriff jener über die Ehepartner oder Ehecontracte. Pest 1857. Druck v. J. Gyurián (Robert Lampel). 183 S. - 8°

Pexa, L. J. v., die gesammten gesetzlichen Bestimmungen in Ehesachen nicht nur der Katholiken, sondern auch aller anderer Religionsverwandten im Kaiserth. Oesterreich. Mit Inbegriff jener uber die Ehepacte oder Ehecontracte. Aus dem allgem. bürgerl. Gesetzbuche, dann aus dem neuen staatl. und dem kirchl. Ehegesetze in 13 alphabet. geordnete Kapitel abgesondert und erläuterungsweise dargestellt. Lex.-8. (184 S.) Pest 857. (Wien, Mayer und Comp.) * *

Pexa, L. J. v., die gesammten gesetzlichen Bestimmungen in Ehesachen nicht nur der Katholiken, sondern auch aller anderer Religionsverwandten im Kaiserth. Oesterreich. Mit Inbegriff jener über die Ehepacte oder Ehecontracte. Aus dem allgem. bürgerl. Gesetzbuche, dann aus dem neuen staatlichen und dem kirchlichen Ehegesetze in folgende alphabet. geordnete Kapitel: rc. abgesondert u. erläuterungsweise dargestellt. Pest 857. (Wien, Wendelin.) gr. 8. (184 S.) n. 28 ngr.

Pexa, L. Ausführliche Erläuterungen des allgem. bürgerl. Gesetzbuches von ... Bei der Verfassung beantragt: blos für Ungarn und dessen vormalige Nebenländer. I. Theil (195 S.) 8. Temesvar 1853, im Verlage des Verfassers. Druck von M. Hazay und Sohn W. in Temesvar. (Die Uebersetzung in fremde Sprachen behält sich der Verfasser vor).

— ausführliche Erläuterungen des allgemeinen bürgerlichen Gesetzbuches. Verfaßt mit besonderer Rücksicht auf Ungarn und dessen vormal. Nebenländer. 3 Thle. in 4 Bdn. Pest 854. (Heckenast.) gr. 8. (198; 336; 319; 235 S.) n. 4 Thlr.

— das allgemeine bürgerliche Gesetzbuch, für Jedermann verständlich und ausführlich erläutert. In 4 Thln. mit 1 (lith.) Stammtaf. (in 4.) 2. (Titel-)Aufl. Pest 856. Heckenast gr. 8. (197; 336; 318; 234 S.) n. 2 Thlr. 20 ngr.

Pexa, Leop. Joh. v., Darstellung der erfolgreichsten Art u. Weise des Anbaues, der Pflege u. Aufbewahrung der Runkel-Rübe u. der Zuckerbereitung aus derselben auf dem Wege der verbesserten siedend heißen Maceration. Ein ganz populäres Handb. für Landwirthe, welche diesen Industriezweig nicht im Großen zu betreiben beabsicht. gr. 8. (18¼ B.) Wien 842, (Gerold, Verl.)

Pexenfelderi, Mich., Apparatus eruditionis tam rerum quam verborum per omnes artes et scientias instructus. Norib. 670. 8. Sulzbac. 680. 8; Ed. auct. Sulzb. 687. Ed. 4. auct. 704. Colon. 744. 8.

Pexenfelder, M., eruditionis per omn. art. et scientias idiom. germ. explic. 8. Strasb. Treuttel et W. 744.

— Florus biblicus seu narrationes ex hist. sacra etc. 4. Budae, Typ. 741.

Pexenfelder, Michael, Florus biblicus seu narrationes ex Veteri Testamento selectae et concionator historicus tomi duo, quorum primus exhibet narrationes ex historia sacra Testamenti Veteris doctrina morali illustratas, insertis suo in loco additionibus, cum synchronismo regum Juda, prophetarum, virorum illustrium tam apud Judaeos, quam apud ethnicos. Accedit tabula chronologica etc. Augsburg, Rieger, 1747, Folio, 2 Bde, 342 u. 808 S.

Pexider: Elektricität und Magnetismus in ihrer Wechselwirkung. 16 S.– Essek, Progr. 1858.

Pey

— Huldigung d. Christen d. heiligsten Jungfrau. 8. Augsb. 790. Doll. (Landshut, Krüll). 2 gr

Pey, Abt, das Naturgesetz durch das Evangelische deutlich erklärt; aus d. Französ. v. J. Steur. 8. Augsb. 793. Bolling. 19 gr

Pey, Joh

Pey, der christliche Philosoph, oder Glaube und Vernunft im Einklange über die Größe und Schönheit Gottes in seinen Eigenschaften und in den Geheimnissen seiner heiligen Religion. Zur Belehrung und Erbauung Aller, welche die Wahrheit bewahren oder finden wollen. Nach dem Französ. von H. Liese. Münster 853. Deiters. 16. (XX, 348 S.) n. 15 ngr.

Pey-Ordeix, Segismundo, Paternidad. Spanisches Jesuitendrama. Autoris. deutsche Bearbeitg. v. Heinr. Conrad. gr. 8. (VIII, 152 S. m. Bildnis.) Frankfurt a/M. 902. Neuer Frankfurter Verlag. n. 3. —

Peyau, Henri, aus Braunschweig Zur Kenntnis des α-Methylphenylhydrazins sowie einiger Azoniumverbindungen. *Rostock 1901: C. Hinstorff.* (40 S.) 8°
Rostock, Phil. Diss. v [3. Dez.] 1901

Fabrique de télégraphes & appareils électriques, Fondée par M. Hipp, en 1860, Peyer, Favarger & Cie, Neuchâtel (Suisse). Prix courant. Catalogue B: Appareils scientifiques; Instruments de mesure et de contrôle pour les sciences et l'industrie. Édition illustrée. 41 p. 4. (Neuchâtel, Wolfrath & Sperlé,) 1902. (fr. 1.—)

Peyer, Alexander

Peyer, Alex., die nervösen Affectionen d. Darmes bei der Neurasthenie d. männlichen Geschlechtes (Darmneurasthenie), s.: Klinik, Wiener.

—— Asthma u. Geschlechtskrankheiten [Asthma sexuale], s. Klinik, Berliner.

— Atlas der Mikroskopie am Krankenbette. 100 Taf., enth. 137 Abbildgn. in Farbendr. 2. Aufl. gr. 8. (XII, 236 S.) Stuttgart 887. Enke. geb. n. 16. —

— Atlas der Mikroskopie am Krankenbette. 100 Taf., enth. 137 Abbildgn. in Farbendr. 3. Aufl. gr. 8. (XII, 240 S.) Stuttgart 891. F. Enke. Geb. in Leinw. n. 16. —

Peyer, Alex., Atlas d. Mikroskopie am Krankenbette. 100 Taf. enth. ca. 200 Abb. in Farbendr. 4. Aufl. gr. 8. (XII, 212 S.) Stuttgart 897. F. Enke. Geb. in Leinw. n. 16. —

— der unvollständige Beischlaf [Congressus interruptus, Onanismus conjugalis] u. seine Folgen beim männlichen Geschlechte. Eine Studie aus der Praxis. gr. 8. (64 S.) Ebd. 890. n. 1. 60

— die reizbare Blase od. idiopathische Blasenreizung [Irritable bladder, nervous bladder]. Ihre Ursachen, Diagnose u. Behandlg. Eine Studie aus der Praxis. gr. 8. (VIII, 81 S.) Ebd. 888. n. 2. —

Peyer, Alex., die chronische nervöse oder reflectorische Diarrhoe. [Diarrhoea chronica nervosa.] Ein Beitrag zur Lehre der Darmerkrankungen. gr. 8. (38 S.) Basel 884, Schwabe. * — 80

– Enuresis nocturna beim männlichen Geschlecht, s. Klinik, Berliner.

— über Magenaffectionen bei männlichen Genitalleiden, s.: Sammlung klinischer Vorträge.

— die Microscopie am Krankenbette. Mit 79 Taf. in Farbendr. 8. (19 u. 79 S. Tafelerklärgn.) Ebend. 884. geb. n. 10. —

— die Neurosen der Prostata, s.: Klinik, Berliner.

— die Phosphaturie, s.: Sammlung klinischer Vorträge.

— die Spinalirritation u. ihre Beziehungen zu den Erkrankungen der männlichen Geschlechtsorgane, s.: Zeit- u. Streitfragen, klinische.

– Der Urin bei Neurosen, s. Sammlung klinischer Vorträge.

— über die Ursachen u. Behandlung schwerer, hartnäckiger Fälle v. Enuresis nocturna beim männlichen Geschlecht, s.: Klinik, Berliner.

(Peyer, B[ernhard].) Fastnachtspiel. Einer wohladeligen Gesellschaft zur Kaufleuten [in Schaffhausen] vorgeführt auf Aschermittwoch 9. Hornung 1910 als am letzten Anlass auf der Kaufleutstuben. II + 9 S. 8. Schaffhausen, H. Meier & Cie., 1910.

Peyer, Emil, das Luzernische Schuldbetreibungsgesetz vom 31. März 1849 mit Sporteltarif u. Formularen, erläutert durch eine vollständige Sammlung der darauf bezüglichen Verordnungen, Weisungen u. grundsätzlichen Entscheide des Obergerichts, der Justizkommission u. des schweiz. Bundesgerichts, sowie der Abänderungen desselben durch seither. kantonale u. eidgen. Gesetze u. der sachbezügl. Bestimmungen anderer Gesetze ꝛc. seit dem Erlaß des Gesetzes bis auf die Gegenwart [1849—1880]. Aus amtl. Quellen bearb. gr. 8. (IV, 395 S.) Luzern 880. 81. Prell. n. 4 —

Peyer, E. (Staatsschrbr.) Das Luzernische Schuldbetreibungsgesetz vom 31. März 1849 mit Sporteltarif und Formularen, erläutert durch eine vollständige Sammlung der darauf bezüglichen Verordnungen, Weisungen und grundsätzlichen Entscheide des Obergerichts, der Justizkommission und des schweizerischen Bundesgerichts, sowie der Abänderungen desselben durch seitherige kantonale und eidgenössische Gesetze und der sachbezüglichen Bestimmungen anderer Gesetze und seit dem Erlass des Gesetzes bis auf die Gegenwart (1849—1880). Aus amtlichen Quellen. Erste Hälfte. In-8°, 12 Bogen. Luzern, C. F. Prell. 1880. 2 —

Peyer, Ernst. Das luzernische Schuldbetreibungsgesetz vom 31. März 1849 mit Sporteltarif und Formularen, erläutert durch eine vollständige Sammlung der darauf bezüglichen Verordnungen, Weisungen und grundsätzlichen Entscheide des Obergerichts, der Justizcommission u. d. schweiz. Bundesgerichts, sowie der Abänderungen desselben durch seitherige kantonale und eidgen. Gesetze u. der sachbezüglichen Bestimmungen anderer Gesetze seit dem Erlass des Gesetzes bis auf die Gegenwart (1849—1880). Aus amtlichen Quellen bearbeitet. 2. Hälfte (Schluss). In-8°, S. 193—335. Luzern, C. F. Prell. 2 50
*** Complet. 2 Theile. Fr. 5. 1880.

Peyer, F., die Basilica d. h. Marcus zu Venedig. Eine baugeschichtl. Studie. gr. 8. (76 S.) Schaffhausen 874. Baader. n. 1. 80

Peyer, François, et François Brindl, l'amélioration de la vallée de la Save, spécialement des bassins de la Lonja et de l'Odra. Avec une carte synoptique (chromolithogr.) et trois planches. Mémoire pour l'exposition de Paris en 1878. gr. 8. (VIII, 167 S.) Agram 878. (Wien, Helf's Sortimentsh.) ** 6 —

— — die **Melioration** der Save-Niederungen, speciell der Gebiete der Lonja u. Odra. Mit einer (chromolith.) Uebersichts-Karte (in Fol.) u. 3 (lith.) Taf. (in 4.). Denkschrift zur Pariser Weltausstellung. gr. 8. (1718.) Ebend. 878. n.n. 6. —

Peyer, Frz.

Peyer, F., Wiener-Chronik, s.a. Wiener-Chronik.

Peyer, Frz. Wiener Chronik für das Jahr 1848. (240.) 8. Wien 1850. 2.40.

PEYER, F., Wiener-Chronik für das Jahr 1848. Lfrg. 1 (Nicht mehr ersch.) Wien 1850. Gr 8⁰ (2 Kr Carl Greif, 1914.)

Peyer, Franz. Vorschlag zur Belebung der österr. Industrie und des Exports ihrer Fabrikate über Triest. *Triest* 1857. *Weis'sche* Druckerei. 5 Bl. 8⁰.

Peyer, G., siehe: *Sonntagsfreund.*

Peyer, Gustav. François Coillard, der Apostel der Sambesi-Mission. Mit 6 Bildern und 2 Karten. VIII + 128 S. Basel, Missionsbuchh., 1905. [fr. 1. 50, geb. 2. 25]
Ausg. A: Basel ... 1905.
Ausg. B: Basel ... — *Aufdruck:* Genève, J.-H. Jeheber, — 1905.

Peyer, Gustav. Die Erschliessung Central-Africa's. Mit besonderer Berücksichtigung der Entdeckungsreise H(enry) M(oreland) Stanley's und des gegenwärtigen Standes der Africaforschung dargestellt. Mit einer Karte. 8. Basel 1881.

Peyer, Gust., die Erschließung Central-Afrika's. Mit besond. Berücksicht. der Entdeckungsreise H. M. Stanley's und des gegenwärtigen Standes der Afrikaforschung dargestellt. gr. 8. (94 S. mit 1 chromolithogr. Karte.) Basel 881, [Bahnmaier's Verlag.] Detloff's Buchh. * 1 60

Peyer, Gust., Geschichte d. Reisens in der Schweiz. Eine culturgeschichtl. Studie. 8. (VIII, 248 S.) Basel 885. Detloff. n. 2. 40

— u. **C. Pestalozzi**, Stephan Serres u. Johanna Terrasson, s.a. Reben am Weinstock.

Peyer, Gustav, u(nd) Pestalozzi, Carl *III.* Stephan Serres und Johanna Terrasson. Zwei Glaubenszeugen ans (*l. e.* aus) der Zeit der Hugenottenverfolgung. 8. Basel 1885.
Reben am Weinstock. (Bändchen) 2.

Peyer, Gust., V. D. M., s.: Reben am Weinstock.

Peyer, H., s.: Bericht üb. den XII. Blindenlehrerkongress in Hamburg.

Peyer, I. C., Merycologia, sive de Ruminantibus et Ruminatione commentarius, c. fig. Basel, Schweighäuser.

Peyer, J. C., Merycologia sive de ruminantibus et ruminatione commentarius. Basel 1685.

Peyer, Johann, aus Flaach [Kt Zürich] Ueber die peripherischen Endigungen der motorischen und sensiblen Fasern der in den Plexus brachialis des Kaninchens eintretenden Nervenwurzeln. (Gekrönte Preisschrift). Zür Zürcher u. Furrer Dr 1853. 35 S. 8⁰.
Zürich, Med. Diss. v. 16. März 1853.

Peyer, (Joh. Geo.,) Schicksale von ihm selbst beschrieben, s. Robinson der österreichische.

Peyer, Joh. Jac., Schaffhausen: Dissertatio inauguralis medica de cortice Peruviano.
Basel, Med. Diss. 1745.

Peyer, Johann Konrad

— — **De differentiis municipiorum Rom. et urbium German. mediatarum. Diss. jur. publ. Präs. Joh. Wilhelm Waldschmidt. Marburg / Hessen (Ph. C. Müller) Dez. 1729. 42 S. (5.—) 26227**

— — **Dasselbe. Marburg / Hessen (Ph. C. Müller) Dez. 1729. Rec. 1749. 44 S. (5.—) 26228**

Peyer, Joh.Konrad: De jure patronatus in territorio alieno. 159 S. — Basel, Jur.Diss.v. 21.April 1713.

Peyer, Johann Conrad (Schaffhausen/Schweiz), **De jure patronatus in territorio alieno, in universitate Basileensi publice proposita. Exercit. jur. inaug. Altdorf (J. N. Prückner) 1713. Rec. 1720. 152 S. (6.—) 26226**

Peyer, Ludwig: Die Geschichte der Fertigung nach den Rechtsquellen von Schaffhausen. Schaffhausen 1897. 118 S. 8⁰.
Bern. Jur. Diss. 1897/98.

Peyer, Otto

Peyer, O., die familienrechtliche Stellung der unehelichen Kinder im schweiz. Privatrecht, s.a. Beiträge, zürcher, zur Rechtswissenschaft. XXII.

Peyer, O[tto]. Die familienrechtliche Stellung der unehelichen Kinder im schweiz. Privatrecht ⟨Neues schweiz. Civilgesetz und geltendes kantonales Recht⟩. 8. Zürich, Schulthess & Co.
Ausg. A: Diss. Staatsw. Univ. Zürich ... von O. P'.... VI + 155 S. 1907
Ausg. B: Von Dr jur. O. P'. VIII + 155 S. 1908. [fr. 3.60.] — Zürcher Beiträge zur Rechtswissenschaft.... [Heft] 22.

Peyer, Salomon, Schaffhausen: De morbis narium dissertatio medica. Basel, Med. Diss. 1756.

v. Peyer, Sal., († 1781.) von d. Ruhr. 8. Basel 768.

Peyer, Sal.: De salibus digestivis. Altdorf 1725.

Peyer, W., Der Kampf ums Dasein. Populärer Vortrag. gr. 8⁰. Bonn 1869.

Peyer von Flaach, Isaak, Theses ex jure publico de advocatiis liberarum civitatum imperialium circuli Franconici. [Altdorf] (J. W. Kohle) 26. VI. 1722. 96 S. (5.50) 26229

— — **Dasselbe. 26. VI. 1722. Rec. O. O. (St. Grebner). 104 S. (5.50) 26230**

Peyer im Hof, F., die Basilica d. hl. Markus in Venedig. Eine baugeschichtl. Studie. Mit Grundriss von S. Marco zu Venedig. 76 Stn. gr. 8. Schaffhausen, C. Baader. 1874. 2. —

Peyer im Hof, J. F., aus d. Anfängen d. neuen Bundes. Erinnerungen eines Achtzigjährigen. 8. (III, 58 S.) Frauenfeld 900. Huber & Co. n. — 80

Peyer im Hof, J. F., architectonische Aufsätze. Zürich 867. (Schaffhausen, Baader.) gr. 8. (56 S. mit eingedr. Holzschn.) n. 12½ ngr.

Peyer im Hof, J. F., neue Beiträge zur Beleuchtg. d. Währungsfrage. Lex.-8. (45 S.) Berlin 898. Puttkammer & Mühlbrecht. n. 1, 60

Peyer im Hof, J. F., die Renaissance-Architektur Italiens. Aufrisse, Durchschnitte u. Details in 135 lith. Taff. aufgenommen u. mit erläut. Texte hrsg. 1. Sammlung. Leipzig 870. Seemann. gr. 8. (IV, 68 S.) n. 2 ℛ

— Streiflichter auf d. Währungsfrage. gr. 8. (55 S.) Berlin 896. H. Walther. n. 1. —

— neue Studien üb. d. Währungsfrage. [A.: „Schweiz. Rundschau".] gr. 8. (58 S.) Frauenfeld 895. J. Huber, Verl. n. 1. 50

—— der Kanton Tessin und die Alpenbahnfrage. Ein offenes Sendschreiben an Freund und Feind. gr. 8. (46 S.) Zürich 866, (Schabelitz'sche Buchh.) *

Peyer im Hof, J. F. Die Währung der Zukunft. Eine Studie. Gr. in-8°. II, 37 S. Frauenfeld, J. Huber's Verlag.
*** Aus „Schweizer Rundschau."

— d. Währung d. Zukunft. E. Studie. [A.: „Schweizer. Rundschau".] gr. 8. (II, 37 S.) Ebd. 894. n. 1. 20

Peyer Im Hoff, Joh. Huldrich, Schaffhausen. Ovarium hydropicum in cadavere virgineo repertum. Dissertatio anatomico-medica inauguralis.
Basel, Med. Diss. 1719.

Peyerimhoff, Henri de, catalogue des Lépidoptères d'Alsace, avec indication des localités, de l'époque d'apparition et de quelques détails propres à en faciliter la recherche. 2. éd. 1. partie [Macrolépidoptères], revue et coordonnée par Macker. [Aus: „Bulletin de la soc. d'hist. nat. de Colmar".] gr. 8. (168 S.) Colmar 880. (Barth.) n. 3. —

Peyerimhoff, Henri de, catalogue des Lépidoptères d'Alsace, avec indication des localités, de l'époque d'apparition et de quelques détails propres à en faciliter la recherche. 2. éd. 2. partie. [Microlépidoptères], revue et coordonnée par Fettig. gr. 8. (182 S.) Colmar 882. (Barth.) n. 3. — (1. u. 2.: n. 6. —)

Peyerl, E. M., pract. Erfahrungen üb. d. verschied. Formen d. Syphilis, nebst e. sehr einfachen, sichern u. unter allen Verhältnissen anwendbaren Heilmethode derselben. gr. 8. (8 B.) Göttingen 840, Dieterichsche Buchh. *

—— einfache u. ganz sichere Heilmethode d. Cholera durch e. specif. Mittel. Gegründet auf eigene Beobachtn. u. Erfahrn. üb. diese Krankheit. gr. 8. (2 B.) Leipzig 836, Liebeskind.

Peyerl, Wilhelm Aus d. chir Klin. d. Univ Heidelberg. Über den Einfluss der Heissluftbehandlung auf Gelenksteifigkeiten nach Traumen und langedauernder Ruhigstellung. Bühl (Baden) 1909 Konkordia. 21 S. 8°
Heidelberg, Med. Diss. v. 1909, Ref Narath
[Geb. 18. März 79 Gerolzhofen, Wohnort Wegscheid, Staatsangeh.: Bayern; Vorbildung: Gymn. Passau Reife M 01; Studium München 6, Wien 1, Heidelberg 3 S.; Coll. 8 Dez. 08 Approb. 28. Febr 09.] [U 09. 1975

Peyers, J. G., Robinson der Ober-Oesterreicher, s. Robinson.

Peyfuß, J. G., d. Gebet. d. Herrn. 8. Pest. Lehrer. 808.

Peyl, Josef, Die landwirthschaftliche Pilzkunde für Landwirthe, Forstmänner, Gärtner u. die Hausfrauen. Mit besonderer Berücksichtigung der parasitischen Feinde u. Zerstörer der Oeconomie-, Industrie-, Forst- u. Garten-Gewächse, so wie der Nahrungssubstanzen. (circa 20 Hefte.) 1. Heft. Mit 3 Tafeln Abbildungen. gr. 8. (32 S.) Prag, Calve'sche Univ. B. (Fr. Becke.) 1863. 50 kr.

Peyl, Theodor Die Reblaus Phylloxera vastatrix Planchon und der Wurzelpilz des Weinstockes Dematophora necatrix R. Hartig 2 Weinstockfeinde. Prag Neugebauer Leipzig. Knobloch 1884 46 S., mit 1 Tab. -- 36 Frei 100*

Peyl, Thdr., die Reblaus, Phylloxera vastatrix Planchon, u. der Wurzelpilz d. Weinstockes, Dematophora necatrix R. Hartig. Zwei Weinstockfeinde. 8. (46 S. m. 1 Tab.) Prag 884. Neugebauer. n. 1. 20

Peypers, H. F. A., s.: Janus.

Peyre, ..., Entwurf zu e. feuerfesten Bauart ꝛc., s. J. Wetter, Untersuchungen u. dessen Theaterbaukunst.

Peyrebrune, G. de, Fräulein v. Tremor, s.: Collection Spemann.

Peyrer Ritter von Heimstätt, Karl

Peyrer, Carl, die Arrondirung des Grundbesitzes und die Anlegung gemeinschaftlicher Feldwege. gr. 8. (129 S. mit 5 Stnt.) Wien 869, k. k. Hof- und Staatsdruckerei. * 2 —

Peyrer R. v. Heimstätt, Karl, Denkschrift betr. die Erbfolge in landwirthschaftliche Güter u. das Erbgüterrecht [Heimstättenrecht] nebst e. hierauf bezügl. Gesetzentwurf. gr. 8. (IV, 172 S.) Wien 884. Manz. n. 3. —

Peyrer, Carl, Fischereibetrieb u. Fischereirecht in Oesterreich. Eine vergleich. Darstellg. d. oesterreich. Fischereiwesens m. dem Fischereibetriebe u. der Fischereigesetzgebg. anderer Länder, insbesondere Deutschlands. Verfaßt im Auftrage d. k. k. Ackerbauministeriums. Lex.-8. (159 S.) Wien 874. k. k. Hof- u. Staatsdruckerei. n. 4. —

— die Regelung der Grundeigenthums-Verhältnisse. Nebst e. Gesetzentwurfe üb. die Zusammenlegg. der Grundstücke, die Ablösg. u. Regulirg. gemeinschaftl. Nutzungsrechte u. die Ablösg. v. nach dem Patente vom 5. Juli 1853 regulirten Nutzungsrechten sammt Durchführungsverordng., Formularien u. Motivenberichten. gr. 8. (VIII, 395 S.) Wien 877. Faesy & Frick. n. 8. —

Peyrer, Karl, das österreichische Wasserrecht, enth. das Reichsgesetz vom 30. Mai 1869, R.-G.-B. Nr. 93 u. die 17 Landesgesetze über die Benützung, Leitung u. Abwehr der Gewässer, nebst den Vollzugsverordnungen u. den sonstigen wasserrechtlichen Bestimmungen, mit vorzüglicher Rücksicht auf die Entstehungsgeschichte u. die Spruch- u. Verwaltungspraxis erläutert. gr. 8. (XX, 736 S.) Wien 880. Manz. n. 12. —

Peyrer Ritter v. Heimstätt, Karl, das österreichische Wasserrecht. Mit vorzügl. Rücksicht auf die Entstehungsgeschichte und die Spruch- und Verwaltungspraxis erläutert. 2. verm. und verb. Aufl. Hrsg. von Karl Peyrer, R. v. Heimstätt und Ign. Großmann. gr. 8. (XXIV, 834 S.) Wien 886, Manz'sche Hof-Verlags- und Universitäts-Buchh. *

Peyrer Ritter v. Heimstätt, Karl, das österreichische Wasserrecht. M. vorzügl. Rücksicht auf d. Entstehungsgeschichte u. d. Spruch- u. Verwaltungspraxis erläutert. 3., verm. u. verb. Aufl. Hrsg. v. Karl Peyrer Ritter v. Heimstätt. gr. 8. (XX, 876 S.) Wien 898. Manz. n. 12. —; geb. n. 13. 60

PEYRER, Karl: Die Zusammenlegung der Grundstücke, die Regelung der Gemeindegründe und die Ablösung der Forstservituten in Oesterreich und Deutschland. - Wien 1873. V, 232 S., 4 Kt.

— die Zusammenlegung der Grundstücke, die Regelung der Gemeindegründe u. die Ablösung der Forstservituten. Verfaßt im Auftrage d. k. k. Ackerbauministeriums. Mit 4 (chromolith.) Karten (in Fol.). Lex.-8. (232 S.) Wien 874. k. k. Hof- u. Staatsdruckerei. n. 4. —

Peyrilhe, Bernard. Neues Mittel wider das venerische Übel aus dem Thierreiche entlehnt ... Brieg u. Leipzig 1787. Ü: *Pescheck, Christian Aug.* (MGT) (EngM) (OL) (Ky)

Peyrilhe, Bhrd., neues Mittel f. d. vener. Uebel; aus dem Thierreiche entlehnt rc.; aus d. Französ. (v. Chr. Aug. Pescheck). gr. 8. Bresl. 787. (Belitz in Berl.) 10 gr

Bernard Peyrilhe

Bernhard Peyrilhe [Remède nouveau contre les maladies vénériennes. Deutsch:] Neues Mittel wider das venerische Uebel, aus dem Thierreiche entlehnt; oder Versuch über die Heilkraft des flüchtigen Alkali in der Lustseuche:... [Übers.: Christian August Pescheck.] Nach d. 2. franz. Ausg. übers. Breslau, Brieg & Leipzig: Gutsch 1787. XL, 304 S. 8°

Peyritsch, J., Aroideae Maximilianae. Die auf der Reise Sr. Maj. des Kaisers Maximilian I. nach Brasilien gesammelten Arongewächse, nach handschriftlichen Aufzeichnungen von H. Schott beschrieben. gr. Fol. (VIII, 53 S.) Wien 879, (Gerold's Sohn.) cart. * 80 —

Peyritsch (J.). Aetiologie pelorischer Bluethenbildungen. Wien, 1878. 4°.

Peyritsch, J., Beiträge zur Kenntniss der Laboulbenien. [Mit 3 (lith.) Taf.] [Aus: „Sitzungsber. d. k. Akad. d. Wiss."] Lex.-8. (28 S.) Wien 874. (Gerold's Sohn.) n. 1. 20

— Beiträge zur Kenntnis der Laboulbenien (mit 3 Taf.). S. 68. I. 227 . . . . vgr.
Separatabdruck

Peyritsch, J., über Bildungsabweichungen bei Umbelliferen. [Mit 4 (lith.) Taff.] [Aus den Sitzungsber. der k. Akad. der Wiss.] Wien 869. (Gerold's Sohn.) Lex.-8. (16 S.) n. 12 *ngr.*

— Über Bildungsabweichungen bei Umbelliferen (mit 4 Taf.). S. 60. I. 899 . . . . . . 1 20
Separatabdruck

— Einfluss der Kohlensaeure . ... Wien, 1874. 8°.

Peyritsch, J., üb. künstliche Erzeugung von gefüllten Blüthen und anderen Bildungsabweichungen. [Aus: „Sitzungsber. d. k. Akad. d. Wiss."] Lex.-8. (9 S.) Wien 888. (Tempsky.) n. — 30

— Über künstliche Erzeugung von gefüllten Blüten und anderen Bildungsabweichungen. S. 97. I. 597 . . . . vgr.
Separatabdruck

— über Pelorien bei Labiaten. [Mit 6 (lith.) Taff. (in Lex.-8. u. qu. 4.)] [Aus den Sitzungsber. d. k. Akad. der Wiss.] Ebend. 870. Lex.-8. (24 S.) n. 20 *ngr.*

Peyritsch J., Dr.: Über Pelorien bei Labiaten (mit 6 Taf.). S. 60. I. 363 . . . . „ 2.—
Separatabdruck

— über Pelorien bei Labiaten. 2. Folge. [Mit 8 (lith.) Taf.] [Aus: „Sitzungsber. d. k. Akad. d. Wiss."] Lex.-8. (27 S.) Ebend. 871. n. 2. 50 (1. 2.: n. 4. 50)

— Über Pelorien bei Labiaten. 2. Folge (mit 8 Taf.). S. 62. I. 497 . . . . vgr.
Separatabdruck

— über Pelorienbildungen. Mit 6 (lith.) Taf. [Aus: „Sitzungsber. d. k. Akad. der Wiss."] Lex.-8. (36 S.) Ebend. 873. n. 2. —

— Über Pelorienbildungen (mit 6 Taf.). S. 66. I. 125 . . . . „ 2.50
Separatabdruck

— über einige Pilze aus der Familie der Laboulbenien. [Mit 2 farb. (lith.) Taf.] [Aus: „Sitzungsber. d. k. Akad. d. Wiss."] Lex.-8. (18 S.) Ebend. 872. n. 1. 20

— Über einige Pilze aus der Familie der Laboulbenien (mit 2 Taf.). S. 64. I. 441 . vgr.
Separatabdruck

— Plantae Tinneanae, s. Plantae.

Peyritsch, J., über Placentarsprosse. Lex.-8. (24 S. mit 2 lithogr. Taf.) Wien 878, (Gerold's Sohn.) * 1 20
Aus: Sitzungsberichte der k. Akademie der Wissenschaften, besonders abgedruckt.

— Über Plazentarsprosse (mit 2 Taf.). S. 78. I. 220 . . . . „ 1.20
Separatabdruck

Peyritsch, J., und H. Wawra, Sertum Benguelense, s. Wawra, H.

Peyritsch, J., zur Synonymie einiger Hippocratea-Arten. Lex.-8. (23 S.) Wien 874, (Gerold's Sohn.) * — 40

— Zur Synonymie einiger Hippocratea-Arten. S. 70. I. 401 . . . . „ —.40
Separatabdruck

— zur Teratologie der Ovula. Mit 3 (lith.) Taf. [Aus: „Festschr. d. k. k. zool.-botan. Ges. in Wien".] gr. 4. (30 S.) Wien 876. (Braumüller. — Leipzig, Brockhaus' Sort.) n. 4. 60

—— **Untersuchungen über die Aetiologie pelorischer Blüthenbildungen.** Imp.-4. (52 S. mit 8 lithogr. Taf.) Wien 877, (Gerold's Sohn.) * 5 60
Aus: Denkschriften der k. Akademie der Wissenschaften, besonders abgedruckt.

— Untersuchungen über die Ätiologie pelorischer Blütenbildungen (mit 8 Taf.). D 38. II. 109 . . . . „ 5.60
Separatabdruck

— über Vorkommen u. Biologie v. Laboulbeniaceen. [Aus: „Sitzungsber. d. k. Akad. d. Wiss."] Lex.-8. (9 S.) Wien 875. (Gerold's Sohn.) n. — 20

— Über das Vorkommen und Biologie von Laboulbeniaceen. S 72 I 877 vgr
Separatabdruck

Peyrol, . Représentation de Monsieur P', conseiller et avocat général de Sa Majesté le Roi de Prusse. Contre le délay demandé par M. le marquis de Puysieulx.... Faite à l'Audience de Messieurs des Trois Etats de Neufchâtel, le 18. Octobre 1707. fol. s. l.

Peyron, Amadeus

— s. Empedoclis et Parmenidis fragmenta.

Peyron, A., Empedoclis et Parmenidis fragmenta. rec. 1810. 70 S.

Peyron, Amed., Legum barbarorum fragmenta inedita, et variantes lectiones ex codice Eporodiensi collecta.
Sep.-Abdr. aus: Memorie d. R. Accad. di Torino Ser. 2. T. 8. 1846. . . . . (BBO.)

Peyron, Amedei, Grammatica linguae copticae, accedunt additamenta ad Lexicon copticum. Lex.-8. (14½ B.) Taurini 841. (Lipsiae, T. O. Weigel.) •

Peyronis lexicon copticum. Editio iterata ad editionis principis exemplum. Accedunt auctaria ex ephemeridi aegyptiaca Berolinensi excerpta. gr. 4. (V, XXVII, 470 u. Auctarium III, 20 S.) Berlin 896. S. Calvary & Co. n. 36. —; Auctarium allein n. 5. —

—— Lexicon linguae copticae. 4maj. (62¾ B.) Taurini 835. (Lipsiae, T. O. Weigel.) •

Peyron, Am., notitia librorum manu typisve descriptorum, qui donante ab Th. Valperga Caluşio illati sunt in Reg. Taur. Athen. Bibl. 4maj. Lpz. 820. Weigel. 2 ℳ Velp. 4 ℳ

—— Origine dei tre illustri dialetti Greci paragonata con quella dell' eloquio illustre Italiano. gr. 4. (10½ B.) Torino 838. (Leipzig, T. O. Weigel.) •

— vergl. Papyri, auch Petrettini.

— Papyri Graeci Regii Tauriensis Musei Aegyptii, ed. atque illustr. Prs. I. et II. Mit 7 Schriftt. 4maj. Taurici. (Bonn) 826, 27. (Weber). 6 ℳ 1 gr.

— Papyri Greco-Egizi di Zoide, dell' Imperiale R. Museo Vienna. Mit 3 Schriftt. 4maj. Torino. (Bonn) 828. (Weber). 1 ℳ 18 gr.

Über Sitten, Temperament, Alterthümer .... und die Gerichtshöfe Spaniens .... Aus d. Französ. (des *Am. Peyron*). Leipzig 1781.
Anon.-Lex. IV. p. 244 (nach Engelmann).

Peyron, Amadeus, Untersuchungen über Papyrusrollen, koptische Handschriften und eine Stelle mit dreifacher Inschrift im königlichen ägyptischen Museum zu Turin. Uebersetzung aus dem Italienischen von C. A. F. Bonn 1824.

— Untersuchungen üb. Papyrusrollen, koptische Handschriften u. eine Stelle mit 3facher Inschrift im kön. ägypt. Museum zu Turin; aus d. Italien v. C. A. F. 8. Bonn 825. (Weise in Elberf.) 6 gr. (Vergl. Petrettini.)

Peyron, Bernard, s.: Codices italici manu exarati, qui in bibliotheca Taurinensis Athenaei asservabantur.

Peyron, Bern., s. Papiri Graeci del Museo Britannico di Londra.

Peyron, John, zur Morphologie der skandinavischen Schmetterlingseier. (304 S. m. 232 Fig. u. 10 Taf.) 31×25 cm. Uppsala 909. (Berlin, R. Friedländer u. Sohn.) nn 16. 80
Sonderabdruck aus: „Kungl. svenska vetenskapsakad. handlingar".

Zur Morphologie der skandinavischen Schmetterlingseier von John Peyron. Mit 10 Taf. u. 232 Textfig. Uppsala & Stockholm: Almquist & Wicksell 1909. 304 S. 4°
(K. Svenska Vetenskapsakademiens Handlingar Bd 44, Nr 1) (10. 62, 9

Peyronnet, Graf v., Gedanken e. Gefangenen. 2 Bde. gr. 8. (42 B.) Leipzig 834, Weber.

Peyrot, E. Manuel des valeurs cotées à la bourse de Genève. Avec la collaboration de *Ed. Chabloz*. In-8°. 446 p. Genève et Bâle, Georg & Co. 1895. Cart. 10 –

Peyrot, Francois (St.Germain)
Essai sur la Dissenterie.
MS. 10 Bl. 2°
Diss. med. & chir. Giessen 13.9.1803. vorh. Univ.Archiv.

Peyrot, M., die vier ersten Bücher d. Telemach. Deutsch-Englisch, nebst d. Aussprache, in drei Spalten zur Linken, sodann d. wörtl. Uebersetz. unt. d. engl. Texte z. rechten Hand. N. d. Franz. f. Deutsche bearb. v. J. Ph. Zimmermann. qu. 16. (28½ B.) Zweibrücken 838, Ritter'sche Buchh.

—— Handbuch d. engl. Conversation in 3000 Redensarten f. alle Fälle d. tägl. Lebens. Mit Stereot. gedr. qu. 16. (8¼ B.) Zweibrücken 841, Ritter'sche Buchh.

Peyrot, M., Handbuch der Englischen Sprache, oder Mittel, diese Sprache, ohne Lehrer, bloß mit Hülfe einiger Tausend Redensarten und ihrer gegenüber stehenden Aussprache zu erlernen. 2e, von neuem durchgeseh. u. verb. Aufl. Aus d. Franz. übersetzt und für Deutsche bearbeitet von J. Ph. Zimmermann. qu. 16. Zweibrücken 837. Neuer Abdruck 840. Ritter. ⅔ ℳ

—— Handbuch d. engl. Sprache, od. Mittel, diese Sprache, ohne Lehrer, blos mit Hülfe einiger tausend Redensarten u. ihrer gegenüberstehend. Aussprache zu erlernen. A. d. Franz. übers. u. f. Deutsche bearb. v. J. Ph. Zimmermann. 3., umgearb., mit Stereot. gedr. Aufl. qu. 16. (20⅛ B.) Zweibrücken 841, Ritter'sche Buchh.

Peyrouse, s. Lapeyrouse.

Peyrouse, la, Entdeckungsreise in d. J. 785–88. a. d. Franz. m. K. gr. 8. Lpz. Hinrichs. 799.

— — dies. f. a. n. Magazin d. Reisebeschr. 16r u. 17r Bd.

Peyrouse, la, Histoire abrégée des plantes des Pyrénées et itinéraire des botanistes dans ces montagnes. gr. 8. Leips. Barth. (en Comm.) 814.

Peyrouse, la, Picot de, Supplément à l'histoire abrégée des plantes des Pyrenées. gr. 8. Leipzig, Barth. 818.

— Reise um die Welt, für die Jug. bearb. v. Schulz. m. ill. K. gr. 8. Berl. Schüppel. 805.

— Relation d'un Voyage pendant les années 1785–88. II Vol. av. portr., fig. et Cartes. 8. Lips. Hinrichs.

Peyscha, Frz., Beiträge zur Geschichte der Stadt Olmütz. Neue (Titel-)Ausgabe. gr. 8. (XVI, 77 S.) Olmütz 890. Hölzel. n. 1. —

Peyscha, Frz., die Olmützer Kunstuhr. Ein Beitrag zur Lokalgeschichte der Stadt Olmütz. Mit e. fotograf. Lichtdr.-Bilde der Uhr aus dem J. 1747, nach e. im städt. Archive aufbewahrten Abbildg. der 3. Reparatur. 8. (VIII. 32 S.) Olmütz 886. Hölzel. n. — 60

Peyscha, Peter

Peyscha, Pet., Gesang-Lehre zum Gebrauche an Gymnasien und Realschulen, dann den Präparanden-Cursen in den k. k. Oesterreich. Staaten. 1. Abth.: Theorie des Gesanges mit einem Anhange von leichten 2-, 3- und 4stimmigen Chören. Brünn 855. Winiker. 12. (6 Bl., 160 S.) n. 12 *ngr.*

— — 2. Abth. Sammlung von Chören, mit einem Anhang über den Sologesang nebst einer kurzen Harmonielehre. Ebend. 857. 12. (4 Bl., 224 S.) n. 16 *ngr.*

Peyscha, Pet., Gesang-Lehre zum Gebrauche an Gymnasien u. Realschulen, dann den Präparanden-Cursen in den k. k. Oesterr. Staaten. 1. Abth.: Theorie des Gesanges mit einem Anhange von leichten 2, 3 u. 4stimmigen Chören. Brünn 860. Winiker. qu. 8. (X, 161 S.) n. 16 *ngr.*

Peyscha, Pet., Gesang-Lehre zum Gebrauche an Gymnasien u. Realschulen. 3. verb. Aufl. 1. Abth.: Theorie d. Gesanges m. e. Anh. v. leichten zwei-, drei- u. vierstimm. Chören. qu. 8. (X, 162 S.) Brünn 871. Winiker. n. 1. 40

Peyser, Alfred [aus Koenigsberg in d. Neumark]: Ein Fall von Angio-Sarkom der Leber und des Magens ... München, Buchdr. v. M. Ernst, *1893*; 22 S., 1 Bl. 8.
München, Med. Fak., Inaug.-Diss. v. 1893

Peyser, Julius (geb. Prenzlau 25. 10. 1844) Ueber die protrahirte Form der rheumatischen Hirnaffection. Berlin (1867). (32 S.) 8°
Berlin, Med. Diss. v. 13 Aug 1867

Peyser, R, die Reinigung v. städtischen Abfallwässern durch Zusatz chemischer Mittel. [Aus: „Allg. med. Central-Zeitg."] gr. 8. (17 S.) Berlin 893. O. Coblentz. n. 1. —

Peyser, Rafael [aus Samter]: Ueber Lähmungen nach Scharlach .... Berlin, Druck v. Max Cohn (1886); 29 + 2 S. 8°.
Berlin, Med. Fak., Inaug.-Diss. v. 14. Aug. 1886.

Peyser, Rafael, über Lähmungen nach Scharlach. Diss. **Berlin 1886, Mayer & Müller. 8°. 29 S.**

Peyser, Selmar (geb. Prenzlau 26. 9. 1849) Ueber das Eucalyptol bei Febris intermittens. Berlin (1875). (32 S.) 8°
Berlin Med. Diss. v. 24 Juli 1875

Peyser, Sigism (geb. Prenzlau 19. 6. 1847): Die allgemeine progressive Paralyse der Irren und ihr Auftreten beim weiblichen Geschlecht. Berlin (1872). (32 S.) 8°
Berlin, Med. Diss. v. 27 Juli 1872

Peyser, Walter, Referendar in Berlin: Ist der Erbschaftsanspruch gegen einen Testamentsvollstrecker oder Nachlasspfleger zulässig und kann er von diesen Personen erhoben werden? (Leipzig) 1908: (Spamer). 37 S. 8°
Rostock, Jur. Diss. v. 5. Jan. 1909, Ref. Bernhöft
[Geb. 29. Dez. 82 Schöneck, Sachsen; Wohnort: Charlottenburg; Staatsangeh.: Preußen; Vorbildung: Gymn. Charlottenburg Reife M. 02; Studium: Berlin 5, Freiburg i. B. 1 S.; Rig. 19. Nov. 08.] [U 09 3082

Peyson, Benedikt (Polonus-Opatoviensis), Amputationis brevis adumbratio. Diss. med.-chir. Berlin (Nietack) 12. XII. 1832. 50 S. u. Biogr. (M.: B. Wesolowska). (3.50) 26233
Oppon.: A. Leinweber, M. von Celinski, E. Hirsch. — Gew.: An. Poleiowski.

v. Peyssonel, ..., Frankreichs polit. Lage u. seine gegenwärt. Verhältnisse mit d. übrigen europ. Mächten; aus d. Französ. 2 Thle. gr. 8. Frankf. a. M. 790. Varrentrapp. 1 ₰

— Verfassung d. Handels auf d. schwarz. Meere; aus d. Französ. mit Anmerkk. v. Er. W. Cuhn. gr. 8. Leipz. 787. Weygand. 1 ₰ 8 g.

— Zusätze zu d. Tott's Nachrr. v. d. Türken u. Tartarn. 1r Thl., s. n. Bibliothek d. Reisebeschreibb. 10r Bd. Nürnb.

Peyssonel, [Charles] de. Herrn von Peyssonell's Rede über das Bündniß Frankreichs mit den Schweizern und Bündnern, gehalten in der Versammlung der Freunde der Constitution, den 3. May 1790. Aus dem Französischen. 8. *o. O.* 1790.

de Peyssonnel, Charles. Ehemalige Verfassung der Krimschen Tartarey. Aus M. de Pyssonnel. Traité sur le commerce de la Mer Noire gezogen [von M. C. Sprengel].
in Beiträge zur Völker- und Länderkunde. Th. 7. S. 145--258. Leipzig 1787. 8°

Pez, s.a. Petz

Pez, Bernhard

— Bibliotheca **ascetica antiquo nova h. e. Collectio veterum** quorund. **et recentior. opusc. asceticor. Ratisb. 723-28.** 9 Tom. 8. 4 rthl. 12 gr.

Pez, Bernh., bibliotheca ascet. IX Tmi. 8. Regensb. 723-36. 9 Rthlr.

— biblioth. Benedictino-Mariana. 8. Augsb. 716.

— Codex **diplomaticus historico epistolaris. Aug. Vind. 729. f.** 3 rthlr. 8 gr.

— historia S. Leopoldi IV. Austriae Marchion., etc. fol. Vien. 747.

— Leben u. Wunderthat. d. H. Leopolds, Markgr. in Oesterr. a. d. Lat. v. Kropf. 4. Wien, Gerold. 756.

– Dass., s.a. Petz, Hieronymus

— **Scriptores rerum austriacar. III Tmi. fol. Lips. Gleditsch. 721-45.**

– Dass., s.a. Pez, Hieronymus

Pez, Bernh., thesaurus anecdotor. noviss. s. vet. monumentor. praec. eccles. e germ. biblioth. coll. VI Tmi. fol Augsb. I. Wolf. 721-29.

Pezii, Bernh., Thesaurus **anecdotorum novissimus. Aug.** Vind. 721-29. 7 Tom. (5 Vol.) f. 28 rthl.

Pez, Hieronimus. Scriptores rerum austriacarum veteres ac genuini, quotquot ex Austriae vicinarumque provinciarum bibliotecis et tabulariis, decumano labore perlustratis, aut primum in lucem vindicari, aut ex mss. codicibus auctiores et emondatiores edi potuerunt etc. (3 Bde.) Fol. Viennae 1743—1745.

– Dass., s.a. Pez, Bernhard

Pez v. Lichtenhof, Geo. Gust. Wlh., s. Necker, v. d. vollziehenden Gewalt.

Pezek, J(os. Ant.), s. P e t z e k , Josef Anton von

Pezelt, Jos., der kleine katadioptrische Kathetometer nebst Anleitung zum Gebrauche desselben. gr. 8. (10½ B., 4 Stnt. u. 3 Tab.) Pesth 845, Emich.

Pezet de Corval, H., Die erste Hilfe bei Verletzungen und sonstigen Unglücksfällen, m. Abb., Karlsruhe 1869, 60 S., 3 Taf., Kl.-8°.

Pezet de Corval, H., die erste Hülfe bei Verletzungen u. sonstigen Unglücksfällen zum Gebrauch für Offiziere, freiwill. Helfer, Turnlehrer, Lehrer u. Eisenbahnbeamte 2., unveränd. Aufl. Mit 3 lith. Taff. Carlsruhe 870. Gegguß. gr. 16. (60 S.) 12 ngr.

Pezet de Corval, Dr. H., die Genfer Convention und die Hilfsvereine. Karlsruhe 1867. 8.

Pezledrer, J. C., Mimosen. Ein Kranz Novellen u. Dichtungen. 8. (11½ B.) Wien 842, [Pfautsch u. Voß.]

Pezold

— s. a. **Petzholdt, Petzold, Petzoldt, Pezolt.**

Pezold, Chr. Phil.

— lepidopterolog. Anfangsgründe, f. Schmetterlingssammler. Mit 2 Kpft. 8. Gob. 796. (Riemann). 22 gr.

– s. D i e s k a u , Christian Johann Friedrich von: Vortheile in der Gärtnerei ...

Pezold, Chr. Ph., († 1797.) Mittel, die schädl. Raupen zu vermindern. Mit 2 Kpft. 8. Gob. 796. N. A. 802, 3e Aufl. 807. (Riemann). 22 gr.

Pezold, Christian Friedrich

— — (Leipzig), **De argumentis nonnullis, quibus, Deum esse, philosophi probant, observationes quaedam adversus Imman. Kantium. Leipzig (Klaubarth) (Fest. Joh. Bapt. 1787). 15 Seiten. (4.25) 26242**

— — u. (Soc.) **Theophil Ernst Hartung** (Thomaepont./Thüring.), De assensione inprimis ea quae moralis recte dicitur. Disput. Leipzig (Klaubarth) 26. II. 1783. 35 S. (4.50) 26246

— — Ad orationem aditialem benevole audiendam invitat qua decet observantia. Leipzig (Klaubarth) 1. III. 1783. 20 S. (4.—) 26241
Enth.: Absolvitur disput. de assensione morali.

— — (Procancellarius), (Decan) **Christian Theophil Seydlitz,** Herculis bivium. Solemne carmen creationi XV magistrorum rectore dicatum. Leipzig (Klaubarth) 7. II. 1788. 22 S. (4.50) 26248
Mit Biogr. v.: Carl Theophil Vater (Sorau) (M.: Th. E. Boetner), Joh. Gotthelf Samuel Leuchte (Wurzen), (M.: S. E. Bard), Johann Heinrich Fleischmann (Neustadt/Vogtland) (M.: J. M. Winkler), Johann Christian Sommer (Leipzig) (M.: Chr. E. Eisenach), Ernst Friedrich Carl Rosenmüller (Hildburghausen) (M.: Chr. S. Fr. Fabro), Friedrich David Eisenstuk (Annaberg) (M.: D. C. Ridder), Johann Carl Litzkendorf (Linda/Eisenberg/Meißen) (M.: J. C. Hempel), Gottfried Ernst Strauss (Loitschitz/Zeitz/Meißen) (M.: J. S. Naegler), Christian Theophil Künoel (Leipzig) (M.: Chr. Ch. Krigel), Carl Heinrich Horn (Leipzig) (M.: J. S. Wagner), Johann August Leberecht Alban (Beucha/Meißen) (M.: Fr. E. Flacht), Johann Gottlob Jurisch (Leipzig) (M.: J. E. Pestel), Johann Theophil Schubert (Kyhna/Delitzsch/Meißen) (M.: Chr. S. Herzsch), Johann August Auerswald (Loesnitz/Schönburg) (M.: S. B. Fischer), Friedrich Libegott Becher (Ehrenfriedersdorf/Meißen) (M.: Chr. S. Hofbauer).

— — De imperio et maiestate Dei. Disput. Leipzig (Klaubarth) 29. u. 30. VIII. 1787. 43 Seiten. (5.25) 26243

(—.) — Procancellarius magistris liberalium artium creandis **Christian Friedrich Pezold** academiae h. t. rector honorum philos. candidatis diem petitionis indicit. O. O. (1. Adv. 1787). 15 S. (3.75) 26244
Enthält: De imperio et maiestate Dei P. II. Sect. I.

— — Ad orationes memoriae Henricianae Ridelianae et Seyfertianae sacras in audit. philos. invitat. Leipzig (Klaubarth) 16. IV. 1788. 11 S. (4.—) 26245
Enth.: De imperio et maiestate Dei P. II. S. II.

— — u. (Respond.) **Jo. Sophia Samuel Rennebaum** (Münchberg/Bayreuth), De lege divina, quae veritatem in loquendo hominibus imperat, justo neque rigidius neque laxius interpretanda. Diss. prima. Leipzig (Langenheim) 6. V. 1769. 42 S. (4.50) 26247

— — Psychotheologiae specimina prolusio qua ad orationem aditialem prof. philos. extraord. in acad. Lipsiensi invitat. Leipzig (Langenheim) 20. IV. 1774. 16 S. (4.—) 26240

— **Christian Friedrich,** De sublimitate Pauli in prioribus capitibus epistolae ad Ephesios. Leipzig (Langenheim) (22. IX. 1771). 26 S. (4.—) 26239
Gratulationsschrift für Gottlob Friedrich Lechla u. Johanna Christiana Haltauss (b. Christian Gottlob Haltauss).

— **Ernst Christian** (Röderau/Meißen), De ista theoretica et practica quaestione: utrum sententia judicis injusta debitori per illam absoluto plenam praestare valeat liberationem? Disput. jur. Präs. Ernst Tenzell. Erfurt (J. H. Grosch) 18. IX. 1713. 23 S. (5.—) 26249
Gew.: Philipp Wilhelm von Boineburg.

Pezold, G., die württembergische Kinderlehre. Durch Spruch u. Sprichwort, biblische Geschichte u. Kirchenlied erläutert. Stuttgart 862. Oetinger. 8. (VI, 149 S.) n. 15 ngr.

von Pezold, Hans [aus Riga]: Zur Statistik der Oberkiefertumoren ... Karlsruhe, Druck v. F. Gutsch, 1893; 20 S. 8.
Erlangen, Med. Fak., Inaug.-Diss. v. März 1893

Pezold, Herm., die deutsche Strafrechtspraxis. Uebersichtliche Zusammenstellung der Entscheidungen der höheren deutschen Gerichte zum Reichsstrafgesetzbuch. [Erweiterter Abdr. aus: „Württembergisches Gerichtsblatt".] 1. und 2. Lfg. gr. 8. (S. 1—192.) Stuttgart 875,76, Nitzschke. à Lfg. * M 1. * 2 —
—— dass. — Fortgesetzt von J. E. Stiegele und G. Köhn. [Erweiterter Abdr. aus: „Württembergisches Gerichtsblatt". 3.—6. (Schluß-)Lfg. gr. 8. (XVI, S. 193—534.) Ebendas. 876. à Lfg. * M 1. * 4 —
Vgl.: Strafrechtspraxis, die deutsche.

Pezold, J. E. A., Diss. de apoplexia ex inanitione vasorum cerebri. 18 pp. Gott. 4°. Erl. Ann. 83 n. 186, 1867. Erl. Beytr. 84, II, 24. *Schl. gel,* VII p. 2821.
1783

— **Jo. Ehrenfried** (Lichtenhain/Meißen), De re Germanorum judiciaria. Präs. Georg Stephan Wiesand. Wittenberg (C. Chr. Dürr) 16. IV. 1773. 26 S. (4.25) 26250
Gew.: Johann Gottfried Pezold (Vater).

— **Johann Nathanael** (Leipzig), De delirio febrili. Leipzig (Langenheim) 27. VIII. 1762. 32 Seiten. (4.25) 26251
Gew.: Hanss Loeser.

Pezold, Jos. Conr., praes. A. E. v. **Buechner**, De natura somni. 32 pp. Hal. 4°. 1750

Pezold, Karl Friedrich [Praes.], s. Erdmann, Joh. Christoph: Θηριοτροφους sive homines a bestiis enutritos.

— — Juris Saxonici communis atque electoralis exercit. I de jure personarum ex discrimine hominum naturali vario. Präs. Franziskus Carl Conradi. Leipzig (Breitkopf) 25. IV. 1727. 20 S. (4.75) 26238

— — Membra humana, diis gentilium consecrata. Diss. poster. Leipzig (Brandenburger) 11. IV. 1710. (4.75) 26237
Gew.: L. Christian Ludwig, Christoph Pfautz, Johann Cyprian, Johann Schmid, Johann Heinrich Ernesti, Johann Gottlieb Hardt, Johann Burchard Mencken, Christian Friedrich Boerner, Johann Christian Schell.

Pezold, Carl Friedrich (Leipzig), De oblivione memorabili. Diss. phil.-phys.-histor. Leipzig (J. Chr. Brandenburger) 15. XII. 1703. (5.—) 26235

— — Dasselbe. Leipzig (J. Chr. Brandenburger) 15. XII. 1703. (5.—) 26236
Mit Widmung.

Pezold, Karl Friedrich [Praes.], s. Schultze, Justus Jakob: De modo calumniandi per laudes.

Pezold, Carl Fridr. & Jo. Fridericus Kandler. De promiscura vestium utriusque sexus usurpatione . consensu amplissimae facultatis philosophicae in Academia Lipsiensi, sub praesidio Caroli Friderici Pezoldi Die 30. decembris 1702 . Autor et respondens Jo Fridericus Kandlerus Lipsiae, typis Joh. Christoph. Brandenburgeri 28 S. 8°

Kaspar Pezold

Casparis Pezoldi [Pezold] Observationes medico-chirurgicae selectiores. Vratislaviae: Hubertus 1715. 200 S. 8°

Pezold, Caspar, Obs. med.-chir. selectiores. 200 pp. Wratisl. 12°. 1773

[**Pezold**, Leopold von]: Die Oeffentlichkeit in den Baltischen Provinzen. — Lpg: Brockhaus 1870. 61 S.

Pezold, Leop. v., Schattenrisse aus Revals Vergangenheit. Sonderabdr. aus dem „Revaler Beobachter" mit Erweitergn. gr. 8. (VII, 204 S.) Reval 898. (F. Kluge.) n. 5. —

Pezold, Leop. v., Schattenrisse aus Revals Vergangenheit. 2., verm. Aufl. gr. 8. (VIII, 390 S.) Reval 901. F. Kluge. n. 6. —

— **Nathanael** (Görlitz/Lausitz), Commentatio de febri querquera ex antiquitate eruta. Präs. Adam Brendel. Wittenberg / Sachsen (Creusig) Okt. 1715. 28 S. (5.25) 26252

Pezold, Paul: „Das Recht des Wechselcontractes, mit Rücksicht auf die Leipziger Wechsel-Ordnung dargestellt", Leipzig 1810. — Vorh.: Bibl. des Kammergerichts Berlin — Ff. 1758 — und Bücherei der Industrie- und Handelskammer Leipzig.

Pezold, Paul, († d. 22. Sept. 1811.) das Recht des Wechselcontrakts. gr. 8. Leipz. 810. (Engelmann). 20 gr

Pezold, P., d. Recht d. Wechselcontracts.. gr. 8.. Lpz. Mitzky u. Comp.. 810.

Pezold, S. Gli., s. Petzold, Sam. Gli.

Pezold, Samuel Friedrich

— — De elegantia dictionis poeticae in membris humanis affectuum loco positis. Comment. secunda. Präs. Christian Gottlieb Clug. Wittenberg (Tzschiedrich) 4. XII. 1766. S. 25—38. (3.75) 26254
Tl. I. s. Clug, Ch. G., Tl. III, s. Wernsdorf, G.

— **Samuel Friedrich** (Guben/Lausitz), De mirabili phantasiae varietate. Comment. tertia. Präs. Matthias August Hasius. Wittenberg (Gerdes) 13. XI. 1766. 32 S. (4.25) 26253

Pezold, Woldem. v., wenn man jung ist. Gedichte. (100 S.) 12. Strassburg 904. J. Singer. n. 2. —

Pezolt

— s. a. **Petzholdt, Petzold, Petzoldt, Pezold.**

Pezolt, E. Wesen und Ziele der Sozialdemocratie. In-8°. 20 S. Bern, Suter & Lierow. 1893. -- 10

Pezolt, Ernst, Konflikte im Gebiete des Eherechts u. Vorschläge zu ihrer Lösg. [Aus: „Zeitschr. d. bern. Juristenvereins".] gr. 8. (54 S.) Bern 893. F. Semminger. n. — 80

Pezolt, Geo., Fundstellen alterthümlicher Gegenstände in Salzburg, aufgedeckt im April, Mai, Juni, Juli, August u. September d. J. 1875. [Aus: „Mittheilgn. d. Ges. f. Salzb. Landeskunde".] gr. 8. (8 S.) Salzburg 876. (Dieter.) n. — 20

Pezolt, Geo., Rundschau von der Festung Hohensalzburg. 4 Blatt. Lithogr. qu. Fol. Salzburg 862, Mayrische Buchh. In 16.-Carton.

Pezolt, Geo., Vorträge über Geschichte der christlichen Kunst. Zum Zwecke für geistl. Seminarien gesammelt. Salzburg 866. (Glonner.) gr. 8. (527 S.) n.n. 1 ₰ 26 ngr.

Pezolt, L.: Jugendwehr und Turnen in ihrem Werth für die Wehrhaftmachung der Jugend. Eine Antwort auf die Bestrebungen des Abgeordneten. Schöffel, die Jugendwehren in Österreich einzuführen. Hrsg. v. Salzburger Turnverein. Dresden 1876. 34 S.

Pezolt, Ludwig Christian (Eisleben), Medicum ab iniquis judiciis vindicaturus. Präs. Christian Gottfried Stentzel. Wittenberg (Eichsfeld) April 1738. 64 S. (6.—) 26255
Mit sehr schöner Titelblattumrandung.

Pezsch, C. Gf.

— Reden üb. d. Lied: Jesu m. Freude. 8. Dresd. Groll. 745.

Pezsch, C. Gf., Sonn- u. Festt.-Handbuch. 4. Bautzen. 724.

Pezzani, H. M., in decisiones sacrae romanae Rotae commentarium. Anno I. 1909. (277 S.) Lex. 8. Rom 910. F. Pustet. nn 4.--

Pezzel, Jean, nouv. Description de Vienne. Précédée d'un précis sur l'histoire de cette ville et suivie de la Descript. de ses Environs. V. édit. revue et augm. par J. S. Bermann. 16. (27 B.) Vienne 829, Mörschner et Jasper.

Pezzl, Domen., grammatica storico-comparativa della lingua latina giusta i resultati degli studi più recenti brevemente esposta agl' Italiani e specialmente ai professori di lingue classiche. gr. 8. (XV, 410 S.) Turin 872. Loescher. n. 4. —

Pezzl, J., s. P e t z l , Josef

Pezzl, Johann

— Beschr. d. Gegend um Wien, ist Beschr. u. Grundr. 2r Thl. 16. Ebend. 807.

— — dies. a. franz. Descr. et Plan de la ville de V i e n n e etc.

Pezzl, Joh(ann): Beschreibung und Grundriß der Haupt- und Residenzstadt Wien. Sammt ihrer kurzen Geschichte. 3.verm.Ausg. 505 S., gbd., 4 Pläne.

Wien: Degen 1809

JB 5.633

Pezzl, Johann. Neueste Beschreibung von W i e n. (Mit Plan und 8 Kupfertaf.) 8. Wien 1822.

Pezzl, J.: Neueste B e s c h r e i b u n g von Wien. 6. A. Wien 1823.

Pezzl, (J.,) Beschreibung von Wien. 7e Ausg. Verb. u. verm. v. Frz. Ziska. Mit 15 Kpfrn., 1 Vign. u. 2 Plänen. gr. 12. Wien 826, Armbruster. 4 Rthl. 12 gr., ohne Kupf. u. Plan.

Pezzl, Joh., Beschreibung von Wien. 8. Ausg. Verbess. u. verm. v. Frz. Tschischka. 12. (24⅞ B. u. 1 Plan, Fol.) Wien 841, Mayer u. Comp.

— Beschreib. d. Haupt- u. Residenzstadt Wien. 16. Wien ... 3e A. 809. 4e A. 816. 5e A. 820. 6e verb. A. Mit 1 Karte. 12. Ebd. 823. 7e Ausg. Verb. u. verm. v. Frz. Ziska. Mit 15 Kpf., 1 Vign. u. 2 Plän. gr. 12. Ebd. 826. Armbruster. 4 ℛ 12 gℊ Ohne Kpf. u. Plän. Ebd. 1 ℛ 8 gℊ — Dass. französ., s. Pezzl: *Description.*

Pezzl, Jh., östreich. Biographie, od. Lebensbeschreib. fr. berühmt. Regenten, Helden rc. (Auch u. d. Titeln: Charakteristik Josephs II. 790. 12 gℊ — Eugens v. Savoyen Leben rc. 791. 1 ℛ — Leben Laudons. 790. 1 ℛ — Leben Montecuculi. 792. 1 ℛ) 4 Bde. 8. Wien 791, 92. Degen. 4 ℛ

– s.a. B r i e f e , Marokkanische.

• **BRIEFE**, M a r o k k a n i s c h e. Aus dem Arabischen. (Deutsches Original von *Johann Pezzl.*) Mit fein gestoch. satyr. Titelvign. Frankfurt und Leipzig, 1785. 8°. (6 Mk. Schaper, Hannover, 1904.)
Moralisirende und satyrische Schrift bei Gelegenheit der M a r o k k a n i s c h e n G e s a n d s c h a f t, w e l c h e 1783 W i e n b e s u c h t e, mit Ausfällen gegen Mönchthum, Jesuiten, Ohrenbeichte, Recensenten-Unwesen etc. 232 S., 1 Bl.
Zuerst gedr. ebd. 1784. 8°. 255 S. (In Leipzig, Börsenvereinsbibl.; auch in München u. im British Museum.) (2 Mk. 80 Pfg. Max Harrwitz, c. 1903.) Neue vermehrte u. verbess. Aufl. Ibid. eod. anno. 8°. 256 S. (In München.) (3 Mk. Süddeutsch. Antiqu., 1905.)
Goedeke V, 506, 7, 2 hat „Maccaronische Briefe" (11).

– s.a. B r i e f e aus dem Noviziat.

§ **BRIEFE** a u s d e m N O V I Z Z I A T (von *Johann Pezzl*, 1756—1823, nach Andern † 1838). (Typogr. Vign.) O. O. (Zürich, Orell). MDCCLXXX. (1780.) 8°. Auf ord. grau-blaues Papier gedr. (3 Mk. Alfr. Lorentz, Lpz., 1905.)
Schilderung der Mißstände des Klosterlebens, mit scharfen und ergötzlichen Angriffen gegen Ueppigkeit, Aberglauben, Bauchdienst, Geisselungen, Mortifikationen etc. — 184 S. (incl. Titel in Einfassung u. 4 Bll. Vorr. d. Herausg.). Der erste Brief (überschr. „Lieber P" [e z z l]) ist dat. 12. Sept. 177*. Der Verfasser wurde wegen dieser Briefe in gerichtliche Untersuchung verwickelt. Vgl. W e b e r, M ö n c h e r e i, 2. Aufl. IV, S. 398; Goedeke V, 506, 7; Anon.-Lex. I. p. 261 (nach Kayser, Meusel, Winer).
§ — — Dasselbe. 3 Bde. O. O. (Ebd.) 1780—83. 8°. (1¼ Rthl.) (Auch in Zürich.) (4 Mk., Süddeutsches Antiquariat, München, 1905; 1—2, nebst dem folgenden: 7 Mk. 50 Pfg. Jos. Baer & Co., Frankf. a. M., 1894.)
Wurde laut Vorrede zu Theil 3 z. Zeit in München v e r b o t e n.

– s. B r i e f e , Vertraute, über Katholiken und Protestanten.

Pezzl, Joh. Charakteristik Josephs II. Eine historisch-biographische Skizze. (347) 12. Wien 1790. — 8. ib. 1803. — 8. ib. 1865. — 8. ib. 1807. — 8. ib. 1822.

— Charakteristik Josephs II.; e. histor.-biograph. Skizze. 8. Wien, 1e u. 2e A. 790. 3e A. 803. 4e A. 807. Mit Portr. 8. Ebd. 824. (Mörschner u. J.) 12 gℊ

— Charakterist. J o s e p h s II., e. hist.-biogr.-Skizze. 8. Wien, Degen. 803.

— — C h a r a k t e r i s t i k Kaiser Jos. des 2ten. 3te Aufl. 8. Wien. 803. Jetzt Verlag von v. Mösle.

— Charakteristik Kaiser Joseph II., eine historisch-biographische Skizze. 3e Aufl. Mit Portr. 8. Wien 822, Mörschner u. Jasper.

— Chronik v. Wien rc., s. W i e n s Geschichte 18 Bdchn.

Pezzl's, Joh., Chronik von Wien. 2. Aufl., von Tschischka, s. W i e n ' s G e s c h i c h t e.

– (Übers.), s. C o x e , William: Reise durch Polen ...

– s.a. D e n k m a l , Biographisches, Risbecks.

D e n k m a l, B i o g r a p h i s c h e s, R i s b e c k s, V e r f a s s e r d e r B r i e f e e i n e s r e i s e n d e n F r a n z o s e n (von *Johann Pezzl*). Kempten (Wien) 1786.
Weller, fing. Dr.

PEZZL (Johann) Denkmal auf Maximilian Stoll, seinen Freunden gewidmet Verfasst von –, hrsg von Blumauer Graeffer, Wien 1788 1 vol 34 S

—Denkmal an Maxim. Stoll; herausgg. v. Al. Blumauer. 8. Wien 788. Gräffer. 2 gr.

— — nouv. Déscription de Vienne etc. précédée d'un précis hist. sur cette Ville et suivie de ses Environs. 4me edit. augmentée, 16. Vien., de Mösle. 818.

—nouv. description de Vienne. 4e Aufl. 12. Wien 822. Mörschner u. J. 1 fl 18 gr. Vme Edit. revue et augm., par J. S. Bermann. 16. Ebd. 829. Ebd. 1 fl 8 gr.

Pezzl, J., Description et Plan de la Ville de Vienne. IIIme Edition revue et corrigée, form. de poche. Vienne, Degen. 812.

Pezzl, J., nouv. Dictionnaire de Poche. voyez Dictionnaire.

— Dizzionario italiano, vide Dizzionario.

— les Environs de Vienne foisant suite à la Description de Vienne, avec Carte. form. de poche. Vienne, Degen. 812.

Pezzl, J., les Environs de Vienne, avec Carte. 3ème édition augmentée. 12. Vien., de Mösle. 813. Rthlr.

— — dasselbe deutsch. 12. Ebend. 813.

– s.a. Faustin.

[PEZZL, Johann] 1756 - 1823?
Faustin oder das philosophische Jahrhundert. 1780.
o. O. 1783. VI, 7-336 S. 8°.
Universitätsbibliothek Heidelberg

Frankfurt-Leipziger Meßkatalog, Ostermesse 1783, S. 532.

[PEZZL, Johann] 1756 - 1823?
Faustin oder das philosophische Jahrhundert.
o. O. 1783. VI, 384 S. 8°.
Priv.-Bibl. Prof. Harold Jantz, Baltimore, Md.
Weitere Ausg. d. 1. Aufl. 1783 u. 1784, 2. Aufl. 1783, 3. Aufl. 1784 u. 1785, 4. Aufl. 1788.

[PEZZL, Johann] 1756 - 1823?
Faustin oder das philosophische Jahrhundert.
Zweyte Auflage.
o. O. 1783. IV, 286 S. 8°.
Priv.-Bibl. Prof. Harold Jantz, Baltimore, Md.

[PEZZL, Johann] 1756 - 1823?
Faustin oder das philosophische Jahrhundert.
Dritte Auflage.
o. O. 1784. VI, 352 S. 8°.
Priv.-Bibl. Prof. Harold Jantz, Baltimore, Md.
1. Aufl. 1783 u. 1784, 2. Aufl. 1783, weitere Ausg. d. 3. Aufl. 1785, 4. Aufl. 1788.

[PEZZL, Johann] 1756 - 1823?
Faustin oder das philosophische Jahrhundert. 1780.
[Frankfurt: Gebhart. ?] 1784. 336 S. 8°.
Library of Congress Washington
Nachdr. d. 1. Ausg. v. 1783.

FAUSTIN oder das philosophische Jahrhundert. 2 Thle. (1 von *Joh. Pezzl*, 2 von *Pet. Adolf Winkopp*). Mit Titelvign. O. O. 1784—85. 8°.

Faustin, oder Das aufgeklärte philosophische Jahrhundert. [Von Joh. Pezzl. Bdchen 1.] 2. [Zürich]: 1784 bis 1785. 8°
1. 1784 VI, 310 S. 2. 1785 200 S.
Diese Schrift wird als illuminatisch bezeichnet. KB.

[PEZZL, Johann] 1756 - 1823?
Faustin, oder das philosophische Jahrhundert.
Dritte vermehrte und verbesserte Ausgabe.
[Zürich: Orell, Geßner, Füßli und Comp.] 1785. 364 S. 8°.
Priv-Bibl. Prof. Harold Jantz, Baltimore, Md.
Frühere Ausg. d. 3. Aufl. 1784.

Frankfurt-Leipziger Meßkatalog, Ostermesse 1785, S. 30: mit Ort und Verlag.

[PEZZL, Johann] 1756 - 1823?
Faustin, oder das philosophische Jahrhundert.
Vierte vermehrte und verbesserte Ausgabe
o. O. 1788. 292 S. 8°.
Priv.-Bibl. Prof. Harold Jantz, Baltimore, Md.

Pezzl, Jh., Gabriel, od. die Stiefmutternatur; e. satyr.-kom. Roman. 8. Wien 810. Armbruster. 12 gr. (Lpz., Liebeskind). 6 gr.

— Geschichte u. Leben Papst Pius VI. Mit Portr. 12. Wien 799. (Mörschner u. J.) 8 gr.

— Gesch. P. Pius VI. 12. Wien, Degen. 799.

— Leben u. Thaten Eugens, Prinz. v. Savoyen. 8. Wien 791. Sammer. 1 fl

Pezzl, Joh.: Lebensbeschreibung Laudons. Oesterreichische Biographien. 2. Th. (Mit Portrait.) Wien 1790. 8°

— Lebensbeschreib. Montecuculi, Wenzl. Lichtenstein u. Born. 8. Wien 792. Sammer. 20 gr. Schrbp. 1 fl

(Pezzl, Johann.) Lebensbeschreibungen des Fürsten Raimund Montecucculi, des Fürsten Wenzel Lichtenstein, des Hofrathes Ignatz von Born, sammt einem Portrait. Wien 1792. 8°

— Lebensgesch. Laudons. Mit Portr. 8. Wien 790. Degen. 20 gr.

- (Übers.), s. Muradgea d'Ohsson, Ignace de: Schilderung des ottomanischen Reichs.

– s.a. Reise durch den baierschen Kreis.

§ **REISE** durch den Bayerischen Kreis. Mit vielen Zusätzen u. Berichtigungen. (Vf.: *Johann Pezzl*, 1756—1823.) Mit satyr. Titelvignette (Prozession). Salzburg und Leipzig (Zürich, Orell) 1784. 8°. (In München: Bav. 2080n, oder (mit vielen Zusätzen und Berichtigungen) Bav. 2080m; auch im British Museum und in Zürich, Stadtbibl.) (8 Mk. C. G. Boerner, Lpz., c. 1903; 8 Mk. Emil Hirsch, München 1904.)
1 Bl. u. 246 S. Derb-satyr. Opus, voll starker Angriffe auf die damaligen bayer. Zustände, sowie auf das Mönchswesen, die Geistlichkeit, das Reliquienwesen, Heiligenverehrung etc. — Vf. wird genannt in: „Catholischer Phantasten- und Prediger-Almanach auf 1785", in der Vorrede. Bringt auch Schilderungen Münchens, Freisings und Salzburgs. — Interess. u. gesuchtes Werk!
Anon.-Lex. III. p. 357 (nach Engelmann, Hittmair, Kayser, Weller, Meusel, Weber).

BAYERN. — § Reise durch den baierschen Kreis (Interess. derb-satyr. Cultur-Schilderungen von *Johann Pezzl.*) Salzburg und Leipzig (Zürich, Orell) 1784. 8°. (12 Kr. A. H. Huber, Salzburg, 1908.)
Weller, fing. Druckorte.
— — Dasselbe. Ebd. 1785. 8°.
Gesuchtes, im Preise steigendes Werk des talentreichen Verfassers.

– (Übers.), s. Reisen eines Philosophen.

Schatten und Licht. Epilog zu den wienerschen Maurerschriften. [Von Joh. Pezzl.] Wien: Hartl 1786. 34 S. 8°
Abgedr. in: Sammlung aller aus Gelegenheit d. k. k. Verordn. v. 16. Dez. 1785 z. Vorschein gekommenen Schriften d. Frmr. betr. 8 (1786) S. 27–62.
Kl. 487, Tt. 1725. Selten. Beleuchtung der schwachen u. guten Seiten der Frmrei. 139.

§ **SCHRIFTEN**, Merkwürdige, zum Andenken des philosophischen Jahrhunderts (von *Johann Pezzl*). Mit Titelkpfr. Europa (Nürnberg, Eichhorn) 1785. (In München: Var. 368 m; auch in Warmbrunn.) (5 Kr. Jos. Grünfeld, Wien, 1906.)
Fehlt im Anon.-Lex. — Rar!

Skizze
— —, Neue, von Wien. 3 Hfte. Ebd., Degen, 1805—12. 8°. (1 fl. 48 xr.) (In Wien, Stadtbibl.) (8 Kr. die Vorigen, 1912.)
Ganz vollständige Exemplare dieses culturgeschichtl. wichtigen u. interess. Werkes sind sehr selten.

Pezzl, Jh., neue Skizze v. Wien unter d. Regierung Franz II. 3 Hfte. 8. Wien 805—12. N. A. 824. (v. Mösle; a. Mörschner u. J.) 20 gl

SKIZZE von Wien (von *Joh. Pezzl*, 1756—1823). 6 Hfte. (Cplt.) Wien u. Leipzig, in der Kraussischen Buchh. 1786—90. Kl. 8°. (In Wien, Stadtbibl., auch in Breslau, Kgl. u. Univ.-Bibl.: Hist. Germ. V 81961, 2 voll.; Heft mit d. Jahrz. „1787".) (36 Kr., Gilhofer & Ranschburg, 1912.)

SKIZZE von Wien unter der Regierung Josef II. (von *Joh. Pezzl*). 2 Bde. Wien 1803. 8°. (In Wien, Stadtbibl.)

— — Dasselbe. 4. Aufl. Ibid. eod. anno 8°.
Anon.-Lex. IV. p. 90. (Eigenbericht.)

— Skizze v. Wien unt. Reg. Jos. II. 2 Bdchn. 12. Wien, Degen. 803.
Schreibp.

— Skizze v. Wien unt. d. Regierung Josephs II. 2 Bdchn. 12. Wien . . . 3e A. 803. (Mörschner u. J.; a. v. Mösle). 10 gl, Schrbp. 20 gl

– (Übers.), s. Sonnerat: Reise nach Ostindien und China.

ULRICH von Unkenbach und seine Steckenpferde (von *Johann Pezzl*). 2 Thle. Mit 1 Titelkpfr. (Maillard del., Kohl sc.). Wien, Degen, 1800—2. 8°. (1 Rthl.) (3 Mk., „368 S.", ohne Theilesangabe, 1907; 6 Mk., gestemp. u. etwas bestaubt, Südd. Antiqu., München, 1907.)

— **Ulrich v. Unkenbach, u. seine Steckenpferde.** 2 Thle. 8. Wien 800. (Liebeskind in Leipz.) 1 ₰

— die Umgebungen Wiens, als Fortsetzung d. Beschreib. v. Wien. Mit 1 Reisekarte. 16. Wien 807. 3e Aufl. 809. (v. Mösle) 16 gl — Dass. französ. Ebd. 16 gl

Pezzl, J., die Umgebungen Wiens, als Fortsetzung d. Beschreibung von Wien, mit 1 Reisecharte. 2te Aufl. Taschenform. Wien, Degen. 812. Rthlr.

— Wien mit Umgebungen u. dessen Merkwürdigkeiten, od. unterrichtender Wegweiser f. Fremde ꝛc. (A. u. d. T.: Guide de Voyageurs à Vienne etc.) Mit Plän. 8. Wien 821. Artaria u. C. 1 ₰ 8 gl

Pezzl, P., s. Petzl, Josef

Pezzoli, Karl, u. Alex. Porges, 12.000 Fälle v. Haut- u. Geschlechtskrankheiten. Bericht aus Prof. Fingers Ambulatorium f. Haut- u. Geschlechts-Krankheiten im k. k. allgemeinen Krankenhause in Wien. (101 S.) Lex.-8. Wien 903. F. Deuticke. n. 3. —

Pfab, A., s.: Rottal, das untere.

Pfab, I. V., Diss. inaug. medico-practica, sistens morbos infantum. 8. Vien. Gerold.

Pfad, Edwins abentheuerlicher, zur Tugend. Romantisch dargestellt. Breslau 1815. V: *Wentzel, Friedrich August.* (GGr VI, 396) (BGE I[a], 103)

Pfade, alte, f. junge Pilger, od. guter Rat an junge Leute. 16. (VII, 149 S. m. Titelbild.) Hamburg 894. J. G. Oncken Nachf. Geb. in Leinw. 1. 50

Pfade, neue, zum alten Gott. Hrsg. v. F. Gerstung. 1.—3. u. 8. Bd. gr. 8. Freiburg i/B., P. Waetzel. Geb. in Leinw. Subskr.-Pr. à n. 1. 60; Einzelpr. à n. 2. —
1. Gott. Warum wir bei ihm bleiben müssen. Von Karl König. (VI, 154 S.) 901.
2. Die Welt an sich — f. mich. Von F. Gerstung. (VI, 100 S.) (901.)
3. Der Mensch, wie er sich selber findet. Von Carl Neumaerker. (176 S.) (901.)
8. Beten u. moderner Mensch sein, wie sich das Beides zusammenreimt. Von Günth. Wohlfarth. (176 S.) 902.
Die Bde. 4—7 erscheinen später.

Pfade, neue, zum alten Gott. Hrsg. von F. Gerstung. 4.—7. u. 9. (Schluß-)Bd. 8. Freiburg i/B., P. Waetzel. à n. 1. 60; geb. in Leinw. n. 2. — (Vollständig, geb. in Leinw. n. 19. 60)
4. Jesus, wer er geschichtlich war. Von Arno Neumann. (206 S.) 904. Einzelpreis n. 3. 20
5. Jesus, was er uns heute ist. Von Alfr. König. (128 S.) 903.
6. Die Religion des Geistes. Wie der Gebildete denkend zu ihr Stellg. nimmt. Von Dietr. Graue. (IX, 114 S.) 903. Einzelpr. n. 2. —
7. Du sollst. Grundzüge e. sittl. Weltanschaug. Von Leonh. Ragaz. 1. u. 2. Aufl. (Je VIII, 181 S.) 904. Einzelpr. n. 2. 40
9. Persönliches Christentum. Das Eine, was uns not ist. Von Otto Hering. (V, 96 S.) 905.

Pfade, neue, zum alten Gott. Hrsg. v. F. Gerstung. (Neue Aufl.) 7. Bd. 8. Oßmannstedt. Berlin-Schöneberg, Protest. Schriftenvertrieb. 2.—; geb. 2. 50
7. Du sollst. Grundzüge e. sittl. Weltanschaug. Von Leonh. Ragaz. 2. Aufl. (VIII, 124 S.) 911.
Bd. 1—6, 8 u. 9 jetzt Ebd. 901—05. Geb. 17.10.

Neue Pfade im Fernen Westen: Jahrgang 1–2, no. 3, May 1884–Oct. 1885?
Monthly. Prospectus notes selection of title, that the railroads have created "neue Pfade," contains many advertisements of railroads, with maps; stories, poems, articles on Indians, etc.; well illustrated. Sub-title: Eine illustrierte Monatsschrift mit Bildern und Skizzen aus dem amerikanischen Westen. Octavo, each issue 32–38 pages; title-page and contents, 4 pages. Edited by Lambert Willstaedt, & published by Neue Pfade Publishing Co.
Topeka, KS

Pfadfinder, der. Monatsschrift zur Begutachtg. deutscher Aus- u. Einwanderg. Hrsg. v. Ed. Pelz. 1. u. 2. Jahrg. à 12 Hfte. gr. 8. (à Hft. 32 S. m. e. chromolith. Karte in gr. Fol.) Gotha 872. 73. Stollberg. à Jahrg. n. 6. —

Pfadsucher, Fritz, der Finanzwächter. Roman. Wien 865. Geitler. br. 8. (126 S. mit 6 Illustr. in Holzschn.) n. 8 ngr

—— dass. — s. Sonntags-Bibliothek, illustrirte Wiener.

Pfäfers, das Kloster. Herausgegeben vom historischen Verein in St. Gallen als Neujahrsblatt für 1883. In-4°, 46 S. m. 2 Tafeln. St. Gallen, Huber & Cie. 1883. 2 40

Pfäfers. Die Mineralquelle Pf. Njbl. s. a. [Ziegler, Jacob Melchior].

Pfäfers, Die Mineralquelle. [Zürich 1861.] V: *Ziegler, Jacob Melchior.* (Cat. d. Stadtbibl. Zürich. Zürich 1864—97.)

Pfaff, Johann Leonard, Bischof v. Fulda, nach seinem Leben u. Wirken geschildert von einem Fuldaer. gr. 8. (VIII u. 32 S.) Fulda 848, Müller. 1/6 ₰

Kalenberg, Pfaff vom '.
Goed. I, 343.
Die Geschicht des pfarrers vom Kalenberg.

1810,* Leipzig.
Ein Auszug aus dem Drucke von 1620. Neu hrsg. 1818. Schorbach S. 4.

1811, Halle, 8°.
Nach der fehlerhaften Ausgabe von 1620.
V. d. Hagen, Narrenbuch, S. 269—352 und 526—533.

1884,* Berlin u. Stuttgart.
Hrsg. in Bobertag's Narrenbuch, S. 1—86 nach dem Nürnberger Drucke um 1490.

1890, Die Kahlenberger . . . Von Friedrich W. Ebeling. Mit 39 Holzschnitten. Berlin, Hans Lüstenöder. 8°. VIII u. 207 S. (Zusammen mit Peter Lew.)
Nach der Ausgabe von 1500.
Cf. Jahresberichte f. neuere deutsche Literaturgeschichte I (1892), S. 93, sehr ungünstig besprochen von Ph. Strauch.

1890,* Leipzig, Reclams Univ.-Bibl. Nr. 2809, 8°.
Hrsg. von Karl Pannier.

1905,* Halle a. S., Rudolf Haupt, 4°.
Hrsg. von Karl Schorbach nach dem Heidelberger Druck 1490 (von Philipp Frankfurter). In Schorbachs „Seltene Drucke in Nachbildungen". Bd. V. Darin lit. Einleitung S. 1—46 u. 37 S. Text. Mit Abbildungen.

1906*, Halle a. S., Max Niemeyer, 8°.
Hrsg. von Viktor Dollmayer. 104 S. Neudrucke deutscher Literaturwerke des XVI. u. XVII. Jahrh. Nr. 212—214.

Pfaff, Der verliebte. Jena 1720. H: *Litzel, Gg.* (Rüdiger, Neuest. Zuwachs. Liegnitz 1782—93. IV, 120.)

Pfaff: Über Brunnen und deren Verunreinigung durch Kloaken. Erlangen. 24 S. 1864. Schul-/Univ.-Schrift

Pfaff, der Churhesse, an d. Kirche Valenti's. Ein Sendschreiben. 4. (2¼ B.) Zerbst 829, Kummer.

Pfaff. Pflichten der Reichen und der Armen in Nothjahren. *Langensalza.* 1771

Pfaff, A., fünfzig vorzügliche baierische Mehlspeisen, nach prakt. Erfahrung genau u. deutlich beschrieben, nebst einem Anh. als Erläuterung. gr. 12. (IV u. 44 S.) Darmstadt 850, Pabst. 1/6 ₰

Pfaff, A., das Trauerspiel in Kurhessen. Ein Beitrag zur Geschichte unserer Tage. 8. (IX und 238 S.) Braunschweig 851, Westermann.

Pfaff, A., billiges Verfahren Hopfen ohne Schwefel so zu conserviren, daß sich derselbe Jahrelang erhält, u. den eigenthümlichen gewürzhaften Geruch des frischen Hopfens, sowie den eigenthümlichen Bestandtheil desselben, das Lupulin, unverändert beibehält. — Allen Brauern, welche sich vor den Verlusten einer Hopfentheuerung bewahren wollen mitgetheilt. Darmstadt 860. Köhler jun. gr. 8. verklebt n. 18 ngr

Pfaff, A. H., s.: Psalter u. Harfe.

Pfaff, Ad., la grande nation in ihren Reden u. Thaten von Anfang bis Ende d. Krieges verglichen m. den Reden u. Thaten d. deutschen Volkes. Eine chronolog. Zusammenstellg. m. e. Vorwort. (3 Abthlgn.) gr. 8. (XXV, 406 S.) Kassel 872. Kay. n. 9. —

— dasselbe. (1. Abthl.) 2. Aufl. gr. 8. (XIV, 176 S.) Ebend. 871. n. 1. 50

Pfaff, Adam, Antiquitatum Homericarum particula. Dissertatio inaug. gr. 8. (39 S.) Marburgi Cattorum 848. (Cassellis, Fischer.) n. 8 ngr

—— s. Campe, Joach. Heinr., die Entdeckung von Amerika.

Pfaff, Adam, zur Erinnerung an Friedrich Ötker. gr. 8. (XVI, 245 S.) Gotha 883. F. A. Perthes. n. 4. —

Pfaff, Adam, deutsche Geschichte von den ältesten Zeiten bis auf die Gegenwart. 1—3. Bd. oder 1—21. Lfg. gr. 8. Braunschweig 852—55, Westermann. à Lfg. * 8 Ngr. *
Inhalt:
Bd. 1. Von den ältesten Zeiten bis zur Wahl Conrads I. (749 S.)
„ 2. Von Conrad I. bis Rudolph von Habsburg. (V und 557 S.)
„ 3. Von Rudolph von Habsburg bis Kaiser Maximilian. (641 S.)

Pfaff, Adam, deutsche Geschichte von den ältesten Zeiten bis auf die Gegenwart. 22—30. Lfg. (à Lfg. 80 S.) gr. 8. (4. Bd. S. 1—720.) Braunschweig 857—62, Westermann. à Lfg. * 8 Ngr. *
1—3. Bd, oder 1—21. Lfg. Ebendas. 1852—55. * 5 Thlr. 18 Ngr.

Pfaff, Adam, Deutsche Geschichte von den ältesten Zeiten bis auf die Gegenwart. In 4 Bdn. 31. und 32. Lfg. gr. 8. (4. Bd. S. 721—837.) Braunschweig 862, Westermann. [31. Lfg. * 8 Ngr., 32. Lfg. * 5 Ngr.] *
compl. *
1.—30. Lfg. Ebendas. 1852—61. * 8 Thlr.

Pfaff, Adam, Deutsche Geschichte von den ältesten Zeiten bis zur Zeit des 30jährigen Krieges. Bd. 1—4. Braunschweig 1865. gr. 8.

Pfaff, Adam. Heinrich Moser (1805–1874). Ein Lebensbild. Mit Mosers Bildniss und einem Plane der Schaffhauser gewerblichen Bauten am Rheine [2 Tafeln]. 8. Schaffhausen 1875.

Pfaff, Adam, Heinrich Moser. Ein Lebensbild. Mit Moser's (photogr.) Bildniß und 1 (lithogr.) Plane der Schaffhauser gewerbl. Bauten am Rheine. gr. 8. (XIII, 231 S.) Schaffhausen 875, Brodtmann'sche Verlagsh. * 3 20

—— das Staatsrecht der alten Eidgenossenschaft bis zum 16. Jahrh. gr. 8. (IV, 119 S.) Schaffhausen 870, Hurter'sche Buchh. [Regensburg, Manz.] * 1 80

Pfaff, Alfred: Ueber die elektrische Leitfähigkeit organischer Säuren. *Kaiserslautern 1897: E. Thieme.* (29 S.) 8°
Heidelberg, Naturw.-math. Diss. v. [23. Dez.] 1897

Pfaff, Andr., die herrschaftl. Mundküche. Eine Sammlung von 700 Speisen-Recepten aus d. feineren Kochkunst. gr. 8. (21¼ B.) München 843, Palm's Hofbuchh.

Pfaff, Aug., die Behandlung d. Wildes u. der Fische von ihrem Tode bis zur Verwendg. in der Küche. Ein Rathgeber f. Jäger, Jagdliebhaber, Köche u. Hausfrauen. gr. 8. (33 S.) Frankfurt a. M. 871. (Sauerländer.) n. 1. —

Pfaff, Aug., die Behandlung des Wildes u. der Fische von ihrem Tode bis zur Verwendung in der Küche, mit einem Aufsatz über den Krebs u. deutlicher Abbildung eines Krebs-Männchens u. -Weibchens (Holzschn.). Ein Rathgeber für Jäger, Jagdliebhaber, Köche u. Hausfrauen. gr. 8. (32 S.) Frankfurt a/M. 879. Mahlau & Waldschmidt. n. 1. —

Pfaff, August, aus Würzburg: Zur qualitativen und quantitativen Bestimmung des Formaldehyds. *Würzburg 1903: A. Borst.* (33 S.) 8°
Würzburg, Phil. Diss. v. 1903

Pfaff, August, a. Berlin: Über Thebaïnon, ein aus Thebain durch Reduktion entstandenes Keton. (Berlin 1905: G. Schade.) (37 S.) 8°
Berlin, Phil. Fak., Ref. Fischer, Nernst, Diss. v. 29. Juli 1905
[Geb. 28. Aug. 81 Berlin; Heimatsort: Berlin; Staatsangeh.: Preußen; Vorbildung: Königl. Gymn. Wiesbaden Reife O. 00; Studium: Berlin 1, Halle 4, Berlin 5 S.; Rig. 13. Juli 05.]

Pfaff, Aug. Ulr., († d. 27. Nov. 1805.) zehn mal zehn Denksprüche d. Weisheit, aus Lavaters Taschenbüchlein in änigmat. Form gebracht. 8. Stuttg. 795.

— Kriegsgebet f. die Hausandacht. 8. Stuttg. 794.

— christl. Wanderlehren e. Seelsorgers f. die auf die Wanderschaft gehenden Söhne sr. Pfarrgemeinde, in Versen. 8. Stuttg. 792.

Pfaff, C., s.a. P f a f f , Karl

Pfaff, C., die Eroberung von Malta und Rhodus, s. a. B i b l i o t h e k f. die reifere christliche Jugend.

Pfaff, C., die Eroberung von Malta u. Rhodus, od. Philipp Villiers de l'Isle-Adam u. Johann de la Valette. Zwei Heldenbilder aus dem 16. Jahrh. Erzählt für Volk u. Jugend. 2. Aufl. Mit 1 Titelbilde (in Holzschn.). 8. (224 S.) Regensburg 880. Manz. 1. 50

Pfaff, C., Maschinen zur Bearbeitung der Metalle, s.: Ausstellungs-Bericht, officieller, hrsg. durch die General-Direction der Weltausstellung 1873.

Pfaff, C., ein Wort der Verständigung über die Kirchenvorstands- u. Synodalordnung für die evangelisch-lutherische Kirche des Königr. Hannover. Hannover 865. Krüger. gr. 8. (24 S.) 4 *ngr.*

Pfaff, C. H., s.a. P f a f f , Christoph Matthäus

— nova collect. actorum publicor. constitut. U n i g e n i t u s. 4. ibid. 711.

P f a f f , C. H., institut. t h e o l o g i a e dogmat. et moralis. 8. Tub. Cotta. 721.

— primitiae T u b i n g e n s e s. 4. Tub. 720.

— V e r i t a s eccles. Luther. ex iure canon. demonstr. 4. ibid. 732.

Pfaff, Carl, s. P f a f f , Karl

Pfaff, Chr. Ludwig

Pfaff, C. L., Beitrr. zur Kunde der älteren u. mittleren deutschen Constitution. gr. 8. Karlsr. 808. Macklot. 1 ℳ 16 ℊ
Mit n. T.: Constitution Deutschlands im Mittelalter. gr. 8. Ebd. 815. Braun. 1 ℳ 16 ℊ

P f a f f , C. L., Constitution Deutschlands im Mittelalter. gr. 8. Carlsruhe, Braun. 815.

Pfaff, Christian Heinrich, s. P f a f f , Christoph Heinrich

Pfaff, C(hristoph) H(einrich): Abhandlung über Brown's System der Arzneywissenschaft. 72 S., gbd.

Wien: v.Schmidbauer (1796)

– (Übers.), s. A b i l d g a a r d , Peter Kristian: Handbuch der Naturlehre für Thierärzte.

— s.a. Französische Annalen f. die allg. Naturgeschichte 1802 ff.

Pfaff, Chr. Hnr., u. M. Friedländer, französ. Annalen f. d. allgem. Naturgeschichte, Physik, Chemie rc. 4 Hefte. gr. 8. Hamb. 802. Perthes u. B. 4 ℳ — Jahrg. 1803. A. u. d. T.: die neuest. Entdekk. französ. Gelehrten in den gemeinnütz. Wissenschaften u. Künsten; e. Journal für Aerzte rc. Mit Kpf. gr. 8. Leipz. 803. Göschen. 7 ℳ 6 ℊ

Pfaff, Chr. Hnr., Aphorismen üb. die Experimentalphysik. 8. Kopenh. 800. Brummer. 5 ℊ.

— nordisches A r c h i v, u. neues Nordisches Archiv, s. A r c h i v.

— Bemerkk. üb. e. Götting. Schriften, s. Leuchten, das, des Phosphors.

Pfaff, C(hristoph) H(einrich) (Übers.):

s.: Bichat, (François Marie) Xavier: Allgemeine Anatomie angewandt auf die Physiologie und Arzneywissenschaft. (Anatomie générale appliquée à la physiologie et à la médecine. Dt.) Th.1 - 2. Leipzig: 1802 - 1803

– (Übers.), s. B i c h a t , François Marie Xaver: Physiologische Untersuchungen.

Pfaff, C(hristoph) H(einrich) (Übers.):

s.: Brown, John: System der Heilkunde. (Elementa medicinae. Dt.) Nach der letzteren ...Englischen Ausg. Nebst einer tabellarischen Uebersicht des Brownischen Systems von Samuel Lynch. Hrsg.von P(aul) Scheel. Wien: (1796)

Pfaff, C(hristoph) H(einrich) (Übers.):

s.: Brown, John: System der Heilkunde. (Elementa medicinae. Dt.) Nach der letzten... englischen Ausg. Nebst einer tabellarischen Uebersicht des Brownischen Systems von Samuel Lynch. 3...Ausg., hrsg.von P(aul) Scheel. Kopenhagen: 1804

Pfaff, C. H., die asiatische Cholera-Epidemie im Herzogth. Holstein in dem J. 1850 nebst einem Rückblick auf ihr früheres Auftreten daselbst in den J. 1831, 1832 u. 1848, nach den bei d. Schleswig-Holstein'schen Sanitäts-Collegio eingegangenen ärztl. Berichten dargestellt. gr. 8. (IV u. 78 S. m. 2 Tab. in qu. Fol.) Kiel 851, Academische Buchhandlung. n. 12 ngl

— s. Cuvier, Geo., Briefe an C. H. Pfaff.

Pfaff, Chr. Henr., De electricitate sic dicta animali. 85 pp. Stuttg. 8°. Nachtrag dazu in: *Hartenkeil*, Zt. 1794, II, 185—92. Uebers. Lpz. 1795. 8°. Gött. 1794. Salzb. Zt. 1794, II, 179. 185. Tüb. Anz. 1794, p. 37.

1793

Pfaff, C(hristoph) H(einrich): Über thierische Elektrizität und Reizbarkeit. Ein Beytrag zu den neuesten Entdeckungen über diese Gegenstände. 398 S., gbd.

Leipzig: Crusius 1795

— üb. thierische Electricität u. Reizbarkeit 2c. gr. 8. Leipz. 795. (W. Vogel). 1 ℛ 4 ℊ

Pfaff C. H.: Der Elektro-Magnetismus, eine histor.-krit. Darstellung d. bisherigen Entdeckungen auf dem Gebiete desselben nebst eigenthümlichen Versuchen. Hamb. 1824. 288 S. 8 Tyl.

— der Electro-Magnetismus, e. histor.-krit. Darstell. d. bisher. Entdeckungen auf dem Gebiete desselben, nebst eigenthüml. Versuchen. Mit 8 Abbildd. in Steindr. gr. 8. Hamb. 824. Fr. Perthes. 1 ℛ 20 ℊ

— über Newton's Farbentheorie, Hrn. v. Göthe's Farbenlehre u. den chemisch. Gegensatz d. Farben. Ein Versuch in d. Experimental-Optik. Mit 1 Kpf. gr. 8. Leipz. 813. W. Vogel. 21 ℊ

PFAFF, C[PH.] H[EINR.], Ueber das chemische Gebläse mit explosiven Gasgemengen oder den sogenannten Newmannischen Apparat. Eine Zusammenstellung der bis jetzt darüber bekannt gewordenen Arbeiten, nebst eigenen Experimentaluntersuchungen. Mit 2 Kupfertafeln. Nürnberg. 1819.

— über das chem. Gebläse mit explosiven Gasgemengen, od. den sogen. Newmannischen Apparat. Mit 2 Kpf. gr. 8. Nürnb. 819. Schrag. 12 ℊ

– s. Gehler, J S T · Physikalisches Wörterbuch.

Pfaff C. H.: Grundriss einer allgemeinen Physiologie u. Pathologie d. menschlichen Körpers ... Bd. 1. Kopenh. 1801. 479 S.

Christian Heinrich Pfaff

Grundriß einer allgemeinen Physiologie und Pathologie des menschlichen Körpers. Zum Gebr. bey... Vorlesungen von C[hristian] H[einrich] Pfaff. Bd 1. Kopenhagen: Brummer 1801. 8°

Bd 1: 1801.

Pfaff, C. H., Grundzüge von Volta's electrischer Theorie der Erscheinungen seiner Säule. (Ein Schreiben an den Herausgeber.) (Aus. Ann. der Physik, Bd. 10, St. 2, J. 1802, St. 2.)

– (Übers.), s. Guyton de Morveau, Louis Bernard: Abhandlung von den Mitteln, die Luft zu reinigen ...

— — Handbuch der analytischen Chemie, für Chemiker, Apotheker und Oekonomen, zu akademischen Vorträgen und zum Selbststudium. In 2 Bänden. 1r Bd. gr. 8. Altona, Hammerich. 821.

— Handbuch d. analyt. Chemie f. Chemiker, Staatsärzte, Apotheker, Oekonomen 2c. 1r Bd. gr. 8. Altona 821. 2e A. 825. Hammerich. 2 ℛ 8 ℊ 2r Bd. Mit 4 Kpf. gr. 8. Ebd. 822. 2e A. Mit 5 Kpf. 825. 3 ℛ 16 ℊ

Christian Heinrich Pfaff

Handbuch der analytischen Chemie für Chemiker, Staatsärzte, Apotheker, Oekonomen und Bergwerks Kundige. Von C[hristian] H[einrich] Pfaff. 2., durchaus verm. u. verb. Ausg. Bd 1.2. Altona: Hammerich 1824-25. 8°

Bd 1: Propädeutischer Theil oder Lehre von den Reagentien. 1. Hauptth. Analytische Chemie der anorganischen Körper. 1824.
Bd 2: Enth. die Forts. d. 1. Hauptth. der analytischen Chemie der anorganischen Körper u. den 2. Hauptth., die analytische Chemie der organischen Körper. 1825.

Pfaff, L. H., Handbuch der Naturlehre, s.: Abildgaard und E. Viborg.

Pfaff C. H. u. Viborg E.: P. Über unreife, frühreife u. spätreife Kartoffeln ... u. V.: Von der Unschädlichkeit d. unreifen u. d. rothen Kartoffeln. Kiel 1807. 122 S.

Christoph Heinrich Pfaff: Über unreife, frühreife und spätreife Kartoffeln und die verschiedenen Varietäten der beiden letzteren; vorzüglich in chemischer und medicinisch-polizeilicher Hinsicht und E. Viborg: Von der Unschädlichkeit der unreifen und der rothen Kartoffeln. Kiel. 1807 8°

— üb. unreife, früher. und später. Kartoffeln 2c. u. E. Viborg von der Unschädlichk. der unreif. und roth. Kartoffeln. gr. 8. Kiel, Akadem. Buchhdl. 807.

— über unreife, frühreife u. spätreife Kartoffeln 2c., u. E. Viborg, von d. Unschädlichkeit der unreifen u. rothen Kartoffeln. gr. 8. Kiel 807. (Hesse). 16 ℊ

Pfaff, Christoph Heinrich. Lebenserinnerungen ... Kiel 1854. H: *Ratjen, Henning.* (Ky)

Pfaff, Chrph. Heinr., Lebenserinnerungen. Mit Greg. Gull. Nitzschii memoria Christophori Henrici Pfaffii und mit Auszügen aus Briefen von C. F. Kielmeyer, Fried. Brun geb. Münter, dem Grafen Fr. Reventlow auf Emkendorf und Chr. H. Pfaff. (Hrsg. von H. Ratjen.) gr. 8. (XXI und 330 S.) Kiel 854, Schwers'sche Buchh. *

Die Leichenfeyer des Dr. Adolph Friedrich Lüders ordentlichen Professors der Medizin an der Universität zu Kiel. (Von Christoph Heinrich Pfaff.) Kiel. (1831.) 8°.

— über u. gegen d. thierischen Magnetismus u. die jetzt vorherrschende Tendenz auf dem Gebiete desselben. 8. Hamb. 817. Fr. Perthes. 20 ℊ

Pfaff C. H. u. Paulsen: Zur Metamorphose d. thierischen Materie ... (Kiel 1840). (37) S. (Udsnit.). P.

— Ueber die Mineralquellen bey Bramstedt und über einige andere Mineralquellen im Holsteinischen, nebst einigen Bemerkungen über Mineralquellen im Allgemeinen. Altona. 1810.

— üb. Mineralquellen, besond. üb. die neuentdeckten Quellen in Bramstedt u. Ottensen bei Altona. gr. 8. Altona 810. Hammerich. 10 gGr

Pfaff, Chrstn. Heinr., Mittheilungen aus d. Gebiete d. Medicin, Chirurgie u. Pharmacie, s. Mittheilungen ꝛc.

– (Übers.), s. Ossian: Neu aufgefundene Gedichte.

Pfaff, C. H., Parallele der chemischen Theorie u. der Volta'schen Contacttheorie der galvanischen Kette, mit besond. Rücksicht auf die neuesten Einwürfe Faraday's, Leop. Gmelin's u. Schönbein's gegen letztere, nebst allgem. Betrachtungen über das Wesen einer phys. Kraft u. ihrer Thätigkeit. Nebst e. Anhang. gr. 8. (9¾ B. u. 1 Stnt.) Kiel 845, Universitätsbuchh.

– s.a. Phantasien eines Weltbürgers.

Phantasien eines Weltbürgers auf einer Reise durch die Wirtembergische Alp (von *Christoph Heinr. Pfaff*). Stuttgart 1793.
Anon.-Lex. III. p. 269 (nach Kayser u. Meusel). — Rarl

– s.a. Pharmacopoea Slesvico-Holsatica. 1831.

Pharmacopoea Slesvico-Holsatica, regia auctoritate et sub auspiciis collegii regii sanitatis Slesvico-Holsatici edita ab C[PH.] H[EINR.] PFAFF. Kiliae. 1831. 4.

Pfaff, C(hristoph) H(einrich): Revision der Grundsätze des Brownischen Systems mit besonderer Hinsicht auf die Erregungstheorie. 144 S., gbd.

Kopenhagen: Proft 1804
in: Brown, John: System der Heilkunde. (Elementa medicinae. Dt.) Nach der letzten... englischen Ausg...übers...von Ch.H.Pfaff. 3...Ausg., hrsg.von P(aul) Scheel. 1804

— Revision der Grundsätze des Brown'schen Systems, mit besond. Hinsicht auf die Erregungstheorie. gr. 8. Kopenh. 805. (Bonnier; a. Brummer). 12 gGr

— Revision der Grundsätze des Brown'schen Systems, mit besond. Hinsicht auf die Erregungstheorie. gr. 8. Copenhag. Proft. (a. Alois Doll in Wien.) 805.

—— Revision d. Lehre vom Galvano-Voltaismus, mit besond. Rücksicht auf Faraday's, de la Rive's, Becquerels, Karstens u. a. neueste Arbeiten üb. dies. Gegenstand. gr. 8. (15 B. u. 1 Stnt.) Altona 837, Hammerich. Thlr.

— Das Kieler Seebad dargestellt und verglichen mit andern Seebädern an der Ostsee und Nordsee, nebst einer bey Eröffnung desselben gehaltenen Rede. Kiel. 1822.

— das Kieler Seebad, verglichen mit andern Seebädern der Ost- u. Nordsee. 8. Kiel 822. Hesse. 12 gGr

Pfaff C. H.: Über den heissen Sommer v. 1811 nebst einigen Bemerkungen üb. frühere heisse Sommer. Eine acad. Geleg.-schr. Kiel 1812. 110 S. 2 Tab.

— Ueber den heiszen Sommer von 1811 nebst einigen Bemerkungen über frühere heisze Sommer. Eine acad. Gelegenheitsschrift bei Niederlegung seines von Johannis 1810 bis Johannis 1811 geführten Decanats d. med. Facultät. Kiel. 1812.

— üb. den heißen Sommer von 1811, nebst einigen Bemerkungen üb. frühere heiße Sommer. Eine akadem. Gelegenheitsschrift ꝛc. gr. 8. Kiel, Akadem. Buchh. 812.

— üb. den heißen Sommer von 1811, nebst einigen Bemerkk. üb. frühere heiße Sommer. Eine akadem. Gelegenheitsschrift ꝛc. gr. 8. Kiel 812. Hesse. 20 gGr

— Brown's System d. Heilkunde, s. J. Brown.

Pfaff, C[hristoph] H[einrich]: System der Materia medica nach chemischen Principien mit Rücksicht auf die sinnlichen Merkmale und die Heilverhältnisse der Arzneimittel. Bd 1—7. Leipzig 1808—24.
Bd 1–4 = Thl 1. Arzneimittel aus d. organischen Reichen.
Bd 1 = Abth. 1. Indifferente Mittel. 1808.
Bd 2. 3 = Abth. 2. Arzneimittel mit potenzirten Grundstoffen fixerer Natur. 1811–14.
Bd 4 = Abth. 3. Arzneimittel mit potenzirten flüchtigen Grundstoffen. 1815.
Bd 5 = Thl. 1, Abth. 3. Beschluss. Thl 2. Arzneimittel aus dem mineralischen Reiche. 1817.
Bd 6. 7 = Suppl. Bd (1.) 2. 1821–24.

— System d. Materia medica, nach chemischen Principien, mit Hinsicht auf die sinnlichen Merkmale und die Verhältnisse der Arzneimittel. 1r Thl. Arzneimittel aus dem organischen Reiche. 1ste Abthl. Indifferente Mittel. gr. 8. Leipzig, Crusius. (F. C. W. Vogel.) 808.

— System d. Materia medica, nach chem. Principien. 5 Bde u. 2 Suppl.-Bde. gr. 8. Leipz. 808—24. W. Vogel. 11 Thlr 11 gGr (6r u. 7r od. 1r u. 2r Supplem.-Bd. A. u. d. T.: die neuesten Entdekk. der Chemie der Materia medica ꝛc. 2 Bde. 821, 24. 4 Thlr 3 gGr)

— System d. Materia medika ꝛc. 1r Thl. 2te, 3te und 4te Abthl. gr. 8. Ebend. 811—15. (2te 1 Rthlr. 8 gr. 3te 1 Rthlr. 12 gr. 4te 1 Rthlr. 18 gr.)

— — System der materia medica, nach chemischen Prinzipien. 5r Bd. gr. 8. Leipzig, W. Vogel. 817.

— — dessen 6r oder Supplementbd. 8. Ebend. 821.
Auch unter dem Titel:
Pfaff, die neuesten Entdeckungen der Chemie der materia medica.
(alle 6 Bde. 9 Rthlr. 14 Gr.)

— System d. Materia medica nach chem. Principien mit Rücksicht auf die sinnl. Merkmale u. d. Heilverhältnisse d. Arzneimittel. 7r od. 2r Supplementb. Enthalt. Nachtr. zu d. 6 ersten Bden, nebst vollst. Sach- u. Namen-Register über alle 7 Bde. — A. u. d. T.: Die neuesten Entdekk. in d. Chemie d. Materia medica. 2r Bd. gr. 8. Leipz. 824, W. Vogel. 1 Rthl. 21 gr. — Alle 7 Bde.

– (Vorr.), s. Taxe der Apothekerwaaren ...

— Versuche üb. die Anwendung d. Voltaischen Säulen bei Taubstummen. 8. Kopenh. 802. (Aus d. französ. Annalen abgedr.)

— über einfache u. wohlfeile Wasserreinigungsmaschinen. Mit 1 Kpf. 8. Altona 813. (Hammerich). 4 gr

— Ueber die strengen Winter vorzüglich des 18. Jahrhunderts und über den letzt-verflossenen strengen Winter von 1808—09. Ein Beytrag zur meteorologischen Geschichte der Erde. Kiel. 1809. (O.m.T.: Ueber die frühern strengen Winter des 18. Jahrhunderts bis zum Winter von 1776. Die Geschichte der strengen Winter. 1. Abth. Sm. St. o. A.). — Ueber die strengen Winter der letzten 20 Jahre des 18. Jahrhunderts. Sm. St. 1810. (O. m. T.: Geschichte der strengen Winter etc. 2. Abth. Sm. St. o. A.).

— üb. die strengen Winter, vorzügl. d. 18. Jahrh., u. über die letztverfloss. d. J. 1808 u. 9. 2 Abtheill. gr. 8. Kiel 809 u. 10. (Hesse). 1 ß 16 gr

— Ueber den Zweck, Inhalt und Plan einer Popular-Chemie. Zur Ankündigung von über dieselbe zu haltenden Vorlesungen. Kiel. 1806. P.

— über den Zweck, Inh. u. Plan ein. Popular-Chemie. 8. Kiel, Academ. Buchhdl. 806.

— Progr. Ueber den Zweck, Inhalt u. Plan e. Popular-Chemie. 8. Kiel 806. (Hesse). 4 gr

Pfaff, Christoph Matthäus

— — (Präs.), De abrogatione legis ceremonialis etiam quo ad Judaeos. Tübingen (Pflick) März 1725. 65 S. (5.75) 26261
In Audit. Jurid. publ. disputabunt Georg Friedr Steinweeg (Bottenheim), Gebhard Ulrich Brastberger (Ending), Carl Zeller (Moeckmühlen), Philipp Jakob Lotter (Dornhanens.).

Pfaff, C. M., de absolutione ministri ecclesiae. Tubing. 1733. 4.

Pfaff, C. M., Acta et scripta publ. eccles. Würtenberg. 4. Tub. Cotta. 720.

— Antw. a. d. 12 Br. d. P. Seedorf, über Streitfr. der röm. u. protest. Kirch. 8. Heilbr. (Heerbrand, Tübingen.) 752.

— — dieselbe in franz. Sprache. 8. Ebend. 751.

Pfaff, Chph. Matth., († d. 19. Nov. 1760.) bündige Antwort auf die 12 Briefe d. Paters Schefmacher, e. Straßburg. Jesuiten, üb. d. Streitfragen zwischen d. röm. u. protestant. Kirche; ins Deutsche übers. von Jh. Fr. Scholl. 8. Tübing. 750. (Osiander). 16 gr — Dass. französisch.: Reponse aux XII lettres du P. Schefmacher, Jesuite de Strassbourg, écrites sur les obstacles à la réunion des protestants, avec la reponse à la lettre sur l'invocation des Saints. 4. Ebd. 751. (Ebd.) 1 ß 16 gr

— Beantwortung d. 12 Briefe d. Hrn. P. Seedorf, sammt e. Widerlegung d. Vorrede, die er d. zweiten französ. Ausg. sr. Briefe wider ihn vorgesetzt. 8. Tüb. 750. (Osiander). 16 gr (Metzler in Stuttg.) 12 gr

Pfaff, Christoph Matthäus [Praes.], s. Becherer, Abraham De influxu dogmatis de praedestinationis et reprobationis decreto absoluto.

— theolog. Bedenken üb. 3 Gewissensfragen, die Beichte u. das heil. Abendmahl betreffend. 4. Frankf. a. M. 763.

— s. Biblia Tübing.

Pfaff, Christoph Matthäus [Praes.], s. Canstetter, Tobias Friedrich: Petrus Baelius, philosophus olim Sedanensis, post Roterodamensis in diction. hist. et critico ...

Pfaff, C. M., de charactere indelebili ex ordinatione. Tubing. 1739. 4.

Pfaff, C. M., de Christo nov. vinum cum app. in regno patris bibituro. Tubing. 1748. 4.

Pfaff, C. M., de circumductione sororum mulierum apostolica Tubing. 1751 4.

— **Christoph Matthaeus** (Präs.), De confirmatione catechumenorum in ecclesiis Augustanae confessionis usitata itemque de confirmatione Anglicana. Diss. theol. Defendent Georg Israel Praemer (Wildbad), Johann Phil Hasenmayer (Heimsheim), Johann Rominger (Ebingen). Tübingen J. Sigmund) 1723. 45 S. (5.—) 26259

Pfaff, C. M., de recta theologiae parabolicae et allegoricae conformatione. Tub. 1720. 4.

— dogmata protestantium ex iure Canon. etc. 4. Tub. 722.

— Einleit. in d. dogmat. Theologie. 4. Frft. (Cotta, T.) 747.

— Entwurf v. d. Erklärungswissenschaft d. heil. Schrift. 8. Marb. 758. Krieger. 3 gr

— Entwurf d. Fragen über die Theologiam moralem. 8. Tübing. 752.

— Entwurf d. theolog. Gewissensfragen u. d. Juris matrimonialis. 8. Tübing. 756.

— Entwurf d. Theologiae Anti-Deisticae. 4. Tübing. 757.

Pfaff, C. M., de eo, quod justum est circa iterationem baptismi. Tubing. 1739. 4.

Pfaff, C. M., (resp. J. P. Essich) de eo, quod licitum est circa picturam imaginum S. Trinitatis et personarum divinarum. August. Vind. 1749. 4.

— Erläuterung üb. d. allgem., als auch deutsche protestant. Kirchenrecht. 4. Tübing. 753. Garbe. 20 gr

— Grundfragen zu e. Collegio Theologiae methodologico. 8. Tübing. 756.

— Grundriß d. christl. Lehren, od. d. Theologiae dogmaticae, in natürl. Ordnung gefasset. 8. Tübing. 753. Berger. 4 gr

— Grundr. f. Vorles. über d. theol. dogmat. 8. Tub. Berger. (Heerbrand.) 753.

— — Orationum academicarum hexas, quarum prima de cautelis circa consilia Irenica unionem protestantium ecclesiasticam spectantia, secunda de necessitate et praestantia logicae et metaphysicae, tertia de officio et dignitate cancellariorum academicorum, quarta de eruditione juridica, quinta de meritis Johannis Andreae Hochstetteri, Abbatis nuper Bebenhusani et sexta denique de meritis Martini Lutheri in ecclesiam, maxime Wirtembergicam agit. Accedit ejusdem epistola responsoria de unione ecclesiarum protestantium ad virum celeberrimum Ernestum Salomonem Cyprianum. Tübingen (J. G. Cotta) 1721. 102 S. (7.50) 26262
Oratio I. De cautelis Nov. 1720. — Oratio II. De praestantia logicae et metaphysicae, rogante Christian Hagmajer. — Oratio III. De dignitate et officio cancellariorum academicorum recitata, Christian Hagmaier. 30. X. 1720. — Oratio IV. De eruditione juridica recitata, cum Michael Grass, Petrus Mangold, Michael Heuss, Georg Christian Bajer. 10. XI. 1720. — Oratio V. Qua theologi praestantissimi, Johann Andreas Hochstetter cum Michael Grass et Petrus Mangold. 18. XI. 1720. — Oratio VI. De meritis Martini Lutheri in ecclesiam, maxime Wirtembergicam, recitata, cum Ernst Theophil Majer veniam largiremur, Johann Friedrich Tafel. 22. XII. 1720. — Epistola responsoria de unione ecclesiarum protestantium, ad Ernst Salomon Cyprian. (Tübingen 1721.)

Pfaff, Christoph Matthäus [Praes.], s. H o f e l i n, Jo. Georg Frid.: Thesis de processione spiritus sancti a patre et filio ex sacris literis asserta et vindicata.

Pfaff, C. M., de Hosianna. Tubing. 1789 4.

Pfaff, C. M., de initiatione, expiatione, benedictione et confirmatione catechumenorum. Tub. 1722. 4.

— institut. historiae ecclesiast. 8. ibid. 727.

(PFAFF, C. M.): Institutt. juris eccles. in usum auditorii *Pfaffiani*. Acc. de successionis episcopalis apud Protestantes pretio, de success. episcop. in ecclesia Anglicana, de crimine haeretificii, etc. *Frcf*. 727. 8.

— institut. iuris ecclesiast. 8. Frft. 732.

— introduct. in hist. theologiae literar. III Pts. 4. Tub. Cotta. 724–26.

Pfaff, C. M., de invocatione S. Christophori ad largiendos nummos. Tubing. 1748. 4.

Pfaff, C. M., de jubilaeo quovis anno quinquages. celebrato. Tubing. 1725. 4.

PFAFF, C. M.: Juris ecclesiast. libb. V. Acc. Dissertatt. Ed. II. *Frcf*. 732. 8.

Pfaff, Christoph Matthäus [Praes.], s. L e g e r, Jo. Jul. Friedr.: Dogmata protestantium ex consiliis.

— libri symbolici eccles. evang., c. introduct. hist. et variantib. lectionib. 8. Tubing. Cotta. 730.

Pfaff, C. M., de litaniis ecclesiae romanae. Tubing. 1742. 4.

Pfaff, C. M., de liturgiis, missalibus, agendis et libris ecclesiasticis ecclesiae orientalis et occidentalis, veteris et modernae. Tubing. 1718. 4; rep. 1721. 8.

Pfaff, C. M., de non publicandis, prohibente Christo, ipsius miraculis. Tubing. 1752. 4.

Pfaff, C. M., de miraculo sanctorum tempore mortis Christi resuscitatorum. Tubing. 1730. 4

— — Schediasma orthodoxum dogmatico-polemico-asceticum de morte naturali, quod juvante vitae duce et mortis domitore Jesu Christo. Tübingen (J. C. Reis) 26. I. 1722. 94 S. (6.75) 26263
In audit. jurid. evolutioni publ. sistent Jo. Friedrich Mörleth (Marbach), Jo. David Kurrer (Tübingen), Christian Friedrich Hummel (Gröningen), Friedr. Wilhelm Schmid (Kircho-Teccens.), Christoph Friedrich Sartorius (Nerens.), Jo. Jakob Mezger (Nicro-Kirchheim).

— notae exeget. in Evang. Matthaei. 4. Tub. Cotta. (et. Löffler in Mannh.) 721.

Pfaff, C. M., de nullitate sacramenti in matrimonio. Tubing. 1736. 4.

Pfaff, Chr. M., Diss. de operationibus diabolicis in hoc mundo. Tub. 4°.

1733

— de praejudicatis opinionibus in religione dijudicanda fugiendis. 4. Halae, Renger. 716.

— de origine juris ecclesiastici veraque ejus indole liber singularis. 4. Tüb. 720. Nova editio auct. 756. u. 4. Ulm 759. Stettin. 1 ₰ 8 gl

— — (Tübingen), De originibus juris ecclesiastici veraque ejusdem indole liber singularis. Tübingen (J. Sigmund) (Juli) 1719. 258 S. (9.50)
Gew.: Johann Nathanael von Schunck. 26260

PFAFF, Gph. Matth.: De originibus juris ecclesiastici veraque ejus indole. *Tubing*. (719.) 721. 4. — una c. diss. rar. jus ecclesiast. illustr. Ed. nov. *Ulm*, Stettin. 758. 4. (1 Thl. 8 Gr.)

Pfaff, C. M., de Patre ad dextram filii et filio ad dextram Patris. Tubing. 1744. 4.

Pfaff, C. M., de apostolo Paulo. Tubing. 1750. 4.

Pfaff, Christoph Matthäus [Praes.], s. P a u l u s, Gottlieb Christoph: De apostolo Paulo.

— comment. circa picturam SS. Trinitatis etc. 4. Augsb. Merz. 749.

— Plan von Grundfragen. üb. die Theologiam polemicam, eb. d. Religionsstreitigkeiten; zum Gebr. akadem. Vorlesungen. 8. Tübing. 752. v. Cotta. 5 gl

— Plan v. Grundfr. über d. theol. polem. u. moralem. 8. Tüb. Cotta. 753.

— Plan von der protestant. sowohl allgem., als besond. Kirchengeschichte. 4. Tübing. 757.

Pfaff, Christoph Matthäus [Präs.] u. Joh. Adam Bloest (Ulm) [Resp.]
Quaeritur num ex tabulis Novi Testamenti demonstrari possit, quod ad pronuntiationem verborum institutionis eucharisticae consecrator, qui dono miraculorum alias non pollet, infallibiliter et quidem per invisibile miraculum symbola eucharistica cum corpore et sanguine Christi uniat et exhibeat ?
Giessae 25. Juni 1756: Braun. 32 S. 4°

— akadem. Rede von den Füchsen Simsons. 4. Tübing. 753.

Pfaff, C. M., akadem. Reden, über e. Colleg. theolog. methodologicum. 8. Frankf. 756. Rthlr.

— akadem. Reden über e. Collegium theolog. methodologicum. 8. Gießen 756. ... 8 gr.

— — üb. d. Entw. d. theologiae antideisticae. 4. Frankfurt, Eßlinger. 759.

— akadem. Reden üb. den Entwurf d. Theologiae Anti-Deisticae. 4. Frankf. 759. (Schäfer). 1 rthl 4 gr.

— — üb. d. allgem. u. deutsch protest. Kirchenr. 4. Stuttgart. Raspe. 747.

— akadem. Reden üb. den von ihm hrsgg. Plan d. Theologiae casualis et juris matrimonialis. 8. Frankf. 757. 14 gr.

Pfaff, Christoph Matthäus [Praes.], s. Reinhardt, Philipp Adam: De luminis naturae ad salutem habitu sive de gentilium juxta illud viventium salute vel damnatione.

Pfaff, Christoph Matthäus [Praes.], s. Reinmann, Johann Friedrich: De eo, quod justum est circa reformationem sacrorum maxime in Germania.

Pfaff, Christoph Matthäus [Praes.], s. Rominger, Johann: De confirmatione catechumenorum in ecclesiis Augustanae confessionis usitata itemque de confirmatione Anglicana.

Pfaff, Christoph Matthäus [Praes.], s. Schmid, Johann Daniel: De literis Eliae ad Ioramum regem Iudae in coelis scriptis ad 2. Chron. XXI. v. 12.

— gesamml. Schriften wid. d. protest. Kirche. 2 Thle. 4. Halle. 723.

— kl. geistl. Schriften. 12. Ebend. 747.

Pfaff, Christoph Matthäus [Praes.], s. Schüz, August Friedrich: Miraculum sanctorum, tempore mortis Christi resuscitatorum a blasphemia Thomae Woolstoni, Angli vindicatum.

Pfaff, C. M., de sigla formatarum πυαπ, primatum apostoli Petri nullatenus inferente. Tubing. 1754. 4.

Pfaff, C. M., de traditionum non scriptarum speciebus, valore, certitudine, auctoritate, momento et pondere. Tubing. 1720. 4.

— — De successione episcopali, in qua probatur eam in tota, quaqua patet, ecclesia, maxime in Romana dudum defecisse, et, si qua sit, Graecae magis, quam Romanae, maxime vero Anglicanae ecclesiae competere, verae autem ecclesiae notam prorsus haud esse. O. O. 1720. 31 S. (1.50) 26261

Pfaff, C. M., de successione episcoporum. Tubing. 1720. 4.

— syntagma dissertation. acad. 8. Stuttg. 720.

Pfaffii, C. M., Syntagma dissertationum theologicarum. Stuttg. 728. 4. (Hier finden sich unter andern neue Fragmente des Irenaeus).

Pfaff, C. M., de titulo patriarchae oecumenici, pomo eridos inter graec. et lat. ecclesiam. Tubing. 1735. 4.; rec. in Tempe Helv. 4. 1. p. 99 ss.

Pfaff, Chr. Matth.: Tractat v. d. Ursprunge des Kirchenrechts u. dessen wahrer Beschaffenheit. A. d. Lat. *Frkf. u. Lpz.* 722. 8.

— akadem. Unterr. v. d. in d. röm. = u. protestant. Kirchen obschweb. Religionsstreitigkeiten. 8. Tübingen, Cotta. 722.

— Unterr. v. wahr. Glauben. 8. Halle. 725.

— v. Urspr. d. Kirchenrechts, u. v. d. bischöfl. Nachfolge. 8. Frft. 722.

— gründl. Vorbereitung zur prakt. Theologie, f. Studirende. 8. Frankf. u. Leipz. 770. (Krieger in Cassel). 8 gr.

— Vorbereit. z. prakt. Theologie. 8. Marburg, Krieger. 770.

— Vorlesungen üb. den 110. Psalm. 8. Tübing. 755.

— Widerlegung d. 12 Briefe d. H. P. Seedorf rc. 8. Ebd. 750.

— — dieselbe in franz. Sprache. 8. Ebend. 750.

Pfaff, Coloman, systematische Anleitung zum Rechnen nach Raisonnement als Vorbereitung und Ergänzung zum algebr. Unterricht in Gymnasien und Realschulen. Stuttgart 858. Metzler. gr. 8. (VI, 90 S.) n. 12 ngr.

Pfaff, E., geometrischer Anschauungs-, Berechnungs- u. Darstellungs-Unterricht, s.: Flink, J.

— Aufgaben zum geometrischen Berechnungsunterricht f. Schüler an Volks- u. Fortbildungsschulen, sowie an höhern Bürger- u. Gewerbeschulen. 4., nach den metr. Maßen umgerechn. Aufl. gr. 8. (VIII, 47 S.) Freiburg i. B. 872. Herder. n. — 60

— dasselbe, s. a. Flink, J.

— Leitfaden zum Unterricht in der Geometrie für Schullehrerseminarien, höhere Bürgerschulen u. Gymnasien. 1. Thl. Geometrie der ebenen Raumformen. Mit 229 in den Text gedr. Figg. (in Holzschn.) Freiburg i. Br. 869. Herder. 8. (VIII, 109 S.) n. 10 ngr.

E. Pfaff. Die Lyrik des Horaz. 50 S. Heidelberg, P 1864

Pfaff, E. H., s. Pfaff, Christoph Heinrich

Pfaff, Emil Rich., Anleitung zur Vornahme gerichtsärztlicher Blut-Untersuchungen. Nach dem gegenwärt. Standpunkte der Medicina forensis und nach eigenen Erfahrungen bearb. gr. 8. (VI und 27 S.) Plauen 860, Neupert. *

Pfaff, Emil Rich., Anleitung zur Vornahme gerichtsärztlicher Blut-Untersuchungen. Nach dem gegenwärt. Standpunkte der Medicina forensis und nach eigenen Erfahrungen bearb. 2., verm. und verb. Aufl. gr. 8. (VI und 53 S.) Dresden 863, Türk's Verlag. *

— über die Anwendung der Digitalis purpurea bei den organischen Herzkrankheiten. Nach dem neuesten Standpunkte der patholog. Anatomie u. nach eigenen Erfahrungen bearb. Plauen 860. Neupert. gr. 8. (2 Bl., 43 S.) 15 ngr.

— Belehrung über die Erkennung, Vorbeugung u. Heilung der Schwindsucht, insbesondere unter der Fabrikbevölkerung u. bei einigen Professionen. Populärer Auszug aus der Schrift: „Ueber die Vorbeugung u. Heilung der Schwindsucht ꝛc." Plauen 862. Hohmann. gr. 8. (IV, 20 S.) 6 *ngr.*

Pfaff ER, Blutarmut u Bleichsucht. (Gesundheitsbücher 3) Leipzig 1870

Pfaff, Emil Rich., **Blutarmuth** u. Bleichsucht. Eine Anleitung zu deren Erkennung u. Heilung für Gebildete aller Stände. Mit 14 in den Text gedr. Abbildungen. Leipzig 870. Weber. 8. (X, 128 S.) n. 15 *ngr.*

— **Euthanasia,** oder: die Kunst, schön u. freudig zu sterben. Für Gebildete aller Stände. 1. u. 2. unveränd. Aufl. Dresden 869, 70. Türk's Verl. 16. (X, 146 S.) 12 *ngr.*

Euthanasia, oder: Die Kunst, schön und freudig zu sterben. Für Gebildete aller Stände von Emil Rich. **Pfaff.** 2. unveränd. Aufl. Dresden: Türk 1869. X, 146 S. 8°
Auszug in: A. 30 (1870) S. 177—185.
S. 135 - 146 handelt von der Frmrei als die Kunst des Lebens u. des Sterbens.

— das menschliche **Haar** in seiner physiologischen, pathologischen und forensischen Bedeutung. Nach eigenen microscop. Studien bearb. gr. 8. (IV und 92 S. mit 100 Orig.-Zeichnungen auf 14 Stnt.) Leipzig 866, O. Wigand. *

— das menschliche Haar in seiner physiologischen, pathologischen u. forensischen Bedeutung, nebst den Grundzügen e. rationellen Therapie der Haarleiden. Nach eigenen microscop. Studien bearb. Mit 100 Orig.-Zeichgn. auf 14 lith. Taff. 1. Aufl. 866. u. 2. verm. Aufl. Leipzig 869. O. Wigand. gr. 8. (VIII, 111 S.) n. 1 *ℛ*

— **Heilung der Blutarmuth** u. Bleichsucht oder Kräftigung u. Regeneration des weiblichen Geschlechts durch angemessene Diät u. naturgemäße Erziehung. Ein offenes Wort an alle Frauen u. Mütter, Lehrer u. Erzieher. Dresden 863. Türk. 16. (VIII, 64 S.) 10 *ngr.*

— **Ideen** eines Arztes über die Unsterblichkeit der menschlichen Seele. 16. (VI und 79 S.) Dresden 864, Türk's Verlag.

Pfaff, E. R., Ideen eines Arztes über die Unsterblichkeit der menschlichen Seele. 4., unveränd. (Titel-)Aufl. 16. (V, 79 S.) Dresden (1864) 877. Arzt. n. 1. —

— **Emil Richard** (Bautzen), De novo parturientium lecto praemissa brevi artis obstetriciae historia. Diss. med. Leipzig (E. Stang) 29. VIII. 1818. 31 S. mit Biogr. (M.: Heinicke) u. 1 Taf. (2.50) 26265
Gew.: Carl Ernst Bock.

Pfaff, Emil Rich., im ewigen Osten. Trost im Leid, als Beitrag zur Euthanasie. gr. 16. (X, 187 S.) Dresden 872. Arzt. 1. 50

Im ewigen Osten. Trost im Leid, als Beitrag zur Euthanasie von Emil Rich. **Pfaff.** Dresden: Türk 1873. X, 187 S. 8°
Recens: Bh. 15 (1872) S. 349; KfF. 13 (1873) S. 158.
12 philos. Abhandl., nicht unmittelbar auf Mrei bezüglich.

— **Physiognomik** des menschlichen Auges. Für Gebildete aller Stände. Dresden 866. Türk's Verlag. 16. (VIII, 130 S.) 18 *ngr.*

— ärztliche **Rathschläge** über die beim Turnen erforderlichen diätetischen Vorsichtsmaaßregeln. Ein Mahnruf an alle Turner, Lehrer, Erzieher und insbesond. die Directoren öffentl. Schulanstalten. gr. 16. (35 S.) Dresden 863, Türk's Verlag. *

— der **Schutz** vor Krankheiten, oder die Kunst, der Entstehung und Entwickelung von Krankheiten vorzubeugen. Für Gebildete aller Stände bearb. 16. (X und 198 S.) Dresden 865, Türk's Verlag. *

Pfaff, E. R., das Traumleben und seine Deutung nach den Principien der Araber, Perser, Griechen, Inder und Aegypter. Für Gebildete aller Stände. 8. (VIII, 175 S.) Leipzig 868, Denicke. *M* 2,25.: geb.

— das **Traumleben** u. seine Deutung. Für Gebildete aller Stände. 2. Aufl. 8. (175 S.) Potsdam 873. Rentel. n. 1. —; geb. n. 1. 75

— die **Vorbeugung** und Heilung der Schwindsucht nach diätetischen Principien. Nebst medicinalpolizeilichen Vorschlägen zur Verminderung des Umsichgreifens dieser Krankheit in Fabrik-Bevölkerungen. Plauen 861. Hohmann. gr. 8. (IV, 64 S.) 15 *ngr.*

Pfaff, Erasmus, Welt- u. Lebensanschauungen. Gesammelt. gr. 8. (319 S.) Dresden 883. Tittmann. n. 5. —

Pfaff, Ernst, approb. Arzt aus Darmstadt. Aus d. pathol. Institut zu Giessen. Die spontane Darmruptur bei Neugeborenen. *Giessen 1899: v. Münchow.* (34 S.) 8°
Giessen, Med. Diss. v. 1899

Pfaff, Franz. aus Grafenort '(Schlesien)' Beiträge zur Kenntniss des Phenols und Xylenols. Hottingen-Zür. H. Zürcher Dr. 1883. 30 S., 1 Bl. 8°
Zürich, Phil. Diss. [v 19. Juli 1883].

Pfaff, Franz [Dr. Phil., aus Brnian '(Böhmen)']: Vergleichende Untersuchungen über die diuretische Wirkung der Digitalis und des Digitalins an Menschen und Thieren . . Leipzig, Druck v. J. B. Hirschfeld, 1893; 1 Bl., 37 S. 8.
Strassburg, Med. Fak., Inaug.-Diss. v 1893

Pfaff, Frdr., s.: Alemannia.

Pfaff, Friedr. (II.), das **Alter** der Erde, s. Zeitfragen des christlichen Volkslebens.

— Das Alter der Erde. Heilbronn 1881. 8.

Pfaff, Friedr., das **Alter** und der Ursprung des Menschengeschlechts, s. Zeitfragen des christl. Volkslebens.

Pfaff, Frdr., die allgemeine Bau=Ordnung f. das Großherzogth. Hessen. Erläuterung d. Gesetzes vom 30. Apr. 1881 nach Anleitg. der Motive d. v. der Regierg. den Ständen vorgelegten Gesetz=Entwurfes u. der darüber gepflogenen landständ. Verhandlgn., nebst e. Einleitg. üb. die Entwickelg. der Baugesetzgebg. d. Großherzogthums u. e. ausführl. Sachregister. In e. Anh. sind mitgetheilt: I. die Ausführungs=Verordng. zur allgemeinen Bau=Ordng., II. die auf die Stadterweiterung v. Mainz sich bezieh. Gesetze. gr. 8. (VIII, 208 S.) Mainz 883. Diemer. n. 3. 60

Pfaff, Frdr., die allgemeine Bau=Ordnung f. d. Großherzogth. Hessen. 2. Thl. gr. 8. Mainz 890. Diemer. n. 4. — (1. u. 2.: n. 7. 60)
Die Gesetzes= u. Verordnungs=Novellen nebst Einleitg. u. Erläutergn., die Ministerialausschreiben u. die hauptsächlichsten neuen Lokal=Baustatuten u. Lokal=Baupolizei=Reglements, nebst einer tabellar. Uebersicht u. e. ausführl. Sach=Register. (VIII, 212 S.)

Pfaff, Frdr., die allgemeine Bau=Ordnung f. das Großherzogth. Hessen. 1. Thl. Erläuterg. d. Gesetzes vom 30. Apr. 1881 nach Anleitg. der Motive d. v. der Regierg. den Ständen vorgelegten Gesetz=Entwurfes u. der darüber gepflogenen landständ. Verhandlgn., nebst e. Einleitg. üb. die Entwickelg. der Baugesetzgebg. d. Großherzogthums u. e. ausführl. Sachregister. In e. Anh. sind mitgetheilt: I. die Ausführungs=Verordng. zur allgemeinen Bau=Ordng., II. die auf die Stadterweiterg. v. Mainz sich bezieh. Gesetze. 2. Aufl. gr. 8. (IX, 208 S.) Mainz 892. J. Diemer, Verl. n. 4. —

Pfaff, Frdr., d. allgem. Bau=Ordnung f. d. Großherzogth. Hessen. 3. Thl., enth. d. Aendergn. d. Ausführungs=Verordng., d. Nachträge u. Ergänzgn. d. Ortsbaustatuten, die seit Ende 1889 erlass. Ortsbaustatuten, Bau=Polizeiverordngn. u. baupolizeil. Erlasse m. e. Sachregister, fortgeführt v. W. Zeller. gr. 8. (VI, 260 S.) Mainz 895. J. Diemer, Verl. n. 5. — (1.—3.: n. 13. —)

Pfaff, Frdr., die allgemeine Bau=Ordnung f. d. Großherzogth. Hessen. (1. Thl.) Erläuterung des Gesetzes v. 30. IV. 1881 nach Anleitg. der Motive des v. der Regierg. den Ständen vorgelegten Gesetz=Entwurfes u. der darüber gepflogenen landständ. Verhandlgn., nebst e. Einleitg. üb. die Entwickelg. der Baugesetzgebg. des Großherzogthums u. e. ausführl. Sachregister. In e. Anh. sind mitgetheilt: I. Die Ausführungs=Verordng. zur allgemeinen Bau=Ordng., II. die auf die Stadterweiterg. v. Mainz sich bezieh. Gesetze. 3. Aufl. (Anastat. Neudr.) gr. 8. (IX, 208 S.) Mainz 899. J. Diemer, Verl. n. 4.—

Pfaff, Frdr., die allgemeine Bau=Ordnung f. das Großherzogt. Hessen, Fortsetzg., s. Bau=Ordnung.

Pfaff, Friedr.: Beiträge zur Experimentalgeologie. 1872.

Pfaff, Friedr.: Über den Betrag der Verdunstung einer Eiche während der ganzen Vegetationsperiode. 1870.

Pfaff, Frdr., üb. die Bewegung des Firnes u. der Gletscher. Mit 8 (eingedr.) Holzschn. u. 1 Steindr.-Taf. [Aus: „Abhandl. d. k. b. Akad. d. Wiss."] gr. 4. (23 S.) München 876. Franz in Comm. n. — 90

Pfaff, Friedr.: Über die Bewegung und Wirkung der Gletscher. Erlangen 1873.

Pfaff, Friedr., s. Bibliothek des litterarischen Vereins in Stuttgart CLII, CLXXIV.

— s.: Blätter des badischen Vereins f. Volkskunde.

Pfaff, Friedr., über Brunnen u. deren Verunreinigung durch Kloaken. Erlangen 864. (Deichert.) gr. 8. (24 S. mit 1 Steintaf.) 7¼ ngr

— Die Dreisam. Eine Abhandlg. aus der Orts- u. Sprachgeschichte des Breisgaus. (S. 161—185.) gr. 8. Freiburg i/B. 907. F. E. Fehsenfeld. — 50
Sonderabdruck aus: „Alemannia".

Pfaff, Friedr.: Über das Eindringen des atmosphärischen Wassers in den Boden. 1869.

— über den Einfluß des Darwinismus auf unser staatliches Leben, s.: Sammlung von Vorträgen.

Pfaff, Friedr. (III.), Einleitung zu dem großherzogl. hessischen Gesetz vom 30. Aug. 1884 über die Erbschafts- und Schenkungssteuer. gr. 8. (90 S.) Mainz 886, Diemer. *

— über die Entstehung der Welt u. die Naturgesetze, s.a. Zeitfragen des christlichen Volkslebens.

Pfaff, F. Ueber die Entstehung der Welt und die Naturgesetze. Frankfurt a/M., 1876.

Pfaff, F., die Entwicklung der Welt auf atomistischer Grundlage. Ein Beitrag zur Charakteristik d. Materialismus. Mit 31 Fig. gr. 8. (X, 241 S.) Heidelberg 883. C. Winter. n. 5. —

— die vulkanischen Erscheinungen, s.a. Naturkräfte, die.

Pfaff, die vulkanischen Erscheinungen. (Naturkräfte 7) München 1871

— s.: Festschrift zur 50jähr. Doktorjubelfeier Karl Weinholds.

Pfaff, Frdr., Festschrift zum 400jährigen Gedächtniß d. ersten Freiburger Buchdrucks. 1493. 1893. gr. 4. (35 S. m. Abbildgn.) Freiburg i/B. 893. (Herder.) n. 2. —

— die neuesten Forschungen u. Theorieen auf dem Gebiete der Schöpfungsgeschichte mit (eingedr.) Holzschn. Frankfurt a. M. 868. Heyder & Zimmer. gr. 8. (VI, 115 S.) n. 20 ngr

Pfaff, Friedr., die neuesten Forschungen und Theorien auf dem Gebiete der Schöpfungsgeschichte. gr. 8. Frankfurt a. M. 868. Heidelberg, C. Winter's Universitäts-Buchh. *

— die neue Gebäude=Feuerversicherungs=Gesetzgebung f. das Großherzogth. Hessen. 1. Hft. Das Gesetz, die Brandversicherungs=Anstalt für Gebäude betr., vom 28. Septbr. 1890, nebst Einleitg., erläut. Anmerkgn. u. e. alphabet. Sachregister. gr. 8. (VIII, 105 S.) Ebd. 891. n. 2. 50

— allgemeine Geologie als exacte Wissenschaft. Mit e. Anh.: Geologische Versuche. Mit 60 (eingedr.) Fig. in Holzschn. gr. 8. (IX, 180 S.) Leipzig 873. Engelmann. n. 6. —

— das großherzoglich hessische Gesetz vom 30. Aug. 1884 über die Erbschafts- und Schenkungssteuer, mit besonderer Berücksichtigung der einschläg. Gesetze von Preußen, Königreich Sachsen, Bayern und Württemberg erläutert. Nebst einem Anhang, enthaltend: I. die Ausführungs=Verordnung vom 27. März 1885; II. die Instruction vom 28. März 1885; III. eine Zusammenstellung der gesetzl. Bestimmungen aller deutschen Bundesstaaten, sowie der hauptsächlichsten außerdeutschen Staaten über Erbschaftsbesteuerung im Verhältniß zum Ausland. gr. 8. (X, 142 S.) Ebendas. 888. *

Pfaff, Frd. Die Gesetzgebung des Großherzogtums Hessen über Gebäude und Mobiliar-Feuerversicherung in ihrer Entwicklung, sowie nach den gegenwärtig geltenden Bestimmungen systematisch dargestellt. Darmstadt 1873.

Pfaff, Friedr. Die Gletscher der Alpen, ihre Bewegung und Wirkung. Mit 7 Abbild. In-8°. Heidelberg, Carl Winter'sche Univ.-Buchhandlung. 1886. 82 S. 1 60
*** Sammlung von Vorträgen von W. Frommel und Fr. Pfaff, Bd. XV, Heft 1 u. 2.

– Dass., s.a. Sammlung von Vorträgen.

– Gott und die Naturgesetze, s. Sammlung von Vorträgen.

– Die Grenzen der Sichtbarkeit, s. Sammlung von Vorträgen.

—— Großes und Kleines in Raum und Zeit, s. Sammlung von Vorträgen.

—— **Grundriss der Geologie.** gr. 8. (VII, 399 S. mit 345 eingedr. Fig. in Holzschn.) Leipzig 876, Engelmann. * 8 —

Pfaff, Frdr., Grundriss der Mineralogie. Nördlingen. 860. Beck. gr. 8. (XII, 294 S. u. 9 lith. Taf.) n. 1 ℛ 7½ ngr.

Pfaff, Friedr., Grundriss der mathematischen Verhältnisse der Krystalle. Mit 16 (lith.) Taf. (in 4.). Nördlingen 853. Beck. 8. (XXIV, 368 S.) n. 2 ℛ.

— ist die Welt v. selbst entstanden, od. ist sie geschaffen worden? Oeffentlicher Vortrag, geh. den 8. März u. 14. März 1875 zu Fürth u. hrsg. v. dem evangel. Arbeiterverein in Fürth. 8. (36 S.) Fürth 875. (Erlangen, Deichert.) — 30

– Kraft und Stoff, s. Sammlung von Vorträgen.

— **die grosse Heidelberger Liederhandschrift.** In getreuem Textabdr. hrsg. M. Unterstützg. d. grossh. bad. Ministeriums d. Justiz, d. Kultus u. Unterrichts. (In 5 Abtlgn.) 1. Abtlg. gr. 8. (Sp. 1—320 m. 1 Farbendruck.) Heidelberg 899. C. Winter. n. 5. —

— **die grosse Heidelberger Liederhandschrift.** In getreuem Textabdr. hrsg. Mit Unterstützg. des grossh. bad. Ministeriums der Justiz, des Kultus u. Unterrichts. 2. u. 3. Abtlg. gr. 8. (Sp. 321—960.) Heidelberg 899. 900. C. Winter. à n. 5. —

— **die grosse Heidelberger Liederhandschrift.** In getreuem Textabdr. hrsg. Mit Unterstützg. des grossh. bad. Ministeriums der Justiz, des Kultus u. Unterrichts. 4. Abtlg. (Sp. 961—1280.) gr. 8. Heidelberg 903. (C. Winter, Verl.) n. 5. —

— **Die grosse Heidelberger Liederhandschrift.** In getreuem Textabdr. hrsg. Mit Unterstützg. des grossh. bad. Ministeriums der Justiz, des Kultus u. Unterrichts. I. Tl. Textabdr. Mit e. Titelbild in Farbendr. 5. Abtlg. (III S., VI Sp. u. Sp. 1281—1444.) gr. 8. Heidelberg 909. Carl Winter. 2. 80
(1. Tl. kplt. 22.80; kart. 23. —)

Pfaff, Friedr. (II.), der Mechanismus der Gebirgsbildung. gr. 8. (VIII, 143 S. mit 57 eingedr. Holzschn.) Heidelberg 880, C. Winter's Universitäts-Buchh. *

Elard Hugo Meyer 1837–1908. Gedenkblätter von Fridrich Pfaff. (Mit e. Bilde.) [Freiburg i. Br.: Fehsenfeld 1909.] 30 S. 8° [Umschlagt.]
Aus: Alemannia. Folge 3. Bd 1. [09. 1847: 3]

— **das Mikrogoniometer e. neues Messinstrument u. die damit bestimmten Ausdehnungscoëfficienten der Metalle.** gr. 8. (20 S. m. 1 Steintaf.) Erlangen 872. Besold. n. 1. —

— Der Minnesang im Lande Baden, s.a. Neujahrsblätter der badischen historischen Kommission. N. F. 11.

Pfaff, Fridrich. Der Minnesang im Lande Baden. XXIV + 80 S. 8. Heidelberg, Carl Winter, 1908. [M. 1. 20]
Neujahrsblätter der Badischen Historischen Kommission. Neue Folge [Heft] 11. 1908.

— der Minnesang des 12.—14. Jahrh., s.: National-Litteratur, deutsche.

— die Naturkräfte in den Alpen, s.a. Naturkräfte, die.

Pfaff, Friedrich. Die Naturkräfte in den Alpen oder Physikalische Geographie des Alpengebirges. Mit 68 Holzschnitten. 8. München 1877.
(Die Naturkräfte ... Band 24.)

[F.] Deutsche Ortsnamen. Von Dr. Fridrich **Pfaff,** Universitätsbibliothekar in Freiburg i. B. *Berlin: Dr. v. Trowitzsch & Sohn 1896.* (16 S.) 1 Bd 8. [96. 907

Pfaff, Fridrich (Hrsg.), s. Reinolt von Montelban.

—— Romantik und germanische Philologie, s. Sammlung von Vorträgen.

— neues allgemeines Sach-Register zu der Sammlung großh. hessischer Verordnungen vom 13. Aug. 1806 bis zum 1. Juli 1819 u. dem großh. hessischen Regierungsblatt vom 1. Juli 1819 bis Ende d. J. 1884. Nebst 2, die milden Stiftgn. u. die Erfindungs-Patente betr. Special-Registern. gr. 4. (IV, 116 S.) Ebend. 885. n. 6. —

— neues allgemeines Sach-Register zu der Sammlung großh. hessischer Verordnungen vom 13. VIII. 1806 bis zum 1. VII. 1819 u. dem großh. hessischen Regierungsblatt vom 1. VII. 1819 bis Ende des J. 1884. Nebst zwei, die milden Stiftgn. u. die Erfindungs-Patente betr. Special-Registern. 2. Aufl. (Anastatischer Druck.) gr. 4. (IV, 160 S.) Ebd. 899. n. 6. —

— dasselbe, Fortsetzg., s.: Regierungsblatt, großh. hess.

— neues allgemeines Sachregister zu den älteren großh. hessischen Verordngn. u. dem großh. hessischen Regierungsblatt. Fortsetzg., die Zeit von Anfang 1885 bis Ende 1889 umfassend. gr. 4. (IV, 17 S.) Ebd. 890. n. 1. 50
(Hauptwerk u. Fortsetzg.: n. 7. 50)

— neues allgem. Sachregister zu d. ält. großh. hess. Verordngn. u. d. großh. hess. Regierungsblatt. 2. Fortsetzg. D. Regierungsblatt von Anfang 1890 bis Ende 1895 umfass. gr. 4. (IV, 14 S.) Ebd. 896. n. 1. 50
(Hauptwerk m. 1. u. 2. Fortsetzg.: n. 9. —)

— vereinigtes Sachregister zu dem Bundes- bezw. Reichs-Gesetzblatt f. das Deutsche Reich v. 1867—1890. gr. 4. (V, 268 S.) Ebd. 891. n. 8. —

— vereinigtes Sachregister zu dem Bundes- bezw. Reichs-Gesetzblatt, Fortsetzg., s.a. Becker, Hans.

Pfaff, Friedr.: Vereinigtes Sachregister zu dem Bundes- bezw. Reichs-Gesetzblatt sowie zu dem Centralblatt für das Deutsche Reich von 1867—90. [Nebst] Forts. 1. 2. bearb. von Hans Becker. Mainz 1891. 1908. 2 Bde.
Forts. 1. als T. 2. von 1891—1902 incl.
„ 2. „ „ 3. von 1903—07 incl.

— Schöpfungsgeschichte mit besonderer Berücksichtigung des biblischen Schöpfungsberichtes. Mit zahlreichen Holzschn. (im Text) u. 1 (lith.) Karte. Frankfurt a. M. 855. Heyder u. Zimmer. gr. 8. (VIII, 666 S.) 2 ₰ 15 ngr.

—— Schöpfungsgeschichte mit besonderer Berücksichtigung des biblischen Schöpfungsberichtes. 2. umgearb. und verm. Aufl. gr. 8. (VIII, 753 S. mit zahlreichen eingedr. Holzschn. und 1 chromolithogr. Kärtchen.) [Frankfurt a. M. 877, Heyder und Zimmer.] Heidelberg, C. Winter's Universitäts-Buchh. *

— Schöpfungsgeschichte mit besonderer Berücksichtigung des bibl. Schöpfungsberichtes. 3. (Titel-) Ausg. Mit zahlreichen (eingedr.) Holzschn. u. einem (chromolith.) Kärtchen. gr. 8. (VIII, 753 S.) Heidelberg (1877) 881. C. Winter. n. 12. —

— Tafeln zum Unterrichte in der Krystallographie. Erlangen 861. Blasing. gr. Fol. (27 lith. u. color. Bl.) n. 1 ₰ 10 ngr.

— die Theorie Darwin's u. die Thatsachen der Geologie. Ein Vortrag, geh. im evangel. Vereine zu Frankfurt a/M. Mit 5 (eingedr. Holzschn.-)Fig. gr. 8. (20 S.) Ebend. 876. n. — 60

Trinkspruch auf die Germania, ausgebracht in der □ Joh. der Evangelist zu Darmstadt bei der Feier des Winter-Johannisfestes am 7. Febr. 1871 von Friedr. **Pfaff.** [Darmstadt: 1871.] 4 S. 8° [Kopftit.]

Pfaff, Friedr., Untersuchungen über die Cholera mit besond. Berücksicht. der berliner Epidemie. gr. 8. (48 S.) Erlangen 849. [Frankfurt a. M., Heyder und Zimmer.]

Pfaff, *Friedrich* [aus Erlangen]: Untersuchungen über die geologischen Verhältnisse zwischen Kandern und Lörrach im badischen Oberlande ... (Aus: Ber. d. Naturf. Ges. zu Freiburg i. B., Bd VII Heft 1.) Freiburg i. B., Buchdr. v. C. A. Wagner, 1893; 1 Bl., 36 S., 1 Taf. 8.
Erlangen, Phil. Fak., Inaug.-Diss. v. 1893

Pfaff, Friedr.: Die Veränderung der Lage der Apsidenlinie der Erdbahn und ihr Einfluss auf die Klimate. 1872.

Pfaff, Friedr.: Über das Verhalten des atmosphärischen Wassers zum Boden. 1868.

Pfaff, F., s.: Volksbuch, das deutsche, von d. Heymonskindern.

— s.: Volkskunde im Breisgau.

Pfaff, Friedrich. Fünf naturwissenschaftliche Vorträge. 1. 2. Ist die Welt von selbst entstanden oder ist sie geschaffen worden? 3. Anfang und Ende unserer Sonne. 4. Die Grenzen der Naturerkenntniss. 5. Ueber Erdbeben. Heidelberg 1878. (II), 90 S. 8°

—— fünf naturwissenschaftliche Vorträge. gr. 8. (90 S.) Heidelberg 878, C. Winter's Universitäts-Buchh. *

— fünf naturwissenschaftliche Vorträge. [I/II. Ist die Welt von selbst entstanden od. ist sie geschaffen worden? III. Anfang u. Ende unserer Sonne. IV. Die Grenzen der Naturerkenntniß. V. Ueber Erdbeben.] Mit 3 (eingedr.) Holzschn. 2., unveränd. Aufl. 8. (III, 120 S.) Ebend. 880. n. 1. 80

—— sechs naturwissenschaftliche Vorträge. 2. (Titel-)Ausg. 8. Heidelberg 888, C. Winter's Universitäts-Buchh. *
Inhalt:
I. Kraft und Stoff. (32 S.)
II. Ueber den Einfluß des Darwinismus auf unser staatliches Leben. (24 S.)

Pfaff, Friedr. (II.), sechs naturwissenschaftliche Vorträge rc.
III. Gott und die Naturgesetze. (27 S.)
IV. Großes und Kleines in Raum und Zeit. (56 S.)
V. Die Grenzen der Sichtbarkeit. (38 S.)
VI. Die Gletscher der Alpen, ihre Bewegung und Wirkung. (89 S. mit 7 Abbild.)

— das Wasser, s. Naturkräfte, die.

— Friedrich, Das Wasser (Naturkräfte IV.) München 1870.

Pfaff, F: Das Wasser. 2. Aufl. München 1878

Pfaff, F. Zusammenstellung der allgemeinen feuerpolizeilichen Vorschriften für das Großherzogtum Hessen. Darmstadt 1873.

— **Friedrich Wilhelm** (Chemnitz), De graviditate in substantia uteri seu interstitiali. Diss. med. Präs. Wilhelm Andreas Haas. Leipzig (G. H. Maret) 24. XI. 1826. 48 S. u. 1 Taf. (4.—) 26266
Gew.: Christian August Pfaff (Vater), Christian Gottlob Pfaff (Großvater).

Pfaff, Fr. Wilh., de graviditate in substantia uteri seu interstitiali. Diss. Acced. tab. lithogr. 8maj. Leipz. 827. (Reclam). 1 ₰

Pfaff, G. M: Preis-Buch über Pfaff-Nähmaschinen. Kaiserslautern (1898)

Pfaff, Gr. Matth., diss. de perpetuitate poenarum infernalium ex ratione neque refutabili neque demonstrabili. Tub. 748. 4.

(Pfaff, H. Dr.) „Trigonometrische Beiträge". pg. 3—6. 4°. Junge & Sohn.
Erlangen, Progr. 1862/63

Pfaff, H Dr. „Ueber die imaginären Elemente der Kurven II" pg. 3—20. 4°. Mit 1 Tafel. Junge & Sohn.
Erlangen, Progr. 1854/55

Pfaff, H., Das 2. Thüringer Gauturnfest zu Mühlhausen 9.—11. 8. 1862. Mühlhausen i. Th. 1862. 76 S., 8°.

Pfaff, H., neuere Geometrie. 2 Thle. gr. 8. (VIII und 565 S. mit 6 Stnt. in gr. 4.) Erlangen 867, Deichert. *

Pfaff, H. „Ueber Kurven II. Ordnung". pg. 3—24. 4°. Junge & Sohn Un.-Buchd.
Erlangen, Progr. 1853/54

Pfaff, H. Dr. „Lehrsätze aus dem Gebiete der neueren Geometrie". pg. 3 bis 11. 4°. Junge & Sohn.
Erlangen, Progr. 1856/57

Pfaff, H., und B. Wenzel, Leitfaden der Geographie des Großherzogthums Hessen, nebst beigefügten Geschichtsbildern aus der Geschichte Hessens, für hess. Volks- und Mittelschulen. gr. 8. (31 S. mit 1 chromolithogr. Karte.) Darmstadt 881, Bergsträßer. *
Ausg. ohne Karte *

Pfaff, H., und K. Wenzel, Leitfaden der Geographie des Großherzogtums Hessen nebst beigefügten Geschichtsbildern aus der Geschichte Hessens für hess. Volks- und Mittelschulen. 4. verb. Aufl. gr. 8. (32 S. mit 1 Karte.) Darmstadt 887, Bergsträßer. *
Ausg. ohne Karte *

Pfaff, H. „Leitfaden der ebenen Trigonometrie". pg. 3—20. 4°. Mit einer Tafel. Beck'sche Off.
Nördlingen, Progr. 1846/47

Pfaff, H., Leitfaden, f. den Unterricht in der Haushaltungskunde an Haushaltungs- u. weiblichen Fortbildungsschulen, auch zum Gebrauche in den oberen Klassen der Mädchenvolksschulen im Großherzogt. Hessen, sowie e. Anleitg. zur Erlerng. der Hauswirtschaft f. Mädchen u. Hausfrauen aus den weniger bemittelten Bevölkerungsklassen. Mit besond. Berücksicht. der städt. Verhältnisse bearb. gr. 8. (VII, 130 S. u. 4 S. Abbildgn.) Darmstadt 891. A. Bergsträßer Verl. n. 1. 80

Pfaff, H. Dr. „Die ebene Trigonometrie". pg. 3- 32. 8°. Mit 1 Tafel. Ad. Ernst Junge.
Erlangen, Progr. 1858/59

Pfaff, H., die ebene Trigonometrie. Erlangen 859. Bläsing. gr. 8. (32 S. u. 1 lith. Taf.) 3⅔ ngr

Pfaff, Hans „Das Auge und seine Fehler". pg. 17—22. 4°. Mit einer Tafel. C. H. Beck'sche Off.
Nördlingen, Progr. 1849/50

Pfaff, Hans, analytisch-geometrische Beiträge zur Lehre von der projectivischen Beziehung. Frankfurt a. M. 855. Heyder u. Zimmer. gr. 8. (57 S.) 7½ ngr

Pfaff, Hans (kgl. Subrektor) „Ueber Getreidemagazine". pg. 17—22. 4° C. H. Beck'sche Off.
Nördlingen, Progr. 1847/48

Festbericht über die Feier des hundertjährigen Bestehens der Loge „Zum Wiedererbauten Tempel der Bruderliebe" i.·. Or.·. Worms am 5. und 6. Sept. 1908. Im Auftr. der Loge erstattet von Heinr. Pfaff. Frankfurt a. M. 1909: Mahlau & Waldschmidt. 43 S. 8°
Aus: Bh. 52 (1909) S. 107—110, 114—117, 121 bis 122, 133—135, 140—142.
Festrede von Ph. Boller: Gesch. der Loge.

Pfaff, H., Landeskunde vom Großherzogt. Hessen. Zunächst zur Ergänzung der Ausg. A. u. B. der Schulgeographie von E. v. Seydlitz hrsg. gr. 8. (32 S. m. Holzschn.) Breslau 890. F. Hirt. cart. n. — 30

Pfaff, Heinr., Landeskunde vom Großherzogt. Hessen. Zunächst zur Ergänzg. der Schulgeographie von E. v. Seydlitz hrsg. M. e. Bilderanh. 2., durchgeseh. Aufl. gr. 8. (32 S.) Breslau 898. F. Hirt. Kart. n. — 40

Landeskunde des Großherzogtums Hessen hrsg. von H[einrich] Pfaff, Kreisschulinsp. in Alzey. Mit 14 Abb. 3., verb. Aufl. Breslau: F. Hirt 1905. (36 S.) 8° [Umschlagt. F.]
(Heimatkunden, zunächst z. Ergänzung d. Schulgeogr. von E. v. Seydlitz.) [illegible]

Pfaff, Heinrich Ludwig

— Beschr. d. Zust. der Sitten und Gebräuche der Hebräer. 8. Eisenach, Wittekind. 800.

— christl. Gebetbuch f. Bürger u. Bauersleute. Mit 1 Titelkpf. 8. Gotha 794. 2e A. 802. Perthes. 4 gl

— unterhalt. Historienbuch f. Bürger u. Bauersleute. 8. Gotha 793. N. A. 800. Perthes. 9 gl

— s. Pindari Carmen IV. Olymp.

Pfaff, Hnr. Ldw., († d. 9. Febr. 1794.) Versuch e. kurzen Beschreib. d. Zustandes der Sitten u. Gebräuche der Hebräer. 8. Eisenach 800. (Bärecke). 12 gl

– (Hrsg.), s. Zeitung für Landprediger und Schullehrer ...

Pfaff, Heinrich Wilhelm

Pfaff, Hnr. Wlh., Beschreibung einer neuen Rechenscheibe zur Bestimmung des Cubik-Inhaltes der Cylinder-Kegel. Mit 1 Kpfrtaf. 4. Gießen 811. (Leipzig, Fr. Fleischer.) ⅚ ₰ — Auf Pappe 1⅛ ₰

Pfaff, Hnr. Wlh., († . . .) Beschreib. e. neuen Rechenscheibe zur Bestimmung d. Kubikinhalts d. Cylinderkegel u. abgekürzt. Kegel; nebst e. Anweis. zum Gebrauch. 8. Gießen 811. Tasché. 20 gl Aufgezogen 1 ₰ 3 gl

Pfaff, Rechenscheibe z. Bestimmung des Cubik-Inhalts d. Cylinder ꝛc. Nebst Beschreibung d. neuen Rechenscheibe z. Bestimmung des Cubik-Inhalts d. Cylinder, nebst Gebrauchs-Anweisung. Fol. 4. Gießen, Tasché. 811.

— Taschenbuch zu richtiger Berechnung des Cubik-Inhalts u. Werths d. Stämme nach aller ihrer Verschiedenheit. gr. 8. Gießen 791. 2e A. ... 3e A. 809. Krieger. 12 gl

– Dass., s.a. Pfaff, Wilhelm

Pfaff, Hermann: Über die freie und eine bestimmte unfreie Bewegung eines Systems materieller Punkte, zwischen denen den Massen und der Entfernung proportionale anziehende Kräfte wirken... Marburg, C. L. Pfeil'sche Univ.-Buchdr., 1887; 32 S. 4°
Marburg, Phil. Fak., Inaug.-Diss. v. [16. Apr.] 1887.

Pfaff, Hermann, über die freie und eine bestimmte unfreie Bewegung eines Systems materieller Punkte, zwischen denen den Massen und der Entfernung proportionale anziehende Kräfte wirken. Diss. Marburg 1887, N. G. Elwertsche Univ.-Buchh. 4°. 32 S.

Pfaff, Herm., die Börsensteuer. Gesetz, betr. die Erhebung v. Reichsstempelabgaben in der Fassung d. Gesetzes vom 29. Mai 1885. Mit Einleitg., Erläutergn. u. Sachregister. 16. (VI, 86 S.) Nördlingen 885. Beck. cart. n. 1. —

— dasselbe. Anhang, enth. die Ausführungsvorschriften u. Instruktionen d. Bundesrats zu dem Gesetze, betr. die Erhebg. v. Reichsstempelabgaben, nebst Sachregister, ferner die bayer. u. württemberg. Vollzugsbestimmgn. 16. (III, 73 S.) Ebend. 885. cart. n. — 50

Die Gebühren in Nachlaß- und Teilungssachen nach dem Gebührengesetze in d. Fassung d. Gesetzes v. 9. Aug. 1902, das Nachlaßwesen betr. ... von H[ermann] v. Pfaff u. A[nton] v. Reisenegger. *München: C. H. Beck 1904.* (63 S.) 8° [F.]
— Gesetz, Das bayerische, über d. Gebührenwesen ... hrsg. von H. v. Pfaff ... Nachtr. z. 4. u. 5. Aufl. [illegible]

Pfaff, Herm. v., u. Ant. v. Reisenegger, das bayerische Gebührengesetz. Ausg. m. Erläutergn. Auf Grund der Fassg. vom 13. VII. 1910 in 7. Aufl. bearb. v. Herm. Schmidt. (VI, 516 S.) 8. München 911. C. H. Beck.
Geb. in Leinw. 5. 50

Pfaff, Herm. v., das bayerische Gesetz üb. die Erbschafts-steuer, s.a. Schmidt, Herm.

Pfaff, Herm. Das bayerische Gesetz üb. die Erbschaftssteuer vom 18. Aug. 1879 m. Anmerkgn., Register u. e. Anh., enth. die Bekanntmachg. vom 21. Septbr. 1879, betr. den Vollzug d. Gesetzes üb. die Erbschaftssteuer. 8. (VI, 117 S.) [Nördlingen 889.] Münch., Beck. cart. * 1 80

— das bayerische Gesetz üb. das Gebührenwesen vom 18. Aug. 1879. / 29. Mai 1886. Mit Einleitg., Erläutergn. u. Sachregister, sowie e. Anh., enth. die Gebühren-Novelle vom 29. Mai 1886 u. das Reichs-Gerichtskostengesetz in der Fassg. vom 18. Juni 1878 / 29. Juni 1881 hrsg. 8. (VI, 218 S.) Ebend. 886. cart. n. 2. 40

—— Das bayerische Gesetz üb. das Gebührenwesen in der neuen Textierung vom J. 1890. Mit Einleitg., Erläutergn. u. Sachregister, sowie e. Anh., enth. das Reichs-Gerichtskostengesetz, die k. Verordng. vom 20. Septbr. 1879 u. die beiden Vollzugsinstruktionen vom 21. u. 24. Septbr. 1879. 2. neu bearb. Aufl. 8. (XVI, 297 S.) Münch. 890, Beck. cart. * 2 80

Pfaff, Herm., das bayerische Gesetz üb. das Gebührenwesen in der neuen Textierung vom J. 1890. Mit Einleitg., Erläutergn. u. Sachregister, sowie e. Anh., enth. das Reichs-Gerichtskostengesetz, die k. Verordng. vom 20. Septbr. 1879 u. die beiden Vollzugsinstruktionen vom 21. u. 24. Septbr. 1879 hrsg. 2., neubearb. Aufl. Mit Nachtrag, enth. die Gebühren-Novelle vom 26. Mai 1892. 8. (XVI, 297 u. Nachtrag 27 S.) München 892. C. H. Beck. Kart. n. 3. —; Nachtrag allein, kart. n. — 40

Pfaff, Herm. v., d. bayer. Gesetz üb. d. Gebührenwesen in d. neuen Textierung v. J. 1892. M. Einleitg., Erläutergn. u. Sachregister, sow. e. Anh., enth. d. Reichs-Gerichtskostengesetz, d. k. Verordng. v. 20. Septbr. 1879 u. d. beiden Vollzugsinstruktionen v. 21. u. 24. Septbr. 1879 hrsg. 3., neubearb. Aufl. 8. (VI, 378 S.) München 896. C. H. Beck. Kart. n. 3. 60

— u. Ant. v. Reisenegger, das bayerische Gesetz üb. das Gebührenwesen in der Fassung der Bekanntmachung v. 11. XI. 1899. Mit Einleitg., Erläutergn. u. Sachregister, sowie e. Anh., enth. das Reichs-Gerichtskostengesetz in d. Fassg. der Bekanntmachg. des Reichskanzlers v. 20. V. 1898. 4. neubearb. Aufl. 8. (V, 358 S.) München 900. C. H. Beck. Geb. in Leinw. n. 3. 50

— — dasselbe. Ergänzungsbd., enth. die Vollzugsvorschriften u. die sonst. auf das Gebührenwesen bezügl. Bestimmgn. 8. (IV, 234 S.) Ebd. 900. Geb. in Leinw. n. 2. 20

— — dasselbe. 5. neubearb. Aufl. 8. (V, 371 S.) Ebd. 901. Geb. in Leinw. n. 3. 50

Pfaff, Herm. v., u. Ant. v. Reisenegger, das bayerische Gesetz üb. das Gebührenwesen in der Fassung der Bekanntmachung vom 11. XI. 1899. Nachtrag zur 4. u. 5. Aufl., enth. die Gebühren in Nachlaß- u. Teilungssachen nach dem Gebührengesetze in der Fassg. des Gesetzes vom 9. VIII. 1902, das Nachlaßwesen betr. (63 S.) 8. München 904. C. H. Beck. n. — 80
Hauptwerk. Ebd. 900. 901. Geb. n. 3. 50.

Pfaff, H. v., u. A. v. Reisenegger, Das bayerische Gesetz üb. das Gebührenwesen Ausg. m. Erläutergn. Auf Grund der Fassg. vom 28. IV. 1907 in 6. Aufl. bearb. u. m. e. Anh., enth. die Vollzugsvorschriften, hrsg. v. H. Schmidt. (VIII, 743 S.) 8. München, C. H. Beck. Geb. in Leinw. 7. —
1907.

Pfaff, Hermann: Die Vocale des mittelpommerschen Dialects. *Labes 1898: A. Straube.* (IX, 52 S.) 8°
Leipzig, Phil. Diss. v. [21. Apr.] 1898

Pfaff, Herm., die Vocale des mittelpommerschen Dialects. Diss. gr. 8. (IX, 49 S.) Labes 898. (Leipzig, Buchh. G. Fock.) n. 2. —

Pfaff, J. C., de adventu regis Sionaei Hierosolymis instituto. Tubing 1728. 4.

Pfaff, J.C.: De passione Jesu Christi. – Tubing.1719.

Pfaff, I. C., Synopsis theolog. Thummicana, acced. C. Matth. Pfaffii praef. de theol. thet. 8. Tubing. 721.

Nachruf am Grabe eines Edlen, des Hofraths und Professors J. F. Pfaff. Halle. 1825. 8°

Pfaff, J. G.

— zur Abwehr in der Synodal-Frage, s. Kümmell.

Pfaff, J. G., zur Orientirung über Fragen der Zeit. Cassel 868. Leipzig, Luckhardt. gr. 8. (195 S.) 1 ℛ

— die Reise in den Mond. Culturhistorischer Roman aus dem 21. Jahrhundert. 2. (Titel-)Aufl. Ebend. 868. 16. (IV, 295 S.) 1 ℛ

Pfaff, J. G., gesammelte Schriften. 4 Bde. 16. Cassel 864, Kay. *

Inhalt:
Bd. 1. Der Sohn Amithais oder das Zeichen Jonas, nebst Gedichten verwandten Inhalts. (VII und 212 S.) * 25 Ngr.
" 2. Dramatisches. (268 S.) * 1 Thlr.
" 3. Die Reise in den Mond. Culturhistorischer Roman aus dem 21. Jahrh., als Seitenstück zu Renan's Leben Jesu, nach neu entdeckten Quellen kritisch bearb. (XV und 295 S.) * 1 Thlr.
" 4. Herolf und die Sendboten oder die Gründung Hersfelds. Romantisches Bild auf geschichtl. Grunde aus dem 8. Jahrh. (VII und 318 S.) * 1 Thlr. 5 Ngr.

Pfaff, J. G., gesammelte Schriften. 1—4. Bd. Cassel 864. Krieger. 16. n. 4 ℛ
1. Bd.: Der Sohn Amithais oder das Zeichen Jonas, nebst Gedichten verwandten Inhalts. (VII, 212 S.) n. 25 ngr
2. Bd.: Dramatisches. (268 S.) n. 1 ℛ
3. Bd.: Die Reise in den Mond. Culturhistorischer Roman aus dem 21. Jahrh., als Seitenstück zu Renan's Leben Jesu, nach neu entdeckten Quellen kritisch bearb. (XV, 295 S.) n. 1 ℛ
4. Bd.: Herolf u. die Sendboten oder die Gründung Hersfelds. Romantisches Bild auf geschichtlichem Grunde aus dem 8. Jahrh. (VII, 318 S.) n. 1 ℛ 5 ngr

— die Synodal-Frage, unter dem Gesichtspunkte des Rechts der hessischen Kirche beleuchtet. Ebend. 869. gr. 8. (21 S.) n. 5 ngr

Pfaff, J. G., homiletische Textstudien. gr. 8. (V, 261 S.) Berlin 873. Luckhardt. n. 4. —

Pfaff, J. G., homiletische Textstudien. [1. Abth.: Festcyklus. — 2. Abth.: Trinitatiszeit.] 2., wohlf. [Titel-] Ausg. gr. 8. (V, 261 S.) Barmen (1873) 880. Klein. n. 2. 80

—— über das Wesen und den Umfang der Toleranz im Allgemeinen und der christlichen Toleranz ins Besondere. gr. 8. (III und 199 S.) Cassel 864, Kay. *

Pfaff, J. G., über das Wesen u. den Umfang der Toleranz im Allgemeinen u. der christl. Toleranz in's Besondere. 2. Aufl. (VII, 199 S.) 8. Cassel 868. (Leipzig, O. Gracklauer.) 2. 50

Pfaff, J. L., Collectio precum sacrarum pro juventute studiosa. 12. Fulda 824. Koos.

Pfaff, J. L. (Vorr.), s. K n a c k e r, J. W.: Heroen des wahren Christenthums.

Pfaff, J M., de Christo verbis et factis potente. Tub. 1719. 4.

Pfaff, J. W., s. P f a f f, Johann Wilhelm Andr.

Pfaff, Jh. Burkard, Gutachten, die Kriegsschadensumlage betreffend. 8. Stuttg. 797.

— **Joh. Christoph** (Präs.), De certitudine fidelium, *ΣΥΝ ΘΕΩ*. Tübingen (H. Franck) März 1710. 48 S. (5.—) 26267
Disputabunt Joh. Friedrich Pfaff (Steinheim), Georg Christoph Böhm (Bietigheim), Emmanuel Horn (Stuttgart).

— — Dogmata protestantium ex jure canonico. Tübingen (J. G. Cotta) 1712. 134 S. (8.—) 26268

Pfaff, Johann Christoph [Praes.], s. E r n s t, Johann Heinrich: Naturae Christi humanae omnipraesentia, in statu exinantionis.

Pfaff, Johann Christoph [Praes.], s. G l o t z e i ß, Georg: De imputatione divina.

Pfaff, Johann Christoph [Praes.], s. H a a s, Johann Aegidius: De imputatione peccatorum nostrorum Christo sponsori nostro facta ac impacta.

Pfaff, Johann Christoph [Praes.], s. H e l l w a g, Johann: De imputatione divina lapsus adae.

Pfaff, Johann Christoph [Praes.], s. V e i e l, Johann Georg: Dogmata protestantium ex jure canonico comprobata.

Pfaff, Johann Christoph [Praes.], s. W u n d e r l i c h, Johann Jakob: De ecclesia repraesentativa in conciliis.

Pfaff, Joh. Friedr., Briefe, s. Sammlung von Briefen.

Johann Friedrich Pfaff

Disquisitiones analyticae maxime ad calculum integralem et doctrinam serierum pertinentes. Auct. Ioanne Friderico Pfaff. Vol.1. Helmstadii: Fleckeisen 1797. 8°
Vol.1: 1797.

Pfaff, Jh. Fr., disquisition. analyt., max. ad calculum integral. et doctrin. serier. pertin. Vol. I. Sect. I. et II. 4. Helmst. 798. Fleckeisen. 2 ₰ 20 gr

Pfaff, Joh. Frdr., allgemeine Methode partielle Differentialgleichungen zu integriren, s.a. Ostwald's, W., Klassiker der exakten Wissenschaften.

Allgemeine Methode partielle Differentialgleichungen zu integriren [Methodus generalis, aequationes differentiarum partialium ... complete integrandi]. Von Johann Friedrich Pfaff. ⟨1815.⟩ Aus d. Latein. übers. u. hrsg. von Gerhard Kowalewski. *Leipzig: W. Engelmann 1902.* (84 S.) 8°
— Klassiker, Ostwald's, d. exakten Wissenschaften. 129. (ca. 1380) 2

Johann Friedrich Pfaff

Johannes Fridericus Pfaff: Commentatio de ortibus et occasibus siderum apud auctores classicos commemoratis. Gottingae (1786:) Dieterich. 103 S. 8°
Göttingen, Phil.Preisschr.v.4.Juni 1786

— comment. de ortibus et occasibus siderum apud auctor. classicos commemorat. 4maj. Gölting. 787. Vandenhöck u. R. (Dieterich). 12 gr

Pfaff, Joh. Friedr., Sammlung von Briefen rc. s. Sammlung rc.

Versuch einer neuen Summationsmethode nebst andern damit zusammenhangenden analytischen Bemerkungen von J. F. Pfaff. Berlin, Himburg, 120. S. 8. 1787.

— Versuch e. neuen Summationsmethode, mit andern analyt. Bemerkk. gr. 8. Berl. 787. (Reimer). 10 gr

Johann Friedrich Pfaff

Versuch einer neuen Summationsmethode nebst andern damit zusammenhängenden analytischen Bemerkungen. Von Johann Friedrich Pfaff. Berlin: Himburg 1788. 120 S. 8°

Pfaff, J. F., Versuch einer neuen Summationslehre. gr. 8. Berlin. 788. Jetzt Reimer.

— viro illustri A. G. Kästner de problemate e Geometria curvarum respondet. 4. Helmst. 799. Fleckeisen.

Pfaff, Joh. Leon., den neuen deutsch-kath. Gemeinden u. ihren Führern Czerski u. Ronge. (Gedicht.) gr. 8. (1½ B.) Mainz 845, Kirchheim, Schott u. Thielmann.
Aus: Mainzer kathol. Sonntagsblätter rc., besond. abgedruckt.

Pfaff, Joh. Leonh., Leben u. Wirken Winfried's Bonifazius, des Apostels d. Deutschen u. Erzbischofs zu Mainz; besungen. Nebst dess. 2 ersteren Hirtenbriefen. Mit Genehmig. d. Hochwürd. Hrn. Verf. z. Druck befödert v. Jos. Siegl. gr. 12. (6 B.) Coblenz 834, Hergt.

Pfaff, Johann Wilhelm, s. P f a f f, Johann Wilhelm Andreas

Pfaff, Johann Wilhelm Andreas

Johann Wilhelm Pfaff

Astrologie. Von J[ohann] W[ilhelm] Pfaff. Nürnberg: Campe 1816. 246 S. 8°

Pfaff, J. W., astronomische Beyträge. 3 Hfte. gr. 8. Dorpat. (Hartmann in Riga.) 806.

— astronom. Beiträge. 4 Hefte. gr. 8. Mitau 806, 7. (Hartmann in Riga). 1 ₰ 8 gr (1s—3s Hft. Lauffer in Lpz.) 1 ₰

— (Übers.), s. B e r z e l i u s, Jöns Jakob: Neues System der Mineralogie.

— commentatio astronomica de calculo trajectoriarum. Sect. I. 4. Mitau 805. (Hartmann in Riga). 8 gr

— Darstell. d. Voltaism. gr. 8. Stuttgart, Steinkopf. 803.

— die höhere Farbenreihe, od. Sir Isac Neutons Seifenblasen. gr. 8. Nürnb. 820. Schrag. 6 gr

— die Gesammt-Naturlehre f. d. Volk u. seine Lehrer. (6 Lfgn.) gr. 8. (36 B. u. 6 lith. Taf. Abbild.) Leipzig u. Stuttgart 834, Scheible's Verls.-Expedition.

— die Gesammt-Naturlehre für d. Volk u. seine Lehrer. 6 Lfrgg. Mit 8 Steintaf. gr. 8. Leipzig u. Stuttgart 834, 35. Scheible's Buchh. (Literatur-Compt.) 1½ ℛ

— die zwölf syntactischen Grundgestalten, sammt e. Rede üb. den germanisch-scandinav. Sprachbund. 8. Nürnb. 816. Campe. 16 g

– (Hrsg.), s. Herschel, Friedrich Wilhelm: Entdeckungen und Fortschritte ... – Sämmtliche Schriften.

— Hieroglyphik, ihr Wesen u. ihre Quellen. Nebst hieroglyph. Inschrift dreier Scarabäen. Mit 1 Kpstaf. 8. Nürnb. 824 Campe. 18 g

– (Übers.), s. Lagerhjelm, Peter: Versuche zur Bestimmung der Dichtheit ...

— Lehrbuch d. Physik, physischen Geographie u. Astronomie zum Gebrauch f. Gymnasien u. Bürgerschulen. 8. Erlang. 822. Heyder. 6 g

— Lehrbuch der Physik, physische Geographie u. Astronomie z. Gebrauch f. Gymnas. u. Bürgerschulen. 8. Erlangen 823, Heyder.

— das Licht u. die Weltgegenden; sammt e. Abhandl. üb. Planeten-Conjunctionen u. d. Stern d. drei Weisen. gr. 8. Bamb. 821. Kunz. 1 ℛ

Pfaff, Jh. Wlh. Andr., das Licht u. die Weltgegenden ꝛc. gr. 8. 821. Jetzt Dresch in Bamberg. 1 ℛ

—— der Mensch u. d. Sterne. Fragmente z. Geschichte d. Weltseele. 8. (23¼ B.) Nürnberg 834, Campe.

Pfaff, W., der Mensch und die Sterne. Fragmente zur Geschichte der Weltseele. Neue, wohlf. (Titel-)Ausg. Nürnberg (834.) 858. Lotzbeck. 8. (3 Bl., 366 S.) 15 ngr.

— Rußland. Bemerkk. e. Deutschen, der 5 Jahre dort lebte. 8. Nürnb. 813. Campe. 8 g

— Samml. d. natürl. Logarithmen ꝛc., s. Schultes.

– (Hrsg.), s. Schultes, Jh.: Samml. der allgem. und der natürl. Logarithmen ...

— astrolog. Taschenbuch f. das J. 1822 u. 23. 8. Erlang. 822, 23. Palm. (822. 1 ℛ, 823. 1 ℛ 8 g) 2 ℛ 8 g

— de Tubo culminatorio Dorpatensi. Accedunt formulae ac tabulae in usum astronomorum. Mit 1 Kpf. 4. Dorpat 808. (Hartmann in Riga). 6 g

Pfaff, W., Uebersicht d. Galvanism ꝛc. gr. 8. Stuttg. Steinkopf. 804.

— Uebersicht üb. den Voltaismus u. die wichtigst. Sätze zur Begründung e. Theorie desselben. gr. 8. Stuttg. 804. Steinkopf. 14 g

— die Umkehrung der Voltaischen Pole durch Hrn. Pohl, od. die durch seine Philosophie geheilte 25jähr. Blindheit d. Naturforscher. Gesch., Kritik, Versuche. 8. Nürnb. 827. Campe. 16 g

Pfaff, J. W., Allgemeine Umrisse der germanischen Sprachen, der hochdeutschen, niederdeutschen, schwedischen und der gothischen des Ulfilas, in neuer Art gefasst; samt Anhang, enthaltend die vorzüglichsten Worte, welche den niederdeutschen, schwedischen und gothischen eigenthümlich sind. Nürnberg 1817. 8. . . . . (D.)

— allgem. Umrisse der german. Sprachen, der niederdeutschen, der schwed. u. der gothischen des Ulfilas, in neuerer Art gefaßt. Sammt Anhang ꝛc. 8. Nürnb. 817. Campe. 16 g

— der Voltaismus. gr. 8. Stuttg. 803. Steinkopf. 10 g

Pfaff, (J. W.,) die Weisheit der Aegypter u. die Gelehrsamkeit d. Franzosen. Kritik d. hieroglyphisch-alphabet. Untersuchungen des Hrn. Champollion. 8. Nürnberg 825. Campe. Rtblr.

— die Weisheit d. Aegypter, die Gelehrsamkeit d. Franzosen u. d. Verstand d. Deutschen. Zweite Beilage zu dess. Hieroglyphik. 8. Nürnb. 827, Campe.

— die Weisheit der Aegypter u. die Gelehrtheit d. Franzosen. Kritik d. hieroglyphisch-alphabet. Untersuch. des Hrn. Champollion. Erste Beil. zu dess. Hieroglyphik. 8. Nürnb. 825. Campe. 8 g

Pfaff, Ivo, e. Beitrag zur Lehre vom favor libertatis. gr. 8. (V, 45 S.) Wien 894. Manz. n. 1.—

Pfaff, Ivo. Zur Lehre vom sogenannten in fraudem legis agere. gr. 8. (VI, 170 S.) Wien 892, Manz. * 1 80

Pfaff Ivo, Dr.. Zur Lehre von der rechtlichen Stellung des *libertus orcinus*. S. 129 12 . . . . —.50
Separatabdruck

— üb. den libertus orcinus. [Aus: „Sitzungsber. d. k. Akad. d. Wiss."] Lex.-8. (18 S.) Wien 898. (F. Tempsky.) n. — 50

Pfaff, Ivo, über den rechtl. Schutz der wirthschaftl. Schwächeren in der röm. Kaisergesetzgebg., s. a. Forschungen, socialgeschichtl., Hft. 3.

Über den rechtlichen Schutz des wirthschaftlich Schwächeren in der römischen Kaisergesetzgebung. Von Dr. Ivo Pfaff, ... Prof. ... in Prag. *Weimar: E. Felber 1897.* (2 Bl., 88 S.) 1 Bd 8.
= Forschungen, Socialgeschichtliche. Ergänzgshefte z. Zeitschr. f. Social- u. Wirthschaftsgesch. H. III. [97. 7002

Pfaff, Ivo, Tabellio u. Tabularius. Ein Beitrag zur Lehre v. den röm. Urkundspersonen. (60 S.) gr. 8. Wien 905. Manz. n. 1. 40

Pfaff, K. H. S., Chronik der Stadt Eßlingen, 1802—1895. Anh. zu Karl Pfaff's „Geschichte d. Reichsstadt Eßlingen". gr. 8. (43 S.) Eßlingen 896. (C. Amsler.) n. — 80

— die Reichsstadt Eßlingen u. ihr Bürgermeister Georg Wagner in d. Zeiten d. 30jährigen Krieges, s. a. Neujahrsblätter, württemberg. N. F. 3.

[J.] Die Reichsstadt Esslingen und ihr Bürgermeister Georg Wagner in den Zeiten des dreissigjährigen Kriegs. Von Dr. K. H. S. Pfaff. M. 2 Bild. *Stuttgart: D. Gundert 1898.* (96 S.) 1 Bd 8.
= Neujahrsblätter, Württembergische. N. F. Bl. 3. [98. 10460

— Liederbuch. 8. (70 S.) Straßburg 898. J. H. E. Heitz. n. 1. 50

Pfaff, K. H. S., s.: Urkundenbuch d. Stadt Esslingen.

Pfaff, K. H. Siegfr., fünf Kaiserlieder. (1895. 1898. 1899. 1900. 1906.) (7 S.) 8. Straßburg 906. J. H. E. Heitz. n.n. — 15

Pfaff, Karl

— s. Aeschines, Gespräche.

— s. Aeschines, d. Sokrat., Werke.

Pfaff, Karl, Beschreibung d. Erde ꝛc., s. Hoffmann, W.

(Pfaff, Karl.) Biographie der Regenten von Württemberg von Herzog Eberhard im Bart bis zum König Friederich mit deren Abbildungen. Stuttgart, im Verlag der G. Ebner'schen Kunsthandlung [1821].
Gest. Tit., 1 Bl. Vorrede: 15 Taf. in Kupferst., davon 14 kol., m. 30 Bl. Text. 2°
Verfasser nennt sich am Schluss der Vorrede.

Pfaff, Karl, Denkmal M. Luthers, e. Beitr. zur 3n Jubelfeier der Reformation. gr. 8. Heidelb. 817. (Mäken in Reutl.) 1 ℛ

Pfaff, C., Denkmal M. Luthers, ein Beytrag zur 3ten Jubelfeyer der Reformation. gr. 8. Heidelberg, Oswald. 817.

Pfaff, Karl, die allgemeine Erdbeschreibung für die weibl. Jugend, s. Bibliothek für die weibl. Jugend, 26 Bdchn.

– Friedrich der Große, s. Hausbücher, Deutsche. Nr. 4.

Pfaff, (Karl), Prof.: [**Gedächtnisrede für Prof. Valentin Both,** gest. am 14. Sept. 1899.] *Heidelberg 1900: E. Geisendörfer.* (S. 4—8.) 4°
Heidelberg, G, P 1900 (652)

Pfaff, Karl, württembergisches Gedenkbuch auf alle Tage des Jahres. Ein Handbuch für jeden Stand. 862. n. 1 ℛ 10 ngr. — 2. (Titel-)Ausg. Stuttgart 865. Koch. gr. 8. (563 S.) n. 20 ngr.

Pfaff, Karl, Gemälde d. Inquisition, s. Bildersaal, histor.

—— allgem. Geschichte, besond. d. europ. Menschheit, s. Geschichte, allgemeine.

—— Geschichte d. Reichsstadt Eßlingen. Nach Archivalurkunden u. and. bewährten Quellen dargest. gr. 8. (60 B.) Eßlingen a. N. 840, Dannheimer'sche Buchh.

Pfaff, Karl, Geschichte d. Reichsstadt Eßlingen. Nach Archivalurkunden u. andern bewährten Quellen dargestellt. 2. mit einem Ergänzungsheft v. Beilagen, Zusätzen, Verbesserungen u. alphabet. Register verm. Ausg. gr. 8. (997 S.) Eßlingen 852, Weychardt. n. 1¼ ℛ

— Geschichte der Reichsstadt Eßlingen. Ergänzungshft. Beilagen, Zusätze, Verbesserungen u. e. Register enthaltend. gr. 8. (38 S.) Ebd. 852. 6 ngr

Pfaff, Karl, Geschichte der Frauenkirche in Eßlingen u. ihrer Restauration. Mit 1 Ansicht der Frauenkirche (in Photogr.) u. 2 Holzschn. (im Text). Eßlingen 863. Weychardt. gr. 8. (2 Bl., 23 S.) n. 15 ngr.

—— Geschichte d. Fürstenhauses u. Landes Wirtemberg, nach d. besten Quellen u. Hülfsmitteln neu bearb. 3 Thle. (od. 30 Lfgn.) (134½ B. u. 16 Bildn.) Stuttgart 835—39, Metzler'sche Buchh.

Pfaff, Karl [Prof. Dr.]: Zur Geschichte des Heidelberger Gymnasiums. Verzeichnis der Abiturienten des Heidelberger Gymnasiums aus den Jahren 1844—1893 m. biograph. u. bibliograph. Bemerkgn zsgest. Heidelberg, Buchdr. v. A. Emmerling & Sohn, 1893; 1—43 S. 4.
Heidelberg, G, MP 1893 (603)

Pfaff, Dr. K. Geschichte des Militärwesens in Württemberg. Stuttgart 1842. 136 S.

Pfaff, Carl, Geschichte des Militärwesens in Württemberg von der ältesten bis auf unsere Zeit, u. der Verhandlungen darüber zwischen der Regierung u. den Landständen. gr. 8. (9 B.) Stuttgart 842, Schweizerbart'sche Buchh.

—— Geschichte des Pfalzgrafen-Amtes nach seiner Entstehung und Bedeutung dargestellt. gr. 8. (X und 102 S.) Halle 847, Anton.

—— Geschichte d. Reichstags zu Augsburg, im J. 1530, u. d. augsburg. Glaubens-Bekenntnisses, bis auf d. neueren Zeiten. Ein Beitr. zu d. 3. Jubelfeyer desselben. (2 Abthln.) gr. 12. (34½ B.) Stuttgart 830, Steinkopf.

— Geschichte der Stadt Stuttgart, nach Archival-Urkunden u. andern bewährten Quellen dargestellt. 1.—14. Hft. gr. 8. Stuttgart 845, 46, Sonnewald. Subscr.-Pr. à n. 6 ngr

— Geschichte der Stadt Stuttgart. 15 u. 16. Hft. gr. 8. (2. Bd. VI S. S. 545—602 u. 15 S. mit 1 lith. Plan in gr. Fol.) Stuttgart 847, Sonnewald. à 6 ngr (cmplt. 3 ℛ 6 ngr)

Pfaff, C., Geschichte Wirtenbergs. 1r Bd. 1ste u. 2te Abth. Mit 1 Karte. gr. 8. Reutlingen. (Leipzig, Hartmann.) 818 und 819.

— Geschichte Würtembergs. 2 Bde. Mit 1 Karte. gr. 8. Reutling. 818—21. Mäken. 3 ℛ 12 gl. Postp. 4 ℛ 12 gl.

— Geschichte Würtembergs für das Volk. 1e—22e Lfrg. Mit Portraits. gr. 8. Stuttgart 835—39. Metzler. (à 1/4 ℛ) 5½ ℛ — 23e—30e Lfrg. u. d. T.: Geschichte des Fürstenhauses und Landes Würtemberg, nach den besten Quellen und Hülfsmitteln neu bearb. (für d. Volk). 3r Thl. 2e Abthl. Mit 8 Bildnissen. gr. 8. Ebd. 839. 2 ℛ — Alle 3 Thle. mit 16 Bildnissen 8⅔ ℛ

– s. Griesinger, Karl Theodor: Universal-Lexicon von Württemberg ...

— Handbuch der Weltkunde, zum Gebrauch d. Jugendlehrer u. zur Belehr. f. Gebildete jeden Standes. 1r—5r Thl. Mit Holzschn. 8. Tübing. 823—27. Osiander.

—— Handbuch d. Weltkunde, z. Gebr. d. Jugendlehrer u. z. Belehrung f. Gebildete jed. Standes. 6. Thl., welcher d. statist. Anh., d. Zusätze u. Register enthält. 8. (17¼ B.) Tübingen 828, (Osiander.)
1—5. Thl. Ebendas. 1823—27. 6 Thlr. 4 Gr.

Pfaff, K., Heidelberg, s.a. Europe, illustrated.

— dasselbe, s.a. Wanderbilder, europäische.

Pfaff, Carl. Heidelberg. Von K' Pf' Mit 35 Illustrationen von J[ohann] Weber [wovon 7 Tafeln] und 1 Plan. (Europäische Wanderbilder. N° 87 88) 8. Zürich (1884 – *Umschlag* 1885 –).

Pfaff, Karl Heidelberg. (Europ. Wanderbilder). Zürich Orell, F & Cie. [1885.]

— dasselbe, s.a. l'Europe illustrée.

Pfaff, Carl. Heidelberg. Par Charles Pf. Avec 34 Illustrations par J[ohann] Weber [dont 7 planches] et une Carte. (L'Europe illustrée. № 69. 70.) 8. Zurich, (Paris [18]85).

Heidelberg und Umgebung. Von Dr. Karl Pfaff, Prof. . . . zu Heidelberg. M. 79 Ill., 4 Pl. u. 2 Kt. *Heidelberg: J. Hörning 1897.* (VIII, 231 S., 7 Taf., 1 Portr., 3 Pl., 1 Kt.) 1 Bd 8. [97. :8.8

Pfaff, Karl, Heidelberg u. Umgebung. Mit 119 Abbildgn., 8 Plänen u. 1 Karte. 2., erweit. Aufl. 4. (XVI, 427 S.) Heidelberg 902. J. Hörning. Geb. in Leinw. n.n. 4. 80

Pfaff, Karl, Heidelberg u. Umgebung. 3. umgearb. Aufl. m. 112 Abbildgn. u. 2 (1 farb.) Plänen, besorgt v. Rud. Sillib. (VIII, 371 S. m. Titelbild.) gr. 8. Heidelberg 910. J. Hörning. Geb. in Leinw. nn 4. 50

Pfaff. K. Württembergisches Heldenbuch 8 Esslingen 1820.

—— württembergisches Heldenbuch. 12. (6 B.) Eßlingen 840, Dannheimer'sche Buchh.

— Erzherzog Karl v. Oestreich, s. Hausbücher, Deutsche, Nr. 3

Pfaff, ((Carl,) Lehrbuch d. alten u. neuern Erdbeschreibung mit Rücksicht auf Völkerkunde u. Geschichte. 1e Abtheilung. Einleitung, Europa u. Asien. gr. 8. Tübing. 823, (Osiander.)

—— Lehrbuch d. Natur-, Erd-, Menschen-Kunde u. Geschichte f. Real-Anstalten, Bürger-Schulen u. niedere Gymnasien. gr. 8. (31¼ B.) Stuttgart 832, Steinkopf.

Pfaff, K. Lateinische Lese- u. Übungsbücher f. Sexta bis Tertia, s. Kautzmann, Ph.

Pfaff, Karl De diversis manibus quibus Ciceronis de republica libri in cod. vaticano correcti sunt Accedit tabula heliotypa. 18 S. Progr. G. *Heidelberg* 1883.

Pfaff, Carl, Mährchen der 1001 Nacht für die Jugend bearb. 2. Aufl. Leipzig 867. Berndt. br. 8. (V, 412 S. mit 12 lith. u. color. Abbild.) cart. 1 ℛ 15 ngr.

Pfaff, Karl, Märchen der 1001 Nacht. Für die Jugend bearb. 2. Aufl. Mit (10 lith. u. color.) Abbildgn. 8. (V, 412 S.) Leipzig 876. Berndt. 4. 50

Pfaff, Karl, Märchen der 1001 Nacht. Für die Jugend bearb. 3. Aufl. Mit (10 color.) Abbildgn. 8. (415 S.) Leipzig 879. Berndt. cart. 4. 50

—— Mährchen der Schehezarade, od. Tausend u. Eine Nacht, f. d. Jugend bearb. gr. 8. (25⅛ B. u. 6 ill. Kpfrt.) Stuttgart 838, Erhard.

— Mährchen der Schehesarade od. Tausend u. Eine Nacht für d. Jugend bearb. (Neue Ausg.) Mit 16 Kpfrn. br. 8. (IV u. 395 S.) Stuttgart 848, Erhard. 1¾ ℛ

— Miscellen aus d. würtemb. Geschichte, zugleich Erläuter. u. weitere Ausführungen zu s. Geschichte Würtembergs. gr. 8. Stuttg. 824. Metzler. 14 gl

Pfaff, K.: „Ueber die Münzzerrüttungen . . . . des Landes Württemberg", Stuttgart 1839.

Pfaff, (Karl), Prof.: [Nachruf für den früheren Lehrer Prof. Max Wolf, gestorben den 25. Dezember 1901.] *Heidelberg 1902: E. Geisendörfer.* (S. 2—4.) 4°
Heidelberg, G, P 1902 (680)

Pfaff, Karl Wirtenbergischer Plutarch. Lebensbeschreibung berühmter Württemberger. Esslingen Seeger 1830.

—— die Quellen d. ältern wirtemberg. Geschichte u. d. älteste Periode d. wirtemberg. Historiographie. Eine Abhandl. gr. 8. (3 B.) Stuttgart 831, Steinkopf.

Pfaff, Karl [Prof. Dr.]: Rede zur Feier des Geburtstages S. M. des deutschen Kaisers, am 26. Jan. 1893 geh. *über Karl Friedrich von Baden.* Heidelberg, Buchdr. v. A. Emmerling & Sohn, 1893; 1—12 S. 4.
Heidelberg, G, MP 1893 (603)

—— Wildmeisters Röschen. Eine Novelle. gr. 12. (264 S.) Augsburg 851(52,) Schmid'sche Buchh.

– s. Schulzeitung, süddeutsche.

— des Jren Tochter. Eine Erzählung für die reifere Jugend. Mit 1 Stahlst. 12. (VI u. 164 S.) Augsburg 851, Schmid. ½ ℛ

Pfaff, C., d. Jren Tochter. Eine Erzählg. f. die reifere Jugend. Mit e. Stahlst. 2. Aufl. 8. (170 S.) Augsburg 872. Schmid. 1. 20

—— Universal-Lexicon von Württemberg ꝛc., s. Universallexikon.

—— über d. Ursprung u. d. Entstehung d. württembergschen Fürstenhauses, krit. untersucht u. dargest. gr. 8. (... B., 7 Beilag., 3 Stammt. u. 1 Karte.) Stuttgart 836, (Metzler'sche Buchh.)

— dies., für die Jugend bearb. Mit Abbildd. 4. Stuttgart... Rieger u. Comp. 2⅙ ℛ, mit ill. Abbildd. 2½ ℛ

—— Versuch einer Geschichte des gelehrten Unterrichtswesens in Würtemberg in ältern Zeiten. gr. 8. (9¼ B.) Ulm 842, Wagner.

—— Philipp Villiers de l'Isle-Adam und Johann de la Valette. Zwei Heldenbilder aus dem 16. Jahrhundert. 8. (VIII und 218 S.) Schaffhausen 851, Hurter'sche Buchh.

— Vokabularium zu den lateinischen Lese- u. Uebungsbüchern f. Sexta u. Quinta, s.: Kautzmann, Ph.

Pfaff, Carl, württembergische Wein-Chronik. Ein Bericht über die Quantität u. Qualität des Weins u. die darauf einwirkenden Witterungsverhältnisse der einzelnen Jahrgänge. Von den ältesten Zeiten bis aufs J. 1865. Eßlingen 865. Weychardt. 8. (IV, 116 S.) n. 10 ngr.

Pfaff, Carl, Werkzeuge und Maschinen zur Holz-Bearbeitung, s. Exner, W. F.

— die Westfeste oder Amerika, s. W. Hoffmann, Neue Welt.

—— Fürstenhaus und Land Württemberg nach den Hauptmomenten, von der ältesten bis auf die neueste Zeit geschildert. 2., verb. und mit einer lithogr. und ill. Geschichtskarte von Württemberg in Imp.-4. von R. Groß verm. Ausg. gr. 8. (III und 172 S.) Stuttgart 849, Schweizerbart'sche Vrlgsh.

— Fürstenthum u. Land Württemberg nach den Hauptmomenten, von der ältesten bis auf die neueste Zeit geschildert. Eine Festgabe z. Jubelfeier. Lex.-8. Stuttgart 841, Schweizerbart. ⅝ ℛ

Pfaff, Carl Christian (Leipzig), De crimine conniventiae. Präs. Josias Ludwig Ernst Püttmann. Leipzig (Büschel) 30. V. 1781. 24 S. (4.75) 26256

— — Dasselbe. Leipzig (Büschel) 30. V. 1781. 24 S. (4.75) 26257
Mit Widmung.

Pfaff, Carol[us] Christ[ianus] Frideric[us] August[us]. De origine et natura potestatis, quae fuit sacri palatii comitum in regnis Germaniae et Franciae. Halis (1827): Grunert. 34 S. 8° (4°)
Halle-Wittenberg, Phil. Hab.-Schr v 27 Okt 1827

Pfaff, Carolus Christianus Fridericus Augustus: De vita Ludovici Sancti Francogalliae regis.
Halle-Wittenberg, Phil. Diss. v. 11. Aug. 1826
Geb. [Helmstedt 1. 3. 1805]
Ms. fehlt.

Pfaff, **Karl Wilh. Andr.**, annotationes ad theoriam perturbationum coelestium pertinentes. 4maj. Münch.817. (Franz). 5 ℳ (Auch in d. Denkschriften d. Akademie d. Wissensch.)

Pfaff, L., Psalmenbuch für Christen. 8. Sulzbach, Seidel. 817.

Pfaff, L.: Rechtsgutachten zur Frage über die Haftung der Mitglieder einer Genossenschaft,
s. Grünhut, Karl Samuel

Pfaff, L. H., s. Pfaff, Christoph Heinrich

Pfaff, Leopold (Hrsg.), s. Arndts, Ludwig: Lehrbuch der Pandekten.

Pfaff, Leopold u. Frz. Hofmann

—— —— Excurse über österreichisches allgemeines bürgerliches Recht. Beilagen zum Commentar. 1. Bd. 1. Heft. und 2. Bd. 1. Heft. gr. 8. Ebendas. [1. Bd. 1. Heft. 1. und 2. unveränd. Aufl. (III, S. 1—112.) 877,78; 2. Bd. 1. Heft. (S. 1—128.) 877.] à Heft * ℳ 2. *

—— —— Excurse über österreichisches allgemeines bürgerliches Recht. Beilagen zum Commentar. 2. Bd. 2. und 3. Heft. gr. 8. (S. 129—332.) Ebendas. 880,84. à Heft * ℳ 2. *
1. Bd. 1. Heft und 2. Bd. 1. Heft. Ebendas. 1877,78. à * ℳ 2.

— — Excurse üb. österreichisches allgemeines bürgerliches Recht. Beilagen zum Commentar. 1. Bd. 2.—4. Hft. gr. 8. (S. 111—430.) Ebd. 889. n. 5. 60 (I, 1—4. u. II, 1—3.: n. 13. 60)

Pfaff, Leop.: Geld als Mittel pfandrechtlicher Sicherstellung, insbes. das sog. pignus irregulare. E. Beitr. zur Lehre vom Inhalt und der Ausübung des Pfandrechts. Wien 1868.
(S.-A. a.: Allgem. österr. Gerichts-Zeitung.)

Pfaff, Leop., Geld als Mittel pfandrechtlicher Sicherstellung, insbesond. das sogen. pignus irregulare. Ein Beitrag zur Lehre vom Inhalt u. der Ausübung des Pfandrechts. [Aus der allg. österreich. Gerichtszeitung.] Wien 869. Manz' Verl. gr. 8. (74 S.) n. 14 ngr

– u. Frz. Hofmann

—— —— zur Geschichte der Fideicommisse. gr. 8. (42 S.) Ebendas. 884. *
Aus: Excurse über österreichisches allgemeines bürgerliches Recht, besonders abgedruckt.

Pfaff, Leop., die Clausel, Rebus sic stantibus in der Doctrin u. d. österreich. Gesetzgebg., s. a. Festschrift z. 70. Geburtstage Dr. Joseph Ungers.

Pfaff, d. Clausel: Rebus sic stantibus in d. Doktrin u. d. öster. Gesetzgbg. Wien 898.

Pfaff, Leop., u. **Frz. Hofmann**, Commentar zum österreichischen allgemeinen bürgerlichen Gesetzbuche. 1. Bd. 1. u. 2. Abth. gr. 8. (XII, 360 S.) Wien 877. 82. Manz. n. 7. 20

— — dasselbe. 2. Bd. 1. u. 2. Abth. gr. 8. (S. 1—321.) Ebend. 877. 80. à n. 3. —

Pfaff, Leop. u. **Frz. Hofmann**, Commentar zum österreichischen allgemeinen bürgerlichen Gesetzbuche. 2. Bd. 3. u. 4. Abth. gr. 8. (S. 321—640.) Wien 883. 85. Manz. à n. 3. — (I, 1. 2. II, 1—4.: n. 19. 20)

Pfaff, L., u. **F. Hofmann**, Commentar zum österreich. allgemeinen bürgerlichen Gesetzbuche. 2. Bd. 5. Abthlg. gr. 8. (S. 641—800.) Wien 887. Manz. n. 3. — (I. Bd. in 2 Abthlgn. u. II Bd. 1.—5. Abthlg. n. 22. 20)

Pfaff, Leop., s.: Krainz, Jos., System d. österreichischen allgemeinen Privatrechts.

— **Rede auf Franz v. Zeiller**, geh. am 26. Apr. 1891 bei der Enthüllung der in den Universitäts-Arkaden aufgestellten Büste Zeillers. 2. Aufl. Lex.-8. (32 S.) Wien 891. Manz. n. — 60

Pfaff, Leop., s.: Sammlung v. civilrechtlichen Entscheidungen des k. k. obersten Gerichtshofes.

Pfaff, L., System des österreichischen allgemeinen Privatrechts, s.: Krainz, Jos.

Pfaff, Max

Pfaff, M., Kirche, Kapelle u. Friedhof od. die heil. Orte u. ihre Einrichtungen. In Fragen u. Antworten f. die Schule u. Christenlehre, sowie zur Belehrg. f. Erwachsene. 32. (134 S.) Freiburg i/Br. 884. Herder. n. — 30; geb. n.n. — 45

Pfaff, M., Kirche, Kapelle u. Friedhof od. die heiligen Orte u. ihre Einrichtungen. In Fragen u. Antworten f. Schule u. Christenlehre, sowie zur Belehrg. f. Erwachsene. 2., verb. Aufl. Mit 1 Titelbild. 16. (VIII, 116 S.) Freiburg i/Br. 887. Herder. n. — 30; geb. n.n. — 40

Pfaff, M., Kirche, Kapelle u. Friedhof od. d. hl. Orte u. ihre Einrichtgn. In Fragen u. Antworten f. Schule u. Christenlehre, sow. z. Belehrg. f. Erwachsene. 3. Aufl. 16. (VIII, 116 S. m. Titelbild.) Freiburg i/B 896. Herder. n. — 30; geb. in Halbleinw. n.n. — 40

Pfaff, Max, Kirche, Kapelle u. Friedhof od. die hl. Orte u. ihre Einrichtgn. In Fragen u. Antworten f. Schule u. Christenlehre, sowie zur Belehrg. f. Erwachsene. 4. Aufl. (VIII, 116 S. m. Titelbild.) 11,7×7,5 cm. Freiburg i/B. (907). Herder. — 30; kart. — 40

—— das christliche Kirchenjahr. In Fragen und Antworten für die Schule und Christenlehre. Nebst einem Anhang, religiöse Lieder für die Festzeiten enthaltend. 2. verb. Aufl. (94 S.) 1881; 3. verb. Aufl. 16. (IV, 118 S.) Ebendas. 884. * cart. ** 40 Pf. und **

— das christliche Kirchenjahr. In Fragen u. Antworten f. die Schule u. Christenlehre. Nebst e. Anh., religiöse Lieder f. die Festzeiten enth. 4. Aufl. 16. (IV, 118 S.) Ebend. 886. n. — 25

— das christliche Kirchenjahr. In Fragen u. Antworten f. die Schule u. Christenlehre. Nebst e. Anh., religiöse Lieder f. die Festzeiten enth. 5. Aufl. m. Titelbild in Farbendr. 32. (IV, 118 S.) Ebd. 889. n. — 25; geb. n.n. — 35 u. n.n. — 40

Pfaff, M., das christliche Kirchenjahr. In Fragen u. Antworten f. die Schule u. Christenlehre. Nebst e. Anh., religiöse Lieder f. die Festzeiten enth. 6. u. 7. Aufl. 16. (IV, 118 S. m. farb. Titelbild.) Freiburg i/B. 891. 894. Herder. n. — 25; geb. in Kalbldr.-Imitation n.n. — 40; in Halbleinw. n.n. — 40

— das christliche Kirchenjahr. In Fragen u. Antworten f. d. Schule u. Christenlehre. Nebst e. Anh., religiöse Lieder f. d. Festzeiten enth. 8. Aufl. 24. (IV, 118 S. m. farb. Titelbild.) Ebd. 896. n. — 25; geb. in Kalbldr.-Imitation od. Halbleinw. n.n. — 40

— dasselbe. 9. Aufl. 16. (IV, 113 S. m. farb. Titelbild.) Ebd. 898. n. — 25; geb. in Ldr.-Imitation od. kart. n. — 40

Pfaff, M., das christliche Kirchenjahr. In Fragen u. Antworten f. die Schule u. Christenlehre. Nebst e. Anh., religiöse Lieder f. die Festzeiten enth. 10. Aufl. 16. (IV, 118 S. m. farb. Titelbild.) Freiburg i/B. 901. Herder. n. — 25; geb. in Ldr.-Imitation od. kart. n. — 40

Pfaff, M., das christliche Kirchenjahr. In Fragen u. Antworten f. die Schule u. Christenlehre. Nebst e. Anh., religiöse Lieder f. die Festzeiten enth. 12. Aufl. (IV, 118 S. m. farb. Titelbild.) 16. Freiburg i/B. (906). Herder. n. — 25; geb. in Ldr.-Imitation od. Halbleinw. n. — 40

— Das christliche Kirchenjahr. In Fragen u. Antworten f. die Schule u. Christenlehre. Nebst e. Anh., religiöse Lieder f. die Festzeiten enth. 13. Aufl. (IV, 118 S. m. farb. Titelbild.) 11,7×7,7 cm. Ebd. (908). — 25; geb. in Ldr.-Imitation od. Halbleinw. — 40

Pfaff, M., Sammlung von Gebeten und Kirchenliedern für Gymnasien und höhere Bürgerschulen. Mit Berücksichtigung des neuen Lehrplanes für den kathol. Religionsunterricht an Mittelschulen. 2. Aufl. 12. (38 S.) Freiburg i. Br. 885, Herder'sche Verlagsh. * — 25

— Sammlg. v. Gebeten u. Kirchenliedern f. Gymnasien u. höh. Bürgerschulen. M. Berücksicht. d. Lehrplanes f. d. kathol. Religionsunterr. an Mittelschulen. 3. Aufl. 8. (38 S.) Ebd. 897. n. — 30

— Sammlung v. Gebeten u. Kirchenliedern f. Gymnasien u. höhere Bürgerschulen. Mit Berücksicht. des Lehrplanes f. den kathol. Religionsunterricht an Mittelschulen. 4. Aufl. (38 S.) 8. Ebd. 903. Kart. n. — 40

Pfaff, Paul, Gesetzeskunde. Zusammenstellg. kirchl. u. staatl. Verordngn. f. d. Geistlichkeit d. Bist. Rottenburg. gr. 8. (X, 489 S.) Rottenburg 897. W. Bader. n. 3. 80; geb. in Halbfrz. n.n. 5. —

Pfaff, Paul, Gesetzeskunde. Zusammenstellung kirchl. u. staatl. Verordngn. f. die Geistlichkeit des Bist. Rottenburg. 2. Aufl., bearb. v. J. B. Sproll. 1. Bd. (XI, 391 S.) gr. 8. Rottenburg 908. W. Bader. 5.—; geb. in Leinw. 6. 20

Philipp Pfaff

Philipp Pfaffs [Pfaff]Abhandlung von den Zähnen des menschlichen Körpers und deren Krankheiten. Berlin: Haude & Spener 1756. 184 S. 8°

Pfaff, Phil., von Zahnkrankh. und deren Hülfsmittel, mit K. gr. 8. Berlin, Haude. 756.

Pfaff, Rich., Zeichnungen. 1—12. Fol. (12 Bl.) Bonn. Verlag der Maler-Zeitung. ** 2 20

Pfaff, Rudolf Franz, a. Plauen i. V.: Die Unterschiede zwischen der Naturphilosophie Descartes' und derjenigen Gassendis und der Gegensatz beider Philosophen überhaupt. Borna-Leipzig 1905: R. Noske. (65 S.) 8°
Leipzig, Phil. Fak., Ref. Heinze, Wundt, Diss. v. 20. Okt. 1905
[Geb. 24. Aug. 77 Plauen; Wohnort: Plauen; Staatsangeh.: Sachsen; Vorbildung: Realgymn. Plauen Reife O. 02; Studium: Leipzig 4, Marburg 1, Leipzig 1 S.; Rig. 24. Juli 05.]

[Neudr. um 1965] als: Burt Franklin Research ce Work Series. 129.
= Enc. A 1443 [129]

Pfaff, S., Rede zur Feier des Schillerfestes in Schweinfurt gehalten. Schweinfurt 859. Giegler. gr. 8. (15 S.) n. 2 ngr

Pfaff, Sebastian, Rechtsprakt.: Das neue Weingesetz und seine wirtschaftliche Bedeutung. Landau 1910: Vorderpfälzische Genossenschafts-Dr. 72 S. 8°
Würzburg, Jur. Diss. v. 31. Dez. 1910, Ref. G. v. Schanz
[Geb. 25. Juli 85 Königsbach; Wohnort: Königsbach; Staatsangeh.: Bayern; Vorbildung: Gymn. Neustadt a. H. Reife Juli 05; Studium: München 8 S.; Rig. 15. Juni 10.] [U 11. 4534

Pfaff, Siegfr., exegetisch-kritische Bemerkungen zu Tacitus' Agricola Cap. 1. u. 36. Erlangen 867. (Deichert.) gr. 4. (26 S.) 7½ ngr

Wie haben die griechischen Tragiker die auftretenden Personen kenntlich gemacht? Von Dr Siegfried Pfaff, Stdl. — 1856. Ebend. — S. 3—16.
Progr. Schweinfurt.

Pfaff, W., s.a. Pfaff, Johann Wilhelm Andreas

Pfaff, W., die Alkoholfrage vom ärztlichen Standpunkt. Vortrag, geh. am 10. XII. 1903 im VII. ärztl. Bezirksverein (Ulm). (35 S) gr. 8. Tübingen 904. F. Pietzcker. n. — 80

— dasselbe. 2. verm. Aufl. (125 S.) gr. 8. München 906. E. Reinhardt. n. 1. 20

Pfaff, W., Denkreize, od. üb. d. Erziehung des Menschen. Ein Versuch. 8. (6 B.) Hanau 832, Edler.

— Taschenb. f. Forstbediente in Tabell. 8. Gießen. (Krieger in Marb.) 809.

Pfaff, Wilhelm, s.a. P f a f f , Johann Wilhelm Andreas

Pfaff, Wilh., über die Entwicklung der Orthodontie. s.a. **S a m m l u n g v. Vorträgen aus dem Gebiete der Zahnheilkunde. 2. Heft.**

Über die Entwicklung der Orthodontie, besonders in neuester Zeit, und die Hauptaufgaben für die Zukunft. Vortrag geh. in Wiesbaden von Wilhelm **Pfaff**. Leipzig Dyk 1910. 37 S. 8°
(Sammlung von Vorträgen aus d. Gebiete d. Zahnheilkunde. H. 2.) (10. 10179

— Führer durch die gesammte Arbeiterversicherung, s.: Bibliothek f. Arbeiterrecht.

— Das zahnärztliche Institut der Universität Leipzig, s.. **Dependorf, Th.**

Pfaff, Wilh., die Curven der ebenen Kegelschnitte u. ihre Projectionen. Mit 4 (lith.) Taf. (in qu. Fol.) gr. 4. (22 S.) Kassel 874. (Freyschmidt.) n. 12. —

Lehrbuch der Orthodontie f. Studierende u. Zahnärzte mit Einschluß d. Geschichte d. Orthodontie von Wilhelm (a. d. Umschl. H. W.) **Pfaff**, Hofzahnarzt. 1 Aufl. Mit 456 Abb. Dresden: Zentralstelle f. Zahnhygiene 1906. (XI, 488 S.) 8° [1-6. 5080

Pfaff, Wilh., s.: Papier-Kalender.

PFAFF, Wilhelm: Taschen-Buch zu richtiger Bestimmung des Cubicinhalts und Werths derer Stämme nach aller ihrer Verschiedenheit, besonders für den Forstmann, zur Erleichterung genauer Waldabschätzungen, als der Grundlage einer sichern Forstwirthschaft eingerichtet. - Giessen 1791. 16 S., 33 Taf. - 2. u. 3. Aufl. ebd. 1809

– Dass., s.a. P f a f f , Heinrich Wilhelm

Pfaff, Wilh. [approb. Arzt]: Ueber die Wirkung einiger in der Augenheilkunde angewendeter Aetzmittel auf die Zungenschleimhaut des Frosches ... Neustadt a. d. Haardt, Druck d. Aktien-Druck., 1886; 23 S. 8°.
Erlangen, Med. Fak., Inaug.-Diss. v. 1886.

Pfaff, Wilh., über die Wirkung einiger in der Augenheilkunde angewendeter Aetzmittel auf die Zungenschleimhaut des Frosches. Diss. Erlangen 1886, Th. Blaesing. 8°. 23 S.

— Die Zahnheilkunde in ihren Beziehungen zu den Naturwissenschaften u. der Medizin, s.a. **S a m m l u n g v. Vorträgen aus dem Gebiete der Zahnheilkunde. I.**

Die Zahnheilkunde in ihren Beziehungen zu den Naturwissenschaften und der Medizin insbesondere der patholog. Anatomie und ihre Aufgaben für die Zukunft. Nach s. Antrittsvorlesung von Wilhelm **Pfaff**. Leipzig. Dyk 1910. 54 S. 8°
(Sammlung von Vorträgen aus d. Gebiete d. Zahnheilkunde. 1.) (10. 10178

Pfaff, Wilh. (Red.), s. Z e i t s c h r i f t für Papier-Erzeugung und Verbrauch

Pfaff-Bader, C., Malerisches aus Salzburg, s.: Graf-Fbg., O.

Pfaff v. Jägersburg, L., Lebens Luft u. Leid, Heimath-Blumen. Lieder. 2. Aufl. gr. 16. (332 S.) Darmstadt 873. Rühl. 3. —

Pfaffe: Das h. V a t e r u n s e r für höhere Schulen bearbeitet. 1. Abth. 32 S. – Halle, Lat. H., Progr. 1870.

P f a f f e n, drey närrische; od. Leben u. Schwänke Wigands v. Theben, Peter Lewen's u. Plovano Arlotto's, herausgegeb. v. Aug. Wilhelmi. 8. Leipz. Sommer. 8oo.

Pfaffen. – Die Pfaffen u. die F r e i m a u r e r , s. E i m e r , H

Pfaffen, die, unter dem Kahlenberge. Von e. belehrten Pfaffenfeinde. 8. (99 S.) Amberg 876. Habbel in Comm. — 75

PFAFFEN, K l ö s t e r , J e s u i t e n . O f f e n e r B r i e f a n d a s V o l k von *G. d. O.* Druck v A. Weppner Graz, Selbstverlag 1869.
V e r b o t e n v. L.-G. Graz, 27. August 1869. § 65 b.

Pfaffen und Salz. Salzburg 1786. H: *Steinsberg, Carl Franz Guolfinger Ritter von & Franz Xaver Huber.* (Anekdoten, Fürsten- und Volkslaunen als Beitraege zur Charakteristik Kaiser Josefs II. 1790, 2. Heft, S. 23) (PETZEK verboten) (WALLISHAUSER I, S. 108) (WIESER 1/1243) (Auction Wallenburg 1891) (BIBLPORT)

— d., zu S a n c t - B a s t i a n; e. romant. Gemälde d. Vorzeit. 8. Lpz. Joachim.

PFAFFEN, D i e , z u S t. B a s t i a n , ein romantisches Gemälde der Vorzeit. Leipzig (o. Adresse). 1800. 8° (1 fl. 50 xr Gilhofer & Ranschburg, c. 1888.)
Tit. u. 355 SS. Einiges derb.

Pfaffenbach, Otto, kurz gefaßte Grammatik der spanischen Sprache. Remscheid 867. Krumm. gr. 8. (IV, 99 S.) 15 ngr.

Pfaffenbach, Otto, kurzgefaßte Grammatik der spanischen Sprache. 2. Aufl. gr. 8. (IV, 105 S.) Remscheid 902. H. Krumm. n. 1. 60

Pfaffenberger, Ernst, zur Mathematik der Pensionsversicherung, s.: A m t m a n n, Hans.

Pfaffenberger, Georg Wilh. Adolph (Roedelheim) (Preuß. Feldarzt)
Theses medicae.
Giessae 30. Juni 1792: Braun. 8 S. 4°
ad summos in utraque medicina honores rite capessendos.

Pfaffenberger, Karl

Pfaffenberger, Carl, Festschrift zur Silbernen Jubelfeier des Deutschen Turnvereins B r ü s s e l, Brüssel 1898, 83 S., Gr.-8°.

PFAFFENBERGER, Michael (Altenmarkt): Ueber Rhachitis, Englische Krankheit.- München: Deschler 1846. 15 S.
18.8.1846 - Urk (Titel: De rachitide.); F 66
Diss. Ingolst.-Landsh.-Mchn.

Pfaffenbuch, das, oder: So sind die Pfaffen alle. Ein Wort der Wahrheit an das deutsche Volk. Von Ed. Freisinn. 12. Cöslin 853, (Volger'sche Buchh.) *

PFAFFENBÜCHLEIN, oder M u s t e r k a r t e v o n h e i l i g e n T ü c h e r n a u s p ä p s t l i c h e n F a b r i k e n. Mit 1 Bilde. O. O. 1846. 12°. Sehr selten! (4 frcs. Hanke, Zürich, Cat. 94; 6 fr Schweizer. Antiqu., Zürich, c. 1890.)
„Ueberaus heftiges Pamphlet."

Pfaffendorf, Jac. Hub., Orate fratres. Libellus precum pro viris academice eruditis. (303 S. m. 3 Vollbildern.) 10,8×6,2 cm. Einsiedeln 906. Verlagsanstalt Benziger & Co. Geb. in Leinw. 1.20; in Ldr. m. Goldschn. 2. —

Pfaffendorf, Wilhelm: Ueber Kondensationsprodukte des 2-Cumaranons und ihre Beziehung zu indigoiden Verbindungen. Marburg 1910: Köster & Schell. 58 S. 8°
Marburg, Phil. Diss. v. 14. Okt. 1910, Ref. Zincke
[Geb. 21. Sept. 84 Hannover; Wohnort: Marburg; Staatsangeh.: Preußen; Vorbildung: Oberrealsch. I Hannover Reife O. 03; Studium: Göttingen 4, München 4, Marburg 4 S.; Rig. 20. Juli 10.] [U 11. 3477

PFAFFENGALANTERIEN. (Sotadische Erzählungen uppigst·r Art.) (Wohl Uebers. aus d. Französ.) Frankfurth u. Leipzig 1792. 8° 410 SS. (In Wien, Stadtbibl.· Secr A 107.)

§ — — Dasselbe. Neue Aufl. Ibid. s. a. 8°. 406 SS. (6²/₃ Rthlr. Scheible.)

§ — — Dasselbe. Ibid. 1795. 8°

— — Dasselbe. Schweinfurt 1792. 8°.
Citirt im Ehestandsalman. f. d. J 1799. Regensb. S. 290. Sämmtlich höchst selten! — Fehlt Kayser unter Romanen.

Pfaffengroll. od. Folgen des blinden Vertrauens. Trspl. in 3 A. 8. Leipz. 795. Kummer. 8 gr

Pfaffengroll; od. Folgen d. blinden Vertrauens. Trauersp. 8. Lpz. Kummer. 796.

Pfaffenhoffen, F[ranz] v[on]. Die Munzen der Herzoge von Alemannien. [Mit 5 Tafeln] 8 Carlsruhe 1845

Pfaffenhoffen, F. v., die Münzen d. Herzoge v. Alemannien. Lex.-8. (2⁵/₈ B. u. 5 Stnt.) Carlsruhe 845, Nöldeke. Thlr.

Pfaffen-, Nonnen- u. Mönchs-Intriguen, (v. K. Chr. Hütter). 8. Leipz. 794. Köhler. 18 gr

Pfaffen-Nonnen-undMönchs-Intriguen. ... Rom [Leipz.] 1795. V: *Hütter, Carl Christian.* (BGE) (Ky) (Wr)

Pfaffen-, Nonnen- und Mönchs-Intriguen, 8. Rom, (Leipzig) 795. (Köhler). 23 sgl.

PFAFFENKIND, Das. (187*.) 12°. Zahm. (¹/₄ Rthlr. Fischhaber &c.)

PFAFFEN-, Kloster-, Mönchs- und Nonnen-Klumpatsch. 4 Stucke. Berlin, o. J. (18**).
Citirt Carl Wallstein.

Pfaffenkreutzelteſtament, das, oder der Teufel hat das Kreutzel gemacht. Lſtſpl. 8. Wien 788. Wucherer. 5 gr daſſ. 8. Salzb. 786. Mayr. 4 gr

PFAFFEN-Kreuzl-Testament, Das, oder der Teufel hat das Kreuzl gemacht. Lustspiel. Raubmünster (Wucherer in Wien) 1787.
Weller, fing. Druckorte. — Sehr rar!

Pfaffenliſt u. Ritterſinn. Scenen aus Schwabens Vorzeit. Humoriſt. Humoreske aus d. 13. Jahrh. — A. u. d. T.: Wunderbare Schickſale e. teutſchen Ritters. Zur Zeit d. Hohenſtaufen. 2 Bdchn. M. 1 Stndr. 8. (31¹/₂ B.) Ulm 828, Ebner. Thlr.

Pfaffenpeitſche. (8 S. m. 1 farb. Taf.) gr. 8. Wien (906). Wiener Volksbuchh. n. — 20

Pfaffen-Putzer, Hamburgischer. O. O. 1722. V: *Odelem, Johann Phil. von.* (Myl)

PFAFFENRANKE u. Weiberrache. Ein Schauspiel in 5 Akten. Berlin (o Adresse), 1798. 8° (4 Mk. 50 Pfg. Baer & Co., 1912.)
Tit. u. 193 S. Spielt in Italien. Die „Pfaffen" sind hier Jesuiten. — Fehlt bei Kayser

„Pfaffenrath, H. von. „Jahresbericht des thürinischen Vereins für Kunst, Gewerbe und gemeinnützige Institute zu Saalfeld a. d. Saale", 4 Berichte, Saalfeld 1836—1839.

Pfaffenrath, Karl von

v. Pfaffenrath, Carl, ſ. Dorf-Zeitung, landwirthſchaftliche.

—— General-Blatt f. Künſte u. Gewerbe ꝛc.,
—— General-Blatt d. wichtigſten Verhandl. d. Kunſt-, Induſtrie- u. Gewerbvereine Deutſchlands ꝛc.,
} ſ. a. General-Blatt.

Pfaffenroth, C. von (Schriftleiter)· „Generalblatt der wichtigsten Verhandlungen der Kunst- Industrie- und Gewerbsvereine Deutschlands. Nebst Gewerbsanzeiger". Arnstadt 1839 ff. (Meinhardt).

– s. Volksblatt der Deutschen.

Pfaffenroth, C. von, s. Pfaffenrath, Karl von

PFAFFENSPIEGEL, oder heilsamer Guckkasten. Herausg vom Vereine zur Verbreitung kostbarer Manuscripte zu Graz.
Verboten v L.-G. Graz, 6. Februar 1865. § 303.

Pfaffenspiegel. Wien 1898. H: *Kučera, Ignaz.* (EB)

Der Pfaffenspiegel; Jahrgang 1 - 6, no. 1, July 1905 - 1911
Free-Thought monthly. Sub-title: Illustrierte Monatsschrift zur Belehrung, Erbauung und Erheiterung frommer Seelen. Sub-title in mast-head: Illustrated German Monthly for the Advance of Freethought Ideas. Quarto, each issue 8 pages, illustrated, including cartoons, many of which are bitterly critical of the Church. Published by The Mirror Publishing Co.
Chicago, IL

PFAFFENSPIEGEL, Neuer. Die Sünden der Päpſte. Aus dem franzöſiſchen Werke: »Hiſtoire des Papes«. Deutſch von Guereux. Budapeſt 1903. 8°.

Pfaffenstreich zu Oberegg, in Innerrhoden. ⟨SA⟩ 8. Trogen 1829.

Pfaffentrug oder ein Radau-Abend bei Stöckern. Flugblatt, Druck von A. Schultze in Berlin, s. a.

PFAFFENTRUG und Weiberlist. Eine Geschichte aus der Ritterzeit. Wittenberg, 1792, bey Friedr. Gottlob Kühne. 8°.
Dialogform. Zahmen Inhalts. TKpf. u. 220 S. — Fehlt bei Kayser.

Pfaffentum, kein, keine Religion, sondern Geistesführung im Sinne des modernen Völkergeistes. gr. 8. (39 S.) Berlin 898. Emil Keil. n. — 50

Kein **Pfaffentum,** keine Religion, sondern Geistesführung im Sinne des modernen Völkergeistes. *Berlin: P. Kufahl 1898.* (39 S.) 1 Bd 8.
[97- 7295

Pfaffenunwesen, Mönchsscandale u. Nonnenspuk. Beitrag zur Naturgeschichte d. Katholicismus u. der Klöster v. Lucifer Illuminator. 16. (IV, 89 S.) Leipzig 871. G. Schulze. — 75

Pfaffenunwesen, Mönchsscandale und Nonnenspuk. Beitrag zur Naturgeschichte des Katholicismus und der Klöster von Lucifer Illuminator. 2. verm. und verb. Aufl. gr. 8. (VIII, 125 S.) Ebendas. 878. *

— dasselbe. 3., verm. u. verb. Aufl. 8. (X, 149 S.) Leipzig 874. Literatur-Büreau. 1. 50

Pfaffenwesen, Mönchsscandale und Nonnenspuk. Ein Beitrag zur Naturgeschichte des Katholicismus und der Klöster von Lucifer Illuminator. gr. 8. (IV, 89 S.) Leipzig 871, G. Schulze. cart.

Pfaffenzeller, B., Apes Benedictinae. 8. Augsburg, I. Wolf.

PFAFFENZELLER, Bon. (Benediktiner im Kloster Thierhaupten), Mundus agonizans. Glück- und Unfäll, Sitten, Mißhandlungen .... der Welt in lateinischen und teutschen Reimen. Augspurg 1722. 8⁰. (1/3 Rthl. Heberle, Cöln, c. 1872; jetzt theurer!)

Pfafferey, üb., u. Relig., Duld. u. Relig. verein. rc. 3 Stck. 8. Wien. (Creuz in Magdeb.) 783.

Pfafferoth, Karl

Beamten-Gesetzgebung, preußische. Enthaltend die wichtigsten Beamtengesetze in Preußen. Text-Ausg. mit kurzen Anmerkungen, einem chronolog. Verzeichniß der abgedruckten Gesetze, Verordnungen und sonst. Bestimmungen, nebst vollständ. Sachregister. 16. (XIII, 224 S.) Berlin 882, Guttentag. cart.

Pfafferoth, C., preußische Beamten-Gesetzgebung. Enth. die wichtigsten Beamtengesetze in Preußen. Text-Ausg. m. kurzen Anmerkgn., e. chronolog. Verzeichniß der abgedruckten Gesetze, Verordngn. u. sonst. Bestimmgn., nebst ausführl. Sachregister. 2., neu bearb. Aufl. 16. (XVI, 240 S.) Berlin 889. Guttentag. cart. n. 1. 50

Pfafferoth, Carl, preuß. Beamten-Gesetzgebung, s. a. Guttentag's Sammlg. preuß. Gesetze, Nr. 2.

[F.] Preussische **Beamten-Gesetzgebung.** Enth. d. wichtigsten Beamtengesetze in Preussen ... Text-Ausg. m. kurzen Anm. ... nebst ausführl. Sachreg. Von Carl Pfafferoth, Kanzleir. 3. neubearb. Aufl. *Berlin: J. Guttentag 1896.* (XIV, 255 S.) 1 Bd 8.
= **Sammlung**, Guttentag'sche, Preussischer Gesetze. No 2. [97. 3548

Preußische Beamten-Gesetzgebung, enth. die wichtigsten Beamtengesetze in Preußen. Text-Ausg. mit ausführl. Sachreg. Von Carl **Pfafferoth**, Geh. Kanzleirat. 4., neu bearb. Aufl. Berlin: J. Guttentag 1905. (XVI, 259 S.) 8° [F.]
— **Sammlung**, Guttentag'sche, Preußischer Gesetze. No 2. [05. 7641

Pfafferoth, Carl, über den Begriff amtsgerichtliche u. schöffengerichtliche Sachen im Sinne des § 2 der Reichs-Gebührenordnung für Gerichtsvollzieher. [Aus: „Jurist. Wochenschr."] gr. 8. (28 S.) Berlin 882. Moeser. n. — 50

Pfafferoth, C., Belehrung üb. den Wucher. Ein Schutz gegen Schädigg. m. Fingerzeigen f. Jedermann. Nach der neuesten Reichs-Gesetzgebg. bearb. 12. (38 S.) Berlin 893. J. J. Heine. n. — 50

Pfafferoth, Carl, das Binnenschiffahrtsgesetz, s. a. Taschen-Gesetzsammlung.

Pfafferoth, C. Das Binnenschiffahrtsgesetz vom 15. VI. 1895. 2. Auflage. Berlin 1900.

– Das Flößerei-Gesetz v. 15. Juni 1895, s. Taschen-Gesetzsammlung.

Pfafferoth, Carl. Führer durch die gesammte Arbeiterversicherung auf Grund der Reichsgesetze üb. Kranken-, Unfall-, Invaliditäts- u. Altersversicherung in übersichtlicher, populärer Darstellung. Nachschlagebuch u. Rathgeber f. Jedermann. 8. (XI, 88 S.) Berl. 889, Heine. * 1 —
—— dass. — 2. Aufl., s. Bibliothek f. Arbeiterrecht.

Nachtrag dazu u. d. T.:
Pfafferoth: Was muß ein Jeder schon jetzt zur Sicherung seiner Anspruche ...

Pfafferoth, Carl, die Gebührenordnung für Rechtsanwälte vom 7. Juli 1879, nebst Landesgebührengesetzen. Erläutert und für den prakt. Gebrauch bearb. gr. 8. (VI, 201 S.) Berlin 888, Moeser. * M 4.—; geb. 5 —

— die Gebührenordnung f. Rechtsanwälte in der Fassg. vom 20. V. 1898, nebst Landesgebührengesetzen. Erläutert u. f. den prakt. Gebrauch bearb. 3. durchgeseh. Aufl. gr 8. (XXI, 295 S.) Berlin 900. W. Moeser. Geb. in Leinw. n. 7. —
2. neubearb. Aufl. (XIX, 291 S.) Ebd. 900. n. 6.—; geb. n. 7.—.

— die Gebührenordnung f. Rechtsanwälte in der Fassung vom 20. V. 1898, nebst Landesgebührengesetzen. Erläutert u. f. den prakt. Gebrauch bearb. 4. neubearb. Aufl. (XI, 316 S.) Lex.-8. Berlin 905. W. Moeser. Geb. in Leinw. n. 7. —

— die deutschen Gerichtskostengesetze in d. Fassg. v. 1898, s. a. Taschen-Gesetzsammlung.

Die Deutschen Gerichtskostengesetze in der Fassung von 1898 Textausg m. Anm. u. Kostentab von C[arl] Pfafferoth, Geh Kanzleir im Reichs-Justizamt. *Berlin C. Heymann 1898* (VII, 108 S.) 8° [F.]
= Taschen-Gesetzsammlung. 38.

Die Deutschen Gerichtskostengesetze in der Fassung von 1898. Textausg. mit Anm. u. Kostentabellen von C[arl] Pfafferoth, Geh. Kanzleirath im Reichs-Justizamt. 2. Aufl. *Berlin: C Heymann 1902.* (VII, 112 S.) 8° [F.]
= Taschen-Gesetzsammlung No 38. [02. 7889

— die Gerichtskostengesetze des Reichs u. Preußens. Erläut. u. f. d. prakt. Gebrauch bearb. 1. u. 2. Thl. gr. 8. Berlin 896. C. Heymann's Verl. à n. 6. —; geb. in Leinw. à n. 7. —
1. Das deutsche Gerichtskostenwesen, enth. d. Gerichtskostengesetz u. d. Gebührenordngn. f. Zeugen u. Sachverständige — sow. f. Gerichtsvollzieher. 6., neubearb. Aufl. (VIII, 346 S.)
2. D. preuß. Gerichtskostengesetz v. 25. Juni 1895. (VIII, 312 S.)

— die Gerichtskostengesetze des Reichs u. Preußens. Erläutert u. f. den prakt. Gebrauch bearb. 1. Thl. gr. 8. Berlin 899. C. Heymann's Verl. n. 7.50; geb. n. 9.—
Das deutsche Gerichtskostenwesen, enth. das Gerichtskostengesetz u. die Gebührenordngn. f. Zeugen u. Sachverständige, sowie f. Gerichtsvollzieher, in der Fassg. vom 20. V. 1898. 7. neubearb. Aufl. (XXV, 434 u. 4 S.)

—— das Deutsche Gerichtskostenwesen, s. a. Justizgesetzgebung, die, des Deutschen Reichs.

— das deutsche Gerichtskostenwesen, enth. das Gerichtskostengesetz u. die Gebührenordnungen für Zeugen u. Sachverständige — sowie für Gerichtsvollzieher in der durch die Novelle vom 29. Juni 1881 geänderten Fassung. Für den praktischen Gebrauch bearb. 1—3., verm. u. verb. Aufl. gr. 8. (VI, 226 S.) Berlin 881. C. Heymann's Verl. n. 4. —

— dasselbe. s. a. Sarwey u. Thilo, Justizgesetzgebung des deutschen Reichs.

Pfafferoth, Carl, das deutsche Gerichtskostenwesen, enth. das Gerichtskostengesetz u. die Gebührenordnungen f. Zeugen u. Sachverständige — sowie f. Gerichtsvollzieher. Für den prakt. Gebrauch bearb. 4. verm. u. verb. Aufl. gr. 8 (VI, 232 S.) Berlin 886. C. Heymann's Verl. geb. n. 5. —

— das deutsche Gerichtskostenwesen, enth. das Gerichtskostengesetz u. die Gebührenordnungen f. Zeugen u. Sachverständige — sowie f. Gerichtsvollzieher. Für den prakt. Gebrauch bearb. 5., verm. u. verb. Aufl. gr. 8. (VI, 279 S.) Berlin 891. C. Heymanns Verl. Geb. in Leinw. n. 6. —

Pfafferoth, Carl: Das Deutsche Gerichtskostenwesen enthaltend das Gerichtskostengesetz u. die Gebührenordnungen für Zeugen u. Sachverständige sowie fur Gerichtsvollzieher in der durch die Novelle vom 29. Juni 1881 geänderten Fassung. Für den prakt. Gebrauch bearb. 3. Aufl. Berlin 1881.

— 4. Aufl. 1887.

— 5. Aufl. 1891.

— 6. Aufl. 1896. 2 Bde

[Nebentit.:] Die Gerichtskostengesetze des Reichs u. Preußens.
Th. 1. Das Deutsche Gerichtskostenwesen.
„ 2. Das Preuß. Gerichtskostenwesen.

Das Deutsche Gerichtskostenwesen enthaltend d. Gerichtskostengesetz u. d. Gebührenordnungen f. Zeugen u. Sachverständige, sowie f. Gerichtsvollzieher – in d. Fassung v. 20. Mai 1898. Erl. u. f. d. prakt Gebr bearb. von Carl Pfafferoth, Geh. Kanzleirath. 7 neubearb. Aufl. *Berlin: C. Heymann 1899.* (XXV, 434 S.) 8° [F.]
= Gerichtskostengesetze d. Reichs u. Preussens. Th. 1 [... 2

— das deutsche Gerichtskostenwesen, enth. das Gerichtskostengesetz u. die Gebührenordnungen f. Zeugen u. Sachverständige, sowie für Gerichtsvollzieher in der Fassung vom 20. V. 1898. Erläutert u. f. den prakt. Gebrauch bearb. 8. neubearb. Aufl. (X, 452 u. 4 S.) gr. 8. Berlin 903. C. Heymann. n. 7. 50; geb. n. 9. —

Pfafferoth, Carl, das deutsche Gerichtskostenwesen, enth. das Gerichtskostengesetz u. die Gebührenordngn. f. Zeugen u. Sachverständige, sowie f. Gerichtsvollzieher. Erläutert u. f. den prakt. Gebrauch bearb. 9. neubearb. Aufl. (XII, 523 S.) Lex. 8. Berlin 909. C. Heymann. 8.—; geb. 10. —

— Handbuch für das Anwaltsgebührenwesen im Deutschen Reich. Eine erläuterte Darstellung der einschlägigen gesetzlichen Bestimmungen, nebst einem alphabetisch geordneten Gebühren-Tarif u. Tabellen, sowie Sachregister. 1. u. 2. Abdr. gr. 8. (VII, 114 S.) Berlin 879. Guttentag. n. 2. 40

— s.a. Jahrbuch d. deutschen Gerichtsverfassung.

Pfafferoth, Carl: Jahrbuch der Deutschen Gerichtsverfassung. Hrsg. auf Veranlassung des Reichs-Justizamts. Berlin.

[Jg 1.] 1880. [2.] 1884. [3.] 1886. 4. 1895 5. 1896. 6. 1897. 7. 1898.

— das neue Mannschafts-Versorgungsgesetz nebst den Ausführungsbestimmungen. Für den prakt. Gebrauch bearb. (109 S.) 8. Berlin 906. W. Moeser. n. 1. —

— Die Novelle zur Anwaltsgebührenordnung vom 1. VI. 1909. Als Nachtrag zu seinem Kommentar f. den prakt. Gebrauch bearb. (36 S.) gr. 8. Berlin 909. W. Moeser. 1. —
Hauptwerk. Ebd. 905. Geb. 7.—.

— das neue Offizier-Pensionsgesetz nebst den Ausführungsbestimmungen. Für den prakt. Gebrauch bearb. (105 S.) 8. Ebd. 906. n. 1. 20

Pfafferoth, Carl, die gesammten Organisationsgesetze für die innere Verwaltung des Preußischen Staates. Text-Ausg. m. Anmerkungen, einem die einschlägigen sonstigen Gesetze, Verordnungen, Regulative u. Cirkulare enth. Anh., nebst einem ausführlichen Sachregister. 8. (VIII, 485 S.) Berlin 881. Guttentag. n. 3. —; geb. n. 3. 60

— die gesammten Organisationsgesetze f. die innere Verwaltung d. preußischen Staates. Text-Ausg. m. Anmerkgn., e. die einschläg. sonst. Gesetze, Verordngn., Regulative u. Cirkulare enthalt. Anh. u. e. ausführl. Sachregister. 2. Aufl. 8. (VIII, 565 S.) Berlin 884. Guttentag. n. 6. —; geb. n. 6. 50

Pfafferoth, C.: Prozeßkostenbuch für das Deutsche Reich. Eine übersichtl. Darstellung aller einschlägigen Gesetzesvorschriften nebst Tabellen für den Gebrauch der Gerichte sowie als Rathgeber u. Nachschlagebuch für Jedermann. Berlin 1890.

—— Prozeßkostenbuch f. das Deutsche Reich. Eine übersichtl. Darstellg. aller einschläg. Gesetzesvorschriften nebst Tabellen. 8. (X, 166 S.) Berl. 890, Heine. * 1 80; cart. * 2 —

— Rechtsbeistand f. d. Arbeiterversicherg., s. a. Bibliothek f. Arbeiterrecht.

Pfafferoth, C., Rechtsbeistand für die Arbeiterversicherung. 8°. Berlin 1891.

— das Reichsgesetz, betr. die Gewerbegerichte v. 29. Juli 1890, s.: Bibliothek f. Arbeiterrecht.

— s.: Taschenbuch d. Berliner Beamten-Vereinigg.

— was muß e. Jeder schon jetzt zur Sicherung seiner Ansprüche auf Invaliden- u. Altersrenten thun? Anleitung nebst Musterformularen. Nachtrag zu P.'s Führer durch die gesamte Arbeiterversicherg. 8. (15 S.) Berlin 890. J. J. Heine. n.n. — 25; mit dem Führer zusammen n. 1. —

Pfafferott, H., zur Frage der Amtsgerichte. gr. 8. (35 S.) Berlin 876. Kortkampf. n. — 80

Pfafferott, Ivo, Referendar in Bleicherode a. H.: Beiträge zur Lehre von der Amortisationshypothek. Borna-Leipzig 1907: R. Noske. (36 S.) 8° [F.]
Göttingen, Jur. Fak., Ref. Detmold, Diss. v. 27. April 1907
[Geb. 19. Mai 81 Bischofferode, Kr. Worbis; Wohnort: Bleicherode; Staatsangeh.: Preußen; Vorbildung: Gymn. Heiligenstadt Reife O. 02; Studium: Grenoble 1, Münster 1, Berlin 1, Göttingen 3 S.; Rig. 18. Febr. 07.]

Pfäffin, Hermann, s.a. Pfäfflin

Pfäffin, Hermann. Das Dttum Rochesters, hist Sk v seinen dten Mitbürgern z 50-jhr Jub d Stadt Rochester Rochester, 1884.

--Haiano. Eine Volksage aus d Irokesen-Zeit. Rochester, 1903.

Pfaffinger Andreas: De Q. Curtii Rufi Latinitate capita selecta.
H. 1890 PN 606 Diss. Wien Univ. 1493

Pfaffius, theologischer das ist unumstößlicher Beweis, daß die Schule die Dienstmagd der Kirche, ihre Unabhängigkeit von der letztern eine Grille der Zeit u. die Aufsicht der Geistlichen die einzig mögliche ist. Letztes Wort in Sachen der sogenannten Emancipation der Schule von der Kirche. Ein offenes Sendschreiben an Pastor Hängkopf in Romansthal. gr. 8. (5 B.) Leipzig 844, Otto Wigand. *

Pfäffle, J. Chr., die Erziehung zum Volksheer. (1.—3. Tausd. Umschlag v. Amberg.) (43 S.) 8. Berlin-Schöneberg 909. Buchverlag der Hilfe. — 50

Pfäfflin, Frdr., der Bienenhaushalt, s. a. Landmanns, des, Winterabende, 10. Bdchn.

Pfäfflin F, der Bienenhaushalt. (Landmanns Winterabende 10) Stuttgart 1878

Pfäfflin, F., der Bienenhaushalt. Mit 18 Abbildgn. 2. Aufl. 8. (IV, 136 S.) Stuttgart 888. Ulmer. cart. n. 1. —

Pfäfflin, Frdr., der verständige Bienenwirth. Nebst e. Anleitg., Herstellg. der Mobilbauten durch Torfplatten v. Kästner. Mit 13 (eingedr.) Abbildgn. in Holz. gr. 8. (VIII, 147 S.) Leipzig 874. Johannssen. n. 2. 40

—— der verständige Bienenwirth. Nebst einer Anleitung: Herstellung der Mobilbauten durch Torfplatten von Kästner. 2. (Titel-)Ausg. 8. (VIII, 147 S.) Leipzig (874)78, Johannssen's Verlag. *

— der verständige Bienenwirth. Nebst einer Anleitung: Herstellung der Mobilbauten durch Torfplatten von Kästner. Mit 13 (eingedr.) Holzschn. 2. (Titel-)Ausg. 8. (VIII, 147 S.) Leipzig (1874) 878. Ilmenau, Schröter. n. 2. 40

—— der verständige Bienenwirth. Nebst einer Anleitung: Herstellung der Mobilbeuten durch Torfplatten von Kästner. 3. (Titel-)Ausg. 8. (VIII, 147 S. mit 13 Holzschn.) Ilmenau (876)888, Schröter. * 2 40

— brauchen wir einen Erlöser? Vortrag, gehalten in der Liederhalle zu Stuttgart am 17. Dezbr. 1878. gr. 8. (20 S.) Stuttgart 878. (Leipzig, Matthies.) n. — 20

Pfäfflin, Glob., e. Beitrag zur Ruptur u. Axendrehung d. Stieles bei Eierstockgeschwülsten. gr. 8. (26 S.) Tübingen 883. (Fues.) n. — 80

Pfaefflin, Hermann. Harano, Eine Volksage aus der Irokesen-Zeit. Rochester, New York: Abendpost, 1903. GSP, UC

– Dass., s.a. Pfaeffin

Rudolph Virchow's Rede 'Über den Wert des pathologischen Experiments' ⟨in 2. Aufl.⟩ beleuchtet von Dr. med. J. Pfaffrath. St. Goarshausen. *Berlin G. Schuhr 1899* (16 S.) 8° [F.]

Pfaffreuter, Christian Erdmann [Praes.], s. Birnstiel, J. Friedr.: De ingeniis disciplina formandis.

Pfaffreuter, Christian Erdmann (Bayreuth / Franken). Limitum, quibus Subditorum erga Imperantes terminatur fides. Leipzig (J. A. Zschau) 29. VIII. 1705. (4.75) 26269

— — (Nemmersdorf / Franken), De usura licita. Disput. Moral. Präs. Joh. Georg Abicht. Leipzig (J. A. Zschau) Dez. 1700. (4.75) 26270

— Gerhard Matthaeus (Regensburg), De modo retorquendi injurias licito. Disput. jur. Sub moder. Ernst Theophil Majer. Tübingen (G.-H. Reis) Febr. 1702. 16 S. (4.75) 26271

— — De negotiatione clericorum prohibita. Disput. jur. Präs. Michael Grass. Leipzig Febr. 1705. Rec. 1742. 62 S. (5.50) 26272

Pfaffreuter, Johann Georg

— — De testatoris inepta voluntate invalida Occasione L. CXIII. § V. ff. d. Leg. I. Präs. Joh. Friedr. Olearius. Leipzig (I. Titius) 28. I. 1710. 28 S. (4.75) 26274

Pfaffstetter, Geo., Beispiele zu den Kriegsartikeln I—XII, XXX u. XXXI. Zusammengestellt f. den applikator. Unterricht in der Dienstschule der Unterabteilg. (55 S.) kl. 8. Graz 905. (Wien, L. W. Seidel & Sohn.) 1. —

— Programm üb. die Batterie-Ausbildung (ad § 3 —E—12 III. Thl.). Zusammengestellt unter Mitwirkg. mehrerer Offiziere des Regiments Nr. 15 der Divisions-Artillerie. 2. verb. Aufl. (80 S.) Lex. 8. Komorn (907). (Wien, L. W. Seidel & Sohn.) 1. —

— Programm f. die achtwöchentliche Rekrutenausbildungs-Periode (f. die fahrenden Batterien der k. u. k. Feldartillerie), zusammengestellt auf Basis der Vorschriften, m. e. Tabelle üb. die Stundeneinteilg. in dieser Periode u. e. Namenliste üb. Rekruten etc. 4. verb. Aufl. (20 u. 13 S.) kl. 8. Graz 903. (Wien, L. W. Seidel & Sohn.) Kart. — 60

Pfafmann, Anton, Wegweiser z. Wahrh. u. Gottseligk. 8. Frankf. 731.

Pfahl, Soldatenleben. Reisen. Schauspiele. 8. (V, 138 S.) Dresden 893. E. Pierson. n. 2. –

Pfahl, A. W., kommt u. wandert aus! Ein Zuruf an alle Auswanderungslustigen. 8. (31 S.) Danzig 847, Gerhardsche Buchhandlung. 4 ngr.

Pfahl, A. W., kommt und wandert aus! Ein Zuruf an alle Auswanderungslustigen. 8. (31 S.) Danzig 847. [Berlin, Grobe.]

Pfahl, A. W., der deutsche Sprachunterricht in der Volksschule. Danzig 858. (Saunier.) gr. 8. (44 S.) n. 10 ngr.

Pfahl, C, Lehrbuch der französischen Sprache f. d. 3 bis 4 ersten Jahre d. grammatikal. Unterrichts. gr. 8. (VIII, 386 S.) Ravensburg 895. Dorn.
Geb. in Leinw. n.n. 3. 50

Pfahl, Frau Gretchen, Kaplan Leo. Eine Geschichte. (109 S.) 8. Dresden 908. E. Pierson. 2.—; geb. n 3. —

Pfahl, Johannes (geb. am 9 Apr. 1849 in Odendorf Kr. Rheinbach): Ueber Schädelfrakturen ... Bonn, Buchdr. v. P. Neusser (1872). 28 S., 1 Bl. 8.
Bonn, Med. Fak., Diss. v. 8 Aug. 1872

Pfahl, J[oseph]: Berechtigt die Methode der Generalindexziffern zu Schlüssen auf die Kaufkraft des Geldes? *Ludwigshafen a. Rh. 1897: J. Waldkirch & C.* (59 S.) 8°
München, Staatswirtsch. Diss. v 1897

Pfahl, Joseph [aus Wormersdorf]: Aus d. Poliklinik f. Ohrenkranke zu Bonn. Ueber Erkrankungen des Ohres bei Influenza. . . . Bonn, Hauptmann'sche Buchdr., 1891; 32 S., 1 Bl. 8°
Bonn, Med. Fak., Inaug.-Diss. v. [15.] Mai 1891

Pfahl [*Vita richtig:* Pfahl], Joseph (geb. am 28 Okt. 1848 in Zülpich): Ueber einige mechanische Verhältnisse der Athmung bei gesunden und kranken Menschen ... Bonn, Druck v. J. Trapp 1870. 26 S., 1 Bl., 1 Tab. 8.
Bonn, Med. Fak., Diss. v. 20 Juli 1870

Pfahl, Conr (geb. Ratibor 3. 3. 1845) Die subcutane Neurectomie des Nervus infraorbitalis durch B. v. Langenbeck. Berlin (1869). (32 S.) 8°
Berlin, Med. Diss. v. 31. Juli 1869

Albumblätter. No 1. Praeludium. No 2. Schlummerlied. No 3. Mazurka. Von Rosa Pfahl. *Danzig: C. Ziemssen in Komm. [1902].* (7 S.) 4°
[F. u. Ant.] [03. 1304] 10

Pfahlbauten. (Die) Pf. [1.] *u.* 2. – 8. *u.* 9. Bericht.... (Mittheil. Ant. Ges. Zurich....) 4. 1854–1888.
[1 Bericht] *s* Keller, Ferdinand. Die keltischen Pfahlbauten in den Schweizerseen.... Zurich 1854 *u.* 1865.
2.–8. Bericht *s.* Keller, Ferdinand. Pfahlbauten.... Zurich 1558–1879.
9. Bericht *s.* Heierli, Jacob. Pfahlbauten.... Leipzig 1888.

Pfahlburg, J. L. v. (Joh. Leop. Panske), wer ist Herr im Hause? od. Männer u. Frauen, wie sie nicht sein sollen, s.a. Esser's, J., Sammlung leicht aufführbarer Theaterstücke.

Pfahlburg, J. L. v., wer ist Herr im Hause? od. Männer u. Frauen, wie sie nicht sein sollen. Lustspiel in 4 Aufzügen. 8. (28 S.) Paderborn 889. Esser. n. — 50

Wer ist der Herr im Hause? oder Männer u. Frauen, wie sie nicht sein sollen. Lustspiel in 4 Aufz. von J. L. v. **Pfahlburg**. 3. Aufl. Paderborn: J. Esser [1901]. (28 S.) 8° [F.]
— Sammlung, J. Esser's, leicht aufführbarer Theaterstücke. H. 3. [06. 1940] 6

Pfahler, Alex., Abschiedspredigt. Geh. am 1. Sonntag nach Epiph. über den Text: Römer 12, 1—5. (10 S.) gr. 8. Freudenstadt (904). Schlaeß. n. — 10

— der deutsche Volksaberglaube. (45 S.) 8. Ebd. 903. n. — 30

Pfahler, Geo., St. Bonifacius u. seine Zeit. gr. 8. (VII, 396 S.) Regensburg 880. Manz. n. 6. —

Pfahler, Geo., Geschichte der Deutschen von den ältesten Zeiten bis auf unsere Tage. 1—4. Liefg. Stuttgart 858. Gebr. Scheitlin. Lex.-8. (1. Bd.: S. 1—320.) Jede Liefg. n. 10 ngr.

Pfahler, Geo., Geschichte der Deutschen von den ältesten Zeiten bis auf unsere Tage. 5—9. Liefg. Stuttgart 860, 61. Gebr. Scheitlin. Lex.-8. (VIII, S. 321—683.) Jede Liefg. n. 10 ngr.
1. Bd. A. u. d. T.: Von den ältesten Zeiten bis auf Carl den Großen.

Pfahler, Geo., Gregor der Große u. seine Zeit. 1. Bd. gr. 8. (IV u. 172 S.) Frankfurt a. M. 852, Lizius. n. 24 ngr.

Pfahler, Ge., Handbuch deutscher Alterthümer. Nebst Nachtrag u. Register. Frankfurt a. M. 1864—68. 8. . . . . (BRG.; HC.; D.)
—. — Neue verm. Ausgabe. Frankfurt a. M. 1868. 8.

Pfahler, G., Handbuch deutscher Alterthümer. 2 Lfgn. gr. 8. Frankfurt a. M., Brönner. [1. Lfg. (S. 1—464.) 864. * 1 Thlr. 24 Ngr., 2. Lfg. (VIII und S. 465—777.) 865. * 1 Thlr. 10 Ngr.] *

Pfahler, Joh. Geo., Julian der Abtrünnige oder Thorheit u. Selbstüberschätzung auf dem Throne. 2. (Titel-) Aufl. Lindau (847) 867. Stettner. 8. (294 S.) 16 ngr.

— Konstantin der Große oder der Sieg des Christenthums. Eine geschichtl. Erzählung für die reifere Jugend. 2. (Titel-) Aufl. 8. (162 S.) Lindau (846)67, Stettner.

— der erste Kreuzzug, oder die Eroberung des heiligen Grabes. Eine Erzählung für die reifere Jugend, getreu nach der Geschichte bearb. 2. (Titel-)Aufl. 8. (226 S.) Lindau (846)67, Stettner. -

Pfahler, Joh. Geo., Rede nach der Enthauptung des Raubmörders Joseph Frei von Gmünd, gehalt. auf der Richtstätte bei Tettnang am 1. April 1848. Mit einer Schilderung der Verbrechen des Raubmörders. gr. 8. (16 S.) Lindau 848, Stettner. 2 ngr.

Pfahler, Joh. Georg, historische Skizzen für Freunde der Geschichte, insbesond. für die studirende Jugend bearb. 3 Bdchn. gr. 8. Lindau, Stettner.
A. u. d. Titln.:
Bdchn. 1. Konstantin der Große. (10½ B.) 845. 10 Ngr.
" 2. Der erste Kreuzzug. (14½ B.) 847. 12½ Ngr.
" 3. Julian der Abtrünnige. (18¾ B.) 847. 20 Ngr.

Pfahler, Joh. Ludw., der Spalter Hopfenbau in seinem Ursprunge u. Betriebe für Geschichtsfreunde, Landwirthe u. Handelsleute dargestellt. Nürnberg 867. (v. Ebner'sche Buchh.) gr. 8. (IV, 43 S.) n. 10 ngr.

Pfahler, Jos., Blüthen der Andacht, od.: der Christ in seinem Wandel vor Gott. Ein Lehr- u. Gebetbuch f. alle gottesfürcht. u. tugendlieb. Personen. 20. Aufl. 24. (416 S. m. 1 Farbendr.) Deggendorf 888. Högn. geb. in Leinw. n. — 60; m. 1 Stahlst. u. farb. Titel geb. in Ldr. m. Goldschn. n. — 90

— Lob Gottes, od.: der Christ in seinem Wandel vor Gott. Ein Lehr- u. Gebetbuch f. alle gottesfürcht. u. tugendlieb. Personen. 20. Aufl. 24. (416 S. m farb. Titel u. 1 Stahlst.) Ebd. 888. geb. m. Goldschn. u. Schloß. n. 1. 20

Pfahler, Karl

Pfahler, Jus georgicum Regni Hungariae, s.a. Jus.

Pfahler, (Carl,) Jus Georgium Regni Hungariae et Partium eidem adnexarum commentatus est. gr. 8. Wien 820. (Schaumburg.)

— dass. bei Wigand in Preßburg.

Das nationale Element in der Geschichte. Von Dr. Conr. Jos. Pfahler, L. P. — 1857. Ebend. · S. 1—15.
Progr. Eichstätt

Pfahler, Konr. Jos., üb. Princip, Plan u. Gliederung der Geschichte. 4. (28 S.) Eichstätt 863. (Krüll). n. 2. —

L. Pfahler, Der Spalter Hopfenbau in seinem Ursprunge und Betriebe. **Nürnberg 1867.**

Pfahler, Wolfgang, approb. Arzt aus Erlangen: **13 Operationen von Mastdarmvorfall nach Thiersch'scher Silberdrahtmethode aus der Münchener chirurg. Klinik I. d. I.** *München 1900: E. Th. Jacob in Erlangen.* (30 S.) 8°
München, Med. Diss. v. 1900

Pfähler, D., s. Pfähler, Johann Gottfried

Pfähler, Friedrich, Rückblicke auf die Beteiligung des Frankfurter Turnvereins bei den deutschen, mittelrheinischen u. Feldbergfesten. 8°.

Pfaehler, Frdr. Wilh., Feldbergfest-Gedenkbuch. 50 Jahre Feldbergfeste, nach authent. Quellen zusammengestellt. gr. 8. (120 S. m. 1 Abbildg.) Frankfurt a/M. 894. Mahlau & Waldschmidt. n. 1. —

Johann Gottfried Pfaehler

[Die vollkommene Krankenwärterin.] Unterricht für Personen welche Kranke warten. Von Joh(ann) Gottfr(ied) Pfaehler. Riga 1793. 118 S. 8°

Pfähler, Johann Gottfried (Übers.):

s.: Mittel, Zwey specifische, gegen den Krebs. Aus dem Französischen. Weimar: 1784

JB 3.055

Pfähler, Jh. Gf, Unterr. f. Personen, die Kranke warten, s. Krankenwärterin.

– Dass., s.a. Mittel, Zwei specifische, gegen den Krebs.

Pfähler, D., Unterr. f. Personen, die Kranke warten rc. 8. Riga. (Hartknoch in Leipz.) 793.

Pfaehler, Paul, Arzt aus Solothurn: Ueber Pericarditis im Kindesalter. Nach Beobachtungen im Zürcher Kinder-Spital 1876—1897. Bern Neukomm u. Zimmermann Dr. 1897. 97 S. 8°.
Zürich, Med. Diss. [v. 26. Juli 1897].

Pfaler, Js., s. 1) Betrüger, d. redliche. 2) Judith, die Heldenmüthige.

PFALLER, Eduard (Landshut): De haemorrhoidibus.- Benschil: Giesser 1837. 16 S. 27.12.1837 - Ort: F 63
Diss.Ingolst.-Landsh.-Mchn.

Pfaller, F., Maiblüthen. Gedichte. 8. ... München 83., Jaquet.

Pfalz [Sachliches OW]

Pfalz, die, Special-Karten der zwölf Land-Commissariats-Bezirken, im Maaßstabe von 1/11600 der natürlichen Länge, nebst der Generalkarte der Pfalz und des Bliesgaus nach der Territorial-Eintheilung vor der französ. Revolution. (Typographisch ausgeführt und in Farbendruck.) Fol. Zweibrücken 840, Ritter. 2 ß

Pfalz — Die Bayerische — in zwei Blättern im Anschluss an die Terrainkarte von Bayern, herausg. vom topogr. Bureau des K. Generalquartiermeisterstabes. 1862. 250,000. 2 Bl.

Pfalz, die bayerische, unter den Römern. Ein Beitrag zur Feststellung der röm. Topographie des linken Rheinufers. Kaiserslautern 865. (Tascher.) gr. 8. (VIII, 130 S. mit 1 lith. Uebersichtskarte in Fol.) n. 16 ngr.

Die Bayerische Pfalz, in 4 Sectionen. Nach den neuesten Aufnahmen bearbeitet im topographischen Büreau des Königlich Bayerischen Generalquartiermeister-Stabes 1 150000. München 1845. 4 Bl. L. Ff.

Pfalz — Die bayerische — in 14 Sectionen autogr. auf dem topogr. Bureau des K. Generalquartiermeister-Stabes. Im Monat März 1840. 80,000. Ergänzt 1864. 14 Bl.

Pfalz, deutsche, u. deutsches Dorf (German village) auf der Weltausstellung in Chicago 1893. (In deutscher u. engl. Sprache.) gr. 8. (Mit Abbildgn.) Berlin 893. M. Pasch. 3. —
Beschreibung der deutschen Pfalz u. Führer durch das deutsche Dorf v. Geo. Buß. (34 S.) Geschichte Wendelin's v. Langenau, wie sie v. ihm selbst beschrieben u. neulich in e. hispan. Kloster aufgefunden worden ist. An's Licht gegeben v. Heinr. Steinhausen. Mit vielen schönen Bildern geziert v. Wilh. Weimar. (75 S.)

Pfalz, die evangelische, im Jahre 1856. Eine Abwehr ungerechter Angriffe. Landau 856. Kaußler. gr. 8. (16 S.) n. 2 ngr.

Pfalz, üb. die, am Rhein u. deren Nachbarschaft, (v. Sam. Eph. Wagener). 2 Thle. 8. Brandenb. 795. Leich. 1 ß

— wie kann die obere, d. d. Landwirthschaft in d. besten Wohlstand gebracht werden? rc. 8. Sulzb. Seidel. 801.

Pfalz [Schlagwort]

— s.a. Radfahrerkarten. — Rheinhessen.

Pfalz, bayer., s.a. Rheinpfalz.

Pfalz. Gotthold's, Aug., Amtsbezirks-Karten der Pfalz. 13 Blatt. 1 : 150,000. Farbendr. Kaiserslautern 892. A. Gotthold. à n. —50; auf Pappe n. —75; auf Leinw. m. Stäben n. 1. 50
Bergzabern. — Frankenthal. — Germersheim. — Homburg. — Kaiserslautern. — Kirchheimbolanden. — Kusel. — Landau. — Ludwigshafen. — Neustadt a. d. H. — Pirmasens. — Speyer. — Zweibrücken

Pfalz — Karte von dem Regierungsbezirk — im Königreiche Bayern jenseits des Rheins. Bearb. von J. B. Pfeiffer. Augsburg bei Walch. 1 Bl.

— Lenert, K. A., die Pfalz u. ihre Umgebung. Wandkarte f. die Mittelklassen der pfälz. Volksschule, nach der Generalstabskarte u. eigener Anschauung bearb. 1 : 100,000. 4 Blatt. Farbendr. 69 × 71,5 cm. Leipzig 891. G. Lang. n. 9. —

— Wolf, Karl, Karten zur Heimatkunde der Pfalz. 1. Blatt: Ludwigshafen a/Rh. Speyer. 25 × 19 cm. Farbendr. Speyer 893. Jäger. — 20

Pfalz [Verfasser]

Pfalz, s.: Bericht üb. die Verhandlungen des IX. internation. Ophthalmologen-Congresses.

Pfalz. Der zweite Elberfelder Militärbefreiungsprozess und der ärztliche Stand. (S.-A.) Leipzig 1901.

Pfalz, Anton

Pfalz, A., die Entwickelungsgeschichte der Bienenzucht in Niederösterreich. Von der Preisjury d. Bienenzüchter-Vereines in Wien preisgekrönte Arbeit. gr. 8. (50 S. m. 36 Fig.) Wien 889. (Frick.) n. 1. 20

– Die Franzosen in Wien im J. 1805, s.a. Flugschriften.

Pfalz, A., Die Franzosen in Wien im Jahre 1805. [Flugschriften, herausgegeben zum Besten des Kriegerdenkmalfonds in Deutsch-Wagram. III.] 8°. (35 S.) † K —.40
Wien: Huber & Lahme 1905.

— dasselbe, s.a. Sammlung historischer Schriften.

(F) Pfalz, A., Die Franzosen in Wien im Jahre 1805. 2. Aufl. [Sammlung historischer Schriften. III.] 8°. (29 S.) K —.40
Linz: E. Mareis 1905.

(F) Pfalz, A., Aus der Franzosenzeit. I. Ernste und heitere Skizzen, Anekdoten und Lieder etc. [Sammlung historischer Schriften. IV und V.] 8°. (54 S.) K —.80
Linz: E. Mareis 1905.

(F) Pfalz, A., Aus der Franzosenzeit. II. Ernste und heitere Skizzen, Anekdoten und Lieder etc. [Sammlung historischer Schriften. VI und VII.] 8°. (50 S.) K —.80
Linz: E. Mareis 1905.

Pfalz, Ant., s.: Jahrbuch, historisches, des Kriegerdenkmal-Ausschusses in Deutsch-Wagram.

Pfalz, Ant., s.: Imker-Bote, der, aus Oesterreich.

— s.: Krieger-Kalender, historischer.

– Oesterreichische Krieger- und Wehrmanns lieder aus dem Jahre 1809, s.a. Flugschriften.

Pfalz, A., Österreichische Krieger- und Wehrmannslieder aus dem Jahre 1809. [Flugschriften, herausgegeben zum Besten des Kriegerdenkmalfonds in Deutsch-Wagram. I.] 8°. (38 S.) † K —.40
Wien: Huber & Lahme 1905.

– Dass., s.a. Sammlung historischer Schriften.

(F) Pfalz, A., Österr. Krieger- und Wehrmannslieder. 2. Aufl. [Sammlung historischer Schriften. I.] 8°. (38 S.) K —.40
Linz: E Mareis 1905.

Pfalz Anton: Lautlehre der Mundart von Deutsch-Wagram und Umgebung. Diss. Wien, Univ.
D: Sitzungsbericht der Akademie d. Wissenschaften in Wien, phil. hist. Klasse und Zeitschrift für deutsche Mundarten, Jg. 1911.
1910 PN 2855 332

Pfalz, Ant., die Marchfeldschlachten v. Aspern u. Deutsch-Wagram im J. 1809. Allen Österreichern u. Vaterlandsfreunden erzählt. 2., nach den Quellen umgearb. u. sehr verm. Aufl. gr. 8. (95 S.) Korneuburg 900. (J. Kühkopf.) n. 2.—

— die Marchfeldschlachten v. Aspern u. Deutsch-Wagram im J. 1809. Allen Oesterreichern u. Vaterlandsfreunden erzählt. 2., nach den Quellen umgearb. u. sehr verm. Aufl. (III, 95 S.) gr. 8. Korneuburg 900. J. Kühkopf. Kart. n. 2.—

Pfalz Anton, Dr.: [1]) 27. Mitteilung der Phonogrammarchivskommission der Kaiserlichen Akademie der Wissenschaften in Wien. Deutsche Mundarten. IV. Die Mundart des Marchfeldes S. 170/6 . . . . 2.10
Separatabdruck

Pfalz, Ant., die goldenen Regeln für eine glückliche und gedeihliche Ueberwinterung der Bienenvölker, nach Ehrenfels, Dzierzon, Berlepsch, Oettl, Gravenhorst und anderen Meistern zusammengestellt. Plakat. gr. Fol. Deutsch-Wagram 887. (Wien, Sallmayer und Comp.) * — 40

— Die Schlacht v. Deutsch-Wagram, s.a. Varnhagen v. Ense, K. A.

(F) Pfalz, A., Die Schlacht von Deutsch-Wagram am 5. und 6. Juli 1809. Gr.-8°. (ill. 96 S. und 1 Tafel) * K 2.—
Wien: Fromme 1909.

– Die Schlacht bei Dürnkrut, s.a. Flugschriften.

Pfalz, A., Die Schlacht bei Dürnkrut zwischen dem König Rudolf I. von Habsburg und Ottokar II., König von Böhmen. am 26. August 1278. [Flugschriften, herausgegeben zum Besten des Kriegerdenkmalfonds in Deutsch-Wagram. II.] 8°. (30 S.) † K —.40
Wien: Huber & Lahme 1905.

– Dass., s.a. Sammlung historischer Schriften.

(F) Pfalz, A., Die Schlacht bei Dürnkrut zwischen dem Könige Rudolf I. von Habsburg und Ottokar II., König von Böhmen, am 26. August 1278. 2. Aufl. [Sammlung historischer Schriften. II.] 8°. (25 S) Linz: E. Mareis 1905. K —.40

— die künstliche Vermehrung der Bienen-Völker. Eine kurzgefaßte Anleitg., Kunstschwärme [Ableger] zu machen, nach den Grundsätzen d. rationellen Bienenzuchtsbetriebes. 1. u. 2., verm. Aufl. gr. 8. (15 S) Wien 887. 888. Sallmayer & Co. n. — 40

Pfalz, Egm.: Ergebnisse des naturkundlichen Unterrichts, s. Kießling, Frz.

– Methodisches Handbuch für den Unterricht in der Naturgeschichte an Volks- u. höheren Mädchenschulen, s. Kießling, Frz.

– Alte u. neue Methoden d. Naturgeschichtsunterrichts, s. Kießling, Frz.

– Naturgeschichte f. die einfache Volksschule, s. Kießling, Frz.

– Wie muß der Naturgeschichtsunterricht sich gestalten, wenn er der Ausbildung des sittlichen Charakters dienen soll, s. Kießling, Frz.

– Wiederholungsbuch der Naturgeschichte, s. Kießling, Frz.

Pfalz, Ernst Alb., s.: Juwelen aus e. 50jährigen Buchhändler-Laufbahn.

Pfalz, Franz [Prof. Dr., Dir.]: *Bericht über die Feier des 25jährigen Bestehens der Anstalt.* Leipzig, Druck v. C. G. Naumann, *1897*; 6—9 S. 4.
Leipzig, 1. St. R, OP 1897 (590)

Pfalz, Frz., Bilder aus dem deutschen Städteleben im Mittelalter. 1. Bd. Leipzig 869. Klinkhardt. 8. (IV, 230 S.) 22½ ngr.

— — 2. Bd. Ebend. 871. 8. (IV, 276 S.) 27 ngr.

Pfalz, Frz., über den Bildungswerth der fremden Sprachen im Schulunterrichte, s.: Zeitfragen, pädagogische.

Pfalz, F.: Die Einheit der Schule, s. Bericht des Vereins Leipziger Lehrer.

Pfalz, Frz., über weibliche Erziehung, s. Zeitfragen, pädagogische.

Pfalz, Franz: Über weibliche Erziehung. — Leipzig: Brandstetter 1876. 22 S. 8° (Pädag. Zeitfragen. Serie 1, H. 3.)

Pfalz, Frz., die **Geschichte** in ihren Grundzügen. Ein Lehrbuch f. die deutsche Schule u. e. Lesebuch f. das deutsche Haus in 4 Tln. 1.—3. Tl. Mit besond. Berücksicht. der neueren Lehrpläne bearb. gr. 8. (Mit je 1 Titelbild.) Leipzig, Dürr'sche Buchh. n.n. 6. 5; geb. n.n. 6.50 (1. u. 2. Tl. als Geschenkausg. in 1 Leinwbd. n. 6.—)
1. Das Altertum. (VIII, 248 S.) 893. n.n. 2.10; geb. n.n. 2.25. — 2. Das Mittelalter. (II, 191 S.) 893. n.n. 1.85; geb. n.n. 2.—. — 3. Die neue Zeit. (IV, 261 S.) 895. n.n. 2.10; geb. n.n. 2.25.

Pfalz, Frz., d. **Geschichte** in ihren Grundzügen. E. Lehrbuch f. d. deutsche Schule u. e. Lesebuch f. d. deutsche Haus in 4 Tln. 4. Tl. Die neueste Zeit. M. bes. Berücksicht. d. neueren Lehrpläne bearb. gr. 8. (VI, 308 S. m. 1 Bildn.) Leipzig 897. Dürr'sche Buchh. n. 2. 45; geb. n. 2. 60 (kplt.: n.n. 8. 50; geb. n.n. 9. 10)

— tabellarischer **Grundriß** der Weltgeschichte f. Unterklassen höheren Bildungsanstalten. 4 Hfte. gr. 8. Leipzig 871—74. Klinkhardt. n. 2. 35
1. Alte Geschichte. 3. Aufl. (IV, 39 S.) n. — 50
2. Mittlere Geschichte. 2. Aufl. (56 S.) n. — 75
3. Neuere Geschichte. 2. Aufl. (77 S.) n. — 90
4. Neueste Geschichte. (24 S.) n. — 20

—— tabellarischer **Grundriß** der Weltgeschichte für Unterklassen und Mittelklassen höherer Bildungsanstalten. 4 Hefte. gr. 8. Leipzig, Klinkhardt. *
Inhalt:
Heft 1. Alte Geschichte. 4. und 5. Aufl. (IV, 39 S. mit 2 lithogr. Karten in qu. 4.) 877,78. * 50 Pf.
Heft 2. Mittlere Geschichte. 3.—5. verb. Aufl. (56 S. mit 2 lithogr. Karten in qu. 4.) 875. * 75 Pf.
3. Neuere Geschichte. 3. verb. Aufl. (77 S. mit 2 lithogr. Karten in qu. 4.) 878. * 90 Pf.
" 4. Neueste Geschichte. 2. Aufl. (24 S.) 876. * 20 Pf.

Pfalz, Frz., tabellarischer **Grundriß** der Weltgeschichte für Unter- u. Mittelklassen höherer Bildungsschulen. 1., 2. u. 4. Hft. 8. Leipzig 876—81. Klinkhardt. n. 1. 45
1. Alte Geschichte. Mit 2 (lith.) Karten. 6. Aufl. (IV, 39 S.) n. — 50
2. Mittlere Geschichte. Mit 2 (lith) Karten. 6 Aufl. (56 S.) n. — 75
4. Neueste Geschichte. 2. Aufl. (24 S.) n. — 20

Pfalz, Frz., tabellarischer **Grundriß** der Weltgeschichte für Unterklassen und Mittelklassen höherer Bildungsanstalten. 4 Hefte. gr. 8. Leipzig, Klinkhardt. *
Inhalt:
Heft 1. Alte Geschichte. 6. Aufl. (IV, 39 S. mit 3 lithogr. Karten in qu. 4.) 881. * 50 Pf.
" 2. Mittlere Geschichte. 6. verb. Aufl. (56 S. mit 2 lithogr. Karten in qu. 4.) 880. * 75 Pf.
" 3. Neuere Geschichte. 4. verb. Aufl. (77 S. mit 2 lithogr. Karten in qu. 4.) 885. * 90 Pf.
" 4. Neueste Geschichte. 3. Aufl. (24 S.) 885. * 20 Pf.

—— tabellarischer **Grundriß** der Weltgeschichte für Unterklassen und Mittelklassen höherer Bildungsanstalten. 1. und 2. Heft. gr. 8. Leipzig, Klinkhardt. * 1 25
Inhalt:
Heft 1. Alte Geschichte. 7. verm. und verb. und 8. verm. Aufl. (49 S. mit 2 lithogr. Karten in qu. 4.) 885,87. * 50 Pf.
" 2. Mittlere Geschichte. 7. Aufl. (56 S. mit 2 lithogr. Karten in qu. 4.) 885. * 75 Pf.
3. und 4. Heft. Ebendas. 1885. *ℳ 1.10.

Pfalz, F., tabellarischer **Grundriß** der Weltgeschichte f. Unter- u. Mittelklassen höherer Bildungsanstalten. 1. u. 2. Hft. 8. Leipzig, Klinkhardt. n. 1. 25
1. Alte Geschichte. Mit 2 Karten. 9. Aufl. (49 S.) 890. n. — 50
2. Mittlere Geschichte. Mit 2 Karten. 8. Aufl. (56 S.) 889. n. — 75

Pfalz, Frz. Tabellarischer Grundriß der Weltgeschichte f. Unter- u. Mittelklassen höherer Bildungsanstalten. 3 Hefte. gr. 8. Lpz., Klinkhardt. * 2 15
1. Alte Geschichte. 9. verb. Aufl. (49 S. m. 2 Karten.) 890. * — 50.
2. Mittlere Geschichte. Mit 2 Karten. 8. Aufl. (56 S.) * — 75.
3. Neuere Geschichte. 5. verb. Aufl. (80 S. m. 2 Karten.) * — 90.

— tabellarischer **Grundriß** der Weltgeschichte f. Unter- u. Mittelklassen höherer Bildungsanstalten. 3 Hfte. gr. 8. Leipzig, J. Klinkhardt. n 2. 15
1. Alte Geschichte. 10., verb. Aufl. (49 S. m. 2 Karten.) 894. n. — 50. — 2. Mittlere Geschichte. 9., verb. Aufl. (56 S. m. 2 Karten.) 894. n. — 75. — 3. Neuere Geschichte. 5., verb. Aufl. (80 S. m. 2 Karten.) 891. n. — 90.

— tabellar. Grundriß der **Weltgeschichte** für Unter- u. Mittelklassen höh. Bildungsanst. 4 Hfte. gr. 8. Leipzig 897. J. Klinkhardt. n. 2. 35
1. Alte Geschichte. M. 2 Karten. 11., verb. Aufl. (49 S.) n. — 50
2. Mittl. Geschichte. Mit 2 Karten. 10., verb. Aufl. (56 S.) n. — 75
3. Neuere Geschichte. Mit 2 Karten. 6., verb. Aufl. (80 S.) n. — 90
4. Neueste Geschichte. 4., verb. Aufl. (28 S.) n. — 20

Pfalz, Frz., tabellarischer **Grundriß** der Weltgeschichte f. Unter- u. Mittelklassen höh. Bildungsanstalten. 1.—4. Heft. gr. 8. Leipzig, J. Klinkhardt. n. 2. 35
1. Alte Geschichte. 13., verb. Aufl. (47 S. m. 2 Karten.) 906. n. — 50
2. Mittlere Geschichte. Mit 2 Karten. 11., verb. Aufl. (56 S.) 902. n. — 75
3. Neuere Geschichte. Mit 2 Karten. 7., verb. Aufl. (80 S.) 902. n. — 90
4. Neueste Geschichte. 5., verb. Aufl. (30 S.) 905. n. — 20

—— dass. — für die Unter-, Mittel- und Oberklassen höherer Bildungsanstalten in 1 Bde. gr. 8. (IV, 328 S.) Leipzig 877, Klinkhardt. *

— kann die **Realschule** II. Ordnung durch die höhere Volksschule ersetzt werden? Vortrag, auf der 3. sächs. Realschulmänner-Versammlg. zu Chemnitz, den 10. Juni 1876, geh. [Aus: „2. Jahresber. d. sächs. Realschulmännervereins".] gr. 8. (16 S.) Pirna 876. (Leipzig, Teubner.) — 45

Pfalz, Frz., ein Knabenleben vor 60 Jahren. Pädagogische Betrachtg. eigner Erlebnisse. 2 Bde. 8. (IX, 146 u. VII, 112 S.) Leipzig 901. 902. R. Wöpke. n. 3. 50; geb. in Leinw. n.n. 4. 75

(B) **Pfalz, F.**, ein Knabenleben vor 60 Jahren. 901. 902. (KBL 32.) Jetzt: Stuttgart, Ch. Belser.

—— litteraturgeschichtliche **Lebensbilder**, s. a. **Sammelmappe**, pädagogische.

— litteraturgeschichtliche **Lebensbilder**. [Sigurd u. Siegfried. Hans Sachs u. seine Zeit. Gottsched u. die Schweizer. Goethe in Straßburg.] gr. 8. (117 S.) Leipzig 881. Siegismund & Volkening. n. 1. 20; cart. n. 1. 50

— **Lehrgang** d. Unterrichtes im Deutschen f. sechsklass. Realschulen u. verwandte Anstalten. 8. (48 S.) Leipzig 889. Brandstetter. n. — 80

— s.: **Leitfaden** d. Geschichte f. Realschulen.

— die deutsche **Litteraturgeschichte**, in den Hauptzügen ihrer Entwicklg., sowie in ihren Hauptwerken dargestellt u. den höheren Lehranstalten Deutschlands gewidmet. 2 Tle. gr. 8. Leipzig 883. Brandstetter. à n. 2. 70 (cplt. in 1 Bd. geb.: n. 5. 40)
1. Die Litteratur des Mittelalters. (VIII, 358 S.)
2. Die Litteratur der neueren Zeit. (XIII, 306 S.)

— die **Mittelschule**, s. a. **Zeitfragen**, pädagogische.

Pfalz, F. Die Mittelschule. Leipzig, H. B., 1874. Progr.

— über die Natur der allgemeinen Bildungsmittel, s.: Zeitfragen, pädagogische.

Pfalz, Frz., Novellen, s. Abende, deutsche.

Pfalz, Frz, Die germanischen Ordalien. Leipzig 1865. 8.
Ist: Bericht üb. d. Realschule. . . . . (BKG.)

— die germanischen Ordalien. Leipzig 865. (Hinrichs' Sortimentsh.) gr. 8. (48 S.) n. 10 ngr.

Pfalz, Franz: Ein Rückblick auf die Entwicklung der sächsischen Realschule in den letzten 25 Jahren. *Leipzig (1898): C. G. Naumann.* (1—22 S. mit Tab.) 4°
Leipzig, 1. St. R, OP 1898 (595)

— Fritz Spalteholz, der junge Volksschullehrer. Plaudereien aus der Sturm- u. Drangzeit, gesammelt u. geordnet. (VII, 816 S.) 8. Leipzig 903. [R. Wöpke.] Stuttgart, Ch. Belser. n. 8.—; geb. in Leinw. n. 4.—

— Theorie u. Praxis in der Erziehung, s.: Zeitfragen, pädagogische.

— die Weltgeschichte in zusammenhängender Darstellung f. Schule u. Haus. 1. Tl. Alte Geschichte. Zunächst Kommentar zu Hft. I. v. d. Verf. „Tabellarischem Grundriß der Weltgeschichte f. die Unter- u. Mittelklassen höherer Bildungsanstalten". gr. 8. (IV, 293 S.) Leipzig 885. Klinkhardt. n. 3.—

— ein Wort üb. den Urkundenschatz der Handwerksladen. gr. 8. (46 S.) Leipzig 872. Hinrichs' Verl. in Comm. n. 1.—

Pfalz, G., üb. operative Therapie der folliculären Bindehaut-Entzündungen [sog. egypt. Augenentzündg. od. Körnerkrankheit]. Nach e. im Verein der Aerzte Düsseldorfs geh. Vortrage. gr. 8. (38 S.) Bonn 889. Hanstein. n. 1.—

Pfalz, Kurfürst Karl Ludwig von der, Schreiben, s.: Bibliothek d. litterar. Vereins in Stuttgart. 167.

Pfalz, M., Persien und Karthago. Ein Beitrag z. Würdigung d. internationalen Verbindungen i. Altertum. Diss. 1869. 28 S. 1.20

Pfalz, Mor. Dion der Syrakusaner. Ein historisch-kritischer Versuch. 28 S. Progr. G. *Chemnitz* 1877. 4°

Pfalz, Walter

Pfalz, Walt., Naturgeschichte f. die Großstadt. Tiere u. Pflanzen der Straßen, Plätze, Anlagen, Gärten u. Wohngn. Für Lehrer u. Naturfreunde dargestellt. 1. Tl. Mit 50 Federzeichngn. nach Orig.-Skizzen des Verf. (VII, 173 S.) 8. Leipzig 910. B. G. Teubner. Geb. in Leinw. 3.—

Pfalzbaiern gegen Ende des 18. Jahrhunderts. [Leipzig 1865.] V: *Häusser, Ludw.* (Dn)

Pfalz-Baierns wirkl. zwo Kurstimmen u. zwei Erzämter; e. polit. Wahrheit. 8. Augsb. 790. Bolling. 5 gr.

Pfalzburg [Schlagwort]

Pfalzburg, s.: Deutschland. Uebersichtskarte.

Pfalzburg, s.: Geologische Karten. Spezialkarte. (Els.-Lothr.)

Pfalzel [Schlagwort]

Pfalzel, s.: Geologische Karten (Preussen).

Pfalzel, s.: Preussen. Messtischblätter.

Pfalzer G. C.: Des edlen Weydmanns geheimes Jäger-Cabinet . . . Leipz. 170*. (180) S. Fig.
(? Titelbl. synes at mangle. — Pagin. S. 837-1016).

Pfalzer, Marcellin.

— lehrreiche Exempelpredigten auf die heil. Fasten. 6 Jahrgg. 4. Augsb. 749—63.

— Lob- u. Ehrenpredigten. 8. Augsb. 750.

Pfalzer, Marcellin., Lob- u. Sittenreden auf alle Festt. d. J. 4. Augsb. Rieger. 777. Rthlr.

— Predigten auf alle Feiertage d. Jahres. 4. Augsb. 762. Rieger. 1 Rthlr 12 gr

Pfalzer, Marcell., (✝ d. 6. März 1793.) Predigten auf alle Feiertage des Jahres, mit e. Anh. Lob- u. Ehrenpredigten. 4. Augsb. 777. Rieger. 2 Rthlr

— das Wort Gottes, in sittl. u. lehrreichen Predigten auf alle Sonntage d. Jahres. 4. Augsb. 762.

Der Pfälzer in Amerika: 1884?—1918?
Weekly. Sub-title: Wochenschrift den Interessen der Rhein-Pfälzer in den Vereinigten Staaten gewidmet. Circulation: 1885, 2000; 1890, 7500; 1900, 7500; 1910, 7800; 1915, 7500. Edited & published by Ph. Hirst; C. Voelcker & Co., 1884—86; by Voelcker Bros., 1887—1918.
New York, NY

[Umschlagt.:] [F.] Pfälzer, Moritz [Dr., Rechtspraktikant]: Die rechtliche Natur der Unfallversicherung. (Aus: Zeitschr. f. Handelsr., Bd XLIV u. XLV.) Stuttgart, Druck d. Union Deutsche Verlagsges., 1896; 75 S. [in 2 Heften] 8.
Erlangen, Jur. Fak., Inaug.-Diss. v. 1896
(Nicht für den Austausch)

Pfälzerwald [Schlagwort]

Pfälzerwald, s. a. Rheinpfalz.

Pfälzerwald, der. Organ des Pfälzerwaldvereins, des pfälz. Verschönerungsvereins, des Gräfensteiner u. Beldenzer Verschönerungsvereins 2c. Red.: Eug. Croissant. 7. Jahrg. 1906. 18 Nrn. (à ca. 12 S. m. Abbildgn.) Lex.-8. Zweibrücken, Zweibrücker Druckerei P. & L. Hallanzy. 2.—

Pfälzerwald, der. Organ des Pfälzerwald-Vereins, des Pfälzer Verschönerungsvereins, des Gräfensteiner u. des Beldenzer Verschönerungsvereins usw. Einzige offizielle Touristen-Zeitschrift f. die Palz u. Umgebg. Red.: Eug. Croissant. 8.—11. Jahrg. 1907—10. à 18 Nrn. (à ca. 12 S. m. Abb.) Lex. 8. Zweibrücken, Zweibrücker Druckerei P. & L. Hallanzy. (Nur direkt.) à Jahrg. nnn 2.—
Nicht durch den Buchhandel zu beziehen.

Pfalzgraf, Johannes [pr. Arzt, aus Westpreussen]: Ein von der Haut unabhängiges Cancroid am Vorderarm. . . . Greifswald, Druck v. Julius Abel, 1889; 28 S. 8°
Greifswald, Med. Fak., Inaug.-Diss. v. 21. Dez. 1889

Pfalzgrafen, daß die, d. Rhein, Reichs-Erztruchsesse gew. rc. 4. Frankf. u. L. (Akad. Buchh., Marb.) 786.

Anonym: „Die Pfandbriefe vor dem Gericht der Mathematik" München 1824 (Lindauer).

Pfandbriefe, die, vor d. Gericht d. Mathematik; oder: mathemat. Vergleichung d. Anlehens-Geschäftes auf 3procent. Obligationen mit dem Pfandbrief-Systeme u. mit e. neuern Anlehen v. 1,300,000 fl. gr. 8. Münch. 825 J. Lindauer. 12 gl

Anonym: „Über die schlesischen Pfandbriefe und besonders über die Verordnung vom 31. Dezember 1789", Berlin 1790. — Nebst 4 anderen Schriften über diesen Gegenstand. — Vorh.: Com. Bibl. Hamburg.

Pfandbriefe, über d. schlesischen, u. besond. üb. d. Verordnung. v. 31 Dec. 1789. gr. 8. Breslau, Korn d. jüng. 790.

Pfander, Karl Gottlieb, ein Zeuge der Wahrheit unter den Bekennern des Islam, s. Eppler, Chr. Friedr.

(Pfander, C[hristian].) Aproximative Berechnung der von den Gemeinden des Cantons Bern an die K. K. Oestreichischen Truppen bey ihrem Durchmarsche Ends Jahrs 1813 und Anfangs 1814 gemachten Lieferungen und der von daher erhaltenen Vergütungen. 4. Bern 1815

Pfander, Ed., die Perthes'schen Reformvorschläge für den lateinischen Elementarunterricht gegenüber Theorie u. Erfahrung. [Aus: „Pädagog. Archiv".] gr. 8. (46 S.) Bern 882. Fiala in Comm. n. — 80

Pfander, Eduard

Pfander, E., Ueber Euripides' Bakchen. Heft I. Pr. 1868. 41 S. 4°.

Pfander, Ed., Euripides' Bakchen. Bern 1868.
Progr.

Pfander, Ed., die Tragik des Euripides. Studien. I. Ueber Euripides' Bakchen. Bern 870. (Berlin, Calvary & Co.) gr. 4. (41 S.) n. 20 ngr.

Pfander, Gertrud. Helldunkel. Gedichte und Bekenntnisse von G' Pf'. Mit einer biographischen Einleitung Hrg. von Karl Henckell. Der «Passifloren» '2. vermehrte Aufl. 174 S. 8. Bern, A. Francke, 1908. [fr. 3. 50, geb. 5. —]

Pfander, Gertr., Passifloren. Hrsg. v. Karl Henckell. 12. (XII, 76 S.) Zürich 896. K. Henckell & Co. In Leinw. kart. n. 2. —

Pfander, Karl [app. Arzt aus Waiblingen]: Beitrag zur Histologie der Hühnertuberkulose ... Rudolstadt, Druck d. fürstl. priv. Hofbuchdr., 1892; 15 S. 8.
Tübingen, Med. Fak., Inaug.-Diss. v. 1892

[Gedicht] An die besuchenden Brüder. [Unterz.:] **Pfänder.** [Gotha] o. J. 1 Bl. 8°. [Kopftit.]
„Willkommen hier im Bruderbund" ...

Walther, Ernst: [Lithogr.] [Lied.] Dem [Br.] Ernst Walther bei der Feier seines 25jährigen Maurer-Jubiläums die treu verbundenen Brüder der □ E[rnst] z. C[ompass in Gotha] am 24. Juni 5852. [Unterz.:] **Pfänder.** [Gotha 1852.] 2 Bl. 4° [Umschlagtit.]
Ohne Noten: „Reich uns, Bruder, Deine Hand! ..."

Pfänder, Ad., Abhandlungen über Brennerei. 8. Breslau 843, Kohn. verklebt. n. 1 ℛ

Pfänder, Alexander Das Bewusstsein des Wollens. *Leipzig: J. A. Barth 1898.* (321—367 S.) 8° (Aus: Zeitschrift für Psychologie und Physiologie der Sinnesorgane, Bd 17.)
München, Phil. Diss. v 1898

Pfänder, Alex., Einführung in die Psychologie. (VII, 423 S.) gr. 8. Leipzig 904. J. A. Barth. Geb. in Leinw. n. 6. —

Pfänder, Alex., Phänomenologie des Wollens. Eine psycholog. Analyse. Von der philosoph. Fakultät I. S. der Universität München im Dezbr. 1899 m. dem Frohschammer-Preise gekrönte Preisschrift. gr. 8. (III, 132 S.) Leipzig 900. J. A. Barth. n. 4. 50

Pfaender, Geo., Musenkinder. Ernste u. heitere Gedichte. (61 S.) kl. 8. Leipzig-Gohlis 909. B. Volger. 1. —

Pfaender, Hermann

Pfaender, Herm., Leute vom Turf. Roman aus dem Sportleben. (171 S.) 8. Berlin (904). Verlag Continent. n. 2. —; geb. n. 3. —

Leute vom Turf. Roman aus d. Sportleben von Hermann **Pfaender** 2. Taus. *Berlin: Continent [1904].* (171 S.) 8° [Fr.] 04. 11064

— **die Renn-Wette.** (Bibliothek für Sport u. Spiel.) (III, 100 S.) 8. Leipzig (905). Grethlein & Co. Geb. in Leinw. n. 1. 60

Die Renn-Wette von Hermann **Pfaender.** [Nebst] Anh. Das Totalisator-Gesetz, s. Ausführungsbestimmungen u. Folgen im deutschen Rennbetrieb u. Wettverkehr. Leipzig: Grethlein & Co. (1906). (106, 24 S.) 8°
(Bibliothek f. Sport u. Spiel.) 06. 11147

— **das Totalisator-Gesetz,** seine Ausführungsbestimmungen u. Folgen im deutschen Rennbetrieb u. Wettverkehr. (24 S.) 8. Ebd. (906). n. — 30
Sonderabdruck aus: „Die Renn-Wette".

Pfänder, Lor., s.: Perlen d. Andacht (in stenotachygraph. Schrift übertr.).

— **Sigeltabelle d. Stenotachygraphie.** E. alphabet. Verzeichniss aller Kürzgn. der Engschnellschrift, f. Lehrkurse sow. f. d. Selbstunterr. zusammengetragen. 13. Aufl. gr. 8. (4 autogr. S.) Augsburg (G. 85 ⅙ Jakoberwall) 896. Selbstverlag. n. — 10

Stenotachygraphie (Eng-Schnellschrift), veröffentlicht im Jahre 1875 durch A. Lehmann. Ratgeber, sich diese leichtfassl. Schnellschrift in kurzer Zeit anzueignen ... von Lorenz **Pfänder**, Lehrer d. Stenotachygr., Augsburg. Schul- oder Korrespondenzschrift 6 unveränd. Aufl *(Augsburg) Selbstv. 1893* (52 S.) 8° 99. 9379

— Stenotachygraphie (Eng-Schnellschrift). Ratgeber, sich diese leichtfassl. Schnellschrift in kurzer Zeit anzueignen. Für Lehrkurse, sow. f. d. Selbstunterr. bearb. Schul- od. Correspondenzschrift. 7. Aufl. gr. 8. (52 S.) Ebd. 896. n. 1. —

— dasselbe. Correspondenz- od. Schulschrift. 8. Aufl. gr. 8. (48 S.) Ebd. 897. n. 1. —

Pfänderauslösungen. Ein Beitr. zur Beförderung d. gesell. Vergnügens. 12. Leipz. (824.) Centr.-Cpt. 4 gr (Aus Lätitia. 3s Hft, abgedr.)

Pfänderspiel, das, von H. Clauren. 8. Dresden, Arnold. 820.

Pfänderspiel, neues, nach dem Kinderfreund des Kreissteuer-Einnehmers Weiße bearb. 12. Leipzig, Fr. Bruder. 795.

Pfänderspiele, unterhaltende lustige, mit den Lösungen, nebst Unterricht. 16. Ulm 815. J. Ebner. 12 gr

Pfänderspielgesellschaft, die kleine. Mit illum. Kpf. Berl. 815. Fr. Pauli. 20 gr

Pfandgesetz, das, u. die damit in Verbindung stehenden Gesetze u. Verordnn. rc. im Königr. Würtemberg. Mit e. alphabetisch. Register. 1e u. 2e Abtheil. A. u. d. T.: Das Pfand-, Prioritäts- u. Executions-Gesetz. — Die Haupt- u. die Einführungs-Instruction in Beziehung auf d. Pfand-Gesetz rc. u. Supplement. 3e Abtheil. A. u. d. T.: Bolley, Bemerkk. zu dem Pfandgesetze. 3 Bde. gr. 8. Stuttg. 825—829. Steinkopf. 7 ₰ 4 gr

Das Pfand-Gesetz üb. d. Rechtspflege in d. untern Instanzen im K. Würtemberg. Mit Bemerkk. d. Referenten bei d. Organisat.-Commission. 1e, 2e Abth. u. Supplem. *Stuttgart*, Steinkopf. 825—29. gr. 8. (2 Thl. 8 Gr.)
2e Abth. — A. u. d. T.: Das Pfand-, Prioritäts- u. Executions-Gesetz. — Die Haupt- u. d. Einführ.-Instruct. in Bezieh. auf d. Pfand-Gesetz u. s. w. (2 Thl.)
3e u. 4e Abth. — A. u. d. T.: Bemerkk. zu d. Pfand-Gesetze u. den damit in Verbind. stehenden Gesetzen u. Vollzieh.-Verordnn. im K. Würtemb., v. H. E. F. Bolley. 3 Bde. *Ebend.* 827—29. gr. 8. (4 Thl. 20 Gr.)

— für d. Königr. Würtemberg, sammt allen dazu gehör. Verordnn. 12. Freiburg, Herder. 4 gr

Der Pfandgläubiger, oder vollkommner prakt. Unterricht für alle diejenigen, so Gelder auf Pfänder geben wollen, oder bereits ausgeliehen haben, mit Formularen zur Richtschnur beigebracht, f. alle Staaten passend, von dem Verfasser des Darleihers. *Leipzig*, Andrä. 823. 8. (3 Gr.).

Pfandgläubiger, der, od. vollkommener prakt. Unterricht f. alle diejenigen, so Gelder auf Pfänder dargeben wollen od. bereits dargeliehen haben, von d. Verfasser des Darleihers. 8. Leipz. 823. Andrä. 8 gr

Pfandl, Ludwig: Hippolyte Lucas, sein Leben und seine dramatischen Werke. Ein Beitr. z. französ. Literaturgeschichte d. XIX. Jhs. Leipzig-Reudnitz 1908: Hoffmann. XVI, 289 S. 8°
München, Phil. Diss. v. 2. Juli 1908, Ref. Jordan, Schick
[Geb. 22. Sept. 81 Rosenheim; Wohnort: Rosenheim; Staatsangeh.: Bayern; Vorbildung: Gymn. Rosenheim Reife Juli 01; Studium: München 12 S.; Rig. 2. Juli 08.] [U 09. 3498

Pfandleih-Geschäft (Das) überhaupt und dessen Gestaltung in Wien. Eine Entgegnung auf die in der Verhandlung der n.-ö. Handels- und Gewerbekammer vom 30. Juni 1869 für die Zulässigkeit der Privat-Pfandleihanstalten als Gewerbe vorgebrachten Gründe. 8°. Wien, Pichler's Witwe u. S., 1870.

Pfändler und Bislin, die Schweiz in ihren bundesrechtlichen Verhältnissen. Eine volksthüml. Darstellung der Bundesverfassung, der Bundesgesetze, der Konkordate und der Staatsverträge mit dem Auslande. 20 Lfgn. gr. 8. (1160 S.) St. Gallen 876,77, Altwegg-Weber. à Lfg. 50 Pf.

Pfändler, Wilhelm. von Flawil: Die Vergnügungen der Angelsachsen. Halle a S. 1906 IV + 111 S. 8°. S.-A. aus „Anglia Bd. 29 (N. F. 17.) Heft 4." [19. XI. 06]
Zürich. Phil. Diss. 1 S 1906/1907

Pfändler, Wilhelm. Die Vergnügungen der Angelsachsen. Diss. Phil. I. Univ. Zürich. [Sep.-Abdr. aus: Anglia. Zeitschrift für englische Philologie.... Band 29 — Neue Folge Bd. 17 —, Heft 4.] IV + 111 S. 8. Halle a. S., Ehrhardt Karras, 1906.

Pfaendner, H. A., Anleitung zur Berechnung des kubischen Inhalts I. der Braupfannen, II. der Braukessel, III. der Kühlschiffe u. IV. der Gährbottiche nach dem Metermaße. Mit einer kurzen Erklärung des metr. Maß- u. Gewichts-Systems. 12. (14 S.) Lichtenfels 876. (Ehrhard.) n. — 50

Pfaendner, H. A., Anleitung zur Berechnung des kubischen Inhalts I. der Braupfannen, II. der Braukessel, III. der Kühlschiffe und IV. der Gährbottiche nach dem Metermaße. Mit einer kurzen Erklärung des metr. Maß- und Gewichts-Systems. 12. (14 S.) Lichtenfels 876, (Rüth.) *

— Tabelle zur Berechnung der Tantiemen, Provisionen, Jahreszinsen rc. aus 1—99 Pf. und 1—100000 ℳ. zu 1, 1½, 1¾, 2, 2½, 3½, 4, 4½ und 5%. 12. (29 S.) (Ebendas.) 876. *

Pfaendner, H. A., fünf Tabellen I. zur Berechnung des voletirten Malzes oder Getreides gegenüber seinem straffreien Ueberschusse bei der Abmessung in der Mühle oder am Betriebsorte; II. zur Umrechnung des auf Steinmühlen bearb. Einsprengmalzes in seinem Maßverhältniß zu ungebrochenem Einsprengmalze; III. zur Umrechnung des auf Steinmühlen bearb. Trockenmalzes in seinem Maßverhältniß zu ungebrochenem Trockenmalze; IV. zur Umrechnung des auf Walzmühlen [ohne Messungsapparat] bearb. Einspreng- und Trockenmalzes in seinem Maßverhältniß zu ungebrochenem Malze; V. zur Umrechnung des eingeweichten Getreides und gequetschten Grünmalzes in seinem Maßverhältniß zu uneingeweichtem [trocknem] Getreide, nach Maßgabe des Art. 17 des Gesetzes über den Malzaufschlag in Bayern vom 16. Mai 1878 [neuer Textirung]. Zur Erleichterung für die Gebrauchsanwendung mit ausführl. Beispielen hergestellt. 2. sehr verb. Aufl. 12. (31 S.) Lichtenfels 876, (Ehrhard.) *

— 6 Tabellen zur Umrechnung I. der bayerischen Schäffel u. Metzen in Hektoliter u. Liter; II. der Hektoliter u. Liter in d. Schäffel, Metzen u. Vierling; III. der d. Visirеimer u. Maßkannen in Hektoliter u. Liter; IV. der Hektoliter u. Liter in d. Visireimer u. Maßkannen; V. der d. Schenkeimer u. Maßkannen in Hektoliter u. Liter; VI. der Hektoliter u. Liter in d. Schenkeimer u. Maßkannen. In 2. verb. Aufl. bearb. 12. (28 S.) Lichtenfels 876. (Ehrhard.) n. — 50

Pfand- u. Leih-Reglement für die sämmtlichen preußischen Staaten. Vom 13. März 1787. Nebst allerh. Kabinetsordre die Grundsätze für die öffentl. städt. Leihanstalten betr. vom 28. Juni 1826 u. Bekanntmachung vom 18. Juli 1868. Berlin 869. v. Decker. gr. 8. (31 S.) 3 ngr

Pfandspiel, Das, oder artige und aufgeweckte Geschichte. A. d. Franz. . . . Frankf. u. Leipzig 1755. 2. Aufl. 1763. V: *Salomon, Adelgunde Concordie.* (BGE)

Pfandspiel, oder artige Geschichten; aus d. Französ. 3 Thle. 8. Leipz. 756. Gleditsch. (Brockhaus). 16 gl

Pfandspiel, od. artige Geschichten, a. d. Frz. 3 Thle. 8. Lpz. Junius. (Gleditsch.) 756.

Pfändtner, Karl, s. Geist, Hl., Schweinfurt. (Stadtpfarrkirche.) — Volkach am Main.

Pfanhauser, Augustin, Dachsteinbleameln. Gedichte in oberösterr. Mundart. 8. (VIII, 136 S. mit 44 eingedr. Illustr.) Wien 881, Gerold's Sohn. *

Pfanhauser, Wilhelm

Pfanhauser sen., Wilh., u. W. Pfanhauser jun., Elektroplattirung, Galvanoplastik, Metallpolirg., Vernickeln, Verkupfern, Vermessingen, Versilbern, Vergolden, Verzinken, Oxydiren etc., Poliren der Metallwaren, Galvanoplastik. 4. Aufl. des Werkes: „Die galvan. Metallplattirg. u. Galvanoplastik", ganz neu bearb. gr. 8. (XIV, 600 S. m. 152 Abbildgn.) Wien 900. Spielhagen & Schurich. n. 7. 50; geb. in Leinw. n.n. 8. 50

Pfanhauser, W., Das Galvanisiren von Metallen. (Elektro-chemische Metall-Plattirung.) Gründliche Anleitung zur soliden weissen Vernickelung, zur galvanischen Verkupferung, Vermessingung, Vergoldung etc. 2. verm. Aufl. Mit 38 Orig.-Holzschn. 8°. X—*176 S.* Wien, Lehmann u. Wentzel. 1881. fl. 2.—

Pfanhauser, Wilh., das Galvanisiren von Metallen [elektrochemische Metall-Plattirung]. Gründliche Anleitung zur soliden weissen Vernickelung, zur galvan. Verkupferung, Vermessingung, Vergoldung, Versilberung, Oxydirung etc. Nach den neuesten Erfahrungen und Fortschritten. 2. verm. Aufl. gr. 8. (X, 176 S. mit 38 eingedr. Orig.-Holzschn.) Wien 881, (Spielhagen und Schurich.) *
1. Aufl. erschien im Selbstverlage des Verfassers.

PFANHAUSER, WILHELM.
Galvanisiren (Das) von Metallen (elektrochemische Metall-Plattirung). Gründliche Anleitung zur soliden weissen Vernickelung zur galvanischen Verkupferung, Vermessingung, Vergoldung, Versilberung, Oxydirung, etc. Nach den neuesten Erfahrungen und Fortschritten. Zweite Auflage. Wien, 1881. 8vo. Ill.
Dritte Auflage. Wien, 1890. 8vo. Ill.

Pfanhauser, W., die Galvanoplastik, s.a. **Monographien über angewandte Elektrochemie. 11. Bd.**

Die Galvanoplastik. Von Dr W[ilhelm] **Pfanhauser**, Fabrikant. Mit 35 Abb. *Halle a. S.: W. Knapp 1904.* (XI, 137 S.) 8°
— **Monographien** über angewandte Elektrochemie. Bd 11. [04. 4643

— die Herstellg. v. Metallgegenständen auf elektrolytischem Wege u. die Elektrogravüre, s.a. **Monographien über angewandte Elektrochemie. 6. Bd.**

Die Herstellung von Metallgegenständen auf elektrolytischem Wege und die Elektrogravüre. Von Dr. W. **Pfanhauser**, Fabrikant. Mit 101 Abb. *Halle a. S.: W. Knapp 1903.* (XII, 146 S.) 8°
— **Monographien** über angewandte Elektrochemie. Bd 5. [03. 4648

Pfanhauser jr., W., die elektrolytischen Metallniederschläge. Lehrbuch der Galvanotechnik m. Berücksicht. der Behandlg. der Metalle vor u. nach dem Elektroplattieren. (5. Aufl.) (XVI, 801 S. m. 173 Abb.) Lex. 8. Berlin 910. J. Springer. Geb. in Leinw. 15. --

Pfanhauser, Wilh., die galvanische Metallplattirung u. Galvanoplastik Gründliche Anleitg. zur galvan. Vernickelg., Verkupferg., Vermessingg., Versilberg., Vergoldg., Verzinng., Oxydirg. etc. u. Galvanoplastik. Anleitung zum Glanzschleifen [Poliren der Metalle] Nach den neuesten Erfahrgn. u. Fortschritten bearb. 3., vollständig neu bearb. Aufl. d. Werkes: „Das Galvanisiren v. Metallen". gr. 8. (XII, 341 S. m. 85 Abbildgn.) Wien 890. Spielhagen & Schurich. n. 6. —; geb. n. 7. —

Pfanhauser, Wilhelm, aus Wien: Ueber das elektrochemische **Verhalten** des Nickelammonsulfates. *Giessen 1900: (K. Prochaska in Teschen).* (65 S.) 4°(8°)
Giessen, Phil. Diss. v. 1900

PFANKUCH, FRIEDRICH. Ueber neue organische Verbindungen und neue Wege zur Darstellung derselben. Leipzig, 1872.

PFANKUCH, Geo. et Gerh.: Tractat. brevis et succinctus ad Ord. Cam. Imp. II. 21. fin. de summariissimo possessorio, 2 libris absolutus. *Colon. Agripp.* **709. 4.**

Pfann, Matthias Georg

— merkwürd. Nachricht von 2 durch die giftigen Dämpfe d. Holzkohlen verunglückten Weibspersonen rc. 8. Erlang. 757.

Pfann, Matth. Geo., Samml. auserl. casuum medico-forens. s. and. d. Naturl. betr. Mater. 8. Nürnberg, Raspe. 750.

Pfann, Matthias Georg: Sammlung verschiedener merkwürdiger Fälle, welche theils in die Gerichtliche, theils in die Practische Medicin einschlagen, nebst einigen aus Physicalischen und andern Medicinischen Materien bestehenden Zugaben, und einer Vorrede, wie sich angehende Physici, Practici und Wund-Aertzte bey Abfassung der Wund-, Sections- und Krankheits-Berichte zu verhalten. 361 S., 88 S., gbd., Abb.

Nürnberg: Stein & Raspe 1750

Pfann, Matthias Georg [Praes.], s. Scholler, Johann Benedikt: De enterooscheocele antiqua, restitutione sacci herniosi feliciter peracta, absque bracherio et sectione curata.

Pfann, Matthias Georg [Praes.], s. Steinbrüchel, Johann Jakob: De inani specifici cephalici in cephalgia usu.

Pfann, Matthias Georg [Praes.], s. Stiegling, Johann Tobias: De modo agendi medicamentorum anodynorum.

Pfann, W., Neueste Karte und richtige Vorstellung aller Städte, Vestungen, Schlösser und remarquablen Ort, welche die Kron Frankreich zwischen dem Rhein, Saar, Mosel und im Elsass wirklich besitzet. W Pfann sculpsit. [Nürnberg 1700?] (Br. Mus.)

Pfanne, Heinrich

Pfanne, H., kleine Bibelkunde des Neuen Testaments in Denkversen. 4. Aufl. 16. (12 S.) Halle 884, Pfeffer.
Preis für 10 Exempl. **
1.—3. Aufl. erschienen im Selbstverlage des Verfassers.

Pfanne, H., kleine Bibelkunde d. Neuen Testaments in Denkversen. 5. Aufl. 16. (12 S.) Halle 886. Pfeffer. f. 10 Explre. n. — 60

Pfanne, H. Kleine Bibelkunde d. Neuen Testaments in Denkversen. 6. Aufl. 16. (12 S.) [Halle a. S. 890.] Lpz., Pfeffer. * — 10

Pfanne, H., kleine Bibelkunde des Neuen Testaments in Denkversen. 8. Aufl. gr. 16. (12 S.) Halle 898. Pfeffer. n.n. — 10

Pfanne, H., kleine Bibelkunde des Neuen Testaments in Denkversen. 10. Aufl. (12 S.) 16. Halle 907. Pfeffer. — 10

[F.] Die neuen Schildbürger. (Vf.: Gottlieb Pfannekuchen.) Ill. v. Ludwig Stutz. *Berlin: A. Hofmann & C. 1895.* (VII, 133 S.) 1 Bd 8.
= Pfannekuchen, G.: Gesamm. Werke. [Bd] 1.

Pfannekuchen's, Glieb., gesammelte Werke. I. gr. 8. Berlin 895. A. Hofmann & Co. Kart. n. 3. —
Die neuen Schildbürger. Illustr. v. Ludw. Stutz. (VII, 133 S.)

Pfannenbecker, Johann Gottfried (Cammin/Pommern), De mediis atriisque morborum. Diss. inaug. Frankfurt / Oder (Apitz) 14. VIII. 1797. 24 S. (4.50) 26280
Gew.: Johann Gottfried Morgenbesser.

Pfannenberg, Fr., Biographieen ausgezeichneter Christen. 3s Heft: Phil. Jac. Spener, der Kirchenvater d. evangel. Deutschlands im 17n u. 18n Jahrh. 8. Berlin 833. (Hold.) n. 1/4 ß

—— Sammlung v. Biographieen ausgezeich. Christen. 1—3. Hft. 8. Berlin, (Hold.)
Hft. 1. Erbaul. Lebensgeschichte d. Nicolaus Lange, ehemal Superint. zu Brandenburg. Umgearb. hrsg. (3 1/4 B.) 830. 4 Gr.
" 2. Leben des Augustin Schulze, ehemal. böhm. Predigers zu Rixdorf, zuletzt an d. St. Gertrauten-Kirche zu Berlin. Nach e. Mscrpt. bearb. (3 1/2 B.) 832. 4 Gr.
" 3. Phil. Jac. Spener, der Kirchenvater d. evangel. Deutschlands im 17. u. 18. Jahrh. (7 B.) 833. 6 Gr.

v. Pfannenberg, Fr. Ant., Handbuch d. königl. sächs. Polizeirechts. 1r Thl. gr. 8. Leipz. 812. (Reclam). 2 ß

Pfannenberg, Frdr. Georg III., Fürst zu Anhalt, Domprobst zu Magdeburg und Meissen und Coadjutor zu Merseburg. 8. Berlin 1830.

— Georg der Dritte, Fürst zu Anhalt, Domprobst zu Magdeburg u. Meißen 2c. Ein Denkmal fürstl. Frömmigkeit. Zur Jubelfeier d. Augsburg. Confession. gr. 8. Berl. 830. Franklin u. C.; (a. Stuhr). 12 Gr.

— Georg III., Fürst zu Anhalt († 1553). 8. Berlin 830, jetzt Thome und der Preis 3/8 ß

Pfannenberg, Friedrich Anton (Dessau), De perscrutatione domestica. Diss. jur. crimin. Leipzig (Hirschfeld) 27. III. 1810. 35 S. (4.—) 26281
Gew.: Gottfried August Arndt, Johann Gottfried Pfannenberg (Vater).

Pfannenberg, Fritz v. (Hüttenvogel), die Hüttenjagd m. dem Uhu. 3. verb., wiederum wesentlich verm. Aufl. m. 1 Tab. zum Ansprechen der in Mitteleuropa vorkomm. Tagraubvögel, sowie zahlr. charakterist. Bildern mitteleurop. Tagraubvögel u. m. vielen Textabbildgn. nach photograph. Aufnahmen u. Zeichngn. v. C. Apitz, Ewald Arndt, Ludw. Beckmann u. a. (150 S. m. Abbildgn. u. 1 Tab.) 8. Neudamm 910. J. Neumann. 2.50; geb. in Leinw. 3.60

Hüttenvogel. Die Hüttenjagd mit dem Uhu. Von Fritz v. Pfannenberg. Mit 1 Tab. sowie zahlr. Bildern. 3. verb., wiederum wesentl. verm. Aufl. Neudamm: Neumann 1910. 150 S. 8°
(J. Neumanns Jagdlich-kynolog. Büchersammlung.)

Pfannenberg, J. G.

— Magazin von Aufgaben mit zu verarbeitendem Stoffe zu schriftl. Aufsätzen. 8. Leipz. Barth. 808.

Pfannenberg, (J. G.,) Magaz. von Aufgaben mit zu verarbeiteten Stoffe zu schriftl. Aufsätzen u. mit Vorbericht u. Beispielen von d. Art ihrer Verfertigung. Zum Gebrauch f. Lehrer. 2c Ausg. v. J. C. F. Baumgarten. 8. Leipzig 823, Barth.

– Dass. 3. Aufl., s. Pfannenberg, Joh. Heinr.

Pfannenberg, Jh. Gf., üb. die redner. Action, mit erläutert. Beispielen 2c. 8. Leipz. 796. Leo. 20 Gr.

— üb. den Vortrag u. Nutzen d. philosoph. Geschichte, besond. auf Schulen. 8. Dessau 793. (Herold jun. in Hamb.) 4 Gr.

— üb. Vortrag u. Nutzen d. philosoph. Gesch. 8. Dessau, Müller. 793.

— üb. philosoph. Vortr. d. Geschichte. 8. Hamburg, Vollmer. 792.

Pfannenberg, Joh. Heinr., s.a. Pfannenberg, J. G.

Pfannenberg, Joh. Heinr., Magazin von Aufgaben mit zu verarbeit. Stoffe zu schriftl. Aufsätzen u. mit Vorbericht u. Beispielen von d. Art ihrer Verfertigung. Zum Gebr. f. Lehrer in d. mittl. Classen d. Bürger- u. Volksschulen, in Gewerbe- u. Sonntagsschulen, wie z. Privatunterr. 3., verm. u. verb. Ausg. v. J. C. F. Baumgarten. 8. (20 B.) Leipzig 840, Barth.

Pfannenberg, Leo v., Geschichte der Schloß-Garde-Kompagnie Sr. Maj. des Kaisers u. Königs 1829—1909. Auf Befehl des Kommandeurs bearb. Mit dem Facsm. e. Handzeichng. des hochsel. Königs Friedrich Wilhelm III. Maj., dem Fcsm. e. allerhöchsten Cabinettsordre, sowie zahlr. Illustr. v. Rich. Jacobi, Reproduktionen v. alten Bildern, Photogr., Stichen, Lithogr. u. Farbdr. (214 S.) Lex. 8. Berlin 909. G. Stilke. Geb. in Leinw. 18.—; erm. Pr. 12.—

Pfannenmüller, Hans, aus Erlangen: Anatomische Untersuchung eines Falls von schwerer Epilepsie. *Würzburg 1901: Becker.* (32 S.) 8°
Würzburg, Med. Diss. v. 1901

* *August Ludwig Pfannenschmids* Versuch einer Anleitung zum Mischen aller Farben aus blau, gelb, und roth, nach beiliegendem Triangel, herausgegeben von *Ernst Rudolph Schulz*, Prediger zu Ronneberg bei Hannover. Hannover. 8. 156 S. mit 1 Kupf. 1781.

Pfannenschmid, Aug. Ldw., Versuch e. Anleit. zu Mischung aller Farben aus Blau, Gelb u. Roth, nach beiliegend. Triangel. 8. Hannov. 781. N. Ausg. hrsgg. v. E. R. Schulz. 8. Leipz. 799. Kummer. 14 Gr.

Pfannenschmid, Basilius

Pfannenschmid, B., auf nach Hardenberg! Wallfahrtsbüchlein zur unbefleckt empfangenen Gnadenmutter v. Hardenberg zum Gebrauche f. Prozessionen, sowie f. einzelne Pilger. 4. Aufl. gr. 16. (72 S.) Essen 886. Fredebeul & Koenen. n. — 30

Pfannenschmid, B., auf nach Hardenberg! Wallfahrtsbüchlein zur unbefleckt empfangenen Gnadenmutter von Hardenberg. 5., verm. Aufl. gr. 16. (72 S.) Essen 888. Fredebeul & Koenen. n. — 30

Pfannenschmid, Basil., auf nach Hardenberg! Wallfahrtsbüchlein zur unbefleckt empfangenen Gnadenmutter von Hardenberg, zum Gebrauche f. Prozessionen, sowie für einzelne Pilger. 12. Aufl. 12. (74 S. m. Titelbild.) Essen 900. Fredebeul & Koenen. n. — 30

Pfannenschmid, Basilius, auf nach Hardenberg! Wallfahrtsbüchlein zur unbefleckt empfangenen Gnadenmutter v. Hardenberg zum Gebrauche f. Prozessionen, sowie f. einzelne Pilger. 16. Aufl. (74 S. m. Titelbild.) kl. 8. Essen 910. Fredebeul & Koenen. — 30

— Kreuzweg-Andacht, wie sie auf dem Kreuzwege zu Hardenberg gehalten wird. 10. Aufl. (24 S. m. Abbildgn.) kl. 8. Ebd. (910). — 10

Pfannenschmid, H s. Lütolf, Alois. und Pfannenschmid, H

Pfannenschmid, H., s.: Pfeffel's, Glieb. Konr., Fremdenbuch.

Pfannenschmid, Heino, über das Alter der Flößerei im Gebiete des oberen Rheines mit besonderer Beziehung auf die Saar u. ihre Nachbarflüsse. gr. 8. (31 S.) Colmar 881. Barth. n. 1. 20

Pfannenschmid, Heino, das Archivwesen in Elsass-Lothringen und der Organismus des französ. Departemental-, Communal- und Hospital-Archivwesens. Mit 7 Beilagen. gr. 8. (XVII, 194 S.) Colmar 875, Lang und Rasch. [Leipzig, Rasch.] *

— germanische Erntefeste im heidnischen u. christlichen Cultus, mit besonderer Beziehung auf Niedersachsen. Beiträge zur germanischen Alterthumskunde u. kirchl. Archäologie. gr. 8. (XXX, 710 S.) Hannover 878. Hahn. n. 10. —

Pfannenschmid, Heino, Fastnachtsgebräuche in Elsass-Lothringen. Gesammelt u. erläutert. gr. 8. (50 S.) Colmar 884. Barth. n. 1. 60

Pfannenschmied, Heino, zur Geschichte der deutschen u. niederländischen Geißler, s.: Runge, Paul, die Lieder u. Melodien der Geißler des J. 1349.

—— die königl. Landes-Bibliothek zu Düsseldorf seit ihrer Stiftung bis zur Gegenwart. Zum 100jähr. Gedächtnisse der Begründung und Eröffnung dieser Anstalt [März—April 1770]. gr. 8. (62 S.) Köln 870, Heberle. *
Aus: Archiv für Geschichte des Niederrheins, besonders abgedruckt.

— über Ordnung u. Inventarisirung der Gemeinde-Archive. [Aus: „Archival. Zeitschr."] Lex.-8. (52 S.) München 885. Th. Ackermann Verl. n. 1. 20

— Weihnachts-, Neujahrs- u. Drei-Königslieder aus dem Ober-Elsass. Gesammelt u. hrsg. gr. 8. (26 S.) Colmar 884. Barth. n. — 80

— das Weihwasser im heidnischen u. christlichen Cultus unter besond. Berücksicht. des germanischen Alterthums. Ein Beitrag zur vergleich. Religionswissenschaft. Mit 2 (eingedr.) Holzschn. Hannover 869. Hahn. gr. 8. (XV, 231 S.) n. 1 *ℛ* 10 *ngr.*

Pfannenschmid, Heinrich Andreas, Past. zu Gortzke, Die liebliche Friedens-Post aus dem Versöhn-Opfer Jesu Christi wurde am Sonntage Lätare, 1763 als dem angeordneten grossen Danck- und Friedens-Feste wegen des von Gott geschenckten allgemeinen Friedens aus dem vorgeschriebenen Texte Jes. 52, 7—10 betrachtet in einer Predigt vorgetragen und mit historischen Anmerckungen aus der in dasiger Gegend erlebten Krieges- und Friedens-Geschichte begleitet. Magdeburg und Leipzig, Verlegts Christoph Seidel und Georg Ernst Scheidhauer. 8. 54 S.

Pfannenschmid, Johann Andreas (Quedlinburg), De vera indole exceptionis legitimationis ad causam. Diss. jur. Präs. Johann Tobias Carrach. Halle/Magdeburg (J. Fr. Grunert) 5. X. 1737. 32 Seiten. (5.—) 26282
Widm. v.: Johann Tobias Carrach.

— — Dasselbe. Halle/Magdeburg (J. Fr. Grunert) 5. X. 1737. Rec. 1755. 38 S. (5.—) 26283
Widm. v.: Johann Tobias Carrach.

Pfannenschmid, L., die Pferdeschlächterei. 8. (1¼ B.) Quedlinburg 844, Basse.

Pfannenschmidt († Julie Burow), s. a. Burow, Julie.

Pfannenschmidt, Die Pferdeschlächterei. 8. (20 S.) Quedlinburg 44. Basse. M. —.40

Pfannenschmidt, ..., (Kreis-Thierarzt,) die Pferdeschlächterei. 8. Quedlinburg 844, Basse. ⅛ *ℛ*

Pfannenschmidt, Adrian Andr., († d. 1. Sept. 1790.) Abhandlung von d. Färberröth, od. Grapp ꝛc. 8. Manh. 769. Schwan u. G. 2 *gl*

Pfannenschmidt, August

Pfannenschmidt, Aug., die Conservation des Holzes, nach allen vorhandenen ältesten u. neuesten Methoden. Oder: Ausführliche Anweisung, das Holz gegen jede Art nachtheiliger Veränderung, als Werfen, Reißen, Quellen u. Schwinden, vor Zerstörung durch trockne u. nasse Fäule, Schwamm u. Wurmstich zu schützen ꝛc. Für Forstleute, Holzhändler, Architekten ꝛc. Mit 1 (lith.) Taf. (in qu. 4.) 8. (109 S.) Quedlinburg 848, Basse. ½ *ℛ*

Pfannenschmidt, Ernst, aus Danzig: Die landwirtschaftliche Konkurrenz Argentiniens. *Heidelberg 1902: J. Hörning.* (96 S.) 8°
Heidelberg, Phil. Diss. v. 1902

Pfannenschmidt, F., illustrirte Geschichte der Trappisten od. der zur ursprüngl. Strenge zurückgekehrten Benedictiner-Cistercienser-Mönche seit ihrem Ursprunge bis auf unsere Zeit. gr. 8. (X, 134 S. m. 8 Steintaf., 1 lith. geneal. Tabelle u. 1 lith. Karte in qu. 4.) Paderborn 873. F. Schoeningh. n. 4. —

Pfannenschmidt, Heino, s. Pfannenschmid

Pfannenschmidt, Julie, siehe: Burow, Julie.

Pfannenschmidt, L., die Fabrikat. d. Zinkes u. Anleit. z. Bearbeit. d. Tafel- od. Plattenzinkes. Nebst Belehrn. f. d. Stanniol od. d. Zinnfolie. 8. (2 B. u. 2 Stnt.) Quedlinburg 837, Basse.

Pfannenschmidt, W., das Feuerzeug, s.: Tidy, Ch. M.

Pfannenschmied, Heino, s. Pfannenschmid

Pfannenstiehl, J., s. Pfannenstiel

Pfannenstiel, A., u. Gust. Ad. Langer, gärtnerische Düngerlehre. Die Düngemittel u. deren Verwendg. in Topfpflanzen-, Freiland-, Obst- u. Gemüse-Kulturen. Leitfaden f. gärtner. Lehranstalten u. zum Selbststudium f. Gärtner u. Gartenbau-Interessenten. (VII, 68 S. m. 11 Abbildgn.) 8. Stuttgart 909. E. Ulmer. Kart. 1. 20

Pfannenstiel, Adolf, a. Regenstauf: o-Chinon und o- und p-Chinonimine. München 1905: V. Höfling. (52 S.) 8°
München, Phil. Fak., Ref. v. Baeyer, Diss. v. 21. Juli 1905
[Geb. 22. März 80 Regenstauf, Oberpfalz; Wohnort: Regenstauf; Staatsangeh.: Bayern; Vorbildung: Gymn. Landshut Reife Juli 99; Studium: München 12 S.; Rig. 21. Juli 05.]

Ueber die Differentialgleichung der elliptischen Funktion dritter Ordnung von Ernst Pfannenstiel *Upsala 1891: E. Berling.* (18 S.) 4°
in: Acta. Nova, Reg. Societatis Scient. Upsaliensis Ser 3 Vol 15. Fasc 1

Pfannenstiel, H. E. Neuerungen an akustischen Signal-Apparaten. (Kaiserliches Patent-Amt. Patent-Schrift No. 43279.) Berlin 1888

Pfannenstiel, Johannes

— u. P. **Kroemer,** die Erkrankungen des Eierstockes u. des Nebeneierstockes, s.: Handbuch der Gynäkologie. IV, 1.

Pfannenstiel, J., d. Erkrankgn. d. Ovarien, s.: Handbuch d. Gynäkologie, III, 1.

Pfannenstiel, J., s.: Festschrift zur Feier des 50jährigen Jubiläums der Gesellschaft f. Geburtshilfe u. Gynäkologie in Berlin.

Pfannenstiel, J., über abdominale u. vaginale Köliotomien, s.a. Sammlung klinischer Vorträge.

Über abdominale und vaginale Koliotomien. Eine vergleich. Studie über d. Wert u. d. Leistungsfähigkeit beider Operationen nebst Bemerkungen z. Indikationsstellung u. Technik von Geh. Med.R. Prof. Dr. J[ohannes] **Pfannenstiel.** Leipzig: J. A. Barth 1908. (13 S.) 4°(8°) [Umschlagt.]
= Sammlung klinischer Vorträge. N. F. No 488.

Pfannenstiel, Johannes [Dr. med., Assist. an d. K. Univ.-Frauenklinik zu Breslau]: Ueber die Pseudomucine der cystischen Ovariengeschwülste. Beiträge zur Lehre vom Paralbumin und zur pathologischen Anatomie der Ovarientumoren. . . . Leipzig, Druck v. A. Th. Engelhardt, 1890; 1 Bl. + 91 + 1 S. u. 1 Taf. 8°
Breslau, Med. Fak., Hab.-Schr. v. 23. Apr. 1890

— **über Schwangerschaft bei Uterus didelphys.** [Aus: „Festschrift der Gesellsch. f. Geburtshilfe u. Gynäkol."] gr. 8. (24 S.) Wien 894. A. Hölder. n. — 90

Pfannenstiel, Johannes (Berlin), **Über die Totalexstirpation des Uterus.** Diss. med.-chir. Berlin (G. Schade) 13. VIII. 1885. 36 S. u. Biogr. (2.25) 26285
Oppon.: Max Korth, Wilhelm Bastian, Arthur Wisch.

— s.: **Verhandlungen der deutschen Gesellschaft f. Gynäkologie.**

— s.: **Verhandlungsbericht der mittelrheinischen Gesellschaft f. Geburtshülfe u. Gynäkologie.**

Pfannenstiehl, J., üb. die Vortheile des suprasymphysären Fascienquerschnitts für die gynäkolog. Koeliotomieen, s.a. Sammlung klinischer Vorträge.

Über die Vortheile des suprasymphysären Fascienquerschnitts für die gynäkologischen Koeliotomieen, zugl. e. Beitrag zu d. Indikationsstellung der Operationswege von J[oh.] Pfannenstiel. (Breslau). *Leipzig: Breitkopf & Härtel 1900.* (22 S.) 8°
= Sammlung klinischer Vorträge. No 268.

Pfannenstiel, Max: Der Passauer Bistumsstreit (1387—1393) und seine Beziehungen zur deutschen Reichsgeschichte. Halle a. S. 1910: Kaemmerer. 84 S. 8°
Halle, Phil. Diss. v. 2. Aug. 1910, Ref. Lindner
[Geb. 7. Jan. 85 Kirchham; Wohnort: Neukirchen v. W.; Staatsangeh.: Bayern; Vorbildung: Gymn. Landshut Reife Juli 05; Studium: München 4, Halle 5 S.; Rig. 21. Febr. 10.] [U 10. 1785

Pfanner, J., der Erbstreit u. die Uebergabe d. Grafschaft Cilli. Eine dramat. Geschichte in 5 Aufz. 8. Grätz 815. Miller. 10 gr. (Auch unt. d. T.: die Grafen v. Cilli. 3r Thl.)

PFANNER, T. Unpartheyisches Bedencken Von Johann Georg Rosenbachen, Sporers-Gesellen, Zu anderer mehr erleuchteten Nachsinnen und Beurtheilung gestellet. [O. O. u. Dr.] Gedruckt 1707. 12°. Titel, 2 Bl. 268 S. Neuer dunkelbrauner Maroquinbd. im Stile der Zeit mit Deckelbordüre, Rsch. und Rv.

Pfanner, T., christl. Buß- u. Lebensweg, a. d. alten Kirchenlehr. u. a. Schr. gez. 2 Thle. gr. 8. Leipzig, Gleditsch. 722.

— Systema theologiae gentilis purioris etc. 4. Basel, Schweighäuser.

Pfanner Wendelin. Rede, gehalten am 28. Oktober 1852 bei der Einsegnung der Pfarrkirche zu Hörbranz. kl. 8. Bregenz, J. N. Teutsch.

Pfannerer: Über das Wesen und die Ursachen falscher Urtheile. 10 S.– Pilsen, Progr. 1852.

Pfannerer, M.: Altdeutsche Beicht-und Gebetformel aus einem Codex des Stiftes Tepl. 9 S. 8°.– Pilsen OG., Progr. 1870.

Pfannerer, M., deutsche Rechtschreibung nach Dr. Rud. v. Raumers Grundsätzen bearb. Pilsen 862. Maasch. 8. (16 S.) 3 ngr.

Pfannerer, Maurus, deutsches Lesebuch für die unteren Klassen der Gymnasien. 3 Bde. Prag 866—68. Bellmann's Verlag. gr. 8. (VIII, 251 S., VII, 256 S., V, 257 S.) Jeder Bd. n. 15 ngr.

— — 4. Bd. Wien 869. Lechner. gr. 8. (IX, 262 S.) n. 15 ngr.

Pfannerer, Maurus, deutsches Lesebuch für die unteren Klassen der Gymnasien. 4 Bde. gr. 8. Prag, Tempsky. [1. Bd. 4. Aufl. Neue Ausg. (252 S.) 876, 5. Aufl. (VIII, 256 S.) 879. * ℳ 1,70.; 2. Bd. 3. Aufl. Neue Ausg. (262 S.) 876, 4. Aufl. (VIII, 265 S.) 879. * ℳ 1,70.; 3. Bd. 2. unveränd. Aufl. Neue Ausg. (254 S.) 876. * ℳ 1,50., 3. unveränd. Aufl. (VI, 274 S.) 878. * ℳ 1,70.; 4. Bd. 2. Aufl. Neue Ausg. (IX, 259 S.) 876. * ℳ 1,70.] *

Pfannerer, Maurus, deutsches Lesebuch für die unteren Classen der Gymnasien. 1., 3. und 4. (Schluß-)Bd. gr. 8. Prag, Tempsky. [1. Bd. 6. Aufl. (VI, 244 S.) 884; 3. Bd. 4. Aufl. (VIII, 262 S.) 884; 4. Bd. 3. Aufl. (VIII, 259 S.) 880.] à Bd. ℳ 2. * 6 —
2. Bd. Ebendas. 1879. * ℳ 2.

Pfannhauser, Wilh., s. Pfanhauser

Pfannius, M. Ge., resp. Jo. Jac. **Steinbruchel,** Diss. de inani specifici cephalici in cephalalgia usu. 32 pp. Erl. 4°. 1745

Pfannkuch, Friedrich, approb. Arzt aus Cassel: **Ueber Blutansammlungen in verschlossenen Genitalcanal des Weibes.** *Göttingen 1901: Dieterich.* (73 S.) 8°
Göttingen, Med. Diss. v. [4. Sept.] 1901

Pfannkuch, Frdr., über Blutansammlungen im verschlossenen Genitalkanal des Weibes. Diss. gr. 8. (73 S.) Göttingen 901. (Vandenhoeck & Ruprecht.) n. 1.80

Pfannkuch, W., zur Statistik der geburtshülfl. Operationen in Kurhessen, s.: Schriften der Gesellschaft zur Beförderg. der gesammten Naturwissenschaften in Marburg.

Pfannkuche, A. H. Th.

— Nietzsche als Prophet. gr. 8. (15 S.) Osnabrück 902. (Nackhorst.) n. — 50
Sonderabdruck aus: „Allgem. Zeitg., Beilage".

Pfannkuche, A. H. Th., was liest der deutsche Arbeiter? Auf Grund e. Enquete beantwortet. gr. 8. (79 S. m. 1 Tab.) Tübingen 900. J. C. B. Mohr. n. 1. 25

Pfannkuche, Ad.. Die Königl. deutsche Legion (Kings German Legion) 1803—1816. Volkstüml. dargest. Hannover 1910. 8°.
[Umschlagtit.:] Gesch. d. K. Deutschen Legion.

Pfannkuche, Ad., die königl. deutsche Legion (Kings German legion) 1803—1816. Volkstümlich dargestellt. (XI, 277 S. m. Bildnissen u. 1 farb. Kartentaf.) 8. Hannover 910. Helwing. Kart. 4. 50

Pfannkuche, Adolf

Pfannkuche, die Katastrophe des J. 1803. Eine hannoversche Säkularerinnerung. (58 S.) gr. 8. Hannover 903. [M. & H. Schaper.] E. Geibel. n. 1. —

Pfannkuche, Adolf, approb. Arzt aus Harburg: Aus d. städt. Krankenhause zu Kiel. Zur Kenntniss der serösen Peritonitis und der Perihepatitis im Zusammenhang mit Pericarditis und Pleuritis. *Kiel 1901: L. Handorff.* (29 S.) 8°
Kiel, Med. Diss. v. [25. Okt.] 1901

Pfannkuche, Aug., Religion u. Naturwissenschaft in Kampf u. Frieden, s. a. Aus Natur u. Geisteswelt.

Religion und Naturwissenschaft in Kampf und Frieden. Ein geschichtl. Rückblick von August **Pfannkuche**, Dr. d. Philos. Leipzig: B. G. Teubner 1906. (133 S.) 8° [F.]
— **Natur**, Aus, u. Geisteswelt. Bdch. 141. [07. 9081

— Gegen den Religionsschutz durch das Strafgesetz. Vortrag, geh. auf dem deutschen Pfarrertage in Hannover am 12. IX. 1907. (24 S.) 8. Halle 907. O. Thiele. — 40

Pfannkuche August: Der Zweckbegriff in der neueren Philosophie; historisch und kritisch untersucht.
1896 Diss. Innsbruck, Univ. 1362

Pfannkuche, August H. Th.

Pfannkuche, freie öffentliche Bibliotheken u. Lesehallen, s. a. Fortschritt, sozialer. Nr. 21.

Freie öffentliche Bibliotheken und Lesehallen. Von Pastor Dr. [August H. Th.] Pfannkuche (Osnabrück). 1. Taus. *Leipzig: F. Dietrich 1904.* (16 S.) 8°
— **Fortschritt**, Sozialer. No 21. [04. 11551

Pfannkuche, Heinrich Fr.

— **Progr.** Ad aud. orat. adit. de Codicum MSS. hebr. V. T. et versionum chaldaicarum in lectionibus anti-masorethis consensu. 4. Giessen 803.

***Pfannkuche*, Hnr. Fr.**, exercitationes in ecclesiastae Salomoni vulgo tributi locum vexatissimum, Cap. XI., 7. XII., 7. 8maj. Götting. 794. Dieterich. 3 ℊ

— specim. observat. philol. et crit. ad quaed. Psalm. loca. 8. maj. Bremen, Förster. (Müller.) 791.

Pfannkuche, Karl, a. Koburg: Der Schild bei den Angelsachsen. Halle a. S. 1908: S. Schlesinger. (78 S.) 8°
Halle, Phil. Fak., Ref. Wagner, Diss. v. 20. Febr. 1908
[Geb. 2. Juni 85 Koburg; Wohnort: Halle a. S.; Staatsangeh.: Preußen; Vorbildung: Gymn. Eisleben Reife O. 03; Studium: Halle 8 S.; Rig. 17. Dez. 07.]

[F.] Ein Diskussionsabend über das christlich-deutsche Princip und Landesvater und Deutschtum. Zwei Artikel als Erweiterg d. Semester-Berichts vom S.-S. 1895 u. als Anh. z. 10j. Verbindgsgesch. v. L. **Pfannkuche**. *Greifswald: Buchdr. C. Sell 1895.* (13 S.) 1 Bd 8. [98. 5625 Be

Pfannl, Michael

— Über den Austausch der Alkyle bei den Estern organischer Säuren. S. 119. II b. 197 . . . . vgr.
Separatabdruck

— Über den Austausch primärer, sekundärer und tertiärer Alkyle bei den Estern organischer Säuren. S. 120. II b. 393 . . . . vgr.
Separatabdruck

— und Wölfel E., Dr.: Über Isochinicin, ein dem Chinicin analoges Umwandlungsprodukt aus Isoconchicin. S. 122. II b. 354 . . . . vgr.
Separatabdruck

— und Dafert Otto: Über Terephtalyldiharnstoff und Terephtalyldinitrodiharnstoff (mit 3 Textfiguren). S. 121. II b. 161 . . . . vgr.
Separatabdruck

— Über die Umlagerung des Chinidins (Conchinins) durch Schwefelsäure (mit 1 Textfigur). S. 120. II b. 101 . . . . vgr.
Separatabdruck

Pfannl Michael, Dr.: Über den Verlauf der Hydrolyse von Proteinen mit wässeriger oder mit alkoholischer Salzsäure. S. 118. II b. 753 . . . . vgr.
Separatabdruck

Pfannmüller, Ferdinand, approb. Arzt aus Lauterbach (Hessen): Aus d. Universitäts-Augenklinik zu Gießen. Über die im Baugewerbe vorkommenden Augenverletzungen. *Gießen 1904: v. Münchow.* (32 S.) 8°
Gießen, Med. Diss. v. 1904

Pfannmüller, Ferd. [app. Arzt aus Darmstadt]: Aus d. Univ.-Augenklinik in Giessen. Beitrag zu den Colobomen des Auges ... M. e. Taf. Giessen, grossh. Hof- u. Univ.-Dr. C. v. Münchow, 1894; 34 S., 1 Taf. 8.
Giessen, Med. Fak., Inaug.-Diss. v. 1894

Pfannmüller, Gd., Motive f. Maler. gr. 8. (25 Bl. in Lichtdr.) Frankfurt a/M. 891. W. Rommel. n. 6. —

Pfannmüller, Gustav, Pfarramtskand.: Die kirchliche Gesetzgebung Justinians hauptsächlich auf Grund der Novellen. *Berlin: C. A. Schwetschke & Sohn 1902.* (32 S.) 8° ¶ [Erschien vollst. 1902 im gleichen Verlage.]
Giessen, Ev.-theol. Diss. v. 1902

Pfannmüller, Gust., die kirchliche Gesetzgebung Justinians hauptsächlich auf Grund der Novellen. gr. 8. (VIII, 94 S.) Berlin 902. C. A. Schwetschke & Sohn. n. 3.60

Pfannmüller, Gustav. Jesus im Urteil der Jahrhunderte. Die bedeutendsten Auffassungen Jesu in Theologie, Philosophie, Literatur und Kunst bis zur Gegenwart. [Mit 15 Tafeln und Umschlag-Vignette.] VI + 578 S. 8. Leipzig und Berlin, B. G. Teubner, 1908. [geb. M. 5. —]
Darin S. 168 f. 182/6. 191/3. 218/5. 225/34. 236. 238/41. 278. 296/8. 316/8. 326/8. 330/2. 362/4. 370/2. 374/7. 415/7. 438/41. 457/9. 467. 486 f. 517/20 etc. Schweizer (insbes. [Jean] Calvin, Hans Denck, Joh[ann] C[aspar] Lavater, Conrad Ferdinand Meyer, Friedrich Nietzsche, Notker der Stammler, Jean Jacques Rousseau, David Friedrich Strauss, Heinrich Suso, Walafried Strabo, Josef Viktor Widmann, Huldreich Zwingli) *betr.*

Pfannmüller, Gust., Plan zur Erbauung einer stehenden Brücke über den Rhein mittelst Anwendung einer neuen Methode der Pfeilergründung mit Rücksicht auf eine Eisenbahn-Verbindung zwischen Mainz, Darmstadt und Aschaffenburg. gr. 8. (26 S. mit 4 lithogr. Plänen und Zeichnungen in Fol.) Mainz 850, v. Zabern. *

Marah die Heldin von Sadi. Erzählung aus d. Zeit d. armen. Verfolgung im J. 1895 von Ludwig **Pfannmüller** Heiligenstadt (Eichsfeld) Cordier [1909]. 331 S. 8° [10. 2671 3

Pfannmüller, Ludw., Marah, die Heldin v. Sadi. Erzählg. aus d. Zeit d. armenischen Verfolgg. im J. 1895. (333 S.) 8. Heiligenstadt 910. F. W. Cordier. 2. 50; geb. 3. 50

Pfannmüller, Wilhelm [app. Arzt aus Lauterbach]: Aus d. patholog. Institut zu Giessen. Über das meningeale Cholesteatom .. M. e. chromolithogr. Taf. Giessen, grossh. Hof- u. Univ.-Dr. C. v. Münchow, 1896; 46 S., 1 Taf. 4.
Giessen, Med. Fak., Inaug.-Diss. v. 1896

Pfannschmidt, G. und Anselm Feuerbach, s. Förster, E., Mittelalter oder Renaissance?

Pfannschmidt, A., s. Pfannenschmidt, August

Pfannschmidt, C. G , s. Pfannschmidt, Karl Gottfried

[Umschlagt.] [F. u. Ant.] Dreissig Konfirmations-Gedenkblätter in zweifarbigem Druck v. Ernst **Pfannschmidt.** Hrsg. v. Superint. Richard Bürkner. Ausg. A m. Raum f. handschriftl. Eintragg d. Bibelspruchs. *Göttingen: Vandenhoeck & Ruprecht 1898.* (30 Taf.) 1 Bd 2. [98. 7816 Go

[Umschlagt.] [F. u. Ant.] Dreissig Konfirmations-Gedenkblätter in zweifarbigem Druck v. Ernst **Pfannschmidt.** Hrsg. v. Superint. Richard Bürkner Ausg. B m. eingedruckten Bibelsprüchen .. *Göttingen: Vandenhoeck & Ruprecht 1898.* (30 Taf.) 1 Bd 2. [98. 7817 Go

[Umschlagt.] [F. u. Ant.] Dreissig Konfirmations-Gedenkblätter in mehrfarbigem Druck v. Ernst **Pfannschmidt.** Hrsg. v. Superint. Richard Bürkner. Ausg. A m. Raum f. handschriftl. Eintragg d. Bibelspruchs *Göttingen: Vandenhoeck & Ruprecht 1898.* (30 Taf.) 1 Bd 2. [98. 7818 Go

[Umschlagt.] [F. u. Ant.] Dreissig Konfirmations-Gedenkblätter in mehrfarbigem Druck v. Ernst **Pfannschmidt.** Hrsg. v. Superint. Richard Bürkner Ausg. B m. eingedruckten Bibelsprüchen. *Göttingen: Vandenhoeck & Ruprecht 1898.* (30 Taf.) 1 Bd 2. [98. 7819 Go

Pfannschmidt, Ernst, 30 Konfirmations-Gedenkblätter in vielfarbigem Druck. Hrsg. v. Rich. Bürkner. 2. Reihe. Ausg. A m. Raum f. handschriftl. Eintragg. des Bibelspruchs; Ausg. B m. eingedruckten Bibelsprüchen. Fol. Göttingen 899. Vandenhoeck & Ruprecht. à n. 2. 50

Pfannschmidt, Ernst, 30 Konfirmations-Gedenkblätter nach e. Aquarell v. Pf. Hrsg. v. Rich. Bürkner. I. Reihe, vielfarbig. Ausg. A m. Raum f. handschriftl. Eintragg. des Bibelspruchs; Ausg. B m. eingedrucktem Bibelspruch. 2. Aufl. gr. Fol. Göttingen 904. Vandenhoeck & Ruprecht. In Umschlag à n. 3. —

Dur und Moll. Deutsche Haus- u. Festlieder. Zsgest. u. bearb. von Heinrich **Pfannschmidt,** Kgl. Musikdir. Berlin M. Warneck 1906. (151 S.) 4° [06. 15537

Pfannschmidt, Heinr., die Festzeiten f. Soli- u. Chorstimmen (ein- bis vierstimmig) m. Begleitung des Pianoforte od. der Orgel od. des Harmoniums. Komp. v. Pf. Op. 18. Text v. Renate Pfannschmidt-Beutner. (20 S.) gr. 8. Bremen (907). J. Morgenbesser. — 50

[Kopft.] Hymne zum 22. März 1897. ([Gedichtet v.] R[enata] Pfannschmidt Beutner.) [Comp. v.] H[einr.] Pfannschmidt. *Berlin: J. Bornemann [1897].* 2 Bl. 4 [97. 1439

Reformationsfestspiel für Deklamation und Chor. Dichtung von Renate Pfannschmidt Beutner. Musik von Heinrich Pfannschmidt. Op. 22. Berlin-Gr. Lichterfelde. Vieweg [1908]. 11 S. 8° [09. 5544

Pfannschmidt, Heinr., Sammlung der gebräuchlichsten Choräle u. geistlichen Lieder, f. gemischte Kirchen- u. Schulchöre vierstimmig bearb. u. hrsg. (61 S.) 8. Berlin-Groß-Lichterfelde 906. Ch. F. Vieweg. n. — 50

Pfannschmidt, Karl Gottfried

Pfannschmidt, C. G., Bilder aus der heiligen Geschichte. Pracht-Ausg. 2 Sammlgn. Fol. (à 12 Lichtdr.-Taf. u. 1 Bl. Text.) Bielefeld 889. Schriften-Niederlage der Anstalt „Bethel". In Leinw.-Mappe. à n 12. —; Volks-Ausg. in Kartonmappe à n. 6. —

— die sieben Bitten d. Vater-Unser. 8 Kpfr.-Ätzgn. nach den Zeichngn., nebst erläut. Text d. Künstlers. Fol. (9 Bl. Text.) Berlin 890. Schuster. geb. m. Goldschn. n. 30. —

Die sieben Bitten des Vater Unser. 8 Taf. nach d. Zeichngn v. C[arl] G[ottfr.] Pfannschmidt in d. Kgl. National-Galerie zu Berlin nebst erläut. Text d. Künstlers. *Berlin: R. Schuster [1897].* (1 Bl., 8 Taf. m. je 1 Bl. Text, 1 Bl.) 1 Bd 2. [98. 637

Pfannschmidt, C. G., die 7 Bitten des Vater Unser. 8 Kupferätzgn. nach den Zeichngn. v. Pf., nebst erläut. Text des Künstlers. (8 Bl.) kl. 8. Berlin (909). R. Schuster. Geb. in Leinw. m. Goldschn. 3. —

— kirchliche Festgrüße. 10 Kompositionen in Kpfrdr. Mit begleit. Gedichten v. Renata Beutner. Imp.-4. (19 Bl. Text.) Dresden 891. Brandner. geb. m. Goldschnitt. 15. —

Pfannschmidt, C. G., s. a. Konfirmations-Scheine, 40.

— 40 Konfirmations-Scheine. Bibelsprüche u. Liederverse ausgew. v. L. Schneider. 2. Aufl. Ausg. A m. konfessioneller Bezeichng. qu. gr. 4. Berlin 896. Hannover, O. Brandner. n. 1. 75; Ausg. B ohne konfessionelle Bezeichng. n. 1. 75

Pfannschmidt, C. G., Moses u. die Tochter Pharao's. In 7 Bildern, in Kupfer gest. von Frdr. Ludy. Mit Dichtungen von Karl v. Gerok. gr. Fol. (8 Bl. Text.) Bremen 878. Müller. Ausg. I. m. der Schrift. cart. n. 60. —; geb. in Calico n. 67. 50; Ausg. II. in Saffian n. 80. —; Ausg. III. Drucke vor der Schrift auf chines. Pap. in Mappe n. 75. —; Ausg. IV. Epreuve d'artiste [m. eigenhänd. Unterschrift] in Mappe n. 150. —

— dasselbe. In 7 Bildern (in Lichtdr.). Mit Dichtungen von Karl Gerok. 4. (15 S.) Ebend. 878. cart. m. Goldschn. n. 10. —; geb. in Leinw. m. Goldschn. n. 12. —; in Kalbldr. m. Goldschn. n. 15. —

Pfannschmidt CG, das Wehen des Gerichts. Weckstimmen aus der Heiligen Schrift. (13 S 8 T) fol Berlin 1875

— das Wehen d. Gerichts. Weckstimmen aus der heil. Schrift. Fol. (8 Lichtdr.-Taf. m. 10 Bl. Text.) Berlin 887. Photograph. Gesellschaft. geb. 18. —; Ausg. in Photogravüre 24. —

26. Sonder-Ausstellung in der Konigl. National-Galerie. Werke von Carl Gottfried Pfannschmidt. Berlin 1888. 8°.

Pfannschmidt, Mart., Bilder aus der Geschichte der bildenden Kunst, s.: Schloeßmann's Bücherei f. das christliche Haus.

[F.] D. Carl Gottfried **Pfannschmidt.** E. deutsches Künstlerleben. Dargest. v. Martin **Pfannschmidt,** Pastor in Terpt bei Lübben N.-L. M. 12 Bl. Pfannschmidt'scher Schöpfgn u. mehreren Holzschn. *Stuttgart: J. F. Steinkopf 1896.* (VIII, 432 S., 3 Portr., 9 Taf.) 1 Bd 8. [96. 7609

Pfannschmidt, B., Entwickelung des Welthandels, s.a. Sammlung gemeinverständl. wissenschaftl. Vorträge.

Pfannschmidt, Entwickl. d. Welthandels. (Slg wiss. Vortr. NF II, 23) Hamburg 1887

Pfannschmidt, V., De ventorum apud Homerum significatione et descriptione. Diss. 1880. 44 S. 1.50

Pfannschmidt Victor Zur Geschichte des Pompeianischen Bürgerkriegs. 4 (20 S.). **Progr** Prg. *Weissenfels* 1888 (240)

Pfannschmidt, Vict., Klimaunterschiede gleicher Breitengrade, s.a. Sammlung gemeinverständl. wissenschaftl. Vorträge.

Pfannschmidt, Victor Klimaunterschiede gleicher Breiten. (Sammlung gemeinverständlicher wissenschaftlicher Vorträge. N. F Ser. 7. Heft 159.) Hamburg 1892. 42 S. 8°

Pfannschmidt-Beutner, Renate, Abendfrieden, s.a. Waldesrauschen — Waldesfrieden Nr. 26.

Abendfrieden. Von R[enate] **Pfannschmidt**-Beutner. L(engerich i. W.): B(ischof &) K(lein) [1903]. (16 S.) 8° [Umschlagt. F.]
= **Waldesrauschen**-Waldesfrieden. No 26. [06. 4503

Pfannschmidt-Beutner, Renata, der große Bruder, s.: Grüß-Gott. 36. Hft.

Zwei Brüder Erzählung von R[enata] **Pfannschmidt**-Beutner Gütersloh: C. Bertelsmann [1907]. (16 S.) [Umschlagt. F.]
= **Schneeflocken**. 56. [07. 14103

— stiller Dienst, s.a. Schneeflocken. 48. Hft.

Stiller Dienst Erzählung von R[enata] **Pfannschmidt**-Beutner Gütersloh: C. Bertelsmann [1905]. (16 S.) 8° [F.]
= **Schneeflocken**. 48. [05. 13177

Grossmutter Franks Enkelin. Von Renata **Pfannschmidt**-Beutner. *Gütersloh: C. Bertelsmann [1902].* (16 S.) 8° [Umschlagt. F.]
= **Schneeflocken**. 32. [03. 3844

– Dass., s.a. Schneeflocken.

Pfannschmidt-Beutner, Renata, durchs Feuer, s.a. Schneeflocken, 15. H.

[Umschlagt.] [F.] Durchs Feuer. Erzählg v Renata **Pfannschmidt**-Beutner *Berlin: M. Warnecke [1898].* (16 S.) 1 Bd 8.
= **Schneeflocken**. H. 15. [98. 12539

[Umschlagt.] [F.] Roberts Freund. Erzählg v. Renata **Pfannschmidt**-Beutner. *Berlin: M. Warneck [1897].* (15 S.) 1 Bd 8.
= **Schneeflocken**. H. 4. 98. 12525

– Dass., s.a. Schneeflocken.

— zwei gute Freunde, s.: Grüß Gott. N. F. 2.

[F.] Der Fünfzigguldenschein. Erzählg v. Renata **Pfannschmidt**-Beutner. *Berlin: M. Warneck [1898].* (16 S.) 1 Bd 8.
= **Schneeflocken**. H. 9. [98. 12533

– Dass., s. a. Schneeflocken. H. 9.

— Gedichte. 8. (VIII, 222 S.) Berlin 898. M. Warneck. Geb. in Leinw. m. Goldschn. n. 3. —

Vom guten und bösen Geist. Erzählung von Renata **Pfannschmidt-Beutner**. Berlin: M. Warneck [1899]. (16 S.) 8° [Umschlagt. F.]
(Schneeflocken. No 17.)

– Dass., s.a. Schneeflocken

— zwei Genesene, s.a. Schneeflocken.

Zwei Genesene. Erzählung von Renata **Pfannschmidt**-Beutner *Berlin: M. Warneck [1901].* (10 S.) 8° [Umschlagt. F.]
= **Schneeflocken**. 24. [03. 3826

— gieb dem, der dich bittet, s.a. Aus lichten Höhen. Nr. 11.

Gib dem, der dich bittet! Erzählung von Renate **Pfannschmidt**-Beutner. L[engerich i. W.]: B[ischof] & K[lein 1903]. (16 S.) 8° [Umschlagt. F.]
= **Höhen**, Aus lichten. No 11. [06. 3587

— das beste Gut, s.a. Schneeflocken. 44. Hft.

Das beste Gut. Erzählung von R[enata] Pfannschmidt-Beutner. *Gütersloh: C. Bertelsmann [1904]* (16 S.) 8° [Umschlagt F.]
= **Schneeflocken**. 44. [04. 12528

— Annuschkas Heimat, s.a. Aus lichten Höhen Nr. 1.

Annuschkas Heimat. Erzählung von Renate **Pfannschmidt**-Beutner. L[engerich i. W.]: B[ischof] & K[lein 1903]. (16 S.) 8° [Umschlagt. F.]
= **Höhen**, Aus lichten. No 1. [06. 3977

— aus d. Hochgebirg. 7 Erzählgn. 8. (III, 247 S.) Schwerin 899. F. Bahn. n. 3. —; geb. n. 4. —

Im Sturm gewonnen. Erzählung von R[enata] **Pfannschmidt**-Beutner. *o. O. [1902].* (16 S.) 8° [F.]
= **Waldesrauschen** – Waldesfrieden. No 14. [03. 9335

– Dass., s.a. Waldesrauschen - Waldesfrieden.

— Krüppelinchen, s.a. Waldesrauschen — Waldesfrieden.

Krüppelinchen. Erzählung von Renata **Pfannschmidt**-Beutner. *(Kassel [1900] E. Röttger.)* (16 S.) 8° [F.]
= **Waldesrauschen** - Waldesfrieden. No 9. [03. 9330

— Lebenswege. Erzählungen f. junge Mädchen v. 12 bis 15 Jahren. (164 S.) 8. Berlin (906). Vaterländ. Verlags- u. Kunstanstalt. Geb. in Leinw. n. 2. 80

— nur e. Krüppel, s.: Volksbücher.

— Reformationsfestspiel f. Deklamation u. Chor. Musik v. Heinr. Pfannschmidt. op. 22. (Textbuch.) (11 S.) 8. Ebd. (908). n — 30

– Dass., s.a. Pfannschmidt, Heinrich

[Umschlagt.] [F.] Das Reserl. Erzählg v Renata Pfannschmidt-Beutner. *Berlin: M. Warneck [1897].* (16 S.) 1 Bd 8.
= **Schneeflocken**. H. 7. 98. 12531

– Dass., s.a. Schneeflocken.

— d. Schneeflocke. D. weiße Rose. Von d. Christbäumen, s.a. Schneeflocken.

[Umschlagt.:] [F.] Die Schneeflocke. Die weisse Rose. Von d. Christbäumen. Erzählgn v. Renata **Pfannschmidt**-Beutner. *Berlin: M. Warneck [1897].* (16 S.) 1 Bd 8.
= **Schneeflocken**. H. 1. [98. 12525

— des Kindes Segensmacht, s.a. Aus lichten Höhen. Nr. 7.

Des Kindes Segensmacht. Erzählung von Renate **Pfannschmidt**-Beutner. L[engerich i. W.]: B[ischof] & K[lein 1903]. (16 S.) 8° [Umschlagt. F.]
— **Höhen, Aus lichten.** No 7. [06. 3983

— **eine Sommerreise, s.: Aus lichten Höhen. 23.**

Auf dem Steinbichlhof. Tiroler Geschichte von Renata **Pfannschmidt**-Beutner. *(Kassel [1900]: E. Röttger.)* (16 S.) 8° [F.]
— **Waldesrauschen** – Waldesfrieden. No 8. [02. 9309

– Dass., s.a. W a l d e s r a u s c h e n - Waldesfrieden.

[F.] Späte Sühne. Erzählg v. Renata **Pfannschmidt-Beutner**. *Berlin: M. Warneck [1898].* (15 S.) 1 Bd 8.
— **Schneeflocken.** II. 12 [98. 12536

– Dass., s.a. S c h n e e f l o c k e n .

— **Elfriedes Tagebuch, s.a. Schneeflocken. 36. Hft.**

Elfriedes Tagebuch. Von R[enata] **Pfannschmidt**-Beutner. *Gütersloh: C. Bertelsmann [1903].* (16 S.) 8° [F.]
— **Schneeflocken.** 36. [04. 814

[Umschlagt.:] [F.] Vergeben und Vergelten. Erzählg v. Renata **Pfannschmidt**-Beutner. *Berlin: M. Warneck [1897].* (16 S.) 1 Bd 8.
— **Schneeflocken.** II. 3. [98. 12527

– Dass., s.a. S c h n e e f l o c k e n .

— Der Vogelball, s.: Festspiele f. Schulen u. Vereine. Nr. 11.

— **das trutzige Bronele, s.: Grüß Gott. 21.**

— **was e. Tannenbaum erlebte, s.a. Schneeflocken.**

Was ein Tannenbaum erlebte. Erzählung von R[enata] **Pfannschmidt**-Beutner. *Berlin: M. Warneck [1901].* (16 S.) 8° [Umschlagt. F.]
— **Schneeflocken.** 30. [03. 3842

Pfannschmidt-Beutner, Renate, der Hirten Weihnacht. Ein Festspiel für Deklamation, Soli u. 2—3 stimm. Kinder- od. Frauenchor. Dichtung. Musikalisch ausgestattet v. Heinr. Pfannschmidt. Textbuch. (14 S.) 8. Berlin-Groß-Lichterfelde (909). Ch. F. Vieweg. — 30

— ein Weihnachtsopfer, s.: Volksbücher.

— **am Ziel, s.a. Schneeflocken. 51.**

Am Ziel. Erzählung von R[enate] **Pfannschmidt**-Beutner. Gütersloh: C. Bertelsmann [1906]. (16 S.) 8° [Umschagt. F.]
— **Schneeflocken.** 51. [06. 15587

Pfannstiel, Aug., über den Einfluss der Rotation der Erde auf die Bahn freier materieller Punkte. Inaugural-Dissertation. gr. 8. (60 S.) Schmalkalden 878. Wilisch. n. 1. 50

Pfannstiel, Esaias (Schmalkalden), De pecunia succumbentiae Von Succumbenz-Geldern. Disput. inaug. Präs. Christian Wildvogel. Jena (Muller) 1708. 52 S. (5.25) 26286

— — De pecunia succumbentiae Von Succumbenz-Geldern. Diss. jur. Präs. Christian Wildvogel. Jena (Muller) 1708. 52 S. (5.25) 26287

Pfannstiel, G., Leitsätze f. den biologischen Unterricht, s.a. Magazin, pädagogisches. 265. Hft.

Leitsätze für den biologischen Unterricht. Von G. **Pfannstiel**, Seminarl. Langensalza: H. Beyer & Söhne 1905. (38 S.) 8°
— **Magazin,** Pädagogisches. H. 265. [06. 8830

— **Georg Nikolaus** (Schmalkalden), De actione injuriarum, ob arrestum contra debitorem solvendo existentem dolose impetratum, competente. Diss. jur. Präs. Wilh. Hier. Bruckner. Jena (J. B. Heller) 8. IV. 1705. 1738. 50 S. (5.50) 26288
Widm. v.: Wilh. Hier. Bruckner.

Pfannstiel, Siegm. Adf.

Pfannstiel, S. Ad., Geschichte u. Statistik der Grundsteuerverfassungen. 4. (56 S.) Schivelbein 885. (Puchstein.) n. 2. —

Pfannstiel, Siegm. Adf., Grundzüge der landwirthschaftlichen Viehzucht u. Betriebslehre. 8. (VIII, 211 S.) Döbeln 876. Schmidt. n. 2. —

— **der landwirthschaftliche Pflanzenbau,** e. Leitfaden f. mittlere landwirthschaftl. Lehranstalten. Mit (eingedr.) Holzschn. u. e. lith. Taf. 8. (164 S.) Jena 874. Mauke. n. 2. —

Pfannstiel, S. Ad., was der Landwirth aus der Volkswirthschaftslehre wissen muß. 2., verm. Aufl. 8. (66 S.) Schivelbein 890. (Leipzig, H. Voigt.) n. 1. —

Pfantz, J. E. Die kleine Perlen-Smlg. oder Auswahl geistreicher Lieder. 1st ed. Ephrata, Pa. 1858.

Pfanzelt, Adf., die Heimatidee im Unterricht der Volksschule. Ein Referat zur Hauptkonferenz 1908. (46 S.) 8. Diessen (910). J. C. Huber. 1. —

Pfanzelter, Egidius, s. a.: Querl, Geo.

— Zeppelin in München. In Versen v. Pf. (2 S. m. Abbildgn.) 38×28 cm. München (909). Verlagsgesellschaft München. — 10

Pfarr, Adolf

Pfarr, A., die Turbinen für Wasserkraftbetrieb. Ihre Theorie u. Konstruktion. Mit 496 Textfig. u. 1 Atlas v. 46 lith. Taf. (m. IV S. Text). (XII, 821 S.) Lex.-8. Berlin 907. J. Springer. In 2 Leinw.-Bdn. n. 36. —

Pfarr-Almanach oder Amtskalender für die Kirchenpatrone, Geistlichen u. Predigtamts-Candidaten der Provinz Sachsen, der Grafschaften Wernigerode, Roßla u. Stolberg. Mit Benutzung amtlicher Quellen herausg. von H. Haase u. Heinrich. 3. Jahrg. für 1864 bis 1866. Osterburg 864. Doeger. 8. (IV, 352 S.) n. 1 Rthlr
Vgl.: Amtskalender für evangelische Geistliche.

Pfarr-Almanach oder Amtskalender für die Kirchenpatrone, Geistlichen u. Predigtamts-Candidaten der Provinz Sachsen, der Grafschaften Wernigerode, Roßla u. Stolberg. Mit alleiniger Benutzung amtl. Quellen hersg. von H. Haase u. Heinrich. 4. Jahrg. für 1868 u. 1869. Osterburg, Doeger. 8. (VII, 322 S. mit 1 Steintaf. in 4.) n. 1 Rthlr; geb. n. 1 Rthlr 5 ngr.

— **oder die evangel. Geistlichen u. Kirchen der Provinz Sachsen, der Grafschaften Wernigerode, Roßla u. Stolberg. Mit Benutzung amtl. Quellen hersg. von Haase u. Klapproth. 5. Jahrg. Magdeburg 870. Baensch. 8. (VII, 332 S.)** n. 1 Rthlr 10 ngr.
Vgl.: Amtskalender für evangelische Geistliche.

Pfarr-Almanach, od. die evangel. Geistlichen u. Kirchen der Prov. Sachsen, der Grafschaften Wernigerode, Roßla u. Stollberg. Mit Benutzg. amtl. Quellen hrsg. v. Haase u. Brunkau. 6. Jahrg. gr. 16. (327 S.) Magdeburg 873. E. Baensch. n.n. 5. —

— od. die evang. Geistlichen u. Kirchen der Prov. Sachsen, der Grafschaften Wernigerode, Roßla u. Stolberg. Mit Benutzg. amtl. Quellen hrsg. nach dem Tode des früheren Mitarbeiters Haase von Hilbert unter jurist. Mitwirkg. 19. Jahrg. 12. (325, VI, 142 u. XXXII S.) Magdeburg 903. (Heinrichshofen's Sort.) Geb. in Leinw. n.n. 6.—

Pfarr-Almanach od. die evangel. Geistlichen u. Kirchen der Prov. Sachsen, der Grafschaften Wernigerode, Roßla u. Stolberg. Mit Benutzung amtl. Quellen hrsg. nach dem Tode des früh. Mitarbeiters Haase v. Hilbert unt. jurist. Mitwirkg. 20. Jahrg. (323, IX, 176 u. XXXIV S.) kl. 8. Magdeburg 905. (Heinrichshofen's Sort.) Geb. in Leinw. n.n. 6. —

— od. die evangel. Geistlichen u. Kirchen der Prov. Sachsen, der Grafschaften Wernigerode, Roßla u. Stolberg. Mit Benutzg. amtl. Quellen hrsg. nach dem Tode des früheren Mitarbeiters Haase v. Hilbert unter jurist. Mitwirkg. 21. Jahrg. (328, III, 100 u. XXXIV S.) kl. 8. Magdeburg 906/07. (Heinrichshofen's Sort.) nn 5. 50

Pfarr-Almanach f. Berlin u. d. Prov. Brandenburg. M. Benutzung amtl. Quellen hrsg. v. H. Bleeser u. Ad. Schöneberg. 3. Aufl. 8. (XIII, 316 S.) Berlin (Schützenstr. 29) 898. Konsist.-Sekr. A. Schöneberg. Geb. in Leinw. n.n. 3. 50

Pfarr-Almanach für Berlin u. die Prov. Brandenburg. Mit Benutzg. amtl. Quellen hrsg. von H. Bleeser u. Ad. Schöneberg. 4. Aufl. 8. (VII, 335 S.) Berlin (Schützenstraße 26) 901. Konsist.-Sekr. A. Schöneberg. Geb. in Leinw. n.n. 3. 50

Pfarr-Almanach für Berlin und die Provinz Brandenburg. Mit Benutzung amtl. Quellen hrsg. von H[ermann] **Bleeser** u. Ad[olf] Schöneberg. 5. Aufl. Berlin: Selbstverl. der Hrsg. 1907. (VII, 353 S.) 8° [F.] [08. 1037]

Pfarr-Almanach für Berlin u. den Reg.-Bez. Potsdam 1881. Mit Benutzung amtlicher Quellen hrsg. von Arwed John. 8. (246 S.) Berlin, (W. Schultze). geb. n. 4. —

Pfarr-Almanach f. Berlin u. den Reg.-Bez. Potsdam. 1883. Mit Benutzg. amtl. Quellen hrsg. v. Arwed John. 2. Jahrg. 8. (IV, 247 S.) Berlin, (W. Schultze). geb. n. 4. —

— f. die Prov. Ostpreußen. Hrsg. v. Schirrmann u. Hirsch. gr. 8. (VII, 116 S.) Königsberg 897. (Gräfe & Unzer's Sort.) Kart. n.n. 3. 50

— f. die Prov. Ostpreußen. Hrsg. v. Schirrmann u. Hirsch. 3. Aufl. (V, 134 S.) 8. Königsberg 907. (Ev. Buchh. des ostpr. Prov.-Vereins f. innere Mission.) Kart. nn 3. —

Pfarr-Almanach f. die Prov. Pommern. Mit allein. Benutzg. amtl. Quellen zusammengestellt u. hrsg. v. B. Sendke. 5. Ausg. 12. (VI, 185 S.) Stettin 894. (Neustettin, F. A. Eckstein.) Geb. in Leinw. n.n. 3. —

— schlesischer, od. Schlesiens evangel. Pfarrstellen u. deren gegenwärt. Inhaber unter Darlegg. der parochialen Verhältnisse. Hrsg. v. Hirschberg. 8. (376 u. LXVI S.) Berlin-Schöneberg 893. E. Runge. n.n. 4. 50

— schlesischer. Verzeichnis der evangel. Geistlichen u. Pfarrstellen in der Prov. Schlesien. Auf Grund amtl. Materials u. persönl. Erkundiggn. hrsg. v. W. A. Konr. Nietschmann. (VIII, 262 S.) kl. 8. Breslau 907. W. G. Korn. 3. —

Pfarr-Almanach der Provinz Westpreusen. Hrsg von d. Bureau d. Kgl. Konsistor. d. Prov Westpreussen. *Danzig 1897: A. Schroth.* (IV, 102 S.) 8° [F.] [07. 3043]

Pfarr-Almanach der Provinz Westpreußen. 2. Aufl. Hrsg. von d. Bureau d. Kgl. Konsist. d. Prov. Westpreußen. ⟨Jan. 1902.⟩ Danzig 1902: A. Schroth. (144 S.) 8° [F.] [07. 3035]

Pfarr-Almanach der Provinz Westpreußen. 3. Aufl. Hrsg. von d. Bureau d. Kgl. Konsist. d. Prov. Westpr. ⟨Febr. 1907⟩. Danzig 1907. A. Schroth. (144 S.) 8° [F.] [07. 3807]

Pfarramts-Kalender. Amtliches- Hand- u. Taschenbuch f. evangel. Geistliche zum Gebrauche bei ihren dienstl. Verrichtgn. u. kirchl. Amtshandlgn., m. e. kirchengesetzl. Verordnungsbuche u. e. Taschen-Pfarramtsagende auf d. J. 1887 v. M. Ueberschaer. Mit dem Portr. u. der Biographie d. Ob.-Konsist.-R. Ober-Hof- u. Domprod. D. Koegel. 16. (VIII, 326 S.) Danzig 886. R. Bertling. geb. n. 1. 50

—— dass. — auf das J. 1889. Von M. Ueberschaer. 3. Jahrg. 16. (426 S. mit Biographie und Portr. des Gen.-Superint. D. Brückner.) Berlin, Zieger Nachf. geb. * 2 —
Der 2. Jahrg. erschien bei G. Dittbrenner in Berlin.

Pfarramts-Kalender. Amtliches Hand- u. Taschenbuch f. evangel. Geistliche bei ihren dienstl. Verrichtgn. u. kirchl. Amtshandlgn. m. e. Taschen-Pfarramts-Agende auf das J. 1891. Von M. Ueberschaer. 5. Jahrg. Mit Biographie u. Portr. Karl v. Gerok's v. G. Gerok. Mit Vorwort v. Emil Frommel. 16. (VIII, 357 S.) Stuttgart 890. Greiner & Pfeiffer. geb. n. 1. 80

Pfarramts-Kalender f. d. J. 1893. Amtliches Hand- u. Taschenbuch f. evangel. Geistliche bei ihren dienstl. Verrichtgn. u. kirchl. Amtshandlgn. Von M. Ueberschaer. 7. Jahrg. 16. (VII, 292 S.) Hamb.-Uhlenhorst, Voelkner. geb. * 1 80
4. Jahrg. Berl., Zieger Nachf. * 2 —. — 5. u. 6. Jahrg. Stuttg., Greiner u. Pfeiffer. à * 1 80.

Pfarramts-Kalender auf d. J. 1896. Amtl. Hand- u. Taschenbuch f. evang. Geistliche. Von Max Ueberschaer. M. d. Bildnis u. d. Biographie d. fr. Botschaftspred., jetz. Superint. Lic. Roenneke. 8. Jahrg. gr. 16. (361 S.) Magdeburg-Neustadt, H. Lackert. Geb. in Leinw. 1. 50

Pfarrarchiv, preußisches. Zeitschrift für Rechtsprechg. u. Verwaltg. auf dem Gebiete der evangel. Landeskirchen. Sammlung der ergeh. Gesetze u. Ausführungsbestimmgn., der gerichtl. u. verwaltungsgerichtl. Entscheidgn., der Erlasse, der staatl. u. kirchl. Zentralbehörden, sowie der wichtigsten Verfüggn. der königl. Konsistorien. Unter Mitwirkg. von v. Strauß u. Torney u. v. Doemming hrsg. von Kurt v. Rohrscheidt. 1. u. 2. Jahrg. à 4 Hefte. (VIII, 392 u. X, 390 S.) gr. 8. Berlin 909. 10. F. Vahlen. à 6.—; geb. 7. —

Pfarrbesetzungsrecht, das neue, u. die rheinisch-westfälische Kirche, s.: Bewegungen, kirchliche, der Gegenwart, II, 3.

[F.] Die Preussischen **Pfarrbesoldungsgesetze** v. 2. Juli 1898. F. d. prakt. Gebr. erl. v. Kurt v. Rohrscheidt, Regiergsr. . . in Merseburg. *Leipzig: C. L. Hirschfeld 1898.* (2 Bl., 147 S.) 1 Bd 8. [98. 1502]

Pfarr-Bibliothek, s. a. Ohly, Emil, u. Wilh. Rathmann.

Pfarr-Bibliothek. Sammlgn. v. Predigten u. Reden. Nach d. beigefügten Mitarbeiterverzeichnis hrsg. v. Emil Ohly, Wilh. Thiel, W. Rathmann u. a. [Titel-Ausg. v.: „Ohly's, E., Sammlg. geistl. Kasualreden."] 1.—39. Bd. 8. Leipzig 897. G. Strübig. Geb. in Leinw. à n. 1. 75

1. „Kindlein bleibet bei ihm!" E. Sammlg. v. Taufreden. Unt. Red. v. Emil Ohly. 2., verm. Aufl., besorgt von Wilh. Thiel. (VIII, 271 S.) (892.)
2. „Dein Kind lebet!" Eine Sammlg. v. Reden an Kindergräbern. Unt. Red. v. Emil Ohly. 1. Bd. 3. Aufl., besorgt v. Wilh. Thiel. (VII, 217 S.) (894.)
3. Dasselbe. 2. Bd. 2. Aufl., besorgt von Wilh. Thiel. (246 S.) (895.)

4. 5. „Wachet, stehet im Glauben!" Eine Sammlg. v. Konfirmationsreden. Unter Red. v. Emil Ohly. 2., veränd. Aufl., besorgt v. Wilh. Thiel. (VII, 311 S.) (894.)

6. 7. „Gehe hin m. Frieden!" E. Sammlg. v. Abendmahls- u. Beichtreden. Unt. Red. v. Emil Ohly. Der 2. Aufl. neue unveränd. Ausg. (VI, 296 S.) (889.)

8. 9. „Dein Gott, mein Gott!" E. Sammlg. v. Traureden. Unt. Red. v. Emil Ohly. 3., verm. Aufl., besorgt v. Wilh. Thiel. (VIII, 414 S.) (893.)

10. 11. Was soll ich predigen? Eine Sammlg. v. Grabreden u. Leichenpredigten. Unt. Red. v. Emil Ohly. I. Grabreden u. Leichenpredigten m. Berücksicht. selt. Fälle. 3. Aufl., besorgt v. Wilh. Thiel. (384 S. m. 1 Bildn.) (895.)

12. 13. Dasselbe. II. (100) Grabreden u. Leichenpredigten vorwieg. allgem. Fälle. 3. Aufl., besorgt v. Wilh. Thiel. (344 S.) (894.)

14. „Der Herr behüte d. Ausgang u. Eingang!" Eine Sammlg. v. Antritts- u. Abschiedspredigten. In Verbindg. m. Freunden hrsg. v. Emil Ohly. (VI, 282 S.) (886.)

15. „Baut Euch z. geistl. Hause!" Sammlg. v. Synodal-Predigten. In Verbindg. m. Freunden hrsg. v. Emil Ohly. (VI, 292 S.) (884.)

16. „Sei wacker u. stärke d. andere, d. sterben will." Eine Sammlg. v. Predigten, Reden u. Ansprachen v. Gebiete d. inn. Mission. In Verbindg. m. Freunden hrsg. v. Emil Ohly. (VII, 290 S.) (886.)

17. 18. „Dein Reich komme!" E. Sammlg. v. Predigten bei Missionsfesten. Aeußere Mission. Unter Red. v. Emil Ohly. 2., neubearb. Aufl. v. Wilh. Thiel. (300 S.) (896.)

19. „Opfere Gott Dank!" E. Sammlg. v. Predigten am Erntedankfeste. In Verbindg. m. Freunden hrsg. v. Emil Ohly. (V, 258 S.) (885.)

20. „Ein' feste Burg ist unser Gott." E. Sammlg. v. Reformationspredigten. In Verbindg m. Freunden hrsg. von Emil Ohly (III, 271 S.) (887.)

21. „Tod, wo ist dein Stachel?" Sammlg. v. Predigten am Totenfest. In Verbindg. m. Freunden hrsg. v. Emil Ohly. (IV, 224 S.) (889.)

22. „Ich gedenke heute an meine Sünde." Eine Sammlg. v. Predigten am Buß- u. Bettage. In Verbindg. m. Freunden hrsg. v. Emil Ohly. (V, 250 S.) (885.)

23. „Predige das Wort." Sammlung v. Predigten u. Reden bei besond. u. selt. vorkomm. Fällen im geistl. Amte. Unt. Red. v. Emil Ohly. 2., neu durchgesehene Aufl. (VI, 178 S.) (895.)

24. Dasselbe. 2. Tl. 3. Aufl. (IV, 168 S.)

25. 26. „Herr, ich warte auf dein Heil." E Sammlg. v. Adventspredigten, nebst e Anh.: Weihnachtspredigten. Unter Red. v. W. Thiel. (VI, 316 S.) (890.)

27. 28. „Meine Zeit stehet in deinen Händen." Eine Sammlg. v. Sylvester- u. Neujahrspredigten. Unt. Red. v. W. Thiel. (IX, 311 S.) (892.) 898.

29. 30. „Siehe, d. ist Gottes Lamm." Eine Sammlg. v. Passionspredigten, nebst e. Anh.; Osterpredigten. Unt. Red. v. W. Thiel. I. Passionspredigten nach d. Gang d. Passionsgeschichte. 2. Aufl. (VIII, 368 S.) (893.)

31. 32. Dasselbe. II. Passionspredigten üb. alttestamentl. u. epistol. Texte nebst Anh.: Osterpredigten. (VIII, 295 S.) (894.)

33. 34. „Ich will euch nicht Waisen lassen!" E. Sammlg. v. Himmelfahrts- u. Pfingstpredigten. Unt. Red. v. Wilh. Thiel. (288 S.) (896.)

35. 36. „Wohl dem Volk, deß d. Herr sein Gott ist." E. Sammlg. v. polit. Predigten. Unt. Red. v. W. Thiel. (260 S.) (891.)

37. 38. „Lasset uns Gutes thun an jedermann, allermeist an d. Glaubens Genossen." (Gal. 6, 10.) E. Sammlg. v. Predigten an Gustav-Adolf-Festen. Unt. Red. v. Wilh. Thiel. (VIII, 334 S) (891.)

39. Biegler, Johs., Manuale. Evangelische Handagende. (192 S.) 894.

Pfarr-Bibliothek. Sammlgn. v. Predigten u. Reden. Begründet v. Emil Ohly. Gegenwärtig hrsg. v. W. Rathmann. 6., 7., 26., 40. u. 41. Bd. 8. Leipzig 898. G. Strübig. Geb. in Leinw. à n. 1. 75

6. 7. „Gehe hin m. Frieden!" E. Sammlg. v. Abendmahls- u. Beichtreden. Unt. Red. v. Emil Ohly. 2 Tle. in 1 Bd. 3., verm. Aufl., besorgt v. W. Rathmann. (VIII, 336 S.)

26. „Ehre sei Gott in der Höhe!" E. Sammlg. v. Weihnachtspredigten, hrsg. v. Wilh. Rathmann. (VIII, 182 S.)

40. Wir wollen dem Herrn dienen!" E. Sammlg. v. Traureden, meist kurz u. allgemein gehalten v. Wilh. Rathmann. (VII, 200 S.)

41. „Mein Erlöser lebt!" Eine Sammlg. v. Grabreden, meist kurz u. allgemein gehalten, hrsg. v. Wilh. Rathmann. (VI, 154 S.)

Pfarr-Bibliothek. Sammlungen von Predigten u. Reden, begründet v. Emil Ohly u. gegenwärtig hrsg. von W. Rathmann. 14., 25. u. 42.—46. Bd. 8. Leipzig, G. Strübig. à n. 1. 50; geb. in Leinw. à n. 1. 75

14. „Der Herr behüte deinen Ausgang u. Eingang!" (Ps. 121, 8.) Eine Sammlg. v. Antritts- u. Abschiedspredigten. Hrsg. v. Emil Ohly. 2. durchgeseh. Aufl. (192 S.) 900.
25. „Hosianna!" Eine Sammlg. v. Adventspredigten. Von Wilh. Rathmann. (VII, 167 S.) 899.
42. „Alles ist euer!" Eine Sammlg. v. Predigten u. Reden an Kirchweih- u. christl. Volksfesten, hrsg. v. Wilh. Rathmann. (VII, 184 S.) 899.
43. „Stärke deine Brüder!" Eine Sammlg. von Visitations-Predigten u. Ansprachen. Hrsg. v. Wilh. Rathmann. (IV, 181 S.) 899.
44. Zu Jesu Füßen. Eine Sammlg. v. Kinderpredigten, hrsg. v. Wilh. Rathmann. (VI, 172 S.) 900.
45. „Lasset die Kindlein zu mir kommen!" Eine Sammlg. von Schulreden, Ansprachen in Lehrer-Konferenzen ꝛc. Hrsg. v. Wilh. Rathmann. (VII, 183 S.) 902.
46. „Land, höre des Herrn Wort!" Eine Sammlg. v. socialen Predigten, hrsg. v. Wilh. Rathmann. (IV, 169 S.) 902.

Obwaldner Pfarrblatt
v. Obwaldner Volksfreund.

Der **Pfarrbote**. Praktischer Ratgeber und Anzeiger für Evangelische Pfarrhäuser Deutschlands und Oesterreichs. Berlin: G. Hemoel 1891–1903. 2°
Hrsg.: Ludwig Burmeister.

Pfarrbote. Monatsschrift f. den kathol. Clerus. Unter Mitwirkg. v. mehreren kath. Geistlichen hrsg. v. Ludw. Stingl. April 1901—März 1902. 12 Nrn. gr. 4. (à ca. 16 S.) Passau. Linz-Urfahr, M. Krackowitzer. n. 1. —

Pfarrbote d St Franz von Sales-Gmde, StL, Mo. V1-3 (StL, 1909-11).

Pfarr-Dotalgüter, die, in dem linksrheinischen Theile der preußischen Rheinprovinz. Verhandlungen des Abgeordnetenhauses zu Berlin in der 14. u. 35. Sitzung vom 7. Febr. u. 1. März 1877 nebst einem Anh., enth. erläut. gesetzl. Bestimmungen u. andere Documente. gr. 8. (VIII, 156 S.) Köln 877. Bachem. 1. 80

Pfarre, die, an der See, v. Aug. Lafontaine. 3 Bde. 8. Halle, Renger. 816.

Pfarrei. Die römisch-katholische Pf' Bern. Ingenbohl 1881 s. [Stammler, Jacob].

Pfarreien, die organisirten, vom Standpunkte d. Rechtes aus besprochen von e. organis. Pfarrer. gr. 8. (7½ B.) Regensburg 841, Manz.

Pfarreintheilung, neue, in der k. k. Haupt- u. Residenzstadt Wien u. allen Vorstädten. gr. 8. Wien 783. Trattner. 4 gr.

Pfarreintheilung, in Wien. gr. 8. Wien, Tendler. 783.

Pfarreiverwaltungen, üb. die, der Franziskaner-Mönche im Fürstenth. Hadamar, (v. Wlh. Bausch). 8. Marb. 783. Krieger. 4 gr.

Pfarreyverwaltungen, üb. d., d. Franziskaner-Mönche ꝛc. 8. Marb. Krieger. 794.

DIE HANNOVERSCHEN PFARREN UND PFARRER SEIT DER REFORMATION. Im Auftrage der Gesellschaft für niedersächsische Kirchengeschichte und unter Mitwirkung zahlreicher hannoverscher Geistlichen herausgegeben von KARL KAYSER.

Generaldiöcese Hannover.
Nr 1.[1]) Inspektion Gr.-Berkel. Braunschweig 1908. Albert Limbach G. m b. H. 8°. — Nr 8 Inspektion Pattensen. ib 1909. — Nr. 10. Inspektion Springe. ib. 1906. —
Generaldiöcese Hildesheim.
Nr. 26 Insp. Clausthal. ib. 1905. — Nr. 27 u. 28. Stadt u. Insp. Einbeck. ib. 1906 — Nr. 30. Inspektion Osterode a. H. ib. 1907. —

[1]) Die fehlenden Nummern habe ich nicht einsehen können.

Pfarren u. Pfarrer, die hannoverschen, seit der Reformation. Im Auftrage der Gesellschaft f. niedersächs. Kirchengeschichte unt. Mitwirkg. zahlreicher hannoverscher Geistlichen hrsg. v. Karl Kayser. Nr. 10, 27 u. 28. kl. 8. Braunschweig, A. Limbach. 2. —
10. Generaldiöcese Hannover. Inspektion Springe. Bearb. von Th. Warnecke. (103 S.) 906. n. 1. —
27.28. Generaldiöcese Hildesheim. Stadt u. Insp. Einbeck. (98 S.) 905. n. 1. —
Nr. 26, s.: Kayser, Karl.

Pfarren u. Pfarrer, die hannoverschen, seit der Reformation. Im Auftrage der Gesellschaft f. niedersächs. Kirchengeschichte unter Mitwirkg. zahlr. hannoverschen Geistlichen hrsg. v. Karl Kayser. Nr. 1 u. 30. kl. 8. Braunschweig, A. Limbach. à 1. —
1. Generaldiöcese Hannover. Inspektion Gr. Berkel. Bearb. v. Karl Kayser. (125 S.) 908.
30. Generaldiöcese Hildesheim. Inspektion Osterode a. H. Bearb. v. Karl Kayser. (116 S.) 907.

Pfarrer, der, von Arnstein. Eine Erzählung für die Jugend. Aus dem Französ. übers. 4. Aufl., mit 1 Bilde. 8. (104 S.) Wien 860, Pichler's Wwe. und Sohn.

Pfarrer, Der, und der Bauer. Ein Gespräch über Seidenpflanze. Liegnitz 1792. V: *Schnieber, Carl.* (Engoec) (Ky)

—der, u. der Bauer; e. Gespräch üb. die Seidenpflanze, (von K. Schnieber). 8. Liegn. 792. (Bresl., Gehr). 2 ℊ

— der, u. d. Bauer, üb. d. Seidenpflanze. 8. Berlin, Gehr. 797.

PFARRER, Der beschwerte, das ist: Kirchweyhgespräch von den Hauptbeschwernissen eines Pfarrers. Augsburg 1758. 12⁰.
Wiener Cat. (1774) verbotener Bücher.

Pfarrer, der, von Elsey; das Interessanteste aus d. Nachlasse J. F. Möller's, s. Möller.

Pfarrer, d., v. Elsey, v. J. Fr. Möller, (als d. Interessanteste aus seinem Nachlasse.) 2 Bdchn. 8. Dortm. Mallinkrodt. 810. (1s 1 Rthlr. 4 gr. 2s 1 Rthlr. 8 gr.)

Pfarrer, die ihres Amtes verlustig erklärten hessischen. Eine Appellation an die Majestät Jesu Christi u. e. Frage an die christl. Gemeinden. Ein Auferstehungsruf an die hess. Kirche zu Ostern 1874. [Aus: „Melsunger Missionsblatt."] gr. 8. (20 S.) Kassel 874. Jungklaus. n. — 30

—der, im Felsenkeller, e. Karrikatur. 8. Landsh. ... R. A. 802. Krüll. 1 ℊ

Pfarrer und Freimaurer. Von einem Bruder... Budapest: [Grill in Komm.] 1890. VII, 23 S. 8⁰
Unterhaltung zwischen einem jüdischen Frmr u. einem Pfarrer üb. Judentum u. Tendenz u. Lehren des Frmrbundes.

Pfarrer und Freimaurer. Von einem Bruder. Budapest 1890: Neumayer. 1890. VII, 23 S. 8⁰
TB. 418.

Pfarrer, der, v. Goldberg. Eine wahre Geschichte v. Verf. der „letzten Nacht auf Erden." 8. (1 B. u. 1 Bign.) Basel 829, Schneider.

Pfarrer, der, zu Kalenberg, od. der geistl. Eulenspiegel. N. A. 8. Leipz. 818. (W. Nauck). 1 ß

Pfarrer, der, zu Kalenberg, oder d. geistliche Eulenspiegel. Neue Aufl. 8. Leipzig, Sommer. 818.

Pfarrer, katholische, u. politischer Liberalismus in Bayern. A. Graudinger — B. Tremel, s.: Bewegungen, kirchliche, der Gegenwart. II, 5.

Pfarrer, Der katholische, in den Königl. Preussischen Staaten. Münster 1838. V: *Ostermann, Heinrich.* (Rass)

Pfarrer, der kathol., in d. k. preuß. Staaten. Eine vollständ. Uebersicht u. Nachweisung aller in d. k. Staaten gelt. Gesetze, Verordnn. u. Vorschriften, u. kanon. Rechte, welche in d. amtl. Berufskreise d. kathol. Pfarr-Geistlichen in Bezieh. auf seine Rechte u. Pflichten bei Verwaltung d. Pfarr-, Kirchen-, Schul- u. Armenwesens zur Anwend. kommen. Von e. prakt. Beamten. gr. 8. (19¼ B.) Münster 838, Coppenrath'sche Buchh.

Pfarrer, die künftigen Baierns, in Rücksicht auf d. Schreiben üb. d. Vortheile d. Pfarreien u. Besoldung der Geistlichen in Baiern. gr. 8. Landsh. 803. Thomann. 12 ℊ

Pfarrer Moritz. A. d. Franz. v. Fanny Tarnow. 2 Thle. 8. (11¼ B.) Leipzig 837, Kollmann.

—und Pfaffen. Eine Schrift zur Belehrung des Volkes, daß es unterscheiden lerne zwischen Hirten u. Miethlingen. 8. Gedruckt in Belle-Vüe 840. (St. Gallen, Scheitlin u. Zollikofer.) ...

—— und Schulinspector. Offener Brief an den Hrn. Pfr. Büttner in Jungfer. Von einem Landschullehrer. Lex.-8. (19 S.) Danzig 861, Kafemann.

—der, soll alleiniger Religionslehrer sein. .. Münster.. Wundermann. 5 ℊ

Pfarrer, Der, soll alleiniger Religionslehrer seiner Gemeinde seyn ... Hamm 1822. V: *Busch, Carl.* (Ky)

—der, soll alleiniger Religionslehrer sr. Gemeinde seyn; darum der Religionsunterricht von den Lehrgegenständen der Schullehrer gesondert werden, (v. K. Busch). 8. Hamm 822. Wundermann. 5 ℊ

Pfarrer, e. sozialer. Aus dem Leben des Schotten Norman Macleod. Für nachdenksame Leser. 12. (220 S.) Stuttgart 902. D Gundert. Geb. in Leinw. n. 2. —

Pfarrerblatt, Pfälzisches. Mittelbrunn u. a.: Pfälzischer Pfarrerverein 1900–(1930.) 8⁰
Hrsg.: Bergmann.

Pfarrerfamilie, eine, s. Museum. Bibliothek der neuesten Romane des Auslandes. 8. u. 9. Bdchn.

Pfarrerkrieg, Der, ein Scherzhaftes Heldengedicht in drey Gesängen. Wien 1781. V: *Weidmann, Paul.* (Jahrb. d. Grillp. Ges. XIII.)

Pfarrerpolitik, badische. Eine kollegiale Aussprache m. den Verff. der Flugschrift üb. „Unsere zukünft. Politik" u. der „ruhigen Antwort" darauf. (Von Ernst Lehmann.) (15 S.) 8. Heidelberg (909). (Ev. Verlag.) — 25

Pfarrer's, des jungen, Brautstand. Erzählung v. * * * * *. (82 S.) 8. Straßburg 910. J. Singer. 2. —

Pfarrer's, des, Pflegling, s. Gabelsberger-Bibliothek. 11. Bd.

Pfarrers, des zu Aichhalde Ritt von zehen Meilen, oder Scenen aus dem Leben weiser Menschen und Narren, von Gustav Löffler, 3 Theile m. 1 K. 8. Tübingen, 792:93. Cotta. 3 Rtl. 10ggl.

Pfarrers, des, zu Achialde Ritt von 10 Meilen. 4 Thle. 8. Hohenz. (Wallishäuser in Wien.) 794. Rthlr.

Pfarrers Sohn, des, oder die alleinseligmachende Kirche. Hrsg. nach vorgefundenen Papieren v. e. Laien d. röm.-kath. Kirche. gr. 8. (8 B.) Breslau 846, Kern.

Pfarrerssohn, d. arme, ein Seitenstück zu Lafontaine Leben e. armen Landpredigers. 2 Thle. 8. Erf. Bever u. M.

Pfarrerssohn, der arme; e. Seitenstück zu Aug. Lafontaine's Leben e. armen Landpredigers. 2 Thle. 8. Erfurt, (Otto). 1 ₰ 14 gr

Pfarrers Tochter, die, von Hoheneich, oder die Natur besiegt das Vorurtheil, 8. Halberstadt, 798. Groß jun. 20ggl.

Pfarrers Tochter, des, von Hoheneig, od. Natur besiegt das Vorurtheil. (v. Jh. Gf. Hoche). 8. Halberst. 798. Groß. 16 gr

Pfarrerstochter, die, zu Taubenheim, s. Volksbibliothek, deutsche.

— d., von Taubenhayn; eine wahre Gesch. nach Bürgers Ballade frey bearb. v. E. Bornschein. 8. Eisenberg, Schöne. 810.

Pfarrers, des, Tochter von Taubenhayn. Nach Bürger's Ballade bearb. von E. Bornschein. 4te Aufl. Mit Kupf. 8. Eisenberg, Schöne. 820.

PFARRERSTOCHTER, Die, von Taubenhain, eine rührende Geschichte, zur Belehrung geschrieben. (Jahrmarktschrift.) Mit 1 Vignette. Frankfurt und Leipzig, o. J. (ca. 1840). 8°. 18 S.

Pfarrers Tochter, die, von Taubenhain, oder Herr führe uns nicht in Versuchung! Reutlingen 867. (Stuttgart, Fischhaber.) 8. (64 S.) 3 ngr.

PFARRERS-Tochter, Die unglückliche. Ein (freier) Original-Roman. Braunschweig, bei Carl Aug. Schröder, 1806. 8°. 192 SS. (1 Rthlr. Scheible; 2 1/2 Mk. Lesser, Breslau, 1875; jetzt theurer!)

Pfarrerswahl, Unsere, und der Entwurf des evang. Landeskonsistoriums A. B. vom 16. März 1862 . . . [O. O. 1862.] V: *Müller, Friedrich.* (Trausch IV, 310)

Pfarrerverein, der. Organ der evangel. Pfarrervereine Brandenburg, Pommern, Sachsen, Nassau, Westpreußen, Posen, Sachs.-Meiningen, Sachs.-Coburg-Gotha, Rheinprovinz, Altenburg, Organ des Verbandes deutscher Pfarrervereine. Schriftleiter: Th. Oßwald. Jahrg. 1899 u. 1900. à 24 Nrn. gr. 4. (à ca. 8 S.) Dieskau (Halle a/S.), Verlag d. deutschen Pfarrerblattes. à Jahrg. n.n. 1.50

DER PFARRERVEREIN Organ der evangelischen Pfarrervereine Brandenburg, Pommern, Sachsen, Nassau, Westpreussen, Posen, Meiningen, Coburg, Gotha, Rheinprovinz. Altenburg, Weimar. Organ des Verbandes Deutscher Pfarrervereine.
1901. Nr 1—24. (Selbstverlag der Kommission für den „Pfarrerverein" zu Dieskau (Halle a. S.)) 4°.
1902—1907. Nr. 1—24. (ib. —)

DER PFARRERVEREIN. Organ der evangelischen Pfarrervereine Brandenburg, Berlin, Pommern, Sachsen, Nassau, Westpreussen, Posen, Meiningen, Coburg, Gotha, Altenburg, Weimar, Waldeck, Schwarzburg-Rudolstadt. Organ des Verbandes Deutscher Pfarrervereine.
1908—1909. Nr. 1—24. (ib. —.)

DER PFARRERVEREIN. Organ der evangelischen Pfarrervereine Berlin, Pommern, Sachsen, Nassau, Westpreussen, Posen, Altenburg, Waldeck, Hannover (reform.).
1910—1913. Nr. 1—24. ib. — (Ohne bes. Titelbl.)

Der Pfarrerverein, Abt. A. Verbandsblatt d. deutschen evang. Pfarrervereine. 1909, N. 1. (Göttingen 1909: Hubert.) 4° (m. 616. 7

Die deutschen evangelischen **Pfarrervereine** in ihrer Organisation auf Grund der Berichte aus den Einzelvereinen zsgest. für das Jahr . . . v. P. Pasche-Dieskau. Leipzig. 8°
1900. 1903—1907.

Pfarrervereinsblatt. Organ der evang. Pfarrervereine Brandenburg, Pommern, Sachsen etc. Zugl. Verbandsorgan f. alle Mitteilgn. d. Centralvorstandes. Leiter: Th. Oßwald. 5.—7. Jahrg. 1896—1898. à 12 Nrn. (à ca. 12 S.) Nebst: Anzeiger f. d. evang. Pfarrhaus. 12.—14. Jahrg. gr. 4. Leipzig, Fr. Richter. à Jahrg. n. 1.50

Pfarrey ..., s. Pfarrei ...

Pfarrfamilie, Eine, s. Museum. Bibliothek der etc. Romane des Auslandes.

PFARRFAMILIE, Die, von Kunradendorf, eine sehr verwickelte und doch natürliche (zahme) Geschichte. Schwabach, 1805.
Wildmoser's (jetzt Gmähle's) Leihbibl., München, Nr. 6919.

— — Dasselbe. Leipzig, Joachim, o. J. (1806). 8°. 136 S.

Pfarrfrau, Eine deutsche. Blätter der Erinnerung an Bertha Josephson-Mercator, geb. Cremer, gesammelt. Hamburg 1907. V: *Josephson, Hermann.* (Berl 1907, S. 649)

Pfarrfrau, e. deutsche. Blätter der Erinnerg. an Bertha Josephson-Mercator geb. Cremer, gesammelt v. H. J. (Herm. Josephson). (157 S. m. 1 Bildnis.) 8. Hamburg 907. G. Schloeßmann. Geb. in Leinw. 2.80

Pfarrfrau, die, als Jüngerin Jesu. Freundliche Winke von Johanna. 16. (46 S.) Hamburg 878. Koch. n. — 50

Anonym: „Die kluge und hauswirthschaftliche Pfarrfrau", Leipzig 1757 (Junius). 8°

Katholisches **Pfarrgemeindegesetz** vom [illegible] Mit e. Einl. u. Erl. auf d. Grundlage d. Landauerschen Kommentars nebst e. Anh. über verschiedene kirchenrechtl. Materien... hrsg. von Oberl.Ger.R. Dr. J[ohannes] Kiene. Stuttgart: J. Heß 1906. (238 S.) 8° [F.] [illegible]

Pfarrhaus, das; e. Erzählung in Briefen, von e. Frauenzimmer; aus d. Engl. 8. Leipz. 781. Schwickert. 14 gl

Pfarrhaus, das, eine Familiengeschichte vom Verf. von „die Mahleiche ꝛc." 2 Bde. 8. Braunschw. 843, Leibrock, Hofb. 2¼ ℛ

Pfarrhaus, das. Mittheilungen aus dem Leben einer Predigerswittwe. Breslau (858.) Dülfer. 8. (39 S.) n. 5 ngr

Pfarrhaus, das. Unter Mitwirkung von evangel. Geistlichen ganz Deutschlands hrsg. von Heinr. Steinhausen. 1.—4. Jahrg. 1885—1888. à Jahrg. 12 Nrn. (à Nr. 2 Bog. mit Beilagen.) gr. 4. Leipzig, Fr. Richter. à Jahrg. ** 3 —

Pfarr-Haus. Hrsg. unter Mitwirkg. v. evangel. Geistlichen ganz Deutschlands u. A. Leiter: 5. u. 6. Jahrg. Heinr. Steinhausen, 7. u. 8. Jahrg. Frz. Blanckmeister. 5.—8. Jahrg. 1889—1892. à Jahrg. 12 Nrn. (à Nr. 2 Bog. m. Beilagen.) 8. Jahrg. nebst Pfarrvereinsblatt. 12 Nrn. (Bog.) gr. 4. Lpz., Fr. Richter. à Jahrg. * 3 —

Pfarr-Haus. Hrsg. unter Mitwirkg. v. evangel. Geistlichen ganz Deutschlands u. A. Leiter: Frz. Blanckmeister. 7.—10. Jahrg. 1891—1894. à 12 Nrn. (2 Bog.) gr. 4. Nebst: Pfarrervereinsblatt. à 12 Nrn. Leipzig, Fr. Richter. à Jahrg. n. 3. —

Pfarr-Haus. Unt. Mitwirkg. v. evang. Geistlichen ganz Deutschlands u. A. hrsg. v. Frz. Blanckmeister. 11. Jahrg. 1895. 12 Nrn. (Bog.) gr. 4. Nebst: Pfarrervereinsblatt. 12 Nrn. Ebd. n. 3. —

— dasselbe. 12.—14. Jahrg. 1896—1898. Nebst Anzeiger f. d. evangel. Pfarrhaus. à 12 Nrn. (à ca. 16 u. VIII S. m. Abb.) gr. 4. Ebd. à Jahrg. n. 3. —

Pfarrhaus. Unter Mitwirkg. v. evangel. Geistlichen ganz Deutschlands u. A. hrsg. v. Frz. Blanckmeister. 15.—18. Jahrg. 1899—1902. Nebst Anzeiger f. das evangel. Pfarrhaus. 12 Nrn. gr. 4. (à ca. 16 u. VIII S. m. Abbildgn.) Leipzig. Dresden, Fr. Richter. à Jahrg. n. 3. —

Pfarrhaus, das. Unter Mitwirkg. v. evangel. Geistlichen ganz Deutschlands u. A. hrsg. v. Frz. Blanckmeister. 19.—22. Jahrg. 1903—1906. à 12 Nrn. (à ca. 16 S. m. Abbildgn.) gr. 4. Dresden [C. L. Ungelenk]. Altenburg, St. Geibel. à Jahrg. n. 3. —

Pfarrhaus, das. Unter Mitwirkg. v. evangel. Geistlichen ganz Deutschlands u. A. hrsg. v. Frz. Blanckmeister. 23.—26. Jahrg. 1907—1910. à 12 Nrn. (192, 192, 200 u. 194 S. m. Abbildgn.) Lex. 8. Altenburg, St. Geibel. à Jahrg. 3. —

Pfarrhaus, das, zu Aardal, eine norwegische Novelle v. Gustav vom See. gr. 12. (10½ B.) Arolsen 842, Speyer.

Pfarrhaus, das, zu Beckenham, s. Lebensbilder aus der Geschichte der inneren Mission.

Pfarrhaus, Das, zu Beckenham nebst Erinnerungen an Hedley Vicars. Hamburg 1859. V: *Marsh, Anne.* (Mitth. Grolig.)

Pfarrhaus, das, im Harz. Eine Erzählung von A. V. (Auguste Vollmer.) 1.—3. Aufl. 8. (IV und 328 S. mit 1 lithogr. Titelbilde in Farbendr.) Berlin 864—67, Wiegandt und Grieben.

— das, im Harz. Eine Erzählung von A. V. Berlin 865. Neumann. 8. (328 S.) 1 ℛ

—— das, auf dem Lande. Aus d. Schwed. 2 Thle. 8. (31⅛ B.) Berlin 844. [Leipzig, Kößling'sche Buchh.]
Vgl.: Ausland, das belletristische.

— das, auf dem Lande. Aus d. Schwed. 2 Thle. 8. Berlin 844, Morin. 2 ℛ

— dass. s. auch Ausland, das belletristische, von Spindler, 446.—451. Bdchn.

Pfarrhaus Land

Ein Pfarrhaus auf dem Lande. Familiengemälde. Von D.J.W.E. Aus dem Schwed. übers. von Gottlob Fink. Bdchn 6.
Stuttgart: Franckh 1846. 418 S. 8°

Pfarrhaus, das, zu Liebenthal, oder die seltene Braut. Von H. Müller. 2 Thle. 8. Quedlinburg, Basse. 821.

Pfarrhaus, d., zu Remsdorf, od. d. hohe Lohn d. Geduld, v. Müller. 8. Hamb. Vollmer.

PFARRHAUS, Das, zu Remsdorf, oder der hohe Lohn der Geduld, wahre Geschichte. Hamburg, Vollmer, 1807. 8°. (1⅓ Rthl.)

—— das, in Rothstein. Von der Verf. die „Macht der Liebe". 16. (102 S.) Berlin 864, Buchh. des Missions-Vereins.

Pfarrhaus, das, an der Themse, s. Schriften, ausgewählte, von der Verf. der Familie Schönberg-Cotta.

Pfarrhaus, das, an der Themse oder die Familie Bertram. Von der Verfasserin der Familie Schönberg-Cotta. Autoris. Uebers. von Ch. Philippi. 471 S. 8. Basel, F. Schneider. 1877 5.40

Pfarrhaus, Das, an der Themse ... Übersetzung von Charlotte Philippi. Basel 1878. V: *Bundel-Charles, Bessy.* (zuwzür 1910)

Pfarrhaus zu Wirtheim. (6 Bl. Umdruckzeichnungen.) Fol.

Pfarrhäuser, Die beiden. Eine Erzählung. Berlin 1850. V: *Nathusius, Maria.* (KV)

Pfarrhäuser, die beiden. Eine Erzählung (von Maria Nathusius). [Aus d. „Volksblatt f. Stadt u. Land" abgedr.] gr. 12. (48 S.) Berlin 850, Wohlgemuth's Buchhandlung (W. Schultze) in Comm. n. n. 1/12 ℛ

Pfarrhausklänge u. anderes. (87 S. m. Abb.) 8. Osnabrück 910. G. E. Lückerdt. 1.60

Pfarrjubiläum, Das, des Nikodemus Diez. Überlingen 1891. V: *Reitinger.* (Hof- u. Landesbibl. Carlsruhe. Zugangsverz. 1892.)

Pfarrjubilaeum, das 50jährige, Sr. Hochw. Herrn Joh. Sigrist, Pfarrer, Dekan u. päpstl. Ehrenkämmerer, gefeiert v. dessen Pfarrgemeinde Ruswyl. Andenken an den 1. Mai 1873. gr. 8. (64 S.) Luzern 873. Gebr. Räber. n. 1. —

Pfarrjubiläum. Das Pf'-J' ([von] Ignaz Röthelin) und Jugend-Fest in Meggen den 22 und 29. August 1880. 8. Luzern 1881.

Pfarrius: Die Schlacht bei Andernach im J. 876. 19 S. - Progr. Köln Fr. W. 1851.

Pfarrius, F.: Novae theses de tetraedero et de pluribus in unum conjunctis. Rostock, Diss. 1874

Pfarrius, F[riedrich], Prof. Dr.: Die Anwendung comprimierter Gase zur leichteren Ausführung chemischer Experimente. *Barmen 1900: W. Wandt.* (15 S.) 8°
Barmen-Wupperfeld, OR, P 1900 (522)

Pfarrius, G. De concionibus obliquis historicorum Rom. 16 S. Coeln, e., Progr. 1836

Pfarrius, G. Probe einer Uebersetzung der Heldengesänge des Quintus Smyrn. 25 S. Saarbrücken, Progr. 1830

Pfarrius, G. De studiis ad graecarum fabularum fontes adhibendis. (Ursprung und Veränderungen der Mythen nach verschiedenen Zeitaltern, besonders bei den Griechen.) 19 S. Saarbrücken, Progr. 1829

Pfarrius, G., s.: Zeitschrift f. Versicherungsmedizin.

Pfarrius, Gustav

— s. Chrimhildens Rache.

Pfarrius, Gust., das Ende des Hauses Dhaun, s.: Volksbücher, Wiesbadener. Nr. 76.

Pfarrius, Gust., Gedichte. Neue Sammlung. Köln 860. Du Mont-Schauberg. 16. (VII, 271 S.) n. 1 ₰ 10 ngr.

— Bastel Jakob. — Die Klause am Sulmenbach, s.: Hausbücherei, rheinische. 5. Bd.

Pfarrius, Gust., Karlmann. Ein Gedicht. gr. 12. (6 B.) Bonn 841, Weber.

—— das Nahethal in Liedern. 8. (11¾ B. u. Titbild.) Köln 838, Kohnen.

—— das Nahethal in Liedern. 2. Aufl. Vermehrt mit topogr.-historischen Nachweisungen für die Besucher des Nahethals, mit 1 Stahlst. u. 1 Karte. 16. (14⅞ B. u. 8 Stahlst.) Bonn 845, Habicht. *

Pfarrius, Gust., das Nahethal in Liedern. 2. Aufl. Vermehrt mit topographisch-histor. Nachweisungen für die Besucher des Nahethals, mit 10 Stahlst. u. 1 (lith.) Karte. gr. 16. (225 S.) Bonn 852, Habicht. n. 1½ ₰

Pfarrius, Gust., das Nahethal in Liedern. 3. Aufl. Mit topographisch-histor. Nachweisungen. Kreuznach 869. Voigtländer. 8. (181 S.) n. 20 ngr.; in engl. Einb. n. 28 ngr.

— Natur u. Menschenleben. Sechs Novellen. Düsseldorf 869. Budich. 8. (III, 273 S.) n. 1 ₰ 12 ngr.

Pfarrius, Gust., Chriemhildens Rache. Nacherzählt. gr. 12. (3⅔ B.) Köln 844, Kohnen.

Pfarrius, Gust., Schein und Sein. Erzählung aus dem 16. Jahrh. 8. (340 S.) Braunschweig 863, Westermann. *

— Zwischen Soonwald u. Westrich. Drei Erzählungen. 861. n. 1 ₰ — Wohlfeile (Titel-)Ausg. Kreuznach 863. Voigtländer. 8. (224 S.) n. 15 ngr.

— Trümmer u. Epheu. Novellen. 12. (170 S.) Köln 852, Du Mont-Schauberg. 18 ngr.

Pfarrius, Gust., die Waldlieder. Mit Illustrationen von Geo. Osterwald. Lex.-8. (III und 92 S. mit 12 Radirungen.) Köln 850, Du Mont-Schauberg'sche Buchh. *

Pfarrius, Gust., die Waldlieder. 2., stark verm. Ausg. Köln 853. DuMont-Schauberg. 16. (VIII, 151 S.) n. 15 ngr.

— Waldlieder. 3., stark verm. Aufl. Mit (eingedr.) Holzschn. nach Zeichnungen Düsseldorfer Künstler von Breidenbach & Co. Köln 869. Du Mont-Schauberg. hoch 4. (VIII, 88 S.) In engl. Einb. mit Goldschn. n. 2 ₰ 15 ngr.

Pfarr- und Sacristei-Kalender, pro 1888. Placat-Format. Wien, Norbertus-Buchdruckerei. Unaufgezogen. fl. —.50. 1887

Pfarr- u. Vereinskalender f. die Katholiken Strassburgs auf d. J. 1910. 2. Jahrg. Hrsg. v. J. Wendling. (48 S.) kl. 8. Strassburg. F. X. Le Roux & Co. — 15

Pfarrkind, das christliche. Eine Sammlung kräftiger Gebete und heilsamer Belehrungen für fromme Katholiken aus allen Ständen. Neueste verb. Aufl. 12. (256 S.) Salzburg 861, Pustet.

Pfarrkind, das fromme. Ein Lehr- u. Gebetbüchlein f. d. Angehörigen d. Pfarre Bozen. 2., verb. u. verm. Aufl. 16. (XI, 472 S. m. farb. Titel u. 1 Farbendr.) Bozen 894. A. Auer & Co. Geb. in Leinw. n. 1. 80

Pfarrkirche, Die, U. L. Frauen zu Glaz, ihr wunderthätiges Marien-Bild ... Glatz 1842. V: *Müller, Joseph Zacharias.* (Nent) »1843« (NN) (LVS)

Pfarrkirche, die, U. L. Frauen zu Glatz, ihr uraltes wunderthätiges Marien-Bild u. dessen vorzüglicher Verehrer Ernest, erster Erzbischof von Prag ꝛc. nach zuverläßigen Nachrichten von 1194 bis 1842. Glatz 867. (Hirschberg's Buchh.) 8. (72 S. mit 1 lithogr. treuen Abbild. des Gnaden-Bildes.) cart. 7½ ngr.

Pfarrkirche, Die, zu Unserer Lieben Frauen (Franziskanerkirche) in Salzburg. [Salzburg] 1867. V: *Spatzenegger, Leopold.* (Hr)

Pfarrkirche, katholische, f. Mainz, s.: Sammel-Mappe hervorragender Concurrenz-Entwürfe.

Pfarrkirche, Die Linnicher, und ihre Ausstattung. Ortsgeschichtliche Plauderei. [Linnich 1901.] V: *Oidtmann, Heinrich.* (Berl)

Pfarrkirche, Die, St. Amandi zu Urach. Am dritten Jubelfest der Kirchenverbesserung. [Hengen] 1817. V: *Gratianus, Carl Chn.* (Heyd)

Pfarrcompetenz, Die Sprendlinger. Eine Passionsgeschichte und Apologie. Frankfurt 1816. V: *Hofmann, Johann Philipp.* (HS) (Ky)

Pfarrcompetenz, die Sprendlinger. Eine Passionsgeschichte u. Apologie, (v. Jh. Ph. Hofmann). 8. Frankf. a. M. 816. Boselli.

Pfarrleben in einem Gebirgsdorfe. Kulturgeschichtliche Bilder von einem hessischen Geistlichen. 8. (VII, 163 S.) Leipzig 881. Teubner. 1. 80; geb. n. 2. 40

Pfarrpensionen, üb. die, im J. 1803. 8. Sulzb. 803. v. Seidel. 3 gr

Pfarrschkinger, De. Och anne G'schichte aus'n Leb'n. Bautzen 1894. V: *Wagner, Joh. Andr. Freih. v.* (Berl)

Pfarrvereins-Blätter, badische. Im Auftrag des geschäftsführ. Ausschusses hrsg. v. Heinr. Neu. 17. Jahrg. 1908. 24 Nrn. (à ca. 12 S.) 8. Karlsruhe, (J. J. Reiff). Nicht im Handel.

Pfarrwahl, die, nach den Bestimmungen des Entwurfs e. Presbyterial- u. Synodal-Ordnung für das Herzogthum S.-Meiningen u. der ähnlichen Entwürfe für andere Thüringische Staaten. Bedenken u. Vorschläge e. alten Geistlichen. Hildburghausen 870. Gadow & Sohn. gr. 8. (21 S.) 3 ngr.

Pfarrwahlen, die, d. Ober-Kirchencollegiums Augsburger Confession in Sonderland, e. deutschen Colonie in Australien. 2. verm. Aufl. gr. 8. (45 S.) Stuttgart 872. (Straßburg, Bomhoff.) — 75

Anonym: „Der Pfarrzehend, in moralischer, ökonomischer und politischer Hinsicht betrachtet von einem Freunde der Wahrheit", Leipzig 1819 (Reclam). 8°

Pfatrisch, Pet., Geschichte d. regulirten Augustiner-Chorherrn-Stifts Beuerberg. Mit e. Ansicht d. vormal. Klosters (Holzschntaf.). gr. 8. (184 S.) München 876. (Stahl.) n.n. 3. —

Pfättisch, Ioa. Maria, O. S. B., der Einfluss Platos auf die Theologie Justins des Märtyrers, s. a. Forschungen zur christlichen Literatur- u. Dogmengeschichte. X, 1.

Der Einfluß Platos auf die Theologie Justins des Märtyrers. Eine dogmengeschichtl. Untersuchung nebst e. Anh. über d. Komposition d. Apologien Justins von P. Ioannes Maria Pfättisch, O. S. B. Paderborn: Schöningh 1910. VIII, 199 S. 8°
(Forschungen z. christl. Literatur- u. Dogmengeschichte. Bd 10, H. 1.)

Pfättisch, Joannes Maria, O. S. B., Abt Maurus Xaverius Herbst, O. S. B., v. Plankstetten. Dem Volke erzählt. (III, 111 S. m. 1 Bildnis.) kl. 8. Eichstätt 904. Ph. Brönner. Kart. n. 1. –

— Die Rede Konstantins des Grossen an die Versammlung der Heiligen auf ihre Echtheit untersucht, s. a. Studien, Strassburger theologische. IX, 4.

Die Rede Konstantins des Großen an die Versammlung der Heiligen auf ihre Echtheit untersucht von P. Joannes Maria Pfättisch, O. S. B. Freiburg im Br.: Herder 1908. (X, 117 S.) 8°
= Studien, Straßburger theologische. Bd 9, H. 4.

Pfau, Raph. der Jacobitenbrud. Abenteuer. 2 Bde. m. K. 8. (Severin in Weißenfels.) 796.

* **Pfau**, Raphael, der Jacobitenbruder, ist jetzt Verlag der Weygandschen Buchh. in Leipzig.

Pfau, Raphael, des Jakobitenbruders, Zeitgenossen des Erasmus Schleichers, (von C. G. Cramer) 2 Theile in 4 Abtheil. mit Kupf. 8. Schloß Lindenberg, (Weißenfels) 796. (Severin) 3 Rtl.

PFAU, Der stolze. Schicksale einer Dame aus der Halbwelt. Hamburg, o. J. (c. 1870?). 8°. (75 Pfg. Gust. Apitzsch, Lpz., 1885.)

de Pfau. Déscription des retranchements faits en 1787 aux environs d'Amsterdam et des attaques des Prussiens. 4. av. pls. Berlin 1788.

v. Pfau. Erläuterungen aller Verschanzungen, welche 1787 in der Gegend der Stadt Amsterdam angelegt worden. 4. M. Pl. Hannover 1789.

Pfau, C., Bilder aus dem Volksleben der Rochlitz-Mittweidaer Gegend zur Zeit des 16. u. 17. Jahrh. Vortrag, geh. auf der 3. Hauptversammlg. des Vereins für sächs. Volkskunde. gr. 8. (39 S.) Rochlitz (899). (B. Pretzsch Nachf.) n. — 50
Sonderabdruck aus: „Rochlitzer Tageblatt".

Pfau, C.: Unsre Schützenfeste. Wissenschaftliche Beilage zur Leipziger Zeitung 1899 Nr. 42. 163

Pfau, Emil, Referendar: Die Energie als Objekt von Delikten. Insterburg 1909: Quandel. 79 S. 8°
Jena, Jur. Diss. v. 20. März 1909, Ref. Löning
[Geb. 17. Sept. 82 Insterburg; Wohnort: Insterburg; Staatsangeh.: Preußen; Vorbildung: Realgymn. Königsberg i. P. Reife O. 02; Studium: Königsberg 7 S.; Rig. 9. Febr. 09.] [U 09. 2112

Pfau, F., k. k. Hauptmann. Militärische Elementar-Begriffe (Donation Liechtenstein) 8. Wien 1849.

Pfau, F., Normen f. die Seelsorge aus Joh. 4, 1—42, s.: Sammlung theolog. u. soz. Reden u. Abhandlungen.

Pfau, F., Zasady sztuki położniczéj dla nierviast tejże sztuce się oddających. 8. Lemberg 838. J. Millikowsky. 2 gr

Pfau, Frz., Handbuch f. d. Infanterie-Unteroffizier, od. kurze Anleit. zu d. Pflichten u. Verhaltn. d. Unteroffiziers im Frieden, u. im Kriege; mit besond. Rücksicht auf die f. den k. k. österreich. Infanterie-Dienst besteh. Vorschriften, u. jene Verhältnisse, in welchen d. Unteroffizier dieser Waffe entweder z. Theil, od. ganz selbstständ. zu handeln hat. 16. (17 B., 3 Stnt. u. 4¾ B. Tab) Wien 839, [Heubner's Verl.]

Pfau, Friedrich [Referendar]: Die Gesellschaft mit beschränkter Haftung verglichen mit der Aktiengesellschaft ... Berlin, *Druck v. E. Ebering*, 1897; 73 S. 8.
Erlangen, Jur. Fak., Inaug.-Diss. v. 1897

PFAU, Friedr. („Churfürstl. Brandenb. ACCISE-Einnehmer, Adelicher Richter, und Cämmerer in der Stadt Pritzwalck"). — CONSTANTIS Liebes-Wechsel Und Lust-Reisen, Worinnen artige Geschichte, Redens-Wechselungen, Lehr- und Freuden-Sätze vergnüglich zusammen lauffen, Allen, so nicht mit Saturnischer Stirne, sondern holdseligen Augen begabet, Zugeschrieben und mitgetheilet Von *Friederich Pfauen*, ... O. O. (Pritzwalk?) Gedruckt im Jubel-Jahr 1700. Kl. 8°. (2 Rthl. Eman. Mai, Berlin, Cat. von 1854, Nr. 13, 742; jetzt theurer!)
Höchst selten! 257 S. (incl. Tit.). — S. 3—96 überschrieben: „Liebes-Geschicht"; S. 97—257: „Constantis Lust-Reisen" (in Deutschland). Kein Roman, wirklich Erlebtes!

Der junge Papierhändler. Ein Fuhrer durch d. Papier-Branche. Gemeinverständl. dargest. von Friedrich Pfau *Berlin-Schöneberg: F. Pfau 1902.* (VII, 112 S.) 8° [02. 8313

Papier-Lexikon. Hrsg. von Friedrich Pfau. T. 1. *Berlin-Schöneberg: F. Pfau [1903].* 8° [04. 4589

Warenzeichen-Rolle der Papier- und Schreibwaren-Industrie. Enth. ein nach Klassen geordnetes alphab. Verzeichnis d. sämtl. für d. Papier- u. Schreibwaren-Industrie geschützten Warenzeichen. Nebst 'Verz. d. Freizeichen' u. als Anh.: 'Das Warenzeichengesetz'. Hrsg. von Friedrich Pfau. *Berlin-Schöneberg: F. Pfau [1903].* (48, 30 S.) 8°
[Sondert.] Deutsches Reichs-Gesetz [Gesetz] z Schutz d. Warenbezeichnungen v. 12. Mai 1894. Nebst Verordnungen, Bestimmungen über d. Anmeldung von Warenzeichen u. Verz. d. Einteilung d. Warenklassen.
— Pfau: Papier-Lexikon. T. 1. [04. 4590

Pfau, Frdr., Warenzeichen-Rolle der Papier- u. Schreibwaren-Industrie. Enth. ein nach Klassen geordnetes alphabet. Verzeichnis der sämtl. für die Papier- u. Schreibwaren-Industrie geschützten Warenzeichen. Nebst „Verzeichnis der Freizeichen" u. als Anh.: „Das Warenzeichengesetz". (I. Tl. des Papier-Lexikon.) (V, 90 u. 24 S. m. 1 Bildnis.) gr. 8. Schöneberg-Berlin (Albertstr. 10) (903). Frdr. Pfau. n. 2. 40; geb. n. 3. —

— dasselbe. Nachtrag 1904. (III, 41 S.) 8. Ebd. (904). n. 1. —

Pfau, Frdr., Warenzeichen-Rolle der Papier- u. Schreibwaren-Industrie. Nachtrag 1905. Bearb. v. Lucian Gottscho u. Frdr. Pfau. (40 S.) 8. Schöneberg-Berlin (907). Frdr. Pfau. 1. 50

— dasselbe. Nachtrag 1906—10 Januar—Juni. Unter Mitwirkg. v. Lucian Gottscho hrsg. (63 S.) 8. Ebd. 910. 3. 50
Hauptwerk u. Nachtr. 1904. Ebd. 903. 04. 3.40.

Pfau, G.: Statistik über Weinlauf und Rebbau des Rheinthales. St. Gallen 1863.

Pfau, H.: Preislisten über ärztliche Instrumente usw. Ausg. 3. (1904?) ff. Berlin

Pfau, J. A., Auswahl deutscher Gedichte für die unteren Klassen der Gymnasien, höhere Bürger- und Realschulen. Quedlinburg 855. Franke. 8. (VI, 364 S.) 24 ngr.

Pfau, J. A., Elemente d. griech. u. röm. Metrik. Für mittl. u. obere Gymnasialklassen dargest. u. mit d. nöth. Leseübungen vers. gr. 8. (14½ B.) Quedlinburg 839, Basse.

Pfau, J. A., die sociale Frage in ihrem Verhältniß zum Christenthum für conservative Freunde dargestellt. Halle 866. Fricke. gr. 8. (VII, 75 S.) n. 10 ngr.

Pfau, J. A., s. Loci memoriales.

Pfau, J. A., Meditationes crit. de orationibus Thucydideis. 8maj. (2½ B.) Quedlinburgi 836, Basse. Thlr.

Pfau, J. A. De numero Saturnino. Specimen primum. 23 S. Quedlinburg, Progr. 1846

Pfau: De numero Saturnio. 32 S.–Quedlinburg, Progr. 1864

Pfau, J. A. (II.), de numero Saturnio commentatio. gr. 8. (III und 96 S.) Quedlinburg 864, Basse.

Pfau, J. A., der Sprachunterricht nach Hamilton u. Jacotot f. Lehrer an Gymnasien u. Realschulen dargestellt. gr. 8. (9⅜ B.) Quedlinburg 844, Franke.

Pfau, J. J., das Bankwesen der Schweiz u. d. Auslandes. Nebst Anreggn. zur Gründg. e. schweizer. Clearing-House. gr. 8. (IV, 78 S.) Zürich 875. Orell, Füssli & Co. n. 2. —

Pfau, J. P. v., s. Pfau, Theodor Philipp von

Pfau, Joh. Heinr., Dichterklänge. 8. (7 B.) Winterthur 840, (Literar. Comptoir.)

Pfau, Josef

Pfau, Jos., anschauliche Behandlung der Gleichungen in der Bürgerschule. In 2 Tln. I. Untersuchungen über das Wesen der entgegengesetzten Zahlen. II. Ausgeführte Lektionen nebst 235 Ziffer- u. Textaufgaben u. deren Lösung. (IV, 54 S. m. Fig.) gr. 8. Wien 905. A. Pichler's Wwe. & Sohn. n. 1. 50

Pfau, Jos., Raumlehre (Geometrie u. geometrisches Zeichnen) f. Knabenbürgerschulen. 2 Tle. 8. Wien 910. A. Pichler's Wwe. & Sohn. Geb. 1. 80
1. Mit 114 geom. Fig., 6 farb. Fig.-Taf. u. 15 Bildern. (IV, 71 S.) Geb. — 80
2. Mit 123 geom. Fig., 8 schwarzen u. 6 farb. Fig.-Taf. u. 15 Bildern. (IV, 80 S.) Geb. 1. —

— dasselbe an Knaben- u. Mädchen-Bürgerschulen, gewerblichen u. landwirtschaftlichen Fortbildungsschulen u. an den Oberklassen der Volksschulen. Entwürfe u. ausgeführte Stundenbilder m. lückenlos anschaul. Entwicklgn. f. die Hand des Lehrers. 3 Tle. in 1 Bde. Mit 212 geometr. Fig., 23 Bildern u. vollständ. Aufgabensammlg. (X, 205 S.) gr. 8. Ebd. 908. 3. 50

— dasselbe f. Mädchen-Bürgerschulen. 2 Tle. 8. Ebd. Geb. 1. 30
1. Mit 73 geom. Fig., 2 farb. u. 5 schwarzen Fig.-Taf. u. 8 Bildern. (III, 42 S.) Geb. — 60
2. Mit 57 geom. Fig., 1 farb. u. 7 schwarzen Fig.-Taf. u. 11 Bildern. (II, 55 S.) Geb. — 70

Pfau Josef, Raumlehre (Geometrie und geometrisches Zeichnen) für Mädchenbürgerschulen. I. Teil. Mit 73 geometrischen Figuren, 2 farbigen und 3 schwarzen Figurentafeln und 8 Bildern. Wien 1909. A. Pichlers Witwe und Sohn. Geb. K —.60. (Min.-Erl. vom 28. Dezember 1909, Z. 50115.)

Pfau Josef, Raumlehre (Geometrie und geometrisches Zeichnen) für Mädchenbürgerschulen. II. Teil. Mit 57 geometrischen Figuren, einer farbigen und 7 schwarzen Figurentafeln und 11 Bildern. Wien 1910. A. Pichlers Witwe und Sohn. Geb. K —.70.

Pfau, Karl [pr. Arzt in Reischach]. Ein Fall von Hernia funiculi umbilicalis incarcerata m. spec. Berücks. d. Therapie ... *Passau, Druck d. Aktienges. Passavia,* 1891; 22 S., 1 Bl. 8.
München, Med. Fak., Inaug.-Diss. v. [11. Nov.] 1891

Pfau, Karl Friedrich

Pfau, Karl Frdr. (Seriosus), s. a.: Blum, Erich.

Pfau, Karl Fr., s. a.: Brandner, Emil.

— s.: Anfangs- u. Schlußsätze kaufmänn. Briefe.

— Anleitung zur Abschätzung v. Sortiments- u. Verlagsgeschäften. (81 S.) 8. Leipzig (906). K. F. Pfau. n.n. — 75

Ⓑ Pfau, Karl F., Anleitung z. Abschätzung v. Sort.- u. Verlagsbuchh. 906. (KBG 34.) Jetzt: Magdeburg, Magdeburg. Verlagsanstalt.

Pfau, Karl Fr., Anleitung zur zweckmässigen Ordnung des Sortiments-Lagers. 3. unveränd Aufl. Tabelle. Fol. Leipzig 894. K. F. Pfau. n.n. — 25

Pfau, Karl Fr. (Hrsg.), s. Arndt, Ernst Moritz: Sämtliche Werke.

Pfau, Karl Frdr., s.: Ausbildbng, die, des deutschen Buchhandlungslehrlings.

Pfau, Karl Fr. (Bearb.), s. Bade, Carl: Der betriebstechnische Kalkulator ...

Pfau, Karl Fr., das Buch berühmter Buchhändler. Eine Sammlung von Lebensbildern berühmter Männer. [1. Bd.] 8. (VII, 152 S. mit 6 Portr.) Leipzig 885, Pfau. * 3 —
geb. * 3 75

—— dass. — 1. Bd. 2. verb. Aufl. 8. (V, 150 S.) Ebendas. 886. *$\mathcal{M}$ 2.50.; geb. * 3 —

—— dass. — (Auch u. d. T.: Lebensbilder berühmter Buchhändler und Buchdrucker.) 2. Tl. 8. (VIII, 138 S.) Ebendas. 886. *$\mathcal{M}$ 2.50.; geb. * 3 —
1. und 2. Tl. in 1 Bd. *$\mathcal{M}$ 4.50.; geb. * 5 —

— die Buchführung des Buchhändlers (s. Sortiment u. Verlag) nach dem neuen Handelsgesetz. (18 S.) gr. 8. Stuttgart (903). E. Leupoldt. n.n.n. — 60

Pfau, Karl Fr. Die Buchhaltung d. Buchhändlers, m. Unterstützg. e. bewährten Fachmannes bearb. 2 Thle. gr. 8. Lpz. 892, K. F. Pfau. geb. à Thl. ** 2 —; ** 4 —; geb. in 1 Bd. ** 3 50
1. Die Buchhaltung d. Sortimenters. (38 S.)
2. Die Buchhaltung d. Verlegers. (36 S.)

— s.a. Buchhändler, der.

— der Buchhändler. Eine Encyklopädie des buchhändler. Wissens. 10 Lfgn. (305 S.) 8. Leipzig (903. 904). Nestmann & Wittig. n.n.n. 4. —; geb. n.n.n. 4. 50

— s.: Buchhändler-Akademie, internationale.

— biographisches Buchhändler-Lexikon. 2. Aufl. Gänzlich neubearb. u. vielfach erweitert. m. teilweiser Berücksicht. des Auslandes u. des übr. Buchgewerbes. Mit Unterstützg. v. Rud. Schmidt hrsg. (In ca. 25 Lfgn.) 1. Lfg. Lex.-8. (S. 1—32.) Leipzig 901. K. F. Pfau. — 75

— Entwurf e. Programms behufs Bildung v. Stadt- und Provinzial-Reisebuchhandel-Verbänden. Lex.-8. (5 S.) Leipzig 901. H. Beyer. n.n.n. 1. —
Sonderabdruck aus: „Internat. Buchhändler-Akad."

— s.: Erinnerungen e. Buchhändlers.

— kaufmännische Fachbibliothek. 1. Bd. Der Kaufmannslehrling. Ein Leitfaden f. angeh. Kaufleute. 8. (56 S.) Leipzig, K. F. Pfau. Kart. n. 1. 50

— kaufmännische Fachbibliothek. 2. Bd. kl. 8. Leipzig, K. F. Pfau. Kart. n. 1. —
Der junge Kommis. (40 S.) (904).

— s.: Gehilfen, unsere Herren, im Buchhandel.

— König Georg v. Sachsen, s.: Hausbibliothek, patriotische.

— Handbuch f. Kontrolleure u. Revisoren in geschäftlichen u. staatlichen Unternehmungen u. Bureaus. (99 autogr. S. m. 4 Formularen.) gr. 8. Leipzig (907). (K. F. Pfau.) Geb. nn 30. —

— Handbuch der kaufmännischen Organisation. Ein systemat. Lehrbuch d. geschäftl. Einrichtungen in Klein- u. Grossbetrieben. 3 Bde. gr. 8. (VIII, 314; XII, 352 u. VIII, 252 S. m. 1 Tab.) Leipzig (901). [K. F. Pfau.] H. te Bart. à Bd. n. 5. —; geb. in Leinw. n. 6. —

— Handbuch der kaufmännischen Organisation. Ein systemat. Lehrbuch der geschäftl. Einrichtgn. in Klein- u. Grossbetrieben. 2. verb. u. verm. Aufl. 3 Bde. (X, 292; X, 318 u. XIV, 254 S. m. Formularen.) gr. 8. Leipzig (904). F. Zocher. Geb. in Leinw. 22. —

— praktisches Handbuch f. Buchhändler u. Geschäftsverwandte, s.: Wengler, E.

— der junge Kommissionär. Ein Leitfaden. 12. (47 S.) Leipzig 891. K. F. Pfau. Geb. in Leinw. n. 2. —

— u. E. Schirmer, Korrespondenz des Buchhändlers in deutscher, englischer u. französischer Sprache. (In ca. 20 Lfgn.) 1. Lfg. (S. 1—32.) gr. 8. Leipzig (905). K. F. Pfau. n.n.n. — 40
Diese Ausgabe ist zurückgezogen u. erscheint nicht weiter.

— — dasselbe in deutscher, englischer, französischer u. italienischer Sprache. (In ca. 20 Lfgn.) 1. u. 2. Lfg. (S. 1—64.) gr. 8. Ebd. (905.) à n.n.n. — 40

— u. E. Schirmer, Korrespondenz des Buchhändlers in deutscher, englischer, französischer u. italienischer Sprache. 3. Lfg. (S. 65—96.) gr. 8. Leipzig (907). K. F. Pfau. nnn — 40

Pfau, Karl Fr., deutsch-englische Korrespondenz für Buchhändler. 8. (V, 146 S.) Leipzig 882. Pfau. n.n. 2. —

—— deutsch-französische Korrespondenz für Buchhändler. (IV, 143 S.) 1881. **$\mathcal{M}$ 2.; 2. verm. und verb. Aufl. 8. (V, 146 S.) Ebendas. 882. ** 2 50

— deutsch-französische Korrespondenz für Buchhändler. 3., verm. u. verb. Aufl. M. e. Anh.: Kleines Fachwörterbuch. 8. (VII, 139 S.) Dresden 895. C. A. Koch. n.n.n. 2. 40

— die Korrespondenz d. Sortimenters. 12. (61 S.) Ebd. 891. Geb. in Leinw. n.n. 2. —

— die Korrespondenz d. Verlegers. 12. (59 S.) Ebd. 892. Geb. in Leinw. n.n. 1. 50

— s.: Lehrlinge u. Volontäre im Buchhandel.

— Leipzig u. seine Umgebung, s.a. Städte-Bilder u. Landschaften aus aller Welt.

Pfau, Carl Fr[iedrich]. Leipzig und seine Umgebung. Nach zuverlässigen Quellen bearb. von K' Fr. Pf'. Mit 60 Illustrationen nach Originalzeichnungen von Ernst Schlemo ... [wovon 12 Tafeln] und 1 Stadtplan .... Städtebilder und Landschaften aus aller Welt. No. 128–129. 8. Zürich, Leipzig [1891].

—— u. Hugo Rösch. Biographisches Lexikon d. deutschen Buchhandels der Gegenwart. Unter Berücksicht. der hervorragendsten Vertreter d. Buchgewerbes der alten Zeit u. d. Auslandes. Mit 1 Lichtdr.-Bilde u. etwa 25 Portraits. 15 Lfgn. gr. 8. (IV, 464 S.) Lindenau-Lpz. 889,90, Fr. Pfau. à Lfg. * — 50; * 7 50; geb. * 9 —

— Luise, Königin v. Preußen. Ein Lebensbild der unvergeßl. Fürstin. Nach Hudson's Life and times of Louisa, Queen of Prussia selbständig bearb. Rechtmäßige deutsche Ausg. Mit e. Portr. der Königin Louise und 5 Vollbildern. 3., verb. u. verm. Aufl. gr. 8. (XII, 460 S.) Leipzig (901). [K. F. Pfau.] H. te Bart.
Geb. in Leinw. m. Goldschn. n. 7. —

— der Schuster Gottlob Range, s.: Bürger-Bibliothek, deutsche.

— der Reisebuchhandel u. das Sortiment der Gegenwart. Lex.-8. (7 S.) Leipzig (902). H. Beyer. n.n.n. — 60

— die Reklame des Sortimenters. 12. (39 S.) Leipzig 894. K. F. Pfau. Geb. n.n. 2. —

—— Der junge Sortimenter. Ein Leitfaden f. Buchhändler u. solche, die es werden wollen. 12. (51 S.) Lpz. 891, K. F. Pfau. geb. * 2 —

— der junge Sortimenter. E. Leitfaden f. Buchhändler u. solche, die es werden wollen. 3. Aufl. 12. (53 S.) Leipzig 895. L. Hamann. Geb. n.n.n. 1. 50

— der Spediteur. Ein Hand- u. Nachschlagewerk f. alle diejenigen, die im Speditionsfache tätig sind. (10 Lfgn.) (319 S.) 8. Leipzig 903. [K. F. Pfau.] Nestmann & Wittig. n. 3. —; geb. n. 4. —

(B) — Der Spediteur. 903. (KVL 34.) Jetzt: Magdeburg, Magdeburg. Verlagsanstalt.

— der junge Verleger. Ein Leitfaden f. Anfänger u. solche, welche sich dem Verlage zuwenden wollen. 12. (57 S.) Ebd. 891. Geb. in Leinw. n.n. 2. —

Pfau, Karl Fr., Der junge Verleger, Ein Leitfaden für Anfänger und solche, welche sich dem Verlage zuwenden wollen, 2. verm. u. verb. Aufl., Leipzig, 56 S., 8°.

— Verzeichniss aller jener Verlags-Handlungen, welche in Leipzig Auslieferungslager halten (m. Ausschluss der Leipziger Firmen). gr. 8. (16 S.) Ebd. 894. n.n.n. — 50

— praktische Winke für Neu-Etablirende im Buchhandel. Lex.-8. (14 S.) Leipzig (901). [K. F. Pfau.] Herm. Beyer. n.n.n. — 75

— einige Worte üb. die innere Organisation im Sortiments-, Verlags- u. übrigem buchhändlerischen Betrieb. Lex.-8. (20 S.) Ebd. 900. n. 1. —

Pfau, Ludwig

Pfau, Ludw., historisch-philosophische Betrachtungen eines Reichswählers. 2. Aufl. gr. 8. (65 S.) Stuttgart 881, (Göpel.) * — 50
1. Aufl. war nicht im Handel.

Pfau, Ludw., über Botanik. Nach Claudius, s. Sammlung, wohlfeilste, guter Bücher.

—— zur Charakteristik des Herrn Lübke. 8. (31 S.) Stuttgart 884, Dietz. — 50
Aus: Beobachter, besonders abgedruckt.

Pfau, Ludwig [Einl.]
s. Erckmann, Émile: Ausgewählte Werke von Erckmann-Chatrian. Bd 7. 1882.

—— Gedichte. 8. (12 B.) Heilbronn 842, (Classische Buchh.) *

Pfau, Ludw., Gedichte. 8. (X u. 362 S.) Frankfurt a. M. 847, Sauerländer. 1 ₰ 6 ngr

Pfau, Ludw., Gedichte. 2., durchges. u. verm. Aufl. Stuttgart 858. Franckh. 16. (XVI, 382 S.) 1 ₰. 10 ngr.

Pfau, Ludw., Gedichte. 3. Aufl. u. Gesammtausg. 8. (XX, 648 S.) Stuttgart 874. Göschen. n. 6. —

Pfau, L., Gedichte. 4., verm. Aufl. 8. (XVI, 451 S. m. Bild d. Verf.) Stuttgart 889. Bonz & Co. n. 4. 50; geb. n. 5. 60

Pfau, Ludw., ausgewählte Gedichte. Hrsg. v. Ernst Ziel. 8. (XII, 176 S. m. Bildn.) Stuttgart 898. J. G. Cotta Nachf. n. 2. 50; geb. n. 3. —

—— die deutschen Kaiser, s. Kaiser, die deutschen.

— Kunst u. Kritik. Aesthetische Schriften. (In 6 Bdn.) 1., 2., 4. u. 6. Bd. 8. Stuttgart, Deutsche Verlags-Anstalt. n. 17. —; geb. n. 23. —
1. Maler u. Gemälde. Artistische Studien. (X, 539 S.) 888. n. 5. —; geb. n. 6. 50
2. Bild u. Bauwerke. Artistische Studien. (VII, 501 S.) 888. n. 5. —; geb. n. 6. 50
4. Freie Studien: Die Kunst im Staat. 3., durchgeseh. Aufl. (VII, 315 S.) 888. n. 3. —; geb. n. 4. 50
6. Literarische u. historische Skizzen. 2. Aufl. (VII, 443 S.) 888. n. 4. —; geb. n. 5. 50
Bd. 3 u. 5 erschienen noch nicht.

— Kunst- u. Gewerbe-Studien. 1. Hälfte. 8. (352 S.) Stuttgart 877. Ebner & Seubert. n. 3. 80

Pfau, Ludw., das Ulmer Münster-Jubiläum. [Aus: „Frankf. Zeitg."] gr. 8. (96 S. m. eingedr. Holzschn. u. 1 Holzschntaf.) Ulm 877. Ebner. n. 1. 50

— kunstgewerbliche Musterbilder aus der Wiener Weltausstellung. qu. gr. 4. (22 S. m. 40 Holzschntaf.) Stuttgart 874. Ebner & Seubert. n. 6. —

— Politisches u. Polemisches aus d. nachgelass. Schriften. M. e. Vorwort v. Ernst Ziel. gr. 8. (XV, 480 S.) Stuttgart (895). Druckerei u. Verlagshaus Stuttgart, Dr. Foerster & Co. n. 4. —; geb. 5. —

— „das preußische Regiment" vor Gericht. Rede, geh. zu seiner Vertheidigung vor dem Stadtgericht in Frankfurt a/M. 8. (23 S.) Zürich 877. Verlags-Magazin. n. — 40

— s. Sammlung, wohlfeilste, guter Bücher.

— Stimmen der Zeit. 34 alte u. neue Gedichte. 16. (IV u. 79 S.) Heilbronn 848, Drechsler. — 2. Aufl. 16. (IV u. 79 S.) Stuttgart 849, Lubrecht & Co. 1/4 ₰

Pfau, Ludw., freie Studien. 4 Lfgn. gr. 8. (XVI und 648 S.) Stuttgart 865,66, C. Ebner. [Vogler und Beinhauer.] à Lfg. 21 Ngr.

Pfau, Ludw., *freie Studien*. 2., umgestaltete Aufl. Stuttgart, Ebner & Seubert, 1874. 8°. Eleg. roth. Hchgrb.
XIV—555 S., 1 Bl. Inh.: 1. Die Kunst im Staat. (Französisch geschrieb. 1860, deutsch überarb. 1865.) 2. Ein Stück christlicher Kultur. (1857.) 3. Kunstlogische Skizzen. (1858.) 4. Proudhon und die Franzosen. (1858; Zusätze 1865.) — Ed. I. 1866.
Pfau behandelt seine Stoffe bekanntlich vom extrem-rationalistischen Standpunkte, und zwar oft recht geistreich.

— ein Todtenkranz auf das Grab Robert Blum's. Rede gehalt. bei der Trauerfeier in Heilbronn den 21. Novbr. 1848. gr. 8. (7 S.) Heilbronn 849, Drechsler. 2 ngr

Pfau, Matthäus

Pfau, M., Beschreibung der Burg Kyburg, s.a. Mittheilungen der antiquar. Ges. in Zürich.

Pfau, M(atthäus), und Kinkel, G(ottfried) / Beschreibung der Burg Kyburg. [Mit Plänen im Text und 5 Tafeln.] (Mittheil. Ant. Ges. Zürich ...) 4. Zürich 1870.
Ausg A (Mittheil. .. Band 16, Abtheil. 2, Heft 4.) [Denkmäler des Hauses Habsburg in der Schweiz. Heft 2. Theil 2.]
Ausg B. (Mittheil. .. [Njbl.] 34.)

[Pfau, Matthäus.] Kyburg, die Stammburg mütterlicher Seite Rudolfs v. (*2. *Aufl.* von) Habsburg. Wegweiser und Gedenkblatt den Besuchern des Schlosses. 8. Winterthur.
[1. Aufl.] Mit einer Originalzeichnung von J[örgen] H[einrich] Müller [Tafel]. 1866.
[2. Aufl. Mit 1 Tafel.] 1868.

[Pfau, Matthäus.] Kyburg, die Stammburg Rudolf's von Habsburg ‹mütterlicher Seite›. Wegweiser und Gedenkblatt den Besuchern des Schlosses. [Mit 1 Tafel.] 8. Winterthur.
3. Aufl. 1870. — 4. Aufl. 1874.
5. Aufl. 1876.

Pfau, Otto, aus Lünen ‹Westf.› **Ein Beitrag zur Kenntnis der modern-französischen Volkssprache.** *Marburg 1901: (Pierer in Altenburg).* (62 S.) 8°
Marburg, Phil. Diss. v [2. Sept.] 1901

Pfau, Ph., die Cultur der Rosen mit besond. Rücksicht auf das Ueberwintern der immerblühenden im freien Lande. 8. (3⅛ B.) Heilbronn 846, (Drechsler'sche Buchh.) *

Pfau, Ph., d. Cultur d. Rosen, mit besond. Rücksicht auf d. Ueberwintern d. immerblühenden im freien Lande. kl. 8. Heilbronn, 1846. (Scheurlen.) — 8

Pfau, Theodor Philipp v. Der geschickte Angriff und die glückliche Abhaltung des Feindes bei Belagerungen. Mit Kupfern. (Mit 2 Taf.) 4. Cöthen und Dessau 1757.

Pfau, Th. Ph. v. Der geschickte Angriff u. die glückliche Abhaltung des Feindes bey Belagerungen. Mit Kpf. Cöthen 1757. 108 S.

Pfau, Theod. Phil. v., d. geschickte Angriff u. d. glückl. Abhalt. d. Feindes b. Belagerungen, m. K. 4. Cöthen, Cörner. (auch Günther in Glogau.) 757.

Pfau, Th. Ph. v. Geschichte des preußischen Feldzugs i. d. Provinz Holland i. J. 1787. Mit Krt. u. Pl. Berlin 1790. 362 S. 4°

v. Pfau, Thdr. Ph., († 1794.) Geschichte d. Preuß. Feldzuges in der Provinz Holland im J. 1787. Mit Kart. u. Plan gr. 4. Berl. 790. Rottmann. 6 ₰ Velp. 10 ₰ — Dass. ins Französ. übers. (v. J. W. Lombardt): hist. de la Campagne etc., avec des Pl. et des Cartes. gr. 4. Ebd. 791. 6 ₰ Velinp. 10 ₰

Pfau, Theodor Philipp. Histoire de la Campagne des Prussiens en Hollande en 1787. Berlin 1790. Ü: *Lombard, Johann Wilhelm.* (MGT) ›1791‹ (Ky)

— — Histoire de la campagne des Prussiens en Hollande en 1787. Avec pl. et crt. Berlin 1790. 310 S. 4°

Pfau, Wilhelm Clemens, s. Pfau, William Clemens

Der Rochlitzer Berg und sein Friedrich-August-Turm. Gedächtnisschrift auf die vor 50 Jahren vollzogene Weihe d. Friedrich-August-Turmes. Von Prof. Dr. W[illiam] Clemens **Pfau.** Rochlitz i. S. (1910): Meltzer. 73 S. 8°
Aus Rochlitzer Tageblatt. 1910. [10. 16399 3

Einzelheiten aus dem Gebiete der Rochlitzer Geschichte von Dr W[ilhelm] C[lemens] Pfau. [Lfg 1.] *Rochlitz i. S.: [B. Pretzsch Nachf.] 1901.* 8° [F.]
Aus: Rochlitzer Tageblatt. 1901
(Schriften d. Ver. f. Rochlitzer. Gesch.) [03. 7845

Pfau, W. Clemens, Einzelheiten aus dem Gebiete der Rochlitzer Geschichte. 1.—3. Lfg. gr. 8. Rochlitz (B. Pretzsch Nachf.). n. 1. —
1. (55 S.) 901. — 2. Grundzüge der älteren Geschichte des Dorfes Seelitz u. s. Kirche. (67 S.) 902. — 3. (48 S. m. 1 Tab.) 902. Sonderabdrucke aus: „Rochlitzer Tagebl."

Pfau, W. Clem., Einzelheiten aus dem Gebiete der Rochlitzer Geschichte. 4.—6. Lfg. gr. 8. Rochlitz, (B. Pretzsch). nn 4. 50
4. Neudrucke aus alten Wochenblättern. Jahrgänge 1819—1831. (126 S.) (904.) 1. —
5. Skizzen v. alten Rochlitzer Handel u. Wandel. [Aus: „Rochl. Tagebl."] (II, 216 S.) 906. 1. 50
6. Grundriß der Rochlitzer Garnisonsgeschichte. (Sonderabdr. aus dem Rochlitzer Tageblatt 1907, zugleich Abhandlg. f. d. Festschrift z. Rochlitzer Feier d. 40jähr. Bestehens d. II. kgl. sächs. Ulanen-Regiments (Nr. 18.) (145 S.) 907. nn 2. -

[F.] **Pfau** [Dr.]: *Festrede am Geburtstage Sr. Maj. des Königs Albert am 23. Apr. 1890.* Rochlitz, Druck v. M. Bode, *1891;* S. 4 9, 4°
Rochlitz, R m. PG, OP 1891 (573)

Ueber urgeschichtliche Feuersteinwerkstätten in der Rochlitzer Gegend. Erweiterung e. Vortrags ... Von Prof. Dr. W[illiam] Clemens **Pfau.** Rochlitz i. Sa. (1910): Meltzer. 25 S. 8° [Umschlagt.]
Aus: Rochlitzer Tageblatt. 1910, Nr 182 ff. [11. 13229 3

Topographische Forschungen über Die ältesten Siedlungen der Rochlitzer Pflege. Von Dr W Clemens **Pfau.** *Rochlitz i. S. 1900: M. Bode.* (105 S.) 8°
— **Mitteilungen** d. Vereins f. Rochlitzer Geschichte. H. 3. [00. 11186 3

Pfau, W Clemens [aus Rochlitz] Gebrauch und Bildungsweise der Adverbien bei Joinville, mit Ausschluss der Adverbien der Verneinung. *Leipzig, Druck v. Beck & Schirmer* 1885: 44 S. 8°
Jena. Phil. Fak.. Inaug.-Diss. v 1885.

Pfau, W. Clemens, **Gebrauch und Bildungsweise der Adverbien bei Joinville; mit Ausschluss der Adverbien der Verneinung. Diss. Jena 1885, G. Neuenhahn. 8°. 44 S.**

Pfau, (William Klemens): Zur Geschichte des Münsters zu Zschillen und des Deutschherrenordens. Rochlitz 1909: Meltzer. S. 8—11. 4°
Rochlitz, st. R m. PG P 1909 (788) [S 09. 358

Geschichte des Steinbetriebes auf dem Rochlitzer Berge. Von Dr. C(lemens) **Pfau.** *Rochlitz i. Sa.. M. Bode 1898.* (156 S., 1 Taf.) 1 Bd 8.
— **Mitteilungen** d. Vereins f. Rochlitzer Geschichte. H. 2. [98. 12496 II

Geschichte des Steinbetriebes auf dem Rochlitzer Berge Von Dr W Clemens **Pfau** *(Rochlitz i. Sa. 1898. M. Bode.)* (150 S.) 8° [F.]
— **Mitteilungen** d. Vereins f. Rochlitzer Geschichte. H 2

— **Geschichte der Töpferei in der Rochlitzer Gegend, s.a. Mitteilungen des Vereins f. Rochlitzer Geschichte. 4. Hft.**

Geschichte der Töpferei in der Rochlitzer Gegend von den frühesten vorchristlichen Zeiten bis auf die Gegenwart unter Berücks. benachbarter Ortsgebiete. Mit 7 Taf. u. 14 Einzelabb. Von Dr. W[ilhelm] Clemens **Pfau.** (Rochlitz i. Sa. 1905: M. Bode.) (174 S.) 8° [F.]
— **Mitteilungen** d. Vereins f. Rochlitzer Geschichte. H. 4. [05. 15096

— **Grundriss der Chronik üb. das Kloster Zschillen, s.a. Mitteilungen des Vereins f. Rochlitzer Geschichte. 5. Heft.**

Grundriß der Chronik über das Kloster Zschillen. Mit Untersuchungen über die vor- u. frühgeschichtl. Zeit d. Wechselburger Gegend sowie über d. Gebiet d. Rochlitzer Gaues oder Zschillner Archidiakonats. Von Prof. Dr. W[illiam] Clemens Pfau. Rochlitz 1909: Meltzer 444 S. 8°
(Mitteilungen d. Vereins f. Rochlitzer Geschichte. H. 5.)

Grundzüge der älteren Geschichte des Dorfes Seelitz und seiner Kirche. Von Dr. W[ilhelm] C[lemens] Pfau. *Rochlitz i. S.: [B. Pretzsch Nachf.] 1902.* (67 S.) 8° [F.]
Aus: Rochlitzer Tageblatt. 1902.
(Schriften d. Ver. f. Rochlitzer Gesch.)
— Pfau: Einzelheiten aus d. Geb. d. Rochlitzer Gesch. Lfg 2.

Die Rochlitzer Hüttenordnung mit Vorstudie und Beilagen von Dr. W. Clemens Pfau. *(Rochlitz i. Sa. 1896: M. Bode.)* (147 S.) 8° [F.]
— Mitteilungen d. Vereins f. Rochlitzer Geschichte. H. 1.

Pfau, [William Clemens]: Mittelalterliche Keramik in der weiteren Rochlitzer Pflege zur Zeit der deutschen Herrschaft. S. 3—10. 4.
Progr. Städt. Realschule mit Progymn. *Rochlitz i. Sa.* 1903 (664).

Pfau, W. Clem., s.: **Mitteilungen des Vereins für Rochlitzer Geschichte.**

Pfau, W. Clem., d. gothische Steinmetzzeichen, s.a. Beiträge zur Kunstgeschichte. N. F. XXII.

Das gotische Steinmetzzeichen. Von W. Clem. Pfau. Leipzig: Seemann 1895. 76 S. 2 Taf. 8° (Beitr. z. Kunstgesch. NF. 22.)
[Georg: Schlagwort-Katalog 3, 2. (1901) S. 1670.]

Pfau-Schellenberg, G., Beschreibung schweizerischer Obstsorten. Bearb. unter Mitwirkung der schweizer. pomolog. Kommission und anderer Obstbaumfreunde. Hrsg. vom schweizer. Obst- und Weinbauverein. gr. 8. (XI, 143 und IV S. mit 95 Stnt.) Frauenfeld 877, Huber. * 2 60
Vgl. Beschreibung schweizerischer Obstsorten.

Pfau-Schellenberg, G., Statistik über Weinlauf u. Rebbau des Rheinthales. St. Gallen 863. Sonderegger & Buff. 8. (XVI, 132 S. u. 1 Tab. in Fol.) n. 10 ngr.

Pfau-Schellenberg, G., pomologische Terminologie. Leitfaden zum Beschreiben der Kernobstfrüchte m. besond. Berücksicht. der schweizer. Verhältnisse. Hrsg. vom Schweiz. Obst- u. Weinbauverein. Mit 143 lith. Abbildgn. (auf 8 Taf.) gr. 8. (XI, 96 S.) Frauenfeld 873. Huber. n. 2. 40

Pfaue, H., Präparationen f. d. Deutschunterricht, s.: Grupe, W.

Pfauenfedern, v. D. W. Soltau. 8. Hamburg, Perthes. 800.
Velinp.

Pfauen-Insel, die, ohnweit Potsdam, s.a. Beschreibung.

Pfauen-Insel, die, ohnweit Potsdam. 8. Potsdam, Horvath. 819.

Pfauenschwanz, Zebedäus [Pseud.], s. Lang, Karl Heinrich von

Pfaun, N., de Christo N. T. medico primario. Erlang. 1743. 4.

v. Pfaundler, s.a. **Beitrr. zur Geschichte, Statistik, Naturkunde u. Kunst von Tyrol** ꝛc.

(Pfaundler.) Zwei Hexenprozesse aus dem Jahre 1688, geführt bei dem Hochfürstl. Amte in Ballenstedt. Quedlinburg 1863. 8°. (1 Mk. der Vorige, c. 1905.)

Pfaundler, Alois v., Versuch über die mineralog.-geognost. Arbeiten, Nachrichten u. Entdeckungen von Tirol u. Vorarlberg in Auszügen u. s. w. aus Journalen, Druckschriften, Msptn. ꝛc. 8. (1¼ B.) Innsbruck 836, (Pfaundler.) *

v. Pfaundler, Alois, Versuch über die mineralog.-geognost. Arbeiten, Nachrichten u. Entdeckungen von Tirol u. Vorarlberg in Auszügen ꝛc. aus Journalen, Druckschriften, Msptn. ꝛc. 8. Innsbruck 846. (Pfaundler.) n. 4 ngr.

Pfaundler, Herm., meine Jugendgedichte. (VII, 111 S.) 8. Wien 909. H. Heller & Co. 2. 50

Pfaundler, Ign., über die Hexenprocesse des Mittelalters mit specieller Beziehung auf Tirol. Nebst Anhang, die aktenmäßige Darstellung eines sehr interessanten Hexenprozesses v. J. 1680 enthaltend. gr. 8. (4⅛ B.) Innsbruck 843, Pfaundler. *
Aus: Zeitschrift des Ferdinandeums ꝛc., besond. abgedruckt.

Pfaundler, L.

— **Klugenheim u. Michelsdorf.** Eine Erzählg. üb. den Nutzen naturhistor. u. geograph. Lehrmittel in der Volksschule. gr. 16. (19 S.) Innsbruck 874. Wagner. n. — 12

Pfaundler, L., Mechanik und Akustik. 10. Aufl. Braunschweig, 1906. 819 S. mit 838 Abb.

Pfaundler, Leopold

Pfaundler, L., elementare Ableitung der Grundgleichung der dynamischen Gastheorie. Lex.-8. (11 S.) Wien 871, (Gerold's Sohn.) * — 20
—— dass. — Lex.-8. (11 S. mit 1 Stnt. in qu. 4.) (Ebendas.) 871. * — 50

— Elementare Ableitung der Grundgleichung der dynamischen Gastheorie (mit 1 Taf.). S. 63. II. 150 . . . . vgr.
Separatabdruck

Pfaundler, L., über die Anwendung d. Doppler'schen Princips auf die fortschreitende Bewegung leuchtender Gasmoleküle. [Mit 1 (eingedr.) Holzschn.] [Aus: „Sitzungsber. d. k. Akad. d. Wiss."] Lex.-8. (7 S.) Wien 877. (Gerold's Sohn.) n. — 20

— Über die Anwendung des Dopplerschen Prinzips auf die fortschreitende Bewegung leuchtender Gasmoleküle (mit 1 Holzschnitt) S. 76. II. 82 . . . . . . vgr.
Separatabdruck

— über die geringste absolute Anzahl von Schallimpulsen, welche zur Hervorbringung eines Tones nöthig ist. [Aus: „Sitzungsber. d. k. Akad. d. Wiss."] Lex.-8. (12 S.) Ebend. 877. n.n. — 25

— Über die geringste absolute Anzahl von Schallimpulsen, welche zur Hervorbringung eines Tones nötig ist. S. 76. II. 561 . . . . vgr.
Separatabdruck

— über e. Apparat zur Demonstration der Zusammensetzung beliebiger rechtwinklig aufeinander stattfindender Schwingungen. Mit 1 (lith.) Taf. (in qu. 4.) [Aus: „Sitzungsber. d. k. Akad. d. Wiss."] Lex.-8. (4 S.) Ebend. 874. n. — 50

— Über einen Apparat zur Demonstration der Zusammensetzung beliebiger rechtwinklig aufeinander stattfindender Schwingungen (mit 1 Taf.). S. 68. II. 424 . K —.50
Separatabdruck

Pfaundler Leopold, Dr.: Über die Azetyl-Querzetinsäure. S. 43. II. 465 . . . . —.10
Separatabdruck

Pfaundler, Leop., über den Begriff u. die Bedingungen der Convergenz u. Divergenz bei d. Linsen. gr. 8. (13 S. m. 2 Taf. u. 1 Tab.) Wien 899. (C. Gerold's Sohn.) n. — 50
Sonderabdruck aus: „Sitzungsber. d. k. Akad. d. Wiss."

— Über den Begriff und die Bedingungen der Konvergenz und Divergenz bei den Linsen (mit 2 Taf.). S. 108. II a. 477 . . . . —.50
Separatabdruck

Pfaundler, Leop., Beitrag zur Kenntniss u. Anwendg. d. Röntgen'schen Strahlen. [Aus: „Sitzungsber. d. k. Akad. d. Wiss."] gr. 8. (5 S. m. 1 Fig. u. 1 Taf.) Wien 896. (C. Gerold's Sohn.) n. — 50

— Beitrag zur Kenntnis und Anwendung der Röntgenschen Strahlen (mit 1 Taf. und 1 Textfigur). S. 105. II a. 112 . . . . vgr.
Separatabdruck

— Beiträge zur Kenntnis einiger Fluorverbindungen. S. 46. II. 58 . . . . vgr.
Separatabdruck

Pfaundler, Leop., über e. Bumerang zu Vorlesungszwecken. (2 S. m. 1 Fig.) gr. 8. Wien 905. (A. Hölder.) n. — 20

— Über einen Bumerang zu Vorlesungszwecken (mit 1 Textfigur). S. 114. II a. 867 . . —.20
Separatabdruck

— über Differenzial-Luftthermometer. [Mit 2 (lith.) Taf. (in gr. 4.)] [Aus: „Sitzungsber. d. k. Akad. d. Wiss."] Lex.-8. (20 S.) Ebend. 875. n. 1. 20

— Über Differential-Luftthermometer (mit 2 Taf.). S. 72. II. 729 . . . . 1.20
Separatabdruck

Pfaundler, L., über die Energiedifferenz des phosphorsauren Natrons bei verschiedenem Gehalt an Krystallwasser. Lex.-8. (5 S.) Wien 871, (Gerold's Sohn.) — 15

— Über die Energiedifferenz des phosphorsauren Natrons bei verschiedenem Gehalte an Kristallwasser. S. 64. II. 290 . . . . vgr.
Separatabdruck

Pfaundler, Leop., die Entwerthung der Materie. Vortrag, gehalten in der feierl. Sitzung der kaiserl. Akademie der Wissenschaften am 30. Mai 1888. 8. (32 S.) Wien 888, (Tempsky.) * — 50

— Die Entwertung der Materie. F. S. 1888 . . . . vgr.
Separatabdruck

— üb. e. Erdbeben-Registrator m. elektrisch-photograph. Aufzeichng. d. Zeitmomentes d. Stosses. [Aus: „Sitzungsber. d. k. Akad. d. Wiss."] gr. 8. (11 S. m. 3 Fig.) Ebd. 897. n. — 50

— Über einen Erdbebenregistrator mit elektrisch-photographischer Aufzeichnung des Zeitmomentes des Stoßes (mit 3 Textfiguren). S. 106. II a. 551 . . . . —.50
Separatabdruck

—— und E. Schnegg, über die Erstarrungstemperaturen der Schwefelsäurehydrate und die Zusammensetzung der ausgeschiedenen Krystallmassen nebst Erörterung der erhaltenen Resultate. Lex.-8. (40 S. mit 1 lithogr. Taf. in qu. gr. 4.) Wien 875, (Gerold's Sohn.) * 1 —
Aus: Sitzungsberichte der k. Akademie der Wissenschaften, besonders abgedruckt.

— und Schnegg E.: Über die Erstarrungstemperaturen der Schwefelsäurehydrate und die Zusammensetzung der ausgeschiedenen Kristallmassen nebst Erörterung der erhaltenen Resultate (mit 1 Taf.). 1. Experimenteller Teil von E. Schnegg. 2. Theoretischer Teil von L. Pfaundler. S. 71. II. 351 . . . . 1.—
Separatabdruck

Pfaundler, Leop., die Stubaier Gebirgsgruppe, s. Barth, L.

Pfaundler, Leop., das chinesisch-japanische Go-Spiel. Eine systemat. Darstellg. u. Anleitg. z. Spielen desselben. Mit e. Deckelbildchen u. zahlr. erklär. Abb. im Texte. (VI, 75 S.) 8. Leipzig 908. B. G. Teubner. Geb. in Leinw. 3. —

— über Kältemischungen im Allgemeinen u. speciell üb. jene aus Schnee u. Schwefelsäure. [Mit 1 (lith.) Taf. (in gr. 4.)] [Aus: „Sitzungsber. d. k. Akad. d. Wiss."] Lex.-8. (29 S.) Ebend. 875. n. — 80

— Über Kältemischungen im allgemeinen und speziell über jene aus Schnee und Schwefelsäure (mit 1 Taf.). S. 71. II. 509 . . . . —.80
Separatabdruck

— über eine neue Konstruktion e. Leydenerbatterie m. Umschaltungsvorrichtung von Parallelanordnung auf Kaskadenanordnung. (2 S. m. 1 Taf.) gr. 8. Ebd. 906. n. — 25
2 Sonderabdrucke aus: „Sitzungsber. d. k. Akad. d. Wiss."

— Über eine neue Konstruktion einer Leydenerbatterie mit Umschaltungsvorrichtung von Parallelanordnung auf Kaskadenanordnung (mit 1 Taf.). S. 115. II a. 479 —.25
Separatabdruck

Pfaundler, Leop., Lehrbuch der Physik u. Meteorologie, s. Müller-Pouillet.

— über die ungleiche Löslichkeit der verschiedenen Flächen e. u. desselben Krystalls u. den Zusammenhang dieser Erscheingn. m. allgemeinen naturwissenschaftl. Principien. [Aus: „Sitzungsber. d. k. Akad. d. Wiss."] Lex.-8. (4 S.) Wien 875. (Gerold's Sohn.) — 15

— Über die ungleiche Löslichkeit der verschiedenen Flächen eines und desselben Kristalls und den Zusammenhang dieser Erscheinung mit allgemeinen naturwissenschaftlichen Prinzipien. S. 72. II. 61 . . . . vgr.
Separatabdruck

Pfaundler, Leop., über die Mantelringmaschine von Kravogl und deren Verhältniss zur Maschine von Pacinotti-Gramme, nebst Vorschlägen zur Construction verbesserter dynamo-elektrischer Maschinen. Lex.-8. (12 S. mit 1 lithogr. Taf.) Wien 883, (Gerold's Sohn.) * — 60
Aus: Sitzungsberichte der k. Akademie der Wissenschaften, besonders abgedruckt.

Über die Mantelringmaschine von Kravogl und deren Verhältnis zur Maschine von Pacinotti-Gramme, nebst Vorschlägen zur Konstruktion verbesserter dynamo-elektrischer Maschinen (mit 1 Taf.). S. 87. II. 610 . . . . vgr.
Separatabdruck

— über eine neue Methode zur Bestimmung der Wärmecapacität von Flüssigkeiten. [Mit 1 (eingedr.) Holzschn.] [Aus den Sitzungsber. der k. Akad. der Wiss.] Wien 869. (Gerold's Sohn.) Lex.-8. (10 S.) 3 ngr.

— Über eine neue Methode zur Bestimmung der Wärmekapazität von Flüssigkeiten (mit 1 Holzschnitte). S. 59. II. 145 . . . . vgr.
Separatabdruck

— üb. e. verbesserte Methode, Wärmecapacitäten mittels d. elektrischen Stromes zu bestimmen. [Aus: „Sitzungsber. d. k. Akad. d. Wiss."] Lex.-8. (15 S. m. 1 lith. Taf.) Wien 891. (F. Tempsky.) n. — 70

— Über eine verbesserte Methode, Wärmekapazitäten mittelst des elektrischen Stromes zu bestimmen (mit 1 Taf.). S. 100. II a. 352 . . . . —.70
Separatabdruck

—— und H. Hlasiwetz, über das Morin, Maclurin und Quercitrin, s. Hlasiwetz, H.

—— s. Müller, Joh., Lehrbuch der Physik und Meteorologie.

— die Physik d. tägl. Lebens, s.: Naturwissenschaft u. Technik.

— das Princip der ungleichen Molecülzustände, angewendet zur Erklärung der übersättigten Lösungen, der überschmolzenen Körper, der Siedeverzüge, der spontanen Explosionen u. d. Krystallinischwerdens amorpher Körper. [Aus: „Sitzungsber. d. k. Akad. d. Wiss."] Lex.-8. (10 S.) Ebend. 876. n. — 20

— Das Prinzip der ungleichen Molekülzustände, angewendet zur Erklärung der übersättigten Lösungen, der überschmolzenen Körper, der Siedeverzüge, der spontanen Explosionen und des Kristallinischwerdens amorpher Körper. S. 73. II. 574 . . . . vgr.
Separatabdruck

— über die dunklen Streifen, welche sich auf den nach Lippmann's Verfahren hergestellten Photographien sich überdeckender Spektren zeigen (Zenker'sche Streifen). (15 S. m. 3 Fig.) gr. 8. Wien 904. (A. Hölder.) n. — 40
Sonderabdruck aus: „Sitzungsber. d. k. Akad. d. Wiss".

— Über die dunklen Streifen, welche sich auf den nach Lippmanns Verfahren hergestellten Photographien sich überdeckenden Spektren zeigen (Zenkersche Streifen) (mit 3 Textfiguren). S. 113. IIa. 398 . . . . —.40
Separatabdruck

— neue Theorie der Regelation des Eises. [Aus den Sitzungsber. der k. Akad. der Wiss.] Ebend. 869. Lex.-8. (8 S.) 1½ ngr.

— Neue Theorie der Regelation des Eises. S. 59. II. 20 . . . . vgr.
Separatabdruck

— Über das Wachsen und Abnehmen der Kristalle in ihrer eigenen Lösung und in der Lösung isomorpher Salze. S. 72. II. 707 . . . . vgr.
Separatabdruck

— Physikalische Wandtafeln. 1. Serie. (12 Taf.) à ca. 110×100 cm. Mit Text. (4 S.) gr. 8. Braunschweig 908. F. Vieweg & Sohn. In Mappe 12.—; einz. Taf. 1. 50

Pfaundler, Leop., über die Wärmecapacität verschiedener Bodenarten und deren Einfluss auf die Pflanze nebst krit. Bemerkungen über Methoden der Bestimmung derselben. Lex.-8. (33 S.) Wien 867, (Gerold's Sohn.) *
Aus: Sitzungsberichte der k. Akademie der Wissenschaften, besonders abgedruckt.

Pfaundler Leopold, Dr.: Über die Wärmekapazität verschiedener Bodenarten und deren Einfluß auf die Pflanze nebst kritischen Bemerkungen über Methoden der Bestimmung derselben. S. 54. II. 55 . . . . vgr.
Separatabdruck

Pfaundler, Dr. Leopold, Ueber die Wärmecapacität der Schwefelsäurehydrate. Mit 1 Zinkographie. (Sonder-Abdr. a. d. Sitzungsber. d. k. Akad. d. Wiss.) gr. 8. (8 S.) Wien, Gerold in Comm. 10 kr.
1867.

— Über die Wärmekapazität der Schwefelsäurehydrate (mit 1 Zinkographie). S. 56. II. 136 . . . . vgr.
Separatabdruck

Pfaundler, Leop., u. Hugo Platter, üb. die Wärmecapacität d. Wassers in der Nähe seines Dichtigkeitsmaximums. [Mit 2 (eingedr.) Holzschn.] [Aus: „Sitzungsber. d. k. Akad. d. Wiss."] Lex.-8. (14 S.) Wien 870. (Gerold's Sohn.) — 30

— und Platter Hugo: Über die Wärmekapazität des Wassers in der Nähe seines Dichtigkeitsmaximums (mit 2 Holzschnitten). S. 62. II. 379 . . . . vgr.
Separatabdruck

— K. Drucker, A. Wassmuth, J. Hann, Wärmelehre, chemische Physik, Thermodynamik u. Meteorologie, s.a. Müller-Pouillet's Lehrbuch der Physik.

Pfaundler, L., u. a., Wärmelehre, Chemische Physik, Thermodynamik und Meteorologie. 10. Aufl. Braunschweig, 1907. 937 S. mit 499 Abb. u. 1 Taf.

— über die beim Mischen v. Schwefelsäure m. Wasser auftretenden Wärmen u. Temperaturen im Zusammenhang m. den Molecularwärmen u. Siedepunkten der dabei entstandenen Hydrate. Mit 1 (lith.) Taf. (in gr. 4.) [Aus: „Sitzungsber. d. k. Akad. d. Wiss."] Lex.-8. (24 S.) Ebend. 875. n. — 80

— Über die beim Mischen von Schwefelsäure mit Wasser auftretenden Wärmen und Temperaturen im Zusammenhange mit den Molekularwärmen und Siedepunkten der dabei entstandenen Hydrate (mit 1 Taf.). S. 71. II. 155 . . . . —.80
Separatabdruck

— Die Weltsprache. Eine Studie z. Frage ihrer Reform. (16 S.) 8. Stuttgart (908). Franckh. — 20

— s.: Weltsprache u. Wissenschaft.

Pfaundler, Leop., über das Wesen des weichen oder halbflüssigen Aggregatzustandes; über Regelation und Rekrystallisation. Lex.-8. (18 S.) Wien 876, (Gerold's Sohn.) ** — 30
Aus: Sitzungsberichte der k. Akademie der Wissenschaften, besonders abgedruckt.

— Über das Wesen des weichen oder halbflüssigen Aggregatzustandes; über Regelation und Rekristallisation. S. 73. II. 249 . . . . vgr.
Separatabdruck

Pfaundler, Meinhard, zur Anatomie der Nebenniere. Aus dem anatom. Institute der k. k. Universität in Graz. [Aus: „Sitzungsber. d. k. Akad. d. Wiss."] Lex.-8. (39 S. m. 2 farb. Taf.) Wien 892. (F. Tempsky.) n. 1, 50

Pfaundler Meinhard: Zur Anatomie der Nebenniere (mit 2 Taf.). S. 101. III. 515 . . „ 1.50
Separatabdruck

Pfaundler, (Meinh.), Beiträge zur Frage der „Pylorusstenosen" im Säuglingsalter. (S. 253—310 m. Abb.) gr. 8. Berlin (909). S. Karger. 2. 40
Sonderabdr. aus: „Jahrb. f. Kinderheilkde."

Pfaundler, M., s.: Handbuch der Kinderheilkunde.

Pfaundler, Meinhard, üb. Magencapacität u. Gastrektasie im Kindesalter, s.a. Bibliotheca medica, Abt. D. 1.

Aus d. paediatrischen Klinik d. Prof. Th. Escherich in Graz. Ueber Magencapacität und Gastrektasie im Kindesalter. Von Dr. Meinhard Pfaundler, n. Assist. d. Klinik. *Stuttgart: E. Nägele 1898.* (4 Bl., 121 S.) 1 Bd 4.
= Bibliotheca medica. Abth. D[I]. H. 5. (98. 1139)

Pfaundler, Meinhard, Physiologisches, Bacteriologisches u. Klinisches üb. Lumbalpunctionen an Kindern, s.a. Beiträge zu klinischen Medicin u. Chirurgie. 20. Hft.

Pfaundler, Dr. Meinhard, Physiologisches, Bakteriologisches und Klinisches über Cumbalpunctionen an Kindern. (Aus der paediatrischen Klinik des Prof. Escherich in Graz.) [Beiträge zur klinischen Medicin u Chirurgie Heft 20.] Gr.-8. (120 S.) 1.80
Wien: Braumüller 1898.

— d. Principien u. Theorien d. Lawn-Tennis-Spieles m. Rücksicht auf ihre praktische Verwertg. dargelegt. gr. 8. (VIII, 192 S. m. 4 Taf.) Wien 898. A. Pichler's Wwe. & Sohn. n. 5. —

— über Stoffwechselstörungen bei magendarmkranken Säuglingen. Mit besond. Bezugnahme auf die Czerny-Keller'sche Säurevergiftungshypothese. gr. 8. (S. 247—336.) Berlin 901. S. Karger. n. 3. 50
Sonderabdruck aus: „Jahrbuch f. Kinderheilkunde".

— s.: Zeitschrift f. Kinderheilkunde.

Pfauth, H., neuestes illustrirtes Taschenbuch der bayerischen Bierbrauerei. Mit Berücksicht. der wichtigsten theoret. Sätze. Nach eigenen Erfahrungen und unter Benutzung der besten Quellen bearb. 8. (VII, 211 S. mit zahlreichen Abbild. auf 11 Stnt. in 4.) Suttgart [Hannover] 870, Cohen und Risch. cart. 3 —

Pfautsch, A.

Pfautsch: Zum lateinischen Unterricht in der Sexta. 11 S.-- Landsberg a/W., Progr. 1861. 4⁰

Pfautsch, Albert: [Ein Vermächtnis Luthers.] S. 14 der Schuln. 4. Progr. Kgl. Luther-Gymn. *Eisleben* 1909 (322).

Pfautz, C. Th., das neue Evangelium von der lebendigen, selbstbewußten Erde u. der intelligenten Welt. gr. 16. (VIII u. 90 S.) Leipzig 848, W. Engelmann. n. 1/3 ₰

Pfautz, Rich., der Baumschnitt. Leitfaden des Schnittes d. Obstbäume u. Obststräucher nebst Anh. üb. den Schnitt d. Ziersträucher. (48 S. m. Abb.) 8. Karlsruhe 910. J. J. Reiff. — 50

Pfauz

— **Joh. Christoph** (Leipzig), De tormentis et poenis sustinendis. Diss. med. Präs. Michael Ernst Ettmüller. Leipzig (J. A. Zschau) 3. I. 1711. 23 S. (5.—) 26293
Gew.: Gottfried Olearius, Johann Olearius, Lüder Mencken, Johann Burchard Mencken.

Pfävers. Das Kloster Pf. Njbl. St. Gallen 1883 s. a. [Wartmann, Hermann].

Pfävers, Das Kloster. St. Gallen 1883. V: *Wartmann*, *Hermann*. (Cat. d. Stadtbibl. Zürich. Zürich 1864—97.)

Pfävers, das Kloster. Nebst St. Galler Chronik f. d. J. 1882. Hrsg. vom histor. Verein in St Gallen. Mit 2 (phototyp.) Taf. gr. 4. (46 S.) St. Gallen 883. Huber & Co. n. 2. —

de Pfeffel, C., de l'état par opposition à la souveraineté du peuple. gr. 8. (29 S.) Munich 849. (Franz.) n. 6 ngr — 2. tirage. gr. 8. (31 S.) Ebd. 849. n. 1/3 ₰

—— Lettres à M. Emile de Girardin, rédacteur de la Presse, sur la question polonaise. (Juin 1848.) gr. 8. (38 S.) Munich 849, Franz. *

Pfeffel, Christian Friedrich von, s. Pfeffel von Kriegelstein, Christian Friedrich.

Pfeffel, Christian Hubert

Pfeffel, C. H., Limes Franciae. P. I. limes Fr. ab Oceano ad Rhenum. 4. Strasb. König. (Hinrichs. Lips. in Commiss.) 785. Schreibp.

Pfeffel, Gottlieb Konrad, s. Arete.

– s. Aventin.

BEYTRÄGE, Neue, zur Deutschen Maculatur. (Sammlung zum Theil erotischer Gedichte von *Gottlieb Conrad Pfeffel*.) Erster und letzter Band. (Motto aus Ovid.) (Kl. Ornament.) Frankfurt am Mayn, bey Joh. Gottlieb Garbe, 1766. 8⁰. (2 Mk. 50 Pfg. Rich. Bertling, Dresden, 1888; jetzt theurer!)
Sehr selten! Tit., 2 Bll. ergötzliche „Zueignung an die Göttin Vergessenheit", 5 Bll. kritisches Inh.-Verz. (voller Satyre u. Selbstironie), 128 S. — Hervorzuheben: Aurora u. Tithon, od. die unnütze Verjüngung; Galathee; Phryne; der Jungfern-Cranz; der Floh etc. Enth. ferner Fabeln in Versen u. Prosa, sowie Uebertragung d. IV. Satyre des Boileau.

– s. Belustigungen, theatral.

Pfeffel, Konr. Gil., († d. 1. Mai 1809.) Briefe über Religion an Bettina. 8. Basel 824. Schweighäuser. 13 gr Schrbp. 16 gr Velinp. 1 ₰

– s. Einsiedler, Der.

— Fabeln, der helvetischen Gesellschaft gewidmet. 8. Bas. Thurneisen. 783. m. Kpfrn.

Pfeffel, Gottl. Conr., Fabeln d. helvet. Gesellschaft gewidmet, mit Vign. 2te Aufl. 8. Basel, Thurneisen. (Lpz. Cnobloch in Comm.) 815.

— Fabeln, der Helvetischen Gesellschaft gewidmet. Mit Kpf. 8. Basel 783. 2e A. 8. 815. N. A. gr. 8. Ebd. 825. Schweighäuser. (Cnobloch in Leipz.) 1 ₰

Pfeffel, G. K., ausgewählte Fabeln u. Erzählungen, s.: Volks- u. Jugendschriften, ausgewählte.

Pfeffel's ausgewählte Fabeln u. poetische Erzählgn. Volksausg. (z. Jahrhundertfeier 1909) m. e. biograph. Einleitg. v. A. Buhl. (VIII, 96 S. m. Bildnis.) 8. Colmar (908). (Strassburger Druckerei u. Verlagsanstalt, Filiale Colmar.) — 75

Pfeffel, G. K., ausgewählte Fabeln und Gedichte, s. Universal-Bibliothek für die Jugend.

Pfeffel, Gottl. Conr., Fabeln und poetische Erzählungen, s. Volksbibliothek, deutsche.

Pfeffel, Gtli. Conr., Fabeln u. poet. Erzählungen, in Auswahl hrsg. v. H. Hauff. 2 Bde. 16. (48¾ B. u. P's. Bildn.) Stuttgart u. Tübingen 840, Cotta'sche Buchh.

— **Fremdenbuch**, m. biograph. u. culturgeschichtl. Erläutergn. hrsg. v. H. Pfannenschmid. gr. 8. (XXIII, 454 S.) Colmar 893. Selbstverl. d. Hrsg. n.n. 10. —

— neueste Gedichte. 8. Aarheim 802. Joachim in Leipz. 16 gr

PFEFFEL (Gottlieb Konrad) Cantate auf Maria Theresie Paradis . . . von -. o. V. o. O. 4 Bl.

– s. Kinderspiele, Dramat.

Pfeffel, Conr. Gtl., Lehren an Egle in B**l. 8. Tüb. Cotta. 793. Rthlr.

Pfeffel, G. G., Lina v. Saalen. 8. Leipz. Joachim.

— s. a. Lina von Saalen.

— Magasin historique, voyez Magasin.

— histor. Magazin, f. den Verstand u. das Herz gesammelt. 8. Straßb. N. A. 771 u. 803. Treuttel u. W. 1 ß — Dass. mit e. deutsch=französ. Wörterbuch zum Gebr. d. französ. Lehranstalten. 3 Abtheill. 8. Ebd. 803. 1 ß 12 gr

– s. Philemon u. Baucis.

– s. Principes du droit naturel.

– s. Schatz, Der; ein Schäferspiel.

— Schriften, 1ste Samml. Gedichte. 8. Marb. Krieger. 784.

— 2 chronol. Tabellen d. alten u. neuen Geschichte, von Adam bis auf Friedrich d. Großen, z. Gebr. f. Anfänger. Basel, Haas.

– s. Taschenbuch f. Damen. Cotta, für 1799 u. ff.

– s. Triumpf, Der, des guten Herzens.

– s. Triumpf, D. ehelichen Liebe.

– s. Versuch in e. Gedichten.

Vers, in einigen Gedichten (von *Conrad Gottlieb Pfeffel*). Frankfurt a. M. 1762.
Anon.-Lex. IV. p. 305 (nach Adelung, Kayser, Meusel). — Mit vorigem identisch?

Versuche,
Poetische, in drey Büchern (von *Gottlieb Konrad Pfeffel*, 1736—1809). (Große Vignette, Nothnagel del., Philippin geb. Sysangin sc..) Franckfurt am Mayn, bey Johann Gottlieb Garbe, 1761. 8⁰. (In Stuttgart.)
Im Stuttgarter handschriftl. Catalog ist *Andreas Raab* als Verfasser genannt. (??)

— poet. Versuche. 1r—3r Thl. 8. Basel 789—90. Haas. 2 ß 4e A. 10 Theile. 8. Tübing. 802—10. (1r—6r Thl. 5e A. 817, 18.) v. Cotta. 5 ß Schrbp. 7 ß 12 gr Velp. 10 ß

— — dess. Werks 4r Thl. für die Besitzer der ersten Ausgabe. 8. Ebend. 803.
Velinp.

— prosaische Versuche. 1r bis 6r Thl. 8. Ebend. 810–11. (à 12 gr.)
Schreibp. (à 18 gr.)
Velinp. (à 1 Rthlr.)

— prosaische Versuche. 7r—10r Thl. 8. Tübing. Cotta. 810—12. (à 12 gr.)
(Schreibp. à 18 gr.)
(Velinp. à 1 Rthlr.)
Alle 10 Theile kosten jetzt: Druckp.
Schreibp.
Velinp.

Pfeffel, G. C. von, Versuche. Supplementband. 8. Tübingen, Cotta. 820. Druckpap.
Schreibpap.
Velinpap.

— prosaische Versuche. Supplem.=Bd. 8. Basel 824. Schweighäuser. 12 gr Schrbp. 15 gr Velinp. 22 gr

Pfeffel, G. K., ausgewählte poetische Werke, s. Universal-Bibliothek Nr. 807—810.

Pfeffel, Johann Andreas

Güldene Aepfel in silbernen Schalen, das ist, Worte geredet zu seiner Zeit über 400. Sinnbilder von allerley Zeiten und Umständen des menschlichen Lebens zur Beförderung der Erbauung heraus gegeben von Johann Andreas Pfeffel, weil. Kayserl. Maj. Hof-Kupferstecher. Augspurg, gedruckt bey Christoph Peter Detleffsen. 1746.

Pfeffel, Johann Andreas. Schweitzerisches Trachten-Cabinet oder allerhand Kleidungen, wie man solche in dem Löblichen Schweitzer-Canton Zürch zutragen pflegt; in Kupffer vorgestellt und zu finden in Augspurg beÿ Johann Andreas Pfeffel Le Cabinet de toutes les Modes d'Habits .. [Um 1750.]
Tit. u. 20 Taf. in Kupferst. 4⁰
Tit u. Text auch französisch.

PFEFFEL, Matthias Calasanctius: De relatione ecclesiae ad sacram scripturam, eiusque interpretationem. — (1845) 35 S. 4⁰ (Handschr.) Diss. 4
Diss. Wien, Univ.

Pfeffel von Kriegelstein, Christian Friedrich

Pfeffel v. Kriegelstein, Chr. Fr., († d. 21. März 1807.) Abhandl. v. d. Gränzen des baier. Nordgaues in dem 11. Jahrh. Mit 1 Karte. 4. Münch., (G. Franz). 5 gr

— Abregé chronologique de l'histoire et droit publique d'Allemagne. II Vols. 4. Paris 754. Manh. 758. N. A. Paris 776. (Typ. in Bas.) 7 ß 8 gr

Pfeffel, Christian Friedrich von. Chronologischer Auszug der Geschichte und des Staatsrechts von Teutschland — a. d. Franz. Hamb., Frankf. u. Leipz. [Bamb.] 1761. Ü: *Schulin, Johann Philipp.* (MGT) (Fiker)

Pfeffel, C. F. v. Kriegelstein, chronol. Auszug d. Gesch. u. d. Staatsrechts v. Deutschl., v. Schülin. 4. Bamberg, Göbhard. 761.

— chronolog. Auszug d. Gesch. u. des Staatsrechts v. Deutschland, v. Jh. Ph. Schülin. 4. Hamb., Frankf. u. Leipz. 761. (Wesché in Frkf.) 2 ß 16 gr

— Droit public d'Allemagne. 2 Vol. 4. Paris. (Typ., Bas.) 776.

Pfeffel von Kriegelstein, Christian Friedrich, s. Einleitung in die Kirchengeschichte.

— Entdeckung einer Catharina, Prinzessin v. Niederbaiern 2c. 4. Münch., (G. Franz). 4 gr

— Geschichtsbeschreib. d. alten baier. Markgrafen auf dem Nordgau. Mit e. Stammtafel. 4. Münch., (G. Franz). 4 gr

Pfeffel v. Kriegelstein, Chr. Fr., memoires sur le gouvernement de la Pologne. 8. Manh. 759. Lößler. 12 gr

— Probe e. Erläuterung des deutsch. Staatsrechtes aus den Gesetzen v. Polen. 4. Münch., (G. Franz). 8 gr

Pfeffel v. Kriegelstein, Friedrich (Hrsg.), s. Sammlungen, Baierische, und Auszüge zum Unterricht und zum Vergnügen.

— Versuch e. gründl. Geschichtsbeschreib. d. alten Markgrafen auf dem Nordgau. Mit e. Stammtaf. 4. Münch., (G. Franz). 5 gr

— zweiter Versuch üb. die Gränzen des baier. Nordgaues im 11. Jahrh. 4. Münch., (G. Franz). 6 gr.

— Versuche in Erläuterung baier. Siegel von dem herzogl. baier. Wappen. 4. Münch., (G. Franz). 8 gr.

— Zusätze zum ersten Versuch in Erläuterungen baier. Siegel. 4. Münch., (G. Franz). 2 gr.

— gründl. Widerlegung d. Schmähschrift d. Hrn. E. Chr. St. unt. d. T.: Franken nicht in Baiern. 4. Münch. 784. Lentner. 2 gr.

Pfeffel=Album. Gaben elsässischer Dichter, ges. v. Theodor Klein. Mit d. Portr. Pfeffels...
Colmar: J. B. Geng, Held-Baltzinger, J. Abry; Leipzig: Franz Wagner 1859. VII, 300 S., 1 Titelbild. 8°

Pfeffel=Album. Gaben elsässischer Dichter, gesammelt von Thdr. Klein. gr. 8. (VII und 300 S. mit dem lithogr. Portr. Pfeffels.) Colmar 859. (Straßburg, Noiriel Separat-Conto.)

Pfeffer und Salz, oder Schwabenspäßle. Ein Kranz von älteren u. neueren komischen Gedichten u. Aufsätzen in ächt schwäbischer Mundart, von Naze. Erste Lustfahrt. 12. Blaubeuren, 840. Mangold. 1/4 ℛ

Pfeffer, Span., geg. Deutsches Salz, s. Wolfheim, A. E.

(U.-Titel:) Der Pfeffer von Stetten. (Fig.: Pfeffer mit einer Fiedel unter dem linken Arm) Sell ischt no lang nex, in Stetten wächst der Pfeffer sechs Schuh lang. (= Stuttgarter Volksbücher, 103).
Kol.: Verlag von J. Jungingers Buchhandlung, Stuttgart. o. J. (um 1900), 31 S., 155 x 100, 6 Fig. im Text, je 60 x 70.

Pfeffer's Handbuch des Verkehrswesens in Deutschland. Für den prakt. Gebrauch nach amtl. Unterlagen auf Grund der neuesten Veröffentlichgn. zusammengestellt. 2 Tle. gr. 4. Leipzig 894. C. E. M. Pfeffer. n. 13. 50; geb. in Halbfrz. n. 16. 10
1. Orts- u. Stationen-Verzeichnis. Alphabetisches Verzeichnis sämtl. Orte m. Verkehrsanstalten, sowie aller Gemeinden, Gutsbezirke, Dörfer, ferner aller anderen Wohnplätze m. mehr als 50 Einwohnern u. aller kleineren Orte, welche durch industrielle Anlagen od. sonst. Einrichtgn. f. den Verkehr v. Bedeutg. sind, m. folg. Angaben: Einwohnerzahl, Eisenbahnstation f. den Güterverkehr, Namen der Linie, deren Betriebsamt u. Direktion, Abfertigungsbefugnisse, Post m. Amtsklasse, Telegraphie u. Eisenbahntelegraphie m. Angabe der Dienststunden, Quadrat, in welchem der Ort in beigegebener Karte liegt, Land, Regierungs- od. Verwaltungsbezirk, Amtsgericht, Landgericht u. Oberlandesgericht, Schiffahrt, Zoll- u. Steuerämter, Reichsbank, Namensändergn., u. Nachweis der neben den offiziellen Namen einzelner Orte besteh. landläuf. Namen. Mit 1 Eisenbahnkarte. (XVI, 631 S.) n. 11. —; geb. n. 12. 60
2. Eisenbahnlinien u. Wasserstrassen im Deutschen Reich. Adressenverzeichnis sämtl. deutschen Eisenbahnen, Nachweis ihrer Zugehörigkeit zum Verband deutscher Eisenbahnverwaltgn., sowie derjenigen Eisenbahnen, auf welche das internationale Übereinkommen üb. den Eisenbahn-Frachtverkehr Giltigkeit hat. Geographisches u. histor. Stationenverzeichnis der deutschen Eisenbahnen in alphabetischer Folge der Verwaltgn. m. ihren Linien u. Stationen, letztere m. Angabe der Stationsklasse, Abfertigungsbefugnisse u. Betriebsvorrichtgn. zum Ver- u. Entladen v. Gütern, sowie m. Angabe der Entferngn. in Kilometern. Ferner Verzeichnis der Post- u. Telegraphenverwaltgn., der Wasserstrassen m. Angabe ihrer schiffbaren Länge, Fahrwassertiefe, Schleusen, Brücken u. Massverhältnisse der Fahrzeuge, sowie Verzeichnis der Reichsbankstellen. (VIII, 118 S.) n. 2. 50; geb. n. 3. 50

— dasselbe. III. gr. 8. Ebd. 895. n. 1. 50; (I.—III.: n. 15. —)
Postportotarif u. Gebührentarif f. Telegramme m. e. Verzeichnis sämtl. 16671 Post- u. Telegraphenanstalten u. 4611 Eisenbahn-Telegraphenanst. f. d. öffentl. Verkehr unter Angabe d. Dienststunden u. e. Anh.: leichtfassl. Anleitg. zur schnellen Berechng. d. Zonenentferngn. sämtl. Postorte v. einander. (XXVIII, 176 S.)

Pfeffer's Handbuch d. Verkehrswesens in Deutschland. 1. Tl.: Orts- u. Stations-Verzeichnis. 1. Nachtrag. Abgeschlossen am 1. I. 1898. 4. (16 S.) Leipzig 898. C. E. M. Pfeffer. — 75

Pfeffer: Der Fall Otto vor dem Schwurgericht zu Halle verhandelt am 27. Mai 1867. 8°. 40 S. Halle. 1867.

Pfeffer, Dr. Pfefferkörner für Vetter Michels erschlafften Magen. Forst, Höne 1849. 14 S. 16.

Pfeffer, Adolph. Eduard. Ludov. (geb. Geldern 13. 4. 1815) De glandulae prostatae morbis. Berolini (1838) (32 S.) 8°
Berlin, Med. Diss. v. 18. Okt. 1838

Pfeffer, Carl, s. Pfeffer, Karl.

Pfeffer, (Car. Augustus) Eduard (geb. Aeken an d. Elbe 3. 8. 1822) De staphylomate corneae conico pellucido. Berolini (1846) (32 S.) 8°
Berlin, Med. Diss. v. 25. Apr. 1846

Pfeffer, Erasmus (Friedrich Wilhelm Ghillany). Luther war vollkommen und das Lutherthum ist unverbesserlich. Leipzig 1845. VIII 31 S. 8.

Pfeffer, Erasm., Luther war vollkommen u. das Lutherthum ist unverbesserlich. Blüthen evangel.-luther. Rechtgläubigkeit, diesem vernunftsüchtigen Zeitalter zur Belebung des matt gewordenen Kirchenglaubens vorgelegt ꝛc. 1. Hft. 2. Aufl. gr. 8. (2 B.) Leipzig 845, Göz. (Schrey.) *

Pfeffer, Ernst, Briefe von der Oder über pädagog., religiöse u. polit. Zustände. Für das Volk u. seine Lehrer. 8. (XVIII u. 372 S.) Leipzig 850, Kollmann. 1 ℛ

Pfeffer, F., Hülfsbuch für den evangelischen Religionsunterricht. 13. Aufl. Besorgt von H. Bohm. 8. (52 S.) Berlin 880, Spaeth. * — 30
1.—12. Aufl. erschienen im Selbstverlage des Verfassers.

Pfeffer, F., Hülfsbuch f. den evangelischen Religionsunterricht. 15. Aufl. Besorgt v. F. Pfeffer. 8. (III, 52 S.) Berlin 887. Spaeth. n.n. — 30

Pfeffer, F. (I.). Hülfsbuch für den evangelischen Religionsunterricht. 16. Aufl. 8. (IV, 52 S.) Berl. 891, Spaeth. * — 30

Pfeffer, F., Hülfsbuch f. den evangelischen Religionsunterricht. 17. Aufl. Besorgt v. F. Pfeffer. 12. (IV, 52 S.) Berlin 894. J. M. Spaeth, Verl. n.n. — 30

Pfeffer, F., Hülfsbuch f. den evangel. Religionsunterricht. 18. Aufl. Besorgt v. F. Pfeffer. 12. (IV, 52 S.) Berlin 900. J. M. Spaeth. n.n. — 35

Pfeffer, F., Preußen und Deutschland unter den Regenten aus dem Hause Hohenzollern, s. Freudenfeldt, H.

Pfeffer, Fritz: Die Anredepronomina bei Shakespeare. Halle a.S. 1877. Plötz. 31 S. 8°
Halle-Wittenberg, Phil. Diss. v. [31. Dez.] 1877
Geb. Berlin 19. 11. 1852. V.
Das verheissene Ersch. der vollst. Arbeit unterblieb.

Pfeffer, Georg

Pfeffer, Geo., Beiträge zur Morphologie der Dekapoden u. Isopoden. [Aus: „Abhandlgn. aus d. Gebiete d. Naturwissenschaften" 10. Bd.] gr. 4. (10 S.) Hamburg 887. Friederichsen & Co. n. 1. 20

Pfeffer, Georg: Beiträge zur Naturgeschichte der Lungenschnecken. Th. 1. Die Zonitiden. Halis Saxonum 1877: (Hermann in Berlin). 29 S. 8°
Halle-Wittenberg, Phil. Diss. v. 7. Aug. 1877
Geb. Berlin 7. 3. 1854. V.
Die vollst. Arbeit sollte mit den Taf. in einer Zeitschrift erscheinen. Es ersch.: Beiträge ... Die Agnathen. [Die Gattung Cochlostyla. Die Naniniden.] In: Jahrbücher der deutschen malakozoologischen Gesellschaft. Bd 5. Frankfurt a. M. 1878. S. 62—84, 195—201, 251—276 und 6. Die Naninen, spec. Theil. In: Abhandlungen aus dem Gebiete der Naturwissenschaften. 7. Abt. 2. Hamburg 1883. S. 1—24. — Verf. erlebte die Diplomerneuerung des Dr. sc. nat. 1927 als Honorarprofessor der Zoologie an der Universität. Hauptkustos a. D. am Zoologischen Staatsinstitut und Zoologischen Museum in Hamburg.

Pfeffer, Georg, aus Gilserberg ⟨Reg.-Bez. Cassel⟩: **Beiträge zum** Wortschatz des 3. Buches Rabelais' ⟨Die Rabelais eigentümlichen Wörter⟩. *Marburg 1901: J. A. Koch.* (112 S.) 8°
¶ (Bildet eine Forts. zu der d. 1. Buch behandelnden Diss. v. Ad. Klett, Heidelb. 1890.)
Würzburg, Phil. Diss. v. 1901

Pfeffer, G., **teuthologische Bemerkgn.** (S. 287—295.) Lex. 8. Hamburg 908. (L. Gräfe & Sillem.) — 50
Sonderabdr. a.: „Mitteilgn. a. d. naturhistor. Museum".

— die **Bezeichnungen** f. die höheren systematischen Kategorien in der Zoologie. [Aus: „Jahrb. d. Hamburg. wissenschaftl. Anstalten".] Lex.-8. (10 S.) Hamburg 890. (Graefe.) n. — 60

Pfeffer, Georg: Die Cephalopoden des Hamburger naturhistor. Museums, s. Abhandlungen aus dem Gebiete der Naturwissenschaft.

— über e. **Dimorphismus** bei den Weibchen der Portuniden. [Aus: „Jahrb. d. Hamburg. wissenschaftl. Anstalten".] Lex.-8. (8 S. m. 2 Taf.) Ebd. 890. n. 1. 50

Ostafrikanische Echiniden, Asteriden und Ophiuriden, gesammelt von Herrn Dr. F. Stuhlmann im J. 1888 u. 1889. Von Dr. Georg Pfeffer. *Hamburg 1896; (Berlin: D. Reimer 1901).* (6 S.) 4°(8°)
Aus. Mitth. aus d. Naturhist. Mus. 13.
— **Ergebnisse, Zoolog.**, einer ... in d. Kustengebiete von Ost-Afrika unternomm. Reise Bd 2, No 11.

Echinodermen von Ternate. Echiniden, Asteriden, Ophiuriden u. Comatuliden. Von Dr. Georg **Pfeffer**. (Frankfurt a. M.: M. Diesterweg in Komm. 1900.) (S. 83–86.) 4°
— Ergebnisse e. zool. Forschungsreise in d. Molukken u. Borneo. T. 2, Bd 3, H. 1, [3.]
— **Abhandlungen** hrsg. v. d. Senckenbergischen naturforschenden Gesellschaft. Bd 25, H. 1, [3.] [07. 589

Pfeffer, Geo., Echinodermen v. Ternate. Echiniden, Asteriden, Ophiuriden u. Comatuliden. — Marenzeller, E. v., Holothurien. gr. 4. (S. 83—86.) Frankfurt a/M. 900. (M. Diesterweg.) n. 1. —
Sonderabdruck aus: „Abhandlgn. der Senckenberg. naturforschenden Gesellschaft".

(B) — Echinodermen v. Ternate. 900. (KBL 34.) Jetzt: Frankfurt a/M. (Viktoria-Allee 7), Senckenberg. naturforsch. Gesellsch. Erm. Pr. nn — 50

Pfeffer, Geo., d. **Entwickelung.** E. naturwissenschaftl. Betrachtg. gr. 8. (42 S.) Berlin 895. R. Friedländer & Sohn. n. 1. 20

— die **Fauna** der Insel Jeretik, Port Wladimir, an der Murman-Küste. Nach den Sammlgn. d. Hrn. Horn. I. Tl.: Die Reptilien, Amphibien, Fische, Mollusken, Brachiopoden, Krebse, Pantopoden u. Echinodermen. Nebst e. anhängl. Bemerkg. üb. die Insekten. [Aus: „Jahrb. d. Hamburg. wissenschaftl. Anstalten".] Lex.-8. (35 S.) Ebd. 890. n. 1. 50

— zur **Fauna** v. Süd-Georgien. [Aus: „Jahrb. d. Hamburg. wiss. Anstalten".] Lex.-8. (19 S.) Ebd. 889. n. 1. —

— die **Fische Ost-Afrikas.** [Aus: „Deutsch-Ost-Afrika".] Lex.-8. (XVIII, 72 S. m. Fig.) Berlin 896. D. Reimer. n. 7. —

Pfeffer, Geo., ostafrikanische **Fische,** gesammelt v. F. Stuhlmann im J. 1888 u. 1889. [Aus: „Jahrb. d. Hamburg. wissenschaftl. Anstalten".] Lex.-8. (49 S. m. 3 Taf.) Hamburg 893. (L. Gräfe & Sillem.) n. 2. 50

— zur Kenntniss d. Gattung Palinurus Fabr., s.: **Mitteilungen** aus dem naturhistor. Museum in Hamburg.

Pfeffer, Geo., die **Krebse** von Süd-Georgien nach der Ausbeute der deutschen Station 1882—83. 2. Tl.: Die Amphipoden. Lex.-8. (68 S. mit 3 Taf. Abbild.) Hamburg 888, (Gräfe.) *
Aus: Jahrbuch der Hamburg. wissenschaftl. Anstalten, V, 1887, besonders abgedruckt.
Der 1. Tl. ist ebenfalls im Jahrbuch der Hamburg. wissenschaftl. Anstalten enthalten, aber nicht besonders abgedruckt.

Pfeffer, Georg: Die Pteropoden des Hamburger naturhist. Museums, s. Abhandlungen aus dem Gebiete der Naturwissenschaften.

— ostafrikanische **Reptilien** u. Amphibien, gesammelt v. F. Stuhlmann im J. 1888 u. 1889. [Aus: „Jahrb. d. Hamburg. wissenschaftl. Anstalten."] Lex.-8. (37 S. m. 2 lith. Taf.) Ebd. 893. n. 2. —

Pfeffer, Geo., Synopsis der oegopsiden Cephalopoden. Lex.-8. (S. 147—198.) Hamburg 900. (L. Gräfe & Sillem.) n. 1. 50
Sonderabdruck aus: „Jahrbuch d. hambg. wiss. Anstalten".

— **Übersicht** der im J. 1881 vom Grafen Waldburg-Zeil im Karischen Meere gesammelten Mollusken. [Aus: „Abhandlgn. aus dem Gebiete d. Naturwissenschaften".] gr. 4. (14 S. m. 1 Taf.) Hamburg 886. Friederichsen & Co. n. 1. 20

Pfeffer, Geo., **Übersicht** der von Hrn. Dr. Frz. Stuhlmann in Ägypten, auf Sansibar u. dem gegenüberliegenden Festlande gesammelten Reptilien, Amphibien, Fische, Mollusken u. Krebse. [Aus: „Jahrb. d. Hamburg. wiss. Anstalten".] Lex.-8. (36 S.) Hamburg 889. (Graefe.) n. 1. —

— **Versuch** üb. die erdgeschichtliche Entwickelung der jetzigen Verbreitungsverhältnisse unserer Tierwelt. gr. 8. (62 S.) Hamburg 891. L. Friederichsen & Co. n. 1. 60

— Die **Windungsverhältnisse** der Schale von Planorbis. Lex.-8. (16 S. m. 1 Taf.) Hamb. 890, (Graefe u. Sillem). * 1 50
aus: Jahrb. d. Hamburg. wissenschaftl. Anstalten, besonders abgedruckt.

Pfeffer, Georg Philipp: De convulsionibus clonicis, s. Baumer, Joh. Wilhelm [Praes.]

Pfeffer, Hans, die politische Auferstehung d. Teltower-Bauern-Vereins, od.: Die Austreibung der Jesuiten. Eine wahrhafte Begebenheit, nicht amtlich mitgetheilt. 4. (8 S.) Berlin 849, Löwenherz. 1 1/2 Ngr

Pfeffer, Hans, Der deutsche Kaiser schwebt in der Luft. In der Kammer gewittert's. Tragi-komische Scene Nr. 1. 2. Auflage. (Mit einem Holzschnitt.) Berlin, Löwenherz, 1849. 8 S. 8°.

— die **Russen** mit der Knute! Es geht los!!! — Eine nicht allzulustige Kannegießeriade. Nr. 3. Lex.-8. (8 S.) Berlin 849, Löwenherz.

—— die frankfurter Schule, oder: Die unartigen Kinder. Tragi-kom. Genre-Bild (nach Hasenclever). Nr. 2. Lex.-8. (8 S.) Berlin 849, Löwenherz.

Pfeffer, Heinrich

Henr. Pfeffer elementa opticae, catoptricae, dioptricae, def. P. *Oberheimer*, *G. Chr. Schmidt*, *H. Chr. Demme*, *Jac. Münch*, *J. F. Hungari*. Mogunt. 1752.

Pfeffer, J., Leichtsinn. Schwank in 3 Aufzügen. (160 S.) 8. Strassburg 904. J. Singer. n. 1. 50

Pfeffer, J. L., biblische Fastenpredigten. 3 Thle. 8. Sulzbach, v. Seidel. [1. (21½ B.), 2. (21 B.) 830. à 20 Gr., 3. (27 B.) 831. 1 Thlr. 4 Gr.]

Pfeffer, J. L., bibl. Fastenpredigten. 4. Thl., enth. die reuige Sünderin, Isaaks Aufopferung u. die drei Weisen aus d. Morgenland. 8. (22¼ B.) Sulzbach 838, v. Seidel'sche Buchh.
1—3. Thl. Ebendas. 1830, 31. 2 Thlr. 20 Gr.

Pfeffer, J. L., Grundbegriffe der deutschen Sprachlehre. gr. 8. Bamberg, Gebhardt. 817.

— Grundbegriffe der deutschen Sprachlehre. gr. 8. Bamb. 817. (Wesché in Frkf. a. M.) 9 gr

— Predigt bei d. Wiedereröffnung d. Waisenhauses in Bamberg. Nebst geschichtl. Anh. gr. 8. Bamb. 828. Drausnick. 2 gr

— Skizzen e. Chronik d. Städtchens Scheßlitz. 8. Bamb. 820. (Wesché in Frkf. a. M.) 4 gr

Pfeffer, J. W., die Wasserverhältnisse der Weichsel u. Nogat u. der Einfluss der neuen Weichselmündung bei Neufähr auf den Hafen u. die Stadt Danzig. gr. 8. (52 S. m. 2 lith. Karten in Fol.) Danzig 849, Kabus. n. 5/6 ₰

Pfeffer, Josef

Pfeffer, J., Abriß der Geschichte d. k. bayr. 15. Infanterie-Regiments König Albert v. Sachsen von 1722—1889, zu Unterrichtszwecken f. Unteroffiziere u. Mannschaften verf. 12. (124 S. m. 3 Tab. u. 2 Bildnissen.) Neuburg a/D. 889. Grießmayer. n. — 60

Pfeffer, Joseph, k. Hauptm. und Compagnie-Chef. Wittelsbacher Fürsten aus der Linie Pfalz-Neuburg, als Errichter, beziehungsweise Inhaber kaiserlicher Regimenter. (Aus: „Collectaneen-Blatt für die Geschichte Bayerns, insbesondere für die Geschichte der Stadt Neuburg a. d. D. und des ehemaligen Herzogthums Neuburg". 45. Jahrgang 1881.) 8. Neuburg 1881.

Pfeffer, J., Geschichte d. k. bayer. 15. Infanterie-Regiments König Albert v. Sachsen v. 1722 bis 1895 f. d. Unteroffiziere u. Mannschaften d. Regiments. 3., ergänzte Aufl. 8. (III, 126 S. m. 5 Abb.) Neuburg a/D. 895. Grießmayer. — 75

Pfeffer, J., Geschichte d. k. bayer. 15. Infanterie-Regiments König Friedrich August v. Sachsen v. 1722 bis 1907, f. die Unteroffiziere u. Mannschaften d. Regiments verf. 4. größtenteils neubearb. Aufl. (208 S. m. 2 Bildnissen u. 7 [3 farb.] Taf.) 8. Neuburg a/D. 907. Grießmayer. In Leinw. kart. 1. 50

Pfeffer, J., Skizze aus der Geschichte d. k. b. 15. Infanterie-Regiments [König Albert v. Sachsen] von 1722—1885, f. Unteroffiziere u. Mannschaften zusammengestellt. 8. (66 S.) Neuburg a/D. 885. Grießmayer. n. — 40

Pfeffer, *Alexander* Julius [pr. Arzt aus Berlin]: Das Compendium urinarum des Gualterus Agulinus (XIII. Jahrhundert) nach Erfurter Codices zum ersten Male herausgegeben, nebst einer literarhistorischen Einleitung über Uroscopie im Alterthum und Mittelalter. . . . Berlin, Buchdr. v. G. Schade, *1891;* 29 S., 1 Bl. 8°
Berlin, Med. Fak., Inaug.-Diss. v. 14. Febr. 1891

Pfeffer, (Frid. Guil.) Julius (geb. Tapiau 1. 10. 1817) De gangraena nosocomiali. Berolini (1841). (26 S.) 8°
Berlin, Med. Diss. v. 23. Jan. 1841

PFEFFER, Karl (ps.), Genrebilder aus dem Kaufmannsleben. 1841.
Weller, Lex. Ps. p. 424. — Selten!

Pfeffer, Karl, Genrebilder aus dem Kaufmannsleben. gr. 12. Leipzig 841. (Bamberg.) 1/6 ₰

Pfeffer, Carl, Genrebilder aus d. Kaufmannsleben. gr. 12. (2 B.) Leipzig 841, (Binder. ?)
Enth.: Geschichte einer Elle. Selbstbiographie. — Der Commis. Avant-pendant-après. — Der letzte Tag auf dem Comptoir.

Pfeffer, Carl, Harold. Oper in 4 Acten von Paul Krone. Musik von C. Pf. Für das k. k. Hofoperntheater in Wien. (Textbuch.) 8. (33 S.) Wien, Künast.

Pfeffer, C., das Nordlicht von Kasan, s. Breitkopf und Härtel's Text-Bibliothek Nr. 239.

Pfeffer, Carl, a. Schöningen: Die Psychologie der Charaktere in Hebbels Tragödie. Borna-Leipzig 1907: R. Noske. (124 S.) 8° [J.]
Leipzig, Phil. Fak., Ref. Volkelt-Köster, Diss. v. 8. Juli 1907
[Geb. 11. Febr. 81 Wolfenbüttel; Wohnort: Hamburg; Staatsangeh.: Braunschweig; Vorbildung: Gymn. Helmstedt Reife M. 01; Studium: Leipzig 3, Göttingen 2, Leipzig 6 S.; Rig. 17. Jan. 07.]

Pfeffer, Carl Friedrich Alexander (Frankfurt/Oder), De vulneribus sclopetariis. Diss. chir. Berlin (B. Schlesinger) 3. VIII. 1850. 20 S. (3.75) 26295
Oppon.: A. Burnier, E. Juette, A. Vogel.

Pfeffer, Max, der Dienst als Festungsbeamter. Eine Zusammenstellung der bezügl. Bestimmungen. Mit Genehmigung der königl. General-Inspektion d. Ingenieurkorps u. der Festungen hrsg. Mit 17 Beilagen. gr. 8. (VI, 81 S.) Berlin 878. Mittler & Sohn. n. — 80

Pfeffer, Nora, Nur nicht heulen wegen Beulen, ein vielfarbiges Kinderbuch. — Republik-Verlag „Kasachstan"

Pfeffer Ottokar: Bartholomäus Anglicus und die Länderbeschreibung im 15. Buche seines Werkes.
1910 PN 2923 Diss. Wien. Univ.

Pfeffer, Paul. poet. Erquickungsstunden. 2 Thle. 8. Görl. Gampert. 709.

Pfeffer, Paul. Paul Pfeffers // Poetische // Erquick= //Stunden:// Oder // in deutschen Versen // abgefassete // Gute Gedancken /// Bey Erwegung allerhand // Biblischer Sprüche /// Und in unterschiedlichen Ihn selbst // betreffenden // Angelegenheiten. // Leipzig und Görlitz /// Verlegts Johann Gottlob Laurentius. // 1709. - 11 Blatt (nicht paginiert) Titelkupfer, Titelblatt, Widmung und Vorrede.- 598 Seiten.

Paul Pfeffers // Poetischer // Erquick= //Stunden /// Oder// In Teutschen Versen // abgefassetar // Guter Gedancken /// Zweyter Theil. // Leipzig und Görlitz /// Verlegts // Johann Gottlob Laurentius /// 1718. - 8 Blatt (nicht paginiert) Titelblatt, Widmung und Vorrede. - 272 S.

Pfeffer, Paul Edgar (geb. Alt-Landsberg bei Berlin 29. 3. 1858) Zur Aetiologie der Diphtherie Berlin (1881). (31 S.) 8°
Berlin, Med. Diss. v. 23. Dez. 1881

Die chronischen Erkrankungen der Gelenke und ihre Behandlung nach dem gegenwärtigen Stande der Wissenschaft, unter besond. Berücks. d. Bäderbehandlung in Bad Oeynhausen, dargest. u. krit. beleuchtet von Dr. P[aul] Edg. **Pfeffer.** Hrsg. z. 50jähr. Stadtjub. d. Bades. Bad Oeynhausen: Ibershoff (1910). 55 S. 8° (10. 13074 f)

Pfeffer, Peter: **Beiträge zur Kenntnis des altfranzösischen Volkslebens, meist auf Grund der Fabliaux.** T. 1. *Karlsruhe 1898: Malsch & Vogel.* (31 S.) 4°
Karlsruhe, grossh. R, MP 1898 (654)

Pfeffer, Peter, Prof. an d. Realsch. in Karlsruhe: **Beiträge zur Kenntnis des altfranzösischen Volkslebens, meist auf Grund der Fabliaux.** T. 1. *Karlsruhe 1900: Malsch & Vogel.* (30 S.) 4° ¶ (= Progr. Karlsruhe, Realsch. 1898. — T. 2 erschien als Progr. 1900.)
Heidelberg, Phil. Diss. v. 1900

Pfeffer, Peter, Dr., Prof.: **Beiträge** zur Kenntnis des altfranzösischen Volkslebens, meist auf Grund der Fabliaux. T. 2. *Karlsruhe 1900: Malsch & Vogel.* (33 S.) 4° ¶ (Forts. d. P-Beil. 1898.)
Karlsruhe, grossh. R, MP 1900 (669)

Pfeffer, Peter, Dr., Prof.: **Beiträge** zur Kenntnis des altfranzösischen Volkslebens, meist auf Grund der Fabliaux. T. 3. *Karlsruhe 1901: Malsch & Vogel.* (45 S.) 4° ¶ [Schluss d. P-Beil. 1898. 1900.]
Karlsruhe, R ‹m. Kl. VI bis Ob. II›, MP 1901 (682)

Pfeffer, Pet., Beiträge zur Kenntnis des altfranzösischen Volkslebens, meist a. Grund d. Fabliaux. Progr. 1.–3. Tl. 4. Karlsruhe. (Leipzig, Buchh. G. Fock.) à n. 1. 20
1. (31 S.) 898. — 2. (33 S.) 900. — 3. (45 S.) 901.

Pfeffer, Pet., Grundzüge d. nationalen u. staatl. Entwicklg. Deutschlands, i.: Auaenbvorträae, nationale. 1910. I.

PFEFFER, Rudolf
Felddienst-Aufgaben für das applicatorische Studium des Dienst-Reglements II. Theil. Zusammengestellt von Rudolf Pfeffer. Hiezu 33 Skizzen. 2. Auflage. Wien. 1900. Seidel & Sohn. Gr.-8°. 209 S. K 4.—

Pfeffer, Rud., Felddienstaufgaben f. das applikatorische Studium d. Dienstreglements II. Tl. (Hierzu 33 Skizzen.) 3. Aufl. (III, 208 S. m. 8 Taf.) gr. 8. Wien 904. L. W. Seidel & Sohn. n. 4. —

Pfeffer, Walter

Pfeffer, Walt., das Projekt e. Thalsperre im Tyrathale. gr. 8. (15 S.) Leipzig 900. F. Leineweber n. — 50
Sonderabdruck aus: „Gesundheit".

Pfeffer, W: Projekt für ein Wasserwerk der Stadt Bremerhaven. Bremerhaven 1884

Pfeffer, W: Die Wasserversorgung im Königreiche Württemberg. Berlin 1881

Pfeffer, Wilhelm: Über Aufnahme von Anilinfarben in lebende Zellen, s. Untersuchungen aus dem botanischen Institut zu Tübingen.

Pfeffer, W., I. Über **Aufnahme** u. Ausgabe ungelöster Körper. II. Zur Kenntniss der Plasmahaut u. der Vacuolen nebst Bemerkungen üb. den Aggregatzustand d. Protoplasmas u. üb. osmotische Vorgänge. [Aus: „Abhandlgn. d. k. sächs. Gesellsch. d. Wiss."] Lex.-8. (198 S. m. 2 Taf. u. 1 Holzschn.) Leipzig 890. Hirzel. n. 7. —

— **Beiträge** zur Kenntniss der Oxydationsvorgänge in lebenden Zellen. [Aus: „Abhandlgn. d. k. sächs. Gesellsch. d. Wiss."] Lex.-8. (146 S.) Ebd. 889. n. 5. —

Pfeffer, Wilhelm: Über chemotaktische Bewegungen von Bakterien, Flagellaten und Volvocineen, s. Untersuchungen aus dem botanischen Institut zu Tübingen.

Pfeffer, W., die periodischen Bewegungen der Blattorgane. Mit 4 lith. Taf. (in qu. gr. 4.) u. 9 (eingedr.) Holzschn. gr. 8. (176 S.) Leipzig 875. Engelmann. n. 7. —

PFEFFER, WILHELM. Ueber einige Derivate des Glycerins und dessen Ueberführung in Allylen. Göttingen, 1865.

Pfeffer, W., **Druck- u. Arbeitsleistung** durch wachsende Pflanzen. [Aus: „Abhandlgn. d. k. sächs. Gesellsch. d. Wiss."] Lex.-8. (242 S. m. 14 Holzschn.) Leipzig 893. S. Hirzel. n. 8. —

Pfeffer, W. Über geformte Eiweisskörper und die Wanderung der Eiweisstoffe beim Keimen der Samen. Marburg 1871.

— **die Entwickelung d. Keimes der Gattung Selaginella, s.: Abhandlungen, botanische.**

Pfeffer, W., s.: **Jahrbücher f. wissenschaftl. Botanik.**

Pfeffer, W., Pflanzenphysiologie. Ein Handbuch des Stoffwechsels u. Kraftwechsels in der Pflanze. 2 Bde. gr. 8. Leipzig 881. Engelmann. n. 18. —
1. Stoffwechsel. Mit 39 (eingedr.) Holzschn. (VIII, 383 S.) n. 8. —
2. Kraftwechsel. Mit 40 (eingedr.) Holzschn. (VIII, 474 S.) n. 10. —

— Pflanzenphysiologie. **E. Handbuch d. Lehre v. Stoffwechsel u. Kraftwechsel in d. Pflanze. 2., völlig umgearb. Aufl. 1. Bd. Stoffwechsel. M. 70 Holzschn. gr. 8. (X, 620 S.) Leipzig 897. W. Engelmann. n. 20. —; geb. n.n. 23. —**

— Pflanzenphysiologie. Ein Handbuch der Lehre vom Stoffwechsel und Kraftwechsel in der Pflanze. 2. völlig umgearb. Aufl. II. Bd. Kraftwechsel. 1. Hälfte (Bog. 1—22.) gr. 8. (353 S. m. 31 Holzschn.) Leipzig 901. W. Engelmann. n. 11. —
I. Bd. Ebd. 897. n. 20. —; geb. n.n. 23. —.

— Pflanzenphysiologie. Ein Handbuch der Lehre vom Stoffwechsel u. Kraftwechsel in der Pflanze. 2. völlig umgearb. Aufl. II. Bd. Kraftwechsel. 2. Hälfte. (XI u. S. 353—986 m. 60 Abbildgn.) gr. 8. Leipzig 904. W. Engelmann. n. 19. — (II. Bd. n. 30. —; geb. in Halbfrz. n. 33. —; vollständig n. 50. —; geb. n.n. 56. —)

Pfeffer, Wilhelm, aus Stendal: **Die böhmische Politik unter** König Wenzel II. T. 1. *Halle a. S. 1901: C. A. Kaemmerer & Co.* (88 S.) 8°
Halle, Phil. Diss. v. 1901

Pfeffer, Wilhelm, aus Metzingen: Die **Sehorgane der Seesterne.** Mit 1 Taf. *Jena: G. Fischer 1901.* (30 S.) 8° ¶ (Aus: Zool. Jahrbücher, Abth. f. Anat. u. Ontogenie d. Thiere, Bd 14, H. 4.)
Tübingen, Naturw. Diss. v. 1901

—— bryogeographische Studien aus den rhätischen Alpen. gr. 4. (143 S.) Berlin 869, (Friedländer und Sohn.) * 4 —

— **Studien zur Energetik der Pflanze.** [Aus: „Abhandlgn. d. k. sächs. Ges. d. Wiss."] Lex.-8 (III, 128 S.) Leipzig 892. S. Hirzel. n. 4. —

Untersuchungen über die Entstehung der Schlafbewegungen der Blattorgane von W[ilhelm] **Pfeffer.** Mit 36 Textfig. Leipzig: B. G. Teubner 1907. (VIII, 216 S.) 4°(8°)
— **Abhandlungen** d. k. Sächs. Gesellschaft d. Wiss. Math.-phys. Kl. Bd 30, No 3. [07. 17769]

— **osmotische Untersuchungen.** Studien zur Zellmechanik. Mit 5 (eingedr.) Holzschn. gr. 8. (VIII, 236 S.) Ebend. 877. n. 7. —

Pfeffer (W.). Osmotische Untersuchungen. Leipzig, 1879. 8°.

— **physiologische Untersuchungen.** Mit e. lith. Karte gr. 8. (216 S.) Leipzig 873. Engelmann. n. 7. —

Pfeffer (W.). Die wirkg. farb. Lichts . . . d. Kohlensaeure in Pflanzen-Symmetrie u. Wachstumsursachen. Leipz. 1871. 8°.

Pfeffer der jüngere, Hans, Junge u. Alte od. Krieg an der Grenze u. zu Hause, s.: Volkstheater, schweizer.

Pfeffer-Rettstadt, Carl, Leben u. Lieben. Dichtgn. in Vers u. Prosa. (182 S.) 8. Leipzig 909. Modernes Verlagsbureau. 3. —

Leben und Lieben. Dichtungen in Vers u. Prosa von Carl **Pfeffer-Rettstadt.** Berlin-Leipzig: C. Wigand 1909. 131 S. 8° [09. 14857]

Pfeffer-Bad, Das, und die umliegende Gegend. [St. Gallen 1796.] V: *Stein, Joh. Georg am.* (MS)

Pfefferl, J., die Einziehung der Kirchen-, Stifts- u. Klostergüter. Historische Skizze nebst einem Anh.: Geld für Oesterreich. Leipzig 866. Kollmann. Lex.-8. (III, 162 S.) 25 ngr.

Pfefferkorn: Abhandlung über deutsche Orthographie. 25 S.– Neu-Stettin, Progr. 1859.

Pfefferkorn: Der Kampf des Sertorius und der Spanier gegen Rom. 22 S.– Puthus, Progr. 1851.

Pfefferkorn, Realienbuch, s.: Dettan, H.

Pfefferkorn, G., die allgem. u. die Brandenb.-Preuß. Geschichte. 8. Berl. 822. Dümmler. 6 gr.

PFEFFERKORNS, Elias (ps.), Kollisionen mit dem Dichter und Ritter mit der eisernen Stirn (A. v. Kotzebue) vor und nach dessen Wanderung aus dem Dienste der Themis in die Dienste der Thalia. 1798. Riga u. Wien, im Selbstverlage. 8°.
397 SS. Seltener satyr. (zieml. zahmer) Theater-Roman.

Pfefferkorn, Elias, Collisionen mit dem Dichter u. Ritter mit der eisernen Stirn. 8. Riga 798. (Andrä in Lpz.) 1 rthl 8 gr

Pfefferkorn, E., Collisionen m. d. Dichter u. Ritter mit d. eisern. Stirn. 8. Riga, (Bauer in Leipz.) 798.

Pfefferkorn, J. Mich., Pleißnischer Ehrenkranz od. Abdankung. 8. Altenb. 701.

Pfefferkorn, Ign., Beschreib. d. Landschaft Sonora, sammt and. merkwürd. Nachrr. von den innern Theilen Neuspaniens, u. Reise aus Amerika bis in Deutschland. 2 Bde. Mit 1 Karte. 8. Cöln 794. Rommerskirchen. 1 rthl

Pfefferkorn, Ignaz: Beschreibung der Landschaft Sonora samt andern merkwürdigen Nachrichten von den inneren Theilen Neu-Spaniens und Reise aus Amerika bis in Deutschland. Bd. 1. Nebst einer Landcharte von Sonora. Bd. 2. Koln 1795. 2 Bde. (XIV), 455, (IX): 460 S. 8°.

PFEFFERKORN, JOH. EMAN., De scorbuto. Specimen inaug. med. Kiliae. 1802.

PFEFFERKORN, Johann Peter Hieronymus (Frankfurt): De Herniis mobilibus radicitus curandis.- Landishuti: Storno 1819. 48 S., 4 Bl.
5.5.1818 – Pe 366; F 58
Diss. Ingolst.-Landsh.-Mchn.

Pfefferkorn, J. P. H., de herniis mobilibus radicitus curandis. 8maj. Landsh. 820. (Weber). 6 gr

Pfefferkorn, Just., Katheberbeleuchtung. 1r Thl. Mit Kpf. 8. Gera 794. Heinsius. 10 gr

Pfefferkorn, Katheberbeleuchtung, s.a. Katheberbel.

Pfefferkorn, K.

Pfefferkorn: Altgriechenland, chorographisch. 14 S.
–Koenigsberg i./N., Progr. 1852

Pfefferkorn, K. Asiens Bewohner, nach Abstammung und Wohnsitzen. 24 S.
Königsberg in d. N., Progr. 1833

Pfefferkorn, C. De eloquentia apud Romanos et de oratoribus Romanis qui usque ad Augusti principatum floruerint eorumque fragmentis. Part. I. 10 S.
Königsberg, Neum., Progr. 1844

Pfefferkorn, K. Die Colonien der Altgriechen. 24 S. . . . .
Königsberg in d. N., Progr. 1838

Pfefferkorn, K. Die Religionen der Erde, in geogr. statist. Hinsicht. 21 S.
Königsberg in d. N., Progr. 1827

Pfefferkorn, Pankrazius, Bürger zu Hagedorn, Schach Nasehorn der Kecke. Ein Gedicht in zwey Gesängen von — Zu singen nach der Melodie: Ein freyes Leben führen wir. Gedruckt im Jubeljahre der Freyheit und des Friedens, mit schönen scharfen Lettern, von Gotthelf Stoßnach. O. O. u. J. (Hamburg 1813). 8°. 8 S.
Goedeke VII, 859, 146. — Rar!

PFEFFERKORN, Rudolf: Gelände-Erwerbungen des Grossh. Badischen Domänenärars auf dem Hohen Schwarzwalde. Veranlassung und Wirkung unter besonderer Berücksichtigung der dortigen Waldarbeiterverhältnisse.- München: Kastner & Lossen 1900. IV,147 S.
11.12.1899 – Chr 1899/1900,11; Jv 1899/1900,202 (Prom.-Datum: 1900)
Diss. Ingolst.-Landsh.-Mchn.

Gelände-Erwerbungen des Grossh. Badischen Domänenärars auf dem Hohen Schwarzwalde. Veranlassung u. Wirkung unter bes. Berücks. der dortigen Waldarbeiterverhältn. Von Dr. R[udolf] **Pfefferkorn,** Bad. Forstprakt. *Karlsruhe: W. Jahraus 1900.* (IV, 147 S.) 8°
[Erschien zuerst als Münchener Diss. 1900.] [01. 8864]

(B) **Pfefferkorn,** R., Gelände-Erwerbgn. 900. (KBL 32.) Jetzt: Karlsruhe, F. Gutsch.

Pfefferkorn, Sam., Quid faciendum? Nach welcher Heilmethode soll ich mich kuriren lassen? ob. d. allopath., homöopath. u. hydropath. Kurart. Zum Nutzen u. Vergnügen aller Wasserfreunde in 103 Versen besungen. 16. (2½ B.) Calw 841, Keller.

Pfefferkorn, Wilhelm Georg: Ueber die Norwegische Radesyge und Spedalskhed... Diss. 40 S. Altona: 1797

s.: Abhandlungen, Drei, von den Kennzeichen, Ursachen und der Heilmethode der Norwegischen Pest, (oder Radesyge) von (Nicolaus) Arbo, (Christian Elovius) Mangor und (W.G.) Pfefferkorn. (Hrsg.und) mit einer Vorrede (versehen) von Philipp Gabriel Hensler.

Pfefferkorn, W. G., über d. Norwegische Radesyge de Spedalskhed. 8. Altona 797. Hammerich. 3 gl.

Pfefferkörner. Aus den Papieren eines Verstorbenen. Leipzig 858. O. Wigand. 16. (2 Bl., 160 S.) 15 ngr.

Pfefferkörner in Poesie und Prosa. Chicago, 1866. UC

Pfefferkuchen-ABC, neues, f. artige Kinder. 24 Farbdr.-Bilder m. lust. Reimen. kl. 8. Stuttgart (907). Loewe. Geb. (urspr. Pr. 1. 80)

Pfefferkuchen-ABC, neuestes, für artige Kinder. 30 feine Farbdr.-Bilder mit lust. Reimen. 1.—4. Aufl. 8. Stuttgart 887,88, Loewe. geb. in Pfefferkuchen-Attrape *

Pfefferle, Wilhelm, Rechtspraktikant: Ueber Ideal- und Realkonkurrenz. *Freiburg i. B. 1902: Ch. Lehmann's Nachf.* (73 S.) 8°
Freiburg i. B., Rechts- u. staatswiss. Diss. v. 1902

Pfeffermann, des verstockten Junggesellen Leibsprüchlein. Gr. in-8°, 18 S. Basel, Buchdruckerei Emil Birkhäuser. 1887. 1 50

Pfeffermann, Bruno, aus Görlitz, Referendar am Kgl. Amtsgericht zu Guttentag: Der Begriff des wesentlichen Irrtums bei Rechtsgeschäften in der gemeinrechtlichen Lehre und nach dem Bürgerlichen Gesetzbuche. *Berlin 1903: W. Pilz.* (XIV, 89 S.) 8°
Erlangen, Jur. Diss. v. 25. Okt. 1902

Pfeffermann, Ferdinand Ephraim, aus Ostrowo: Ueber die elektrolytische Reduction von Phenylhydrazonen und Oximen. *Würzburg 1902: C. J. Becker.* (79 S.) 8°
Würzburg, Phil. Diss. v. 1902

Pfeffermann, P., fassliche Darstellung der gesammten Zahnheilkunde nach dem neuesten Standpunkte. Nebst einer kurzgefassten gerichtlichen Zahnheilkunde u. einer Beigabe: „Ueber Anwendung des Elektromagnetismus" zu Heilzwecken. Mit 69 in den Text eingedr. Abbildgn. (Holzschn.) Erlangen 862. Enke. Lex.-8. (XII, 271 S.)

Pfeffermann, P., fassliche Darstellung der gesammten Zahnheilkunde nach dem neuesten Standpunkte.
2. verb. und verm. Aufl. Nebst einer vollständ. Anleitung zur Verfertigung der Vulcanitgebisse. Lex.-8. (XII und 266 S. mit 61 in den Text eingedr. Abbild. in Holzschn.) Erlangen 864, Enke's Verlag. *

Pfeffermann, R., der Pilzkenner. Praktischer Führer beim Sammeln der Pilze, nebst Pilzküche. Mit 37 naturgetreuen bunten Abbildgn. (auf 12 Taf.) (41 S.) 8. Hainichen (904). [G. C. Hoffmann.] Leipzig, Jahn & Sohn. — 70; kart. — 80

Pfeffermann, R., die Pilzküche in kurzgefaßter Abhandlung üb. eßbare u. giftige Pilze im allgemeinen u. Hilfsmitteln bei Pilzvergiftungen. (39 S.) 8. Leipzig (907). Jahn & Sohn. — 20

Pfeffinger, Dan., Diss. de restitutione diabolorum vulgo: ob dermaleins eine Erlösung der Teufel zu hoffen sei? ex Act. Apost. 3, 21. Argent. 1708. 1721. Jen. 1731. 4°.

Pfeffinger, G., Anleitung z. Hau-Stoßfechten, s. Christmann, F. C.

Pfeffinger, Johann Friedrich

PFEFFINGER, J. Fr.: Corpus jur. publ., ad duct. institut. jur. publ. Vitriarii. Ed. repet. et cum repertorio generali Chr. G. *Riccii* instructa. V Voll. *Francof.*, Varrentrapp. 754. 4. (20 Gr.)

— Historie d. Braunschw.-Lüneb. Hauses. 3 Thle. 8. Hamburg, Richter. 731-34.

— Merkwürdigk. d. 18ten Jahrh. 4. Hamb. 706.

Principes de la géométrie pratique, rangés en ordre par [Johann Friedrich] Pfeffinger. Lunebourg: Ortmann 1708. 166 S. 8°

— Repertorium ad h. libr., s. *Riccius.*

Pfeffinger, Joh. Frid.: Vitriarius illustratus, seu institutiones juris publici Romano-Germanici nunc denuo rev., et novis notis auctae. Ed. 3. T. [1]—4. Gothae 1712—30. 4 Bde

— Vitriarius illustr. in Compend. 4. Francf. Varrentrapp. 728.

Vitriarius illustratus s. Vitriarii Institutt. jur. publ. Rom.-Germ. denuo revisae et novis notis auctae ab J. F. PFEFFINGER, (*Friburg*. 691. 8.) IV. Vol. *Gothae*. 744. 4. (15 Thl.)

Der Artikel vor Personen- und Götternamen bei Thukydides und Herodot. Von A. Pfeifauf. Ad Aeni Pontem: Wagner 1908. (IV, 67 S.) 8°
— Commentationes Aenipontanae. 3. [08. 13380]

Pfeifenkugel, Dr. Karl, Die Bukowinaer Landesbibliothek u. d. k. k. Univ.-Bibliothek in Czernowitz. Geschichte u. Statistik. 8. (IV u. 65 S.) Czernowitz. *H. Pardini. 80 kr. N. b. 1885.

Pfeifer: Die physikalischen Grundlagen und die technische Ausbildung moderner Trockenanlagen. Vortrag. Berlin 1897

Pfeifer's Taschenfahrplan der k. k. böhmischen Nordbahn, der nordböhm. Industriebahn nebst d. Anschlüssen der angrenzenden in- u. ausländ. Linien. Gültig ab 1. X. 1910. (Beilage z. „Rumburger Zeitg.") (30 S.) 16. Rumburg, H. Pfeifer. — 10

Pfeifer's Taschen-Kalender f. d. J. 1902. Auskunftsbuch üb. astronom., geograph., geschichtl., staatl. u. polit. Fragen. Statistische Tabellen, Münz-, Maß- u. Gewichts-Vergleiche, kaufmänn. Behelfe, Postwesen, Notizblätter usw. 16. (144 S.) Rumburg, H. Pfeifer. Geb. in Leinw. 1. 25

Pfeifer's Taschen-Kalender f. d. J. 1907. Auskunftsbuch über astronom., geograph., geschichtl., staatl. u. polit. Fragen, statist. Tabellen, Münz-, Maß- u. Gewichtsvergleiche, kaufmänn. Behelfe, Post- u. Telegraphenwesen, Notizblätter usw. (156 S.) 16. Rumburg, H. Pfeifer. Geb. in Leinw. 1. 50; in Ldr. 1. 80

— Taschen-Kalender f. d. J. 1911. Auskunftsbuch üb. astronom., geograph., geschichtl., staatl. u. polit. Fragen, statist. Tabellen, Münz-, Maß- u. Gewichtsvergleiche, kaufmänn. Behelfe, Post- u. Telegraphenwesen, Notizblätter u. s. w. Zusammengestellt v. Edm. Pfeifer. (160 S.) 16. Rumburg, H. Pfeifer. Geb. in Leinw. 1. 25

Pfeifer, A., Abendpsalter. Lieder für die Hausandacht. 8. (72 S.) Stuttgart 900. Buchh. „Philadelphia". n. — 50 geb. n. 1. —

Pfeifer, A., Versuch e. systematischen Gliederung der Tauf-, Trau- u. Begräbnißtexte. 8. (67 S.) Berlin 875. Kamlah. — 75

Pfeifer, *Christian Friedrich Adolf*: Über deutsche Deminutivbildung im 17. Jahrhundert. (1 Teil. Grammatiker und Lexikographen.) (Umschlagtitel: . . Jahrhundert. 1. Teil.) 4 (S. 3—24). Progr. G Bernhardinum *Meiningen* 1896

Pfeifer, Albert

— u. A. Pfeifer, vom Christkinde. Eine Weihnachtsgabe f. Kinder. Mit 58 Illustr. (in eingedr. Holzschn., Holzschntaf. u. 1 Chromolith.) 16. (96 S.) Einsiedeln 879. Benziger. cart. — 90; geb. m. Goldschn. n. 1. 45

Vom Christkinde. Eine Weihnachtsgabe f. Kinder von Albert Pfeifer, Schulvikar, u. Andern. Mit 58 Ill. *Einsiedeln, Köln: Benziger & Co. [um 1902]*. (94 S.) 8° [F.] [03. 1384]

Pfeifer, Alb., Jugendleben in Freud' und Leid. Der frommen und fröhl. Jugend geweiht. 8. (VIII, 99 S. mit eingedr. Holzschn.) Donauwörth 880, [Buchh. des kathol. Erziehungsvereins.] Auer. 75 Pf.; cart. * 1 —

Pfeifer, Alb., Jugendleben in Freud' und Leid. Der frommen und fröhl. Jugend geweiht. Illustrirt von Jos. Kiener. 2. Aufl. 12. (103 S.) Donauwörth 888, Auer. cart.

Pfeifer, Aug., Gott u. d. Leben, s.: Glaube u. Wissen. 22. Heft.

Pfeifer, Berthold [pr. Arzt aus Karlsruhe '(Baden)']: Beitrag zur Casuistik der „Augenlepra" . . . Freiburg i. B., Buchdr. v. H. Epstein, 1897; 23, II S., 1 Bl. 8.
Freiburg i. B., Med. Fak., Inaug.-Diss. v. 1897

Pfeifer, B[ertold], Dr., Assistent an der psychiatrischen und Nervenklinik in Halle a. S.: Über explorative Hirnpunctionen nach Schädelbohrung zur Diagnose von Hirntumoren. Berlin 1906: L. Schumacher. (45 S.) 8° ¶(Aus: Archiv f. Psychiatrie u. Nervenkrankheiten Bd 42 H. 2.)
Halle, Med. Fak., Hab.-Schr. v. 1906

Pfeifer, Bruno, Leitfaden f. d. Unterr. im Französischen in Handelsschulen. 2 Tle. gr. 8. Freiberg i/S., E. Mauckisch. Kart. n.n. 3. 45
1. 2. Aufl. (94 S.) 897. n.n. 1. 20. — 2. (II, 157 S.) 896. n.n. 2. 25

Pfeifer, B., Leitfaden f. den Unterricht im Französischen in Handelsschulen. 4. Aufl. Kleine Ausg. gr. 8. (153 S.) Freiberg 899. E. Mauckisch. Kart. n.n. 2. 25

Pfeifer, Bruno, Präparationen für den Unterricht in Wechsellehre. Ein Handbuch f. Lehrer an kaufmänn. u. gewerbl. Fortbildungsschulen. (56 S.) gr. 8. Eibenstock (899). (Hanau, Clauss & Feddersen.) n. 1. —

Zum 80. Geburtstag Br. Rob. Fischers. Was lehrt uns Rob. Fischers Leben? Zeichnung, gehalten am 21. Mai 1909 in der Braunfelshütte zu Hanau a. M. von [Bruno] **Pfeifer**. Leipzig [1909]: Zechel. 11 S. 8° [Umschlagtit.]
Aus: L. 32 (1909) S. 226—234.
Führt aus, dass Fischers Leben mahne, der Pflichten gegen Gott, Beruf u. Mitmenschen eingedenk zu sein.

Pfeifer, Carl, s. Pfeifer, Karl.

Pfeifer, E., Elisabeth, Königin von Preußen. Eine Lebensskizze. gr. 8. (16 S.) Veltheim 874. (Braunschweig, Buchh. für evangel. Theologie.) * — 20

Pfeifer, E., Elisabeth, Königin v. Preußen. Eine Lebensscizze. gr. 8. (16 S.) Veltheim 874. (Leipzig, Böhme & Drescher.) n. — 20

Pfeifer, E., Gnade u. Friede v. dem der da ist, der da war u. der da kommen wird. Gebet- u. Erbauungsbuch. 16. (512 S. m. 1 Stahlst. u. farb. Titelbl.) Dülmen 892. A. Laumann. 1. 50

Pfeifer, Eduard, Frau Eugenie. Heitere Geschichten. 8. (128 S.) Berlin 902. Concordia. n. 2. —; geb. n. 3. —

Pfeifer, Ernst

Pfeifer, E., Nicolaus Hermann. Der Cantor von St. Joachimsthal. Lebensbild eines evangel. Lehrers aus der Reformationszeit. Berlin (857.) Wiegandt u. Grieben. 8. (88 S.) n. 7½ ngr.

Pfeifer, Ernst, Nicolaus Hermann. Der Cantor von St. Joachimsthal. Lebensbild eines evangelischen Lehrers aus der Reformationszeit. 8. (88 S.) Berlin 858, Wiegandt und Grieben. *

Pfeifer, Ernst, e. Magdalene, s.: Für den Feierabend.

Pfeifer, Ernst, e. Magdalene. Eine Geschichte, aus dem Skizzenbuch pastoraler Erfahrg. erzählt. 8. (124 S.) Hamburg 873. Agentur d. Rauhen Hauses. n. — 80

Pfeifer, E., der Ring des Polenkönigs Stanislaus. Hamburg 861. Agentur des Rauhen Hauses. 16. (31 S.) 3 ngr.

Pfeifer, Ernst, des Kindes Sterben. Ein Trostbüchlein. Hamburg 870. Agentur des Rauhen Hauses. 16. (III, 72 S.) geb. n. 6 ngr.

Pfeifer, Ernst, d. Kindes Sterben. Ein Trostbüchlein. 2. Aufl. gr. 16. (III, 57 S.) Hamburg 891. Agentur d. Rauhen Hauses. n. — 40

[F.] Des Kindes Sterben. E. Trostbüchl. v. Ernst **Pfeifer**, Pfarrer. 2. Aufl. *Hamburg: Agentur d. Rauhen Hauses [1896!]*. (2 Bl., 57 S.) 1 Bd 8. [96. 5009

Pfeiffer, Ernst, des Kindes Sterben. Ein Trostbüchlein. 3. Aufl. (40 S.) 12. Hamburg (903). Agentur des Rauhen Hauses. n. — 20; geb. m. Silberschn. n. — 50

— aus Thüringen. Alte Geschichten von Neuem u. zum Besten des Kirchenbaues in Bibra erzählt. Mit 14 Bildern (in eingedr. Holzschn.). Ebend. 869. gr. 16. (VII, 160 S.) cart. n. 10 ngr.

Pfeifer, Ernst, wie kann in gerechter Weise d. Handelswert der Zuckerrübe ermittelt werden? (IV, 29 u. 2 S.) 8. Brüx (907). (A. Kunz.) — 85

Pfeifer, Frz., welche Erfahrungen liegen vor üb. die Zweckmässigkeit der Ertheilung d. landwirthschaftlichen Wanderunterrichtes durch ständige Wanderlehrer u. durch Lehrkräfte landwirthschaftl. Schulen? [Aus: „Land- u. forstwirthschaftl. Unterrichtszeitg. d. k. k. Ackerbau-Ministeriums".] (Internationaler land- u. forstwirthschaftl. Congress zu Wien 1890, Hft. 64.) gr. 8. (16 S.) Wien 890. (W. Frick.) n. 1. 20

Pfeifer, Franz Xaver

Pfeifer, X., Beiträge zur Glacialforschung u. Teleologie d. Eiszeit. [Aus: „Natur u. Offenbarg."] gr. 8. (28, 29 u. 16 S.) Münster 896. Aschendorff. n. 1. —

—— Beiträge zur Glacialforschung u. Teleologie der Eiszeit. Münster, Aschendorff, 1898, gr. 8°, 76 S., 1 Mk.

Harmonische Beziehungen zwischen Scholastik und moderner Naturwissenschaft mit specieller Rücksicht auf Albertus Magnus, St. Thomas von Aquin und die Worte der Encyclica „Aeterni Patris": St. Thomas, B. Albertus Magnus aliique Scholasticorum principes non ita se contemplationi philosophiae dediderunt, ut non etiam multum operae in naturalium rerum cognitione collocarint. — Von Dr. Franz Xav. Pfeifer, L. P. — 1881, Augsburg, F. C. Cremer. — S. 1—100.
Progr. Dillingen, K. Lyceum

Pfeifer, Franz Xav., harmonische Beziehungen zwischen Scholastik u. moderner Naturwissenschaft, mit specieller Rücksicht auf Albertus Magnus, Thomas v. Aq. u. die Worte der Encyklika „Aeterni Patris": St. Thomas, b. Albertus Magnus aliique Scholasticorum principes non ita se contemplationi philosophiae dediderunt, ut non etiam multum operae in naturalium rerum cognitione collocarint. Augsburg, Selbstverlag des Verf., 1881. gr. 8°. IV, 100 S., 1,20 Mk.

Pfeifer, Frz. Xav., harmonische Beziehungen zwischen Scholastik u. moderner Naturwissenschaft, m. specieller Rücksicht auf Albertus Magnus, St. Thomas v. Aquin u. die Worte der Encyclica „Aeterni Patris": St. Thomas, B. Albertus Magnus aliique Scholasticorum principes non ita se contemplationi philosophiae dediderunt, ut non etiam multum operae in naturalium rerum cognitione collocarint. gr. 8. (IV, 100 S.) Augsburg 881. (Schmid's Verl.) n. 1. 20

Pfeifer, F. X., der Dom zu Köln, gegründet 1248, vollendet 1880, seine logisch-mathemat. Gesetzmässigkeit und sein Verhältnis zu den berühmtesten Bauwerken der Welt. [Aus: „Jahrb. f. Philos. u. spekulative Theol."] gr. 8. (52 S.) Köln 888. Boisserée. n. 1. —

—— dass. — s. Festschrift, philosophische, zum Jubiläum S. H. Leo XIII.

Pfeifer, Xav., epitheta Mariana ad majorem Dei et B. Mariae virginis honorem ex scriptura sacra, breviario romano et litaniis Lauretanis collecta. Augsburg 869. Kranzfelder. 8. (23 S.) 3 ngr.

Die Controverse über das Beharren der Elemente in den Verbindungen von Aristoteles bis zur Gegenwart, historisch und kritisch dargestellt. — Von Dr. Xaver Pfeifer, L. P. — 1879, Dillingen, ibid. — S. 1—92.
Progr. Dillingen, K. Lyceum

— die Controverse über das Beharren der Elemente in den Verbindungen von Aristoteles bis zur Gegenwart. Historisch u. kritisch dargestellt. gr. 8. (92 S.) Dillingen 879. (München, Th. Ackermann.) n. 1. 20

—— Nochmals der biblische Schöpfungsbericht. (Bibl. Studien Bd. 3, Heft 1.) Freiburg, Herder, 1899, IX, 132 S., 2,80 Mk.
Recens. v. Gutberlet, Natur u. Offbrg Bd. 45, S. 58—9. Schanz, Tüb. Theol. Quartalschr. 1899, S. 306—8

— Fr. X., Der goldene Schnitt u. dessen Erscheinungsformen in Mathematik, Natur u. Kunst Mit vielen hundert Nachweisungen u. Lichtdruck-Tafeln. Augsburg, Litt. Institut (Huttler) 1885, gr. 8°, IV, 232 S., 8 Mk.
Recens. v. Gutberlet, Natur u. Offbrg 1886, S. 246—8. Wasmann, Litt. Handw. 1886, S. 44—7.

PFEIFER, Xaver (Deisenhofen): Über die Wirksamkeit der Secramente ex opere operato. (Titel nach der Urkunde)
4.8.1860 - Urk: F 44
Diss.Ingolst.-Landsh.-Mchn.

Pfeifer, Friedrich: Beitrag zur Kenntniss der Sternaltumoren. Halle a. S. 1884: Plötz. 30 S. 8°
Halle-Wittenberg, Med. Diss. v. 10. Okt. 1884
Geb. Greiz i. V. 16. 12. 1857. V.

Pfeifer, Frdr., praktische Zinstafeln f. Tageszinsen, das Jahr zu 365 Tagen, zu 3, 3½, 4, 4½, 5, 5½, 6 u. ¼ Prozent. Anzuwenden nicht nur auf Mark u. Pfennige, sondern auch auf österreich. Gulden und Kreuzer, Franken u. Centimes, Dollars u. Cents etc. 8. (96 S.) Reutlingen 882. Fleischhauer & Spohn. cart. — 75

Pfeifer, Frdr., prakt. Zinstafeln f. Tageszinsen, das Jahr zu 365 Tagen zu 3, 3½, 4, 4½, 5, 5½, 6 u. ¼ Proz. Anzuwenden auf Mark u. Pfennige, sowie jedes Münzsystem. 2. erweit. Aufl. (II, 109 S.) kl. 8. Stuttgart 905. Fleischhauer & Spohn. Geb. in Leinw. n. 1. —

Pfeifer, H., Versicherung der Privatangestellten. 8°. Braunschweig, A. Limbach, 1908.

Pfeifer, H., das Wesen u. der Geist des Rechts, s.: Bibliothek, akademische.

Pfeifer, H. J., üb. Heizgas u. seine Verwendung. [Aus: „Bayer. Industrie- u. Gewerbeblatt".] Lex.-8. (28 S.) München 891. Literar.-artist. Anstalt. n. — 60

Pfeifer, H. J., üb. Heizgas u. seine Verwendung f. häusliche u. industrielle Zwecke, sowie zum Motorenbetrieb. Vortrag. gr. 8. (18 S. m. Illustr.) Reutlingen 890. (Kocher.) n. — 40

Pfeifer, Hans, d. Gebäude d. neuen herzogl. Krankenanstalt in Braunschweig. [Aus: „Braunschweig. Festschr. z. 69. Vers. deutscher Naturf."] Lex.-8. (38 S. m. 9 Abb. u. 17 Taf) Braunschweig 897. J. H. Meyer. n. 1. 50

Pfeifer, Hans, die Holz-Architektur der Stadt Braunschweig. [Aus: „Zeitschrift f. Bauwesen".] Fol. (10 S. m. 11 Abbildgn. u. 9 Kpfrtaf.) Berlin 892. W. Ernst & Sohn. Kart. n. 12. —

Pfeifer, Hans: Der Reingewinn, seine Feststellung und Verwendung bei der Gesellschaft mit beschränkter Haftung. Leipzig: Fock 1910. VI, 43 S. 8°
Straßburg, Rechts- u. staatswiss. Diss. v. 31. Okt. 1910, Ref. Rehm
[Geb. 23. April 84 Braunschweig; Wohnort: Braunschweig; Staatsangeh.: Braunschweig; Vorbildung: Gymn. Martino-Katharineum Braunschweig Reife O. 05; Studium: Freiburg i. B. 1, München 3, Straßburg 3 S.] [U 11.4213

Pfeifer, H., das Kloster Riddagshausen bei Braunschweig. Vortrag, geh. im Architekten- u. Ingenieur-Club zu Braunschweig am 19. Jan. 1875. gr. 8. (39 S.) Wolfenbüttel 875. Zwissler. — 75

Das Kloster Riddagshausen bei Braunschweig. Von Hans Pfeifer, Regiergs- u. Baurath. M. 112 Abb. ... *Wolfenbüttel: J. Zwissler 1896.* (4 Bl., 72 S.) 1 Bd 4. [96. 8600

Die deutsche Baukunst der Zukunft. Vortrag geh. gelegentlich der Preisvertheilung an der Techn. Hochschule in Braunschweig am 16. Dec. 1898 von Prof. **Hermann Pfeifer.** Berlin: Ernst 1899. 11 S. 8°
¶ Aus: Centralblatt d. Bauverwaltung. Jg. 19.

Pfeifer, Herm., zur Behandlung des Evangeliums nach Johannes. 1. Tl.: Umschau u. Aufgabe. 2. Tl.: Zur Behandlg. ausgewählter Abschnitte. gr. 8. (172 S.) Leipzig 903. A. Hahn. n. 2.—; geb. in Leinw. n. 2.50

Pfeifer, Herm., Ethik in der Volksschule. Die Bergpredigt nach Matthäus u. das 1. u. 3. Hauptstück. (VI, 378 S.) gr. 8. Leipzig 907. Dürr'sche Buchh. n. 4.80; geb. n. 5.50

Pfeifer, Herm., Ethik in d. Volksschule. Die Bergpredigt nach Matthäus u. das 1. u. 3. Hauptstück. 2. Aufl. (VI, 398 S.) gr. 8. Leipzig 910. Dürr'sche Buchh. 5.40; geb. 6.20

Die Formenlehre des Ornaments. Von Hermann Pfeifer, Prof., Braunschweig. Mit 266 Abb., sowie 6 Taf. Stuttgart: A. Kröner 1906. (VIII, 270 S.) 4°(8°)
= Handbuch d. Architektur T. 1, Bd 3.

— Unser religiöser Memorierstoff im Lichte der Verkündigung Jesu. (132 S.) 8. Leipzig 908. A. Hahn. 1.70; geb. 2.—

— zur inneren Reform des Religionsunterrichts. A. Der Religionsunterricht u. die heut. Strömgn. in der Theologie. B. Zum Katechismusunterricht. gr. 8. (52 S.) Ebd. 902. n. — 80

— der christliche Religionsunterricht im Lichte der modernen Theologie. 2. verm. u. verb. Aufl. gr. 8. (260 S.) Ebd. 901. n. 3.—; geb. in Leinw. n. 3.50
1. Aufl. (252 S.) Ebd. 900. n. 2.80; geb. n. 3.30.

Pfeifer, Herm., s.: **Studienblätter,** architektonische.

Hermann **Pfeifer.** Der Sturmlauf gegen die Zwickauer Thesen. Leipzig: J. Klinkhardt 1909. 40 S. 8° [Umschlagt.] A 12.7051 5

Pfeifer J., empfehlenswerte Bücher u. Schriften f. katholische Töchter, s.: Rohr, G.

Pfeifer, J., **französ. u. engl. Literatur,** s.: Küchler, P.

— Empfehlenswerte Schriften f. katholische Töchter (u. Frauen), s.: Rohr, G.

Pfeifer, J. A. Fr., Rede bei der Einweihung des neuen Gymnasialgebäudes in Braunschweig am 11. Octbr. 1869 gehalten. Braunschweig 869. J. H. Meyer. 16. (8 S.) 1½ ngr.

Pfeifer, Joh., Gedichte. 1. Aufl. gr. 16. (104 S.) 1853. Innsbruck
Wagner'sche Buchh.

Pfeifer, Johann — Gedichte von — —. Zweite, vermehrte Auflage. Innsbruck, 1855. Gedruckt in der Wagner'schen Buchdruckerei. Im Selbstverlage. (218 S. und 2 Bl. kl. 8.) geh.

Pfeifer, Joh., Gedichte. 3. verm. Aufl. Regensburg 860. Manz. 8. (VIII, 232 S.) 24 ngr.

Pfeifer, Joh., neue Gedichte. 8. (159 S.) Meran 880. Pötzelberger. n. 2. —

Pfeifer, Joh., neue Gedichte. 2. Aufl. 12. (VIII, 106 S.) Meran 884. Pötzelberger. n.n. 2. 60

Pfeifer, Johann Josef, s. Pfeiffer, Johann Josef.

Pfeifer, K. Oso., mehr Aufsicht, mehr Sitte! Weckrufe u. Winke zur Förderg. d. Jugend. gr. 8. (56 S.) Leipzig 898. E. Wunderlich. n. — 50

Pfeifer, Karl, Brandenburg a. H.: Das Anwendungsgebiet der Notwehr nach dem Bürgerlichen Gesetzbuche. Parchim 1906: H. Freise. (90 S.) 8°
Rostock, Jur. Fak., Ref. Matthiaß, Diss. v. 1. März 1907
[Geb. 24. Aug. 83 Lubnitz b. Belzig; Wohnort: Brandenburg a. H.; Staatsangeh.: Preußen; Vorbildung: Gymn. Brandenburg Reife M. 02; Studium: Marburg 2, Berlin 2, Halle 2 S.; Rig. 12. Okt. 06.]

Pfeifer, Karl, die staatliche Beaufsichtigung der Lebensversicherungsanstalten. Ein Beitrag zu dem in Aussicht stehenden deutschen Versicherungsrecht. Stuttgart 867. Lindemann. gr. 8. (23 S.) n. 4 ngr.

Pfeifer, C., Beleuchtung des v. dem k. Ministerium des Innern im Jan. 1843 der Oeffentlichkeit übergebenen Entwurfs eines Gesetzes über Bewässerungs- u. Entwässerungs-Anlagen für Württemberg. 8. (4½ B.) Rottenburg 844, Gack'sche Bh.

Pfeifer, Carl, Entwurf einer Gemeinde- u. Oberamtsordnung für das Königreich Württemberg. gr. 8. (XXIV u. 100 S.) Stuttgart 848, Metzler. ⅓ ₰

—— Entwurf einer revidirten Verfassung für das Königr. Württemberg. Ein Neujahrsgruß für 1867 an seine württemberg. Mitbürger. gr. 8. (39 S.) Stuttgart 867, Lindemann. *

Pfeifer, Karl, *Beamt. d. k. k. Tabak- u. Stempel-Hofbuchh.* Handbuch für Steuer-Inspectoren u. Unter-Inspectoren, insbesondere für alle Jene, welche sich dem Steuerdienste widmen etc. Mit vielen tabellar. Formularien. *Wien* 1858. Verlag und Druck v. *L. Sommer.* VII, 143 S. 8°. 1 fl. 30 kr.

— die Lehre v. den jurist. Personen nach gemeinem u. würtemberg. Rechte. gr. 8. (X u. 169 S.) Tübingen 847, Laupp. n. 1 ₰

Pfeifer, Karl, Die Nachtheile der Regierungs-Einmischung in den Verkehr, vom rechtl., polit. u. volkswirthschaftl. Standpunkte nachgewiesen an der Verfügung der würtemberg. Regierung vom 31. Aug. 1853, betr. die Renten- und Lebensversicherungs-Banken, und die Hagel- und Viehversicherungs-Anstalten. 8⁰. Cannstatt 1853. (Stuttgart, Göpel.) (39 S.)

— die Reform der Amtskörperschaften in Würtemberg. gr. 8. (24 S.) Stuttgart 850, [Lindemann.]

— die Reform der Amtskörperschaften in Würtemberg. gr. 8. (24 S.) Stuttgart 850, Wagner. 4 ngl

Pfeifer, Karl. Vide: Schrift (Gegen die) des Dr. Theob. Rizy: Ueber Zinstaxen etc.

Pfeifer, Carl, gegen die Schrift des Dr. Th. Rizy: über Zinstaxen und Wuchergeseze, s.a. Gegen die Schrift &c.

Pfeifer, K., was ist u. gilt im röm. Rechte d. Besitz? Eine Abhandl., gerichtet geg. die v. Savigny'sche Doktrin üb. d. Recht d. Besitzes. gr. 8. (10¾ B.) Tübingen 840, Laupp'sche Bh.

Pfeifer, Carl Wilh., Der Herr unser Gott sei mit uns, wie er gewesen ist mit unsern Vätern. Er verlaß uns nicht und ziehe die Hand nicht ab von uns. Predigt über 1. Kön. 8, 56—58 am dritten Jubelfeste des augsburger Religionsfriedens, den 25. Septbr. 1855 gehalten. gr. 8. (16 S.) Schleiz 855, Hübscher's Buchh.

Pfeifer, Margarete

Das schönste Buch für artige Kinder mit Bildern und Reimen von Margarete Pfeifer. O. O. [c. 1880]. 17 farb. Bilder im Stil der Papierpuppen-Bogen auf 5 starken Kartons. 4°. Leinenrücken. — Typisches Kleinkinderbuch d. Z. 10.—

Pfeifer, Margarete, das schönste Buch f. artige Kinder m. (farb.) Bild. u. Reimen. 4. (8 Bl.) Stuttgart 896. G. Weise. n. — 50

Pfeifer. *Das schönste Buch* für artige Kinder, mit Bildern und Reimen. Stuttgart, G. Weise [c. 1910]. 8 S. mit vielen farb. Bildern. 4°. Biegsamer, farb. Or.-Karton. 8.—

Pfeifer, Margarete, dieses Buch, mein liebes Kind, sagt dir, wer wir alle sind. Bilder u. Reime v. P. gr. 4. (8 farb. Taf. m. eingedr. u. 4 S. Text.) Wesel 895. W. Düms. Kart. — 50; auf Pappe 1. —; zum Aufstellen 1. —; zusammen m. Schäfer u. Wette, guten Kindern z. Freude, z. Aufstellen 2. —

— unsre lieben Haustiere, s.: Zweigle, W.

Pfeifer, Margarete, die Familie Osterhase. Eine lust. Geschichte m. (z. Tl. farb.) Bildern u. Reimen. 4. (16 S.) Fürth 899. G. Schaller. n. — 50; auf Pappe n. — 75; feine Ausg. kart. n. 1. —

Pfeifer, Margarete, sonnige Tage. Mit (farb.) Bildern u. Reimen. 4. (32 S.) Eßlingen 894. J. F. Schreiber. Kart. n. 2. 50

Pfeifer, Margarete, kleines Volk. In Bildern u. Reimen. Titelbild v. Mart. Ränike. (12 S. m. z. Tl. farb. Abbildgn.) gr. 4. Wesel (903). W. Düms. n. — 40; (11 S. auf Pappe.) geb. n. — 80

Pfeifer, Martin

Pfeifer, Mart., Armin. Eine Sammlg. patriot. Aufführgn. f. höhere Schulen, Seminare u. Vereine. 8. (V, 216 S.) Altenburg 900. O. Bonde. n. 3. —; geb. n.n. 3. 60

Pfeifer, Mart., das verschleierte Bild zu Sais. Lustspiel in 1 Aufzug. 8. (33 S.) Altenburg 894. (O. Bonde.) n. — 40

Pfeifer, [Martin]: Festode Seiner Hoheit dem Herzog Ernst von Sachsen-Altenburg zur Feier des fünfzigjährigen Regierungsjubiläums am 3. August 1903 in tiefster Ehrerbietung gewidmet von den Lehrerkollegien der drei höheren Schulen des Landes. Altenburg 1904: Pierer. (S. 3—4.) 4° [F.]
Altenburg, Friedrichs-G OP 1904 (700)

Pfeifer, Mart. Der deutsche Freiheitskrieg in Lied u. Wort. Zur Aufführg. an patriot. Festen [insonderheit f. höhere Schulen] zusammengestellt. 12. (31 S.) Altenb. 889, Bonde's Verlag. * — 50

— Fridericus Magnus. Bilder u. Lieder aus dem 7jähr. Kriege. Für patriot. Aufführgn. zusammengestellt. gr. 8. (32 S. m. Abbildgn.) Berlin 894. E. S. Mittler & Sohn. n.n. — 50

Pfeifer, Mart., Friedrich der Große. Schausp. in 5 Aufzgn. 8. (90 S.) Altenburg 895. (O. Bonde.) n.n. — 70

Pfeifer, Martin: J. Albert Poysels Gedichte wider Ludwig XIV. und die Franzosen. Altenburg, Druck v. O. Bonde (1889); 1 Bl. S. 1–16; 4°
Altenburg, Friedrichs-G, OP 1889 (645)

— J. Albert Poysels Gedichte wider Ludwig XIV. u. die Franzosen. Progr. 4. (16 S.) Altenburg 889. (Schnuphase.) n. 1. —

Pfeifer, Martin [Mitarb.]
s. **Geyer,** Moritz: Geschichte des Friedrichsgymnasiums zu Altenburg seit 1789.

Pfeifer, Martin: Der Patriot oder der Himmel auf Erden. Volks-Stück in 4 Aufz. Berlin: E. Ebering 1899. (94 S., 1 Bl.) 8⁰
= Theater der Gegenwart. No 5.

— der Patriot od. der Himmel auf Erden, s.a. Theater der Gegenwart. Nr. 5.

Pfeifer, Mart., Periander. Trauerspiel in 5 Aufzügen. 8. (123 S.) Altenburg 894. (O. Bonde.) n.n. — 75

— das neue Reich. Patriotische Aufführg. [Aus: „Soldatenfreund".] gr. 8. (31 S.) Berlin 891. E. S. Mittler & Sohn. n. — 60

Pfeifer, [Martin], Prof.: Die Ruinen von Athen; verbindender Text zu der Beethovenschen Tondichtung. Altenburg 1905: St. Geibel. (S. 3—12.) 4°
Altenburg, Friedrichs-G OP 1905 (825)

— der Schmied v. Ruhla. Ein Volksstück in 3 Aufzügen u. 1 Vorspiel. 8. (81 S.) Altenburg 894. (O. Bonde.) n. — 60

Pfeifer, Martin [Hrsg.], s. Voigt, Joh. Friedr.: Leben, Abenteuer u. Reisen . . .

Pfeifer, Osc., unsers Kaisers Geburtstag. Eine Festgabe f. Volksschulen. gr. 8. (19 S.) Glauchau 879. Hobeda's Sort. n. — 30

Pfeifer, P., hydraulische Hebungen u. Trogschleusen m. lothrechtem Hub. Mit zahlreichen in den Text eingedr. Fig. [Aus: „Verhandlgn. d. Vereins zur Beförderg. d. Gewerbefleisses".] gr. 4. (IV, 77 S.) Berlin 891. Polytechn. Buchhandlg. n. 4. —

Pfeifer, Rich. Arwed, Kritik d. Schrift Friedrich Immanuel Niethammers: „Der Streit d. Philantropinismus u. Humanismus in der Theorie des Erziehungsunterrichts uns. Zeit, Jena 1808". Ein Beitrag z. Geschichte der Gymnasialpädagogik. (43 S. u. Doppels.) gr. 8. Leipzig 907. J. v. Schalscha-Ehrenfeld. nn 2. 50

Pfeifer, Richard Arwed, a. Brand ⟨Sa.⟩: Über Tiefenlokalisation von Doppelbildern. Mit 8 Figuren im Text. Leipzig: W. Engelmann 1906. (78 S.) ¶(Aus: Wundt's Psychol. Studien Bd 2, H. 3 u. 4.)

Leipzig, Phil. Fak., Ref. Wundt, Wiener, Diss. v. 16. Juli 1906

[Geb. 21. Nov. 77 Brand, Sachsen; Wohnort: Althen b. Borsdorf; Staatsangeh.: Sachsen; Vorbildung: Seminar Nossen Wahlfähigkeitszeugnis 1b Nov. 00; Studium: Leipzig 7 S.; Rig. 5. Dez. 05.]

Kulturgeschichtliche Bilder aus dem jüdischen Gemeindeleben zu Beckendorf. Nach Aufzeichngn zsgest. v. S. **Pfeifer.** *Bamberg: Selbstv.; Gedr. in* (übergeklebt: *Dr. u. Verl.) d. Handels-Dr. [1897].* (4 Bl., 151 S.) 1 Bd 8. [97. 6442

Pfeifer, S., kulturgeschichtliche Bilder aus d. jüdischen Gemeindeleben zu Reckendorf. Nach Aufzeichngn. zusammengest. gr. 8 (VIII, 152 S.) Bamberg 897. (Handelsdruckerei u. Verlagsh.) n. 2. —; geb. in Leinw. n.n. 3. —

Pfeifer, Theodor: Struma maligna ⟨sarcomatosa⟩. *Würzburg 1897: A. Boegler.* (31 S.) 8°
Würzburg, Med. Diss. v. 1897

Pfeifer, Victor, die Anzeigen u. Gegenanzeigen f. den Curgebrauch in Wildbad-Gastein. Mit 1 graph. Taf. gr. 8. (29 S.) Wien 902. W. Braumüller. n. 1. —

Pfeifer, Vikt., die Heilfaktoren Badgasteins. Anzeigen u. Gegenanzeigen f. den Kurgebrauch. 2. verm. Aufl. Mit 1 (farb.) graph. Taf. (52 S.) 8. Wien 910. W. Braumüller. 1. 20

Pfeifer, Waldemar, Referendar: Bürgschaft und Pfandrecht als Gegenstand des Bereicherungsanspruchs. Borna-Leipzig 1910: Noske. IX, 132 S. 8°
Heidelberg, Jur. Diss. v. 1. April 1910, Ref. Endemann
[Geb. 4. Mai 83 Weida S.-W.; Wohnort: Berlin; Staatsangeh.: Preußen; Vorbildung: Gymn. Gera Reife O. 02; Studium: Berlin 1, Greifswald 1, Berlin 6 S.; Rig. 12. Febr. 09.] [U 10. 1969

Pfeifer, Wilhelm

Pfeifer, W., Anleitung zur lehrplanmäßigen Einrichtg. der Schule m. zwei Lehrern u. zwei Klassen zu je vier Schuljahren. (IV, 31 S.) gr. 8. Halle 909. H. Schroedel. 1. —

Pfeifer, W., die Disziplin in der gewerblichen Fortbildungsschule. Vortrag, geh. in der Fortbildungsschullehrer-Versammlg. der Prov. Sachsen. gr. 8. (15 S.) Meissen (902). H. W. Schlimpert. n. — 30
Sonderabdruck aus: „Schulpflege".

— **Einrichtungs-, Lehr- und Stoffplan der achtklassigen Bürgerschule zu Weißenfels a/S. Praktischer Tl. zu der v. der Diesterwegstiftg. preisgekrönten Schrift des Verf.: „Organisation u. Lehrplan der mehrklassigen Volks- od. Bürgerschule nach den Forderg. der Gegenwart". gr. 8. (X, 248 S.) Gotha 900. E. F. Thienemann. n. 4. 60; geb. n. 5. —**

— **dasselbe f. Halbtagsschulen, s. a. Roehl, W.**

Einrichtungs-, Lehr- und Stoffplan für Halbtags-, einklassige und zweiklassige Schulen. Von W[ilhelm] **Pfeifer** u. Dr. [Wilhelm] Wohlrabe. 3. verb. Aufl. d. [Einrichtungs-,] Lehr- [u. Stoff]planes [...] von W[ilhelm] Roehl. Halle a. S.: H. Schroedel 1905. (VIII, 167 S) 8° [F.] [05 6984

Pfeifer, W., Einrichtungs-, Lehr- u. Stoffplan f. dreiklassige Volksschulen. (VI, 176 S.) gr. 8. Halle 905. H. Schroedel. n. 3. 50

— **Steger u. Wohlrabe,** Fibel-Lesebuch f. d. 2. Leseabteilung in Halbtagsschulen, 1-, 2-, 3- u. 4-klass. Schulen. D. (Im Anschluß an Tl. I d. Fibel v. Steger u. Wohlrabe bearb.) gr. 8. (XVI, 140 S. m. Abb.) Halle 897. H. Schroedel. n. — 50

Fibel-Lesebuch für die zweite Leseabteilung in Halbtagsschulen u. ein-, zwei- drei- u. vierklassigen Schulen. Von W[ilhelm] Pfeifer [August] Steger u. [Wilhelm] Wohlrabe ⟨Im Anschl an T. 1 d. Fibel von Steger u. Wohlrabe bearb., 2. Aufl. *Halle a. S.: H. Schroedel 1900.* (XVI, 140 S.) 8° [F.]

— **Steger u. Wohlrabe,** Fibel-Lesebuch f. die 2. Leseabteilung in Halbtagsschulen, 1-, 2-, 3- u. 4klassigen Schulen. D. (Im Anschluß an Fibel C I v. Steger u. Wohlrabe bearb.) 3., nach der Rechtschreibg. von 1902 besorgte Aufl. (XVI, 140 S. m. Abbildgn.) gr. 8. Halle 903. H. Schroedel. Geb. n.n. — 70

Pfeiffer, W., der Geschäftsaufsatz u. die Buchführung in der Fortbildungsschule, s.: **Rasche, Emil.**

Pfeifer, W., konzentrische Kreise od. kulturhistorische Stufen? Eine pädagog. Zeit- u. Streitfrage, beantwortet. [Aus: „Kehr's pädagog. Blätter".] gr. 8. (32 S.) Gotha 894. E. F. Thienemann's Verl. n. — 50

[F.] Lebensbilder aus der neueren Geschichte v. Wilhelm **Pfeifer.** *Halle a. S.: Buchh. d. Waisenh. 1898.* (2 Bl., 122 S., 4 Taf.) 1 Bd 8. [98. 10799 H.

Pfeifer, Wilh., Lehrbuch f. den Geschichtsunterricht an höheren Lehranstalten. 1.—5. Tl. gr. 8. Breslau, F. Hirt. Geb. u. geh. n. 9. 40

I. Lehraufgabe der Quarta. Griechische Geschichte bis zum Tode Alexanders des Großen. Römische Geschichte bis zum Tode des Augustus. (83 S.) 904. Geb. n. 1. —
II. Lehraufgabe der Unter- u. Obertertia. Die Blütezeit des röm. Reiches unter den großen Kaisern. Deutsche u. preuß. Geschichte bis 1740. (159 S.) 904. Geb. n. 1. 65
III. Lehraufgabe der Untersekunda. Preußische u. deutsche Geschichte vom Regierungsantritt Friedrichs des Großen bis zur Gegenwart. (IV, 80 S.) 904. Geb. n. 1 —
IV. Lehraufgabe der Obersekunda. Die Hauptereignisse der griech. Geschichte bis zum Tode Alexanders des Großen u. der röm. Geschichte bis Augustus. Mit e. Bilderanh. zur Kunst- u. Kulturgeschichte. (100 Abbildgn. u. 1 farb. Taf.), zusammengestellt u. erläutert v. P. Brandt. (IV, 140 u. 48 S.) 904. Geb. u. geh. n. 2. 50
V. Lehraufgabe der Unterprima. Die Hauptergebnisse der röm. Kaiserzeit. Deutsche Geschichte bis zum Ende des 30jähr. Krieges m. 29 Karten u. 12 synchronist. Taf. im Text. Mit e. Bilderanh. zur Kunst- u. Kulturgeschichte (96 Abbildgn.), zusammengestellt u. erläutert v. Paul Brandt. (VII, 231 u. 55 S.) 906. Geb. u. geh. n. 3. 25

Pfeifer, Wilh., Lehrbuch d. Geschichte f. höh. Lehranstalten. I.—III. u. VI. Tl. 8. Breslau, F. Hirt. nn 7. 35

I. Für Quarta. Griech. Geschichte bis zum Tode Alexanders d. Großen. Römische Geschichte bis zum Tode des Augustus. 2., neubearb. Aufl. Mit e. Anh. v. 33 Bildern zur Kulturgeschichte u. 11 Karten im Text. (80 u. 16 S.) 910. Kart. 1.—

II. Für Unter- u. Obertertia. Die Blütezeit des röm. Reiches unter den großen Kaisern. Deutsche u. preuß. Geschichte bis 1740. 2., neubearb. Aufl. Mit e. Anh. v. 49 Bildern zur Kulturgeschichte u. 10 Karten im Text. (144 u. 32 S.) 910. Kart. 1. 80

III. Für Untersekunda. Preußische u. deutsche Geschichte v. Regierungsantritt Friedrichs des Großen bis zur Gegenwart. 2., neubearb. Aufl. Mit e. Anh. v. 25 Bildern z. Kulturgeschichte u. 10 Karten im Text. (112 u. 16 S.) 910. Kart. nn 1. 30

VI. Lehraufgabe d. Oberprima. Die wichtigsten Begebenheiten d. Neuzeit, insbes. d. preuß.-deutschen Geschichte, m. 15 Karten u. 12 synchronist. Taf. im Text. Mit e. Bilderanh. z. Kunstgeschichte (97 Abb.), zusammengestellt u. erläutert v. Paul Brandt. (VIII, 228 u. 48 S.) 907. Geb. u. geh. 3. 25

— dasselbe. Sonderausg. f. Südwestdeutschland, hrsg. v. E. v. Borries unter Mitwirkg. v. O. Kienitz. 2. u. 3. Tl. 8. Ebd. 3. 25

2. Römische Kaiserzeit. Deutsche u. europ. Geschichte bis 1789. Mit e. Anh. v. 49 Bildern zur Kulturgeschichte u. 14 Karten im Text. (160 u. 32 S.) 910. 2.—

3. Das Zeitalter der französ. Revolution u. Napoleons. Die Zeit vom 2. Pariser Frieden bis z. Gegenwart. Mit e. Anh. v. 25 Bildern zur Kulturgeschichte u. 7 Karten im Text. (96 u. 16 S.) 910. 1. 25

Der 1. Tl. ist noch nicht erschienen.

Pfeifer, Lernstoff des evangelisch-christlichen Religionsunterrichts, auf 8 Schuljahre verteilt, als Aufgabenbuch f. die Hand der Kinder. [Aus: „Pf., Einrichtungs-, Lehr- u. Stoffplan ꝛc."] gr. 8. Gotha 900. E. F. Thienemann. n. — 40

— Lernstoff des evangel.-christlichen Religionsunterrichts (f. die Schulen der Prov. Sachsen) in lehrplanmäßiger Anordnung. Für Lehrer u. Schüler hrsg. 2. Ausg. (VIII, 57 S. m. 1 Bildnis.) 8. Ebd. 903. Kart. n. — 80

— deutsches Lesebuch f. höh. Lehranstalten, s.: Lehmann, Rud.

— u. E. Rasche, Musterbuch I—III zu Geschäftsaufsätzen u. zur Buchführung. Für die Hand d. Schüler in preuss. Fortbildungsschulen. 1. bis 5. Taus. Meissen 900. H. W. Schlimpert. n. 1. 20; Arbeitsheft dazu n.n. 1. 40 u. n.n. 1. 65

I. gr. 4. (24 S.) n. — 35; Arbeitsheft n. — 40
II. gr. 4. (24 S.) n. — 35; Arbeitsheft n.n. — 50
III. schmal Fol. (34 S.) n. — 50; Arbeitsheft n.n. — 50; gröss. Ausg. n.n. — 75

Pfeifer, W., Organisation u. Lehrplan d. mehrklass. Volks- od. Bürgerschule nach d. Fordergn. d. Gegenwart. (Durch d. Kuratorium d. Diesterwegstiftg. im J. 1895 preisgekrönt.) gr. 8. (VIII, 120 S.) Gotha 896. E. F. Thienemann, Verl. n. 2. —

Pfeifer, W., die Theorie u. Praxis der einklassigen Volksschule. Eine krit. Beleuchtg. der einklass. Volksschule nach ihrem Wesen u. den Bedinggn. ihres Gedeihens, nebst e. prakt. Darstellung d. gesamten Volksschul-Unterrichts unter Zugrundelegg. e. einheitl. Lehrplan-Systems. 1. u. 2. Thl. gr. 8. Gotha 887. 889. Thienemann. n. 5. —

1. Die theoret. Grundlegung. [Mit e. Anh., enth.: Eine geschichtl. Studie üb. die Bell Lancaster Schulen u. die wechselseit. Schuleinrichtung; Bemerkgn. u. Muster zur Einrichtg. amtl. Listen u. Tabellen: Schulchronik, Schülerverzeichnis — u. s. w.] (VI, 145 S. m. 1 Tab.) n. 2. —

2. Der evangelisch-christliche Religionsunterricht der Volksschule, nach pädagog. Grundsätzen in einheitl. Zusammenfassg. seiner Unterrichtszweige u. im Anschluß an das Kirchenjahr dargestellt. [Mit e. Anh.: Die Litteratur d. Religionsunterrichts.] (VII, 228 S.) n. 3. —

— die Theorie u. Praxis der einklassigen Volksschule. Mit e. Anh.: Über die Einrichtg. u. Führg. v. Schul- u. Gemeindechroniken durch die Lehrer. (1. Tl.) 2. Aufl. gr. 8. (VIII, 120 S.) Gotha 901. E. F. Thienemann. n. 2. —

— was können die Schule u. die Behörden thun, die Zunahme der jugendlichen Vergehen u. Verbrechen zu verhüten? Konferenz-Vortrag, geh. am 3. Juli 1893. [Aus: „Evangel. Schulbl."] gr. 8. (27 S.) Gütersloh 894. C. Bertelsmann. n. — 50

— das Wichtigste aus der Rechtschreibung u. Sprachlehre, s.: Kehr, C.

[Umschlagt.:] **Pfeifer,** Wilhelm: Kaiser Wilhelm I. E. Lebensbild f. d. Sexta. ([Enth. nur:] König Wilhelm im Kriege 1870/71.) Berlin, Druck v. A. W. Hayns Erben, *1896;* 3—14 S. 4.

Berlin, k. Friedrich-Wilhelms-G u. k. VS, OP 1896 (55)

[J.] Kaiser Wilhelm I. Aus s. Leben. Sextanern erz. v. W[ilh.] **Pfeifer,** Oberl. .. in Berlin. Nebst Bildn. d. Kaisers. *Halle a. S.: Buchh. d. Waisenh. 1897.* (VIII, 105 S., 1 Portr.) 1 Bd 8. [97. 5415

Pfeifer, Wilhelm Maria [app. Arzt aus Langenschwalbach '(Hessen-Nassau.)']: Über Addison'sche Krankheit und deren Beziehungen zur Verkäsung der Nebennieren ... Freiburg i. B., Buchdr. E. Kuttruff, 1896; 48 S. 8.

Freiburg i. B., Med. Fak., Inaug.-Diss. v. 1896

Pfeifer, Xaver, s. Pfeifer, Franz Xaver.

PFEIFER von FORSTHEIM, Johann Ritter: Forstgeschichte der Deutschen Ritter-Ordens Domaine Freudenthal. Denkschrift an die Versammlung des mährisch-schlesischen Forstvereins zu Freudenthal im Jahre 1891. - Brünn 1891. - (Beil. z. Verh. d. Forstw. v. Mähren u. Schlesien. H. 3; ganze Folge H. 166)

von Pfeifer-Hochwalden, Richard Ritter: Die Entwickelung der Landwirtschaft in Slavonien ... Leipzig, Buchdr. R. Hahn, 1897; 4 Bl., 202 S., 1 Bl. 8.

Leipzig, Phil. Fak., Inaug.-Diss. v. [3. März] 1897

Pfeiffenberger, Karl, Kinderwelt. Neueste Schreiblesefibel. Bilderschmuck v. Ivo Puhonny u. Ernst Rieß. (IV, 96 S.) gr. 8. Weinheim (910). F. Ackermann. Geb. nn — 65

Pfeiffenberger, Karl, Schreib-Lese-Fibel, unter Zugrundelegg. der bad. Normalschrift (Steilschrift) neu bearb. unter Mitwirkg. v. Lehrern der Mannheimer Volks- u. Bürgerschule. 91., verm. Aufl. gr. 8. (100 S. m. Illustr.) Mannheim 894. J. Bensheimer's Verl. Geb. n.n. — 50

Früher u. d. T.: Unglenk, Ludw., u. Karl Pfeiffenberger, deutsche Schreiblesefibel.

Pfeiffenberger, Karl, Schreib-Lese-Fibel, unt. Zugrundelegg. d. neuen bad. Normalschrift (Steilschrift) neu bearb. unt. Mitwirkg. v. Lehrern d. Mannheimer Volks- u. Bürgerschule. 105.—107., verm. u. verb. Aufl. gr. 8. (100 S. m. Abb.) Mannheim 897. J. Bensheimer's Verl. Geb. in Halbleinw. n.n. — 50

— des Kindes erstes Schulbuch. 128., verm. u. verb. Aufl. gr. 8. (106 S. m. Abb.) Ebd. 898. Kart. n. — 60

Pfeiffenberger, Karl, des Kindes erstes Schulbuch. 161. Aufl. gr. 8. (106 S. m. Abbildgn.) Mannheim (902). J. Bensheimer's Verl. Kart. n. — 60

MADAME ROBUNSE mit ihrer Tochter, Jungfer ROBINSGEN, oder Die Politische Standes-Jungfer. Das ist: Allerhand neue seltzame und wunderliche Grieffgen, so von einigen Frauenzimmer, welche sich uber ihren Stand in die Höhe zu bringen gedenken, Ersonnen und practiciret werden. Denen Alten zur Freude, denen Jungen zur Warnung entdecket von *Bariteriposunds Pfeiffenthal.* Mit zweitheiligem Titelkupfer. Zu finden bey Adrianopel. O. J. (Leipzig 1724.) 8⁰. (Auch in Dresden: Lit. Germ. rec. 8⁰ C. 1109; ferner im Besitze Prof. Dr. Ullrich's.)

Titel (roth u. schwarz) „Geneigter Leser" S. 3—9; Text S. 10—160. Voll lasciver Begebenheiten.

— — Dasselbe. Leipzig 1724. 8⁰. (Wirklich vorhanden?)

Pfeiffer, Hildebrand. Eine Lebensgeschichte aus dem siebzehnten Jahrhundert. Landshut 1847. V: *Chézy, Wilhelm Theodor von.* (Bru I, 217)

Pfeiffer, kurzer Auszug aus der Experimentalphysik. Zu Repetitionen f. seine Schüler zusammengestellt. 2., verm. Aufl., besorgt v. Quitteck. gr. 8. (80 S. m. Fig.) Jena 900. P. Doebereiner. Durchsch. n. 2. 40

Pfeiffer. Dienstunterricht der königl. bayerischen Kavallerie. Leitfaden bei Ertheilg. d. Unterrichts u. Handbuch f. den Kavalleristen. 1.—3. Aufl. 8. (135 S. m. 5 Taf. u. 1 Portr.) Bamb. 889—92, (Schmidt). 1. u. 2. Aufl. * 1 —; 3. Aufl. — 75
Die 3. Aufl. enthält außerdem 1 Anhang (20 S.).

Pfeiffer, Dienstunterricht der königl. bayerischen Kavallerie. Leitfaden bei Ertheilg. des Unterrichts u. Handbuch f. den Kavalleristen. 5., verb. Aufl. 8. (141 S. m. 6 Taf. u. 1 Bildnis.) Bamberg 895. Schmidt. n.n. — 50

Pfeiffer's Dienstunterricht f. d. kgl. bayer. Kavallerie. Leitfaden bei Ertheilg. d. Unterrichts u. Handbuch f. d. Kavalleristen. 9. Aufl. 8. (147 S. m. 6 Taf. u. 1 Bildn.) Bamberg 899. Schmidt. n. — 60

Pfeiffer's Dienstunterricht f. die königl. bayer. Kavallerie. Leitfaden bei Ertheilg. des Unterrichts u. Handbuch für den Kavalleristen. 18. Aufl. 8. (144 S. m. 6 Taf. u. 1 Bildnis.) Bamberg 903. Schmidt. n. — 60

Pfeiffer's Dienstunterricht f. die kgl. bayerische Kavallerie. Leitfaden bei Erteilg. des Unterrichts u. Handbuch f. den Kavalleristen. 16. verb. Aufl. (144 S. m. 6 Taf. u. 1 Bildnis.) 8. Bamberg 906. Schmidt. n. — 60

Pfeiffer, mustergültige Einführung des Torfstuhlverfahrens, s.: Fraenkel, Carl.

Pfeiffer's Handbuch für den Geschäftsmann. Ein prakt. Unterrichtsbuch über Buchführung, Briefabfassung, Münz-, Maß- und Gewichtskunde, Geographie und Wechselkunde zum Selbststudium für Zöglinge und Angehörige des Gewerbestandes. gr. 8. (VII, 136 S.) Berlin 876, [C. Pfeiffer'sche Buchh.] Dörner. 1 50

Pfeiffer, Calculator, s: Stade, Gust.

Pfeiffer u. Zertahelly, Karte von Südwest-Deutschland. M. 1 : 500000. München, Mey u. Widmayer, 1839. Lith. (Dr. Mus.)

— Unsere heutige Kenntnis v. d. pathogenen Protozoen. S.-A. Ebd. 90.

[Lied.] Bei der Aufnahme eines Lehrlings. [Unterz.:] Pfeiffer. o. O. u. J. 1 Bl. 8° [Kopftit.]
Ohne Noten: „Von Nacht umdüstert, ernster Weise . . .“ 140.

— Parasitismus des Epithelcarcinoms. S.-A. Ebd. 93.

Pfeiffer. Vide: Scheu, H.: Der Hochverrathsprocess.

Pfeiffer, statistische Tabellen über verschied. Stände und Gewerbe Bayerns, s. Tabellen.

Pfeiffer, A., s.: Adreßbuch f. die Stadt Aschersleben.

Pfeiffer, A., im Gebirge. Operette in 1 Act. In Musik gesetzt von Carl Kuntze. Op. 226. Den Bühnen gegenüber als Mscr. gedr. (Inscenirungs-Buch.) 8. (39 S.) Leipzig 877, Kahnt. * 1 —
Text der Gesänge (16 S.) * — 15

Pfeiffer, A., s.: Jahresbericht über die Fortschritte u. Leistungen auf dem Gebiete der Hygiene.

Pfeiffer, A., antike Münzbilder, f. d. Schulgebrauch zusammengest. gr. 8. (VIII, 24 S. m. 2 Taf.) Winterthur 895. Leipzig, B. G. Teubner. n. 1.60

Pfeiffer A.: Zur Naturgeschichte der Land- und Süßwasserschnecken von Kremsmünster. 55. Kremsmünster 86.
Progr.

Pfeiffer, A., Noch einmal die demosthenischen Briefe. Pr. 1890. 44 S. 4°.

Pfeiffer, A., Predigtdispositionen in vier Jahrgängen, welche streng der Analyse des Textes folgen, über die Evangelien und Episteln des Kirchenjahres nebst hinzugefügten kurzen Einleitungen. 1. und 2. Heft. 8. Berlin 864, W. Schultze. [1. Heft. (95 S.) 10 Ngr., 2. Heft. (66 S.) 7½ Ngr.]

— s.: Predigten, drei, bei der 59. Hauptversammlung des evangel. Vereins der Gustav-Adolf-Stiftung geh.

Pfeiffer, A., Verwaltungs-Hygiene. E. Handbuch d. öffentl. Gesundheitspflege f. Verwaltungsbeamte. gr. 8. (VIII, 220 S.) Berlin 895. J. J. Heine. n. 5. —; geb. in Leinw. n. 6. —

Pfeiffer, A., die Vivisection u. die Agitation ihrer Gegner, s.: **Mestrum, X.**

Pfeiffer, A.: Die Vogelsammlung in der Sternwarte zu Kremsmünster. 45 S. – Kremsmünster, Progr. 1887.

Pfeiffer, Adalbert: Die Ethik des Peter Gassendi dargestellt und nach ihrer Abhängigkeit von dem Epikureismus untersucht. Borna-Leipzig 1908: Noske. 60 S. 8°
Erlangen, Phil. Diss. v. 20. Okt. 1908, Ref. Falckenberg
[Geb. 20. Apr. 77 Heringen a. Werra; Wohnort: Freiberg i. S.; Staatsangeh.: Sachsen; Vorbildung: Gymn. Schleiz Reife O. 96; Studium: Leipzig 8 S.; Rig. 22. Juli 08.] [U 09. 850

Pfeiffer, Adalbert: Die Stellung der israelitischen Gesetzgebung zu den wichtigsten Problemen des sozialen Lebens. Freiberg 1905: Gerlach. (14 S.) 4° [F.]
Freiberg, st. RG P 1905 (664)

Pfeiffer, Adolf

Pfeiffer, Adf., Beiträge zum Verständnis des Prophetentums in Israel. I. Abraham der Prophet Jehovas. Dem Andenken an Paulus Gerhardt gewidmet. (V, 102 S.) gr. 8. Leipzig 907. A. Deichert Nachf. 1. 20

Pfeiffer, A., die neuen alttestamentlichen Perikopen der Eisenacher Konferenz. Exegetisch-homilet. Handbuch, in Verbindg. m. Faber, Keßler, Kleinert u. a. hrsg. gr. 8. (XXI, 979 S.) Leipzig 901. 902. A. Deichert Nachf. n. 12. —; geb. in Halbfrz. n.n. 14. —; auch in 12 Lfgn. à n. 1. —

— dasselbe, s.: Perikopen, die neuen, der Eisenacher Konferenz. III.

Pfeiffer, Alb., Elementarbuch f. den ersten Unterricht im Lateinischen,
— Übungsbuch f. das 2. Jahr des Lateinunterrichts samt Grammatik u. Wörterbuch,
s.: Elsner, Eug.

Pfeiffer, Alb., Übungsbuch f. d. 3. Jahr d. Lateinunterrichts, s.: Elsner, Eug.

Pfeiffer, *Heinrich* Albert [aus Frankfurt a. M.]. Die Arillargebilde der Pflanzensamen. . . . (Aus: Engler's Bot. Jahrb. Bd. XIII. M. 1 Taf.) Leipzig, W. Engelmann, 1891; 53 S., 1 Bl. 8°
Berlin, Phil. Fak., Inaug. Diss. v. 12. Febr. 1891

Pfeiffer, Albert [aus Lauf]: Zur Behandlung veralteter Luxationen . . . . Erlangen, Univ.-Buchdr. von Junge & Sohn, 1886; 20 S. 8°.
Würzburg, Med. Fak., Inaug.-Diss. v. 1886.

Pfeiffer, Albert, zur Behandlung veraiteter Luxationen. Diss. Würzburg 1886, Stahelsche Univ.-Buchh. 8°. 20 S.

Pfeiffer, Albert, a. Rheinzabern, Praktikant am K. Allgem. Reichsarchiv zu München: Die rechtliche Natur der Wandlung. Borna-Leipzig 1906: R. Noske. (x, 78 S.) 8°
Erlangen, Jur. Fak., Ref. Örtmann, Diss. v. 5. März 1906
[Geb. 24. Juni 80 Rheinzabern; Wohnort: München; Staatsangeh.: Bayern; Vorbildung: Gymn. Speyer Reife Juli 99; Studium: München 4, Würzburg 6 S.; Rig. 4. März 05.]

Pfeiffer, Albert, Referendar: Das Sammellagergeschäft nach dem Handelsgesetzbuche vom 10. Mai 1897 und dem bürgerlichen Gesetzbuche. Hannover 1908: Jänecke. 109 S. 8°
Erlangen, Jur. Diss. v. 11. Jan. 1909, Ref. Sehling
[Geb. 19. Juli 86 Hannover; Wohnort: Goslar; Staatsangeh.: Preußen; Vorbildung: Lyzeum I Hannover Reife O. 05; Studium: Lausanne 1, München 3, Göttingen 2 S.; Rig. 28. Okt. 08.] [U 09. 724

Pfeiffer, Ant., Bausteine zu e. zeitgem. Armenpflege, s.: Sammlung gemeinnütz. Vorträge.

Pfeiffer, Anton [prakt. Arzt aus Herschbach]: Aus dem patholog. Institut zu Bonn. Beitrag zur Histologie der acuten Entzündung. Die acute Entzündung des Herzmuskels . . . . Bonn, Univ.-Buchdr. v. Carl Georgi, 1887; 29 + 1 S. + 1 Bl. 8°.
Bonn, Med. Fak., Inaug.-Diss. v 19. Jul. 1887.

Pfeiffer, Anton, aus dem patholog. Institut zu Bonn. Beitrag zur Histologie der acuten Entzündung. Die acute Entzündung des Herzmuskels. Diss. Bonn 1887, Emil Strauss 8°. 29 S.

Pfeiffer, Ant., s.: Humanität, die.

Pfeiffer, August

Pfeiffer, Aug., Anti-Calvinismus, od. Unterr. von d. Reform. Relig. 8. Lüb. Böckmann. 729.

— an haereticorum patriarchae philosophi? ex Tertulliani adv. Hermogenem ad Col. 2, 8. Lips. 1705. 4.

— Anti-Chiliasm., deutsch. Ebend. 729.

— Anti-Melancholicus, od. Melancholievertreiber. 2 Thle. 8. Leipz. Gleditsch. 706. 710.

— Antimelancholicus alter (sic!) oder Melancholey-Vertreiber. 2. Teil, in welchem fünffzigerley Particulir-Noth (so!) und Anliegen deutlich vorgestellet. Ebd. 1706. 8°. 1257 S. (6 frcs. Adolf Geering, Basel, 1895.)
Grässe V, S. 249.

— Anti-Papismus. 8. Berl. Papae. 714.

— evang. Augapfel, od. Erklär. d. augsb. Confess. 4. Leipz. Dyk. 710.

— catechism. typicus, od. Bilderkatechism. ab. Vorbild. d. alt. Testam. 8. Lüb. Böckmann. 718.

— apostol. Christenschule, od. Erklär. d. Episteln. 4. Rostock. (F. C. W. Vogel in Leipz.) 728.

— evang. Christenschule. 8. Leipz. Dyk. 724.

— critica sacra. 8. Dresd. Hübner. 721.

Pfeiffer, Aug. I., critica sacra emend. et aucta. 8. Alt. 751. Denuo edita a J. A. M. Nagel, c. fig. 8. Nürnb. 773. Monath u. K. 20 gr

Pfeiffer, Aug., dubia vexata script. sacrae. V. et N. Test. 4. Dresdae, Lesch. 713. Rthlr.

Pfeiffer, Aug. II., († . . .) evangel. Erquickungsstunden. 8. Leipz. . . . Neue verm. Ausg. 753. Dyck. 18 gr

— evangel. Erquickstunden. 8. Leipz. Dyk. 758.

Pfeiffer, Aug., evangelische Erquickstunden, d. i. die Evangelien d. Kirchenjahres in Geschichten. Nach dem älteren Werke d. Verf. aufs Neue bearb. u. hrsg. 8. (IV, 330 S.) Eisleben 875. christl. Verein. geb. 1. 50

— gazophylacium., od. evang. Schatzkammerpostill, mit K. 4. Nürnb. Stein. 717.

— auserlesene Hochzeitreden. 4. Nürb. 749.

— introduct. in Orientem s. synops. de origine ling. orient. 8. Ien. Cröcker. 715.

— Kern u. Saft d. Bibel, in Erklär. d. Hauptsprüche. 4. Dresd. Gerlach. 718.

— betrübt. u. getröst. Kind Gottes. 8. Lübeck. 726.

— Lutherthum vor Luthern. 8. Dresden, Lesch. 727.

— Lutherthum vor Luther, od. das alte evangel. durch Luther erneuerte Christenthum u. das neue röm. durch Luther aufgedeckte Papstthum, durch gründl. Beantwortg. dreier v. Arnold Engel ausgestreuten Fundamentalfragen wider die luther. Religion, kurz bewiesen u. vertheidigt. 8. (261 S.) St. Louis 872. (Leipzig, Bredt.) n. 2. —

— nuptialia, od. Haus- u. Eheschule. 4. Nürnberg, Hoffmann. 712.

PFEIFFER, A., Nuptialia oder Haus- und Eheschule. Nürnberg 1722. 4°.
Ehestandsalmanach II. p. 269. — Rar!

— Predigt. u. Reden a. allerh. Fälle. 4. Lübeck. 729.

Pfeiffer, Aug., Über die bacilläre Pseudotuberkulose bei Nagetieren. Mit 6 Mikrophotogr. gr. 8°. (III., 43 S. mit 3 Tafeln.) Leipzig 889. G. Thieme. M. 2.50

— schola theol. didactica. casuist., Lehr- u. Gewissensschule. 8. Lübeck, Böckmann. 712.

— schola theol. moralis, od. Tugend- u. Sittenschule. 8. Lüb. 724.

— theologia mystica Vet. Test. per typos rarior. Nov. Test. applicata. 8. Strals. Böckmann. 727.

— theologia univ., oder theol. Handbuch. 12. Leipzig. 708.

— thesaurus hermenevtic. 8. Lips. Hübner. 726.

— kurze Wiederhol. deff., w. in all. Sonn- u. Festtags-Evangel. Epist. ic. geh. w. 8. Rost. Fritsch. 723.

Pfeiffer, August Friedrich (vgl. Pfeiffer, Joachim Ehrenfr.)

Pfeiffer, Aug. Fr. (Hrsg.), s. Assemann, Jos. Sim.: Orientalische Bibliothek.

Pfeiffer, Aug. Fr., († d. 15. Juli 1817.) Beitrr. zur Kenntniß alter Bücher u. Handschriften. 3 Hfte. 8. Hof 783—86. (Grau). 1 ℛ 4 gℓ

Pfeiffer's, A. F., Beyträge zur Kenntnifs alter Bücher und Handschriften. Hof. 783-87. 4 Th. 8. 1 rthl. 12 gr.

Pfeiffer's, A. T., Beyträge zur Kenntnifs allerley Urkunden und Handschriften. Hof. 783-87. 4 Th. 8. 1 rthl. 12 gr.

Pfeiffer, Aug. Fidr., Beyträge z. Kenntn. alt. Urkund. u. Handschr. 3 Hfte. 8. Hof, Bierling. (Grau.) 786.

— über Bücherhandschriften überhaupt. gr. 8. Erlangen 810. Palm. 1 ℛ

Pfeiffer, A. F., cultus Dei publicus in orbe primaevo haud neglectus. Erl. 1771. 4.

Pfeiffer, Aug. Fr., hebräische Grammatik. 8. Erlang. 780. 2e Aufl. 790. 3e Aufl. 803. (Heyder). 16 gℓ Schrbp. 20 gℓ Holl. P. 1 ℛ

— ebräische Grammatik. 8. Erlangen, Schubart. (Breuning.) 803.

Schreibp.
Holl. Pap.

— Hermenevtica sacra. Erlang. 771. 8. 1 rthl.

Pfeiffer, August Friedrich, s. Hosea, Der Prophet.

— d. Prophet Hosea, a. d. Ebräisch. gr. 8. Erlang. Walther. (Breuning.) 785.

Pfeiffer, A. F., Immanuel, non geminus sed unicus J. Christus. Erl. 1761. 4.

— manuale bibliorum Ebraicorum et chaldaicorum. gr. 8. Erlang. Palm. 809.

— von der Musik der alten Hebräer. gr. 4. Erlang. 779. (Heyder). 8 gℓ

Pfeiffer, August Friedrich, s. Jud. Philo: opera.

Pfeiffer, A. F., resurrectionis dominicae veritas. Erlang. 1782. 4.

Pfeiffer, August Friedrich [Praes.], s. Schobel, Samuel Georg: De ingenio oratorio.

— Versuch e. Erklär. d. letzten Worte Davids. 2. B. Sam. 23. 1—7. 8. Frankf. 774. Monath u. K. in Nürnb.

Pfeiffer, B., u. F. Ph. Funcke, Geschichte des Fürstenthums u. der Stadt Essen, siehe: Funcke, F. Ph.

Pfeiffer, Geschichte der Kirchgemeinde Oppach. Festschrift zum 100jähr. Bestehen der Kirche (24. Oktbr. 1887.) gr. 8. (IV, 96 S.) Oppach 887. (Neusalza, H. Oeser.) n.n. 1. —

Pfeiffer, Geschichte der Kirchgemeinde Oppach. 2. Tl., umfass. d. Zeit v. 1887—1897, m. Ergänzgn. u. Berichtiggn. d. 1. Tls. gr. 8. (80 S.) Neusalza 897. (H. Oeser.) 1. —

Pfeiffer, B., die Oberlausitzer Mundart, wie sie in Oppach u. Umgegend gesprochen wird. gr. 8. (8 S.) Neusalza (901). (H. Oeser.) n. — 20

Pfeiffer, Bened. Joh. Nep., Anleitung zu d. innern Gebeth, dargest. in mehr. Gebethen nach d. Bedürfnissen e. röm.-kathol. Christen. 18. (7 B.) Prag 830. (Leipzig, Fr. Fleischer.)

— der heil. Sales, Fürstbischof zu Genf, dargestellt nach seinen zu seiner Zeitgenossen Schriften; e. Erbauungsbuch f. gebild. Christen. 8. Augsb. 820. Kranzfelder. 6 gℓ

Pfeiffer, Leben Franz von Sales. 8. Augsburg, Kranzfelder. 821.

— Versuch e. histor. Einleitung u. e. Grundrisses zur Prüfung d. theolog. Demonstrationen. Prag 811.

Pfeiffer, Bernh., der Beweis f. Gottes persönliches Dasein. (23 S.) gr. 8. Hamburg 910. Agentur des Rauhen Hauses — 30

Pfeiffer, Bertold, s.: Album der Erzeugnisse der ehemaligen württemberg. Manufaktur Alt-Ludwigsburg.

Pfeiffer, Berth., Barock, Rokoko u. Louis XVI. aus Schwaben u. der Schweiz, s.: Kick, Wilh.

Pfeiffer, Berthold, Assistenzarzt am Ländl. Krankenh. Meißen: Ueber subkutane Bauchverletzungen. Fünf Fälle aus d. Ländl. Krankenhause zu Meißen. *Leipzig 1903: B. Georgi.* (25 S.) 8°
Leipzig, Med. Diss. v. (8. Juli) 1903

Pfeiffer, Bertold, d. Hoppenlau-Friedhof in Stuttgart. E. Studie. M. e. Verzeichnis bemerkenswerter Grabstätten samt Namenregister, 1 Plan d. Friedhofs u. 3 Abb. [Aus: „Rechenschaftsbericht d. württ. Altertumsvereins f. 1894 u. 95".] gr. 8. (71 S.) Stuttgart 895. (W. Kohlhammer.) n. — 50

— s.: Kunst- u. Altertums-Denkmale, die, im Königr. Württemberg.

Die bildenden Künste in Württemberg unter Herzog Karl Eugen. Ein Beitrag z. Kunstgeschichte d. 18. Jhs von Dr. Bertold Pfeiffer. Mit 3 Pl. u. 52 Abb. Eßlingen a. N. P. Neff 1906. (156 S.) 4° [F]
Aus: Herzog Karl Eugen von Württemberg u. s. Zeit, hrsg. v. Württ. Geschichts- u. Altertumsverein. [07. 4063]

Pfeiffer, Bertold, s.: Schickhardt, Heinr., Handschriften u. Handzeichnungen.

Pfeiffer, Berthold. Ludwig Uhland u. seine Stellung im deutschen Geistesleben, s. Korrespondenz-Blatt f. die Gelehrten- u. Realschulen Württembergs.

Pfeiffer, Burkhard Wilhelm

Pfeiffer, Burkh. Wilh., Anweis. f. Prediger zur Führung d. Register des Civilstandes. Mit den dazu gehör. Verordnn. 8. Cassel 808.

PFEIFFER, Burkh. W.: Vermischte Aufsätze üb. Gegenstände d. deutsch. u. röm. Privatrechts. Nebst ein. Anhang, d. v. Nettelbladtsche Abhandl. üb. Prälegaten betreffend. *Marburg*, (*Cassel*, Krieger's Verlagshandl.) 800. gr. 8. (1 Thl. 8 Gr.)

— vermischte Aufsätze üb. Gegenstände des deutsch. u. röm. Privatrechts. gr. 8. Marb. 803. Krieger. 1 Thlr 8 gGr

Pfeiffer, Burkh. Wilh., pract. Ausführungen aus allen Theilen d. Rechtswissenschaft. Mit Erkenntnissen d. Oberappellationsgerichts zu Cassel. 2. u. 3. Bd. 4. Hannover, Hahn. [2. (64 B.) 823. 3 Thlr. 16 Gr., 3. (32 B.) 831. 4 Thlr. 16 Gr.]
1. Bd. Ebendas. 1825. 2 Thlr. 12 Gr.

Pfeiffer, Burkh. Wilh., pract. Ausführungen aus allen Theilen d. Rechtswissenschaft. Mit Erkenntnissen d. Oberappellationsgerichts zu Cassel. 4—6. Bd. 4. Hannover, Hahn'sche Hofbuchh. [4. (55 B.) 836. 3⅓ Thlr., 5. (79½ B.) 838. 4⅚ Thlr., 6. (86½ B.) 841. 5⅓ Thlr.]
1—3. Bd. Ebendas. 1825—31. 10 Thlr. 20 Gr.

Pfeiffer, B. W., prakt. Ausführungen aus allen Theilen der Rechtswissenschaft. Mit Erkenntnissen des Oberappellationsgerichts zu Cassel. 7. Bd. 2 Abthlgn. Hannover, Hahn'sche Hofb. [1. Abthl. (67 B.) 844. 4 Thlr. 20 Ngr., 2. (88½ B.) 46. 5 Thlr. 15 Ngr.] Thlr.
1—6. Bd. Ebendas. 1825—41. 24 Thlr. 10 Ngr.

Pfeiffer, B. W., praktische Ausführungen aus allen Theilen der Rechtswissenschaft. Mit Erkenntnissen des Oberappellationsgerichts zu Cassel. 6.—8. Bd. (7. Bd. 2. Abtheil.) 4. Hannover 841—46, Hahn'sche Hofbuchh. 15½ Thlr 1.—8. Bd. 31½ Thlr

— Hauptregister zu sämmtl. 8 Bdn. der praktischen Ausführungen aus allen Rechtstheilen. 4. (125 S.) Hannover 850, Hahn'sche Hofbuchh.
Des Verf.: Praktische Ausführungen rc. erschienen ebendas. 1825—46. und kosten 34 Thlr. 15 Ngr.

— Collectionis notabil. Decisionum etc., s.a. Collectionis.

Pfeiffer, B. G., Collectionis notabil. Decisionum supremi tribunalis appellat. Hasso-Cassellani. Tom. III, p. 1.—4. Fol. Cassellis. (Hannover, Hahn.) 818 — 820.

— — idem liber, Tom. XIII. XIV. XV. XVI.
Auch unter dem Titel:
Pfeiffer: Neue Sammlung bemerkenswerter Entscheidungen...

Pfeiffer, Burkhard Wilhelm. Systematische Entwickelung der Lehre von der Prälegation . . . Rostock 1802. Ü: *Nettelbladt, Carl Frdr. Wilh. von.* (Ky)

Pfeiffer, B. W., Fingerzeige f. alle deutschen Ständeversammlungen. gr. 8. (VIII u. 132 S.) Cassel 849, Hotop. 12 Ngr Herabges. Pr. 3 Ngr

—— Geschichte d. landständ. Verfassung in Kurhessen. Ein Beitr. z. Würdigung d. neueren teutschen Verfassungen überh. Aus authent. Quellen mitgetheilt. gr. 8. (21¼ B.) Cassel 834, [Krieger, Brtsh.]

— Napoleons Gesetzbuch nach seinen Abweichungen v. Deutschlands gemeinen Rechten, erläutert, rc. 2 Bde. gr. 8. Götting. 808, 10. (1r Bd. 2e A. 811.) Dieterich.

Pfeiffer, B. W., üb. die Grenzen der Civil-Patrimonial-Jurisdiction. gr. 8. Gött. Dieterich. 806.

— Grundlage d. rechtl. Entscheidung des dermal. Successionsfalles im herzogl. Gesammthause Sachsen-Gotha. gr. 8. Hannov. 826. Hahn. 6 gGr

— Ideen zu e. neuen Civil-Gesetzgebung f. deutsche Staaten. gr. 8. Götting. 815. Dieterich. 1 Thlr

Pfeiffer, Ideen zu einer neuen Civil-Gesetzgebung für deutsche Staaten. gr. 8. Göttingen, Dieterich. 816.

PFEIFFER, Burkh. W.: in wiefern sind Regierungshandll. eines Zwischenherrschers f. d. rechtmäss. Regenten nach dessen Rückkehr verbindlich? *Hannov.*, Hahn. 819. gr. 8. (10 Gr.)

— das deutsche Meierrecht nach seiner rechtlichen Begründung u. dermaligen Gestaltung. Mit vielfält. Belegen aus der Praxis der obersten Gerichtshöfe. 2 Abthlgn. gr. 8. (XVIII u. 591 S.) Kassel 848, Fischer. (1: 2 Thlr 2: 1 Thlr) 3 Thlr

Pfeiffer, B. W., das deutsche Meierrecht nach seiner rechtlichen Begründung und dermaligen Gestaltung. Mit vielfält. Belegen aus der Praxis der obersten Gerichtshöfe. Neue (Titel-) Ausg. gr. 8. (XVIII und 591 S.) Cassel 855, Fischer.

Pfeiffer, B. W.: Ueber die Ordnung der Regierungs-Nachfolge in den monarchischen Staaten des teutschen Bundes. Cassel 1826. 2 Bde
(Th.) [1.] Von der Ordnung der Regierungsfolge in den teutschen Staaten überhaupt.
2. Ueber die Ordnung der Regierungs-Nachfolge in dem Sächsischen Fürstenhause insbes. dem Gesammthause Sachsen-Gotha.

PFEIFFER, Burkh. Wilh.: Ueber die Ordnung d. Regierungs-Nachfolge in teutschen Staaten überhaupt und in dem herzogl. Gesammthause Sachsen-Gotha insbesondere. 1r Th. — A. u. d. Tit.: Ueb. die Ordnung d. Regierungs-Nachfolge in den monarch. Staaten des teutschen Bundes. *Cassel*, (Hahn in *Hannover*.) 826. gr. 8. (1 Thl. 16 Gr.)

Dess. 2r Th. — A. u. d. T.: Ueb. die Ordnung d. Regierungs-Nachfolge in dem sächs. Fürstenhause, insbes. d. herzogl. Gesammthause Sachsen-Gotha. *Cassel*, (Hahn in *Hannover*.) 826. gr. 8. (2 Thl. 8 Gr.)

— de praelegatis. 4. Marb. 798. Krieger. 8 gGr — Dass. (von K. F. W. v. Nettelbladt) ins Deutsche übers. unt. d. T.: System. Entwickelung d. Lehre von d. Prälegation, nach den Grundsätzen d. röm. Rechts. 8. Rostock 802.

Pfeiffer, B. W.: Das Recht der Kriegseroberung in Bez. auf Staatscapitalien. Nach Grundsätzen des Privat- u. Völker-Rechts dargest. Cassel 1823.

— das Recht der Kriegseroberung in Beziehung auf Staatscapitalien nach den Grundsätzen des Privat- u. Völker-Rechts. gr. 8. Hannov. 824. Hahn.

Pfeiffer, B. W., Rechtsfälle entschieden nach dem Gesetzbuche Napoleons, von Frankreichs u. Westphalens obersten Gerichtshöfen. 1n Bdes 1ste, 2te u. 3te Abtheil. u. 2r Bd. gr. 8. Hannov. Gebr. Hahn. 810—12. (1ste u. 2te Abtheil. à 12 gr. 3te Abtheil. 1 Rthlr. 2r Band 1 Rthlr. 8 gr.)

—Rechtsfälle, entschieden nach d. Gesetzbuche Napoleons, von Frankreichs u. Westphalens obersten Gerichtshöfen. 1r Bd, 3 Abtheill. u. 2r Bd. gr. 8. Hannov. 810—13. Hahn. 3 ℛ 8 gℛ

—Rechtsfälle z. Erläuterung d. Gerichtsverfassung u. Prozeßordnung Westphalens. 1r Bd. 3 Stcke. 8. Hannov. 810—12. Hahn. 2 ℛ 8 gℛ

Pfeiffer, Burkh. Wilh.: Neue Samml. bemerkenswerther Entscheidd. d. Ober-Appelat.-Ger. zu Cassel. 1.—5. Bd. — A. u. d. T.: Collectionis notabil. decisionum supremi tribunalis appellationum Hasso-Casselani. Tom. XIII. — XVII. *Hannoverae*, Hahn. 818—21. 4maj. (6 Thl. 16 Gr.)

—— die Selbständigkeit und Unabhängigkeit des Richteramtes. Ein Wort der ernsten Mahnung. gr. 8. (VIII und 382 S.) Göttingen 851, Vandenhoeck und Ruprecht. *

Pfeiffer, B. W., die Selbstständigkeit u. Unabhängigkeit des Richteramtes. Ein Wort ernster Mahnung. 2. (Titel-) Aufl. Göttingen (851)65. Vandenhoeck & Ruprecht's Verlag. gr. 8. (VIII, 382 S.) n. 24 ngr.

—vollständ. Unterweisung der Beamten des Civilstandes, (ohne sn. Namen). gr. 8. Hannov. 808. 5r A. mit sm. Namen. 810. Hahn. 10 gℛ

Pfeiffer, Burkhard Wilhelm, s. Vermögensrechte d. Ehegatten.

Pfeiffer, B. W., zur Würdigung des Bundestags-Beschlusses vom 21. Sept. 1850, den dermaligen Conflict der Kurheff. Regierung mit den Ständen üb. die Steuerfrage betreffend. gr. 8. (32 S.) Cassel 850, Hotop. n. 1/6 ℛ

Pfeiffer, C., die Organisation e. Landgutswirtschaft, an e. prakt. Beispiel erläutert. (XI, 187 S. m. 4 Taf.) gr. 8. Wien 905. C. Fromme. n. 5. —

Pfeiffer, C., Otfrid, der Dichter der Evangelienharmonie, im Gewande seiner Zeit. Eine literar- u. kulturhistor. Studie. (184 S.) gr. 8. Göttingen 905. Vandenhoeck & Ruprecht. n. 2.60; geb. in Leinw. n. 3.40

— die dichterische Persönlichkeit Neidharts v. Reuenthal. Eine Studie. (IV, 98 S.) gr. 8. Paderborn 903. F. Schöningh. n. 1.50

Pfeiffer, C. Der Schelch. (Aus Pfeiffer's Germania.) Wien. 1861. 8.

Pfeiffer, C. W., Ausrüstungsgegenstände f. Touristen. 16. (36 S.) Frankfurt a/M. 884. Mahlau & Waldschmidt. geb. n. — 80

Pfeiffer, C. W. Notizbuch für Alpenreisende u. Touristen. Kl. 8°, 6 Bog. Frankfurt a. M., Mahlau & Waldschmidt. 1886. gebd. 1 35

Pfeiffer, C. W., Schutz der Arbeiter gegen die Gefahren d. Fabrikbetriebs. Vorschläge zu Schutzvorrichtungen an Maschinen u. in Fabrikräumen, zusammengestellt nach amtl. Mittheilgn. aus den Jahresberichten der m. Beaufsichtigung der Fabriken betrauten Beamten. gr. 8. (32 S.) Frankfurt a/M. 882. Jaeger. n. — 60

Pfeiffer, Carl, s. Pfeiffer, Karl.

Pfeiffer, (Charlotte,) Gemälde aus Gegenwart u. Vergangenheit. 1r Bd. — A. u. d. T.: Die todte Braut u. die erste Liebe. Erzähll. 8. Leipz. 824, Lauffer.

— dess. 2r Bd. — A. u. d. T.: Metta. — Sophronia u Eugenia. — Erzähl. 8. Leipz. 824, Lauffer.

— dess. 3r u. 4r Bd. — A. u. d. T.: Trudchen. Eine Erzähl. 2 Bde. 8. Ebd. 824, Ebd.

— s. auch Birch.

Pfeiffer, Chr., Paprotzkius enucleatus oder Kern u. Auszug Aus d. so genannten Mährischen Geschicht-Spiegel Barth. Paprotzkii etc. Bresslau 1730. 4.
Dasselbe unter dem Titel: Pfeiffer, Chr., Compendieuser Schauplatz des ehemal. Alten Adels in dem benachbarten Marggrafthum Mähren etc. Bresslau 1741. 4.

Pfeiffer, Chr. Hartm., s. K. W. Ledderhose, hessisch. Kirchenrecht.

— **Christian Ferdinand** (Breslau/Schles.), De vitiis rerum venalium. Disput. jur. Präs. Samuel Strykius. Halle (J. Grunert) 18. V. 1709. 56 S. (5.25) 26303
Widm. v.: Samuel Strykius, Jakob Friedrich Ludwig, C. F. Leyser.

Pfeiffer, Christian Ludwig, grossherzoglich badenscher Districts-Ingenieur. Grundlage zu einem Gesetzbuche für Feld-Polizei, nebst den Rechten todter Liegenschaften und den Nutzungen, die daraus fliessen. 8. Stuttgart und Tübingen 1814.

—Grundlage zu einem Gesetzbuch f. Feldpolizei. gr. 8. Tübing. 815. v. Cotta. 12 gℛ

—Prospecte f. Belebung u. Unabhängigkeit d. deutschen, vorzügl. des süddeutschen Handels. (Aus Sophronizon, 6r Jahrg. abgedr.) gr. 8. Heidelb. 824. Oßwald. 4 gℛ

Pfeiffer, Christlieb, appr. Arzt a. Berlin: Zur Physiologie der Irisbewegung. Marburg 1906: (Th. Schäfer, Hannover.) (58 S.) 8°
Marburg, Med. Fak., Ref. Bach, Diss. v. 21. Jan. 1906
[Geb. 31. Jan. 79 Fraustadt, Posen; Wohnort: Berlin; Staatsangeh.: Preußen; Vorbildung: Pädagog. z. Kloster Magdeburg Reife O. 98; Studium: Theol.: Erlangen 1, Halle 2; Med.: Marburg 1, Greifswald 3, Leipzig 2, Marburg 4 S.; Coll. 11. Sept. 05; Approb. 12. Aug. 05.]

Pfeiffer, Christoph

— Herzensgespr., statt einer Handpostille. 8. Breslau 728.

Kleine Reim-Bibel. oder Biblischer Capitel-Innhalt derer Canonischen Schrifften. Von M Christoph Pfeiffer. Brieg. 1718. 8o.

Pfeiffer, Christoph, Betnender Christen // Evangelischer // Sabbath /// In gebundenen // Seufftzern /// Samt // Einer Vorrede // von // dergleichen Wercken // und ihren Autoribus, // Ausgefertiget u. dem Dru- //cke übergeben // von // M. Christoph Pfeiffer /// R. M. Cand. // Breßlau und Leipzig /// Verlegts // Johann George Bleßing /// 1719. - 24 Blatt (nicht paginiert) Titelblatt, Widmungen und Vorrede. - 142 S.

Pfeiffer, Christoph Ludwig

Pfeiffer, C. Ludw., Anleit. z. deutsch. Briefen. 8. Bamb. 760.

Pfeiffer, Christoph Ludwig, s. B e t r a c h t t . üb. die Wiederherstellung d. 9ten Kur.

Pfeiffer, Cph. Ldw., die deutsche Freiheit, nach ihren staatsrechtl. Verhältnissen u. Produkten im deutschen Reiche. 8. (Manh.) 787. Löffler. 6 gr (Erschien 1796 ohne d. Verfass. Namen unter d. veränderl. Titel: Freiheit, in Bezug auf d. deutsche Staatsrecht.)

— das deutsche Gleichgewicht, od. die staatsrechtl. u. polit. Abwägung d. reichszwiespaltigen rc. Welt, staatsrechtl. u. polit. erwogen. 8. (Manh.) 788. Löffler. 9 gr

— d. deutsche K a i s e r w a h l rc. n. d. Wahlfreyh. d. deutschen Reichs. 8. Frankf. Jäger. 790.

— d. deutsche K a i s e r w a h l, s.a. K a i s e r w a h l.

Pfeiffer, Christoph Ludwig, s. K ö n i g s w a h l , Die römische.

MENSCHIN, D i e (Druckerstock) e i n e m o r a l i s c h e (stellenw. derb-satyrische) W o c h e n s c h r i f t (verfasst von *C. L. Pfeiffer*, der sich unter der Vorrede nennt) f ü r d a s s c h ö n e G e s c h l e c h t. (Typ. Ornam. u. Zierleiste.) 47 Stücke (soviel ersch.). Anno 1760. O. O. 8°. (Im Besitze des Herrn Geheimen Sanitätsraths Dr. G e r s t e r in Braunfels a/L.)

Pfeiffer, Chrph. Ludw.: Ueber die päpstlichen Nuntiaturen in Teutschland; und die Concordaten der teutschen Nation mit dem Papste. o. O. 1786.

— der Orang-Outang od. Waldmensch, samme d. übrigen doppelart. Naturgeschöpfen als Verbindungsglieder d. großen Naturkette in verschied. Naturreichen. 8. Manh. 787. Löffler. 3 gr

— der Reichscavalier auf seinem reichsmittelbaren Gebiete. 8. Nürnb. 787. Monath u. K. 5 gr

Pfeiffer, Chrph. Ludw.: Die teutsche Reichsverwirrung im Grundrisse. Oder: Die Staatsgebrechen des heiligen Römischen Reichs teutscher Nation. E. staatsrechtl. Skizze. Mannheim 1787.

— d. deutsche Reichsverwirrung im Grundrisse. 8. Manh. 787. Löffler. 8 gr

— Ruhm d. Deutschen in d. 18. Jahrh., — Joseph u. Friedrich; Versuch zweier Lobgedichte. 8. Manh. 781. Löffler. 8 gr

VERSUCH i n P o e t i s c h e n E r z ä h l u n g e n, v. *C. L. P.* (d. i. *Christoph Ludw. Pfeiffer*). Franckfurt u. Leipzig, 1756. Gr. 8°. (In Dresden: Lit. Germ. rec. B. 1804 a, Beibd. 7; auch in Wiesbaden, Landesbibl.)

PFEIFFER, Cph. Ludw.: Versuch ein. ausführl. Privatrechts d. deutschen Reichsadels. *Nürnberg*, Recknagel. 787. 2 Thle. 8. (16 Gr.)

Pfeiffer, Cph. Ldw., Versuch e. ausführl. Privatrechts des deutschen Reichsadels. 2 Thle. 8. Nürnb. 787, 88. Monath u. K. 16 gr

— Versuch e. ausführl. Staatsrechts d. unmittelbar. freien Reichsritterschaft. 2 Thle. 8. Manh. 778, 80. N. A. 783. Löffler. 1 rthl 14 gr

PFEIFFER, Cph. Ludw.: Die deutsche Wahl u. Krönung des Kaisers u. römisch. Königs. *Frankf.*, Jäger. 797. 8. (9 Gr.)

— was ist deutsche Volksfreiheit? deutsche Reichsfreiheit? u. deutscher Fürstenbund? e. staatsrechtl. Betracht. gr. 8. Speyer 786.

Pfeiffer, Clemens, s. P f e i f f e r , Klemens.

Pfeiffer, Curt, s. P f e i f f e r , Kurt.

-- Daniel (Halberstadt/Anhalt), De morborum recursu. Diss. med. Präs. Andreas Elias Büchner. Halle/Magdeburg (J. Chr. Hilliger) 6. VII. 1751. 36 S. (5.25) **26305**
Gew.: Michael Alberti, Johann Juncker, Andreas Elias Büchner. — Widm. v.: Andreas Elias Büchner, Joh. Pet. Eberhard, Burchard Gottlieb Pfoehl, Joh. Conr. Phil. Zimmermann (dtsch., Oppon.).

Pfeiffer, Dav., memorabilia Lipsiens. 8. Lips. Gross. 725.

Pfeiffer, E., A n l e i t u n g zur praktischen Photographie auf Bromsilber-Gelatine, f. Dilettanten bearb. 8. (19 S.) Heidelberg 887. Koester. n. — 50

Pfeiffer, E., die Armenier in der Türkei. Ihre Erleuchtung, Noth u. Hoffnung. Herausg. von dem Verein für die evangelischen Armenier zu Berlin. Berlin 863. Fr. Schulze. 8. (54 S.) n. 5 ngr

Pfeiffer, E. Ueber die Handschriften des altfranzösischen Romans Partonopeus de Blois. Diss. Marburg 1884. 42 S.

Pfeiffer, E., üb. die Handschriften d. altfranzösischen Romans Partonopeus de Blois, s.a. A u s g a b e n u. A b h a n d l u n g e n aus dem Gebiete der romanischen Philologie.

Pfeiffer, E., Lehrbuch der Arithmetik u. Algebra f. höhere Bürgerschulen. gr. 8. (VI, 140 S. m. 5 Tab.) Jena 886. Mauke. n. 1. 80

Pfeiffer, E., Lehrbuch der Arithmetik u. Algebra f. höhere Schulen, nach method. Grundsätzen bearb. u. hrsg. 1. Tl. 2., verm. Aufl. gr. 8. (VIII, 145 S. m. 4 Tab.) Jena 894. F. Mauke. Kart. n. 2. 40

Pfeiffer, E. [Hrsg.], s. W e c k e r , Der.

Pfeiffer. E. Procentische Zusammensetzung des Meteorsteines von Parnallee bei Madura in Ostindien. (Aus d. Sitzungsb. d. k. Akad.) Wien. 1863. 8.

Pfeiffer E. Prozentische Zusammensetzung des Meteorsteines von Parnallee bei Madura in Ostindien. S. 47. II. 60 . . . . vgr.
Separatabdruck

Pfeiffer, E. G. G., zwo Predigten f. Kriegsleute. 8. Hannov. 773. (Hahn). 2 gr

Pfeiffer, Eduard

Pfeiffer, Ed. (Hrsg.), s. A r b e i t , Die.

Pfeiffer, Ed., üb. den Entwurf e. neuen Steuergesetzes f. Württemberg. gr. 8. (112 S.) Stuttgart 870. Kröner. n. 1. —

Pfeiffer, Ed., Führer f. Madonna di Campiglio. Mit 16 Ansichten der Umgebg., u. 1 Karte üb. die Zufahrtswege. Hrsg. vom Förderungs-Verein v. Madonna di Campiglio. 12. (V, 136 S.) Stuttgart 900. (Greiner & Pfeiffer.) Kart. n. 3. —

Pfeiffer, Eduard, Führer f. Madonna di Campiglio. Hrsg. vom Förderungs-Verein Campiglio. (Neue Aufl.) (VIII, 170 S. m. 34 Abb., 2 Panoramen u. 2 Karten.) kl. 8. Stuttgart 904. (Greiner & Pfeiffer.) Geb. n. 3. 50

Pfeiffer, Eduard, Führer f. Madonna di Campiglio. Hrsg. vom Förderungs-Verein Campiglio. Buchschmuck v. Gottfr. Hofer. (Mit 40 Ansichten der Umgebg., Rundsicht vom Monte Spinale, Karte der Zufahrtswege, Karte der Umgebung des Hotel Carlo Magno, Spezialkarte der Umgebg. v. Campiglio u. Karte der Wegmarkiergn. (Neue Aufl.) (VIII, 173 S.) kl. 8. Stuttgart 909. Greiner & Pfeiffer. Geb. 3. 50

Pfeiffer, Ed., über Genossenschaftswesen. Was ist der Arbeiterstand in der heutigen Gesellschaft? Und was kann er werden? Leipzig 863. O. Wigand. gr. 8. (IV, 247 S.) 22½ ngr.

— Eigenes Heim u. billige Wohnungen. Ein Beitrag zur Lösung der Wohnungsfrage mit besonderem Hinweis auf die Erstellung der Kolonie Ostheim-Stuttgart. gr. 8⁰. Stuttgart, K. Wittwer, 1895.

Pfeiffer, Ed., eigenes Heim u. billige Wohnungen. E. Beitrag zur Lösung d. Wohnungs-Frage m. bes. Hinweis auf d. Erstellg. d. Kolonie Ostheim-Stuttgart. 1. u. 2. Aufl. gr. 8. (XI, 239 S. m. 8 Taf.) Stuttgart 896. K. Wittwer. n. 3. —

Pfeiffer, Ed., die Consumvereine, ihr Wesen u. Wirken. Nebst einer pract. Anleitung zu deren Gründung u. Einrichtung. Auf Veranlassung des ständ. Ausschusses der deutschen Arbeitervereine hrsg. Stuttgart 865. Kröner. 16. (VIII, 168 S.) 15 ngr.

Pfeiffer, Ed., die Consumvereine, ihr Wesen und Wirken. Nebst einer prakt. Anleitung zu deren Gründung und Einrichtung. 2. Aufl. br. 8. (XI, 219 S.) Stuttgart 869, Kröner. 2 —

Pfeiffer, Ed., Madonna di Campiglio u. seine Umgebung, s.: Kuntze, Max.

— die Staatseinnahmen. Geschichte, Kritik u. Statistik derselben. 2 Bde. Ebend. 866. gr. 8. [1. Bd. (XXIII, 352 S.) n. 2 ₰ 6 ngr., 2. Bd. (XXVI, 614 S.) n. 3 ₰ 4 ngr.] n. 5 ₰ 10 ngr.

Pfeiffer, E. Das Steuerwesen in Württemberg und die von der Regierung beabsichtigte Steuererhöhung. 8⁰. Stuttgart 1867.

— Württemberg u. sein Verhältniß zum Zollparlament u. zum Nordbund. Eine Wahlrede. Ulm 868. Gebr. Nübling. gr. 8. (36 S.) 2½ ngr.

— vergleichende Zusammenstellung der europäischen Staatsausgaben. Stuttgart 865. Kröner. gr. 8. (IV, 100 S.) 18 ngr.

Pfeiffer, Ed., vergleichende Zusammenstellung der europäischen Staatsausgaben. 2., wesentlich verm. Aufl. gr. 8. (VII, 265 S. m. 2 Tab.) Stuttgart 877. Kröner. n. 5. —

Pfeiffer, Eman., physikal. Praktikum f. Anfänger. Dargestellt in 25 Arbeiten. (VIII, 150 S. m. 47 Abb.) gr. 8. Leipzig 903. B. G. Teubner. Geb. in Leinw. n. 3. 60

Pfeiffer, Emil, die Analyse der Milch. Anleitung zur qualitativen u. quantitativen Untersuchg. dieses Secretes f. Chemiker, Pharmazeuten u. Ärzte. Mit 5 Abbildgn. gr. 8. (VIII, 84 S.) Wiesbaden 887. Bergmann. n. 2. 40

Pfeiffer, Emil, Assistenzarzt: Aus d. Pathol. Inst. d. Univ. Breslau. Über die Bedeutung des Traumas für die Entstehung von Gewächsen im Knochensystem. Berlin: Trenkel 1909. 44 S. 8°

Breslau, Med. Diss. v. 21. Okt. 1909, Ref. Ponfick

[Geb. 26. Mai 80 Stallupönen; Wohnort: Breslau; Staatsangeh.: Preußen; Vorbildung: Gymn. Insterburg Reife O. 03; Studium: München 1, Königsberg 4, Berlin 2, Marburg 1, Breslau 2 S.; Coll. 30. Sept. 09; Approb. 11. Aug. 09.] [U 10. 584

Pfeiffer=Wiesbaden, Emil, die deutsche Druckschrift. [Aus: „Deutsche Buchhändler=Akademie".] gr. 8. (10 S.) Weimar 890. Weißbach. n. — 20

Pfeiffer, Emil, die Gicht u. ihre erfolgreiche Behandlung. 2. Aufl. gr. 8. (VII, 142 S.) Wiesbaden 891. J. F. Bergmann. n. 2. 80

Pfeiffer, Emil (II.), Handbuch der Kali-Industrie, s. Handbuch der chemischen Technologie.

Handbuch der Kali-Industrie. Die Bildung der Salzlager von Stassfurt und Umgegend, sowie von Kaluss und Beschreibung dieser Salzlager. Die technische Gewinnung der Kalisalze aus den natürlich vorkommenden Salzen mit ihren Nebenzweigen und Anwendung der Kalisalze in der Landwirthschaft. Braunschweig, 1887. 8vo. Ill.

Cf. Bolley's Handbuch der chemischen Technologie.

Pfeiffer, Emil (geb. Wiesbaden [illegible]). Ueber die sogenannten spontanen Continuitätstrennungen der Röhrenknochen. Berlin 1866.

Berlin, Med. Diss. v. 27. Apr. 1866.

— das Mineralwasser v. Fachingen. 2., völlig umgearb. Aufl. gr. 8. (16 S.) Ebd. 894. n. — 50

Das Mineralwasser von Fachingen von San.R. Dr. Emil **Pfeiffer**. Wiesbaden. 3. umgearb. Aufl. Wiesbaden: J. F. Bergmann 1896. (16 S.) 8° [illegible]

Pfeiffer, Emil, das Mineralwasser v. Fachingen. 5. u. 6. umgearb. Aufl. (16 S.) 8. Wiesbaden 903. 905. J. F. Bergmann. — 50

Pfeiffer, Emil, das Mineralwasser v. Fachingen. 8. umgearb. Aufl. (25 S. m. 2 Taf.) 8. Wiesbaden 910. J. F. Bergmann. — 60; englische Ausg. 2. ed (19 S. u. 2 Taf.) 910. — 60

Das Mineralwasser von Namedy von Emil **Pfeiffer**. Wiesbaden: Bergmann 1909. 20 S. 8° [Umschlagt.]

PFEIFFER, EMIL.
The Mineralwater of Fachingen. Published and printed by P. Brems. Wiesbaden, 1893. pp. 15, 12mo.

Pfeiffer, Emil, über Pflegekinder und Säuglingskrippen. Ein Wort an die Wohlthätigkeits- und insbesondere die Frauenvereine. 8. (34 S.) Wiesbaden 884, Bergmann. * — 80

— s.: Studien, balneologische, u. ärztliche Erfahrungen aus Wiesbaden.

Pfeiffer, Emil, die Trinkkur in Wiesbaden. Geschichte, Methoden u. Indicationen derselben. 8. (69 S.) Wiesbaden 881. Bergmann. n. 1. —

— die Trinkkur in Wiesbaden. Geschichte, Methoden u. Indicationen derselben. 2., umgearb. Aufl. 8. (79 S.) Ebd. 893. n. 1. —

Pfeiffer, Emil, s.: Verhandlungen des Congresses f. innere Medicin.

—— s. Verhandlungen der 8. Versammlung der Gesellschaft f. Kinderheilkunde etc.

Pfeiffer, Emil, das Wesen der Gicht u. die Grundzüge ihrer Behandlg. [Aus: „Verhandlgn. d. VIII. Congresses f. innere Medicin".] gr. 8. (45 S.) Wiesbaden 890. Bergmann. n. 1. —

— Wiesbaden als Curort. 3. Aufl. [Aus: „Die Heilquellen d. Taunus".] gr. 8. (IV, 64 S.) Ebd. 888. n. 1. —

— Wiesbaden als Curort. 4., völlig umgearb. Aufl. 8. (108 S.) Wiesbaden 893. J. F. Bergmann. n. 1. —

— Wiesbaden als Curort. 5. Aufl. gr. 8. (IV, 96 S.) Wiesbaden 899. J. F. Bergmann. n. 1. —

— Wiesbaden as a health resort. Translated from the 4. improved German ed. by M. A. Fraser. 8. (103 S.) Ebd. 893. n. 1. —

— Wiesbaden comme ville d'eau. Traduit de la 4. éd. allemande par J. M. 8. (90 S.) Ebd. 893. n. 1. —

Pfeiffer, Ernst

Auch zur Geschichte der Freimaurerei in Jena. [Unterz.:] [Ernst] Pfeiffer. [Franz Phil.] Beerend. [Kahla 1896: Beck.] 8 S. 8⁰ [Kopftit.]
cf. Bbl. 10 (1896) S. 431—432 (A. W. Sellin). Berichtigung von B. Maennels Schrift: „Z. Gesch. d. Frmrei in Jena". 1896. 3.

— Beiträge zur Protozoenforschung. 1. Heft. Die Coccidien-Krankheiten d. Kaninchen. Mit 12 Taf. (24 S.) Berlin 93. Hirschwald. M. 10.—

Pfeiffer, Ernst, Fomili Buhsch. En Geschicht in nedderdütscher Mundart. (95 S.) 8. Hamburg (910). Verlagsanstalt u. Druckerei-Gesellschaft. 1.75; geb. in Leinw. n 2.50

[F.] **Pfeiffer,** *Ernst* [Dir.]: Festbericht über die am 19., 20. und 21. Mai 1893 abgehaltene sechzigjährige Jubelfeier der „Erziehungsanstalt am Graben" '(Pfeiffersches Institut)' zu Jena. (Daran m. bes. Seitenzählg: Mitteilung.) Jena, G. Neuenhahn Univ.-Buchdr., 1893; VI, 34, 12 S. 8.
Jena, Pfeiffer'sche Lehr- u. Erziehungs-A, P 1893**

Pocken und Impfung. Von Stadtarzt Dr. E[rnst] Pfeiffer, Hamburg. *Halle a. S.: C. Marhold 1904.* (18 S.) 8° [F.]
= Volksbücherei, Medizinische. H. 4.

Pfeiffer, Ernst, aus Striegau: Die Revuereisen Friedrichs des Großen, besonders die Schlesischen nach 1763, und der Zustand Schlesiens von 1763—1786. *Berlin (1903): E. Ebering.* (30 S.) 8° ¶ [Erschien vollst. 1904 als: Hist. Studien, H. 44.]
Berlin, Phil. Diss. v. 11. Nov. 1903

Die Revuereisen Friedrichs des Grossen besonders d. Schlesischen nach 1763 u. d. Zustand Schlesiens von 1763–1786. Von Dr. Ernst Pfeiffer. *Berlin: E. Ebering 1904.* (186 S.) 8°
= Studien, Historische. H. 44. [04.03] 2

Pfeiffer, Ernst, s.: Taschenbuch, schulhygienisches.

Zwei vermeintliche Templerdenkmale. Von Ernst Pfeiffer. 8⁰
Aus: Zeitschr. f. Kulturgesch. F. 4 (1897) S. 385—419.
Mit 7 Taf. Gegen die Behauptung von J. v. Hammer-Purgstall, dass 2 bei Essarois u. Volterra gefundene Steinkästchen Templer-Mysterienkästchen seien, die der Ophitengnosis angehören. 358.

Pfeiffer, Ernst [cand. med. aus Weimar]: Ueber die Züchtung des Vaccineerregers in dem Corneaepithel des Kaninchens, Meerschweinchens und Kalbes ... (Aus: Centralbl. f. Bakteriol., Abth. 1 Bd. XVIII.) Jena, G. Fischer, 1895; 16 S., 3 Taf. 8.
Jena, Med. Fak., Inaug.-Diss. v. [24. Dez.] 1895

Pfeiffer, Eug., Lebensfreude u. Lebensleid. Gedichte. 8. (79 S.) München 900. A. Freund. 1.50

Pfeiffer, F., internationales Adressbuch der gesammten Metall-Industrie, s.: Reiner, J.

— internationales Adreßbuch der Textil-Industrie, s.: Köstler, C.

Pfeiffer, F., Anglikana. Bilder aus Englands kirchl. Leben. 8. (150 S.) Hamburg 890. Agentur d. Rauhen Hauses. n. 1.60

Pfeiffer, F., David, der Erwählte Gottes. Ein Zeit- u. Lebensbild. gr. 8. (VII, 142 S.) Anklam 893. A. Schmidt. n. 2. —; geb. in Leinw. n. 2.50; m. Goldschn. n. 3. —

—— Der leidende Gottesknecht. Passionsbetrachtungen üb. Jesaias 52,13—53,12. 8°. (45 S.) München 892, Beck. * — 80

Pfeiffer, F., Voraussetzungen der Wellhausenschen Theorie. [Aus: „Beweis d. Glaubens".] gr. 8. (43 S.) Gütersloh 896. C. Bertelsmann. n. — 60

—— Die Zurückgewinnung der Entkirchlichten unter den gebildeten Volksklassen, s. Sammlung theol. u. sozialer Reden u. Abhandlgn.

Pfeiffer, F. B., s.: Jahrbuch, volkswirthschaftliches, des Königr. Serbien.

Pfeiffer, Ferdinand: Gemeindeländereien im Kreise Malmedy. Eschweiler 1907: C. Herzog. (76 S.) 8°
Freiburg i. B., Rechts- u. staatsw. Fak., Ref. Fuchs, Diss. v. 1907
[Geb. 3. Mai 80 Büllingen (Reg.-Bez. Aachen); Wohnort: Büllingen; Staatsangeh.: Preußen; Vorbildung: Gymn. Münstereifel Reife O. 01; Studium: Bonn 1, Landw. Hochsch. Poppelsdorf 7, Freiburg i. B. 3 S.; Rig. 16. Febr. 07.]

Pfeiffer, Ferdinand Friedrich: Gedanken über Versicherungs-Anstalten, hauptsächlich zum Vorteile der Landwirtschaft entworfen. Stuttgart 1780.

— Probeschrift von d. Luxus der heutigen europ. Staaten. 4. Stuttg. 779.

Pfeiffer, Fr., Beschreibung u. Geschichte der Stadt Göppingen. Nebst Anh.: Umgebung der Stadt u. Ausflüge auf die Schwäbische Alb. Mit 1 (lith.) Karte. 8. (VI, 112 S.) Göppingen 885. Herwig. geb. 3. —

Pfeiffer, Franz

Pfeiffer, Frz., Anleitung zur Berechnung der ebenen Flächen mit 2000 Aufgaben unter Zugrundelegung der neuen Maße. Baden-Baden 870. Wild. 8. (IV, 45 S. mit 1 Steintaf.) n. 7 ngr.

Pfeiffer, Frz., zwei deutsche Arzneibücher aus dem 12. und 13. Jahrhundert mit einem Wörterbuche. Lex.-8. (93 S.) Wien 863, (Gerold's Sohn.) *
Aus: Sitzungsberichte der k. Akademie der Wissenschaften, besonders abgedruckt.

Pfeiffer, Franz (Mitarb.), s. Arzneibücher, Zwei deutsche, aus dem XII u. XIII.Jahrhundert.

Pfeiffer, Franz, Beiträge zur geschichte der mitteldeutschen sprache und litteratur, s. Beiträge.

—— Berthold v. Regensburg. Vollständige Ausgabe seiner Predigten mit Anmerkungen und Wörterbuch. (In 2 Bdn.) 1. Bd. gr. 8. (XXXV und 575 S.) Wien 862, Braumüller, *

Pfeiffer, Franz, s. Bibliothek des litterarischen Vereins in Stuttgart V, VII, IX, XIX.

Pfeiffer, Franz, Briefwechsel zwischen Joseph Freiherrn von Laßberg und Ludwig Uhland. Mit einer Biographie Franz Pfeiffers von Karl Bartsch und den Bildnissen von Pfeiffer, v. Laßberg und Uhland. 1870. gr. 8. (CVII u. 342 S.) Wien, Braumüller. 6 fl.

Pfeiffer, Frz., deutsche Classiker des Mittelalters, s. Classiker.

Pfeiffer, Frz., s. Dichter d. deutsch. Mittelalters, 3. u. 4. Bd.

—— der Dichter des Nibelungenliedes. Ein Vortrag gehalten in der feierl. Sitzung der k. Akademie der Wissenschaften am 30. Mai 1862. gr. 8. (48 S.) Wien 862, (Gerold's Sohn.) * *

Pfeiffer, Frz., das Donauthal, s. Jahrbuch für vaterländ. Geschichte.

—— Meister Eckhart, s. Mystiker, deutsche.

Festrede zum Schillerjubiläum 1859 an der Universität Wien von Prof. Dr. Franz **Pfeiffer**. Zur 150. Wiederkehr von Schillers Geburtstag hrsg. von Bertold Pfeiffer. Als Hs. gedr. (Stuttgart 1909: Kohlhammer.) 16 S. 8° (09. 18169 7

— freie Forschung. Kleine Schriften zur Geschichte der deutschen Litteratur u. Sprache. Wien 867. (Leipzig, Fues's Verlag.) 8. (XIV, 463 S.) n. 2 ℛ

— Forschung u. Kritik auf dem Gebiete des deutschen Alterthums. I. (Heft). (Aus den Sitzungsber. der k. Akad. der Wissensch.) Ebend. 863. gr. 8. (85 S.) n. 12 ngr.

— Forschung und Kritik auf dem Gebiete des deutschen Altertums. 1. Teil (mit 1 Faksimile). 1. Über Meier Helmbrecht. 2. Zu Barlaam und Josaphat. 3. Bruchstücke eines Gedichtes auf König Ludwig den Baier. — Anmerkungen und Verzeichnis der erklärten Wörter. S. 41. 286 . . . . „ 1.20
Separatabdruck

— Forschung u. Kritik auf dem Gebiete des deutschen Alterthums. II. (Heft.) [Aus den Sitzungsber. der k. Akad. der Wiss.] Wien 866. (Gerold's Sohn.) Lex.-8. (86 S. mit 1 Facs.) n. 16 ngr.

— Forschung und Kritik auf dem Gebiete des deutschen Altertums. 2. Teil: Lorscher Bienensegen (mit 1 Faksimile). S. 52. 3 . . . . „ 1.60
Separatabdruck

— Germania, s. Germania.

Pfeiffer, Frz., prakt. Guitar(r)e-Schule, enthaltend: leichte u. fortschreitende Originalsätze für eine Guitar(r)e. Fol. Wien 830. Czerny. 1 ℛ

—— Konrad v. Megenberg, das Buch der Natur, s. Konrad v. Megenberg.

Pfeiffer, Frz., die Kraft, erbaulich zu predigen. 8. (36 S.) Berlin 883. Deutsche Evangel. Buch- u. Tractat-Gesellschaft. n. — 30

Pfeiffer, Franz & F. Fellner. Die Weingartner Liederhandschrift. Herausgegeben von Franz Pfeiffer und F. Fellner. Stuttgart, gedruckt auf Kosten des literarischen Vereins 1843.
XIV S., 1 Bl., 336 S. m. 25 kol. Holzschn.; 1 Titelbild in kol. Holzsch., 1 Taf. in Lithogr. 8°.
(Bibliothek des literarischen Vereins. Bd. 2, 1.)

Pfeiffer, Frz., zur deutschen literaturgeschichte. Drei untersuchungen. Stuttgart 855. Fr. Köhler. (Aue.) 8. (87 S.) n. 20 ngr.

Pfeiffer, Frz. (II.), das Melker Marienbild. Aus Fr. Pfeiffer's Nachlass in photograph. Nachbildung hrsg. und eingeleitet von Jos. Strobl. Mit einer Musikbeilage von Ludw. Erk. gr. 4. Wien 870, Braumüller. *

Pfeiffer, Frz., Marienlegenden. Dichtungen des 13. Jahrh. mit erläut. Sach- und Wort-Erklärungen. Neue (Titel-)Ausg. 8. (XXIV und 275 S.) Wien (846)63, Braumüller. *

Pfeiffer, Frz., s.: Mystiker, deutsche, des 14. Jahrh.

— Quellenmaterial zu altdeutschen Dichtungen. I. u. II. (Heft.) [Aus d. Denkschriften d. k. Akad. der Wiss.] Wien, (Gerold's Sohn.) gr. 4. [I. (III, 72 S.) 867. n. 1 ℛ 5 ngr., II. (III, 90 S.) 868. n. 1 ℛ 14 ngr.] n. 2 ℛ 19 ngr.

—— Reisebericht über die in Salzburg und Tirol angestellten Weisthümer-Forschungen. Lex.-8. (32 S.) Wien 866, (Gerold's Sohn.) * *
Aus: Sitzungsberichte der k. Akad. der Wissenschaften, besonders abgedruckt.

Pfeiffer, Frz., des Schwäbischen Ritters Georg von Ehingen Reisen nach der Ritterschaft, s. Bibliothek des litterarischen Vereins in Stuttgart, Bd. 1.

Spurgeon als Kanzelredner. Von F[ranz] **Pfeiffer**, P. in Berlin. *Gr. Lichterfelde-Berlin: E. Runge (1899).* (22 S.) 8° [F.]
Aus: Kirchl. Monatsschrift.
— Hefte f. evangel. Weltanschauung u. christl. Erkenntnis. Ser. 1, No 10. (04. 9996 11

Pfeiffer, Frz., s.: Theologia, deutsch.

— altdeutsches Uebungsbuch zum Gebrauch an Hochschulen. Wien 866. Braumüller. gr. 8. (VIII, 206 S.) n. 1 ℛ

— Ludwig Uhland. Ein Nachruf. Wien 862. Gerold. 8. (22 S.) n. 4 ngr.

—— über Walther v. der Vogelweide. gr. 8. (44 S.) Wien 860, [Gerold's Sohn.] *
Aus: Pfeiffer's Germania, besonders abgedruckt.

Pfeiffer, Franz [Hrsg.], s. Walther von der Vogelweide: Werke.

—— über Wesen und Bildung der höfischen Sprache in mittelhochdeutscher Zeit. Lex.-8. (22 S.) Wien 861, (Gerold's Sohn.) *
Aus: Sitzungsberichte der k. Akademie der Wissenschaften, Jahrg. 1861, besonders abgedruckt.

Pfeiffer, Franz Xaver, Beamter d. preuss. Central-Genossenschaftskasse zu Berlin: Das landwirtschaftliche Genossenschaftswesen in der bayrischen Pfalz. Speyer 1909: Jaeger. 128 S. 8°
Freiburg i. B., Rechts- u. staatsw. Diss. v. 1909, Ref. v. Schulze-Gävernitz
[Geb. 26. Juni 82 Rheinzabern; Wohnort: Steglitz; Staatsangeh.: Preußen; Vorbildung: Gymn. Speier Reife Juli 01; Studium: Heidelberg 3, Freiburg i. B. 3, Berlin 3 S.; Rig. 20. Febr. 09.] [U 10. 943

Pfeiffer, Frz. Xaver, Geschichte d. Glocken u. Orgel in d. Pfarrkirche zu Rheinzabern. gr. 8. (31 S.) Speyer 895. (Jäger.) n.n. — 50

Pfeiffer, Freimund, göttinger Burschenlieder. 16. (3 B.) Bremen 842, Geisler.

Pfeiffer, Freimund, Goethes Friederike. Ein Anh.: Sesenheimer Liederbuch. 8. (10 B.) Leipzig 841, Engelmann.

—— Goethe u. Klopstock. Mit Beilagen. gr. 12. (11½ B.) Leipzig 842, [Carl Engelmann jun.]

—— Sie sollen ihn nicht haben, od. d. Dichters Vergangenheit, Gegenwart, Zukunft. Eine Farce. gr. 12. (1⅓ B.) Bremen 841, Geisler.

Pfeiffer, Friedrich, Referendar aus Heringen a. Werra: Die Anfechtung des Erbvertrags nach dem Rechte des Bürgerlichen Gesetzbuchs für das Deutsche Reich. *Borna-Leipzig 1904: R. Noske.* (VIII, 53 S.) 8°
Leipzig, Jur. Diss. v. 1904

Pfeiffer, Frdr., Bekenntniß u. Abwehr in brennenden Fragen der hessischen Kirche u. der evangelischen Kirche überhaupt. Zugleich e. Beleuchtg. der neuerdings bezüglich der hess. Kirchenfrage veröffentlichten Anschaugn. auf Grund der heiligen Schrift, der Bekenntnisse u. kirchengeschichtlich-kirchenrechtl. Thatsachen. Nebst Anhang einiger Schriftstücke aus der Gegenwart. gr. 8. (79 S.) Kassel 871. Kay. n. 1. 25

— offener Brief an den kgl. Pfarrer der Staatskirche zu Widdershausen, Herrn Karl Herwig üb. die wahren u. die falschen Friedensprediger. 8. (32 S.) Kassel 876. Jungklaus in Comm. n.n. — 40

Pfeiffer, Frid (Carl) [illegible]
Berlin, Phil. Diss. v. 23. Febr. 1853

— Domestica od. Versuch zur Lösg. etlicher Fragen in Angelegenheiten der hess. Kirchenbewegg. gr. 8. (124 S.) Erlangen 875. Deichert. n. 2. —

Pfeiffer, Friedrich: Das die Raumkurven begleitende Dreikant. Würzburg 1910: Stürtz. 35 S. 8°
Würzburg, k. altes G P 1910* [S 10. 331

Pfeiffer, Friedr. (II.), s. Hahn's, K. A., mittelhochdeutsche Grammatik.

—— der Kampf der hessischen Kirche um ihre Freiheit und der General-Superint. Dr. Martin zu Cassel. Ein Beitrag zum Verständniß des kirchl. Kampfes in Hessen. gr. 8. (99 S.) Erlangen 874, Deichert. *

Pfeiffer, Friedr., altnordisches Lesebuch. Text. Grammatik. Wörterbuch. Lex.-8. (IX und 366 S.) Leipzig 860, T. O. Weigel. *

Pfeiffer, Fried., Programm der Socialdemokratie und seine politisch-ökonomische Entwickelung. 1. Heft. 8°. Wien, Selbstverlag, 1869.

Pfeiffer, Friedrich: Das ross im altdeutschen. Breslau 1855. (46 S.) 8° *[Buchausg. 1855 bei Gosohorsky in Breslau.]*
Breslau, Phil. Fak., Hab.-Schr. v. 9. Mai 1855

Pfeiffer, Friedr., das ross im altdeutschen. Breslau 855. (Gosohorsky.) gr. 8. (2 Bl., 47 S.) n. 10 ngr.

— untersuchungen über die Repgowische chronik. Breslau 854. Gosohorsky. gr. 8. (3 Bl., 82 S.) n. 15 ngr.

Pfeiffer, Friedrich: Über die W-Flächen mit der Relation $2(R_1-R_2) = \sin 2(R_1+R_2)$ 2 zwischen den Hauptkrümmungsradien R_1 und R_2. 1907. 60 S., 5 Taf 8°
München, Dr.-Ing.-Diss. v. 19. 7. 1907

Pfeiffer, Friedrich Karl, pract. Arzt: Indikationen und Technik der Embryotomie. *Königsberg i. Pr. 1900: H. Jaeger.* (49 S.) 8°
Königsberg, Med. Diss. v. 30. Juli 1900

Pfeiffer, Friedr. Wilh., Beiträge zur Flußpolizei- u. Flußbaukunde, oder Vorschläge zur Verminderung u. Beseitigung der Ueberschwemmungen von Wiesenthälern, in prakt. Beispielen für Polizei-, Bau- u. Verwaltungsbeamte, Gemeinden, Gutsbesitzer u. Landwirthe. gr. 8. (8½ B.) Hof 842, (Grau.) *

—— Unter welchen Voraussetzungen bildet die heutige Volksschule zeitgemäß? Vortrag, gehalten auf der 4. Hauptversammlung des bayr. Lehrervereins am 1. Septbr. 1869 zu Würzburg. gr. 8. (32 S.) Würzburg 869, Stuber. *

Pfeiffer, Frdr. Wilh., die Volksschule d. 19. Jahrhunderts in Biographien hervorragender Schulmänner. Im Verein m. mehreren Freunden hrsg. 1—12. Lfg. gr. 8. (S. 1—786 m. 10 Photogr.) Nürnberg 872—74. Korn. n.n. 9. 25

—— einige Worte über die kirchliche Stellung des Pfarrers Kolbe zu Marburg und seiner Gesinnungsgenossen zu dem unirten Gesammtconsistorium für den Regierungsbezirk Cassel. gr. 8. (46 S.) Cassel 874, (Jungklaus.)

— einige Worte üb. die kirchliche Stellung d. Pfarrers Kolbe zu Marburg u. seiner Gesinnungsgenossen zu dem unirten Gesammtconsistorium f. den Regierungsbezirk Kassel. gr. 8. (46 S.) Kassel 874. Klaunig. — 40

Pfeiffer, Fritz [aus Stetten a. k. M. (Grossh. Baden)]: Beitrag zur Lehre von dem Enchondrom des Beckens. . . . Erlangen, k. b. Hof- u. Univ.-Buchdr. v. Fr. Junge (Junge & Sohn), 1890; 46 S. 8°
Erlangen, Med. Fak., Inaug.-Diss. v. 26. Jul. 1889

Pfeiffer, Fritz: Umschreibung des Verbums im Französischen durch aller, venir + Gerundium, être + Participium Praes. und durch die reflexive Konstruktion. Göttingen 1909: Dieterich. XIX, 74 S. 8°
Göttingen, Phil. Diss. v. 16. April 1909, Ref. Stimming
[Geb. 23. Aug. 83 Kassel; Wohnort: Kassel; Staatsangeh.: Preußen; Vorbildung: Realgymn. Kassel Reife O. 03; Studium: Marburg 3, Göttingen 7 S.; Rig. 25. Nov. 08.] [U 09. 1391

Pfeiffer, G.

— das Leben des Valerius Herberger, weil. Pastors am Kripplein Christi zu Fraustadt. Nach geschichtlichen Quellen f. das deutsche Volk bearb. 8. (III, 204 S.) Eisleben 877. Christl. Verein im nördl. Deutschland. geb. — 98

— s.: Monatsschrift, kirchliche.

Pfeiffer, G. Frdr. Heinr., keinen Bandwurm mehr! Oder: Mittheilung einer neuen Methode, den Bandwurm sicher u. leicht aus dem Darmkanale zu vertreiben. Nebst Zusammenstellung der bisher gebräuchlichsten Mittel rc. Eine Schrift für Aerzte u. Nichtärzte. 8. (29 S.) Quedlinburg 847, Basse. 1/3 ₰

Pfeiffer, G. Friedr. Heinr., keinen Bandwurm mehr! Oder: Mittheilung einer neuen Methode, den Bandwurm sicher und leicht aus dem Darmkanale zu vertreiben. Nebst Zusammenstellung der bisher gebräuchlichsten Mittel. Eine Schrift für Aerzte und Nichtärzte. 8. (29 S.) Quedlinburg 848, Basse.

— die Gicht heilbar! Ihre wahre Ursache, Sitz, Wesen und Verlauf, nebst einer einfachen und zweckmäßigen Heilmethode, begründet auf langjähr. genaue Beobachtung und Erfahrung. 8. (84 S.) Quedlinburg 848, Basse.

— die Vereinigung und Heilung des Schlüsselbeinbruches, des Schenkelhalsbruches und des Querbruches der Kniescheibe mit neuen Verbänden und Verbandmaschinen, so wie Mittheilung einiger prakt. Regeln bei der Einrichtung und bei der Behandlung dieser Knochenbrüche etc. gr. 4. (94 S. mit 2 Stnt. in qu. 4.) Quedlinburg 848, Basse.

Pfeiffer, G. W., Erinnerungskränze aus Zweigen der Vergangenheit Frankfurts. 2 Bdchn. Frankfurt a. M. 851. (Boselli.) 8. (V, 234; 2 Bl., 195 S.) n. 1 ₰.

— Klänge und Bilder aus Frankfurt und Sachsenhausen. Den Freunden des Scherzes in heimischer Mundart dargebracht. 2., mit e. Wort- und Redensarten-Erklärung versehene Aufl. Frankfurt a. M. 854. Boselli. 8. (2 Bl., 103 S.) n. 12 ngr

Pfeiffer, G. W., Klänge u. Bilder aus Frankfurt u. Sachsenhausen. Den Freunden des Scherzes in heim. Mundart dargebracht. Neuer unveränd. Abdr. Mit e. Einleitg. v. Frz. Rittweger. (166 S.) 8. Frankfurt a/M. 904. J. Strauß. n. 1. —

Pfeiffer, G. W., der Mann aus dem Römer, s. Mann, der rc.

Pfeiffer, G. W., actenmäß. Nachrichten üb. d. Gaunergesindel am Rhein u. Main u. den an diese Gegenden grenzenden Ländern. gr. 8. (16 B.) Frankfurt a. M. 828, Sauerländer.

— Frankfurter Novellen. Culturgeschichtliche Bilder aus der Vergangenheit einer Reichsstadt: Der Judenarzt, culturgeschichtl. Bild aus den Zeiten der Geißlerzüge und der Jugendverfolgungen im 14. Jahrh. — Der türkische Gesandte, culturgeschichtl. Bild aus den Zeiten der Wahl und Krönung Maximilian II. im 16. Jahrh. 8. (VI und 480 S.) Frankfurt a. M. 858, Verlag für Kunst und Wissenschaft. Thlr.

— Frankfurter Novellen. Culturgeschichtliche Bilder aus der Vergangenheit einer Reichsstadt. Frankfurt a. M. 858. Hermann. 8. (VI, 480 S.) 1 ₰. 15 ngr

— Repertorium zur Geschichte der Reichsstadt Frankfurt a. M. Nach Kirchner's Geschichte der Stadt Frankfurt a. M., und, unter Verweisung auf die Seitenzahl dieses Werkes, zugleich ein vollständ. Register für dasselbe enthaltend. gr. 8. (IV und 140 S.) Frankfurt a. M. 856, (Boselli.) *

— der Stadthauptmann von Frankfurt. Eine historische Novelle aus Frankfurts Vorzeit. Frankfurt a. M. 860. Meidinger & Co. (Berlin, Janke.) 8. (358 S.) 2 ₰

Pfeiffer, Georg Joseph, Klinger's Faust. Eine litterarhistorische Untersuchung. Diss. Würzburg 1887. 8°. 108 S.
Die Schrift erschien vollständig, nach dem Tode des Verfassers hrsg. von Bernhard Seuffert, bei Gg. Hertz in Würzburg.

Pfeiffer, Geo. Jos. Klinger's Faust. Eine litterarhistor. Untersuchg. Nach dem Tode d. Verf. hrsg. v. Bernh. Seuffert. gr. 8. (IV, 167 S.) [Würzb. 890.] Dresd., Hertz. * 4 50

Pfeiffer, George J. O., von New-York (N. Am.): I. Furfuranderivate aus Naphtolen und Chloracetessigäther. II. Halogenderivate von Pyridinbasen aus Pyridincarbonsäuren. Zür. Orell Füssli Cie Dr. 1887. 63 S. 8°.
Zürich, Phil. Diss. [v. 22. April 1887].

(Pfeiffer, G[eorges].) Eine Besteigung des Mont-Blanc. [Illustriert.] 8. (Vevey [1899].)

(Pfeiffer, G[eorges].) Eine Besteigung des Mont-Blanc. ([Illustriert. Mit Reclame der] Gesellschaft für Peter's Milchchocoladen, Vevey. [Neuer Abzug.]) II+24 S. 8. (Vevey (Schweiz), Säuberlin & Pfeiffer, [1903].)

Pfeiffer, Gregor, aus Dragomiresti (Rumänien): Beitrag zur Kenntnis der substituierten Thioharnstoffe. Thiosemicarbazide und Thiotriazolone. Zürich 1904. 43 S. 8°. [2. VIII. 04.]
Zürich. Phil. Diss. II. S. 1904/1905.

Pfeiffer, Gregor. Beitrag zur Kenntnis der substituierten Thioharnstoffe, Thiosemicarbazide und Thiotriazolone. Diss. Phil. [II.] Univ. Zürich. 43 S. 8. Zürich, Buchdr. des Schweiz. Grütlivereins, 1904.

[F.] Der Agitator. Soziales Bild in 2 Aufz. v. Gustav Pfeiffer ... *Berlin: A. Hoffmann [1896].* (22 S.) 1 Bd 8. [97. 6705

Pfeiffer, Gust., die neugermanischen Bestandteile der französischen Sprache. gr. 8. (VIII, 108 S.) Stuttgart (902). (Greiner & Pfeiffer.) n. 2. —

Pfeiffer, Gustav. Die neugermanischen Bestandteile der französischen Sprache. Stuttgart 1902. H: *Gröber, Gustav.* (Berl)

Pfeiffer, G., fortlaufende Erklärung d. kleinen Katechismus Martin Luthers zum Schul- u. Confirmanden-Unterricht. Ein Handbuch f. Lehrer u. Schüler. gr. 8. (IV, 180 S.) Glogau 874. Flemming. n. — 80

Pfeiffer, G., fortlaufende Erklärung d. kleinen Katechismus Mart. Luther's zum Schul- u. Konfirmanden-Unterricht, insonderheit auch f. Präparanden-Anstalten u. Seminare, Gymnasien, Realschulen u. höhere Töchterschulen. Ein Handbuch f. Lehrer u. Schüler. 2., verb. Aufl. 8. (IV, 161 S.) Magdeburg 889. E. Baensch jun. n. — 75

Pfeiffer, G., kurzgefaßte Erklärung des kleinen Katechismus Dr. Mart. Luthers, nebst einer Uebersicht über die Geschichte der Kirche und des geistlichen Liedes und einem Anhang von 60 Kirchenliedern aus der neueren und neuesten Zeit, sowie einigen geistl. Dichtungen für die Volksschule bearb. gr. 8. (II, 95 S.) Glogau 876, Flemming. geb. *

Pfeiffer, G. (I.), kurzgefaßte Erklärung des kleinen Katechismus Dr. Mart. Luther's, nebst einer Übersicht über die Geschichte der Kirche und des geistl. Liedes und einem Anhang von 60 Kirchenliedern aus der neueren und neuesten Zeit, sowie einigen geistl. Dichtungen, für die Volksschule bearb. 2. Aufl. gr. 8. (IV, 108 S.) Glogau 882, Flemming. geb. * — 60

Pfeiffer, G., kurzgefaßte Erklärung des kleinen Katechismus Dr. Mart. Luthers, nebst einer Überſicht über die Geschichte der Kirche und des geistl. Liedes und einem Anhang von geistl. Liedern und Gebeten für den Schul- und Konfirmanden-Unterricht. 3. verb. Aufl. 8. (156 S.) Glogau 885, Flemming. geb. *

Pfeiffer, G., kurzgef. Erklärg. d. kleinen Katechismus Dr. Martin Luthers, nebst e. Übersicht üb. d. Geschichte d. Kirche u. d. geistl. Liedes u. e. Anh. v. geistl. Liedern u. Gebeten f. d. Schul- u. Konfirmanden-Unterricht. 5. Aufl. 8. (156 S.) Glogau (892). C. Flemming. Geb. n. — 60

Pfeiffer, G., kurzgefaßte Erklärung des kleinen Katechismus Dr. Martin Luthers nebst e. Übersicht üb. die Geschichte der Kirche u. des geistlichen Liedes u. e. Anh. v. geistlichen Liedern u. Gebeten, f. den Schul- u. Konfirmanden-Unterricht bearb. 6. Aufl. gr. 8. (IV, 152 S.) Glogau (899.) C. Flemming. Geb. n. — 60

Kurzgefasste Erklarung des Kleinen Katechismus Dr. Martin Luthers nebst e Übersicht uber d. Geschichte d. Kirche u. d geistl. Liedes u. e. Anh. von geistl. Liedern u. Gebeten f. d. Schul- u. Konfirmanden Unterr. bearb. von G[ustav] **Pfeiffer**, Superint. 7. Aufl. Glogau: C. Flemming [1904]. (IV, 152 S.) 8° [F.]

Pfeiffer, Gustav Formeln für den Inhalt der Kegelfläche 31 S. **Progr.** So. G *Berlin* 1882.

Pfeiffer, G. (II.), Formeln für den Inhalt der Kegelfläche. 4. (31 S.) Berlin 882, [Weidmann'sche Buchh.] Gaertner's Verlag. * 1 —

Pfeiffer, G., Leitfaden der Physik. 3. Aufl. Für Unterrichtszwecke der königl. Oberfeuerwerkerschule gedr. gr. 8. (VIII, 275 S. m. 69 autogr. Taf.) Berlin 901. Vossische Buchh. Kart. n. 4. —

Pfeiffer, Gustav, Dr. phil.: Ein Problem der romanischen Wortforschung. [1.]. Stuttgart: Greiner & Pfeiffer 1900. 40 S. 8° ¶ Auch als Buch; 2. (S. 41—60.) 1900; die auf S. 60 angekündigte weitere Forts. erschien nicht.
Stuttgart Te. H., Hab.-Schr. v. 11. 3. 1898

— ein Problem der romanischen Wortforschung. gr. 8. (40 S.) Ebd. (899). n. 1. —

Pfeiffer, H., die weiße Taube od. Schicksale e. Auswandererfamilie. Mit 8 Orig.-Illustr. v. E. Zimmer. (IV, 343 S.) Lex.-8. Elberfeld (903). S. Lucas. Geb. 3. —

Die weiße Taube oder Schicksale einer Auswandererfamilie. Von H. **Pfeiffer**. Mit 8 Orig.-Ill. von E. Zimmer. *Elberfeld: S. Lucas [1904].* (343 S.) 4°(8°) [F.] [04. 6593

Pfeiffer, H., über den anaphylaktischen Temperatursturz u. seine praktische Bedeutung. (8 S.) gr. 8. Wien 909. A. Hölder. — 30
Sonderabdr. aus: „Sitzgsber. d. k. Akad. d. Wiss."

Pfeiffer, H. [Hrsg.]. s. Z e i t s c h r i f t f. Epidemiologie u. öffentl. Gesundheitspflege.

Pfeiffer, H. J., Tabellen zur Zinsenberechnung nach der deutschen Markwährung zum pract. Gebrauche f. gerichtl. Deposital-Kassen-Verwaltgn., bei denen nach der Verordng. vom 18. Juli 1849 verfahren wird, u. f. sonst. Kassen, welche nach dem Thaler-Decaden-Systeme zu rechnen haben. Capital: 30 bis 15000 Mark [von 30 zu 30 Mark berechnet]. Zeit: 1/2, 1 bis 11 Monate u. 1 Jahr. Zinsfuss: 2, 2 1/2, 3 u. 5%. qu. 4. (4 S.) Danzig 875. Homann. n. 1. —

Pfeiffer, Hans, Kloster Goldentron. Eine Erzählg. aus der Hussitenzeit. Mit Zeichngn. v. Karl Fahringer. (III, 215 S.) 8. Wien 904. Gerlach & Wiedling. n. 4. —; geb. n. 5. —

Pfeiffer, Hans: 10 Jahre T r a i n i n g - E i s k l u b 1888–1898. 1899, Wien 8°. 63 S.

Pfeiffer, Hans: Die Zusammensetzung der Bevolkerung des Großherzogtums Baden nach der Gebürtigkeit auf Grund der Volkszählung vom 1. Dezember 1900. Stuttgart 1909: Union. 172 S. 8° ¶ (Aus: Forschungen z. deutschen Landes- u. Volkskunde Bd 18.)
Freiburg i. B., Phil. Diss. v. 5. Juni 1909, Ref. Neumann
[Geb. 21. Nov. 83 Lorrach; Wohnort: Karlsruhe; Staatsangeh: Baden; Vorbildung. Realgymn. Karlsruhe Reife Juli 03; Studium: Karlsruhe Techn. Hochschule 3, Freiburg i B 6 S.; Rig. 6 Dez. 07] [U 09 1638

Pfeiffer, Hans. Die Zusammensetzung der Bevölkerung des Grossherzogtums Baden nach der Gebürtigkeit auf Grund der Volkszählung vom 1. Dezember 1900. Mit fünf Karten. S. 189—360 ⟨172 S.⟩. 8. Stuttgart, J. Engelhorn, 1909. (M. 7. —)
(Forschungen zur deutschen Landes- und Volkskunde .. hrg. von ... Dr. Fr[iedrich] G Hahn, Professor .... Band 18. Heft 3.)

Pfeiffer, Heinrich *Eduard* ['(aus Kirchditmold)']: **Der Feldzug Luckners in Belgien im Juni 1792 auf Grund unveröffentl. urkundl. Materials dargest. ... Leipzig, G. Fock, 1897; 79 S., 1 Tab., 1 Kt. 8.**
Leipzig, Phil. Fak., Inaug.-Diss. v. [16. Juni] 1897

PFEIFFER, Heinrich: Über Gefässwunden.- München: Wolf 1886. 35 S.
6.3.1886 - Chr 1885/86,17; Jv 1885/86,167
Diss. Ingolst.-Landsh.-Mchn.

Pfeiffer, Heinrich, über Gefässwunden. Diss. München 1886, A. Buchholz. 8°. 35 S.

Pfeiffer, Heinr., agrarische Irrthümer u. Sophismen, dargest. u. widerlegt. gr. 8. (23 S.) Hamburg 895. O. Meißner's Verl. — 50

Pfeiffer, Heinr., Agrarische Irrthümer und Sophismen dargestellt und widerlegt. gr. 8°. Hamburg, O. Meissner's Verl., 1896.

Pfeiffer, Heinrich [Red.]. s. W e i n b a u k a l e n d e r, Illustrierter.

Heinrich Gottfried Pfeiffers [Pfeiffer]Ausführliche Beschreibung rechtschaffener Aerzte und gründlicher Beweis wie selbige in ihren Curen mit vieler Gewißheit verfahren...Benebenst e. Vorr. Von dem leichtsinnigen Verfahren vieler Menschen, welche weder ihre Gesundheit zu erhalten, noch den Verlust derselben durch gehörige Mittel wieder zu ersetzen trachten... Otterndorf: Verf.; Hamburg: Kreitz [1767]. 391 S. 8°

Pfeiffer, Hermann (Darmstadt)
Zur vergleichenden Anatomie des Schultergerüstes und der Schultermuskeln bei Säugethieren, Vögeln und Amphibien.
Giessen: Dietzsch 1854. 51 S. u. 1 Taf.
Diss. med. 18. 8.1853. vorh. 26. 7.

Pfeiffer, Herm., Zur vergleichenden Anatomie des Schultergerüstes und der Schultermuskeln bei Säugethieren, Vögeln und Amphibien. Inaugural-Abhandlung. gr. 4. (52 S. mit 1 Stnt.) Giessen 854, (Ricker.) *

Pfeiffer, Herm., das Buch der Probleme, Kunststücke u. Gesellschaftsscherze. Gesammelt u. hrsg. (383 S. m. Abb.) 8. Leipzig 909. H. Zieger. Geb. 4. —

Pfeiffer, Hermann, aus Diez a. d. Lahn: **Die Einwirkung von Natrium und Amylalkohol auf Phenylamidoessigsäure.** *München 1898: V. Höfling.* (42 S.) 8°
München, Phil. Diss. v. 1898

Pfeiffer, Herm., das Fest der Tannenbäume. Märchen. (15 S. m. farb. Abbildgn.) qu. Fol. Darmstadt (906). H. Hohmann. Kart. n. 2. 50

Pfeiffer, *Alfred* Hermann [aus Chemnitz]: Über Lösungen von begrenzter Mischbarkeit ... (Aus: Zeitschr. f. physik. Chemie. IX. Bd. 4. Heft. 1892.) Leipzig, W. Engelmann, 1892; 37 S., 1 Bl. 8.
Leipzig, Phil. Fak., Inaug.-Diss. v. [27. Mai] 1892

Das Problem der Eiweißanaphylaxie mit besonderer Berücksichtigung der praktischen Antigendiagnose pro foro. Von Dr. Hermann **Pfeiffer**, Privatd., Graz. Festschrift d. Karl-Franzens-Univ. in Graz 1909/10. Mit 7 Kurven. Jena: Fischer 1910. 231 S. 8° [10. 14136

Die Vorschule der gerichtlichen Medizin dargest. f. Juristen von Dr. Hermann **Pfeiffer**. Mit 02 Abb. Leipzig: F. C. W. Vogel 1907. (VII, 294 S.) 8° [08. 116,0 ü

Pfeiffer, Hilmar, Gerichtsreferendar in Halle a. S.: Das Konnossement und der Ladeschein. Borna-Leipzig 1904: R. Noske. (VIII, 53 S.) 8°
Leipzig, Jur. Fak., Diss. v. 11. Okt. 1904
[Geb. 22. Nov. 75 Halle; Wohnort: Halle; Staatsangeh.: Preußen; Vorbildung: Stadtgymn. Halle Reife M. 97; Studium: Halle 8 S.; Rig. 22. März 02.]

Pfeiffer, Hubert. 1. Ueber Metaoxyaethyl-Benzoësäure; 2. Condensationsprodukte aus Aldehyden und Amidodiaethylanilin. Diss. Phil. Basel. 48 S. 8. Heidelberg, E. Geisendörfer, 1903.

Pfeiffer, Hugo, prakt. Arzt aus Berlin: Zur Ätiologie und Therapie des caput obstipum musculare. *Berlin (1900): G. Schade.* (55 S.) 8°
Berlin, Med. Diss. v. 23. März 1900

Pfeiffer, Hugo [Referendar aus Fulda]: Beiträge zur Interpretation des § 113 St. G. B. ... Marburg, Univ.-Buchdr. (R. Friedrich)', 1895; VIII, 56 S., 1 Bl. 8.
Marburg, Jur. Fak., Inaug.-Diss. v. [16. Dez.] 1895

Beiträge zur Interpretation des § 113 St. G. B. Von Hugo **Pfeiffer**. *Marburg: N. G. Elwert 1896.* (VIII, 56 S.) 8°
[Erschien auch als Inaug.-Diss. Marburg 1895.] [03. 13740 6

Pfeiffer, J., lyrische u. epigrammat. Bagatellen. gr. 12. Wien 825. (Mörschner u. J.) 16 gr.

Pfeiffer, J., Darmstädter Bauvorschriften nebst den wichtigsten gesetzlichen Bestimmungen im Bauwesen (zum praktischen Gebrauch). Zusammengestellt u. bearb. (VIII, 150 S.) gr. 8. Darmstadt 908. A. Bergstraeßer. 3. —

Pfeiffer, J., s. Volks-Bibliothek, wohlfeile.

Pfeiffer, J. C., de combustione corporum tam organicorum quam anorganicorum spontanea. Diss. inaug. 8. Götting. 809. Dieterich. 3 gr.

Pfeiffer, J. G., Vorlegeblätter für den Schönschreibunterricht in Volksschulen. (32 Blätter in Kupferstich.) qu. 4. Nürnberg 833. Endter'sche Buchh. 2/3 rthl.

Pfeiffer, J. E., das bayerische Notariat u. die authentica si qua mulier, an den dem gemeinen Rechte unterworfenen Orten. Augsburg 870. (Rieger.) gr. 8. (22 S.) 7½ ngr.

AULETES, Gratianus Agricola (d. i. *J. G. Pfeiffer*), Sonderbahre Reysen in ohnbekandte Länder (Ophir, Crapulien, Sevaramben). 3 Thle. Hanochia, Pazziville u. Sidenberg (Bremen). 1721—22. Sehr rar!
Weller ,fing. Dr.

Pfeiffer, I. Phil., Libri IV. antiquitat. graecar. 4. Königsberg. 707.

Pfeiffer, Jakob

Pfeiffer, Jak., Aufgabensammlung zum Lehrbuch der Arithmetik f. Latein-, Real-, Bürger- u. gewerbliche Fortbildungs-Schulen v. Frdr. Ustrich. gr. 8. (133 S.) München 894. J. Lindauer. Geb. in Leinw. n. 2. —

Pfeiffer, Jac., Auflösungen der in Meier Hirsch's Sammlung enthaltenen Aufgaben für die Gleichungen des ersten Grades mit einer unbekannten Größe durch einfache Schlüsse. Leipzig 861. Voß. gr. 8. (V, 54 S.) 6 ngr.

Pfeiffer, Jac., die Elemente der algebraischen Analysis zunächst für seine Schüler zusammengestellt. Leipzig 868. Voss. gr. 8. (V, 95 S.) n. 18 ngr.

Pfeiffer, Jak. „Ueber die Fourier'sche Integration der Gleichung $\frac{dv}{dt} = k \frac{d^2v}{dx^2}$"
pg. 3—18. 4". Albr. Volkhart.
Augsburg, Progr. 1857/58

Pfeiffer, J., Leitfaden der Arithmetik. Augsburg 863. Rieger. gr. 8. (IV, 106 S.) n. 12 ngr.

Pfeiffer, Ida, geb. Reyer, eine Frauenfahrt um die Welt. Reise von Wien nach Brasilien, Chili, Otaheiti, China, Ost-Indien, Persien u. Kleinasien. 3 Bde. 8. (1: VIII u. 186 S. 2: VI u. 226 S. 3: IV u. 326 S.) Wien 850, Gerold. (1 u. 2: 1⅔ rthl. 3: 1 rthl. 6 ngr.) 2 rthl. 26 ngr.

Pfeiffer, Ida, Reise nach Madagaskar. Nebst einer Biographie der Verf., nach ihren eigenen Aufzeichnungen. 2 Bde. Wien 861. Gerold. 8. (LVI, 376 S.) 2 rthl.

Pfeiffer, geb. Reyer, Ida, Reise nach dem skandinavischen Norden u. der Insel Island im J. 1845. 2 Bde. 12. (11½ B. u. 1 Karte der Südwest-Küste der Insel Island.) Pesth 846, Heckenast. Leipzig, Georg Wigand.

—— Reise einer Wienerin in das heilige Land, nähmlich: von Wien nach Konstantinopel, Brussa, Beirut, Jaffa, Jerusalem rc. und zurück über Malta, Sicilien, Neapel, Rom rc. Unternommen im März bis Dezbr. 1842. Nach den Notaten ihrer sorgfältig geführten Tagebücher. 4., verb. Aufl. 2 Bde. 8. (VIII und 339 S. mit 1 ill. Kupfrt. in qu. 4.) Wien 855(56,) Dirnböck.

Pfeiffer, Ida — Meine zweite Weltreise. Von — — Erster Theil: London. Das Kap der guten Hoffnung. Singapore. Borneo. Java. Zweiter Theil: Sumatra, Java, Celebes, die Molukken. Wien, 1856. Druck von Karl Gerold's Sohn. (X. 222 S. 280 S.)

Pfeiffer, Ida, meine zweite Weltreise. 4 Thle. Wien 856. Gerold. 8. (X, 222; 2 Bl., 260; 2 Bl., 207; 2 Bl., 192 S. u. 4 Holzschnitttaf.) 4 rthl.

Pfeiffer, Jo. Gottlob

Pfeiffer, J. Glo., Abweichungen von d. von ihm beschworn. symbol. Büch. 8. 730.

— — (Meißen), Commentatio exeget.-theol. psalmi omnium difficillimi LXVIII. Cuius partem priorem consentiente summe venerando theol. coll. in argumentum concertationis theol. Leipzig 28. u. 29. X. 1723. 1728. 72 S. (5.25) 26314

— celeberr. theologor. Consilia theol. 8. Lips. Junius. (Cnobloch.) 742.

-- **Jo. Gottlob,** De convenientia et differentia virtutum naturalium et supernaturalium. Diss. cum eruditis utriusque generis virtutum cultoribus primum. Leipzig (Schede) 18. II. 1708. 1719. (4.25) 26313

Pfeiffer, J. G., de lapidibus Deo positis ac dedicatis. Lips 1720. 4.

— meditamenta homiletica. 12. Lipsiae, Junius. 733.

— varior. auctor, miscellanea theol. 8. ibid. 736.

-- **Jo. Jak. Ernst** (Wetzlar), De successione descendentium legitima civili. Diss. jur. Marburg/Hessen (Ph. C. Muller) März 1742. 32 S. (4.75) 26316

Pfeiffer, Jo. Ludwig

Pfeiffer, Jo. Ludov. (Nassovico-Weilburgens.), auct. (praeside Jo. Friderico *Hertling*), dissertatio inaug. jurid. de *contractu simulato.* Heidelbergæ, Jo. Mayer, typogr. Aulico-Acad., 1711. 4°. Cart.

1 Bll. 23 S. — Dem kaiserl. u. kurpfälz. Feldmarschall Grafen Johann Ernst v. Nassau gewidmet.

Pfeiffer, Joachim Ehrenfried, vgl. Pfeiffer, August Friedrich.

— **Joachim Ehrenfried,** Discrimen quod inter confirmationem in Christum unctionem obsignationem et donationem spiritus arrhabonis intercedit ex II. Cor. I. Com. XXI. XXII. evolutum sistit ad pie celebranda sacra pentecostalia Frideric. Erlangens. cives excitans. Erlangen (Tetzschner) (1750). 20 S. (4.—) 26307

— elementa hermeneuticae univ. 8. Jenae, Cröcker. 743.

— historia resurrectionis Christi a contradictionibus objectis plane libera. 4. Erlang. 781.

Pfeiffer, Joachim Ehrenfried [Praes.], s. Hufnagel, Wilhelm Friedrich: De psalmis prophetias Messianas continentibus.

Pfeiffer, **Joach. Efrd., († d. 18. Oct. 1787.) institutiones hermeneuticae sacrae veterum atque recentiorum et proprias quasdam praeceptiones complexae. 8. Erlang. 771. (Heyder). 2 ℔**

Pfeiffer, I. Ehd., institutiones hermeneuticae sac. 8. Erlang. Walther. (Breuning.) 771.

Pfeiffer, Joachim Ehrenfried [Praes.], s. Massow, Johann Christian: De poenitentia philosophica.

Pfeiffer, Joachim Ehrenfried [Praes.], s. Schmidt, Johann: De vi et efficacia scripturae sacrae.

— resurrectionis dominicae veritas novo plane non indigens sciolorum examine. 4. Erlang. 782.

Pfeiffer, Johann

Pfeiffer, J., Gebet für evangelische Geistliche auf alle Tage der Woche, sowie vor und nach den Amtsverrichtungen. 16. (VI, 127 S.) Erlangen 870, Deichert. *

Pfeiffer, Johs., die Ordnung u. Form des Hauptgottesdienstes an Sonn- u. Festtagen in der evangelisch-luther. Kirche Bayerns, sowie der Tauf-, Confirmations- u. Beichthandlung in Frag u. Antwort ausgelegt. Nürnberg 869. Löhe. 16. (85 S.) n. 3 ngr.

Pfeiffer, Johann Abraham

— — De diebus juridicis Vom Amts- und Gerichts-Tägen. Präs. Peter Müller. Jena (Ehrich) 24. IX. 1687. 1711. (5.25) 26309

Pfeiffer, Johann Baptist

Pfeiffer, J. B., Eisenbahn-Reisekarte durch die Königr. Bayern und Würtemberg, das Grossherzogth. Baden. Nach den neuesten Materialien gezeichnet. Fol. München 871, (J. A. Finsterlin.) *

Pfeiffer, Johann Bapt.: Eisenbahn-Reise-Karte von Lindau nach München bis Hof. München 1851. 1 Bl. c. L.

Pfeiffer, J. B., neueste Eisenbahn-Reisekarte durch das südliche Deutschland und durch einen grossen Theil der angrenzenden Staaten. Sämmtliche Staats- und Ostbahnen mit allen Stationen und Anhaltstellen nebst besond. Berücksicht. auf die den Bahnlinien zunächst gelegenen Ortschaften. Nach den neuesten und besten Hilfsmitteln bearb. Fol. München 872, J. A. Finsterlin. *

Pfeiffer, Joh Bapt., Karte der Königliche Bayern und Würtemberg nebst dem Grossherzogthum Baden nach der neuesten Gerichtseintheilung ... bearb. u. gez. Augsburg [1862?] 4 Bll . . . . (Br. Mus.)

Landwehr - Karte von der Dislocation der — des Königr. Bayern. Entw. von J. B. Pfeiffer. 1 Bl.

—— neueste Karte von Deutschland, Holland, Belgien, Schweiz und einem grossen Theile der angrenzenden Staaten. Nach den besten Hülfsmitteln gezeichnet. 3. Aufl. Fol. Mit alphabet. Ortsverzeichnise. gr. 8. (20 S.) München 874. Beck. *

Pfeiffer, J. Baptist. Karte zur Reise durch Salzburg, das Salzkammergut und Berchtesgaden nebst einem Theile von Tyrol bis Brixen und des baierischen Hochgebirges bis München. Bearbeitet und gezeichnet von . . . . gestochen von Karl Schleich in München 1855. Verlag und Eigenthum von Gregor Baldi in Salzburg. Druck von A. Wetteroth in Salzburg. Kupferstich. 1 Bl. 16½ Z. hoch, 20½ Z. br. Längen- und Breitengrade in 12 Theile getheilt, das Netz mit halbgradiger Linienentfernung. Sehr vollständige Terrainzeichnung mit Angabe der Höhen der Bergspitzen in Fußen und der Entfernung der Posten in Stunden. Mit Zeichenerklärung am unteren Rande.

— Karte zur Reise durch das Salzkammergut u. Berchtesgaden, nebst einem Theile v. Tirol bis Brixen u. d. bayerischen Hochgebirges bis München Bearb. u. gez. v J. B. Pfeiffer, in Kupf. gest. v. C Schleich. Neue, bis auf d. jüngsten Tage revid. u vervollst. Aufl.
Salzburg 1860.

Pfeiffer sen., J. B., Plan von München. Fol. München 869, Neuburger und Kolb. *

—— Plan von München. (Mit specieller Angabe der Hausnummern.) Fol. München 870, (Th. Ackermann.) *

Pfeiffer, J. B., neuester Plan von der Stadt Nürnberg. Fol. Nürnberg 870, Stein's Buchh. *

Pfeiffer, J. B., Specialkarte von dem Königreiche Bayern diesseits des Rheins und den angrenzenden Ländern. M. 1 : 125000 Nürnberg 1868 ff. 62 Bll. . . . (Br. Mus.)

Joannes Baptista Pfeiffer. Theses physicae et ethicae pro disputatione secunda, quas defendet ornatus ac eruditus Joannes Baptista Pfeiffer, Rheno-Tabernensis, utriusque physices et ethices auditor; oppugnabunt Ignatius Edelmann in hujate Athenaeo grammatices professor, et ornati et eruditi Josephus Ignatius Günther, Bruchsaliensis, Joannes Nepomucenus Rausch, Badensis, utriusque physices ac ethices auditores.
In principali Athenaeo Marchio-Badensi die . . . . Maji MDCCLXVIII. Horis ante et post meridiem consuetis. 4 S. Rastatt, P 1768

Pfeiffer, Johann Christoph, s.a. S a m m l u n g heiliger Reden.

Pfeiffer, J. C., Samml. heil. Reden. 2 Bde. 4. Erfurt. 752.

Pfeiffer, Jh. Cph., († d. 14. Juni 1768.) Traureden; nebst e. Vorrede; (hrsgg. v. C. F. Ludewig). gr. 8. Altenb. 769. Richter. (Hennings in Neisse). 10 gr

— Traureden. gr. 8. Altenb. Richter. (Academ. Buchh. in Jena.) 769.

Pfeiffer, Johann Christoph:
Traureden . . . Altenburg 1769. II: *Ludewig, Chph Frdr.* (Ky)

Pfeiffer, Johann Friedrich von: „Der Antiphysiokrat, oder umständliche Untersuchung des sogenannten physiokratischen Systems für eine allgemeine Freyheit und eine einzige Auflage auf den reinen Ertrag der Grundstücke", Frankfurt a. M. 1780 (Schäfer).

Pfeiffer, J. F. v., d. Antiphysiokrat, od. umst. Unterzeichn. des physiokrat. Systems. 8. Frankfurt, Eßlinger. 780.

(Pfeiffer, Johann Friedrich von): „Berichtigungen berühmter Staats-, Finanz-, Policey-, Cameral- und ökonomischer Schriften dieses Jahrhunderts", 6 Bände, Frankfurt a. M. 1781 bis 1784. Ebd. Vorh.: Preußische Staatsbibliothek Berlin, Univ.-Bibliotheken Münster, Göttingen, Kiel, Königsberg.

Pfeiffer, Johann Friedrich von: „Critische Briefe über wichtige und gemeinnützige Gegenstände aus allen Fächern, zur Beförderung der Menschenkenntniss, der Staats- und Landwirthschaft . . .", 4 Hefte, Offenbach 1784/1785.

Pfeiffer, Joh. Friedrich von (Hrsg.), s.a. B r i e f e . –
Krit. Briefe über wichtige ... Gegenstände aus allen Fächern ...

Pfeiffer, Johann Friedrich von: „Geschichte der Steinkohlen und des Torfes", Mannheim 1774.

PFEIFFER, Johann Friedrich v.: Geschichte der Steinkohlen und des Torfes, von dem Verfasser des Lehrbegriffs sämtlicher ökonomischer und Kameralwissenschaften - Mannheim 1775 104 S.

— Gesch. d. Steinkohlen u. d. Torfs. 8. Mannheim, Schwan u. G. 775.

Pfeiffer, Jh. Fr. v. Grundriss der Finanzwissenschaft. 8⁰. Frankfurt a. M. 1781 (Schäfer).

PFEIFFER, Johann Friedrich v.: Grundriss der Forstwissenschaft zum Gebrauche dirigirender Forst- und Kameral-Bedienten, auch Privatguts-Besitzer. Von dem Verfasser des Lehrbegriffs sämtlicher ökonomischer und Kameralwissenschaften. Mannheim 1781. 360 S., 1 Taf.

Pfeiffer, Johann Friedrich von: „Grundriss der Forstwissenschaft, zum Gebrauch dirigierender Forst- und Kameralbedienten, auch Privatguthsbesitzern", Mannheim 1781. (C. F. Schwan) (Anonym erschienen „von dem Verfasser des Lehrbegriffs sämmtlicher ökonomischen und Kameralwissenschaften"). — Vorh.: UB Heidelberg. — Signatur K 4247.

(Pfeiffer, Johann Friedrich von): „Grundriss der wahren und falschen Staatskunst", 2 Bände, Berlin 1778/1779. — Vorh.: Preuß. Staatsb. Berlin, UB Kiel und Greifswald.

Dass.s.a.:G r u n d r i ß ...

— Grundr. d. wahr. u. falschen Staatskunst. 2 Bde. gr 8. Berlin, Himburg. 779.

Grundriss der Staatswirthschaft, zur Belehrung angehender Landwirthe. (Von J. F. v. Pfeiffer). 8⁰. Frankfurt, Varrentrapp, 1782.

Grundsätze und Regeln der Staatswirthschaft. (Von Jh. Fr. v. Pfeiffer). 8⁰. Leipzig, W. Vogel, 1787.

— Grunds. d. Staatswissenschaft, herausgegeb. v. N. Moser. 8. Leipz. Crusius. (F. C. W. Vogel.) 783.

— — dasselbe. 8. Leipz. Gräff.

Pfeiffer, Johann Friedrich von: „Grundsätze und Regeln der Staatswirthschaft" (herausgegeben nach Pfeiffers Tode, von Niklas Moser), Leipzig 1788; neue Auflage ebenda 1791.

Pfeiffer, Johann Friedrich v.: „Grundsätze der Universal-Cameralwissenschaft oder deren vier wichtigsten Säulen, nämlich der Staatsregierungskunst, der Polizeywissenschaft, der allgemeinen Staatsökonomie und Finanzwissenschaft zu akademischen Vorlesungen und zum Unterricht angehender Staatsbedienter", Frankfurt a. M. 1783—1784, 2 Theile. — Vorh.: Preußische Staatsbibliothek Berlin (Signatur F 5574).

Pfeiffer, Jh. Fr. v. Grundsätze der Universal-Cameral-Wissenschaft, oder die vier wichtigen Säulen, nämlich die Staatsregierungskunst, die Polizeiwissenschaft, die Staatsökonomie und Finanzwissenschaft. 2 Thle. gr. 8⁰. Frankfurt a. M. (Schäfer) 1783, 1784.

PFEIFFER, Johann Friedrich v.: Lehrbegriff sämtlicher oeconomischer und Cameralwissenschaften. - Stuttgart 1764. 3 Tl. 311 S.

Pfeiffer, Johann Friedrich v.: „Lehrbegriff sämmtlicher ökonomischer und Cameralwissenschaften", 4 Theile, Mannheim — Stuttgart 1770/1778, 2. Auflage 1778/1779 (C. F. Schwan). — Vorh.: UB Göttingen (Signatur Polit. III 477/478); Theil 1 und 2: UB Kiel (Signatur Polit. 266); Theil 1—4 UB Greifswald (Signatur Ka 124). — 2. Auflage: Preußische Staatsbibliothek Berlin (Signatur Fe 1695/1378).

Dass.s.a.:L e h r b e g r i f f...

(Pfeiffer, Johann Friedrich von): „Die Manufacturen und Fabriken Deutschlands nach ihrer heutigen Lage betrachtet und mit allgemeinen Vorschlägen zu ihren vorzüglichsten Verbesserungs-Mitteln begleitet", 2 Bände, Frankfurt a. M. 1780, 1781 (Varrentrapp Sohn & Wenner). — Vorh.: Preuß. Staatsbibl. Berlin.

Dass.s.a.:M a n u f a k t u r e n...

Pfeiffer, Joh. Frdr. von, Die Manufakturen und Fabricken Deutschlands, nach ihrer heutigen Lage betrachtet ... Vom Verfasser des Lehrbegriffs sämmtlicher ökonomischen und Cameralwissenschaften. Bd. 1. 2. Frankfurt a. M. 1780—82. 8. (FBA.; D.)

Pfeiffer, Johann Friedrich von: „Nachricht an das Publikum von der Natur, den Bestandteilen, Eigenschaften, Zubereitung und Anwendung des Duckssteins oder des daraus bereiteten Ducksteins", Mainz 1784.

Pfeiffer, Johann Friedrich von: „Programm von der Nothwendigkeit und dem Nutzen der in den Churmaynzischen Landen auflebenden Bergwerks- und Schmelzwissenschaften", Mainz 1784.

Pfeiffer, Johann Friedrich von: „Natürliche, aus dem Endzwecke der Gesellschaft entstehende allgemeine Polizeywissenschaft", 2 Teile, Frankfurt a. M. 1779 (Schäfer).

Dass.s.a.:P o l i z e i w i s s e n - s c h a f t ,...

— natürl. ꝛc., allgem. Polizeywissensch. 2 Thle. 8. Frankf. Eßlinger. 779.

Pfeiffer, Johann Friedrich von: Allgemeine P o l i z e y - w i s s e n s c h a f t . Frankfurt a.M. 1779 u. 80.

— Prüfung d. beträchtl. Verbesserungsvorschl. z. Vermehr. d. Glückseligk. u. Macht Deutschl. 8. Frankf. Varrentrapp u. W. 786.
Dass.s.a.:P r ü f u n g...

Pfeiffer, Johann Friedrich [Praes.], s. R ü c k e r , Ernst Günther: De signis virtutum naturalium in genere.

PFEIFFER, Johann Friedrich: Allgemeine Sätze von der Glückseligkeit der Staaten, womit zu seinen Vorlesungen über die Kameralwissenschaften auf bevorstehendes Winterhalbjahr einladet. - Maynz 1782. 16 S.

Pfeiffer, Johann Friedrich von „Der Teutsche Seidenbau". Berlin 1748.

— entdecktes Verbesserungsmittel d. Steinkohlen u. des Torfs ꝛc. 8. Manh. 774. Schwan u. G. 5 gr

PFEIFFER, Johann Friedrich v.: Entdecktes allgemein brauchbares Verbesserungsmittel der Steinkohlen und des Torfes; nebst der Benutzungsart und aller daraus zu ziehenden Produkte, als eine Ergänzung der Steinkohlen- und Torfsgeschichte, von dem Verfasser des Lehrbegriffs sämtlicher ökonomischer und Kameralwissenschaften - Mannheim 1777 88 S

v. Pfeiffer, Johann Friedrich (anonym herausgegeben): „Vermischte Verbesserungs-Vorschläge und freye Gedanken über verschiedene den Nahrungszustand, die Bevölkerung und die Staatswirthschaft der Teutschen betreffende Gegenstände", Frankfurt am Main 1777/1778, 12 Stücke in 2 Bänden.

Pfeiffer, Johann Friedrich von (Herausgeber): „Vermischte Verbesserungs-Vorschläge und freie Gedanken über verschiedene, den Nahrungszustand, die Bevölkerung und Staatswirthschaft der Deutschen betreffende Gegenstände", Band 1 (= Stück 1—6), Band 2 (= Stück 1—6), Frankfurt a. M. 1778 (Esslinger). — Vorh.: UB Münster.

Pfeiffer, Johann Georg

Aequationum ſpecioſarum Reſolutio per Series ope Parallelogrammi Newtoniani, quam ad Inſtitutionem Celeberr. *Kaeſtneri*, dilucide evolvit M. *J. G. Pfeiffer*, Tubingae. Sumtibus Joh. Georgii Cottae. 4. 56 S. nebſt einer Kupfertafel. 1765.

Pfeiffer, Johann Georg, s.a. V e r s u c h e. Anleit. z. Verst. d. Offenbar. Joh.

Pfeiffer, J. Geo., Anleit. z. sich. Verst. d. Offenbar. Johann. 8. Stuttgart, Erhard. (Löflund.) 788.
Rthlr.

Pfeiffer, Johann Jakob

— Anweis. f. Prediger, zur treuen Führung ihres Amtes. gr. 8. Marb. 789. Krieger. 1 rthl

— **Joh. Jakob** (Frankfurt / Main), Diss. phil. de שיבה Messia Gen. XLIX. 10. Präs. Johann Reinhard Rus. Jena (Werther) 28. X. 1719. 72 S. (5.25) 26315
Widm. v.: Johann Reinhard Rus.

Pfeiffer, Jh. Jak., († d. 26. Nov. 1791.) Entwurf zum Unterricht im Christenthume. 8. Minden 778. 2e A. 8. Cassel 783. 3e A. 785. 4e A. 791. N. A. 805. Mit Jahrz. 823. Ebd. Luckhardt. 4 gr

Pfeiffer, J. Jac., Entw. z. Unterr. im Christenth. 8. Cassel, Aubel. 805.

— Predigten. 8. Cassel, Cramer. (Krieger in Marburg.) 776.

Pfeiffer, Johann Jakob, s. J. B. A. S p e y e r : Gründe ...

— Unterricht in d. christl. Religion. 8. Marb. ... N. A. 807. Krieger. 5 gr

Pfeiffer, Johann Josef

PFEIFFER, Joh. Jos. (1771—1808), G e d i c h t e (wobei üppige u. freie Sachen). Cöln, in Commiss. bey Heinr. Rommerskirchen. 1808. Gr. 8°.
Lat. Lett. 2 Bll., 378 S. (incl. 5 Bll. Inh.- u. Subscr.-Verz.). — *A. E.*: Bonn, gedr. bey P. Neusser. — Wenig bekannt u. selten!
H e r v o r z u h e b e n : Der neue Paris (46 achtzeil. Str., S. 1—24); Juno u. Ixion (S. 38—85, in Hexametern); Amor u. Hymen (S. 134—140, desgl.); Mercurs Sieg über Amor u. Cythere (46 achtzeil. Str., S. 241—264) etc. etc. Ferner: Die Eroberung von Maltha (sic!) 1798 (durch Bonaparte, der hier mit den „Franken" verherrlicht wird (S. 114—133, in Hexametern); Gero, Erzbischof von Cöln (im Romanzenton, S. 146—153) etc.

Pfeiffer, Jh. Jos., († d. 17. Oct. 1808.) Gedichte. 8. Cöln 808. u. 2r Thl. 809. Rommerskirchen. 1 rthl 8 gr

Pfeifer, Jh. Jos., Ino; lyrisches Drama in 3 A. gr. 8. Köln 809. Rommerskirchen.

— die Karolinger. Trspl. in 5 A. 8. Köln 807. Rommerskirchen.

— **Joh. Lorenz** (Erfurt), De summa et aeterna Christi Deitate, Ex Scriptura Sacra et Patribus Ante-Nicenis asserta, et χρισομάχοις inprimis opposita. Diss. histor.-theol. Leipzig (Brandenburger) 18. u. 19. IX. 1709. 56 S. (5.25) 26317
Widm. v.: Johann Sauerbrei.

Pfeiffer, J. Lor., hist. Herzensspiegel, n. Anleit. d. Decalogi. 8. Erfurt, Funk. 718.

Pfeiffer, Joh. Nep. Der Orden d. guten Hirten. Lebens-Skizze der ehrwürd. Mutter Stifterin u. ersten General-Oberin der Congregation Unserer Frau v. der Liebe d. guten Hirten Marie de Sainte Euphrasie Pelletier in Angers. Mit 1 Titelstahlst. 12. (VI, 310 S.) Regensb. 889, Pustet. * 1 60; geb. * 2 —

Pfeiffer, Joh. Phil., historisch-kritische Beiträge zur Geschichte Bruno's I., Erzkanzler's, Herzogs v. Lothringen u. Erzbischof's von Köln. (953—965.). Cöln 870. Boisserée. gr. 8. (47 S.) n. 10 ngr.

Pfeiffer, Johann Wilhelm

Pfeiffer, J. W., Erweckung z. Vaterlandsliebe. Eine Rede vor d. Abgange d. z. Vertheidigung d. Vaterlands eilenden Jünglinge. gr. 8. Berl. Maurer'sche Buchh. 813.

— geograph. Handtafeln üb. die ganze Erde, zunächst f. Märker, Pommern u. deren Gränznachbarn, nebst vollständ. Register. 4. Berl. 822. 2e A. 824. 3e A. 828. Petri. 6 gr

— geograph Handtafeln über die ganze Erde, zunächst für Märker, Pommern u. deren Gränznachbaren, nebst vollständ. Register. Neue Aufl. 4. Berlin 824, Petri.

Pfeiffer, Joh. Wilh., geograph. Handtafeln üb. d. ganze Erde. Ein allgemein verständl. Hausbedarf f. d. Einwohner d. Mark Brandenburg u. Pommern, wie auch Schlesiens u. Preuß. Sachsens sammt deren Gränznachbarn. 3., verm. u. verb. Aufl. 4. (9 B.) Berlin 828, Petri.

— Rede bei d. glänzendsten Feier uns. Zeit, näml. an d. Feste des Dankes f. die bei Leipzig zwischen d. 16.—19. Oct. 1813 erfochtenen Siege. gr. 8. Berl. 813. Maurers B. 3 gl.

— alle Varianten d. N. Test., in welchen d. berühmt. Schriftforscher von d. gewöhnl. Lesart ((Lectione recepta) abweichen. gr. 8. Berl. 817. Reimer. 10 gl.

Pfeiffer, Joh., die merkw. Varianten des N. T., in welchen die berühmt. Schriftforscher v. d. gewöhnl. Lesart abweichen. gr. 8. Berlin, Reimer. 817.

— geographische Wandtafel. Uebersicht des Wissenswürdigsten aus der neuesten Geographie. Bedarf für die Einwohner der Mark Brandenburg und deren Grenznachbarn. lana Fol. Berlin, Petri. 820.

—— geograph. Wandtafeln der Mark Brandenburg u. Pommern, wie auch Schlesiens u. Preuß. Sachsens. Fol. (4 Bl.) Berlin 828, Petri.

Pfeiffer, Jh. Wlh. H., s.a. Winke; wie man Kindern umschriftliche Gedanken vortrage.

Pfeiffer, J. W., Winke, wie man Kindern umschriftliche Gedanken vortrage. 8. Weimar, Hoffmann. 805.

Pfeiffer, Joseph (Bensheim)
Ueber das durch Entzündung fehlerhafte Frauenbecken.
Giessen: Brühl I. 1853. 83 S. (in Δ mit „Thesen")
Diss. med. 20.7.1853. vorh. 26. 7. 11. Δ.

Pfeiffer, Josef, Slovenische Militärsprache. Ein Handbuch für den Vorgesetzten im Verkehre mit Untergebenen. (Seidel's Militärsprachlehren. — Nr. 5.) 12. (168 S.) —.80
Wien: Seidel 1896.

Pfeiffer, Jos., sloven. Militär-Sprache, s.a. Seidel's Militär-Sprachlehren.

[J. u. Ant.] Erlebnisse eines reisenden Handwerksburschen. Wanderg durch Deutschland u. Dänemark vor 35 Jahren v. Julius Pfeiffer. *Stuttgart: R. Lutz 1897.* (IV, 243 S.) 1 Bd 8. [97 4457

— dem Irrenhaus entsprungen! Leben u. Schicksale d. Pf., Bürgers v. Sontheim O. A. Heilbronn — zuletzt in Wurmlingen O. A. Tuttlingen. Zwölf Jahre bei vollem Verstand im Irrenhaus Zwiefalten. Von ihm selbst erzählt als Flüchtling im Ausland. gr. 8. (256 S.) Ebd. 895. n. 1.80
Erschien auch in 6 Lfgn. à n. — 30.

Pfeiffer, Jul., Repetitorium aus d. deutschen Litteraturgeschichte f. Kandidaten d. einj.-freiw. Prüfg. 12. (XII, 100 S.) Nürnberg 898. C. Koch. n. 1.—

— Sendschreiben an d. Präsidenten d. württemb. Kammer der Abgeordneten, Hrn. Rechtsanwalt Fr. Payer, s.: Enthüllungen aus d. Bereiche d. Irrenwesens u. d. Rechtspflege, Hft. 1.

Pfeiffer, Jul., Taschenbuch der Handelskorrespondenz in deutscher u. russischer Sprache, s.: Taschenbücher der Handelskorrespondenz. X.

Pfeiffer, Jul., s.a. Taschenbuch der Handelskorrespondenz in russ. u. deutscher Sprache.

Pfeiffer, Jul., A. Markow u. S. Mandelkern, Taschenbuch der Handelskorrespondenz in russischer u. deutscher Sprache, s.a. Taschenbücher der Handelskorrespondenz.

Pfeiffer, Jul., Taschenbuch der Handelskorrespondenz in russischer u. deutscher Sprache, versehen m. e. Wörterbuch. 2 Tle. Unter Mitwirkg. v. A. Markow u. S. Mandelkern. gr. 8. (à VIII, 185 S.) Leipzig 891. G. A. Gloeckner à n. 3.—
1. Russisch-Deutsch. — 2. Deutsch-Russisch.

Pfeiffer, K., der Faustkampf (das Boxen), die ritterliche Art der Selbstverteidigung bei Abwehr überlegener Gegner nach englisch-amerikanischem System. Der beste Sport zur Stählg. u. Abhärtg. des Körpers, sowie zur Erlangg. v. Muskelkraft, Gewandheit, Mut u. Ausdauer. Mit 50 Abbildgn. nach photograph. Orig.-Aufnahmen u. 2 Übungstafeln. (VII, 102 S.) gr. 8. Leipzig (908). Modern-medizin. Verlag. 2.—

Pfeiffer, K., Der Faustkampf (D. Boxen), d. ritterliche Art d. Selbstverteidigung b. Abwehr überlegener Gegner nach englisch-amerikanischem System, m. Abb., nach photogr. Originalaufnahmen, 1. u. 2. Aufl., Leipzig, 102 S., 8°.

— Das Fußballspiel. Unter besond. Berücksicht. der Fußballregeln des deutschen Fußballbundes. Eine Anweisg., in kurzer Zeit regelrecht Fußball spielen zu lernen. Nebst Anh.: Das Rugbyspiel. (39 S. m. 15 Abb.) 8. Ebd. (910). —75

— Das Hockey-Spiel nebst Eishockey. (32 S. m. 15 Abb.) 8. Leipzig (910). F. W. Gloeckner & Co. —75

— Athletische Muskelkraft u. herkulische Körpergestalt durch Leicht-, Mittel- u. Schwer-Gewichts-Uebungen. Mit 40 Abbildgn. nach Orig.-Aufnahmen. (48 S.) gr. 8. Leipzig (908). Modern-medizin. Verlag. 1.50

— Das Rollschuhlaufen. (Roller Skating.) Ein Training des Körpers! Ein Sport f. jedermann! Unter besond. Berücksicht. des Figuren- u. Reigen-Laufens sowie der Tanzbeweggn. (VI, 63 S. m. 88 Abbildgn.) 8. Ebd. (909). 1.50

Pfeiffer, K., Der Schlittensport, m. besond. Berücksichtigung d. Rodelns sow. eingehender Besprechung der Bahnen aller Schlittensporte u. ihrer Benutzung, m. Abb., Leipzig, 43 S., 8°. (1910)

— Die Schwerathletik, e. deutsch-nationaler Amateur-Sport, als Mittel z. Ausbildung ideal-klassischer Körperformen. Mit eingeh. Darstellg. des Schwergewichthebens nebst den einschläg. Wettstreitordngn. u. Wertungsreglements. (IV, 74 S. m. 30 Abb.) 8. Leipzig (910). F. W. Gloeckner & Co. 2.—

Pfeiffer, Karl

Pfeiffer, K., Abschiedspredigt, geh. am 27. Mai 1888 u. hrsg. zum Andenken f. meine Zuhörer. gr. 8. (14 S.) St. Gallen 888. Huber & Co. — 30

Pfeiffer, Karl: Die Aufgabe des Volksschul-Lesebuches. Unter bes. Berücks. d. einklassigen Volksschule u. Hervorhebung d. Forderungen, die an ein gutes Volksschul-Lesebuch zu stellen sind. Neuwied & Leipzig: Heuser 1902. (18 S.) 8°
= Schule Für die, aus der Schule. H. 100.

Pfeiffer, Karl, die Aufgabe des Volksschul-Lesebuchs, s.a. Für die Schule aus der Schule.

Pfeiffer, Karl, politische Bekenntnisse eines Deutschen in der Schweiz. 8. (54 S.) St. Gallen 852, Huber & Co. 6 ngr

Pfeiffer, Carl (II.), bleibet in der Liebe. Neun Predigten. gr. 8. (6 1/2 B.) Cassel 844, Bohné. *

Pfeiffer, Karl, Erzählungen aus d. Evangelien, bearb. f. Bibelverständniß suchende Leser. 2., verb. Aufl. 1. Bdchn. 16. (5 B.) St. Gallen 841, Scheitlin u. Zollikofer.

—— Erzählungen aus den Evangelien, bearb. f. Bibelverständniß suchende Leser. Mit ein. Vorwort von P. Scheitlin. 2. u. 3. Bdchn. 8. (9 3/8 B.) St. Gallen 843, Scheitlin u. Zollikofer.
1. Bdchn. (2. Aufl.) Ebendas. 1841. 5 Ngr.

Pfeiffer, Car (Theod. Guil.) (geb. Demmin 1816) De euthanasia medica. Berolini (1839) (32 S.) 8°
Berlin, Med. Diss. v. 14. Jan. 1839

Pfeiffer, Carl (III.), die Freiheit der evangel. Kirche. Reformationspredigt über Galat. 5, 1. gr. 8. (1 B.) St. Gallen 845, Scheitlin u. Zollikofer. *

Pfeiffer, K., biblische Geschichte für Volksschulen. St. Gallen 863. Huber & Co. 8. (XII, 194 S.) n. 10 ngr.

Pfeiffer, K., biblische Geschichte f. Volksschulen. 2. neu durchgeseh. Aufl. gr. 8. (VIII, 194 S.) St. Gallen 873. Huber & Comp. n. 1. —

Pfeiffer, K., biblische Geschichte für Volksschulen. 3. verb. Aufl. gr. 8. (VI, 198 S.) St. Gallen 880, Huber und Comp. * 1 —

Pfeiffer, K., biblische Geschichte f. Volksschulen. 4. verb. Aufl. 8. (VII, 202 S.) St. Gallen 885. Huber & Co. n. 1. —; Einbd. n.n. — 25

Pfeiffer, K., biblische Geschichten f. Volksschulen. 5. unveränd. Aufl. gr. 8. (VII, 202 S.) St. Gallen 890. Huber & Co. n. 1. —; geb. n.n. 1. 20

Pfeiffer, K., biblische Geschichte f. Volksschulen. 6., unveränd. Aufl. gr. 8. (VII, 202 S.) St. Gallen 897. Fehr. Geb. n. 1. 80

Pfeiffer, K., Biblische Geschichte f. Volksschulen. 7., unveränd. Aufl. 8. (VII, 202 S.) St. Gallen 902. Fehr. Geb. n. 1. 80

— über das Gotteskindschaftsbewußtsein u. üb. den Zusammenhang desselben m. dem Glauben an Heilsoffenbarungsthaten Gottes. Vier Vorträge geh. im Museumssaale in St. Gallen. Hrsg. vom evangelisch-kirchl. Verein d. Kantons St. Gallen. gr. 8. (IV, 120 S.) Bern 873. Mann & Baeschlin. n. — 80

Pfeiffer, Karl, u. Alfr. Nathan, von toten Herzen. Gedichte. (205 u. VI S. m. 1 Bildnis.) 8. Fürth 908. G. Rosenberg. 2.40; geb. in Leinw. 3. —

Pfeiffer, Carl (I.), Lehrbuch zum Selbstunterricht über Berufs- u. Dienstpflichten f. die Unteroffiziere, welche Land-Gendarmen werden wollen. gr. 8. (15 3/8 B.) Breslau 845, (Kohn.) *

Pfeiffer, (Carl,) Naturgeschichte deutscher Land- u. Süßwasser Mollusken. 1e Abthlg. A. u. d. T.: systemat. Anordnung u. Beschreib. deutscher Land- u. Wasserschnecken, und 2e Abtheilung. Mit Abbild. nach der Natur auf 16 color. Kupfertaf. gr. Real 4. Wesmar 821 u. 826, Industrie-Comptoir. Rthlr.

Pfeiffer, Carl, Naturgeschichte deutscher Land- u. Süsswasser-Mollusken. 3. (letzte) Abthl. Mit Abbildn. nach d. Natur, auf 8 ill. Kpfrt. gr. Roy.-4. (11 1/2 B.) Weimar 828, (Landes-Indust.-Compt.)
1. u. 2. Abthl. Ebendas. 1821, 24. 18 Thlr 12 Gr.

Pfeiffer, K., über die Johanneischen Schriften mit besond. Beziehung auf die Frage nach dem Verf. Vier Vorträge, gehalten im Museums-Saale in St. Gallen. St. Gallen 870. Huber & Co. gr. 8. (III, 104 S.) n. 10 ngr.

Pfeiffer, Carl: Studie über die Rübe und deren Zuckergehalt ... Leipzig, Druck v. Sellmann & Henne, 1895; 2 Bl., 84 S., 1 Bl. 8.
Leipzig, Phil. Fak., Inaug.-Diss. v. [26. Apr.] 1895

Pfeiffer, Carl, der Tabak und seine Besteuerung in Bezug auf Gesundheit und Sitte. Ein Mahnruf an den Reichstag. gr. 8. (12 S.) Demmin 878, [Freund's Buchh.] Frantz. * — 40

Pfeiffer, Carl, approb. Arzt aus Adelberg, O. A. Schorndorf: **Die Verpflanzung** des Eierstocks. *Tübingen: F. Pietzcker 1901.* (41 S.) 8°
Tübingen, Med. Diss. v. 1901

Pfeiffer, Carl [aus Brandenburg]: Über den Wert der Aspiration bei Hydrocephalus chronicus auf Grund von Beobachtungen an zwei einschlägigen Fällen in der Greifswalder medizinischen Klinik ... Greifswald, Druck v. Julius Abel, 1888; 23 S. 8°
Greifswald, Med. Fak., Inaug.-Diss. v. 5. Jul. 1888

— ein Wort über einige Behauptungen in dem „rothen Büchlein" in Beziehung auf das Christenthum. 1. u. 2. Aufl. Ebend. 869. 8. (36 S.) n. 4 ngr.

Pfeiffer, Karl, über die Zukunft der evangelischen Kirche in der Schweiz, mit besonderer Rücksicht auf die Bekenntnißfrage. St. Gallen 854. Huber u. Co. 8. (55 S.) n. 7 ngr.

PFEIFFER, Carl August (Stuttgart): De pathematum animi in corpus humanum potestate.- Monachii: Lindauer 1817. 31 S.,1 Bl.,4 Bl.
15.3.1817 - Po 358; F 57
Diss.Ingolst.-Landsh.-Mchn.

Pfeiffer, Carl Herm., die Diphtheritis. Entstehung, Verhütung und naturgemäße Behandlung derselben. 8. (24 S.) Leipzig 882, Grieben's Verlag. * 1 —

Pfeiffer, Carl Wilhelm. Leichenrede, gehalten am 17. Oktober 1865 bei der Beerdigung des Herrn Pfarrer Johann Jakob Glinz von K' W' Pf'... 8 St. Gallen 1865.

Pfeiffer, Karl Wilhelm Theodor

Pfeiffer, K. W. T., ein ernstes Wort üb. e. ernste Sache. Für Jünglinge. 6. Aufl. 12. (20 S.) Basel 895. (Missionsbuchh.) n. — 10

[Pfeiffer, Carl Wilhelm Theodor] Ein ernstes Wort über eine ernste Sache für erwachsene Mädchen. (Vom Verfasser des: Ein e' W' über eine e' S' für denkende Jünglinge.) 3. Aufl. [Mit illustriertem Umschlag.] II + 40 S. 8. Basel, Verlag christlicher Schriften (Nr. C 49), 1901. [fr. —. 15]

— s. a. Wort, e. ernstes, üb. e. ernste Sache f. erwachsene Mädchen.

Pfeiffer, Klemens

— Handbuch der elektro-magnetischen Telegraphie nach Morse'schem System. Ein theoret.-prakt. Leitfaden für angehende Telegraphisten etc. 8°. XII, *283 S.* mit 1 Atlas von 16 Steindrtaf. in fol. mit 168 Abbild. Weimar, B. F. Voigt. 1865. M. 6.75.

Pfeiffer, Clem., Handbuch der elektro-magnetischen Telegraphie, s. a. Schauplatz, neuer, der Künste und Handwerke. 272. Bd.

Pfeiffer, Clem., der elektrische Telegraph. Eine gemeinfaßliche Belehrung über das Wesen, die Einrichtung u. die verschiedenen Arten der elektrischen Telegraphen, sowie über die Erregung, Fortleitung u. Geschwindigkeit des elektrischen Stromes. Für Gebildete aller Stände. Mit 38 Abbildungen. Leipzig 862. O. Wigand. gr. 8. (VIII, 142 S. u. 4 lith. Taf. in Fol.) 1 ₰

Pfeiffer, Konrad, Referendar: Das Dienstzeugnis nach den Bestimmungen des Bürgerlichen Gesetzbuchs, des Handelsgesetzbuchs und der Gewerbeordnung. Halle a. S. 1909: Kaemmerer. VI, 66 S. 8°
Halle, Jur. Diss. v. 4. Aug. 1909, Ref. v. Blume
[Geb. 11. Aug. 82 Strehlen i. Schl.; Wohnort: Halle a. S.; Staatsangeh.: Preußen; Vorbildung: Gymn. Strehlen Reife O. 03; Studium: Freiburg i. B. 1, Breslau 1, Halle 6 S.; Rig. 2. Juli 09.] [U 09. 1594

Pfeiffer, Curt. Die Vormerkung persönlicher Rechte im Grundbuch nach dem Schweizerischen Zivilgesetzbuch. 8. Aarau, H. R. Sauerländer & Co., 1910.
Ausg A: Diss. Staatsw. Univ. Zürich, eingereicht durch K' Pf.... X + 104 S.
Ausg. B: ... von Dr. K' Pf. VIII + 104 S. [fr. 2.40.] — Zürcher Beiträge zur Rechtswissenschaft.... [Heft] 31.

Pfeiffer, L., s.: Steinzeit-Technik.

Pfeiffer, Leop., die prozessualische Natur der Einrede d. Vorausklage. Ein Beitrag zur Theorie des gemeinrechtl. Civil-Prozesses. gr. 8. (4¼ B.) Tübingen 846, Laupp'sche Buchh. *

Pfeiffer, Leop., das Prinzip des internationalen Privatrechts. gr. 8. (VIII u. 79 S.) Stuttgart 851, Krabbe. ½ ₰

Pfeiffer, L., das gemeine deutsche Strafrecht der Gegenwart. 2 Abthlgn. gr. 8. Tübingen, Laupp'sche Buchh. [1. Abthl. (XX und 415 S.) 858., 2. (VIII und 376 S.) 860. à Abthl. * 2 Thlr.] *

Pfeiffer, Louis, Abbildung u. Beschreibung blühender Cacteen, s.: Otto, Friedr. (III.)

— und Fr. Otto, Abbildung u. Beschreibung blühender Cacteen. — Figures des Cactées en fleur, peintes et lithogr. d'après nature. Avec un texte explicatif. 1e—4e Lfrg. (à 5 Taf.) Fol. Kassel u. Leipzig 838—840. Krieger'sche Buchh. (Fischer.) à n. 1 ₰, mit ill. Tafeln à n. 3 ₰

— u. Fr. Otto, Abbildung u. Beschreibung blühender Cacteen. — Figures des Cactées en fleur peintes et lithogr. d'après nature. Avec un text explicatif. 5.—8. Liefg. (I. u. II. Bd. 1. 2.) Jede mit à 5 color. Taf. Imp.-4. Cassel 842—46, Fischer. à n. 1 ₰ vollständ. color. à n. 3 ₰

Pfeiffer, Louis, Abbilduug u. Beschreibung blühender Cacteen. — Figures des cactées en fleur peintes et lithographiées d'après nature. Avec un texte explicatif. — II. Bd. 3 - 6. Lfg. Imp. 4. (48 S. m. 20 lith. Taf.) Cassel 847—50, Fischer. Halbcolor. à n. 1 ₰; vollständig color. à n. 3 ₰

—— Beschreibung u. Synomik d. in deutschen Gärten lebend vorkomm. Cacteen. Nebst e. Uebersicht d. größ. Sammln. u. e. Anh. üb. d. Cultur d. Cactuspflanzen. gr. 8. (15 B.) Berlin 837, L. Oehmigke.

Pfeiffer's, Louis, malakozoologische Blätter f. 1878. 25. Bd. Fortgesetzt von S. Clessin. gr. 8. (1. Hft. 32 S. m. lith. Portr. Pfeiffer's u. 2 Kpfrtaf.) Kassel 877. Fischer. n. 10. —
cf.: Blätter, malakozoologische.

Pfeiffer, Louis: Bulimus u. Ackatina, s. Martini u. Chemnitz: Systemat. Conchylien-Cabinet.

Pfeiffer, Louis, die Gattungen Bulimus, Partula, Achatinella, Achatina u. Azoca, s.: Küster, H. C.

Pfeiffer, Ludov., Conspectus Cyclostomaceorum emendatus et auctus. Pneumonopomorum monographiae prodromus. 8maj. (74 S.) Cassellis 852, Fischer. *

— die Gattung Cylindrella Pfr. — Die Gattungen Daudebardia, Simpulopsis, Vitrina u. Succinea. — Die gedeckelten Lungenschnecken (Helicinacea et Cyclostomacea). — Die Schnirkelschnecken (Gattung Helix). — Die Familie der Venusmuscheln, Veneracea. Nebst e. Anh., enth. die Chemnitz'schen Lucinen, Galateen u. Corbis, s.: Martini u. Chemnitz, systematisches Conchylien-Cabinet. I, 15a. I, 11. I. 18. 19. I, 12 u. XI, 1.

—— Enumeratio diagnostica Cactearum hucusque cognitar. 8maj. (12½ B.) Berolini 837, L. Oehmigke.

Pfeiffer, Louis, Erfahrungen üb. d. epidem. Cholera, gesamm. in d. Hospitälern zu Warschau im Sommer 1831. gr. 8. (5 B.) Kassel 831, (Bohné.)

— neuere Erfahrungen über mehrere Cacteen, s. Acta nova phys.-med. Acad. Caes. Leopold. Carol. XIX.

Pfeiffer, Ludov., die Familie der Veneracea, — die Familie d. Venusmuscheln, } s. Martini u. Chemnitz, grosses Conchylienwerk.

—— Flora von Niederhessen und Münden. Beschreibung aller im Gebiete wildwachsenden und im Grossen angebauten Pflanzen. Mit Rücksicht auf Schulgebrauch und Selbststudium bearb. I. Bd.: Dikotyledonen. 12. (L und 428 S.) Kassel 847, Fischer.

Pfeiffer, Louis, Flora von Niederhessen und Münden. Beschreibung aller im Gebiete wildwachsenden und im Grossen angebauten Pflanzen. Mit Rücksicht auf Schulgebrauch und Selbststudium bearb. 2. (letzter) Bd.: Monokolyledonen, Farrn, Laub- und Lebermoose. 12. (XIII und 252 S.) Cassel 855, Fischer. Thlr. -
I. Bd. Ebendas. 1847. 1 Thlr.

— Helicea, — Helicina, } s.: Martini u. Chemnitz, systemat. Conchylien-Cabinet.

Pfeiffer, Louis, s. J. Johnson: Versuch über krankhafte Empfindlichkeit.

— die blühenden Cacteen, s. Fr. Otto.

—— Monographia Auriculaceorum viventium. Sistens descriptiones systematicas et criticas omnium hujus familiae generum et specierum hodie cognitarum, nec non fossilium enumeratione. Accedente Proserpinaceorum nec non generis Truncatellae historia. 8maj. (XIII und 209 S.) Cassellis 856, Fischer. *

— Monographia Heliceorum viventium. Sistens descriptiones systematicas et criticas omnium hujus familiae generum et specierum hodie cognitarum. 2 voll. in 7 fasc. gr. 8. (XXXII. 484 u. 594 S.) Lipsiae 847.48, Brockhaus. (à Fasc. n. 1⅓ ₰) n. 9⅓ ₰

—— Monographia Heliceorum viventium. Vol. III. Et. s. t.: Monographiae Heliceorum viventium supplementum. Sistens enumerationem auctam omnium hujus familiae generum et specierum hodie cognitarum accedentibus descriptionibus novarum specierum et enumeratione fossilium. 8maj. (VIII und 711 S.) Lipsiae 853, Brockhaus. *
Vol. I. et II. Ibid. 1848. * 9 Thlr. 10 Ngr.

—— Monographia Heliceorum viventium. Vol. IV. 2 Partes. Et. s. t.: Monographiae Heliceorum viventium supplementum II. Sistens enumerationem auctam omnium hujus familiae generum et specierum hodie cognitarum, accedentibus descriptionibus novarum specierum. Pars I. et II. gr. 8. (IX und 920 S.) Leipzig 859, Brockhaus. [Pars I. * 2 Thlr. 25 Ngr., Pars II. * 4 Thlr. 20 Ngr.] *
Vol. I—III. Ebendas. 1848—59. * 15 Thlr.

— Monographia Heliceorum viventium vol. V. et VI. Et s. t.: Monographiae Heliceorum viventium supplementum III. Sistens enumerationem auctam omnium hujus familiae generum et specierum hodie cognitarum, accedentibus descriptionibus novarum specierum. Leipzig 868. Brockhaus. gr. 8. [Pars I. (XII, 565 S.) n. 4 Thlr 20 ngr, Pars II. (III, 598 S.) n. 4 Thlr 25 ngr] n. 9 Thlr 15 ngr.

—— Monographia Heliceorum viventium. Sistens descriptiones systematicas et criticas omnium hujus familiae generum et specierum hodie cognitarum. Vol. VII. 4 Fasc. gr. 8. Leipzig, Brockhaus. [Fasc. 1—3. (S. 1—480.) 874,75. à *ℳ 4,50.; Fasc. 4. (X, S. 481—674.) 875. *ℳ 6,50.] *
Vol. I—VI. Ebendas. 1848—68. *ℳ 96.

Pfeiffer, Ludov., monographia Heliceorum viventium. Sistens descriptiones systematicas et criticas omnium hujus familiae generum et specierum hodie cognitarum. Vol. VII. 4 Fasciculi. gr. 8. (X, 674 S.) Leipzig 875. 76. Brockhaus. n. 20. —

—— Monographia Heliceorum viventium. Sistens descriptiones systematicas et criticas omnium hujus familiae generum et specierum hodie cognitarium. Vol. VIII. 4 fasc. gr. 8. Leipzig, Brockhaus. [Fasc. 1. (S. 1—160.) 876. *ℳ 4,50.; Fasc. 2. (S. 161—320.) 876. *ℳ 4,50.; Fasc. 3. (S. 321—480.) 876. *ℳ 4,50.; Fasc. 4. (S. 481—729.) 877. *ℳ 6,50.] *
compl. *
Vol. I—VII. Ebendas. 1848—76. *ℳ 116.

— Monographia Pneumonopomorum viventium. Sistens descriptiones systematicas et criticas omnium hujus ordinis generum et specierum hodie cognitarum, accedente fossilium enumeratione. gr. 8. (XVIII u. 439 S.) Cassellis 852, Fischer. In Engl. Einb. n. 3½ Thlr

—— Monographia Pneumonopomorum viventium. Sistens descriptiones systematicas et criticas omnium hujus ordinis generum et specierum hodie cognitarum, accedente fossilium enumeratione. Suppl. 1. gr. 8. (VIII und 249 S.) Cassel 858, Fischer. *
Das Hauptwerk erschien Ebendas. 1852. Preis * 3 Thlr. 15 Ngr.

—— Monographia Pneumonopomorum viventium. Sistens descriptiones systematicas et criticas omnium hujus ordinis generum et specierum hodie cognitarum, accedente fossilium enumeratione. Suppl. 2. gr. 8. (284 S.) Cassel 865, Fischer. *
Das Hauptwerk erschien Ebendas. 1852. * 3 Thlr. 15 Ngr. Suppl. 1. Ebendas. 1858. * 2 Thlr.

— monographia Pneumonopomorum viventium. Sistens descriptiones systematicas et criticas omnium hujus ordinis generum et specierum hodie cognitarum, accedente fossilium enumeratione. Suppl. III. 2 Partes. gr. 8. (X, 479 S.) Kassel 875. Fischer. à n. 9. — (Hauptwerk u. Suppl. I—III.: n. 42. —)

—— Monographia Pneumonopomorum viventium. Sistens descriptiones systematicas et criticas omnium hujus ordinis generum et specierum hodie cognitarum, accedente fossilium enumeratione. Suppl. III. 2 partes. gr. 8. (X, 479 S.) Kassel 875,76, Fischer. à Pars *ℳ 9. *
Hauptwerk und Suppl. I und II. Ebendas. 1852—65. *ℳ 24.

—— Nomenclatur botanicus. Nominum ad finem anni 1858 publici juris factorum, classes, ordines, tribus etc. designantium enumeratio alphabetica. Adjectis auctoribus, temporibus, locis systematicis apud varios, notis literariis atque etymologicis et synonymis. Vol. I. 29 Fasc. et Vol. II. 27 Fasc. Lex.-8. (1876; 1698 S.) Cassel 869—75, Fischer. à Fasc. *ℳ 4,50. *

Pfeiffer, L., Nomenclator botanicus. Nominum ad finem anni 1858 publici juris factorum, classes, ordines, tribus, familias, divisiones, genera, subgenera vel sectiones designantium enumeratio alphabetica. Adjectis auctoribus, temporibus, locis systematicis apud Varios, notis literariis atque etymologicis et synonymis. Cassellis 1871—74. 4 Bände. 8°. Vol. I. 1: Aa—Cystogyne. 2: Cystophora - Kyrtanthus. II. 1: Labatia—Prunus. 2: Prunus —Zyzygium.

Pfeiffer L.: Nomenclator botanicus ... 2 vol. Casseliis 1873-74. 1876. 1698 S. 4°.

—— Nomenclator Heliceorum viventium, qui continentur nomina omnium hujus familiae generum et specierum hodie cognitarum disposita ex affinitate naturali. Opus postumum, edidit S. Clessin. 1. und 2. Lfg. gr. 8. (S. 1—384.) Ebendas. 879. à Lfg. *ℳ 2,40. *

Pfeiffer, L., Nomenclator Heliceorum viventium, qui continentur nomina omnium hujus familiae generum et specierum hodie cognitarum disposita ex affinitate naturali. Opus postumum, edidit S. Clessin. 3.—10. (Schluss-)Lfg. gr. 8. (III, S. 385—617.) [Kassel 881, Fischer.] Gera, Griesbach's Verlag. à Lfg. *ℳ 2,40. *
compl. geb. (*ℳ 25.) *
1. und 2. Lfg. Ebendas. 1879. à *ℳ 2.40.

— novitates conchologicae. Abbildung und Beschreibung neuer Conchylien. (I. Abth.) 1—10. Liefg. — Figures et descriptions de coquilles nouvelles etc. Cassel 854—58. Fischer. gr. 4. (108 S. deutscher u. 108 S. französ. Text.) Jede Liefg. mit 3 lith. u. color. Taf. n. 1 Thlr. 10 ngr.

—— Novitates conchologicae. Abbildung und Beschreibung neuer Conchylien. (I. Abthl.) 7—15. Lfg. à Lfg. mit 3 Stnt. ill. Abbild. — Figures et descriptions de coquilles nouvelles. 7—15. Livr. gr. 4. (146 S.) Cassel 857—61, Fischer. à Lfg. * 1 Thlr. 10 Ngr. *

—— Novitates conchologicae. Abbildung und Beschreibung neuer Conchylien. 1. Abth.: Land-Conchylien. 16.—32. Lfg. — Figures et descriptions de coquilles nouvelles. 16.—32. Livr. à Lfg. mit 3 Stnt. ill. Abbild. gr. 4. (285 S.) Cassel 862—68, Fischer. [Lfg. 16—22. à * 1 Thlr. 15 Ngr., Lfg. 23—25. à * 1 Thlr. 20 Ngr., Lfg. 26—32. à * 2 Thlr.] *
Suppl. dazu s. Römer, E., Monographie der Molluskengattung Venus Linné.

—— Novitates conchologicae. Abbildung und Beschreibung neuer Conchylien. 1. Abthl.: Land-Conchylien. 33.—36. Lfg. gr. 4. (Sp. 431—510 mit 12 color. Stnt.) Ebendas. 869,70. à Lfg. *ℳ 6. *

—— dass. — 1. Abthl.: Land-Conchylien. 37.—47. Lfg. oder Neue Folge 1.—11. Lfg. gr. 4. (S. 1—144 mit 26 color. Stnt.) Ebendas. 871. à Lfg. *ℳ 6. *
1.—32. Lfg. Ebendas. 1854—68. *ℳ 148,50.

—— Novitates conchologicae. Abbildung und Beschreibung neuer Conchylien. 1. Abthl.: Land-Conchylien. 48.—62. (Schluss-)Lfg. oder Neue Folge 12.—26. Lfg. gr. 4. (1. Bd. S. 145—171 mit 3 color. Stnt.; 2. Bd. 197 S. mit 22 color. Stnt.) Ebendas. 876—79. à Lfg. *ℳ 6. *
1.—47. Lfg. Ebendas. 1865—71. à *ℳ 6.; 2. Abthl. 16 Lfgn. Ebendas. 1867—70. *ℳ 92,55.
Supplement dazu s.: Lischke, C. E., Martens, E. v. u. Römer, E.

— — 2. Abth.: Meeres-Conchylien. — Mollusques marins. Herausg. von W. Dunker. 1. u. 2. Liefg. Ebend. 858. gr. 4. (S. 1—23.) Jede Liefg. mit 3 lith. u. color. Taf. n. 1 Thlr. 10 ngr.

—— dass. — 2. Abthl.: Meeres-Conchylien. — Mollusques marins. Hrsg. von W. Dunker. 1. und 2. Lfg. à Lfg. mit 3 Stnt. ill. Abbild. gr. 4. (23 S.) Ebendas. 858,59. à Lfg. * 1 Thlr. 10 Ngr. *

1. Abthl. 1—6. Lfg. Ebendas. 1854—56. * 8 Thlr.

—— dass. — 2. Abthl.: Meeres-Conchylien. Mollusques marins. Hrsg. von W. Dunker. 3.—13. Lfg. à Lfg. mit 3 Stnt. ill. Abbild. gr. 4. (101 S.) Ebendas. 859—68. [3. Lfg. * 1 Thlr. 10 Ngr., 4.—6. Lfg. à * 1 Thlr. 15 Ngr., 7.—10. Lfg. à * 1 Thlr. 20 Ngr., 11.—13. Lfg. à * 2 Thlr.] *

1. Abthl. 1.—15. Lfg. Ebendas. 1854—61. (à Lfg. * 1 Thlr. 10 Ngr.) * 20 Thlr. und 2. Abthl. 1. und 2. Lfg. 1858,59. * 2 Thlr. 20 Ngr.

—— dass. — 2. Abthl.: Meeres-Conchylien. Hrsg. von W. Dunker. 14.—16. Lfg. gr. 4. (S. 121—144 mit 9 color. Stnt.) Ebendas. 871. à Lfg. *M. 6. *

1.—13. Lfg. Ebendas. 1858—68. *M. 63,50.
Vgl.: Lischke, C. E. — Martens, E. v. — Römer, E.

Pfeiffer, Louis, s. Ph. Pinel: Nosographie.

—— krit. Register zu Martini u. Chemnitz's systemat. Konchylien-Kabinet. gr. 8. (7½ B.) Kassel 840, (Fischer.) *

Pfeiffer, Louis, s. Salm-Dyk.

— Symbolae ad historiam Heliceorum: Aphorismi de distributione familiae. — Helicea collectionis Pfeifferianae. — Diagnoses 71 specierum. — Synonymia generis Helicis. — Synonymia generis Bulimi. 8maj. Cassellis 841, Fischer. ½ ß

— eaed. Sectio II. Aphorismi — Helicea collectionis. — Diagnoses specierum. — Synonymia generum Heliceorum — Opera citata. 8maj. ibid. 842. n. 1 ß — Sect. III. Helicum dispositio systematica e testis. — Enumeratio systematica specierum Helicis viventium. — Enumeratio Helicum fossilium. — Synonymiae generum omnium additamenta. — Diagnoses specierum. — Opera citata. 8maj. ibid. 846. 18 ngl

—— vollständige Synonymik der bis zum Ende des J. 1858 publicirten botanischen Gattungen, Untergattungen und Abtheilungen. Zugleich systemat. Uebersicht des ganzen Gewächsreiches mit den neueren Bereicherungen und Berichtigungen nach Endlicher's Schema zusammengestellt. — Synonymia botanica locupletissima generum, sectionum vel subgenerum ad finem anni 1858 promulgatorum. 2 Hälften. gr. 8. Cassel 871, Fischer. [1. Hälfte. (VIII, S. 1—380.) *M. 6.; 2. Hälfte. (S. 381—672.) *M. 4,50.]

— synonymiae botanicae 1870 editae supplementum primum. — Synonymik der botan. Klassen-, Familien-, Gattungs- u. Sectionsnamen. 1. Suppl. zu dem 1870 erschienenen Werke. gr. 8. (45 S.) Ebend. 874. n. 1. 50 (Hauptwerk u. Suppl. 1.: n. 12. —)

—— Uebersicht der bisher in Kurhessen beobachteten wildwachsenden u. eingebürgerten Pflanzen. Im Auftrage des Vereins für hess. Geschichte u. Landeskunde u. unter specieller Mitwirkung von J. H. Cassebeer bearb. 1. Abth. gr. 8. (16⅜ B.) Kassel 844, Bohné.

Pfeiffer, Louis, Universal-Repertorium d. deutschen medizin., chirurg. u. obstetriz. Journalistik d. 19. Jahrh. Nach alphabet. Ordn. zusammengest. 2 Abthln. gr. 8. Cassel 833, [Krieger, Vrlsh.] [1. (24½ B.), 2. (27½ B.) à 2 Thlr.] Thlr.

—— Versuch üb. d. Phlegmasia alba dolens (weisse schmerzhafte Gliedergeschwulst). gr. 8. (12¼ B.) Leipzig 837, Otto Wigand.

Pfeiffer, Louis (Übers.):

s.: Weatherhead, G(eorge) Hume: Ueber das Kopfweh. (A Treatise on headaches, their various causes, prevention, and cure. Dt.) Leipzig: 1836

— s. Zeitschrift für Malakozoologie. — Zeitschrift des Vereins für hessische Geschichte, 3. Supplement.

Pfeiffer, Ludwig, der Anschluss der Aerzte an die freiwillige staatliche Alters- u. Invalidenversicherung. (28 S.) gr. 8. Weimar 903. R. Wagner Sohn

Pfeiffer, Ludwig, a. Ermershausen ⟨Unterfranken⟩: Über qualitative Arbeitstypen. ⟨E. experimentelle Untersuchung.⟩ Göttingen 1908: Dietrich. (107 S.) 8°
Würzburg, Phil. Fak., Ref. Külpe, Diss. v. 18. Febr. 1908

[Geb. 28. Mai 72 Ermershausen; Wohnort: Würzburg; Staatsangeh.: Bayern; Vorbildung: Präparandensch. Marktstelt Reife O. 95; Studium: Leipzig 2, Würzburg 8 S.; Rig. 20. Juli 07.]

Pfeiffer, L.: Die Ausstellung von Desinfektionsapparaten bei Gelegenheit des 19. deutschen Aerztetages in Weimar. Berlin 1892

Thüringen's Bade- und Kurorte und Sommerfrischen. Im Auftrage des ärztlichen Vereins von Thüringen und unter Mitwirkung von E. REICHARDT und STURM herausgegeben von L. PFEIFFER. Mit 1 Karte. (Braumüller's Bade-Bibliothek No. 48.) Wien 1872. Wilhelm Braumüller. 8°.
Neue, durch einen Nachtrag vermehrte Ausgabe. Mit 1 Karte. (Braumüller's Bade-Bibliothek No. 48.) ib 1875. —

— Thüringen's Bade- u. Kurorte u. Sommerfrischen. Im Auftrage d. ärztl. Vereins v. Thüringen u. unter Mitwirkg. v. E. Reichardt u. Sturm hrsg. Neue, durch e. Nachtr. verm. Ausg. Mit e. (chromolith.) Karte (in qu. 4.) 8. (VI, 240 S.) Wien 875. Braumüller. n. 3. —

Pfeiffer, L., Beiträge zur medicinischen Topographie, zur Morbilitäts- u. Mortalitätsstatistik v. Thüringen. Untersuchungen üb. das Auftreten u. den Verlauf v. Trichiniasis, Intermittens, Meningitis cerebro-spinalis epidemica, Typhoid, Dysenterie, Variola, Morbillen, Scarlatina, Pertussis u. Diphtheritis; üb. deren volkswirthschaftl. Bedeutung u. Prophylaxe u. Vorschläge f. allgemeinere Untersuchg. der Morbilität in Thüringen. gr. 8. (112 S.) Jena 873. Mauke. n. 2. —

Pfeiffer, L., Bericht über die Bodentemperatur-Untersuchungen 1871 und 1872 in Nordhausen, Braunschweig, Weimar, Isserode bei Weimar, Erfurt, Ilmenau, Berlin, Magdeburg und Zwickau mit einem Anhang über direkte Psychrometer-Beobachtungen in der Bodenluft von Weimar im Juli und August 1873. Mit 2 graph. Darstellungen. (Separ.-Abdr. aus der Zeitschr. für Epidemiol., B. I, H. 3.) [Stuttgart 1874.]

— die Cholera in Thüringen u. Sachsen während der 3. Cholerainvasion 1865—1867. Mit 3 (lith. u. chromolith.) Taf. (in qu. 4.) u. 1 Tabelle (in hoch 4.) gr. 8. (III, 159 S.) Ebend. 871. n. 5. —

Die Cholera-Epidemie zu Weimar im Jahre 1866. Bericht der von dem ärztlichen Verein zu Weimar niedergesetzten Cholera-Commission. Im Auftrage des Vereins herausgegeben von L. PFEIFFER. (Mit einem Plane über die Verbreitung des Typhus und der Cholera in Weimar.) (Ohne bes. Titelblatt.) 4°.

Pfeiffer, L., die Cholera-Verhältnisse Thüringens. Lex.-8. (96 S. mit 1 chromolithogr. Karte über die Verbreitung der Cholera in Thüringen, 1 lithogr. Karte über die tägl. Sterbefälle in den Hauptcholeraorten, 1 chromolithogr. Stadtplan, 4 chromolithogr. Situationsplänen und mehreren Tab. in Lex.-8., gr. 4. und qu. Fol.) München 867, Oldenbourg. cart. *

Aus: Zeitschrift für Biologie, besonders abgedruckt.

Pfeiffer, L., s.: Correspondenz-Blätter d. allgem. ärztl. Vereins v. Thüringen.

[Pfeiffer, L.] II. Einführung in die plastische Anatomie des Kopfes. Mit Zeichnungen von Karoline Kemlein Weimar 1893, Druck von G. Uschmann.
28 S. m. 26 Abb. 4°.

— s.: Einführung in das weimar. Taschenbuch der Krankenpflege.

Pfeiffer, die Fehler der ersten Kindespflege. [Aus: „Frauen-Anwalt".] 8. (16 S.) Berlin 879. Wedekind & Schwieger. — 25

PFEIFFER, Ludwig (Würzburg): Ueber den Fettgehalt des Körpers und verschiedener Theile desselben bei fetten und mageren Thieren.- München: Oldenbourg 1886. 45 S.
9.1.1886 - Chr 1885/86,17; Jv 1888/89,218 (Prom.-Datum: 1886)
Diss. Ingolst.-Landsh.-Mchn.

Pfeiffer, Ludw., s.: Forschungs-Berichte über Lebensmittel etc.

Pfeiffer, Ludw., Handbuch der angewandten Anatomie. Genaue Beschreibg. der Gestalt u. der Wuchsfehler des Menschen nach den Mass- u. Zahlenverhältnissen der Körperoberflächentheile. Für Bildhauer, Maler u. Kunstgewerbetreibende, sowie f. Ärzte, Orthopäden u. Turnlehrer. Mit 11 Taf. u. 419 Abbildgn., wovon 340 Orig.-Zeichngn. gr. 8. (VIII, 503 S.) Leipzig 899. O. Spamer. n. 18. —; geb. in Leinw. n. 20. —

Pfeiffer, Ludw., Handbuch der angewandten Anatomie. Genaue Beschreibg. der Gestalt u. der Wuchsfehler des Menschen nach den Mass- u. Zahlenverhältnissen der Körperoberflächentheile. Für Bildhauer, Maler u. Kunstgewerbetreibende, sowie f. Ärzte, Orthopäden u. Turnlehrer. 2. [Titel-]Aufl. Mit 11 Taf. u. 419 Abbild., wovon 340 Orig.-Zeichngn. (VIII, 502 S.) gr. 8. Leipzig [899] 909. O. Spamer. 8.50; geb. in Leinw. 10. —

Pfeiffer, L., s.: Hilfs- u. Schreibkalender f. Hebammen.

Pfeiffer, L., Hygiene des Kindesalters, s. Handbuch der Kinderkrankheiten.

Dr. L[udwig] Pfeiffer-Weimar. Zur Jennerfeier des 14. Mai 1896. Medaillen, Porträts u. Abbildungen betr. E. Jenner, die Variolation, die Vaccination u. die Vaccine. *Tübingen: H. Laupp 1896.* (1 Bl., 64 S.) 1 Bd 8. [96. 4739

Die Impfklauseln in den Weltpolicen der Lebensversicherungs-Gesellschaften. Von Dr. Ludwig Pfeiffer, Geh. Med.R. in Weimar. Berlin: E. S. Mittler & Sohn 1905. (92 S.) 8°
= Veröffentlichungen d. Deutschen Vereins f. Versicherungs-Wissenschaft. H. 5. [05. 6704

Pfeiffer, Ludw., Kriegsgeist. Ein Beitrag zur Geschichte der Menschheitsprüfungen. In 4 Tln. 8. Dresden, E. Pierson. 12.—; in 1 Bd. geb. n 16. —
1. Kriegskulturwirtschaft. (V, 159 S.) 909. 2.50
2. Interessengebiete. (III, 185 S.) 909. 3.
3. Sicherheitsgefährdung. (III, 201 S.) 909. 3.
4. Kriegsanwandlungen. (III, 252 S.) 910. 3.50

Pfeiffer, Ludw., aus dem Leben u. Wirken Max v. Pettenkofers. gr. 8. (20 S.) Leipzig 899. H. Hartung & Sohn. n. — 60
Sonderabdruck aus: „Aerztl. Monatsschrift.“

Pfeiffer, L., u. C. Ruland, pestilentia in nummis. Geschichte der grossen Volkskrankheiten in numismat. Documenten. Ein Beitrag zur Geschichte der Medicin u. der Cultur. Mit 2 Taf. Abbildgn. in Lichtdr. gr. 8. (XI, 180 S.) Tübingen 882. Laupp. n. 6. —

Pfeiffer, L., die Protozoen als Krankheitserreger. gr. 8. (IV, 100 S. m. 34 Abbildgn. u. 1 Taf.) Jena 890. Fischer. n. 2. 50

— die Protozoen als Krankheitserreger, sowie der Zellen- u. Zellenkern-Parasitismus derselben bei nichtbakteriellen Infektionskrankheiten d. Menschen. 2., sehr erweit. Aufl. gr. 8. (VI, 216 S. m. 91 Abbildgn.) Jena 891. G. Fischer. n. 4. 50

— d. Protozoen als Krankheitserreger. Nachträge. gr. 8. Jena 895. G. Fischer. n. 2. 50
(Hauptwerk u. Nachträge: n. 7. —)
I. Ueber Blutparasiten (Serumsporidien) bei blutkörperchenfreien nied. Thieren. II. Zur Verbreitg. der Glugeaparasiten (Microsporidien) im Thierreich. III. Berichtigung, betr. die. Coccidien des Hühnereies, von A. Schuberg. IV. Zur Aetiologie des Carcinoms u. d. Vorkommen desselben als Endemie. V. Zur Kenntniss d. Variolaparasiten u. s. biolog. Varietäten. (V, 122 S. m. 52 Abb.)

Pfeiffer, L., Regeln f. die Wochenstube u. Kinderpflege. [Aus: „Hebammen-Kalender“.] 16. (77 S.) Weimar 879. Böhlau. geb. n. — 60

Pfeiffer, L., Regeln f. die Wochenstube u. Kinderpflege. 2 Thle. 2., vollständig umgearb. Aufl. 41—44. Tausend d. Gesammtabdrucks der Regeln d. Hebammenkalenders. 8. (Mit Holzschn.) Weimar 884. Böhlau. geb. à n. 1. —
1. Die Pflege der Wöchnerin u. d. Neugeborenen. (VIII, 70 S.)
2. Die gesundheitsgemäße Erziehung u. häusliche Pflege d. Kindes. (VIII, 86 S.)

Pfeiffer, L. (I.), Regeln für die Wochenstube und Kinderpflege. 2 Thle. 2. vollständ. umgearb. Aufl. 76.—78. Tausend des Gesammtabdrucks der Regeln des Hebammenkalenders. 8. (Mit eingedr. Holzschn.) Weimar 884,89, Böhlau. geb. à Thl. *M 1.—. *

Inhalt:
Thl. 1. Die Pflege der Wöchnerin und des Neugeborenen. 2. Aufl. (VIII, 70 S.)
„ 2. Die gesundheitsgemäße Erziehung und häusliche Pflege des Kindes. 3. Aufl. (VIII, 96 S.)

— Regeln f. die Wochenstube u. Kinderpflege. 1. Thl. Die Pflege der Wöchnerin u. d. Neugeborenen. 3., erweit. Aufl. 90.—92. Taus. d. Gesammtabdr. der Regeln d. Hebammenkalenders. 12. (VII, 70 S. m. Fig.) Weimar 892. H. Böhlau. Kart. n. 1. —

— Regeln f. d. Wochenstube u. Kinderpflege. 2. Thl. D. gesundheitsgem. Erziehg. u. häusl. Pflege d. Kindes. 4., erweit. Aufl. 94.—96. Taus. 12. (VIII, 86 S. m. Abb.) Weimar 895. H. Böhlau's Nachf. Kart. n. 1. —

— Regeln f. die Wochenstube u. Kinderpflege. 1. Thl. Die Pflege der Wöchnerin u. des Neugeborenen. 4. erweit. Aufl. 100.—108. Tauf. des Gesammtabdr. der Regeln. 12. (VIII, 67 S.) Weimar 901. H. Böhlau's Nachf. Geb. n. 1. —

— Regeln f. die Pflege v. Mutter u. Kind. III. u. IV. Tl. Buchschmuck v. O. Herrfurth. 107.—110. Taus. der Regeln. 12. Weimar 903. H. Böhlau's Nachf. Kart. n. 1.50
III. Regeln f. das Spielalter (2—7. Lebensj.). Mit Schnittmustern (2 Bog.) f. gesundheitsgemäße Kleidg. (VII, 91 S.)
IV. Regeln f. d. Schulalter (7.—14. Lebensj.). (VII, 87 S.)

Pfeiffer, L. D. proletar. u. d kriminelle Säuglingssterblichkeit. (S.-A.) Jena 1882.

— die schweflige Säure u. ihre Verwendung bei Herstellung v. Nahrungs- u. Genussmitteln, s.: Tagesfragen, hygienische.

Die Schutzimpfungen des vorigen Jahrhunderts. Weimar 86. Böhlau.

— die Schutzpockenimpfung. Ein Leitfaden f. Studierende u. Impfärzte. Mit in den Text eingedr. Holzschnitten. 8. (VIII, 48 u. 87 S.) Tübingen 888. Laupp. cart. n. 2. —

L. PFEIFFER, Die Sterblichkeit des Jahres 1876 in dreizehn deutschen Städten und in Weimar, nebst Schlüssel zu den wöchentlichen Mortalitätsnachweisen des deutschen Reichs-Gesundheitsamtes. Vortrag, gehalten im medicinisch-naturwissenschaftlichen Verein zu Weimar am 13. April 1877. (Mit Tafeln.) Weimar. 1877 Druck von G. Uschmann & Co. 8°.

Pfeiffer, Ludwig, Referendar: Eine Studie zur Bahrschen Lehre vom Anerkennungsvertrag. Cassel 1907: J. G. Oncken Nachf. (x, 99 S.) 8° [F.]
Heidelberg, Jur. Fak., Ref. Endemann, Diss. v. 1907
[Geb. 3. Aug. 81 Cassel; Wohnort: Cassel; Staatsangeh.: Preußen; Vorbildung: Wilhelms-Gymn. Cassel Reife M. 00; Studium: Berlin 2, München 1, Berlin 3, Marburg 1 S.; Rig. 1. Aug. 07.]

— f.: Taschenbuch der Krankenpflege.

— Taschenbuch f. die Krankenpflege in der Familie, im Hospital, im Gemeinde- u. Armendienst, sowie im Kriege. Bearb. v. Ed. Brehme, P. Fürbringer, A. Guttstadt 2c. Hrsg. im Auftrage der Pflegerinnen-Anstalt in Weimar. 8. (XII, 286 S. m. 12 Taf.) Ebend. 883. geb. n. 4. —

Experimentelle Untersuchungen über qualitative Arbeitstypen von Dr. Ludwig **Pfeiffer**, Würzburg. Leipzig: O. Nemnich 1908. (281 S.) 8°
— **Monographien**, Pädagogische. Bd 5.

— Untersuchungen über den Krebs. Die Zell-Erkrankungen und die Geschwulstbildungen durch Sporozoen. Mit 62 Textfiguren und einem Atlas von 80 Mikrophotogr. Jena 92. Fischer. M. 30. —

— **Untersuchungen** üb. den Krebs. Die Zell-Erkrankgn. u. die Geschwulstbildgn. durch Sporozoen. Mit 62 Textfig. u. e. Atlas v. 80 Mikrophotogrammen (auf 25 Taf.). gr. 4. (VIII, 143 u. VII S.) Jena 893. G. Fischer. n. 30. —

— die **Vaccination**, ihre experimentellen u. erfahrungsgemässen Grundlagen u. ihre Technik, m. besond. Berücksicht. der animalen Vaccination. Mit 17 Holzschn. gr. 8 (VIII, 158 S.) Tübingen 884. Laupp. n. 3. —

—— über **Vaccine** und Variola. gr. 8. (24 S.) Wiesbaden 884, Bergmann. *
Aus: Verhandlungen des dritten Congresses für innere Medicin, besonders abgedruckt.

Variola und Vaccine. Verzeichnis d. Schriften im Besitz d. deutschen Lympheerzeugungsanstalten (31. Dez. 1906). (Verf.: L[udwig] **Pfeiffer**, Geh. Med.R.) Weimar 1907: Wagner. 183 S. 8° [09. 10259]

— die **Verbreitung** d. Herpes zoster längs der Hautgebiete der Arterien u. dessen Stellung zu den acuten Exanthemen. 3. Bericht üb. die Sammelforschung d. allgemeinen ärztl. Vereins v. Thüringen, 117 Zosterfälle betr. Mit 9 Taf. u. 1 Schema gr. 8. (39 S.) Jena 889. Fischer. n. 1. 60

Ueber Vorstellungstypen von Ludwig **Pfeiffer**. Leipzig: O. Nemnich 1907. (127 S.) 8°
— **Monographien**, Pädagogische. Bd 2. [07. 16434]

Pfeiffer, Ludwig Georg Karl, s. Pfeiffer, Louis.

PFEIFFER, M., und D. Schwendendörffer. Juristische Ergötzlichkeiten vom Jungfrauen-Rechte / Bestehend in Nutz- und Lehrreichen Gesetzen / Urtheln Exempeln und Begebnuessen. Frankfurt und Leipzig 1715. 8°. Ppbd. Mit hübschem Titelkupfer.

Pfeiffer, M., Hiob u. die Psalmen nebst Jeremias' Klageliedern u. den übrigen Gesängen der hl. Schrift übers. Salzburg, Duyle, 1809, gr. 8°

Pfeiffer, M., s. Hiob, das Buch.

Pfeiffer, M., ein deutscher Reiterposten in Schantung. Mit 121 Bildern, meist nach eigenen Aufnahmen des Verf., u. 9 Taf. (VIII, 150 S.) gr. 8. Berlin 909. D. Reimer. Geb. in Leinw. 6. —

Pfeiffer, Martin, Referendar in Neumarkt i. Schl.: Die juristische Natur des Mitgiftvertrages nach geltendem Recht. Halle a. S. 1907: Hohmann. (70 S.) 8°
Halle, Jur. Fak., Ref. v. Blume, Diss. v. 31. Okt. 1907
[Geb. 7. März 85 Strehlen (Schlesien); Wohnort: Neumarkt; Staatsangeh.: Preußen; Vorbildung: Gymn. Strehlen Reife O. 03; Studium: Freiburg i. B. 1, Breslau 1, Halle 5 S.; Rig. 6. Juli 07.]

Pfeiffer, Max [aus Tuppen (Ostpreussen)]: Ueber Pleuritis im Wochenbett. . . Nürnberg, Druck v. J. Grohrock, 1889; 26 S. 8°
Erlangen, Med. Fak., Inaug.-Diss. v. 26. Jul. 1888

Pfeiffer, Maximilian, aus Rheinzabern: Amadisstudien. Mainz 1905: J. Falk III. Söhne. (XIV, 75 S.) 8°
Erlangen, Phil. Fak., Ref. Steinmeyer, Diss. v. 2. Nov. 1904
[Geb. 21. Dez. 75 Rheinzabern; Staatsangeh.: Bayern; Vorbildung: Gymn. Speyer Reife 94; Studium: Berlin 3, Heidelberg 3, München 3 S.; Rig. 2. Nov. 04.]

Beiträge zur Geschichte der Säcularisation in Bamberg. Mit d. Berichte e. Zeitgenossen. Von Maximilian **Pfeiffer**, Dr. phil., Bibl.Sekr., Bamberg. Bamberg: Schmidt in Komm. 1907. (184, IV S.) 4°(8°) [F.]

Einzel-Formschnitte des fünfzehnten Jahrhunderts in der Königl. Bibliothek Bamberg. Mit erl. Text hrsg. von Maximilian **Pfeiffer**. Mit 28 handkol. u. 7 unkol. Nachbildungen. Bd 1. Strassburg: Heitz 1909. 2°
(Einblattdrucke d. 15. Jahrhunderts. [17.]) [09. 12780]

— Einzel-Formschnitte des 15. Jahrh. in der kgl. Bibliothek Bamberg, s. a. **Einblattdrucke** des 15. Jahrh.

Pfeiffer, Max, Mosaik. Hrsg. v. Pf. (Vereinsgabe der deutschen Literatur-Gesellschaft.) 8. (66 S.) München 901. (J. J. Lentner.) n. — 75

Theater-Elend. Ein Weckruf von Maximilian **Pfeiffer**. Bamberg: Bamb. Neueste Nachrichten 1909. 40 S. 8° [09. 11634]

Die Bamberger Centenarfeier zum Gedächtnis an Johann Kaspar Zeuss. (Verf.: Maximilian **Pfeiffer**, Bamberg.) Mit 1 Bildn. Halle a. S.: M. Niemeyer 1907. (35 S.) 8°
Aus: Zeitschrift f. celtische Philologie. Bd 6. [07. 9993 3]

Pfeiffer, Michael Traugott

— und Nägeli. Auszug aus der Gesangbildungslehre nach Pestalozzischen Grundsätzen. Leipzig. [quer 8°.]

Pfeiffer, Mich. Tr., Catalog. numismatum antiq. rom. graec. gentiumq. barbar. ex auro etc. coll. 8. Regensb. 773. Montag u. W. 1 fl 8 kr

— Chorgesangschule. Zürich 1821.

Pfeiffer, M. T., Gesangbildungslehre, s. H. G. Nägeli.

— Gesangbildungslehre für den Männerchor. Zürich 1817.

Pfeiffer, O., Bon Appetit, s.: Theater, neues Wiener.

Pfeiffer's, Otto, Adressbuch f. den Gartenbau u. die verwandten Zweige v. Oesterreich-Ungarn. gr. 8. (IV, 225 S.) Wien 894. (C. Teufen.) Kart. n. 10. —

Pfeiffer's, Otto, Adressbuch f. den Gartenbau u. die verwandten Zweige in Oesterreich-Ungarn. gr. 8. (III, 196 S.) Wien (XVII, Hernals, Bergsteiggasse 3) 902. Selbstverlag. Geb. n. 10. —

Pfeiffer's, Otto, Adressbuch f. den Gartenbau u. die verwandten Zweige in Oesterreich-Ungarn. 4. Ausg. (III, 226 S.) gr. 8. Wien (XVII/1 Bergsteiggasse 9), 905. Selbstverlag. Kart. n. 10. —

Pfeiffer, Otto, die technische Anwendung des Wassers als Heilmittel. Schwerin 861. (Stiller.) gr. 8. (24 S.) n. 2½ ngr.

Pfeiffer, Otto, die Bauverdingung. 3 Bde. 8. Leipzig 906. W. Engelmann. Geb. in Leinw. n. 7. 20
1. Bedingungen f. die Vergebung v. Staats- u. Privatbauten. (V, 87 S.) n. 1. 80
2. Ausführungsbestimmungen u. Kostenanschläge f den Rohbau. (VII, 162 S.) n. 3. —
3. Dasselbe f. den inneren Ausbau. (VI, 118 S.) n. 2. 40

Pfeiffer, Otto, zur Bestimmung des spezifischen Gewichts v. Leuchtgas. Eine Tafel m. erläut. Text (auf der Rückseite.) 46×47 cm. München 903. R. Oldenbourg. n. — 60
Sonderabdr. a.: „Journal f. Gasbeleuchtg. u. Wasserversorgg."

Pfeiffer, Otto (Hrsg.), s. B l ä t t e r, Illustrierte Nützliche.

PFEIFFER, O.
Gas (Das) als Leucht-, Heiz- und Kraftstoff in seinen verschiedenen Arten als Steinkohlengas, Oelgas, Holz- und Torfgas, Wassergas. Weimar, 1895. 8vo. Ill.

Pfeiffer, Otto, d. G a s als Leucht-, Heiz- u. Kraftstoff in s. verschied. Arten als Steinkohlengas, Holz- u. Torfgas, Oelgas, Wassergas. Fabrikation u. Verwendung nach d. neuesten Standpunkt, unt. Berücksicht. der Konkurrenzverhältnisse zwischen Gas u. Elektrizität. Zum 100jähr. Jubiläum d. Gasindustrie. Einleit. Vorwort v. Meidinger. M. 2 Beiblättern u. e. Atlas v. 30 Taf., enth. 357 Abb. (u. 3 S. Text). gr. 8. (XVI, 371 S.) Weimar 896. Leipzig, B. F. Voigt. 12. —

Pfeiffer, Otto [aus Gernsbach in Baden]: Ueber die Iso-Nitro-Stearinsäure .... Freiburg i. B., Buchdr. v. Chr. Ströcker, 1888; 67 S. + 1 Bl. 8°
Freiburg i. B., Phil. Fak., Inaug.-Diss. v. 1888

Pfeiffer, Otto, die Reichs-Gewerbe-Ordnung vom 21. Juni 1869 m. ihren Abänderungen durch die neueren Reichs- u. preußischen Gesetze. In strafrechtlicher Beziehung erläutert durch die bisher. Rechtsprechung der höchsten deutschen Gerichtshöfe. 8. (VI, 150 S.) Magdeburg 880. Kloß. geb. n. 3. —

P f e i f f e r, Otto. Ueber den internationalen Schnittblumenhandel. gr. 8. (6 S.) Wien 890, (Frick). * — 80
Aus: Illustr. Flora, besonders abgedruckt.

Pfeiffer, Otto, chemische Untersuchungen üb. das Reifen d. Kernobstes. Inaugural-Dissertation. gr. 8. (45 S.) Jena 875. (Deistung.) n. 1. —

Pfeiffer, Otto, chemische Untersuchungen über das Reifen des Kernobstes. gr. 8. (45 S.) Heidelberg 876, C. Winter's Universitäts-Buchh. *
Aus: Annalen der Oenologie, besonders abgedruckt.

Pfeiffer, Otto [app. Arzt aus Darmstadt]: Untersuchungen über die Lage, Ausdehnung und Eigenschaften des cerebralen regulatorischen Herznervencentrums ... Darmstadt, Druck v. H. Brill, 1894; 30 S. 8.
Giessen, Med Fak., Inaug.-Diss. v. 1894

— welche M a ß r e g e l n wären nothwendig u. empfehlenswerth, um zu ermöglichen, daß der internationale Schnittblumenhandel weder die Interessen d. Exportlandes noch jene d. Importlandes schädigt?" [Aus: „Illustr. Flora".] Internationaler land- u. forstwirthschaftl. Congreß zu Wien 1890, Hft. 85.) gr. 8. (6 S.) Wien 890. (W. Frick.) n. — 80

P f e i f f e r, Paul. Beitrag zur Chemie der Molekülverbindungen. Habilitationsschr. Phil. II. Univ. Zürich Juni 1901. 140 S. 8. Zürich, Müller, Werder & Cie., 1902.

Pfeiffer, Paul, Referendar am Amtsgericht Greiz i. V.: Die Herausgabepflicht des Erbschaftsverkäufers nach dem Bürgerlichen Gesetzbuche für das Deutsche Reich. Greiz 1907: F. Trommer. (VIII, 59 S.) 8°
Leipzig, Jur. Fak., Diss. v. 24. Sept. 1907
[Geb. 4. Dez. 83 Heringen a. d. Werra; Wohnort: Greiz; Staatsangeh.: Reuß ä. L.; Vorbildung: Gymn. Schleiz Reife O. 03; Studium: Leipzig 7 S.; Rig. 12. Juli 06.]

Pfeiffer, Paul, Kobaltiake, s.: G m e l i n u. K r a u t's Handbuch der organischen Chemie.

Pfeiffer, **Paul** [aus Elberfeld, I. Assistent am chem. Universitäts-Laboratorium in Zürich]: Molekülverbindungen der Halogenide des vierwertigen Zinns und der Zinnalkyle. Zürich 1898. 63 S. 8°.
Zürich. Phil. Diss. II. S. 1897/98.

Pfeiffer, Peter

Pfeiffer, Pt., († ...) Handb. z. Gebr. d. Kranken u. Seelensorger. 8. Konstanz 780. (J. Wolf; a. Doll in Augsb.) 4 gr.

P f e i f f e r, Peter. Rede auf Karl Theodor, Freyherrn von Dalberg.... 1788. Konstanz s. S c h r i f t e n, verfertiget auf die Hohe Ankunft Sr. ... Gnaden Karl Theodor, Freyherrn von Dalberg.... [Stück 1.]

Pfeiffer, Petrus (geb. am 12 Sept. 1837 in Linz): De gravissimis symptomatis et nonnullis mutationibus pathologicis, quae efficiuntur morbo coxarthrocaces ... Bonnae, typ. expr. P. Neusser 1863. 2 Bl., 26 S., 1 Bl. 8.
Bonn, Med. Fak., Diss. v. 10 Aug. 1863

Pfeiffer, Ph. H., Wunder Gottes in der Natur, wie dieselbe in des Menschen rechter u. linker Hand verborgen sind. 4. Heilbronn 755. Glaß. 1 gr.

Pfeiffer, Philipp, vormaliger Stabs-Guide etc. Anleitung zum P l a n- u n d K a r t e n z e i c h n e n, mit besonderer Rücksicht auf die Darstellung der Gebirgsformen, nach der neuesten und zweckmässigsten Methode, auf eigene Erfahrung gegründet. Mit 14 Tafeln.
Fol. Carlsruhe 1847.

P f e i f f e r, Phil., Anleitung zum Plan- und Karten-Zeichnen mit besond. Rücksicht auf die Darstellung der Gebirgsformen, nach der neuesten und zweckmässigsten Methode auf eigene Erfahrung gegründet. qu. Fol. (14 Stnt. wovon 5 in Farbendr. und 6 Bl. Text.) Carlsruhe 818, [Creuzbauer und Viereck.] *

Pfeiffer, Philipp [aus Augsburg]: Beitrag zur Kenntnis des Einwanderungsmodus der Streptokokken in die Organe bei Pyaemie ... Würzburg, Druck d. Stahel'schen k. Hofbuchdr., 1892; 1 Bl., 17 S. 8.
Würzburg, Med. Fak., Inaug.-Diss. v. 1892

Pfeiffer, Reinhold

Pfeiffer, Rhold., u. B. **Clemenz**, der Riesengrund m. d. Schneekoppe, s.: B i l d e r aus Schlesien.

— Der Breslauer Ring m. dem Rathaus, s.: B i l d e r aus Schlesien.

Pfeiffer, Richard

Pfeiffer, Rich., mikrophotograph. Atlas d. Bakterienkunde, s.: F r a e n k e l, Carl.

Pfeiffer, Richard [aus Betzenstein]: Begriff und Bedeutung der Weisheit im Buche der Proverbien ... [Erschien vollst. 1897 bei C. H. Beck in München u. d. T.: D. religiös-sittl. Weltanschauung d. Buches d. Sprüche in ihrem inneren Zshange dargest.] *Nördlingen, C. H. Beck'sche Buchdr., 1896*; 41 S. 8.
Erlangen, Phil. Fak., Inaug.-Diss. v. 29. Apr. 1896

Pfeiffer, R., zur Behandlung der Kehlkopf- u. Lungentuberculose mittelst parenchymatöser Injectionen. Nebst e. neuen Hypothese üb. die tuberculöse Lungenspitzenerkrankg. gr. 8. (VI, 60 S.) Leipzig 890. Voit & Co. n. 1. 80

—— Beiträge zur Protozoen-Forschung. I. Heft. Die Coccidien-Krankheit der Kaninchen. gr. 8. (24 S. m. 12 microphotograph. Taf.) Berl. 892, Hirschwald. * 10 —

Pfeiffer, Bericht üb. die Thätigkeit der zur Erforschung der Pest nach Indien entsandten Kommission, s.: Gaffky.

Pfeiffer, R., s.: Berichte üb. die Wertbestimmung des Pariser Pestserums.

Pfeiffer, Rich., die Bibel in d. Volksschule. E. Beitrag zur Schulbibelfrage. gr. 8. (38 S.) München 897. C. H. Beck. n. — 40

Pfeiffer R.: Die Coccidienkrankheit d. Kaninchen. Berl. 1892. 24 S. 12 fotogr. Tvl. P.
(=: Beiträge z. Protozoen-Forschung. H. 1).

— s.: Encyklopädie der Hygiene.

Pfeiffer, *Karl* Richard *Kurt* [app. Arzt aus Breslau]: Über Erkrankungen der Nieren infolge von Kontusionen ... Breslau, Druck d. Bresl. Gen.-Buchdr., 1897; 48 S., 1 Bl. 8.
Leipzig, Med. Fak., Inaug.-Diss. v. 15. Jan. 1897

Pfeiffer, Richard [pr. Arzt]: Zwei Fälle von Tabes incipiens ... Königsberg i. Pr., Buchdr. v. R. Leupold, 1892; 41 S., 1 Bl. 8.
Königsberg, Med. Fak., Inaug.-Diss. v. 21. Juli 1892

Pfeiffer, Rich. (II.). Zwei Fälle v. Tabes incipiens. Diss. gr. 8. (41 S.) Königsb. i. Pr. 892, (Koch). * 1 —

Geschichte und Ortsbeschreibung von Sulzbach und Umgebung für Einheimische und Fremde zsgest. von Dr. Richard **Pfeiffer**. Mit 3 Ill. u. 1 Übersichtsskizze. *Sulzbach i. O.: J. E. v. Seidel (1903).* (76 S.) 8° (03.10761

Pfeiffer, (Johannes Friedr.) Rich. (geb. Zduny in Posen 27. 3. 1858)' Ueber die anatomischen Grundlagen der Elephantiasis Arabum. Berlin (1880) (32 S.) 8°
Berlin, Med. Diss. v 12. Juni 1880

Pfeiffer, Ricardus, ord. med. h. t. decanus: Lectiones cursorias, quas ... Oscarus Ehrhardt Med. Dr. sub titulo 'Ueber die chirurgische Behandlung der Nierentuberculose' ad docendi facultatem rite impetrandam die XIII. m. Februaris [!] ... habebit, indicit. *Regimonti Bor. 1902: Kuemmel.* (1 Bl.) 4°

Pfeiffer, Ricardus, ord. med. h. t. decanus: Lectiones cursorias, quas Waltarius Scholtz Med. Dr. sub titulo 'Ueber die Bedeutung der gonorrhoischen Erkrankungen' ad docendi facultatem rite impetrandam die XXIX. m. Octobris ... habebit, indicit. *Regimonti Bor. 1900 [vielm. 1901]: Kuemmel.* (1 Bl.) 4°

— d. Mikroorganismen, s.: Flügge, C.

Pfeiffer, Rich., das Alte Testament, f. das christl. Haus ausgewählt u. übers. gr. 8. (XIV, 501 S.) Erlangen 900. K. Pfeiffer. n. 5. —; geb. in Leinw. n. 6. —

— zur Theorie der Virulenz, s.: Festschrift zum 60. Geburtstage v. Robert Koch.

— Typhusepidemien u. Trinkwasser. Mit 1 Plan, 1 Kurve u. 2 Abb. im Text. [Aus: „Klin. Jahrb."] gr. 8. (30 S.) Jena 898. G. Fischer. n. 2. —

Die religiös-sittliche Weltanschauung des Buches der Sprüche in ihrem Zusammenhange dargest. v. Dr. philos. Richard **Pfeiffer**, ev. Pfarrer in Sulzbach. *München: C. H. Beck 1897.* (VIII, 264 S., 1 Bl.) 1 Bd 8. [96. 8011

Pfeiffer, (Rich.), s.: Zentralblatt f. Bakteriologie. Parasitenkunde u. Infektionskrankheiten.

Pfeiffer, Rob., Geschichte des deutschen u. italienischen Krieges im Sommer 1866 u. der daraus erfolgten Umgestaltung Deutschlands. Populär dargestellt. 7., verb. u. vervollständ. Aufl. Crefeld 866. Klein. 8. (76 S.) 4 ngr.

Pfeiffer, Robert [aus Düsseldorf]: Über die Resorptionsfähigkeit der Haut für Salben mit besonderer Berücksichtigung des Lanolins.... Würzburg, Becker's Univ.-Buchdr., 1886; 28 S. 8°.
Würzburg, Med. Fak., Inaug.-Diss. v. 1886.

Pfeiffer, Robert, über die Resorptionsfähigkeit der Haut für Salben mit besonderer Berücksichtigung des Lanolins. Diss. Würzburg 1886, Stahelsche Univ.-Buchh. 8°. 28 S.

Pfeiffer, Rudolf

Pfeiffer, Rud., Wallbauten in der Umgebung v. Gaya in Mähren. [Aus: „Annalen d. k. k. naturhistor. Hofmuseums".] Lex.-8. (S. 539—548 m. 6 Abbildgn.) Wien 890. A. Hölder. n. — 80

Pfeiffer, S. A. (Praes.): De imperio phantasiae in sensus, s. Barnstorf, E. (Resp.)

Pfeiffer, De imperio phantasiae in sensus. Gryph. 4°. 1705

Pfeiffer, Sigmund August

Pfeiffer, Sigm. Aug., praes. **Barnstorff**, De phantasiae imperio in sensus. Gryph. 4°. 1707

Pfeiffer, Simon Friedrich

Pfeiffer, Sim. Friedr., Beschreibung d. Staates Algier nebst d. Bewohnern dess. Als Anh. zu sein. Reisen u. 5jähr. Gefangenschaft. 8. (5¼ B.) Gießen 833, Ricker.

—— meine Reisen u. meine 5jähr. Gefangenschaft in Algier. Mit e. Vorr. v. Schmitthenner. 8. (16 B.) Gießen 832, (Ricker.)

Pfeiffer, St.: Grundzüge der Erziehung und des Unterrichts bei den Römern. 45 S.– W.Neustadt, Progr. 1867.

Pfeiffer, Theodor

Pfeiffer, Th., stickstoffsammelnde Bakterien, Brache u. Raubbau. (III, 538.) Lex.-8. Berlin 904. P. Parey. n. 1. 60
Sonderabdruck aus: „Mittlgn. d. landw. Institute d. kgl. Univ. Breslau".

Pfeiffer, Th., Forschgn. über d. zweckmäss. Behandlg. d. Stallmistes, s.: Dietzell, B. E.

Stallmist-Konservierung mit Superphosphatgips, Kainit und Schwefelsäure. Versuche im Auftr. d. Deutschen Landwirtsch.-Ges., Dünger-(Kainit-)Abt. ausgeführt in Zwatzen von Prof. Dr. Pfeiffer, Dir., Dr. F. Moszeik, Dr. O. Lemmermann u. Dr. C. Wallnitz. Berichterstatter: Prof. Dr. [Theodor] **Pfeiffer**-Breslau. *Berlin 1902: (O. Thiele in Halle).* (49 S.) 8° [73]
= Arbeiten d. Deutschen Landwirtsch.-Gesellschaft. H. 73

Pfeiffer, Thdr., Studien bei Hans v. Bülow. 1.—6. Aufl. gr. 8. (VIII, 123 S. m. Bildnis.) Berlin 894. F. Luckhardt. 3. —

Pfeiffer, Thdr., Studien bei Hans v. Bülow. 6. Aufl. (VIII, 123 S. m. 1 Bildnis.) 8. Leipzig (908). Hildburghausen, Thüringische Verlags-Anstalt. Geb. in Leinw. 3. —
Nachtrag dazu s.: Motta, J. Vianna da.

Pfeiffer, Thdr., über Verbindungen einiger Kohlehydrate mit Alkalien. Ein Beitrag zur Bestimmung ihrer Moleculargrösse. Inaugural-Dissertation. gr. 8. (37 S.) Göttingen 881, (Vandenhoeck und Ruprecht's Verlag.) *

Pfeiffer, Theodor Karl

Pfeiffer, Thdr., einige Bemerkungen zur wissenschaftlichen Begründung und Empfehlung der Wasserheilkunde. gr. 8. (31 S.) Cassel 853, Hotop.

Pfeiffer, Thdr. Car., de Laparotomia in volvulo necessaria. Dissert. inaug. medico-chirurg. Accedunt tabulae II. lapidi incisae. 4maj. Marburgi 843. (Cassel, Krieger'sche Buchh.) n. 2/3 ₰

Pfeiffer, Ulrich

— e. Bändchen zum Lesen, od. Predigten üb. verschied. interessante Gegenstände der jetzigen Zeiten. gr. 8. Augsb. 795. Veith. 22 gr

— der Hauptgegenstand des Christen: Gott u. se. Vollkommenheiten in Predigten. 2 Thle. gr. 8. Augsb. 796. Kranzfelder. 1 ₰ 6 gr

Pfeiffer, Ulr., d. Mann ohne Religion. 8. Augsb. Kranzfelder. 800.

— Reden u. Abhandl. üb. moral. Gegenst. gr. 8. Ebendas. 797.

— vermischte Reden u. Abhandl. üb. moral. Gegenstände. gr. 8. Augsb. 797, 98. Veith. 2 ₰ 8 gr

— Vorlesungen üb. die natürl. Pflichten d. Menschen gegen Gott. 8. Augsb. 802. Kranzfelder. 14 gr

— wenn Gott so gut ist, warum sind manchmal die Zeiten so hart, die Plagen so zahlreich? 8. Augsb. 795.

Pfeiffer, Viktorian, Referendar: Die Vermögensrechte des Vaters am Kindesgut. Breslau 1908: H. Fleischmann. (58 S.) 8°
Breslau, Jur. Fak., Ref. Schott-Dahn, Diss. v. 15. Juli 1908
[Geb. 23. Nov. 82 Breslau; Wohnort: Breslau; Staatsangeh.: Preußen; Vorbildung: Matthias-Gymn. Breslau Reife O. 04; Studium: Breslau 6 S.; Rig. 13. Juni 07.]

Pfeiffer, Wilhelm: Technische Beiträge zum Bayerischen Wiesenkulturgesetze. Hof-Wunsiedel 1842.

Pfeiffer, Wilh., Bilder für den Anschauungs-Unterricht, s.a. Kehr, C., der Anschauungs-Unterricht für Haus und Schule.

Pfeiffer's, Wilh., Bilder für den Anschauungs-Unterricht aus den Hey-Speckterschen 50 Fabeln. Mit begleit. Text hrsg. v. C. Kehr. 1—4. Lfg. Imp.-Fol. (à 3 Chromolith.) Mit Text. gr. 8. (103 S.) Gotha 878 — 82. F. A. Perthes. à n. 6. —; auf Leinw. m. Stäben à n.n. 11. —; einzelne Blätter à n. 2. 40

Pfeiffer's, Wilh., Bilder f. den Anschauungs-Unterricht aus den Hey-Speckter'schen 50 Fabeln. Mit begleit. Text hrsg. v. C. Kehr. 5. Lfg. 61×82 cm. (3 farb. Taf.) Gotha 891. F. A. Perthes. n. 6. —; auf Leinw. m. Stäben n.n. 11. —; einzelne Blätter unaufgez. à n. 2. 40 (1.—5. Lfg.: n. 30. —; auf Leinw. m. Stäben n.n. 55. —)

Pfeiffer, Wilhelm, Bilder für den Anschauungs-Unterricht aus den Hey Speckter'schen 50 Fabeln, mit begleitendem Texte. Herausgegeben von Dr. C. Kehr. I Lieferung: 1. Rabe, 2. Möpschen und Spitzchen, 3. Storch. II. Lief.: 4. Pferd und Sperling, 5. Wandersmann und Lerche, 6. Vogel. III. Lief.: 7. Hündchen und Böckchen, 8. Bär, 9. Fuchs u. Ente. IV. Lief.: 10. Hähne, 11. Kätzchen, 12. Fischlein. 2. Auflage. Gotha, Friedrich Andreas Perthes. 1892.

Pfeiffer, Wilh., u. Alb. Kull, Bilder f. d. Anschauungs-Unterricht aus d. Hey-Speckterschen Fabeln. M. Text v. C. Kehr u. Alb. Kleinschmidt. 6. u. 7. Lfg. 61×82 cm. (Je 3 farb. Taf.) Bilder v. A. Kull, Text v. A. Kleinschmidt. Gotha, F. A. Perthes. à Lfg. n. 6. —; auf Leinw. m. Stäben à n.n. 11. —; einz. Blätter unaufgez. n. 2. 40; auf Leinw. n.n. 4. 10; Text. gr. 8. (51 S.) n. — 60
16. Pferd u. Füllen. 896. — 17. Hund u. Kinder. 896. 18. Kind u. Ochse. 896. — 19. Gänschen. 897. 20. Löwe u. Hund. 897. — 21. Rehe. 897.

Pfeiffer, Wilh., u. Alb. Kull, Bilder f. den Anschauungs-Unterricht aus den Hey-Speckterschen Fabeln. Mit Text v. C. Kehr u. Alb. Kleinschmidt. 8. Lfg. (3 farb. Taf.) 62×84 cm. Gotha (903). F. A. Perthes. n. 6. —; auf Leinw. m. Stäben n n. 11. —; einzelne Blätter unaufgez. n. 2. 40; auf Leinw. n.n. 4. 10
22. Vogel am Fenster. — 23. Hund u. Igel. — 24. Hirsch.

Pfeiffer, Wilh., u. Alb. Kull, Bilder f. den Anschauungs-Unterricht aus den Hey-Speckterschen Fabeln. Mit Text v. C. Kehr u. Alb. Kleinschmidt. 9. Lfg. (3 farb. Taf.) 68,5×90,5 cm. Gotha (909). F. A. Perthes. 6.—; auf Leinw. m. Stäben nn 11.—; einz. Blätter 2.40; auf Leinw. n 4.10
25. Häschen. — 26. Pudel. — 27. Schneemann.
Text dazu s.: Kehr, C., u. Alb. Kleinschmidt, der Anschauungsunterricht.

Pfeiffer, *Herrmann* Wilhelm [pr. Arzt aus Zduny]: Aus d. ophthalmolog. Klinik zu Breslau. Ueber Chorioiditis disseminata ... Schweidnitz, Druck v. M. Gebauer, 1893; 40 S. 8.
Breslau, Med. Fak., Inaug.-Diss. v. 23. Juni 1893

Pfeiffer, Wilh., üb. Chorioiditis disseminata. Diss. gr. 8. (38 S.) Schweidnitz 893. (Breslau, L. Köhler.) n. 1. —

Pfeiffer, Wilhelm, approb. Arzt aus Wiesbaden: Aus d. patholog. Institut zu Freiburg i. B. Über den Fettgehalt foetaler Organe. *Freiburg i. B.: Speyer & Kaerner 1899.* (32 S.) 8°
Freiburg i. B., Med. Diss. v. 1899

— General-Register, s.: Verhandlungen d. Congresses f. innere Medicin.

Pfeiffer, Wilhelm, aus Frankfurt a. M.: Die ausserkontraktliche Haftung für Handlungen dritter Personen nach §§ 831 und 832 des Bürgerlichen Gesetzbuches für das Deutsche Reich. *Erlangen 1900: F. Junge.* (IV, 74 S.) 8° [F.]
Erlangen, Jur. Diss. v. 18. Juni 1898

Pfeiffer, Wilhelm: Die Konvaleszenz unwirksamer Rechtsgeschäfte nach dem B.G.B. Erlangen 1910: Jacob. VII, 72 S. 8°
Erlangen, Jur. Diss. v. 31. Jan. 1910, Ref. Binder
[Geb. 24. Sept. 86 Bremen; Wohnort: Bremen; Staatsangeh.: Bremen; Vorbildung: Altes Gymn. Bremen Reife O. 06; Studium: Genf 1, München 5, Erlangen 1 S.; Rig. 2. Dez. 09.] [U 10. 740

Pfeiffer, Wilh., s.: Mission, die innere, in Berlin.

Pfeiffer, W., Operations-Cursus f. Thierärzte u. Studierende. M. e. Vorwort v. Fröhner. M. 32 Orig.-Abb. 8. (66 S.) Berlin 897. R. Schoetz. Geb. n. 2. 50

Pfeiffer, W., Operations-Cursus f. Thierärzte u. Studirende. 2., verm. Aufl. 8. (VIII, 88 S. m. 50 Abb.) Berlin 900. R. Schoetz. Geb. n. 3. 50

Operationskursus für Tierärzte und Studierende. Von Dr. W[ilhelm] **Pfeiffer**, Prof., Gießen. 3., verm. Aufl. Mit 57 Abb. *Berlin: R. Schoetz 1903.* (X, 104 S.) 8° [04. 2319

Operationskursus für Tierärzte und Studierende. Von Dr. W[ilhelm] **Pfeiffer**, Prof. 4., verm. Aufl. Mit 65 Abb. Berlin: R. Schoetz 1907. (VIII, 121 S.) 8° [08. 17660]]

Drei Predigten bei der 59. Hauptversammlung des Evangelischen Vereins der Gustav Adolf-Stiftung in Jena am 17. und 18. September 1907 gehalten von Gen.Superint. D. [Wilhelm] **Pfeiffer** aus Kassel ... Archidiakonus [Hans] Jacobi ... Oberkonsist.R. [Adolf] Kahl ... u. Eine Katechese in d. Kindergottesdienst ... geh. von Pastor [Paul] Zauleck. Leipzig: Centralvorst. d. Gustav Adolf-Stiftung 1907. (39 S.) 8° [J.]
— **Bericht** über d. 59. Hauptversammlung d. Ev. Vereins d. Gustav Adolf-Stiftung. [Anh.] [08. 2302

Pfeiffer, Guilelmus, Gonzenheimensis Hasso-Nassovius: Quibus legibus non et haud particulae apud poetas romanos, praecipue Augusti imperatoris temporum, positae sint. Homburg 1908: J. G. Steinhaeusser. (70 S.) 8°
Marburg, Phil. Fak., Ref. Birt, Diss. v. 30. Juni 1908
[Geb. 17. Jan. 85 Gonzenheim (Hessen-Nassau); Wohnort: Homburg; Staatsangeh.: Preußen; Vorbildung: Kaiserin-Friedrich-Gymn. Homburg v. d. H. Reife O. 04; Studium: Bonn 3, Berlin 3, Marburg 4 S.; Rig. 19. Febr. 08.]

Pfeiffer, Wilh., 100 neue Räthsel-Dichtungen. gr. 16. (69 S.) Berlin 898. F. E. Lederer. — 60; geb. 1.20

Pfeiffer, Wilh., s.: Schiller's, Frdr., Lied v. d. Glocke.

Pfeiffer, Wilh., Dr. med., a. Wiesbaden, Assistent an der medizinischen Klinik zu Kiel: Aus dem physiologisch-chemischen Institut zu Straßburg (Prof. Dr. Hofmeister) und dem Laboratorium der medizinischen Klinik zu Kiel (Prof. Dr. Quincke). Synthese und Abbau der Harnsäure beim Menschen und Säugetier. Kiel 1907: H. Fiencke. (31 S.) 8°
Kiel, Med. Fak., Hab.-Schrift v. 1907

— Thorax, Lunge, Brustbeule, s.: Handb. d. tierärztl. Chir. u. Geb.

Pfeiffer, Wilhelm, aus Leubus (Schlesien): Die Gattung Triboniophorus. (Aus d. zoolog. Institute in Berlin.) *Berlin (1899): G. Schade.* (42 S.) 8° ¶ (Erscheint vollst. u. mit Abb. in d. Zool. Jahrbüchern.)
Berlin, Phil. Diss. v. 24. Juni 1899

Pfeiffer, Wilhelm: Über Fouqués Undine. *Heidelberg: C. Winter 1902.* (IV, 84 S.) 8° ¶ [Erschien 1903 mit d. Texte d. Oper Undine in gleichem Verl.]
Heidelberg, Phil. Diss. v. 1902

Pfeiffer, Wilh., über Fouqués Undine. Nebst e. Anh., enth. Fouqués Operndichtg. Undine. (VII, 169 S.) gr. 8. Heidelberg 903. C. Winter, Verl. n. 2. 40

Pfeiffer, Wilhelm Friedrich

Pfeiffer, Wilh. Frdr., die Lösung mehrerer hochwichtiger Probleme im Gebiete der Beseitigung der materiellen Noth u. der Vermehrung des Nationalreichthums, insbesondere die Kartoffelkrankheit, den Kornwurm, die Ackerschnecke, den Hausschwamm rc. betreffend. [Pfeiffer's aus 40jähr. Erfahrungen geschöpfte Geheimmittel.] gr. 8. (16 S.) Augsburg 851. (Hof, Grau.) Versiegelt. 1 ℳ

Pfeiffer, Wilhelm Vikt. Christ.

Pfeiffer, Wilh. V. C., Jugendklänge. (Gedichte.) 8. (13 B.) Göttingen 835, Kübler'sche Buchh. (?)

— **Wilh. Vikt. Christ.** (Eutin), Symbolae Catullianae. Göttingen (C. E. Rosenbusch) (8. IX.) 1834. 53 S. (4.—) 26320

Pfeiffer, W[illy], approb. Arzt aus Stuttgart: **Weitere Beobachtungen** über die Haemolytische Fähigkeit des Peptonblutes. *Leipzig 1903: J. B. Hirschfeld.* (12 S.) 8°
Tübingen, Med. Diss. v. 1903

Pfeiffer v. Julienfels, Ferd., s. a.: Fifi.

— Soldatengräber. Wanderbilder v. d. böhm. Schlachtfeldern d. J. 1866. 25 Gedichte m. 28 Lichtdr.-Bildern. (IV, 40 S.) Lex. 8. Prag (908). C. Bellmann. 4.—; feine Ausg. 6.—

Pfeiffer-Raimund, Tina, Dr. Hornesser u. seine Gegner. Eine krit. Betrachtg. unter besond. Bezugnahme auf den Vortrag des Hrn. Div.-Pfarrers v. Bergh. (11 S.) 8. Cassel 906. A. Freyschmidt. n. — 30

Pfeiffer-Raimund, Tina: Das Mysterium des Weiblichen. — Leipzig: Rothbarth (1907). 102 S. 8°
— — (Die Frau. Ser. 2. Bd 17.)

Pfeiffer - Elmiger - Düret-Handel, Der, im Lichte des Strafrechts. Zürich 1895. V: *Gut, Frz & Ant. Moser.* (Zuwachsverz. d. Bibl. in Zürich 1898 ff.)

Pfeiffersberg, Karl. Epitome philosophiae peripateticae Quinquaginta conclusionibus definita. (Clagenfurti, Kleinmayr. 1705.) 167 S.

Pfeiffersberg, C. Kaiser Joseph I. von unsterblicher Tugend. fol. Wien 1711.

Pfeil [Sachl. OW]

Pfeil, Friedr. Wilh. Leopold, ein Erzieher des deutschen Waldes, s. Hey, E.

Pfeil, der Staats-Minister Reichsfreiherr v., ein Knecht Jesu Christi. Berlin 863. (Beck.) 8. (24 S.) 1½ ngr.

Pfeil: Der Pfeil des Tellen
① Eine schweizerische Monatsschrift für Volk, Wissenschaft und Politik, zum bessern Verständnis der Schweiz, herausgegeben von mehreren Schweizern ④ Neue Helvetia ⑤ Januar 1842—Januar 1843 ⑥ 8° ⑦ Monatsschrift ⑧ Zürich: Fr Schultheß ⑪ P. C. von Planta ⑫ radikal ⑬ BGSZ. 75, p. 198 ⑭ Zh: Z; Lu: Z; Be: L.

Pfeil [Verfasser]

Pfeil, die Aufforstung, s.: Schulze.

Pfeil, Frau Gräfin, Frau Dora Rappard, Frau Frida Ufer-Held, Frau Schrenk, Frauendienst. Vier Vorträge. (Ansprachen am 11. VI. 1908 im Hotel „Monopol“ in Wernigerode.) (31 S.) 8. Stuttgart 908. Buchh. des deutschen Philadelphia-Vereins. — 30

Pfeil's Spezial-Touristenführer m. Spezial-Wanderkarte u. Ansichtspostkarte. Lausitzer Gebirge. I. Töpfer—Hochwald—Hain—Oybin. (9 S.) kl. 8. Zittau (907). Pfeil. — 10

Pfeil, A., der Damenkomiker. Eine Sammlg. wirkungsvoller Vorträge f. gesell. Kreise. Neue Ster.-Ausg. 16. (64 S.) Reutlingen 889. Enßlin & Laiblin. — 15; feine Ausg. — 50

Pfeil, August [prac. Arzt in Friedewald (Reg.-Bez. Cassel)]: Ist die operative Behandlung der Pleuraexudate Gemeingut der Ärzte geworden? ... Hersfeld, Eduard Hoehl's Buchdr., 1886; 24 S. 8°.

Würzburg, Med. Fak., Inaug.-Diss. v. 1886.

Pfeil, August, ist die operative Behandlung der Pleuraexudate Gemeingut der Aerzte geworden? Diss. Würzburg 1886, Stahelsche Univ.-Buchh. 8°. 24 S.

Pfeil, Christian August (Merseburg), Quaestio jur. controversi an unio prolium adimat jus testandi paciscentibus. Präs. Christian Heinr. Breuning. Leipzig (Langenheim) 16. II. 1771. 12 Seiten, (4.—) 26321

Pfeil, Christoph Karl Ludwig von: Abhandlung von den Verdiensten d. Hauses Württemberg um das dt. Reich, s. Pfeil: De Meritis ...

Pfeil, Christoph Karl Ludwig von: Avis démonstratif ..., s. Pfeil: Gutachten, ...

– KURZER BEGRIFF DES UNGRUNDES, der sub dato 15. April 1751 ad dictaturam Imperii gekommenen Reichs-Ritterschaftlichen Druck-Schrift sub Titulo: Vertheidigte Freyheit und Unmittelbarkeit der H. R. Reichs-Ritterschaft in Franken, Schwaben, und am Rhein-Strom, auch ihrer wohlhergebrachten Würde und Gerechtsamen wider die Hochfürstl. Würtembergische sogenannte Vorlegung der angeblich anwachsenden Irrungen und dahero enstehenden Nothdurft eines Reichs-Regulativs. Von Christoph Carl Ludwig von Pfeil. – Regenspurg 1751: Neubauer. 70 S.

[–] KURZER BEGRIFF DES UNGRUNDES VON DEM ZWEYTEN ABSAZE des I. Theils der Reichs-Ritterschaftlichen Druk-Schrift, sub Titulo: Vertheidigte Freyheit und Ohnmittelbarkeit der Reichs-Ritterschaft in Franken, Schwaben und am Rhein, auch ihrer wohlhergebrachten Würde und Gerechtsamen wider die Hochfürstl. Würtembergische sogenannte Vorlegung der angeblich anwachsenden Irrungen und daher entstehenden Nothdurft eines Reichs-Regulativs. [Von Christoph Carl Ludwig von Pfeil]. – Regenspurg 1752: Neubauer. 100 S.

– DE NECESSARIA CONFORMATIONE sententiae ad libellum monita tam generalia quam specialia Leyserianis dubiis modeste opposita pro loco in facultate juridica legitime capessendo h.l.q.c. (quoad partem priorem) defendet Christophorus Fridericus Harpprechtus, resp. Christophoro Carolo Ludovico Pfeil, Jurium candidato, Grunstadtiensi, ad diem Aug. 1731. – Tubingae o.J. (1731): Schramm. 68 S.

– DONATIO MORTIS CAUSA ET INTER VIVOS, Schenkung von Todes-wegen von des Kreuzes-Todes wegen des Lammes GOttes, das der Welt Sünde trägt: Eines alten - den Gekreuzigten HErrn der Herrlichkeit liebenden Herrn Ansprache sorgsamer Liebe an seine Katholischen und Evangelischen Unterthanen und Angehörigen zur Erbauung in den Gedächtniß-Tagen JEsu heiliger Marter-Leiden und Kreuzes-Todes, und zu seinem oder vielmehr des Göttlichen Erlösers beständigen Andenken gewidmet, C.C.L.B. v. Pfeil. 3. Aufl. – Stuttgart: Schmid 1825. 21 S.

[–] GEGEN-ANMERKUNGEN zu den sogenannten Betrachtungen über das Gutachten wie ein patriotisch-gesinnter Reichs-Stand die ostfriesische Sache anzusehen habe. [Von Christoph Karl Ludwig von Pfeil.] – o.O. 1753. 51 S.

– EVANGELISCHES GESANGBUCH bestehend in Psalmen und Lobgesängen, und geistlichen neuen Liedern. von dem Jahr 1730 bis 1781 in der Stille dem Herrn gesungen von C.K.L. Reichsfrei- und Pannerherrn von Pfeil. hrsg. von Joh. Georg Schelhorn. – Memmingen: Mayer 1782. 352 S.

– Des Reichs-Freiherrn Christoph Carl Ludwig von Pfeil EVANGELISCHE GLAUBENS- UND HERZENS-GESÄNGE Vom Jahr 1763 bis 1783 dem Herrn gesungen, nebst einem Anhang verschiedener von demselben zu Beförderung reiner Lehre und wahrer Gottseligkeit verfasset, durch die Bedürfnisse gegenwärtiger Zeit grösteutheils veranlasseten Gedichten. Hrsg. von einer Gesellschaft christlicher Freunde. – Dinkelsbühl 1783: Weber. 564, 298 S.

– [EVANGELISCHE GLAUBENS- UND HERZENSGESÄNGE, Teils.] Zum gesegneten Andenken an den am ... 11. May 1796 ... in Berlin entschlafenen Inspektor Reiffer haben christliche Freunde folgende Lieder abdrucken lassen ... o.O. 1796. 16 S. *(S. 3-9: 5 Lieder aus den Glaubens- und Herzensgesängen v. Pfeils; S. 10-16: 10 Lieder von Philipp Friedrich Hiller.)*

– EVANGELISCHE GLAUBENS-, GEBET- UND KRANKEN-LIEDER. Neu hrsg. von H. Freiin von Seckendorff-Gutend. (mit 1 Bildnis). – (Nagold) 1873: Zaiser. XXVII, 484 S.

– – Hrsg. von H. Freiin von Seckendorff-Gutend. Neue Ausg. – Cannstadt: Selbstverl. 1891. 452 S.

– – Hrsg. von H. Freiin von Seckendorff-Gutend. Neue Ausg. – Cannstadt: Selbstverl. 1908. 452 S.

Pfeil, Chrph. Karl Ludw. von. Evangelische Glaubens-, Gebet- u. Kranken-Lieder. Hrsg. von H. Freiin v. Seckendorff-Gutend. Neue Ausg. 1891. 12. (452 S. m. Lichtdr.-Bildnis.) Cannstatt 891. (Stuttg., Buchh. d. Evangel. Gesellschaft.) geb. * 2 — geb. in Leinw. * 2 40; m. Goldschn. * 2 80

– DER VEREHRUNGSWÜRDIGE GOTT und Vater Jesu Christi in seinen herrlichen Werken der Schöpfung, Erlösung und Besserung des Menschen besungen. – Wernigerode 1783: Struck. 192 S.

[–] GUTACHTEN, wie ein patriotisch gesinneter und unpartheyischer Reichs-Stand die Ostfriesische Sache bey einem hochansehnlichen Reichs-Convent anzusehen habe [von Chr. C. L. v. Pfeil]. – [Regensburg 1752]. 12 S.

– [–, franz.] Avis démonstratif comment chaque état de l'empire bon patriote et impartial doit envisager l'affaire d'Ostfrise à la diète générale de l'empire. Ratisbonae 1752: Weiss. 12 S.

– CHRISTLICHER HAUSSCHATZ IN GEISTLICHEN LIEDERN. Aus des Reichsfreiherrn Christoph Carl Ludwig von Pfeil handschriftlichen Nachlass hrsg. von Eduard Teichmann, Diakonus in Göppingen. Mit einem Vorwort von Pfarrer Staudt in Kornthal. Zum Besten der innern Mission. Mit einem Titelkupfer. – Stuttgart: Scheitlin 1852. XXIV, 560 S.

– – Hrsg. von Eduard Teichmann. Mit einem Vorwort von Staudt. 2. Aufl. – Cannstatt (1852). Geiger. XXIV, 560, 80 S.

Pfeil, Chrph. Carl Ludw. v., christlicher Hausschatz in geistlichen Liedern. Aus dessen handschriftl. Nachlaß hrsg. von Ed. Teichmann. Mit einem Vorwort von Staudt. 2. (Titel-)Aufl. 8. (XXIV und 560 S. mit 1 Titelkpfr.) Stuttgart (852)62, Schober. 1 Thlr. 8 Ngr.; geb. *

— evangelische Herzensgesänge. Neu hrsg. von Gust. Knack. 1. Hft. 16. (XLVIII u. 308 S.) Berlin 850. (J. A. Wohlgemuth.) baar n. 1/3 ß

– EVANGELISCHE HERZENSGESÄNGE. Neu hrsg. von Gustav Knak. Bd 1. 2. – Berlin 1850-1853.

Pfeil, Chrph. Carl Ludw. v., evangelische Herzensgesänge. Zum Besten rc. neu herausg. von Gust. Knak. 2 Hefte. Mit dem (lith.) Bildn. des Verf. und dessen Handschrift (4 S. lith. Facsim.), sowie Inhalts- u. Alphabet. Registern nebst einem Anhange. Berlin 856. W. Schultze. 32. (XXXII, 238; XXIV, 308 S.) n. 16 ngr.

– Herrn Christoph Carl Ludwig von Pfeil APOCALYPTISCHE LIEDER von der offenbarten Herrlichkeit und Zukunft des Herrn. 2., rev. u. verm. Aufl. Zum Behuf sowol derjenigen Liebhaber der Erscheinung Jesu und Seiner Offenbarung, welche die Probst-Bengelische Erklärung und Reden über dieselbige zu lesen pflegen, als auch der andern, die solche nicht haben, als ein Auszug derselbigen, hrsg. von Jacob Friderich von Stoll. – Memmingen 1749: Mayer. 345 S.
– – Herrn Christoph Carl Ludwigs von Pfeil Apokalyptische Lieder von der offenbarten Herrlichkeit und Zukunft des Herrn. 3., rev. u. verm. Aufl. hrsg. von Jacob Friderich von Stoll. – Tübingen 1753: Bauhof & Franck. 5 Bl., 346 S., 2 Bl.

– LIEDER ÜBER DIE OFFENBARUNG JOHANNIS nach der Bengelischen Erklärung derselben. – Tübingen 1790.

– LIEDER ÜBER DIE OFFENBARUNG JOHANNIS nach der Bengelischen Erklärung derselben. 4. Aufl. – Tübingen: Fues 1796. 344 S.

– EVANGELISCHER LIEDER-PSALTER. Unter eigener Erbauung Im Wort GOttes verfasset, Und nun auch zu Anderer Nutzen gemein gemacht, Von Christoph Carl Ludwig von Pfeil, Herzoglich-Würtemb. würcklichen Regierungs-Rath, und Praes. Consil. Tutelaris. – Stuttgart: Cotta 1717. 388 S.

PFEIL, CHRISTOPH CARL LUDWIG VON: Evangelischer Lieder-Psalter. – Stuttgart: Cotta 1747. 388 S. – darin: Gutachten T.T. Herrn Johann Albrecht Bengels Von diesem Psalmen-Gesang-Buch. Auf Ersuchen des Auctoris gestellet *(Herbrechtingen, den 10. Jan. 1746.)*. 3 ungez. Bl.

Pfeil, C. K. Ludw. v., evangel. Liederpsalter. 8. Stuttgard, Metzler. 747.

– MAJESTÄTS-LIEDER, die Herrlichkeit des herrlichen Gottes besingend. – Wernigerode 1783.

– MAJESTÄTS-LIEDER, die Herrlichkeit des Herrlichen Gottes in seinen Majestätischen Wundern der Schöpfung. Wernigerode 1791.

– MAJESTÄTS-SPRÜCHE; Der Weißheit Salomonis an die Tyrannen. In Teutschen Versen vorgelegt, Von Christoph Carl Ludwig von Pfeil. – Stuttgart: Stoll 1746. 134 S.

– DE MERITIS SERENISSIMAE WURTEMBERGICAE DOMUS IN IMPERIUM Oder Wie Das Hochfürstliche Haus Würtemberg Sich um das Teutsche Reich verdient gemacht habe. Aus denen bewährtesten Geschicht-Schreibern, Documentis, Diplomatibus, raren und kostbaren MStis, und andern glaubwürdigen Urkunden durch alle Zeiten kürtzlich hindurch geführt, und Auf Hochfürstl. Gnädigste Erlaubniß ans Licht gestellet, von Christoph Carl Ludwig von Pfeil. – Ludwigsburg & Tübingen: Cotta 1732. (10), 262 S.
– [–, deutsch] Christoph Carl Ludwig von Pfeils Abhandlung von den Verdiensten des Herzoglichen Hauses Würtemberg um das deutsche Reich. – Frankfurt & Leipzig 1765. 262 S.

v. Pfeil, Chr. Karl Ldw., († d. 14. Febr. 1784.) wie das Haus Würtemberg sich um das deutsche Reich verdient gemacht hat. 4. Tübing. 766. v. Cotta. 16 gr.

– REAL-INDEX und Auszug der Hochfürstlich-Würtembergischen Forst-Ordnung und verschiedentlich in das Jagd- Holz- Wald- Wayd- Fischwasser- Floz- Wildfuhr- und ganzes Forst-Wesen, auch sonsten in der Forst-Bedienten Amt und ihnen theils privative theils mit denen Civil-Beamten gemeinschaftlich zukommende Verrichtungen, einschlagender Rescripten. – Stuttgart: Jenisch 1748. 508 S.

— Wunder Gottes in d. Natur. Neutestamentisch besungen. 2 Stcke. 8. Stuttg. 756 u. 59. (Hoffmann). 2 gr

Pfeil, Clementine, s. Pfeil, Klementine.

Pfeil, C., Preußen's Kunststraßen-Bau, dessen technisch-oeconomische Verwaltung u. Andeutungen, wie die Leistungen der Kunststraßen bei geringerem Kosten-Aufwande mehr zu erhöhen u. zu sichern u. deren Anlagen leichter auszudehnen sind. 1. Thl. gr. 8. (22½ B.) Berlin 845, Duncker u. Humblot. *

Pfeil, E., E. Wolfhagen u. R. Groh, pädagogische Studien, s.: Sammelmappe, pädagog. 54.

Pfeil, Ed. Graf, Gedichte. Breslau 869. Trewendt. 16. (VIII, 384 S.) 1 *ℛ* 7½ *ngr.*; in engl. Einb. mit Goldschn. 1 *ℛ* 22½ *ngr.*

Pfeil, F. C. A., (A. Binni,) Aehrenlese auf dem Felde deutscher klassischer Prosa, s. Aehrenlese.

Pfeil, F. C. A., Aehrenlese auf dem Felde deutscher klassischer Prosa, oder gewählte Stücke zur Bildung des Geschmacks ıc. 1ste u. 2te Abtheil. N. Aufl. gr. 8. Leipzig, Central-Compt. 816 u. 817. à 10 Gr.

Pfeil, Franz Everhard, appr. Arzt a. Brühl: Über traumatische Harnröhrenverengungen mit Bezug auf das Unfallversicherungsgesetz. Bonn 1905: C. Georgi (75 S.) 8°
Bonn, Med. Fak., Ref. Bier, Diss. v. 1. März 1905
[Geb. 24. Aug. 78 Brühl; Heimatsort: Brühl; Staatsangeh: Preußen; Vorbildung: Friedr.-Wilh.-Gymn. Cöln Reife O. 99; Studium: München 4, Kiel 1, Bonn 1, München 1, Bonn 2 S.; Coll. 1. März 05; Approb. 9. März 04.]

Pfeil, Fritz: Der Kampf Gerlachs von Nassau mit Heinrich von Virneburg um das Erzstift Mainz. Darmstadt 1910: Leske. 168 S. 8°
Straßburg, Phil. Diss. v. 30. Juli 1910, Ref. Breßlau
[Geb. 2. Mai 85 Sprendlingen, Rheinhessen; Wohnort: Kreuznach; Staatsangeh.: Hessen; Vorbildung: Ludwig-Georgs-Gymn. Darmstadt Reife O. 04; Studium: Gießen 1, Straßburg 10 S.] [U 11. 4305

Pfeil, G., Katharine. Erzählung aus dem Hofleben. 8. (24 B.) Ulm 845, [Gebr. Nübling.] *

Pfeil, Heinrich (Vgl. Stein, Heinrich)

Pfeil, Heinr., Brautlieder. Worte der Liebe in Dichtungen. 16. (VIII, 136 S.) Leipzig 879. Regensburg, Coppenrath. n. 1.20; cart. n. 1.50; geb. m. Goldschn. n. 2.—

Pfeil, Heinr., s. Deklamatorium, Leipziger.

Pfeil, Heinr., Leipziger Deklamatorium. Sammlung ausgewählter, effektreicher Vorträge. 2 Bdchn. 1. u. 2. (Titel-)Aufl. Leipzig. Reudnitz 867,68. Pfeil. 16. Jedes Bdchn. 5 *ngr.*
1. Bdchn. Ernste Deklamationen. (IV, 80 S.)
2. Bdchn. Heitere Deklamationen. (III, 80 S.)

Pfeil, Heinr., Dur und Moll. Ernstes und Heiteres zum mündl. Vortrag. 16. (III, 59 S.) [Leipzig 880, Pfeil.] Regensburg, Coppenrath.

—— Tegnér's Frithjofs-Sage, mit Rücksicht auf Max Bruch's „Scenen aus der Frithjofs-Sage" für Chorgesangvereine erläutert. 8. (32 S.) Leipzig 884, Siegel's Musikalienh.
Aus: Die Sängerhalle, besonders abgedruckt.

—— „Leicht Gepäck." Ernst und Humor in Poesie und Prosa aus dem Sängerleben. gr. 16. (47 S.) Leipzig 874, Theile. [Moderne Antiquariatsh.] (* 50 Pf.) — 25

Pfeil, Heinr., leicht Gepäck. Ernst und Humor in Poesie und Prosa aus dem Gesangvereinsleben. 2. verm. Ausg. gr. 16. (62 S.) Leipzig 879, Pfeil. *

—— leicht Gepäck. 2. Ausg. gr. 16.
Regensburg: Coppenrath 1879.

—— Mit Gott! Stunden der Andacht in Dichtungen für alle Konfessionen. 16. (XII, 248 S.) Ebendas. 879. *
geb. mit Goldschn. *

— mit Gott! Stunden der Andacht in Dichtungen. Erbauungs- u. Trostbuch für stille Stunden. 2. Aufl. 16. (XII, 248 S.) Ebend. 881. n. 2. —; geb. m. Goldschn. n. 3. —

— gute Kinder — brave Menschen, s. a. Kinderbuch, das illustrirte goldene.

—— gute Kinder — brave Menschen. Schule der Weisheit und Tugend in Beispielen aus dem wirkl. Leben. Erzählungen aus der alten und neuen Zeit. Eingeführt durch Paul Möbius. 3. verb. und verm. Aufl. gr. 8. (X, 196 S. mit 50 Text-Abbild., 5 Tonbildern und 1 Buntbilde.) Leipzig 878, Spamer. * cart. *

— gute Kinder — brave Menschen. Schule der Weisheit u. Tugend in Beispielen aus dem wirkl. Leben. Erzählungen aus der alten u. neuen Zeit. Eingeführt durch Paul Möbius. 4., verb. u. verm. Aufl. Mit 50 Text-Abbildungen, 5 Tonbildern u. einem Buntbilde. gr. 8. (X, 196 S.) Leipzig 881. Spamer. n. 2. 50; cart. n. 3. —

—— gute Kinder — brave Menschen. Schule der Weisheit und Tugend in Beispielen aus dem wirkl. Leben. Erzählungen aus der Geschichte der alten und neuen Zeit. Eingeführt durch Paul Möbius. 4. verb. und verm. Aufl. gr. 8. (X, 210 S. mit 50 Text-Abbild. und 1 Buntbilde.) Leipzig 882, Spamer. *M 2,50.; cart. *

Pfeil, Heinr. Gute Kinder — brave Menschen. Schule der Weisheit u. Tugend in Beispielen aus dem wirkl. Leben. Erzählgn. aus der Geschichte der alten u. neuen Zeit. Eingeführt durch Paul Möbius. 5. verm. u. verb. Aufl. Mit 60 Text-Abbildgn. u. 1 Titelbilde. gr. 8. (X, 200 S.) Lpz. 889, Spamer. * 2 50; cart. * 3 —

Pfeil, H., gute Kinder, brave Menschen. Schule der Weisheit u. Tugend in Beispielen aus dem Leben. In 6. Aufl. gänzlich umgestaltet u. vollst. neubearb. v. Rich. Roth. Mit 9 Farbendr.-Bildern nach Aquarellen von A. Zick. gr. 8. (IV, 202 S.) Leipzig (901). O. Spamer. n. 3. 20; geb. in Leinw. n. 4. —

Pfeil, Heinr., gute Kinder, brave Menschen. Schule der Weisheit u. Tugend in Beispielen aus dem Leben. Gänzlich umgestaltet u. vollständig neu bearb. v. Rich. Roth. 7. Aufl. Mit 9 Farbendr.-Bildern nach Aquarellen v. A. Zick. (IV, 202 S.) gr. 8. Leipzig 909. O. Spamer. 3.20; geb. in Leinw. 4. —

—— Liederbuch der Sängerhalle. Anthologie alter und neuer Männerchöre. 1. Heft. qu. 8. (28 S.) Leipzig 865 Pfeil.

— aus meiner Liedermappe. Gedichte. 3. wesentlich verm. Aufl. 8. (IV, 88 S.) Leipzig 874. Theile. n. 1. 50 geb. m. Goldschn. n. 2. 25

—— aus meiner Liedermappe. Gedichte. 4. wesentlich verm. Aufl. 8. (VI, 104 S.) [Leipzig 879, Pfeil.] Regensburg, Coppenrath. *M 1,50.; geb.

—— Liedertafel-Adressbuch. Zusammenstellung der deutschen Männergesangvereine in Deutschland, Oesterreich, der Schweiz, in Amerika etc. Mit zahlreichen geschichtl. und statist. Notizen über die einzelnen Vereine und den Deutschen Sängerbund. 16. (IV, 100 S.) [Leipzig 879, Pfeil.] Regensburg, Coppenrath.

— Liedertafel-Adressbuch. Zusammenstellung der deutschen Männergesangvereine in Deutschland, Oesterreich, der Schweiz, in Amerika etc. Mit zahlreichen geschichtl. u. statist. Notizen über die einzelnen Vereine u. den Deutschen Sängerbund. 16. (IV, 100 S.) Ebend. 880. 1. 50

Pfeil, Heinr., Liste der auswärtigen Handlungen, welche in Leipzig ein Lager haben, mit Berücksicht. derjenigen, welche ihren Verlag nur theilweise ausliefern lassen. 2 Bl. in Imp.-Fol. Leipzig 858, Pfeil. **

—— Liste der Handlungen, welche in Leipzig und Stuttgart ein Lager haben, mit Berücksichtigung derjenigen, welche ihren Verlag nur theilweise oder bedingungsweise ausliefern lassen. 4. Aufl. 4. (14 S.) Leipzig 865, Pfeil.

—— s. Literatur-Merkbüchlein.

Pfeil, Heinr., Mariengarn. Gereimtes und Ungereimtes. Mit dem (chemityp.) Bildniß des Verf. 8. (IV, 75 S.) Ebendas. 880. *M 1.; geb. *

(Pfeil, H.) Heinrich Marschner. (Meister der Tonkunst in Biographien geschildert.) Leipzig 1879

— kleine Musikanten-Geschichten. Ernst u. Humor aus dem Leben berühmter Tonkünstler. Mit 25 in den Text gedr. Illustr. u. 4 Tonbildern. gr. 8. (VIII, 244 S.) Leipzig 878. Spamer. n. 3. —; geb. n. 4. 50

—— neue und alte Musik-Geschichten. Ernst und Humor aus dem Leben berühmter Tonkünstler. 2. wohlf. (Titel-)Ausg. gr. 8. (VIII, 244 S. mit 25 in den Text gedr. Illustr. und 4 Tonbildern.) Leipzig 881, Spamer. geb. *

Pfeil, Heinr., Musik-Geschichten. Ernst u. Humor aus d. Leben berühmter Tonkünstler. 3., erweit. Aufl. M. 25 in d. Text gedr. Illustr. u. 4 Tonbild. gr. 8. (VIII, 254 S.) Leipzig 898. O. Spamer. n. 1. 50; geb. in Leinw. n. 2. 50

— Räthselschatz, s.: Kinder-Bibliothek, deutsche.

— deutsche Sagen. Für die deutsche Jugend u. unser Volk wiedererzählt. Mit 40 Text-Illustr. u. 5 Tonbildern. gr. 8. (VIII, 308 S.) Leipzig 879. Spamer. n. 3. 50; cart. n. 4. —

—— deutsche Sagen. Der deutschen Jugend und unserem Volke wiedererzählt. 2. verb. und verm. Aufl. gr. 8. (VIII, 326 S. mit 45 Text-Illustr., zahlreichen Anfangs- und Schlußvignetten und 1 chromolithogr. Titelbilde.) Leipzig 882, Spamer. * cart. *

Pfeil, Heinr., deutsche Sagen. Der deutschen Jugend u. unserem Volke wiedererzählt. 3., wesentlich verb. Aufl. Mit 34 Abbildgn. nach Orig.-Zeichngn. v. Bernh. Mörlins u. a., sowie 1 Chromo-Titelbilde nach e. Aquarell v. Herm. Vogel. gr. 8. (VIII, 316 S.) Leipzig 892. O. Spamer. n. 3. 50; kart. n. 4. —

— deutsche Sagen. D. deutschen Jugend u. uns. Volke wiedererzählt. 4. Aufl. M. 34 Abb. nach Orig.-Zeichnungen v. Bernh. Mörlins u. a., sowie e. Chromo-Titelbilde nach e. Aquarell v. Herm. Vogel. gr. 8. (VIII, 316 S.) Ebd. 896. n. 3. 50; geb. in Leinw. n. 4. —

— Deutsche Sagen. Der deutschen Jugend u. unserem Volke wiedererzählt. 6. [Titel-]Aufl. Mit 34 Abb. nach Orig.-Zeichngn. v. Bernh. Mörlins u. a. sowie e. Chromo-Titelbilde nach e. Aquarell v. Herm. Vogel. (VIII, 316 S.) 8. Ebd. [908] (910). 3.50; geb. in Leinw. 4. —

Pfeil, Heinr., Gut Sang! Liederkreis des Leipziger Zöllnerbundes. 2., verm. Aufl. Leipzig. Reudnitz 868. Pfeil. 16. (VIII, 70 S.) n. 2⅓ ngr.

— gut Sang! Liederbuch des Leipziger Zöllnerbundes. 3., wesentlich verm. Aufl. 16. (XII, 80 S.) Leipzig 879. Regensburg, Coppenrath. n.n. — 30

— Tonkünstler-Merkbüchlein. Kleines Lexikon f. Musiker u. Musikfreunde. 8. (IV, 138 S.) Leipzig 875. Hirt & Sohn. 1. 50

—— Tonkünstler-Merkbüchlein. Kleines Lexikon für Musiker und Musikfreunde. 2. ergänzte, mit einem bis April 1879 fortgeführten Nekrolog versehene Ausg. 8. (XVI, 138 S.) Leipzig 879, [Spamer.] Pfeil. *

— Tonkünstler-Merkbüchlein. 2. Ausg. 8. Regensb.: Coppenrath 1879.

— auf Wegen u. Stegen. Erzählungen, Plaudereien, Sprüche. gr. 8. (VII, 112 S.) Leipzig 885. Schlag. n. 1. 50

— Weihnachtsmärchen u. Christfest-Geschichten. Die schönste Festzeit in Dichtg. u. Wahrheit. Mit 40 in den Text gedr. Illustr. u. e. Titelbilde (in Tondr.) gr. 8. (VI, 247 S.) Leipzig 877. Spamer. n. 3. —; cart. n. 4. —

Pfeil, J. F., Tabellen z. Berechnung des Kubikinhalts runder u. vierkantig geschnittener Hölzer, nebst Preisberechnungstabelle in Thaler- u. Guldenwährung. gr. 8. (15⅞ B.) Leipzig 845, Naumburg.

Pfeil, J. F., Tabellen zur Berechnung des Kubikinhalts runder u. vierkantig geschnittener Hölzer, nebst Preisberechnungs-Tabelle in Thaler- u. Guldenwährung. Für Forstbeamte, Holzhändler, Baumeister rc. Bearb. u. mit einer Gebrauchsanweisung versehen. 2. Ausg. 4. (XX u. 226 S.) Leipzig 851, Naumburg. n. 1⅓ ℛ

Pfeil, J. F., Tabellen zur Berechnung des Kubikinhalts runder und vierkantig geschnittener Hölzer, nebst Preisberechnungs-Tabelle in Thaler- und Guldenwährung. Für Forstbeamte, Holzhändler, Baumeister rc. und überhaupt Alle, die mit dem Verkauf oder Einkauf von Hölzern, rc. zu thun haben. Bearb. und mit Gebrauchsanweisung versehen. 2. Aufl. Leipzig 853. Naumburg. 16. (248 S.) 15 ngr.

Pfeil, J. F., Tabellen zur Berechnung des Kubikinhalts runder und vierkantig geschnittener Hölzer, nebst einer Holzgewichts-Tabelle und Preisberechnungs-Tabellen in norddeutscher und Gulden-Währung, sowie in neuer österreich. Valuta. Für Forstbeamte, Holzhändler, Baumeister rc. Bearb. und mit Gebrauchsanweisung versehen. 3. Aufl., von neuem berechnet und durchgehends berichtigt von Carl Braemer. gr. 16. (255 S.) Leipzig 859, C. F. Winter'sche Verlagsh. 15 Ngr.; cart.

von Pfeil, Joachim Graf: Die Behandlung farbiger Arbeiter durch Europäer. ([S.-A.] Die Behandlung der Eingeborenen in den deutschen Kolonieen. Ein Sammelwerk Herausgegeben von Franz Giesebrecht.) (Berlin 1897.) 12 S. 8°.

Deutsch-Südwest-Afrika jetzt und später. Von Dr. Joachim Graf v. Pfeil. München: J. F. Lehmann 1905. (16 S.) 8° [F.]
= Flugschriften d. Alldeutschen Verbandes. H. 21. [05. 7867

Zur Erwerbung von Deutsch-Ostafrika. Ein Beitrag z. s. Geschichte von Dr. Joachim Graf v. Pfeil. Berlin: K. Curtius 1907. (231 S.) 8° [F.] [06. 1339

Pfeil, Joach. Graf v., zur Erwerbung v. Deutsch-Ostafrika. Ein Beitrag zur Kolonial-Geschichte. Neue [Titel-]Ausg. 3. u. 4. Tausd. (232 S. m. Abbildg. u. 5 [1 farb.] Taf.) 8. Berlin [907] 909. K. Curtius. 2. —
1. Ausg. (232 S.) 907. 4.80; geb. 6.—.

Pfeil, Joach. Graf, die Gründung der Boerenstaaten. gr. 8. (80 S.) Berlin 899. Deutsch. Kolonial-Verl. n. — 50
(G.Meinecke)

Joachim Graf Pfeil's Reiseroute durch Useguha. 18. März bis 8. Mai 1887. 1 : 1000000. Gotha 1888. 1 Bl. c. A. Ff.

Pfeil, Joach. Graf, Studien u. Beobachtungen aus der Südsee. Mit beigegebenen (22) Taf. nach Aquarellen u. Zeichngn. des Verf. u. Photographien v. Parkinson. gr. 8. (XIV, 322 S.) Braunschweig 899. F. Vieweg & Sohn. n. 11. —; geb. in Leinw. n. 12. 50

Pfeil, Joach. Graf, Vorschläge zur praktischen Kolonisation in Ost-Afrika. 1. u. 2. Aufl. gr. 8. (IV, 79 S.) Berlin 888. 890. Rosenbaum & Hart. n. 1. 20

Warum brauchen wir Marokko? Von Dr. Joachim Graf v. Pfeil. München: J. F. Lehmann 1904. (24 S.) 8° [F.]
= Flugschriften d. Alldeutschen Verbandes. H. 18. [04. 4516

Pfeil, Joach. Graf, s.a. Zur Frage d. Deportation nach d. deutschen Kolonien.

Pfeil, Joachim Graf: Zur Frage der Deportation nach den deutschen Kolonien. Gegen Prof. Dr. jur. Felix Friedrich Bruck. ([S.-A.] Koloniales Jahrbuch. Bd. 10. 1897.) Berlin (1897). 73 S. 8°.

Pfeil, Johann Gebhard, vgl. Pfeil, Johann Gottlob Benjamin.

– s. Beiträge zur Vertheidigung d. prakt. Religion.

Pfeil, Johann Gebhard, s. de la Bleterie: Leben K. Julians.

Pfeil, Jh. Gbhrd., s. Geschichte des Grafen P.

Pfeil, Jh. Gbhrd., († ....) der göttlich besiegte Julian, aus d. Lebensbeschreib. desselben vorgestellt. 8. Gotha 753. Mevius.

Pfeil, Joh. Gebh. Der göttlich besiegte Julianus. 8. Gotha 1754.

– s. N. Lardner: Versuch.

– s. Versuch in moral. Erzähll.

— Johann Gebhard (Magdeburg), Disput. theol. exhibens vindicias potiorum Christi testimoniorum quibus superioritatem patris affirmare videtur contra neo Arrianos et imprimis Thomam Chubbium. Präs. Sigismund Jakob Baumgarten. Halle/Magdeburg (J. H. Grunert) 9. V. 1741. 39 Seiten. (5.—) 26323
Gew.: Johann Adam Steinmetz. — Widm. v.: Sigismund Jakob Baumgarten, Bened. Gottlob Clauswitz, A. G. E. Hempel (Oppon.), Justus Joseph Pappe (dtsch.).

Pfeil, Joh. Gebhard (Resp.): Vindiciae potiorum Christi testimoniorum, quibus superioritatem Patris affirmare videtur . . . , s.a. Baumgarten, Siegm. Jakob

– s. W. Wardarton: Abhandl.

Pfeil, Jh. Gbhd., s. Woodwill, Lucie.

Pfeil, Johann Gottlob Benjamin, vgl. Pfeil, Johann Gebhard.

Pfeil, Jh. Glo. Benj., († d. 28. Sept. 1800.) Beitrr. zum vernünftigen Denken üb. die Leidensgesch. Jesu Christi. gr. 8. Leipz. 796. Hilscher. 1 ℛ 12 gr

— Belehrung eines Vaters an seine geliebt. Kinder, über verschiedene Gegenstände der Religion, nach d. Bedürfn. unserer Zeit. 3 Thle. gr. 8. Leipz. Compt. f. Litt. 799–800. (1r u. 2r à 1 Rthlr. 3r 20 gr.)

Pfeil, Johann Gottlob Benjamin
Belehrungen eines Vaters für seine Kinder, über Religion und Moral nach dem Bedürfniß unserer Zeit. Abt. 1.2.
Leipzig: Hilscher 1798. 8°

— Johann Gottlob Benjamin (Freiberg), De legum criminalium caussis. Leipzig (Langenheim) 10. III. 1768. 36 S. (4.50) 26324
Gew.: Christian Gotthelf Gutschmid.

— von d. Erfüllung d. Pflichten höherer Stände eines Volkes. gr. 8. Leipz. 795. Beygang. 4 gl

Geschichte

— —, Die, des Grafen v. P (von *Joh. Gottlob Benj. Pfeil*). Leipzig, Junius, 1755. 8°

Stellenweise freien Inhalts. Neue Auflagen erschienen ebd. 1756, 1760, 1762, 1765. Vgl. Anon.-Lex. II. p. 204, nach Archiv f. Litt. VII, 524 ff., VIII, 222 ff

— — Dasselbe. (Nachdruck.) Mit emblemat. Titelvign. WIEN, gedruckt bey Joh. Thomas Edlen v. Trattnern, k. k. Hofbuchdr. u. Buchhändlern, o. J. (1774). 8°

390 S. (incl. Titel u. 4 Bll Vorr d Herausgebers).

Pfeil, Johann Gottlob Benjamin, s. Insel, Die glückliche

— von d. Pflichten christl. Unterthanen gegen d. bürgerl. Verfassung ihres Vaterlandes. gr. 8. Leipz. 794. Beygang. 4 gl

Pfeil, Joh. Gottl. Benj., Preisschrift von den besten und ausführbarsten Mitteln dem Kindermord abzuhelfen ohne die Unzucht zu begünstigen. Leipzig, Weidmann. 1788. 8°

— Preisschrift von den besten Mitteln, dem Kindermord abzuhelfen, ohne die Unzucht zu begünstigen, mit Zusätzen u. einem 6fachen Anhange. gr. 8. Leipz. 788. Weidmann.

[PFEIL, JOH. GOTTLOB BENJ.] Versuch in moralischen Erzahlungen. Zweyte Auflage Leipzig, Lankischs Buchhandlung, 1760. 8° 8 Bl. 588 S. 1 Bl. *Mit 1 hubschen Titelvignette von Bernigeroth* Leicht benutzter guter Ldbd. d. Z. mit R-ch.

Laut Goedekes Angabe (IV 1. 93, 13 3) von [illegible] Seiten fur die erste Auflage die[illegible] Buches kein Druckfehler ist, ist diese Ausgabe sehr stark mit neuen Erzahlungen erweitert sie enthalt [illegible] Novellen, die von Wieland [illegible] nicht nur [illegible] angelegt und nachgeahmt [illegible] sondern auch in Frankreich von Mercier geplundert wurden [illegible] Schweit. ADB)

— Zuruf eines deutschen Patrioten an seine Mitbürger, insonderheit auf d. Lande 2c. 8. Leipz. 794. Beygang. 4 gl

Pfeil, Jos[ef]: Ueber Dihydro-campholyto-lactam und Dihydro-campholytolacton. Ein Beitrag zur Begründung der Bredt'schen Camphersäure-Constitutionsformel. 1901. 42 S. 8°
Aachen, Dr.-Ing.-Diss. v. 27. 7. 1901

Pfeil, Just. Gl., Priesterstimme u. d. Tode, in Predigten. 4. Gotha, Mevius. 750.

Pfeil, Karl, aus Achern Ueber die **Aufschliessung** der Silikate und anderer schwer zersetzbarer Mineralien mit Borsäureanhydrid. *Heidelberg 1901: J. Hörning.* (33 S.) 8°
Heidelberg, Naturw.-math. Diss. v. 1901

Pfeil, Car[illegible] (geb Berlin 14. 9. 1798 De evolutione pulli in [illegible] incubato. Berolini 1823. (32 S 8°
Berlin, Med. Diss v 25. Nov 1823

Pfeil, Karl: Das Gedicht Galien Rethoré der Cheltenhamer Handschrift und sein Verhaltnis zu den bisher allein bekannten Prosabearbeitungen. Marburg, Univ.-Buchdr (R. Friedrich), 1888; XXXV + 1 S. 8°
Marburg, Phil. Fak., Inaug.-Diss. v. 11. Apr. 1888

Pfeil, Karl, das Gedicht Galien Rethoré der Cheltenhamer Handschrift und sein Verhältniss zu den bisher allein bekannten Prosabearbeitungen. Diss. Marburg 1888, N. G. Elwert'sche Univ.-Buchh. 8°. XXXV S.

Pfeil, K., üb. das gegenseitige Verhältniss der erhaltenen Galien-Fassungen, s.: Ausgaben u. Abhandlungen aus dem Gebiete der romanischen Philologie.

Pfeil, Clementine Gräfin, geb. Gräfin Schwerin. Gedichte I. Sternenklänge. II. Blüthenklänge. Breslau (855.) Düffer. 16. (56, 93 S. u. lith. Titel.) n. 22 ngr.;
1. Thl. allein n. 10 ngr.

Pfeil, L. Graf v., Eins! Beiträge zur Erziehung im Hause. Für Eltern und Lehrer. Mit Vorwort von K. Bormann. 3. mit einem Anhang verm. Aufl. gr. 8. (VIII, 101 S.) [Zeit 879.] Halle, Strien Verlag. *
Die 1. und 2. Aufl. erschienen anonym.

— Erfahrungen zum Sprachunterricht. [Aus: „Zeitg. für das höhere Unterrichtswesen Deutschlands".] 8. (14 S.) Leipzig 888. Siegismund & Volkening. — 30

— Gedächtnisskunst u. Vokabelnlernen. gr. 8. (16 S.) Breslau 882. Max & Co. n. — 50

—— Unser höheres Schulwesen ist schwer krank. Ein Mahnruf an deutsche Eltern und Lehrer. gr. 8. (19 S.) Ebendas. 882. *

—— Wie lernt man eine Sprache? nebst einem Anhang: Karl Witte, eine Erziehungsgeschichte. gr. 8. (43 S.) Breslau 883, Max und Comp. *

—— Wie lernt man eine Sprache am leichtesten und besten? Nebst einem Anhang: Karl Witte, eine Erziehungsgeschichte. 2. Aufl. gr. 8. (43 S.) Ebendas. 884. *

Pfeil, Lucie Gräfin, Gedichte. 8. (302 S.) Breslau 882, Max und Comp. *
geb. mit Goldschn. *

—— dass. — 2. Aufl. gr. 8. (302 S.) Leipzig 882, Drescher. *
geb. *

Pfeil, Ludwig Graf von

Pfeil, Graf L. v., Anwendung der Sekanten zur Auffindung der Sinus, Tangenten und Bogen kleiner Winkel aus Tafeln von fünf Stellen. gr. 8. (24 S. mit 1 Tab. in 4.) Greifswald 864, (Koch's Verlagsh.) *

Pfeil, L Graf. Arbeiter! Man hintergeht Euch! Druck von A. W Hayn. 1 Bl. Fol.
Flugblatt. Berlin, 15. April 1848.

Pfeil, L. Graf v., Behandlg. d. Presse. [Aus: „Pf., d. mod. Constitutionalismus u. s. Consequenzen".] 3. Aufl. gr. 8. (16 S.) Breslau 895. M. Tietzen. n. — 50

Pfeil, L. Graf v. Beiträge zur Lehre von der Atmosphäre. Greifswald 1866.

— der Einfluß der Kometen und Meteore auf die Entstehung und Entwickelung unserer Erde. Eine Vorlesung, gehalten in Berlin am 7. Mai 1857. Berlin, Wagner. gr. 8. (58 S.)
n. 5 ngr.

— Der Einfluss der Cometen und Meteore auf die Entstehung und Entwickelung unserer Erde. Berlin [1857].

— mathematische u. physikalische Entdeckungen, gefunden u. zusammengestellt. Mit 6 lith. Taf. gr. 8. (VII, 152 S.) Berlin 880. Hempel. n. 5. —

v. Pfeil, L. Graf, Entwurf eines Credit-Instituts f. Rustikalbesitzer. Mit besonderer Beziehung auf Schlesien. gr. 8. (30 S.) Breslau 848, Hirt. 1/4 Rthlr

Pfeil, L. Graf v., über Erdbeben und Seebeben. [Aus: „Gaea".] Lex.-8. (11 S.) Leipzig 889. E. H. Mayer.
n. — 50

Pfeil, L. Graf von: „Vier Fragen die Verhältnisse des Grundbesitzes betreffend: 1) Sind hohe oder niedere Getreidepreise den Gutsbesitzern vortheilhaft? 2) Ist niederer Zinsfuss unter den bestehenden Verhältnissen vortheilhaft? 3) Lässt sich eine Verpfändung des Grundeigenthums ohne Tilgungsraten rechtfertigen? 4) Wie gross müssen diese sein?" Breslau 1837 (Max & Comp.).

—— vier Fragen Verhältnisse des Grundbesitzes betreffend und Vorschläge zur Herstellung unkündbarer Hypotheken auf alle künftigen Zeiten. gr. 4. (16 S.) Breslau 884, Max und Comp. *
Aus: Deutsches Adelsblatt, besonders abgedruckt.

Pfeil, L. Graf v., vier Fragen Verhältnisse des Grundbesitzes betr. u. Vorschläge zur Herstellung unkündbarer Hypotheken auf alle künftige Zeiten. Einleitung des Landschafts-Reglements. 3. Aufl. gr. 8. (43 S.) Berlin 893. F. Dümmler's Verl. n. — 60

[F.] Geld und Währung v. Ludwig Graf Pfeil[-Burghauss]. Mitgl. d. Herrenhauses. *Breslau & Leipzig: J. Max 1895.* (15 S.) 1 Bd 8. [96. 3522

— ist die Kant-Laplace'sche Weltbildungshypothese m. der heutigen Wissenschaft vereinbar? [Aus: „Deutsche Revue".] gr. 8. (14 S.) Breslau 893. E. Trewendt. n. — 60

Pfeil, L. v., Cometen und Meteore, die Haupt-Ursachen der Erd-Revolutionen. Ein Beitrag zur Geschichte unserer Erde. gr. 8. (XII und 92 S. mit 1 Stnt. in Fol.) Berlin 854, Falckenberg und Comp. *

— Lehren u. Irrlehren beim Unterricht. gr. 8. (VIII, 519 S.) Berlin 895. F. Dümmler's Verl. n. 4. —

Pfeil, Graf L. v., zur Lösung der socialen Frage. 2. verm. Aufl. gr. 8. (40 S.) Breslau 874. Max & Co. — 60

— zur Lösung der socialen Frage. 3., verm. Aufl. gr. 8. (45 S.) Ebd. 894. n. — 60

——- Die Lufthülle der Erde, der Planeten u. der Sonne. gr. 8. (50 S.) Berl. 892, Dümmler's Verlag. * 1 —

Die Lufthülle der Erde, der Planeten und der Sonne. Von L[udw.] Graf v. Pfeil. 2. verm. Aufl. Dazu e. Darwinist. Phantasie ... *Berlin: F. Dümmler 1895.* (2 Bl., 76 S.) 1 Bd 8. [97. 1498

— Plan zur Verminderung der Pfandbriefe u. Hypothekenschulden in Schlesien. 8°. Breslau 1836.

Pfeil, L. Graf von: „Plan zur Verminderung der Pfandbriefs- und Hypothekenschulden in Schlesien", Breslau 1837 (Max & Comp.).

— Protuberanzen, Meteoriten, Weltennebel u. Kometen. gr. 8. (33 S.) Ebd. 893. n. — 60

Pfeil-Burghauß, L. Graf v., Schülerselbstmorde als Menschenopfer f. Geistesbildung. gr. 8. (4 S.) Leipzig 891. Siegismund & Volkening. n.n. — 6

— Spiegelungen erklärt durch ein neu entdecktes Gesetz sphärischer Spiegel. Nebst einem Anh.: Lichtschwächung durch Fernröhre. gr. 8. (52 S. m. 1 Steintaf. in 4.) Berlin 880. Hempel. n. 1. 60

—— Spiegelungen mit besond. Berücksicht. der doppelten Morgen- und Abendröthen, erklärt durch ein neu entdecktes Gesetz sphärischer Spiegel. Nebst einem Anhang: Lichtschwächung durch Fernröhre und Lichtzerstreuung auf Spiegelflächen. 2. Aufl. gr. 8. (58 S. mit 1 lithogr. Taf.) Ebendas. 884. *

—— kometische Strömungen auf der Erdoberfläche. gr. 8. (XIII, 198 S. mit 5 chromolithogr. Karten.) Berlin 879, Hempel. *

Pfeil, L. Graf v., kometische Störungen auf der Erdoberfläche. 2., m. 6 Zusätzen verm. Ausg. Mit 5 (chromolith.) Karten. gr. 8. (XXIX, 220 S.) Berlin 881. Hempel. n. 6. —

— kometische Strömungen auf der Erdoberfläche. 3. m. den neuesten Beweisen verstärkte u umgearb. Aufl. Mit 5 (lith u. col.) Karten. gr. 8. (XIII, 246 S.) Berlin 883. Dümmler's Verl. n. 6. —

— kometische Strömungen auf der Erdoberfläche u. das Gesetz der Analogie im Weltgebäude. 4., m. den neuesten Entdeckgn verstärkte u. umgearb. Aufl. gr. 8. (VIII, 315 S. m. 6 farb. Karten.) Ebd. 891. n. 7.

Pfeil, L. Graf v., Temperatur-Veränderungen auf der Erdoberfläche und Erdmagnetismus, Polarlicht und damit verbundene Vorkommnisse. Leipzig [o. J.].

— Temperaturveränderungen auf der Erdoberfläche und Erdmagnetismus, Polarlicht u. damit verbundene Vorkommnisse. gr. 8. (25 S.) Leipzig 890. E. H. Mayer. n. 1. —

— Temperaturänderungen auf der Erdoberfläche. 2., verm. Aufl. gr. 8. (39 S.) Leipzig 894. E. H. Mayer. n. 1. —

— mein politisches Treiben im Sommer 1848. Berlin 856. F. Schneider. gr. 8. (28 S.) n. 5 ngr

Mein politisches Treiben im Sommer 1848. 2. vervollständ. Aufl. Von L[udwig] Gr. v. Pfeil-Burghauss, Mitgl. d. Herrenhauses .. *Breslau: J. Max 1895.* (27 S.) 1 Bd 8. [96. 3523

-- mein politisches Treiben im Sommer 1848. 2., vervollständ. Aufl. gr. 8. (27 S.) Breslau 895. M. Tietzen. — 75

— Vortrag, gehalten in dem Verein zur Wahrung der Interessen des Grundbesitzes in Berlin, 26. Nov. 1867. Anhang: Die Reform des Hypothekenwesens als Aufgabe des Norddeutschen Bundes. Berlin 1868.

Pfeil, L. Graf v., Ueber Wasserhosen und über Duftanhang und Hagel. (Abdr. aus Grunert's „Archiv der Mathematik und Physik." Theil XLIV, Heft 1.) Greifswald.

v. Pfeil, L. Graf, das Wesen des modernen Constitutionalismus u. seine Consequenzen. gr. 8. (66 S.) Berlin 852, Brandis. n. 1/3 ₰

— das Wesen des modernen Constitutionalismus u. seine Consequenzen. 2., verm. Aufl., den Fürsten gewidmet u. ihren Dienern. Berlin 863. Rauh. gr. 8. (IV, 98 S.) n. 12½ ngr

Pfeil-Burghauss, L. Graf v., das Wesen d. modernen Constitutionalismus u. seine Consequenzen. 3. Aufl., den Fürsten gewidmet u. ihren Dienern. gr. 8. (V, 140 S.) Breslau 890. Max & Co. n. 2. —

v. Pfeil-Burghauss, Wesen d. modernen Constitutionalismus u. seine Consequenzen. 3. Aufl Breslau 891.

Pfeil, Maria Gräfin, Anna. 2. Aufl. (16 S.) 8. Geisweid (910). Verlagshaus der deutschen Zeltmission. — 15

— Unterm Dornbusch u. andere Geschichten f. die liebe Jugend. (112 S.) 8. Ebd. (910). Kart. 1. —

— Eva. 3. Aufl. (16 S.) 8. Ebd. (910). — 15

Pfeil, Maria Gräfin, für die lieben Kinder. Erzählungen. 8. (47 S. m. 7 Abbildgn.) Striegau (900). R. Urban. Kart. — 60

Fur die lieben Kinder. Erzählungen von Maria Gräfin Pfeil. Mit 7 Bildern. *Striegau in Schl.: R. Urban [1902].* (46 S.) 8° [F.]

— Für die lieben Kinder. Erzählungen. 3. Aufl. (30 S.) 8. Ebd. (910). — 25

— „Liesa". 3. Aufl. (16 S.) 8. Ebd. (910). — 15

— Nora. 2. Aufl. (16 S.) 8. Ebd. (910). — 15

— Ruth. 2. Aufl. (24 S.) 8. Ebd. (910). — 20

— Die Tochter des Millionärs. Eine Geschichte f. kleine u. große Leute. 2. Aufl. (30 S.) 8. Ebd. (910). — 25

Pfeil, Osw., der Staat u. seine Formen. Vier populäre Vorträge. Berlin 862. Hickethier. gr. 8. (83 S.) n. 10 ngr.

Pfeil, Otto Julius (geb. Lossa bei Frankfurt a. O. 13. 8. 1837), De cirrhosi hepatis. Berolini (1861). (32 S.) 8°
Berlin, Med. Diss v. 18. Apr. 1861

Pfeil, Paul: Ueber den Einfluß der Nahrungsaufnahme auf die Ausscheidung der Harnsäure. Straßburg: K. J. Trübner 1903. (24 S.) 8°
Heidelberg, Med. Fak., Ref. Kossel, Diss. v. 13. Sept. 1904
[Geb. 13. Sept. 80 Karlsruhe; Wohnort: Heidelberg; Staatsangeh.: Preußen; Vorbildung: Gymn. Heidelberg Reife Juli 99; Studium: München 1, Heidelberg 8 S.; Coll. 16 Juli 04; Approb. 7 Juli 04.]

Pfeil, Richard Graf von, s. Pfeil u. Klein-Ellguth, Richard Graf von.

Pfeil, Th., Bekehrung im Verhältniß zu Wiedergeburt u. täglicher Heiligung. (Aus: „Mittheilgn. u. Nachrichten f. die evangel. Kirche in Rußland".) gr. 8. (16 S.) Riga 891. Jurjew [Dorpat], (E. J. Karow). n. — 60

Pfeil, Th., Bemerkgn. z. bibl. Fluthbericht u. zu den Zahlenangaben in Genesis 5. Ein apologet. Versuch. gr. 8. (16 S.) Jurjew (Dorpat) 895. (E. J. Karow.) n. — 30

Livlands Erlebnisse seit 50 Jahren. Im Lichte d. Wortes Gottes betrachtet von Th. Pfeil, Schulrat a. D. Jurjew (Dorpat): J. Anderson 1906. (IV, 96 S.) 8° [F.]

Pfeil, Th., Livlands Erlebnisse seit 50 Jahren. Im Lichte des Wortes Gottes betrachtet. (IV, 96 S.) gr. 8. Jurjew (Dorpat), 906. C. Glück. n. 2. —

Pfeil, Th.: Die höhere Stadt-Töchterschule zu Dorpat nach ihrem 25jähr. Bestehen. — Dorpat 1878: Laakmann; (Karow in Comm.). 24 S.

— der Todestag u. das letzte Passamahl Jesu. Ein Beitrag zur Lösg. der Frage: Harmonie der vier Evangelien. (15 S.) gr. 8. Ebd. 905. n. — 40

— weshalb werden die Getreidepreise auf dem Weltmarkte noch weiter fallen? gr. 8. (19 S.) Ebd. 895. n. — 40

Pfeil, Th., das biblische Wunder keine Durchbrechung v. Naturgesetzen. Entgegng. auf die Schrift: „Der bibl. Wunderbegriff" v. E. Ménégoz. [Aus: „Beweis des Glaubens".] gr. 8. (38 S.) Gütersloh 897. C. Bertelsmann. n. — 60

Pfeil, Thdr., chemische Beiträge zur Pomologie. Inaugural-Dissertation. gr. 8. (46 S.) Dorpat 880, (Karow.) *

PFEIL, V., Waldine oder die Bauernfänger von Berlin. Zeitroman. Dresden, Verlag von Adolf Wolf. (190*.)
Verboten vom K.-G. Böhm. Leipa, 6. Februar 1895. § 64.

Pfeil, V. Das Waldkloster. Roman aus unseren Tagen. 2.—84. Heft. gr. 8. (S. 25—2012 m. je 1 Holzschntaf.) Dresd. 888/89, Ad. Wolf. 1. Heft. Ebd. 1888. — 10. à Heft — 10; 8 40

Graf Pfeil, Valerian, Die politische Nacht. Ein Wort an preußische Männerherzen. Leipzig, J. Müller, 1850. 51 S. 8°.

Pfeil, Valerian Graf Die Reactionäre. Eine politische Schrift für alle treuen Preußen Den Offizieren der preußischen Armee gewidmet (Breslau, W. G. Korn 1849.) 51 S. 8.

Pfeil, Valerian Graf, Der Reactionär. Eine politische Schrift für alle treue Preußen. Den Offizieren der Preußischen Armee gewidmet. Selbstverlag, 1849. 51 S. 8°.

Pfeil, Wilhelm

Pfeil, Wilh., die verlangten, wünschenswerthen, sowie die rathsamen und ausführbaren Aenderungen des Jagdgesetzes in Preußen vom 31. Oktbr. 1848, sowie des Jagdpolizeigesetzes vom 7. März 1850. gr. 8. (34 S.) Leipzig 853, Baumgärtners Buchh.
Aus: Kritische Blätter für Forstwissenschaft ꝛc., 33. Bd. 1. Heft, besonders abgedruckt.

PFEIL, Wilhelm: Anleitung zur Ablösung der Waldservitute, mit besonderer Rücksicht auf die preußische Gesetzgebung. Eine Hülfsschrift für General=Commissionen, Justiz=Behörden, Forst=Beamten, Forstbesitzer und Oeconomie=Commissarien. - Berlin 1828. 182 S., 5 Tab. - 2. Aufl. u. d. T.: Anleitung zur Ablösung der Wald=Servituten sowie zur Theilung und Zusammenlegung gemeinschaftlicher Wälder, mit besonderer Rücksicht auf die Preußische Gesetzgebung. ebd. 1844. XII, 311 S. - 3., mit Rücksicht auf die Preuss. Gesetzgebung bis zum Jahre 1854 gänzlich umgearbeitete Auflage. ebd. 1854. VI, 369 S.

Pfeil, Wilh., Anleitung z. Ablösung d. Waldservitute, mit besond. Rücksicht auf d. preuß. Gesetzgebung. Eine Hülfsschr. f. General-Commissionen, Justiz-Behörden, Forst-Beamten ꝛc. gr. 8. (12 B. u. 5 Tab.) Berlin 828, [Veit u. Comp.] [Boike]

Pfeil, Wilh., Anleitung z. Ablösung der Wald-Servituten so wie zur Theilung u. Zusammenlegung gemeinschaftlicher Wälder, mit besond. Rücksicht auf die preuß. Gesetzgebung. 2., umgearb. u. verb. Aufl. gr. 8. (20¼ B.) Berlin 844, Veit u. Comp. Thlr.

Pfeil, W., Anleitung zur Ablösung der Wald-Servituten so wie zur Theilung gemeinschaftl. Wälder u. Zusammenlegung einzelner Forstgründe mit besonderer Rücksicht auf die Preuß. Gesetzgebung. 3., mit Rücksicht auf die Preuß. Gesetzgebung bis zum J. 1854 gänzlich umgearb. Aufl. Berlin 854. (Leipzig,) Veit u. Co. gr. 8. (VI, 372 S.) 2 ₰.

Pfeil, W., Anleitung zur Ausführung des Jagdpolizeigesetzes f. Preußen vom 7. März 1850. Eine Hülfsschrift f. Jagdbesitzer, Jagdpächter u. die m. der Ausführung beauftragten Behörden. gr. 8. (64 S.) Berlin 850, Nicolai. ⅓ ₰

PFEIL, Wilhelm: Anleitung zur Feststellung der vom Forstgrunde zu erhebenden Grundsteuer. Für Forstmänner, Staatswirthe und Steuerbeamte - Leipzig 1835. 125 S.

Pfeil, W., „Anleitung zur Feststellung der vom Forstgrunde zu erhebenden Grundsteuer, für Forstmänner, Staatswirthe und Steuerbeamte", Leipzig 1835 (Baumgärtner).

PFEIL, Wilhelm: Vollständige Anleitung zur Behandlung, Benutzung und Schätzung der Forsten. Ein Handbuch für Forstbediente, Guthsbesitzer, Oekonomiebeamte und Magisträte, mit Rücksicht auf die wechselseitigen Beziehungen des Waldbaues zum Feldbaue. - Züllichau, Freistadt 1820 u. 1821. 2 Bd. - 1. Bd. enthaltend die Holzkenntniß und Holzerziehung. VI, 390 S., m. Tab. - 2. Bd. enthaltend die Lehre von der Forstbeschützung, der Forsteinrichtung und Schätzung, der Forstbenutzung und die Pflichten und Gerechtsame des Forstbesitzers gegen Berechtigte. - XX. 524 S., Tab. u. Taf.

Pfeil, W. v., vollständ. Anleitung zur Behandlung, Benutzung und Schätzung der Forsten. Ein Handbuch für Forstbediente, Gutsbesitzer ꝛc. 1r und 2r Bd. gr. 8 Züllichau, Darnmann. 820 und 821. (1r Bd. 1 Rthlr. 16 Gr. 2r Bd. 2 Rthlr. 8 Gr.)

Pfeil, W „Vollständige Anleitung zur Behandlung, Benutzung und Schätzung der Forsten. Ein Handbuch für Forstbediente, Gutsbesitzer etc.", 2 Bände, Züllichau und Freistadt 1820, 1821 (Fr. Fleischer in Leipzig). 2. Auflage Derselbe, „Neue vollständige Anleitung . . .", 1 Abteilung auch u. d. T.. „Kritisches Repertorium der Forstwissenschaft und ihrer Hülfswissenschaften", Berlin 1830 (Boike); 2. Abteilung Holzkenntniss und Holzerziehung a. u. d. T.. „Das forstliche Verhalten der deutschen Waldbäume und ihre Erziehung", ebenda 1829; 3. Abteilung a. u. d. T. „Forstschutz- und Forstpolizeilehre", ebenda 1831, 4. Abteilung a. u. d T.: „Forstbenutzung und Forsttechnologie", ebenda 1831; 5. Abteilung a. u. d. T „Die Forsttaxation", ebenda 1833 (1832).

PFEIL, Wilhelm: Neue vollständige Anleitung zur Behandlung, Benutzung und Schätzung der Forsten. Ein Handbuch für Forstbesitzer und Forstbeamte. - Berlin, Leipzig 1829. 185 S. - Abt. 1-5

—— neue vollständ. Anleitung z. Behandlung, Benutzung u. Schätzung d. Forsten. Ein Handb. f. Forstbesitzer u. Forstbeamte. 1. Abthl. (Als 2. Ausg.) — A. u. d. T.: Krit. Repertorium d. Forstwissenschaft u. ihrer Hülfswissenschaften. gr. 8. (13 B.) Berlin 830, [Veit u. Comp.]

—— dass. 2. Abthl. Holzkenntniß u. Holzerziehung. — A. u. d. T.: Das forstl. Verhalten d. deutschen Waldbäume u. ihre Erziehung. gr. 8. (27½ B.) Ebds. 829.

—— dass. 3. Abthl. — A. u. d. T.: Forstschutz u. Forstpolizeilehre; im Anh. die Nachweisung d. preuß. Forstpolizeigesetze. gr. 8. (25½ B.) Ebds. 831.

—— dass. 4. Abthl. — A. u. d. T.: Forstbenutzung u. Forsttechnologie. gr. 8. (26 B. incl. 1 Tab.) Ebds. 831

—— dass. 5. Abthl. — A. u. d. T.: Die Forst-Taxation. gr. 8. (28½ B.) Ebds. 833.

— neue vollständige Anleitung zur Behandlung, Benutzung und Schätzung der Forsten. 3e Ausg. 2e Abthl. A. u. d. T.: Das forstliche Verhalten der deutschen Woldbäume u. ihre Erziehung. 2e verb. u. verm. Aufl. gr. 8. Berlin 839, 3e Aufl. 840. Veit u. Comp. 1⅚ Thlr.

— dass. Als 3. verb. Ausg. 3. Abthl. A. u. d. T.: Forstschutz u. Forstpolizeilehre, im Anhange die Nachweisung der preuß. Forstpolizeigesetze. 2. verb. Aufl. gr. 8. Ebend. 845. 2¼ Thlr.

— dass. 4. Abthl. A. u. d. T.: Forstbenutzung u. Forsttechnologie. 2. verb. Aufl. gr. 8. Ebend. 845. 2¼ Thlr.

Pfeil, W., neue vollständ. Anleitung zur Behandlung, Benutzung und Schätzung der Forsten. Als 3. umgearb. Ausg. 5. Abtheil. A. u. d. T.: Die Forsttaxation in ihrem ganzen Umfange. 2. umgearb. Aufl. gr. 8. Berlin 843, Veit u. Comp. 2½ Thlr.

— neue vollständige Anleitung zur Behandlung, Benutzung und Schätzung der Forsten. Ein Handbuch für Forstbesitzer und Forstbeamte. 2. Aufl. 1. Abth.: Literatur-Nachweisung. A. u. d. T.: Kritisches Repertorium der Forstwirthschaft u. ihrer Hülfswissenschaften. 2. bis zum J. 1854 vervollständigte Aufl. Berlin 855. (Leipzig.) Veit u. Co. gr. 8. (XXIII, 243 S.) 1 Thlr. 7½ ngr.

— — Als 4. Ausg. 2. Abth.: Holzkenntniß u. Holzerziehung. A. u. d. T.: Das forstliche Verhalten der deutschen Waldbäume und ihre Erziehung. 3. abermals sehr verb. u. verm. Aufl. Ebend. 854. gr. 8. (X, 501 S.) 2 Thlr. 7½ ngr.

Pfeil, W., neue vollständige Anleitung zur Behandlung, Benutzung und Schätzung der Forsten. Ein Handbuch für Forstbesitzer und Forstbeamte. Als 4., umgearb. Ausg. 4. und 5. Abthl. gr. 8. Leipzig 858, Baumgärtner's Verlagsbuchh. Thlr.

Inhalt:

Abthl. 4. Forstbenutzung und Forsttechnologie. 3., abermals verm. und verb. Aufl. (XII und 356 S.) 2 Thlr. 7½ Ngr.

5. Die Forsttaxation in ihrem ganzen Umfange. 3., abermals sehr verb. Aufl. (XI und 420 S.) 2 Thlr.

—— kurze Anweisung z. Jagdwissenschaft f. Gutsbesitzer u. Forstliebhaber. 8. (5¼ B.) Leipzig 831, Baumgärtner.
Aus der „Encyklopädie d. gesammt. Land- u. Hauswirthschaft, hrsg. v. Putsche," besond. abgedruckt.

PFEIL, Wilhelm: Kurze Anweisung zur Jagdwissenschaft für Gutsbesitzer und Forstliebhaber Als Anhang zur Forstwirthschaft bearbeitet. - Leipzig 1831. 82 S. (=Ein intregirender Theil der allgemeinen Encyklopädie der gesammten Land- und Hauswirthschaft der Deutschen) - 2. Aufl. u. d. T: Vollständige Anweisung zur Jagdverwaltung und Jagdbenutzung mit Rücksicht auf eine zweckmäßige Jagdpolizeigesetzgebung. Ein Handbuch für Jagdbesitzer, Jagdverwalter und Jagdliebhaber ebd. 1848. VIII, 239 S.

— vollständ. Anweisung zur Jagdverwaltung u. Jagdbenutzung mit Rücksicht auf eine zweckmäßige Jagdpolizeigesetzgebung. Ein Handbuch für Jagdbesitzer ꝛc. Als 2. ganz umgearb. u. verm. Aufl. der in Putsche's Encyklop. der Landwirthschaft abgedr. Anweisung zur Jagdwissenschaft. gr. 8. (VIII u. 239 S.) Leipzig 848, Baumgärtner. 1¼ Thlr.

Ueber die Bedeutung u. Wichtigkeit d. wissenschaftlichen Ausbildung d. Forstmannes für die Erhöhung d. Nationalwohlstandes u. Volksglückes. Rede. Berl. 1821. 21 S.

Pfeil, (W.,) über die Bedeutung u. Wichtigkeit d. wissenschaftl. Ausbildung des Forstmanns f. die Erholung des Nationalwohlstandes u. Volksglück, eine Rede. 4. Züllichau 822, Darnmann.

Pfeil, W.: „Ueber die Bedeutung und Wichtigkeit der wissenschaftlichen Ausbildung des Forstmanns für die Erholung des Nationalwohlstandes und Volksglücks", eine Rede, Züllichau 1822 (Michelsen in Leipzig).

PFEIL, Wilhelm: Über Befreiung der Wälder von Servituten im Allgemeinen, so wie über das dabei nöthige und zweckmässige Verfahren nach Vorschrift und Anleitung der in den Preussischen Staaten deshalb erschienenen Gesetze. - Züllichau, Freistadt 1821. 194 S.

— üb. Befreiung d. Wälder v. Servituten im Allgemeinen, so wie üb. das dabei nöthige u. zweckmäßige Verfahren. gr. 8. Züllich. 821. (Leipz., Fr. Fleischer). 20 Sgr.

— über Befreiung der Servituten im Allgemeinen, so wie üb. das dabei nöthige u. zweckmäßige Verfahren. gr. 8. Züllichau 822, Darnmann.

PFEIL, Wilhelm: Die Behandlung und Schätzung des Mittelwaldes. - Züllichau 1824. 141 S.

Pfeil, W. „Die Behandlung und Schätzung des Mittelwaldes", Züllichau 1824 (Leipzig, Baumgärtner).

Pfeil, W.: „Die Behandlung und Schätzung des Mittelwaldes", Züllichau 1825 (Darnmann).

PFEIL, Wilhelm: Über forstwissenschaftliche Bildung und Unterricht im Allgemeinen mit besonderer Anwendung auf den preussischen Staat, eine Andeutung für Lehrer und Lernende. - Züllichau 1820. 206 S.

Pfeil, W „Ueber forstwissenschaftliche Bildung und Unterricht im Allgemeinen, mit besonderer Anwendung auf den Preußischen Staat", Züllichau 1820 (Darnmann).

— üb. wissenschaftl. Bildung u. Unterricht im Allgemeinen, mit besonderer Anwendung auf d. preuß. Staat. 8. Züllich. 820. (Leipz., Fr. Fleischer). 21 gr

— kritische Blätter f. Forst- u. Jagdwissenschaft in Verbindung mit mehreren Forstmännern u. Gelehrten herausg. 1s u. 2s Heft. gr. 8. Berlin 822—23, Nicolai. à 1 Rthl. 8 gr.

— dess 2r Bd. 1s u. 2s Heft. gr. 8. Berl. 824—25, Nicolai. à 1 Rthl. 4 gr.

— dess. 3r Bd. 1s u. 2s Heft. gr. 8. Leipz. 825 — 26, Baumgärtner. à 20 gr.

—— krit. Blätter f. Forst- u. Jagdwissenschaft, s. Blätter ꝛc.

Pfeil W.: Erfahrungen u. Bemerkungen z. bessern Cultur d. Waldungen in Schlesien u. den Marken nach Hartig's, Burgsdorfs u. Kropf's Lehrsätzen. Marburg u. Cassel 1815. 63 S. P

— Erfahrr. u. Bemerkk. üb. die Cultur d. Waldungen in Schlesien u. in d. Marken, nach Hartig, Burgsdorf u. Kropf. 8. Kassel u. Marb. 815. Krieger. 5 gr

PFEIL, Wilhelm: Erfahrungen und Bemerkungen zur bessern Cultur der Waldungen. - Cassel 1825

PFEIL, Wilhelm: Forstbenutzung und Forsttechnologie. - Berlin 1831 XII, 398 S. - 2. Aufl. ebd. 1845. XII, 420 S. - 3. Aufl. Leipzig 1858. 356 S. (=4 Abth. v.: Neue vollständige Anleitung zur Behandlung, Benutzung und Schätzung der Forsten. Ein Handbuch für Forstbesitzer und Forstbeamte)

PFEIL, Wilhelm: Die Forstgeschichte Preußens bis zum Jahre 1806. - Leipzig 1839. 282 S.

—— die Forstgeschichte Preußens bis z. J. 1806. gr. 8. (18 B.) Leipzig 839, Baumgärtners Buchh.

PFEIL, Wilhelm: Die Forstpolizeigesetze Deutschlands und Frankreichs nach ihren Grundsätzen, mit besonderer Rücksicht auf eine neue Forstpolizeigesetzgebung Preußens. Für Forstmänner, Kameralisten und Landstände. - Berlin 1834. VIII, 276 S.

Pfeil, W.: „Die Forstpolizeigesetze Deutschlands und Frankreichs nach ihren Grundsätzen; mit besonderer Rücksicht auf die neue Forstpolizeigesetzgebung Preussens. Für Forstmänner, Cameralisten und Landwirthe", Berlin 1834 (Veit).

PFEIL, Wilhelm: Forstschutz und Forstpolizeilehre; im Anhange die Nachweisung der Preußischen Forstpolizeigesetze. - Berlin 1831. XII, 395 S. - 2. Aufl. ebd. 1845. XII, 415 S. - (= 3. Abth. Neue vollständige Anleitung zur Behandlung, Benutzung und Schätzung der Forsten. Ein Handbuch für Forstbesitzer und Forstbeamte.)

PFEIL, Wilhelm: Die Forsttaxation. - Berlin 1833. XII, 439 S. - 2. Aufl. u. d. T.: Die Forsttaxation in ihrem ganzen Umfange. ebd. 1843. XII, 437 S. - 3. Aufl. Leipzig 1858. XI, 418 S. - (=5. Abth. v.: Neue vollständige Anleitung zur Behandlung, Benutzung und Schätzung der Forsten. Ein Handbuch für Forstbesitzer und Forstbeamte)

PFEIL, Wilhelm: Die Forstwirthschaft nach rein praktischer Ansicht so wie sie der Privatforstbesitzer oder Verwalter führen muß, um sie in Verbindung mit der Landwirthschaft am vortheilhaftesten einzurichten. - Leipzig 1831. V, 304 S., m. Tab. - (=Ein integrirender Theil der allgemeinen Encyklopädie der gesammten Land- und Hauswirthschaft der Deutschen). - 2. Aufl. u. d. T.: Die Forstwirthschaft nach rein praktischer Ansicht. Ein Handbuch für Privatforstbesitzer, Verwalter und insbesondere für Forstlehrlinge. ebd. 1839. IV, 354 S., m. Tab. - 3. Aufl. ebd. 1843. VIII, 364 S. - 4. Aufl. ebd. 1851. VIII, 368 S. - 5. Aufl. ebd. 1857. VIII, 372 S. - 6. Aufl. im Sinne eines dem neueren Stand forstlicher Wissenschaft und Erfahrung entsprechenden rationellen Reinertragswaldbaues revidirt und ergänzt v. Max Robert Pressler. ebd. 1870. XIV, 466 S.

— die Forstwirthschaft nach rein prakt. Ansicht so wie sie der Privatforstbesitzer od. Verwalter führen muß, um sie in Verbindung mit d. Landwirthschaft am vortheilhaftesten einzurichten. Mit 1 Kpft. 8. Leipz. 831. Baumgärtner. 1 ₰ (Aus Putsche's Encyklopädie abgedr.)

Pfeil, Wilh., die Forstwirthschaft nach rein prakt. Ansicht. Ein Handb. f. Privatforstbesitzer, Verwalter u. insbesond. f. Forstlehrlinge. 2., sehr. verb. Auf. gr. 8. (22½ B. u. 5 Tab.) Leipzig 839, Baumgärtners Buchh. Thlr.

—— die Forstwirthschaft nach rein praktischer Ansicht. Ein Handbuch f. Privatforstbesitzer, Verwalter u. insbes. f. Forstlehrlinge. 3., verb. u. verm. Aufl. gr. 8. (23½ B.) Leipzig 843, Baumgärtners Buchh.

—— die Forstwirthschaft nach rein praktischer Ansicht. Ein Handbuch für Privatforstbesitzer, Verwalter und insbesondere für Forstlehrlinge. 4., verb. und verm. Aufl. gr. 8. (VIII und 368 S.) Leipzig 851, Baumgärtners Buchh.

Pfeil, W., die Forstwirthschaft nach rein praktischer Ansicht. Ein Handbuch für Privatforstbesitzer, Verwalter und insbesond. für Forstlehrlinge. 5., sehr verm. und verb. Aufl. gr. 8. (VIII und 372 S.) Leipzig 857, Baumgärtner's Verlagsbuchh.

Pfeil, W., die Forstwirthschaft nach rein praktischer Ansicht. Ein gemeinfaßl. Handbuch für angeh. Forstverwalter, insbesondere solche von Privat- u. Gemeinde-Forsten, sowie für Waldbesitzer u. Holzwirthschaft treib. Landwirthe. 6. Aufl. Im Sinne eines dem neueren Stande forstl. Wissenschaft u. Erfahrung entsprech. rationellen Reinertragswaldbaues revidirt u. ergänzt von M. R. Preßler. Leipzig 870. Baumgärtner. gr. 8. (XVI, 466 S.) 2⅔ ₰

Pfeil, W., Ueber und gegen den Gesetzentwurf vom 2. Aug. 1849 betreffend die Ergänzung u. Abänderung der Gemeinheitstheilungs-Ordnung vom 7. Juni 1821. (Aus d. Krit. Blättern für Forst- u. Jagdwissensch., Bd. 28, Heft 1, abgedr.) gr. 8°. Leipzig, Baumgärtner, 1850. (72 S.)

—— über und gegen den Gesetzentwurf vom 2. Aug. 1849 betreff. die Ergänzung und Abänderungen der Gemeinheitstheilungs-Ordnung vom 7. Juni 1821. gr. 8. (72 S.) Leipzig 850, Baumgärtners Buchh.
Aus: Kritische Blätter für Forst- und Jagdwissenschaft. 28. Bd. 1. Heft, besonders abgedruckt.

PFEIL, Wilhelm: Grundsätze der Forstwirthschaft in Bezug auf die Nationalökonomie und die Staats-Finanzwissenschaft. - Züllichau, Freistadt 1822 u. 1824. 2 Bd. - Bd. 1: Staatswirthschaftliche Forstkunde. XVI, 591 S. - Bd. 2: Forstfinanzwissenschaft, Forstverwaltungskunde, staatswirthschaftliche Jagdverwaltungskunde XVIII, 781 S.

Pfeil, W. Grundsätze der Forstwissenschaft in Bezug auf die Nationalökonomie und die Staatsfinanzwissenschaft. 2 Bde. gr. 8°. Züllichau 1822—24. (Leipzig, Fr. Fleischer.)

Pfeil, W. „Grundsätze der Forstwissenschaft in Bezug auf Nationalökonomie und Staatswirthschaft", 2. Band, enthaltend: „Forstfinanzwissenschaft, Forstverwaltungskunde und, als Anhang, staatswirthschaftliche Jagdverwaltungskunde", Züllichau 1823 (Darnmann).

Pfeil, W., die deutsche Holzzucht. Begründet auf die Eigenthümlichkeit der Forsthölzer u. ihr Verhalten zu dem verschiedenen Standorte. Letztes Werk. Leipzig 860. Baumgärtner. gr. 8. (VIII. 551 S.) 2 ₰ 22½ ngr.

PFEIL, Wilhelm: Über Insektenschaden in den Wäldern, die Mittel, ihm vorzubeugen und seine Nachtheile zu vermindern. - Berlin 1827. 72 S.

— üb. Insektenschaden in den Wäldern, die Mittel ihm vorzubeugen u. seine Nachtheile zu vermindern. gr. 8. Berl. 827. Boike. 8 gr.

— Kritik des Jagdgesetzes für Preußen vom 31. October 1848. [Abgedr. aus d. krit. Blättern für Forst- u. Jagdwissenschaft: XXVI. Bd. 1. Hft.] gr. 8. (39 S.) Ebd. 848. 6 ngr.

PFEIL, Wilhelm: Über die Nothwendigkeit, die Forstwirtschaft mit den Grundsätzen der National-Oekonomie in Übereinstimmung zu bringen. Berlin 1821. (Hdschr., verschollen) - Diss. Phil. Fak.

PFEIL, Wilhelm: Kritisches Repertorium der Forstwissenschaft und ihrer Hülfswissenschaften. - Berlin 1830. XXII, 186 S. - 2. bis zum Jahre 1854 vervollständigte Aufl. ebd. 1855. 243 S. - (= 1. Abth. v.: Neue vollständige Anleitung zur Behandlung, Benutzung und Schätzung der Forsten. Ein Handbuch für Forstbesitzer und Forstbeamte)

PFEIL, Wilhelm: Tafeln über den kubischen Gehalt des runden Stammholzes von 1-60 Fuß Länge und 1-48 Zoll mittleren Durchmesser. - Züllichau 1821

— Tafel z. Berechnung d. cubischen Inhalts d. Hölzer. Züllich. 821. (Michelsen in Leipz.) 4 gr.

Pfeil, Wilh., Über die Ursachen des schlechten Zustandes der Forsten und das allein mögliche Mittel ihn zu verbessern, mit bes. Rücksicht auf die preuss. Staaten. Züllichau 1815 (1816). 8. . . . . (D.)

PFEIL, W.: Über die Ursachen des schlechten Zustandes der Forsten und die allein möglichen Mittel, ihn zu verbessern, mit besonderer Rücksicht auf die preussischen Staaten. - Zülichau, Freistadt 1816. 213 S.

— üb. die Ursachen des schlechten Zustandes d. Forsten, u. die Mittel ihn zu verbessern. 8. Züllichau, Darnmann. 816.

— üb. die Ursachen d. schlechten Zustandes d. Forsten, u. die allein mögl. Mittel ihn zu verbessern. gr. 8. Züllichau 816. (Michelsen in Leipz.) 18 gr.

PFEIL, Wilhelm: Das forstliche Verhalten der deutschen Waldbäume und ihre Erziehung.- Berlin 1829. XII, 428 S. - 2. Aufl. ebd. 1839. XIV, 410 S. - 3. Aufl. ebd. 1854. 501 S. - (=2. Abt. v.: Neue vollständige Anleitung zur Behandlung, Benutzung und Schätzung der Forsten. Ein Handbuch für Forstbesitzer und Forstbeamte)

Pfeil, Willy: Der Ehebruch in seiner geschichtlichen Entwicklung und nach geltendem Recht. Heidelberg 1908: Hörning. 87 S. 8°
Heidelberg, Jur. Diss. v. 3. Dez. 1908, Ref. v. Lilienthal
[Geb. 28. Mai 82 Karlsruhe i. B.; Wohnort: Heidelberg; Staatsangeh.: Preußen u. Baden; Vorbildung: Gymn. Heidelberg Reife M. 01; Studium: Heidelberg 2, Berlin 1, Heidelberg 4 S.; Rig. 3. Aug. 08.] [U 09. 1874

Pfeil-Burghauss, Ludwig Graf, s. P f e i l , Ludwig Graf von.

Pfeil u. Klein-Ellguth, Rich. Graf v., das Ende Kaiser Alexanders II. Meine Erlebnisse in russ. Diensten 1878—1881. 1.—3. Taus. Mit 5 Abbildgn. gr. 8. (XII, 210 S.) Berlin 908. E. S. Mittler & Sohn. n. 4. —; geb. in Leinw. n. 5. 50

Pfeil, Rich. Graf v., Erlebnisse e. preußischen Offiziers in russischen Diensten während d. türkischen Krieges 1877/78. 1.—4. Aufl. gr. 8. (VII, 234 S. m. 1 Skizze.) Berlin 892. E. S. Mittler & Sohn. n. 4. 50; geb. n.n. 5. 60

Pfeil u. Klein-Ellguth, Rich. Graf v., Familien-Geschichte der Grafen v. Pfeil u. Klein-Ellguth, im Auftrage der Familie verf. Lex.-8. (X, 118 u. 18 S. m. 11 Tab. u. 16 Lichtdr.) Breslau 893. J. Max. n. 6. —

Neun Jahre in russischen Diensten unter Kaiser Alexander III. Erinnerungen e. preuß. Offiziers von Richard Graf v. **Pfeil** u. Klein-Ellguth, Gen.Major z. D. Mit 4 Abb. Leipzig: F. Engelmann 1907. (XII, 281 S.) 8° [F.] [07. 18179

Japan üb. seine See-Erfolge. Bilder aus dem russisch-japan. Seekriege, auf Grund des japan. Generalstabswerkes verf. (VIII, 46 S.) 8. Berlin 910. E. S. Mittler & Sohn. 1. 25

Vom Schipka zum Zarenhofe. Geschichtl. Roman von Richard Graf v. **Pfeil**. Schweidnitz: Heege (1910). 307 S. 8°
Ersch. zuerst u. d. T.: Leon Alexandrowitsch, Bewegte Zeiten, in d. Schles. Zeitung [10. 15359

Amors Pfeile Komische Soloscenen, Gedichte u. Aufführungen. *Berlin: E. Bloch [1901]* (101 S.) 8° [F.]
= Polterabend u. Hochzeit. Bd 24.

Pfeile des Heils. Von e. Invaliden (J. F. Glob. Közle). 2., veränd. Aufl. d. „Jüngerschaft Jesu in uns. Tagen". 8. (VIII, 75 S.) Westend-Berlin 898. Berlin, Deutsche ev. Buch- u. Tractat-Gesellschaft. n. 1. —

Pfeile des Heils. Von einem Invaliden. 2. Aufl. . . . Westend-Berlin 1898. V: *Közle*, *Joh. Fr. Glob.* (Berl)

Pfeile u. Liederkranz, nebst einer Abhandl. üb. Castra vetera, Castra Ulpia u. Colonia Ulpia Trojana; vom Verfasser d. Tempelworte, (Ueltjesfort). 8. Wesel 826. Becker. 16 gr.

Pfeile und Liederkranz nebst einer Abhandlung über Castra vetera, Castra Ulpia und Castra Ulpia Trajecta . . . Wesel 1826. V: *Ueltjesfort*, *C. F.* (GGr)

Pfeile des Witzes u. der Laune, abgeschossen von Addisson u. Steele, (v. K. F. Benkowitz). 8. Bresl. 798. W. G. Korn. 1 rthl.

Pfeile des Witzes und der Laune . . . Breslau 1798. V: *Benkowitz*, *Carl Frdr.* (Ky) (MGT) (EE) (Rotermund, Gel. Hannover. Bremen 1823.)

Pfeiler, A., neuer Einblick in d. Stenotachygraphie. E. kurzer Lehrgang. gr. 8. (4 S.) Augsburg (Oblatterwallstr. 26) 897. A. Pfeiler. — 10

— die Sigel der Stenotachygraphie u. ihre Anwendg. E. unentbehrl. Hilfsbüchlein f. Schüler u. angeh. Stenotachygraphen. 12. (27 S.) Ebd. 896. n. — 20

Pfeiler, Willy, Tierarzt a. Berlin: Arbeiten aus dem Hygienischen Institut der Kgl. Tierärztlichen Hochschule zu Berlin. Leiter: Prof. Dr. med. Ostertag. No. VI. Zur Kenntnis der Desinfektion infizierten Düngers durch Packung. Berlin: R. Schoetz 1905. (100 S.) 8°
Gießen, Verein. Med. Fak., Ref. Olt, Diss. v. 26. Juli 1905
[Geb. 23. Juni 81 Berlin; Wohnort: Neapel; Staatsangeh.: Preußen; Vorbildung: Luisen-Gymn. Berlin Reife O. 00; Studium: Berlin 8 S.; Rig. 1. Dez. 04.]

Pfeiler, Willy, zur Kenntnis der Desinfektion infizierten Düngers durch Packung, s. a. A r b e i t e n aus dem hygien. Institut der kgl. tierärztl. Hochschule zu Berlin. Nr. 6.

Pfeilherz, Carl, die Kunst ganz vorzüglichen französ. Cognac zu fabriciren; oder erprobtes Mittel Eau de Vie de Cognac durch eine ganz einfache Mischung augenblicklich zu höchstens einem Viertel des gewöhnlichen Originalpreises herzustellen. Nach des berühmten Colbert Erfindung praktisch erprobt. 8. Wien 849, Tendler & Co. in Comm. Leipzig, Spamer in Comm. Versiegelt. n. 1⅓ ₰

Pfeilitzer-Franck, Baron, Beitrag zur Adelsgeschichte der Ostseeprovinzen Russlands. 1. Abschnitt: Ritterwesen, Lehnsverfassung, Adelsentstehung, Wappenkunde. Historisch entwickelt. Mit (5) lith. Taff. (wovon 3 in Tondr.) Moskau 868. (Mitau, Lucas.) gr. 4. (IV, 47 S.) n. 2 ₰ 15 ngr.

Beiträge zu einer Geschichte der Freimaurerei in Oesterreich. Von W. B. [d. i. Pfeilschifter]. Regensburg: Coppenrath 1868. 128 S. 8⁰
Auszug in: FZ. 23 (1869) S. 76—78.
Recens: L. 28 (1872) S. 119—120; FZ. (Wien) 4 (1877) S. 165 (G. Brabbée).
cf. Histor.-polit. Blätter f. d. kathol. Deutschland. 62 (1868) S. 964—973.
Tt. 364. Von klerikaler Seite geschrieben. Die Frmr sind an allem schuld, namentlich aber am Verfalle Österreichs. 23. 25.

Pfeilschifter, Ant., Memorierstoff aus der deutschen u. bayerischen Geschichte f. Mittelschulen. gr. 8. (IV, 336 S.) Regensburg 893. H. Bauhof. n. 2. 50; geb. in Leinw. n.n. 2. 90

Die authentische Ausgabe der 40 Evangelienhomilien Gregors des Grossen. Ein erster Beitrag z. Gesch. ihrer Überlieferung. Habilitationsschrift. Von Dr. theol. Georg **Pfeilschifter**. *München: J. J. Lentner 1900.* (XII, 122 S.) 8°
= **Veröffentlichungen** aus d. Kirchenhist. Seminar München. No 4. (00. 6163

Pfeilschifter, Geo., s.: Festgabe, Alois Knöpfler gewidmet.

Die Germanen im Römischen Reich. Theoderich der Große. Von Georg **Pfeilschifter**. Mit Mosaikdr., Titelbild u. 100 Abb. Mainz: Kirchheim 1910. 137 S. 4°(8°)
(Weltgeschichte in Karakterbildern Abt 2, [3]) (10. 14177

— s.: Studien, Freiburger, theologische.

— Theoderich der Große, s.: Weltgeschichte in Karakterbildern.

Pfeilschifter, Georg: Der Ostgotenkönig Theoderich der Grosse und seine Beziehungen zur Katholischen Kirche von 519—526 ... (Erschien vollst. als Heft I u. II d. III. Bds von: Kirchengesch. Stud. hrsg. v. Knöpfler, Schrörs u. Sdralek.) Münster i. W., Westfäl. Vereinsdr., 1896; 1 Bl., 60 S. 8.
München, Theol. Fak., Inaug.-Diss. v. 1896

Der Ostgotenkönig Theoderich der Grosse u. die kathol. Kirche. Von Georg **Pfeilschifter**. *Münster i. W.: H. Schöningh 1896.* [S. 1—60 erschien als Münchener Diss. 1896.] (VIII, 270 S., 1 Bl.) 8.
= **Studien**, Kirchengeschichtliche. Bd III. Heft I. II. (97. 675

Pfeilschifter, Hans [aus Straubing]: Klinische Beiträge zur Kenntnis der primären einfachen und multiplen Neuritis. . . . Erlangen, k. b. Hof- u. Univ.-Buchdr. v. Fr. Junge (Junge & Sohn), 1889; 35 S. 8°
Erlangen, Med. Fak., Inaug.-Diss. v. 26. Jul. 1889

Pfeilschifter, Johann Baptist von
Pfeilschifter, J. B. v., Denkwürdigkeiten aus d. span. Revolution etc., s. Denkwürdigkeiten.

v. Pfeilschifter, J. B., Denkwürdigkeiten aus der Geschichte der Revolution in Spanien. gr. 8. Aschaffenburg 836. Pergay. 2 ₰

—— Mittheilungen aus Spanien üb. Land u. Volk, Wissenschaft u. Kunst, die jetzige polit. Umwälzung u. den Krieg. Gesammelt u. übers. 1. u. 2. Lfg. 8. (6¾ u. 8 B.) Aschaffenburg 837, Pergay. à

Pfeilschifter, Joh. Baptista, bayerischer Plutarch oder Lebensbeschreibungen denkwürdiger u. verdienter Bayern. 1. Bdchn. Aschaffenburg 861. Krebs. 8. (V, 220 S.) n. 27 ngr.

Pfeilschifter, Joh. Bapt., Der Rücktritt des Fräuleins Emilie Loveday zur röm.-kath. Kirche. Ein denkwürdiger Beitrag zur Geschichte der religiösen Duldung im 19. Jahrh. Mainz, Kirchh., 1822, 8°. 90 Pf.
Dazu: Über die Petition des Herrn Douglas Loveday. Eine vielbesprochene Bekehrungsgeschichte. Katholik 1822, Bd. 3 S. 382—97.

—— der Staatsmann, s. Staatsmann.

—— polit. Studien. 1. Thl. — A. u. d. T.: Betrachtungen üb. d. Revolutionen in Spanien, Portugal, Frankreich u. d. Niederlanden. 8. (24¾ B.) Aschaffenburg 839, Pergay.

Pfeilschifter, Johann Baptist von, s. Zeitschwingen.

Pfeilschifter, J. B. von, Zurechtweisungen für Freunde u. Feinde des Katholicismus. Offenbach a. M., Hauch, 1831, 8°, 128 S.
Kerz' Litztg 1832, Bd. 3 S. 719—32. Katholik 1833, Bd. 52 S. 98. Sion 1836, Litbl. S. 39. Athanasia v. Benkert 1831, Bd. 10 S. 414—6. Die Schrift umfaßt 17 Aufsätze, die in verschiedenen Zeitschriften veröffentlicht wurden u. Antworten auf allerlei Anklagen u. Lästerungen gegen d. Kirche enthalten.

Pfeilschifter, J. B. v., **Zurechtweisungen f. Freunde u. Feinde d. Katholizismus. 8. (8½ B.) Offenbach 831. (Aschaffenburg, Pergay.)**

— s. Zuschauer, der, am Main.

Pfeilschifter, J[oseph]: Das Bamberger Landrecht systematisch dargestellt. *München: J. Schweitzer 1898.* (VIII, 235 S.) 8° [F.]
Erlangen, Jur. Diss. v. 1898

[F.] Das Bamberger Landrecht in systematischer Darstellung nebst Anhang: Das Verhältniss des Bamberger Rechts zum Bürgerlichen Gesetzbuch. Von Dr. J. **Pfeilschifter**, k. II. Staatsanw. in Bamberg. *München: J. Schweitzer 1898.* (XXI, 235 S.) 1 Bd 8. (97. 8690

Pfeilschmidt, Ernst, drei Friedhofs-Rosen. Dichtung. Leipzig 860. Violet. 16. (2 Bl., 168 S.) 24 ngr.

Pfeilschmidt, Ernst, die Johanneskirche u. Johannesgemeinde in Dresden bis m. Ablauf des 2. Jahres seit der Wahl ihres Kirchenvorstands am 30. Mai 1877. Ein Beitrag zur Dresdner Kirchen-, Stadt- u. Baugeschichte. Mit einer Abbildung der alten St. Johannis- u. der neuen Johanneskirche (2 Holzschntaf.). gr. 8. (VIII, 179 S.) Dresden 879. Pierson. n. 1. —

Pfeilschmidt, Ernst, Luther in Coburg. Dresden 853. Türk. gr. 8. (3 Bl., 103 S.) n. 10 ngr.
Vgl. Pfeilschmidt, Ernst Heinrich.

— Aloys Senefelder. Ein Lebensbild in der Ruhmeshalle deutscher Erfindungen anläßlich der Enthüllung des Senefelder-Denkmals in München am 6. Novbr. 1877 aufgestellt. [Aus: „Dresdner Anzeiger".] gr. 8. (32 S.) Dresden 877. Art. n. — 50

Pfeilschmidt, Ernst. Umschau über d. Fürstendenkmäler des Hauses Wettin. 8. (19 S.) Dresd. 889, Albanus'sche Buchdr. ** — 25

—— heilige Zeiten. Dichtungen. 16. (X und 164 S.) Leipzig 858, Brockhaus. * 24 Ngr.; geb. *

Pfeilschmidt, Ernst Heinr., Abriß d. alten Geschichte nach d. drei Hauptvölkern d. Alterthums, den Juden, Griechen, Römern, als Grundlage beim Unterr. d. Schüler in d. mittl. u. bei d. Privatrepetitionen d. Schüler in d. oberen Classen gelehrter Schulen bearb. gr. 8. (10¾ B. u. 1 Tab.) Leipzig 837, C. H. Reclam.

Pfeilschmidt, Ernst Heinr., Geschichte des Doms zu Köln, f. gebild. Freunde d. Kirche, des Vaterlandes u. d. Kunst mitgetheilt. gr. 8. (8 B. u. 1 Stahlst.) Halle 842. [Leipzig,] Kersten. –

—— offener Hülferuf an alle weltlichen Behörden des deutschen Vaterlandes, welche auf den sittlichen Zustand der Kinderwelt Einfluß üben können. 8. (3¾ B.) Grimma 844, Gebhardt.

— vor dreihundert Jahren. Blätter der Erinnerung an Churf. Moritz v. Sachsen u. den Freiheitskampf des protestantischen Deutschland gegen das Religionszwangsedict Kaiser Karl's V. vom 15. Mai 1548. Festgabe zur Siegesfeier des Passauer Vertrags vom 2. Aug. 1552, u. des Augsburg. Religionsfriedens vom 26. September 1555. Mit dem (lith.) Bildnisse des Churf. Moritz. gr. 8. (IV u. 72 S.) Dresden 852, Türk. n. ⅓ ℛ

Pfeilschmidt, Ernst Heinr., Luther in Coburg. gr. 8. (VI und 103 S.) Dresden 853, Türk.
Vgl. Pfeilschmidt, Ernst.

— s. Luther's, Dr. M., letzte Predigt.

—— der Proceß der hallischen u. deutschen Jahrbücher vor Regierung u. Ständeversammlung des Königr. Sachsen. Ein actenmäßiger Beitrag zur Geschichte des Kampfes zwischen d. Christenthume u. der neuesten Philosophie. gr. 8. (11 B.) Grimma 843, Gebhardt. *

Pfeilschmidt, Ernst Heinr., Sylvesterpredigt. Zu Dresden am Abend des 31. Decbr. 1849 gehalten. gr. 8. (12 S.) Dresden 850, (Kori und am Ende.) *

—— Wiege, Traualtar und Sarg. 3 geistl. Amtsreden bei der Beerdigung des Annenschulrectors Anton, der Trauung des ehemal. römisch-kathol. Priester Uhlasez und der gemeinsamen Taufe in den Familien Munde, Herz und Klette gehalten. gr. 8. (VI und 20 S.) Dresden 848, (Kori und am Ende.) Thlr. *

— Wiege, Traualtar u. Sarg. 3 geistliche Amtsreden bei der Beerdigung des Annenschulrectors Anton, der Trauung des ehemal. römisch-kathol. Priesters Uhlasez u. der gemeinsamen Taufe in den Familien Munde, Herz u. Klette gehalten. gr. 8. (VI u. 20 S.) Dresden 850, Kori in Comm. n. 2 ngl

(Pfeilschmidt, S. G.,) der Nelken-, Hyacinthen-, Levkoyen-, Aurikel- u. Ranunkel-Gärtner, s. Nelken- rc. Gärtner, der.

Pfeilschmidt, Waldemar, appr. Arzt: Beitrag zur Lehre von der multiplen Sklerose des Centralnervensystems. Halle a. S. 1909: Kaemmerer. 51 S. 8°
Halle, Med. Diss. v. 12. Mai 1909, Ref. Eberth
[Geb. 20. Juni 83 Dresden; Wohnort: Halle a. S.; Staatsangeh.: Sachsen; Vorbildung: Vitzthumsches Gymn. Dresden Reife O. 02; Studium: Freiburg i. B. 5, Berlin 1, Leipzig 3, Halle 2 S.; Coll. 10. Febr. 09; Approb. 17. März 09.] [U 09. 1613

Pfeilsticker, s.: **Medizinal-Bericht v. Württemberg.**

Pfeilsticker, Alb., Beiträge zur Pathologie der Masern mit besond. Berücksichtigung der statist. Verhältnisse. gr. 8. (132 S. mit 5 Tab. in gr. 4. und Fol.) Tübingen [Leipzig, 863, Fues's Verlag. *

Pfeilsticker, Alb., das Kinet-System od. die Elimination der Repulsivkräfte u. überhaupt d. Kraftbegriffs aus der Molekularphysik. Ein Beitrag zur Theorie der Materie. Mit 18 in den Text gedr. Holzschn. gr. 8. (VI, 98 S.) Stuttgart 873. Ullrich. n. 3. —

PFEILSTICKER, Eugen (Ellwangen): Syphilis des Pons varoli. Ein casuistischer Beitrag.- München: Ernst 1887. 45 S.
20.7.1887 - Chr 1887/88,17; Jv 1887/88,213
Diss. Ingolst.-Landsh.-Mchn.

Pfeilsticker, Lina, Anleitung zur Anfertigung von Weißwäsche, s.: Bröm, Lydia.

Pfeilsticker, Lina, „An das fleißige Puppenmütterchen", I. u. II. Brief. gr. 8. Stuttgart 904. (Holland & Josenhaus.) In Kuwert n. 1. 60
I. 2. Aufl. (7 S. m. 1 Musterbog.) n. — 60
II. (8 S. m. 1 Musterbog.) n. 1. —

— 12 Schnittmusterbogen zur Anleitung zur Anfertigung von Weißwäsche, s.: Bröm, Lydia.

Pfeilsticker, Rud., Gedanken zu e. Weltanschauung des praktischen Lebens. 8. (27 S.) Biberach 893. (Dorn.) n. — 40

— Weltanschauung des praktischen Lebens. Grundlegende Gedanken. 2. Ausg. 8. (27 S.) Schw.-Hall 894. W. German's Verl. n. — 60

Pfeilsticker, Rud., Ideal-Materialismus. Allgemeine Gedanken e. Nicht-Philosophen. gr. 8. (III, 48 S.) Berlin 884. Ißleib. n. 1. —

Pfeilsticker, Walter, a. Schw.-Gmünd: Über einen Fall von Osteomalacia carcinomatosa infolge von Mammacarcinom. Rudolstadt 1904: F. Mitzlaff. (17 S.) 8°
Tübingen, Med. Fak., Ref. v. Baumgarten, Diss. v. 24. Okt. 1904
[Geb. 18. Juli 80 Balingen; Wohnort: Schwäb.-Gmünd; Staatsangeh.: Württemberg; Vorbildung: Gymn. Gmünd Reife M. 99; Studium: Tübingen 8, Berlin 1 S.; Coll. 29. Juli 04; Approb. 12. Aug. 04.]

Pfeilsticker, Wilh., ein Beitrag zur Behandlung der Geburt beim engen Becken. Inaugural-Abhandlung. gr. 8. (35 S.) Tübingen 877. (Fues.) — 60

Pfeilsticker, Wolfgang, a. Schw. Gmünd: Aus d. Tübinger Univ.-Augenklinik. Die Augenverletzungen in der Tübinger Klinik in den Jahren 1907 und 1908 und Zusammenstellung der Berichte über die Verletzungen von 1896 bis 1908. Tübingen 1909: Laupp. 35 S. 8°
Tübingen, Med. Diss. v. 1. Aug. 1910, Ref. v. Schleich
[Geb. 17. Febr. 84 Leutkirch; Wohnort: Stuttgart; Staatsangeh.: Württemberg; Vorbildung: Realgymn. Gmünd Reife Juli 03; Studium: Tübingen 5, München 1, Kiel 1, Berlin 2, Tübingen 2 S.; Coll. 20. Nov. 09; Approb. 1. Juli 09.] [U 11. 4373

Pfeilstücker, Hnr., s. Sammlung der allgem. u. für den Bezirk Trier gültigen Polizei-Gesetze rc.

Pfender, Fr. Aug., Bilder aus der Reformationsgeschichte in Gedichten f. Jung u. Alt. gr. 16. (16 S.) Neuwied 871. Heuser. n. — 10

— des Kindes Gebetbuch. 16. (24 S.) Ebend 871. n. — 10

— evangelisches Schulgesangbuch nebst Anh. 8. (120 S.) Ebend. 872. n. — 50

— Vaterlands-Lieder [alte u. neue] m. u. nach bekannten Melodien, gesammelt zur Benutzg. in gesellschaftl. Kreisen, namentlich auf Sieges- u. Kriegerfesten. [2. Ausg.] 16. (15 S.) Ebend. 871. n. — 10

Pfender, Karl Fr., die Gesetzliche Erbfolge in d. franzos. Republik, nach d. Gesetze v. 25. Germinal d. 11. Jahres u. mit Beispielen erläutert. 8. Coblenz (804.) Lassaulx. 6 gr.

Pfender, d. gesetzl. Erbfolge in d. franz. Republ., n. d. Gesetz v. 25. Germinal d. 11ten Jahr. rc. 8. Cobl. Lassaulx. (Pauli u. Comp.) 804.

Pfendler, Geo., chem. Abhandl. üb. d. Opium u. seine nähern Bestandtheile mit besond. Rücksichten auf das Morphin u. die Mekonsäure. gr. 8. Wien 823. (Tendler). 8 gr.

Pfendler, Peter. VerZeichnuß Etwelcher Geschichten So geschehen von einem Jahr zu Dem Anderen jm Anfang A. 1702 Bis zu dem Toggenburgischen Religions-Krieg: So geschehen Anno – 1712. Hrg. von Nikolaus Senn.... 8. Chur 1868.

Pfendner, Emrich, Fastenpredigen. 4. Augsb. Wolf. 719.

— marian. Lob= und Ehren=Predigten. 4. Ebendas. 717.

Pfendsack, H[ugo]. [12 Buntdruck-Tafeln nach Originalen von H. Pf' in Solothurn und 6 Tondruck-T' nach O' von] H. Pf'. 8.

Aus: Brüning, Chr[istian]. Wanderungen durch die Natur: Wiese, Moor und Heide. . 8. Stuttgart, Loewes Verlag Ferdinand Carl. [1907]: *Ausg. A:* Mit 12 Bunt- ... bildern ... — *Ausg. B:* Mit 6 Ton- ... bildern..

Pfeneberger, Jos., Katholisch od. Protestantisch?. } f. a. Volksbroschüre, kathol. Nr. 3.

(F) **Pfeneberger,** J., Katholisch oder Protestantisch? 8°. (19 S.) Linz-Urfahr: Kath.Preßverein 1902.

Pfeneberger, Josef: K r a l i k oder Muth? Ein Wort zum kathol. Literaturstreit der Gegenwart. Hamm (Westf.): Breer & Thiemann 1910. (56 S.) 8° [Umschlagt.]
(Frankfurter zeitgemässe Broschüren. Bd 29, H. 5/6.)

Pfeneberger, Jos., Kralik od. Muth?, s. a. Broschüren, Frankfurter zeitgemäße. XXIX, 5. u. 6.

Pfeneberger, Jos., Trennung v. Kirche u. Schule? Zeitgemäße Vorträge, geh. anläßl. der 7. Landeslehrerkonferenz in Linz. (79 S.) 8. Linz 905. Preßverein. n. — 90

(F) **Pfeneberger,** J., Wahrheit, Freiheit, Bildung oder: Der grösste Ehrenname. [Katholische Volksbroschüre Nr. 9.] 8°. (20 S.) K —.10
Linz-Urfahr: Kath.Preßverein 1902.
Dass.s.a.:Volksbroschüre, Kath.Nr.9.

Pfennig, Hauptbruchstücke eines zunftgelernten u. vielgereisten Schusters. 8. (3¾ B. u. 1 Abbild.) Leipzig 836, (Berger's Bh.)

Pfennig, Hauptbruchstücke eines zunftgelernten und vielgereisten Schusters. Mit 1 Abbild. 8. Leipzig 836. (Schäfer.) 1/4 Thlr.

Pfennig, Arthur: Ueber retroperitoneale Dermoidcysten. Bonn 1907: E. Eisele. (30 S.) 8°
Bonn, Med. Fak., Ref. Garrè, Diss. v. 7. Aug. 1907
[Geb. 31. Mai 79 Berka a. Ilm; Wohnort: Wesel; Staatsangeh.: Sachsen-Weimar-Eisenach; Vorbildung: Gymn. Rastatt Reife M. 97; Studium: Berlin K. W. A. 9 S.; Coll. 7. Aug. 07; Approb. 29. Juni 03.]

Pfennig, Eduard, Entwürfe f. Kindergräber. Hrsg. v. Verein f. christl. Kunst in der evang. Kirche Württembergs. (8 [7 farb.] Taf. m. IV S. Text.) 34×25,5 cm. Stuttgart 907. (J. F. Steinkopf.) In Mappe 3.50

Pfennig, Friedrich, a. Braunschweig: Die Comparation des Adjectivs im Französischen. Rostock 1908: C. Hinstorff. (XXII, 127 S.) 8°
Göttingen, Phil. Fak., Ref. Stimming, Diss. v. 17. März 1908
[Geb. 7. Juli 82 Braunschweig; Wohnort: Braunschweig; Staatsangeh.: Braunschweig; Vorbildung: Realgymn. Braunschweig Reife M. 02; Studium: Göttingen 9 S.; Rig. 1. Aug. 07.]

Pfennig, Heinrich, aus Crefeld. Das Deminutivum bei Schiller und seinen Zeitgenossen. *Straßburg: K. J. Trübner 1904* [übergekl.: *Marburg 1904*]. (39 S.) 8° [F.]
Marburg, Phil. Diss. v. [10. Juni] 1904

Pfennig, Johann Christoph

Pfennig, Jh. Cph., († d. 9. Aug. 1804.) Anleit. z. Kenntn. d. mathemat. Erdbeschreibung. 8. Berl. 779. Rottmann. 12 gr.

— Anleit. z. Kenntn. d. physikal. Erdbeschr. 8. Ebendas. 779.

— Anleit. z. Kenntn. der physikal. Erdbeschreibung. 8. Berl. 781. Rottmann. 20 gr.

PFENNIG, Johann Christoph 1724 - 1804
Anleitung zur gründlichen und nützlichen Kenntniß der neuesten Erdbeschreibung, nach den brauchbarsten Landkarten vornemlich zum Unterricht der Jugend verfertiget von Johann Christoph Pfennig ...
Zweyte durchgängig vermehrte und verbesserte Ausgabe.
Berlin-Stettin: Decker und Effenbart. 1777. 24, 420 S. 8°.
Universitätsbibliothek Tübingen
1. Aufl. 1769. 3. Aufl. 1783, 4. Aufl. 1787, 5. Aufl. 1794.

— Anleit. z. Kenntniß d. neuesten Erdbeschreib. 8. Berl. 770. 5e A. 794. Rottmann. 18 gr.

PFENNIG, Johann Christoph 1724 - 1804
Anleitung zur gründlichen und nützlichen Kenntniß der neuesten Erdbeschreibung, nach den brauchbarsten Landkarten, vornehmlich zum Unterricht der Jugend verfertiget von Johann Christoph Pfennig ...
Dritte durchgängig vermehrte und verbesserte Ausgabe.
Berlin-Stettin: Decker und Effenbart. 1783. 8, XX, 485 S. 8°.
Universitäts- und Stadtbibliothek Köln
1. Aufl. 1769. 2. Aufl. 1777, 4. Aufl. 1787, 5. Aufl. 1794.

PFENNIG, Johann Christoph 1724 - 1804
Anleitung zur gründlichen und nützlichen Kenntniß der neuesten Erdbeschreibung, nach den brauchbarsten Landkarten, vornehmlich zum Unterricht der Jugend verfertiget von Johann Christoph Pfennig ...
Vierte durchgängig vermehrte und verbesserte Ausgabe.
Berlin-Stettin: Decker und Effenbart. 1787. 8, XXIV, 472 S. 8°.
University of Illinois Library Urbana, Ill.
1. Aufl. 1769.
2. Aufl. 1777, 3. Aufl. 1783, 5. Aufl. 1794.

PFENNIG, Johann Christoph 1724 - 1804
Anleitung zur gründlichen und nützlichen Kenntniß der neuesten Erdbeschreibung, mit Hülfe der brauchbarsten Landkarten vornehmlich zum Unterricht der Jugend verfertiget von Johann Christoph Pfennig ...
Fünfte durchgängig vermehrte und verbesserte, auch mit vollständigen Registern versehene Ausgabe.
Berlin-Stettin: Rottmann und Effenbart. 1794. XX, 604 S. 8°.
Pädagogische Zentralbibliothek Dortmund
1. Aufl. 1769.
2. Aufl. 1777, 3. Aufl. 1783, 4. Aufl. 1787

— Einleit. in die mathemat. u. physikal. Geographie. 8. Stettin 765. Drevenstett. 20 gr.

PFENNIG, Johann Christoph 1724 - 1804
Johann Christoph Pfennigs kurzer Entwurf der neuesten Geographie nach ihren 5 Theilen zum Unterricht für Anfänger.
Stettin: Effenbart. 1790. XXIV, 172 S. 8°.
Universitäts- und Stadtbibliothek Köln
2. Aufl. Frankfurt/O. 1798 [Kayser, IV, 334] konnte nicht gefunden werden.

— Entwurf d. neuesten Geographie f. Anfänger. 8. Stettin 790. 2e Aufl. 8. Frankf. a. O. 798. Akad. B. 6 gr.

— biblischer sich selbst belehrender in Fragen u. Antworten abgefaßter Unterricht in d. christl. Religion. Frankf. a. O. ... 2e A. 791. Akad. B. 6 gr

— **Johann Georg** (Halbau/Lausitz), Viris experientissimis, doctissimis, Johann Georg Duemichen (Jüterbog), Carl Imman. Lichtenberg (Beltit.), Johann Albrecht Genser (Dresden), summos, quos nuper consecutii sunt, in arte salutari honores, nomine commilitonum, qui sub auspiciis virorum Georg Rudolph Boehmer et Salomon Constantin Titius disputandi artem colunt, gratulatur. — Morborum haereditariorum propagatio ex nisu formativo explicatur. (Wittenberg (Tzschiedrich)) 22. III. 1797. 8 S. mit Namen. (3.75) 26327

— — De emeticorum in febribus nervosis usu. Diss. inaug. Präs. Salomon Constantin Titius. Wittenberg (Tzschiedrich) 27. VIII. 1799. 24 S. (4.50) 26328
Gew.: Christian August Langguth, Johann Gottfried Vogel, Christian Carl Hentsh.

Pfennig, Car. Rob. Theod. (geb. Sagan 1815): De signis ex sudore. Berolini (1841). (36 S.) 8°
Berlin, Med. Diss. v. 24. Dez. 1841

Pfennig, Richardus [Silesius]: De librorum quos scripsit Seneca de ira compositione et origine ... Gryphiae, typ. Iulii Abel, 1887; 2 Bl. + 61 S. 8°
Greifswald, Phil. Fak., Inaug.-Diss. v. 30. Dez. 1887

Wilhelm Fließ und seine Nachentdecker: O. Weininger und H. Swoboda. Von Richard **Pfennig**. Berlin: E. Goldschmidt 1906. (66 S.) 8° [4.80]

Pfennig, Richard, Referendar aus Hamburg: **Kommandit- und stille Gesellschaft.** Ein Vergleich. *Rostock 1902: H. Winterberg.* (117 S.) 8°
Rostock, Jur. Diss. v. [15. Mai] 1902

Pfennig, Th., das Meer m. besond. Berücksicht. seiner Bewegung, s.: Vorträge, gemeinfaßliche, zum Vorlesen in Vereinen.

Pfennig-Ausgabe der Tausend u. Eine Nacht, s. Nacht.

—— eines allgem. medizinischen Rathgebers, s. Rathgeber.

Pfennig-Bibliothek, medizin.-chirurg., in Auszügen aus neueren, sowohl deutschen als ausländ. medizin.-chirurg. Werken. Neue wohlf. Ausg. d. Bibliothek d. deutsch. Mediz. u. Chir., hrsg. v. A. K. Hesselbach, u. der Annalen d. ausländ. Mediz. u. Chir., hrsg. v. I. B. Friedreich. 1—94. Lfg. od. 1—15. Bd. gr. 8. Würzburg 836, 37, Strecker. (?)

—— der Unterhaltung f. gebild. Stände. 1—12. Lfg. (Neue Ausg. der: Bibliothek d. Unterhaltung von v. Krämer.) 8. (159¼ B.) Augsburg 834—39, v. Jenisch u. Stage'sche Bh. *
Die 7—12. Lfg. bildet auch der: Pfennig-Bibliothek rc., neue Folge, 1—6. Lfg.

Pfennig-Bilder, mit Geschichten f. Kinder, v. W. Gail. 2., verm. Aufl. Hrsg. vom münchner „Verein gegen Thierquälerei," unt. d. Vorstandschaft des Prinzen Eduard v. Sachsen-Altenburg u. des Dr. Penner. 16. (1½ B. m. Holzschn.) München 846, (Finsterlin.)

Pfennig-Blatt, erstes, vaterländisches. Redacteur: J. C. E. Schwarz. 1r—6r Jahrg. 1833—1837. Mit Kupferbeilagen. 8. Berlin, Verfasser. (Fernbach jun.) 1r—4r J. à n. 1 ₰, 5r J. n. 1⅓ ₰, 6r J n. 1½ ₰

Pfennigblatt, erstes vaterländisches, Red.: J. C. E. Schwarz. 1—6. Jahrg. 1833—38. à 182 Nrn. (¼ Bog.) Mit Kpfrbeiln. 8. Berlin, Verfasser. (Fernbach jun.) [1—4. J. à * 1 Thlr., 5. * 1⅓ Thlr., 6. * 1½ Thlr.] *

Pfennigblatt, illustrirtes. Eine Wochenschrift für Jedermann. Redact.: Wilh. Reichel. 1. Jahrg. 1874. 52 Nrn. (Bog. mit eingedr. Holzschn.) Fol. Leipzig, Mentzel. 3 —

Pfennigblatt, illustrirtes. Eine Wochenschrift für Jedermann. Redact.: Wilh. Reichel. 2. Jahrg. 1875. 52 Nrn. (Bog. mit eingedr. Holzschn.) Fol. Leipzig 875, Mentzel.
Nicht weiter erschienen.

Pfennig-Blätter. Ein Magazin interess. Auszüge aus Reise-Beschreibn. u. Geschichts-Werken, Novellen, Erzähln., Gedichten, Anekdoten rc. aus d. neuesten belletrist. Litteratur. In zwangl. Hftn. Nr. 1. u. 2. 16. (17 B.) Augsburg 836, (v. Jenisch u. Stage'sche Buchh.) à *

Pfennig-Blätter, berliner. Volks-Tageschrift f. Leser aller Stände. (Mit monatl. illustr. Gratis-Beilagen u. vierteljährl. Original-Stahlst.) Redakt. Carl Lindow. 1. Jahrg. April—Dezbr. 1844. 135 Nrn. (¼ B.) Lex.-8. Berlin, (Lindow.)

—— dass. Redakt. derselbe. 2—4. Jahrg. 1845—47. Ebds. [2. 3. gr. Lex.-8. 180 Nrn. (¼ B.) m. 12 Stahlst.) 3. J. 4. 144 Nrn. (¼ B. m. Beilagen u. 4 Stahlst.) 4. J. 4. 148 Nrn. (½ B. m. Beilagen. u. 4 Kpfrn.)] à J. *

Pfennig-Blätter, berliner. Volks-Tageschrift zur Unterhaltung für Leser aller Stände. Hrsg. von C. Lindow. 5. Jahrg. 1848. 148 Nrn. und 6—8. Jahrg. 1849—51. à 156 Nrn. (½ Bog.) Mit Beilagen und à Jahrg. mit 4 Kpfrn. 4. Berlin, Lindow. à Jahrg. *

—— dass. — Redig. von Dems. 9. Jahrg. 1852. 52 Nrn. (à 2 Bog.) Mit Beilagen. 4. Ebds.

Pfennig-Blätter, berliner. Volks-Zeitschrift zur Unterhaltung für Leser aller Stände. Redig. von Carl Lindow. 10—13. Jahrg. 1853—56. à Jahrg. 52 Nrn. (à 2 Bog.) Mit Beilagen. 4. Berlin, Lindow. à Jahrg.

Pfennig-Blätter, berliner. Volks-Zeitschrift zur Unterhaltung für Leser aller Stände. Redig. von Carl Lindow. 14. und 15. Jahrg. 1857 und 1858. à Jahrg. 52 Nrn. (à 2 Bog.) Mit Beilagen. 4. Berlin, Lindow. à Jahrg.

Pfennig-Blätter, Berliner. Volks-Zeitschrift für Leser aller Stände. Red.: Carl Lindow. 16—21. Jahrg. 1859—64. à 52 Nrn. (à 2 Bgn.) Berlin, Lindow. 4. Jeder Jahrg. 2 ₰

Pfennig-Blätter, Berliner. Volks-Zeitschrift zur Unterhaltung für Leser aller Stände. Redact.: Carl Lindow. 20.—24. Jahrg. 1863—67. à Jahrg. 52 Nrn. (à 2 Bog.) 4. Berlin, Lindow. à Jahrg.

Pfennig-Blätter, Berliner. Volkszeitschrift zur Unterhaltung für Leser aller Stände. Redact.: Carl Lindow. 25. Jahrg. 1868. 52 Nrn. (à 2 Bog.) 4. Berlin, Lindow. 6 —
—— dass. — s. Familienfreund.

Pfennig-Choral-Buch, s. Klipstein, G. G.

Für 50 **Pfennige**, eine illustrirte Geschichte aus dem Leben. Forts. 1: Das Neueste aus den Alsterdorfer Anstalten. Hamburg. (1876.) 8° [Umschlagt.]

Pfennig-Encyclopädie, oder neues elegantestes Conversations-Lexicon für Gebildete aus allen Ständen. Herausg. im Verein mit einer Gesellschaft von Gelehrten vom Prof. O. L. B. Wolff. 4 Bde. oder 41 Lfrgg. Mit 80 Stahlst. schmal gr. 4. Leipzig 834 — 37. Kollmann. 13 1/3 ₰ — 5r oder (Supplement-) Bd. Enthaltend das Neueste aus den Jahren 1833 — 1839 u. Ergänzungen. 1e — 3e Lfrg. Mit 2 Stahlst. gr. 4. Ebd. 839, 40. à n 1/3 ₰

Pfennig-Encyclopädie, oder neues elegantestes Conversationslexikon für Gebildete aus allen Ständen. Herausgeg. im Verein mit einer Gesellschaft von Gelehrten von O. L. B. Wolff. 5. (oder Supplement-) Bd. Enthaltend das Neueste aus den Jahren 1833—1841 u. Ergänzungen. Schm. gr. 4. Leipzig 841, Kollmann. Mit 8 Stahlst. 2 ₰ Vergl. Conversations-Lexicon, neues elegantes.

—— oder neues elegantestes Conversations-Lexikon f. Gebildete aus allen Ständen. Hrsg. im Verein mit e. Gesellschaft v. Gelehrten v. O. L. B. Wolff. 4 Bde. (od. 41 Lfgn.) u. 5. (od. Supplem.-) Bd. (8 Lfgn.) gr. 4. Leipzig, Kollmann. [1—4. (253 1/4 B. u. 80 Stahlst.) 834—37., 5. (65 B. u. 8 Portr.) 839—42.] * 15 11/12 Thlr., hrbgs. Pr.
Ausg. ohne Stahlstiche u. m. 5 Portr.
Der 5. (od. Supplem.-) Bd. enth. d. Neueste aus d. J. 1833—41. u. Ergänzungen. (A—Z.) apart 2 Thlr.

—— der Anatomie, od. bildl. Darstellung d. gesammt. menschl. Anatomie nach Rosenmüller, Loder, Carl Bell, Gordon, Bock etc. Gest. v. J. F. Schröter. Mit erklär. Texte v. Th. Richter. (38 Lfgn.) gr. 4. (47 1/4 B. u. 145 Kpfrt. gr. 4. u. Fol.) Leipzig 834, Baumgärtner.
11 Thlr. 15 Gr., ill.

Pfennig-Encyclopädie d. Anatomie, etc. v. Th. Richter. 39. Lfg. — Titel u. Inhaltsverzeichniss. gr. 4. Leipzig 837, Baumgärtners Buchh.
1—38. Lfg. Ebendas. 1834—37. 11 Thlr. 15 Gr., ill. 22 Thlr. 4 Gr.

-- für Kaufleute u. Fabrikanten, oder Wörterbuch des Handels, des Fabrik- und Manufacturwesens, der Münz-, Maaß-, Gewichts- und Waarenkunde, der Schifffahrt, der Wechsel- u. Bankgeschäfte 2c. Nach d. Engl. des Mac-Culloch, mit Benutzung franz. und deutscher Werke, in alphabet. Ordnung. Herausg. von einer Gesellschaft Gelehrter und Kaufleute unter der Direction d. Dr. A. Diezmann. 1s — 20s Hft. u. Supplement 3 Hfte. schmal gr. 4. Leipzig 836 — 39. O. Wigand. Compl. mit Supplement n. 4 1/2 ₰

—— für Kaufleute u. Fabrikanten, 2c., s. Encyclopädie, allgem., f. Kaufleute.

—— des ganzen menschl. Wissens, od. belehr. Unterhaltn. üb. alle Zweige d. Wissenschaften, hrsg. v. Smitz u. A. Werckler. 1. u. 2. Bdchn. 12. Berlin 835, (Lewent.) à
A. u. d. Ttln.:
Bdchn. 1. Der ländl. Weise, od. belehr. Unterhaltungen aus d. Gebiete d. Naturlehre, v. Werckler. (3 3/4 B.)
2. Der ländl. Weise, od. belehr. Unterhaltungen aus d. Gebiete d. Himmelskunde v. Smitz. (3 3/4 B.)

Pfenniger, Ant[on]. Beiträge zur Biologie des Zürichersees. Diss. Phil. [II.] Univ. Zürich. ([Mit Figuren im Text und 6 Tafeln. — Separatabdruck aus:] Zeitschr[ift] f. Gewässerkunde, [Band] 4, [1901].) II + 61 S. 8. Leipzig, August Pries, 1902.

Pfenniger, Heinrich, s. Pfenninger, Heinrich.

Pfennig-Journal, ob. Universal-Lexikon in gedrängter, verständ. Kürze in 1 Bde. Hrsg. v. e. Verein Gelehrter. Hft. 1—11. (A—Riesenbüffel.) 4. (à 8 B.) Breslau 835—38, H. Richter. à *
Neue Aufl. vgl. General-Conversations-Lexikon.

Pfennig-Kalender, neuer belehrender u. unterhaltender, auf das Schalt-Jahr 1852, für Katholiken, Evangelische u. Griechen. Ein allen Ständen gewidmeter Volks-Kalender, welcher das Nützliche mit dem Angenehmen verbindet. 15. Jahrg. Mit (5) lith. Bildern. 4. (80 S.) Kaschau. (Pesth, Geibel.) 12 ngl

Pfennig-Kalender, Neuer, belehrender und unterhaltender auf das gemeine Jahr 1855 für Katholiken, Evangelische und Griechen. 18. Jahrgang. Mit mehreren lithogr. Bildern. 4. (80 S. u. 2 Abbildg.) Kaschau. Gedruckt und im Verlage bei Karl Werfer.

—Rheinischer, für das Jahr 1837. Fortsetzung des Landwirthschafts- u. Geschichts-Kalenders. (Mit 2 Holzschnitten u. Titelvign.) 4. Heidelberg 836. Oßwald. 1 1/2 ℳ

Pfennig-Kalender, Königl. Sächs. concessionirter, für d. Jahr 1835. Herausg. von dem Verleger des Sonntags-Magazins. (1r Jahrg.) (Mit vielen Holzschnitten.) gr. 4. Leipzig 834. Allgem. Niederländ. Buchh. (Peeters.) n. 1/6 ₰ — ders. für 1836. (2r Jahrg.) gr. 4. Ebd. 835. n. 1/6 ₰

Pfennig-Kochbuch. Neues allgem. Kochbuch f. bürgerl. Haushaltungen, od.: leicht verständl. u. genaue Anweisung z. Kochen, Braten, Backen, Einmachen u. a. f. d. bürgerl. Küche nothwend. Zubereitungen. Mit einem nach d. Jahreszeiten geord. Küchenzettel. Hrsg. v. e. erfahrenen Hausfrau. 7 Hfte. 1. u. 2. Aufl. (14 B.) 8. Breslau 834, 35, Pelz. à Thlr.

Pfennig-Kochbuch. 3. Aufl., s. Kochbuch, neues allgem., f. bürgerl. Haushaltungen.

Pfennig- oder Universal-Lexikon, das, in gedrängter, vollständ. Kürze in einem Bande. Herausg. von einem Verein Gelehrter. Heft 1—10. 4. Bresl. 835—37. H. Richter. à n. 1/3 ₰

Pfennig-Magazin,

—— das allgem. Deutsche, e. Zeitschr. f. jeden Stand, jedes Alter u. Geschlecht, z. Verbreit. gemeinnütz. Kenntnisse, z. Belehr. u. Unterhaltung. 1. Jahrg. 1834. 104 Nrn. (1/2 B.) mit circa 200 lith. Abbildn., ill. Modebildern u. e. literar. Anzeiger. gr. 4. Danzig, Gerhard.

Pfennig- u. Heller-Magazin, allgem. deutsches, z. Verbreitung gemeinnütz. Kenntnisse u. z. Unterhaltung. Mit vielen Abbildn. 1. Jahrg. 1834. 26 Nrn. (1/2 Bog.) gr. 4. Hamburg, Schuberth u. Niemeyer.

Pfennig- u. Heller-Magazin, allgemeines deutsches, zur Verbreitung gemeinnütziger Kenntnisse u. zur Unterhaltung. Mit vielen Abbildd. 1r Jahrg. 1834. No. 1 — 13. Mit 14 Abbildd. gr. 4. Leipzig, Hamburg u. Itzehoe 834. Niemeyer. n. 1/3 ₰

Pfennig-Magazin, das, zur Unterhaltung u. Belehrung. Neue Folge. 1—5. Jahrg. 1843—47. à J. 52 Nrn. (Bog.) Mit viel. Holzschn. gr. 4. Leipzig, Brockhaus. à * 2 Thlr. *

Pfennig-Magazin, das, f. Belehrung u. Unterhaltung. Neue Folge. 5—10. Jahrg. 1847—1852. (à 52 Nrn.) od. Nr. 209 —521. hoch 4. (Bog. m. eingedr. Holzschn.) Leipzig, Brockhaus. à Jahrg. n. 2 ₰

Pfennig-Magazin, Das, der Gesellschaft zur Verbreitung gemeinnütziger Kenntnisse. Leipzig 1833—55. H: *Brockhaus, Friedrich & Carl Ferd. Dräxler-Manfred.* H (N. F. 437—439): *Cramer, Wilh., & Joh. Chph Volbeding.* H (N. F. 470—III. F. 176): *Volbeding, J. C.* (BRVV)

Pfennig-Magazin, das, für Belehrung und Unterhaltung. Red.: J. C. Volbeding. 3. Folge. 1—3. Jahrg. 1853—55. (Der ganzen Reihe 21—23. Jahrg.) à 52 Nrn. (à 1 Bgn. mit Holzschn. im Text.) Leipzig, Brockhaus. 4. Jeder Jahrg. n. 2 ₰.

Pfennig-Magazin, das französische, zur Belehrung und Unterhaltung für Freunde der franz. Sprache. Mit 350 Abbildd. (1834.) gr. 4. Leipzig 836. O. Wigand. n. 1 1/2 ₰

Pfennig-Magazin, das, der Gesellschaft z. Verbreitung gemeinnütz. Kenntnisse. 1—3. Bd. od. Jahrg. 1833—35. No. 1—143. (Bog.) Mit vielen eingedr. Holzschn. Schmal gr. 4. Leipzig, Expedition. [Brockhaus.] [1. (Mai 1833—April 1834. Nr. 1—52.) 2 Thlr., 2. (Mai—Dec. 1834. Nr. 53—91.) 1 Thlr. 12 Gr., 3. (Jan.—Dec. 1835. Nr. 92—143.) 2 Thlr.]
Herausgeber v. Nr. 79 an: Fr. Brockhaus u. K. Drärler-Manfred.

Forts.s.:Pfennig-Magazin, Das, f.Verbreitung gemeinnütz.Kenntnisse.

Pfennig-Magazin, Das, für Kinder. Leipzig 1834—38. H (Bd. II, 1-4): *Kurth* & *A. Kaiser.* (BrVV)

—— das, f. Kinder. 1. u. 2. Bd. od. Jahrg. 1834 u. 35. à 52 Nrn. (Bog.) Mit vielen Holzschn. kl. 4. Leipzig, [Brockhaus.] à Bd.
Herausgeber v. J. 1835: Amad. Kaiser.

—— das, f. Kinder. 3—5. Bd. od. Jahrg. 1836—38. Hrsg. v. A. Kaiser. à 52 Nrn. (Bog.) Mit vielen Abbildn. 4. Leipzig, Brockhaus. à *

—— des Nützlichsten u. Neuesten f. Haus- u. Landwirthschaft, Kunst- u. Gewerbe. Hrsg. von mehr. erfahrn. Männern. 1. Bd. (od. 12 Hfte.) u. 2. Bd. 1. u. 2. Dopplhft. 8. Lissa, Günther. [1. (33 B. u. 1 Stnt.) 835—38., 2. 1. 2. (10 B.) 838, 39. à H. 1/12 Thlr.]

„Pfennigmagazin des Nützlichen und Neuesten für Haus- und Landwirthschaft, Künste und Gewerbe", herausgegeben von mehreren erfahrenen Männern, 1. Bd., 12 Lieferungen, Lissa 1837, 1838 (Günther), 2. Bd., 1. und 2. Doppelheft. Ebenda 1839.

— politisches. 1. Jahrg. 1850. 52 Nrn. (Bog. m. eingedr. Holzschn.) hoch 4. Leipzig, Expedition. n. 2 ₰

— Rheinisches, oder Sammlung der merkwürdigst. Erscheinungen der neuern Zeit. Redigirt von W. Rave. 1r Jahrg. 9 Lfrgg. 2r Jahrg. 12 Lfrgg. 3r Jahrg. 1r Lfrg. (Mit Steindrücken.) gr. 4. Köln 836—838. Verlags-Handl. (Rave u. Comp.) à n. 1/4 ₰

—— das, f. Verbreitung gemeinnütz. Kenntnisse. 4—10. Jahrg. 1836—42. Hrsg.: Friedr. Brockhaus. à 52 Nrn. Mit vielen Abbildn. Schmal gr. 4. Leipzig, Brockhaus. à J. *
1—3. Jahrg. 1833—35. Ebendas. 5 Thlr. 12 Gr. — Zusamm. genomm. 1—5. Jahrg. (1833—37.) 5 Thlr. — 1—10. Jahrg. zusamm. genomm. nur 10 Thlr.

Jg.1-3 s.:Pfennig-Magazin, Das, d.Gesellschaft z.Verbr.gem.Kenntnisse.

N.F.s.:Pfennig-Magazin, Das, f.Belehrung u.Unterhaltung.

—— dass. Haupt-Register zu den ersten 10 Jahrgn., s. Hauptregister.

— Hauptregister über die 10 ersten Jahrgänge 1833—1842. hoch 4. Ulm 843, Ebner'sche Buchh. n. 1/2 ₰

Pfennigsdorf, Emil, d. doppelte Aufgabe d. evang. Dogmatik, s.: Allotria, ernste.

Pfennigsdorf, Emil, s.: Beweis des Glaubens im Geistesleben der Gegenwart.

— Der Christ u. der Gottesleugner. (Wehr u. Waffen im Kampf um die Weltanschaug.) (32 S.) 16. Dessau 908. Buchh. des ev. Vereinshauses. n.n. —12

Pfennigsdorf, E., das Christentum als weltgeschichtliche Macht. Einführung in die prakt. Aufgaben u. Arbeiten des Christentums in der Gegenwart. [Aus: „Christus im modernen Geistesleben".] 8. (55 S.) Dessau 899. [Buchh. des ev. Vereinshauses.] Schwerin, F. Bahn. n. 1.—

Pfennigsdorf, Emil, das Christentum, die Religion der Kultur. (15 S.) 8. Dessau (906). Hamburg, Agentur des Rauhen Hauses. n.n. —25

— das Christentum, die Religion der Schönheit. (16 S.) gr. 8. Ebd. (906). n.n. —25

— das Christentum, die Religion der Wahrheit. (15 S.) gr. 8. Ebd. (906). n.n. —25

Christus im modernen Geistesleben. Christl. Einführung in d. Geisteswelt d. Gegenwart. Der gebild. ev. Jugend u. ihren Freunden dargeb. von Lic. E. Pfennigsdorf. *Dessau: Buchh. d. Ev. Vereinshauses 1899.* (XIV, 265 S.) 8° [F.] (00. 851)

— Christus im modernen Geistesleben. Christliche Einführg. in die Geisteswelt der Gegenwart. Der gebildeten evangel. Jugend u. ihren Freunden dargeboten. 6. verm. u. verb. Aufl. 8. (XVI, 335 S.) Schwerin 903. F. Bahn. n. 4.20; geb. in Leinw. n. 5.—; m. Goldschn. n. 5.50
1. Aufl. (XIV, 265 S.) Dessau 899. n. 3.50; geb. n. 4.50.

Christus im modernen Geistesleben. Christl. Einführung in d. Geisteswelt d. Gegenwart. Der gebildeten ev. Jugend u. ihren Freunden dargeboten von Lic. E[mil] Pfennigsdorf. 7. verm. u. verb. Aufl. *Schwerin i. M.: F. Bahn 1903.* (XVI, 335 S.) 8° [F. u. Ant.]

— Christus im modernen Geistesleben. Christliche Einführung in die Geisteswelt d. Gegenwart. Der gebildeten evangel. Jugend u. ihren Freunden dargeboten. 8. verm. Aufl. (XVI, 340 S.) 8. Schwerin 905. F. Bahn. n. 4.20; geb. in Leinw. n. 5.—; Goldschn. n. 5.50

— Christus im modernen Geistesleben. Christl. Einführg. in die Geisteswelt d. Gegenwart. 13. u. 14. verm. Aufl. (XVI, 343 S.) 8. Schwerin 910. F. Bahn. 4.20; geb. in Leinw. 5.—; m. Goldschn. 5.50

— Christus u. die Gelehrten. Christliche Einführung in die moderne Wissenschaft u. Philosophie. [Aus: „Christus im modernen Geistesleben".] 8. (54 S.) Dessau 899. [Buchh. des ev. Vereinshauses.] Schwerin, F. Bahn. n. 1.—

— Christus u. die Künstler. Christliche Einführg. in die Kunst unserer Zeit. [Aus: „Christus im modernen Geistesleben".] 8. (62 S.) Ebd. 899. n. 1.20

— Christus, die guten Menschen u. die Übermenschen. Prüfung der modernen eth. Theorien. Ethischen u. Unethischen dargeboten. [Aus: „Christus im modern. Geistesleben".] 8. (37 S.) Ebd. 899. n. —80

— durch die Religionen zu Christus. Kurze Einführg. in d. Religionswissenschaft d. Gegenwart. [Aus: „Christus im modernen Geistesleben".] 8. (24 S.) Dessau 899. [Buchh. d. ev. Vereinshauses.] Schwerin, F. Bahn. n. —50

— Flugblatt f. Gebildete. Nr. 1—17. (à 4 S.) gr. 8. Gütersloh, C. Bertelsmann. 100 Stück nn 1. —

1. Haeckels Monismus — Wahrheit od. Dichtung? (907.) — 2. Der Weg zur Wahrheit. (907.) — 3. Was Naturwissenschaft u. Christentum einander zu danken haben. (907.) — 4. Die großen Naturkatastrophen u. der christliche Gottesglaube. (907.) — 5. Die größte Kulturmacht. (907.) — 6. Ist die Wissenschaft wider den Glauben? (908.) — 7. War Jesus e. Mensch wie wir? (908.) — 8. Nietzsche u. die Vielzuvielen. (908.) — 9. Das Kreuz Christi — u. der Mensch v. heute. (908.) — 10. Gibt es e. Jenseits? (908.) — 11. Wie ist der Mensch entstanden? (908.) — 12. Christentum u. Fortschritt. (908.) — 13. Mensch u. Tier. (908). — 14. Kann der Mensch v. heute die Religion entbehren? (909.) — 15. Der Geisteskampf der Gegenwart. (909.) — 16. Moderne Ehe u. Mutterschutzbewegung. Ein Wort zur Aufklärg. (909.) — 17. Das Christentum u. die neue Ethik. (909.)

Sonderabdrucke aus: „Beweis d. Glaubens" u. „Geisteskampf der Gegenwart".

— Fromm u. frei! Wahre Worte f. tapfere Jünglinge. Eine Mitgabe fürs Leben. 1. u. 2. Tauf. 8. (VII, 118 S.) Ebd. 900. n. 1.60; geb. in Leinw. n. 2.40

— Fromm u. frei! Ein Führer im Glaubenskampf der Gegenwart f. jedermann. Als Mitgabe fürs Leben dargeboten. 3. u. 4. umgearb. Aufl. (Je VIII, 144 S.) 8. Ebd. 907. n. 2. —; geb. n. 2.80

Pfennigsdorf, Emil, s.: Geisteskampf, der, der Gegenwart.

— Geschichte der Stadt Harzgerode. Festschrift zur Einweihung des neuen Rathauses am 6. III. 1901. gr. 8. (VIII, 72 S. m. Abb.) Harzgerode 901. Th. Truelsen. (Nur direkt.) n. 1. —

— Christlicher Glaube u. deutsche Literatur, s.: Flugblatt f. Gebildete. Nr. 18.

— Moderner Mensch u. Christ. 1.—3. Tauf. (87 S.) 8. Hamburg (907). Agentur des Rauhen Hauses. 1.20

— Friedrich Nietzsche u. das Christentum. Vortrag. gr. 8. (16 S.) Dessau 902. (A. Haarth.) n. —30

— Persönlichkeit. Christliche Lebensphilosophie f. moderne Menschen. 1. u. 2. Aufl. (XVI, 365 S.) 8. Ebd. 906. n. 4.20; geb. n. 5.—; m. Goldschn. n. 5.50

— Persönlichkeit. Christliche Lebensphilosophie f. moderne Menschen. 4. verb. u. umgearb. Aufl. (XVI, 354 S.) 8. Schwerin 908. F. Bahn. 4.20; geb. 5.—; m. Goldschn. 5.50

Persönlichkeit. Christl. Lebensphilosophie f. moderne Menschen. Von Lic. E[mil] **Pfennigsdorf** 5. verb. u. umgearb. Aufl Schwerin i. M.: Bahn 1908. XVI, 354 S. 8° (10. 4994 II

— Römisch od. Evangelisch? Kurzgefaßte protestant. Polemik f. Gebildete. 8. (32 S.) Ebd. 900. n. —40

[F. u. Ant.] Vergleich der dogomatischen Systeme v. R. A. Lipsius und A. Ritschl. Zugl. Kritik u. Würdigg derselben. Von Lic. theol. E. **Pfennigsdorf**, Pastor in Harzgerode. Von d. Karl-Schwarz-Stiftg m. d. ersten Preise gekr. *Gotha: F. A. Perthes 1896.* (VII, 191 S.) 1 Bd 8. :96. 1930

— Wehr u. Waffen f. junge Christen. Eine Mitgabe fürs Leben. (64 S.) kl. 8. Dessau (908). Buchh. des ev. Vereinshauses. p —20

Der religiöse Wille. Ein Beitrag z. Psychologie u. Praxis d. Religionen von Lic. E[mil] **Pfennigsdorf**, Dessau. Leipzig: Deichert 1910. XII, 340 S. 8° (10. 14767

Pfennigsdorf, Gottlieb, prakt. Arzt a. Dessau: Über den Zusammenhang von akuter Osteomyelitis und Trauma. Halle a. S. 1905: C. A. Kaemmerer. (37 S.) 8°

Halle, Med. Fak., Ref. v. Bramann, Diss. v. 20. Dez. 1905

[Geb. 20. Juni 75 Plätzkau in Anhalt; Wohnort: Dessau; Staatsangeh.: Anhalt; Vorbildung: Gymn. Zerbst Reife O. 95; Studium: Freiburg i. B. 1, Halle 4, München 2, Halle 2 S.; Coll. 14. Dez. 05; Approb. 28. März 00.]

Pfennigsdorf, Oskar, Diakonus an St. Georg in Dessau: Eine psychologische Analyse des evangelischen Bewußtseins und die daraus sich ergebenden Gesichtspunkte für die Gestaltung des evangelischen Religionsunterrichts der Gegenwart. Dessau 1905: (Buchdruckerei der Schreiberhau-Diesdorfer Rettungsanstalten. Diesdorf bei Gaebersdorf, Kr. Striegau.) (59 S.) 8°

Leipzig, Theol. Fak., Ref. Ihmels, Diss. v. 16. Juli 1905

[Geb. 18. Jan. 65 Plötzkau; Wohnort: Dessau; Staatsangeh: Anhalt; Vorbildung: Gymn. Bernburg Reife M. 84; Studium: Leipzig 2, Tübingen 1, Leipzig 3, Halle 1 S.; Rig. 15. Juli 05]

Pfennigsdorf, O. (Hrsg.), s. Auf evangelischer Warte.

Pfennigsdorf, Osk., praktisches Christentum im Rahmen d. kleinen Katechismus Luthers. E. Hilfsbuch f. den religiösen Jugendunterricht in Kirche u. Schule. 3 Tle. gr. 8. Cöthen. Dessau, Buchh. d. ev. Vereinshauses. n.n. 6.80

1. 1. Hauptstück. (XII, 179 S.) 895. n. 2. —
2. 2. u. 3. Hauptstück. 1. u. 2. Aufl. (à 267 S.) 898. n. 3.60
3. 4. u. 5. Hauptstück. (96 S.) 897. n. 1.20

— dasselbe. 1. Tl. 1. Hauptstück. 2., neubearb. Aufl. gr. 8. (243 S.) Ebd. 898. n. 3. —

— dasselbe. 3. Tl. 4. u. 5. Hauptstück. 2., durchgeseh. Aufl. gr. 8. (93 S.) Ebd. 898. n. 1.50

— praktisches Christentum im Rahmen d. kleinen Katechismus Luthers. Ein Hilfsbuch f. d. religiösen Jugendunterricht in Kirche u. Schule, e. Lehr- u. Erbauungsbuch f. evangel. Gemeindeglieder. 2. Tl. Der christl. Glaube u. das Gebet des Herrn. 2. u. 3. Hauptstück. 3. neubearb. Aufl. gr. 8. (264 S.) Dessau 900. [Buchh. des ev. Vereinshauses.] Schwerin, F. Bahn. n. 3.60; geb. in Leinw. n.n. 4.60

— dasselbe. 3. Tl. 4. u. 5. Hauptstück. 3. unveränd. Aufl. gr. 8. (93 S.) Ebd. 900. n. 1.50; geb. in Leinw. n. 2.30

Pfennigsdorf, Osk., praktisches Christentum im Rahmen des kleinen Katechismus Luthers. Ein Hilfsbuch f. den religiösen Jugendunterricht in Kirche u. Schule, e. Lehr- u. Erbauungsbuch für evangel. Gemeindeglieder. 3 Tle. gr. 8. Schwerin, F. Bahn. n. 8.10; geb. in Leinw. n. 10.90

1. Die hl. zehn Gebote. 1. Hauptstück. 4. durchgeseh. Aufl. (248 S.) 903. n. 3. —; geb. n. 4. —
2. Der christliche Glaube u. das Gebet d. Herrn. 2. u. 3. Hauptstück. 4. (neu bearb.) Aufl. (264 S.) Dessau 900. n. 3.60; geb. n. 4.60
3. Die hl. Taufe u. hl. Abendmahl. 4. u. 5. Hauptstück. 4. durchgeseh. Aufl. (104 S.) 906. n. 1.50; geb. n. 2.30

Pfennigsdorf, Osk., praktisches Christentum im Rahmen des kleinen Katechismus Luthers. Ein Hilfsbuch f. den religiösen Jugendunterricht in Kirche u. Schule, e. Lehr- u. Erbauungsbuch f. evangel. Gemeindeglieder. 1. u. 2. Tl. gr. 8. Schwerin, F. Bahn. 7.55; geb. in Leinw. 9.55

1. Die hl. zehn Gebote. 1. Hauptstück. 5. durchgeseh. u. ergänzte Aufl. (272 S.) 910. 3.30; geb. 4.30
2. Der christliche Glaube u. das Gebet des Herrn. 2. u. 3. Hauptstück. 5. neubearb. Aufl. (287 S.) 909. 4.25; geb. 5.25

Pfennigsdorf, O., Ernstes u. Heiteres f. Christenkinder in Wort u. Bild. Ein reich illustr. Büchlein m. kleinen Erzählgn., Betrachtgn. u. Gedichten f. Kinder, nebst je 2 bibl. Bildern in Buntdr. 1. u. 2. Bdchn. 1.—20. Tauf. 16. (à 64 S.) Cöthen 894. 895. Schriften-Niederlage d. evangel. Vereinshauses. à n.n. — 15

— Ernstes u. Heiteres f. Christenkinder in Wort u. Bild. E. reich illustr. Büchlein m. kleinen Erzählungen, Betrachtungen u. Gedichten f. Kinder. 3.—6. Bdchn. 16. Ebd. à n.n. — 15
3. 1.—20. Tausd. (64 S. nebst 2 bibl. Bildern in Farbendr.) 896.
4. 1.—35. Tausd. (64 S. nebst 2 bibl. Bildern in Farbendr.) 897.
5. 1.—30. Tausd. (64 S. m. 1 Farbdr.) 897.
6. 1.—20. Tausd. (64 S. m. 1 Farbdr.) 899.

— Ernstes u. Heiteres f. Christenkinder in Wort u. Bild. Ein reich illustr. Büchlein m. kleinen Erzählgn., Betrachtungen u. Gedichten f. Kinder. 7. u. 8. Bdchn. gr. 16. (à 68 S. m. 1 Farbdr.) Dessau 900. 901. [Buchh. des ev. Vereinshauses.] Berlin, Deutsche Sonntagsschul-Buchh. à n.n. — 12

Pfennigsdorf, Osk., der christliche Glaube u. das Gebet des Herrn. Ein kurzer Leitfaden. In Anlehnung an „Praktisches Christentum", Tl. II, jungen Christen f. das Leben dargeboten. 8. (62 S.) Dessau 900. [Buchh. des ev. Vereinshauses.] Schwerin, F. Bahn. n. — 40

— Heimatklänge. Liederbuch f. evangel. Frauen u. Jungfrauen u. deren Vereine, Textausg. 12. (IV, 89 S.) Ebd. 894. n. — 25

— Heimatklänge. Liederbuch f. evangel. Frauen u. Jungfrauen u. deren Vereine. Textausg. 2. durchgeseh. u. verm. Aufl. 6.—10. Tausd. gr. 16. (94 S.) Dessau 898. Buchh. des ev. Vereinshauses. n.n. — 25

— dasselbe. Liederbuch f. christl. u. patriot. Vereine. Textausg. 2. durchgeseh. u. verm. Aufl. 6.—10. Tausd. gr. 16. (94 S.) Ebd. 898. n.n. — 25

— dasselbe. Kleine Textausg. 2., durchgeseh. Aufl. 16. (48 S.) Ebd. 897. n.n. — 10

— Heimatklänge. E. Sammlg. uns. schlichten geistl. u. edlen weltl. Volksweisen, f. d. Gebrauch in Schulen, christl. Vereinen u. Familien zusammengest. u. hrsg. Notenausg. in 4 stimm. Satz f. Gesang, Klavier oder Harmonium. gr. 8. (VI, 117 S.) Ebd. 896. n. 1. 80

— dasselbe. 2., verm. Aufl. gr. 8. (VIII, 131 S.) Ebd. 898. n. 2. 60

Pfennigsdorf, Oskar u. Ew. Stier
— — ich kann nicht zusehen des Knaben Sterben. Eine Sammlg. Gustav-Adolf-Festpredigten namhafter Kanzelredner der Gegenwart. gr. 8. (68 S.) Ebd. 894. n. — 80

— u. Ströse, Konfirmationsscheine. Ausg. C. Serie I u. II m. 50 Sprüchen. qu. 4. (50 Bl.) Dessau (900). Buchh. d. ev. Vereinshauses. n.n. 3. —; einzelne Bl. n.n. — 06

— u. H. Ströse, Kindleins Lust u. Leid. Eine Weihnachtsgabe f. die Kleinen u. Kleinsten in Kindergottesdiensten, Schulen u. Häusern. 1. u. 2. Bdchn. 8. (à 32 S. m. Abb.) Ebd. 898. 99. à n.n. — 15

— Kindleins Lust u. Leid. Eine Weihnachtsgabe f. die Kleinen u. Kleinsten in Kindergottesdiensten, Schulen u. Häusern. 3. Bdchn. 8. (32 S. m. Abbildgn.) Dessau 901. [Buchh. des ev. Vereinshauses.] Berlin, Deutsche Sonntagsschul-Buchh. n.n. — 12

— s.: Maria u. Martha.

— u. Ew. Stier, d. Mensch lebt nicht vom Brot allein! E. Sammlg. sozialer Predigten von namhaften Kanzelrednern d. Gegenwart. gr. 8. (58 S.) Ebd. 898. n. — 80

— christlicher Ratgeber f. Konfirmierte. (32 S.) 8. Dessau (903). A. Haarth. n. — 20

— s.: Tannenzweige.

— die hl. Taufe u. d. hl. Abendmahl im Konfirmandenunterricht. E. kurzer Leitfaden f. Konfirmanden in Anlehng. an „Prakt. Christentum im Rahmen des kleinen Katechismus Luthers". 8. (22 S.) Dessau 899. Buchh. d. evang. Vereinshauses. n. — 20

Pfennigsdorf, Osk., die hl. Taufe u. das hl. Abendmahl im Konfirmandenunterricht. Ein kurzer Leitfaden f. Konfirmanden. In Anlehng. an „Prakt. Christentum im Rahmen d. kleinen Katechismus Luthers". 2. verb. Aufl. (24 S.) 8. Schwerin 903. F. Bahn. n. — 20

— was ist Glaube?, s.: Lehr u. Wehr fürs deutsche Volk. 7. Hft.

— Wieweit ist e. Reform des evangelischen Religionsunterrichts in d. Gegenwart möglich u. notwendig? Auf Grund e. psycholog. Analyse des evangel. Bewußtseins dargelegt. (59 S.) gr. 8. Dessau 906. A. Haarth. n. 1. —

— u. Ew. Stier, wo ist dein Bruder Abel? Eine Sammlg. Missionspredigten namhafter Kanzelredner der Gegenwart. gr. 8. (60 S.) Ebd. 894. n. — 80

Pfennigs-Umrechnungs-Tabellen, praktische. 4. Berlin 874. C. Pfeiffer. — 10; aufgezogen — 25

Pfennig-Tarif, Auszug aus den stenographischen Berichten über die General-Versammlung des Vereines der Gasfachmänner Deutschlands vom 24. Mai 1861. Nürnberg 862. (Stein.) gr. 4. (7 S.) n. 4 ngr.

Pfennigwerth, H., schädliche Forstinsecten, ihre Lebensweise u. Bekämpfg. Pract. Leitfaden zum Gebrauch f. Forstlehrlinge u. Waldbesitzer. Unt. bes. Berücksicht. balt. Verhältnisse. 12. (36 S.) Reval 897. F. Wassermann. n. — 60

Pfennigwerth, O[swald]: Lausitzer Bauernhäuser. Dresden [1909]: Hansa. 12 Taf. 8°
(Verein f. Sächsische Volkskunde.)

Pfennigwerth, O., Beitrag zu dem „Lehrgang für den Zeichenunterricht in Volksschulen" von F. O. Thieme, Professor. (30 S. m. 12 Taf.) gr. 8. Dresden 903. A. Huhle. n. — 80

Pfennigwerth, Osw., Kolonial-Wandbilder, s.: Wünsche.

— Lehrgang f. d. Zeichenunterricht in Volksschulen, s.: Thieme, F. O.

Pfennigzeitung. — Deutsche Pfennigzeitung. — Magdeburg. — 2.XII.1879 — 31.VIII.1894.
Vorh. u.d.T.: Stadtanzeiger.
Fortges. u.d.T.: Central-Anzeiger.

Pfenning, Chrn., Andachtsbüchlein zur Verehrung des kostbaren Blutes uns. Herrn Jesu Christi. 16. (VII, 272 S. m. Titelbild.) Dülmen 898. A. Laumann. Geb. in Leinw. n. — 75

Andachtsbüchlein zur Verehrung des kostbaren Blutes unseres Herrn Jesu Christi. Von Christian Pfenning, Kaplan. 2. verb. Aufl. Dülmen: A. Laumann 1898. (VIII, 280 S.) 8° [F.] [od. 4939 8]

Pfenning, Christian: Andachtsbüchlein zur Verehrung des kostbaren Blutes unseres Herrn Jesu Christi. 2. verb. Aufl. Dülmen: A. Laumann 1907. (VIII, 280 S.) 8°

Pfenning, Friedrich (Kiel/Holstein), De bradypepsia sive tardiori ventriculi concoctione. Diss. solennis-med. Präs. Friedrich Hoffmann. Halle (J. Gruner) Jul. 1708. (4.75) 26330
Gew.: Joh. Caspar Pfenning (Vater).

Pfenning, Fritz, Chemiker: Über Metalltitrationen mittels Cyankalium. Marburg 1909: Friedrich. 61 S. 8°
Marburg, Phil. Diss. v. 13. Juli 1909, Ref. Schmidt
[Geb. 10. Sept. 83 Heidenheim i. Württ.; Wohnort: Bromberg; Staatsangeh.: Württemberg; Vorbildung: Realgymn. Ulm Reife Sommer 03; Studium: Tübingen 5, München 2, Marburg 4 S.; Rig. 8. März 09.] [U 09. 3200

Pfenning, Johann Georg: Dem hoch-edelgebohrnen vest- und hochgelahrten Herrn, ... [Trauergedicht auf Johann Burchard **May,** Prof. d. Geschichte, † 6. Nov. 1726.] — Kiel [1726]: Reuther. 2 Bl. 2°

— **Johann Valentin Joseph** (Würzburg), Jurisprudentiae publicae Romano-Germanicae diss. II. De origine, finibus, divisione, denominatione, unitate, et forma imperii Romano-Germanici. Präs. Franziskus Ludwig Habermann. Würzburg (M. A. Engmann) 1728. 106 S. (6.—) 26331

Pfenning, Max. Vollständige Darstellung des gesamten Geschlechtslebens für Gesunde und Kranke. Jugend-Sünden, deren Folgen und Behandlung, von M' Pf (Direktor des Sanatoriums Rosenberg in Neuhausen a. Rheinfall, Schweiz). [Mit Porträt.] 2. vermehrte Aufl. 96 S. 8. Grossjena b. Naumburg a. S., Max Pfenning (*Umschlag: Stuttgart, Verlag «Reform», 1904). (M. 1. 50)

Pfenning, Max. Das goldene Buch vom Geschlechtsleben. Vollständige Darstellung des gesamten Geschlechtslebens, sowie der «Jugendsünden» und ihrer Folgen, nebst Anleitung zur Verhütung der Krankheiten des Sexualapparates. 3. erweiterte Aufl. [Mit 1 Porträt.] 156 S. 8. Stuttgart, Verlag Reform ⟨P. Müller⟩; Für die Schweiz: Verlag Reform, Ruvigliano-Lugano, [1910]. M. 2. — = fr. 2.70

Pfenning, Max, operationslose Entfernung der Gallensteine, nebst e. Anleitg.: Behandlung der Nieren- u. Blasensteine. (43 S. m. Bildnis.) gr. 8. Stuttgart (907). Verlag „Reform". 3. —

— Frauenkrankheiten, wie Unterleibs- u. Nervenleiden, Blutarmut u. Bleichsucht u. deren Behandlung. (41 S.) gr. 8. Ebd. (907). 1. —

— Die Heilg. der Zuckerkrankheit (Diabetes mellitus). (57 S. m. Bildnis.) gr. 8. Ebd. (908). 2. —

— Die Impotenz (Nervenschwäche der Männer), ihre Verhütung u. Heilung. (52 S.) gr. 8. Ebd. (907). 1. —

— die Kunst des Lebens froh zu werden, s.: Hartmann, Ph. Karl.

Pfenning, Max. Ursache, Verhütung und Behandlung der Nerven-, Lungen-, Verdauungs- und Kehlkopf-Leiden ⟨als Berufskrankheiten der Kaufleute, Lehrer, Beamten, Redner, Geistlichen u. s. w.⟩. Hrg. von M' Pf, Direktor der Naturheilanstalt Gross-Jena (*Umschlag: D' des Sanatoriums Rosenberg in Neuhausen ..., Schweiz). [Mit Porträt.] 42 S. 8. Halle a. S., Hugo Hohmann (*Umschlag: Stuttgart [und Neuhausen], Verlag «Reform»), [1905]. M. 1. —

— Wie werde ich Hypnotiseur? Praktische Anleitg. zur Anwendung der Hypnose. (29 S.) gr. 8. Ebd. (907). 1.

— Wie werde ich v. meiner Neurasthenie (Nervenschwäche) befreit? (90 S. m. Bildnis.) gr. 8. Ebd. (907). 1. 80

(Pfenninger. Joh[ann] Conrad Pf', Diacon. geb. 1747. gest. 1792.) Njbl. s. [Wolf, Leonhard]

Pfenninger, A., die Elemente d. Arithmetik u. Algebra f. höhere Volksschulen, Seminarien, sowie zum Selbstunterricht. 2., umgearb. u. verm. Aufl. gr. 8. (VII, 132 S.) Zürich 890. Schulthess. n. 2. 40

Pfenninger, Elemente der Geometrie f. Sekundarschulen. 2., umgearb Aufl. gr. 8. (VIII, 192 S. m. 143 Fig.) Zürich 885. Kantonaler Lehrmittelverlag. Geb. n. 2. —

Pfenninger, A., Lehrbuch der Arithmetik und Algebra für höhere Volksschulen, Seminarien, sowie zum Selbstunterricht. 1. Thl. und 2. Thl. 2 Hefte. gr. 8. Zürich 874, Schulthess. * 7 —
Inhalt:
Thl. 1. Arithmetik. [Gemeines Rechnen.] (VIII, 144 S.) *M. 2,40.
" 2. Allgemeine Arithmetik und Algebra. 1. Heft: Die Elemente. (VII, 101 S.) *M. 2. — 2. Heft: Die weiteren Ausführungen. (VII, 138 S.) *M. 2,60.

Pfenninger, A., Lehrbuch der Arithmethik und Algebra für höhere Volksschulen, Seminarien, sowie zum Selbstunterricht. II. Theil, Allg. Arithmetik und Algebra. Heft 2 die weiteren Ausführungen. 138 Sn. gr. 8. Zürich, Fr. Schulthess. 1876.

(Pfenninger, Arthur.) Knospen. Selbstverfasste Gedichte aus der Mappe eines Gymnasiasten. [Mit 1 Porträt-Tafel.] 24 S. 8. Weinfelden, A.-G. Neuenschwander'sche Buchdr., (1909).

Pfenninger, C., Geburtshülfe. 8. Bregenz, Brentano. 18 gr.

— bewährte Mittel f. die Ruhr. 8. Bregenz, Brentano. 8 gr.

— u. A. Staub, von der in einigen Orten d. Kantons Zürich in d. J. 1791 — 94. herrschenden Ruhrepidemie. 8. Bregenz 796. Brentano. 12 gr.

Pfenninger, Heinr., der Begriff der Strafe. Untersucht an der Theorie des Hugo Grotius. gr. 8. (XIII, 317 S.) Zürich 877. Orell, Füssli & Co. Verl. n. 8. —

Der Begriff der Strafe. Untersucht an d. Theorie d. Hugo Grotius v. Heinrich **Pfenninger,** Prof. a. d. Univ. Zürich. 2. Ausg. ... *Berlin: Puttkammer & Mühlbrecht 1897.* (XIII, 317 S.) 1 Bd 8. [97. 3603

Pfenninger (Jh.) Hnr., Charakteristik d. deutschen Dichter, s. L. Meister.

Pfenninger, Heinrich. Entwurf eines Strafgesetzbuchs für den Kanton Uri im Auftrage der Regierung ausgearbeitet mit Motiven. In-4°. 157 S. Frauenfeld, J. Huber's Verlag. 1894. 7 —

Pfenninger, Dr. Heinrich, Professor des Rechts an der Universität in Zürich: Grenzbestimmungen zur Criminalistischen Imputationslehre. Festschrift. (Herrn Geheimen Justizrath Professor Dr. Albert Friedrich Berner überreicht diese Schrift zur Feier des fünfzigjährigen Doktor-Jubiläums am 2. Juli 1892 die staatswissenschaftliche Fakultät der Universität Zürich). Zür. Meyer u. Zeller 1892. XII. 103 S. 8°.

Pfenninger, H. Grenzbestimmungen zur criminalistischen Imputationslehre. Gr. in-8°. XII, 103 S. Zürich, Meyer & Zeller (Reimmann'sche Buchh.) 1892. 3 —

— Hommes célèbres de la Suisse en portraits. II Vols. gr. 8. Winterth. Steiner. 782–85.

Pfenninger, Heinrich *I* [1749–1815]. Helvetiens Berühmte Männer.... Zürich und Winterthur 1782–1793 *u.* Zürich 1799 *s.a.* Meister, Leonhard. Helvetiens Berühmte Männer....

— Helvetiens berühmte Männer in Bildnissen dargestellt; mit Lebensbeschreib. v. L. Meister. 3 Bde. 8. Winterth. 782–93. 2e Aufl. (v. J. K. Fäsi) 799 ff. Steiner. 22 ₰ 3r Bd. 1s Hft. fortges. v. J. J. Bernet. Mit 6 Portr. gr. 8. St. Gallen 833 (832.) Huber u. C. 16 gr

Pfenniger, H. Helvetiens berühmte Männer in Bildnissen mit Lebensbeschreibungen von Meister. 3 Bde. 8. Zürich 1782–94. 66,00. — 5 Bde. Winterthur 1782–92 — Zürich 1799.

Pfenninger, (Johann) Heinrich. Helvetiens berühmte Männer in Bildnissen ... 2. Aufl. O. O. 1799 ff. H: *Fäsi, Joh. Conrad.* (Ky)

Pfenninger, Heinrich *I.* Portraits des hommes illustres de la Suisse.... Zurich 1792 *s.* Meister, [Leonhard]. Portraits des hommes illustres....

Pfenninger, Heinr., das Strafrecht der Schweiz. gr. 8. (XXVIII, 839 S.) Berlin 890. Puttkammer & Mühlbrecht. n. 12. —

Pfenninger, Heinrich *I.* Versuch einer Beantwortung der Frage wer ist Schuld an unserer unglüklichen Laage? Und dann der noch wichtigeren Frage wie müssen wir uns Betragen um so bald möglich aus dieser traurigen Laage zu kommen? 8. Zürich 1799.

Pfenninger, J[acob]. Der Rechtsbegriff und seine Anwendung auf das Völkerrecht. Eine rechtsphilosophische Untersuchung. Diss. Jur. Univ. Zürich. (Separat-Abdruck aus «Archiv für öffentliches Recht» Band 17.) VI + 109 S. 8. Freiburg i. Br., C. A. Wagner's Univ.-Buchdr., 1902.
Ausg. A: ohne Umschlag.
Ausg. B: (**Umschlag:* Tübingen und Leipzig, Verlag von J. C. B. Mohr).

Pfenninger, Johann Kaspar

Pfenninger, Jh. Ksp., schriftmäßige Erklärung u. Zueignung d. 2 Episteln Pauli an die Korinther; in 276 Predigten. gr. 8. Zürich 759. Orell. 5 ₰

Pfenninger, Joh[ann] Caspar. Lebensgeschichte des Joh. K' Pfenninger (geb. 1760), von Stäfa, Arzt u. d. Z. Regierungsrath des Kantons Zürich. [Von ihm selbst beschrieben. Mit Porträt-Tafel.] 8. Zürich 1835.

Pfenninger, Johann Konrad

Pfenninger, Jh. Konr., († d. 11. Sept. 1792.) Appellation an d. gesunden Menschenverstand. 8. Hamb. 776. Bohn. 8 gr

– s. Bibliothek f. die Familie Eden.

Pfenninger, Johann Konrad, s. Bibliothek f. d. Familie v. Oberau.

— jüdische Briefe, Erzähl. Dialog. ꝛc. a. d. Zeit J. v. Nazareth. 12 Bde. 8. Leipz. Junius. (Hahn in Hannover.) 783–92. (1r 10 gr. 2r 12 gr. 3r—8r à 10 gr. 9r—11r 1 Rthlr. 12 gr. 12r 16 gr.)
Schreib.

Pfenninger, J. C., jüdische Briefe. 12 Bde. 8. Leipzig. 783 — 792. Jetzt Neukirch in Basel

Pfenninger, J. K., jüdische Briefe, Erzählungen u. Gespräche aus der Zeit Jesus von Nazareth. Oder eine Messiade in Prosa. 2. Aufl. mit einer Vorrede von G. Geßner, weil. Antistes in Zürich. 12 Bde. kl. 8. Zürich 842, Hanke. 2½ ₰
Vgl. Briefe, Jüdische,...

— Briefe an Nichtmusiker, s. a. Familie v. Eden, 3s Heft.

Pfenninger, Johann Konrad. Briefe an Nicht-Musiker, Ueber Musik als Sache der Menschheit. Zürich 1792.

— Familie v. Eden, od. Bibliothek d. Christenth. ꝛc. 5 Hefte. 8. Zürich, Ziegler u. S. 792–94. (1s 16 gr. 2s 14 gr. 3s 8 gr. 4s u. 5s 20 gr.)

Pfenninger, Johann Conrad *s.* Lavater, Johann Caspar, und Pfenninger, Johann Conrad.

— Paulus Lob der Liebe in 24 Kanzelreden. gr. 8. Zürich 791. Ziegler u. S. 1 ₰ 4 gr

— christl. Magazin. 4 Bde in 8 Stücken. 8. Zürich 779—81. Ziegler; a. Steiner in Winterth. 4 ₰ 6 gr

— Sammlungen zu e. christl. Magazin. 4 Bde zu 2 Hften. 8. Zürich, Orell. (Ziegler u. Söhne.) (auch Steiner in Winterthur.) 781–85. (à 16 gr.)

— üb. d. Parabeln Jesu u. ihre Nachahm., in Predigten. 8. Zürich, Ziegler u. S. (auch Orell, Füßli und Comp.) 786.

— v. d. Popularität im Predigen. 3 Thle. 8. Zürich, Ziegler u. S. (a. Steiner in Winterth.) 777–86. (1r 8 gr. 2r 9 gr. 3r 10 gr.)

— 5 Predigten dogmat.-praktisch. Inh. 8. Zürich, Orell. (Ziegler u. S.) (auch Steiner in Winterth.) 783.

— Predigten üb. die Leidensgesch. Jesu Christi, nach d. 4 Evangelisten. 2 Bde. 8. Frankf. a. M. 791. Brönner. 1 ₰ 4 gr

— Predigten über die Seligpreisungen. gr. 8. Lemgo 782. Meyer. 14 gr

— zwo Predigten, veranlaßt durch Kaiser Joseph's Toleranz-Edicte. 8. Dessau 783.

— Repertorium für denkende Bibelverehrer aller Confessionen. 1r u. 2r Bd. à 2 Hfte u. 3r Bd. 1s Hft. 8. Zürich. 784—86. Ziegler u. S. 2 ₰ 2 gr

— Sokratische Unterhaltungen, siehe Unterhaltungen.

— 5 Vorlesungen von d. Liebe der Wahrheit. 8. Zürich 774. Orell. 10 gr

— 5 Vorles. üb. d. Wahrheitsliebe. 8. Zürich, F. und Comp. 774.

– s. Vorlesungen üb. d. N. Testament.

— die bedenklichen, Zirkelbriefe d. Protestanten Jh. Konr. Pfenninger in Natura; mit nöthigen Vor- u. Nacherinnerungen. 8. Breßl. 787. Löwe. 8 gr

Pfenninger, Max [D[r], Oberl.]: Kaiser Konrads II. Beziehungen zu Aribo von Mainz, Pilgrim von Köln und Aribert von Mailand. Quellenmässig beleuchtet. (Th. I.) *Breslau, Buchdr. Lindner, 1891;* 1 Bl., XLIII S. 4°
Breslau, k. OR u. Baugewerk-S, OP 1891 (210)

Pfenninger, Maximilian: Die kirchliche Politik Kaiser Konrads II. nach den Quellen dargestellt. Halle 1880: Meyer in Viersen. 90 S. 8°
Halle-Wittenberg. Phil. Diss. v. [23. Febr. 1881]
Geb. Brandenburg a. d. H. 18. 3. 1847. V.
Im Buchhandel Halle (Bonn: Behrendt) 1880. 87 S.

. Pfenninger-Ziegler, Katharina. Mittewochs 14. XII. 1796. Für die Freunde der Entschlafenen. [Zürich] 1796. V: *Lavater, Johann Kaspar.* (schstr S. 131)

Pfennings, A., Goethes Harzreise im Winter. Eine literar. Studie. (106 S.) gr. 8. Münster 904. H. Schöningh. n. 1. 60

PFENNINGS, Johannes (Aachen): Ueber die Operationserfolge bei Lippencarcinomen an den in den Jahren 1890 (seit Juli) bis 95 incl. in der Münchener Chirurgischen Klinik operirten Fällen.- München: Ernst 1896. 45 S.
24.7.1896 - Chr 1896/97,18; Jv 1896/97,237 (Prom.-Datum: 1897)
Diss. Ingolst.-Landsh.-Mchn.

Pfenningsdorf, Friedrich, Amts-Assessor aus Rostock: Das Jagdrecht und der Eigentumserwerb an jagdbaren Tieren nach gemeinem Recht unter Berücksichtigung des mecklenburgischen Landesrechts sowie der einschlägigen Bestimmungen des Bürgerlichen Gesetzbuchs. *Rostock 1900: Adler's Erben.* (103 S.) 8°
Rostock, Jur. Diss. v. [18. Apr.] 1900

Pfenningstorff, Fritz, s.: Aus Theorie u. Praxis der Geflügelzucht.

Pfenningstorff, Fritz, s.: Hausgeflügel, unser.

Pfenningstorff, Fritz, s.: Kalender f. Geflügelzüchter.

Pferd,

—das, ein unterhalt. Lese- u. Bilderbuch für Knaben. Mit 9 Abbildd. nach Vernet. qu. gr. 4. Leipzig 835. Güntz. 2/3 ₰

— das, e. unterhalt. Lese- u. Bilderbuch f. Knaben. qu. gr. 4. (4 B. u. 9 Abbild.) Leipzig 835, [Antiq. Senf.]

Pferd, das. Organ f. die gesammten auf das Pferd bezügl. Interessen, sowie d. deutschen Pferdezucht-Vereine. Hrsg.: B. Grünler. 1. Jahrg. April 1885 — März 1886. 12 Nrn. (à 2 B.) gr. 4. Dresden, Friese & v. Puttkamer. 6. —

Pferd, das. Organ f. die gesammten auf das Pferd bezügl. Interessen. Hrsg.: B. Grünler. 1. u. 2. Jahrg. April 1885 — März 1887. à 12 Nrn. (2 B.) gr. 4. Dresden. (Leipzig, Theile.) à Jahrg. 6. —

— dass. — zugleich Organ für den Mitteldeutschen Pferdezucht-Verein. Hrsgbr.: B. Grünler. 2. Jahrg. April—Dezbr. 1886. 9 Nrn. (à Nr. 2 Bog.) gr. 4. Ebendas.

— dasselbe. Hrsg.: Frhr. v. Völtzig. 3. Jahrg. 1887. 12 Nrn. (à 2 B.) gr. 4. Ebd. 6. —

— dasselbe. 4.—6. Jahrg. 1888 — 1890. à 24 Nrn. (à 1—2 B.) gr. 4. Ebd. à Jahrg. 6. —

Pferd, das. Organ f. die gesammten auf das Pferd bezügl. Interessen, sowie der deutschen Pferdezucht-Vereine. Hrsg. u. Red.: J. v. Puttkamer. 7. u. 8. Jahrg. 1891. 1892. à 24 Nrn. (2 Bog. m. Abbildgn.) gr. 4. [Dresden, Friese & v. Puttkamer.] Berlin, A. W. Hayn's Erben. à Jahrg. n. 6. —

— dasselbe. Red.: R. Schoenbeck. 9. Jahrg. 1893. 52 Nrn. (2 Bog. m. Abbildgn.) gr. 4. Ebd. n. 12. —

— dasselbe. Illustr. Zeitschrift f. sachgemässe Anwendg., Haltg. u. Züchtg. des Gebrauchspferdes. Red.: Rich. Schoenbeck. 10. Jahrg. 1894. 52 Nrn. (à ca. 2 Bog. m. Abbildgn.) Fol. Ebd. n. 12. —
s.: Kutscher-Zeitung, allgem. deutsche. — Traber, der.

Pferd, das. Illustr. Zeitschr. f. sachgem. Anwendg, Haltg. u. Züchtg. d. Gebrauchspferdes. Red.: Rich. Schoenbeck u. Schäfer. 11. Jahrg. 1895. 52 Nrn. (à ca. 8 S.) Fol. M. d. Beilage: Allgem. deutsche Kutscher-Zeitg. 2. Jahrg. 52 Nrn. (à ca. 1 Bog. m. Abb.) gr. 4. Berlin, A. W. Hayn's Erben. n. 12. —

— dasselbe, Fortsetzg., s.: Presse, deutsche hippologische.

Pferd, das. Zentralblatt f. Pferde-Zucht, -Sport, -Handel u. -Pflege. Allgemeiner Anzeiger f. das gesamte Reit- u. Fahrwesen. Verantwortlich: Für Tierheilkunde, Veterinärwesen, Hufbeschlag usw. betr. Nachrichten Schade. 1. u. 2. Jahrg. 1904 u. 1905. à 24 Nrn. (224 u. 188 S. m. Abb.) 4. Hannover. M. & H. Schaper. à Jhrg. 4. —
Erscheint nicht mehr.

Pferd, das, dessen Behandlg. u. Pflege, s.: Kamerad, der.

Pferd, das fahl. Aufzeichnungen e. Terroristen. Von Leo . . . . Nach e. russ. Handschrift v. Aage Madelung u. Otto Völckers. (195 S.) 8. Kopenhagen 909. Tillge. 3.—; geb. 4. —

Pferd, Das fehlerhafte, an welchem einige 50 Fehler bemerkbar bezeichnet sind, von Major von Katte, in Aquarellmanier kolor., nebst ein. Erklärungsblatt mit Angabe der verschiedenen Fehler. gr. Fol. Magdeburg 21. Donald. M. 6.—
— — Dasselbe. Prag, Bohmanns Erben. M. 2.50

—das fehlerhafte, an welchem alle Fehler, welche ein Pferd nur haben kann, (einige 50) bemerkbar sind; gezeichnet v. Maj. v. Katte. Nebst Erklärungsbl. in Fol. Prag, Bohmanns Erb. 20 ℛ

Pferd, das, nach seinen verschiedenen Lebensperioden, dargestellt in 11 Bild. (12 lith. u. ill. Bl.) 8. Wesel 836. Bagel. 1/4 ₰

Pferd, das, f. Liebhaber z. Belehrung u. Unterhaltung. Mit 29 color. Kpf. 8. Bresl. 805. (Darnmann in Züllichau). 20 ℛ

— das, in Russland. Organ f. Pferdezucht u. Rennsport. Hrsg. u. Red.: Arn. Plates. 11. Jahrg. 1905. 52 Nrn. (à ca. 8 S. m. Abb.) 4. Riga, E. Plates.
Erscheint nicht mehr. n.n. 20. —

— u. **Wagen.** Mitteilungen f. das gesamte Fuhrgewerbe u. die interessierten Industriezweige. Fach- u. Offertenblatt f. den Fuhrwerksbetrieb, sowie f. Fabrikanten u. Händler in den einschläg. Artikeln. 2. Jahrg. 1907. 24 Nrn. (à ca. 8 S.) 31×23 cm. Berlin (SW. Lindenstr. 5), E. Rogge. 3. —

—. Das, seine Zucht, Behandlung, Struktur, Mängel und Krankheiten, mit einer Abhandlung über das Fuhrwesen und einem vollständigen Register. Unter der Leitung der Londoner Gesellschaft zur Verbreitung nützlicher Kenntnisse. — Nach dem Englischen mit Anmerkungen und Zusätzen von F. Hering. — A. u. d. T.: Die englische Viehzucht etc. 1. Bd. Mit 103 Holzschn. (4 Liefrgn.) gr. 8. Stuttgart 37. Metzler. M. 9.—

Pferd, das, seine Zucht, Behandlung 2c., siehe a. Viehzucht, die englische.

Pferd, Das, seine Zucht, Behandlung, Structur, Mängel und Krankheiten ... 2. Aufl. Stuttgart 1850. V: *Youatt, William.* (EB)

Pferd- u. Vieharznei-Buch, neues vollständiges, mit Recepten. Ein Hilfsbuch für alle Viehbesitzer, welche die am häufigsten vorkomm. Krankheiten der Pferde, des Rindviehs, der Schafe 2c. auf leichteste, sicherste u. wohlfeilste Art selbst heilen zu wollen. Zusammengestellt von einer Anzahl populärer Thierärzte. Mügeln 865. (Leipzig, Senf.) 8. (48 S.) n. 5 *ngr.*

—— dass. — 2. Ausg. 16. (71 S.) Ebendas. 868.

Pferd- u. Vieharzneibuch, neues, vollständiges, m. Recepten. Ein Hilfsbuch f. alle Viehbesitzer, welche die am häufigsten vorkomm. Krankheiten der Pferde, d. Rindviehs, der Schafe, Schweine u. Ziegen auf leichteste, sicherste u. wohlfeilste Art selbst heilen wollen. Zusammengestellt v. e. Anzahl populärer Thierärzte. 16. (71 S.) Mügeln 872. (Leipzig, G. Senf.) — 60

Pferd- u. Vieh-Arznei-Büchlein, neu vermehrtes u. verbessertes, oder wohlgemeinter Rathgeber von approbirten Heilmitteln, womit Jedermann allem Vieh ohne große Kosten leicht helfen kann. Ein unentbehrl. Hilfsbüchlein f. Fuhr- u. Handelsleute, Bürger u. Bauer. 8. (56 S.) Altötting 878. Lutzenberger. — 25

Pferdbahn-[Tramway-] Schnadahüpfln. In oberbayer. Dialekt. 4. (7 S.) München 880. Th. Ackermann in Comm. n. — 20

— dasselbe, in hochdeutscher Mundart. 4. (7 S.) Ebend. 880. n. — 20

Deutsche **Pferde.** (Exposition univ. Paris 1900.) Paris 1900: (Buchdr. K. Pritschow, Halle a. S.). (Getr. Pag.) 8° [Umschlagt.]
[Enthält d. Kataloge f. d. Pferde-Ausstellungen von Ostpreußen, Holstein, Mecklenb., Oldenb., Ostfriesland, Schleswig, Rheinland.] (c.s. 1030)

Pferde, Die edleren, und ihre Zucht. Aus einem Briefe des Hrn. v. Frisch auf Nagelshausen. Mitgeteilt v. C . . . h, einem Thurgauer. gr. 8. (28 S. und 1 Steindrucktafel in gr. 4.) Emmishofen 42. Litterarisches Institut. M. —.50

Pferde im Training. Deutschland 1901. Hrsg. v. der Red. des „Start". Wochen- u. Monats-Ausgaben für Flach- u. Hinderniss-Rennen. gr. 16. (64 S.) Berlin (H. Steinitz.) n.n. 2. —

Pferde, unsere. Sammlg. zwangloser hippolog. Abhandlgn. 1.—7. Hft. gr. 8. Stuttgart, Schickhardt & Ebner. n. 7. 70

1. Kavalleristische Gedanken m. bes. Berücksicht. der Remontenabrichtg. Von e. ehem. österreich. Reiteroffizier. (46 S.) 897. n. 1. —
2. Das Niederbrechen v. Renn- u. Reitpferden in schnellen Gangarten, s. Ursachen u. Folgen, sow. deren Verhütg. u. Heilg. Von Spohr. (48 S.) 897. n. 1. —
3. Einiges üb. Fahren. Von C. G. Graf Wrangel. Mit 15 Abb. (48 S.) 897. n. 1. 20
4. Über Reitinstruktionen, die Gehlust des Pferdes u. das Springen d. Pferde. 3 Aufsätze von Otto v. Monteton. (48 S.) 898. n. 1. —
5. D. Zäumungsfrage bei Renn- u. Reitpferden. E. fachmänn. Studie üb. deren heut. Stand. Von Spohr. Mit 16 Fig. im Text. (61 S.) 898. n. 1. 50
6. Einfluss v. Dressur, Übung u. Erziehg. auf d. Kriegspferd. Von v. Sanden. (48 S.) 898. n. 1. —
7. Über stätische Pferde. Von Otto v. Monteton. (48 S.) 898. n. 1. —

— **unsere.** Sammlung zwangloser hippolog. Abhandlungen. 8.—25. Hft. gr. 8. Stuttgart, Schickhardt & Ebner. n. 22. 70

8. Die intellektuellen Eigenschaften (Geist u. Seele) der Pferde. Von F. A. Zürn (55 S.) 899. n. 1. 50
9. Die Beschaffung der Remonten u. ihre Ausbildung. Von Otto v. Monteton. (48 S.) 899. n. 1. —
10. Zum 25jährigen Bestehen d. Militär-Reitlehrer-Institutes in Wien. (28 S.) 899. n. 1. —
11. Einst u. Jetzt. Reiterliche Betrachtgn. an der Wende des Jahrhunderts. Von W. v. Unger. (60 S.) 900. n. 1. 50
12. Vorbildliches englischer Pferde-Zucht u. -Pflege. Von Berth. Schoenbeck. (31 S.) 900. n. 1. —
13. Zur Entstehung des englischen Vollblutpferdes. Von Rich. Henning. (52 S. m. 5 Tab.) 901. n. 1. 80
14. Nordamerikanische Pferde. Von Frdr. Dünkelberg. (48 S.) 901. n. 1. —
15. Verschiedene Meinungen über die Ausbildung von Reitpferden. Von v. Sanden. (51 S.) 901. n. 1. —
16. Vergleichende Würdigung der Reitsysteme von Baucher, Fillis, Plinzner u. der Instruktion zum Reitunterricht f. die Kavallerie vom 31. VIII. 1882. Von Lauffer. (40 S.) 901. n. 1. —
17. Unsere Pferde i. Kriege. Von v. Sanden. (51 S.) 901. n. 1. —
18. Das Pferd u. das Automobil. Von v. Westrell. (32 S.) 902. n. 1. —
19. Artilleristische Ausbildung von Reiter u. Pferd. Verbesserungsvorschläge. Von Waldow. (52 S.) 902. n. 1. 50
20. Geheimnis, das, des Sitzes. Von Hengist Horsa. Mit 3 Abbildgn. (35 S.) 902. n. 1. —
21. Woran krankt unser Herrensport? Hat das Rennreiten prakt. Wert? u. andere lose Betrachtgn. Von Clem. Gallus. (35 S.) 902. n. 1. —
22. Arbeit, die, der jungen Remonte vom Juli bis Anfang Oktober. Von M. H. B. Mit 8 Fig. im Text. (40 S.) 902. n. 1. 20
23. Aphorismen zur Naturgeschichte, Charakteristik u. Kultur des Pferdes. Von Rich. Schoenbeck. Mit 12 Abbildgn. (III, 83 S.) 902. n. 2. —
24. Ueber Leistungen des englischen Vollblutpferdes. Von Rich. Henning. (44 S.) 902. n. 1. 20
25. Aus der Renncampagne des J. 1902. Auf Grundlage der Zuchtwahl bearb. Von Frdr. Wilh. Dünkelberg. (99 S.) 902. n. 2. —

Pferde, unsere. Sammlung zwangloser hippolog. Abhandlgn. 26.—34. Heft. gr. 8. Stuttgart, Schickhardt & Ebner. n. 14. 80

Esebeck, Frhr. H. A. v., Jagdpferde. Zusammengewürfelte Gedanken üb. Jagd u. Zucht. (47 S.) 904. (Hft. 30.) n. 1. —
— der Offizier als Reitlehrer d. Rekruten. (32 S.) 903. (Hft. 27.) n. 1. —
Gassebner, H., die wichtigsten Gestütsbrände u. Stutbuchbrandzeichen in Oesterreich-Ungarn u. Deutschland. Mit 207 Brandzeichen. (III, 74 S.) 907. (Hft. 34.) n. 3. —; geb. n. 3. 50
Haerdtl, J. C. A. W. Frhr. v., die Pferderassen des niederländisch-indischen Archipels. Skizze. (26 S.) 903. (Hft. 26.) n. 1. —
Łukomski, B. v., das arabische Pferd in Slawuta u. anderen Gestüten des südwestlichen Russlands. Mit 20 Abbildgn. (III, 93 S.) 906. (Hft. 33.) n. 1. 50
Osowicki, Apollinaris, das Huzulenpferd. Eine züchter. Studie nach Untersuchgn. in seiner Heimat. Mit 4 Abbildgn. u. 1 Lageplan. (IV, 54 S.) 903. (Hft. 31.) n. 1. 50
Spohr, D., die Logik in der Reitkunst. 1. Tl. Ueber die Beziehgn. der Reit- u. Dressurhilfen zu der anatom. Mechanik des Pferdes. (VIII, 112 S.) 903. (Hft. 28.) n. 2. 80
— dasselbe. 2. Tl.: Die elementare Reitdressur auf Grund der m. der Mechanik des Pferdes übereinstimm. Hilfen. Mit 6 Abbildgn. (XI, 84 S.) 904. (Hft. 32.) n. 1. 50
Unger, W. v., Georg Engelhardt v. Löhneysen, e. Meister deutscher Reitkunst vor 300 Jahren. (VIII, 55 S.) 904. (Hft. 29.) n. 1. 50

Pferde, unsere. Sammlung zwangloser hippolog. Abhandlgn. 35.—42. Heft. gr. 8. Stuttgart, Schickhardt & Ebner. 16. 40

Dünkelberg, Frdr. Wilh., das englisch-arabische Vollblut u. seine Zuchtmethode. Historisch u. kritisch bearb. Mit 2 Pferdeporträts. (IV, 78 S.) 907. (Heft 35.) 1. 80
Esebeck, Frhr. H. A. v., Demmin—Kopenhagen. Tagebuchblätter e. Distanzreiters. (IV, 66 S.) 909. (Heft 40.) 1. 50
— „Wien—Berlin". Die Distanzfahrt 1909 m. Orig.-Berichten verschiedener Teilnehmer. (VI, 73 S.) 910. (Heft 41.) 1. 80
Meier, Hugo, die Zäumung des Reitpferdes. Eine Abhandlg. zum Gebrauche f. Offiziere u. Berufsreiter. Mit 27 Abbildgn. versehen vom Verf. (IV, 44 S.) 909. (Heft 39.) 1. 50
Spohr, die Logik in der Reitkunst. 3. Tl. Die rationelle Korrektur schwieriger, verdorbener u. bösart. Pferde. (XV, 164 S.) 908. (Heft 36.) 3. 50
— dasselbe. 4. Tl. Die hohe Schule u. ihre Beziehungen zur Kampagnereiterei. Mit 1 Titelbild u. 12 Textabbildgn. (XI, 211 S.) 909. (Heft 37. 38.) 4.80 (Kplt. 12.60; in 1 Leinw.-Bd. 14. —)
— Die kommende Reitinstruktion. Eine krit. Übersicht üb. die verschiedenen Wünsche bezüglich der bevorsteh. Neubearbeitg. der Reitinstruktion v. 1882. (VI, 65 S.) 911. (Heft 42.) 1. 50
Heft 1—34. Ebd. 897—907. 45. 20.

Für unsere guten Pferde. 8. (205 S.) —.80
Wien::Peck 1894.

Pferde-Ajustir-Reglement für die Kgl. Hannov. Husaren und Uhlanen. Hannover 1829. 8°
Dass. für Husaren und Dragoner 1845.

Pferde-Ajustir-Reglement für die Kgl. Hannov. Cuirassiere. Hannover 1839. 8°.

Der bewundernswürdige *Pferde-Arzt.* Brem. 1756. 96 S.

Der ... deutsche **Pferde-Arzt,** ein sehr nützliches Hülfsbüchlein ... Hrsg. von e. Rossarzte u. mit e. Anh. von mehreren probaten Mitteln gegen d. Zufälle d. Rindviches versehen. Berlin 1797. VIII, 72 S.

— der erfahrne. 8. Grätz 793. Kienreich 10 gr

Der glückliche, geschwind u. wohlfeil heilende deutsche *Pferde-Arzt* ... herausg. v. einem ... erfahrnen Rossarzte, u. m. e. Anh. v. ... Mitteln gegen die Zufälle d. Rindviches vers. Berl. 1797. 74 S.
— — Sst. 1799. 72 S.

Pferdearzt, Der glückliche, geschwind und wohlfeil heilende deutsche. 8. Berlin 797. Sander. M. —.75

— d. glückl., geschwind u. wohlfeil heilende. 8. Berl. 797. Oehmigke d. A. 6 gr (Dass. A. u. d. T.: Hand- u. Taschenbuch f. Pferdeliebhaber).

— der geschwind u. gründl. heilende, ein Hülfsbuch f. Landbewohner rc. n. Repertorium d. Heilmittel. 8. Halle 804. Dietlein. (Joachim in Leipz.) 6 gr

— d. geschw. u. gründl. heilende, e. Hülfsbuch für Landbewohner rc. u. Repertor. der Heilmittel. 8. Halle, Dietlein 805.

Pferdearzt, der geschwind curirende. Ein Taschenbuch vorzügl. für zu Pferde Reisende rc. 8. Leipz. 803. (W. Rauck). 8 gr

Pferdearzt, d. geschw. curirende. Ein Taschenbuch vorzüglich für zu Pferde Reisende rc. 8. Leipzig, Sommer. 803. Rthlr.

— Der sicher und gewiss kurierende, von einem, der liebt Gott und Kunst. 8 v. (228 S.) Leipzig 747 bei Ch. Fr. Gessner.
Dasselbe Werk erschien unter dem Titel: Pferde-Arzt, der nach medizinischen Lehrsätzen sicher und gewiss kurierende, von einem, der liebt Gott und Kunst. 8 vo. (IV.) Ebd. 770.

Der nach medicinischen Lehr-Sätzen sicher u. gewiss curirende *Pferde-Arzt* ... v. einem Der Liebt Gott u. Kunst. 3. Aufl. Leipz. 1757. (10) 280 S.
— — 4. Aufl. Sst. 1775. (10) 288 S.

— der nach medicin. Lehrsätzen sicher u. geschwind curirende. 8. Leipz. 775. (Joachim). 1 rthl

— d. nach medicin. Lehrs. sicher curir., 8. Leipzig, Müller 775.

— d. prakt., sowohl im Hause als auf Reisen, od. Rathgeber f. Oekonomen rc. 8. Erfurt 802. Rudolphi. 1 rthl Neue wohlf. Ausg. 8. Gotha 824. Ettinger. 18 gr

— Der praktische. Ein nützliches Handbuch für Pferdebesitzer. Neue wohlf. Ausg. 8. Gotha 24. (Halle, Heynemann.) M. 2.25

Pferdearzt, der vollkommene, oder Anweisung wie der Landmann seine Pferde füttern, deren Krankheiten erkennen u. heilen soll. Nebst einer Sammlung von Recepten. Herausg. von einem Schweizer. gr. 8. (96 S.) Augsburg 847, Schlosser in Comm. 1/3 rthl

— Wohl vorsichtiger Pferdearzt, oder bewährte Hilfsmittel wider die Krankheit derselben. 8 vo. Schwabach 766.

Pferdearzt, der wohlerfahrene, ein berathender u. helfender Freund bei allen Krankheiten der Pferde. gr. 16. (4 3/8 B.) Grimma 844, Verlags-Comptoir. *

Pferde-Aushebungs-Reglement. 8. Berlin 1875.
— — (Neue Auflage.) 8. Berlin 1886.

Pferde-Aushebungs-Reglement. 8. (47 S.) Berlin 886. Mittler & Sohn. n.n. — 80

Pferde-Aushebungs-Reglement. Neudr. vom 1. IV. 1899. 8. (47 S.) Dresden 899. C. Heinrich. — 60

Pferde-Aushebungs-Vorschrift. München 1876—1902.

Pferde-Aushebungs-Vorschrift. (Pf. A. V.) gr. 8. (49 S.) Berlin 900. E. S. Mittler & Sohn. n. — 35; kart. n. — 50; mit den Ausführungs-Bestimmungen. 8. (5 S.) n. — 40; kart. n. — 55; Ausführungs-Bestimmungen allein — 10

Pferde-Aushebungs-Vorschrift. (Pf. A. V.) Vom 3. Febr. 1900. *Bielefeld-Gadderbaum (1900): W. Bertelsmann.* (32 S.) 8° [Umschlagt. J.] [01. 950

— dasselbe. gr. 8. (49 u. Ausführungs-Bestimmgn. 5 S.) Dresden 900. (C. Heinrich.) — 60; kart. n. — 80

Pferde-Aushebungs-Vorschrift (Pf. A. V.) vom 1. V. 1902. (35 S.) 8. Arnsberg (902). F. W. Becker. n. — 40

— dasselbe. (Pf. A. V.) (Vom 1. V. 1902. E. V. E. No. 58.) Nebst Ausführungsbestimmgn. gr. 8. (53 u. 7 S.) Bln.: Mittler 1902. n. — 35; kart. n. — 50

Pferde-Aushebungs-Vorschrift (Pf. A. V.) vom 1. Mai 1902, vervollständigt durch die Deckblätter No 1–15. Bielefeld-Gadderbaum: W. Bertelsmann (1902). (43 S.) 8° [Umschlagt. J.] [03. 990

— dasselbe vom 1. V. 1902. 4. (20 S.) Schleswig (902). (J. Ibbeken.) n. — 20

— dasselbe, vervollständigt durch die Deckblätter Nr. 1.—13. (48 S.) 8. Bielefeld-Gadderbaum (905). W. Bertelsmann. n. — 65

Ver. f. Pferderennen u. Pferdeausstellungen in Preußen zu Carolinenhof Ostpr. Große **Pferdeausstellung** mit Prämiierung für Zucht und Leistungen am Sonnabend d. 30. Juni u. Sonntag d. 1. Juli 1906. Königsberg i. Pr. 1906: (Ostpr. Dr.). (8 S.) 8° [Umschlagt. J.] [06. 11000 10

Pferde-Bändigung, Herrn Rarey's, — im Lichte ihres praktischen Werthes. Hippologische Betrachtungen über Zähmen und Thätigmachen überhaupt, nebst specieller Anleitung zur Longe-Arbeit und zum Einführen mit dem lebendigen Wagen. Von einem höheren k. k. Offizier. *Wien* 1858. Druck und Verlag von *C. Gerold's S.* 64 S. 8°.

Pferdebehandlung, die, oder eine Sammlung von 25 der überraschendsten u. vortheilhaftesten Rathschläge f. Pferdebesitzer. Dabei e. Anh.: Die sichere u. einfache Vertilgg. v. Ratten u. Mäusen, Schwaben, Wanzen u. anderem Ungeziefer. 8. (16 S.) Karlsruhe 887. Reiff. n. — 50

Pferde-Dressur, einfachste u. rationellste, für alle Diejenigen, welche einen schnellen Gehorsam erzielen wollen 2c. Von L. v. Sch., einem alten Reiteroffizier. Mannheim 863. Bensheimer. 8. (60 S.) 7½ ngr.

Pferdefleischessen, das. 12. (24 S.) Meurs 848, Dolle. n. 1/12 ℛ

Pferdefreund, der, f. Zeitschrift, allgemeine illustrirte, für Land- u. Forstwirthe.

Pferdefreund, der. Oesterreichische Zeitschrift für Pferdewesen, Sport, Jagd 2c. Redact.: Aloys Frz. Berger. 1. und 2. Jahrg. Aug. 1863 bis Juli 1865. à Jahrg. 52 Nrn. (Bog. mit eingedr. Holzschn.) Mit Beilagen. gr. 4. Wien, (Hoffmann und Ludwig.) à Jahrg. * *

Der Pferdefreund. Monatsblätter (Illustrierte Fachschrift) für Pferdezüchter und Pferdeliebhaber. Offizielle Zeitschrift des Pferdezuchtvereins im Grossherzogthum Hessen ... Hrsg. von Schaefer. Jg. 1– Darmstadt (Jg. 7 ff.: Schotten) 1885–

Pferdefreund, der. Monatsblätter f. Pferdezüchter u. Pferdeliebhaber. Offizielle Zeitschrift d. Pferdezuchtvereins im Großherzogth. Hessen. Unter Mitwirk. hervorrag. Mitarbeiter hrsg. v. Schaefer. Jahrg. 1886. 12 Nrn. (¾ B.) gr. 8. Darmstadt 886. (Waitz.) n. 2. —

Pferdefreund, der. Illustrirte Fachschrift f. Pferdezüchter u. Pferdeliebhaber. Offizielle Zeitschrift des Pferdezuchtvereins im Großherzogth. Hessen 2c. Hrsg. v. Schaefer. Jahrg. 1887. 24 Nrn. (B.) gr. 8. Darmstadt. (Leipzig, H. Voigt.) n. 3. —

— dasselbe. 4. Jahrg. 1888. 36 Nrn. (B.) gr. 8. Ebd. n. 3. —

Pferdefreund, der. Illustrirte Fachschrift f. Pferdezüchter u. Pferdeliebhaber. Hrsg. von Schaefer. Vom 7. Jahrg. ab Redakt.: J. B. Schlitz. 5.—8. Jahrg. 1889—1892. à Jahrg. 36 Nrn. (Bog.) gr. 4. Lpz., (H. Voigt). 5.—7. Jahrg. à ✶ 4 —; 8. Jahrg. * 6 —
5.—7. Jahrg. sind in Darmstadt; 8. Jahrg. in Schotten gedruckt. 5. Jahrg. erschien ursprünglich im Comm.-Verlage v. Waitz in Darmstadt.

Pferdefreund, der. Illustr. Fachschrift f. Pferdezüchter u. Pferdeliebhaber. Offizielle Zeitschrift d. Pferdezuchtvereins im Großherzogth. Hessen 2c. Hrsg. v. Schaefer. Red.: J. B. Schlitz. 7. Jahrg. 1891. 36 Nrn. (Bog.) gr. 4. Darmstadt. (Berlin, A. W. Hayn's Erben.) n. 4. —

— dasselbe. Offizielle Zeitschrift d. Vereins f. Trab- u. Hindernißrennen in Frankfurt a/M. 2c. Hrsg. von Schaefer. 8.—10. Jahrg. 1892—1894. à 36 Nrn. (1½ Bog.) gr. 4. Ebd. à Jahrg. n. 6. —

Pferdefreund, der. Illustr. Wochenschrift f. Pferdezüchter u. Pferdeliebhaber. Amtl. Zeitschrift d. Vereins f. Trab- u. Hindernissrennen in Frankfurt a/M. etc. Red.: Schaefer u. Rich. Schoenbeck. 11. Jahrg. 1895. 52 Nrn. (Bog.) Fol. Berlin, A. W. Hayn's Erben. n. 8. —

— der. Illustr. Fachschrift f. Pferdezüchter u. Pferdeliebhaber. Offiz. Zeitschrift d. Landespferdezuchtvereins im Großherzogth. Baden, des Pferdezuchtvereins im Großherzogth. Hessen, d. Pferdezuchtvereins d. Kreise Bitterfeld-Delitzsch (Prov. Sachsen) 2c. Red.: Schaefer. 12.—14. Jahrg. 1896—1898. à 36 Nrn. (Bog.) gr. 4. Ebd. à Jahrg. n. 6. —
Kann auch vierteljährlich bezogen werden. — Der 14. Jahrg. war von M. Horn redigiert.

Pferdefreund, der. Fachschrift f. Pferdezüchter u. Pferdeliebhaber. Verantwortlich: Arth. Schmekel. 15. u. 16. Jahrg. 1899 u. 1900. à 36 Nrn. gr. 4. (à ca. 8 S) Berlin, A. W. Hayn's Erben. à Jahrg. n. 6. —
Der 15. Jahrg. ist von C. Stübing hrsg.

— dasselbe. Offizielle Zeitschrift des Pferdezuchtvereins der Kreise Bitterfeld-Delitzsch (Prov. Sachsen) usw. Verantwortlich: Arth. Schmekel. 17. u. 18. Jahrg. 1901 u. 1902. à 36 Nrn. gr. 4. (à ca. 8 S.) Ebd. à Jahrg. n. 6. —

Pferdefreund, der. Fachschrift für Pferdezüchter u. Pferdeliebhaber. Offizielle Zeitschrift des Pferdezuchtvereins der Kreise Bitterfeld-Delitzsch (Prov. Sachsen) usw. Verantwortlich: Arth. Schmekel u. für 1906: i. V. Carl Stübing. 19.—22. Jahrg. 1903—1906. à 36 Nrn. (à Jahrg. 288 S) 4. Berlin, A. W. Hayn's Erben. à Jhrg. n. 6. —

Pferdefreund, der. Illustrierte Fachschrift f. Pferdezüchter u. Pferdeliebhaber. Organ der Pferdeschutzvereinigg. üb. ganz Deutschland. Vereinsblatt des Verbandes f. deutsches Halbblatt usw. Verantwortlich: v. Sanden. 23.—26. Jahrg. 1907—1910. à 24 Nrn. (288, 194, 194 u. 212 S.) 31,5×24 cm. Berlin, A. W. Hayn's Erben. à Jahrg. 6. —

Pferde- und Gemsen-Freund, d. kleine, siehe d. kleine Buffon Gr.

Pferde-Fütterung und Mast, die rationelle, praktische, oder Wie man Pferde bedeutend billiger und dennoch zweckmäßiger ernährt, als dies gewöhnl. geschieht, ohne daß die Fütterung mit so besonderen Umständlichkeiten verbunden wäre. Ferner Pferde, auch die ältesten Thiere, mit geringen Kosten in ganz kurzer Zeit hauptdick und fett zu machen 2c. 16. (72 S.) Görlitz 860, Schiller und Comp. *

Pferde-Fütterung u. Mast, die rationelle, praktische, oder Wie man Pferde bedeutend billiger u. dennoch zweckmäßiger ernährt, als dies gewöhnlich geschieht, ohne daß die Fütterung mit so besonderen Umständlichkeiten verbunden wäre. Ferner Pferde, auch die ältesten Thiere, mit geringen Kosten in ganz kurzer Zeit hauptdick u. fett zu machen 2c. Görlitz 860. (Grünberg, Weiß.) 16. (72 S.) n. 2 ℛ 20 ngr.

Pferdegelder-Vorschrift. (Pfg. V.) Gültig von 1. April 1895 ab. 8. (24 S.) Berlin 895. E. S. Mittler & Sohn. — 15

Pferdegelder-Vorschrift. München 1895.

Pferdegeldervorschrift für die Kaiserliche Marine. ⟨Pfg. V.⟩ Gültig v. 1. Apr. 1896 ab. Genehmigt durch Allerh. Kabinetsordre v. 18. Apr. 1896. *Berlin: E. S. Mittler & Sohn 1896.* (18 S.) 8° [F.]
— **Marineverordnungsblatt** f. 1896. No 9. Anl. [03. 11901

Pferdegeldvorschrift (Pfg. V.) vom 27. XI. 1902. (D. V. E. No. 290.) VI, 33 S.) gr. 8. Berlin 902. E. S. Mittler & Sohn. n. — 30; kart. n. — 40

Pferdegeldvorschrift für die Kaiserliche Marine. ⟨Mar. Pf. V.⟩ Berlin: Reichs-Marine-Amt 1905. (40 S.) 8° [F.]
(D. E. No 374) [05. 11613

Pferdegeschirr u. Zäumung, neuest. Engl., Quer-Fol. Lpz. Baumgartner. 800.

Pferdegeschirre u. Zäumung, neueste Engl. Mit 9 Kpf. qu. Fol. Leipz. 800. Magaz. f. Ind. 2 *f* Hbg. Pr. 16 *K*

Pferdehandel u. Gewährleistung. Ein Wink f. Landwirthe u. Pferdezüchter beim Verkauf v. Pferden. Nach vieljähr. Erfahrgn. zusammengestellt v. e. Fachmann. 8. (14 S.) Ulm 874. (Neu-Ulm, Helb's Sort.) — 20

Pferdekenner, s. a. Brück.

Der unpartheyische **Pferdekenner**; oder Anweisung, wie man von gut gebaueten und gesunden Pferden ein gründliches Kenntniss erlangen kann. Mit 1 Kupfertaf. Nebst e. Anh., betr. d. Merkmahle zwischen d. Lungensucht u. d. Pest, oder bösen Seuche d. Hornviehes ... von F. A. L. B. Hannover 1787. 98 S.

Pferde-Kenner, Der vollkommene, welcher ... alle Schönheiten, Fehler ... der Pferde zu erkennen giebt ... Uffenheim 1764. V: *Eberlein, Joh. Mich.* [?]. (BrMm)

Der vollkommene *Pferde-Kenner* ... durchges. u. m. e. Vorr. begl. v. W. E. v. Reizenstein. Uffenheim 1764. (12, 388) S. 28 Tvl.
(Th. 2 u.: Anhang, woraus diejenigen Redens-Arten können erlernet werden, deren sich die Juden in ihrem Umgang gegen einander u. sonderlich auf Ross-Märkten bedienen. (36) S.).

Pferdekenner, Der vollkommene. Zwei Teile. Mit einer Vorrede von Wolf. Ehrenfr. v. Reitzenstein. 4 to. Mit 28 Kpfrn. (III.) Anspach 780.
I. Teil. 1 Alph. 1 Bog. n. 4⅓ Bog. Anhang.
II. Teil. 1 Alph. 1 Bog.

Von *Pferdekrankheiten*, besonders dem Kropf u. Rotz u. deren Heilung. Brandenb. 1778. 229 S.

Pferdekrankheiten, v. den, besond. v. Kropfe u. Rotze u. deren Heilung. 8. Brandenb. 778. Halle. 8 *gr.*

Pferde-Kunde oder Anweisung das Alter der Pferde bis zu 16 Jahren trotz trügerischer Kunstgriffe an den Zähnen, so wie verschiedene wichtige Krankheiten derselben zu erkennen u. letztere zu behandeln u. zu heilen, für Lantwirthe u. Pferde-Liebhaber. Aus d. Handschrift eines erfahrenen prakt. Thierarztes. 8. (40 S.) Schweidnitz 848, Heege. ¼ *ß*

Pferde-Kunde, Zur, Kritische und didaktische Blätter über Pferdeerziehung und Bändigung, sowie über Reit- und Fahrkunst. Mit Rücksicht auf die älteren und neuesten Methoden. Aus den Ansichten und Erfahrungen eines alten Kavalleristen, nebst einem Vorschlag zu einer rationellen Remontierung. Mitgeteilt von P. Ci. gr. 8. (IV. u. 168 S.) Wien 860. Wallishaussers Buchhandlung. n. M. 4.—

Pferde-Liebhaber, Der kleine, ein Lesebuch für Knaben. Leipzig 1800. V: *Hausius, Carl Gottlob.* (MGT) (Ky)

Pferdeliebhaber, d. kleine, ein Lesebuch f. Knaben, mit K. 4. Leipz. Voß. 800.

Pferdelust, s. Pferdlust.

Pferde-Markt, deutscher. Deutsche Pferdehändler-Zeitg. Fachzeitung zur Wahrg. u. Förderg. der Interessen des gesamten Pferdehandels u. der Pferdezucht. Unter Mitwirkg. bewährter u. hervorrag. Fachleute red. u. hrsg. Verantwortlich: Frdr. Puch. Juni—Dezbr. 1904. 81 Nrn. (à ca. 8 S. m. Abbildgn.) gr. 4. Leipzig, W. Weisske & Co. n. 6.—

— dasselbe. Fachzeitung zur Wahrg. u. Förderg. der Interessen des gesamten Pferdehandels u. der Pferdezucht. Amtl. Organ des Vereins deutscher Pferdehändler, Sitz Berlin. Unter Mitwirkg. bewährter u. hervorrag. Fachleute red. u. hrsg. Verantwortlich: Frdr. Puch. 2. Jahrg. 1905. 52 Nrn. (à ca. 8 S.) gr. 4. Ebd. n. 12.—
Fortsetzg., s.: Zentralblatt f. Pferde-Zucht etc.

Der Stettiner **Pferdemarkt** 1873 (1872)–1902. Jubiläums-Album hrsg. von d. Comité d. Stettiner Pferdemarktes. *(Stettin [1902]: H. Saran.)* (79 Bl.) 4° [04. 4391

Pferderennen, Ein freies, und hernach Souper und Ball ... München 1782. V: *Bucher, Anton.* (GGr)

Pferderennen, ein freies, hernach Soupee u. Ball, an d. hocherfreulichen Geburtstage eines neugebornen Prinzen rc. in einer satyr. Rede. 8. München, Fleischmann. 782.

Pferderennen, Mecklenburg's, 1827, 28 u. 29. gr. 8. Rost. u. Schwer. 831. (Stiller). 827. 5 *gr*, 828 u. 29 à 8 *gr*, 21 *gr* (Vergl. Gesetze Mecklenburg. Pferderennen).

Pferderennen, Mecklenburg's, in den Jahren 1830—39. 1—13. Hft. gr. 8. (...) Rostock, (Stiller'sche Hofbh.) à *
J. 1827—29. 1—3. Hft. Ebendas. à * 8 Gr.

Pferde-Rennen, s. a. Mecklenburgs.

Pferderennen, Pferdezucht und der badische Renn-Verein in Mannheim. gr. 8. (32 S.) Mannheim [Strassburg] 869, Schneider. * — 50

Pferde-Rennsport, s.: Miniatur-Bibliothek.

Pferdeschauen [im Kanton Bern].... 8.
... pro 1901 u. pro 1902. Prämien-Verzeichnis = Liste des primes. 16 u. u. 18 S. [1901 u. 1902.]
... 1903 = Concours de l'espèce chevaline. Prämienverzeichnis = Liste des primes. 16 S. [1903.]

Pferdesport, der. Das goldene Buch des Renn-, Reit- u. Traber-Sports. I. Thl.: Das Vollblut. Unter dem Protektorate Sr. Durchl. des Hrn. Carl Fürst zu Trauttmansdorff, Präsident des Jokey-Club f. Oesterreich. II. Thl.: Campagne- u. Herrenreiten. Unter dem hohen Protektorate Sr. k. u. k. Hoh., des Hrn. Erzherzogs Franz Ferdinand d'Este. III. Thl.: Der Traber. Unter dem Protektorate Sr. Hochgeboren des Hrn. Rudolf Grafen Wrbna-Kaunitz, Präsident des Wiener Trabrenn-Vereines. Hrsg. v. e. Red.-Comité v. Fachmännern. Mit 18 Kunsttaf., Chromobild u. 900 photograph. Darstellgn. (III, 80, IV, 36 u. 110 S.) qu. gr. Fol. Wien 905. Halm & Goldmann. In 1 Leinw.-Bd. 90. –

Pferdestammbuch für das Grossherzogtum Hessen. Hrsg. von d. Landwirtschaftskammer f. d. Grossh. Hessen. Bd 1. Darmstadt 1910: Wittich. 8° [11. 5866 B

Westfälisches **Pferdestammbuch**. Hrsg. von d. Züchtervereinigung 'Westfälisches Pferdestammbuch e. V.' Bd 1. Münster i. W.: Selbstverl. 1908. 8° A 12. 7612

Pferdestellungscommissionen. Pferde-Stellungs-Kommissionen und Schatzungs-Kommissionen für den Mobilmachungsfall — Commissions pour la taxation et la classification des chevaux en cas de mobilisation. 1901/1904. Erstellt vom Bureau des eidg. Oberpferdearztes. [Mit 1 Schema.] 27 S. 4. [Bern,] St[alder] & S[ieber], X. 1901.

Pferdestudien, nach Victor Adam. qu. gr. 4. (16 lith. Bl.) Düsseldorf 841, Arnz u. Comp. 1/2 ℛ

—— nach Victor Adam. qu. gr. 8. (16 lithograph. Bl.) Düsseldorf 41. Breidenbach & Co. M. 1.50

Pferde-Studien. 1.—3. Heft à 9 (lith.) Bl. qu. 4. Braunschweig 43/44. Wehrt. à M. 1.25

Pferdevermiether, der, od. 12 Reiter mit Sattel u. Zeug u. nur 6 Pferd. Eine angenehme Unterhaltung f. Knaben. 12. Wien, Müller. In Etui 1 ℛ 10 gℛ

Pferde-Wettrennen, das erste Ostpreußische, bei Königsberg d. 2. u. 3. Juli 1835. Nach der Natur gezeichnet u. lithogr. von J. Bils. gr. Fol. Berlin 835. Gropius. n. 1 1/3 ℛ

Pferdezeichner, der, aus d. Nachlasse Berggold's radirt von Frosch. Mit 12 Kpst. gr. 4. Leipz. 826. Ind.-Compt. 1 ℛ 8 gℛ. Hbg. Pr. 16 gℛ

Pferde-Zeichnungs-Schule. Mit besonderer Berücksichtigung für Zeichner und Maler In sechs Heften Royal-Quart à sechs Blätter, enthaltend: Das Nothwendigste und Wissenswertheste über Proportion, Terminologie, mechanische Bewegung, Anatomie, Racen, Gangarten und Stellungen des Pferdes. Mit erlauterndem Text, von F. Hofbauer. Herausgegeben von M. Trentschensky in Wien. 1854.

Pferdezeitung, allgemeine deutsche, eine populär-hippolog. Zeitschrift. 1. Jahrg. 1845. Herausgeg. von v. Hochstetter. 52 Numm. (Bog.) Mit Beil. 4. Berl. (Asher u. Co.) n. 4 ℛ

Pferde-Zeitung, allgem. deutsche, eine populair-hippolog. Zeitschrift. 2 u. 3. Jahrg. 1846 u. 1847. Hrsg. von Conrad v. Hochstetter. à 52 Nrn. 4. (Bog.) Berlin, Expedition. (Asher & Co.) à n. 4 ℛ

Pferde-Zeitung, deutsche. Organ f. Pferde-Zucht, Gestütswesen, Pferdefreunde, Händler ꝛc. [Fortsetzung der „Blätter f. Pferde-Zucht."] Neueste Folge. 1. Bd. Jahrg. 1872. 24 Nrn. (B.) gr. 4. Leipzig 872. Leiner. Halbjährlich n. 3. 50
cf.: Blätter f. Pferdezucht.

Pferdezucht, Die, im Grossherzogthum Baden. Karlsruhe 1869. fol.

Pferdezucht, deutsche. Zeitschrift f. Zucht, Aufzucht, Verwertg., Dressur, Behandlg. u. Gebrauch des Pferdes. Unter Mitwirkg. namhafter Fachleute hrsg. von Sim. v. Nathusius. 1. u. 2. Jahrg. April 1904—März 1906. 24 Hefte. (XI, 300 u. XI, 296 S. m. Abbildgn.) Lex.-8. Stuttgart, E. Ulmer. à Jhrg. n. 8.—
Erscheint nicht mehr.

Die Pferdezucht und ihre Förderung in der Provinz Westfalen. Münster i. W. (1910): Der Westfale. 24 S. 8°
(Veröffentlichungen d. Landwirtschaftskammer f. d. Prov. Westfalen. H. 10.) [11.1343

Pferdezucht, Die, der Provinz Hannover. Celle 1881. V: *Unger, von.* (Russell III, 1290)

Pferdezucht, die, der Prov. Hannover. Land- und forstwirthschaftl. Ausstellung Hannover 1881. gr. 8. (15 S.) Celle 881, Literar. Anstalt. * — 40

Von der liefländischen *Pferdezucht*, u. einigen bewährten Pferdecuren. U. St. 1774. 95 S.

— v. d. Liefländischen, u. einigen bewährten Pferdekuren. 8. (Lpz.) 774. Hartknoch. 3 gℛ

Pferdezucht, die, in der Kremper Marsch, nebst Stuten-Stammregister, statist. Nachrichten und 12 (autotyp.) Bildern von Pferden in der Kremper Marsch. gr. 8. (IV, 148 S. mit Tab.) Kiel 886, Biernatzki. 5 —
geb. * 8 —

Pferdezucht. — Die nach den engl. Grundsätzen verbesserte Pferdezucht in Amerika ..., s.a. Moreau de Saint-Méry, M. L. E.

Die nach englischen Grundsätzen verbesserte *Pferdezucht* in Amerika z. Nachahmung anderer Länder. Nebst einer Nachricht v. den sächsischen Stuttereien ... Leipz. 1797. (14) 63 S.

Pferdezucht in Amerika, d. nach engl. Grundsätzen verbess. 8. Leipz. 797. Joachim. 8 gℛ

Pferdezucht, die, Württembergs. Abbildungen ausgezeichneter Zucht-Pferde aus den Privat-Gestüten S. Maj. d. Königs und dem Königl. Land-Gestüte. Herausg. unter Mitwirkung der Königl. Land-Gestüts-Commission. 15 Taf. in Farbendruck, nach dem Leben gez. u. lith. von L. Volz und E. Volckers. Nebst 1 (lith. u.) color. Uebersichtskarte. (Mit 8 S. Text.) Stuttgart (857.) Ebner u. Seubert. qu. gr. 4. n. 2 ℛ. 12 ngr.

Pferdezüchter, der. Organ des unter dem hohen Protectorate Seiner k. und k. Hoheit des durchlauchtigsten Herrn Erzherzogs Albrecht stehenden Vereines zur Hebung der Landespferdezucht in Steiermark. Hrsg. vom Vereine. Redig. von Geyza Ritter v. Wachtler. 9.—13. Jahrg. 1880—1881. à Jahrg. 12 Nrn. (Bog.) 4. Graz. (Leipzig, Hugo Voigt.) à Jahrg. * * 5 —

Der bäuerliche Pferdezüchter, wie er sein soll und wie er ist. Ansbach 1876

Pferdezüchter, Der Kärntner. Mitteilungen des Landesverbandes der Kärntner Pferdezucht-Vereine. Klgft., v. Kleinmayr, 1908—. Folio.

Pferdezuchtgesetz f. das Herzogth. Oldenburg v. 9. IV. 1897, nebst Ausführungsbestimmgn. m. den Statuten d. beiden Züchterverbände, erläut. Bemerkgn. u. e. (farb.) Uebersichtskarte. gr. 8. (IV, 132 S.) Oldenburg (897). Schulze. n.n. 1. —

Pferdezüchtungs-Glaubensartikel, Das Dutzend, besprochen und verteutscht, mit Rücksicht auf die Anordnungen, welche für die 143 Hufen- u. Heuerstellenpächter der Grossherzogl. Oldenburgischen in Wagrien, Herzogtums Holstein bestehen, durch Schnipp, Schnapp, Schnurr und Baselorum (Geh. Hofrat Hoffmeister). gr. 8. (60 S.) Eutin 41. Griem. n. M. —.75

Pferdezüchtungs-Glaubensartikel, das Dutzend, besprochen u. verteutscht, mit Rücksicht auf d. Anordnungen, welche f. d. 143 Hufen- u. Heuerstellenpächter d. großhrzgl. oldenburg. in Wagrien, Hrzgth. Holstein beleg. Güter bestehen, durch Schnipp, Schnapp, Schnurr u. Baselorum (Geh. Hofr. Hofmeister). gr. 8. (3 3/4 B.) Eutin 841. [Hamburg, Niemeyer.]

Pferd- u. Viehhändler, der. Zum nützl. Gebrauche f. Thierärzte, Oekonomen u. Landwirthe. 16. (VII, 392 S.) St. Gallen 872. Macder. geb. n. 1. 60

Die **Pferdlust.** E. Beytrag z. Unterhaltung für junge u. ältere Pferdeliebhaber. Mit schwarzen u. illumin. Kupf. Nürnberg 1792. 208 S.

Pferdelust, die, ein Beitr. z. Unterhaltung f. Pferdeliebhaber. 4 Hefte. Mit Kpf. 8. Nürnb. 792, 93. Raw. 1 ℳ 8 gr, fein illum. 5 ℳ 8 gr

Pferdmenges, Hans: Die rechtliche Natur der Klage des Schiffsgläubigers ... Hamburg, Druck v. Lütcke & Wulff, 1895; 58 S. 8.
Erlangen, Jur. Fak., Inaug.-Diss. v. 1895

Pferdsfeld [Schlagwort]

Pferdsfeld, s.: Preussen. Messtischblätter.

Pfersche, Emil, privatrechtliche Abhandlungen. Die Eigentumsklage. Unredlicher Besitz. Die Erbschaftsklage. gr. 8. (390 S.) Erlangen 886. Deichert. n. 6. —

Pfersche, Emil, das gewerbliche Arbeitsverhältnis nach österreichischem Rechte m. Einschluß der Unfall- u. Krankenversicherung der Arbeiter. Für den prakt. Gebrauch dargestellt. 12. (IV, 160 S.) Wien 892. Manz. n. 2. —

Pfersche, Emil, die Bereicherungs-Klagen. Privatrechtliche Untersuchung. gr. 8. (VII, 212 S.) Wien 883, Manz'sche Hofverlagsh. * 3 —

Grundriss der Allgemeinen Lehren des bürgerlichen Rechts. Von Dr. Emil **Pfersche,** Univ.Prof. Leipzig: Duncker & Humblot 1907. (VIII, 70 S.) 4°(8°) [F.]
— **Grundriss** d. Österreichischen Rechts. Bd 1, Abt. 2. · 107. 8463 9

Pfersche, E., die Interdicte d. römischen Civilprocesses. Eine rechtsgeschichtl. Untersuchg. gr. 8. (VI, 159 S.) Graz 888. Leuschner & Lubensky. n. 3. 50

— die Irrthumslehre d. österreichischen Privatrechts. Mit Berücksicht. d. Entwurfes e. bürgerl. Gesetzbuches f. das Deutsche Reich. gr. 8. (IX, 342 S.) Graz 891. Leuschner & Lubensky. n. 7. —

—— zur Lehre vom sogenannten error in substantia. Römisch-rechtl. Untersuchung. gr. 8. (106 S.) Graz 880, Leuschner und Lubensky. * 3 20

—— Methodik der Privatrechts-Wissenschaft. gr. 8. (87 S.) Ebendas. 881. * 1 60

Pfersche, Emil, Das Mietrecht in Oesterreich. Schriften d. Vereins f. Sozialpol., Bd. 95. gr. 8°. Leipzig 1901.

Das Problem des Gewohnheitsrechtes. Ein Vortrag nebst Erg. Von Dr. Emil **Pfersche,** Prof. zu Prag. *Wien: Manz 1895.* (26 S.) 8°
Aus: Jurist. Vierteljahrsschrift. Bd 27. H. 1. 104. 1193 6

Pfersche, Emil. Recht u. Krieg. Rede, geh. bei Uebernahme des Rektorats der deutschen Karl-Ferdinand-Universität zu Prag am 20. X. 1906. (27 S.) gr. 8. Prag 906. J. G. Calve. n. — 60

— österreichisches Sachenrecht. 1. Bd. Einleitung. — Der Besitz. gr. 8. (XVI, 250 S.) Wien 893. Manz. n. 4. 80

Pfersche, Emil, der parlamentarische Staatsstreich im österr. Abgeordnetenhause. Rede, geh. am 28. XI. 1897 in Aussig. 8. (15 S.) Aussig 897. (Leipzig, G. H. Meyer.) n. — 25

Pfersdorff, Ernst, neue Kinderrätsel. 16. (31 S.) Darmstadt 897. H. L. Schlapp. n. — 50

Pfersdorff, Felix, appr. Arzt a. Straßburg i. Els.: **Ein Fall von gonorrhoischer Erkrankung eines präputialen Ganges.** Straßburg i. E. 1905: C. Müh. (25 S.) 8°
Straßburg, Med. Fak., Ref. Madelung, Diss. v. 4. Jan. 1906
[Geb. 15. Aug. 78 Straßburg i. E.; Wohnort: Straßburg; Staatsangeh.: Elsaß-Lothringen; Vorbildung: Lyzeum Straßburg Reife S. 99; Studium: Straßburg 10 S.; Coll. 30. Nov. 05; Approb. 24. Sept. 04.]

Pfersdorff, Fritz: **Die „Einwilligung des Verletzten" als Strafausschliessungsgrund.** *Strassburg 1897: Elsäss. Druckerei.* (57 S.) 8°
Strassburg, Rechts- u. staatswiss. Diss. v. 1897

Pfersdorff, Fritz [approb. Thierarzt aus Münster im Elsass]: Ueber die schwer zugänglichen, in der Leibessubstanz enthaltenen Stoffwechselproducte des Milzbrandbacillus. Biologie des asporogenen Milzbrandbacillus. (S.-A. a. d. Zeitschr. f. Thiermedicin 1904, Heft 1.) Jena 1903. 22 + 1 S. 8°. [16. I. 04.]
Bern. Vet.-med. Diss. 1903/1904.

Pfersdorff, Fritz. **Ueber die schwer zugänglichen, in der Leibessubstanz enthaltenen Stoffwechselproducte des Milzbrandbacillus. Biologie des asporogenen Milzbrandbacillus. Diss. Vet.-Med. Bern. Sonderabdruck aus der Zeitschrift für Thiermedicin 1904, Heft 1. [Mit 1 Figur.] 23 S. 8. Jena, Gustav Fischer, 1903.**

Pfersdorff, Karl, Arzt aus Strassburg i. E.: Zwei **Sarkome** der weichen Rückenmarkshäute. *Strassburg i. E. 1900: C. & J. Goeller.* (33 S.) 8°
Strassburg, Med. Diss. v. 1900

Pfersee-Handschrift, die, hrsg. v. Mor. Altschüler, s.: Orbis antiquitatum. III, 1.

Pfest, Leop. Lad., († d. 3. Oct. 1816.) Anthologia epigrammatica lat. e poëtis post renatas scientias ad nostra usque tempora claris, edita T. 1. 8maj. Salzb. 805. Mayr; a. Duyle. 1 ℳ

— Epigramme. 12. Wien, Degen. 810. Velinp.

— Epigramme. 12. Wien 811. (Mörschner u. J., a. Armbruster). 16 gr Velinp. 1 ℳ 4 gr

Pfest, L. L., Epigramme. 12. Wien. 811. Jetzt von Mösle, auch Armbruster.

— Gedichte. 8. Salzb. 803. Mayr. 16 gr

Pfest, L. L., Gedichte. 8. Salzb. Mayr. 804.

— die Jahreszeiten. Eine Liederlese für Freunde der Natur. 8. Salzb. 812. Mayr. 1 ℳ 8 gr

— Tisch- u. Trinklieder, s. a. Tisch.....

— gesammelte Tisch- und Trinklieder der Deutschen. 2 Bände. 8. Wien. 811. Mayer und Comp.

Pfetsch, Ernst, der vollkomm. Wagenfabrikant, mit genauen Abbildn. von allen Arten Fuhrwerken u. deren einzelnen Bestandtheilen, f. Wagner, Schmiede u. Sattler. Zu Vorlagen in Gewerbeschulen. 1. Hft. Lithogr. Fol. (24 B.) Carlsruhe 839, Wagner. (Braun'sche Hofbuchh.) *

Pfetten-Arnbach, Sigmund Frh. von: Der Frh. von Pfetten'sche Grundbesitz im Donaumoose. München 1904.
(Ähnlich 1905 als Festgabe für die Wanderausstellung der DLG. in München.)

Pfetten-Arnbach, Sigm. Frhr. v., der Kampf um die gesetzliche Einführg. v. Landwirtschaftskammern in Bayern, beleuchtet im Sinne der Erhaltung des landwirtschaftl. Vereines. (46 S.) 8. München 908. R. Oldenbourg. — 50

Pfetten-Arnbach, Sigm. Frhr. v., Landwirtschaftskammer od. Landwirtschaftlicher Verein. Für die bayer. Verhältnisse besprochen. (36 S.) 8. München 906. R. Oldenbourg. n. — 50

Pfetten-Arnbach, Thdr. Frhr. v., das königl. bayerische 1. Schwere Reiter-Regiment „Prinz Karl v. Bayern". Auf Veranlassg. des kgl. Regiments-Kommandos bearb. 1. Bd. Das Regiment v. der Errichtg. bis zum J. 1848. Lex.-8. (XI, 385 S. m. 1 Bildnis in Lichtdr.) München 890. Oldenbourg. n. 10. —

Pfetten-Arnbach, Theodor Freih. v., Rittmeister und Eskadronschef im Regimente. Das königl. Bayerische 1. Schwere Reiter-Regiment „Prinz Karl von Bayern". Auf Veranlassung des königl Regiments Kommandos bearbeitet. I. Bd. Das Regiment von der Errichtung 1813 bis zum Jahre 1848. (Mit 1 Porträt.) – II Bd. Das Regiment in dem Zeitraum von 1848 bis 1898. Bearbeitet von Hans Fahrmbacher, Rittmeister z. D. etc. (2 Bde.)
8 München 1890 – 1900.

Pfetten-Arnbach, Thdr. Frhr. v., das königl. bayer. 1. schwere Reiter-Regiment, 2. Bd., s. a. Fahrmbacher, Hans.

Pfeufer: Über den Wein und seine Veredlung. Z. Staatsarzneikd. VI. 86. Erlangen. 1826.

Pfeufer, Benign., († d. 5. Oct. 1797.) Beitr. zu Bambergs topograph. u. statist. Geschichte. gr. 8. Bamb. 791. Dederich; (a. Wesche in Frankf. a. M.) 1 ℛ 8 gr

Pfeufer, Benign., Beytr. z. Bambergs topogr. u. stat. Gesch. gr. 8. Bamb. Dederich. (Göbhard.) 792.

Pfeufer, Benignus, s. Christiani, . . . , Asyl.

— Fürth bei Nürnberg, bist du Bambergisch od. Anspachisch? 4. Bamb. 786. Dederich. 4 gr

– s. Karl u. Leonore.

– s. Nachfolge Mariä.

– s. Pope: Versuch über die Menschen.

– s. Staatskunst, Die wahrhafte.

– s. Vendelino.

– s. Verirrungen d. Philosophie.

— die durch A. L. v. Denzel bestätigte Wahrheit, daß Fürth bei Nürnberg Fürstl. Bambergisch sei? 4. Bamb. 787.

– s. v. Warwick, Der Graf.

Pfeufer, Christian

Pfeufer, Chrst., Beobachtungen üb. die Krätze, u. ihre Behandlung durch d. Schmier- od. grüne Seife. 8. (4 B.) Bamberg 833, Dresch.

Pfeufer, Chr., das Obermayer'sche Besserungssystem in den Strafanstalten zu Kaiserslautern u. München, mit Bemerkungen über die körperliche Züchtigung. 12. (96 S.) Heidelberg 847, C. F. Winter. n. 12 ngr

Pfeufer, Chrstn., Entwurf zu e. Unterstützungs-Vereine f. d. Wittwen d. Aerzte. gr. 8. ($2^1/_4$ B.) Erlangen 835, Palm u. Enke.
Aus: Zeitschrift f. Staatsarzneikunde v. Henke, besond. abgedruckt.

Pfeufer, Chr., üb. öffentl. Erziehungs- u. Waisenhäuser u. ihre Nothwendigkeit f. d. Staat. gr. 8. Bamb. 815. Kunze. 12 gr

Pfeufer, Christ., über öffentl. Erziehungs- u. Waisenhäuser u. ihre Nothwendigkeit für den Staat. gr. 8. Bamberg 815, jetzt Dresch. $^1/_2$ ℛ

Geschichte des allgemeinen Krankenhauses zu Bamberg von seiner Entstehung bis auf die gegenwärtige Zeit. Von Christian Pfeufer. Bamberg: Kunz in Komm. 1825. VI, 176 S. 8°

— Geschichte des allgemeinen Krankenhauses zu Bamberg. gr. 8. Bamberg 825, jetzt Dresch. $^{11}/_{12}$ ℛ

Pfeufer, Christian: Handbuch der allgemeinen Heilkunde. Bamberg 1824. VIII, 175 S.

— Handbuch d. allgem. Heilkunde. gr. 8. Bamb. 824. Drausnick. 1 ℛ 4 gr

— üb. die Hindernisse gegen d. Verbreitung d. Kuhpockenimpfung auf d. Lande, u. üb. die Mittel zu ihrer Beseitigung. Nebst e. Anh. 8. Bamb. 807. Kunz. 8 gr

—— die Mineralquellen v. Kissingen u. ihre Beziehung zu denen v. Brückenau u. Bocklet. Nach eigenen Erfahrn. f. Aerzte u. Nichtärzte. gr. 8. ($16^1/_4$ B.) Bamberg 839, Literar.-artist. Institut. *

Pfeufer, Ch., die Mineralquellen von Kissingen u. ihre Beziehung zu denen von Brückenau u. Bocklet. Nach eigenen Erfahrungen für Aerzte u. Nichtärzte. 2., wohlf. Ausg. gr. 8. ($16^1/_4$ B.) Bamberg 842, Dresch.

Pfeufer, Chrn., der Scharlach, sein Wesen und seine Behandlung, mit besonderer Berücksichtigung des 1818 zu Bamberg herrschenden Scharlachs. M. 1 Kupf. gr. 8. Bamberg, Göbhardt. 819.

— der Scharlach, sein Wesen u. seine Behandl., mit besond. Berücksichtigung des 1818 zu Bamberg herrschenden Scharlachs. Mit 1 Kpf. gr. 8. Bamb. 819. (Wesché in Frankf. a. M.) 1 ℛ 8 gr

Pfeufer, Karl, Beiträge z. Geschichte d. Petechialtyphus. Inauguraldissert. gr. 8. ($4^1/_2$ B.) Bamberg 831, Dresch.

—— Bericht üb. d. Cholera-Epidemie in Mittenwald. gr. 8. ($9^1/_4$ B., 1 Tab. u. 1 lith. u. ill. Plan.) München 837, (Franz.) *

Pfeufer, K., zum Schutze wider die Cholera. 2. verm. u. verb. Aufl. gr. 8. (27 S.) Heidelberg 849, C. F. Winter. $3^1/_2$ ngr

Pfeufer, C., Zum Schutze wider die Cholera. 3., verm. und verb. Aufl. 8. (43 S.) Heidelberg 854. [Leipzig, C. F. Winter'sche Vrlgsh.] *

— s. Zeitschrift f. rationelle Medizin.

Pfeuffer, A., & Co.: Special-Prospect über Block-Schränke. Mannheim 1892

Der **Einzug** der Alliierten zu Frankfurt a. M. Erinnerungen aus d. Freiheitskriege 1813 von G. W. Pfenuser).
Frankfurt a. M. 1846. 201 S.

Pfiff, Der feinere. Eine Parallele des höhern Rufs. Wetzlar 1769. V: *Opiz (Opitz), Johann Ferdinand.* (MGT) (GGr) (VLBS VI, 147)

Pfiffer, Alfred [cand. med. aus Baldenheim]: Ueber den Nachweis der Typhusbacillen in den Fäces Typhuskranker nach der Elsner'schen Methode. '(Aus d. bacteriolog. Abteilg d. Laboratoriums d. medic. Klinik zu Strassburg i. E.)' ... Strassburg i. E., Buchdr. Ch. Müh & C., 1896; 26 S. 8.
Strassburg. Med. Fak., Inaug.-Diss. v. 1896

Pfifferling, Jo. Georg (Darmstadt)
Dissertatio forensis inauguralis de desertione vadimonii.
Gissae 8. Mai 1710: Joh. Reinh. Vulpius. 46 S. 4°
pro licentia gradum doctoris in utroque jure eiusdemque privilegia rite capessendi.

PFIFFERLING, Siegfried (Wenfried): Über einen Fall von Lebersyphilis mit Pfortaderthrombose und Darmhämorrhagien.- München: Wolf 1902. 26 S.
25.2.1902 - Chr 1901/02,25; Jv 1901/02,277
Diss.Ingolst.-Landsh.-Mchn.

Pfifficus, Bruder, oder der scharfsichtige Lauscher ... Altona 1839. V: *Anderssen, Joh. Friedrich Wilhelm.* (schr)

† Pfiffikus, Hilarius, (Geo. C. L. Schöpfer,) Wunder üb. Wunder, od. d. enthüllten eleusin. Geheimnisse. Eine deutl. Anweis., wie man e. Menge überrasch., leicht auszuführ. u. größtenth. noch ganz unbekannter Kunststücke ausführen kann. 2., völlig umgearb. u. verm. Aufl. 12. (3½ B.) Nordhausen 839, Fürst.

Pfiffkopf, Jak. od. lustige Abenteuer eines Lumpengenies; e. komischer Roman, 2 Thle. 8. Erfurt, Beyer u. M. 797. 98.

Pfiffner, Frz., zum Typhus abdominalis des Kindesalters. Inaugural-Dissertation. 52 Stn. 8. Basel, Druck von Schweighauser. 1875.

Pfingstandacht, heilige ꝛc. 8. Wien, Gerold.

Pfingstblätter des Hansischen Geschichtsvereins. 1. u. 2. Blatt. 1905 u. 1906. gr. 8. Leipzig, Duncker & Humblot. à n. 1. —
1. Die Hanse u. England. Ein hansisch-engl. Seekrieg im 15. Jahrh. Von Walth. Stein. (VI, 51 S.) 905.
2. Oldenburgs Seeschiffahrt in alter u. neuer Zeit. Von Geo. Sello. (III, 68 S.) 906.

Pfingstblätter des Hansischen Geschichtsvereins. III.—VI. Blatt. 1907—1910. gr. 8. Leipzig, Duncker & Humblot. à 1. —
Baasch, Ernst, der Einfluß des Handels auf das Geistesleben Hamburgs. (57 S.) 909. (V. Blatt.)
Nirrnheim, Hans, Hinrich Murmester. Ein hamburg. Bürgermeister in der hans. Blütezeit. (III, 76 S.) 908. (IV. Blatt.)
Ropp, G. Frhr. v. der, Kaufmannsleben zur Zeit der Hanse. (51 S.) 907. (III. Blatt.)
Techen, Frdr., Wismar im Mittelalter. (III, 70 S.) 910. (VI. Blatt.)

Pfingsten, E. A.

— s. v. Bienenstamm, H., Beschreib. v. Kurland.

— Sprebdiku grahmata us wißahm swehtam deenahm pa wißu gaddu, apgahdata no diweem mahzitajeem. (Hesselberg— Neander.) Lex.-8. Mitau 844. (A. Neumann.) geb. n. 2 ß

Pfingsten, E. A., Uebersicht der Weltgeschichte zunächst f. seine Schüler zusammengestellt. 2., umgearb. Aufl. 8. (5¼ B.) Mitau 844, Lucas. (Leipzig, Hartmann.)

Pfingsten, E. A., Uebersicht der Weltgeschichte zunächst für seine Schüler zusammengestellt. 2. umgearb. Aufl. 8. Mitau 844, Lucas. A. Neumann. n. ½ ß

Pfingsten, E. A., Uebersicht der Weltgeschichte zunächst f. seine Schüler zusammengestellt. 3. verm. Aufl. 8. (96 S.) Mitau 852, Neumann. ½ ß

Pfingsten, E. A., Uebersicht der Weltgeschichte, zunächst für seine Schüler zusammengestellt.
4., verm. Aufl. 8. (96 S.) Mitau 856, Neumann.

Pfingsten, E. A., Uebersicht der Weltgeschichte zunächst für seine Schüler zusammengestellt. 4. verm. Aufl. Mitau 857. Neumann. 8. (2 Bl., 105 S.) 15 ngr.

Bericht der gewerblichen Fortbildungsschule in Rinteln über das erste Jahrzehnt ihres Bestehens von 1889–1899 nebst e. Aufsatz (Gedanken über d. Erziehung unserer erwerbsarbeitenden Jugend). In allen Teilen verf.... von d. Dirig. F. **Pfingsten.** Rinteln 1899: C. Bösendahl. (39 S.) 4° [5.]

Auswahl biblischer Erzählungen, zunächst für die Zöglinge des Königlichen Taubstummen-Instituts in Schleswig v. [Georg Wilhelm] **Pfingsten.** Bdch. 1. Schleswig. 1819. 8°

Pfingsten, Geo. Wlh., Bemerkk. u. Beobachtt. üb. Gehör, Gefühl, Taubheit, deren Abweichungen v. einander, u. über einige Ursachen u. Heilmittel d. letztern. 8. Altona 811. Hammerich 9 gr

Pfingsten, G. W., Beobacht. u. Erfahr. über die Gehörfehler der Taubstummen, als Winke beym Galvanisir. 8. Hamburg, Hoffmann. (Akademische Buchhandl. in Kiel.) 802.

— Beobachtt. u. Erfahrr. üb. die Gehörfehler d. Taubstummen, als Winke beim Galvanisiren. 8. Kiel 802. (Hesse); (a. Campe in Hamb.) 10 gr

— Gehörmesser z. Untersuchung d. Gehörfähigkeit galvanisirter Taubstummen, in besond. Rücksicht auf die Erlernung d. artikulirten Tonsprache. 8. Kiel 804. Hesse. 7 gr

Pfingsten, Georg Wilhelm: Ueber den Z u s t a n d der Taubstummen der älteren und jüngeren Zeit: Oder der erste Taubstummen Lehrer ein protestantischer Geistlicher und Zeitgenosse von Martin Luther. Ein Beitrag zu der Feyer des Reformations-Jubiläums. (A. u. d. T.: Feyer des Reformations-Jubiläums in dem Königlichen Taubstummen-Institut zu Schleswig. Eine Rede, druchbrochen mit Gesang.) Schleswig. 1817. (Kiel: Akadem. Buchh. Hesse in Komm.) 8°

Pfingsten, Johann Hermann

Pfingsten, Jh. Herm., († 1798 od. 1799?) Almanach f. Cameralisten u. Polizeibeamte. 8. Weimar 785. Hoffmann. 1 ß

— Analekten z. Naturkunde u. Oekonomie f. Naturforscher. 1s Heft. 8. Zittau 789. Schöps. 18 gr

P f i n g s t e n , Johann Hermann (Herausgeber): „Archiv für Kameralisten und Regierungen", 2 Hefte, Leipzig 1786 (Beer).

— Archiv für Cammern und Regier. 2 Hfte. 8. Leipzig, Beer. 786.

PFINGSTEN, JOHANN HERMANN.
Bibliothek ausländischer Chemisten, Mineralogen und mit Mineralien beschäftigter Fabrikanten nebst derley biographischen Nachrichten. Nürnberg, 1781–84. 4 vols., 12mo. Vol. I, pp. xlvi–618–[iv]. Portrait of Joh. Ernst. Imman Walch. Vol. II, pp. xxx–568–[vi]. Portrait of Joh. Albr. Gesner, 1782. Vol. III, pp. xxii–523. Portrait of Franz Ernst Brückmann, 1783 Vol. IV, pp. xiv–623. Portrait of Carl Friedr. Hundertmark.

—Bibliothek ausländ. Chemisten, Mineralogen u. mit Mineralien beschäftigter Fabrikanten. 4 Bde. 8. Nürnb. 781—84. Stein. 6 ℛ

Pfingsten, Johann Hermann (Übers.):

s.: Clerc, (Nicolas Gabriel): Philosophisch-praktisches Werk über die Arzneykunst. Bd 1 - 4. Breslau: 1786 - 1787 (Vgl. L e c l e r c.)

—deutsches Dispensatorium, od. allgem. Apothekerbuch nach d. neuesten u. besten latein. Pharmocopöen eingerichtet. 4. Stuttg. 783. 2e A. 795. Metzler. 2 ℛ 8 gl

— allgemein deutsch. Dispensator. u. d. neuesten u. besten latein. Pharmacopeen eingericht. 4. Stuttgart, Metzler. 796.

Pfingsten, J. H., Farbematerialien. gr. 8. Berlin. 789. Reimer.

—Farbenmaterialien. gr. 8. Berl. 789. (Reimer). 20 gl

Pfingsten, Johann Hermann, s. M. H i ß m a n n : Magazin.

Johann Hermann Pfingsten

Nitri hodierni Historia atque proprietates. Helmstadii (1781:) Schnorr. 23 S. 8°

Helmstedt, Med. Diss. v. 15. Mai 1781

Pfingsten, J. Herm., Journal für Forst-, Bergwerks-, Salz- und Schmelzhütten, Fabriken rc. 1r u. 2r Jahrg. 1s u. 2s Stck. u. 3r Jahrg. 1s Stck. 8. Hannov. Helwing. 786–90. Rthlr.

Pfingsten, Johann Hermann, der Weltweisheit und Arzneikunde Doktor etc. Lehrbuch der chemischen Artillerie, zu Vorlesungen in Militär-Akademien und Lehr-Anstalten des Bergwerks und Huttenwesens. (292 S.) 8. Jena 1789.

— Lehrbuch der chemischen Artillerie. gr. 8. Jena, Akadem. Buchh. 789.

—Lehrbuch d. chem. Artillerie. gr. 8. Jena 789. (Hennings in Neisse); (a. Ettinger in Gotha). 18 gl

— Magazin f. d. Mineralogie und mineralischen Technologie. 2 Thle. 4. Halle, Gebauer. 789. 90. (I. 1 Rthlr. 12 gr. II. 1 Rthlr. 4 gr.)

—Magazin f. Pharmacie, Botanik u. Materia medica. 2 Bde. gr. 8. Halle 782, 83. Hendel. 1 ℛ 16 gl

—miscellanea physico-medica. 8maj. Halle 789.

– s. P a u l m i e r : Unterricht.

– s. P e r r e t : v. Stahl.

Pfingsten, Johann Hermann (Übers.):

s.: Quesnay, F(rançois): Chirurgische Abhandlungen über die Eiterung und den heissen Brand. (Traités de la suppuration et de la gangrène. Dt.) Bd 1: Von der Eiterung. Berlin: 1786

J. Hm. Pfingsten's Repert. f. Physiologie u. Psychol. *Hof*, Vierling. 784-86. 2 Thle. 8° 1 ℛ 11 gl

— Repertor. d. Psychologie u. Physiologie nach ihr. Umf. u. Verbind. 2 Thle. 8. Hof, Vierling. (Grau.) 786.

—Repertorium d. Psychologie u. Physiologie nach ihrem Umfange u. Verbindung. 2 Thle. 8. Hof 786 — 88. (Grau). 1 ℛ 12 gl

—Samml. d. Schriften schöner Geister aus d. 14n, 15n u. 16n Jahrhund. 2 Thle. (1r Thl. Frz. Baco, über die Würde der Wissenschaften rc. 2r Thl. Jh. Barclay, Werke.) gr. 8. Pest 783. Eggenberger. 2 ℛ 4 gl

– s. J.C. S i m o n : Kunst Salpeter . . .

Pfingsten, Johann Hermann (Übers.):

s.: Spielmann, Jakob Reinhold: Chemische Begriffe und Erfahrungen. (Institutiones chemicae praelectionibus academicis accommodatae. Dt.) Ins Französische übers. mit Anmerkungen von (Antoine Alexis) Cadet (de Vaux). Dresden: 1783

— **Johann Hermann** (Bremen), De juris vinculo quo plures pro evictione auctores tenentur. Diss. Präs. Christ. Fried. Georg Meister. [Göttingen] (Schulz cur. F. A. Rosenbusch) 9. IV. 1768. 38 S. (5.25) 26333
Gew.: Otto Wilhelm von Wersebe, Johann Heinrich Pratle.

Pfingsten, W., schlesische Garten- u. Blumenzeitung, s. Garten- u. Blumenzeitung.

Pfingsten, W. Die Stadt Liegnitz u Umgebung in einer geschichtl. Uebersicht u Beschreibung M. Pl. Liegnitz 1845.

Pfingsten-Heuer, Clara, Struwelkinder. Ein Bilderbuch f. Kinder. Text v. Pf.-H., Bilder v. Julie Werkenthin. (40 S.) 32×25,5 cm. Leipzig-Gohlis (910). B. Volger. Geb. in Halbleinw. 3. —

— Ein Weihnachtsabend aus dem Leben e. Offiziers. Ein Epos. (27 S.) 8. Ebd. 910. 1.—; geb. 1. 50

— Ein Weihnachtsfestspiel f. Bühne u. Haus in 1 Aufzuge. (81 S.) 8. Ebd. 910. 1. —

— Die Wildmaid. Ein Epos. (80 S. m. 1 Abbildg.) gr. 8. Ebd. 910. 1.50; geb. 2. —

— Der Zauberstab. Märchen f. Kinder u. Erwachsene. (120 S.) Lex. 8. Ebd. 911. Geb. 3. —

Pfingstfahrt, Die, des Pratonier-Fahrvereins Zürich. Zürich 1849. V: *Wegmann, Arnold & Albert Hafter.* (BSCHWL V, 5, S. 210)

Pfingstfestgespräche, 50, mit kurzen Betrachtt. f. gemeine Christen. 8. Nürnb. 792. Raw. 4 ℔

Die **Wohnungsverhältnisse** Hamburgischer Unterbeamten im Jahre 1897. Bearb. von Dr. jur. Carl **Pfingsthorn.** *Hamburg: L. Gräfe & Sillem 1900.* (41 S.) 8° [F.]
(Veröffentlichungen d. Hamb. Gesellsch. z. Beförderung d. Künste u. nützl. Gewerbe.) [oo. 9750

Pfingstmontag, Der, Lustspiel in Strassburger Mundart in fünf Aufz. und in Versen . . . Strassburg 1816. V: *Arnold, Johann Georg Daniel.* (MB) (Vater) (ABJP) (Cat. d. Stadtbibl. Zürich. Zürich 1864-97.) (Verz. d. v. Meusebachschen Bibl. Berlin 1855. S. 37.)

Pfingstmontag, der, Lustspiel in 5 Aufzügen in Strasburger Mundart. 8. Strasburg, Treuttel und Würtz. 816.

Pfingstpredigt üb. Apostelgeschichte 2, V. 1—30 geh. am 1. Pfingsttage 1874 v. e. niederrhein. Geistlichen. gr. 8. (15 S.) Witten 874. Krüger. n. — 25

Pfingst-Predigten, Drey, über das zweyte Kapitel der Apostelgeschichte. Winterthur 1787. V: *Lavater, Johann Kaspar.* (SCHSTR S. 123)

Pfingst-Predigten, neun, hrsg. zum Besten des Missions-Vereins in der Erzdiöcese München-Freising. [Aus einem schriftl. Nachlasse eines ausgezeichneten Predigers.] 2 Lfgn. gr. 12. (118 u. 108 S.) Augsburg 849. 50, Schmid. (1: 1/3 Rosb. 2: 8 3/4 ngr) 5/8 Rosb.

Pfingst-Reese, de. An' schles'sche Geschichte, derzählt vo a'm Landsmoanne. 8. (71 S.) Schweidnitz 894. G. Brieger. n. — 75

Pfingst-Reese, de. An' schles'sche Geschichte, derzählt vo a'm Landsmoanne. (Max Waldenburg.) 2. Aufl. gr. 8. (75 S.) Schweidnitz 899. G. Brieger. n. — 75

Pfingstlegen, s.: Sammlung neutheosophischer Schriften.

Pfingsttanz, Der, in Güntersberge, ein Beitrag zur Sittengeschichte dieses Städtchens. [Anhalt 1798.] V: *Gottschalck, Caspar Friedrich.* (STAT)

Pfinz- und Enz-Kreis — Der — im Grossherzogthum Baden. Carlsruhe in der C. F. Müller'schen Buchhandlung 1815. Gezeichnet durch Krauth. Gest. v. F. Wolf in Mannheim. 1: 200,000. 1 Bl.

Pfirsch, W. Ph., offne Antwort auf die Frage „Warum nimmst du das Zeugniß Ronge's nicht an?" 2. Aufl. gr. 8. (20 S.) Schweinfurt 849, Giegler in Comm. 2 ngr

Pfirst [Schlagwort]

Pfirst, s.: **Deutschland. Uebersichtskarte.**

Pfirstinger, A., das bayerische Eheschließungs- u. Ehescheidungsrecht in den Gebieten d. bayerischen u. preußischen Landrechts. In alphabet. Ordng. dargestellt. Nebst e. Abdruck d. Civilstandsgesetzes u. e. Auszug aus dem Gesetze üb. Heimath, Verehelichg. etc. v. 16. Apr. 1883. 8. (IV, 156 S.) München 883. Stahl sen. geb. n. 2. 20

Pfirstinger, A. Das bayerische Eheschließungs- u. Ehescheidungsrecht in den Gebieten des bayerischen u. preußischen Landrechtes. 8. Münch. 883, Daller. geb. * 2 20

Pfrstlinger, Fel., Ein lustig-n-Abig, s.: **Reinicke, Bernh.**

Pfirt [Schlagwort]

Pfirt, s.: **Deutschland. Karte (Abt. Preussen).**

Pfissner, *Joseph:* Elementare Unterweisungen über die Pflanze und ihre Teile als Einführg in d. botan. Unterr. an d. humanist. Gymnasien. Kaiserslautern, *Hofbuchdr. H. Kayser,* 1894; 68 S. 8.
Kaiserslautern, k. humanist. G, P 1894*

Pfister, v., Beurtheilung unserer ballistischen Rechenformeln. [Aus: „Archiv für die Artill.- u. Ingen.-Offiziere".] gr. 8. (44 S.) Berlin 881. Mittler & Sohn. n. 1. —

Pfister, A. Die Bauten der schweizerischen Landesausstellung Zürich 1883. 26 Tafeln Zeichnungen, Pläne etc. nebst einer Generalansicht der Ausstellung in Phototypie. Format 34/40 cm. Zürich, Hofer & Burger. 1883. In Cartonmappe 14 —

Pfister, A. [prakt. Arzt in Teufen (Kt. Appenzell)]: Die Wirkung der Castration auf den weiblichen Organismus. Berlin 1898. 54 S. 8°. (Sep.-Abdr. aus „Archiv f. Gynäkologie" 56,3.)
Zürich. Med. Diss. 1898 99.

Pfister, Adolf

Pfister, Adph., die Bruderschaft vom guten Tode unter dem Titel der Todesangst Christi Jesu u. seiner schmerzhaften Mutter Maria. Neu bearb. 8. (IV u. 212 S.) Ulm 852. (Ravensburg, Dorn.) n. 6 ngr

Pfister, Adph., die Bruderschaft vom guten Tode unter dem Titel der Todesangst Christi Jesu u. seiner schmerzhaften Mutter Maria. Mit 1 Stahlst. 2. stark verm. Aufl. Stuttgart 860. Gebr. Scheitlin. 16. (IV, 266 S.) 12 ngr

Pfister, Adph., vollständiges katholisches Gebet- und Betrachtungsbuch für den häuslichen und öffentlichen Gottesdienst. Mit 2 Stahlst. Freiburg im Br. 858. Herder. 12. (XVI, 736 S.) 25 ngr

— vollständiges katholisches Gebet- u. Betrachtungsbuch für den häuslichen u. öffentlichen Gottesdienst. 2. Aufl. 862. (XIII, 543 S.) — 3., durchgeseh. Aufl. mit 1 Titelbild (in Holzschn.). Freiburg im Br. 864. Herder. 12. (XV, 562 S.) 18 ngr; Velinp. mit 2 Stahlst. 22 1/2 ngr

Pfister, A., vollständiges katholisches Gebet- und Betrachtungsbuch für den häuslichen und öffentlichen Gottesdienst. 4. Aufl. gr. 16. (XVI, 580 S. mit 1 Stahlst.) Freiburg i. Br. 870, Herder'sche Verlagsh. 1 80
Velinp. mit 2 Stahlst. und chromolithogr. Titelbild 2 40
—— dass. — 4. Aufl. 12. (XVI, 629 S. mit 1 Stahlst.) Ebendas. 872. ℳ 1,50.; Velinp. mit 2 Stahlst. 2 —

Pfister, A., vollständiges katholisches Gebet- u. Betrachtungsbuch f. den häuslichen u. öffentlichen Gottesdienst. 5. Aufl. (Feine) Ausg. III., m. 1 Stahlst. u. Farbendr.-Titel. 16. (XVI, 623 S.) Freiburg i/Br. 875. Herder. 2. —; (gewöhnl.) Ausg. IV., m. 1 Stahlst. 1.50; Ausg. VII. (Auszug, a. u. d. T.: Katholisches Gebetbuch) 1. —

Pfister, A., der Himmelsschlüssel. Kathol. Gebetbuch f. den privaten u. öffentl. Gottesdienst. 6. Aufl. 16. (XII, 496 S. m. farb. Titelbild.) Freiburg i/B. 897. Herder. 1.20; geb. in div. Einbde. n. 1.70; n. 2.40; n. 2.60; n. 2.75 u. n. 2.80

— Jesus mein Heil. Katholisches Gebetbuch. 24. (VII, 476 S. m. farb. Titelbild.) Freiburg i/B. (901). Herder. — 70; geb. in Ldr. m. Goldschn. n. 1.50 u. n. 2.25

Pfister, Adph., Jesus mein Heil. Katholisches Gebetbuch. 2. Aufl. (VII, 476 S. m. Titelbild.) 10×6,6 cm. Freiburg i/B. (907). Herder. — 70; geb. in Leinw. 1. —

—— Kinderlegende. Ein Schul- und Familienbuch mit Bildern und Dichtungen. 12. (XII und 468 S. mit eingedr. Holzschn.) Freiburg im Br. 864, Herder'sche Verlagsh.

Pfister, Adf., die Nachfolge Christi, s.: Thomas v. Kempen.

Pfister, A., s.: Real-Encyklopädie d. Erziehungs- u. Unterrichtswesens nach katholischen Prinzipien.

— die Rosenkranzbruderschaft. Ein Unterrichts- u. Erbauungsbüchlein f. die Mitglieder derselben u. f. alle Freunde des Rosenkranzgebetes. Nebst Andachten zur Besuchung des heil. Altarssakramentes. 8. (182 S. m. Melodien.) Schw. Gmünd 851, Schmid. 7 ngr; geb. 9 ngr

Pfister, Adolf [Hrsg.], s. Schulwochenblatt, Süddeutsches kath.

— die Skapulierbruderschaft. Ein Unterrichts- u. Erbauungsbüchlein zunächst f. die Mitglieder derselben, u. dann auch f. Alle, welche sich eine genaue Kenntniß davon verschaffen wollen. 12. (71 S.) Ravensburg 849, Dorn. 4 ngr

Pfister, Adf., die Skapulierbruderschaft. Ein Unterrichts- u. Erbauungsbüchlein zunächst für die Mitglieder dieser Bruderschaft u. dann für jeden Erbauung such. Christen. 3., umgearb., mit den kirchl. Tagzeiten Mariens verm. u. mit den gewöhnlichen Andachtsübungen vers. Aufl., nach dessen Tode hrsg. von einem Priester der Diöcese Rottenburg. 12. (III, 134 S.) Biberach 882. Dorn. geb. n.n. — 60

Pfister, Adf., die Skapulierbruderschaft. Ein Unterrichts- u. Erbauungsbüchlein zunächst für die Mitglieder dieser Bruderschaft u. dann f. jeden Erbauung such. Christen. 4., umgearb. u. m. den gewöhnl. Andachtsübgn. verseh. Aufl., nach dessen Tode hrsg. v. e. Priester der Diözese Rottenburg. 16. (IV, 74 S.) Biberach 890. Dorn. geb. n.n. — 45

— die Skapulierbruderschaft. Ein Unterrichts- u. Erbauungsbüchlein, zunächst f. die Mitglieder dieser Bruderschaft u. dann f. jeden Erbaug. such. Christen. 5. m. der 4. gleichlaut. Aufl., hrsg. v. e. Priester der Diöcese Rottenburg. 12. (III, 74 S.) Biberach 901. Dorn. Geb. n. — 50

— Unterricht über das Werk der Glaubensverbreitung u. Andachten zum öffentl. gemeinschaftl. Gebrauche f. die Mitglieder des Missionsvereins. Nebst: Kurzer Beschreibung des Bonifacius-Vereins, u. Andachten für die Brüder u. Schwestern desselben. (IV u. 131 S.) Freiburg im Br. 850, Herder. n. 1/8 ß

Pfister, Albert

Pfister, das Regiment zu Fuß Alt-Württemberg im kaiserlichen Dienst auf Sicilien in den J. 1719—1720, s.: Beiheft zum Militär-Wochenblatt.

Pfister, Alb., Denkwürdigkeiten aus der württembergischen Kriegsgeschichte des 18. und 19. Jahrh. im Anschluß an die Geschichte des 8. Infanterieregiments. 2 Lfgn. gr. 8. (XX, S. 1—574.) Stuttgart 868, Grüninger. à Lfg. * ℳ 3,75. * 7 50

Pfister A, Denkwürdigkeiten aus der württemberg. Kriegsgeschichte des 18. und 19. Jahrh. im Anschluss an d. Geschichte des 8. Infanterieregiments. Stuttgart 1869

[F.] Freiheit des Rückens. Allgemeine Wehrpflicht. Oeffentlichkt d. Strafgerichts. Drei Etappen auf d. Wege militärischer Entwicklg. Von Dr. Albert **Pfister**, Generalmaj. z. D. ... *Stuttgart, Leipzig, Berlin, Wien: Deutsche Verlagsanst. 1896.* (47 S.) 1 Bd 8. [97. 2626

—— König Friedrich von Württemberg und seine Zeit. gr. 8. (XV, 381 S. mit 2 Bildern in Lichtdr.) Stuttgart 888, Kohlhammer. * 6 —

Pfarrers Albert. Fundstücke aus d. Knabenzeit. Von Albert **Pfister**. *Stuttgart, Berlin, Leipzig: Union 1901.* (190 S.) 8° [F.] [03. 1040

Pfister, Alb., Geschichte des Grenadierregiments Königin Olga [1. württembergisches] Nr. 119. Populär dargestellt für den Unteroffizier und Soldaten. 1. und 2. verm. Aufl. 8. (IV, 52 S.) Stuttgart 875, Kirn. * — 40

Pfister, Alb., Geschichte d. Grenadierregiments Königin Olga [1. württembergisches] Nr. 119. Populär dargestellt f. den Unteroffizier u. Soldaten. 2. verm. Aufl. 8. (IV, 52 S.) Stuttgart 875. Ullrich. n. — 40

Pfister, Alb., Heinrich Hansjakob. Aus seinem Leben u. Arbeiten. Mit Illustr. nach Orig.-Aufnahmen u. nach Photographien v. Wilh. Engelberg. 12. (V, 192 S. m. 1 Bildnis.) Stuttgart 901. A. Bonz & Co. n. 1.80; geb. in Leinw. n. 2.80

Pfister, Albert: Johann Friedrich Herwarth von Bittenfeld, Oberst des Inft.-Reg. Alt-Württemberg, gestorben 18. Juni 1857. (Aus: „Württembergische Neujahrsblätter". 12 Blatt 1895.) Stuttgart 1895.

— der Kampf um die Freiheit in Südafrika. Vortrag, geh. in den Bürgergesellschaften v. Stuttgart u. Ludwigsburg. 8. (35 S.) Stuttgart 900. W. Kohlhammer. — 40

—— das deutsche Kriegsdienstgesetz mit seinen Pflichten und Rechten für den Einzelnen und Notizen über besond. Dienstverhältnisse [Beurlaubtenstand, einjähr. Freiwillige, dreijähr. Freiwillige, Offiziersaspiranten, Avantageure, Kadetten]. Populär dargestellt. gr. 8. (VI, 118 S.) Ellwangen 872, Heß. 1 20

[F.] Aus dem Lager des Rheinbundes 1812 und 1813. Von Dr. Albert **Pfister**, Generalm. z. D. *Stuttgart & Leipzig: Dtsch. Verl.-Anst. 1897.* (XII, 415 S.) 1 Bd 8. [96. 8615

[F.] Aus dem Lager der Verbündeten 1814 und 1815. Von Dr. Albert **Pfister**, Generalmajor z. D. *Stuttgart & Leipzig: Deutsche Verl.-Anst. 1897.* (XII, 480 S.) 1 Bd 8. [97 6443

—— Leitfaden für Geschichte und Geographie zum Gebrauch beim militärischen Schulunterricht. 3 Hefte. 8. Stuttgart 878, J. Weise. ** 3 70

Inhalt:
Heft 1. Uebersicht der Geschichte Deutschlands. (VIII, 80 S.) ** ℳ 1.
" 2. Geschichte Württembergs. (IV, 111 S.) ** ℳ 1,20.
" 3. Geographie. Mit besond. Rücksicht auf das deutsche Reich. (VII, 108 S.) ** ℳ 1,50.

Feldartillerie-Regiment 'Prinzregent Luitpold von Bayern' ⟨2. Württ.⟩ Nr. 29. Text von Gen.Major z. D. Dr. A[lbert] v. **Pfister**. Abb. von Stadlinger, Schneider u. A. Stuttgart: E. H. Moritz [1905]. (33 S.) quer-8° [F.]
= **Achselklappe**, Die. No 4. [05. 14121

Pfister, A. v., Herzog Magnus v. Württemberg. Ein Lebensbild aus dem Anfang d. 17. Jahrh. 12. (XIII, 208 S. m. Lichtdr.-Bild.) Stuttgart 891. W. Kohlhammer. n. 2. —

Pfister, Alb., der Milizgedanke in Württemberg u. die Versuche zu seiner Verwirklichung. 8. (68 S.) Stuttgart 883. Kohlhammer. n. 1. —

Nach Amerika im Dienste Friedrich Schillers. Der Völkerfreundschaft gewidmet von Albert **Pfister**. Stuttgart & Berlin: J. G. Cotta Nachf. 1906. (IV, 170 S.) 8° [F.] [07. 16634

Dragoner-Regiment 'Königin Olga' ⟨1. Württ.⟩ Nr. 25. Text von Gen.-Major z. D. A[lbert] v. **Pfister**. Abb. von Schott, Stadlinger, Schneider u. A. Stuttgart: E. H. Moritz [1905]. (36 S.) quer-8° [F.]
= **Achselklappe**, Die. No 2. [05. 14119

Grenadier-Regiment 'Königin Olga' ⟨1. Kgl. Württ. Nr. 119⟩. Text von Gen.Major z. D. A[lbert] v. **Pfister**. Abb. nach Braun, Faber du Faur, Stadlinger u. A. Stuttgart: E. H. Moritz [1905]. (37 S.) quer-8° [F.]
= **Achselklappe**, Die. No 1. [05. 14118

— Regimentsgeschichten, s.: Achselklappe, die.

— die amerikanische Revolution 1775—1783. Entwicklungsgeschichte der Grundlagen zum Freistaat wie zum Weltreich unter Hervorhebg. des deutschen Anteils. Für das deutsche u. amerikan. Volk geschrieben. 2 Bde. (X, 400 u. VI, 429 S. m. 2 Karten.) gr. 8. Stuttgart 904. J. G. Cotta Nachf. n. 12. —; geb. in Leinw. n. 14. —

[F.] Drei Schwaben in fremden Kriegsdiensten. Graf Harrsch. Herwarth v. Bittenfeld. Joh. Jak. Wunsch. Von Albert **Pfister**, Generalmaj. z. D. M. 3 Portr. *Stuttgart: D. Gundert 1895.* (56 S.) 1 Bd 8.
= **Neujahrsblätter, Württembergische.** Bl. 12. [96. 214

— das deutsche Vaterland im 19. Jahrh. Eine Darstellg. der kulturgeschichtl. u. polit. Entwicklg., für das deutsche Volk geschrieben. gr. 8. (XI, 728 S. m. 6 farb. Karten.) Stuttgart 900. Deutsche Verlags-Anstalt. Geb. in Leinw. n. 8. —

Pfister A. Kaiser Wilhelm I., sein Leben u Wirken. 1. u 4. Aufl. Stuttgart 1877. 88

—— Kaiser Wilhelm. Ein Abriß aus seinem Leben und Wirken. Als Gedenkblatt zur Feier des 90. Geburtsfestes Sr. k. und k. Maj. zusammengestellt für das Volk und für die Armee. 3. Aufl. 12. (VIII, 206 S. mit dem Bilde des Kaisers.) Ebendas. 887. * 1 —

Pfister, A., Kaiser Wilhelm I. Sein Leben u. Wirken. Zusammengestellt f. das Volk u. f. die Armee u. fortgeführt bis zum Tode d. Kaisers. Mit d. Bilde d. Kaisers. 4. Aufl. 12. (VII, 242 S.) Stuttgart 888. Kohlhammer. n. 1. —

— Kaiser Wilhelm I. Sein Leben u. Wirken. Zusammengest. f. d. Volk u. f. d. Armee. 4. Aufl. Neue [Titel-]Ausg. gr. 16. (VIII, 242 S. m. Bildn.) Stuttgart (888) 897. W. Kohlhammer. n. 1. —

Kaiser Wilhelm I. und seine Zeit. Von Dr. Albert **Pfister**, Gen.Maj. z. D. Mit 91 Abb. u. Faks. Bielefeld & Leipzig: Velhagen & Klasing 1906. (138 S.) 4°(8°) [F.]
= **Monographien** z. Weltgeschichte. 26.

Infanterie-Regiment 'König Wilhelm I.' ⟨6. Württ.⟩ Nr. 124. Text von Gen.Major z. D. Dr. A[lbert] v. **Pfister**. Ill. nach Stadlinger, Schneider etc. Stuttgart: E. H. Moritz [1906]. (34 S.) quer-8° [F.]
= **Achselklappe**, Die. No 7.

Pfister, Alb., das Infanterieregiment Kaiser Wilhelm, König v. Preußen [2. Württemb.] No. 120. Eine Soldatengeschichte aus drei Jahrhunderten. Mit einer Uniformentafel in Farbendruck. gr. 8. (VI, 263 S.) Stuttgart 881. Metzler's Verl. n. 4. —

Infanterie-Regiment 'Kaiser Wilhelm' König von Preußen ⟨2. Württ.⟩ Nr. 120. Text von Gen.Major z. D. Dr. A[lbert] v. **Pfister**. Abb. von Stadlinger, Schneider u. A. Stuttgart: E. H. Moritz [1905]. (37 S.) quer-8° [F.]
= **Achselklappe**, Die. No 3.

— Johann Jakob Wunsch, s.: Beiheft z. Militär-Wochenblatt 1895, Hft. 2.

— deutsche Zwietracht. Erinnerungen aus meiner Leutnantszeit 1859—1869. gr. 8. (VII, 367 S.) Stuttgart 902. J. G. Cotta Nachf. n. 6. —; geb. in Leinw. n. 7. —

Pfister, Alexander. Beziehungen der Familie von Salis im Ausland. [Sep.-Abdr. aus: Rhätia. Bündnerisches Familienblatt.... Jahrg. 1, Nr. 3. September 1904.] [4 S.] 8. [Schiers, J. Walt.]

Pfister, Alexander (V.) [von Schlans, Graubünden]: Die Patrioten. Ein Beitrag zur Geschichte Bündens am Ausgang des 18. Jahrhunderts. Chur 1904. 127 + 1 S. 8°. [22. X. 03.]
Bern. Phil. Diss. 1903/1904.

Pfister, Alexander. Die Patrioten. Ein Beitrag zur Geschichte Bündens am Ausgange des XVIII. Jahrhunderts. 128 S. 8. Chur, Sprecher & Valer, 1904.
Ausg. A: ... Diss. Phil. Bern ... von A' V[ictor] Pf....
Ausg. B: ... von Dr. A' Pf. (33. Jahresbericht der Historisch-antiquar. Gesellschaft von Graubünden. Jahrg. 1903. Beilagen: [I].)

(**Pfister**, Alexander.) Rimas (da) Gion Perfist (**Aufdruck:* A' Pf'). II + 24 p. 8. Cuera, Bischofberger & Hotzenköcherle, 1910.
[Extrat dallas Annalas della Società reto-romantscha. 24. Annada.]

Pfister, Alexander. Die Schweiz und Preussen 1792—1795. ⟨Die Mission des Gesandten [Louis de] Marval.⟩ 35 S. 8. Schiers, J. Walt, [1904]. (fr. 1. —)

Pfister, Alfred. 1. Elektrolytisches Leitvermögen der Penten- und Hexensäuren und 2. Ueber einige neue Derivate dieser Säuren. Diss. Phil. Basel. [Mit 2 Figuren.] 68 S. 8. Lörrach, Ad. Schelle, 1903.

PFISTER, Anton: Ein seltener Fall von Schussfraktur des Schädels (Selbstmord).- München: Kastner & Lossen 1897. 23 S.
12.11.1897 - Chr 1897/98,18; Jv 1897/98,217 (Prom.-Datum: 1898)
Diss. Ingolst.-Landsh.-Mchn.

Pfister, Arthur, aus Halle a. S.: Die geodätischen Linien einer Klasse von Flächen, deren Linienelement den Liouvilleschen Typus hat. *Göttingen 1904: Dieterich.* (44 S.) 8°
Kiel, Phil. Diss. v. [22. Juli] 1904

(**Pfister**, [Balthasar].) Schuzrede meines politischen Systems gegen meine Verläumder. Vor allhiesiger grossen Munizipalität abgelegt. (Schafhausen, den 1sten Wintermonat 1802.) 8. *o. O.*

Pfister, Beda. Die Bürgerschule. Lehr- und Lesebuch für die bürgerlichen Fortbildungsschulen. VIII + 254 S. 8. Aarau, H. R. Sauerländer & Co, 1901. [geb. fr. 2. 50]

Pfister, Beda. Die Bürgerschule. Lehr- und Lesebuch für bürgerliche Fortbildungsschulen. Resultate der Aufgaben für das schriftliche Rechnen. (Die Resultate werden nur an Lehrer abgegeben!) II + 5 S. 8. Aarau, H. R. Sauerländer & Co, 1901.

Pfister, Beda. Die Bürgerschule. Lehr- und Lesebuch für die bürgerlichen Fortbildungsschulen. 8. Aarau, H. R. Sauerländer & Co.
2. unveränderte Aufl. VIII + 254 S. 1901. [geb. fr. 2. 50]

Pfister, Beda, die Bürgerschule. Lehr- u. Lesebuch für die bürgerl. Fortbildungsschulen. 3. Aufl. (IX, 252 S.) gr. 8. Aarau 904. H. R. Sauerländer & Co. Geb. in Leinw. n. 2. —; Resultate der Aufgaben f. das schriftliche Rechnen. (4 S.) n. — 40

Pfister, Beda, die Bürgerschule. Lehr- u. Lesebuch f. die bürgerl. Fortbildungsschulen. 4. Aufl. Ausg. f. den Kanton Zürich. Umgearb. v. Frz. Arnold. (VIII, 251 S.) 8. Aarau 907. H. R. Sauerländer & Co. Geb. 2. 20

— dasselbe. 4. Aufl. (Ausg. f. den Kanton Aargau.) (XI, 251 S.) gr. 8. Ebd. 907. Geb. n. 2. —

— dasselbe. 5. Aufl. Ausg. f. den Kanton Aargau. (IX, 251 S.) 8. Ebd. 910. Geb. in Leinw. 2. 20

Pfister, Beda. Die Kreisschreiben und prinzipiellen Beschlüsse des Erziehungsrates und der Erziehungsdirektion des Kantons Aargau seit dem Jahre 1865. Gesammelt und hrg. von Beda Pfister, Lehrer in Merenschwand. (Selbstverlag). 82 S. 8. Muri, A. Schibli-Keller, 1902. [fr. 1. 30]

Pfister, Bernh., der Waisenrat. Ein Führer u. Ratgeber f. die bayer. Waisenräte. (III, 101 S.) 8. München 910. J. Schweitzer Verl. Geb. 1. 60

Pfister, Carl, s. Pfister, Karl.

Pfister, Caesar Heinrich (Bamberg), De transmissionis actorum jure, ejusve abusu, Vom Recht und Müßbrauch der Acten-Verschickung. Diss. jur. Präs. Tobias Jakob Rheinhart. Erfurt (J. H. Grosch) 22. V. 1716. 31 S. (5.—) 26335
Gew.: Philipp Wilhelm von Boineburg.

— — Dasselbe. Präs. Tobias Jakob Reinhart. Erfurt (A. Knoll) 22. V. 1716. Rec. 1727. 24 S. (5.—) 26336
Gew.: Philipp Wilhelm von Boineburg.

Pfister, Chr, Führer durch Nancy. Aus dem Franz. übers. gr. 16. (28 S. m. farb. Plan u. Panorama.) Metz 901. Deutsche Buchh. n. — 60

Pfister, Chr., Führer durch Nancy. Aus dem Franz. übers. 2., vom Verf. durchgeseh. Aufl. (22 S. m. 1 farb. Plan.) kl. 8. Metz 910. G. Scriba. — 50

Pfister, Dn., ABC-, Buchstabier- u. Lesebuch. 4e Aufl. 8. Kassel 821. Luckhardt. 5 gr

—das Dorf, ein Lesebuch f. die Schuljugend auf d. Lande. 8. Kassel 822. Luckhardt. 7 gr

Pfister, E., s. Engler und Prantl, die natürlichen Pflanzenfamilien.

Pfister, E., s. Posselt, Wilhelm, der Kaffern-Missionar.

Pfister, E. A., Entwurf zur Bildung einer Pensions-Hülfs-Anstalt f. emerit., evangel. Civil-Prediger in der k. preuß. Provinz Sachsen. gr. 8. (3 B.) Weißensee 845, Großmann. Thlr.

—— tabellar. kurze Uebersicht d. allgem., gesetzl. Erfordernisse z. Aufgebot u. z. Trauung in d. Kgl. Preuss. Staaten. Zum Gebr. f. Pfarrer aufgestellt. 2 Bl. gr. Fol. Mühlhausen 829, Heinrichshofen.

Pfister, E. A., wie haben wir d. neue Städteordnung u. d. heutige Stadt-Verordneten-Wahl vom Standpunkte d. Religion aus zu betrachten? Eine Pred. 8. (1 B.) Weißensee 832. (Sondershausen, Eupel.)

PFISTER, Eduard (Kemnath): Ein Fall von primären Cervixmyom.-München: Wolf 1902. 34 S.
22.7.1902 – Chr 1902/03,23; Jv 1902/03,313
Diss.Ingolst.-Landsh.-Mchn.

Pfister, Edwin. med. pract. aus Zürich. z. Z. in Cairo: Beitrag zur Lehre von den septischen Erkrankungen. Pyämie mit wesentlicher Lokalisation in der Musculatur (Myosite infectieuse Nicaise)' und metastatischer Ophthalmie. -- Weitere Studien über die Entstehung der eiterigen Entzündung der Speicheldrüsen. Aus dem Privatlaboratorium des Privatdocenten Dr. Hanau in Zürich. Mit einer Fiebercurve. (S. A. aus: Archiv f. klin. Chirurgie. Bd 49 [S. 697 – 733]). Berl. L. Schumacher Dr. 1895. 39 S., 1 Taf. 8'
Zürich. Med. Diss. [v. 29. Jan. 1895].

Bilharzia-Arbeiten. Von Dr. Edwin Pfister. 1. Berlin 1909. 8°
Nicht im Buchhandel. [11. 4637

Pfister, Erhard. Über Knochen-Sarkome der untern Extremitäten im Kindesalter. Diss. Med. Univ. Zürich. *Kopftitel:* Aus dem Kinderspital Zürich. — [Mit 1 Tafel.] 90 S. 8. Uznach, K. Oberholzer, [1902].

Pfister, Ernst. Das vertragliche Pfandrecht am Hotelmobiliar, nach geltendem Rechte und nach dem Entwurfe für ein schweizerisches Zivilgesetzbuch vergleichend dargestellt und kritisch beleuchtet. Diss. Rechtsw. Univ. Zürich. VIII + 74 S. 8. Winterthur, Geschwister Ziegler, 1906.

Pfister, Ernst. Die finanziellen Verhältnisse der Universität Freiburg von der Zeit ihrer Gründung bis zur Mitte des 19. Jahrh. gr. 8. (XII, 196 S.) Freib. i. Br. 889, J. C. B. Mohr. 4 —

PFISTER, Erwin Joh. Jos.: Geschichtl. Darstell. der Staatsverfass. d. Grossherzogth. Baden u. der Verwalt. desselben. Nach Quellen bearb. u. mit Urkunden belegt. 1r Th. Die Regier. Karl Friedrichs d. Ersten, Grossherz. v. Baden 1806—1811. Mit d. Bildn. Karl Friedrichs u. e. Charte v. Baden. *Heidelberg*, Winter. 829. gr. 8. (2 Thl.)

Pfister, Erwin Joh. Jos., geschichtl. Entwickelung d. Staatsrechts d. Großhrzgth. Baden u. der verschied. darauf bezügl. öffentl. Rechte. Nach Quellen bearb. u. mit Urkunden belegt. 3 Thle. gr. 8. (... u. Bildn.) Heidelberg 836. [Mannheim, Bensheimer.] **

Pfister, Erwin Joh. Jos., geschichtl. Entwickelung des Staatsrechts des Großherzogthums Baden und der verschied. darauf bezügl. öffentl. Rechte. Nach Quellen bearb. u. mit Urkunden belegt. 3 Thle. gr. 8. Heidelberg 836. Oßwald. n. 6 1/12 rf

Pfister, Erwin Joh. Jos., geschichtl. Entwickelung des Staatsrechts des Großherzogth. Baden u. der verschiedenen darauf bezüglichen öffentlichen Rechte. Neue Aufl. 2 Thle. u. Suppl.-Bd. gr. 8. (602. 648 u. 348 S.) Mannheim 847, Bensheimer. baar 3 1/3 rf

Pfister, F., Betrachtungen üb. d. Wichtigkeit d. stehenden Heeres, als Eingangsschrift z. Darstell. hess. Kriegsgeschichten. gr. 8. (6 1/4 B.) Kassel 839, Fischer.

—kleines Handbuch der Landeskunde von Kurhessen. 2e Aufl. gr. 8. Kassel 840. (Hanau, König.) n. 2/3 rf

Pfister, F., der Krieg von Morea in den Jahren 1687 u. 1688. Zur Erinnerung an deutsche Thaten, besonders als Beitrag zur hessischen Kriegsgeschichte bearb. gr. 8. (13 3/4 B. u. 1 Plan.) Kassel 845, Krieger'sche Buchh. *

Pfister, F. Der Krieg von Morea i. d. Jahren 1687 u. 1688. Mit 1 Krt. Kassel 1845. 212 S.

Pfister, F. Der Krieg in Morea 1687 u. 1688. (VIII. 252) 8. M. 1 Pl. Cassel 1845.

Pfister, F., Was ist des Deutschen Vaterland? Betrachtungen über unser Reich und seine Gränzen. Cassel, Th. Fischer, 1848. II, 50 S. 8°.

Pfister, Ferd. v., Landgraf Friedrich der Zweite u. sein Hessen. I. Der Erbprinz. Ein Lebensbild. gr. 8. (68 S.) Kassel 879. Freyschmidt. n. 1. 20

Pfister, Ferd., der nordamerikanische Unabhängigkeits-Krieg. Als Beitrag zur Heeresgeschichte deutscher Truppen. 1. Bd.: Uebersicht und Beurtheilung des Abfalles, des Krieges, der Mitstreiter, der Meinungs- und Zeitbewegung. Zugleich als Einleitung in die ausführl. Geschichte dieses Krieges. gr. 8. (XII und 360 S.) Kassel 864, Kay. *

Pfister, F.: Der Nordamerikanische Unabhängigkeits-Krieg. *Als Beitrag zur Heeresgeschichte deutscher Truppen. Bd. I: Übersicht und Beurtheilung des Abfalles, des Krieges, der Mitstreiter, der Meinungs- und Zeitbewegung. Zugleich als Einleitung in die ausführliche Geschichte dieses Krieges. Bearbeitet von . . . Kassel. J. C. Kriegersche Buchhandlung 1864. XII, 360 S.*

Pfister, Friedrich: Die mythische Königsliste von Megara und ihr Verhältnis zum Kult und zur topographischen Bezeichnung. Naumburg a. S. 1907: Lippert & Co. (VI, 56 S.) 8°

Heidelberg, Phil. Fak., Ref. Dieterich, Diss. v. 27. Juni 1907

(Geb. 6. Jan. 83 Kaiserslautern; Wohnort: Heidelberg; Staatsangeh.: Bayern; Vorbildung: Gymn. Baden-Baden Reife M. 01; Studium: Heidelberg 2, Berlin 1, München 1, Heidelberg 5 S.; Rig. 2. März 06.)

Pfister, Friedrich: Der Reliquienkult im Altertum. Hlbbd 1. Gießen: Töpelmann 1909. 8°
(Religionsgeschichtl. Versuche u. Vorarbeiten. Bd 5.)

Pfister, Frdr., der Reliquienkult im Altertum, s.a. Versuche u. Vorarbeiten, religionsgeschichtliche. V.

— s. Sammlung vulgärlateinischer Texte. (Texte, kleine, zum Alexanderroman.) (Dass.s.a.T e x t e,..)

Pfister, G., Geschichte des Preußischen Staates. Mit besonderer Berücksichtigung der Hohenzollern'schen Lande für Schule u. Haus bearb. Hechingen 861. (Sigmaringen, Tappen.) gr. 8. (IV, 543 S.) nn. 1 ₰ 20 ngr

Pfister, Geo. Gf. Seb., die Wissensch. d. Heiligen aus d. Leben d. Heiligen. 2 Thle. 8. Fulda 820. (Würzb., Stahel). 1 ₰ 4 gr

Pfister, [Hans]. Die Fahrnisverschreibung im Entwurfe eines schweiz. Zivilgesetzbuches. Referat, gehalten im bernischen Juristenverein. Separatabdruck aus der Zeitschrift des bern. Juristenvereins .... Band 39, 1903, Heft 4. 21 S. 8. [Bern, Büchler & Co.]

Pfister, Hans, appr. Arzt aus Neubrunn: Ueber die primaeren Geschwuelste der Milz mit besonderer Beruecksichtigung eines Falles von diffuser und knotiger Hyperplasie der Milz. *Würzburg 1901: C. J. Becker.* (35 S.) 8°
Würzburg, Med. Diss. v. 1901

Die Abstinenz der Geisteskranken und ihre Heilung. F. Anstalt u. Praxis dargest. v. Dr. med. Hermann Pfister, Assistenzarzt ... zu Freiburg i. B. *Stuttgart: F. Enke 1899.* (88 S.) 1 Bd 8.

Pfister-Schwaighusen, Herm. v., Alt-Englands Ansprüche, geschichtl., staatsrechtl., volkstüml., völk. Abhandlgn. 8. (IV, 41 S.) Wiesbaden 902. Nass. Central-Buchh. n. — 90

Die Anwendung von Beruhigungsmitteln bei Geisteskranken. Mit bes. Berücks. d. Bedürfnisse d. allgem. Praxis dargest. von Prof. H[ermann] **Pfister**, Freiburg i. B. *Halle a. S.: C. Marhold 1903.* (39 S.) 8°
— Sammlung zwangloser Abhandlungen aus d. Geb. d. Nerven- u. Geisteskrankheiten. Bd 4, H. 3.

[F.] Auch eine Seite sprachlicher Verwüstung v. H[ermann] v. **Pfister-Schwaighusen**... *Bielefeld: A. Helmich [1896].* (16 S.) 1 Bd 8.

Pfister, Herm., das französische und preussische Bataillon im Spiegel ihrer elementar-taktischen Fechtweise. 8. (29 S.) Berlin 870, Vossische Buchh. — 60

Pfister-Schwaighusen, Hermann v.: Beiträge zur Frage weiblicher Bestrebungen. — Berlin: Lüstenöder 1894. 43 S. 8°

Kritische Bemerkungen über das neue Verfahren und über gewisse Vorgänge bei Entmündigung internirter Geisteskranker von Hermann **Pfister**. *Halle a. S.: C. Marhold 1900.* (20 S.) 8° [Umschlagt.]

Pfister-Schwaighusen, Herm. v., s.: Briefe, sprachliche.

Pfister, Herm. v., über deutsche und lateinische Buchstaben. Ein Mahnruf an das deutsche Volk. 8. (16 S.) Berlin 887, Reinecke. * — 50

Pfister, Herm. v., England u. Irland. Eine zeitgemäße Betrachtg. gr. 8. (31 S.) Berlin 886. Reinecke. n. — 60

— üb. urgermanische Formen-Lehre. Beitrag zu unserer ältesten Deklination und Konjugation. gr. 8. (21 S.) Marburg 889. Elwert's Verl. n. — 60

[—] Friedrich II. und die neuere Geschichts-Schreibung. Ein Beitrag zur Widerlegung der Märchen über angeblichen Soldaten-Handel hessischer Fürsten. *Melsungen: Druck und Verlag von W. Hopf 1872. 53 S. Zweite mit einer Beleuchtung Seumens vermehrte Auflage. Melsungen 1879. 69 S.*

Pfister, Herm., Geschichte der thüringischen Truppen in dem Feldzuge von 1810/11 in Katalonien. Mit besond. Rücksicht auf den gotha-altenburg. Truppen-Theil. gr. 8. (X und 214 S. mit 1 lithogr. Karte des Kriegsschauplatzes in gr. Fol.) Berlin 866, Bath.

—— dass. — 2. (Titel-)Aufl. gr. 8. (X und 214 S. mit Beilagen und 1 lithogr. Karte des Kriegs-Schauplatzes in Fol.) Kassel 868, E. Luckhardt's Separat-Conto.

— Gestaltung deutscher Reichs-Grenzen im Westen und Süden nach nächstem deutsch-französischen Kriege. Ein Hinweis auf unser tausendjähr. Recht. 1.—3. Aufl. gr. 8. (45 S.) Berlin 887. Reinecke. n. 1. —

— **strafrechtlich-psychiatrische Gutachten als Beiträge zur gerichtlichen Psychiatrie, f. Juristen u. Ärzte hrsg. gr. 8. (IV, 379 S.) Stuttgart 902. F. Enke.** n. 9. —

—— das französische Heerwesen. Eine ausführl. Schilderung nach amtl. französ. Quellen. gr. 8. (VIII und 228 S. mit 7 Beilagen in gr. 8. und 4.) Kassel 867, C. Luckhardt's Separat-Conto. * 1 Thlr. 15 Ngr.; geb. *

—— dass. — 3. Abthl. (1. Ergänzungs-Heft.) gr. 8. (VI und 79 S.) Ebendas. 868. *

—— das französische Heerwesen. Eine ausführl. Schilderung nach amtl. französ. Quellen. 4. Abthl. [2. Ergänzungs-Heft.] gr. 8. (III, 77 S. mit 1 Tab. in Fol.) Leipzig und Berlin 869, Luckhardt'sche Verlagsh. * 1 50
1.—3. Abthl. Ebendas. 1867,68. *ℳ 6.

—— dass. — 5. Abthl. [3. Ergänzungs-Heft.] Kugelspritze. — Feldartillerie. — Artillerie-Train. gr. 8. (31 S.) Ebendas. 870. * 1 —

Pfister, Herm., das französische Heerwesen. Eine ausführl. Schilderg. nach amtl. franz. Quellen. 5. Abth. [3. Ergänzungs-Hft.] Kugelspritze. — Feldartillerie. — Artillerie-Train. gr. 8. (31 S.) Berlin 870. Donny & Sohn. n. 1.— (1—5.: n. 8. 50)

Pfister, Herm. v., das französische Heerwesen. Eine ausführl. Schilderung nach amtl. französ. Quellen. 2. völlig umgearb. Ausg. gr. 8. (14, X, 412 S.) [Berlin 877, Donny und Sohn.] Leipzig, Mertens. (*ℳ 8.) ℳ 6.; geb. * 7 25

— zum Horte deutscher Schrift, s.: Sammlung pädagogischer Vorträge.

Pfister, Herm. v., Idiotikon v. Hessen, s.: Vilmar.

— mundartliche u. stammheitliche Nachträge zu A. F. C. Vilmar's Idiotikon v. Hessen. [Mit 1 Karte.] gr. 8. (XVI, 360 S.) Marburg 886. Elwert's Verl. n. 5.—

Pfister, Hermann [app. Arzt aus Freiburg i. B.]: Microcephalie mit Affenspalte ohne Geistesstörung ... (Aus: Zeitschr. f. Psychiatr. etc., Bd. 50.) Freiburg i. Br., *G. Reimer in Berlin,* 1895; 1 Bl., 38 S., 1 Taf. 8.
Freiburg i. B., Med. Fak., Inaug.-Diss. v. 1895

— über den chattischen u. hessischen Namen u. die älteste Geschichte des chattischen Stammes, nebst einer Karte der chattischen Gaue. Ebend. 868. gr. 8. (III, 51 S. mit 1 lith. u. color. Karte in qu. 4.) n. 15 ngr.

Pfister, Hermann: Über die occipitale Region und das Studium der Grosshirnoberfläche. Mit 12 Fig. Stuttgart: F. Enke 1899. (85 S.) 8°

Pfister, Hermann, Dr. Med., 1. Assistenzarzt d. psychiatr. Klinik: Über die occipitale Region und das Studium der Grosshirnoberfläche. Mit 12 Fig. *Stuttgart 1899: Union.* (85 S.) 8°
Freiburg i. B., Med. Hab.-Schr. v. 1899

—— Sagen und Aberglaube aus Hessen und Nassau. Als Beitrag zu vaterländ. Volkstume bearb. und hrsg. 8. (XV, 172 S.) Ebendas. 885. * 1 50

Pfister-Schwaighusen, Hermann von. Alldeutsche Stammes-Kunde nach Mundarten und Geschichten, mit genauen Grenzen aller Stämme. XVI + 128 S. 8. Berlin und Leipzig, Friedrich Luckhardt, 1903. (M. 4. —)
(Luckhardt's Zeitgeschichtliche Bibliothek. Band 3.)

Pfister-Schwaighusen, Herm. v., alldeutsche Stammeskunde nach Mundarten u. Geschichten, mit genauen Grenzen aller Stämme. 2. Aufl. (IV, 128 S.) gr. 8. Leipzig (905). [F. Luckhardt.] Teutonia-Verlag. n. 2.—; erm. Pr. n. 1.50

Pfister, Herm. v., chattische Stammes-Kunde. Volkstümliche, sprachl. und geschichtl. Arbeit. Mit genauer (lithogr.) Karte des stammheitl. Gebietes, sowie der sechs chattischen Gaue (in gr. Fol.). gr. 8. (XII, 195 S.) Kassel 880, Hühn. * 5 —
geb. * 6 50

—— chattische Stammeskunde. Anhang. gr. 8. (VIII, 54 S.) Kassel 888, Hühn. * 1 50
Hauptwerk. Ebendas. 1880. *ℳ 5.—; geb. *ℳ 6.50.

— vom Ursprunge der Franken unter Bezugnahme auf Trittenheims Chronik sowie auf Äthikus Histrius. gr. 8. (43 S.) Darmstadt 891. [v. Aigner.] H. L. Schlapp. — 75

— werkthätige Verdeutschungs-Arbeit nebst d. Anh.: Deutsche Heeres-Sprache. [Aus: „Freie deutsche Schule".] 12. (31 S.) Wien 898. (Sallmayer'sche Buchh.) n. — 30

—— Verdeutschungs-Wörterbuch fachmännischer und dienstlicher Sprache des deutschen Wehrtumes, s. Reinecke's Verdeutschungs-Wörterbücher.

Pfister, Herm. von, Verdeutschungs-Wörterbuch fachmännischer und dienstlicher Sprache des deutschen Wehrtumes. Berlin 1887. 8.
A. u. d. T.: A. Reinecke, Verdeutschungs-Wörterbuch. Bd. 2. . . . . (RPA.)

—— Verhältniss des Kampfes und seiner Mittel beim Auftreten gepanzerter Schiffe gegen Strand-Batterien, s. Festschrift zu der Jubelfeier des 50jähr. Bestehens der Grossherzogl. Technischen Hochschule zu Darmstadt.

Pfister, Herm. von. Über Verschiebung chattischer Sitze. Vortrag, geh. im histor. Vereine des Großherzogtums Hessen. gr. 8. (28 S.) Darmst. 890, [v. Aigner]. Schlapp. * — 60

Pfister, Herm. von, Zur Vorgeschichte der hochdeutschen oder suevischen Stämme. Beitrag für Alterthumskunde und Kenntniss heutiger Mundarten. Nebst einer sprachlichen kolorirten Karte. Kassel u. Leipzig 1875. 8. . . . . (D.)
——, —— 2. (Titel-)Aufl. Ebda 1877. 8.

— zur Vorgeschichte der hochdeutschen u. suewischen Stämme. Beitrag für Altertums-Kunde, u. Kenntnis heut. Mundarten. Mit einer (lith. u.) color. sprachlichen Karte. 2. (Titel-)Auflage. (XII, 104 S.) Leipzig 877. Mertens. n. 4. —

Pfister-Schwaighusen, Herm. v. Wie soll d. Volksschule Deutsch lehren, s. Sammlung pädagogischer Vorträge.

Pfister, Herm., deutsches Wort — Volkes Hort! Ein Mahnruf an alle wahrhaft vaterländisch gesonnene Männer zum Widerstande gegen planmäß. Zerrüttg. deutscher Sprache. Bevorwortet v. Mor. Heyne. 8. (24 S.) Paderborn 883. F. Schöningh. — 15

Pfister, J., drei Deklamationen. Wenn du a mol e Jumpfer hest. E Fräuli sött en jede ha. Willkommengruß an die Frauen anläßlich e. Endschießens. (13 S.) 8. Weinfelden 911. A.-G. Neuenschwandersche Buchdr. — 60

Pfister, J., die Farrenkräuter in Naturselbstdruck, nach dem vereinfachten Verfahren v. J. Pf., ausgeführt in C. Albrecht's lithograph. Anstalt in Agram. 1. Thl.: Die Farrenkräuter des österr.-ungar. Küstenlandes. 1. u. 2. Lieferung. Fol. (7 u. 6 Taf.) Agram 882. (Prag, Neugebauer.) à n.n. 1. 30

Pfister, J., die Farrenkräuter in Naturselbstdruck, nach dem vereinfachten Verfahren von J. Pf. ausgeführt in C. Albrecht's lithogr. Anstalt in Agram. I. Thl.: Die Farrenkräuter des österreichisch-ungar. Küstenlandes. 3 Lfgn. Fol. (6 Taf.) Agram 882. (Saar i. M., Doležal.) ** 1 30
1. und 2. Lfg. Ebendas. 1882. à **ℳ 1.30.

Pfister, J. Karte der Cantone St. Gallen und Appenzell. St. Gallen und Bern 1840. 1 Bl. c. L. Sch.

Pfister, J. G., Ueber Schreibmaterialien der Alten. Gel. 1866. 88 S. u. Abb. 4°.

Pfister, Johann

Pfister, Joh. (I.), Abriß der staatlichen und statistischen Verhältnisse der Schweiz. gr. 8. (104 S.) Luzern 861, (Schiffmann.) *

Pfister, Ioannes, Turbenthalensis Figurinus: De combustione spontanea pathologice, aetiologice ac therapeutice spectata. Tur. typ. Or. Fuessl. et soc. 1835. 18 S., 1 Bl. 8°.
Zürich, Med. Diss. v. 15. April 1835.

Pfister, Johann. Schweizergeographie für Fortbildungsschulen. [Mit 1 Ansicht und 1 Kartenskizze.] 8. Solothurn.
[1. Aufl.] Gratisbeilage zum Jahrg. 14 des „Fortbildungsschülers". .. im Auftrage .... unter Mitwirkung und auf Kosten der Herausgeber des „Fortb'" bearb. von J' Pf.... [1894.]
2., verbesserte Aufl. ... auf Kosten der Herausgeber des „Fortb'" zuerst als Gratisbeilage zum Jahrg 14 desselben, sodann für den Sonderabzug bearb von J' Pf.... [Der Gewerbliche Fortbildungsschüler. Bändchen 2. Ausg. B. Heft 7.] *o. J.* [1895/97].

Pfister, Joh., christliche Confessionen u. Sekten. Kurze Charakterisirung derselben. Belp 866. (Bern, Huber & Co.) gr. 8. (VI, 83 S.) n. 9 ngr.

Pfister, Joh., Sammlung moderner französischer Redensarten und leichter Gespräche. Zum Gebrauche für Sekundarschüler, sowie auch überhaupt für Solche, die sich in kurzer Zeit Fertigkeit im Sprechen aneignen wollen. St. Gallen 857. Huber u. Co. 8. (2 Bl., 96 S.) 9 ngr.

Ueber die Vortheile des frühzeitigen Erlernens der hebräischen Sprache. Von Pfister, P. — 1820. Ebend. — S. 3–12.
Progr. Münnerstadt.

Pfister, Johann Christian (auch: Joh. Christoph) von

Pfister, Jh. Cph., histor. Bericht üb. d. Wesen d. Verfassung d. ehemal. Herzogth. Würtemberg. gr. 8. Heilbr. 816. Claß. 9 gr.

Pfister, J. C.: Histor. Bericht üb. d. Wesen des ehemal. Herzogth. Würtemberg; zugl. Entw. e. gröss. Werks. *Heilbronn*, Class. 1816. gr. 8. (12 Gr.)

— Herzog Christoph zu Würtemberg, aus größtentheils ungedruckten Quellen, mit Christophs Bildn. 2 Thle. gr. 8. Tübing. 819, 20. Laupp. 4 fl 1 gr.

— Ders., seine Eigenschaften sein öffentliches u. häusl. Leben u. seine letzten Schicksale. Mit Christophs Bild u. d. Fac simile seiner Gemahlin u. H. Ulrichs Handschrift. gr. 8. Tübing. 821. Laupp. 12 gr (Aus d. größ. Werke besond. abgedr.)

— Denkwürdigkeiten d. Schwäb. Reformations-Geschichte, s. Jh. Cph. Smid.

Pfister, J. C., Denkwürdigkeiten der würtembergischen und schwäbischen Reformationsgeschichte, als Beytrag zur dritten Jubelfeyer der Reformation. 2 Bde. gr. 8. Tübingen, Laupp. 817.

Pfister, (J. C.,) Eberhard im Bart, erster Herzog zu Wirtemberg, aus ächten, großentheils handschriftl. Geschichtquellen. Mit Eberh. Bildniß. gr. 8. Tübing. 822, Laupp.

Pfister, Johann Chr., s. F. C. Fulda: Staats-Credit.

Pfister, Joh. Chrstn. v., Geschichte d. Teutschen. Nach d. Quellen. 5 Bde. gr. 8. Hamburg, Fr. Perthes.
Bd. 1. Von d. ältesten Zeiten bis zum Abgange d. Karolinger. (35 B. u. 2 Karten in Stndr.) 829.
" 2. Von d. Wahl K. Konrads I. bis nach d. Untergange d. Hohenstaufen. (43 1/2 B.) 829.
" 3. Von d. Herstellung d. Reichs nach den Hohenstaufen b. zu Kaiser Maximilians I. Tode. (43 1/2 B.) 831.
" 4. Von d. Kirchenreformation bis zum westphäl. Frieden. (42 3/4 B.) 833.
" 5. Vom westphäl. Frieden b. z. Auflösung d. Reichs. (45 1/2 B.) 835.
Vgl. Geschichte d. europ. Staaten, 1. 2. 5. 8. u. 10. Lfg.

—— dass. — Register dazu, bearb. v. J. H. Möller. gr. 8. (5 B.) Ebds. 836.

—, Geschichte der *Teutschen*. Nach den Quellen. 5 Bde. Nebst Fortsetzung: *Bülau*, F., Geschichte Deutschlands von 1806–1830. (Zus. 6 voll.) Hamburg (Gotha, Perthes) 1829–35, 1842. 8°. Ppbde.
„Gibt im 14. u. 15. Jahrh. die Resultate fleissiger, selbständiger Forschungen." (Schwab u. Klüpfel.) – 1: VI XXII, 510 S., 2 Kart. 2: XXIII–672 S. 3: XXII–571 S. 4: XXI–681 S. 5: XXXII–691 S. 6 (Bülau) 2 Bll., III–610 S.

Pfister, Joh. Chrstph. v., Geschichte der Teutschen. — Fortsetzung (od. 6. Bd.), s. a. · · Geschichte d. europ. Staaten. 19. Lfg.

Pfister, Joh. Chp. (Dr. philos. u. Repetent am kurfl. theol. Stift zu Tübingen, 1772–1835), Geschichte von *Schwaben*, neu untersucht und dargest. Buch I–II, 1–2 (cplt. in 2 voll.). Mit 5 Titelvign. (gest. von *Autenrieth* u. A.). Heilbronn a. Neckar, bey Joh. Dan. Class, 1803, 5, 10, 17. — [Buch II, 2. (Schluss): Stuttgart, bey F. C. Löflund u. Sohn.] 8°. Hchgrbde., hübsches Expl.
I 1: Doppeltit., XIV S., 2 Bll., 211 S., 1 S. Err. II 1: Doppeltit., 2 Bll., XII–358 S., 1 Bl. Err., 1 Tabelle. II. 2: 1 Bl., XIV S., 277 S., 1 Bl. Err. II. 2. (Forts.) XX–443 S. II 2 (Schluss) XXI–304 S.
„Ein auf fleissige Quellenforschung gestütztes Werk, für die ältere Zeit übrigens nach den neueren Forschungen ganz ungenügend. Die Darstellung ist weit frischer u. lebendiger als in der (später ersch.) „Geschichte der Teutschen" und erinnert mitunter an Johannes v. Müller." (Schwab u. Klüpfel.)

Pfister, J. C., pragmatische Geschichte von Schwaben, neu untersucht. 5 Thle. gr. 8. Heilbronn, Claß. 803–10. (1r 20 gr. 2r 1 Rthlr. 8 gr. 3r 1 Rthlr. 4 gr.)

Pfister, J. C., pragmatische Geschichte von Schwaben, neu untersucht und dargestellt. 2ten Buchs 2te Abtheil. Fortsetzung oder 4ter Theil. gr. 8. Heilbronn, Claß. 817.

— Geschichte v. Schwaben. 5r Bd. 2ten Buches. 2e Abthlg. Schluß. gr. 8. Stuttg. 827, Löflund.

— Geschichte der Verfassung des Würtembergischen Hauses und Landes. Aus dessen hinterlass. Papieren bearb. von Dr. Karl Jäger. 1r Thl. 1e u. 2e Abthl. gr. 8. Heilbr. 838. Claß. 3 rf

Pfister, Joh. Chrstph. v., Geschichte d. Verfassung d. wirtemberg. Hauses u. Landes. Aus dess. hinterlass. Papieren bearb. v. Carl Jäger. 1. Thl. (2 Abthln.) gr. 8. (35 3/4 B.) Heilbronn 838, [Landherr.] Thlr.

v. Pfister, J. C.: Gesch. d. Verfass. d. Wirtemberg. Hauses u. Landes. Aus dessen hinterlass. Papieren bearb. v. C. Jäger. 1r Th. 1e Abth. *Heilbronn*, Class. 839. gr. 8. (1 Thl. 15 Gr.)

Pfister's, J. C. v., Geschichte der Verfassung des wirtembergischen Hauses und Landes. Aus dessen hinterlass. Papieren bearb. von Carl Jäger. Neue wohlf. Ausg. gr. 8. (VIII und 578 S.) Heilbronn 857, Landherr. Thlr.

Pfister, Jh. Cph., die evangel. Kirche in Würtemberg, ihre bisherige Verfassung; ihre neuesten Verhältnisse u. Forderungen, in gedrängter Kürze. gr. 8. Tübing. 821. Laupp. 9 gr.

– **Johann Christian** (Pleidelsheim), De originibus et principiis allegoricae sacrarum litterarum interpretationis. Diss. histor.-theol. Präs. Johann Friedrich Le Bret. Tübingen (Sigmund) Juni 1795. 34 S. (4.75) 26338
Widm. v.: Johann Friedrich Le Bret.

– s. Taschenbuch, Schwäbisches.

—, Uebersicht der Geschichte von Schwaben von den ältesten bis auf die neuesten Zeiten. Mit TVign. Stuttgart, J. F. Steinkopf, 1813. 8°. Ppb.
XIV—134 S.

Pfister, J. C., Uebersicht d. Geschichte v. Schwaben, von den ältesten bis auf d. neuesten Zeiten, durchaus nach ächten zum Theil noch unbekannten Quellen entworfen. Mit 1 Titelvign. 8. Stuttg. Steinkopf. 814.

– **Johann Friedrich** (Bamberg), De jure ac favore innocentiae. Diss. jur. Präs. Joh. Matthias Wincop. Erfurt (J. H. Grosch) 15. XI. 1710. (5.25) 26339

Gew.: Philipp Wilhelm von Boineburg.

Pfister, Johann Georg

—Anleit. z. wahren Frömmigkeit nach d. Geiste d. heil. Franz v. Sales. Mainz 825. Müller. 10 gr. 3e Aufl. 8. Fulda. Würzb. 827. Etlinger. 16 gr.

Pfister, Joh. Georg, Beiträge zu einem Lexikon, aus dem man die Sprache u. den Wert unsers Zeitgeistes möge kennen lernen. Würzburg, Etlinger, 1825, gr. 8°, 158 S.
Recens. Katholik Bd. 15 (1825), S. 114—8.

— Belehrungs- u. Erbauungsbuch f. Verheirathete u. solche, die heirathen wollen. 8. Fulda 823. (Roos). 14 gr. 2e Aufl. Mit 1 Kpfr. u. 1 Vign. 8. Würzb. 825. Etlinger. 16 gr. Schrbp. 20 gr.

—Erbauungsbuch f. kranke u. gesunde Christen, die sich zu e. guten Tode vorbereiten wollen. gr. 8. Münch. 824. Giel. 20 gr.

Pfister, Joh. Geo., Familien-Geschichten u. Züge aus d. Leben heil. Ehegatten. Nebst e. Unterr. f. Solche, die es werden wollen. Mit Ttlkpfr. 8. (19⅓ B.) Würzburg 833, Etlinger'sche Vrlsbuchh.

Pfister, Joh. Geo., Familiengeschichten und Züge aus dem Leben heiliger Ehegatten. Nebst einem Unterrichte für Solche, die es werden wollen. 2., vielfach verb. Aufl. 8. (XVI und 285 S. mit 1 Stahlst.) Regensburg 852, Manz.

—das Fest d. ersten heil. Communion d. Kinder in der kathol. Pfarrkirche zu Nürnberg. 8. Nürnb. 828. Campe. 6 gr.

– der heil. Franziskus v. Assisi im Widerspruche mit d. Welt. 8. Münch. 824. Giel.

—Gedanken z. Beförderung d. christl. Vollkommenheit, aus d. Briefen d. heil. Frz. v. Sales. gr. 8. Münch. 822. Giel. 20 gr.

– Gedanken u. Betrachtt. üb die 5 Bücher d. Moses. Mit 1 Kpfr. gr. 8. Würzb. 826, Etlinger.

—— Gedanken u. Betrachtungen üb. d. 5 Bücher des Moses. Ein Kommentar. 2., unveränd. Aufl. M. 1 Kpfr. gr. 8. (37 B.) Würzburg 828, [Etlinger'sche Vrlsbuchh.]

Pfister, Joh. Georg, Gedanken und Betrachtungen über die 5 Bücher Moses. Ein (unkritischer) Kommentar. Regensburg, Manz, jetzt Verl.-Anst., 1828, gr. 8°, 2. Aufl., 598 S., 4 Mk.
Recens. Felder, Litt-Ztg. 1826, Bd. I, S. 323—332.

—Leben d. engl. Jünglings Aloisius von Gonzaga. Der christl. Jugend zur Betracht. und Nachahmung vorgestellt. 2e Aufl. 8. Würzb. 827. Etlinger 3 gr.

Pfister, Joh. Geo., Leben d. engl. Jünglings Aloysius v. Gonzaga. Der christl. Jugend z. Betracht. u. Nachahm. vorgestellt. 3., verb. Aufl. 8. (3 B.) Würzburg 840, Etlinger'sche Buchh.

—das Leben u. die Lehre Jesu Christi, in d. einfachen Sprache d. Evangelisten dargestellt, zum Gebr. f. die liebe Jugend. Mit 1 Holzschn. 8. Würzb. 826. Etlinger. 9 gr.

—kurze Legende d. Heiligen auf alle Tage d. Jahres, mit angefügten, auferbaul. Erwägungen u. Gebeten. 8. Hadamar 823. (Lanz in Weilb.) 1 ℛ

— kurze Legende d. Heiligen auf alle Tage des Jahres, mit angefügten, auferbaul. Erwägungen u. Gebeten. 8. Hadamar 824, Neue Gelehrten-Buchh.

—Lehren aus den Büchern der Weisheit, mit zeitgemäß. Bemerkk. 8. Würzb. 826. Etlinger. 12 gr.

—das Leiden unsers Herrn Jesus Christus, in kurzen Betrachtt. vorgestellt. Nach d. Französ. des P. Avrillon. 2e verb. Aufl. mit 3 Holzschn. v. Gubitz. 16. Würzb. 826. Etlinger. 8 gr.

Pfister, Joh. Georg, Moralische Lesungen über die kathol. Briefe der Apostel. Fulda, Müller, 1809.

Pfister, Joh. Georg, Moralische Lesungen über die Briefe des hl. Paulus. Fulda, Müller, 1809.

—— die jungen Martyrer. Ein Erbauungs-Büchl. f. christl. Jünglinge. N. d. Franz. d. H. A. C***. 3., verb. Aufl. 8. (11 B.) Würzburg 841, Etlinger'sche Buchh.

— dass. für christl. Jünglinge, s. Martyrer.

Pfister, Johann Georg, s. Märtyrinnen, Die jungen.

—— die jungen Martyrinnen. Ein Erbauungsbüchl. f. christl. Jungfrauen. 2., verm. Ausg. Mit Ttlkpfr. gr. 12. (8⅓ B.) Würzburg 832, [Etlinger'sche Vrlsbuchh.]

Pfister, Joh. Geo., die jungen Martyrinnen. Ein Erbauungsbüchlein für christliche Jungfrauen. 3., verm. u. verb. Aufl. Mit 1 Stahlst. Regensburg 864. Manz. 12. (VIII, 150 S.) 10 ngr.

— s. Massillon, J. B., zwölf auserles. Fastenpredigten.

—— Predigt zur Erneuerung d. Taufbundes, geh. am Feste d. Kirchencommunion.* 8. ... Nürnberg 828, Campe.

– s. Prosper, D. heil.: Über d. beschaul. Leben.

Pfister, Johannes Georg, Psalmenbuch für Christen. Fulda, Müller, 1816.

Pfister, Joh. Georg, Urteil der orientalischen Kirche u. ihres Patriarchen zu Konstantinopel über die Augsburgische Konfession, mit einigen Bemerkungen herausgegeben. Würzburg, Etlinger (jetzt Regensburg, Verlagsanst.), 1827, 8°, 75 Bs.
Legt dar, wie weit in Bezug auf den Lehrbegriff die Griechen von der augsburgischen Konf. entfernt sind u. wie wenig darum protest. Theologen Grund haben, von einer „Schwesterschaft" der griech. K. zu reden. Katholik 1827, Bd. 25 S. 118—20.

— Urtheil d. oriental. Kirche ꝛc., s. Urtheil.

Pfister, Johann Kaspar

Pfister, J. Casp., Verzeichniß der Bürger der Stadt Zürich im J. 1858. Zürich 858. Schultheß. 8. (XVI, 304 S. und: Verzeichniß der Niedergelassenen in der Stadt Zürich im Jahre 1858. Von Gfr. Tobler. 320 S.) n. 2 ℛ 20 ngr.

Pfister, J. Casp., Verzeichniß der Bürger der Stadt Zürich im Jahre 1861. Zürich 861. Schultheß. 8. (X, 332 S. u. Verzeichniß der Niedergelassenen in der Stadt Zürich im Jahre 1861. Von Gfried. Tobler. 334 S.) n. 2 Rthlr 24 ngr.

Pfister, J. Casp., u. A. Gfr. Tobler, Verzeichniß der Bürger u. Niedergelassenen der Stadt Zürich im Jahre 1868. Zürich 868. Schultheß. 8. (VI, 788 S.) geb. n. 2 Rthlr 24 ngr.

Pfister, Joh. Casp., u. A. Gfrd. Tobler, Verzeichniß der Bürger u. Niedergelassenen der Stadt Zürich im J. 1872. 8. (VI, 792 S.) Zürich 872. Schultheß. geb. n.n. 7. 50

Pfister, Josef

Pfister, Jos., Anleitung z. gründl. Erlernung der Kunst, neue u. alte Stroh- u. Holzhüte zu waschen, zu färben u. zu appretiren. Auf eigene Versuche u. Erfahrungen gegründet. Mit Zeichnungen aller dazu nöthigen Werkzeuge. gr. 12. (1 B. u. 1 Kpfrt.) Frankfurt a. M. 843, Sauerländer's Sorth. *

Pfister jr., Jos., das Färben des Holzes durch Imprägnierg. Praktische Winke auf dem Gebiete der Holzfärberei. (VIII, 51 S. m. 11 Abbildgn.) 8. Wien 908. A. Hartleben.
2.—; geb. 2. 80

Pfister jr. J, das Färben des Holzes durch Imprägnierung. (51 S) (Chemisch-technische Bibliothek 304) Wien 1908

— Joseph Valentin (Niederstetten), De foro et instantiis nobilitatis immediatae Germanicae in causis civilibus in genere, nec non de jurisdictione nobilitatis et nobilium in suos subditos in specie. Diss. jur. Präs. Joseph Maria Schneidt. Würzburg (Fr. E. Nitribitt) 16. IX. 1790. 66 S. (5.50) 26310

Pfister, Julius, med. pract. (Müllheim, Thurgau): Ueber Anatomie und Therapie der Blinddarmbrüche. Zür. J. Schabelitz Dr. 1883. 46 S., 1 Bl. 8°.
Zürich, Med. Diss. [v. 21. Juli 1883].

Pfister, Karl, Anleitung zur organischen Elementaranalyse, s.: Henle, Frz. Wilh.

Pfister, Karl: Zur Kenntnis der Triazene. München 1909: Höfling. 52 S. 8°
München, Phil. Diss. v. 9. Juni 1909, Ref. v. Baeyer
[Geb. 21. April 81 Freising; Wohnort: München; Staatsangeh.: Bayern; Vorbildung: Realgymn. München Reife Juli 01; Studium: München 15 S.; Rig. 9. Juni 09.] [U 09. 3499

— Carl Melchior, De judice feudorum extra curtem. Bamberg (J. G. Klietsch) Nov. 1789. 60 S. (5.50) **26337**

Pfister, Karl Melchior [Praes.], s. Winkler, Friedrich: De imperfecto feudorum incapace contra illustrem de dacheroeden dissertatio.

Pfister, Carl Rudolf. Die Trunksucht als Todesursache in Basel 1892—1906. Diss. Med. Basel. [Mit Figuren.] 34 S. 8. Berlin. Georg Reimer, 1908.

Pfister, Ludwig

Pfister, (Ludw.), (Stadtdirector zu Heidelberg,) *aktenmässige Geschichte der Räuberbanden an den beiden Ufern des Mains, im Spessart u. im Odenwalde.* Enthaltend vorzüglich auch die Geschichte der Beraubung u. Ermordung des Handelsmanns *Jac. Rieder* von Winterthur auf der Bergstrasse. Nebst e. *Sammlung u. Verdollmetschung* (sic) *mehrerer Wörter aus der Jenischen od. Gauner-Sprache.* Mit 1 gefalt. gr. Kpftaf. (Portr. der 17 in Heidelb. verhaft. Mitgl. d. Räuberbande am Main). Heidelberg, bei Gottlieb Braun. 1812. — *Nachtrag* . . . . Nebst e. neueren Sammlung u. Verdollmetschung (sic) mehrerer Wörter aus der Jenischen od. Gauner-Sprache. Mit 1 Kpftaf. (die Köpfe der 4 Hingerichteten). Ibid. eod. 8°. (1 vol.) Eleg. Hsrsb., selten schönes Expl.
I TK., IV—244 S. II TK., IV—403 S. — Avé-Lallemant I. p. 250; Wagner no. 35.

PFISTER, L. Nachtrag zu der aktenmäßigen Geschichte der Räuberbanden an den beiden Ufern des Mains, im Spessart und im Odenwalde. Enthaltend vorzüglich auch die Geschichte der weitern Verhaftung, Verurtheilung und Hinrichtung der Mörder des Handelsmannes Jacob Rieder von Winterthur. Nebst einer neuen Sammlung von Wörtern aus der Gaunersprache. Mit Titelkupfer. Heidelberg 1812. 8°. 403 S.
Enthält auch Gedichte in jenischer Sprache. Avé-Lallement I, 250: Der Nachtrag geht bei weitem mehr als der erste Theil in das Wesen und die Eigentümlichkeit der Gauner ein.

— Carl Grandisson oder Großjean der berüchtigte Postwagendieb und Betrüger. Criminalistische Novelle. Mit lithographischem Titelbild. (Grandisson.) Heidelberg 1816. 8°.
Abgedruckt aus »Pfisters Merkwürdige Criminalfälle, mit Rücksicht auf die Untersuchungsführung«. Nicht bei Avé-Lallement. Das beigegebene Porträt ist auch als frühe Lithographie erwähnenswert.

Pfister, Ldw. (Aloys), merkwürd. Criminalfälle, mit besond. Rücksicht auf die Untersuchungsführung. 5 Bde. Mit Kpf. gr. 8. Heidelb. 814—820. (1r Bd. 2e A. Mit 1 Plan 822). (Frankf. a. M. Herrmann). 17 Rthlr 4 gr Hbg. Pr. 10 Rthlr Daraus apart: Karl Grandison, oder der berüchtigte Postwagendieb; e. criminalistische Novelle. Mit 1 Kpf. gr. 8. Heidelb. 814. Engelmann. 1 Rthlr 8 gr

Pfister, L.; Merkw. Crim.-Rechtsfälle. m. besond. Rücks. auf d. Unters. Führung. *Heidelberg*, Engelmann. 814—20. 5 Bde. gr. 8. (17 Thl. 4 Gr.)

v. Pfister, M., Eugenia v. Nordenstern. 2 Thle. 8. Aarau 820. Sauerländer. 3 Rthlr 8 gr

Pfister, Max: Über die reflektorischen Beziehungen zwischen Mammae und Genitalia muliebria. *Berlin: A. Georgi 1902.* (29 S.) 8°
Heidelberg, Med. Diss. v. 1902

Pfister, Michael

Pfister, Mich., s.: Bericht üb. Bestand u. Wirken d. histor. Vereins zu Bamberg. Hst. 67.

[F.] Der Dom zu Bamberg. M. 5 Ill. Von Domkapit. **Michael Pfister,** Summus Custos. (Darin m. Sondert.: [1.] Gesch. d. Restauration d. Domkirche zu Bamberg in den J. 1828—1844. Anh. Restaurationsarbeiten 1648—1653. Von . . . Pfister . . . [2.] Auszug aus d. Rechngn d. Domkapitel'schen Werkamts 1539—1803 u. d. Domfabrikamtes Bamberg bis z. J. 1896. Bearb. v. . . . Pfister . . . [3.] Auszug aus d. Bamberger Dom-Kustorei-Rechngn der J. 1464—1801 u. aus d. Realexigenz f. Kultus im 19. Jh. Bearb. v. . . . Pfister . . .) *Bamberg: Dr. v. P. Franke 1896.* (1 Bl., 77, 29, 12 S., 1 Bl., 55, 64 S., 5 Taf., 1 Pl.) 1 Bd 8. [97. 2836

Pfister, Mich., der Dom zu Bamberg. — Geschichte d. Restauration d. Domkirche zu Bamberg in d. J. 1828—1844. Anh.: Restaurationsarbeiten 1648—1653. gr. 8. (77 u. 29 S. m. 5 Ill.) Bamberg 896. (Schmidt.) n.n. 1.25

Schirnaidel bis auf die Gegenwart: zugleich e. Rückbl. auf d. Hochstift Bamberg von **Michael Pfister.** Domkapitular. *Bamberg 1892: J. M. Reindl.* (308 S.) 8° [F.]

Pfister, Mich., Friedrich v. Schreiber, Erzbischof v. Bamberg. Eine Lebensskizze. gr. 8. (57 S. m. Bildnis.) Bamberg 893. (Schmidt.) — 75

Pfister, O[scar]. Das Elend unserer wissenschaftlichen Glaubenslehre. Ein Weckruf von Dr. O. Pf', Pfarrer.... Separat-Abdruck aus der «Schweizerischen theolog. Zeitschrift», Jahrg. 22 ⟨1905⟩, Heft 1 [d. i. 4]. 4 S. 8. ⟨Zürich, August Frick.⟩

Pfister, Oscar. Die Frömmigkeit des Grafen Ludwig von Zinzendorf. Ein psychoanalytischer Beitrag zur Kenntnis der religiösen Sublimierungsprozesse und zur Erklärung des Pietismus. Von Dr. Oskar Pf'.... VI + 122 S. 8. Leipzig und Wien, Franz Deuticke, 1910. [M. 4.50]
Schriften zur angewandten Seelenkunde. Hrg. von Prof. Dr. Sigm[und] Freud. Heft 8.

Pfister, Oskar [Pfarrer in Wald (Zürich)]: Die Genesis der Religionsphilosophie A. E. Biedermanns. untersucht nach Seiten ihres psychologischen Ausbaus. Zürich 1898. 76 S. 8°. (S. A. aus „Theolog. Zeitschrift aus der Schweiz", Jahrg. 14.)
Zürich. Phil. Diss. I. S. 1897/98.

Pfister, O[scar]. Die gegenwärtige Metamorphose der theologisch-kirchlichen Parteien in der Schweiz. Eine kritische Orientirung. (Separat-Abdruck aus der «Schweizerischen theolog. Zeitschrift», Jahrg. 21, Heft 2 und 3.) IV + 68 S. 8. Zürich, A. Frick, 1904. [fr. 1. 60]

Pfister, Oscar. Religionspädagogisches Neuland. Eine Untersuchung über das Erlebnis- und Arbeitsprinzip im Religionsunterricht. Von Dr. Oskar Pf'.... 38 S. 8. Zürich, Schulthess & Co., 1909. [fr. —. 50]

Pfister, Oscar. Analytische Untersuchungen über die Psychologie des Hasses und der Versöhnung. Von Dr. Oskar Pf'.... Sonderabdruck aus dem Jahrbuch für psychoanalytische und psychopathologische Forschungen, Band 2. [1. Hälfte.] 47 S. 8. Leipzig und Wien, Franz Deuticke, 1910. [M. 1. 50]

Pfister, Oskar. Die Willensfreiheit. Eine kritisch-systematische Untersuchung von Oskar Pfister, Dr. phil., Pfarrer in Zürich. XII + 405 S. 8. Berlin, Georg Reimer, 1904 (*Umschlag: 1903). [M. 6. —]

Pfister, Otto v., das Montavon m. dem oberen Paznaun. Ein Taschenbuch f. Fremde u. Einheimische. 12. (VIII, 243 S.) Augsburg 884. Lampart's alpiner Verl. geb. n. 2. 60

Pfister, Otto v., der Reform-Ansturm gegen die bestehende Rechtsordnung. (23 S.) gr. 8. Leipzig 907. M. Hoffmann. — 60

Todesstrafe und 'Prügelstrafe'. Eine volkstüml. Betrachtung. Von Otto v. Pfister, Landger.R. Berlin: Deutscher Schriftenverl. 1910. 19 S. 8° [10. 10479

Pfister, O. v., Todesstrafe u. „Prügelstrafe". Eine volkstüml. Betrachtg. (19 S.) gr. 8. Berlin, Illustr. landwirtschaftl. Zeitung. 1910. —. 50.

Pfister, Otto v., studentisches Verdeutschungs-Wörterbuch f. alle Hochschulen u. Richtungen. 8. (52 S.) Leipzig-Reudnitz 893. M. Hoffmann. n. — 50

Pfister, Pauline, Gedichte. 8. (VI, 114 S. m. Bildn.) Zürich 898. Leipzig, Verlag d. liter. Bulletin, A. v. Stern. n. 1. 50

Pfister, Philipp

(Pfister, Phil.) Die neue Gerichts- u. Verwaltungs-Organisation im Kgr. Bayern, insbes. Einrichtung .... der neuen Stadt- u. Landgerichte, Handelsgerichte, Notare u. Bezirksämter. München, Lentner'sche Buchh., 1862. 8°. Ppb.
VI S., 1 Bl., 100 S.

Pfister, Phpp., Katalog seiner Bibliothek, s. Hayn, H., thesaurus librorum Ph. Pfister, Monacensis.

Pfister, Placidus. Rede auf die Feier der Einsegnung des Hochwürdigsten Herrn Cölestinus (Müller), Prälaten in Einsiedeln Gehalten .. den 21sten August [1825]. 8. Einsiedeln 1825.

Pfister, Rudolf. von Luzern: Beitrag zur vergleichenden Anatomie der Sabaleenblätter. Zür. Hofer u. Burger 1892. 2 Bl., 50 S., 1 Bl., 2 Taf. 8°.
Zürich. Phil. Diss. [v 22. Febr 1892].

Pfister, Rud., die excentrische Granate mit sphärischer und ellipsoidaler Höhlung sowie deren zweckmässigste Construction. Mathematisch-artillerist. Studie. gr. 8. (38 S.) Kassel 865, C. Luckhardt's Separat-Conto. *

Pfister, R., die excentrische Granate mit sphärischer und ellipsoidaler Höhlung sowie deren zweckmässigste Construction. Mathematisch-artilleristische Studie. 2. (Titel-) Aufl. gr. 8. (38 S.) Cassel [Leipzig und Berlin] (865)70, Luckhardt'sche Verlagsh. — 75

Pfister, Rud., zur Kenntniss der Zimmtrinden. [Aus: „Forschungsberichte üb. Lebensmittel etc."] 8. (40 S.) München 893. E. Wolff. n. — 60

Pfister, Rud., allgemeiner Küchen- u. Wirthschafts-Almanach zum Gebrauch für jede Haushaltung für d. J. 1849. 16. (VIII u. 128 S.) Prag 849, Kopriwa. 9 ngr

Pfister, Rud., allgemeiner Küchen- und Wirthschafts-Almanach zum Gebrauch für jede Haushaltung für das J. 1849. 16. (VII und 128 S.) Prag 849, [Mercy.]

Pfister, R., Premierlieutenant im Schlesischen Festungs-Artillerie Regiment No. 6, commandirt als Assistent bei der Artillerie-Prüfungs-Commission. Monstre-Geschütze der Vorzeit. Aus dem Russischen übersetzt Mit 3 Tafeln
8. Cassel und Leipzig 1870.

Pfister, Rud., die Rotationen der Geschosse, die durch sie erzeugten Abweichungen, sowie die Mittel, letztere zu beherrschen u. zu benutzen. Für Officiere aller Waffen. Nebst 1 (lith.) Fig.-Taf. (in Fol.) Kassel 864. C. Luckhardt. gr. 8. (VI, 122 S.) n. 20 ngr

— die parabolische Theorie. Ein Leitfaden für militärische Lehranstalten. Mit einer (lith.) Taf. (in qu. gr. 4.) Ebend. 870. gr. 8. (23 S.) n. 8 ngr

Pfister, Salomo (Heydenheim, Württ.)
Dissertatio academica de desiderio summi boni, quod homini naturale est.
Giessae [21.] Sept. 1713: vidua J.R. Vulpii. 32 S. 4°
pro licentia praesidendi et aperiendi collegia

Pfister, Salomon [Praes.], s. Ostertag, Johann Philipp: De optima ratione atheos convincendi.

PFISTER, Wilhelm (Burladingen): Ueber die Beziehungen zwischen Descensus et Prolapsus uteri und Hernien.- München: Ernst 1891. 30 S., 1 Bl.
4.3.1891 - Chr 1890/91,20; Jv 1890/91.233
Diss. Ingolst.-Landsh.-Mchn.

Pfister-Schwaighusen, Hermann von, s. Pfister, Hermann von.

Pfisterer, Georg. Ueber Pneumokokken-Gelenk- und Knochen-eiterungen. Beobachtungen aus dem Kinderspital in Basel. Diss. Med. Basel. (Sonder-Abdruck aus dem Jahrbuch für Kinderheilkunde. N. F. Bd. 55.) 35 S. 8. Berlin, S. Karger, 1902.

Pfisterer, Gust. Friedr., Bibelkunde mit Einschluß der biblischen Geschichte. Für die oberen Klassen höherer Lehranstalten und für nachdenkende Bibelleser. gr. 8. (XV, 353 S.) Stuttgart 887, Krabbe. *M 3.60.; geb. ** 4 —

Pfisterer, Gust. Friedr. Bibelkunde. gr. 8. Stuttg. 887, Bonz u. Comp. * 3 60; geb. ** 4 —

Pfisterer, Gust. Frdr., Bibelkunde m. Einschluß der bibl. Geschichte. Für die oberen Klassen der höh. Lehranstalten u. f. nachdenk. Bibelleser. 2. Aufl., besorgt v. Reinh. Wiedersheim. gr. 8. (XVI, 399 S.) Stuttgart 899. A. Bonz & Co. n. 3. 60; geb. in Leinw. n.n. 4. —

Pfisterer, Gust. Frdr., Bibelkunde m. Einschluß der biblischen Geschichte. Für die oberen Klassen höherer Lehranstalten u. f. nachdenkl. Bibelleser. 3. Aufl., besorgt v. A. Gaub. (XVI, 460 S.) 8. Stuttgart 909. A. Bonz & Co. 3.60; geb. in Leinw. n 4. —

Pfisterer, Gust. Frdr., Grundlinien der pädagogischen Psychologie. Ein Leitfaden zunächst f. den Gebrauch des Schullehrerseminars. 8. (52 S.) Gütersloh 880. Bertelsmann. n. — 80

Pfisterer, Ist die Weltgeschichte das Weltgericht? Vortrag, gehalten in der Liederhalle zu Stuttgart am 29. Jan. 1879. gr. 8. (19 S.) Stuttgart 879. (Leipzig, Matthies.) * — 20

Pfisterer, Gust. Fr., Luther's Lehre von der Beichte. Im Zusammenhange und mit Luther's Worten dargestellt. gr. 8. (VIII und 179 S.) Stuttgart 857, S. G. Liesching.

—— Luther, der Prophet der Deutschen. Festrede bei der Lutherfeier, gehalten im evangel. Schullehrerseminar in Eßlingen. 8. (24 S.) Eßlingen 883, Weismann. * — 30

—— pädagogische Psychologie. Ein Versuch. gr. 8. (XII, 340 S.) Gütersloh 880, Bertelsmann. * 6 —

Pfisterer, Gust. Friedr. Pädagogische Psychologie. Ein Versuch. 2. Aufl. gr. 8. (XII, 340 S.) Güutersl. 889, Bertelsmann. * 6 —

— die evangelischen Staatsschullehrerseminare Württembergs nach ihrer geschichtl. Entwicklung u. ihrem derzeitigen Bestande. In amtl. Auftrage dargestellt. gr. 8. (57 S.) Stuttgart 881. (J. F. Steinkopf.) n. 1. —

PFISTERER, Ignaz (Gundelfingen): De hydrothorace.- Landishuti: Thomann 1812. 48,6 S.,1 Bl. 31.8.1811 - Pe 519; F 57
Diss. Ingolst.-Landsh.-Mchn.

Pfisterer, Johann Georg

Pfisterer, Jh. Geo., Betrachtt. über e. aus d. heil. Schrift gezogene Lehren ꝛc. 8. Wien 796. v. Mößle. 1/f Hbg. Pr. 8 %

— Nachr. üb. die Industrieschule zu Mauthausen. 8. Wien 784.

Pfisterer, K [Hrsg.], s. Molkerei-Zeitung, Allgäuer.

Pfisterer, Rico. Obstipation infolge Darmabknickung. Beitrag zur Lehre von der sogenannten «Hirschsprungschen Krankheit». Beobachtungen aus dem Kinderspital und aus der pathologisch-anatomischen Anstalt in Basel. Diss. Med. Basel. [Mit 1 Abbildung.] (Sonder-Abdruck aus dem Jahrbuch für Kinderheilkunde. Bd. 65.) 46 S. 8. Berlin, S. Karger, 1906.

Pfisterer, Wend., die Reform der Wasenmeistereien in besondere Beziehung auf Baden. Mit einem Vorworte versehen u. empfohlen den Polizei-Behörden, den Thierärzten u. Viehbesitzern von C. J. Fuchs. [Abdr. aus d. Thierärztl. Zeitung, Novbr.- u. Decbr.-Lfg. 1849.] 16. (22 S.) Karlsruhe 850, Braun. 1/8 ꝛf

Pfisterin, Barbara. Ein Roman aus dem bürgerlichen Leben. Basel 1782. V: *Seybold, David Christoph.* (GGr IV, I, 593, 41, 7) (Zeitschr. f. Büch. N. F. 15, 1923, S. 118)

Pfisterin, Barbara; e. bürgerl. Geschichte. 2 Bdchen. 8. Basel 782. Serini. 10 %

Pfistermeister, Ritter v., kurze Anleitung zu Übungen in der deutschen Sprach- u. Rechtschreiblehre f. die Mannschaften des kgl. b. Gendarmerie-Corps. gr. 8. (76 S.) Regensburg 881. Wunderling in Comm. cart. n. — 80

PFISTERMEISTER, Franz Ritter von (München): Ueber die Varicocele.- München: Wild (1876). 35 S. 10.6.1876 - Urk (Titel: De varicocele.); Chr 1875/76,16
Diss. Ingolst.-Landsh.-Mchn.

Pfistermeister, J. K. b Hptm. u. Gend.-Korps-Kmdo-Adjt — Reisebericht. T 1 2 (Lithogr) München 1861 4°
T 1 Organisation der Gendarmerie Korps in den Staaten. Österreich, Preußen Sachsen, Hannover, Württemberg, Baden, Hamburg, Belgien u. Frankreich.
T 2. Interbene Institute in den Städten Wien, Berlin, Dresden, Hamburg, Brüssel u Paris

Pfistermeister, Karl, S. J., Festpredigt, anläßlich des goldenen Priesterjubiläums Papst Pius X. geh. in der Universitätskirche zu Innsbruck. (8 S.) gr. 8. Innsbruck 908. Vereinsbuchh. u. Buchdr. — 10

Pfistermeister, Karl: Die Unauflösbarkeit der christlichen Ehe. 7 Vorträge anlässlich der jüngsten Angriffe auf die christl. Ehe. (50 S.) gr. 8. Innsbruck. E. Sibler 1906.
Sibler's zeitgemässe Broschüren No. 1

Pfistermeister, Carl, S. J., die Unauflösbarkeit der christlichen Ehe, s. a. Sibler's zeitgemäße Broschüren. I.

Pfistner, Christian: Die einem homogenen linearen Differentialgleichungssystem zugeordneten Systeme. Leipzig 1910: Teubner. 57 S. 8°
Freiburg i. B., Phil. Diss. v. 20. Juli 1910, Ref. Stickelberger
[Geb. 13. Sept. 84 Sulzbach a. d. Murr; Wohnort: Lahr; Staatsangeh.: Württemberg; Vorbildung. Gymn. Lahr Reife Juli 05; Studium: Straßburg 4, Freiburg i. B. 5 S.; Rig. 11 Febr. 10.] [U 10. 1076

Pfitz, Hnr. Chr., s. Dichter, Römische

Pfitz, H. Chr., s. Ovid's Werke, 1.—5. Bdchn.

Pfitzenmeyer, Ernst Friedrich, s.a. Pfizenmeyer, Ernst Friedrich.

PFITZENMEYER, Ernst Friedrich: Holztabellen. - Stuttgart 1798

—3 Tabellen z. Holzschlag. Fol. Stuttg. 798. Löfflund u. S. 4 %

Pfitzenmeyer, Er. Fr., Versuch u. Erfahr. e. Försters v. d. Holzpflanzung. Mit Tabellen. 8. Stuttg. 798. Löfflund u. S. 10 %

Pfitzer, der Geist des katholischen Kirchenjahres, dargestellt in Kanzelvorträgen über die sonn- u. festtäglichen Perikopen, gehalten in der Stadtpfarrkirche zu Schw.-Gmünd. 4 Thle. Regensburg 863. Pustet. 8. 1 ꝛf 17 ngr
1. Theil: Advents- u. Weihnachts-Predigten. (VIII, 219 S.) 12 ngr
2. Theil: Predigten für die heil. Fasten- u. Osterzeit. (VII, 284 S.) 14 ngr
3. 4. Theil: Predigten für die heil. Pfingstzeit bis Advent. (VII, 436 S.) 21 ngr

Pfitzer, die Krankenstube, d. i. eine Sammlung von Beispielen aus und für Krankenstuben. 12. (IV und 892 S.) Regensburg 861, Pustet.

Pfitzer, A., die Johanniskirche zu Gmünd u. Bischof Walther I. v. Augsburg [1133—1154]. Zugleich e. Beitrag zur Geschichte der Pfalzgrafen in Schwaben. gr. 8. (VI, 194 S. m. Illustr.) Stuttgart 888. Kohlhammer. n. 2. 50

Pfitzer, Benjamin Friedrich von, s. P f i z e r , Benjamin Friedrich von.

Pfitzer, Chr. Nikolaus, s.a. P f i t z e r , Johann Nikolaus.

Pfitzer, Chr Nik., das Leben rc. d. Joh. Fausti, s.a. Leben rc.

Pfitzer, Chr. Nikol., Leben Dr. Fausts, s.a. Widmann, G. R.

Das ärgerliche Leben | und | schreckliche Ende des vielberüchtigten | Erz-Schwarzkünstlers | Johannis Fausti. | Erstlich vor vielen Jahren fleißig beschrieben | von | Georg Rudolph Widmann, | hernach übersehen und wieder herausgegeben | von | Ch. Nikolaus Pfitzer ; Med. D. Nürnb. A. 1674. Jetzo aber | auf's Neue aufgelegt und mit 16 Holzschnitten | verziert. | Reutlingen, | Druck und Verlag von B. G. Kurtz. 1834.
237 S. + Inhaltsverzeichnis, 150 × 94. Titel-Fig.: *Doctor Johannes Faustus.* 127 × 79. 16 Fig. (von Hermann Kurz) im Text.
LBS d. D. oct K 3278.
J. Ashton: Chap Books of the 18th Century. London 1882, S. 38–52. – Conrady S. 59 141. Görres Nr 35. S. 207–229. – Heitz-Ritter Nr 110 148. – Huemer S. 139 172. – L. Ph. C. Van den Bergh: De Nederlandsche Volksroman. Amsterdam 1837, S. 148–154. – Van Heurck S. 107–110. – Im übrigen vgl. die Faust-Bibliographie von Hans Henning (bisher erschienen Teil I, Berlin/Weimar 1966).

Pfitzer, Ernst

Pfitzer (E.). Ancylistes Closterii, ein Algenparasit aus der Ordnung der Phycomyceten. Berlin, 1872. 8°.

Pfitzer, Ernst, B a c i l l a r i a c e e n, s. H a n d b u c h der Botanik.

Pfitzer, Ernst, B e o b a c h t u n g e n über Bau u. Entwicklung der Orchideen, s. M i t t h e i l u n g e n aus dem botanischen Institut der Universität Heidelberg.

— Beobachtungen üb. Bau u. Entwicklung epiphytischer Orchideen. [Aus: „Verhandlungen d. Heidelb. naturhistor.-med. Ver."] gr. 8. (16 S.) Heidelberg 877. C. Winter. n. — 40

— dasselbe. Vorläufige Mittheilungen. (4—6.) [Aus: „Verhandlgn. d. naturhist.-med. Ver. zu Heidelberg".] gr. 8. (14 S.) Ebend. 878. — 30

— dasselbe. 7. Zur Kenntniss der Bestäubungseinrichtungen der Orchideen. [Aus: „Verhandlgn. d. naturhist.-med. Vereins zu Heidelberg".] gr. 8. (4 S.) Ebend. 879. — 15

—— B e o b a c h t u n g e n über Bau und Entwicklung der Orchideen. Neunte Abhandlung: Ueber das Wachsthum der Kronblätter von Cypripedium caudatum Ldl. gr. 8. (19 S. mit 1 Stnt.) Heidelberg 882, C. Winter's Universitäts-Buchh. * 1 —
Aus: Verhandlungen des naturhistorisch-medicinischen Vereins zu Heidelberg, besonders abgedruckt.
Achte Abhandlung s. M i t t h e i l u n g e n aus dem botanischen Institut der Universität Heidelberg.

Ueber die verschiedenen Beziehungen äusserer Kräfte zur Gestaltung der Pflanze. Akademische Rede . am 22. Nov. 1889 beim Vortrage des Jahresberichtes und der Verkündigung der akademischen Preise gehalten von Dr. Ernst Pfitzer, Grossh. Bad. Hofrath, o. ö. Prof. d. Bot., Dir. d. bot. Inst. u. bot. Gartens d. z. Prorector d. Grossh. Bad. Univ. Heidelberg. Heidelberg, Univ.-Buchdr. v. J. Hörning, 1889; 46 S. 4°

Pfitzer, E., Entwurf einer natürlichen Anordnung der Orchideen. Lex.-8. (IV, 108 S.) Heidelberg 887, C. Winter's Universitäts-Buchh. * 4 —

—— der botanische G a r t e n der Universität Heidelberg. Ein Führer für dessen Besucher. Mit 1 (lithogr.) Plane des Gartens. gr. 8. (III, 50 S.) Ebendas. 880. * 2 —

Pfitzer, E., der botanische Garten der Universität Heidelberg. Ein Führer f. dessen Besucher. 2. Aufl. M. 4 Gartenplänen. 8. (III, 48 S.) Heidelberg 899. C. Winter. n. 1. —

— über die Geschwindigkeit der Wasserbewegung in der Pflanze. [Aus: „Verhandlgn. des Heidelberger naturhist.-med. Vereins".] gr. 8. (4 S.) Ebend. 877. n. — 20

—— über die G e s c h w i n d i g k e i t der Wasserbewegung in der Pflanze. gr. 8. (4 S.) Ebendas. 878. * — 20
aus: Verhandlungen des naturhistorisch-medicinischen Vereins zu Heidelberg, besonders abgedruckt.

— Grundzüge einer vergleichenden Morphologie der Orchideen. Mit einer farb. u. 3 schwarzen lith. Taf. u. 35 in den Text gedr. Holzschn. Fol. (IV, 194 S.) Ebend. 882. n. 40. —

Pfitzer, Ernst, Wilhelm Hofmeister, s.: Professoren, Heidelberger, aus dem 19 Jahrh.

Pfitzer, E., O r c h i d a c e a e, s.: E n g l e r, A., u. K. P r a n t l, die natürlichen Pflanzenfamilien.

Orchidaceae-Monandrae-Coelogyninae mit 294 Einzelbildern in 54 Fig von E[rnst] **Pfitzer** u. Fr[itz] K r ä n z l i n. Leipzig: W Engelmann 1907. (109 S.) 4°(8°)
— **Pflanzenreich**, Das. H. 32. (IV, 50.) los. 837

Orchidaceae – Pleonandrae mit 157 Einzelbild. in 41 Fig. von Ernst **Pfitzer**. *Leipzig: W. Engelmann 1903.* (132 S.) 4°(8°)
— **Pflanzenreich**, Das. H. 12. (IV. 50.) [illegible]

Pfitzer, Ernst (Hugo Hnr), Ueber die Schutzscheide der deutschen Equisetaceen. Diss. Mit 3 Kpft. Jena 1867. 8.

—— morphologische Studien über die Orchideenblüthe. Lex.-8. (139 S. mit 65 Holzschn.) Ebendas. 886. * 4 40
Aus: Festschrift des naturhistorisch-medicinischen Vereins zu Heidelberg, besonders abgedruckt.

— Übersicht des natürlichen Systems der Pflanzen. Zum Gebrauch in Vorlesgn. f. Anfänger bearb. gr. 8. (IV S. u. 36 Bl.) Heidelberg 894. C. Winter. n. 1. -

Pfitzer, E., Übersicht des natürlichen Systems der Pflanzen. Zum Gebrauch in Vorlesgn. f. Anfänger bearb. 2. neubearb. Aufl. gr. 8. (IV S. u. 40 Bl.) Heidelberg 902. C. Winter, Verl. n. 1. —

Pfitzner, E., Untersuchungen üb. Bau u. Entwickelung der Bacillariaceen, s.: A b h a n d l u n g e n, botanische.

Pfitzer, J. J., de Apolline doctore apostolico. Altorf. 1718. 4.

Pfizer, J. J., de ἀποθεώσει Pauli et Barnabae a Lystrensibus frustra tentata. Altorf. 1713. 4; rep. in Ikenii thes. diss. 2 p. 630 ss.

Pfitzer, J J., de congregatione non deserenda. Altorf. 1718. 4.

Pfitzer, J. Jac., Betr. über das Gebet Jesu, mit dopp. Anh. 8. Nürnberg, Raspe. 743.

— Handbuch für Kranke und Sterbende. 8. Nürnb.

— Leben Fausts. 8. Nürnberg, Schwarzkopf.

Pfitzer, Jh. Gf., († 1811.) der dreieinige Gott in d. ganzen heil. Schrift, zum Grunde d. wahren Christenthums gelehrt ꝛc. gr. 8. Leipz. 775. (Brockhaus). 8 gr

Pfitzer, J. Gf., der dreyeinige Gott in d. ganzen heil. Schr. gr. 8. Leipzig, Heinsius. (Gleditsch.) 778.

Pfitzer, Johann Gottfried (Leipzig). De restrictu per jus Saxonicum mulierum in res suas potestate. Diss. jur. Präs. Jo. Joachim Hahn. Erfurt (Grosch) 20. XI. 1721. 28 S. (4.50) 26341
Gew.: Adam Heinrich Bosen.

Pfitzer, Johann Nikolaus, s.a. Pfitzer, Chr. Nikolaus.

Das ärgerliche Leben und schreckliche Ende des vielberüchtigten Ertz-Schwartzkünstlers D. J. Fausti, erstlich vor mer vielen Jahren fleißig beschrieben von G. R. Widmann, jetzo auffs neue übersehen und mit Erinnerungen, Fragen und Geschichten vermehret durch J. N. Pfitzerum. Nürnberg 674. 695. 717. 681. 683. 711. 726. 8.

Pfitzer, Jos., Auszugs-Lehren u. Erklärungen zu P. Aeg. Jais schöne Geschichten und lehrreiche Erzählungen. 12. Salzburg 836. Mayr. 1/8 rℓ

Pfitzer, R., üb. den Vernarbungsvorgang an durch Schnitt verletzten Blutgefässen. Inaugural-Dissertation. gr. 8. (37 S. m. 1 Steintaf.) Königsberg 879. Hartung. n. 2. —

Pfitzinger, Kanig, Brutzer, Gerhold, acht Kamba-Märchen, s.: Lichtstrahlen im dunkeln Erdteile. Kl. Ser. 4.

Pfitzinger, W., der Brennerei-Werkführer. Handbuch f. Werkführer v. Spiritusbrennereien u. Mälzereien. [Mit 12 Abbildgn.] gr. 8. (IV, 84 S.) Leipzig 883. (Prag, Calve.) n. 2. —

Pfitzinger, *Friedrich* Wilhelm *August* [aus Schöningen in Braunschw.]: Ueber Condensationen der Isatinsäure zu Cinchoninsäurederivaten ... Leipzig-R., Druck v. O. Schmidt, 1896; 51 ... 8.
Leipzig, Phil. Fak., Inaug.-Diss. v. [30. Jan.] 1896

Pfitzmaier, Dr. A., Die neuere Lehre d. russischen Gottesmenschen. (S.-B.) 8. (82 S.) Wien. *Carl Gerold's Sohn. 60 kr. 1883

— Nachrichten aus d. Geschichte d. nördl. Thsi. (S.-A.) 4. (96 S.) *Ebds. 2 fl. 40 kr. 1883

— Untersuchungen über Ainu-Gegenstände. (S.-A.) 8. (82 S.) Ebds. 60 kr 1883.

Pfitzmann, Carl [cand. med. aus Guben]: Ueber den habituellen Abortus. . . Würzburg, Anton Boegler'sche Buchdr., 1888; 46 S. 8°
Würzburg, Med. Fak., Inaug.-Diss. v 1888

Pfitzner, Dr., Amtliche Vertheidigung der Stadt Landshut gegen die Dr. Bernhuberschen Anschwärzungen ihrer Gesundheit u. Sittlichkeit. (Landshut) 1824. 8°. (In Marburg, Univbibl.)
Gegen: Bernhuber, Franz Xav., Fragmenta quaedam ad topographiam phys.-med. urbis Landshutanae. (Diss. inaug.) Landsh. 1823. 4° (In München u. in Marburg, Univbibl.) Beides rar!

Pfitzner, W. J., Glaube u. Gefühl, od. unmittelbares Wissen als Bürgschaft f. d. Wahrheit in göttl. Dingen beleuchtet. Mit vorwortl. Bruchstücken aus d. Erfahrungskreise zweier ehemal. Katholiken. 8. (19½ B.) Breslau 830, (Aderholz.)

Pfitzner, E., der Hausgarten. Kurze, praktische Anleitung zur Anlage, Bepflanzung und Pflege eines Hausgartens und zur Cultur der bekanntesten Gemüse, Obstbäume, Blumen und Ziersträucher. Für Besitzer kleinerer Gärten in Stadt und Land, für Geistliche und Lehrer, besonders für die Hausfrauen, aus eigenen Erfahrungen mitgetheilt. [Preisschrift, vom Verein zur Beförderung des Gartenbaues in den königl. preuß. Staaten zu Berlin prämiirt mit einer broncenen Vereinsmedaille.] 8. (56 S. mit 2 lithogr. Plänen.) Langensalza 878, Schulbuchh. von Greßler. — 75

Pfitzner, E., der Hausgarten. Kurze, prakt. Anleitung zur Anlage, Bepflanzung und Pflege eines Hausgartens und zur Kultur der bekanntesten Gemüse, Obstbäume, Blumen und Ziersträucher. Für Besitzer kleinerer Gärten in Stadt und Land, für Geistliche und Lehrer, besonders für die Hausfrauen, aus eignen Erfahrungen mitgeteilt. [Prämiierte Preisschrift.]. 2. Aufl. 8. (IV, 59 S. mit 2 lithogr. Plänen.) Langensalza 882, Schulbuchh. von Greßler. — 75

Pfitzner, E., der Hausgarten. Kurze prakt. Anleitung zur Anlage, Bepflanzung u. Pflege e. Hausgartens u. zur Kultur der bekanntesten Gemüse, Obstbäume, Blumen u. Ziersträucher 3. Aufl. 16. (IV, 59 S. m. 2 Plänen.) Langensalza 889. Schulbuchhandlg. — 75

Pfitzner, E., s.: Posselt, Wilhelm, der Kaffern-Missionar.

Pfitzner, (C. Ch.,) Anleit. zu einem ausführlich. u. gründl. Unterricht in d. christl. Religion nach den sechs Hauptstücken des luther. Katechismus f. Jugendlehrer u. Religionsfreunde bearb. 8. Gotha 824. Hennings.

Pfitzner, C. G., Anleit. zu einem ausführl. u. gründl. Unterricht in d. christl. Religion nach den sechs Haptstücken des Luther. Katechismus f. Jugendlehrer u. Religionsfreunde bearb. 8. Gotha 824. Hennings. 12 gr

Pfitzner, Erich: Das anglonormannische Gedicht von Brendan als Quelle einer lateinischen Prosafassung. Halle a. S. 1910: Karras. 36 S. 8° ¶ (Aus: Zeitschrift f. roman. Philol. Bd 35, H. 1.)
Halle, Phil. Diss. v. 10. Dez. 1910, Ref. Suchier
[Geb. 31. März 86 Zwickau i. S.; Wohnort: Halle a. S.; Staatsangeh.: Sachsen; Vorbildung: Dreikönigsch. Dresden-N. Reife O. 05; Studium: Jena 2, Straßburg 1, Nancy 1, Halle 6 S.; Rig. 13. Mai 10.] [U 11. 1884

Pfitzner, F., über die unbedingte Beweiskraft der allerhöchst confirmirten Urbarien in Schlesien u. der Grafschaft Glatz. gr. 8. (3½ B.) Schweidnitz 844, Heege.

Pfitzner, F., d. weise u. frohe Genuß des Lebens. 8. Glogau 806. Chr. F. Günther. 3 gr

Pfitzner, H., die elektrischen Starkströme, ihre Erzeugung u. Anwendung. In leicht fassl. Weise dargestellt. 2. unveränd. Aufl. gr. 8. (69 S. m. 44 Fig. auf 5 Taf.) Leipzig 894. Oststr. 26, Selbstverl. n. 1. 50

Pfitzner, H., die elektrischen Starkströme, ihre Erzeugg. u. Anwendg. In leicht fassl. Weise dargest. 3., vollständ. umgearb. Aufl. gr. 8. (IV, 160 S. m. 47 Fig. auf 5 Taf.) Dresden 898. Th. Jensch. n. 2. 75

Pfitzner, H., die elektrischen Starkströme, ihre Erzeugung u. Anwendung. In leicht fassl. Weise dargestellt. 4., vollst. umgearb. u. stark verm. Aufl. (IV, 182 S. m. 104 Fig.) gr. 8. Dresden 905. Th. Jentsch. n.n. 3. 50

Pfitzner, Hans: Das Christ-Elflein. Weihnachtsmärchen. Dichtung von Ilse v. Stach. Berlin Ries & Erler [1906]. 60 S. 8°

Die Rose vom Liebesgarten in 2 Akten, Vor- u. Nachspiel. Musik von Hans **Pfitzner**. Dichtung von James Grun. Klav.Ausz. mit Text. *Berlin: Selbstverl.; [A. Deneke] 1901* (255 S.) 4° (oe. 10876

Die Rose vom Liebesgarten. Romant. Oper in 2 Akten, Vor- u. Nachspiel. Dichtung von James Grun. Musik von Hans **Pfitzner** Textbuch. Leipzig. M. Brockhaus [1906]. 59 S. 8° (11. 1129

Pfitzner, Heinrich, Allgemein verständliche Abhandlung des Spiritismus mit einer Einleitung und einem Anhange von spiritischen Betrachtungen und Gedichten. gr. 8 (20 S.) Wien, Lechner, Sort.-Conto in Comm. 1870. 35 kr.

Pfitzner, Heinrich: Die Prüfungen der Baptisten zu Littleville. (Vorr.: Eleaser Holysmoke.) Minden i.W. J. C. C. Bruns [1901]. (VII, 159 S.) 8°

Die Prüfungen der Baptisten zu Littleville. Humorist. Bilder aus d. modernen Provinzleben d. nordamerikan. Union von Heinrich **Pfitzner** (Vorr.: Eleaser Holysmoke.) 2. Aufl. Minden i. W.: J. C. C. Bruns [1905]. (XI, 159 S.) 8° [F.] 106. 0367

Wayward City. Amerikan. Kulturbilder in Scherz u. Ernst. Von Heinrich **Pfitzner**. Minden i. W.: J. C. C. Bruns [1905]. (287 S.) 8° [F.] 106. 0368

Pfitzner, (Franciscus) Lotharus *(geb. Guhrau in Schles. 2. 10. 1819)*: De atropino. Vratislaviae (1846). (31 S.) 8° *[Verf. erlebte die Diplomerneuerung 1896 als Arzt in Stroppen.]*
Breslau, Med. Diss. v. 14. [vielmehr 15.] Dez. 1846

Pfitzner, M., Märchen f. große Kinder. (74 S.) 8. Berlin 907. L. Simion Nf. n. 1. 20; geb. n. 2. —

Pfitzner, Max: Ein Fall von akuter Myelitis bei einer Syphilitischen. *Königsberg i. Pr. 1898: M. Liedtke.* (30 S.) 8°
Königsberg, Med. Diss. v. 4. Aug. 1898

Pfitzner, Max, ein Fall v. akuter Myelitis bei einer Syphilitischen. Diss. gr. 8. (30 S.) Königsberg 898. (W. Koch.) n. 1. —

Pfitzner, Michael (Bresl.), De morbis lienis. Diss. med. Präs. Friedrich Hoffmann. Halle/Magdeburg (Chr. Henckell) Febr. 1704. 35 S. (4.75) 26343
Widm. v.: Friedrich Hoffmann.

Pfitzner, Paul: Zwei bemerkenswerte Classen simultaner Differentialgleichungen zwischen 3 Variabeln. 1884. 8°
Diss. Leipzig.

Pfitzner, Paul: Über den didaktischen Wert zusammenhängender Aufgabengruppen im mathematischen Unterricht. Beispiele mit bes. Berücks. schwieriger Determinationen. Dresden 1908: Lehmann. 32 S. 4°
Dresden, G zum heil. Kreuz P 1908 (703) [S 08. 348

Pfitzner, Robert [aus Kötzschenbroda]: Beiträge zur operativen Behandlung der tuberculösen Coxitis ... Leipzig, Druck v. R. Gerstäcker, 1895; 33 S. 8.
Würzburg, Med. Fak., Inaug.-Diss. v. 1895

Pfitzner, W., Beiträge zur Kenntniss d. menschlichen Extremitätenskelets. 2 Abthlgn. (Morphologische Arbeiten, hrsg. v. G. Schwalbe. 1. Bd. 1. u. 4. Hft.) gr. 8. (120 u. 246 S. m. 9 Taf.) Jena 891. 892. G. Fischer. n. 20. —

PFITZNER, W.
Leitfaden für Situs-Uebungen an der Leiche. Zum Gebrauche bei Demonstrationen und Repetitionen ausgearbeitet von Dr. med. W. Pfitzner. Leipzig und Wien. 1900. Deuticke. 8°. 42 S. K 1.20

Pfitzner, W., Leitfaden f. Situs-Übungen an der Leiche. Zum Gebrauche bei Demonstrationen u. Repetitionen ausgearb. 2. Aufl. (42 S.) kl. 8. Wien 911. F. Deuticke. durchsch. 1. —

Pfitzner, Skelettlehre, s.: Disse, J.

Pfitzner, Wilhelm

Pfitzner, Wilh., die Annalen des Tacitus kritisch beleuchtet. I. 1—6. Buch. Halle 869. Mühlmann. gr. 8. (VIII, 194 S.) n. 1 Thlr 10 ngr

(Pfitzner, Wilh.,) kritische Bemerkungen zu Tacitus Agricola. Beleuchtung der „Beiträge zur Kritik u. Erläuterung von Tacitus Agricola" von Wex. gr. 4. (4¼ B.) Neubrandenburg 843, Brünslow. * —

Pfitzner, ..., s. Bemerkungen, krit., zu Tacitus Agricola.

Pfitzner, Wilh., frische u. welke Blüten. Gedichte. 12. (III, 81 S.) Dresden 894. E. Pierson. n. 1. 50; geb. in Leinw. n. 2. 50

—— Commentatio quot quibusque numeris insignes legiones inde ab Augusto usque ad Vespasiani principatum in Oriente tetenderint. 4. (1½ B.) Novi Brandenburgi 844, Brünslow. *

— Wilh., Commentatio quot quibusque muneris insignes legiones inde ab Augusto usque ad vespasiani principatum in Oriente tetenderint. Neu-Brandenburg (Hoepfner) 1844. 12 S. (3.50) 26344
Gew.: Friedrich Wilhelm Schroeder, Martin Besendahl, Carl Ludwig Friedrich Berlin, Wilhelm Uterhart, Wilhelm Bülle.

-- Allgemeine Geschichte der röm. Kaiserlegionen bis Hadrian. Pr. 1854. 82 S. 4°.

Pfitzner, W. Allgemeine Geschichte der römischen Kaiserlegionen bis Hadrian 8. Parchim 1864.

Pfitzner, W., Geschichte der römischen Kaiserlegionen von Augustus bis Hadrianus. gr. 8. (VI, 290 S.) Leipzig 881. Teubner. n. 6. 40

Pfitzner, W., das christliche Gymnasium. Parchim 863. Wehdemann. gr. 8. (2 Bl., 55 S.) n. 10 ngr.

Pfitzner, W., ist Irland jemals v. e. römischen Heere betreten worden? Eine historisch-philolog. Untersuchg. üb. Tacitus Agr. Kap. 24. gr. 8. (39 S.) Neustrelitz 893. G. Barnowitz. n. 1. —

—— über das Sabinische Landgut des Horatius. 4. (20 S.) Parchim 864, Wehdemann. *

Pfitzner, (Joan. Frid.) Guil. (geb. Schönebeck a. E. Jan. 1814). De legionibus quae inde ab Augusto usque ad Hadrianum principem in Illyrico tetenderint. Berolini (1846). (18 S.) 8° * Ist ein Teil der schon 1844 gedruckten Commentatio, quot quibusque numeris insignes legiones inde ab Augusto usque ad Vespasiani principatum in Oriente tetenderint. Novi Brandenburgi 1844.
Berlin, Phil. Diss. v. 4. März 1846

Pfitzner, W Quae causae fuerint, cur Nero princeps, omissa in praesens Achaia, a Benevento in Urbem subito regressus sit. S. 20—24. Progr. *Parchim* 1883.

Pfitzner, W., tabellarische Uebersicht der griechischen u. römischen Geographie u. Geschichte. gr. 8. (64 S.) Parchim 874. Wehdemann. n. 1. —

Pfitzner, das Verhalten des Tiberius im Senate bei der Unternahme der Herrschaft, s.a. Festschrift für Hrn. Conrector Dr. Heussi.

Pfitzner, W., Das Verhalten des Tiberius im Senate bei dér Uebernahme der Herrschaft. Gel. 1877 24 S. 1,20

Der Automobilmotor und seine Konstruktion. Von W(illy) Pfitzner, weil. Dipl.-Ingen. Hrsg. u. bearb. von R[udolf] Urtel, Dipl.-Ing. Mit 84 Textfig. Berlin. M. Krayn 1907 (179 S.) 4°(8°) [F.]
= Bibliothek, Automobiltechnische. Bd 1. [07. 11588

Pfitzner, W., das Automobilwesen auf der Weltausstellung in St. Louis, s.: Buhle, M., das Eisenbahn- u. Verkehrswesen auf der Weltausstellung in St. Louis.

Pfisenmaier, Karl: Untersuchungen über die Flüchtigkeit und Wasserlöslichkeit der Fettsäuren und Anwendung der erhaltenen Resultate auf die Fette. München 1910: Fröhlich. 49 S. 8°
München, Phil. Diss. v. 18. Febr. 1910, Ref. Th. Paul
[Geb. 28. Febr. 85 Untertürkheim; Wohnort: Stuttgart; Staatsangeh.: Württemberg; Vorbildung: Wilhelms-Oberrealsch. Stuttgart Reife Juli 04; Studium: Stuttgart Techn. Hochsch. 4, München 5 S.; Rig. 18. Febr. 10.] [U 10. 3684

Pfizenmayer, E., das Mammut, Eleph. primigenius Blum. (24 S. m. 1 Abbildg.) gr. 8. Leipzig 908. F. E. Wachsmuth. — 40

[Pfizenmayer Eberh.] Erwiderung der evangel. Gemeinde Ober- und Untergröningen auf das offene Sendschreiben ihres vormaligen zur kathol. Kirche übergetretenen Pfarrers Karl Haas. Stuttgart Rieger 1844

Pfizenmeier, Karl, Beiträge zur Chemie u. Analyse d. Fette, s.: Heiduschka, Alfr.

Pfizenmeyer, Ernst Friedrich, s.a. Pfitzenmeyer, Ernst Friedrich.

PFIZENMEYER, Ernst Friedrich: Versuche und Erfahrungen eines Försters von der Holzpflanzung, wie mehr Holz zu gewinnen, die Hindernisse abzuwenden und dadurch dem einreißenden Holzmangel zu steuern sey. - Stuttgart 1798. 80 S., 5 Taf.

Pfizer, Benjamin Friedrich von

Pfizer, B. F., Beyträge zum Behuf einer neuen Criminalgesetzgebung. 8. Tübing. Heerbrand. 810.

v. Pfizer, Benj. Fr., Beiträge z. Behuf e. neuen Criminalgesetzgebung. 8. Tübing. 810. (Osiander). 14 gGr 2e veränd. u. verm. Ausg. 8. Ulm 826. Stettin. 1 ℛ
Vgl. Pfizer, Karl von.

— die Lehensfolge nach d. longobardischen, dem altdeutschen u. vorzügl. nach dem Baden-Durlachischen Lehenrechte. gr. 8. Ulm 818. Ebner. 1 ℛ 4 gGr

Pfizer, Benjamin Friedrich, De pignore privilegiato, quod mutuando ad rem comparandam acquiritur. Diss. jur. Stuttgart (Typ. Acad.) Jan. 1792. 22 S. (—.—) 26345

Pfizer, Benjamin Friedrich: Rechte und Verbindlichkeiten der Weiber bey einem Ganntprozess (T. 2: Concursprozess) üb. das Vermögen ihrer Männer. T. 1. 2. — Stuttgart: Helfferich in Komm. 1794 bis 96. 8°

v. Pfizer, Benj. Fr., Rechte u. Verbindlichkeiten d. Weiber bei e. Gantprozeß üb. das Vermögen ihrer Männer, nach deutsch., besond. aber Würtemb. Rechte. 2 Thle. 8. Stuttg. 794—96. (1r Thl., Löfflund, (a. Hoffmann). 18 gGr 2r Thl. Metzler. 1 ℛ 4 gGr) 1 ℛ 22 gGr (Osiander in Tübing.) 1 ℛ 14 gGr

v. Pfizer, Benj. Fr.: Rechte u. Verbindlichkeiten d. Weiber bei einem Gantprocesse üb. d. Vermögen ihrer Männer. Nach Deutschem, bes. aber Würtemb. Rechte. *Stuttgart*. Th. 1. 794. (Weise.) Th. 2. 796. (Metzler.) (1 Thl. 22 Gr.) (*Tübingen*, Osiander.) (1 Thl. 14 Gr.)

Pfizer, Gustav

Pfizer, G., der Achtung unwürdig! Ein Fall württemb. Disziplinarverfahrens. 1. u. 2. Aufl. 1.—5. Taus. gr. 8. (79 S.) Stuttgart 894. R. Lutz. n. 1. —

Pfizer, Gust., Anlaß und Entstehung des Kampfes in Schleswig-Holstein. 16. (46 S.) Frankfurt a. M. 850, Sauerländer's Verlag. *

Anti-Seuffert oder der Geist des Rechts und der Buchstabe des Gesetzes. Von G[ustav] Pfizer *Leipzig: O. Wigand 1892.* (VIII, 455 S.) 8° [F.]

Pfizer, G., das württemberg. Ausführungsgesetz zum bürgerl. Gesetzbuch nebst der württembergischen Gesindeordnung, m. kurzen Erläutergn. hrsg. gr. 8. (V, 202 S.) Ravensburg 900. O. Maier. n. 3. —; kart. n. 4. —

—— Die Berufung in Strafsachen. — s.a. Zeit- u. Streitfragen, deutsche.

Pfizer, die Berufung in Strafsachen. (Zeit- und Streitfragen N F 90) Hamburg 1891

Pfizer, Gust., Blätter z. Kunde der Literatur d. Auslandes, s. Blätter.

Pfizer, Gustav, s. L. Bulwer: Chevely.

Pfizer, Gustav [Übers.]
s. Bulwer, E.G.: Werke. 1834 - 1853.

– s. Byron: Dichtungen.

—— Charakteristik Schillers, s. Thorwaldsen, A., Schillers Denkmal.

— Charakteristik Shakspeares, s. Shakspeare. Nach Roubillac's Statue.

Pfizer, Gust., Dichtungen epischer und episch-lyrischer Gattung. 8. Stuttgart 840. Cotta. $1^2/_3$ ℛ

Pfizer, Gustav: Ehe, Staat u. Kirche. Hamburg 1890, s. Zeit- u. Streitfragen, Deutsche. N.F. 72.

Pfizer, Gustav, Die deutsche Einheit und der Preußenhaß. Ein politisches Bekenntniß, allen Urtheilsfähigen und Vorurtheilsfreien vorgelegt. Stuttgart, P. Neff, 1849. 27 S. 8°.

Pfizer, Gust., Gedichte. 8. (22½ B.) Stuttgart 831, Neff.

—— Gedichte. Neue Samml. 8. (26¼ B.) Stuttgart 835, Neff.

Pfizer, G. *Geschichte Alexanders des Großen* für die Jugend von Gustav Pfizer. Mit zwei Darstellungen aus Thorwaldsens Alexanderzug und einer Karte . . . Stuttgart, Liesching, 1846. XVI, 384, 8 S. Kl.-8°. Cremefarb., m. einer Zeichnung n. Thorwaldsen illustr. Or.-Kartonbd. 12.—
Merget 217. ★ 1. Ausg. Hauptsächl. e. Übersetzung aus Arrian. — Wenige Fleckchen, Einbandrücken etw. dunkler. Name a. d. Vortitel. Schönes Ex.

—— Geschichte der Griechen f. d. reifere Jugend. gr. 8. (30½ B. u. Ttlbld.) Stuttgart 840, (47,) S. G. Liesching's Verl.

Pfizer, G., das bürgerliche Gesetzbuch f. das Deutsche Reich. 2 Tle. gr. 8. Ravensburg 897. 98. O. Maier. Kplt.: n. 7. —; geb. n. 7. 80; in 2 Bde. geb. n. 8. 50
1. D. Recht d. bürgerlichen Gesetzbuches. Für d. deutsche Volk gemeinverständlich dargest. (XXVII, 504 S.) Einzelpr. n. 6. —; geb. n. 7. —
2. Bürgerliches Gesetzbuch f. d. Deutsche Reich, nebst Einführungsgesetz. Textausg. m. Inhaltsverzeichnis und Sachregister. (VIII, 348 S.) Einzelpr. n 1. 50; geb. n. 2. —

— das bürgerliche Gesetzbuch f. das Deutsche Reich. 2 Tle. gr. 8. Ebd. (900). n. 7. 50; geb. n. 9. —; in 1 Bd. n. 7. —; geb. n. 7. 80
1. Das Recht des bürgerl. Gesetzbuches. Für das deutsche Volk gemeinverständlich dargestellt. 4. verb. Aufl. (XXVII, 504 S.) n. 6. —; geb. n. 7. —
2. Bürgerl. Gesetzbuch f. das Deutsche Reich nebst Einführungsgesetz. Textausg. m. Inhaltsverzeichnis u. Sachregister. 4. Aufl. (VIII, 348 S.) n. 1. 50; geb. n. 2. —

— württemberg. Gesinde-Ordnung. Gültig vom 1. I. 1900 an. Sep.-Abdr. aus dem württemberg. Ausführungsgesetz zum bürgerl. Gesetzbuch, m. kurzen Erläutergn. hrsg. gr. 8. (20 S.) Ebd. (900). n. — 35

[Pfizer, Gust.:] Die Glorie Heckers. 2. Aufl. Stuttg.: Metzler 1848.

Pfizer, Gustav [Hrsg.]
s. James, G.P.R.: Romane. 1852 - 1853.

— Willibald Ilg. Ein Nachtstück aus der modernen deutschen Strafrechtspflege. gr. 8. (68 S.) Leipzig 894. O. Wigand. — 75

Pfizer, Gust., Martin Luther's Leben. Stuttgart, Liesching, 1836. Gr. 8°. Hfrzb.
XXIV—910 S. „Mit gründlicher u. feiner Benutzung der Quellen entworfenes, wohl organisirtes Bild der Person, des Werkes u. der Zeit des Reformators. Der Verfasser, den Ansichten des lutherischen Systems sichtbar nicht zugethan, verfährt in Darstellung desselben mit aller Selbstverläugnung. Treffliches Lesebuch f. Jedermann." (Schwab u. Klüpfel.)

—— dass. — Ausg. ohne Stahlst. gr. 8. (58½ B.) Ebds. 830.

(Pfizer, Gustav), Die Linke in Frankfurt und ihr Märzverein. Veröffentlichung des Vaterländischen Vereins zu Stuttgart. Stuttgart, J. B. Metzler, 1848. 15 S. 8°.

– s. Luther's sämmtl. Werke.

— s. Nibelungen Noth.

(Pfizer, Gustav), Die Oestreichische Note und di Habsburgische Politik. Was haben wir von einem Habsburgischen Kaiserthum zu erwarten? 15 S. 8°.

Pfizer, die philosophische Propädeutik auf den Gymnasien, nebst einigen logischen Aphorismen. gr. 4. (68 S.) Stuttgart 852. (Tübingen, Fues'sche Sortimentsh.) *

Pfizer, G., s. Räthsel, gereimte, aus dem Deutschen Reich.

Pfizer, G[ustav]: Das Recht des Bürgerlichen Gesetzbuches. Gemeinverständl. dargest. [Folgt:] Bürgerliches Gesetzbuch f. d. Deutsche Reich nebst Einführungsgesetz. Textausg. m. Inhaltsverz. u. Sachreg. Ravensburg: O. Maier [1899]. (XXVII, 504 S., 1 Bl.; VIII, 348 S.) 8°

— soziales Recht. Vortrag, geh. in der Versammlg. der deutschen Partei am 26. Novbr. 1892 zu Ulm. gr. 8. (18 S.) Ulm 893. Gebr. Nübling. n. — 40

Pfizer, Recht und Willkür im deutschen Strafprozeß, s. Zeit- und Streit-Fragen, deutsche.

Pfizer, Recht u Willkür im deutschen Strafprozess. (Zeit- u Str. NF 41-42) Hamburg 1888

Die Rechtskraft des Verbrechens und der Niedergang der deutschen Strafrechtspflege. Von [Gustav] Pfizer. *Zürich: E. Speidel 1897.* (50 S.) 8° [J.] [04. 1194 6

Pfizer, G., die Reform der Verwaltungsrechtspflege. gr. 8. (37 S.) Stuttgart 873. Heitz. n. 1. —

— Thatbestand u. Berufung. Ein Beitrag zur Kritik d. Rechtsmittelsystems d. im k. preuß. Justizministerium bearb. Entwurfs e. deutschen Civilproceßordnung. gr. 8. (36 S.) Jena 872. Dufft. n. — 80

——, Uhland u. Rückert. Ein krit. Versuch. 8. (4½ B.) Stuttgart u. Tübingen 837, Cotta'sche Buchh.

Pfizer, was erwartet Deutschland v. dem bürgerlichen Gesetzbuch?, } s. Zeit- u. Streit-Fragen, deutsche.

— Was erwartet Deutschland v. d. Bürgerl. Gesetzb.? (Zeit- u Str. NF 55) Hamburg 1889

Pfizer, Gustav, Weder jetzt das Direktorium, noch das Habsburg'sche Kaiserthum später! Antwort an den „Großdeutschen" Herrn Dr. Buß. Stuttgart, P Neff, 1849. 52 S. 8°.

—— der Welsche u. der Deutsche. Aeneas Sylvius Piccolomini (Pabst Pius II.) u. Gregor von Heimburg. Historisch-poetische Bilder aus dem 15. Jahrh. gr. 8. (34 B.) Stuttgart 844, Becher's Verl.

—— Wort u. That. Ein Nothruf für deutsches Recht. gr. 8. (120 S.) Lpz. 892, O. Wigand. 1 50

Pfizer, Gust., Worte d. Erinnerung an d. 25. Juni 1530. 8. ... Tübingen 830, Laupp. Thlr.

Pfizer, J. J., s. Pfitzer, J. J.

Supremo numine favente de mensula Praetoriana aliisque instrumentis geometricis adgnatis diatribe, quam inclutae facultatis philosophicae indultu, Lipsiae d. Mart. horis locoque consuetis. Publicae eruditorum disquisitioni sub praesidio M. *Jo. Christoph Albrecht* Altenburgensi. LL. Cult. submittet respondens *Jo. Golofredus Pfizer.* Lipsiensis. Lipsiae. Typis Martini Fuldii. 4. 54 S. m. 1 Kupfert. 1706.

Pfizer, Johann Jakob [Praes.], s. Stoy, Johann Friedrich: De beneficiis typicis.

Pfizer, Karl von

v. Pfizer, Beiträge zum Behuf einer neuen Strafgesetzgebung. 2e veränd. u. verm. Ausg. 8. Ulm 826, Stettin.
Vgl. Pfizer, Benj. Friedr. v.

Pfizer, Karl (Imm. Otto.) v.; über die Grenzen zwischen Verwaltungs- u. Civil-Justiz, u. üb. die Form bei Behandlung d. Verwaltungsjustiz. gr. 8. (14½ B.) Stuttgart 828, Cotta.

v. Pfizer, Karl (Imm. Glo.), üb. d. Collation d. Descendenten. gr. 8. Stuttg. 807. Steinkopf. 3 fl

—— Prüfung d. neuesten Einwendungen geg. die Zulässigkeit d. Verwaltungsjustiz u. geg. ihren Umfang. gr. 8. (8½ B.) Stuttgart 833, Steinkopf.

Pfizer, (Karl Imm. Otlo.), Prüfung d. Wahrscheinlichkeits-Berechnung d. Allgem. Renten-Anstalt zu Stuttgart. 8. (2 B.) Stuttgart 839, Krabbe. *

Pfizer, K.: Ueber d. Voraus des überlebenden Ehegatten nach d. engern Sinne d. Würtemberg. Rechts. *Stuttgart.* (Beck u. Fränkel.) 802. 8. (20 Gr.)

— über den Voraus des überlebenden Ehegatten, nach d. engern Sinne d. Würtemberg. Rechts. gr. 8. Stuttg. 802. Löfflund u. S. 20 gl

Pfizer, Paul Achaz: Motivirter Antrag, betreff. d. Beschlüsse d. Bundestags v. 28. Juni 1832, entwick. in d. Kammer d. Abgeordneten des Königr. Würtemberg am 15. Febr. 1833. Amtl. Ausg. *Stuttgart*, Metzler. 833. gr. 8. (4 Gr.)

Pfizer, Paul Achaz: Antrag in Betreff d. staatsrechtl. Verhältnisse Würtembergs zum deutschen Bunde. Entwick. in d. Sitzung d. Kammer d. Abgeordn. d. Königr. Würtemberg v. 27. Juli 1833. Abdr. aus d. amtl. Ausgabe d. Protocolle. *Stuttgart*, Metzler. 833. gr. 8. (6 Gr.)

Pfizer, Dr. P. A., Deutschlands Aussichten im Jahre 1851. Stuttgart, Metzler, 1851. 15 S. 8°.

Pfizer, P. A., Beiträge zur Feststellung der deutschen Reichsgewalt. gr. 8. (20 S.) Frankfurt a. M. 848, Sauerländer in Comm. 3 ngr

—— Briefwechsel zweier Deutschen, s. Briefwechsel.

Pfizer Paul Ach. [u. Frdr. Notter]: Briefwechsel zweier Deutschen. Stuttgart: Cotta 1831.

Pfizer, P(aul) A(chatius): „Briefwechsel zweier Deutschen, herausgegeben von dem Obigen", Stuttgart und Tübingen 1831. 2. verb. und verm. Auflage, ebenda 1832, vorh.: Bücherei der Industrie- und Handelskammer Leipzig.

Pfizer, P. A., über d. Entwicklung d. öffentl. Rechts in Deutschland durch d. Verfassung d. Bundes. gr. 8. (25½ B.) Stuttgart 835, S. G. Liesching.

Pfizer, P. A., Gedanken über Recht, Staat u. Kirche. 2 Thle. gr. 8. (53¼ B.) Stuttgart 842, Hallberger'sche Vrlgsh.

Pfizer, P(aul) A(chatius). Gedanken über das Ziel und die Aufgabe des deutschen Liberalismus. Tübingen, H. Laupp 1832. 43 S. 8.

— s. Gutachten, rechtliches, über einen Erlaß des K. Justizministeriums.

Pfizer, rechtliches Gutachten über die Verbindlichkeit der fürstl. hohenloheschen Standesherrschaften in den hohenlohe'schen Gemeinden die Kosten des Kirchen- u. Schulwesens zu tragen. Hrsg. v. dem hohenloheschen landwirthschaftl. Verein. gr. 8. (3 B.) Heilbronn 846, Drechsler'sche Buchh.

—— das Recht d. Steuerverwilligung, nach d. Grundsätzen d. würtemberg. Verfassung, mit Rücksicht auf entgegensteh. Bestimmungen d. Deutschen Bundes. 8. (24 B.) Stuttgart 836, S. G. Liesching.

—— das Vaterland. Aus der Schrift: Gedanken über Recht, Staat u. Kirche besonders abgedruckt u. mit Zusätzen u. Anmerkungen begleitet. gr. 8. (21¼ B.) Stuttgart 845, Hallberger'sche Vrlgsh.

Pfizer, P. A., zur deutschen Verfassungsfrage. 8. (143 S.) Stuttgart 862, Metzler's Verlag. *

—— über d. staatsrechtl. Verhaeltniss Würtembergs z. deutschen Bunde. Ein Beitr. z. Würdigung d. neuest. Bundesbeschlüsse. Im Juli 1832. gr. 8. (4 B.) Strasburg. (Tübingen, Fues.)

Pfizmaier, Aug., die Abarten der grönländischen Sprache. Lex.-8. (82 S.) Wien 884, (Gerold's Sohn.) * 1 20
Aus: Sitzungsberichte der k. Akademie der Wissenschaften, besonders abgedruckt.

Der Abfall des Königs Pi von ... S. 36. 17 . . . . ngr.
Separatabdruck

Pfizmaier, Aug., Abhandlungen über die Aino-Sprache. [Aus d. Sitzungsberichten 18.. der kais. Akad. d. Wiss. abgedr.] gr. 8. (60 S.) Wien 852, Gerold in Comm. n. 16 ngr

— Drei Abhandlungen aus dem Nachlasse des Freiherrn von Hammer-Purgstall. S. 23. 3 . . . . vgr.
Separatabdruck

Pfizmaier, August: [187 Abhandlungen zur dynastischen Geschichte, Kulturgeschichte, Landeskunde, Literatur und Sprache Chinas, Koreas und Japans.] (Aus den Sitzungsberichten und Denkschriften der Kaiserl. Akademie der Wissenschaften.) Wien 1850—1887. 16 Bde. 8° u. 4°

Pfizmaier, Aug., der Almanach der kleinbambusfarbigen Schalen, ein Beitrag zur Kenntniss d. Mundart von Jedo. [Aus der Denkschrift der k. Akad. der Wiss.] Wien 869. (Gerold's Sohn.) gr. 4. (70 S.) 1 ₰ 6 ngr.

— — 2. Abthl. (Schluss.) [Aus der Denkschr. der k. Akad. d. Wiss.] Ebend. 869. gr. 4. (96 S.) n. 1 ₰ 15 ngr.

— Analecta aus der chinesischen Pathologie. [Aus d. Sitzungsber. d. k. Akad. d. Wiss.] Ebend. 866. Lex.-8. (74 S.) n. 10 ngr.

Pfizmaier, Aug., der Anfang der japanischen Erklärungen der Werke des kleinen Sprechens. [Aus: „Denkschr. d. k. Akad. d. Wiss."] Imp.-4. (98 S.) Wien 880. Gerold's Sohn in Comm. n. 4. 80

— Die Anfänge des Aufstandes gegen das Herrscherhaus Thsin. S. 32. 273 . . . vgr.
Separatabdruck

— Die Antworten Tung-tschung-schü's auf die Umfragen des Himmelssohnes. S. 39. 345 vgr.
Separatabdruck

Pfizmaier, Aug., die Anwendung u. die Zufälligkeiten d. Feuers in dem alten China. [Aus: „Sitzungsber. d. k. Akad. d. Wiss."] Lex.-8. (46 S.) Wien 870. Gerold's Sohn in Comm. n. — 60

— über japanische Archaismen. [Aus „Denkschriften d. k. Akad. d. Wiss."] gr. 4. (96 S.) Ebend. 874. n. 4. 80

— Aufklärungen üb. die Sprache der Koloschen. Lex.-8. (68 S.) Ebend. 883. n. 1. —

— die Aufstände Wei-Ngao's u. Kung-Sün-Scho's. [Aus den Sitzungsber. der k. Akad. der Wiss.] Ebend. 870. Lex.-8. (48 S.) n.n. 7½ ngr.

— **Aufzeichnungen** aus dem Reiche I-se. [Aus: „Sitzungsber. d. k. Akad. d. Wiss.“] Lex.-8. (82 S.) Ebend. 876. n. 1. 40

Pfizmaier, Aug., die **Aufzeichnungen** der japanischen Dichterin Sei Seô-Na-Gon. Lex.-8. (74 S.) Wien 875, (Gerold's Sohn.) * 1 40
Aus: Sitzungsberichte der k. Akademie der Wissenschaften, besonders abgedruckt.

— die poetischen **Ausdrücke** der japanischen Sprache. I. u. II. Abth. [Aus: „Denkschriften d. k. Akad. d. Wiss.“] gr. 4. (96 u. 98 S.) Ebend. 873. 74. n. 9. 80

— die **Auslegungen** zu den Nachrichten von dem Gotte I-za-nagi. [Aus d. Sitzungsber. d. k. Akad. d. Wiss.] Ebend. 865. Lex.-8. (94 S.) n.n. 14 ngr.

— die **Auslegungen** zu den Nachrichten von den Söhnen des Gottes I-za-nagi. [Aus d. Sitzungsber. d. k. Akad. d. Wiss.] Ebend. 865. Lex.-8. (88 S.) n. 14 ngr.

— Die Auslegungen Taira-no Owo-tiras. S. 48. 3 . . . . vgr.
Separatabdruck

— Auszug aus einem Schreiben des mit der k. k. Fregatte „Novara“ reisenden Herrn Dr. Karl Ritter von Scherzer, vorgelegt und mit Anmerkungen begleitet. S. 28. 367 . . . . vgr.
Separatabdruck

— Über den Bau der Aino-Sprache. S. 7. 382 . . . . vgr
Separatabdruck

— **Begebenheiten** neuerer Zeit in Japan. [Aus: „Sitzungsber. d. k. Akad. d. Wiss.“] Lex.-8. (82 S.) Ebend. 879. n. 1. 50

Pfizmaier, Dr. A., Chinesische Begründungen der Taolehre. [Aus: „Sitzungsber. der k. Akad. der Wiss.“] Lex.-8°. (69 S.) Wien, Gerold's Sohn In Comm. fl. — 50. 1886

Pfizmaier, Aug., chinesische **Begründungen** der Taolehre. Lex.-8. (69 S.) Wien 886, (Tempsky.) * 1 —

— die **Beherrscher** Japans in dem Sagenzeitalter. 2 Abthlgn. [Aus d. Sitzungsber. d. k. Akad. d. Wiss.] Ebend. 865. Lex.-8. [1. Abthl. (87 S.) n. 14 ngr, 2. Abthl. (58 S.) n. 8 ngr] n. 22 ngr.

— **Beitrag** zur Kenntniss der ältesten japanesischen Poesie. [Aus d. Sitzungsberichten 18., der kais. Akademie d. Wiss. abgedr.] gr. 8. (36 S.) Ebd. 852. n. 12 ngr

— **Beiträge** zur Geschichte der Edelsteine u. des Goldes [Aus den Sitzungsber. der k. Akad. der Wiss.] Ebend. 868. Lex.-8. (78 S.) n. 10 ngr.

— Beiträge zur Geschichte des Entsatzes von Han-tan. S. 31. 65 . . . . vgr.
Separatabdruck

— **Beiträge** zur Geschichte der Perlen. [Aus den Sitzungsber. der k. Akad. der Wiss.] Ebend. 868. Lex.-8. (37 S.) n. 5 ngr.

— Beiträge zur Kenntnis der Aino-Poesie. S. 4. 180 . . . . vgr.
— — Schluß. S. 5. 100 . . . . vgr.
Separatabdruck

— Bemerkungen und Berichtigungen zu einem in St. Petersburg erschienenen russisch-japanischen Wörterbuche. S. 30. 288 . . . . vgr.
Separatabdruck

— Bemerkungen zu einem Maueranschlage der Aufständischen in China. S. 33. 233 vgr.
Separatabdruck

— Bemerkungen über die von La Peyrouse gelieferte Wörtersammlung von Sagalien. S. 4. 151 . . . . vgr.
Separatabdruck

— auf den **Bergen** von Sagami. [Aus: „Sitzungsber. d. k. Akad. d. Wiss.“] Lex.-8. (80 S.) Ebend. 877. n. 1. 20

Pfizmaier, Aug., **Bericht** über einige von Herrn Dr. Carl Ritter v. Scherzer eingesandte chinesische und japanische Münzen. Lex.-8. (13 S. mit 23 Abbild. auf 1 Stnt. in Buntdr. in gr. 4.) Wien 861, (Gerold's Sohn.) * *
Aus: Sitzungsberichte der k. Akademie der Wissenschaften, Jahrg. 1861, besonders abgedruckt.

— Bericht über die von Karl Freiherrn von Hügel dem k. k. Münz- and Antiken-Kabinette zu Wien geschenkten chinesischen Münzen und Medaillen (mit 1 Holzschnitte). S. 3. 112 . . . . vgr.
Separatabdruck

— Bericht über das Werk „Die nordischen Runen nach Johann G. Liljegren, bearbeitet von Karl Oberleitner“. S. 1. 189 . . . . vgr.
Separatabdruck

— Bericht über das Werk „Runendenkmäler des Nordens nach Joh. G. Liljegren, bearbeitet von Karl Oberleitner“. S. 2. 332 . . . . vgr.
Separatabdruck

— Bericht über Auers Sprachenhalle. S. 1. 100 . . . . vgr
Separatabdruck

— **Bericht** über zwei Taiping-Münzen. [Aus den Sitzungsber. d. k. Akad. d. Wiss.] Ebend. 866. Lex.-8. (3 S.) 1½ ngr.

— Berichtigung des Namens einer alten chinesischen Waffe. S. 28. 89 . . . . vgr.
Separatabdruck

— Die Bevorzugten des Allhalters Hiao-wu. S. 38. 213 . . . . vgr.
Separatabdruck

—— **Darlegung** der chinesischen Aemter. Imp.-4. (98 S.) (Ebendas.) 879. * 4 80
Aus: Denkschriften der k. Akademie der Wissenschaften, besonders abgedruckt.

Pfizmaier, Aug., **Darlegung** der chinesischen Aemter. (Schluss.) Imp.-4. (88 S.) Wien 880, (Gerold's Sohn.) *
Aus: Denkschriften der k. Akademie der Wissenschaften, besonders abgedruckt.
Erste Abhandlung. (Ebendas.) 1879. *ℳ 4,80.

—— **Darlegung** grönländischer Verbalformen. Lex.-8. (82 S.) (Ebendas.) 885. * 1 20
Vorstehende Schrift aus: Sitzungsberichte der k. Akademie der Wissenschaften, besonders abgedruckt.

— **Darlegungen** aus der Geschichte u. Geographie Corea's. [Aus: „Sitzungsber. d. k. Akad. d. Wiss.“] Lex.-8. (56 S.) Ebend. 874. n. — 80

— **Darlegungen** aus der Geschichte des Hauses Sui. [Aus: „Sitzungsber. d. k. Akad. d. Wiss.“] Lex.-8. (82 S.) Ebend. 881. n. 1. 20

Pfizmaier, Aug., **Denkwürdigkeiten** v. den Bäumen China's. [Aus: „Sitzungsber. d. k. Akad. d. Wiss.“] Lex.-8. (82 S.) Wien 875. Gerold's Sohn in Comm. n. 1. 40

— dasselbe. **Ergänzungen**. [Aus: „Sitzungber. d. k. Akad. d. Wiss.“] Lex.-8. (62 S.) Ebend. 875. n. 1. —

— **Denkwürdigkeiten** v. den Früchten China's. [Aus: „Sitzungsber. d. k. Akad. d. Wiss.“] Lex.-8. (90 S.) Ebend. 874. n. 1. 40

—— dass. — Lex.-8. (82 S.) (Ebendas.) 874. *

— Denkwürdigkeiten v. den Insecten China's. [Aus: „Sitzungsber. d. k. Akad. d. Wiss."] Lex.-8. (82 S.) Ebend. 874. n. 1. 50

— Denkwürdigkeiten aus dem Thierreiche China's. [Aus: „Sitzungsber. d. k. Akad. d. Wiss."] Lex. 8. (84 S.) Ebend. 875. n. 1. 40

— Denkwürdigkeiten v. chinesischen Werkzeugen u. Geräthen. [Aus: „Sitzungsber. d. k. Akad. d. Wiss."] Lex.-8. (78 S.) Ebend. 873. n. 1. 20

— über japanische Dialecte. [Aus: „Sitzungsber. d. k. Akad. d. Wiss."] Lex.-8. (78 S.) Ebend. 877. n. 1. 20

Pfizmaier, Dr. Aug., die elegische Dichtung der Chinesen. Aus: „Denkschrift der k. Akad. d. Wiss."] Imp.-4. (74 S.) Wien. Gerold's Sohn. In Comm. fl. 1.80. 1887

Pfizmaier, A., die elegische Dichtung der Chinesen. [Aus: „Denkschr. der k. Akad. der Wiss."] Imp.-4. (74 S.) Wien 887. (Tempsky.) n. 3. 60

— ein Donnerthier Japans. [Aus: „Sitzungsber. d. k. Akad. d. Wiss."] Lex.-8. (72 S.) Ebend. 877. n. 1. —

— kritische Durchsicht der v. Dawidow verfassten Wörtersammlung aus der Sprache der Aino's. [Aus den Sitzungsberichten 18.. der kais. Akademie d. Wiss. abgedr.] gr. 8. (183 S.) Ebd. 852. n. 1 ℔

Pfizmaier, Aug., über einige Eigenschaften der japanischen Volkspoesie. Lex.-8. (13 S.) Wien 852, (Gerold's Sohn.) Thlr.
Vorstehende Schrift aus: Sitzungsberichte der k. Akademie der Wissenschaften J. 1849—52, besonders abgedruckt.

— die Einkehr in der Strasse von Kanzaki. [Aus: „Sitzungsber. d. k. Akad. d. Wiss."] Lex.-8. (84 S.) Ebend. 876. n. 1. 20

— Das Ende Mang-tien's. S. 32. 1?? . . . . vgr.
Separatabdruck

Pfizmaier August. Dr.: Das Ereigniss des Wurmfrasses der Beschwörer. S. 39. 80 . . vgr.
Separatabdruck

—— Ergänzungen zu der Abhandlung von den Bäumen China's. Lex.-8. (82 S.) (Ebendas.) 875. *

— die Erklärung einer alten chinesischen Semiotik. [Aus d. Sitzungsber. der k. Akad. der Wiss.] Ebend. 865. Lex.-8. (62 S.) n. 8 ngr

— die Erklärung der Sonnennachfolge in Japan. [Aus d. Sitzungsber. d. k. Akad. der Wiss.] Ebend. 866. Lex.-8. (64 S.) n.n. 14 ngr

— Erklärung d. Tagebuches Idzmi-Siki-Bu. Imp.-4. (98 S.) Ebend. 885. n. 4. 80

— Erklärungen zu den Nachrichten von der Ankunft Fiko-fo-no ni-ni-gi-no miko-to's in Japan. [Aus den Sitzungsber. d. k. Akad. d. Wiss.] Ebend. 867. gr. 4. (98 S.) n. 1 ℔ 20 ngr

— Erklärungen unbekannter u. schwieriger japanischer Wörter. Lex.-8. (84 S.) Ebend. 882. n. 1. 20

Pfizmaier August. Dr.: Erläuterungen und Verbesserungen zu dem ersten Teile der *Elémens de la grammaire japonaise* von P. Rodriguez. S. 11. 400 . . . . vgr.
— — Zu dem zweiten Teile. S. 12. 58 . . . . vgr.
Separatabdruck

— Die Eroberung der beiden Yue und des Landes Tschao-sien durch Han. S. 46. 151 vgr.
Separatabdruck

— Erörterungen u. Aufklärungen über Aino. [Aus: „Sitzungsber. d. k. Akad. d. Wiss."] Lex.-8. (82 S.) Ebend. 882. n. 1. 20

— ungewöhnliche Erscheinungen u. Zufälle in China um die Zeiten der südlichen Sung. [Aus: „Sitzungsber. d. k. Akad. d. Wiss."] Lex.-8. (82 S.) Ebend. 875. n. 1. 40

— japanische Etymologien. [Aus: „Sitzungsber. d. k. Akad. d. Wiss."] Lex.-8. (84 S.) Ebend. 875. n. 1. 20

— Die Feldherren des Reiches Tschao. S. 28. 55 . . . . vgr.
Separatabdruck

— der Feldzug der Japaner gegen Corea im J. 1597. [Aus: „Denkschr. d. k. Akad. d. Wiss."] Imp.-4. (156 S.) Ebend. 875. 76. n. 7. 50

—— der Feldzug der Japaner gegen Corea im J. 1597. (Schluss.) Imp.-4. (58 S.) (Ebendas.) 876. * 2 50
Aus: Denkschriften der k. Akademie der Wissenschaften, besonders abgedruckt.
1. Abhandlung. Ebendas. 1875. *ℳ 5.

— Fortsetzungen aus der Geschichte des Hauses Sui. [Aus: „Sitzungsber. d. k. Akad. d. Wiss."] Lex.-8. (82 S.) Ebend. 882. n. 1. 20

— Fortsetzungen der Zeichnung der zwei Pa. [Aus: „Sitzungsber. d. k. Akad. d. Wiss."] Lex.-8. (82 S.) Ebend. 879. n. 1. 40

— Ein Gedicht des chinesischen Gegenkaisers. S. 29. 26 . . . . vgr.
Separatabdruck

— Gedichte aus der Sammlung der zehntausend Blätter. [Aus: „Denkschriften d. k. Akad. d. Wiss."] gr. 4. (92 S.) Ebend. 872. n. 4. 60

—— die Gefühlsdichtungen der Chlysten. Imp.-4. (98 S.) (Ebendas.) 885. * 4 80
Vorstehende Schrift aus: Denkschriften der k. Akademie der Wissenschaften, besonders abgedruckt.

— über einige Gegenstände d. Taoglaubens. [Aus: „Sitzungsber. d. k. Akad. d. Wiss."] Lex.-8. (82 S.) Ebend. 875. n. 1. 40

— der Geisterglaube in dem alten China. [Aus: „Sitzungsber. d. k. Akad. d. Wiss."] Lex.-8. (70 S.) Ebend. 871. n. 1. —

— Die Genossen des Königs Tschin-sching. S. 32. 332 . . . . vgr.
Separatabdruck

— zur Geschichte der Aufstände gegen das Haus Sui. [Aus: „Sitzungsber. d. k. Akad. d. Wiss."] Lex.-8. (80 S.) Ebend. 878. n. 1. 20

— zur Geschichte der Erfindung u. d. Gebrauches der chinesischen Schriftgattungen. [Aus: „Sitzungsber. d. k. Akad. d. Wiss."] Lex.-8. (62 S.) Ebend. 872. n. 1. —

— die Geschichte einer Gesandtschaft bei den Hiung-Nu's. (Aus den Sitzungsber. der k. Akad. der Wissensch. abgedr.) Ebend. 864. gr. 8. (22 S.) n. 4 ngr

—— zur Geschichte der Gründung des Hauses Thang. Lex.-8. (82 S.) (Ebendas.) 878. * 1 40

— zur Geschichte der Gründung des Hauses Thang. [Aus: „Sitzungsber. d. k. Akad. d. Wiss."] Lex.-8. (82 S.) Ebend. 879. n. 1. 40

— aus der Geschichte d. Hofes v. Tsin. [Aus: „Sitzungsber. d. k. Akad. d. Wiss."] Lex.-8. (76 S.) Ebend. 876. n. 1. 20

— zur Geschichte Japans in dem Zeitraume Bun-Jei. [Aus: „Sitzungsber. d. Akad. d. Wiss."] Lex.-8. (84 S.) Ebend. 874. n. 1. 20

— zur Geschichte der alten Metalle. [Aus d. Sitzungsber. der k. Akad. der Wiss.] Ebend. 869. Lex.-8. (74 S.) n. 10 ngr.

— die Geschichte der Mongolen-Angriffe auf Japan. [Aus: „Sitzungsber. d. k. Akad. d. Wiss."] Lex.-8. (98 S.) Ebend. 874. n. 1. 50

— Die Geschichte der Häuser Schao-kung und Khang-scho. S. 41. 485 . . . . . . vgr.
Separatabdruck

—— die Geschichte einer Seelenwanderung in Japan. 2 Thle. Imp.-4. (Ebendas.) 877. [1. Thl. (98 S.) * ℳ 4.; 2. Thl. (58 S.) * ℳ 2,50.] * 6 5
Aus: Denkschriften der k. Akademie der Wissenschaften, besonders abgedruckt.

— die Geschichte des Hauses Thai-kung. (Aus den Sitzungsber. der k. Akad. der Wissensch.) Ebend. 863. gr. 8. (54 S.) n. 6 ngr.

Pfizmaier, Aug., Geschichte des Hauses Tschao. (Aus d. Denkschriften d. k. Akad. d. W.) Wien 858. Gerold in Comm. gr. 4. (56 S.) n. 28 ngr.

— Die Geschichte des Hauses Tscheu-kung. S. 41. 90 . . . . vgr.
Separatabdruck

— Die Geschichte des Fürstenlandes Tsin. S. 43. 74 . . . . vgr.
Separatabdruck

— die Geschichte des Königslandes Tsu. (Aus den Sitzungsber. der k. Akad. der Wissensch.) Ebend. 864. gr. 8. (75 S.) n. 10 ngr.

— Geschichte des Reiches U. (Auszug.) S. 23. 13 . . . . vgr.
Separatabdruck

— Die Geschichte des Reiches U. D 8. 128 . . . . vgr.
Separatabdruck

— zur Geschichte der Wunder in dem alten China. [Aus: Sitzungsber. d. phil.-hist. Classe d. k. Ahad. d. Wiss."] Lex.-8. (58 S.) Ebend. 871. n. — 80

— aus der Geschichte d. Zeitraumes Yuen-Khang v. Tsin. [Aus: „Sitzungsber. d. k. Akad. d. Wiss."] Lex.-8. (66 S.) Ebend. 876. n. 1. —

— zur Geschichte des Zwischenreiches von Han. [Aus d. Sitzungsber. der k. Akad. der Wiss.] Ebend. 869. Lex.-8. (68 S.) n. 12 ngr.

— Geschichtliches über einige Seelenzustände u. Leidenschaften. [Aus d. Sitzungsber. d. k. Akad. der Wiss.] Ebend. 869. Lex.-8. (82 S.) n. 12 ngr.

— Die Gewaltherrschaft Hiang-yü's. S. 32. 7 . . . . vgr.
Separatabdruck

—— die Gottesmenschen und Skopzen in Russland. Imp.-4. (98 S.) (Ebendas.) 883. *
Aus: Denkschriften der k. Akademie der Wissenschaften, besonders abgedruckt.

Pfizmaier, Aug., Grammaire turque ou développement séparé et méthodique des 3 genres de style usités, savoir l'arabe, le persan et le tartare. gr. 8. (XVI und 370 S.) Vienne 847. (Gerold, Verlag.) *

— Die Feldherren Han-sin, Peng-yue und King-pu. S. 34. 371 . . . . vgr.
Separatabdruck

— das Haus eines Statthalters von Fari-Ma. 1. u. 2. Abth. [Aus: „Sitzungsber. d. k. Akad. d. Wiss."] Lex.-8. (84 u. 82 S.) Ebend. 877. 78. à n. 1. 20

— vier Himmel d. Jamáto-Liedes. Erklärungen buddhist. Dichtungen. gr. 8. (82 S.) Ebend. 885. n. 1. 20

— die Machthaber Hoan-Wen u. Hoan-Hiuen. [Aus: „Sitzungsber. d. k. Akad. d. Wiss."] Lex.-8. (78 S.) Ebend. 877. n. 1. 20

— Über den Berg Hoei-ki. S. 29. 10 . . . . vgr.
Separatabdruck

— der Prophet Jesaias, grönländisch. Lex.-8. (78 S.) Ebend. 886. n. 1. 20

— Kennzeichnungen d. kalâlekischen Sprachstammes. Lex.-8. (82 S.) Ebend. 885. n. 1. 20

— der Kosselsprung Isi-Kawa's. [Aus: „Sitzungsber. d. k. Akad. d. Wiss."] Lex.-8. (70 S.) Ebend. 880. n. 1. —

— Keu-tsien, König von Yue, und dessen Haus. S. 44. 197 . . . . vgr.
Separatabdruck

— die Classe der Wahrhaftigen in China. [Aus: „Sitzungsber. d. k. Akad. d. Wiss."] Lex.-8. (82 S.) Ebend. 881. n. 1. 20

— über einige Kleidertrachten d. chinesischen Alterthums. [Aus: „Sitzungsber. d. k. Akad. der Wiss."] Lex.-8. (78 S.) Ebend. 872. n. 1. 40

— Die Könige von Hoai-nan aus dem Hause Han. S. 39. 575 . . . . vgr.
Separatabdruck

— Kunstfertigkeiten u. Künste der alten Chinesen. gr 8. (80 S.) Ebend. 871. n. 1. 20

Pfizmaier, Aug., s. Lamy'y, die Verherrlichung d. St. Bursa.

— Der Landesherr von Schang. S. 29. 98 . . . . vgr.
Separatabdruck

— Das Leben des Redners Fan-hoei. S. 30. 227 . . . . vgr.
Separatabdruck

—— das Leben des Prinzen Wu-ki v. Wei. Lex.-8. (24 S.) Wien 858, (Gerold's Sohn.) *
Aus: Sitzungsberichte der k. Akademie der Wissenschaften, Jahrg. 1858, besonders abgedruckt.

— Lebensbeschreibungen von Heerführern und Würdenträgern des Hauses Sui. D 32. 282 . . . . 5.—
Separatabdruck

— die Lebensverlängerungen der Männer d. Weges. [Aus: „Sitzungsber. d. k. Akad d. Wiss."] Lex.-8. (66 S.) Ebend. 870. n. — 90

— die chinesische Lehre von den Kreisläufen u. Luftarten. [Aus d. Denkschriften der k. Akad. der Wiss.] Ebend. 866. gr. 4. (58 S. mit eingedr. Holzschn.) n. 1 *ạ̈ß*

— die chinesische Lehre von den regelmässigen Pulsen. Eine Ergänzung zu der Pulslehre Tschang-Ki's. [Aus d. Sitzungsber. d. k. Akad. d. Wiss.] Ebend. 867. Lex.-8. (49 S.) n. 8 *ngr.*

—— die neuere Lehre der russischen Gottesmenschen. Lex.-8. (82 S.) (Ebendas.) 883. *
Vorstehende Schrift aus: Sitzungsberichte der k. Akademie der Wissenschaften, besonders abgedruckt.

— die Lehre v. dem Te-Ni-Wo-Fa. [Aus: „Sitzungsber. d. k. Akad. d. Wiss."] Lex.-8. (50 S.) Ebend. 874. n. — 75

— die neuesten Leistungen der englischen Missionäre auf dem Gebiete der chinesischen Grammatik u. Lexicographie. [Aus den Sitzungsber. d. k. Akad. d. Wiss.] Ebend. 867. Lex.-8. (10 S.) n. 2 *ngr.*

— die Heerführer Li-Khuang und Li-Ling. (Aus den Sitzungsber. der k. Akad. der Wissensch. abgedr.) Ebend. 864. gr. 8. (34 S.) n. 5 *ngr.*

— das Li-sao u. die neun Gesänge. Zwei chines. Dichtungen aus dem 3. Jahrh. vor der christl. Zeitberechnung. [Aus d. Denkschrift. der kais. Akad. d. Wiss.] Fol. (32 S.) Wien 852, Gerold in Comm. n. 16 *ngr.* (siehe auch: Denkschriften der kais. Akademie der Wissenschaften. Philosoph.-histor. Classe, III. Bd.)

— Lisse, der Minister des Kaisers. S. 31. 311 . . . . vgr.
Separatabdruck

Pfizmaier, A., die Lösung der Leichname u. Schwerter. Ein Beitrag zur Kenntniss des Taoglaubens. [Aus d. Sitzungsber. d. k. Akad. d. Wiss.] Wien 870. (Gerold's Sohn.) Lex.-8. (70 S.) n.n. 9 *ngr.*

— Die Menschenabteilung der wandernden Schirmgewaltigen. S. 37. 103 . . . . . . vgr.
Separatabdruck

— Die Nachrichten der Könige von Wei, Tsi und Han. S. 32. 529 . . . . vgr.
Separatabdruck

— alte Nachrichten u. Denkwürdigkeitan v. einigen Lebensmitteln China's. [Aus: „Sitzungsber. d. k. Akad. d. Wiss."] Lex.-8. (56 S.) Ebend. 871. n. — 80

— die Nachrichten d. Bergbewohners. Ein Theil innerer japan. Geschichte vom J. 1471 n. Chr. Lex.-8. (82 S.) Ebend. 885. n. 1. 20

— Nachrichten von den alten Bewohnern des heutigen Corea. [Aus d. Sitzungsber. d. k. Akad. d. Wiss.] Ebend. 868. Lex.-8. (63 S.) n. 9 *ngr.*

— Nachrichten von einigen alterthümlichen Gegenständen Japans. [Aus d. Sitzungsber. d. k. Akad. d. Wiss.] Ebend. 866. Lex.-8. (89 S.) n. 12 *ngr.*

— Nachrichten von Gelehrten China's. [Aus: „Sitzungsber. d. k. Akad. d. Wiss."] Lex.-8. (82 S.) Ebend. 878. n. 1. 40

—— Nachrichten aus der Geschichte der nördlichen Thsi. Imp.-4. (96 S.) (Ebendas.) 883. *
Aus: Denkschriften der k. Akademie der Wissenschaften, besonders abgedruckt.

— Nachträge zu japanischer Dialectforschung. [Aus: „Sitzungsber. d. k. Akad. d. Wiss."] Lex.-8. (82 S.) Ebend. 878. n. 1. 20

— dasselbe. 2. Abth. [Aus: „Sitzungsber. d. k. Akad. d. Wiss."] Lex.-8. (82 S.) Ebend. 878 n. 1. 40

— über japanische geographische Namen. 1. u. 2. Abth. [Aus: „Sitzungsber. d. k. Akad. d. Wiss."] Lex.-8. (80 u. 66 S.) Ebend. 875. 76. à n. 1. 20

— der Nebel der Klage. Ein japanisches Zeitbild. [Aus: „Denkschr. d. k. Akad. d. Wiss."] Imp.-4. (180 S.) Ebend. 876. 77. n. 8. —

— Notiz über das Geschichtswerk Tso-tschuen, siehe a. Denkschriften der kais. Akademie der Wissenschaften. Philosoph.-histor. Classe, I. Bd.

— Notiz über das Geschichtswerk Tsotschuen. D I. I. 37 . . . . vgr.
Separatabdruck

— Notizen von dem Friedensschlusse von Sung bis zur Versammlung der Reichsfürsten in Schin. Vom Jahre 545—538 vor Christo. S. 20. 486 . . . . vgr.
Separatabdruck

— Notizen aus der Geschichte des chinesischen Reiches von der Versammlung der Reichsfürsten in Schin bis zu der Versammlung von Ping-khieu, vom Jahre 537—529 vor Christo. S. 21. 156 . . . . vgr.
Separatabdruck

— Notizen aus der Geschichte der chinesischen Reiche vom Jahre 528—510 vor Christo. S. 25. 61 . . . . vgr.
Separatabdruck

— Notizen aus der Geschichte der chinesischen Reiche vom Jahre 590—572 vor Christo. S. 17. 43 . . . . vgr.
Separatabdruck

—— Notizen aus der Geschichte der chinesischen Reiche vom J. 572—546 vor Christo. Lex.-8. (73 S.) Wien 856, (Braumüller.)

—— die Oertlichkeiten von Omi und Mino. Lex.-8. (82 S.) (Ebendas.) 885. * 1 20
Vorstehende Schrift aus: Sitzungsberichte der k. Akademie der Wissenschaften, besonders abgedruckt.

— der Palast Josi-Teru's. [Aus: „Sitzungsber. d. k. Akad. d. Wiss."] Lex.-8. (82 S.) Ebend. 878. n. 1. 20

— der chinesische Dichter Pe-lö-thien. [Aus: „Denkschriften d. k. Akad. d. Wiss."] Imp.-4. (80 S.) Ebd. 886. n. 4. —

— die Pulslehre Tschang-Ki's. [Aus d. Sitzungsber. der k. Akad. d. Wiss.] Ebend. 866. Lex.-8. (46 S. mit eingedr. Holzschn.) n. 6 *ngr.*

— die fremdländischen Reiche zu den Zeiten der Sui. [Aus: „Sitzungsber. d. k. Akad. d. Wiss."] Lex.-8. (82 S.) Ebend. 881. n. 1. 20

— Reichthum u. Armuth in dem alten China. [Aus d. Sitzungsber. d. k. Akad. d. Wiss.] Ebend. 868. Lex.-8. (59 S.) n. 8 *ngr.*

— die Reise zu dem Berge Fu-Zi. [Aus: „Sitzungsber. d. k. Akad. d. Wiss."] Lex.-8. (82 S.) Ebend. 880. n. 1. 20

— die älteren Reisen nach dem Osten Japans. [Aus: „Denkschr. d. k. Akad. d. Wiss."] Imp.-4. (98 S.) Ebend. 880. n. 4. —

Pfizmaier, Aug., zwei Reisen nach dem Westen Japans in den Jahren 1369 u. 1389 n. Chr. [Aus: „Denkschr. d. k. Akad. d. Wiss."] Imp.-4. (98 S.) Wien 881. Gerold's Sohn in Comm. n. 4. 80

— die ergänzte japanische Sage. [Aus d. Denkschriften der k. Akad. d. Wiss.] Ebend. 865. Imp.-4. (80 S.) n. 1 ℛ 10 ngr.

— zu der Sage von Fo-wo-de-mi-no mikoto. [Aus d. Sitzungsber. d. k. Akad. d. Wiss.] Ebend. 867. Lex.-8. (74 S.) n. 12 ngr.

— zu der Sage von Owo-kuni-nusi. [Aus d. Sitzungsber. d. k. Akad. d. Wiss.] Ebend. 867. Lex.-8. (78 S.) n. 10 ngr.

— die Sammelhäuser der Lehenkönige China's. [Aus: „Sitzungsber. d. k. Akad. d. Wiss."] Lex.-8. (60 S.) Ebend. 880. n.n. — 90

— über die Sammlung der aufgelesenen Blätter d. Fusang. [Aus: „Sitzungsber. d. k. Akad. d. Wiss."] Lex.-8. (38 S.) Ebend. 871. n. — 50

— der Schauplatz von Fudzi-No-Mori. [Aus: „Sitzungsber. d. k. Akad. d. Wiss."] Lex.-8. (62 S.) Ebend. 879. n.n. — 90

— drei mystische Schriften Tojo-Tomi Katsu-Tosi's. [Aus: „Sitzungsber. d. k. Akad. d. Wiss."] Lex.-8. (82 S.) Ebend. 882. n. 1. 20

— über die Schriften d. Kaisers d. Wen-Tschang. [Aus: „Sitzungsber. d. k. Akad. d. Wiss."] Lex.-8. (58 S.) Ebend. 873. n. — 80

— über einige chinesische Schriftwerke des 7. u. 8. Jahrhunderts n. Chr. [Aus: „Sitzungsber. d. k. Akad. d. Wiss."] Lex.-8. (82 S.) Ebend. 879. n. 1. 40

— die Seefahrt von Tan-Go nach Se-Tsu im Jahre 1587 n. Chr. [Aus: „Sitzungsber. d. k. Akad. d. Wiss."] Lex.-8. (82 S.) Ebend. 882. n. 1. 20

—— Seltsamkeiten und Unglück aus den Zeiten der Thang. II. Lex.-8. (76 S.) (Ebendas.) 880. *
Erste Abhandlung. (Ebendas.) 1879. * ℳ 1,40.

— Seltsamkeiten aus den Zeiten der Thang. I. u. II. [Aus: „Sitzungsber. d. k. Akad. d. Wiss."] Lex.-8. (82 u. 76 S.) Ebend. 879. 80. n. 2. 60

Pfizmaier, Aug., die Sintoobannung d. Geschlechtes Naka-Tomi. [Aus: „Sitzungsber. d. k. Akad. d. Wiss."] Lex.-8. (26 S.) Wien 876. Gerold's Sohn in Comm. n.n. — 50

— die Sprache der Aleuten u. Fuchsinseln. 1. u. 2. Thl. Lex.-8. (à 82 S.) Ebend. 884. à n. 1. 20

— die Sprache in den botanischen Werken der Japaner. [Aus d. Sitzungsber. d. k. Akad. d. Wiss.] Ebend. 866. Lex.-8. (78 S.) n. 12 ngr.

— Sse-ma-ki-tschü, der Wahrsager von Tschang-ngan. S. 37. 408 . . . . vgr.
Separatabdruck

Pfizmaier, Aug., der Stand der chinesischen Geschichtschreibung in dem Zeitalter der Sung. Imp.-4. (98 S.) Wien 878, (Gerold's Sohn.) *
Aus: Denkschriften der k. Akademie der Wissenschaften, besonders abgedruckt.

— Zwei Statthalter der Landschaft Kuei-ki. S. 37. 304 . . . . vgr.
Separatabdruck

— Das Rednergeschlecht Su. S. 32. 641 . . . . vgr.
Separatabdruck

— die Taolehre von den wahren Menschen u. den Unsterblichen. [Aus d. Sitzungsber. d. k. Akad. d. Wiss.] Ebend. 870. Lex.-8. (70 S.) n.n. 10 ngr.

—— über den Text eines japanischen Drama's. 2 Abthlgn. gr. 4. (Ebendas.) 871. [1. Abthl. (88 S.) * ℳ 4,40.; 2. Abthl. (74 S.) * ℳ 3,60.] *
Aus: Denkschriften der k. Akademie der Wissenschaften, besonders abgedruckt.

— die Theogonie der Japaner. 2 Abthlgn. [Aus d. Sitzungsber. d. k. Akad. d. Wiss.] Ebend. Lex.-8. [1. Abthlg. (67 S.) 864. n.n. 10 ngr., 2. Abthlg. (64 S.) 865. n. 8 ngr.] n.n. 18 ngr.

— die Toxicologie der chinesischen Nahrungsmittel. [Aus d. Sitzungsber. d. k. Akad. d. Wiss.] Ebend. 866. Lex.-8. (53 S.) n.n. 7½ ngr.

— aus dem Traumleben der Chinesen. [Aus Sitzungsber. d. k. Akad. d. Wiss.] Ebend. 870. Lex.-8. (56 S.) n.n. 7½ ngr.

— Der Redner Tschang-I und einige seiner Zeitgenossen. S. 33. 525 . . . . vgr.
Separatabdruck

— Tschin-thang. Fürst-Zertrümmerer von Hu. S. 40. 396 . . . . vgr.
Separatabdruck

— Die Würdenträger Tsinen-pü-I, Se-kuang, Yü-ting-kue und deren Gesinnungsgenossen. S. 40. 131 . . . . vgr.
Separatabdruck

Pfizmaier August, Dr.: Über das chinesische Geschichtswerk Tsotschuen. S. 1. 109 . vgr.
Separatabdruck

— Die Unternehmungen der früheren Han gegen die südwestlichen Fremdgebiete. S. 45. 24 . . . . vgr.
Separatabdruck

— Untersuchungen über Ainu-Gegenstände. Lex.-8. (82 S.) Ebend. 883. n. 1. 20

— Untersuchungen über den Bau der Aino-Sprache. [Aus den Sitzungsberichten 1851 d. kais. Akad. d. Wiss. abgedr.] Lex. 8. (110 S.) Wien 851. (Braumüller.) n. ⅔ ℛ

— Über den nichtslawischen Ursprung der etruskischen Sprache. S. 4. 40 . . . vgr.
Separatabdruck

—— Vocabularium der Aino-Sprache. gr. 4. (94 S.) Wien 854, (Gerold's Sohn.) *
Aus: Denkschriften der k. Akademie der Wissenschaften, besonders abgedruckt.

— die Wanderung e. japanischen Bonzen. [Aus: „Sitzungsber. d. k. Akad. d. Wiss."] Lex.-8. (32 S.) Ebend. 871. n. — 50

Pfizmaier, Dr. August — Sechs Wandschirme in Gestalten der vergänglichen Welt. Ein japanischer Roman im Originaltexte sammt den Facsimiles von 75 japanischen Holzschnitten übersetzt und herausgegeben von — —. Die Abbildungen sind den japanischen Mustern vollkommen gleich, die Druckfarbe der Tusche möglichst ähnlich; Einband und Papier nach japanischem Vorbilde. Wien, 1847. Aus der k. k. Hof- und Staatsdruckerei. (XII. 40 u. 42 Bl. 8)

— Wei-jen, Fürst von Jang. S. 30. 155 . . . . vgr.
Separatabdruck

— Die Heerführer Wei-tsing und Hö-khiü-ping. S. 45. 139 . . . . vgr.
Separatabdruck

— die japanischen Werke aus den Sammlungen der Häuser. [Aus: „Denkschr. d. k. Akad. d. Wiss."] Imp.-4. (98 S.) Ebend. 881. n. 4. —

— die philosophischen Werke China's in dem Zeitalter der Thang. [Aus: „Sitzungsber. d. k. Akad. d. Wiss."] Lex.-8. (82 S.) Ebend. 878. n. 1. 40

— Werke aus den Zeiten der Zweitheilung Japans. [Aus: „Sitzungsber. d. k. Akad. d. Wiss."] Lex.-8. (80 S.) Ebend. 882. n. 1. 20

— Worte des Tadels im Reiche der Han. S. 35. 267 . . . . vgr.
Separatabdruck

— Wörterbuch der japanischen Sprache. 1. Lfg. Fol. (XII u. 80 S. od. Bl.) Wien 851, Gerold in Comm. n. 6⅔ ℛ

— über einige Wundermänner China's. [Aus: „Sitzungsber. d. k. Akad. d. Wiss."] Lex.-8. (79 S.) Ebend. 877. n. 1. 20

— die Zeichnung der zwei Pa. Ein japanisches Werk in Firakana. [Aus: „Sitzungsber. d. k. Akad. d. Wiss."] Lex.-8. (82 S.) Ebend. 878. n. 1. 20

— Die Zeiten des Fürsten Hi von Lu. S. 14. 445 . . . . vgr.
Separatabdruck

— Die Zeiten der Fürsten Hoan, Tschuang und Min von Lu. S. 13. 430 . . . . . . vgr.
Separatabdruck

— die letzten Zeiten des Reiches der Tsch'in. [Aus: „Sitzungsber. d. k. Akad. d. Wiss."] Lex.-8. (82 S.) Ebend. 881. n. 1. 20

— Die Zeiten des Fürsten Siuen von Lu. S. 17. 12 . . . . vgr.
Separatabdruck

— Die Zeiten des Fürsten Wen von Lu. S. 15. 426 . . . . vgr.
Separatabdruck

— Die Zeiten des Fürsten Yin von Lu. S. 13. 282 . . . . vgr.
Separatabdruck

Pfizner

— s. a. Pfitzner.

Pfizner, Christian Ludwig (Leipzig), De ritu vindiciarum apud Romanos. Diss. phil. Präs. Georg Wilhelm Joecher. Leipzig (I. Titius) 10. II. 1723. 36 S. (5.—) 26346
Gew.: Heinrich von Bünau.

Pfizner, W.: D. christl. Gymnasium. Parchim 1863. 75 S.
Schul-/Univ.-Schrift

Pflanz, Anfangsgründe der Geognosie und Geologie. Stuttgart 1844. 8.

Pflanz, B. A., Ansichten über die Verhältnisse der Katholiken in Württemberg. gr. 8. (5½ B.) Stuttgart 843, Neff. —
Aus: Freimüthige Blätter über Theologie ꝛc., besond. abgedruckt.

Pflanz, B. A., die Ausübung d. Schutz- u. Ober-Aufsichtsrechts protestant. Fürsten üb. ihre kathol. Landeskirchen durch eigene, aus Katholiken besteh. Kollegien, mit besond. Rücksicht auf Württemberg. gr. 8. (2¼ B.) Stuttgart 833, Neff.

Pflanz, B. A., freimüthige Blätter üb. Theologie u. Kirchenthum, s. Blätter.

Pflanz, B. A., de linguarum inter se corporatione tum naturae ut primae linguarum magistrae, tum historiae superstruenda. 4. Friburg. 829. Herder. 3 ℊℊ

—— über d. religiöse u. kirchl. Leben in Frankreich. Ein Versuch. 8. (21½ B.) Stuttgart u. Tübingen 836, Cotta'sche Buchh.

– s.a. Stuhl, Der röm.

Pflanz, B. A.: Der römische Stuhl und die Kölner Angelegenheit. Erörterungen von Katholiken, welche festhalten an dem Grundsatze des H. Augustinus: „In necessariis unitas, in dubiis libertas, in omnibus charitas." 2. Aufl. Stuttgart 1838.

Pflanz, Bened., Urteil üb. den Jesuitenorden; s.: Aktenstücke, kirchliche.

Pflanz, C., Schulrede zur Feier der goldenen Hochzeit Ihrer Majestäten des Kaisers u. der Kaiserin am 11. Juni 1879. 8. (16 S.) Düsseldorf 879. A. Bagel. — 40

Pflanz, Ernst, mit Camera u. Feder durch die Welt, s.: Schroeder, Osw.

Pflanz, Josef Anton

Pflanz, J. A., kurzer Abriß der teutschen Geschichte zunächst für Schulen bearb. [Abdr. aus dem Werke: „Bilder aus der Culturgeschichte des teutschen Volkes."] gr. 8. (IV u. 64 S.) Stuttgart 851, Hallberger'sche Verlagshandlung. ¼ ℛ

Pflanz, J. A., kurzer Abriß der österreichischen Geschichte. Ein Leitfaden beim vaterländischen Geschichtsunterricht in den Schulen des Kaiserstaates. Besonderer Abdruck aus dem Werke: Oesterreich, in historischen und geographischen Charakterbildern. Stuttgart 852. Schweizerbart. gr. 8. (2 Bl., 46 S.) 3 ngr.

Pflanz, J. A., Anfangsgründe der Geognosie u. Geologie. Ein Leitfaden für den Unterricht in Realschulen u. ähnlichen Lehranstalten, sowie f. den Selbstunterricht, mit besond. Rücksicht auf prakt. Zwecke bearb. gr. 8. (6 B. u. 2 Taf. Abbild.) Stuttgart 844, Schweizerbart'sche Buchh.

—— Arithmetik (u. Algebra) f. Realschulen, höhere Bürger- u. Gewerbeschulen, so wie für den Selbstunterricht. 2 Thle. 8. Stuttgart 843, Hallberger'sche Vrlgsh.
Thl. 1. Niedere Arithmetik. (13¾ B.) 18¾ Ngr.
„ 2. Höhere Arithmetik. (11 B.) 15 Ngr.

—— Arithmetik (und Algebra) für Realschulen, für höhere Bürger- und Gewerbeschulen, so wie für den Selbstunterricht. 2 Thle. Niedere und höhere Arithmetik. 2., verb. Aufl. gr. 8. (XX und 376 S.) Stuttgart 851, Hallberger'sche Vrlgsh.

Pflanz, J. A., gute Art, böse Art, s.: Kinderfreude. 3.

—— Bilder aus der Culturgeschichte des deutschen Volkes, nach den bewährtesten teutschen Geschichtschreibern und Dichtern entworfen und geordnet. Nebst einem Abriß der teutschen Geschichte. gr. 8. (VII und 583 S.) Stuttgart 851, Hallbergersche Vrlgsh.

Pflanz, J. A., Columbus, der Entdecker der Neuen Welt. Erzählung für Jung und Alt. Neue Aufl. 12. (144 S.) Stuttgart 882, Rupfer. cart.

— der Donnerschild. Ein Lebensbild aus Schweden. Neue Aufl. 12. (180 S.) Ebend. 882. cart. — 60

Pflanz, J. A., das griechische Feuer. Geschichtl. Erzählung aus dem J. 1453. [Nach mehreren Monographien.] 2. Aufl. 12. (127 S.) Stuttgart 882, Kupfer. cart.

Pflanz, J. A., der Freihof. Ein Beitrag zum Volksschulwesen u. zur Volksbildung. Rottweil 860. Degginger. gr. 8. (45 S.) 5 ngr.

Pflanz, J. A., Geometrie f. Realschulen, mit Zugrundlegung ein. neu. Systems d. Geometrie u. mit vielen Uebungsaufgaben. 3 Thle. gr. 8. Stuttgart, Hallberger'sche Vrlsh. [1. u. 2. (15¾ B. u. 4 Stnt.) 841. 1 Thlr., 3. (7½ B. u. 1 Stnt.) 842. ⅜ Thlr.]

—— Geometrie für Realschulen, mit Zugrundlegung eines neuen Systems der Geometrie und mit vielen Uebungsaufgaben. 3 Thle. in 1 Bd. 2. (Titel-)Aufl. gr. 8. (XVIII und 352 S. mit 5 Stnt. in qu. gr. 4. und qu. Fol.) Stuttgart 851(52,) Hallbergersche Vrlgsh.

Pflanz, J. A., Geometrie-Hefte. 1—3. Hft. 4. Leipzig 873. (Poenicke.) à n. — 25
1. Geometrische Formenlehre u. Constructionen. (40 S. m. eingedr. Holzschn.)
2. Geometrische Proportionslehre u. deren Anwendg. [nebst e. Anh. v. Ergänzungssätzen.] (28 S.)
3. (28 S.)

Pflanz, J. A., Geschichten für's Volk und seine Freunde. 1. und 2. Bdchn. 8. Schaffhausen 854, Hurter'sche Buchh. [1. (VII und 223 S.) 854., 2. (VII und 248 S.) 855. à Bdchn. 15 Ngr.]

— Handbuch der Geometrie f. Lehrer an Fortbildungsschulen, niedern Real- u. Gewerbeschulen, Schullehrerseminarien u. s. w., sowie f. den Selbstunterricht. 1—3. Abth. gr. 8. Ebend. 873. geb. 2. 25
1. Geometrische Formenlehre u. Constructionen. (VI, 73 S. m. eingedr. Holzschn.) n. 1. —
2. Geometrische Proportionslehre u. deren Anwend. (41 S. m. eingedr. Holzschn.) — 3. Geometrisches Messen u. Berechnen. (40 S. m. eingedr. Holzschn.) n. 1. 25

— Ina oder die Gefangene unter den Indianern. Geschichtliche Erzählung aus der ersten Zeit der amerikanischen Union. [Nach Ed. S. Ellis.] Neue Aufl. 12. (140 S.) Ebend. 882. cart. — 60

— Kambyses, König von Persien. Geschichtliche Erzählung aus dem 6. Jahrhundert v. Chr. Neue Aufl. 12. (143 S.) Ebend. 882. cart. — 60

Pflanz, J. A., Kinderfreude. 4 Bdchn. Freiburg im Br. 862. Herder. 16. Jedes Bdchn. 12 ngr.
1. Bdchn.: Die Unarten der Kinder und die Zierden der Jugend. 35 kleine Erzählungen für Kinder. (IV, 131 S. u. 6 color. Lithogr.)
2. Bdchn.: Lebens-Schicksale aus der Kinderwelt. Sieben Erzählungen für das Kindesalter. (153 S. u. 4 color. Lithogr.)
3. Bdchn.: Aus alter und neuer Welt. Vier Erzählungen für die Jugend. (177 S. m. 4 color. Lithogr.)
4. Bdchn.: Die Ufercolonisten. Eine Erzählung für die Jugend. (141 S. u. 4 color. Lithogr.)

— Kinderfreude. 5—8. Bdchn. Freiburg i. Br., Herder'sche Verlagsh. 16. cart. Jedes Bdchn. 12 ngr.
5. Bdchn. Kinderfrühling. Erzählungen, Spiele etc. (128 S. mit 4 color. Steintaff. in Tondr.) 865.
6. Bdchn. Kindermärchen. (Nach J. Macé.) (120 S. mit 4 lith. u. color. Bildern in Tondr.) 865.
7. Bdchn. Aus Nord u. Süd. Vier Erzählungen. (144 S. mit 4 lith. u. color. Bildern in Tondr.) 865.
8. Bdchn. Drei Monate unter'm Schnee. Eine Erzählung für die Jugend. (Nach J. J. Porchart.) (128 S. mit 4 lith. u. color. Bildern in Tondr.) 865.

— Kinderfreude. 2—4. Bdchn. 16. Freiburg i. Br. 870. Herder. à 1. 20
2. Lebensschicksale aus der Kinderwelt. Sieben Erzählgn. f. das Kindesalter. 2. Aufl. (154 S. m. 4 color. Steintaf. in Tondr.)
3. Aus alter u. neuer Welt. Vier Erzählgn. f. die Jugend. 2. Aufl. (177 S. m. 4 color. Steintaf. in Tondr.)
4. Die Ufercolonisten. Eine Erzählg. f. die Jugend. 2. Aufl. (144 S. m. 4 color. Steintaf. in Tondr.)

— Kinderfrühling, s.: Kinderfreude. 4.

—— Lebensbilder aus Dorf und Stadt. gr. 12. (IV und 514 S.) Freiburg im Br. 865, Herder'sche Verlagsh.

Pflanz, Jos. Ant., Lebensbilder aus Dorf und Stadt. Neue Folge. 8. (525 S.) Freiburg i. Br. 888, Herder'sche Verlagsh. 3 —
[1. Thl.] Ebendas. 1865. ℳ 3.30.

— Margarethe. Ein Lebensbild aus Algier. 2. Aufl. 12. (104 S.) Ebend. 882. cart. — 60

Pflanz. J. A., drei Monate unterm Schnee, s. Kinderfreude. 6. Bd.

Pflanz, J A Drei Monate unterm Schnee. Eine Erzählung für Kinder. 2. Aufl. Mit farbigen Bildern von Fritz Reiss [2 Tafeln]. VI + 115 S. 8. Freiburg im Breisgau, Herder, (1903). [geb. M. 1. 20]
Kinderfreude. Erzählungen für Kinder. Bändchen 6...
([Aus dem] Juragebirge. — [Nach der dem] Tagebuch des Ludwig Lopraz [entnommenen franz. Erzählung von Jean-Jacques Porchat bearb.].)

— der Morgenstern oder die Geheimnisse der Starkenburg. Geschichtliche Erzählung aus dem Jahre 1225. Neue Aufl. 12. (122 S.) Ebend. 882. cart. — 60

—— die Natur in Bildern. Ein belehr. u. unterhaltend. Bilderbuch zum Behufe einer naturgemäßen Entwicklung des Verstandes u. Gemüthes der Kinder. Mit sehr vielen Scenen aus der Natur, u. 350 Abbild. einzelner naturhistor. Gegenstände. 2 Abthlgn. gr. 4. Stuttgart, Hallberger'sche Vrlgsh. [1. (7½ B. u. 13 ill. Stnt.) 842., 2. (12 B. u. 15 ill. Stnt.) 43. à 1 Thlr. 15 Ngr.

—— die Natur in Bildern. Ein belehr. und unterhalt. Bilderbuch zum Behufe einer naturgemäßen Entwicklung und Bildung des Verstandes und Gemüthes der Kinder. Mit sehr viel Scenen aus der Natur, und 350 Abbildungen einzelner naturhistor. Gegenstände. 2. (Titel-)Aufl. gr. 4. (VIII und 92 S. mit 28 ill. Stnt.) Stuttgart 850, Hallberger'sche Vrlgsh.

— Odo, der Freund Karl des Großen, oder ein Mann aus dem Volke. Geschichtliche Erzählung. Neue Aufl. 12. (114 S.) Ebend. 882. cart. — 60

— Oesterreich. Charakterbilder aus der Geschichte des Kaiserstaates. Ein vaterländisches Gedenkbuch für Oesterreichs Volk und Jugend. Nebst einem Abriß der österreich. Geschichte. Stuttgart 852. Schweizerbart. gr. 8. (VI, 284 S.) 18 ngr.

— Sephora, oder die Eroberung von Jerusalem. Geschichtliche Erzählung aus der letzten Zeit v. Chr. G. Neue Aufl. 12. (149 S.) Ebend. 882. cart. — 60

— die letzten Tage von Pompeji. Geschichtliche Schilderung aus dem Jahre 79 nach Chr. [frei nach E. L. Bulwer u. A.] 2. Aufl. 12. (159 S.) Ebend. 882. cart. — 60

— die Uferkolonisten, s.: Kinderfreude. 5. Bd.

—— die Unarten der Kinder und die Zierden der Jugend. 35 kleine Erzählungen für Kinder. 2. Aufl. 16. (IV und 131 S. mit 6 ill. Stnt.) Freiburg im Br. 867, Herder'sche Verlagsh. cart.

—— über d. mathemat. Unterricht in Real-Schulen. gr. 8. (2⅓ B.) Stuttgart 841, Hallberger'sche Brlsh.

— Vergangenheit u. Gegenwart in geschichtlichen u. geographischen Erzählungen für die Jugend u. das Volk. Nr. 1—8. Mit je 1 Steintaff. in Tondr. Tübingen 866—68. Osiander'sche Buchh. gr. 16. cart. Jede Nr. 7½ ngr.

Nr. 1. Der Morgenstern. Geschichtliche Erzählung aus dem J. 1225. (Nach M. Alf. Driou u. A.) (132 S.)

Nr. 2. Sephora. Geschichtliche Erzählung aus der letzten Zeit von Ch. G. (Nach Ad. Lemercier.) (155 S.)

Nr. 3. Die Gefangene. Geschichtliche Erzählung aus der ersten Zeit der amerikan. Union. (Nach Ed. S. Ellis.) (143 S.)

Nr. 4. Die letzten Tage von Pompeji. Geschichtliche Schilderung aus dem J. 79 v. Chr. (Frei nach E. L. Bulwer u. A.) (164 S.)

Nr. 5. Ein Mann aus dem Volke. Geschichtliche Erzählung aus der Zeit Karls des Großen. (Nach A. Lecler u. A.) (118 S.)

Nr. 6. Das griechische Feuer. (131 S.)

Nr. 7. Margarethe. Ein Lebensbild aus Algier. (107 S.)

Nr. 8. Der Donnerschild. Ein Lebensbild aus Schweden. (134 S.)

—— Vergangenheit und Gegenwart in geschichtlichen und geographischen Erzählungen für die Jugend und das Volk. 10 Bdchn. Mit je 1 Holzschntaf. in Tondr. 16. Stuttgart 872, Rupfer. [Driefelmann.] cart. à Bdchn. —'70

Inhalt:

Bdchn. 1. Der Morgenstern. Geschichtliche Erzählung aus dem J. 1225. [Nach M. Alf. Driou und Andern.] (132 S.)
„ 2. Sephora. Geschichtliche Erzählung aus der letzten Zeit von Ch. G. [Nach Ad. Lemercier.] (155 S.)
„ 3. Die Gefangene. Geschichtliche Erzählung aus der ersten Zeit der amerikan. Union. [Nach Ed. S. Ellis.] (143 S.)
„ 4. Die letzten Tage von Pompeji. Geschichtliche Schilderung aus dem J. 79 nach Chr. [frei nach E. L. Bulwer u. A.] (164 S.)
„ 5. Ein Mann aus dem Volke. Geschichtliche Erzählung aus der Zeit Karls des Großen. [Nach A. Lecler u. A.] (118 S.)
„ 6. Das griechische Feuer. Geschichtliche Erzählung aus dem J. 1453. [Nach mehreren Monographien.] (131 S.)
„ 7. Margarethe. Ein Lebensbild aus Algier. (107 S.)
„ 8. Der Donnerschild. Ein Lebensbild aus Schweden. (134 S.)
„ 9. Columbus, der Entdecker der neuen Welt. (160 S.)
„ 10. Kambyses, König von Persien. Geschichtliche Erzählung aus dem 6. Jahrh. v. Chr. (150 S.)

—— wahre Volksgeschichten. 1. Aufl. 1852. und 2. (Titel-) Aufl. 8. (IV und 328 S. mit 1 Ttlkpfr. und 6 Holzschn.) Stuttgart 853, Hallberger'sche Vrlgsh.

— der Wunder-Doktor. Erste vollständ. Ausg. m. e. Anleitg. zur Mesmer'schen Praxis [Heilg. v. Krankheiten durch sogenannten Lebensmagnetismus]. 1. Abth. m. F. A. Mesmer's Portr. 8. (127 S.) Reutlingen 874. Enßlin & Laiblin. 1. —

Pflanz, J. A., aus schwerer Zeit. Drei geschichtl. Erzählungen. 12. (148 S.) Stuttgart 880. Rupfer. cart. — 50

Pflanz, Jul., die Embryotomie des Brust- u. Beckengürtels. (46 S.) gr. 8. Berlin 910. R. Schoetz. 1. 20

Pflanz, Julius. Die Verkleinerung des Brust- und Beckengürtels in der Embryotomie, unter besonderer Berücksichtigung des geburtshilflichen Instrumentariums. Diss. Vet.-Med. Bern. [Mit 2 Figuren.] 48 S. 8. Berlin, Richard Schoetz, 1909.

Pflanz, Karl: Aus d. Hebammensch. zu Strassburg. Dir.: Freund. Über den an derselben Frau wiederholten klassischen Kaiserschnitt. Strassburg i. E. 1909: Müh. 36 S. 8°

Straßburg, Med. Diss. v. 31. Dez. 1909, Ref. Fehling

[Geb. 27. Dez. 82 Oberhausen-Wallhalben; Wohnort: Budman; Staatsangeh.: Bayern; Vorbildung: Gymn. Sigmaringen Reife M. 03; Studium: Tübingen 2, Freiburg i. B. 4, München 1, Straßburg 3 S.; Coll. 21 Dez. 09; Approb. 2. Dez. 08.] [U 10. 4056

Pflanz, Konrad: Blätter der Erinnerung an das 50-jähr. Jubiläum der Dt. Schule in Osorno am 22. Jan. 1904. — Valdivia 1904: Lampert. XII, 119 S.

Verlassen, nicht vergessen. Das heilige Land u. d. deutsch-ev. Liebesarbeit. Zum 25jähr. Jubelfest d. Jerusalems-Ver. von Pastor [Richard] **Pflanz**. Mit e. Vorw. von D. Graf [Albert] v. Zieten-Schwerin. Mit 75 Abb. *Neu-Ruppin: Jerusalems-Ver. zu Berlin 1903.* (238 S.) 8° [03. 3808

Pflanz, Verlassen, nicht vergessen. Das hl. Land u. die deutsch-evangel. Liebesarbeit. Zum 50jähr. Jubelfest des Jerusalem-Vereins. Mit e. Vorwort von Graf v. Zieten-Schwerin. (VIII, 239 S. m. 75 Abbildgn.) gr. 8. Neu-Ruppin 908. (Leipzig, H. G. Wallmann.) n. 1. 50; geb. in Leinw. n. 2. —

Pflanz, Victor, Arzt a. Schöneberg bei Berlin: Aus der Poliklinik für Haut- und Geschlechtskrankheiten zu Rostock Direktor: Prof. Dr. Wolters. Über Dermatitis nach Primula obconica. Rostock 1905: C. Hinstorff. (50 S.) 8°

Rostock, Med. Fak., Ref. Wolters, Diss. v. 15. Sept. 1905

[Geb. 19. April 81 Schmersau, Kr. Osterburg; Wohnort: Rostock; Staatsangeh.: Preußen; Vorbildung: Pädagogium zum Kloster Magdeburg Reife O. 00; Studium: Tübingen 1, Breslau 3, Rostock 5 S.; Coll. 23. Febr. 05; Approb. 18. März 05.]

Pflanz, Walter: Thioamine der aliphatischen und aromatischen Reihe. Rostock 1909: Hinstorff. 83 S. 8°

Rostock, Phil. Diss. v. 29. Okt. 1909, Ref. Michaelis

[Geb. 10. Dez. 77 Greifswald; Wohnort: Rostock; Staatsangeh.: Preußen; Vorbildung: Realgymn. Greifswald bis M. 96, pharm. Staatspr. 03; Studium: Greifswald 1, Braunschweig Techn. Hochsch. 4, Rostock 6 S.; Rig. 26. Okt. 09.] [U 10. 3972

Pflanz, *Ferdinand Friedrich* Wilhelm [pr. Arzt aus Pommern]: Über den Tod nach ausgedehnten Hautverbrennungen unt. Anfügg zweier Sektionsfälle ... Greifswald, Druck v. F. W. Kunike, 1893; 34 S. 8.

Greifswald, Med. Fak., Inaug.-Diss. v. 8. Aug. 1893

Pflanzbüchlein, nützliches, v mancherlei Lustgärten, Pflanzungen, Bäumen, Kräutern etc. 8. 8. Aufl. St. Annaberg (1725). Neuere Aufl. 1757 — 3¼

Pflänzchen, kleine, aus dem Reiche der Natur u. der Schrift. Ausg. B. 16. (8 Chromolith.) Leipzig 880. Böhme. 1. —

Die Pflanze in der Kunst. Ein Vorlagenwerk für den Zeichenunterricht an Kunstgewerbe- und Realschulen, Gymnasien, Lehrer- und Lehrerinnen-Bildungsanstalten. Ein Anschauungsmittel für ornamentale Stillehre. Ein Nachschlagebuch für Künstler und Kunsthandwerker. Herausgegeben von J. Ritter von Storck. IV. Heft. (Die Lilie.) Sechs Tafeln in Farbendruck. Folio. In Mappe à 6. —
Wien: Waldheim 1896.

Die Pflanze in der Kunst. Ein Vorlagenwerk für den Zeichenunterricht an Kunstgewerbe- und Realschulen, Gymnasien, Lehrer- und Lehrerinnen-Bildungsanstalten. Ein Anschauungsmittel für ornamentale Stillehre. Ein Nachschlagebuch für Künstler und Kunsthandwerker. Herausgegeben, im Auftrage des k. k. Ministeriums für Cultus und Unterricht, von J. Ritter von Storck. V. Heft. (Die Rebe.) 6 Tafeln in Photochromie. Folio 6. —
Wien: Waldheim 1896.

Die Pflanze in der Kunst. Ein Vorlagenwerk für den Zeichenunterricht an Kunstgewerbe- und Realschulen, Gymnasien, Lehrer- und Lehrerinnen-Bildungsanstalten. Ein Anschauungsmittel für ornamentale Stillehre. Ein Nachschlagebuch für Künstler und Kunsthandwerker. Herausgegeben, im Auftrage des k. k. Ministeriums für Cultus und Unterricht, von J. Ritter von Storck. VI. Heft. (Die Distel.) Sechs Tafeln in Farbendruck. Folio. In Mappe à 6. —
Wien: Waldheim 1896.

Die Pflanze in der Kunst. Ein Vorlagenwerk für den Zeichenunterricht an Kunstgewerbe- und Realschulen, Gymnasien, Lehrer- und Lehrerinnen-Bildungsanstalten. Ein Anschauungsmittel für ornamentale Stillehre. Ein Nachschlagebuch für Künstler und Kunsthandwerker. Herausgegeben, im Auftrage des k. k. Ministeriums für Cultus und Unterricht, von J. Ritter von Storck. VII. Heft. (Die Eiche.) Sechs Tafeln in Farbendruck. Folio. In Mappe à 6.—
Wien: Waldheim 1896.

Die Pflanze in der Kunst. Ein Vorlagenwerk für den Zeichenunterricht an Kunstgewerbe- und Realschulen, Gymnasien, Lehrer- und Lehrerinnen-Bildungsanstalten. Ein Anschauungsmittel für ornamentale Stillehre. Ein Nachschlagebuch für Künstler und Kunsthandwerker. Herausgegeben, im Auftrage des k. k. Ministeriums für Cultus und Unterricht, von J. Ritter von Storck. VIII. Heft. (Die Nelke.) Sechs Tafeln in Farbendruck. Folio. In Mappe à 6.—
Wien: Waldheim 1896.

Die Pflanze in der Kunst. Ein Vorlagenwerk für den Zeichenunterricht an Kunstgewerbe- und Realschulen, Gymnasien, Lehrer- und Lehrerinnen-Bildungsanstalten. Ein Anschauungsmittel für ornamentale Stillehre. Ein Nachschlagebuch für Künstler und Kunsthandwerker. Herausgegeben, im Auftrage des k. k. Ministeriums für Cultus und Unterricht, von J. Ritter von Storck. IX. Heft. (Die Palme.) X. Heft. (Der Oelbaum.) Je sechs Tafeln in Farbendruck. Folio. In Mappe à 6.—
Wien: Waldheim 1896.

Pflänzel, Max: Über die Sonette des Joachim Du Bellay nebst einer Einleitung: Die Einführung des Sonetts in Frankreich. *Saalfeld/Saale 1898: Wiedemann.* (87 S.) 8°
Leipzig, Phil. Diss. v. [19. Febr.] 1898

Pflanzen, Also hätten die, Vorstellung und Bewustseyn? e. Diatribe. 8. Frankfurt, Jäger. 789.

Pflanzen Slavoniens. die bisher bekannten. Ein Versuch von Stefan Schulzer v. Mueggenburg, August Kanitz u. Josef A. Knapp. gr. 8. (172 S.) Wien, Czermak. 1 fl. 40 kr.
1866

Pflanzen, Berliner. Nr. 1—3. Berlin (858.) Mecklenburg. 8. Jede Nr. 2½ ngr
Nr. 1. Berlin, wie es hustet und niest. Ein Wiener Ragout mit Berliner Sauce, halb süß halb sauer, in 2 Aktschüsseln. Von A. Hopf. 2. u. 3. Aufl. (16 S.)
" 2. Ein verbildeter Hausknecht. Bearb. von A. Hopf. (16 S.)
" 3. Flick und Flock, oder: Abenteuer auf, über und unter der Spree. Zauberballet mit Redefiguren u. allerhand geistreichen Gesangs-Einlagen, in 2 Akten. Von A. Hopf. (16 S.)

Pflanzen, berliner. Nr. 1—3. 8. Berlin 859, Mecklenburg. à Nr. 2½ Ngr.
Inhalt:
Nr. 1. Hopf, A., Berlin, wie es hustet und niest. Ein wiener Ragout mit berliner Sauce, halb süß halb sauer, in 2 Aktschüsseln. 2. und 3. Aufl. (16 S.)
" 2. —— ein verbildeter Hausknecht. (16 S.)
" 3. —— Flick und Flock oder: Abenteuer auf, über und unter der Spree. Zauberballet mit Redefiguren und allerhand geistreichen Gesangs-Einlagen, in 2 Akten. (16 S.)

— die, Deutschlands, nach ihrer gelehrten Geschichte v. d. Gesellsch. Naturforsch. Freunde in Berlin. Mit e. Vorr. v. J. G. Gleditsch. 1r Thl. Leipz. 782.

— gem. giftige, zum Unterricht beschrieben. (N. Tit. d. B.: Beschr. d. Giftpflanzen.) m. K. 4. Prag, Schönfeld. 794.

Pflanzen. Die Pfl' der Pfahlbauten. Njbl. s. [Heer, Oswald].

Pflanzen, Die, der Pfahlbauten. [Zürich 1866.] V: *Heer, Osw.* (Cat. d. Stadtbibl. Zürich. Zürich 1864—97.)

Pflanzen, Blumen u. Früchte, symbolische. Nach d. Natur gezeichnet u. gemalt v. F. X Fieber. Mit erklär. Text z. Selam od. d. Sprache d. Blumen. 6 Bdchen. Mit Kpf. 12. Prag, 1826—27. (Leipzig, Hunger.) à — 15. 3. — ill. à — 25. 5. —

Pflanzen, Blumen u. Früchte, symbolische. Nach d. Natur gezeichnet u. gemalt v. F. X. Fieber. Mit erklärend. Text zu Selam od. d. Sprache d. Blumen. 6 Bdchen. Mit Kpf. 12. Prag 826—27. (Mag. f. Ind. in Leipz.) (à 12 gr) 3 ß ill. (à 20 gr) 5 ß

Pflanzen, welche z. Nahrung u. Erhöhung d. Lebensgenüsse des Menschen dienen, u. zwar sämmtl. Getraide-, Gemüse-Gewürzgarten rc. beschrieben u. abgebildet, mit Berücksichtigung ihrer natürl. Beschaffenheit, Verbreitung üb. d. Erde, Cultur u. Zubereitung. A. d. Engl. v. F. A. Wiese. 2 Abthln. gr. 12. (20½ B.) Leipzig 837, Baumgärtners Buchh.

Pflanzen, die, im Zimmer u. Hausgarten. Allen Freunden des Gartenbaues und der Blumenpflege gewidmet vom Vorstande des Mainzer Gartenbau-Vereins. gr. 8. (230 S. m. Abbildgn.) Mainz 898. (L. Wildens.) n. 1. 50

Pflanzen-Abbildungen u. Beschreibungen z. Erkenntniss officineller Gewächse. Hrsg. v. Friedr. Guimpel. Text v. Joh. Friedr. Klotzsch. 1. Bd. 1—4. Hft. gr. 4. (7 B. u. 24 ill. Kpfrt.) Berlin 838, 39, Hayn.

Pflanzenatlas in Taschenformat. [Mücks praktische Taschenbücher. 7.] 8°. (12 Bl.) K —.90
Wien: Szellinski & Co 1905.

Pflanzenatlas. 2. Heft in Taschenformat. [Mücks praktische Taschenbücher. Bd. 7.] 8°. K —.70
Wien: Szellinski & Co 1905.

Pflanzen-Atlas zu Seb. Kneipp's Schriften, enth. die naturgetreue bildl. Darstellung v. den dortselbst besprochenen, sowie noch einigen anderen vom Volke vielgebrauchten Heil-Pflanzen. Ausg. III (in Holzschn.) 6. Aufl. 8. (VIII, 40 S.) Kempten 902. J. Kösel. n. — 80

Pflanzen-Atlas zu Seb. Kneipp's „Wasser-Kur", enth. die Beschreibg. u. naturgetreue bildl. Darstellung v. sämmtl. in dem genannten Buche besprochenen, sowie noch einigen anderen v. Volke viel gebrauchten Heil-Pflanzen. Ausg. I. 1.—4. Lfg. 8. (IV, 14 Taf. in Lichtdr. u. 14 Bl. Erklärgn.) Kempten 890. Kösel. à n. — 60

Pflanzen-Atlas zu Seb. Kneipp's „Wasser-Kur", enth. die Beschreibg. u. naturgetreue bildl. Darstellg. v. sämmtl. in dem genannten Buche besprochenen, sowie noch einigen anderen vom Volke vielgebrauchten Heil-Pflanzen. Ausg. I. 5 u. 6. (Schluss-) Lfg. 8. (Taf. 15—20 in Lichtdr. m. 8 Bl. Erklärgn.) Kempten 891. J. Kösel. à n. — 60; Leinw.-Mappe dazu n.n. — 60 (kplt. geb.: n. 5. 20)

— dasselbe. Ausg. I. (Lichtdr. m. Ton.) 2. Aufl. 8. (XVII, 75 S. m. 20 Taf.) Ebd. 892. n. 3. 60; geb. in Leinw. n. 5 20

— dasselbe. Ausg. I. Mit böhmischem Texte. 8. (X, 92 S. m. 20 Taf.) Ebd. 893. n. 3. 60; geb. in Leinw. n. 5. 20

— dasselbe. Ausg. I. Mit engl. Texte. 8. (XVI, 67 S. m. 20 Taf.) Ebd. 893. n. 3. 60; geb. in Leinw. n. 5. 20

— dasselbe. Ausg. I. Mit holländ. Texte. 8. (XVI, 74 S. m. 20 Taf.) Ebd. 893. n. 3. 60; geb. in Leinw. n. 5. 20

— dasselbe. Ausg. I. Mit polnischem Texte v. J. A. Lukaskiewicz. 8. (XII, 92 S. m. 20 Taf.) Ebd. 893. n. 3. 60; geb. in Leinw. n. 5. 20

— dasselbe. Ausg I. Mit ungar. Texte v. Baján. 8. (XVI, 73 S. m 20 Taf.) Ebd. 893. n. 3. 60

—— dass. — Ausg. II. (Farben-Lichtdr.) 1.—3. Aufl. 8. (XVII, 86 S. m. 41 Taf.) Ebd. 890—92. * 8 — geb. in Leinw. * * 10 —
Auch in 8 Lfgn. à * 1 — zu beziehen.

Pflanzen-Atlas zu Seb. Kneipp's „Wasser-Kur", enth. die Beschreibg. u. naturgetreue bildl. Darstellg. v. sämmtl. in dem genannten Buche besprochenen, sowie noch einigen anderen v. Volke viel gebrauchten Heil-Pflanzen. Ausg. II. 2. Aufl. 1.—3. Lfg. 8. (IV, 14 Taf. in Farbenlichtdr. u. 14 Bl. Erklärgn.) Kempten 890. Kösel. à n. 1. —

— dasselbe. Ausg. II. 2. Aufl. 4.—8. (Schluss-)Lfg. 8. (Taf. 15—41 in Farben-Lichtdr. m. 30 Bl. Erklärgn.) Ebd. 891. à n. 1. —

— dasselbe. Ausg. II. (Farben-Lichtdr.) 3. Aufl. 8. (XVII, 86 S. m. 41 Taf.) Ebd. 892. n. 8. —; geb. in Leinw. n. n. 10. —

— dasselbe. Ausg. II. Mit böhmischem Texte. 8. (XII, 92 S. m. 41 Taf.) Ebd. 893. n. 8. —; geb. in Leinw n. 10. —

— dasselbe. Ausg. II. Mit engl. Texte. 8. (XVI S., 38 Bl. Erklärgn. u. 41 Taf.) Ebd. 893. n. 8. —; geb. in Leinw. n. 10. —

— dasselbe. Ausg. II. Mit holländ. Texte. 8. (XVI, 78 S. m. 41 Taf.) Ebd. 893. n. 8. —; geb. in Leinw. n. 10. —

— dasselbe. Ausg. II. Mit polnischem Texte v. J. A. Lukaskiewicz. 8. (XII, 92 S. m. 41 Taf.) Ebd. 893. n. 8. — ; geb. in Leinw. n. 10. —

— dasselbe. Ausg. II. Mit ungar. Texte v. Baján. 8. (XVI, 76 S. m. 41 Taf.) Ebd. 893. n. 8. —

Pflanzen-Atlas zu Seb. Kneipp's „Wasser-Kur", enth. die Beschreibg. u. naturgetreue bildl. Darstellg. von sämmtl. in d. genannten Buche besproch., sow. noch einig. and. vom Volke vielgebrauchten Heil-Pflanzen. Ausg. II. (Farben-Lichtdr.) 8. Aufl. 8. (XVII, 78 S. m 41 Taf.) Kempten 897. J. Kösel. 8. —

—— dass. — Ausg. III (in Holzschn.). 1.—3. Aufl. 8. (VIII, 40 S.) Ebd. 890—92. * — 80

— dasselbe. Ausg. III (in Holzschn.). 4. Aufl. 8. (VIII, 40 S.) Ebd. 894. n. — 80

— dasselbe. Ausg. III. Mit holländ. Texte. 8. (VIII, 40 S.) Ebd. 893. n. — 80

— dasselbe. Ausg. III. Mit polnischem Texte v. J. A. Lukaskiewicz. 8. (VIII, 40 S.) Ebd. 893. n. — 80

Pflanzenbelustigungen. s. a. Dunker, Joh. Heinr.

Pflanzenbelustigungen, oder Anweisung Pflanzen abzudrucken rc. 1s Heft. 8. Leich. 796.

Pflanzenbilder, Hamburger. Hrsg. v. der Abtheilung für Kunstgewerbe des Hamburger Gewerbe-Vereins. 15 (autogr.) Blatt. Gezeichnet v. Rud. Koch. gr. Fol. Hamburg 882. Voss. n. 8. —; einzelne Blätter à n. — 20

Pflanzenblätter in Reliefprägung. (4 Bl) kl.4°

Pflanzenculturen, Die, in den Gräfl. Hoffmannseggischen Gärten zu Dresden und Rammenau ... Dresden 1826. V: *Hoffmannsegg, Johann Centurius Graf von.* (KU) (Engoec)

Pflanzen-Etiquetten f. sämmtliche Phanerogamen u. Gefässkryptogamen Nord- u. Mitteldeutschlands m. der Angabe der Linné'schen Klasse u. Ordnung, der natürlichen Familie, der Blüthezeit u. der Ausdauer jedes Gewächses. (15 B. in gr. Fol.) Leipzig 871. H. Schultze's Verl. n. 1. 60

Pflanzen-Etiquettes, 1560, f. alle phanerogam. u. viele kryptogam. Gewächse d. Provinz Brandenburg, mit Angabe d. Linné'schen Klasse u. Ordn., der natürl. Familie, der Blüthezeit u. der Ausdauer jedes Gewächses. gr. Fol. (13 B.) Berlin 839. Herm. Schultze. *

Die natürlichen Pflanzenfamilien nebst ihren Gattungen und wichtigeren Arten insbes. den Nutzpflanzen, unter Mitw. zahlr. hervorrag. Fachgelehrten begründet von A[dolf] Engler u. K[arl] Prantl, fortges. von A. Engler. T. 1, Abt. 1. *Leipzig: W. Engelmann 18(89–)97.* 8° (01. 931

Pflanzenforscher, die jungen, od. botan. Unterhaltungen e. Pfarrers mit seinen Kindern. A. d. Franz. Mit e. pädagog. Vorw. v. Zypro. 8. (9¾ B. u. 4 Stnt.) Bern 836, [Fischer.]

Pflanzenforscher, die jungen, oder botanische Unterhaltungen eines Pfarrers mit seinen Kindern. Aus d. Franz. Mit einem pädagog. Vorwort v. Zypro. 2. Ausg. 8. (9¾ B. u. 4 Stnt.) Bern 842, Fischer. Thlr.

Pflanzen- u. Blumenfreund, d. kleine. Ein vollständ. Lehrbuch d. Pflanzenkunde f. d. Jugend mit ausgem. Abb. 8. Hamburg, 1810. (Herold.)

Schweizer Pflanzenfreund
v. Schweizerisches Volksblatt vom Bachtel.

Pflanzenfreundkalender. Ernst Meier's «Pfl'» = K'.... [Illustriert.] 8. Rüti ⟨Zürich⟩, Verlag des «Schweizer. Pflanzenfreund». fr. —. 30
... für das Jahr 1908. [Jahrg. 1.] IV + 64 S. — ... 1909. [Jahrg. 2.] IV + 64 S. — ... für das J. 1910. Hrg. von Ernst Meier, Handelsgärtner.... IV + 96 S.

Pflanzengarten und Menagerie Schönbrunn's — Beilage zur siebenten Aufl. v. Schmidl's „Wien und seine nächsten Umgebungen." Wien, 1856. Druck und Verlag von Karl Gerold's Sohn. (23 S. 8.)

Pflanzengattungen, die Märkischen, nach dem Linné'schen System geordnet (von Korschel). 8. (36 S. m. Schrbp. durchschossen.) Brandenburg 849, Müller. n. ⅙ ₰

Die **Pflanzengesellschaften** der Schweizeralpen. T. 1. Leipzig: W. Engelmann 1907. 4°(8°) [07. 3808

Pflanzenheft. 5. Abdr. 4. (84 S.) Heidelberg 894. G. Weiss, Verl. n.n. — 25

DIE PFLANZEN-HEILKUNDE. Blätter für naturgemässe Heilkunst und Lebensweise. Organ des Naturheilvereins „System Glünicke".
Jahrg. I und II. Berlin 1898. Druck von Anton Bertinetti. 4°.

DIE PFLANZEN-HEILKUNDE. Blätter für naturgemässe Heilkunst und Lebensweise. Organ des Vereins für Pflanzenheilkunde.
Jahrg III und IV. ib. 1899/1900. –
Jahrg. V und VI. ib. 1901/02. –
Jahrg. VII und VIII. ib. 1903/04. –
Jahrg. IX und X. ib. 1905/06. –
Jahrg. XI und XII. ib. 1907/08. –
Jahrg. XIII und XIV. ib. 1909/10.
Jahrg. XV und XVI. ib. 1911/12. –

Pflanzen-Heilkunde, die. Blätter f. naturgemäße Heilkunst u. Lebensweise. Organ des Vereins f. Pflanzenheilkunde. Schriftleitung: F. Schubert. 8.—10. Jahrg. 1904 bis 1906. à 12 Nrn. (à ca. 10 S.) gr. 4. Berlin (O. Nahmmacher). à Jhrg. n. 5. —

Pflanzen-Heilkunde, die. Blätter f. naturgemäße Heilkunst u. Lebensweise. Organ des Vereins f. Pflanzenheilkunde. Schriftleitg: F. Schubert. 11.—14. Jahrg. 1907—1910. à 12 Nrn. (à ca 8 S.) 32×23,5 cm. Berlin, (O. Nahmmacher). 11.—13. Jahrg. à 5. —; 14. Jahrg. 5. 50

Pflanzen-Katalog. Hortikultur von Wenzel Scholastikus Josephu zu Lancut in Gallizien (Rzesower Kreis.) Linz, 1855. Druck von Josef Feichtingers sel. Erben. (15 S. 8.)

Pflanzenkunde. 4 Hefte. 16. Frankfurt a/M., J. Braner-Hub. à nn — 25
I. Lehrstoff f. Sexta. 3. Aufl. (17 S.) 897.
II. Lehrstoff f. Quinta. 3. Aufl. (17 Bl.) 900.
III. Lehrstoff f. Quarta. 2. Aufl. (17 Bl.) 903.
IV. Lehrstoff f. Unter-Tertia. 2. Aufl. (19 Bl.) 903.

Pflanzenkunde, kleine, f. Hand- u. Taschen-Bibliothek, pädagog., II. Abthl. 4. Bdchn.

Pflanzenkunde, neueste, in Etui-Blättern. Ein Toiletten-Geschenk. Münster 869. Brunn. 32. (224 S.) 7½ ngr.

Pflanzen-Ornamente, neue, aus dem Atelier Pillers. 24 Taf. qu. gr. Fol. Plauen (904). Ch. Stoll. In Halbleinw.-Mappe n. 28. —

Pflanzenphilosophie, ein Ausz., nach Linne's Method. 8. Augsburg, Wolf. 788.

Das **Pflanzenreich**. Regni vegetabilis conspectus. Im Auftr. d. Kgl. preuss. Akad. d. Wiss. hrsg. von A[dolf] Engler. H. 1. *Leipzig: W. Engelmann 1900.* 4°(8°) [00. 10007

Pflanzenreich, das. Regni vegetabilis conspectus. Im Auftrage der königl. preuss. Akademie der Wissenschaften hrsg. v. A. Engler. 1.—11. Hft. gr. 8. Leipzig, W. Engelmann. n. 62. 60
1. (IV, 45.) Musaceae. Von K. Schumann. Mit 62 Einzelbildern in 10 Fig. (VII, 45 S.) 900. n. 2. 40
2. (IV, 8. 10.) Typhaceae u. Sparganiaceae. Von P. Graebner. Mit 51 Einzelbildern u. 9 Fig. (11, 18 u. 26 S.) 900. n. 2. —
3. (IV, 9.) Pandanaceae. Von O. Warburg. Mit 193 Einzelbildern in 22 Fig., darunter 4 Vollbilder. (97 S.) 900. n. 5. 60
4. (IV, 101.) Monimiaceae. Von Janet Perkins u. Ernst Gilg. Mit 309 Einzelbildern in 28 Fig. (122 S.) 901. n. 6. —
5. (IV, 75. 76.) Rafflesiaceae u. Hydnoraceae. Von H. Graf zu Solms-Laubach. Mit 35 Einzelbildern in 18 Fig. (19 u. 9 S.) 901. n. 1. 40
6. (IV, 242.) Symplocaceae. Von A. Brand. Mit 68 Einzelbildern in 9 Fig. (100 S.) 901. n. 5. —
7. (IV, 12.) Naiadaceae. Von A. B. Rendle. Mit 71 Einzelbildern in 5 Fig. (21 S.) 901. n. 1. 20
8. (IV, 163.) Aceraceae. Von F. Pax. Mit 49 Einzelbildern in 14 Fig. u. 2 Verbreitungskarten. (89 S.) 902. n. 5. —
9. (IV, 236.) Myrsinaceae. Von Carl Mez. Mit 470 Einzelbildern in 61 Fig. (437 S.) 902. n. 23. —
10. (IV, 131.) Tropaeolaceae. Von Fr. Buchenau. Mit 91 Einzelbildern in 14 Fig. (36 S.) 902. n. 1. 80
11. (IV, 48.) Marantaceae. Von K. Schumann. Mit 137 Einzelbildern in 23 Fig. (184 S.) 902. n. 9. 20

Pflanzenreich, das. Regni vegetabilis conspectus. Im Auftrage der königl. preuss. Akademie der Wissenschaften hrsg. v. A. Engler. 14.—26 Heft. gr. 8. Leipzig, W. Engelmann. n. 155. 10
Buchenau, Fr., Juncaceae m. 777 Einzelbildern in 121 Fig. (284 S.) 906. (Hft. 25 [IV, 36].) n. 14. 20
— Scheuchzeriaceae, IV. 15. Alismataceae u. IV, 16. Butomaceae m. 201 Einzelbildern in 33 Fig. (66 u. 12 S.) 903. (Hft. 16 [IV, 14].) n. 5. —
Diels, L., Droseraceae, m. 286 Einzelbildern in 40 Fig. u. 1 Verbreitungskarte. (136 S.) 906. (Hft. 26 [IV, 112].)
Engler, A., Araceae-Pothoideae, m. 618 Einzelbildern in 88 Fig. (III, 330 S.) 905. (Hft. 21 [IV, 23 B].) n. 16. 50
Grosser, W., Cistaceae, m. 179 Einzelbildern in 22 Fig. (161 S.) 903. (Hft. 14 [IV, 193].) n. 8 20
Koehne, E., Lythraceae, m. 851 Einzelbildern in 59 Fig. (326 S.) 903. (Hft. 17 [IV, 216].) n. 16. 40
Krause, K., Aponogetonaceae, m. 71 Einzelbildern u. 9 Fig., m. Unterstützg. v. A. Engler. (24 S.) 906. (Hft. 24 [IV, 13].) n. 1. 20
Mez, Carl, Theophrastaceae, m. 49 Einzelbildern in 7 Fig. (48 S.) 903. (Hft. 15 [IV, 236a].) n. 2. 40
Pax, F., u. R. Knuth, Primulaceae m. 311 Einzelbildern in 75 Fig. u. 2 Verbreitungskarten. (386 S.) 905. (Hft. 22 [IV, 237].) n. 19. 20
Pfitzer, E., Orchidaceae-Pleonandrae, m. 157 Einzelbildern in 41 Fig. (132 S.) 903. (Hft. 12 [IV, 50].) n. 6. 60
Pilger, R., Taxaceae, mit 210 Einzelbildern in 24 Fig. (124 S.) 903. (Hft. 18 [IV, 5].) n. 6. 20
Ruhland, W., Eriocaulaceae, m. 263 Einzelbildern in 40 Fig. (294 S.) 903. (Hft. 13 [IV, 30].) n. 14. 80
Schindler, Ant. K., Halorrhagaceae, m. 196 Einzelbildern in 36 Fig. (133 S.) 905. (Hft. 23 (IV, 225].) n. 6. 80
Schumann, K., Zingiberaceae, m 355 Einzelbildern in 52 Fig. (458 S.) 904. (Hft. 20 [IV, 46].) n. 23. —
Winkler, Hub., Betulaceae, m. 178 Einzelbildern in 28 Fig. u. 2 Verbreitungskarten. (149 S.) 904. (Hft. 19 [IV, 61].) n. 7. 60
Hft. 1—11. Ebd. 900—902. n. 62. 60.

Pflanzenreich, das. Regni vegetabilis conspectus. Im Auftrage der königl. preuss. Akademie der Wissenschaften hrsg. v. Engler. 27.—46. Heft. Lex. 8. Leipzig, W. Engelmann. 226. 90
Ascherson, P., u. P. Graebner, Potamogetanaceae m. 221 Einzelbildern in 36 Fig. (184 S.) 907. (Heft 31 [IV. 11].) 9. 20
Berger, A., Liliaceae-Asphodeloideae-Aloineae, m. 817 Einzelbildern in 141 Fig. u. 1 Taf. (347 S.) 908. (Heft 33 [IV. 38. III. II].) 17. 60
Brand, A., Polemoniaceae, m. 207 Einzelbildern in 39 Fig. (203 S.) 907. (Heft 27 [IV. 250].) 10. 20
Diels, L., Menispermaceae, m. 917 Einzelbildern in 93 Fig. (345 S.) 910. (Heft 46 [IV. 94].) 17. 40
Engler, A., Additamentum ad Araceas-Pothoideas. — Engler, A., u. K. Krause, Araceae-Monsteroideae. — Krause, K., Araceae-Calloideae. Mit 498 Einzelbildern in 60 Fig. u. 1 Taf. (160 S.) 908. Heft 37 [IV. 23 B.].) 8. 40
Fedde, Frdr., Papaveraceae-Hypecoideae et Papaveraceae-Papaveroideae, m. 532 Einzelbildern in 43 Fig. (430 S.) 909. (Heft 40 [IV. 104].) 21. 60
Kränzlin, F., Orchidaceae-Monandrae-Dendrobiinae. Pars I. Genera n. 275—277 m. 327 Einzelbildern in 35 Fig. (382 S.) 910. (Heft 45 [IV. 50. II. B. 21].) 19. 20

— Scrophulariaceae - Antirrhinoideae - Calceolarieae, m. 142 Einzelbildern in 21 Fig. (128 S.) 907. (Heft 28 [IV. 257 C.].) 6. 40

Krause, K., Araceae-Calloideae, s.: Engler, A.

Kükenthal, Geo., Cyperaceae - Caricoideae, m. 981 Einzelbildern in 128 Fig. (824 S.) 909. (Heft 38 [IV. 20].) 41. 20

Macfarlane, J. M., Nepenthaceae, m. 95 Einzelbildern in 19 Fig. (92 S.) 908. (Heft 36 [IV. 111].) 4. 60

— Sarraceniaceae, m. 43 Einzelbildern in 10 Fig. u. 1 Doppeltaf. (39 S.) 908. (Heft 34 [IV. 110].) 2. 40

Mildbraed, J., Stylidiaceae, m. 200 Einzelbildern in 26 Fig. (98 S.) 908. (Heft 35 [IV. 278].) 5. -

Pax, F., Euphorbiaceae - Adrianeae, m. 151 Einzelbildern in 35 Fig. (111 S.) 910. (Heft 44 [IV. 147, II].) 5. 70

— Euphorbiaceae - Jatropheae, m. 155 Einzelbildern in 45 Fig. (148 S.) 910. (Heft 42 [IV. 147].) 7. 40

Perkins, J., Styracaceae, m. 191 Einzelbildern in 18 Fig. (111 S.) 907. (Heft 30 [IV. 241].) 5. 60

Pfitzer, E., u. Fr. Kränzlin, Orchidaceae-Monandrae-Coelogyninae, m. 294 Einzelbildern in 54 Fig. (169 S.) 907. (Heft 32 [IV. 50, II B. 7].) 8. 40

Schulz, O. E., Erythroxylaceae, m. 297 Einzelbildern in 32 Fig. (176 S.) 907. (Heft 29 [IV. 134].) 8. 80

Walter, Hans, Phytolaccaceae, m. 286 Einzelbildern in 42 Fig. (154 S.) 909. (Heft 39. [IV. 83].) 7. 80

Wangerin, Walth., Garryaceae, m. 26 Einzelbildern in 5 Fig. Nyssaceae, m. 38 Einzelbildern in 4 Fig. Alangiaceae, m. 47. Einzelbildern in 6 Fig. Cornaceae, m. 193 Einzelbildern in 24 Fig. (18, 20, 25 u. 110 S.) 910. (Heft 41 [IV. 56a, 220a, b, 229].) 9. 20

Wolff, Herm., Umbelliferae - Apioideae - Bupleurum, Trinia et reliquae Ammineae heteroclitae m. 155 Einzelbildern. in 24 Fig. (214 S.) 910. (Heft 43.) 10. 80

Heft 1—26. Ebd. 900—906. 217.70.

Pflanzenreich, das, in tabellarischer Uebersicht. Nach Jussieu. 1/2 ₰ — dass. nach Linné's Systeme geordnet. 3/8 ₰ (Botan. Charte No. 1. u. 2.) Mit vielen Abbildd. Lithogr. Weimar 837. Landes-Industrie-Compt. 7/8 ₰

Pflanzenreich, das, in tabellar. Uebersicht. — Botanische Karte No. I. u. II. Mit vielen Abbildn. Lithogr. gr. Imp.-Fol. Weimar, Landes-Industrie-Compt. Thlr.

No. I. Nach Jussieu's System geordnet. 638. 12 Gr.
- II. Nach Linne's System geordnet. 639. 9 Gr.

Schweizerische Samenuntersuchungs- u. Versuchsanstalt in Zürich ... (Sonderabdruck aus dem 26. Jahresbericht pro 1903.). Pflanzenschutz. (Berichterstatter A. Volkart). (1904). [Rostr. Saml.].

Pflanzenstoffe, siehe a. Wochenbände.

Pflanzenstoffe. Aus d. Engl. v. Wm. Drugulin. (No. 225—240 d. Wochenbände f. d. geistige u. materielle Wohl d. deutschen Volkes). Mit Abb. 2. Bd. Nutzholzbäume. Früchte. 3. Bd. D. z. menschl. Nahrung dienenden Pflanzenstoffe. kl. 8. Stuttgart, 1852. Rieger. à — 8 — 16

Pflanzenstudien. (17 Bl) Kohlezeichn. von H Gross. Imp In Mappe Hall

Pflanzen-Studien, naturalistische u. stilistische. gr. Fol. (30 Bl. in Tondr.) Wien 898. E. Sobkorl. In Mappe. n. 30. —

Das Pflanzensystem im botanischen Garten der Universität Halle. o. O. 1884. 2 Bl. 8°

Linneisches Pflanzensystem im Auszuge, ein Lehrbuch zu Vorlesungen, und zum Gebrauch für Liebhaber der Oekonomie, Fabriken- und Handlungswissenschaft. - Nürnberg 1792-1794. 5 Tl.

Pflanzensystem, vollst., m. n. d. Natur illum. Gewächs. 4 Bde. 8. Ollmütz. (Meyer, Bresl.) 787.

Pflanzen-Thiere, die, s. Esper, E. J. C.

Pflanzentoxikologie, oder Noth- und Hülfstafel zur Kenntn. d. Pflanzengifte rc. in 4 illum. Tabell. Fol. Cöth. Aue. 804.

Welinp.

Pflanzenverbreitung [Schlagwort]

Pflanzenverbreitung. Drude, O., Atlas der Pflanzenverbreitung, s.: Atlanten. Berghaus' physikal. Atlas.

Pflanzen-Verzeichniß, kleines, für Anfänger. Krótki spis róslin dla zaczynających. (Von Rektor Krupski.) 8. Rogasen 846, Alexander. n. 3 ngl

Die Pflanzenwelt Ost-Afrikas und der Nachbargebiete. Hrsg. unter Redaction v. Prof. Dr. A[dolf] Engler, Geheimrath ... in Berlin, in 3 Theilen. Th. A—C. *Berlin: D. Reimer 1895.* 3 Bde 4.(8.)

A. Grundzüge der Pflanzenverbreitung in Deutsch-Ost-Afrika und den Nachbargebieten v. Prof. Dr. A. Engler m. 8 (a. d. Umschl.: 10) Taf. u. (4) Text Ill., m. Register. (7 Bl., 154 S., 8 Taf.)

B. Die Nutzpflanzen Ost-Afrikas m. zahlr. Text-Ill. Bearb. unter Redakt. v. Prof. Dr. A. Engler v. ... (3 Bl., 535 S.)

C. Verzeichniss der bis jezt aus Ost-Afrika bekannt gewordenen Pflanzen m. 45 Taf. Hrsg unter Redakt. v. Prof. Dr. A. Engler unter Mitw. d. Herren ... (2 Bl., 433, II S., 1 Bl., 40 S., 45 Taf.)

— Deutsch-Ost-Afrika. Bd V. [96. 71

Aus der Pflanzenwelt Unterfrankens. (Hrsg.: Gregor Kraus.) 1. *Würzburg: A. Stuber 1902.* 8°

— Verhandlungen d. physikal.-medic. Gesellschaft zu Würzburg. N. F., Bd 34, No 10. [04. 4697

Pflanzenzüchtung, s. a. Arbeiten der Landwirtschaftskammer f. die Prov. Sachsen. 15. Heft.

Pflanzenzüchtung. Neun Vorträge, geh. auf dem von d. Landwirtschaftskammer f. d. Prov. Sachsen 1908 veranstalteten Vortragskursus f. Pflanzenzüchter. Halle a. S.: Landwirtschaftskammer f. d. Prov. Sachsen 1908. 106 S. 8°
(Arbeiten d. Landwirtschaftskammer f. d. Prov. Sachsen. H. 15.)

Der Pflanzer. Zeitschrift für Land- und Forstwirtschaft in Deutsch-Ostafrika. - Daressalam. Jg. 1-10. 1905-1914. - (M. n. ersch.)

Der Pflanzer. Ratgeber f. trop. Landwirtschaft unter Mitw. d. Biolog.-Landwirtschaftl. Inst. Amani hrsg. durch die 'Usambara-Post'. Jg. 1. Tanga: Kommunal-Verband Tanga 1905. 8° [F.] [07. 14087

Der Ostafrikanische Pflanzer. Zeitschrift f. tropische Agrikultur u. koloniale Volkswirtschaft. Jg. 1. Daressalam: Deutsch-Ostafrikan. Zeitung 1909. 4° [10. 11074

Pflanzl, Otto, auf da Hausbänk. Allerhand dumme u. g'scheide Sochan, in da hoamatlich'n Sprach z'sammgreimt u. aufsageb'n. (V, 120 S. m. Bildnis.) 8. Salzburg 904. E. Höllrigl. Geb. in Leinw. n. 2. 50

Pflanzl, Otto, auf da Hausbänk. Allerhand dumme u. g'scheide Sochan, 'n da hoamatlich'n Sprach z'sammg'reimt u. aufsageb'n. 2. verb. u. verm. Aufl. (VII, 138 S. m. Bildnis.) 8. Salzburg 909. E. Höllrigl. Geb. in Lein. 2. 50

— „In Lusthäusl". Allerhand g'scheite u. dumme Sochan, z'sammgreimt u. aufsageb'n in der hoamatlich'n Sprach. (143 S. m. Bildnis.) 8. Ebd. 906. Geb. in Leinw. n. 2. 50

— „In Lusthäusl". Allerhand g'scheite u. dumme Sochan, z'sammgreimt u. aufsageb'n in der hoamatlich'n Sprach. (Neue Aufl.) (143 S. m. Bildnis.) 8. Ebd. 910. Geb. in Leinw. 2. 50

Salzburger Nockerl. Z'sammgrührt aus lauter frische Sacherln u. außabacha in echt'n Almschmalz. Von Otto Pflanzl. Salzburg: Höllrigl [um 1910]. 167 S. 8° [11. 4636

Pflanzl, Otto, auf da Ofnbänk. Allerhand dumme und g'scheite Sochan in da hoamatlich'n Sprach z'sammgreimt u. aufsageb'n. 2., erweit. Aufl. 12. (175 S. m. Bildnis.) Salzburg (902). (E. Höllrigl.) Geb. in Leinw. n.n. 2.—

— Auf da Ofnbänk. Allerhand dumme u. g'scheite Sochan in da hoamatlich'n Sprach z'sammgreimt u. aufsageb'n. 3. erweit. Aufl. (163 S. m. Bildnis.) 8. Ebd. 904. Geb. in Leinw. n. 2. 50

— Auf da Ofnbänk. Allerhand dumme u. g'scheite Sochan in da hoamatlich'n Sprach z'sammgreimt u. aufzageb'n. 4. verb. u. erweit. Aufl. (163 S. m. Bildnis.) 8. Ebd. 907. Geb. in Leinw. 2. 50

Pflanzung, die, des Christenthums unter den Slaven, besonders in Wagrien, u. die Stiftung des Bisthums Oldenburg, oder Lübeck mit näherer Beziehung auf die Kirche zu Bosau. Zur Jubelfeier des 700jähr. Bestehens dieser Kirche (von Sie werssen). 8. (46 S.) Eutin 852, Völckers. 6 ngl

Pflaster, Berliner. Illustrierte Schildergn. aus d. Berliner Leben. Unter Mitwirkg. erster Schriftsteller u. Künstler hrsg. von M. Reymond u. L. Manzel. 15 Lfgn. gr. 4. (VII, 348 S. m. z. Thl. farb. Abbildgn.) Berlin 890. 891. Pauli. à n. 1.— (cplt. geb.: n. 20.—)

Pflasterungsfrage, die, in Wien. gr. 8. (63 S.) Wien 877, (Hölder.) *

Pflaum. Ueber Einrichtung der Waisenhäuser. *Stuttgart.* 1815

Pflaum, Christoph David

Pflaum, Christoph Daniel

Pflaum. Chr. D., „Eugen Dühring", s. a Essays, moderne. 56. Hft.

'Eugen Dühring'. Von Dr. [Christoph David] Pflaum. Berlin: Gose & Tetzlaff [1906]. 55 S. 8°
(Moderne Essays. H. 56.)

Pflaum, Chr. D. J. G., Droysens Historik in ihrer Bedeutung f. die moderne Geschichtswissenschaft, s. a Untersuchungen, geschichtliche. V, 2.

J. G. Droysens Historik in ihrer Bedeutung für die moderne Geschichtswissenschaft. Von Chr[istoph] D[avid] Pflaum (Rom). Gotha: F. A. Perthes 1907. (VI, 115 S.) 8°
— Untersuchungen, Geschichtliche. Bd 5, H. 2. [07. 14781

Die Poetik der deutschen Romantiker. Von Chr[istoph] D[avid] Pflaum (Rom). Berlin: Deutscher Schriftenverl. 1909. 70 S. 8° [10. 10480

— Die Poetik der deutschen Romantiker. (70 S.) 8. Berlin 909. (Illustr. landwirtschaftl. Zeitg.) 2. 50

— die individuelle u. die soziale Seite des seelischen Lebens, s. a Grenzfragen des Nerven- u Seelenlebens. 43.

Die individuelle und die soziale Seite des seelischen Lebens. Von Dr. Chr. D. Pflaum in Rom. Wiesbaden: J. F Bergmann 1906. (VII, 65 S.) 8°
— Grenzfragen d. Nerven- u. Seelenlebens. H. 43. [06. 7589

Pflaum, Emil, Medizinalprakt.: Aus d. II. gynaekol. Klinik in München. Vorst.: Amann. Zur Prognose der Ovariotomie. München 1910: Kastner & Callwey. 43 S. 8°
München, Med. Diss. v. 15. April 1910, Ref. Döderlein
[Geb. 14. Okt. 83 Immenstadt; Wohnort: Immenstadt; Staatsangeh.: Bayern; Vorbildung: Ludwigs-Gymn. München Reife Juli 03; Studium: München 7, Kiel 1, München 2 S.; Coll. 15. April 10; Approb. 31. März 10.] [U 10. 3559

Pflaum, Ernst „Beiträge zur naturhistorischen Topographie der Oberpfalz". pg. 3—15. 4°. Mit einer Tabelle. Biechele'sche Buchdr. (F. A. H. Nigg).
Amberg, Progr. 1844/45

Pflaum, Ernst „Beiträge zur naturhistorischen Topographie der Oberpfalz". (Fortsetzung.) pg. 3—7. 4°. C. Klöber.
Amberg, Progr. 1845/46

Pflaum, Ernst „Amberger Biere". Hallymetrisch untersucht. pg. 3—10. 4°. Biechele'sche B.
Amberg, Progr. 1851/52

Pflaum, Ernst „Die Mineralien der Oberpfalz nach ihren Fundorten zusammengestellt". pg. 13—21 4° Hermann v. Train
Amberg, Progr. 1861/62

Pflaum, Ernst „Schädliche, oder für schädlich gehaltene Thiere" pg. 3—8. 4°. (Gedruckt mit Biechele'schen Schriften.)
Amberg, Progr. 1838/39

Pflaum, Frz. Albr.

— Abhandl. der Unermeßlichkeit Gottes, in Verherrlich. seiner Majestät. 4. Ansbach, Haueisen. 744.

— Abhandl. v. d. Unermeßlichkeit Gottes. 4. Ansb. 754.

Pflaum, Frz. Albr., († d. 7. März 1798.) Beschäftigung d. Seele mit d. Himmlischen in gottseligen Betrachtt. geistl. Lieder d. evangel. Kirche. 1e Samml. 8. Schwabach 756. Enderes. 7 gl

— einige Erinnerungen, d. Beweise Otters, daß d. Heiland nicht mit e. verklärten Leibe kann auferstanden seien, entgegen gesetzt. 4. Schwab. 774. Enderes. 4 gl

— Verfahren d. Vorsehung aus d. unendl. Größe d. Vollkommenheiten beim Wechsel d. Dinge. 4. Altd. 752

Pflaum, Fritz [aus München]: Anatomisch systematische Untersuchung des Blattes der Melastomaceen aus den Triben: Microlicieen und Tibouchineen .. München, Druck v. H. Kutzner, 1897; 2 Bl., 91 S., 2 Taf. 8.
München, Phil. Fak., Inaug.-Diss. v 1897

Pflaum, Geo., was muss der Amateur-Photograph wissen? Ein Handbuch f. Anfänger u. Vorgeschrittene. gr. 8. (168 S. m. Abbildgn.) Berlin (900). H. Steinitz. n. 2. —

Pflaum, Geo., was muss der Amateur-Photograph wissen? Ein Lehrbuch f. Anfänger u. Vorgeschrittene. 3. vollständig umgearb. Aufl. (150 S. m. Abbildgn.) 8. Berlin (910). H. Steinitz. 2.

Naturforscher-Verein Riga
— — Die Jubiläumsfeier des — am 27. März (8. April) 1895. [Pflaum, H.] Riga 1895.

Pflaum, H(ermann): Versuche mit einer elektrischen Pfeife. (Mit 14 Abb.) Braunschweig 1909: Vieweg. 60 S. 8°
Rostock, Phil. Diss. v. 18. Jan. 1909, Ref. Heydweiller
[Geb. 15 (27.) Juni 62 Petersburg, Wohnort Riga; Staatsangeh.: Rußland; Vorbildung: Stadt. Gymn. Riga Reife Dez. 82; Studium Dorpat 8 S.; Rig. 13. Jan. 09.] [U 09. 3763

Pflaum, Johann Christoph Ludwig

— s. Anleitung, Erste, z. Religion Jesu.

— Beicht- u. Communionbuch f. junge Christen, vorzüglich für Confirmanten. 8. Leipz. 815. Dyck. 6 gl 2e Ausg. 8. Nürnb. 818. (v. Ebner). 4 gl

— — Beicht- und Communion-Büchlein für junge Christen, vorzüglich für Confirmanden. 2te Ausg. 8. Nürnberg, Lechner. 818.

— Offener Bericht an die gesammte protestant. Geistlichkeit in Baiern, den Fortgang der in d. Schrift: Frage u. Bitte zc. zur Sprache gebrachten Angelegenheiten betreffend. 8. (Leipz., Dyck). 816. 2 gl

Pflaum, Jh. Cph. Ldw., Blüthen. 2 Thle. 8. Nürnb. 799. Monath u. K. 1 rthl 1 gl (2r A. u. d. T.: Versuche in der Dichtkunst. 9 gl

— neuer Briefwechsel von u. für Knaben u. Mädchen aus d. gebildeten Ständen. 8. Bayr. 809. Lübecks-E. 16 gr

— neuer Briefwechsel a. die gebildeten Stände. 8. Bayr. Lubeck. 809.

— an die sämmtl. theolog. Facultäten, so wie an alle Doctoren d. Theologie im protestant. Deutschland. gr. 8. Nürnb. 819. Riegel u. W. 8 gr

— Frage u. Bitte an die gesammte protestant. Geistlichkeit in Deutschland. 8. Leipz. 815 Dyck. 5 gr

— offene Frage u. Bitte an d. gesammte protestant Geistlichkeit in Deutschland ꝛc. gr. 8. Nürnb. 816. Riegel u. W. 2 gr

— die Gleichnißreden Jesu leicht gereimt u. gemein verständlich ausgelegt. 8. Nürnb., Riegel u. W. 18 gr

— die Kirchenältesten; ein Wort z. Beherzigung f. sie u. ihre Wähler. gr. 8. Bayreuth. (Nürnb., Riegel u. W.) 2 gr

Pflaum, Jh. Cph. Ldw., das Leben Jesu f. Geist u. Herz evangelisch dargestellt. 8. Nürnb. 819. (Riegel u. W.) 1 Rthlr 4 gr

— Lebensbeschreibungen merkwürd. Männer f. Jünglinge. s. a. Leben.

— Lebensbeschreib. merkwürdiger Männer, f. Jünglinge. 5 Thle. 8. Stuttg. 813—17. Steinkopf. 3 Rthlr 6 gr (Ir, Peter der Große 814. 12 gr IIr, Karl d. Große. 8. Ebd. 814. 12 gr IIIr, Friedrich d. Große. 8. Ebd. 815. 14 gr IVr, M. Luther in 2 Bdchen. 8. Ebd. 817. 1 Rthlr 4 gr Vr, Luthers Persönlichkeit. 8. Ebd. 819. 12 gr)

— geistliche Lieder. 8. Nürnb. 822. Riegel u. W. 12 gr

— 12 neue geistl. Lieder. 8. Ebd. 824. 3 gr

– s. Lobauer, v., K. Ph.: Zerstr. Blätter.

– s. Monatsschrift, Ansbachische.

— Predigtbuch f. den Bürger u. Landmann über Evangelien. 4 Hfte. 4. Nürnb. 812. (Riegel u. W.) 2 Rthlr 16 gr

Pflaum, Ludw., Predigtbuch f. d. Bürger u. Landmann, üb. d. Evangelien auf alle Sonn- u. Festtage. 3. Aufl. 4. (63 B.) Bayreuth 836, Grau. *

— Religion, eine Angelegenh. der Fürsten. 8. Leipzig, Dyk. 809.

— Religion e. Angelegenheit d. Fürsten, dem erhabenen Congresse zu Wien geweiht. 8. Lpz. 1e u. 2e A. 814. Dyck. 10 gr

— Religion eine Angelegenheit d. Fürsten, dem erhabenen Congresse zu Wien geweiht, neue unveränd. Aufl. 8. Ebend. 815.

— die Religion Jesu, in katechet. Unterredungen vorgetragen. 802. 2e A. 803. 3e A. 8. Leipz. 815. Dyck. 10 gr

— dasselbe. 8. Nürnberg, Campe. 802.

— Selbstbekenntnisse wider Willen, meine jüngste Schrift: „die Irr- u. Winkelzüge auf dem Felde d. Grammatik" betreff. 8. Bamb. 824. (Wesché in Frankf.) 4 gr

— geograph. Skizze, vom Königreich Baiern. 1r Hft. gr. 8. Nürnb. 813. Riegel u. W. 18 gr (Auch u. d. T.: Handbuch d. Geographie v. Deutschland. 1s Hft.)

— dieselbe v. Königreich Würtemberg, f. Vaterlandsfreunde, zunächst f. die vaterländ. Jugend. 1r u. 2r Hft. 8. Stuttg. 813. Steinkopf. (Riegel u. W. in Nürnb.) 1 Rthlr 2 gr

— Sonntagsblatt f. ächt evangel. Gottes- u. Christusverehrer. 1r bis 6r Jahrg. in 4 Quartln. 8. Nürnb. 817—822. (à J. 1 Rthlr) 6 Rthlr 6r Jahrg. A. u. d. T.: Familienandachten. 1r Jahrg. 8. Ebd. 822. (Riegel u. W.) 1 Rthlr

— Ueberzeugungen u. Vorsätze im Betreff der durch seine „Frage u. Bitte an d. gesammte protestant. Geistlichkeit in Deutschland" in Anregung gebrachten Angelegenheit. gr. 8. Kulmbach 817. (Riegel u. W. in Nürnb.) 4 gr

— Veilchenlese. 8. Leipz. 808. Dyck. 1 Rthlr 12 gr

— nothgedrungene Vertheidigung u. Erklärung, jene: gegen e. ihm öffentl. gemacht. Anschuldigungen, diese: über d. Werth d. Religionsunterrichts ꝛc. 8. Nürnb. 822. Riegel u. W. 6 gr

Pflaum, Jh. Cph., († d. 25. Aug. 1796.) s. a. Vorbereitung zum Unterr. in d. Religion.

Pflaum, J. C. Ludw., Vorbereit. zum Unterr. in der Religion, n. Anleitung d. Fragen an Kinder. 8. Frankfurt, Simon. 803. Rthlr.

— — dasselbe. 8. Heidelberg, Braun. 803.

– s. a. Wort, Ein, zu rechter Zeit an meine Brüder.

— ein Wort zu rechter Zeit an meine Brüder, veranlaßt durch die zu Berlin angeordnete königl. preuß. Commission z. Veredelung d. protestant. Kultus. 8. Leipz. 814. Dyck. 16 gr

Pflaum, Jul., christliche Mitgabe für (christliche) Auswanderer. 8. (31 S.) Bayreuth 853, Grau'sche Buchh. *

Pflaum, Ludwig, s. Pflaum, Johann Christoph Ludwig

Pflaum, Matth., Entwurf zur neuen Bamberg. Gesetzgebung. 3 Thle. gr. 8. Bamb. 792. Hernach mit folg. Tit.: Entwurf e. neuen peinl. Gesetzgebung. gr. 8. Frankf. u. Leipz. (Erlang.) 793. Dalm. 1 Rthlr 4 gr Schrbp. 1 Rthlr 8 gr

— **Matthaeus** (Forchheim), De bonae fidei possessore fructus consumtos, si exinde locupletior factus, restituente. Diss. jur. Präs. Peter Schwaan. Bamberg (J. G. Klietsch) 14. VI. 1773. 28 S. (5.—) 26348

Pflaum, Otto: Ueber Gesetzeskonkurrenz. *(München) 1898: (J. Deschler).* (47 S.) 8°
Erlangen, Jur. Diss. v. 18. Dez. 1897

Pflaum, Otto, über Gesetzeskonkurrenz auf d. Gebiete des Strafrechts. gr. 8. (47 S.) München 898. J. Schweitzer Verl. n. 1.20

Nach Norwegen und Spitzbergen. Eine Nordlandfahrt in das Land der Fjorde und zum ewigen Eise von Richard **Pflaum**. *Berlin: H. Steinitz 1902.* (93 S.) 8° [illegible]

Pflaumbaum, Gustav [aus Wollenhagen, Prov. Sachsen]: Bestimmung der scheinbaren Größe eines elliptischen Paraboloids für einen beliebigen Punkt des Raumes unter Berücksichtigung der wesentlichen Specialfälle... Halle a. S., Druck v. Gundlach & Eggers, 1889; 38 S. + 1 Bl. 8°
Halle, Phil. Fak., Inaug.-Diss. v. [30. Apr.] 1889

Pflaumbaum, G[ustav], Dr.: Die geschichtliche Entwicklung des Jonenbegriffes bei der Elektrolyse. Hamburg 1905: Lütcke & Wulff. (44 S.) 8°
Hamburg, R in St. Pauli P 1905 (882)

Geschlossene Feldscheunen, ihr Nutzen u. ihre zweckentsprechende Einrichtung. Referat, erstattet in d. v. Sitzung d. Ausschusses f. Landeskultur u. Versuchswesen von Gutsbesitzer Pflaumbaum-Heudeber. Hrsg. mit Plänen f. Feldscheunen von d. Landw.-Kammer f. d. Prov. Sachsen. *Halle a. S.: [O. Thiele in Komm. 1900].* (12 S.) 8° [F.]

Pflaume, Gottfried

— — De polygamia, incestu, et divortio, jure naturali prohibitis. Diss. jur. Ductu Gottlieb Gerhard Titius. Leipzig (I. Titius) 14. IV. 1712. 56 S. (5.—) 26350
Widm. v.: Gottlieb Gerhard Titius.

— — Dasselbe. Leipzig (Schede) 14. IV. 1712. Rec. 1720. 56 S. (5.—) 26351
Widm. v.: Gottlieb Gerhard Titius.

Pflaume K.: Einleitung z. Kenntniss d. nordamerikanischen Landwirthschaft. Zunächst f. Auswanderer. Leipz. 1866. (12) 189 S.

Pflaume, C., Einleitung zur Kenntniß der nordamerikanischen Landwirthschaft. Zunächst für Auswanderer. Leipzig 867. O. Wigand. Lex.-8. (XV, 189 S.) n. 24 ngr.

Pflaume, Karl, Gedichte. 8. (IV u. 251 S.) Magdeburg 852, Fabricius. 5/6 ℳ

Pflaume, Karl, Hermann der Cherusker. Ein episches Gedicht. Aschersleben 865. Carsted in Comm. 8. (48 S.) 7½ ngr.

Pflaume, Carl, Hermann der Cherusker. Ein episches Gedicht. 8. (48 S.) Aschersleben 865, (Schnock's Buchh.)

Pflaume, Karl, e. Liebesmahl, s.: Kühling's, A., Album f. Liebhaberbühnen.

Pflaume, Karl, Märchenbuch. Aschersleben 870. (Huch.) 8. (228 S.) n. 20 ngr.

— Märchenbuch. (2. Ausg.) 8. (IV, 228 S. m. 6 Steintaf.) Aschersleben 871. Huch in Comm. n. 3. —

Pflaume, M. V. R., ein Liebesmahl, s. Kühling's, A., Album für Liebhaberbühnen.

Pflaume, M. V. R., ein Liebesmahl, s. a. Thalia.

Ein Liebesmahl. Lustspiel in 1 Akt von M. V. R. Pflaume. *Mühlhausen i. Th.: G. Danner 1900.* (31 S.) 8° [F.]
— Thalia. 73.

Pflaumen, die, hrsgg. v. F. J. v. Günderode u. M. B. Borkhausen. 16—65 Hft. Mit ill. Kpf. gr. 8. Frankf. a. M. 814. Guilhaumann. 9 ℳ

Pflaumer, C., Beschreibung u. Ertragsberechnung zweier Güter im niederrheinischen Industriegebiet, s.: Kloepfer.

Pflaumer, Eduard [aus Göggingen bei Augsb.]: Ueber Wirkungen und Schicksale des bromwasserstoffsauren Glutinpeptons im tierischen und menschlichen Organismus ... Erlangen, Druck d. Univ.-Buchdr. v. E. Th. Jacob, 1896; 1 Bl., 32 S. 8.
Erlangen, Med. Fak., Inaug.-Diss. v. [23. Juli] 1895

Pflaumer, J. (Hrsg.), s. Bibliographie, Allgemeine, für Deutschland.

Pflaumer, W., internationale Handelssprache. Vollständ. Lehrgang d. Volapük, nebst Schlüssel u. Wörterbuch. Bearb. nach Kerckhoff's Cours complet de Volapük zum Gebrauch für Deutsche. [Höherer Kursus des „Hilfsbuch d. Volapük" v. Kirchhoff in Halle.] 8. (X, 181 S.) Halle 887. Buchhdlg. d. Waisenhauses. n. 1. 80

— dasselbe. 2., rev. Aufl. 8. (XII, 182 S.) Ebd. 888. n. 1. 80

—— Vollständiger Lehrgang des Volapük, nebst Schlüssel und Wörterbuch. Bearb. nach dem Cours complet de Volapük des Prof. Kerckhoffs zum Gebrauch für Deutsche. [Höherer Kursus des „Hilfsbuch des Volapük" von Prof. Kirchhoff in Halle.] 2. sorgfältig revid. Aufl. 8. (XII, 182 S.) Ebendas. 888. * 1 —

— se „Tacitus dö seit, südods o pops Germäna". Popötöfül in volapük o pepübül, ko vödem latinapükik tafamik. 8. (26 S.) Halle a/S. 890. R. Schroedel. n. — 50

— Wörterbuch d. Volapük. 8. (XVI, 447 S.) Halle 888. Buchhandlg. d. Waisenhauses. n. 4. —

Pflege, v. d., s. Salerno.

Die Pflege der Dichtkunst im alten Nürnberg. Dramat. Szenen aus 3 Jahrhunderten von Ernst Mummenhoff (Prolog; Szene aus d. Hans Sachs-Zeit), Emil Reicke (Szene aus d. Zeit d. Pegnitzschäfer), Heinrich Tölke (Szene aus d. Grübel-Weikert-Zeit). Hrsg. v. Ver. f. Gesch. d. Stadt Nürnberg. Mit 3 Taf. *Nürnberg: J. L. Schrag in Komm. 1904.* (86 S.) 8° [F.]

Pflege, die, des Ehrgefühls, e. Hauptaufgabe der Erziehung. Offener Brief an den gestrengen Herrn Orbilius Redivivus v. seinem Amtsgenossen Kinderfreund. 8. (17 S.) Erfurt 893. C. Villaret. n. — 30

[F.] Über die einheitliche Pflege der Hydrographie der Verbandsländer. H. 1—3. *Berlin: Siemenroth & Troschel 1897.* 8.
— Deutsch-Oesterreichisch-Ungarischer Verband für Binnenschiffahrt. Verbands-Schriften. No 14. 19. 31.

Pflege und Ernährung des Säuglings. Ein Leitfaden f. Pflegerinnen von Dr. M[ax] Pescatore. 2., verb. Aufl. Berlin: J. Springer 1908. (VI, 85 S.) 8° [F.]

Pflege, die, der Hand. Eine rationelle Anleitg., schöne Hände u. Fingernägel zu erzielen u. zu erhalten. (32 S. m. Abbildgn.) 8. Berlin (907). Verlagsgesellschaft Corania. 1. —

Pflege, die, d. Haut m. bes. Berücksicht. d. Gesichts- u. Haarpflege, s.: Miniatur-Bibliothek.

Pflege, die, der Haut als Schutz und Hülfe gegen Gicht und Rheumatismus und alle damit verwandten krankhaften Zustände. Begründet auf langjährige Beobachtungen u. Erfahrungen eines Nicht-Arztes. (Von Lairitz.) Dresden 860. Klemm in Comm. gr. 8. (16 S.) 2½ ngr.

Pflege, die, des Kindes. 10 Briefe an e. junge Frau v. e. prakt. Arzt. 8. (152 S.) Mannheim (902). J. Bensheimer's Verlag. n. 1. 20

— die, der Kunst in Oesterreich 1848—1898. Die bild. Kunst in Oesterreich. Von Ludw. Hevesi. — Musik. Von Rob. Hirschfeld. — Wiener Theater 1848—1898. Von Fel. Salten. — Decorative Kunst u. Kunstgewerbe. Von Bertha Zuckerkandl. gr. 8. (108 S.) Wien 900. M. Perles. n. 2. —
Sonderabdruck aus: „Oesterreichs Wohlfahrts-Einrichtgn."

—— die, des schwachen und des kranken Menschen. Ein Lehrbuch für Curatgeistliche, Familienväter und Familienmütter. 8. (240 S.) Warburg 860. (Paderborn, Junfermann'sche Buchh.) *

Pflege verletzter und lahmer Pferde, Massage, Hülfeleistung bei Kolik. Anleitung zum Unterricht der Fahnenschmiede. 12. (XI, 131 S. mit 17 Abbild. im Text.) Berlin 888, Mittler und Sohn. * ℳ 1.40.; geb. **

— verletzter u. lahmer Pferde, Massage, Hülfeleistung bei Kolik. Anleitung zum Unterricht der Fahnenschmiede. 12. (XI, 135 S. m. 21 Abbildgn.) Berlin 902. E. S. Mittler & Sohn. n. 1. 40; geb. n.n. 1. 60

Ueber die Pflege der Schönheit. Bemerkungen einer Dame vom Stande. Zweite vermehrte Auflage. 8. (135 S.) Wien: Hartleben 1891. 1.50
Dasselbe. Eleg. geb. (Nur jetzt) 2.25

Pflege, die, der im Kriege Verwundeten u. die Genfer Conferenzen. Von H. M. Darmstadt 865. Zernin. gr. 8. (72 S.) n. 10 ngr.

— die, der Wissenschaften und schönen Künste durch sächsische Fürsten u. Fürstinnen. Eine Festschrift zum 800jähr Jubelfest des Hauses Wettin. Lex.-8. (26 S.) Dresden 889. Hackarath. n. — 40

Pflegeordnung der des heil. Römischen Reichs Stadt Augsburg. O. O. 1779. H: *Tröltsch, Johann Friedrich Reichsfreih. von.* (ML)

Pfleger, Frz. Jos., u. Ludw. Gschwindt, Börsenreform in Deutschland, s.a. Studien, Münchener volkswirtschaftliche.

Pfleger FJ und L Gschwindt, Börsenreform in Deutschland. I-III. (Studien, Münchener volkswirtschaftliche 15-17) Stuttgart 1895-97

Pfleger, Franz Jos. u. Gschwindt, Ludw.: Börsenreform in Deutschland. Eine Darstellung der Ergebnisse der deutschen Börsenenquete. Mit e. Vorw. von Walth. Lotz. Stuttgart. 2 Bde

Abschn. 1. Allgemeiner Theil. 1896.
„ 2. Die Produktenbörse nach den Erhebungen der Börsenenquetekommission. Bearb. von F. J. Pfleger. 1896.
„ 3. Die Effektenbörse nach den Erhebungen der Börsenenquetekommission. Bearb. von L. Gschwindt. Mit Anh.: Reichsbörsengesetz vom 22. Juni 1896. 1897.

(Münchener volkswirthschaftl. Studien hrsg. von L. Brentano u. W. Lotz. Stück 15. 16. 22.)

Börsenreform in Deutschland. E. Darstellg d. Ergebnisse d. deutschen Börsenenquete v Franz Josef **Pfleger** u. Ludwig Gschwindt. M e. Vorw. v Prof. Dr. Walther Lotz. Abschn. 1. 2. *Stuttgart: J. G. Cotta 1896.* 2 Bde 8.
1. Allg Tl. (VIII S., 1 Bl., 90 S.) 2. Die Produktenbörse nach den Erhebgn der Börsenenquêtekommission. (VI, 189 S.)
— Studien, Münchener Volkswirtschaftliche. Stück 15. 16. [96. 2235

Pfleger, Franz Josef [Rechtspraktikant]: Geschichte und heutige Technik des deutschen Getreideterminhandels. Teil d. gekr. Preisschrift: Die thatsächl. Ergebnisse d. Reichsbörsenenquete hinsichtl. d. Produktenbörsen .. [Erschien vollst. u. d. T.: Börsenreform in Deutschland. E. Darstellg d. Ergebnisse d. deutschen Börsenenquete v. F. J. Pfleger u. L. Gschwindt. 2. Abschn. Die Produktenbörse nach d. Erhebgn d. Börsenenquetekommission, als Stück 15 u. 16 von: Münch. volkswirtsch. Stud.] Stuttgart, Druck d. Union Deutsche Verlagsges., 1896; 1 Bl., 44 S. 8.
München, Staatswirtsch. Fak., Inaug.-Diss. v. 1896

Pfleger, Frz. Jos., die Güterzertrümmerung in Bayern u. die Vorschläge zur Bekämpfung des Güterhandels. (VII, 94 S.) gr. 8. München 904. J. Schweitzer Verl. n. 2. 80

Pfleger, Gust., Cypřiše. Sbírka básní lyrických a epických. Prag 862. Kober. 16. (227 S.) n. 20 ngr.

Pfleger, Gust., Dumky. Prag 857. Řziwnatz. 16. (XII, 227 S.) n. 17½ ngr.

Pfleger, Jh. Jak., ein Wort an seine lieben Mitbürger zur Belehrung, Warnung u. Beruhigung, über Mosers gesunden Menschenverstand. 8. Aarau 802.

Pfleger, Jos., die ersten Lectionen im Zitherspiel oder Werde ich energisch unterrichtet? Mit Anh., enth. prakt. Winke f. Zitherspieler, sowie e. Abhandlg. üb.: Ist die Zither musikbildend? gr. 8. (24 S. m. 4 S. Abbildgn. u. Musikbeispielen.) Berlin 902. (Berolina-Versand-Buchh.) n. 1. 50

Pfleger, Josef [app. Arzt aus Rheinau '(U.-Els.)']: Die plötzlichen Todesfälle bei den Geisteskranken ... Strassburg i. E., Buchdr. Ch. Müh & C., 1897; 53 S. 8.
Strassburg, Med. Fak., Inaug.-Diss. v. 1897

Pfleger, Karl, Kindergartenlieder. Sehr leichte Kinderlieder m. einfacher Klavier- od. Harmoniumbegleitg. f. Kindergärten, Schule u. Familie komponiert. Mit e. Vorworte v. Alois Fellner. (VIII, 252 S.) gr. 8. Wien 908. A. Pichler's Wwe. & Sohn. 3. —

Pfleger, Karl, Stimmt an mit hellem hohen Klang! Volkslieder, volkstümliche u. neuere Lieder f. alle Geschicke d. deutsch-österreichischen Jugend, ausgew., zweistimmig gesetzt u. m. d. Grundbässen versehen, Wien, 16°. 2 Bde.

Pfleger, Karl, 25 Weihnachtslieder f. Kinder, f.: Muschka. Marie.

Pfleger, Luzian, Martin Eisengrein (1535—1578), s.: Erläuterungen u. Ergänzungen zu Janssens Geschichte des deutschen Volkes. VI, 2. 3.

Martin Eisengrein (1535–1578). Ein Lebensbild aus d. Zeit d. kath. Restauration in Bayern. Von Dr. Luzian **Pfleger.** Freiburg im Br.: Herder 1908. (XII, 175 S.) 8° [F.]
— **Erläuterungen** u. Ergänzungen zu Janssens Geschichte d. deutschen Volkes. Bd 6, H. 2. 3. [08. 9399

Pfleger, Luzian, a. Dachstein i. Elsaß: Martin Eisengrein und die Universität Ingolstadt (1562—1578). Ein Beitrag zur Geistesgeschichte Bayerns im 16. Jahrhundert. München 1905: J. G. Weiß. (47 S.) 8° [F.] ¶ [Aus: Historisch-politische Blätter f. d. kathol. Deutschland Bd. 134.] (Eine ausführliche Monographie Eisengreins soll später erscheinen.)
München, Phil. Fak., Ref. Grauert, Diss. v. 21. Dez. 1904
[Geb. 10. Jan. 76 Dachstein i. Elsaß; Wohnort: Dachstein; Staatsangeh.: Elsaß-Lothr.; Vorbildung: Bischöfl. Gymn. Straßburg Reife Sommer 96; Studium: Klerikalseminar Straßburg 10, München 3 S.; Rig. 9. Juli 03.]

— Zur Geschichte des Predigtwesens in Strassburg vor Geiler v. Kaysersberg. (82 S.) Lex. 8. Strassburg 907. Herder. 1. 60

Pfleger, Luzian katholischer Glaube im deutschen Volk, s.: Dürr's deutsche Bibliothek. 12. B.

— Das Strassburger Münster u. die deutsche Dichtung. Ein literarhistor. Versuch. (89 S. m. 2 Taf.) gr. 8. Strassburg 909. F. X. Le Roux & Co. 1. —

Pfleger, Rob. Tabellen üb. die berechnete Tragfähigkeit der beim Hochbau zu verwendenden eisernen Stützen. Ein Hülfs- u. Nachschlagebuch für Architekten u. Bauunternehmer. 8. (VI, 119 S. m. 59 Fig.) Lpz. 892, W. Engelmann. In Leinw. cart. * 3 —

—— Tabellen über die berechnete Tragfähigkeit der beim Hochbau zu verwendenden eisernen Träger. Ein Hülfs- u. Nachschlagebuch f. Architekten u. Bauunternehmer. 12. (VI, 89 S. m. 40 Text-Fig.) Ebd. 891. cart. * 2 40

Pfleger, Rud., Johann Gottlieb Fichte, e. nationaler Prophet in schwerer Zeit. Vortrag, geh. im Protestanten-Verein Kaiserslautern am 17. X. 1907. (47 S.) 8. Zweibrücken 907. (F. Lehmann.) — 80

Pfleger, Rudolf: Pestalozzi als Christ. T. 1. Pestalozzis christliche Weltanschauung. Zweibrücken 1910: Kranzbühler. 50 S. 8°
Zweibrücken, k. G P 1910* [S 10. 332

Pfleger, Rudolf: Pestalozzi als Christ. T. 2. Pestalozzis christliche Lebensrichtung. Zweibrücken 1911: Kranzbühler. 51 S. 8° ¶(Forts. d. P-Beil. 1910.)
Zweibrücken, k. G P 1911* [S 11. 359

Pfleger v. Wertenau, Sev., der Pfarrer in seinem Amte. 4 Bdchn. (od. 5 Thle.) gr. 8. (50¾ B. u. 3 B. Tab.) Wien 830—32, (Wimmer.)

—— der Pfarr-Provisor theils in seinem Amte, das ist: als Temporal-Administrator, theils als jüngst installirter wirkl. Pfarrer. gr. 8. (9¾ B. u. 1 B. Tab. gr. 4.) Wien 831, (v. Mösle sel. Wtwe. u. Braumüller.)

Pflegeramt, Das, der inneren Mission . . . Berlin 1852. V: *Huber, Victor Aimé.* (zu) (Ky)

Pflegeramt, das, der innern Mission v. V. A. H(uber). gr.8. (16 S.) Berlin 852, Hertz. n. 1/12 Thlr

Leipzig: □ B[alduin] z. L[inde in Leipzig]. **Pfleger-Ausschuss.** [Leipzig] o. J. 1 Bl. 8° [Kopftit.]
Instruktion für den Pfleger-Ausschuss.

Pflegerinnenschule, Die Schweizerische, mit Frauenspital in Zürich . . . Zürich 1902. V: *Wachter, Rud.* (BBullschw 3, 1903)

Pflegesohn, der, hist. Roman, s. Los.

Pflegetochter, die; od. die gekingsteten Mütter. Ein Schauspiel in 4 Aufz. frei nach Calgnioz, v. M. G. Lambrecht. 8. München, Lindauer. 811.

Pflegetochter, die, Cromwell's, s.: Theater, kleines.

Pflegetöchter, Die. Liegnitz 1821. 2. Ausg. 1832. V: *Hanke, Henriette Wilhelmine geb. Arndt.* (MGT) (schl) (Ky) (Nowack, Schles. Schriftst.-Lex. Bresl. 1836—43. V, 68.)

Pflegetöchter, die, (von Henr. W. Hanke). 8. Liegnitz 821. Kuhlmey. 1 Thlr 8 Gr 2e Aufl., s. Hanke.

Pfleghaar, A., die Gefährdung der eidgenössischen Finanzen durch den Bundesrat. Die Subventionierg. des Simplonunternehmens vom Standpunkt der Interessen des Bundes aus betrachtet. gr. 8. (39 S.) Lausanne 898. B. Benda. n. — 50

Pfleghaar, A. Die Gefährdung der eidgenössischen Finanzen durch den Bundesrat. Die Subventionierung des Simplonunternehmens vom Standpunkt der Interessen des Bundes aus betrachtet. gr.8°. Lausanne, B. Benda, 1899.

Pfleghart, Adolf

Pfleghart, A., Bericht üb. die schweizer. Hausindustrien, deren Produkte auf dem Weltmarkt m. den Erzeugnissen anderer Länder konkurrieren, s. a Vereinigung, schweizer., zur Förderung des internationalen Arbeiterschutzes.

Pfleghart, A[dolf]. Bericht über die schweizerischen Hausindustrien, deren Produkte auf dem Weltmarkt mit den Erzeugnissen anderer Länder konkurrieren. 17 S. 8. Bern, Neukomm & Zimmermann, [1907]. (fr. —.30)
Schweizerische Vereinigung zur Förderung des internationalen Arbeiterschutzes. Heft 21

Pfleghart, A., die Elektrizität als Rechtsobjekt. 2 Tle. 8. Strassburg, J. H. E. Heitz. n. 8. —
I. Allgemeiner Tl. (IV, 91 S.) 901. n. 2. —
II. Spezieller Tl. (V, 436 S.) 902. n. 6. —

— **Grundzüge e. Bundesgesetzgebung üb. die Ausnutzung u. Verwertung der Wasserkräfte. I. u. II. Tl.** gr. 8. Zürich, Beer & Co. 6. —
I. Die Ausnutzg. der Wasserkräfte. (VIII, 143 S.) 907. 3. 40
II. Die Verwertg. der Wasserkräfte. Anh. Entwurf e. Bundesgesetzes üb. die Ausnutzg. u. Verwertg. der Wasserkräfte. (IV, 129 S.) 909. 2. 60

Pfleghart, A[dolf]. Hausindustrie. Sonderabdruck [aus:] Handwörterbuch der Schweizerischen Volkswirtschaft, Sozialpolitik und Verwaltung .... Band 2. II S. + S. 951—961. 8. Bern, Verlag Encyklopädie, 1905.

Pfleghart, Adolf. Die Konzessionierung der elektrischen Unternehmungen. Von A' P', Rechtsanwalt in Zürich. (Separat-Abdruck aus dem Archiv für öffentliches Recht. [Band] 18. [Heft] 4.) II S. + S. 509—603. 8. (Tübingen und Leipzig, Mohr, 1903.)

Pfleghart, A[dolf]. Zur bundesgesetzlichen Ordnung des Wasserrechts. Separat-Abdruck aus der Schweizerischen Juristen-Zeitung, Jahrg. 4, Heft 1. 3 S. 4. [Zürich, Schulthess & Co., 1907.]

Pfleghart, A[dolf]. Das Recht zur Erstellung elektrischer Leitungen nach der schweiz. Bundesgesetzgebung (de lege lata und de lege ferenda). (Separatabdruck aus der Zeitschrift für Schweiz. Recht. Neue Folge Bd 23, [Heft 1].) I S. + S. 52—87. 8. [Basel, Helbing & Lichtenhahn, 1904.]

Pfleghart, A[dolf]. Die Rechtsverhältnisse der elektrischen Unternehmungen. Im Auftrag der Direktion der öffentlichen Bauten des Kantons Zürich vom gesetzgebungspolitischen Standpunkt aus erörtert. VIII + 148 S. 8. Zürich, Buchdr. Siegfried & Co. (*Aufdruck:* Selbstverlag der Dir' der öff' Bauten, Zürich), 1905. [fr. 5. —]

Pfleghart, A[dolf]. Die Sachqualität der elektrischen Energie. Von Rechtsanwalt A. Pf' in Zürich. (Sonder-Abdruck aus dem Archiv für bürgerliches Recht. Band 24, Heft 2.) S. 300—324. 8. [Berlin, C. Heymann, 1904.]

Pfleghart, A., Uhrenindustrie, s. a Forschungen, staats- u. sozialwissenschaftl., 133. Heft.

Pfleghart, A[dolf]. Uhrenindustrie. Sonderabdruck [aus:] Handwörterbuch der Schweizerischen Volkswirtschaft, Sozialpolitik und Verwaltung. Hrg. von Dr. jur. N[aum] Reichesberg.... Band 3. II + 9 S. 8. Bern, Verlag Encyklopädie, 1909.

— Die schweizerische Uhrenindustrie, s. a Forschungen, staats- u. sozialwissenschaftliche. 133. Heft.

Pfleghart, A[dolf]. Die schweizerische Uhrenindustrie, ihre geschichtliche Entwicklung und Organisation. XII + 204 S. 8. Leipzig, Duncker & Humblot, 1908. [M. 5. —]
Staats- und sozialwissenschaftliche Forschungen, hrg. von Gustav Schmoller und Max Sering. Heft 133...

Pfleghart, A[dolf]. Zur Verfassungsrevision. Sonderabdruck aus einer demnächst erscheinenden, die bundesgesetzliche Regelung des Wasserrechts behandelnden Schrift. II + 15 S. 8. [Zürich,] Buchdr. Züricher Post, 1907.

Pfleghart, A[dolf]. Das Verhältnis der Hausindustrie zur Kranken- und Unfallversicherung. Im Auftrag des Schweizerischen Industrie-Departements dargestellt. Teil 1. XVI + 170 S. 8. Zürich, Conzett & Cie., 1905.

Pflegling, Der, Dianorens von Cenami, ein Zeitgenosse Ludwigs des Bayern. Gotha 1792. V: *Heinse, Gottlob Heinrich.* (Wr) (Ky) (MGT)

Pflegling, der, Dianorens v. Cenami, (v. Gtl. H. Heinse). 2 Thle. 8. Gotha 792. Ettinger. 1 ₰ 4 gl

Pfleglinge, die, der heiligen Catharina von Siena, von Gustav Fredau, mit 1 Kupf. 8. Leipzig, 794. Leo. 15 sgl.

Die **Pflegschaft** der Loge „Boanerges zur Bruderliebe" [in Hamburg]. [Hamburg o. J.] 4 S. 8⁰ [Kopftit.]
1891 gegründet.

Ortsgemeinde Rapperswil. Pflegschaftsrechnungen (vom 1. Juli 1899 bis 30. Juni 1900) und Vermögensausweis auf 30. Juni 1900, sammt dem Budget pro 1900/1901. 12 S. 8. Rapperswil, F. Steiner-Nater, 1900.

Pflegsohn, der brave. Eine kleine Erzählung für die Jugend. 12. (90 S.) Landshut (861)62, Thomann'sche Buchh.

Pfleiderer, Entwurf einer mathematischen Geographie. 1. Thl. Stuttgart 855. (Tübingen, Fues' Sorthdlg.) gr. 4. (29 S. u. 1 lith. Taf.) n. 10 ngr.

Pfleiderer, Theorie des Aberglaubens. (Sammlg. wiss. Vortr. 167) Berlin 1872

Pfleiderer, Alfr., Bilderatlas zur Alkoholfrage. (Umschlagzeichnung v. Frl. Wischnewsky.) (VIII, 112 S. m. Abb.) Lex. 8. Reutlingen 910. Mimir. 2.50; geb. in Kunstldr. 3. 75

Pfleiderer, Alfred, prakt. Arzt aus Stuttgart: **Über den Einfluss** verschieden grosser Dosen von Alkohol auf die Muskelzuckung. *Greifswald 1902: J. Abel.* (30 S.) 8°
Greifswald, Med. Diss. v. 15. Febr. 1902

Pfleiderer, Carl, s. Pfleiderer, Karl

Pfleiderer, Christoph Friedrich von

* Analysis triangulorum rectilineorum, cujus partem primam praes. *Christ. Friderico Pfleiderer* Universit. et Colleg. ill. Profess. Physices et Mathes. Publ. Ord. publice ad disputandum proponunt *Carl Christian Ferdinand Weckherlin* Schorndorfensis. *Johann Christian Kolb*, Kircho-Teccensis. *Johannes Haas*, Kircho-Teccensis. *David Friedrich Lederer*, Stuttgardianus. Candidati Magist. philosoph. in illustri stipendio theologico. Tubingae typis Schrammianis. 4. 34 Seit. nebst einer Kupfertafel. 1784

* —— cujus partem secundam praes. *Christ. Friedr. Pfleiderer* Univers. et Colleg. ill. Profess. Physic. et Math. Publ. Ord. publice ad disputandum proponunt *Sixtus Jacobus Kapff*, Laureacensis. *Fridericus Theophilus Süskind*, Neustadiensis. *Carolus Augustus Fridericus Stein*, Lauffensis. *Carol. Christian. Henric. Harpprecht*, Oberbebengensis. *Johannes Ludov. Fridericus Fricker*, Kircho-Teccensis, Candidati Magist. philos. in illustri stipendio theologico. Tubingae typis Schrammianis. 4. 38 Seiten, nebst einer Kupfertafel. 1785

* Theorematis Tayloriani demonstratio, quam rectore universitat. Eberhard. Carol. magnificent. serenissi. atque potentiss. duce ac domino dom. Carolo duce Wirtemberg. et Tecciae regnante, rel. rel. praeside *Christ. Frid. Pfleidinger* - - - - pro consequendo gradu magisterii D. Sept. MDCCLXXXIX. publice defendet *Ferd. Chph. Harpprecht*, Tubingens. - - - Tubing. litt. Schrammianis. 4. 20 S.
1789

Christoph Friedrich v. Pfleiderer

Christoph[orus] Frider[icus] Pfleiderer: Propositionum de rationibus inter se diversis Demonstrationes ex solis libri 5. element. definitionibus ac propositionibus deductae. [Resp.:] Carolus Frider[icus] Hauber. Tubingae (1793) Schramm. 30 S. 8°

Tübingen, Phil. Disp. v. Aug. 1793

Pfleiderer, Ch. F.: De dimensione circuli. Tubingae 1785. 4.

* De dimensione circuli Diss. cujus partem primam praes. *Christoph. Frid. Pfleiderer*, Universit. et Colleg. ill. Prof. Phys. et Mathes. P. O. publice defendent *Christianus Fridericus Wider*, Ludovicopolitanus. *Josephus Fridericus Mader*, Ludovicopolitanus, Candidati Magisterii philos. in ill. stip. theolog. Tubingae, litteris Schrammianis. 4. 29 S. mit einer Tafel. 1787

* Expositio et dilucidatio libri quinti elementorum Euclidis. Cujus partem primam rectore universitatis Eberhardinae Carol. Magnificent. sereniss. atque clementiss. duce et domino dom. Carolo duce Wirtembergiae et Tecciae regnante Rel. Rel. Praeside *Christ. Frid. Pfleiderer* . . . pro rite consequentis magisterii philosophici honoribus publice ad disputandum proponunt *Carol. Felix Seyffer* Bizfeldensis, *Immanuel David Mauchart* Tubingensis. Tubingae, typis Schrammianis. 4. 30 Seit. m. Fig.
1782.

—vergl. K. F. Hauber, Chrestomathia.

— **Diss.** Scholia in librum secundum Elementorum Euclidis. **Prs. I—III. 4. Tübing. 797—99.**

Pfleiderer, Chr. Fr., **Diss.** Scholia in librum sextum Elementorum Euclidis. Prs. I—III. 4. Tübing. 800—801.

Pfleiderer, Christoph Friedrich (Präs.), Scholia in librum sextum elementorum Euclidis quorum partem primam. Tübingen (Schramm) Sept. 1800. 30 S., 1 Taf. (3.75) 26354
Publ. defend.: Christian Nathanaël Osiander (Kohlberg), Christian Gottlieb Wunderlich (Nagold), Eberhard Friedrich Mezger (Marbach), Joh. Friedrich Weihenmaier (Steinenbronn.), Gottlieb Christian Pfeiffer (Markogröningen).

— — Schola in librum sextum elementorum Euclidis quorum partem secundam. Tübingen (Schramm) Sept. 1801. 29 S., 1 Taf. (3.75) 26355
Publ. defend.: Carl Wilhelm Hochstetter (Leonberg), Carl Gottlieb Moerike (Burgstall.), Immanuel Ferdinand Koestlin (Esslingen), Gottlieb Friedr. Loeffler (Kircho-Teccens.), Carl Bernhard Bilfinger (Kaltenwestheim.).

— — Scholia in librum sextum elementorum Euclidis quorum partem quartam. Tübingen (Schramm) Sept. 1805. 34 S. (3.75) 26356
Publ. defend.: Theophil Ulrich Osiander (Stuttgart), Ludwig Adolph Schikard (Tübingen), Carl Friedrich Planck (Nürtingen), Christoph Friedrich Schüz (Dettingen), Christian Heinrich Hintrager (Schopfloch).

Pfleiderer, Chrstn. Friedr. v., akadem. Schriften, s. a. Scholien zu Euclid's Elementen etc.

v. Pfleiderer, Chr. Fr., (✝ ...) akadem. Schriften, aus dessen gedruckten u. handschriftl. Nachlasse zusammengestellt v. K. F. Hauber u. ... Plieninger. 5 Hfte. (A. u. d. T.: Scholien zu Euclids Elementen. 1s Hft. Scholien z. I. Buch der Elemente. Mit 4 Taf. 826. 1 ℛ 16 gr 2s Hft. Scholien z. II. Buch d. Elemente. Mit 2 Taf. 12 gr 3s Hft. Scholien z. III. u. IV. Buch d. Elemente. Mit 1 Taf. 12 gr 4s Hft. Scholien z. V. Buche d. Elemente. Mit 1 Taf. 22 gr 5s H. Scholien z. VI. Buche d. Elemente. Mit 4 Taf. 1 ℛ 8 gr) gr. 8. Stuttg. 826, 27. Metzler. 4 ℛ 22 gr (1s u. 3s Hft. (A. u. d. T.: Scholien z. 1n, 3n, u. 4n B. v. Euclids Elementen, aus v. Pfleiderers gedruckten u. handschriftl. Nachlasse, zusammengestellt u. größtentheils neu herausg. v. K. F. Hauber. 2 ℛ 4 gr 2s, 4s u. 5s Hft. A. u. d. T.: Scholien z. 2n, 5n u. 6n B. v. Euclids Elementen, ins Deutsche übers. u. mit d. handschriftl. Nachtrr. des Verf. verm. v. ... Plieninger. 2 ℛ 16 gr)

Pfleiderer, Ch. F. Thesium manip. pars mathematico physica. Tubingae 1786. 4.

— vollständ. ebene Trigonometrie; aus dem Latein. übers. v. J. G. F. v. Bohnenberger. gr. 8. Tübing. 802. v. Cotta. 1 ℛ 14 gr

Pfleiderer, Edm., die Aufgaben der Philosophie in unserer Zeit. Rede zur Feier d. Geburtstages S. M. d. deutschen Kaisers Königs v. Preussen Wilhelm I., geh. an der Christian-Albrechts-Universität am 22. März 1874. 4. (13 S.) Kiel 874. Universitäts-Buchh. n. — 80

— Die pseudoheraklit. Briefe u. ihr Verfasser. S.-A. 1887. 11 S. —.60

Pfleiderer, Edm., üb. d. geschichtlichen Charakter uns. Zeit. Festrede, zur akadem. Feier d. Geburtstags Sr. Maj. d. Königs Wilhelm II. v Württemberg am 25. II. 1898 geh. gr. 8. (28 S.) Tübingen 898. H. Laupp. n. — 80

Pfleiderer, Edm., zur Ehrenrettung des Eudämonismus. gr. 4. (32 S.) Tübingen 879. (Fues.) n. 1. 20

—— Empirismus und Skepsis in Dav. Hume's Philosophie als abschliessender Zersetzung der engl. Erkenntnisslehre, Moral und Religionswissenschaft. gr. 8. (XII, 540 S.) Berlin 874, G. Reimer. * 8 —

Pfleiderer, Edm., Erinnerungen u. Erfahrungen e. Feldpredigers aus dem Kriege d. J. 1870/71. gr. 8. (111 S.) Stuttgart 874. Ullrich. n. 1. 60

Pfleiderer, Edm., Erlebnisse e. Feldgeistlichen im Kriege 1870/71. 8. (VII, 267 S.) München 890. Beck. n. 2. 25; cart. n. 2. 80

— Eudämonismus u. Egoismus, eine Ehrenrettung des Wohlprinzips. [Aus: „Jahrbb. für protestant. Theologie".] gr. 8. (IV, 112 S.) Leipzig 880. Barth. n. 1. 50

—— zwei Feldpredigten, gehalten im Park von Coeuilly und im Schloßpark von Pontault, angesichts Paris. 1.—4. Abdr. gr. 8. (18 S.) Tübingen 870,71, Fues'sche Sortimentsb. — 20

— zwei Festpredigten, gehalten zu Champs vor Paris am Neujahrsfest u. am 22. Janr. 1871 zur Feier der Wiederaufrichtg. d. deutschen Kaiserthrons. gr. 8. (22 S.) Ebend. 871. — 20

— Festrede bei der akademischen Feier d. Friedensfestes 18. Juni 1871 in der Collegienkirche zu Jena geh. gr. 8. (16 S.) Jena 871. Döbereiner. n. — 30

— Festrede zur Vorfeier v. Bismarcks 80. Geburtstag auf d. Studenten-Kommers d. Verbindgn. Königsgesellschaft, Normannia u. Wingolf in Tübingen, geh. am 6. März 1895. gr. 8. (17 S.) Tübingen 895. (F. Fues.) n. n. — 30

Herrn Staatsrath Dr Karl von Weizsäcker Kanzler d. Univ. Tübingen bringt zur Feier seines fünfzigjährigen Doctorjubiläums am 15. Febr. 1897 ihre Glückwünsche dar die philosophische Fakultät in Tübingen. — Beigefügt ist e. Abh.: Zur Frage der Kausalität. E. erkenntnistheoret. Untersuchg. Von Prof. Dr Edmund Pfleiderer. Tübingen, Druck v. W. Armbruster & O. Riecker, 1897; 2 Bl., 77 S. 4.

—— Arnold Geulinx als Hauptvertreter der okkasionalistischen Metaphysik und Ethik. 4. (57 S.) Tübingen 882, (Fues.) *

— die Idee eines goldenen Zeitalters, ein geschichtsphilosoph. Versuch, m. besond. Beziehung auf die Gegenwart ausgeführt. gr. 8. (IX, 172 S.) Berlin 877. G. Reimer. n. 2. 40

—— Kosmopolitismus und Patriotismus, s. a. Zeit- und Streit-Fragen, deutsche.

Pfleiderer E. Kosmopolitismus und Patriotismus. (Zeit- u Streitfr. 36) Berlin 1874

—— kantischer Kritizismus und englische Philosophie. Eine Beleuchtung des deutsch-engl. Neu-Empirismus der Gegenwart als Beitrag zum Centenarium der reinen Vernunft. gr. 8. (VI, 148 S.) Halle 881, Pfeffer. *

Pfleiderer, Edm., Leibniz u. Geulinx, m. besond. Beziehg. auf ihr beiderseit. Uhrengleichniss. 4. (73 S.) Tübingen 884. (Fues.) n. 3. 20

— Gottfried Wilhelm Leibniz als Patriot, Staatsmann u. Bildungsträger. Ein Lichtpunkt aus Deutschlands trübster Zeit. Für die Gegenwart dargestellt. Leipzig 870. Fues. gr. 8. (XV, 788 S.) n. 3 ℛ 10 ngr.

Pfleiderer, Edm., Leibniz als Verf. von zwölf anonymen, meist deutschen politischen Flugschriften nachgewiesen. gr. 8. (VI, 155 S.) Leipzig 870, Fues's Verlag. * 2 40

Pfleiderer, Edm., zur Lösung der platonischen Frage. gr. 8. (III, 116 S.) Freiburg i. Br. 888, Mohr. *

—— der moderne Pessimismus, s. a. Zeit- und Streit-Fragen, deutsche.

Pfleiderer E, der moderne Pessimismus. (Zeit- u Streitfragen 54-55) Berlin 1875

—— die Philosophie des Heraklit von Ephesus im Lichte der Mysterienidee. Nebst einem Anhang über heraklit. Einflüsse im alttestamentl. Kohelet und besonders im Buche der Weisheit, sowie in der ersten christl. Literatur. gr. 8. (IX, 384 S.) Berlin 886, G. Reimer. *

— die Philosophie u. das Leben. Akademische Antrittsrede, geh. zu Tübingen am 6. Juni 1878. gr. 8. (36 S.) Tübingen 878. Fues. n. — 70

— Sokrates u. Plato. gr 8. (XV, 921 S.) Tübingen 896. H. Laupp. n. 18. —

Pfleiderer, E., Heraklitische Spuren auf theolog. insb. altchristl. Boden inner- u. ausserhalb d. kanon Literatur. S.-A. s. a. 42 S. 1.—

— Theorie d. Aberglaubens, s.: Sammlung gemeinverständl. wissenschaftl. Vorträge.

Einladung zur akad. Feier d. Geburtsfestes S. M. d. Königs Karl von Württemberg auf d. 6. März 1886 im Namen des Rektors und akad. Senats .... Beigefügt ist eine Abh.: Was ist der Quellpunkt der Heraklitischen Philosophie? von Dr. Edmund Pfleiderer, ord. Prof. der Philosophie. Tübingen, L. Fr. Fues'sche Buchdr. (Fues & Kostenbader), 1886; 4 + 58 S. 4°.

— Lotze's philosophische Weltanschauung nach ihren Grundzügen. Zur Erinnerung an den Verstorbenen. gr. 8. (81 S.) Berlin 882. G. Reimer. n. 1. 60

— Lotze's philosophische Weltanschauung nach ihren Grundzügen. Zur Erinnerg. an den Verstorbenen. 2. Aufl. gr. 8. (81 S.) Berlin 884. G. Reimer. n. 1. 60

— zum Wesen der Universität u. ihrer Aufgabe als Hochschule. Philosophische Reflexionen e. Schwaben gelegentlich d. neuesten Angriffs auf einige wichtige württemberg. Lohreinrichtgn. gr. 8. (57 S.) Tübingen 884. Laupp. n. 1. —

Pfleiderer, Eug., Handbuch der bayerischen Actiengesellschaften. 8. (VIII, 144 S.) München 883, Franz'sche Buchh. cart. *

—— dass. — 2. Jahrg. gr. 8. (VI, 122 S.) Ebendas. 884. cart. *

Pfleiderer, Eug., Handbuch der bayerischen u. württembergischen Actiengesellschaften. 4. Jahrg. 1886. gr. 8. (VII, 165 S.) München 886. Franz' Verl. cart. n. 3. 60

Pfleiderer, Eug., Handbuch d. bayerischen u. württembergischen Actiengesellschaften. 5. Jahrg. 1887. 8. (VIII, 182 S.) München, Franz' Verl. n. 3. 60

— dasselbe. 6. u. 7. Jahrg. 1888. 1889. gr. 8. (VI, 231; VIII, 246 S.) Ebd. à Jahrg. n. 4. —

— dasselbe. 8. Jahrg. 1890. gr. 8. (VIII, 286 S.) Ebd. n. 4. 50
Von Jahrg. 1—7 sind die Preise auf à n. 2.— ermässigt.

Pfleiderer, Eug., Handbuch der bayerischen u. württembergischen Actiengesellschaften. 9. Jahrg. 1891/92. Mit Anh.: „Die bayer. Staats- u. Communal-Anleihen" gr. 8. (VIII, 324 S.) München 891. G. Franz' Verl. Kart. n. 5. —
Fortsetzung s.: Handbuch der bayerischen, württemberg. u. badischen Aktiengesellschaften.

Pfleiderer, Georg: Die Sauerstoffentwicklung bei der Salzsäureelektrolyse mit Platinanode. (Leipzig: W. Engelmann 1909.) 38 S. 8° ¶ (Aus: Zeitschrift f. physik. Chemie. Bd 68, H. 1.)
Berlin, Phil. Diss. v. 24. Nov. 1909, Ref. Nernst
[Geb. 29. Juli 86 Charlottenburg; Wohnort: Gr.-Lichterfelde; Staatsangeh.: Preußen; Vorbildung: Gymn. Gr.-Lichterfelde Reife O. 04; Studium: Freiburg i. B. 1, Berlin 9 S.; Rig. 22. Juli 09.] [U 10. 223

Pfleiderer, Hans, Gerichts-Assessor, Schorndorf: **Der Begriff der verlorenen Sache nach dem Bürgerlichen Gesetzbuch.** Heilbronn 1910: Schell. 63 S. 8°
Tübingen, Jur. Diss. v. 10. Aug. 1910, Ref. v. Wendt
[Geb. 6. Sept. 78 Heilbronn; Wohnort: Heilbronn; Staatsangeh.: Württemberg; Vorbildung: Gymn. Heilbronn Reife M. 96; Studium: Tübingen 5, Berlin 1, Leipzig 2 S.; Coll. 8. Juli 09.] [U 11. 4355

Mitteilungen aus meiner 10jährigen Operativen Landpraxis von Dr. Hans Pfleiderer in Knittlingen. *Tübingen: F. Pietzcker 1903.* (111 S.) 8°

Pfleiderer, Hans, approb. Arzt in Knittlingen: **Mitteilungen aus 10jähriger operativer Landpraxis.** *Tübingen: F. Pietzcker 1902.* (111 S.) 8°
Tübingen, Med. Diss. v. 1902

— **Immanuel** (Gaertringen), **De differentia hominis et bruti essentiali. Disput. phil. Präs. Gottfried Ploucquet. Tübingen (Schramm), 20. IX. 1766. 24 S.** (4.75) 26357
Widm. v.: Gottfried Ploucquet.

Pfleiderer, Imm., († d. 6. Nov. 1811.) Glückseligkeit eines Staats unter d. Regierung von Weltweisen. 4. Tübing. 767.

Pfleiderer, J., geistliche Reden, s. Samml. geistlicher Reden.

— s. Sammlung geistl. Reden.

— s. Skizzen v. Würtemberg.

Pfleiderer, Joh. Glob., **Bericht** über den gegenwärtigen religiösen Zustand Deutschlands. Vorgetragen vor dem 2. Presbyterian. Generalconcil zu Philadelphia, 28. Sept. 1880. gr. 8. (22 S.) Philadelphia, Pa. 880. (Bonn, Schergens.) n. — 50

Pfleiderer, Joh. Glob., Bericht über den gegenwärtigen religiösen Zustand Deutschlands. Vorgetragen vor dem zweiten Presbyterian. Generalconcil zu Philadelphia, 28. Septbr. 1880. gr. 8. (22 S.) Philadelphia, Pa. 880. (Gernsbach, Christl. Kolportage-Verein.) *

Pfleiderer, J. G., evangelische Glaubens- und Sittenlehre für höhere Schulen sowie zum Selbstunterricht. 2. Ausg. 8. (XX, 280 S.) Barmen 878, Klein. geb. *
1. Aufl. Stuttgart 1874. (A. Müller.)

Pfleiderer, J. G., **evangelische Glaubens- und Sittenlehre für höhere Schulen sowie zum Selbstunterricht. 2. Ausg.** 8. Barmen 878. Bonn, Schergens. geb. (* ℳ 2.) *

Pfleiderer, J. G., evangelische Glaubens- u. Sittenlehre f. höhere Schulen, sowie zum Selbstunterricht. 3. Ausg. 8. (XX, 278 S.) Bonn 885. Schergens. geb. n. 1. 60

Pfleiderer, Joh. Glob, Johannes der Täufer. Die Stufen seiner geist. Entwicklg., seine Bedeutung im Reiche Gottes, seine Grenze u. sein trag. Ausgang im Lichte der hl. Schrift. 8. (46 S.) Stuttgart 894. Greiner & Pfeiffer. n. 1. —

—— amerikanische Reisebilder, mit besond. Berücksicht. der dermaligen religiösen und kirchl. Zustände der Vereinigten Staaten. **8. (XI, 212 S.) [Bonn 882, Schergens.] Gernsbach, Christl. Kolportage-Verein.** * 2 20

Pfleiderer, J. G., s.: Verhandlungen der 2. Gnadauer Pfingstkonferenz.

Pfleiderer, Karl

Pfleiderer, Carl: Dynamische Vorgänge beim Anlauf von Maschinen mit besonderer Berücksichtigung von Hebemaschinen. Stuttgart: Wittwer 1906. IV, 84 S. 8° ¶ Auch als Buch.
Stuttgart, Dr.-Ing.-Diss. v. 21. 2. 1906

Pfleiderer, Carl, dynamische Vorgänge beim Anlauf v. Maschinen m. besond. Berücksicht. v. Hebemaschinen. (IV, 84 S. m. 27 Fig.) Lex.-8. Stuttgart 906. K. Wittwer. n. 2. 80

Pfleiderer, Otto, Antrittspredigt in Jena. Am 2. Sonntage nach Epiphanias, 16. Jan. 1870 gehalten. gr. 8. (16 S.) Jena 870, Deistung. * — 25

Pfleiderer, O., die apologetische Aufgabe der Missionspredigt. Vortrag, geh. auf d. Generalversammlg. des allgem. evang.-prot. Missions-Vereins am 18. VIII. 1897 in Glarus. gr. 8. (12 S.) Berlin 897. A. Haack. — 30

Pfleiderer, Otto. Die Aufgabe d. wissenschaftlichen Theologie für die Kirche der Gegenwart. Populärer Vortrag. 8. (26 S.) Berl. 891, G. Reimer. * — 40

—— Fürst Bismarck. Rede vor e. Festversammlung in Lichterfelde. gr. 8. (15 S.) Berl. 892, Puttkammer u. Mühlbrecht. — 30

Pfleiderer, Otto, das Christusbild des urchristlichen Glaubens in religionsgeschichtlicher Beleuchtung. Vortrag, geh. in verkürzter Fassg. vor dem internationalen Theologen-Kongreß zu Amsterdam, Septbr. 1903. (116 S.) gr. 8. Berlin 903. G. Reimer. n. 1. 60

— die Entstehung des Christentums. 1. u. 2, unveränd. Aufl. (à VII, 255 S.) 8. München 905. 907. J. F. Lehmann's Verl. n. 4. —; geb. in Leinw. n. 5. —; in Liebhaberbd. n. 6. —

Pfleiderer, Otto, die Entwicklung d. Christentums. (IX, 270 S.) 8. München 907. J. F. Lehmann's Verl. 4.—; geb. in Leinw. 5.—; in Liebhaberbd. 6. —

—— Die Entwicklung d. protestantischen Theologie in Deutschland seit Kant u. in Grossbritannien seit 1825. gr. 8. (VII, 496 S.) Freib. i. Br. 891, J. C. B. Mohr. * 10 —

—— Die Entwicklung d. protestantischen Theologie seit Kant. Populärer Vortrag. 8. (35 S.) Berl. 892, G. Reimer. — 30
Aus: Protestant. Kirchenzeitg., besonders abgedruckt.

Pfleiderer, Otto, Erlösung u. Erlöser, s.: Vorträge, wissenschaftliche, über religiöse Fragen.

—— Festpredigt am Protestantentag in Hildesheim, den 10. Octbr. 1878. gr. 8. (16 S.) Berlin 878, G. Reimer. *

—— Festrede bei der akademischen Feier des Friedensfestes 18. Juni 1871 in der Collegienkirche zu Jena gehalten. gr. 8. (16 S.) Jena 871, Doebereiner. * — 30

— Johann Gottlieb Fichte, s.: Volks-Bibliothek, neue.

Pfleiderer O, Joh Gottl Fichte als deutscher Denker und Patriot. (Neue illustrierte Volksbibliothek II, 16-18) Stuttgart 1877

Pfleiderer, Otto, zu Bismarcks Gedächtniß. Rede bei der Feier in Groß-Lichterfelde am 27. XI. 1898. 8. (24 S.) Berlin 898. G. Reimer. n. — 40

Pfleiderer. zu Bismarcks Gedächtniss. Rede. Berlin 899.

— Geschichte der Religionsphilosophie von Spinoza bis auf die Gegenwart. 3., erweit. Aufl. gr. 8. (XVI, 712 S.) Ebd. 893. 10. 50

Pfleiderer, Otto, Grundriss der christlichen Glaubens- und Sittenlehre. (VIII, 371 S.) 1880; 2. Aufl. gr. 8. (VIII, 390 S.) Berlin 882, G. Reimer. * 5 —

Pfleiderer, Otto, Grundriss der christlichen Glaubens- und Sittenlehre als Compendium für Studirende und als Leitfaden für den Unterricht an höheren Schulen. 3. verb. und 4. Aufl. gr. 8. (VII, 323 S.) Berlin 886,88, G. Reimer. * geb. *

— Grundriss der christlichen Glaubens- u. Sittenlehre, als Compendium f. Studirende u. als Leitfaden f. den Unterricht an höheren Schulen bearb. 5., verb. Aufl. gr. 8. (XVI, 326 S.) Ebd. 893. n. 5. —; geb. in Leinw. n. 6. —

Grundriss der christlichen Glaubens- und Sittenlehre als Compendium f. Studir. u. als Leitf. f. d. Unterr. an höh. Schulen bearb. v. Otto Pfleiderer, ... Prof. ... zu Berlin. 6., verb. Aufl. *Berlin: G. Reimer 1898.* (XVI, 331 S.) 1 Bd 8. [98. 9363

— Herder. Rede zur Gedenkfeier im Rathaus zu Berlin am 16. XII. 1903. (31 S.) 8. Berlin 904. G. Reimer. n. — 50

Die Idee des ewigen Friedens. Rede am 3. Aug. 1895 in d. Aula d. Kgl. Friedrich-Wilhelms-Universität zu Berlin geh. v. d. zeit. Rector Otto **Pfleiderer.** Berlin, Druck v. J. Becker, 1895; 20 S. 4.*)

— Katholizismus u. Protestantismus im Lichte der Kulturgeschichte beurteilt, s. a. Flugschriften d. evangel. Bundes.

Katholizismus und Protestantismus im Lichte der Kulturgeschichte beurteilt. Rede z. Feier von Luthers Geburtstag 1899 zu Gr.-Lichterfelde geh. von Otto Pfleiderer, Prof. in Berlin. Leipzig: C. Braun 1900. (16 S.) 8°
= Flugschriften d. Evangel. Bundes. 170

— Los v. Rom!, s. a. Flugschriften des Evangel. Bundes.

[F.] Los von Rom! Von Otto Pfleiderer, Prof. in Berlin. *Leipzig: C. Braun 1899.* (13 S.) 1 Bd 8.
= Flugschriften d. Evangel. Bundes [No] 165. (Reihe XIV, 9.) [99. 5 63

—— Luther als Begründer der protestantischen Gesittung. Ein Vortrag zur Lutherfeier. gr. 8. (31 S.) Ebendas. 883. * — 50
Aus: Protestantische Kirchenzeitung, besonders abgedruckt.

Pfleiderer, Otto, Moral u. Religion nach ihrem gegenseitigen Verhältniss geschichtlich u. philosophisch erörtert. gr. 8. (XII, 235 S.) Leipzig 872. Fues. n. 3. 60

— das deutsche Nationalbewusstsein in Vergangenheit u. Gegenwart. Rede zur Feier d. Geburtstages Sr Maj. des Kaisers u. Königs in d. Aula d. königl. Friedrich-Wilhelms-Universität am 27. Jan. 1895. gr. 4. (28 S.) Berlin 895. J. Becker. n.n. — 75

— der Paulinismus. Ein Beitrag zur Geschichte der urchristl. Theologie. gr. 8. (VIII, 518 S.) Ebend. 873. n. 10. —

— der Paulinismus. Ein Beitrag zur Geschichte der urchristlichen Theologie. 2., verb. Aufl. gr. 8. (VI, 538 S.) Leipzig 890. Reisland. n. 10. —

— Paulus u. die Parteikämpfe der alten Kirche, s.: Anfänge, die, des Christenthums.

—— Predigt über 2. Cor. 13, 13 am 19. post Trin. in der Stadtkirche zu Jena gehalten. gr. 8. (16 S.) Jena 869, Deistung. ** — 25

— zwei Predigten gehalten in Heilbronn. Heilbronn 870. Schmidt. gr. 8. (18 S.) n. 3 ngr.

— Reden u. Aufsätze. (VIII, 242 S.) 8. Ebd. 909. 4.—; geb. 5.—; in Halbfrz. 6. —

— Reformation u. Revolution. Rede zur Feier von Luther's Geburtstag, geh. am 10. XI. 1897. gr. 8. (24 S.) Berlin 897. G. Reimer. n. — 40

— Religion u. Religionen. (VII, 249 S.) 8. München 906. J. F. Lehmann's Verl. n. 4. —; geb. in Leinw. n. 5. —; in Liebhaberbd. n. 6. —

— die Religion, ihr Wesen u. ihre Geschichte, auf Grund des gegenwärtigen Standes der philosophischen u. der historischen Wissenschaft dargestellt. 2 Bde. Leipzig 869. Fues's Verl. gr. 8. Jeder Bd. n. 2 ℛ
1. Bd. Das Wesen der Religion. [Religionsphilosophie.] (XV, 413 S.)
2. Bd. Die Geschichte der Religion. (III, 495 S.)

—— die Religion, ihr Wesen und ihre Geschichte, auf Grund des gegenwärtigen Standes der philosoph. und der histor. Wissenschaft dargestellt. 2 Bde. 2. Aufl. gr. 8. Leipzig 878, Fues's Verlag. *
Inhalt:
Bd. 1. Das Wesen der Religion. [Religionsphilosophie.] (XIII, 413 S.)
» 2. Die Geschichte der Religion. (495 S.)

—die deutsche Religionsphilosophie u. ihre Bedeutg. f. die Theologie der Gegenwart. Eine Einleitungsvorlesg. gr. 8. (20 S.) Berlin 875. G. Reimer. — 30

— Religionsphilosophie auf geschichtlicher Grundlage. gr. 8. (XX, 797 S.) Berlin 878. G. Reimer. n. 11. —

—— Religionsphilosophie auf geschichtlicher Grundlage. 2. stark erweit. Aufl. 2 Bde. gr. 8. Ebendas.
à Bd. *ℳ 9. * 18 —

Inhalt:
Bd. 1. Geschichte der Religionsphilosophie von Spinoza bis auf die Gegenwart. (XII, 640 S.) 883.
„ 2. Genetisch-spekulative Religionsphilosophie. (VIII, 676 S.) 884.

— Religionsphilosophie auf geschichtl. Grundlage. 3., neu bearb. Aufl. gr. 8. (X, 761 S.) Ebd. 896.
10. 50; geb. n. 12. 50

— Friedrich Wilhelm Joseph Schelling. Gedächtnißrede zur Feier seines Secular-Jubiläums am 27. Januar 1875 im akadem. Rosensaal zu Jena geh. gr. 8 (68 S.) Stuttgart 875. Cotta. n. 2. —

— Theologie u. Geschichtswissenschaft. Rede bei Antritt d. Rektorats, geh. in der Aula der königl. Friedrich-Wilhelms-Universität am 15. Oktbr. 1894. gr. 4. (22 S.) Berlin 894. J. Becker. — 75

Theologie und Geschichtswissenschaft. Rede bei Antritt d. Rektorats geh. in d. Aula d. Kgl. Friedrich-Wilhelms-Universität am 15. Okt. 1894 v. Otto Pfleiderer. Berlin, Druck v. W. Büxenstein, 1894; 22 S. 4.

—— Die Ritschl'sche Theologie, kritisch beleuchtet. gr. 8. (VIII, 139 S.) Braunschw. 891, Schwetschke u. Sohn. * 4 —
Aus: Jahrbb. f. protestant. Theologie, besonders abgedruckt.

— das Urchristenthum, seine Schriften u. Lehren, in geschichtl. Zusammenhang beschrieben. gr. 8. (VIII, 891 S.) Berlin 887. G. Reimer. n. 14. —; geb. n.n. 16. 50

— das Urchristentum, seine Schriften u. Lehren in geschichtlichem Zusammenhang beschrieben. 2., neu bearb. u. erweit. Aufl. 2 Bde. gr. 8. (VIII, 696 u. V, 714 S.) Berlin 902. G. Reimer. n. 24. —;
geb. in Halbfrz. n. 28. —

— über das Verhältnis der Religionsphilosophie zu anderen Wissenschaften. Vortrag beim Kongreß f. Wissenschaft u. Kunst in St. Louis, Septbr. 1904. (29 S.) 8. Berlin 906. C. A. Schwetschke & Sohn. — 60
Sonderabdruck aus: „Deutschland".

— zur religiösen Verständigung. Populäre theolog. Vorträge. gr. 8. (XVI, 133 S.) Berlin 879. Haack. n. 2. —

— Vorbereitung des Christentums in der griechischen Philosophie, s.a. Volksbücher, religionsgeschichtliche. III. 1.

Vorbereitung des Christentums in der griechischen Philosophie von Prof. D. [Otto] Pfleiderer-Berlin. 1.-10. Taus. *Halle a S. Gebauer-Schwetschke 1904.* (81 S.) 8° [F.]
= Volksbücher, Religionsgeschichtliche, f. d. deutsche christl. Gegenwart. R. 3, H. 1.

Vorbereitung des Christentums in der griechischen Philosophie. Von Prof. D. Otto Pfleiderer. Tübingen. Mohr 1906. 81 S. 8°
(Religionsgeschichtliche Volksbücher f. d. deutsche christl. Gegenwart. Reihe 3, H. 1.)
A 12. 5387 II

—— Worte, gesprochen in der Dank-Betstunde am Abend des 3. Septbr. 1870. gr. 8. (4 S.) Jena 870, Doebereiner. * — 10

— Zeitpredigt am Erntefest zugleich Fest aller Deutschen [18. October-Feier]. Gehalten zu Jena am 18. Sonntage nach Trinitatis über den Text: Joh. 4, 31—38. Ebend. 870. 8. (16 S.) 2½ ngr.

Pfleiderer, Richard [app. Arzt aus Heilbronn]: Ein Beitrag zur Pepsin- und Labwirkung ... (Aus: Arch. f. d. ges. Physiol., Bd. 66.) Bonn, E. Strauss, 1897; 1 Bl., 605—634 S. 8.
Tübingen, Med. Fak., Inaug.-Diss. v. 1897

Pfleiderer, Rud., die Attribute d. Heiligen. E. alphabet. Nachschlagebuch zum Verständn. kirchl. Kunstworke. 8. (VII, 206 S.) Ulm 898. H. Kerler.
n. 3. —; geb. n. 4. —

Pfleiderer, Rud., Baustätte u. Gründung des Münsters. — Die Bildwerke des Südwestportals, s.a. Mitteilungen des Vereins f. Kunst u. Alterthum in Ulm u. Oberschwaben. 9. Hft.

Baustätte und Gründung des Münsters (in Ulm). Die Bildwerke d. Südwestportals. Im Auftr. d. Ver. f. Kunst u. Altertum in Ulm u. Oberschwaben dargest. von Dr Rudolf Pfleiderer. *Ulm 1900: J. Ebner.* (20 S.) 8° [F.]
= Mitteilungen d. Vereins f. Kunst u. Altertum in Ulm u. Oberschwaben. H. 9.

— s.: Bibel, die.

Pfleiderer, Rud., s.: Christenbuch, das.

— Albrecht Dürer, s.: Jugendbibliothek, deutsche. 60. Bd.

Pfleiderer, R., Albrecht Dürer, s.: Schmidt's, F., deutsche Jugendbibliothek.

—— stille Erdwinkel, Reisebilder aus Italien, s.a. Sammlung von Vorträgen.

Pfleiderer, Rudolf: Stille Erdwinkel. Reisebilder aus Italien. (Sammlung von Vorträgen. Herausgegeben von W. Frommel und Friedrich Pfaff. IX. 8.) Heidelberg 1880. 40 S. 8°

— biblische Geschichten des Alten u. des Neuen Testaments. Der hl. Schrift nacherzählt f. Kinder u. Kinderfreunde. (Mit z. Tl. farb. Abbildgn.) 4. Nürnberg (902). Th. Stroefer. Kart. à 3. —; in 1 Leinw.-Bd. 6. 50
Altes Testament. (71 S.) — Neues Testament. (72 S.)

— s.: Hausschatz christl. Volkskunst. 4. Heft. (Raffael, e. bibl. Kunstgabe.)

Pfleiderer, Rud., Dante's göttliche Komödie nach Inhalt u. Gedankengang übersichtlich dargestellt. Mit biograph. Einleitg. gr. 8. (VIII, 192 S.) Stuttgart 871. Conradi.
n. 3. —

Pfleiderer, Rud., Dante's göttliche Komödie nach Inhalt und Gedankengang übersichtlich dargestellt. Mit biograph. Einleitung. gr. 8. (VIII, 192 S.) Stuttgart 871, Kirn. * 2 80

—— Das Münster in Ulm. 8. (106 S. m. Illustr.) Ulm 890, Ebner. cart. * 1 —

— das Münster zu Ulm u. seine Kunstdenkmale. 48 Taf. in Lichtdr. u. Lithogr. sowie 26 autotyp. Abbildgn. nach photograph. Orig.-Aufnahmen m. Text. (VIII S. u. 56 Sp.) gr. Fol. Stuttgart (905). K. Wittwer.
In Leinw.-Mappe n. 40. —

— Münsterbuch. Das Ulmer Münster in Vergangenheit u. Gegenwart. Mit 45 Abb. nach Orig.-Aufnahmen. (VIII, 230 S.) kl. 8. Ulm 907. J. Ebner. Geb. in Leinw. 3. 50

Pfleiderer, Rud., Pius IX. Ein zeitgeschichtliches Lebensbild. 8. (VII, 77 S.) Heilbronn 878. Henninger. n. 1. 20

— s.: Rundschau, litterarische, f. das evangel. Deutschland.

— s.: Testament, das Neue.

— Ulm, sein Münster u. seine Umgebung, s.: Osiander, W.

— Ulm u. Oberschwaben, s.a. Wanderbilder, europäische.

Pfleiderer, R[udolf]. Ulm und Oberschwaben. Mit 12 Bildern (*Umschlag* Illustrationen) und einer Karte. (Europäische Wanderbilder N° 218. 219.) 8. Zürich ([18]93).
Durch Schwaben. Bändchen 3.

Pfleiderer, Wolfg., Hamlet u. Ophelia, s. Shakespeare-Bühne, neue. VI.

Hamlet und Ophelia. Eine psycholog. Studie von Wolfgang Pfleiderer. Berlin: H. Paetel 1908. 65 S. 8°
(Neue Shakespeare-Bühne. 6.) [09. 7013

Pfleiderer, Wolfg., Gullivers Reisen, s.: Swift, Jonath.

Pfleiderer, Wolfgang, a. Essingen: Das seelische Verhältnis zwischen Hamlet und Ophelia. Berlin: H. Paetel 1908. (86 S.) 8° [J.]
Tübingen, Phil. Fak., Ref. Franz, Diss. v. 27. Juli 1908
[Geb. 26. Sept. 77 Essingen; Wohnort: Essingen; Staatsangeh.: Württemberg; Vorbildung: Realgymn. Ulm Reife M. 96; Studium: Tübingen 2, Berlin 1, Tübingen 3, Techn. Hochsch. Stuttgart 3 S.; Coll. 31. Juli 07.]

Pflicht, Die sich selbst belohnende und einem Freimaurer besonders obliegende, der Wohlthätigkeit ... Berlin 1775. V: *Wadzeck, Friedrich Franz Daniel.* (Kl)

Beschworene Pflicht Ihrer Röm.-Kayserl. Majestät bei Privations-Processen sorgfältig Achtung zu geben, damit der angeklagte Reichs-Stand nicht präcipitiret werde — — — nebst Betrachtungen über die vorhabende Achtserklärung Ihro Königl. Majestät in Preussen als Churfürsten von Brandenburg. 1757. 4. (24 S.)

Pflicht, Die, für andere zu beten; a. d. Engl. ... Altona 1768. Ü: *Ladensack, Johann Michael.* (Ky)

Pflicht, deine, zum Glück. Von e. Menschenfreund. (319 S.) 8. Leipzig (908). Th. Thomas. 2.—; geb. in Leinw. 3.—

Pflicht u. Edelmuth. Erzählung von M. v. Sch. 2. Aufl. 8. (162 S.) Aachen 888. Cremer. 1.50

Über

— — die Pflicht der Ehemänner ihren Weibern zugehorchen. Wien 1791. 8°. (14 Sgr. Scheible, vor 1875.)
— — Dasselbe. Ebd. 1792. 8°.
Ersch II. p. 290. — Beide Drucke rar!

— üb. die, d. Ehemänner, ihren Weibern zu gehorchen. 8. Wier 792. Degen. 5 gr

— d. ganze, d. Menschen, a. d. Engl. 8. Basel, Flick. 774.

— d. ganze, d. Menschen; aus d. Engl. 8. Basel 774. (Neukirch). 8 gr

Pflicht, über die heilige, die Jugend schon auf Schulen vor der Theilnahme an verbotenen Verbindungen zu bewahren. Ein herzliches Wort an Alle, welche dazu mitwirken können 2c. 8. Halle 835. Kümmel. 1/4 rß

Pflicht, Die heilige, die Kinder frühe in der Religion zu unterrichten. [Chur] 1797. V: *Kind, Paulus.* (CLZür Forts. II)

Pflicht, Die, der evangelischen Kirche, für die Verkündigung des Evangeliums unter den Heiden wirksam zu sein ... Nürnberg 1843. V: *Harless, J. S. H., Chn H. Jorns, Wilh. Löhe, B. St. Steger, Sebast. Adam Carl Sommer.* (zu)

Pflicht, die, der evangel. Kirche, für die Verkündigung des Evangeliums unter den Heiden wirksam zu sein, dargelegt in 5 Missionspredigten von verschiedenen evangel. Geistlichen Bayerns am II. Pfingstfeiertage 1843 gehalten. gr. 8. Nürnberg 843, Raw'sche Buchh. 1/4 rß

Die **Pflicht** eines Geistlichen Lehrers und Schrifftgelehrten bey Religions-Sachen im Teutschen Reich nach denen Reichs-Gesetzen. Leipzig u. Wolffenbüttel 1721.

— die letzte, des Lebenden gegen Verstorbene in vorsichtiger Beerdigung d. menschl. Reste. 8. Karlsr. 802. Braun. 3 gr

— d. letzte, d. Lebenden gegen Verstorbene bey Beerdigung. 8. Carlsruhe, Macklot. 804.

Pflicht u. Liebe. Schausp. in 5 Aufz. von Vogel. 8. Hamb. Vollmer. -

— u. Liebe, od. d. Gratulanten. Eine Samml. v. auserlesener Glückwünschen f. Kinder, auf alle festl. Zeiten d. Jahres u auf e. besond. Gelegenheiten eingerichtet. 8. Wien, Müller. 8 gr

Pflicht und Schuldigkeit, Die, welche man in seinem Hauss-Wesen in acht zu nehmen hat. A. d. Franz. ... Dresden 1719. V: *Lordelot, Benigne.* (Milchs)

— — und Schuldigk., so m. in s. Hauswesen in Acht zu nehmen hat. 12. Dresden. 727.

Pflicht, uber die, für die hinterlassenen Kinder der Brüder zu sorgen, und über die Art und Mittel dieser Pflicht nachzukommen. Zum Gebrauch der Loge Wahrheit u. Einigkeit zu 3 gekronten Säulen im Or von Prag. 1791. 8.

Eine soziale Pflicht der Frauen. Aus d. Engl. Gegen die freie Liebe. Aus d. Schwed. — Berlin: Imberg & Lefson 1889. 14 S. 8° (Schriften z. Besten d. Vereins „Jugendschutz". 1.)

Pflicht und Vortheil der Teutschen, in einem Sendschreiben an den Adel ... O. O. [17??]. V: *Wallenrodt, Johanna Isabella Eleon. v. geb. v. Koppy.* (GGr) (MGT)

Pflicht, die wichtigste, d. Priesters, s. Zirngibl, M.

Pflicht, Die wichtigste, des Priesters und Laien im Bezuge auf das Wort Gottes ... Landshut 1829. V: *Zirngibl, Matth.* (Ky)

— die wichtigste, d. Priesters u. Laien im Bezuge auf das Wort Gottes. Eine Primiz-Predigt v. Zirngibl, M.,) 8. Landsh. 829. Thomann. 1½ gr

Pflicht-Befolgung, Timaleths, das Seinige beizutragen: daß vier Schriften von Pestalozzi über das »Eins ist Noth für die Menschheit« von den Behörden gehörig durchgedacht und beherziget werden! Germanien 1817. V: *Du Toit, Johann Jacob.* (HHBD VI, 21)

Pflichten, Die, des Adels. Eine Stimme aus den Tagen des h. Thomas von Aquin... O.O. 1868. V (Vorwort): *Ketteler, Wilh. Emanuel Freih. v.* H: *Bone, Hnr.* (ADB)

Die „alten **Pflichten**" nach dem englischen Konstitutionsbuch v. J. 1723. o. O. u. J. 9 S. 8⁰. [Kopftit.]

Die alten Pflichten der freien und angenommenen Maurer, gesamm. aus ihren alten Urkunden auf Befehl des Grossmeisters [John Montagu] anerkannt von der Grossen Loge nach deren Verordnung vom 25. März 1722 sie gedruckt worden sind in der ersten Ausgabe des Constitutionenbuchs. [Berlin 1863: Sittenfeld.] 12 S. 8⁰

Abgedr. in: Statuten d. Gr. Loge Royal York, Berlin. 1845 S. 115—126.

Dieser Übers. liegt die von J. Entick besorgte 3. Ausg. (1756) des Andersonschen Konstitutionenbuchs zu Grunde.

Weitere deutsche Übers. in: Gründliche Nachricht von d. Fr. Mrn. 1738 S. 18—29; 2. Aufl. 1740 S. 17—27; Verordnungen, Gesch., Gesetze d. Fr. Mr. 1741 [Ausg. in 4⁰] S. 1—11 der 2. Pag.; [Ausg. in 8⁰] S. 86—104; 2. Aufl. 1743 S. 85—104; 3. Aufl. 1744 S. 203—222; D. neu-aufgesteckte brennende Leuchter d. Frmr-Ordens. 1746 S. 261—280; Des verb. Konstitutionenbuchs d. Frmr zweiter Theil. 1784 S. 89—107; Schröder, F. L.: Materialien z. Gesch. d. Frmrei seit ihrer Entstehung. 2. Ausg. 1815 S. 242—258 [Mit Schröders Anmerk.]; D. Constitutionen d. Fr-Mr. 1806 S. 81—84; [Neudr. 1902] S. 33—49 (Neuausg. u. Uebers. aelterer frmrischer Werke. Wiesbaden 2); D. Geschichte, Pflichten u. Verordnungen d. ält. Grloge. 1871 S. 39—49.

— üb. einige, gegen d. Augen. 8. Wien 792. Hörling. 3 ℛ

— christliche, u. Tugendlehre. 2 Stck. 8. Kempten, Dannheimer. 789.

Pflichten, deutsche. gr. 8. (31 S.) München 861, Fleischmann's Separat-Conto.

Pflichten, die, jedes Deutschen in Krieg und Frieden. Das neue Wehrgesetz. Mit einem Auszug aus der deutschen Wehrordnung, der Landwehrordnung, der wichtigsten Bestimmungen der Rekrutirungsordnung, dem Gesetze betr. die Unterstützung von Familien in den Dienst eingetretener Mannschaften und einer tabellar. Darstellung der Dienstpflicht nach dem Lebensalter. Für den prakt. Gebrauch dargestellt und erläutert. 8. (80 S.) Düsseldorf 888, F. Bagel. *

Pflichten, die, jedes Deutschen in Krieg u. Frieden. 8. Düsseld. 888. Frankf. a. M., Jaeger's Verlag. * — 50

Pflichten und Eigenschaften, Die, eines Beichtvaters aus der Natur der Busse hergeleitet. Wien 1782. V: *Hiltenbrandt, A.* (wrztg 1783, Nr. 38 Anhang) (WBL IX/33) (BiblPort)

— e. Frauenzimmers; aus d. Engl. (v. Nik. v. Wickern). 8. Brem. 753. Lübeck 773. 4 ℛ

— e. Frauenzimmers, a. d. Engl. 8. Bremen. 754.

Pflichten des Freimaurers. (Leipzig, ca. 1832.) 8. 3 Bl.
Fehlt bei Kloss. — Von der Loge Minerva in Leipzig.

Pflichten des Freimaurers. [Darmstadt 1846]: Kichler. 8 S. 8⁰ [Umschlagtit.]

Aus: Gesetzbuch d. Frmr.-Bundes zur Eintracht, Darmstadt 1846.

Pflichten des Freimaurers. Instruktionen der Gross-Loge Alpina für die schweizerischen Freimaurer. Bern 1900: Büchler & Co. 16 S. 8⁰

— üb. die, des Geistlichen, in Bezug auf das geistl. Wohl seiner Untergebenen, (v. J. B. Deppisch, Th. Adm. Hubert u. Mt. Klett). gr. 8. Würzb. 790. Kienner. 1 ∦ 10 ℛ

— die, der Geistlichkeit u. Weltbeamten in Anbetracht d. zeitl. u. ewigen Glückseligkeit. 8. Wien 785. (Hubner). 20 ℛ

Pflichten, die, d. Gemeinden im gerichtl. Strafverfahren. Redactionelle Beilage d. kärntn. Gemeindeblattes 1892. II. Aufl. gr. 8. (14 S.) Klagenf. 892, [v. Kleinmayr]. ** — 30

Pflichten, die, der Gemeindevorsteher in Militärangelegenheiten. Dargestellt u. m. zahlreichen Formularen erläutert v. e. prakt. Beamten. gr. 8. (131 S.) Wien 874. Manz. n. 2. —

PFLICHTEN des Gesindes, oder christlicher Unterricht für Diener und Mägde. Berlin, Himburg, 1771. 8⁰.

Pflichten, Die, der Gold- und Rosenkreuzer alten Systems in Juniorats-Versammlungen . . . 1782. V: *Göhrung, Joseph Friedrich* nicht: *Wöllner.* (Handbuch d. Freimaurerei. Leipzig 1900.)

— die, d. Großen, a. d. Franz. 8. Prag, Mangold. 775.

PFLICHTEN, Die, des Hauß- u. Ehe-Standes, in Frantzös. Sprache beschrieben von einem GOtt-liebenden Hauß-Vater, u. aus dieser in d. Teutsche Sprache übersetzet. Gotha, Jac. Mevius. 12⁰.
So im Lpz. Neuj. M. V. 1708. E 2 b, sub lib. fut. nund prod.

Pflichten, die, d. Hausvaters nach dem Invaliditäts- u. Altersversicherungsgesetz. Von e. höheren Beamten der Reichs-Postverwaltg. 8. (32 S.) Berlin 890. B. Brigl n. — 25

Pflichten, Heilige, am Grabe Friedrichs . . . Bresl. 1786. V: *Hermes, Hermann Daniel.* (Kat. d. Druckschr. üb. Breslau. Breslau 1903. S. 21.)

Pflichten vor die erwachsene Jugend aus der christlichen Sittenlehre . . . Hermannstadt 1785. V: *Filtsch, Daniel.* (Trausch IV, 109)

Pflichten, die, der Kaufleute in Preußen dem Handels-Register gegenüber. Bearb. nach amtl. Quellen. Nebst einem Anh.: Die Pflichten und die Stellung des Handelsmaklers. gr. 8. (15 S.) Breslau 862, Schletter'sche Buchh.

— die, der Kinder gegen ihre Eltern und Geschwister in Beispielen. gr. 16. (120 S.) Luxemburg 859, Gebr. Heintze's Verlag.

Pflichten, Einige, der Mannspersonen in Absicht auf das Frauenzimmer . . . [Leipzig 1742.] V: *Kastner, Abraham Gotthelf.* (ML)

Pflichten des Maurers bey dem Grabe eines Bruders. Eine Freymäurer-Rede . . . [Danzig] 1777. V: *Hippel, Theodor Gottlieb von.* (Kl) (SJL) (MGT) (Ky)

— e. Maurers bei d. Grabe eines Bruders. 8. Danz. 777. (W. Rauck in Leipz.) 4 gr

— e. Maurers bey dem Grabe eines Bruders. 8. Danzig, (Sommer, Leipzig.) 777.

Pflichten, Die, des Menschen; ein philosophischer Versuch. Bunzlau [1810] 1811. V: *Fischer, Wilhelm Vertraugott.* (MGT) (ErschDL) (ErGr) (Ky)

— die, d. Menschen. Ein philosoph. Versuch (v. W. V. Fischer). 8. Bunzlau 811. (Bresl., Holäufer). 16 gr

Pflichten, Die, des Priesters . . . Wien 1782. Ü: *Lichtensteiner, Meinrad.* (WBL)

Pflichten der Priester, s. a. Hurter, F.

— der Priester. Nach d. Französ. bearb. v. Friedr. Hurter. 8. (17¼ B.) Schaffhausen 844, Hurter'sche Buchh.

— üb. Rechte, und Dienstverrichtungen d. gemeinen Infanteristen in Frag. und Antwort. 8. Heilbronn, Rausche. 810.

Pflichten, üb., Rechte u. Dienstverrichtungen des gemeinen Soldaten. 8. Heilbronn, Rausche. 811.

Pflichten u. Rechte der Herrschaften u. Dienenden. Ein Spiegel für Beide. Nebst d. Preuß. Gesinde-Ordnung 8. Berlin 825, Flittner. Rthlr.

Pflichten u. Rechte der Herrschaften u. Dienenden. Ein Spiegel für Beide. Nebst der Preuss. Gesindeordnung. *Berlin*, (Sander) 825, 8. (8 Gr)

Pflichten und Rechte der Herrschaften und Dienenden. Berlin 1826. V: *Sander, Adolph.* (EB)

— u. Rechte d. Herrschaften u. Dienenden. Ein Spiegel f. Beide Nebst d. Preuß. Gesinde-Ordnung. 8. Berl. 826. (Sander). 8 gr

— u. Rechte, über die, d. Landstände gegen staatsgesellschaftl schädliche Kirchengesetze. (Aus d. Sophronizon abgedr.) gr. 8. Heidelb. 829. Winter. 4 gr

— u. Regeln e. Husarenoffiziers u. s. Subaltern. 8. Leipz. 793. Schwickert. 2 gr

— und Sitten aller Stände; aus d. Französ. übers. v. Pet. Obladen. 8. Augsb. 772. Rieger. 2 gr.

Pflichten, Die, der Sodalen. Ein Auszug aus den neuen Allgemeinen Statuten vom 8. Dezember 1910. Wien 1910. V: *Harrasser, Georg.* (EB)

— e. Soldaten, s. C. Atn. Palm.

Pflichten, Die, aller Stände; a. d. Franz. Augsburg 1772. Ü: *Obladen, Peter.* (MGT)

— gegen die Thiere zur Minderung ihrer Qual. Von R. 8. (1½ B.) Arnstadt 842, Meinhardt. *

— d. Unterthanen gegen d. König. Zum Gebr. in Trivialschulen in Schlesien. 8. Bresl. 780. W. G. Korn. 4 gr u. 800 J. F. Korn. 8 gr

Pflichten der Unterthanen gegen ihren Monarchen. Zum Gebrauche der deutschen Schulen. — Doveri dei sudditi verso il loro Monarca. Ad uso delle scuole elementari. (Mit deutschem und italienischem Text.) 8. (104 S.) Wien. Gedruckt bei L. Grund. 1845. Ungeb. 7 kr. Gebunden 9 kr. CM
Verlag der Schulbücher-Verschleiß-Administration.

Pflichten der Unterthanen gegen ihren Monarchen. Zum Gebrauche der deutschen Schulen. 8 (38 S.) Wien. Gedruckt bei Leopold Grund. 1854. broschirt 4 kr. C M
Verlag der Schulbücher-Verschleiß-Administration.

PFLICHTEN, Die, der Verehlichten. Züllichau 1771 8°.
Bibl. Feuerlini. P II Norbg. 1803. p. 236.

— — Dasselbe 4 Thle. Ebd. 1775. 8°
Bibl. Günther III no. 6610.

Pflichten der Vorgesetzten geg. Dienstboten, ihre Sittlichkeit betreff., u. umgekehrt, Pflichten d. Dienstboten geg. ihre Vorgesetzten u. Mitgenossen in dies. Beziehung. 8. (4½ B.) Sagan 836. (Breslau, G. P. Aderholz.)

— u. Vorsichtsmaßregeln f. Schiffer bei Seeschäden, (v. ... Lochmann). gr. 8. Altona 825. (Aue). 12 gr

— u. Vorsichtsmaßregeln f. Schiffer bei Seeschäden. gr. 8. Alt. 825, (Busch.)

Pflichten und Vorsichts-Regeln f. Schiffer, s. Lochmann, C. F. 1824.

— u. Vortheile d. Unterthanen. 8. Augsb. 794. M. Rieger. 1/6 thl.

PFLICHTEN, Die wahren, des Frauenzimmers, aus d. Englischen von Nicolaus v Bickern. Bremen 1753. 8°. 6½ Bog. (In Stuttgart.)
Cat. Meissner III. p. 418; der Ehest.-Alman. II. p. 290 hat „1754" (?); Anon.-Lex. III. p. 268, ungenau (nach Kayser).

Pflichten, Die wahren, des Soldaten und insonderheit eines Edelmannes, welcher sein Glück in Kriegsdiensten zu machen suchet, nebst dem Bilde eines vollkommenen Officiers, eines ehrlichen Mannes, und eines wahren Christen. Aus dem Französischen übersetzt. 2. Aufl., welcher Betrachtungen über die Wissenschaften, die einem Soldaten anständig sind, beygefüget worden. 8. Berlin 1754.

— die wahren, e. Soldaten, der sein Glück im Kriegsdienste zu machen sucht; aus d. Französ. 8. Danzig 773. (W. Rauck in Leipz.) 5 gr

Pflichten wichtige Augen
Über einige wichtige Pflichten gegen die Augen von (George) Adams (An essay on vision, briefly explaining the fabric of the eye. Ausz. Dt.), (J.G.) Büsch und (Georg Christoph) Lichtenberg, mit Anmerkungen hrsg. von S amuel) Th(omas von) Sömmerring. 3.Aufl. 52 S., gbd.

Frankfurt am Main: Varrentrapp & Wenner 1797

Pflichten, die wichtigsten, eines Lehrlings, als Wegweiser bei der Aufnahme in das bürgerl. Gewerbsleben. gr. 8. (1 B.) Liegnitz 812, Kuhlmey

— von den wichtigsten, eines Organisten. 8. Halle, Hemmerde u. Schw.

Pflichten, Die, der Wohlthätigkeit in einer Rede fürgetragen und bei dem feyerlichen Neujahrsfeste 5.*.7.*.71 in der ger. u. vollk. Loge, die wachsende zu den dreien Schlüsseln in Regensburg abgelesen. Regensburg 1771. V: *Keiser.* (wolfstieg II, 681)

Pflichtenlehre für die Jugend in auserles. Denksprüchen aus d. Gebiete der Religion u. Vernunft, nebst angehängten Regeln der Wohlanständigkeit ꝛc. 2e Aufl. 8. Grätz 815. Kienreich. 5 gr

Für die **Pflichtexemplare!** Beiträge u. Materialien hrsg. im Auftr. d. Akad. Schutzvereins von Dr. J[ohann] Plenge, Privatd. Leipzig: Akad. Schutzverein 1908. (VIII, 95 S.) 8° [F.] 08. 18390

Pflichttheil u. Enterbung nach d. B. G. B. Berlin 899.

Pflichtteil und Enterbung nach dem Burgerlichen Gesetzbuch. Anh. Text-Abdr. aus d. BGB. *Berlin: Puss & Garleb [1900].* (32 S.) 8° [F.]
= Recht, Unser neues. H. 8. 01, 4014

Pflicht-Wegweiser für Mitglieder des katholischen St. Notburga-Vereins zu Ratibor. Ratibor (1893): R. Müntzberg. (19 S.) 8° [F.] 05. 14305 2

Pflick, Johann Gottlieb (Groß-Schirma / Meißen), Spiritum rationis jacturam crediti tutoris, uno pluribusue sibi junctis firmantem. patria lingua: Vom verursachten Verlust der Schuld-Forderung eines neben einem oder mehr Vormündern verordneten Vormundes. Disput. Präs. Ernst Tenzel. [Erfurt] (J. Chr. Hering) 27. V. 1733. 27 S. (4.75) 26358
Gew.: Tobias Jak. Reinharth.

Pflieger, Georg, a. Altona ⟨Elbe⟩: Aus d. Bulius'schen Privat-Frauen-Klinik. Über Corpus-luteum-Cysten. Freiburg i. B.: Speyer & Kaerner 1904. (28 S.) 8°
Freiburg i. B., Med. Fak., Ref. Ziegler, Diss. v. 1904
[Geb. 19. Aug. 80 Wittenberg; Wohnort: Freiburg; Staatsangeh.: Preußen; Vorbildung: Melanchthongymn. Wittenberg Reife O. 99; Studium: Freiburg 4, Kiel 1, Berlin 1, Königsberg 2, Freiburg 2 S.; Coll. 5. Aug. 04; Approb. 19. Sept. 04.]

Pflieger Karl: Der menschliche Kopf und seine Proportionen. (13). Böhm. Leipa R. 95.
Progr.

Pflieger, Theodor [aus Niederhausen]: Musonius bei Stobaeus ... Freiburg i. B., Druck v. B. G. Teubner in Leipzig, 1897; 48 S. 8.
Freiburg i. B., Phil. Fak., Inaug.-Diss. v. 1897

Pflieger, *Theodor* [Lehramtspraktikant Dr.]: Musonius bei Stobaeus. [— Inaug.-Diss. v. Freiburg i. B. 1897.] Tauberbischofsheim, Druck v. B. G. Teubner in Leipzig, 1897; 27 S. 4.
Tauberbischofsheim, grossh. G, P 1897 (640)

Pflieger, W., Elemente d. Arithmotik f. d. mittl. u. oberen Klassen höh. Lehranst. gr. 8. (IV, 128 S.) Strassburg 896. F. Bull. n. 1. 80

Pflieger, Wilh., elementare Planimeteie, s. d. Sammlung Schubert.

Elementare Planimetrie von Prof. Wilhelm **Pflieger.** Leipzig: Göschen 1901. VII, 430 S. 8°
(Sammlung Schubert. 2.) 01. [illegible]

Pfliegl, Ant., das Treuringlein. Märchen in Versen. 8. (101 S.) Dresden 899. E. Pierson. n. 2.—; geb. n. 3.—

Pflimlin, Paul, prakt. Arzt aus Mülhausen ⟨Ob.-Els.⟩: Aus d. Universitäts-Ohrenklinik Freiburg i. B. Ueber die Funktionsstörungen des Hörorgans im Greisenalter. Klinische u. statist. Untersuchungen. *Mülhausen i. E. 1903: Hausschatz-Druckerei.* (42 S.) 8°
Freiburg i. B., Med. Diss. v. 1903

Pflips, Heinr. Anleitg. zur Buchführung f. den kleinen Landmann, sowie zur Nachweisg. d. nach dem neuen Steuergesetze festzustell. steuerpflicht. Einkommens. Im engen Anschluß an die Bestimmgn. d. neuen Steuergesetzes dargestellt. gr. 8. (23 S.) Köln 892, Quos. * — 50

Pflips, Heinr., praktisches Bienenbuch. Anleitung zum lohnenden Betriebe der Bienenzucht in Körben und Kasten. Mit besond. Berücksicht. der eifeler Verhältnisse hrsg. 8. (48 S.) Aachen 887, Schweitzer. *

— das Luxemburger Land. Ein Wanderbuch. Mit Bildern u. 1 Karte. 8. (152 S.) Aachen 895. J Schweitzer. Kart. n. 1. 50

—— Das romantische Ourthal. Ein Wanderbuch. I. Bd.: Das obere Ourthal. 8. (48 S. m. Abbildgn.) Aachen 891, Schweitzer. — 75

—— Die sociale Wirksamkeit d. Vereins kleiner Landwirte zu Nieder-Emmels im Kreise Malmedy f. die Eifel. gr. 8. (52 S.) Ebd. 891. * — 50

Pflips, Heinr., Wirthschaftsbuch. Fol. (123 S.) Köln 892. Th. Quos. Geb. n.n. 4. —

Pflücke, Johann Christoph

— de decalogo. 8maj. Dresd. 788. (Barth in Leipz.) 3 gr

Pflücke, Jh. Cph., († d. 4. März 1807.) de apostolorum et prophetarum N. T. eminentia et discrimine. 8maj. Lpz. 785. Barth. 7 gr

— de Ezechiel III, 17. 4. Leipz. 785.

Pflücke, J. C., de immanuele. Lips. 1786. 4.

— zwei Predigten. 8. Leipz. 786

Pflücke, Max, zur Kenntnis d. feineren Baues d. Nervenzellen b. Wirbellosen, s. d. Arbeiten, Tübinger zoolog., J.

Pflücke, Max [aus Penig '(Kgr. Sachsen)']: Zur Kenntnis des feineren Baues der Nervenzellen bei Wirbellosen ... M. e. lithogr. Taf. (Aus: Zeitschr. f. wiss. Zool., Bd. LX Heft 3.) Leipzig, W. Engelmann, 1895; 47 S., 1 Taf. 8.
Tübingen, Naturw. Fak., Inaug.-Diss. v. 1895

Pflücker, Ludwig, appr. Arzt a. Bad Wildungen: Aus dem physiologischen Institut zu Marburg. Über reizlose Ausschaltung des Lungenvagus durch Anelektrotonus. Marburg 1900: (St. Geibel, Altenburg.) (16 S.) 8° ¶ Aus Pflügers Archiv. Bd 106, S. 372—385.
Marburg, Med. Fak., Ref. Schenck, Diss. v. 24. März 1906
[Geb. 29. Mai 80 Bad Wildungen; Wohnort: Bad Wildungen; Staatsangeh.: Waldeck; Vorbildung: Gymn. Corbach Reife O. 99; Studium: Göttingen 4, Erlangen 4, Marburg 3 S.; Coll. 15. März 05; Approb. 18. Jan. 06.]

Pflücker, R. Bernh., Rechtfertigung d. Demokratie gegen Guizot. Nebst einem Anh. über die Auflösung der zweiten Preuß. Kammer. gr. 8. (IV u. 35 S.) Breslau 849, Schulz & Co. n. 1/6 ℛ

Pflücket die Rosen, eh' sie verblüh'n! Taschenliederbuch für heitere Menschen oder die es werden wollen. Berlin (853.) Kühn. 32. (126 S.) n. 2½ ngr.

Pflug, der. Zeitschrift für das landwirthschaftliche Maschinen- und Geräthewesen. Herausg. von J. Pintus. 1. Bd. (Jahrg.) 1859. April—Decbr. 18 Nrn. (à 1—1½ Bgn. m. Holzschn.) Berlin, Bosselmann. (Wiegandt & Grieben.) 4. n. 1 ℛ 3¾ ngr.

Pflug, der. Zeitschrift für das landwirthschaftl. Maschinen- und Geräthewesen. Hrsg. von J. Pintus. 1. Bd. (Jahrg.) 1859. April bis Decbr. 18 Nrn. (à 1—1⅓ Bog. mit eingedr. Holzschn.) hoch 4. Berlin, [Wiegandt und Hempel.] Vierteljährl. * -

Pflug, der. Zeitschrift für das landwirthschaftliche Maschinen- und Geräthewesen. Hrsg. von J. Pintus. 2. Bd. (Jahrg.) 1860. 24 Nrn. (à 1—1½ Bog. mit eingedr. Holzschn.) hoch 4. Berlin, [Wiegandt und Hempel.] Thlr. *
Ist nicht fortgesetzt worden.

Der neue u. merkwürdige *Pflug*, der keinen Führer braucht. Erfunden v. J. J. Grangé. Aus d. Franz. übers. v. C. E. Mayer. Wien 1834. 76 S. 1 Tvl. (Særtr.).

Pflug, Bilder zu Uhland's Gedichten. 1s u. 2s Hft. 8 Blätter. Lithogr. Stuttgart 834, 35. Balz'sche Buchh. n. 3⅔ ℛ

Pflug, Aug., Beamten-Politik. Berlin 1908. 8°.
(Pflug, Aug., Gegen d. Strom 1.)

PFLUG, August: Die wirtschaftliche Erschließung öder und geringwertiger Liegenschaften durch künstliche Aufforstungen. - Tübingen 1892. 44 S.

Pflug, Aug., Die wirthschaftliche Erschliessung der im Deutschen Reiche belegenen Moorflächen. Tübingen 1891. 8. . . . . (RPA.)

Pflug, Aug., Finanz-, Steuer- und Sozial-Politik. Berlin 1908. 8°.
(Pflug, Aug., Gegen d. Strom. 2.)

Pflug, Aug., der ländliche Grundbesitz, ein Opfer der großkapitalistischen Spekulation und der Handelsfreiheit. Ein Warnungsruf für den deutschen Bauernstand. 8. (42 S.) Berlin 878, [Niendorf'sche Verlagsh.] Verlagsh. Graf Behr. *

Pflug, Aug., Gemeinnützige Kapuzinerpredigten. Berlin 1908. 8°.
(Pflug, Aug. Gegen d. Strom 4.)

Pflug, Aug., s.: **Loder-Herold,** der.

Pflug, Aug., Der Reichskanzler, die Reichskanzlei und andere Reichsämter. Berlin 1908. 8°.
(Pflug, Aug., Gegen d. Strom. 5.)

Pflug, Aug., Politische Streifzüge und Charakterbilder. Berlin 1908. 8°
(Pflug, Aug., Gegen d. Strom, 3.)

Pflug, Aug., gegen den Strom. I—V. 8. Berlin, Deutsche Zeitungs-Verlags-Anstalt. à — 60
I. Beamten-Politik. Aufsätze. (IV, 51 S.) 908.
II. Finanz-, Steuer- u. Sozial-Politik. Aufsätze. (IV, 69 S.) 908.
III. Politische Streifzüge u. Charakterbilder. Aufsätze. (III, 55 S.) 908.
IV. Gemeinnützige Kapuzinerpredigten. Aufsätze. (III, 45 S.) 908.
V. Der Reichskanzler, die Reichskanzlei u. andere Reichsämter. Staatsrechtliche Aufsätze. (III, 32 S.) 908.

Pflug, Aug., Volksschulzwang als Reform unseres höheren Schulwesens. gr. 8. (32 S.) Berlin 892. E. Apolant. n. — 60

Pflug, Aug., Der einfachste Weg zur Lösung der Reichsfinanzfrage. E. Mahn. u. Warn. an d. Abgeordneten u. Bundesregierungen. Berlin (1909). 8°.

Pflug, C: Der landwirthschaftliche Maschinenbauer. Bd 1—3. Berlin (1859—1861) (1 Bd)

Pflug, Carl, s. Pflug, Karl

Pflug, Chr. Fr., gründl. Verfahren, um im Herbst aus neuer Gerste, welche zeither ein zum Bierbrauen erst unbeachtetes Malz lieferte, gutes Malz zu fertigen, woraus e. eben so starkes, dauerhaftes u. klares Bier erzeugt werden kann rc. 8. Leipz. u. Berl. 818.

Pflug, Emil: Suchensinn und seine Dichtungen. T. 1. Marburg 1908: (Maretzke & Märtin, Trebnitz i. Schl.) 47 S. 8°
¶ (Ersch. vollst. als: Germanist. Abhandlungen. H. 32.)
Marburg, Phil. Diss. v. 16. Sept. 1908, Ref. Vogt
[Geb. 9. Aug. 84 Kassel; Wohnort: Kassel; Staatsangeh.: Preußen; Vorbildung: Friedrichs-Gymn. Kassel Reife O. 02; Studium: Marburg 2, Kiel 2, München 1, Marburg 5, Grenoble 1 S.; Rig. 11. Juni 07.] [U 09. 3201

Pflug, Emil, Suchensinn u. **seine Dichtungen,** s.a. **Abhandlungen, germanische. 32. Heft.**

Suchensinn und seine Dichtungen von Emil **Pflug.** Breslau: M. & H. Marcus 1908. (104 S.) 8°
= **Abhandlungen,** Germanistische. H. 32. [08. 18166 2

Pflug, Ernst, s. Pflug, August

Pflug, F. A., Wagons für den Eisenbahn-Train der kaiserl.-russischen Bahn Odessa-Kiew, s. Wagons.

Pflug, Ferd., der kleine Abbé von Savoyen. Historischer Roman. 2 Bde. Leipzig 868. Schlicke. 8. (III, 487 S.) 2 ℛ 15 ngr.

Pflug, Ferd., der Alte aus dem Busch. Hans Joachim v. Zieten u. seine Braven. Lebensbilder aus dem Kriegs- u. Husarenleben der Zeit d. großen Königs. Historische Erzählg. f. Jugend u. Volk. Mit 60 Abbildgn. u. 1 Titelbilde, nach Zeichngn. v. Rich. Knötel u. a. gr. 8. (XIV, 344 S.) Leipzig 884. Spamer. n. 5. —; geb. n. 6. —

Pflug, Ferd., der Alte aus dem Busch. Hans Joachim v. Zieten u. seine Braven. Lebensbilder aus dem Kriegs- u. Husarenleben der Zeit d. großen Königs. Historische Erzählg. f. Jugend u. Volk. 2. (Titel-)Aufl. Mit 60 Abbildgn. u. 1 Titelbilde, nach Zeichngn. v. Rich. Knötel u. a. gr. 8. (XIV, 344 S.) Leipzig 891. Spamer. n. 5. —; geb. n. 6. —

Pflug, Ferd., Auch Blut und Eisen! Leipzig 864. Schlicke. 8. (2 Bl., 359 S.) 1 ℛ 20 ngr.

— **Auch Blut u. Eisen!** 2. (Titel-)Aufl. Ebend. 867. 8. (III, 359 S.) 1 ℛ 20 ngr.

— **ein Dichterherz.** Novelle. Leipzig 866. Dürr'sche Buchh. 8. (201 S.) 24 ngr.

Pflug, F. (Hrsg.), s.a. Doppeladler, Unter dem

(Pflug, F.) Unter dem Doppeladler. Aus dem Hauptquartier des Fürsten Mentschikoff. Bd 1. 2. Berlin 1855—56. 8°

Pflug, F. Unter dem Doppeladler. Der Feldzug in der Krim nach den Mittheilungen e. deutschen Militärarztes in russ. Diensten. 8. M. Krtn. u. Pl. Berlin 1855. — 2. Aufl. 1856. — 3. Aufl. (322.) 8. 1857. 3.00.

Pflug, F Nikolaus v. Dreyse u. die Geschichte des preuß. Zündnadelgewehrs. Mit 1 Portr. Berlin 1866. 32 S.

Pflug, F., Erinnerungen aus dem Leben eines Veteranen, s. Soldaten-Freund, der.

Pflug, Ferd., historische Erzählungen. 1. Bdchn. Mit 3 (chromolith.) Bildern v. Jul. Scholz u. L. Venus. 8. (158 S.) Glogau 877. Flemming. cart. 1. 50

— unter den Fittigen des schwarzen Adlers. A. u. d. T.: Aus dem Zündnadelkriege u. aus früherer Zeit. Historisches Skizzenbuch. 1. Bd. Leipzig 868. Schlicke. 8. (V, 292 S.) 1 ₰ 10 ngr.

— Geglänzt u. Erloschen, s. Album. Bibliothek deutscher Original-Romane.

Pflug, Ferdinand

Geglänzt und Erloschen. Hist. Roman. Bd 1-3. Leipzig: Günther 1866. 8°

Pflug, Ferd., Geschichtsbilder. Erzählungen und Skizzen für die reifere Jugend. 1. und 2. Bd. gr. 8. Glogau, Flemming. [1. Bd. (III, 340 S. mit 8 chromolithogr. Bildern von Jul. Scholtz und Alfr. Diethe.) 871.; 2. Bd. (III, 320 S. mit 8 chromolithogr. Bildern nach Orig.-Zeichnungen von Jul. Scholtz und Chr. Sell.) 872.] geb. à Bd. M. 4,50. 9 —

—— Geschichtsbilder. Erzählungen und Skizzen für die reifere Jugend. 2 Bde. Mit je 8 (chromolithogr.) Bildern. 8. (340; 320 S.) Ebendas. 878. cart. à Bd. M. 3,50.

Pflug, Ferd., Geschichtsbilder. Erzählungen und Skizzen. 2 Bde. 2. Aufl. 8. (329; 345 S. mit je 8 chromolithogr. Bildern von Jul. Scholtz, A. Diethe, Rich. Knötel und Chr. Sell.) Glogau 886, Flemming. geb. à Bd.

— und F. Busch, Preußens Heer, s. Unterhaltungsbibliothek, militairische.

— Hodica. Vaterländischer, kulturgeschichtl. Roman. 3 Bde. 8. (XVI, 216; 216 u. 251 S.) Rostock 886. Hinstorff's Verl. n. 10. —

— der deutsch-dänische Krieg. Geschichte des Feldzugs in Schleswig-Holstein im J. 1864. Leipzig 865. Weber. gr. 8. (VI, 178 S. mit Illustr. in Holzschn. von Aug. Beck.) 20 ngr.

— das preußische Landwehrbuch. Geschichte und Großthaten der Landwehr Preußens während der Befreiungskriege. Illustrirt von Geo. Bleibtreu. Berlin 863. (Leipzig) Spamer. Lex.-8. (VI, 151 S. m. Holzschn. u. 7 Holzschntaf.) n. 20 ngr.

— Leopold v. Anhalt-Dessau. Ein Lebensbild. Mit 4 Bildern v. Rich. Knötel. 12. (IV, 241 S.) Glogau 887. Flemming. geb. 1. 20

— die Marquise v. St. Prie. Historischer Charakter- u. Intriguen-Roman. 3 Bde. 8. (220, 245 u. 255 S.) Leipzig 873. Schlicke. n. 13. —

— von Nah u. Fern. Leipzig 866. Dürr'sche Buchh. 8. (III, 249 S.) 24 ngr.

— Preußen vor 50 Jahren. Ein Vortrag. Berlin 863. Frank. gr. 8. (15 S.) n. 2 ngr.

—— aus den Tagen des großen Königs. 1. Aufl. 1863. und 2. (Titel-)Aufl. 8. (III und 268 S.) Leipzig 867, Schlicke.

— Aus den Tagen des Großen Königs. Ebend. 864. 8. (268 S.) 1 ₰ 15 ngr.

— Katharina von Trocznow. Historischer Roman aus dem Anfange des Hussitenkrieges. Berlin 861. Hickethier. 8. (220 S.) 1 ₰

— der Verurtheilte. Eine Erzählg. aus der Zeit Friedrichs d. Großen. Mit e. Bilde v. H. Lüders (Holzschn.-taf.) 8. (124 S.) Bremen 876. Nordwestdeutscher Volksschriften-Verl. n. 1. —

— Von Auerstädt bis Belleallince, s. a. Unterhaltungsbibliothek, militairische.

Pflug, F. Von Auerstaedt bis Belle-Alliance. (302.) 8. Berlin 1856. 3,00. — 2. A. 1858. 3,00. — 3. A. 1858. 1,00.

Pflug, Ferd., von Auerstädt bis Belleallince. Nach den Erinnerungen eines preuß. Veteranen bearb. 3. (Titel-)Aufl. 8. (VI und 302 S.) Berlin (858,) [Wiegandt und Hempel.] *
Vgl.: Unterhaltungsbibliothek, militairische.

— Von Auerstädt bis Belleallince. Nach den Erinnerungen eines preußischen Veteranen bearb. 3. Aufl. Berlin 859. Bosselmann. (Wiegandt & Grieben.) 8. (VI, 302 S.) n. 10 ngr.

Pflug, F. Von Auerstädt bis Belleallince Bd 1. 2. Berlin 1859.

—— Was sich 1757 in der Welt zugetragen, s. Soldaten-Freund, der.

Pflug, Ferd, Kaiser Wilhelm. Mit 6 Holzschn. nach Zeichnungen v. H. Lüders u. J. Scholtz. 8. (252 S.) Glogau 878. Flemming. cart. 2. 50

Pflug, F Kaiser Wilhelm. (252) 8. Glogau 1879. 2,50.

Pflug, Ferdinand. Ernste Worte in einer ernsten Zeit. Berlin 1848. 24 S. 8.

Pflug, Fr., Geschwindigkeitsmesser f. Motorfahrzeuge u. Lokomotiven. Hrsg. vom mitteleurop. Motorwagen-Verein. (VIII, 294 S. m. 312 Fig.) gr. 8. Berlin 908. J. Springer. Geb. in Leinw. 9. —

Pflug, Georg

Pflug, G., Veterinärmedizinische Aufsätze. s.a. Aufsätze, Veterinärmedizinische.

Pflug, G., veterinär-medicinische Aufsätze. 1. u. 2. Hft. [Aus: „Oesterr. Monatsschr. f. Thierheilkunde".] gr. 8. Wien 892 M. Perles. à n. 2. —
1. Das Kälbersterben bedingt durch Omphalitis u. Lienterie. Für Thierärzte u. Landwirthe. 2. Aufl. (82 S.)
2. Ueber einige Druckschäden bei Pferden. Für prakt. Thierärzte bearb. (70 S.)

Pflug, Dr. G., Einige Bemerkungen zur Aetiologie und Therapie der Hufrehe für Thierärzte und Cavalleristen. (Pflug, Veter.-med. Aufsätze 3. Heft.) Gr.-8. (46 S.) —.60
Wien: Perles 1893.

Pflug, G., Beobachtungen über die Rinderpest in Bayern u. Sachsen. (Abdruck.) Würzburg 867. Julien. gr. 8. (39 S.) n. 7½ ngr.

— — Beobachtungen über die Rinderpest in Bayern und Sachsen. (39 S.) Würzburg 68. Kressner. M. —.75

Pflug, G., amtlicher Bericht d. Congresses deutscher Thierärzte zu Frankfurt a/M. am 21. u. 22. Aug. 1872. Auf Grundlage der stenograph. Protocolle zusammengestellt. gr. 8. (IV, 127 S.) Augsburg 873. Lüderitz in Comm. n.n. 2. 50

Pflug, J. G., die künstliche Blutleere bei Operationen, s. a. Vorträge für Thierärzte.

— Die künstliche Blutleere bei Operationen. Mit Holzschnitten. (35 S.) Jena 78. Dege & Hänel. (Dürselen, Wiesbaden.) M. 1.50

— Über einige Druckschäden bei Pferden. S.-A. (79 S.) Wien 92. Perles. M. 2.

Pflug, G., das Kälbersterben, bedingt durch Omphalitis u. Lienterie. Für Thierärzte u. Landwirthe. [Aus: „Oesterr. Monatsschr. f. Thierheilkunde".] gr. 8. (III, 82 S.) Wien 890. Perles. n. 2. —

— Das Kälbersterben, bedingt durch Omphalitis und Lienterie. 8. (III.) (82 S.). Ebd. 92. M. 2.

— die Krankheiten d. uropoëtischen Systems unserer Hausthiere. Mit 5 lith. Taf. (in qu. gr. 4.) gr. 8. (VIII, 468 S.) Wien 876. Braumüller. n. 11. —

—— Schäfer-Buch oder das Schaf und seine Behandlung und Nutzung im gesunden und kranken Zustande. 8. (VIII und 252 S.) Würzburg 865, Julien. *

—— Schäfer-Buch oder das Schaf und seine Behandlung und Nutzung im gesunden und kranken Zustande. 2. unveränd. (Titel-)Aufl. 8. (VIII, 252 S.) Würzburg (865)69, Julien's Buchh. [Kreßner.] * 3 —

—— Typhus und Status typhosus vom veterinär-medicinischen Standpuncte aus besprochen, s.: Vorträge für Thierärzte.

— Typhus und Status typhosus. Vom veterinär-medizinischen Standpunkte aus besprochen. (39 S.) Jena 78. Dege & Hänel. (Dürselen, Wiesbaden.) M. 1.50

– (Red.), s. Vorträge für Thierärzte

— zur pathologischen Zootomie des Lungenrotzes der Pferde. Mit 7 lith. Taf. gr. 8. (80 S.) Leipzig 877. Scholtze. n. 8. —

Pflug, H.: Vom Sinn des Tanzes. Der Versuch einer Deutung. Nürnberg. 24 S.

Pflug, H., Wirtschaftsgeographie Deutschlands, s. Sammlung v. Lehrmitteln f. Fach- u. Fortbildungsschulen. (Wolff, A.)

Pflug, H., Wirtschaftsgeographie Deutschlands, s.: Wolff, A.

Pflug, Herm., Beweis d. Auferstehung d. Todten, a. d. Grund. d. Vernunft. 8. Hamburg, Bohn. 738.

— Gedanken üb. d. ängstl. harrende Creatur a. Röm. VIII. 8. Ebend. 739.

Pflug, J. D. Karl

— dein Lebelang habe Gott vor Augen u. im Herzen. Eine Predigt 2c. 8. Glogau 823. N. Günter'sche B. 2 gr

Pflug, J. D. Karl, das Evangelium in Liedern. Für d. kirchl. u. häusl. Erbauung. 8. (7¾ B.) Glogau 839, Flemming.

Pflug, J. D. Karl, der kleine Catechismus Luther's s. Luther.

Pflug, J. D. Karl, Miniaturbilder. 8. Glogau 841, Flemming. ⅓ ß

Pflug, J. G. K., Predigt z. Gedächtnisse d. Fürsten u. Hrn. Karl August, Großh. zu Sachsen-Weimar-Eisenach 2c. Ueber d. vorgeschrieb. Schriftstellen. 2 Petri 1, 14. 15. gr. 8. (1½ B.) Neustadt a. d. O. 828, Wagner.

—— Predigt am 15. Sonnt. n. Trinit. 1830 nach den, einige Tage vorher in d. Residenzstadt Altenburg ausgebroch. Unruhen. gr. 8. (1½ B.) Altenburg 830, Schnuphase.

Pflug, J. G. K., Predigt-Arbeiten am 3n Jubelfeste d. Augsb. Bekenntnisses. 8. Altenburg 830. Literat.-Compt. 6 gr

—— Predigt-Arbeiten am 3. Jubelfeste d. Augsburg. Bekenntnisses. gr. 8. (4 B.) Altenburg 830, [Pierer.]

—— zwei Predigten am dießjähr. Reformationsfeste u. am letzten Bußtage, nebst e. Ordinationsrede. gr. 8. ... Altenburg 830, [Pierer.]

—— kurzer Unterricht im Christenthum f. Confirmanden. In zwei Stufen. 8. (3 B.) Glogau 838, Flemming.

Pflug, J. D. K., des Christen Weg z. Seligkeit, oder: kurzer Abriß dessen, was wir nach d. Wort Gottes thun u. glauben sollen 2c. 8. Glogau 826. Neue Günter'sche B. 4 gr

Pflug, J. G., s. Pflug, Georg

Pflug, Johann

— methodische Anleitung zu einem naturgemäßen u. geistbildenden Unterrichte im schriftlichen Gedankenausdrucke u. zur Verabfassung aller Arten schriftlicher Aufsätze f. deutsche Schulen, Schullehrlinge 2c. 2 Thle. (in 1 Bd.) [1. Thl.: Der Unterricht im schriftlichen Gedanken-Ausdrucke. — 2. Thl.: Die Verabfassung schriftlicher Aufsätze.] 8. (XXIV u. 384 S.) Bayreuth 848, Buchner. 27 ngr

Pflug, J., theoret.-prakt. Anleitung zu Modulationen in alle Dur- u. Moll-Tonarten als Hauptmittel zur Erzeugung eigner Präludien u. freier Fantasien, für Klavier- u. Orgel-Spieler. 2. Aufl. qu. gr. 4. (102 S.) Baireuth 847. (Buchner) 1 ß

Pflug, Joh., Anleitung zur Verabfassung aller Arten Kinder-Briefe nebst Aufgaben im Briefstyl mit besonders zu Grunde gelegter Geographie u. geschichtl. Notizen von Bayern zur leichtern Auffindung der Antworten der Kinder f. die Hand deutscher Schüler u. Lehrer. 8. (4 B.) Bayreuth 845, Buchner'sche Bh.

— Briefe über Gegenstände der ländlichen u. städtischen Hauswirthschaft zur Beförderung des häuslichen Glückes u. Wohlstandes, den Mädchen- u. höheren Töchter-Schulen Deutschlands gewidmet. gr. 8. (X u. 102 S.) Ansbach 847, Gummi. 9 ngr

Pflug, J., Briefe über Gegenstände der ländlichen und städtischen Hauswirthschaft zur Beförderung des häuslichen Glückes und Wohlstandes den Mädchen- und höhern Töchterschulen Deutschlands gewidmet. 2. wohlf. (Titel-)Ausg. Ansbach (847.) 853. Gummi. (München, Giel.) gr. 8. (X, 102 S.) n. 4 ngr

—— vollständ. Erklärung aller in Dr. Luthers kleinem Katechismus enthaltenen u. nach der Ordnung desselben folgenden Begriffe durch Beispiele u. Geschichten aus der heil. Schrift. Ein Leitfaden. gr. 8. (13½ B.) Ansbach 846, Gummi.

Pflug, J., neueste Geographie nach stufenweis geordn. Cursen, enth. Bayern, Deutschland, die außerdeutschen europä. Staaten u. d. übrigen vier Erdtheile, nebst e. kurzen Abriß d. Gesch. Bayerns u. Deutschlands, f. d. Hand deutscher Schüler u. Schullehrlinge bearb. gr. 12. (9 B. u. Ttlkpfr.) Nürnberg 810, Korn'sche Buchh.

— kurzgefaßte Geschichte der Reformation nach ihrer Veranlassung, Vorbereitung, ihrem Anfange, Fortgange u. ihren Folgen f. ev.-protest. Schüler zur leichteren Auffassung chronolog. dargestellt. 8. (2 B.) Bayreuth 846, Buchnersche Buchh. *

Pflug, Ioannes, Lipsiensis: De Aristotelis Topicorum libro quinto. Lipsiae 1908: F. A. Brockhaus. (50 S.) 8°
Leipzig, Phil. Fak., Ref. Heinze-Bethe, Diss. v. 12. März 1908
[Geb. 2. Aug. 82 Leipzig; Wohnort: Leipzig; Staatsangeh.: Sachsen; Vorbildung: Thomassch. Leipzig Reife O. 02; Studium: Leipzig 11 S.]

—— die kleine Schul- oder Kinder-Bibel, in ihren Lehren f. deutsche Schüler u. deren Aeltern, Schullehrlinge u. Lehrer, nach den zu Calw erschien. zweimal 52 bibl. Geschichten. 2 Thle. gr. 12. (13 B.) Nürnberg 812, [Geiger.]

— die kleine Schul- oder Kinder-Bibel, in ihren Lehren für deutsche Schüler und deren Aeltern, Schullehrlinge und Lehrer, nach den zu Calw erschien. zweimal 52 bibl. Geschichten. 2 Thle. gr. 12. Nürnberg 842, Stein. 1/3 ₰

Pflug, Jh., das bayerische Vaterland in geschichtl., geograph. u. naturkundl. Beziehung oder Beispiele des Guten aus der Geschichte Bayerns rc. 5. verm. u. verb. Aufl. 8. Hof 840, Grau. 1/6 ₰

— orthographischer Wegweiser, oder gründl. Anleitung, nach 11 kurzen Abschnitten in ganz kurzer Zeit jedes deutsche Wort richtig schreiben u. in Verbindung zu Sätzen gehörig interpunktiren zu lernen. 8. Kulmbach 839. (Hof, Grau.) 1/12 ₰ — 2e, sehr verm. u. verb. Aufl. 8. Ebd. 840. 1/8 ₰

—— orthographischer Wegweiser, oder: Deutsche Sprach-, Rechtschreib-, Satz- und Interpunktions-Lehre in einem Satze. Für den Schul- und Selbstunterricht bearb. 3., verm. und verb. Aufl. gr. 8. (138 S.) Hof 847. [Grau und Comp.] *

[Pflug, Joh. Bapt.] Erinnerungen eines Schwaben. Hrsg. von Jul. Ernst Günthert 2 in 1 Bd. Nordlingen: Beck 1874. 77

Johann Paul Gottfried Pflug

Joh[annes] Paulus Godofr[edus] Pflug: Arthritidis atque ophthalmiae syphiliticae Delineatio observationibus illustr. o.O. (MDDCLXXXIV [vielm. 1784]). 54 S. 8°

Kiel, Med. Diss. v. 23. Juni 1784

Pflug, Jh. Paul Gf., delineatio arthritidis atque ophthalmiae syphiliticae. 8maj. 785.

– s. Bertin: Abhandl.

– (Übers.), s. Callisen, Heinrich: Abhandlung über die Mittel, die Seefahrenden gesund zu erhalten.

– s. Plenck, J. J.: Pharmacie.

– s. Pleucíz, M. A.: Abhandl.

Pflug, Julii, formula sacror. emendand. in comitiis Aug. an. 1548. jussu Car. V. Imp. compr. et propos., ex autogr. auctoris ed. etc. Interim contulit Chr. Gf. Müller. 8maj. Leipz. 803. (W. Vogel). 22 *gl*

— oratio funebris in mortem Petri Mosellani, iterum excusa a Chr. Gf. Müller. 8. Zeitz 798. Webel. 3 *gl*

Das Waldenburger Bergland. Bearb. von Prof. [Karl] Pflug. Hrsg. v. d. Verkehrsverbande f. d. Waldenburger Bergland. Waldenburg: Knorrn in Komm. [1910]. 134 S. 8° 10. 9555

Pflug, Chronik der Stadt Waldenburg in Schlesien. Nach den Quellen dargestellt. (351 S. m. Abb., Taf. u. 3 Plänen.) gr. 8. Waldenburg 908. E. Meltzer. Geb. in Leinw. 8.50

Pflug [Oberl.]: Diodor und Livius als Quellen für den zweiten Samniterkrieg. Waldenburg i. Schl., P. Schmidt's Druckerei (H. Roedenbeck), 1889; S. 1–16; 4°
Waldenburg i. Schl., st. ev. G, OP 1889 (200)

Pflug, Karl Die Einführung des Soldes — speziell für Richter, Rat und Volksversammlung — in Athen und ihre politischen Folgen. XXVIII S. Progr. *Waldenburg* 1876.

Pflug, *Karl* [Prof.]: Aus der politischen, gesellschaftlichen und wirtschaftlichen Entwickelung unseres Vaterlandes von 1640 an bis zur Jetztzeit. Waldenburg i. Schl., P. Schmidt's Druckerei, *1895*; 32 S. 8.
Waldenburg i. Schl., st. Ev. G, OP 1895 (212)

[K.] Kaiser Friedrich III. E. Vortr. geh. v. Prof. [Karl] Pflug am 11. Jan. 1899 in der vom Gewerbe-Ver. zu Waldenburg in Schlesien veranstalteten Feier z. Besten d. Kaiser-Friedrich-Denkmals ... *(Waldenburg i. Schl.): Verl. d. Denkmal-Comités; [Dr. v.] F. Domel's Erben 1899.* (15 S.) 1 Bd 8 l99. 3084

Pflug, K. Die Organisation der internationalen Kontrolle der griechischen Staatsfinanzen. 8°. München, J. Schweitzer's Verl., 1898.

Pflug, Karl [Rechtspraktikant am K. Landger. Nürnberg]: Das Prinzip der Publicität in Deutschland. M. bes. Berücks. seiner Bedeutg f. d. Privatkredit ... Nürnberg, kgl. Bayer. Hofbuchdr. G. P. J. Bieling-Dietz, 1895; 1 Bl., 96 S. 8.
Erlangen, Jur. Fak., Inaug.-Diss. v. 1895

Pflug, Karl, d. Princip d. Publicität in Deutschland. M. bes. Berücksicht. s. Bedeutg. f. den Privatkredit dargest. gr. 8. (96 S.) Erlangen 895. M. Mencke. n. 1.80

Pflug, Karl Regesten zur Geschichte der Stadt Waldenburg bis zur Besitzergreifung Schlesiens durch Friedrich den Großen. 28 S Progr. *Waldenburg* 1878.

Pflug, Karl: Sachkatalog der Schüler-Bibliothek ⟨O I—U III⟩. Ohlau (1908): Hoffmann. 86 S. 8°
Ohlau, k. G P 1908 (267) [S 08. 349

— Staatsbankerott u. internat. Recht. Von d. Bluntschli-Stiftg. gekrönte Preisschrift. Mit e. Anh.: Die Organisation d. internat. Kontrolle d. griech. Staatsfinanzen. gr. 8. (IV, 100 S.) München 898. J. Schweitzer, Verl. n. 3. —

Pflug, Ludwig [aus Kitzingen]: Ueber das Paraxylidin.... Frankfurt a. M., Druck v. Mahlau & Waldschmidt, 1891; 28 S. 8°
Erlangen, Phil. Fak., Inaug.-Diss. v. 1891

Pflug, Otto Heinrich

— — De singulari serenissimi electoris Saxoniae eminentia Von den besondern Vorzügen Ihro Chur-Fürstl. Durchl. zu Sachsen. Diss. Präs. Caspar Ziegler. O. O. 1746. (5.25) 26369

Pflug, S., Dank der Kaiserin, s.: Festblüten. 2.

Pflug, Siegm. Karl, Anno 1908 in Freilichtmalerei. 1.—3. Aufl. (à VII, 489 S.) 8. Wien (904). J. Eisenstein & Co. n. 2. —

Pflug, Walth., Syphilis od. Morbus Gallicus? Eine etymolog. Betrachtg. (62 S.) gr. 8. Strassburg 907. K. J. Trübner. 1.50

Pflug, Wilhelm, approb. Arzt: Neuere Versuche über den Wert der prophylaktischen Scheidenspülungen intra partum. *Leipzig: G. Fock 1900.* (29 S.) 8°
Leipzig, Med. Diss. v. 10. März 1900

Pflug-Baudach, S., offene Augen — offene Herzen, s.: Geschichten u. Bilder der Frauenhülfe. 5. Heft.

Pflugbeil, Eph., († ...) Anfangsgründe d. kaufmänn. Rechenkunst. 8. Leipz. 773. Böhme. 1 ₰ 12 *gl*

— allgem. Regel z. Berechn. d. Wechselarbitragen, m. e. Verhältnißtabellen. gr. 4. Leipz. Jacobäer. (a. Sommer.) 776

— allgem. Regeln u. Verhältniß-Tabellen d. Wechselarbitragen. gr. 4. Leipz. 776. (Knobloch). 1 ₰ 12 *gl*

Pflugbeil, Ernst, Medizinalprakt.: ⟨Aus d. syphilido-dermatol. Universitätsklinik zu München. Posselt.⟩ Beitrag zur Pathogenese der akuten, postinfektiösen, herpetiformen Exantheme. Berlin: Karger 1910. 17 S. 8° ¶ (Aus: Dermatol. Zeitschrift. Bd 17.)
München, Med. Diss. v. 17. März 1910, Ref. v. Bauer
[Geb. 7. Dez. 83 Hütten, Sachsen; Wohnort: Hütten; Staatsangeh.: Sachsen; Vorbildung: Kgl. Gymn. Dresden-N. Reife O. 03; Studium: Berlin 8, München 2 S.; Coll. 17. März 10; Approb. 9. Febr. 10.] [U 10. 3560

Pflugbeil, Feodor, appr. Arzt, Deuben-Dresden: Untersuchungen über das Verhalten des Blutdrucks bei physiologischer Schwangerschaft, Geburt und Wochenbett und bei Eklampsie. *Borna-Leipzig 1903: R. Noske.* (26 S.) 8°
Leipzig, Med. Diss. v. (10. Dez.) 1903

Pflugbeil, Heinr. Jos., O. Praed., Arznei nach dem Tode. 5 Novenen zu Gunsten der armen Seelen, gepredigt 1879/85 bei St. Maria Rotunda, Wien. (IV, 259 S.) 8. Kempten 903. J. Kösel. n. 2. —; geb. in Leinw. n. 2. 60

Pflugbeil, Heinr. Jos., O. Praed., Gabriel. 12 Arten, den hl. Rosenkranz fruchtreich zu beten. 16. (256 S. m. 1 Farbdr.) Dülmen 899. A. Laumann. Geb. in Leinw. n. — 75

— die geheimnisvolle Rose. 6 Oktaven f. das Rosenkranzfest nebst e. Serie f. alle Tage des Rosenkranz-Monates, im Laufe der Jahre vorgetragen zu Wien, Darmstadt u. Köln. Gesammelt u. hrsg. (VIII, 308 S.) 8. Dülmen 903. A. Laumann. n. 2. 40; geb. n. 3. 50

Pflugbeil, Heinr. Jos., St. Thomas-Büchlein für die sechs Sonntage zu Ehren des Engels der Schule, des heil. Thomas von Aquin. 16. (144 S. mit 1 Bild.) Dülmen 887, Laumann'sche Verlagsh. * 40 Pf.; geb. *

Pflugbeil, Heinr. Jos., O. Praed., St. Thomas-Büchlein f. d. 6 Sonntage zu Ehren d. Engels d. Schule, d. hl. Thomas v. Aquin. 3., unveränd. Aufl. 16. (176 S. m. Titelbild.) Dülmen 895. A. Laumann. n. — 40

— St. Thomas-Büchlein f. die 6 Sonntage zu Ehren des Engels der Schule des hl. Thomas v. Aquin. 4. Aufl. (176 S. m. Titelbild.) 16. Ebd. 904. Geb. in Leinw. n. — 65

Pflugbeil, Joh. Wilh., Handbuch z. Erleichterung d. stylist. Unterrichtes in d. deutschen Sprache, f. Schüler in guten Land- u. Bürgerschulen. 8. (4 B.) Freiberg 835, Engelhardt.

—— vorbereit. Sprachbüchlein f. Elementar-Schüler, die schon Worte schreiben können. 8. (2 B.) Freiberg 835, Engelhardt.

Pflugbeil, Jos., Chronik der Seelsorgs-Stellen des Bisth. Passau. gr. 8. (305 S.) Landshut 881. Thomann. n. 3. 50

Pflugbeil, Jos., Geschichte der Stadt u. Pfarrei Grafenau. 2. Aufl. 8. (32 S.) Passau 884. Bucher. — 75

Pflugbeil, Jos., liturgisches Handbuch der in der Diözese Passau herkömml. kirchl. Verrichtgn., Segngn., Prozessionen etc. Mit e. Anh. üb. den feierl. Empfang d. Bischofs bei Firmungs- u. Visitations-Reisen, üb. die m. oberhirtl. Genehmigung eingeführten religiösen Vereine u. e. Anleitg. f. Meßdiener. 8. (IX, 181 S.) Passau 871. Waldbauer. n. 1. 60

Pflugbeil, (Paul): Welches Licht fällt aus der Benutzung des Alten Testamentes durch Jesum auf die Inspiration der alttestamentlichen Schriften? Ein Beitrag zur Würdigung des Alten Testamentes im Religionsunterricht. Aue 1904: Gebr. Beuthner. (S. 1—13.) 4°
Aue, R m. PG OP 1904 (650)

Pflugbeil, Richard: Der Begriff der ewigen Wahrheiten bei Leibniz, mit einer einleitenden Übersicht der Geschichte dieses Begriffs in der christlichen Philosophie, bei Descartes und Spinoza. *Leipzig 1902: O. Schmidt.* (43 S.) 8°
Leipzig, Phil. Diss. v. [22. Juli] 1902

Pflugeisen, Peter, s.a. K i r c h h o f , Emil

Pflugeisen, Pet. Statistische Daten über Hagelvorkommen, s. Kirchhoff, Emil.

Pflügel, Frz. Xav., das lateinische Sprichwort bei Plautus u. Terenz. gr. 8. (44 S.) Straubing 880. (Leipzig, O. Schulze.) n. 2. 50

Pfluger, A. Vortheilhafte Behandlung des Weines. Solothurn 1835.

Pfluger, Frdr., Predigt über das Vater unser, vorgetragen im Kapitel am 1. Fastensonntage. gr. 8. (16 S.) Solothurn 850, Scherer. 2 ngr.

Pfluger, J., Lehren eines Hausvaters an seinen Sohn. 2. verm. Aufl. 8. (VIII, 172 S.) Solothurn 885, Burkard und Fröhlicher. [*ℳ 1.20.] * geb. [*ℳ 2.—.] *

Pfluger, J., Lehren e. Hausvaters an seinen Sohn. 2. Aufl. 8. (VIII, 172 S.) Solothurn 885. Schwendimann. n. 1. 20; geb. n. 2. —; cart. n. 1. 60

PFLUGER, Josephus: De sacro altari. — (1890) 194 S. 8° (Handschr.)
Diss. Wien, Univ. Diss. 448

Pfluger, Wendelin, prakt. Arzt aus Osterberg in Schw.: Neubildungen der Blase mit spezieller Berücksichtigung eines Falles von primärem Carcinom der Harnblase mit akutem Verblutungstod. *München 1903: C. Wolf & Sohn.* (19 S.) 8°
München, Med. Diss. v. 1903

Die Pflüger-Accumulatoren der Vereinigten Accumulatoren- und Elektricitätswerke Dr. **Pflüger** & Co. *Berlin 1901: Typographia.* (VII, 160 S.) 8° [01. 10300

Pflüger, Wegweiser vom Realgymnasium zu den v. ihm aus möglichen Berufsarten. gr. 8. (16 S.) Chemnitz 894. B. Troitzsch n. — 30

Pflüger, Wegweiser vom Realgymnasium zu den v. ihm aus mögl. Berufsarten. 2., umgearb. Aufl. gr. 8. (20 S.) Chemnitz 896. B. Troitzsch Nachf. n. — 50

Pflüger, Alexander [aus Honolulu]: Anomale Dispersionscurven einiger fester Farbstoffe ... Leipzig, J. A. Barth, 1896; 25 S., 2 Bl. 8.
Berlin, Phil. Fak., Inaug.-Diss. v. 8. Febr. 1896

Pflüger, Alexander: Geschichte der Bonner Burschenschaft (1819-1833), s. A s c h o f f , Ludwig

Mitgliederverzeichnis der alten Bonner Burschenschaft ⟨1818-1833⟩. Festgabe z. Feier d. 50jähr. Stiftungsfestes d. Burschenschaft Alemannia zu Bonn u. des 75jähr. Bestehens d. Bonner Burschenschaft. Bonn, Sommer 1894. (Verf.: A[lexander] **Pflüger.**) *Berlin 1891: Langenscheidt.* (23 S.) 8° [F.] [02. 185 11

Pflüger, Alex., Smaragdinseln der Südsee. Reiseeindrücke u. Plaudereien. Mit 5 Karten u. 144 Abbildgn. im Text, 8 Einschaltbildern u. 1 Übersichtskarte. gr. 8. (IX, 244 S.) Bonn (901). Stuttgart, E. Strauß. n. 9. —; geb. in Leinw. n. 10. —

Pflüger, C. H. Friedrich (Creglingen an der Tauber), Ueber das Wiederabbrechen fehlerhaft geheilter Knochenbrüche im Kallus. Diss. med.-chir. Präs. Leopold Riecke. Tübingen (E. Tr. Eifert) Juni 1838. 44 S. (4.25) 26359

Pflüger, Eduard Friedrich Wilhelm

Pflüger, E. F. W., s.a. Archiv f. d. ges. Physiologie d. Menschen u. d. Thiere.

Pflüger's Archiv f. die gesammte Physiologie des Menschen u. der Tiere. Hrsg. v. Max Verworn unter Mitwirkg. v. Bernh. Schöndorf. 132.—136. Bd. à 12 Hefte u. 137. Bd. 1.—7. Heft. gr. 8. Bonn, M. Hager.
Subskr.-Pr. 133.20; Einzelpr. 155. 80
132. (VI, 644 S. m. 47 Fig., 14 Taf. u. 1 Bildnis.) 910.
Subskr.-Pr. 30.—; Einzelpr. 35.
133. (VI, 613 S. m. 106 Fig. u. 18 Taf.) 910.
Subskr.-Pr. 30.—; Einzelpr. 35. 60
134. (V, 644 S. m. 71 Fig. u. 1 Taf.)
Subskr.-Pr. 28.—; Einzelpr. 31. 40
135. (V, 601 S. m. 148 Fig. u. 19 Taf.) 910.
Subskr.-Pr. 30.—; Einzelpr. 35. 80
137. 1—7. (S. 1—338 m. 19 Fig.) 910.
Subskr.-Pr. 15.20; Einzelpr. 18. —
Der 136. Bd. ist noch nicht erschienen.
Vergl. Archiv f. die gesammte Physiologie.

— über den elementaren Bau des Nervensystems. (69 S m. 36 Fig.) gr. 8. Bonn 906. M. Hager. n. 3. —
Sonderabdruck aus: „Archiv f. d. ges. Physiol."

Disquisitiones de sensu electrico. Commentatio, qua ad audiendam orationem pro aditu muneris prof. ord. in ordine med. universitatis Fridericiae Guilelmiae Rhenanae d. XXI m. Mart. a. 1860 ... habendam invitat auctor E[duardus] F[ridericus] W[ilhelmus] **Pflueger**. Bonnae, form. C. Georgi 1860. 16 S. 4. ¶ Erschien zugleich selbständig bei Marcus in Bonn. — In deutscher Bearb. in des Verf. Untersuchungen aus d. physiol. Lab. zu Bonn 1865 S. 144 ff.: Über d. electr. Empfindungen.

Pflueger, Ed. F. W., Disquisitiones de sensu electrico. Commentatio. gr. 4. (16 S.) Bonn 860, Marcus. *

Pflüger, E. F. W., über die Eierstöcke der Säugethiere und des Menschen. gr. 4. (VII und 124 S. mit 5 Kpfrt.) Leipzig 863, Engelmann. *

Pflüger, E. F. W., die Endigungen der Absonderungsnerven in den Speicheldrüsen. Bonn 866. Cohen & Sohn. gr. 8. (III, 64 S. mit 3 Steintaff. in gr. 8. u. 4.) n. 24 ngr.

Pflueger Eduard (geb. Hanau 7. 6. 1828) De nervorum splanchnicorum functione. Berolini 1855. (28 S.) 8°
Berlin Med. Diss. v. 14. Dez. 1855

Pflüger, Ed., die sensorischen Functionen des Rückenmarks der Wirbelthiere, nebst einer neuen Lehre über die Leitungsgesetze der Reflexionen. gr. 8. (XIV und 145 S.) Berlin 853, A Hirschwald. *

— das Glykogen u seine Beziehungen zur Zuckerkrankheit. (XVIII, 528 S.) gr. 8. Ebd. 905. n. 10. —

Das Glykogen und seine Beziehungen zur Zuckerkrankheit. Von Dr. E[duard] F[riedrich] W[ilhelm] **Pflüger**, Prof. 2 Aufl. Bonn M. Hager 1905. (XVIII, 528 S.) 8° [05. 93]

—— über das Hemmungs - Nervensystem für die peristaltischen Bewegungen der Gedärme. gr. 8. (V und 75 S.) Berlin 856(57,) A. Hirschwald. *

Pflüger, E. F. W., über die Kohlensäure des Blutes gr. 8. (15 S.) Bonn 864, Cohen und Sohn.

Pflüger, E. F. W. Über die Kunst der Verlängerung d. menschlichen Lebens. Rede, zur Feier d. Geburtstages Sr. Maj. d. Kaisers u. Königs Wilhelm II. am 27. Jan. 1890 in der Aula der Rhein. Friedrich-Wilhelms-Universität geh. gr. 8. (31 S.) Bonn 890, Strauss. * 1 —

—— Die allgemeinen Lebenserscheinungen. Rede, zum Antritt des Rektorates d. Rhein. Friedrich-Wilhelms-Universität am 18. Octbr. 1889 geh. gr. 8. (34 S.) Ebd. 889. * 1 —

Pflüger, E. F. W., die teleologische Mechanik der lebendigen Natur. 1. u. 2. Aufl. [Aus: „Arch. f. d. ges. Physiol."] gr. 8. (80 S.) Bonn 877. Cohen & Sohn. n. 1. 60

Pflüger, E: Ueber eine neue Methode der organischen Elementaranalyse stickstoffhaltiger Körper. Bonn 1878

— eine neue Methode der Glykogenanalyse. (S. 231—247.) gr. 8. Ebd. 906. n. — 80
Sonderabdruck aus: „Archiv f. d. ges. Physiol."

Pflüger, Eduard F. W., unter gewissen Lebensbedinggn. nimmt die in dem lebendigen Thierkörper enthaltene Menge des Glykogenes trotz vollkommener üb. Monate sich ausdehnender Entziehung der Nahrung fortwährend sehr erheblich zu. (S. 253—289 m. 2 Fig.) gr. 8. Ebd. 907. 2. —
Sonderabdruck aus: „Archiv f. d. ges. Physiol."

Pflüger, E: Untersuchungen über die quantitative Analyse des Traubenzuckers. Bonn 1898

—— Untersuchungen aus dem physiologischen Laboratorium zu Bonn. gr. 8. (III und 188 S. mit 3 Stnt.) Berlin 865, A. Hirschwald.

— Untersuchungen über die Physiologie des Electrotonus. Mit 5 Kpfrtaf. (in 8. u. 4.) Berlin 859. Hirschwald. gr. 8. (XV, 502 S.) n. 3 ℛ 25 ngr.

—— Wesen und Aufgaben der Physiologie. Rede zur feierl. Eröffnung des neuen physiolog. Instituts in Poppelsdorf bei Bonn am 9. Novbr. 1878. gr. 8. (16 S.) Bonn 878, Strauss. *

Pflüger, Ernst, Augenklinik in Bern. Bericht über das Jahr 1878. gr. 8. (68 S. m. 1 Steintaf.) Bern 879. Dalp. n. 1. 20

Pflüger, Ernst, Augenklinik in Bern. Bericht über das J. 1879. gr. 8. (55 S.) Bern 880, [Dalp'sche Buchh.] Schmid, Francke und Comp. * 1 20

—— Augenklinik der Universität Bern. Bericht über das J. 1880. gr. 8. (51 S. mit 1 Chromolithogr.) Ebendas. 882. * 2 —

Pflüger, Beiträge zur Ophthalmonometrie. 48 Sn. gr. 8. Bern, in Commiss. bei Huber & Co. 1. 20
1872

Pflüger, Ernst, die operative Beseitigung der durchsichtigen Linse. gr. 8. (VIII, 207 S. m. 6 Tab.) Wiesbaden 900. J. F. Bergmann. n. 7. 60

Pflüger, Ernst, ist d. vereinf. deutsche Kurzschrift, Einigungs-System Stolze-Schrey, geeignet, d. Stenographie der Zukunft zu werden? Krit. Betrachtgn. gr. 8. (7 S.) Schweidnitz 897. (Eisleben, Vorl. d. Allgem. deutschen Stenotachygraphen-Verbandes, L. Rennert.) — 15

Pflüger, Ernst, Kurzsichtigkeit und Erziehung. Academ. Festrede, zur Feier des Stiftungsfestes der Universität Bern am 20. Novbr. 1886 gehalten. gr. 8. (39 S.) Wiesbaden 887, Bergmann. *

Pflüger, Ernst. Zur Lehre von der Bildung des Kammerwassers und seinen quantitativen Verhältnissen. Diss. Med. Bern. (Sonderabdruck aus «v. Graefe's Archiv für Ophthalmologie», Band 64, Heft 3.) 40 S. 8. Leipzig, Wilhelm Engelmann, 1906.

— Methode zur Prüfung des Farbensinnes mit Hülfe des Flor-Contrastes. (Deutsch, französisch, englisch u. italienisch.) 2., wesentlich verb. Aufl. der „Tafeln zur Bestimmung der Farbenblindheit". gr. 8. (8 S. m. 12 farb. Taf.) Ebend. 882. cart. n. 5. —

Pflüger, Optotypi [Sehproben]. 8. (4 S. m. 2 Taf. in gr. Fol.) Bern 884. Schmid, Francke & Co. n. — 80

— Optotypie (Sehproben). 2 Bl. in Lithographie, 48 : 46 cm. Bern, J. Dalp. 1 —
1893

— Sehproben — Optotypi u. ihre Verwendung zur Prüfg. d. Sehschärfe d. Schüler durch d. Lehrerschaft, sow. zur Messung d. zum Unterricht nothwend. Beleuchtungsminimums der Schulzimmer. 2 lith. Taf. à 59,5 × 64 cm., 1 Taf. 22,5 × 22 cm. u. 1 Haken. Nebst Texthft. Ausg. f. Lehrer. gr. 8. (12 S.) Ebd. 895. 96. n. 4. —

Pflüger, Ernst, **Sehproben u. Sehprüfung.** Optotypi Pflüger. 2 lith. Taf. à 59,5×64 cm., 1 Taf. 22,5× 22 cm. u. 1 Haken. Nebst Texthft. Ausg. f. Aerzte. 2. Aufl. gr. 8. (36 S.) Basel 895. 96. Leipzig, C. Sallmann. n. 4. —

[Umschlagt.:] [F.] Stenographen-Liebe. Stenotachygraph. Lustsp. in 3 Auftr. v. Ernst **Pflüger**, Lehrer, Hannover ... *Hannover: Selbstv.; Klindworth, Hof-Dr. [1898?].* (20 S.) 1 Bd 8. [Text lithogr.] [98. 2983

— **Scheithauer's Stenographie.** E. Kritik üb. d. System d. Stenographie v. Karl Scheithauer, nebst e. vergleich. Schriftprobe in Stenotachygraphie u. System Scheithauer. gr. 8. (8 S.) Totschen a/E. 897. F. Jäger. — 15

— **Tafeln zur Bestimmung der Farbenblindheit.** gr. 8. (8 S. m. 11 farb. Taf.) Ebend. 880. geb. n. 4. —

—— Universitäts-Augenklinik in Bern. Bericht über die J. 1881 und 1882. gr. 8. (59 S. mit 2 Taf.; 79 S. mit 2 Taf.) Ebendas. 883,84. 1881 * 2 —
1882 * 2 25

—— Universitäts-Augenklinik in Bern. Bericht über das J. 1883. gr. 8. (59 S.) Bern 885, (Schmid, Francke und Comp.) *

— Universitäts-Augenklinik in Bern. Bericht üb. d. J. 1884—1886. gr. 8. (67 S. m. 1 Grundriss.) Bern 887. (Schmid, Francke & Co.) n. 2. 20

Pflüger, Fr. W., „Human- u. Realgymnasium". Ein Wort zur Aufklärung an alle Gebildeten. gr. 8. (75 S.) Chemnitz 882. Focke. n. 1. 20

Pflüger, Geo., Enthüllungen des gerühmten Prozesses u. seiner Geschichte, die Tödtung des Generals v. Auerswald u. Fürsten Lichnowsky betreffend. Nach den Untersuchungen u. dreiwöchigen Verhandlungen der Assisen zu Hanau u. des Ober-Appellations-Gerichts zu Kassel. Mit eigenen Ermittlungen. Eine Schule als Beitrag zur strafrechtlichen Lehre üb. Untersuchung, Vertheidigung, Aktenstudium, Komplot, Zurechnungsfähigkeit, innere Bedeutung des Instruktionsverfahrens u. des Schwurgerichts. 2 Bde. gr. 8. (1: CXVIII u. 720 S. 2: S. 721—1528 m. 1 lith. Taf. in gr. Fol.) Frankfurt a. M. 852, Bayrhoffer. n. 3⅓ ℛ

Pflüger, Geo., der Groß-Imperator d. 1000jähr. Reichs, od. enthüllte Geheimnisse d. vermeinten Abgesandten Gottes B. M. J. Müller, gen. Proli als Mensch, aus d. Gesichtspunkte d. Geschichte u. Seelenkunde betrachtet. Hervorgerufen durch die jüngst erschien. Broschüre: der Wundermann d. 19. Jahrh. gr. 12. (2 B.) Hanau 833, (König.)

—— die Missionen des Czaren und der deutschen Großmächte wie der Westmächte. Zum Zwecke des Weltfriedens. gr. 8. (22 S.) Hanau 854. (Leipzig, Brauns.) *

Pflüger, George, Petition über Bucher-Gaunerei von den Hanauer Bürgern. gr. 8. (1 B.) Frankfurt a. M. 846, Oehler.

—— die kurhessischen Zustände mit einem Blick auf das Ultimatum des derzeit. kurhess. Landescommissars in der schwebenden deutsch-kathol. Frage. gr. 8. (3 B.) Frankfurt a. M. 846, Oehler.

Pflüger, Geo. Friedr., Grammatik der französischen Sprache für höhere Schulen. 1. Tl., enthaltend die untere Stufe [Lehrgang für Quinta]. gr. 8. (VII, 135 S.) Leipzig 882, Siegismund und Volkening. * 1 20

—— dass. — 1. Tl.: Fibel, grundlegende Formenlehre sämtlicher Redeteile, gebräuchlichste Regeln der Syntax, Vorübungen, Übungsbeispiele, Vokabularium, vollständ. Wörterverzeichnisse. 2. Aufl. gr. 8. (VIII, 96; Vokabulare 47 S.) Dresden 883. (Leipzig, Siegismund und Volkening.) * 1 20

— **Heinrich Georg Philipp** (Brandenburg / Hohnstein), De orbe picto seu de gentibus pulchritudinem affectantibus per fucum et picturam. Diss. histor.-geogr. Präs. Dav. Theodor Lehmann. Wittenberg (A. Koberstein) 9. XII. 1711. 48 S. (5.50) 26360

Pflüger, Heinrich Hackfeld

Pflüger, H. H., die Legis actio sacramento. Ein Versuch auf dem Wege d. Rechtsvergleichg. gr. 8. (71 S.) Leipzig 898. Duncker & Humblot. n. 1. 80

Pflüger, Heinrich Hackfeld: Ueber Besitz und Ersitzung von Teilen einer Sache .... Bremen, Comm.-Verl. v. W. B. Hollmann, 1886: 4 + 52 S. 8°.
Strassburg, Rechts- u. Staatsw. Fak., Inaug.-Diss. v. 1886.

Pflüger, H. H., die sogenannten Besitzklagen des römischen Rechts. gr. 8. (VIII, 415 S.) Leipzig 890. Duncker & Humblot. n. 8. 80

Pflüger, H. H., Nexum u. Mancipium. (III, 104 S.) gr. 8. Leipzig 908. Duncker & Humblot. 2. 80

Pflüger, H. H., **Ciceros Rede pro Q. Roscio comoedo rechtlich beleuchtet u. verwertet.** (III, 160 S.) gr. 8. Leipzig 904. Duncker & Humblot. n. 3. 80

Pflüger, Hermann, zur Morphologie der Brustdrüse bei Neugeborenen und Frauen. Diss. München 1886, A. Buchholz. 8°. 51 S.

Pflüger, Hermann [cand. med. aus Creglingen]: Zur Morphologie der Brustdrüse bei Neugeborenen und Frauen .... Regensburg, Druck d. Verl.-Anstalt vorm. G. J. Manz, 1886: 51 S. 8°.
München, Med. Fak., Inaug.-Diss. v. 1886.

Pflüger, J. G. F., Anleitung zum Gesangunterricht in Schulen. Nach den Grundsätzen der analyt.-synthet. Methode bearb. 8. (XVI und 96 S.) Leipzig 853, Brandstetter. Thlr. *

Pflüger, J. G. F., Geschichte der Stadt Pforzheim. 5 Lfgn. gr. 8. (512 S. mit 1 Stnt.) Pforzheim 861, (Flammer.) à Lfg. * 12 Ngr. *

Pflüger, J. G. F., Geschichte der Stadt Pforzheim. 6. Lfg. gr. 8. (VII und S. 513—708.) Pforzheim 862, (Flammer.) [Behrens.] *
1.—5. Lfg. (Ebendas.) 1861. * 2 Thlr.

—— Liederbuch für Schule und Leben. 3 Hefte. gr. 16. Carlsruhe, Gutsch. *

Inhalt:
Heft 1. Kinderlieder. (52 S.) 857. * 4 Ngr.
" 2. Volkslieder. 3. Ster.-Aufl. (40 S.) 858. * 2 Ngr.
" 3. Volksthümliche Lieder. (72 S.) 858. ** 5 Ngr.

Pflüger, J. G. F., geordnete Sammlung von Mustersätzen für den Unterricht in der deutschen Sprache. Für gehobene Volksschulen, höhere Töchterschulen, Realschulen ꝛc. bestimmt u. hrsg. 8. (XX u. 220 S.) Rastatt 851, Mayer. n. 12 ngr

— geordnete Sammlung von Mustersätzen für den Unterricht in der deutschen Sprache. Für gehobene Volksschulen, Bürger- und Töchterschulen, Realschulen, Seminarien ꝛc. bestimmt und herausg. 2. verm. u. verb. Aufl. Leipzig 855. Brandstetter. 8. (XVI, 228 S.) n. 15 ngr

Pflüger, J. G. F., geordnete Sammlung von Mustersätzen für den Unterricht in der deutschen Sprache. Für gehobne Volksschulen, Bürger- u. Töchterschulen ꝛc. bestimmt u. herausg. 3. Aufl. Leipzig 868. Brandstetter. 8. (XVI, 228 S.) n. 15 ngr

— der Unterricht in der deutschen Sprache. Freiburg im Br. 854. Herder. gr. 8. (72 S.) 6 ngr

— badische Vaterlandskunde. Ein Lese- und Lern-Büchlein für Schulen und die Jugend überhaupt. 8. (X und 176 S. mit 1 lithogr. Karte in hoch 4. und 1 Tab. in qu. 4.) Pforzheim 858, Flammer. * 10 Ngr.; cart. *

— badische Vaterlandskunde. Ein Lese- u. Lern-Büchlein für Schulen u. die Jugend überhaupt bearb. 3. Aufl. Lahr 866. Geiger. 8. (X, 165 S. mit 1 lith. u. color. Karte in gr. 4.) n. 5 ngr.

Pflüger, Julius: Aus dem St. Anschar-Krankenhause zu Kiel. Ein Beitrag zur Statistik der Zahncaries. *Kiel 1898: H. Fiencke.* (20 S.) 8°
Kiel, Med. Diss. v. [2. Juni] 1898

Pflüger, Ludwig, aus Frankfurt a. M.: Über Megalocornea und infantiles Glaucom. Zür. Berichthaus Dr. 1894. 32 S. 8°.
Zürich. Med. Diss [v. 5. Febr. 1894].

Pflüger, Max, Friedrich v. Gentz als Widersacher Napoleons I. Ein Beitrag zu der Geschichte des 18. V. 1804. (59 S.) 8. Reichenbach 904. (Haun & Sohn.) n. 1.15

Pflüger, Paul, Abschieds-Predigt, geh. am 6. XI. 1910 in der Kirche zu St. Jakob in Zürich-Außersihl. (14 S.) kl. 8. Zürich 910. Buchh. d. schweiz. Grütlivereins. — 20

— Alters- u. Invalidenversicherung. (16 S.) kl. 8. Ebd. 910. — 20

— Altes und Neues. Antrittspredigt. In-8°. 14 S. Zürich, Cäsar Schmidt. — 25
1898

— Der Bankrott der liberalen Partei. (16 S.) kl. 8. Ebd. 910. — 20

— Bibel u. Babel. (16 S.) kl. 8. Ebd. 908. — 20

— Christentum u. Sozialismus. (15 S.) kl. 8. Ebd. 910. — 20

— Die industrielle Demokratie. (16 S.) kl. 8. Ebd. 910. — 20

Pflüger, P[aul]. Einführung in die soziale Frage. 200 S. 8. Zürich, Buchh. des Schweiz. Grütlivereins, 1910. [fr. 2.50, geb. 3.—]

— Die Entstehung des Christentums. (27 S.) gr. 8. Zürich 910. A. Bürdeke. — 40

— Fortschritte in der Demokratisierung d. Wahlrechtes. (16 S.) kl. 8. Zürich 908. (Buchh. des schweiz. Grütlivereins.) — 15

Pflüger, Paul. Fragen und Antworten für Arbeiterkinder. 4 S. 8. (Zürich, Buchh. des Schweiz. Grütlivereins, [1904].) [fr. —.05]

Pflüger, P. Freiheit u. Gleichheit. Rede. 8°. 8 S. (Zürich, Buchh. des schweizer. Grütlivereins.)
1899 **— 10**

Pflüger, Paul. Unentgeltliche Geburtshülfe und Wöchnerinnenpflege. 12 S. 8. Zürich, Komm. der Grütlibuchh., 1908. [fr. —. 20]

Pflüger, Paul, der Gemeindesozialismus der Stadt Zürich. Denkschrift zum sozialdemokrat. Kommunaltag in Zürich vom 23./24. V. 1908. (40 S. m. Abb.) gr. 8. Zürich 908. (Buchh. des schweiz. Grütlivereins.) — 80

Pflüger, Paul. Geschichte der evangelischen Kirchgemeinden Dussnang und Bichelsee. 8. Andelfingen 1892.

Pflüger, Paul, Glaubensbekenntnis e. modernen Theologen. 2. Aufl. (16 S.) gr. 8. Zürich (906). Th. Schröter's Nachf. n. — 30

— Grundriß e. modernen Moral- u. Religionsunterrichts f. die reifere Jugend. 2. Aufl. (16 S.) 8. Zürich 907. A. Bürdeke. Kart. — 30

Pflüger, Paul. Grundriss eines modernen Moral- und Religionsunterrichts für die reifere Jugend. 2. Aufl. 16 S. 8. Zürich und Leipzig, Th. Schröter's Nachfolger, 1907. [cart. fr. —. 40]

Pflüger, Paul, Grundriß des Religions- u. Moralunterrichts. 8. (32 S.) Zürich 900. A. Frick. n.n. — 30

Pflüger, Paul, und **Hüppy**, Joh[ann]. Handbuch des Schweizerischen Gemeindesozialismus. [Mit Illustrationen und 2 Tafeln.] 267 S. 8. Zürich, Buchh. des Schweizerischen Grütlivereins, 1910. [geb. fr. 6.—]

Pflüger, Paul, zur Hebung d. schweizerischen Volksbildung. [Aus: „Schweizer. Blätter f. Wirtschafts- u. Socialpolitik".] gr. 8. (15 S.) Bern 896. C. Sturzenegger. — 30

— hütet Euch vor d. Sauerteig d. Pharisäer. Abschiedspredigt, geh. am 2. I. 1898 in Dußnang (Thurgau). gr. 8. (12 S.) Zürich 898. C. Schmidt. n. — 20

— das sociale Krebsübel. Rede zur Maifeier 1896 in Chur. 8. (31 S.) Zürich 896. (Buchh. d. schweiz. Grütlivereins.) n. — 20

Pflüger, Paul. Leitfaden der Rhetorik von Paul Pflüger, Pfarrer, Zürich. *Lithogr.* [II + 7 S.] 8. [Zürich, Lithogr. J. Ott,] 1903.

— Licht u. Liebe. 3 Vorträge. 8. (37 S.) Zürich 897. C. Schmidt. n. — 50

Pflüger, Paul. 1902. Zum 1. Mai. Flugblatt von Pfarrer Paul Pflüger in Zürich. 4 S. 8. (Zürich, Komm. Buchh. des Schweiz. Grütlivereins.)

(Pflüger, Paul.) 1. Mai 1904. ([Flugblatt: 1.] Eidschwur am 1. Mai. Von Robert Seidel. [2.] Zum 1. Mai 1904. Von P' P'.) 4 S. 8. (Zürich, Grütli-Buchhandlung.)

— zum 1. Mai. Flugblatt. (3 S.) gr. 8. Wien (906). Wiener Volksbuchh. n. — 03

— Neues u. Altes. Antrittspredigt, geh. am 16. I. 1898 in Zürich-Außersihl. 8. (14 S.) Ebd. 898. n. — 20

— moderne Predigten. 1. Bd. 1898—1899 m. dem Bildnis d. Verf. 10 Hfte. gr. 8. (194 S.) Ebd. 898. n. 2.50

Pflüger, Paul. Moderne Predigten. 8°. 192 S. Zürich, Cæsar Schmidt. Geb. 4 25
1900

Pflüger. Das soziale Princip (Sozialwissenschaftliche Volksbibliothek, Heft 11). 14 S. Zürich, Buchhandlung d. Schweiz. Grütlivereins. — 10
1898

Pflüger, P[aul]. Proletarier aller Länder vereinigt Euch! Ein Weckruf. Einigkeit macht stark. Aus Auftrag der Arbeiterunion Zürich verfasst von Genosse Pfr. P. Pflüger. 16 S. 8. Zürich, (Kirsten & Zeisberg), 1903.

— Die Religion der Modernen. (22 S.) gr. 8. Ebd. 909. — 50

Pflüger, Paul. Der Sozialismus der Kirchenväter [Neu-Ausg.] II + 24 S. 8. Zürich, Komm. Buchh. des Schweiz. Grütlivereins, 1907 (fr —. 20)
Sozialwissenschaftliche Volksbibliothek. Hrg. von Pfarrer (Paul) Pflüger in Zürich. Heft 17.

— Die Sozialpolitik der Kantone, s.a. Zeitfragen, sozialpolitische, der Schweiz. 1. Heft.

Pflüger, Paul. Die Sozialpolitik der Kantone. 24 S. 8. Zürich, Buchh. des Schweiz. Grütlivereins, 1908. fr. —. 50
Sozialpolitische Zeitfragen der Schweiz.... Heft 1.

— Der schweizerische Sozialstaat. Eine Umschau im Jahre 1950. (Pflüger's Socialwiss. Volksbibliothek, Heft 13.) 8°. Zürich 1899.

Pflüger, Paul: Die Stellung der Frauen. — Zürich: Grütliverein in Komm. 1898. 15 S. 8° (Sozialwissenschaftl. Volksbibliothek. 9.)

— Meine Stellung zum Freidenkertum. Vortrag, geh. am 10. I. 1909 in der Kirche St. Jakob, ergänzt durch Ausführgn. in der Stadthalle zu Zürich. (16 S.) gr. 8. Zürich 909. Buchh. des schweiz. Grütlivereins. — 25

— Thesen üb. die Boden- u. Wohnungsfrage. (8 S.) 8. Ebd. 907. — 10

— die socialpolit. Umwälzungen d. Eidgenossenschaft. 8. (24 S.) Zürich 897. (Buchh. d. schweiz. Grütlivereins.) — 30

Pflüger, P., Die Verkürzung der Arbeitszeit. 8°. Zürich 1897.

Pflüger, P., siehe a. *Volksbibliothek.*

Pflüger, P. Sozialwissenschaftliche Volksbibliothek. 1.—8. Heft. In-8°. (à 16—32 Seiten.) Zürich, Buchh. d. schweiz. Grütlivereins. 1898 1 80
— — 9. Heft. In-8°. (Zürich, Buchh. d. schweiz. Grütlivereins.) 1898 — 25
*** 9. Die Stellung der Frauen. 15 S.

Pflüger, Paul, socialwissenschaftliche Volksbibliothek. 1.—9. u. 11. Hft. 8. (Zürich, Buchh. d. Schweizer Grütlivereins.) n. 1. 80
1. D. socialpolitischen Umwälzungen d. Eidgenossenschaft. 2. Aufl. (19 S.) 897. n. — 20
2. Das sociale Krebsübel. Rede zur Maifeier 1896 in Chur. (31 S.) 896. n. — 20
3. Was d. Christentum ursprünglich war u. was man daraus gemacht hat. 2. Aufl. (16 S.) 897. n. — 20
4. D. Hebung d. schweizer. Volksbildg. 2. Aufl. (19 S.) 897. n. — 20
5. Das Wesen d. socialen Frage. 2. Aufl. (23 S.) 897. n. — 20
6. Unsere Religion! Festrede zur Christbaumfeier 1896. 2. Aufl. (12 S.) 897. n. — 10
7. Kirche u. Proletariat. Wie soll d. Kirche unter d. heut. Verhältnissen d. Armen d. Evangelium verkünden? Vortrag an der schweizer. reform. Prediger-Versammlg. in Chur 1897. (39 S.) 897. n. — 30
8. D. Verkürzg. d. Arbeitszeit. 2. Aufl. (16 S.) 897. n. — 10
9. Die Stellung der Frauen. (15 S.) 898. n. — 20
11. Das sociale Princip. Festrede zur Novemberfeier 1897 in Zürich-Außersihl. (15 S.) 897. n. — 10
Hft. 10 erscheint später.

— sozialwissenschaftliche Volksbibliothek. 10., 12.—16. u. 18.—20. Hft. 8. Zürich (Buchh. des schweiz. Grütlivereins). n. 1. 70
10. Der Socialismus d. israelit. Propheten. (10 S.) 899. n. — 20
12. Freiheit u. Gleichheit. Rede an der Fahnenweihe d. Sängerbundes Wädensweil (25. IX. 1898). (8 S.) 898. n. — 10
13. Der schweizerische Sozialstaat. Eine Umschau im J. 1950. (16 S.) 899. n. — 10
14. Die Wohnungsfrage m. besond. Berücksicht. der Stadt Zürich. (32 S.) 899. n. — 20
15. Bewegung u. Ziel. (16 S.) 899. n. — 10
16. Der Himmel auf Erden. (16 S.) 899. n. — 20
18. Religion u. Wissenschaft. (20 S.) 900. n. — 20
19. 20. Die Weltanschauungen u. Lebensauffassungen des Ultramontanismus, Pietismus, Liberalismus u. Sozialismus. (63 S.) 900. n. — 60
Heft 17 ist noch nicht erschienen.

— Sozialwissenschaftliche Volksbibliothek. 17. Heft. Der Sozialismus der Kirchenväter. (24 S.) 8. Ebd. 907. — 20

Pflüger, Paul, Wahl e. Berufes f. Töchter, mit besond. Berücksicht. der Verhältnisse in Zürich. gr. 8. (17 S.) Zürich (901). Th. Schröter. n. — 20
Sonderabdruck aus: „Schweiz. Familien-Wochenblatt."

— Der Weg zur sozialen Freiheit. (16 S.) 8. Ebd. 908. — 10

— Wesen, Bedeutung und Ziele der Kommunalpolitik. 8°. Zürich, Buchhdlg. d. schweiz. Grütlivereins, 1907. 2. Aufl. 8°. Ebd. 1909.

— Die Wohnungsfrage mit besonderer Berücksichtigung der Stadt Zürich. Pflügers sozialwiss. Volksbibliothek, Heft 14. 8°. Zürich 1899.

— Die Wohnungsfrage in ethischer u. kultureller Beziehung. (15 S.) kl. 8. Ebd. 909. — 20

— Kommunale Wohnungsfürsorge in der Schweiz. 8°. Zürich, Buchhdlg. d. schweiz. Grütlivereins, 1911.

Pflüger, P., s. Zeitfragen, sozialpolitische, d. Schweiz

Pflüger, R. E., Aufgaben zum Zifferrechnen, s.: Blümel, J.

Pflüger, R. E., Aufgaben zum Zifferrechnen nach dem neuen metr. Maaß und Gewicht. Ein Ergänzungsheft zu den bisher. Aufgaben-Sammlungen. 8. (24 S.) Breslau 869, Lichtenauer. [Morgenstern.] **
Facitbuch dazu (16 S.) *

Pflüger, R. E., s.: Blümel's, J., Aufgaben zum Zifferrechnen.

Pflüger, R. E., das neue Mass u. Gewicht nebst 3 Preis-Reductionstabellen f. Haus u. Markt. 64. (24 S.) Breslau 872. Goerlich. n. — 10

—— Rechenbuch für Volksschulen. Aufgaben für Kopf- und Zifferrechnen nach dem Münz-, Maß- und Gewichts-System des deutschen Reichs. In 6 Heften. 1.—4. Heft. 8. Breslau 874, Morgenstern. à Heft 15 Pf.
Inhalt:
Heft 1. Das Rechnen im Zahlenraum von 1—100. (24 S.)
„ 2. Die vier Grundrechnungsarten, und zwar jede zuerst im Zahlenraum von 1—100, dann im unbegrenzten Zahlenraum. (24 S.)
„ 3. Die vier Grundrechnungsarten mit mehrfach benannten Zahlen, Regel de tri und Zeitrechnung. (24 S.)
„ 4. Die Vorübungen und die vier Grundrechnungsarten in gemeinen und Decimal-Brüchen, einfache und zusammengesetzte Regel de tri. (24 S.)

Pflüger, R. E., Rechenbuch f. Volksschulen. Aufgaben f. Kopf- u. Zifferrechnen nach dem Münz-, Maß- u. Gewichts-System d. deutschen Reiches bearb. 6 Hfte. 1. Tausend. 8. (à 24 S.) Breslau 875. Morgenstern. à — 15

Pflüger, R. E., Rechenbuch für Volksschulen. Aufgaben für Kopf- und Zifferrechnen, nach dem Münz-, Maß- und Gewichts-System des deutschen Reiches bearb. 2. verb. Ster.-Aufl., mit den vorgeschriebenen Abkürzungen der Maß- und Gewichtsbezeichnungen. 6 Hefte. 8. Breslau 879, Morgenstern. à Heft 15 Pf.

Inhalt:

- Heft 1. Das Rechnen im Zahlenraum von 1—100. (24 S.)
- „ 2. Die vier Grundrechnungsarten, und zwar jede zuerst im Zahlenraum von 1—100, dann im unbegrenzten Zahlenraume. (24 S.)
- „ 3. Die vier Grundrechnungsarten mit mehrfach benannten Zahlen, Regel de tri und Zeitrechnung. (26 S.)
- „ 4. Die Vorübungen und die vier Grundrechnungsarten in gemeinen und Decimal-Brüchen, einfache und zusammengesetzte Regel de tri. (24 S.)
- „ 5. Procentrechnung, Gesellschafts- und Mischungsrechnung. (24 S.)
- „ 6. Raumrechnung. (24 S.)

—— dass. — Auflösungen. 6 Hefte. 8. Ebendas. 879. [1. Heft. (18 S.) 30 Pf.; 2.—5. Heft. (44; 60; 54; 34 S.) à 60 Pf.; 6. Heft. (24 S.) 30 Pf.]

Pflüger, R. E., Rechenbuch für Volksschulen. Aufgaben für Kopf- und Zifferrechnen, nach dem neuen Münz-, Maß- und Gewichts-System bearb. Neue Ster.-Aufl., mit den vorgeschriebenen Abkürzungen der Maß- und Gewichtsbezeichnungen. 6 Hefte. 8. Breslau 880—84, Morgenstern. à Heft 15 Pf. — 90

Inhalt:

- Heft 1. Das Rechnen im Zahlenraum von 1—100. (24 S.)
- „ 2. Die vier Grundrechnungsarten, und zwar jede zuerst im Zahlenraum von 1—100, dann im unbegrenzten Zahlenraum. (24 S.)
- „ 3. Die vier Grundrechnungsarten mit mehrfach benannten Zahlen, Regel de tri und Zeitrechnung. (26 S.)
- „ 4. Die Vorübungen und die vier Grundrechnungsarten in gemeinen und Decimal-Brüchen, einfache und zusammengesetzte Regel de tri. (24 S.)
- „ 5. Procentrechnung, Gesellschafts- und Mischungsrechnung. (24 S.)
- „ 6. Raumrechnung. (24 S.)

Pflüger, R. E., Rechenbuch für Volksschulen. Auflösungen. Neue Aufl. 2., 5. und 6. Heft. 8. Ebendas. 883. [2. Heft. (44 S.); 5. Heft. (34 S.) à 50 Pf.; 6. Heft. (16 S.) 30 Pf.] 1 30

Pflüger, R. E., Rechenbuch für Volksschulen. Aufgaben für Kopf- und Zifferrechnen, nach dem neuen Münz-, Maß- und Gewichts-System bearb. Neue, nach der vorgeschriebenen Orthographie berichtigte Ster.-Aufl. 6 Hefte. 8. Breslau 885—88, Morgenstern. à Heft 15 Pf.

Inhalt:

- Heft 1. Das Rechnen im Zahlenraum von 1—100. 21.—26. Tausend. (24 S.)
- „ 2. Die vier Grundrechnungsarten, und zwar jede zuerst im Zahlenraum von 1—100, dann im unbegrenzten Zahlenraum. 21.—28. Tausend. (24 S.)
- „ 3. Die vier Grundrechnungsarten mit mehrfach benannten Zahlen, Regel de tri und Zeitrechnung. 19.—23. Tausend. (26 S.)
- „ 4. Die Vorübungen und die vier Grundrechnungsarten in gemeinen und Decimal-Brüchen, einfache und zusammengesetzte Regel de tri. 19.—21. Tausend. (24 S.)
- „ 5. Procentrechnung, Gesellschafts- und Mischungsrechnung. 10.—14. Tausend. (24 S.)
- „ 6. Raumrechnung. 7.—9. Tausend. (24 S.)

—— dass. — Auflösungen. Neue Aufl. 6 Hefte. Ebendas. 885—88. [1. Heft. (18 S.) * 30 Pf.; 2. Heft. (44 S.) * 50 Pf.; 3. Heft. (60 S.) * 60 Pf.; 4. Heft. (54 S.) * 60 Pf.; 5. Heft. (34 S.) * 60 Pf.; 6. Heft. (16 S.) * 30 Pf.] *

—— der kleine metrische Rechenknecht für Haus und Markt. Nebst 15 Preis-Reductionstabellen. 64. (72 S.) Breslau 872, Goerlich. *

— **Uebungsbuch f. mündliches u. schriftliches Rechnen.** Im Auftrage der städt. Schuldeputation nach dem Lehrplan f. die städt. Elementarschulen in Breslau bearb. Aufgaben. 6 Hfte. 8. Ebend. 876. n. 2. 10

1. [Kl. IIIb.] 3. Tausend. (24 S.) n. — 20. — 2. [Kl. IIIa.] 4. Tausend. (32 S.) n. — 30. — 3. [Kl. IIb. 4. Tausend. (52 S.) n. — 40. — 4. [Kl. IIa.] 3. Tausend. (56 S.) n. — 40. — 5. [Kl. Ib.] 2. u. 3. Tausend. (72 S.) n. — 40. — 6. [Kl. Ia.] 2. Tausend. (73 S.) n. — 40.

—— Uebungsbuch für mündliches und schriftliches Rechnen. Im Auftrage der städt. Schuldeputation nach dem Lehrplan für die städt. Elementarschulen in Breslau bearb. Aufgaben. 2. Aufl. 6 Hefte. 8. Ebendas. 879. *

Inhalt:

- Heft 1. Das Rechnen im Zahlenraum von 1—10, von 1—20 und Zuzählen und Abziehen der Grundzahlen im Zahlenraum von 1—100. (24 S.) 20 Pf.
- „ 2. Die vier Grundrechnungsarten im Zahlenraum von 1—100. Zusammenzählen und Subtrahieren mehrstelliger Zahlen. (32 S.) 30 Pf.
- „ 3. Die vier Grundrechnungsarten im unbegrenzten Zahlenraum. Anhang: Aufgaben in leichter Form aus Resolvieren, Reduzieren, Addieren und Subtrahieren mit mehrfach benannten Zahlen. Vorbereitendes für Bruchrechnen. (54 S.) 40 Pf.
- „ 4. Die vier Grundrechnungsarten mit mehrfach benannten Zahlen. Regel de tri. Zeitrechnung. Anhang: Aufgaben mit Brüchen in leichter Form. (56 S.) 40 Pf.
- „ 5. Die Grundrechnungsarten mit gemeinen Brüchen. Resolvieren und Reduzieren der Brüche. Die Grundrechnungsarten mit Decimal-Brüchen. Einfache Regel de tri ohne und mit Brüchen. (72 S.) 40 Pf.
- Heft 6. Zusammengesetzte Regel de tri. Zinsrechnung. Prozentrechnung. Gesellschaftsrechnung. Mischungsrechnung. Ausziehen der Quadrat- und der Kubikwurzel. Anhang: Leichte Aufgaben aus den Raumrechnungen. (73 S.) 40 Pf.

—— dass. — Auflösungen. 6 Hefte. 8. Breslau 879, Morgenstern. [1. Heft. (10 S.) 20 Pf.; 2. Heft. (16 S.) 25 Pf.; 3.—6. Heft. (40; 44; 52; 48 S.) à 50 Pf.] 2 45

— Ubungsbuch für mündliches u. schriftliches Rechnen. Im Auftrage der städt. Schuldeputation nach dem Lehrplan für die städt. Elementarschulen in Breslau bearb. Aufgaben. 6 Hfte. Neue Ster.-Aufl. 8. Ebend. 882. n. 2. 10

1. 30. Tausend. (24 S.) n. — 20. — 2. 28. Tausend. (32 S.) n. — 30. — 3. 25. Tausend. (54 S.) n. — 40. — 4. 22. Tausend. (56 S.) n. — 40. — 5. 19. Tausend. (72 S.) n. — 40. — 6. 17. Tausend. (72 S.) n. — 40

—— Uebungsbuch für mündliches und schriftliches Rechnen. Im Auftrage der städt. Schuldeputation nach dem Lehrplan für die städt. Elementarschulen in Breslau bearb. Aufgaben. Neue vollständig umgearb. Aufl. 6 Hefte. 8. Ebendas. 885. * 1 40

Inhalt:

- Heft 1. Das Rechnen im Zahlenraum von 1—10, von 1—20 und Zuzählen und Abziehen der Grundzahlen im Zahlenraum von 1—100. (24 S.) * 15 Pf.
- „ 2. Die vier Grundrechnungsarten im Zahlenraum von 1—100. Zusammenzählen und Subtrahieren mehrstelliger Zahlen. (32 S.) * 15 Pf.
- „ 3. Die vier Grundrechnungsarten im unbegrenzten Zahlenraum. Anhang: Aufgaben in leichter Form aus Resolvieren, Reduzieren, Addieren und Subtrahieren mit mehrfach benannten Zahlen. Vorbereitendes für Bruchrechnen. (48 S.) * 25 Pf.
- „ 4. Die vier Grundrechnungsarten mit mehrfach benannten Zahlen. Regel de tri. Zeitrechnung. Anhang: Aufgaben mit Brüchen in leichter Form. (56 S.) * 25 Pf.
- „ 5. Die Grundrechnungsarten mit gemeinen Brüchen. Resolvieren und Reduzieren der Brüche. Die Grundrechnungsarten mit Decimal-Brüchen. Einfache Regel de tri ohne und mit Brüchen. (60 S.) * 30 Pf.
- „ 6. Zusammengesetzte Regel de tri. Zinsrechnung. Prozentrechnung. Gesellschaftsrechnung. Mischungsrechnung. Ausziehen der Quadrat- und der Kubikwurzel. Anhang: Leichte Aufgaben aus den Raumrechnungen. (60 S.) * 30 Pf.

—— Uebungsbuch für mündliches und schriftliches Rechnen. Im Auftrage der städtischen Schuldeputation nach dem Lehrplan für die städtischen Elementarschulen in Breslau bearb. Neue, nach der vorgeschriebenen Orthographie berichtigte Ster.-Aufl. 6 Hefte. 8. Ebendas. 885—88. *

Inhalt:

- Heft 1. Das Rechnen im Zahlenraum von 1—10, von 1—20 und Zuzählen und Abziehen der Grundzahlen im Zahlenraum von 1—100. 44.—48. Tausend. (24 S.) * 15 Pf.
- „ 2. Die vier Grundrechnungsarten im Zahlenraum von 1—100. Zusammenzählen und Subtrahieren mehrstelliger Zahlen. 39.—45. Tausend. (32 S.) * 15 Pf.
- „ 3. Die vier Grundrechnungsarten im unbegrenzten Zahlenraum. Anhang: Aufgaben in leichter Form aus Resolvieren, Reduzieren, Addieren und Subtrahieren mit mehrfach benannten Zahlen. Vorbereitendes für Bruchrechnen. 36.—42. Tausend. (48 S.) * 25 Pf.
- „ 4. Die vier Grundrechnungsarten mit mehrfach benannten Zahlen. Regel de tri. Zeitrechnung. Anhang: Aufgaben mit Brüchen in leichter Form. 31.—35. Tausend. (56 S.) * 25 Pf.
- „ 5. Die Grundrechnungsarten mit gemeinen Brüchen. Resolvieren und Reduzieren der Brüche. Die Grundrechnungsarten mit Decimal-Brüchen. Einfache Regel de tri ohne und mit Brüchen. 26.—29. Tausend. (60 S.) * 30 Pf.
- „ 6. Zusammengesetzte Regel de tri. Zinsrechnung. Prozentrechnung. Gesellschaftsrechnung. Mischungsrechnung. Ausziehen der Quadrat- und der Kubikwurzel. Anhang: Leichte Aufgaben aus den Raumrechnungen. 22.—25. Tausend. (60 S.) * 30 Pf.

—— dass. — Auflösungen dazu. 6 Hefte. 8. Ebendas. 885—88. [1. Heft. (10 S.) * 20 Pf.; 2. Heft. (16 S.) * 25 Pf.; 3. Heft. (40 S.) * 50 Pf.; 4. Heft. (44 S.) * 50 Pf.; 5. Heft. (52 S.) * 50 Pf.; 6. Heft. (48 S.) * 50 Pf.] *

Neue Bearbeitung, s. Räther, H., und P. Wohl.

Pflüger's Übungsbuch f. mündliches u. schriftliches Rechnen in 6 Hftn. Neue Bearbeitg. v. H. Näther u. P. Wohl. 2. Aufl. gr. 8. Breslau 886. Morgenstern Berl. n. 1. 40
1. 2. (24 u. 32 S.) à n. — 15. — 3. 4. (48 u. 56 S.) à n. — 25. — 5. 6. (64 u. 72 S.) à n. — 30

Pflüger, Rudolf, a. Bernau b. Berlin: Die Lederhandschuhindustrie Deutschlands, ihre Entwicklung und ihre Lage. Weimar 1908: R. Wagner Sohn. (VIII, 96 S.) 8°
Heidelberg, Phil. Fak., Ref. Gothein, Diss. v. 21. April 1908
[Geb. 26. Sept. 86 Bernau; Wohnort: Bernau; Staatsangeh.: Preußen; Vorbildung: Gymn. Berlin Reife O. 05; Studium: Marburg 3, Tübingen 1, Heidelberg 2 S.; Rig. 29. Febr. 08.]

Pflüger'sche, über das, Lesebuch, f. Rolfus, Herm. — Ueber den Werth der Kritik des Pfr. Rolfus.

Pflugfelder, Atta, Menschen od. des Sängers Tod. Drama in 4 Akten. (79 S.) 8. Leipzig 906. Modernes Verlagsbureau. 2. —

Menschen oder Des Sängers Tod. Drama in 4 Akten von Atta Pflugfelder. Berlin-Leipzig: C. Wigand 1906. (79 S.) 8° [F.]

Pflugfelder, Herm. Buchführung. Leitfaden e. neuen Buchführungs-Systems. gr. 4. (15 S.) Essen 889, [Silbermann's Sort.]. Günther u. Schwan. 1 20

Pflugfelder, J. G. Die Zeichnung der Proportion des menschlichen Körpers. Zeichenbuch, bestehend aus einer kurzen Anleitung, den menschlichen Körper nach bestimmten Regeln zu zeichnen In deutscher und französischer Sprache, wozu sechs Kupfertafeln gehören. Hannover 1805. Fol.

Pflughaupt, Alvin, Analysen der Salzsoolen von Lüneburg und Göttingen. Inaugural-Dissertation. gr. 8. (43 S.) Göttingen 863, (Vandenhoeck und Ruprecht.) *

Pflughöft, Ludwig, approb. Arzt: Experimentelle Untersuchungen über die Pathogenese der Cholaemie. *Göttingen 1904: Dieterich.* (43 S.) 8°
Göttingen, Med. Diss. v. [22. März] 1904

Pflughöft, Ludw., experimentelle Untersuchungen über Pathogenese der Cholaemie. Diss. (43 S.) 8. Göttingen 904. (Vandenhoeck & Ruprecht.) n. 1. —

Pflugk, Margarethe v. Ein romant. Geschichtsbild aus der Zeit der Reformation. Wahrheit u. Dichtung von William. 8. (40 S.) Leipzig 882. Ulrich. n. — 50

Pflugk, A. v., stereoskopische Bilder. 24 (z. Tl. farb.) Tafeln zum Gebrauch f. Schielende. schmal 8. (4 S. m. 1 Massstab.) Wiesbaden 897. J. F. Bergmann. In Umschlag n. 2. —

Pflugk, A. v., stereoskopische Bilder. 24 Taf. zum Gebrauch f. Schielende. 2. Aufl. (11 S. Text m. 1 Fig.) 10×19 cm. Wiesbaden 907. J. F. Bergmann. In Umschlag 2. 80

Pflugk, A. G., der Scarificator, ein vorzügl. Instrument z. Zucker-Runkelrüben-Bau, od. einige Erfahrungen im Ackerbauwesen. gr. 8. (2 B. u. 3 Taf.) Dresden u. Leipzig 836, Arnoldische Buchh.

(——) Unterhaltungen f. d. Bauer, s. Unterhaltungen.

Über die Akkommodation des Auges der Taube nebst Bemerkungen über die Akkommodation des Affen (Macacus cynomolgus) und des Menschen. Abhandlung z. Erlangung d. Lehrberechtigung an d. kgl. sächs. tierärztl. Hochschule zu Dresden vorgelegt von Dr. med. Albert v. Pflugk. Mit 19 Abb. u. 3 Taf. Wiesbaden: J. F. Bergmann 1906. (46 S.) 8°

Pflugk, August Julius Edmund

– s. Bibliotheca graeca.

– s. Euripides: Tragoediae.

Pflugk, A. J. E. Rerum Euboicarum specim. 38 S. . . . . . .
Danzig, Progr. 1829

Pflugk, Jul. Schedae criticae. (Hauptf. üb. Dio Chrysost. 7te Rede.) 38 S. Dionys. Halic. v. Plato.
Danzig, Progr. 1835

Pflugk, Jul., Schedae criticae. 4maj. (5 B.) Gedani 835, [libr. Gerhard.] •

Pflugk, Aug. Jul. Edm., de Theopompi Chii vita et scriptis disseruit. 8maj. Berl. 827. Mylius. 8 gr

Pflugk, Carl Ad. Gottlob, s. Pflugk, Karl Ad. Gottlob

Pflugk, G.: Schedae criticae,
s. Pflugk, August Julius Edmund

— Georg Carl (Meißner Adel), Colleg. jur. feud. disput. II. sistens theses de definitione et divisione feudi. Präs. Jakob Friedr. Ludwig. [Halle] (Chr. A. Zeitler) 15. IV. 1701. 16 S. (4.25) 26371

— — Colleg. jur. feud. disput. VI. sistens theses de effectibus ex dominio directo profluentibus. Präs. Jakob Friedr. Ludwig. [Halle] (Chr. A. Zeitler) 20. VIII. 1701. 16 S. (4.25) 26372

Pflugk, Gust., die Übertreibung im sprachl. Ausdruck, s. a. Magazin, pädagogisches.

Die Übertreibung im sprachlichen Ausdruck. Von Gustav Pflugk. *Langensalza: H. Beyer & Söhne 1902.* (21 S.) 8°
= Magazin, Pädagogisches. H. 175.

Pflugk, Hans von, appr. Arzt a. Würzburg: Über primäre Lungengeschwülste. München 1904: C. Wolf & Sohn. (68 S.) 8°
München, Med. Fak., Ref. v. Bollinger, Diss. v. 28. Sept. 1904
[Geb. 15. Apr. 79 Würzburg; Wohnort: München; Staatsangeh.: Bayern; Vorbildung: Luitpoldgymn. München Reife M. 98; Studium: Würzburg 4, Leipzig 2, München 4 S.; Coll 14. Juli 04; Approb. 14. Mai 04.]

— Johann Christian (Goellnitz/Altenburg), De infelici apotheoseos vivorum exitu. Diss. Präs. Johann Ludwig Rudorf. Leipzig (J. G. I. Breitkopf) 22. III. 1747. 32 S. (4.50) 26373
Gew.: Christian Gottlieb von Holzendorf, Johann Gottfr. Hermann.

— Johann Jakob (Goelnitz/Altenburg), Diss. phil. quae agit de prima theoriae parte, cui principis futuri institutio est superstruenda, scilicet de jure naturae principum. Präs. Christian Friedrich Polz. Jena (Schill) o. J. 32 S. (4.50) 26374

Pflugk, Julius, s. Pflugk, August Julius Edmund

Pflugk, Karl Ad. Gottlob

Pflugk, Carl Ad. Gottlob (Sächsischer Adel), De edicto D. Hadriani tollendo. Exercit jur. civil. ad L. Ult. C. Präs. Gottfried Mascov. Harderwijk (J. Rampen) 10. X. 1733. 44 S. (5.—) 26370
Gew.: Heinrich von Brühl. — Widm. v.: Gottfried Mascov.

Pflugk-Harttung, Jul. v., Abukir, s. a. Schulze's Zehnpfennigbücher.

Abukir. Von Prof. Julius v. Pflugk-Harttung [vielm. Pflugk-Harttung]. (Berlin: F. Schulze [1904].) (16 S.) 8° [Umschlagt. Text stenogr.]
— Zehnpfennigbücher, Schulzes. No 35.

Pflugk-Harttung, Jul. v., s.: Acta pontificum romanorum inedita.

Pflugk-Harttung, Jul. v., die **Anfänge** des Johanniter-Ordens in Deutschland besonders in der Mark Brandenburg u. in Mecklenburg. Lex.-8. (VIII, 178 S. m. 1 Taf.) Berlin 899. J. M. Spaeth. n. 5. —; geb. n. 6.—

Pflugk-Harttung, Jul. v., über die Ausrüstung der norddeutschen Heere 1815, s.a. Militär-Wochenblatt 1910. 11. Beiheft.

Pflugk-Harttung, J. v. Über die Ausrüstung der norddeutschen Heere 1815. (Berlin 1910.) 8°. (Aus: Bh. z. M. W. B.)

— — Die Bayern im großen Kriege, nebst Erwiderung hierauf von F. Koch-Breuberg. Berlin 1897. 10 S. München 1897. 12 S. (Aus „Die Zukunft" u. „Die Wahrheit".)

Pflugk-Harttung, Jul. v., H. Bresslau und Papsturkunden. gr. 8. (21 S.) Stuttgart 888, Kohlhammer. *

— die Bullen der Päpste bis zum Ende des 12. Jahrh. gr. 8. (XII, 427 S.) Gotha 901. F. A. Perthes. n. 14.—

— s.a. Erwachen, das, der Völker.

Pflugk-Harttung, Julius v. Das Erwachen der Völker Aus dem Zeitalter der Befreiungskriege. Berlin. J. M. Spaeth (1901). XIV + 499 S. m. ca. 500 Abb. 4°

(Pflugk-Harttung, J. v.) Über den Feldzug des Germanicus 16 n. Chr. Tübingen 1885. 8°. (Aus: Rhein. Museum f. Philol.)

Pflugk-Harttung, J v., Ueb. d. Feldzug d. Germanicus i. J. 16. S.-A. 12 S. 1886. —.75

Pflugk-Harttung, Jul. v. Mein Fortgang von Basel. 8. (III 77 S.) Stuttg. 889, Kohlhammer. * — 80

— s.: Gedenkhalle, deutsche.

Die Geschichte unserer Freiheitskriege. Hrsg. von Prof. Dr. Julius v. **Pflugk-Harttung**, Archivrat. Unter Mitw. von Hans Dechend, Major a. D. Mit 215 Ill. erster Künstler. Holzschn. aus d. Kunstanst. von R. Brend'amour & Co., Düsseldorf. 1.–5. Taus. Berlin: Patria-Verl. [1906]. (251 S.) 4°(8°) [F.] [07.17770

Pflugk-Harttung, Jul. v., Geschichte d. Mittelalters, s.: Weltgeschichte, allgemeine.

— Geschichtsbetrachtungen. Lex.-8. (IV, 47 S.) Gotha 890. F. A. Perthes. n. 1. 20

Pflugk-Harttung, J. v., s.: Heere u. Flotten, die, der Gegenwart.

— s. Im Morgenrot der Reformation.

— der Johanniter- u. der deutsche Orden im Kampfe Ludwigs des Bayern m. der Kurie. gr. 8. (XIII, 261 S.) Leipzig 900. Duncker & Humblot. n. 6.—

Pflugk-Harttung, Jul. v., Iter italicum, unternommen mit Unterstützung der königl. Akademie der Wissenschaften zu Berlin. 2 Abthlgn. gr. 8. Stuttgart, Kohlhammer. [1. Abthl. (S. 1—342.) 883. ℳ 9.; 2. Abthl. (XIV, S. 343—908.) 884.] ℳ 16.] * 25 —

— Kraft u. Leben dem Vaterlande. Unter Mitwirkg. v. Hans Dechend. Mit 215 Illustr. erster Künstler. (IV, 251 S.) Lex.-8. Berlin (906). Patria-Verlag. Geb. in Leinw. n. 4.—

Kraft und Leben dem Vaterlande. Hrsg. von Prof. Dr. Julius v. **Pflugk-Harttung**. Unter Mitw von Hans Dechend. Mit 215 Ill. 2. Taus. Berlin: Patria (1906). 251 S. 4° (8°)

Krieg und Sieg 1870–71 Hrsg von Dr J[ulius] v Pflug Harttung, Kgl. Archivar, unter Mitw von mit Abb. von. [1 2.] Bd 1 [Mehr nicht erschienen.] Berlin Schall & Grund (1895–96.) 2 Bde 4°(8°) [F.] [1.] Ein Gedenkbuch. (1895) [2.] Bd 1 Kulturgeschichte. (1896) [c8 1640

— Krieg u. Sieg 1870—71. Hrsg. unt. Mitwirkg. v. W. Bigge, A. v. Boguslawski, G. Cardinal v. Widdern ꝛc., m. Abb. v. G. Bleibtreu, G. v. Boddien, C. Bracht ꝛc. gr. 4. (XI, 690 S.) Berlin 895. A. Schall. Geb. in Leinw. n. 6. —

— dasselbe. (2. Thl.) Kulturgeschichte, unt. Mitwirkg. v. Joh. Aßmann, G. Cardinal v. Widdern, P. v. Elpons ꝛc., m. Abb. v. C. Antoine, T. Becker, Fritz Birkmeyer ꝛc. gr. 4. (XIII, 540 S.) Ebd. 896. Geb. in Leinw. n. 6. —

— Kunstgewerbe der Renaissance. 1. Bd. gr. 8. Stuttgart 909. F. Lehmann. In Leinw.-Mappe 10. —
1. Rahmen deutscher Buchtitel im 16. Jahrh. (102 Taf. m. 32 S. Text.)

— das württembergische Ministerium Linden, s.a. Taschenbuch, historisches.

Pflugk-Harttung, Julius von. Das würtembergische Ministerium Linden. Von Professor Dr J' von Pf-H' in Basel. [A.] 8. (Leipzig 1888.)

— das Mittelalter, s.: Weltgeschichte, allgemeine.

Im **Morgenrot** der Reformation. In Verbind. mit hrsg von Julius v. Pflugk-Harttung Mit zahlr Textill. u. vielen Taf (In 22 Lfgen.) Hersfeld Zulauf, (Stuttgart F Lehmann) 19(09-)12. XII, 720 S. 4° A 12. 7604

— s.: Napoleon I.

— Die Papstwahlen u. das Kaisertum (1046—1328). (VII, 141 S.) 8. Gotha 908. F. A. Perthes. 2. 40
Sonderabdr aus: „Ztschr. f. Kirchengesch."

— Perikles als Feldherr. gr. 8. (IX, 143 S.) Stuttgart 884. Kohlhammer. n. 2. 60

Rahmen deutscher Buchtitel im 16. Jahrhundert. Hrsg. von Prof. Dr J[ulius] v **Pflugk**-Harttung. Stuttgart: Lehmann 1909. 32 S., 103 Bl. 8°
(Pflugk-Harttung Kunstgewerbe d. Renaissance. Bd 1) [10. 5500

— s.a. Revolution u. Kaiserreich.

Pflugk-Harttung, Julius v. Revolution und Kaiserreich. Aus dem Zeitalter der Gewaltherrschaft des I. Napoleon Berlin, Patria Verlag (1900). VIII + 558 S. m. zahlr Abb., 1 Taf., 2 Karten. 4°

— Theodor v. Sickel und die Monumenta Germaniae diplomata. gr. 8. (66 S.) Stuttgart 885, Kohlhammer. *

Pflugk-Harttung, J. v., s.a. Specimina selecta chartarum Pontificum Romanorum.

— specimina selecta chartarum pontificum romanorum. Pars I. Imp.-Fol. (55 autogr. Taf.) Ebend. 885. In Leinw.-Mappe. n. 50. —

— Splitter u. Späne aus Geschichte u. Gegenwart. 1. u. 2. Aufl. (VII, 328 S. m. 10 Taf.) 8. Berlin 908. Allgem. Verein f. deutsche Literatur. 5.—; geb. 6. 50

— dasselbe. Neue Folge. Mit 8 Vollbildern u. 1 Kunstbeilage in Heliogr. 2. Aufl. (III, 306 S.) 8. Ebd. 909. 5,50; geb. 7. —

Harttung [*später* von **Pflugk-Harttung**], Julius (geb. am 8 Nov. 1848 auf Warnikow bei Wittstock Brandenb.): Studien zur Geschichte Konrad's II ... Bonn, Buchdr. v. P. Neusser (1876). 2 Bl. 8. ¶ Nur Titelbl., Vita u. Thesen.
Bonn, Phil. Fak., Thes. v. 31 März 1876

Harttung [*später* **von Pflugk-Harttung**], Julius (geb. am 8 Nov. 1848 auf Warnikow bei Wittstock Brandenb.): Studien zur Geschichte Konrad's II ... Bonn, Buchdr. v. P. Neusser (1876). 3 Bl., 41 S., 1 Bl. 8.
Bonn, Phil. Fak., Diss. v. 31 März 1876

— Trafalgar, s.a. Schulze's Zehnpfennigbücher.

Trafalgar. Von Prof Julius v. Pflug-Hartung [vielm. **Pflugk-Harttung**]. (Berlin: F. Schulze [1904].) (10 S.) 8° [Umschlagt. Text stenogr.]
= **Zehnpfennigbücher,** Schulzes. No 36. [05. 7395]

Pflugk-Harttung, Jul. v. Untersuchungen zur Geschichte Kaiser Konrads II. 8. (VIII, 144 S.) Stuttg. 890, Kohlhammer. * 2 —

— die Urkunden der päpstlichen Kanzlei vom X. bis XIII. Jahrh. [Aus: „Archival. Ztschr."] Lex.-8. (VIII, 76 S.) München 882. Th. Ackermann. n. 3. —

— Völkerwanderung u. Frankenreich, s.: Weltgeschichte.

— Vorgeschichte der Schlacht bei Belle-Alliance. Wellington. (XV, 378 S. m. 1 Bildnis.) gr. 8. Berlin 903. R. Schröder. (Cöpenick, R. Schön.) n. 9. —

—— s. Weltgeschichte, allgemeine.

Pflügl, Major im Genie-Corps. Den Dienst des k. k. Ingenieurs-Corps betreffende Verordnungen. Bis Ende 1832 zusammengestellt zu Comorn. (Manuscript.) Fol. (1833.)

v. Pflügl, Albert, Eröffnungsrede bei der ersten am 4. Oktober zu Linz gehaltenen General-Versammlung des Katholiken-Vereines f. Glaube, Freiheit u. Gesittung. 8. (14 S.) Linz 849, Ebenhöch. 1 1/2 ngr.

Pflügl, Caroline, s. Pflügl, Karoline

Das lateinische Sprichwort bei Plautus und Terenz. -- Von Franz Xaver Pflügl, Stdl. -- 1880, Straubing, ibid. -- S. 3—44°.
Progr. Straubing, K. Gymn.

Studia Sophoclea. — Scrips. Franc. Xav. Pflügl. 1887, Straubingae, ibidem. — Pag. 3—30.
Progr. Straubing, K. Gymn.

Pflügl, Karoline

Nachtviolen. Gedichte von Caroline **Pflügl**. München: Selbstverl. 1808. 40 S. 8° [A 12 13-01]

Dissertatio inauguralis medica, de medulla spinali... submittit Mauritius Maria nobilis de Pflügl. Vindobonae 1826: A. Strauss. 29 S.

Pflügl, Rich. v., Lieder eines Unmodernen. 1.—3. Aufl. schmal 8. (à 121 S.) Wien (902). J. J. Plaschka. 2.—

Pflügl, Rich. v., Lieder eines Unmodernen. 4. u. 5. Aufl. (Je 121 S.) schmal 8. Wien (903). J. J. Plaschka. 2.—

Pflugmacher, Ernst. Ist der tierärztliche Sachverständige in der Lage, aus dem Inhalt des Magens und des Darmes der Schlachttiere festzustellen, ob dieselben nüchtern abgeliefert wurden? Aus dem hygienischen Institut der Königlichen Tierärztlichen Hochschule Hannover.... Diss. Vet.-Med. Bern. IV + 35 S. 8. Hannover, M. & H. Schaper, 1910.

Pflugmacher, Ernestus: Locorum communium specimen. Gryphiae 1909: Adler. 46 S. 8°
Greifswald, Phil. Diss. v. 14. Okt. 1909, Ref. Gercke
[Geb. 12. Sept. 83 Soldin; Wohnort: Greifswald; Staatsangeh.: Preußen; Vorbildung: Gymn. Frankfurt a. O. Reife M. 03; Studium: München 2, Berlin 2, Greifswald 5 S.; Rig. 3. Aug. 09.] [U 10. 1631

Pflugmacher, Ern. (Gust.) (geb. Marienburg in Westpr. 13. 2. 1841)
De typhitide. Adjecta observatione. Berolini (1864). (32 S.) 8°
Berlin, Med. Diss. v. 6. Juni 1864

Pflugradt, Geschichte d. Pommerschen Jäger-Bataillons Nr. 2, von seiner Errichtung im J. 1821 bis zum J. 1881. Mit 4 (autogr.) Blatt Skizzen. gr. 8. (V, 68 S.) Berlin 881. Mittler & Sohn. n. 1. 50

— Instruktion f. Einjährig-Freiwillige der Infanterie u. Jäger. Leitfaden f. die m. der Ausbildg. Einjährig-Freiwilliger beauftragten Offiziere u. Handbuch zum Selbstunterricht f. Reserve-Offizier-Aspiranten u. Offiziere d. Beurlaubtenstandes. Mit Abbildgn. im Text. gr. 8. (XII, 190 S. m. 1 lith. Croquis.) Berlin 881. Mittler & Sohn. n. 2. 50

Pflugradt, Daniel Christian (Doblena Curono), Inscriptionum Heracleoticarum quae Graece exaratae sunt brevis discriptio. Jena (Heller) o. J. **(4.50)** Gew.: **David Pflugradt (Vater).** 26375

Pflugradt, Richard, Assistenzarzt an der Kgl. Chir. Univ.-Klinik zu Halle a. S., a. Greifswald: Über Concrementbildung im Oesophagus. Halle a. S. 1905: C. A. Kaemmerer. (40 S.) 8°
Halle, Med. Fak., Ref. v. Bramann, Diss. v. 5. Dez. 1905
[Geb. 7. April 79 Greifswald; Wohnort: Halle a. S.; Staatsangeh.: Preußen; Vorbildung: Gymn. Königsberg i. Pr. Reife O. 99; Studium: Königsberg 3, Jena 2, Breslau 2, Halle 2 S.; Coll. 21. Nov. 05; Approb. 18. April 04.]

Pflulcke, Johann Christoph, Viro Johanni Godofredo **Hermanno annum septuagesimum nonum feliciter initum gratulatur et simul De** עמסי **Ezechiel III. V. 17 pauca disserit. Leipzig (Klaubarth) 12. X. 1785. 8 S. (3.75)** 26376

Pflümer, George, die Münzen d. Stadt Hameln. In 8 (Lichtdr.-) Taf. zusammengestellt. Fol. (IV, 20 S.) Hameln 897. (A. Brecht.) Kart. n.n. 16.

[F.] Die Münzen der Stadt Hameln. In 8 Taf. zsgest. v. George **Pflümer**, Hameln. *(Hannover: Lichtdr. v. G. Alpers jun. [1897].)* (1 Bildert., 2 Bl., 20 S., 8 Taf.) 1 Bd 2. [97. 117

v. Pflummern, Aloys, Chronik d. Herren v. Pflummern, v. Peregrino. Mit 15 genealog. Tabellen, Kpf. u. Registern. Fol. Biberach 795.

Pflummern, L. Baron, Postkarte von Deutschland und den angrenzenden Ländern. Nürnberg, Schneider & Weigel, 1812—16. Roy.-Fol.

Pfnister, Paul: Über Chinazoline aus Thioharnstoffen. 1905. 54 S. 8°
Dresden, Dr.-Ing.-Diss. v. 24. 11. 1905

F.. C.. **Pfnor's** Forschungen d. Vernunft. 1r od. theoret. Th. (Auch unt. d. T.: Allgem. Begriffslehre des Immanenten u. d. Erscheinungen; m. 7 Steintaf.) *Mannh.*, Schwan u. Götz. Hofb. 832. gr8° 1 ₰ 14 gl

Pfnor, Karl Friedrich Christian

Pfnor, Carl Friedr. Chrn., Grundzüge und Materialien zur Philosophie der Zukunft für denkende Leser. Eine metaphys. Analysis mit praktischen Anwendungen. Frankfurt a. M. 858. Meidinger. 8. (344 S.) 1 ₰. 15 ngr.

Pfnor, Carl Frdr. Chrn., Grundzüge und Materialien zur analytischen Philosophie für denkende Leser. Eine metaphysische Analysis mit praktischen Anwendungen. 2. rev. u. verm. Aufl. Frankfurt a. M. 859. Meidinger & Co. gr. 8. (XXVI, 484 S.) 1 ₰ 15 ngr.

— der Krieg, seine Mittel und Wege, sowie sein Verhältniß zum Frieden, in den Erlebnissen eines Veteranen, gleichwie in ihren Prinzipien betrachtet. [Die Kehrseite der Schrift: „das Leben, die Natur, u. die Wissenschaften." 2. Aufl.] Mit einem Anhang nebst Steintaf. (in 4.), die Construction eines Feldlagers enthaltend. Tübingen 861 Fues' Sortbhdlg. gr. 8. (XXI, 361 S.) n. 1 ℛ 21 ngr.

— das Leben, die Natur, und ihre Wissenschaften, vom objectiv philosophischen Standpunkte betrachtet. Eine Rückkehr der Metaphysik zum Leben u. zur Natur in ihren Erscheinungen. 861. (VIII, 436 S.) — 2. weiter ausgeführte u. revid. Aufl. Carlsruhe 863. Groos. gr. 8. (587 S.) 1 ℛ 20 ngr.

Pfnor, Ludw., Lucifer vor dem Luthermonumente in Worms. Zeitgemäße Betrachtungen u. Anmerkungen zu der ultramontanen Schmähschrift: „Das Lutherdenkmal im Lichte der Wahrheit." Wiesbaden 869. Limbarth. gr. 8. (142 S.) n. 15 ngr.

Pfnor, Ludw., die Union im Großherzogthum Hessen. Ein Beitrag zur Beantwortung der Fragen: „Union oder Conföderation, evangelische Freiheit oder bindendere Verpflichtung auf die alten Bekenntnißschriften der Kirche?" Darmstadt 860. Diehl. 8. (IV, 152 S.) n. 10 ngr.

Pfnor, Rud., Châteaux de la renaissance. (Vol. 2.) Monographie du palais de Fontainebleau. Accompagnée d'un texte historique et descriptif par Champollion-Figeak. (En 75 livrs.) Livr. 1 — 65. gr. Fol. (à Lfg. 2 — 3 Kpfrt.) Leipzig 860—62, A. Dürr. à Livr. * 1 Thlr. 10 Ngr. *

Pfnor, W., neue Construction eines Stuben-Ofens, zum Zwecke einer vollkommneren Benutzung d. Wärme, Nach Grundsätzen d. Wärmelehre, mit Berücksichtigung der neueren Erfahrungen entworfen u. durch Abbildd. (auf 6 Bogen) erläutert. Fol. Darmstadt 838. Heyer's Hofbuchh., Jonghaus. 1 1/3 ℛ

Pfnor, W., Polytypen der Holzschnitte. 1. u. 2. Lfg. Nr. 1 — 20. gr. Fol. Darmstadt 832, 34, [Heyer'sche Vrlsbuchhandlung.] à L.

— Polytypen der Holzschnitte. 3e Lfrg. (5 Blätt.) gr. 4. Darmstadt 833. Heyer. n. 1/3 ℛ

Pfob, Rudolph, Forstrath der Landesregierung für Bosnien und die Hercegowina . . . Wien 1895. V: *Weinelt, Jos. Emanuel.* (EB)

Pfob A. Über Nitrosoprodukte der Monoäther des Brenzkatechins. 8 106. Hb. 98 vgr. Separatabdruck

Pfob Karl: Die Personsbeschreibung in der altnordischen Sagaliteratur.
1906 PN 2194 Diss. Wien, Univ. 206

PFOB, Otto: Böhmen unter Przemysl Otokar I. und das deutsche Königtum in den Jahren 1198—1212. — 1902. II, 65 Bl. Diss. Graz, Univ.

Pfohl, Ernst

Pfohl E., Correspondance commerciale. Leitfaden der französischen Handelskorrespondenz zum Gebrauche an zweiklassigen Handelsschulen. Wien 1905. A. Pichler's Witwe und Sohn Kart K 2.20.

Pfohl, Ernst, Correspondance commerciale. Leitfaden der französ. Handelskorrespondenz zum Gebrauche an zweiklass. Handelsschulen. (Neue [Titel-]Ausg.) (173 S.) gr. 8. Wien [904.] 905. A. Pichler's Wwe. & Sohn. n. 1. 85

— Wiederholungs- u. Uebungsbuch der französ. Konversation zum Gebrauche an höh. Handelsschulen (Handelsakademien) sowie f. den Privat- u. Selbstunterricht, bearb. nach der neuen französ. Orthographie u. der neuen deutschen Rechtschreibung. (III, 160 S.) gr. 8. Ebd. 903. n. 2. 20

— Wörterbuch (französisch-deutsch) zu den Hölzelschen Wandbildern. Uebungsstoff f. den fremdsprachl. Anschauungsunterricht. (Vocabulaire [français-allemand] aux tableaux d'Ed. Hoelzel) (VIII, 133 S. m. 12 Abbildgn.) Lex.-8. Wien (906). E. Hölzel. n. 3. 60

Pfohl, Ernst, Wörterbuch (französisch-deutsch) zu den Hölzelschen Wandbildern. Übungsstoff f. den fremdsprachl. Anschauungsunterricht. (Vocabulaire [français-allemand] aux tableaux d'Ed. Hoelzel.) 2. unveränd. Aufl. (VIII, 133 S. m. 12 Abb.) gr. 8. Wien (908). E. Hölzel. 2. 60

Pfohl, Ferd., west-östliche Fahrten an Bord der „Prinzessin Viktoria Luise". 8. (VIII, 296 S.) Leipzig 901. H. Seemann Nachf. n. 3.50; geb. n. 4. 50

Pfohl, Ferd. Bayreuther Fanfaren. gr. 8. (IV, 68 S. mit Abbildgn.) Lpz. 891, Reißner. * 1 —

— Fidelio von Ludwig v. Beethoven, s. a. Opernführer.

Fidelio. Oper in 2 Akten. Dichtung nach J. N Bouilly von J Sonnleithner, rev durch Fr Treitschke Mus. von Ludwig v Beethoven. Textlich u musikalisch erl. von Ferdinand Pfohl. *Leipzig H Seemann Nachf [1900]* (41 S.) 8° [F.]
= Opernführer No 1 [[illegible]]

—— Führer durch Rich. Wagner's deutsche Nationaloper: Die Meistersinger v. Nürnberg. Ein Essai. Mit vielen Notenbeispielen, e. Partiturzitate u. einem alten Meistersingerliede. 8. (VIII, 68 S.) Lpz. 892, Reinboth. * 1 —; cart. * 1 25

— Führer durch Rich. Wagners deutsche Nationaloper „Die Meistersinger v. Nürnberg". Ein Essay. Mit Notenbeispielen, e. Partiturcitate u. e. alten Meistersingerliede. 2. Aufl. 8. (68 S.) Leipzig 894. F. Reinboth. n. 1 —

Pfohl, Ferd., Führer durch Richard Wagners deutsche Nationaloper „Die Meistersinger v. Nürnberg". E. Essay. M. Notenbeispielen, e. Partiturcitate u. e. alten Meistersingerliede. 2 Aufl. 8. (68 S.) Leipzig 895 F. Reinboth. n. 1. —

— (Führer durch) Richard Wagners deutsche Nationaloper „Die Meistersinger v. Nürnberg". Ein Essay. 3. verb. Aufl. Mit Notenbeispielen, e. Partiturcitate u. e. alten Meistersingerliede. 8. (71 S.) Leipzig (899). F. Reinboth. n. 1. —

(8) Pfohl, Ferd., Führer durch Wagners Meistersinger, bezw. Tannhäuser. 899. 900. (KBL 32.) Jetzt: Leipzig, G. Esseger.

—— Führer durch Rich. Wagner's Tannhäuser u. der Sängerkrieg auf d. Wartburg. [Pariser Bearbeitg.] 1. Aufl. u. 2. (Titel-) Aufl. 8. (68 S.) Ebd. 891,92. [* — 75] * 1 —

— dasselbe. 2. u. 3. Aufl. 8. (68 S.) Ebd. 892. 894. n. 1. —

— Führer durch Richard Wagner's Oper: Tannhäuser u. d. Sängerkrieg auf d. Wartburg. (Pariser Bearbeitg.) Eine productive Kritik. 4. verb. u. verm. Aufl. 8. (93 S.) Ebd. (900). n. 1. —

— thematischer Führer zu: Manasse. Dramat. Gedicht in 3 Scenen v. J. V. Widmann. Für Solostimmen, Chor u. Orchester componirt v. Frdr. Hegar. 12. (48 S.) Leipzig 895. Gebr. Hug & Co. n. — 50

— Carl Grammann. Ein Künstlerleben. Mit Briefen, Bildern, Fksms. (321 S.) 8. Berlin 910, Schuster & Loeffler. 4.—; geb. 5. —

– Richard Wagner's fliegender H o l l ä n d e r, s.a. O p e r n f ü h r e r

Der fliegende Holländer. Romant. Oper in 3 Aufz. von Richard Wagner. Textl. u. musikal. erl. von Ferdinand Pfohl. *Leipzig: H. Seemann Nachf. [1901]* (55 S.) 8° [F.]
– Opernführer No 57 [03. 5471

— s.a. Höllenbreughel als Erzieher.

Höllenbreughel als Erzieher. Auch von einem Deutschen (d. i. Ferdinand Pfohl. 8 Aufl. Leipzig 1891. 8°

Hans Koessler. Symphonische Variationen für grosses Orchester. (Den Manen Joh. Brahms.) Erl. von Ferdinand Pfohl. *Leipzig: H. Seemann Nachf. [1901]* (14 S.) 8°
– Musikführer No 256. [02. 14943

— Lohengrin v. Richard Wagner, s.a. Opernführer.

Lohengrin. Romantische Oper von Richard Wagner. Textlich u. musikalisch erl. von Ferdinand Pfohl. *Leipzig: H. Seemann Nachf. [1901].* (60 S.) 8° [F.]
– Opernführer. No 30. [03. 0056

- Richard Wagner's Musikdramen, s.: Merian, Hans.

— d. Nibelungen in Bayreuth. Neue Bayreuther Fanfaren. M. e. Anh.: Bayreuther Fanfaren (1891). gr. 8. (VI, 68 S. m. Abb.) Dresden 897. C. Reißner. n. 1. 50

— Arthur Nikisch als Mensch u. Künstler. (Moderne Musiker.) gr. 8. (54 S. m. Abbildgn.) Leipzig 900. H. Seemann Nachf. n. 1. —

(G) -- Arthur Nikisch. 900. (KBL 32.) Jetzt: Berlin, Harmonie.

— die moderne Oper. 8. (VIII, 401 S. m. 1 Bildnis.) Leipzig 894. Dresden, C. Reissner. n. 5. —; geb. n. 6. —

- Richard Wagner's Opern, s.: Smolian, Arth.

– Richard Wagner's P a r s i f a l, s.a. O p e r n f ü h r e r

Parsifal. Ein Buhnenweihfestspiel von Richard Wagner. In Text u. Musik erl. von Ferdinand Pfohl. *Leipzig: H. Seemann Nachf. [1901].* (78 S.) 8° [F.]
– Opernführer No 69/70. [03. 5165

Pfohl, Ferd., quer durch Afrika. Wüsten- u. Urwald abenteuer e. Pianisten. gr. 8. (84 S.) Leipzig 891. Dresden, C. Reißner n. 1. —

Pfohl, Ferd., Richard Wagners Tristan u. Isolde, s.a. Opernführer. Nr. 71. 72.

Tristan und Isolde. Handlung in 3 Aufz. von Richard Wagner. In Text u. Musik erl. von Ferdinand Pfohl. Berlin & Leipzig. H. Seemann Nachf. [1904]. (109 S.) 8° [F.]
– Opernführer. No 71 72. [05. 4160

— Hans Koessler's symphonische Variationen f. grosses Orchester, s.: Musikführer, der.

— Richard Wagner. Sein Leben u. Schaffen. (VII, 398 S. m. 16 Taf. u. 4 Fksms.) gr. 8. Berlin 911. Ullstein & Co. Geb. in Leinw. 6. —

Pfohl, J. Ueber die O b e r f l ä c h e und das Volumen des durch Rotation der Cassinischen Curve um die Polaraxe entstandenen Körpers. 13 S. – Leitmeritz, OR., Progr. 1865.

Pfoehl, Burchard Gottlieb (Sandersleb./Anhalt), De culpa levissima in pignore a creditore praestanda. Diss. jur. Präs. Andreas Florent. Rivinus. Wittenberg (Schlomach) 25. V. 1751. 20 S. (4.25) 26377

Pföhl, Burchard Gottlieb (Weiden), Jubilis viri summe rever. domini Ludov. Gottlib Asteri, pastoris primarii longe meritissimi et dioeceseos Vidensis superint. de corona gloriae pauca disserens, hisce litteris gratulabundus accedit. Gera (Roth) (2. IX. 1781). (3.75) 26378

P f o e h l, Gust., Musterblätter in deutscher, französ., italien. u. engl. Sprache, u. deren eigenthüml. Schriftzügen; zur Erlernung e. pract.-schönen Handschrift, u. besond. zum Gebr. f. die sich d. Handelsstande widmende Jugend. Fol. (24 Bl. Kpfrst.) Wien 832, Tendler. Thlr.

Pföhner, Sigism. Ed., s. Hartzenbusch. — Quinet, E., der Ultramontanismus.

Pfolsprundt, Heinr. v., [Bruder des deutschen Ordens 1460] Buch der Bündth-Ertznei. Hersg. von H. H a e s e r u. A. M i d d e l d o r p f. Berlin 868. G. Reimer. gr. 8. (XLIV, 179 S.) n. 1 ℳ

Pfordten's, Frhrn. v. d., Wirken u. Wirkungen. Ein Beitrag zur Geschichte des J. 1866. Frauenfeld 867. Huber. gr. 8. (62 S.) 9 ngr.

Pfordten, Herm. Frhr. v. d., Beethoven, s.a. Wissenschaft u. Bildung.

Beethoven. Von Dr. Hermann Frh. v. d. Pfordten, Prof., München. Mit 1 Portr. Leipzig: Quelle & Meyer 1907 (VIII, 143 S.) 8° [F.]
– Wissenschaft u. Bildung. 17. [07. 14389

Pfordten, Herm. v. d., de dialecto Thessalica commentatio. Dissertatio philologica. gr. 8. (48 S.) München 879. Kaiser. n. 1. —

Pfordten, Herm. Frhr. v. der, musikalische Essays. gr. 8. (IX, 248 S.) München 897. C. H. Beck. n. 4. 50; geb. in Leinw. n. 5. 50

Pfordten, Herm. Frhr. v. der, zur Geschichte der griechischen Denominativa. gr. 8. (III, 158 S.) Leipzig 886. Hinrichs' Verl. n. 4. —

P f o r d t e n, Herm. v. der, zur Geschichte des griechischen Perfectums. gr. 8. (III, 64 S.) München 882, Kaiser. * 1 60

Pfordten, Herm. v. der, A plain handbook to the plot and text of Richard Wagner's Parsifal. From the German by F. Speed. (35 S.) kl. 8. Berlin (906). Trowitzsch & Sohn. n. — 50

— a plain h a n d b o o k to the plot and text of Rich. Wagner's Tristan and Isolde. Transl. from the German. 12. (50 S.) Ebd. 892. n. — 50

[Umschlagt.:] A plain handbook to the plot and text of Richard Wagner's Tristan and Isolde. From the German of Dr. Hermann v. der Pfordten by F. Speed. *Berlin: Trowitzsch & Sohn [1897?].* (50 S.) 1 Bd 8. [98. 3389

Pfordten, Herm. Frhr. v. der, a plain h a n d b o o k to Richard Wagner's Ring of the Nibelung. Prelude: The Rhinegold. From the German by F. S p e e d. 12. (34 S.) Berlin 892. Trowitzsch & Sohn. n. — 50

— dasselbe. First day: The Valkyre. From the German by F. S p e e d. 12. (S. 35—80.) Ebd. 892. n. — 50

— A plain handbook to Richard Wagner's Ring of the Nibelung. 2. and 3. day. From the German by F. Speed. 12. Ebd. à n. — 50
2. Siegfried. (S. 81—126.) 897.
3. The dusk of the gods. (S. 127—177.) 898.

[Umschlagt.] A plain handbook to Richard Wagner's Ring of the Nibelung. From the German of Dr. Hermann v der **Pfordten** by F. Speed. [P. I—IV.] *Berlin: Trowitzsch & Sohn [1897]* 4 Bde 8.
[I] Prelude The Rhinegold. (34 S.) [II.] First day The Valkyre. (35—80 S.) [III.] Second day Siegfried. (81—126 S.) [IV] Third day The Dusk of the Gods. (127—177 S.) [98. 3581

— Handlung u. Dichtung der Bühnenwerke Richard Wagners, nach ihren Grundlagen in Sage u. Geschichte dargestellt. 8. (VII, 394 S.) Ebd. 893. n. 5. —; geb. in Leinw. n. 6. —

— dasselbe. 3. u. 9. Hft. 12. Ebd. 897. à n. — 50
3. Tannhäuser. Lohengrin. 4. Aufl. (S. 63—92.)
9. Götterdämmerung. 3. Tag d. Trilogie: D. Ring d. Nibelungen. 5. Aufl. (S. 309—356.)

— Handlg. u. Dichtg. d. Bühnenwerke Richard Wagners nach ihren Grundlagen in Sage u. Geschichte dargest. (Neue Ausg.) 8. (VII, 394 S.) Berlin 899. Trowitzsch & Sohn. Geb. in Leinw. n. 6. —

Pfordten, Herm. v. der, Handlung u. Dichtg. der Bühnenwerke Richard Wagners nach ihren Grundlagen in Sage u. Geschichte. 7. u. 8. Hft. 12. Berlin 899. Trowitzsch & Sohn. à n. — 50
7. Die Walküre, 1. Tag der Trilogie: Der Ring des Nibelungen. 5. Aufl. (S. 225—264.)
8. Siegfried, 2. Tag der Trilogie: Der Ring des Nibelungen. 5. Aufl. (S. 265—308.)

Handlung und Dichtung der Bühnenwerke Richard Wagners nach ihren Grundlagen in Sage und Geschichte dargest. von Dr. Hermann F^rh. v. der **Pfordten**. Der Buchausg. 3. Aufl. *Berlin: Trowitzsch & Sohn 1903.* (VI, 394 S.) 8° [F.] [03. 11038

- Handlg. u. Dichtg. der Bühnenwerke Richard Wagners, nach ihren Grundlagen in Sage u. Geschichte dargestellt. Der Buchausg. 4. durchgeseh. Aufl. (VII, 356 S.) 8. Berlin 908. Trowitzsch & Sohn. Geb. in Leinw. 6. —

Pfordten, Herm. Frhr. v. d., Mozart, s. a. Wissenschaft u. Bildung.

Mozart von Dr Hermann F^rh. v d. **Pfordten**, Prof. Mit 1 Portr. von Doris Stock. Leipzig: Quelle & Meyer 1908. (VIII, 151 S.) 8° [F.]
— **Wissenschaft** u. Bildung. 41. [08. 13368

— Heinrich Vogl. Zur Erinnerg. u. zum Vermächtniss. 8. (27 S.) München 900. C. Haushalter. n. — 50

Pfordten, Ludw. von der: Abhandlungen aus dem Pandekten-Rechte. Erlangen 1840.

[Inhalt:]
1. Ueber die Berechnung der quarta Falcidia, wenn ein u. dieselbe Person mehrere Portionen derselben Erbschaft erhält.
2. Ueber Obligationen zwischen den durch väterl. Gewalt verbundenen Personen.
3. Ueber die Klagbarkeit der Verträge nach röm. u. heutig. Rechte.
4. Ueber die Aufstellung eines prakt. Systems der Verträge.

Pfordten, Ludw. von der, Abhandlungen aus d. Pandekten-Rechte. gr. 8. (21½ B.) Erlangen 840, Palm u. Enke.

Pfordten, L. v. d., De praelegatis. 1832. 111 S.

Pfordten, Lud. v. d., de Praelegatis. 8 maj. (7¼ B.) Erlangae 832, Heyder.

Pfordten, v. d., Staatsminister, Rede über die deutsche Frage, gehalten in d. 18. öffentl. Sitzung der Kammer der Abgeordneten, d. 8. Novbr. (1849). Gr. 8°. 23 S. Cart.
Beilage zu den „Neuesten Nachrichten" Nr. 315.

Pfordten, Ludwig von der. Reden und Proklamationen ... Gesammelt und zur Würdigung seiner Wirksamkeit als baierischer Minister herausgegeben. Leipzig 1851. H: *Bruckbräu, Friedrich Wilhelm.* (wen S. 294)

v. d. Pfordten, Ludw., Reden u. Proklamationen. Gesammelt u. zur Würdigung seiner Wirksamkeit als baier. Minister hrsg. Lex. 8. (53 S.) Leipzig 851, O. Wigand. n. ⅓ ℛ

Pfordten, Ludw. Frhr. v. der, Studien zu Kaiser Ludwigs oberbayerischem Stadt- u Landrechte. gr. 8. (VII, 372 S.) München 875. Kaiser. n. 8. —

Pfordten, D. Ludwig von, De obligationis civilis in naturalem transitu. Leipzig (W. Einhorn) 29. VI. 1843. 62 S. (3.25) 26379

Pfordten, Lud. de, de obligationis civilis in naturalem transitu. 8maj. (4 B.) Lipsiae 843, [Brandstetter.] *

Pfordten, Ludwig Karl Heinrich v. d.

Pfordten, Baron de, Rapport sur la succession dans le Schleswig-Holstein. Traduction. gr. 8. (VII und 88 S.) Frankfurt a. M. 864, Sauerländer's Verlag. *

(v. d. Pfordten.) — Votum des königl. bayerischen Bundestagsgesandten Frhrn. v. der Pfordten über die Erbfolge in Schleswig-Holstein. Braunschweig 864. Vieweg & Sohn, gr. 8. (V, 88 S.) n. 10 ngr

Pfordten, von der. Votum des königl. bayerischen Bundestagsgesandten Frhrn. v. d. Pfordten über die Erbfolge in Schleswig-Holstein. 2., mit einer Einleitung verm. Aufl. Braunschweig 865. Vieweg & Sohn. gr. 8. (XV, 88 S.) n. 4 ngr

Pfordten, Otto v. der, 1812. Schauspiel in 5 Aufzgn. gr. 8. (152 S.) Heidelberg 897. C. Winter. n. 2. —; geb. in Leinw. n. 3. —

Pfordten, Otto v. der, 1812. Historisches Drama in 5 Aufzügen. 2. Aufl. gr. 8. (152 S.) Heidelberg (900). C. Winter. n. 2. —; geb. in Leinw. n. 3. —

— des hochseligen Bischofs v. Mainz Wilhelm Emmanuel Frhrn. v. Ketteler Beispiel u. Belehrung f. die Andacht zum göttlichen Herzen Jesu. Aus des Bischofs Nachlaß zusammengestellt. 12. (XIV, 144 S.) Ebd. 899. Geb. in Leinw. n. 1. —

— Fürst Bismarck. Eine Gedenkrede zu s. Tode. 8. (31 S.) Ebd. 898. n.n. — 50

Pfordten, Otto v. der, das offene Fenster. Roman. 2. [Titel-]Aufl. (358 S.) 8. Heidelberg [904] 906. C. Winter, Verl. n. 4. —; geb. in Leinw. n. 5. —

— Friedrich der Große. Historisches Drama in 4 Aufzügen m. e. Nachspiel als Vorspiel. gr. 8. (IV, 137 S.) Ebd. 902. n. 2. —

Pfordten, Otto Freih. v. d., Konformismus. Eine Philosophie der normativen Werte. 1. Tl. Theoretische Grundlegg. (III, 156 S.) gr. 8. Heidelberg 910. Carl Winter. 4. —

— der **König** v. Rom. Dramat. Gedicht in 5 Aufzügen. gr. 8. (139 S.) Ebd. 900. n. 2.—

— **Michel-Angelo.** Histor. Genrebild in 1 Aufz. gr. 8. (81 S. m. Titelbild.) Ebd. 898. n. — 80

— **Mohammed.** Dramat. Gedicht in 5 Aufzgn. gr. 8. (IV, 111 S.) Ebd. 898. n. 2.—

— die **Osterlinge.** Historisches Drama in 5 Aufzügen. (VII, 138 S.) gr. 8. Ebd. 903. n. 2.—

— **Versuch** e. Theorie v. Urteil u. Begriff. (III, 73 S.) gr. 8. Ebd. 906. n. 2.—

— Vorfragen der Naturphilosophie. (III, 145 S.) gr. 8. Ebd. 907. 3.80

— **Werden** u. Wesen des historischen Dramas. gr. 8. (III, 207 S.) Ebd. 901. n. 3.60; geb. in Halbfrz. n. 5.60

Pfordten, Thdr. v. der, **Anleitung** f. die Beisitzer der Kaufmannsgerichte. Mit e. Abdr. der wichtigsten gesetzl. Bestimmgn. u. e. Sachregister. (95 S.) kl. 8. München 904. [A. H. Müller.] J. Linck. Kart. n. 1.50

Pfordten Th v d, Anleitg. f. Beisitzer d. Kaufmannsgerichte. (95 S) München 1905

Pfordten, v. der, bayer. Ausführungsgesetz zu der Grundbuchordnung u. zu dem Gesetz üb. die Zwangsversteigerung u. Zwangsverwaltung. Textausg. m. Erläutergn. Fürth 899.

Pfordten, Thdr. v. der, **Ausführungsgesetz** zu der Grundbuchordnung u. zu dem Gesetz über die Zwangsversteigerung u. Zwangsverwaltung. Textausg. m. Erläutergn. u. Anmerkgn. gr. 16. (XV, 58 S.) Fürth 899. G. Rosenberg. Geb. n. — 90

— die bayerischen **Ausführungsvorschriften** zum Gesetze üb. die Zwangsversteigerung u. die Zwangsverwaltung vom 24. III. 1897, unter Mitwirkg. von Otto Klimmer bearb. Anhangbd. zu dem Kommentar zum Zwangsversteigerungsgesetz. (IV, 110 S.) gr. 8. München 906. C. H. Beck. n. 2.40; geb. in Leinw. n. 3.20

— die **Behandlung** des Nachlasses v. Ausländern. Mit besond. Rücksicht auf die bayer. Verhältnisse. (VII, 56 S.) 8. München 904. J. Schweitzer Verl. n. 1.20

— **Feldschadengesetz.** Bayerisches Gesetz v. 6. III. 1902, das Ersatzgeld u. das Pfändungsrecht u. die Verfolgg. von Ersatzansprüchen aus Feldpolizeiübertretgn. betr. Textausg. m. Einleitg., Anmerkgn. u. Sachregister. 12. (IV, 114 S.) München 902. C. H. Beck. Geb. in Leinw. n. 1.20

Pfordten, Thdr. v. d., **Feldschadengesetz.** Bayerisches Gesetz v. 6. III. 1902, das Ersatzgeld u. das Pfändungsrecht u. die Verfolgung von Ersatzansprüchen aus Feldpolizeiübertretgn. betr. Textausg. m. Einleitg., Erläuterungen u. Sachregister. 2. verb. Aufl. (IV, 127 S.) kl. 8. München 907. C. H. Beck. Geb. in Leinw. 1.60

— das bayerische **Gesetz** betr. die Zwangserziehung vom 10. V. 1902 nebst den Ausführungsbestimmungen. Mit Einleitg., Erläutergn. u. Sachregister. 8. (IV, 125 S.) München 902. J. Schweitzer Verl. Geb. in Leinw. n. 2.—

Pfordten, Thdr. v. der, **Gesetz,** betr. den Verkehr m. Nahrungsmitteln, Genußmitteln u. Gebrauchsgegenständen, v. 14. V. 1879, nebst den Gesetzen v. 25. VI. 1887 üb. den Verkehr m. blei- u. zinkhalt. Gegenständen, v. 5. VII. 1887 üb. die Verwendung gesundheitsschädl. Farben bei der Herstellg. v. Nahrungsmitteln ꝛc. u. v. 15. VI. 1897, betr. den Verkehr m. Butter, Käse, Schmalz u. deren Ersatzmitteln (Margarinegesetz). Textausg. m. Erläutergn., Vollzugsvorschriften u. Sachregister. 12. (IV, 130 S.) Ebd. 901. Geb. in Leinw. n. 1.80

— **Gesetz,** betr. den Verkehr m. Wein, weinhaltigen u. weinähnlichen Getränken v. 24. V. 1901, nebst den Ausführungsbestimmgn. v. 2. VII. 1901 üb. den Verkehr m. Wein, weinhalt. u. weinähnl. Getränken u. v. 2. VII. 1901, Vorschriften f. die chem. Untersuchg. des Weines. Textausg., m. Einleitg., Anmerkgn. u. Sachregister. 12. (IV, 88 S.) Ebd. 901. Geb. in Leinw. n. 1.20

— **Kommentar** zu dem Gesetze üb. die Zwangsversteigerung u. die Zwangsverwaltung vom 24. IV. 1897. (VIII, 599 S.) gr. 8. München 904. 905. C. H. Beck. n. 11.—; geb. n. 12.50

— die **Rechtsbehelfe** des in Zahlungsschwierigkeiten geratenen Kaufmanns. (Mit e. Anh., enth. Konzepte der diesbezügl. Briefe u. Formulare hiezu.) (39 S.) gr. 8. München 903. [A. H. Müller.] J. Linck. n. — 80

Pfordten, Thdr. v. der, der **Staatskonkurs.** Eine Anleitg. f. Rechtspraktikanten. 2. verb. Aufl. (33 S.) 8. München 906. J. Schweitzer Verl. n. — 60
1. Aufl. (29 S.) 903. n. — 60.

— Der dienstliche **Verkehr** u. die Amtssprache. Auf der Grundlage der Bekanntmachung der Zivil-Staatsministerien v. 28. IV. 1901 unter besonderer Berücksicht. des Dienstes bei den Justizbehörden. 2. verb. Aufl. (IV, 100 S.) 8. München 908. J. Schweitzer Verl. Kart. 1.80
1. Aufl. (IV, 71 S.) 907. 1.50.

— die **Vorschriften** f. die Praxis der geprüften Rechtspraktikanten in Bayern, enth. die kgl. Allerhöchste Verordng. v. 4. I. 1901 u. die Ministerial-Bekanntmachung v. 7. I. 1901, die Praxis der Bewerber um Anstellg. im höheren Justizstaatsdienste betr., nebst e. Anh., die kgl. Allerhöchste Verordng. v. 20. VIII. 1868, die Verehelichg. der Staatsdienstaspiranten betr. Mit Einleitung, Anmerkgn. u. alphabet. Sachregister hrsg. 8. (54 S.) Ebd. 901. Kart. n. 1.—

— **Weingesetz** v. 7. IV. 1909, nebst den Ausführungsbestimmungen des Bundesrats v. 9. VII. 1909 u. den Ausführgs.- u. Vollzugsvorschriften v. Preußen, Bayern, Württemberg, Baden, Hessen u. Elsaß-Lothringen, m. Einleitg., Anmerkgn. u. Sachregister bearb. (III, 207 S.) 16. München 910. C. H. Beck. Geb. in Leinw. 2.25

— s.: **Zeitschrift** f. Rechtspflege in Bayern.

Pfordten, Th. v. der, das neue deutsche **Civilrecht,** in Einzeldarstellgn. systemat. bearb. Allgem. Tl. gr. 8. (X, 196 S.) Fürth 898. G. Rosenberg. n. 3.15

— das neue deutsche **Civilrecht,** in Einzeldarstellungen systematisch bearb. Recht der Schuldverhältnisse. 1. Tl. gr. 8. (VII, 144 S.) Ebd. 899. n. 2.50

Pforr, J. G., zwölf Pferdearten nach d. Natur gezeichnet. Fol. Frankf. a. M. Fr. Wilmanns. in Sépie gemalt 36 ℳ in Farben 48 ℳ

Pförringer, Otto, Medizinalpraktikant a. Nürnberg: Ein Fall von Abriss der Quadricepssehne. München 1907: C. Wolf & Sohn. (26 S.) 8°
München, Med. Fak., Ref. v. Angerer, Diss. v. 28. Nov. 1907
[Geb. 9. April 81 Nürnberg; Wohnort: Nürnberg; Staatsangeh.: Bayern; Vorbildung: Altes Gymn. Nürnberg Reife Juli 00; Studium: Straßburg 4, Erlangen 2, München 4 S.; Coll. 28. Nov 07; Approb. 15. Okt. 07.]

Pförringer, Sigmund [app. Arzt aus Weiler]: Ueber einen Fall von Verbrennung mit Ausgang in Septicaemie ... München, Buchdr. Kastner & Lossen, 1896; 28 S. 8.
München, Med. Fak., Inaug.-Diss. v. 1896

Pförsche, K. A. R. L., wie ich seit 43 Jahren mein Getreide vor dem Brande bewahrt habe. Nebst Mittheilungen und Beobachtungen über die Natur u. Entstehung des Getreidebrandes. Auf vielseit. Verlangen dem Drucke übergeben. 12. Nordhausen 841, Fürst. 1/3 ₰ — 2. unveränd. Aufl. Ebend. 841. 1/3 ₰

Pfort, Ernst, Denkwürdigkeiten vom Besuch Kaiser Wilhelms II. in Altenburg am 3. u. 4. Mai 1890. gr. 8. (63 S. m. 12 Lichtdr.-Taf.) Altenburg 890. (Schnuphase.) n. 2. —

Pfort, J. C., Henschel's Wassersäulen-Gebläse, nach seiner ersten Ausführung bei d. Eisenhütte zu Veckerhagen. M. 2 Kpfrt. (gr. Fol.) gr. 4. (3½ B.) Berlin 833, Duncker u. Humblot.

Pforta, die Landschule, während d. Stürme d. J. 1813. 8. Leipz., Baumgärtner. 6 ₰

Pforte, die enge u. die weite. Christlicher Unterricht f. die, welche nach dem rechten Himmelswege fragen. 10. Aufl. 8. (VI, 140 u. IV, 248 S.) Eisleben 886. Christl. Verein im nördl. Deutschland. Geb. 1. 50

Pforte d. Natur, d. eröffnete, 4. Hamb. 741.

Der neu eröffneten Ottomanischen Pforte Fortsetzung, od. Continuirter historischer Bericht, betreffend der Türckischen Monarchie Staats-Maximen, Kriege, feindliche Einfälle, Eroberungen, Niederlagen, Aufruhren, Waffenstillstände v. ao. 1664 bis zu ende 1700, in selbigem Reich, in Hungarn, Siebenbürgen, Pohlen, Moskau, Wallachey, Bulgarien, Servien, Dalmatien, Morea, Candien zu Wasser u. zu Land. 2 Bde. fol. Auspurg 1701

Pforte, Die Landesschule, ihrer gegenwärtigen und ehemaligen Verfassung nach dargestellt. Schleusingen [Leipzig] 1814. 2. A. 1817. V: *Kraft, Friedrich Carl & Carl Chn Glieb Schmidt.* (schr)

Pforte: Die Bestrebungen auf dem Gebiete des deutschen Schulturnwesens bis auf die neueste Zeit. Köthen 1883. 28 S. Köthen, Herzogl. Anhalt. Landesseminar P 1883.

Pforte, die Bestrebungen auf dem Gebiete d. deutschen Schulturnwesens bis auf die neueste Zeit. gr. 8. (28 S.) Köthen 883. Schettler's Erben, Verl. n. — 40

Pforte, ..., (Oberamtmann), († d. 26. Jan. 1796.) s. Pachter, der, e. kom. Geschichte.

Pforte, Ludwig, Sem.-Oberl. Lernstoff aus der mineralogischen Stunde der Unterklasse eines Seminars. *Cöthen 1901: (Frankenstein & Wagner, Leipzig).* (S. 36—45.) 8° | 8. |
Cöthen, herz. Landes-Sin, OP 1901**

Pforte, Richard, prakt. Arzt aus Dessau: ⟨Aus d. Kgl. Universitäts-Frauenklinik zu Berlin. Direktor: Geh. Med.-Rat Prof. Dr. Olshausen.⟩ Über entzündliche Schleimhauteinsenkungen in der Gebärmutterwand. *Berlin 1903: G. Schade.* (47 S.) 8°
Berlin, Med. Diss. v. 3. Juli 1903

Pförten [Schlagwort]

Pförten, s.: Preussen, Messtischblätter.

Pforthusen, Jakob Friedrich (Lübeck), Specimen differentiarum juris communis et Lubecensis criminalis. Präs. Gottlieb Wilhelm Dinckler. Leipzig (A. M. Schede) 26. VIII. 1723. 30 Seiten. (5.—) 26382
Widm. v.: Gottlieb Wilhelm Dinckler.

PFÖRTNER, Der. Eine kurzweilige Geschichte aus Paris. Mit Illustr Grimma und Leipzig, Verlags-Compt., o. J (ca. 1850). Kl. 4°. 142 S. Zahm.

Pförtner, der. Eine kurzweilige Geschichte aus Paris. br. 8. (142 S. mit eingedr. Holzschn.) Grimma 853. (Bockenheim, Strauß:) **

Pförtner, Hans, Gedichte. (IV, 54 S.) 8. Dresden 904. E. Pierson. n. 1. —; geb. n. 2. —

Pförtner, Otto, aus Groß-Rhüden, Assistenzarzt beim Inf.-Reg. von Voigts-Rhetz ⟨3. Hannov.⟩ No 79. Über die Unterbrechung der Schwangerschaft bei tuberkulösen Frauen. *Berlin (1904): G. Schade.* (36 S.) 8°
Berlin, Med. Diss. v. 24. Juni 1904

Pförtner, Wilh., die Lösung d. Welträthsels. Ein Aufruf zum Kampf. gr. 8. (38 S.) Leipzig 891. Dresden, E. Reißner. n. — 60

Pförtner-Stammbuch 1543—1893. Zur 350jährigen Stiftungsfeier der königl. Landesschule Pforta hrsg. v. Max Hoffmann. gr. 8. (XV, 564 S.) Berlin 893. Weidmann. n. 10. —

Pforzheim [Sachliches OW]

Pforzheim als Ausgangspunkt des Höhenweges Pforzheim-Basel. Neuester Führer durch die Stadt nebst e. Zusammenstellg. empfehlenswerter Ausflüge u. e. Beschreibg. des Höhenweges. Bearb. v. e. städt. Commission. Mit 1 Plane der Stadt, 1 Umgebungskarte, dem Panorama vom Aussichtsturm bei Büchenbronn u. 1 Karte f. den Höhenweg. 12. (120 S. m. Abbildgn.) Freiburg i/B. 902. F. P. Lorenz. n. — 50

Pforzheim [Schlagwort]

— s. a.: Alb, schwäb. Generalkarte. — Deutschland. Kürschner-Pelp. — Schwarzwald. Karte.

— s. a.: Stuttgart.

–s.a. Touristenkarten. Hopf.

Pforzheim. Karte von Pforzheim u. Umgegend. 1:200,000. [Aus: „Touristen-Atlas f. Süddeutschland."] 24 × 18 cm. Farbendr. Bruchsal 895. O. Katz. n. — 30; auf Leinw. n. — 40

Pforzheim. Plan, neuester, d. Stadt Pforzheim. 1:12,000. 23,5×24,5 cm. Farbdr. Mit Strassenverzeichnis am Rande. Freiburg i/B. (902). F. P. Lorenz. n.n. — 30

Pfosch, Hans, Aufgaben f. das kaufm. Rechnen, s.: Ries, Jobst.

— Geschäftsaufsätze u. Handelsbriefe, s.: Dittmar, Frz.

Pfosch, H., u. E. Troeltsch, Rechenbuch f. Volksschulen. Ausg. A. 1. Hft. 8. (36 S.) München 895. R. Oldenbourg, Abtlg. f. Schulbücher. n.n. — 15

— — dasselbe. Ausg. B. 1.—3. Hft. 8. Ebd. n.n. — 70
1. (76 S.) 895. n.n. — 30. — 2. (62 S.) 895. n.n. — 20
3. (60 S.) 898. n.n. — 20

Pfoser, Gottfried: Die Ameisenpflanzen 8 (S. 3—50).
Progr. K. k. Ober-G zu den Schotten *Wien* 1897

Pfotenhauer, Pastor, u. d. „Erziehungsgrundsätze d. Jesuiten", s.a. Flugschriften, kathol., zur Wehr u. Lehr'.

[F.] Pastor **Pfotenhauer** und die 'Erziehungsgrundsätze der Jesuiten'. '(E. Beitr. z. Würdigg d. Werkes: D. Missionen d. Jesuiten in Paraguay.)' Von A. H. *Berlin: Germania (1896).* (92 S.) 8.
= **Flugschriften,** Kathol., z. Wehr u. Lehr'. No 104, 105. (96. 36..)

Pfotenhauer, in welcher Weise hat in jetziger Zeit die Kirchengemeinde ihre Sorge f. d. sittl. Bewahrung der confirmirten Jugend zu bethätigen? s.: Synodal-Bericht.

Adolph. Fridr. Pfotenhauer (praes. Burkhard. Guil. Seiler) cultrorum ceratotomorum et cystitomorum ad extrahendam cataractam historia. Viteb. 1805. 4.

PFOTENHAUER, BERNHARD. Ueber einige Derivate der Paraxylolschwefelsäure. Rostock, 1877.

PFOTENHAUER (C. F.). Systema pl. sexuale ad naturam compositum. . . . Wittebergae [1767]. 4°. (Pr., J. D. Titius.)

Pfotenhauer, Carl ..., s. Pfotenhauer, Karl ...

Pfotenhauer, Emil

Pfotenhauer, (Ludov.) Aemil. (geb. Wittenberg 1815) Morbus Brightii cum diabete mellito collatus Berolini (1839). (48 S.) 8°
Berlin, Med. Diss. v. 14 März 1839

Pfotenhauer, Ernst Friedrich

PFOTENHAUER, E. F.: Abhandl. üb. d. gerichtl. Verfahren in Sachen, welche d. neuesten Besitz betr. *Lpz.,* **Crusius. 797. 8. (10 Gr.)**

—Abhandl. üb. das gerichtl. Verfahren in Sachen, welche den neuesten Besitz betreffen. gr. 8. Leipz. 797. (29. Vogel) 10 gr.

PFOTENHAUER, E. Fr.: Doctrina processus cum Germanici tum Saxonici Regii in usum praelect. ordine systematico exposita. Edit. II. cur. J. Fr. A. DIEDEMANNO. III. Partes. 8maj. ***Lipsiae,*** **(Klinkhardt.) (793. 97.) 826. 27. 1 Thl. 16 Gr.**

—doctrina processus, c. germanici t. praesertim Saxon. Elector. Vol. I. p. 1—3. 8maj. Görl. 795—97. Anton. 1 Rthl. 14 gr. Supplementa ad doctrin. processus. 8maj. ib. (Göthe in Leipz.) 4 gr. Doctrina processus etc. Edit. II. cur. J. Fr. A. Diedemanno. Part. I et II. 8maj. Leipz. 826—27. (Klinckhardt). 2 Rthl. 12 gr. Hbg. Pr. 1 Rthl. 16 gr.

— supplementa ad doctr. processus. gr. 8. ibid. (Göthe, Lips.)

Pfotenhauer, (E. Fr.,) doctrina processus cum Germanici tum Saxonici Regii in usum praelect. ordine systematico exposita. Edit. II. cur. J. Fr. A. Diedemanno. Part. I et II. 8maj. Lips. 826, Sühring.

Pfotenhauer, E. F., elementa juris crim., vid. Elementa.

PFOTENHAUER, E. F.: Elementa jur. crimin. Saxon. ***Leipzig*****, Böhme. 795. 2 Thl. 4. (16 Gr.)**

Pfotenhauer, Er. Fr., elementa juris criminalis Saxonici. II Tomi. 4. Leipz. 795. (Cnobloch). 16 gr.

Pfotenhauer, Ernst Friedrich [Praes.], s. Facilides, Karl Heinrich: De crimine repetundarum, Disputat.

—Handbuch der, von d. J. 1770 an bis auf die neueste Zeit, im Königreich Sachsen erschienenen Criminalgesetze, mit histor. u. prakt. Erläuterungen. 1r Thl. gr. 8. Wittenb. 811. Leipz., Sühring. 1 Rthl.

— — **De judiciis a quibus et ad quae provocare licet in terris electori Saxoniae subiectis. Disput. Wittenberg (Tzschiedrich) 13. VII. 1795. 30 S. (4.50)** 26389

— **Ernst Friedrich, De generationis atque temperamentorum legibus, eorumque a parentibus ad liberos transitu. Pars posterior. Präs. Jo. Christian August Grohmann. O. O. u. J. S. 20—28. (3.50)** 26388

— — **(Delitzsch), Utrum et quatenus legibus praesertim prohibitivis renunciari possit? Disput. Präs. Georg Stephan Wiesand. Wittenberg (A. Chr. Charisius) 21. VIII. 1792. 18 S. (4.25)** 26390
Gew.: Friedrich Wilhelm von Ferber.

— — **(Wittenberg), Utrum et quatenus in judicio possessionis summario solius antiquae possessionis ratio habenda sit. Comment. qua ad audiendam orationem recitandam invitat. Wittenberg (Tzschiedrich) 20. IV. 1803. 15 S. (3.75)** 26391

— über d. öffentliche Verbrennung d. Druckschriften etc. (A. u. d. T.: die Strafbarkeit d. öffentl. Verbrennung d. Druckschriften Anderer durch e. Rechtsfall erläutert.) 8. Halle 819. Kümmel. 8 gr. Schrbp. 12 gr.

— üb. d. gerichtl. Verfahren in Sach. d. d. neuest. Besitz. betreffen. gr. 8. Leipz. Crusius. (F. C. W. Vogel.) 797.

— **Friedr. Christoph** (Weizendorf/Thür.), De crimine magiae. Präs. Augustin Leyser. Wittenberg (Scheffler) 12. X. 1737. 27 S. (4.75) 26392

— **Georg Heinrich** (Delitzsch), De proxenetis. Diss. inaug. Wittenberg (Meltzer) 25. IV. 1805. 28 S. (4.—) 26393

— **Gottlob August Wilhelm,** De legato, heredi absenti per epistolam injuncto. Diss. jur. Wittenberg (Tzschiedrich) 19. XI. 1801. 30 S. (4.25) 26394

Pfotenhauer, Gottlob Friedrich

— — (Wittenberg), De consilio jurantis Dei sapientissimo exquirit. Wittenberg (C. Chr. Dürr) Aug. 1783. 15 S. (3.75) 26396

- Gottlob Friedrich, De sacramentis rhetoricis. Comment. prima. Präs. Johann Friedrich Hiller. Wittenberg (Gerdes) 15. II. 1769. 20 S. (4.—) 26395
Gew: Johann Gotthelf von Globig, Christoph Ernst von Globig.

— Hermann, [Diss.] [Titelbl. fehlt.] O. O. u. J. XIV, 74 S. (3.—) 26397
Gew.: Christian Theophil Eisenstuck.

Pfotenhauer, Herrmannus[!]: Quaenam jure Romano possessori ratio intercedat cum domino, qui supervenerit remque suam vindicet? Grimae [!] 1830 Reimer XIV, 74 S. 8°
Halle-Wittenberg, Jur Diss. v [5. April 1830], nachgeliefert vermutlich am 3. Febr 1831, dem Promotionsdatum der „Fleissproben"
Geb [Spremberg (Niederlausitz) 29.7 1804]
Im Buchhandel Leipzig: Focke 1830. — Rigorosum war am 30. 12. 1825.

Pfotenhauer, H., Quaenam jure Romano possessori ratio intercedat cum domino, qui supervenerit remque suam vindicet? Dissertat. 8 maj. (5½ B.) Grimae 830. (Lipsiae, Focke.)

Pfotenhauer, Herm[ann]: Studien in der Phtaleïngruppe. 1906. 43 S. 8°
Braunschweig, Dr.-Ing.-Diss. v. 17. 5. 1906

Pfotenhauer, J., die Missionen der Jesuiten in Paraguay. Ein Bild aus der älteren röm. Missionsthätigkeit, zugleich e. Antwort auf die Frage nach dem Werte röm. Mission, sowie e. Beitrag zur Geschichte Südamerikas. Nach den Quellen zusammengestellt 3 Tle gr. 8. Gütersloh, C. Bertelsmann. n. 12. 60; in 1 Halbfrzbd. n.n. 14. 50
1. Geschichtlicher Tl. (281 S.) 891. n. 4. —
2. Die Reduktionen u. das Leben in denselben. (223 S m. 1 Karte) 891. n 3 60
3. Die Kritik u. der Zusammenbruch d. Systems. (384 S.) 893. n. 5. —

Pfotenhauer, J. G., vollst. Widerlegung d. Edelmannisch. Glaubensbekenntn. 2 Thle. 8. Frankf. Kleyb. 748.

— Johann Georg (Wittenberg), De eo quod in vita piorum longa et brevi beneficium divinum est commentatio. Wittenberg (Scheffler) 18 X. 1735. 22 S. (4.25) 26398
Gratulationsschrift f. Augustin von Leyser

— — Libros nostros symbolicos doctrinam verae pietatis recte et plene tradere. Präs. Carl Gottlob Hofmann. Wittenberg (Schlomach) 25. VI 1754. 44 S. (4.75) 26400

— — De matrimonii prae caelibatu praerogativis pauca comment. Wittenberg (Schlomach) 27 VI. 1753. 16 S. (3.75) 26399
Gratulationsschrift zur Hochzeit von Georg August Langguth mit Sophia Henrietta Reinhardt.

Pfotenhauer, Karl August

Pfotenhauer, Carl August (Wittenberg), De monstro acephalo humano. Diss. anatom.-pathol. Berlin (Nietack) 25. IV. 1835. 29 S. u. Biogr. (M.: Lang). (3.50) 26383
Oppon.: H. G. Kisker, J.O. Werne, Fr. Mueser.

Pfotenhauer, Karl Christian

— Carl Christian (Herzberg/Sachsen), De cupiditate W * * I in suadendo symbolo philosophica, Exercit. phil.-theol. Präs. Michael Weber. Wittenberg (C. Chr. Dürr) (Aug. 1789). 24 S. (4.25) 26384
Gew.: Christoph Gottlob von Burgsdorf. — Widm. v.: Michael Weber.

Pfotenhauer, Karl Eduard

Pfotenhauer, C. Ed., Aphorismen über die Todesstrafe. [I. Ihr Schicksal seit 100 Jahren. II. Ihr Recht, ihre Macht und ihre Ohnmacht.] Mit besond. Rücksicht auf die dermal. Zustände in der Schweiz. gr. 8. (32 S.) Bern 879, Haller. * — 80

Pfotenhauer, Car[olus] Eduardus: De delicto per errorem in persona commisso. Halae (1828) Gebauer 66 S. 8°
Halle-Wittenberg, Jur Hab.-Schr v [17.] März [vielmehr 24. Mai] 1828
Diese Schrift steht in den Akten XII. 7 „Fleissproben" mit dem Datum. 20 Febr 1828. sie wurde verteidigt am 24. Mai 1828. Verf. leistete den Dr.-Eid am 17 März 1828. Verf erlebte 1884 das Jubeldiplom als em ordentlicher Professor in Bern

Pfotenhauer, Karl Ed., der Einfluß des factischen Irrthums auf die Strafbarkeit versuchter Verbrechen nach allgem. Principien, nach den Grundsätzen des gemeinen deutschen Rechtes u. mit Berücksichtigung der neueren Gesetzgebungen und Gesetz-Entwürfe dargestellt. gr. 8. Leipzig 838. Gebr. Reichenbach. 1 1/6 ℞ — II. Abthl. A. u. d. T.: Der Einfluß des Irrthums u. der sogenannten Beirrung auf die Strafbarkeit vorsätzlich verübter Verbrechen etc. — Der Einfluß des Irrthums etc. auf die Strafbarkeit vollendeter Verbrechen. gr. 8. Ebd. 839. 2/3 ℞

Pfotenhauer, C. E., die Gifte als bezaubernde Macht in der Hand d. Laien, s.a. Sammlung gemeinverständl. wissenschaftl. Vorträge.

Pfotenhauer KE, die Gifte als bezaubernde Macht in der Hand des Laien (Sammlung gemeinverständlicher wissenschaftlicher Vorträge 209) Berlin 1874

Pfotenhauer, C. E., die Todesstrafe. Akademischer Vortrag gehalten in Bern vor einem gemischten Auditorium den 9. Janr. 1863 Bern, Heuberger. 8. (58 S.) 7½ ngr

Pfotenhauer, C. Ed., gegen die Todesstrafe. Eine Rede des niederländischen Justizministers Modderman, gehalten in der zweiten Kammer der Generalstaaten am 26. Octbr. 1880, gewürdigt. gr. 8. (44 S.) Bern 882, Haller. *

Pfotenhauer, Carl Ed., über die Unterbrechung der Klagenverjährung mit Rücksicht auf die neueste gemeinrechtliche u. sächs. Praxis. gr. 8. (3⅝ B.) Leipzig 843, Bernh. Tauchnitz jun. *
Aus: Zeitschrift f. Rechtspflege f. d. Königr. Sachsen besond. abgedruckt.

Pfotenhauer, Karl Joachim

— — (Wittenberg), De igne, fluiditatis caussa. Leipzig (Langenheim) 17. IX. 1779. 34 S. (4.25) 26387
Gew.: Georg August Langguth.

— Carl Joachim, De morte voluntaria quid et quam clare praecipiat philosophia ad locum Platonis in Phaed. sect. VI. Disput. philos. Präs. Franz Volkmar Reinhard. Wittenberg (A. Chr. Charisius) 6. IV. 1778. 24 S. (4.25) 26386

Pfotenhauer, L. G., Confirmationsreden. 8. Hannov. 818. Hahn. 16 gr

— — Reise mit meinen Zöglingen nach Paris im J. 1811. Ein Weihnachts- und Neujahrsgeschenk für die gebildete Jugend. 16. Bremen, Kaiser. 817.

— — die Strafbarkeit der öffentlichen Verbrennung der Druckschriften anderer ꝛc. 8. Halle, Kümmel. 819. Schreibpap.

Pfotenhauer, Ludwig

Pfotenhauer, (Ern.) Ludov (geb. Delitzsch 18. 6. 1819) De carcinomate. Berolini (1842). (30 S.) 8°
Berlin, Med. Diss. v. 24. Aug. 1842

Pfotenhauer, Ludw., Wogen des Zorns u. Wellen der Liebe, oder aus vollem Herzen. Dichtungen. Göttingen 870. (Celle, Schulze'sche Buchh.) 8. (42 S.) 6 *ngr.*

— **Oskar** (Pegau), Morbus scrofulosus cum arthritide comparandus. Diss. med. Leipzig (Staritz) 13. XII. 1839. 30 S. (3.50) 26401

Pfotenhauer, Paul, die schlesischen Siegel von 1250 bis 1300 beziehentlich 1327. Im Namen d. Vereins f. Geschichte u. Alterthum Schlesiens hrsg. Mit 26 photolith. Taf. Fol. (VIII, 43 S.) Breslau 879. Max & Co. n. 30. —

— Urkunden d. Klosters Kamenz, s. *a.* Codex diplomaticus Silesiae.

Urkunden d. Klosters Kamenz, hrsg. v. **Pfotenhauer**. Bresl. 881

— **Samuel Friedrich August** (Wittenberg), De divisione eius quod in ultima voluntate relictum est cognatis proximioribus simul cum remotioribus utrisque nomine collectior successoribus nominatis. Präs. Ernst Gottfried Christian Klügel. [Wittenberg] (C. Chr. Dürr) 2. XI. 1779. 28 S. (4.—) 26402

Pföter, A. J., Betrachtt. über die Quellen u. Folgen merkwürd. Revolutionen unsers Jahrhunderts. gr. 8. Wien 794. Pazowsky. 1 ß 4 gl

Pfranger, Albertine, geb. Hieronymi, († d. 2. Nov. 1819.) s. Auszug aus d. Tagebuch e. trauernden Wittwe.

AUSZUG aus dem Tagebuche einer trauernden Wittwe; nebst einer kurzen Biographie der Verstorbenen (verfaßt von *Albertine Pfranger*, geb. *Hieronymi*). Mit 1 Kupfer. Leipzig 1803, 8°.
Bibl. Günther III. Dresden 1834. Nr. 6789; Anon.-Lex. I. p. 128 (nach Meusel). — Sehr rar!

Pfranger, Jh. Geo., († d. 10. Juli 1790.) Abhandl. üb. das Auferstehen der Todten. 4. Hildburgh. 776. Hanisch. 5 gl

Pfranger, Jh. Geo., Feier d. Abends im Mondenschein; e. Vorlesung in d. Laube. 8. Meiningen 778.

— Fragen ohne Antwort: od. Katechismus d. Weisen. Fragment. 8. Hildburgh. 784. (Gr. Fleischer in Leipz.) (auch Taubert). 4 gl

— Gedichte. 8. Meiningen. (Hanisch, Hildburgh.) 794.

Pfranger, Johann Georg. Gedichte nach seinem Tode hsg. . . . Meiningen 1794. H: *Berger, Joh. Erich.* (Mn) »1793—94« (Ky)

— Gedichte, nach sm. Tode hersgg. 8. Meiningen . . . 2e A. 794. (Gr. Fleischer in Leipz.) (a. Taubert). 1 ß

— vermischte Gedichte. 3 Thle. 8. Leipz. Barth. 792—94. (1r und 2r 1 Rthlr. 3r 14 gr.)

— vermischte Gedichte. nach sm. Tode hrsgg. (v. Diakon. Berger). 3 Thle. 8. Leipz. 793—94. Barth. 1 ß 14 gl

— Leopold, ein Gedicht. 8. Dessau 785. (Leipz., Barth). 3 gl

— der Mönch von Libanon. Ein Nachtrag z. Nathan d. Weise. 8. Dessau 782. 2e A. 786. (Beide Anonym.) 3e Ausg. mit d. Zusatz: Ein dramat. Lehrgedicht. Mit e. Vorr. hrsgg. v. A. Wendt. 8. Leipz. 817. Barth. 1 ß

Pfranger, J. G. Predigten über die Sonn- und Festtagsepisteln. Hildburghausen 1779—91. H (Bd. 4): *Hohnbaum, Johann Christoph.* (Ky)

— Predigten üb. d. Sonn- u. Festagsepisteln. 4 Bde. (4r hrsgg. v. J. Cph. Hohnbaum). 8. Hildburgh. 779—91. (Gr. Fleischer in Leipz.) 3 ß 8 gl

— Predigten üb. d. Episteln. 4 Bde. 8. Hildburghausen, Hanisch. 779—91.

— Predigten über Sonn- u. Festtagsevangelien. 4. Hildburgh. 792. (Gr. Fleischer in Leipz.) 16 gl

Pfranger, J. G. Vermischte Predigten. Leipzig 1792—94. H: *Berger, Johann Erich.* (Ky)

— vermischte Predigten; (hrsgg. v. Diakon. Berger). 3 Thle. 8. Leipz. 792—94. Barth. 1 ß 12 gl

— die Vorsehung; e. Gedicht an seine Mitbürger unter d. Druck kümmerl. Zeiten. 8. Hildburgh. 773.

Pfrängle, S., Uebungs-Aufgaben f. den Unterricht in der deutschen Sprache. Für die Mittelklassen der Volksschulen. 12. (2⅚ B.) Freiburg 814, Lippe u. Comp.

Pfrängle, S., Zeichenbüchlein, enthltd. 350 einfache Figuren und Bilder zum Nachbilden und zu Anschauungs- u. Sprechübungen. Mit einem Anhange der ersten Schreibübungen. Zum Gebrauche in Familien, Kleinkinder- und Elementarschulen. 2. sehr verm. Aufl. Donaueschingen 853. Schmidt. 4. (24 lith. S.) 6 *ngr.*

Pfregner, Jos, Blicke aus der Schule in das Leben. Ein Buch f. Schule u. Haus, insbesond. ein Handbuch f. Lehrer zur Belebung ihres Unterrichts. gr. 8. (30 B.) Bamberg 846, Literar. artist. Institut.

Pfregner, Jos., Blicke aus der Schule in das Leben. Ein Buch für Schule und Haus, insbesondere ein Handbuch für Lehrer zur Belebung des Unterrichts. Neue (Titel-)Ausg. gr. 8. (XIV und 464 S.) Nürnberg 850, Lotzbeck.

Pfregner, Jos., Blicke aus der Schule in das Leben, in die Schöpfung der Welt u. in die Kulturgeschichte der Menschheit. Ein Buch für Schule u. Haus, u. ein Handbuch für Lehrer zur Belebung des Unterrichts. 3., verm. u. verb. Aufl. Nürnberg 865. Lotzbeck. gr. 8. (VI, 488 S. mit 7 color., in Ton gedr. Kpfrtaf.) 1 ß 15 *ngr.*

Pfreimbtner, Alois Der Monte Maggiore Istriens. 42 S., 1 Karte. 8.
Progr. K. k. Staats-Gymn. *Salzburg* 1908.

Pfreimter, Alexander, approb. Arzt aus München Ein Fall von Nieren-Mischgeschwulst im Kindesalter *München 1903: Kastner & Callwey.* (18 S.) 8°
München, Med. Diss. v. 1903

Pfrenger, A., zur gerichtl. Arzneiwissenschaft. Ein Beitr. Gelegenheitsschrift. gr. 8. (3 B.) Coburg 836. [Leipzig, Brauns.]

Pfrenger, A., zur gerichtl. Arzneiwissenschaft. Ein Beitrag. Gelegenheitsschrift. gr. 8. Coburg 836. Sinner. 1/6 ℛ

Pfrenger, Max [aus Coburg] Ueber die Phenole des Birkenholztheeröls und des Creolin Pearson. Rostock, Univ.-Buchdr. v. Adler's Erben, 1890; 48 S. 8°
Rostock, Phil. Fak., Inaug. Diss. v. [18. Aug., 1890

Pfretschner, Friedrich Gottlob, Diss. jur. exponens quemadmodum militibus succedatur. Präs. Friedrich August Fischer. [Wittenberg] (C. Chr. Dürr) 3. XII. 1773. 27 S. (4.25) 26403

PFRETZSCHNER, B.
See Allgemeiner Anzeiger der Thon-Industrie.

Pfretzschner, B., der Geschäftsrath f. Kaufleute u. Gewerbetreibende, s.: Volksbibliothek, deutsche.

PFRETZSCHNER, Bernh., Gera-Variscus (auct. et resp.), (praeside *Petro Müllero*), Dissertatio juridica de literis amatoriis. Ed. IV Jenæ, typis Gollnerianis, anno 1690. 4° 12 (16?) unbez. Bll. (1 Mk. 50 Pfg. Fr Klüber's Nachf. München, 1908.)
Pag. 3 „Nobis jam animus est de una tantum specie, de literis sc. amatoriis, Liebes — Buhlen- oder Jungfer Brieffen — , liquid proferre."
Zuerst gedr. ibid. 1679, ed. III. ibid. 1687 (1/3 Rthlr Schmidt, Halle, vor 1885).

— — Idem opus. Ibid. 1717. 4°. 6½ Bog.
Isaac St. Goar's Frankf. Juli-Auct. 1875. p. 81. Cat. Meissner III

— — De literis amatoriis, Vulgo Von Liebes-**Buhlen- oder Jungfer-Brieffen in und ausser der Ehe. Diss. jur. Präs. Peter Müller. Editio sexta. Jena (Heller) März 1679. 1717. (5.50) 26408**

— — Idem opus. Halae 1724. 4°.

— — Idem opus, tit.: De literis amatoriis, vulgo Von Liebes-Buhlen oder Jungfer Briefen in und ausser der Ehe. Ibid. 1735. 4°. (3 Mk. Jacques Rosenthal, c. 1903.)

— — Idem opus, tit.: De literis amatoriis. Von Liebesbriefen und schriftlicher Verbindung. Ed. noviss. Vitembergae 1744. 4°. (In Rostock, Landesbibl.)
8 Sgr Scheible in e. älteren Cat., 2 Mk. Bielefeld 101. no. 1194.

Pfretzschner, Chr. Gli.

Pfretzschner, Jahresbericht über die Königl. Gewerbschule zu Plauen, s. Programm.

Pfretzschner, Chr. G., der Widerspruch d. Mystiker uns. Zeit mit d. Geiste der Reformatoren. Rede bei der 3n Jubelfeier d. Uebergabe d. Augsb. Confession, d. 26. Juni 1830. im Lyceum zu Plauen gehalten (u. mit Anmerkk. begleitet). gr. 8. Plauen 831. (Schmidt). 3 gℊ

Pfretzschner, Ernst, die Grundrissentwicklung der röm. Thermen, nebst e. Verzeichnis d. erhaltenen altröm. Bäder m. Literaturnachweis, s.a. Zur Kunstgeschichte des Auslandes. 65. Heft.

Pfretzschner, Ernst: Die Grundrissentwicklung der römischen Thermen. Strassburg 1908: Heitz. 80 S., 11 Taf. 4°(8°) ¶ (Ersch. auch als: Zur Kunstgeschichte d. Auslandes. H. 65.)
Erlangen, Phil. Diss. v. 29. März 1909, Ref. Bulle
[Geb. 26. Febr. 82 Jenbach; Wohnort: Erlangen; Staatsangeh.: Österreich; Vorbildung: Gymn. Graz Reife 02; Studium: München Techn. Hochsch. 8, Erlangen 2 S.; Rig. 24. Juli 08.] [U 09. 851

Pfretzschner, Jh. Bapt., der Belagerungskrieg in ganz Europa, v. der französ. Revolution 1792 bis zum Pariser Frieden 1815. Nebst e. kurzen histor.-chronolog. Beschreib. der in in diesen Zeitraum fallenden Kriege rc. 1s Hft. Mit 2 Plan. gr. 8. Münch. 820. Fleischmann. 12 gℊ

— Jo. Christoph (Oelsnitz/Vogtland), De beneficio ordinis seu excussionis possessori extraneo adversus creditorem, sive ex generali, sive speciali, hypotheca agat, contra spuriam novell. CXII. cap. 1. interpretationem, competente. Diss. jur. Präs. Jo. Balt. Wernher. **Wittenberg (Gerdes)** Febr. 1725. 48 S. (5.75) **26409**

Pfretzschner, Norb., über Max Klinger, s.: Randglossen zur deutschen Literaturgeschichte. 11 Bdchn.

Gedenkschrift an die feierliche Enthüllung des Denkmals bei Idstedt für die in den Jahren 1848—50 im Kampfe für's Vaterland gefallenen Krieger v. **O. Pfretzschner.** Schleswig 1869 8

Pfriem (Pfriemb), Dissertatio de festivitatibus Hebraeorum. Bamberg, 1765. 4°

Pfriem, Dr. C. J. (k. bayer Hofrath), Katalog der Bibliothek der Gesellschaft „Museum" Neurevidirt u. alphabetisch geordnet. München 1883. 8° Cart.
1 Bl. IV—57 S. enth. ca. 1100 Werke.

Pfriemer, Ernest, 1409 theoretische und praktische Aufgaben über ebene Geometrie, ebene Trigonometrie, Kegelschnittslinien, Stereometrie und sphär. Trigonometrie, nebst beigeschlossenen Zeichnungsaufgaben, zu C. L. Schulz v. Straßnitzki's Handbuch der Geometrie für Praktiker. Mit einer Vorrede von C. L. Schulz v. Straßnitzki. gr. 8. (V und 127 S. mit 4 Kpfrt. in qu. Fol.) Wien 850, Gerold, Verlag. *

Pfriemer, Ernest, 2653 Aufgaben über Arithmetik u. Algebra zu L. C. Schulz v. Straßnitzki's Handbuch der Arithmetik für Praktiker. Mit einer Vorrede von L. C. Schulz v. Straßnitzki. gr. 8. (VIII u. 160 S.) Wien 848, Gerold. n. 1 ℛ

Pfrogner, Anton — Des Spielers Sünde und der Hölle Lohn. Lebensbild in drei Akten mit Schlußtableaux von — —. Prag, 1856. Druck von Franz Rohlicek. (81 S. 8.)

Pfrogner, C., s. Pfrogner, Lorenz Chrys.

Pfrogner, Joh., Altersbestimmung der nützlichsten landwirtschaftlichen Hausthiere mit besond. Berücksicht. d. Pferdes, nebst Angabe v. Verhaltungsmassregeln beim Pferdekaufe. Mit 74 Illustr. gr. 8. (84 S.) Prag 890. Reinwart. n. 1. 60

Pfrogner, Lor. Chrys., über d. Begriff d. Selbsturtheilung. 8. Prag 804. N.A. 806. Widtmann. 12 gℊ

— über die menschliche Bildung u. ihr Verhältniß z. letzten Bestimmung. 8. Prag 811. Widtmann. 1 ℛ 8 gℊ

— Einleitung in d. christl. Religions- u. Kirchengeschichte überhaupt u. in d. Kirchengesch. Böhmens insbesond. 2 Thle. gr. 8. Prag 801. Widtmann. 1 ℛ 16 gℊ

Pfrogner, C., Idea dijudicationis sui ipsius tanquam Prolegomenon in philosophiam moralem ex Germanico in Latinum transtulit C. Mesner. 8. Prag, Widtmann. 813. Rthlr.

—über d. Ursprung d. Guten u. Bösen nach allen Bedeutungen. 8. Prag 806. Widtmann. 20 gr

—über d. unendliche Würde Jesu, u. über d. nichtswürdigen Bemühungen seiner Gegner. 8. Prag 813. Widtmann. 20 gr

—über d. natürlichen Zusammenhang d. Guten u. Bösen. 8. Prag 808. Widtmann. 1 Rthl 4 gr

Pfroepffer, Ludw., Dichtungen. Greiz 862. Henning. 8. (VIII, 152 S.) n. 15 ngr.

Pfropf- und Oculirmeister, die Bäume zu oculiren, w. a. Kraut- und Blumengärtner. 12. Wolfenbüttel. 723.

Pfründnerin, die umgewandelte, eine Erzählung d. Jugend gewid. v. e. Erzieher. 8. (2¹/₈ B. u. 1 Abbild.) Wien 837, Mechitaristen-Congreg.-Buchh.

Pfründnerin, die umgewandelte. Eine Erzählung, der Jugend gewidmet von einem Erzieher. 2. Aufl. 8. (43 S. mit 1 Abbild.) Wien 861, Mechitharisten-Congregations-Buchh.

Pfudel, Clara, s. P f u d e l , Klara

Pfudel, Ernst

Pfudel, E.: Beiträge zur Syntax der Causalsätze bei Homer. 40 S.– Liegnitz Rit.Ak., Progr. 1871.

Pfudel, Ernst Mitteilungen über die Bibliotheca Rudolfina der kön. Ritterakademie zu Liegnitz. 3 Teile. 180 S.
Progr. Ri. *Liegnitz* 1876. 1877. 1878.

— Die Musik-Handschriften der Königl. Ritter-Akademie zu Liegnitz. (Beilage zu den Monatsheften für Musikgeschichte.) Leipzig 1886.

Pfudel: Die indirecte Rede bei Xenophon. 24 S.–Colberg, Progr. 1864

Pfudel, Ernst: Verzeichnis der Leiter, Lehrer, Beamten und Abiturienten der Königlichen Ritterakademie zu Liegnitz von 1811—1908. Liegnitz (1909): Heinze. 54 S. 4°
Liegnitz, k. G Johanneum OP 1909 (274) [S 09. 359

Pfudel, Ernst [Oberl. Dr. Prof.]: Die Wiederholungen bei Homer. I. Beabsichtigte Wiederholungen. (Umschl.-Tit.: Die Wiederh. bei H. u. ihre Bedeutung f. d. Kritik.) Liegnitz, Druck v. O. Heinze, *1891:* 36 S. 4°
Liegnitz, k. RAk, OP 1891 (192

Pfudel, Fritz

– D. B l i t z j u n g e n od. e. zweiter Münchhausen, s. T h e a t e r - B i b l i o t h e k f. Vereine und Dilettantenbühnen.

Pfudel, Fritz, „ All ' H e i l ", s.a. T h e a t e r - B i b l i o t h e k f. Vereine und Dilettantenbühnen.

'All' Heil.' Lustspiel in 1 Aufz. f. Radfahrer-Vereine von Fritz Pfudel *Trier: Paulinus-Dr. 1897.* (21 S.) 8° [F.]
— Theater-Bibliothek. Bdch. 26. [00. 1914

– D. K a p i t a i n u. sein Bursche, od. wir heirathen nie, s.a. T h e a t e r - B i b l i o t h e k f. Vereine und Dilettantenbühnen.

[F.] Der Kapitän und sein Bursche oder Wir heirathen nie. Lustsp. in 3 Akten. Von Fritz Pfudel. *Trier: Verl. d. Paulinus-Dr. 1895.* (31 S.) 1 Bd 8.
— Theater-Bibliothek. Bdch. 21. [96. 1190

– K l a s s i s c h gebildet, s.a. T h e a t e r – B i b l i o t h e k f. Vereine und Dilettantenbühnen.

[F.] Klassisch jebildet. Militär. Schwank in 1 Akt v. Fritz Pfudel. *Trier: Paulinus-Dr. 1896.* (20 S.) 1 Bd 8.
— Theater-Bibliothek. Bdch. 24. [96. 7374

– 8 Tage P r ä s i d e n t od. d. Schröpfköpfe, s. T h e a t e r - B i b l i o t h e k f. Vereine und Dilettantenbühnen.

– In der „rheinischen W e i n k n e i p e ", s.a. T h e a t e r - B i b l i o t h e k (f. Vereine u. Dilettantenbühnen.

In der 'rheinischen Weinkneipe'. Lustspiel in 1 Akt von Fritz Pfudel. *Trier: Paulinus-Dr. 1902.* (39 S.) 8° [F.]
— Theater-Bibliothek. Bdch. 33. [02. 10886

Pfudel, Fritz: W i e Hüttenmüllers Komödie spielten, s.a. T h e a t e r - B i b l i o t h e k (f. Vereine u. Dilettantenbühnen.

Wie Hüttenmüllers Komödie spielten. Lustspiel in 1 Akt von Fritz Pfudel. *Trier: Paulinus-Dr. 1902.* (28 S.) 8° [F.]
— Theater-Bibliothek. Bdch 32. [02. 10885

Pfudel, Klara

Pfudel, Clara, F r ü h l i n g s g e i s t e r. Ein Märchenspiel in 3 Akten. (220 S.) 8. Berlin 909. A. Haack. 3.—

— Die G o t t e s b o t s c h a f t. Drama in 3 Akten. (126 S.) 8. Ebd. 907. 2.—

Pfudel, Clara, Johanna Gray. Trauerspiel in 5 Acten. 8. (III, 308 S.) Berlin 894. A. Haack. n. 4.—; geb. n. 5.—

— Vor S o n n e n a u f g a n g. Dramat. Dichtg. in 3 Akten. (117 S.) 8. Ebd. 907. 2.—

Pfuhl, s.a. P f u l

Pfuhl, Anleitung zum Gebrauch des „bakteriologischen Kastens" f. Sanitäts-Offiziere bei Untersuchungen außerhalb der hygienischen Untersuchungsstelle. 12. (11 S.) Berlin 890. Mittler & Sohn. n. —20

Pfuhl, die B e k ä m p f u n g der Infectionskrankheiten, s.: B e h r i n g.

P f u h l, lateinische Dichterschule für Gymnasien- und Realschulen mit Anmerkungen und Wörterbuch. gr. 8. (VIII und 200 S.) Leipzig 860, Baumgärtner's Verlagsbuchh.

— f.: R a t s c h l ä g e f. die bakteriologische Untersuchung auf Cholera.

Pfuhl, A., Beitrag zur Bedeutg. d. K l e i d u n g als Infectionsvermittler. [Aus: „Allg. med. Centralzeitg."] gr. 8. (30 S.) Berlin 896. O. Coblentz. n. 2.—

Pfuhl, Armin. Adolph. Sylvester (geb. Löwenberg in Schles. 31. 12. 1842) De senectude Berolini (1867). (32 S.) 8°
Berlin, Med. Diss. v. 1. Juni 1867

Pfuhl, C. T., Die Bedeutung des Aoristus. Pr. 1867. 60 S.

Pfuhl, C. T., Laut- u. Formenlehre der oberlausitzisch-wendischen Sprache. Mit besond. Rücksicht auf das Altslavische. Bautzen 867. Leipzig, Schmaler & Pech. gr. 8. (VI, 124 S.) n. 20 ngr.

Pfuhl, E., physikalische Eigenschaften der Jute. Mittheilungen. Mit 5 Textfig. u. 4 Fig.-Taf. [Aus: „Festschrift der polytechn. Schule zu Riga zur Feier ihres 25jähr. Bestehens".] Lex.-8. (VIII, 99 S.) Berlin 888. Springer. n. 5. —

Pfuhl, E: Ergebnisse der Prüfung einiger Desinfektions-Apparate: Der Budenberg'sche Desinfektions-Apparat. Dortmund (1890)

Pfuhl, E., Ergebnisse e. erneuten Prüfung einiger Kieselgur- u. Porzellanfilter auf Keimdichtigkeit, s.: Festschrift zum 60. Geburtstage v. Robert Koch.

Pfuhl, E., die Fach- u. Gewerbeschulen Preußens. Vortrag, geh. am 4. Gewerbetage der Provinzen Ost- u. Westpreußen zu Königsberg in Ostpr. am 13. Oktbr. 1878. gr. 8. (29 S.) Königsberg 878. (Beyer.) n. — 60

Pfuhl, E., Fortschritte in der Flachs-Gewinnung. gr. 4. (23 S. mit 2 Stnt.) Riga 886, Kymmel's Sortiment. * 1 20
Aus: Rigaische Industrie-Zeitung, besonders abgedruckt.

Pfuhl, E., weit. Fortschritte in d. Flachsgewinnung. [Aus: „Rig. Industrie-Ztg."] gr. 8. (VII, 134 S. m. 3 Taf.) Riga 895. N. Kymmel's Sort. n. 3. 60
(1. u. 2.: n. 4. 80)

— die Jute u. ihre Verarbeitung. Mittheilungen für Freunde der Textilindustrie. 1. Hälfte: Das Erzeugen der Garne. Mit Abbildgn. im Text u. auf 4 lith. Taf. [Aus: „Dingler's polytechn. Journ."] gr. 8. (VI, 154 S.) Augsburg 878. Stuttgart, Cotta. n. 4. —

—— die Jute und ihre Verarbeitung, auf Grund wissenschaftlicher Untersuchungen und prakt. Erfahrungen dargestellt. 1. Tl.: Das Erzeugen der Garne. gr. 8. (XVI, 375 S. mit 62 in den Text gedr. Fig. und 29 Taf.) Berlin 888, Springer. geb. * 24 —

Pfuhl, E., die Jute u. ihre Verarbeitung auf Grund wissenschaftl Untersuchgn. u. prakt. Erfahrgn. dargestellt. 2. u. 3. Tl. gr. 8. Berlin 891. J. Springer. Geb. in Leinw. n. 40. — (kplt.: n. 64. —)
2. Das Erzeugen der Gewebe, Herstellung der Säcke. Mit 143 in den Text gedr. Fig. u. 28 Taf. (XX, 373 S.) n. 24. —
3. Wirtschaftliche Betrachtungen. Fabrikanlagen. Mit 36 in den Text gedr. Fig. u. 16 Taf. (XI, 169 S.) n. 16. —

Pfuhl, E: Der regulirbare mechanische Knitterer. Riga (1898)

Pfuhl, E: Neue Papierprüfungs-Methoden. Berlin (1898)

— Papierstoffgarne (Zellstoffgarne, Xylolin, Silvalin, Licella), ihre Herstellung, Eigenschaften u. Verwendbarkeit. Studie. Mit 6 Fig.-Taf. (IV, 143 S.) gr. 8. Riga 904. G. Löffler. n. 5. —

— Der Pflanzengarten, seine Anlage u. seine Verwertung. (7, 152 S. m. 1 Taf. u. 1 Plan.) 8. Leipzig 910. Quelle & Meyer. 2.50; geb. in Leinw. 2.80

— Pflanzenkunde, s.: Loew, E., u. C. Matzdorff, biolog. Unterrichtswert.

—— über das Sortiren und die Werthbestimmung des Flachses und Werges für den Handel und für die Fabriken. gr. 8. (32 S.) Königsberg 878, (Beyer's Verlag.) * — 60

— über das Sortiren u. die Werthbestimmung des Flachses u. Werges f. den Handel u. f. die Fabriken. gr. 8. (32 S.) Königsberg 879. (Beyer.) n. — 60

— Thierpflanzen u. Pflanzenthiere, s.: Sammlung gemeinverständlicher wissenschaftlicher Vorträge.

Pfuhl, E., die Combe'sche Vorspinnmaschine [Roving frame, flyer] f. Flachs, Werg [Heede], Jute u. verwandte Fasern beschrieben u. berechnet. gr. 4. (12 S. m. 1 Steintaf. in qu. Fol.) Langensalza 875. (Huschke.) n. — 80

Pfuhl, Ed.: Die Anwendung d. Koch'schen Heilmittels geg. Tuberkulose ..., s. Bergmann, Ernst von: Die chir. Tuberkulose ...

Pfuhl, Eduard (Bersziene/Ostpreußen), Ueber die zur Zeit üblichen Methoden der Wundbehandlung. Diss. med.-chir. Berlin (G. Lange) 21. VII. 1876. 32 S. mit Biogr. (2.50) 26416
Oppon. A. Böttcher, F. Hueppe, M. Overweg. — Seinen Eltern gew.

Pfuhl, Erich: Die weitere Fassung der altfranzösischen Dichtung in achtsilbigen Reimpaaren über Christi Höllenfart [!] und Auferstehung ⟨Fortsetzung der eigentlichen Passion⟩ nach fünf Hss. in Cambridge, Paris und Turin herausgegeben. Greifswald 1909: Adler. VIII, 47 S. 8°
Greifswald, Phil. Diss. v. 21. Jan. 1909, Ref. Stengel
[Geb. 31. Mai 80 Berlin; Wohnort: Berlin; Staatsangeh.: Preußen; Vorbildung: Königstädt. Realgymn. Berlin Reife O. 05; Studium: Berlin 5, Greifswald 1 S.; Rig. 1. Aug. 08.] [U 09. 1550

Pfuhl, Ernst, der archaische Friedhof am Stadtberge v. Thera. Mit 5 Taf., 40 Beilagen u. 83 Abbildgn. im Text. (290 S.) Lex.-8. Athen 903. Beck & Barth. n 6. —
Sonderabdr. aus: „Mitteilgn. d. kais. deut. archäolog. Instit."

Pfuhl, Ernst, pr. Arzt: Vegetierende Hautkrankheiten und ein Fall von Herpes mucosae oris vegetans. Bautzen 1910; Schmaler. 24 S. 8°
Leipzig, Med. Diss. v. 20. Juli 1910, Ref. Hoffmann
[Geb. 29. Dez. 71 Hochkirch; Wohnort: Bautzen; Staatsangeh.: Sachsen; Vorbildung: Gymn. Bautzen Reife O. 95; Studium: Leipzig 20 S.; Coll. 5. Aug. 10; Approb. 4. Okt. 05.] [U 10. 3040

Pfuhl, Ernestus, Berolinensis De Atheniensium pompis sacris. *Berolini: Weidmann 1900.* (46 S.) 8° ¶ [Erschien vollst. 1900 im gleichen Verl.]
Berlin, Phil. Diss. v. 3. März 1900

De Atheniensium pompis sacris scripsit Ernestus Pfuhl. *Berolini: Weidmann 1900.* (VI, 111 S.) 8°
(S. 1—46 erschienen als Berliner Diss. 1900.) [oo. 7272

Pfuhl, F., Erläuterungen, s.: Tafel zur Heimatkunde der Prov. Posen.

Pfuhl, Fritz (Posen)
Ueber die Anatomie der Gattungen Brassica, Sinapis, Raphanus und Raphanistrum. Inaug.-Diss.
Posen: Merzbach 1878. 28 S.
Diss. phil. Giessen Dez. 1878. vorh. 26. 7.

Pfuhl, Fritz: Thierpflanzen und Pflanzenthiere, s. Sammlung gemeinverständlicher wissenschaftlicher Vorträge.

Pfuhl, Fritz [Oberl. Dr.]: Der naturbeschreibende Unterricht am Gymnasium. Posen, Hofbuchdr. W. Decker & Co. (A. Röstel), 1889; 57 S. 4°
Posen, k. Marien-G, OP 1889 (152)

Der Unterricht in der Pflanzenkunde durch die Lebensweise der Pflanze bestimmt. Von Dr. F[ritz] Pfuhl, Prof. Leipzig: Teubner 1902. VIII, 223 S. 8° [11. 14378 11

– W a s geboren ist auf Erden, muß zu Erd' und Asche werden, s.a. S a m m l u n g gemeinverständlicher wissenschaftlicher Vorträge.

Pfuhl F. was geboren ist auf Erden, muss zu Erd und Asche werden. (Sammlung gemeinverständlicher wissenschaftlicher Vorträge 398) Berlin 1882

Pfuhl, Fritz [Dr.]: Welche Aufgaben hat das Lehrbuch beim naturkundlichen Unterricht zu lösen? — Der gegenwärtige Bestand des Pflanzengartens am königlichen Marien-Gymnasium. Posen, Merzbach'sche Buchdr., 1893; 60 S. 4.
Posen, k. Marien-G, P 1893 (164)

– (Hrsg.), s. Z e i t s c h r i f t der Botanischen Abteilung

Pfuhl, Heinrich, Dr.: Beiträge zur unterrichtlichen Behandlung der französischen Syntax. *Berlin: R. Gaertner 1901.* (30 S.) 4° ¶(Vgl. P-Beil. 1897.)
Berlin, Fünfte st. R (HB), OP 1901 (121)

Pfuhl, Heinr., Beiträge zur unterrichtlichen Behandlung der französischen Syntax. Progr. 4. (30 S.) Berlin 901. [R. Gaertner.] Weidmann. n. 1. —

Pfuhl, Heinr., zum grammat. Unterricht im Französischen, speziell im ersten Jahr. Progr. 4. (24 S.) Berlin 896. R. Gaertner. n. 1. —

Pfuhl, Heinrich [Dr.]: Zum grammatischen Unterricht im Französischen, spez. im ersten Jahr. Berlin, R. Gaertner, 1897; 24 S. 4.
Berlin, Fünfte St. R '(HB)', OP 1897 (120)

Pfuhl, Henricus [Berszienensis]: Untersuchungen über die Rondeaux und Virelais speciell des XIV. und XV. Jahrhunderts .... Regimonti, ex offic. Hartungiana (1887); 67 S. + 1 Bl. 8°.
Königsberg, Phil. Fak., Inaug.-Diss. v. 14. Febr. 1887.

Pfuhl, Henricus, Untersuchungen über die Rondeaux und Virelais speciell des XIV. und XV. Jahrh. Dissertatio inauguralis. gr. 8. (67 S.) Königsberg i. Pr. 887, (Koch's Antiqu.) ** 1 —

Pfuhl, J. A., der Mut zum Leben. Roman. (252 S.) 8. Dresden 907. M. Seyfert. 3.—; geb. 4.—

Pfuhl, J. C., de noxis ex ritibus et institutis sacris in sanitatem redundantibus. Jen. 1791. 4.

Pfuhl, J. M., das Pfund Kaffee Einen Groschen, oder gründl. u. leicht faßl. Anweisung, wie sich jede Haushaltung ein sehr wohlschmeckendes u. d. Gesundheit höchst zuträgl. Kaffee-Surrogat erzielen kann. Ein verklebtes Couvert. Bautzen 839. Reichel. n. 1/6 ₰

Pfuhl, J. Z., Noth- u. Hülfsbüchlein f. kleinere u. größere Kinder ꝛc. vom Würfelspiel. 16. Glogau 803. N. Günter'sche B. 4 gr.

Pfuhl, Th., Rang- u. Dienstaltersliste der mittleren Post- u. Telegraphenbeamten, welche die Sekretärprüfung abgelegt haben, m. Stationsliste u. e. alphabet. Namenverzeichnis. 1910. (IV, 235 S.) 8. Berlin-Friedrichsfelde (908). Selbstverlag. 3. —

Pfuhl-Brodowska, N. A., die Bombe platzt od.: Nur e. Turner, i.: Album f. Liebhaber-Bühnen Nr. 393.

Pfui! Aus den hinterlassenen Papieren eines lachenden Philosophen. 8. (22 S.) —.15
Budapest: Natali 1890.

Pfui Chamberlain! Traurige 'Helden' im Lichte d. Karikatur (130 Bilder.) *Berlin: Eysler & Co. [1902].* (96 S.) 8° [ca. 5340

Pfui Chamberlain! Traurige „Helden" im Lichte der Karikatur. gr. 8. (96 S. m. Abbildgn.) Berlin (902). Verlag der „Lust. Blätter". 1. —

Pfui Deibel — noch eenen! Lustiges v. Anno Toback in Bild u. Wort. (Hrsg. v. Roder. Thowest.) (44 S.) 8. Leipzig (908). G. Wigand. 1. —

„Pfui Haas!" Ein illustres Witzblatt, das Holz- u. andern Schnitz hat. (1.) Jahrg. Oktober — December 1851. 39 Nrn. hoch 4. (1/2 B. m. Holzschn.) Darmstadt. (Frankfurt a. M., Meidinger.) n. 16 ngr.

Łužiski Serbski Słownik. Spisał a pod sobuskutkowanjom Seilerja a Hórnika wudał PFUL. W Budyšinje 1866. A. u. d. T: Lausitzisch Wendisches Wörterbuch. Verfasst und unter Mitwirkung von Seiler und Hornig herausgegeben von PFUHL. Budissin 1866. Verlag der Maćica Serbska. Comm. bei Schmaler & Pech. 8°.

Pful, Serbski słownik. — Wendisches Wörterbuch. (1.) Wendisch-deutscher Thl. 1. Heft. Bautzen 857. Schmaler in Comm. gr 8. (S. 1—160.) n. 20 ngr.

Pful, serbski slownik. — Wendisches Wörterbuch. Unter Mitwirkung von Andr. Seiler und Mich. Hornig. 1. Thl. Wendisch-Deutsch. 2—6. Heft. Bautzen 861—63. Schmaler & Pech in Comm. gr. 8. (S. 161—960.) Jedes Heft n. 20 ngr.

Pful, łužiski serbski słownik. Spisał a pod sobuskutkowanjom Seilerja a Hórnika. Lausitzisches-wendisches Wörterbuch. Verf. unter Mitwirkung von Seiler u. Hornig. 7. u. 8. (Schluß-)Heft. Bautzen 865,66. (Leipzig, Schmaler & Pech.) gr. 8. (Wendisch-deutscher Thl. XXXVI u. S. 961—1210.) Jedes Heft n. 20 ngr.

Ssezbaj aby Schtoż ssypasch, to melesch. Powedanczko sa Sserbow wot PFULA. (Die beiden Wenden oder was du schüttest, das mahlst du. Erzählung für Wenden von PFUHL.) ib. 1848. —

Wumenkaj aby Ždźež ma wlohu tam rosse. Powedanczko sa lud, po njemskim wobdźjelane wot PFULA. (Der Aussügler oder wo es feucht ist, da wächst es. Erzählung fürs Volk, nach dem Deutschen bearbeitet von PFUHL.) ib. 1851. —

Pfuel, E. A. H. v.: Über das Schwimmen. Berlin 1817. 34 S.
— — 2. Aufl. 1827. 51 S.

— über d. Schwimmen. 8. Berl. 817. (Anonym). 2e verm. A. 828. Dümmler. 6 gr.

Pfuel, Ernst v

v. Pfuel, Er., Beitrr. z. Geschichte d. letzten französ.-russ. Krieges. 1s Hft. A. u. d. T.: Rückzug d. Franzosen bis zum Niemen. 8. Berl. 813. Verf. (Dümmler). 8 gr.

Pfuel, Ernst v., Beiträge z. Geschichte des letzten franz.-russischen Krieges. 1s Heft. Rückzug d. Franzosen bis z. Niemen. 8. Berl. Verf. (Dümmler in Comm.) 814.

Pfuel, E. v. Rückzug der Franzosen bis zum Niemen. (N. Aufl.) o. O. 1813. 8°. (1. Aufl. 1812.)

Pfuel, Ernst v., der Rückzug der Franzosen aus Rußland. Aus dem Nachlasse des Verf. Hersg. mit Gedenknissen aus dem Leben des Verstorbenen von Fr. Förster. Berlin 867. Hempel. 8. (84 S.) n. 15 ngr.

Pfuel, Er. v., Uebersicht der Kriegsjahre 1813. 1814. 1815. 8. (10 B.) Berlin 828, Dümmler.

Pfülf, August [aus Speyer a. Rh.]: Über Hydrazinbenzolsulfosäuren und einige Indole .... Würzburg, Becker's Univ.-Buchdr., 1887; 22 S. 8°

Würzburg, Phil. Fak., Inaug.-Diss. v. 1887

Pfuelf, Carl M. A., s. Pfuelf, Karl M. A.

Pfülf, Emil, die Panik im Kriege. Erweiterte Fassung e. in der psycholog. Gesellschaft München geh. Vortrages. (78 S.) gr. 8. München 908. Verlag der ärztl. Rundschau. 1. 20

Pfuelf, Karl M. A

Pfuelf, Carl M. A.: Die rechtliche Stellung der britischen überseeischen Besitzungen und deren Verwaltung. Borna-Leipzig 1908: Noske. X, 158 S. 8°

Erlangen, Jur. Diss. v. 14. Dez. 1908, Ref. Rieker

[Geb. 5. Okt. 83 Speyer; Wohnort München, Staatsangeh. Bayern; Vorbildung: Gymn. Speyer Reife 02; Studium. Würzburg 4, Berlin 1, Cambridge 1, Erlangen 2 S.; Rig. 21 Nov 08.] [U 09. 725

Pfülf, Otto, S. J., der sel. P. Petrus Canisius in s. tugendreichen Leben dargest. Zur 300jähr. Gedächtnisfeier s. Todes. (21. XII. 1597.) 8. (126 S. m. 15 Abb.) Einsiedeln 897. Verlagsanstalt Benziger & Co. — 80

Pfülf, [P.] Otto. Der selige P. Petrus Canisius in seinem tugendreichen Leben dargestellt. Zur 300jährigen Gedächtnisfeier seines Todes. ⟨21 Dezember 1597⟩ (*Umschlag* 1597–1897). Mit 15 Illustrationen .. 2. Aufl. 8. Einsiedeln .. 1897.

Der selige P. Petrus Canisius in seinem tugendreichen Leben dargestellt. Zur 300jähr Gedächtnisfeier s. Todes. ⟨21 Dez. 1597.⟩ Von Otto Pfülf, S. J. Mit 15 Ill. 3. Aufl. *Einsiedeln, Waldshut, Köln: Benziger & Co. 1897.* (125 S.) 8° [F.] [01. 7149 5

— der Verfasser der „Gedanken u. Ratschläge" Adolf v. Doß, als Freund der Jugend geschildert. 2., verm. Aufl. Mit dem Bildnis von v. Doß. gr. 8. (VII, 382 S.) Ebd. 900. n. 2. 40; geb. in Halbfrz. n. 3. 50

Pfülf, O., Erinnerungen an P. Adolf v. Doß, S. J., e. Freund der Jugend. 12. (VII, 315 S.) Freiburg i/Br. 887. Herder. n. 2. —

Pfülf, Otto, S. J., M. Clara Fey vom armen Kinde Jesus u. ihre Stiftung. 1815—1894. (XII, 654 S. m. 6 Taf.) 8. Freiburg i/B. 907. Herder. 5.60; geb. in Leinw. 6. 60

— Cardinal v. Geissel. Aus s. handschriftl. Nachlaß geschildert. 2 Bde. gr. 8. (XVI, 696 S. m. Bildn. in Heliograv. u. XVI, 675 S.) Freiburg i/B. 895. 96. Herder. à n. 9. —; geb. in Halbfrz. à n. 11. 50

Pfülf, Otto, S. J., Bischof v. Ketteler (1811—1877). Eine geschichtl. Darstellg. 3 Bde. gr. 8. Mainz 899. F. Kirchheim. n. 20. —; geb. in Halbfrz. n. 27. 50
1. (XVI, 418 S. m. 1 Bildnis.) n. 6. —; geb. n. 8. 50
2. (XVIII, 441 S. m. 1 Taf.) n. 7. —; geb. n. 9. 50
3. (XIII, 408 S. m. 1 Bildnis u. 1 Taf.) n. 7. —; geb. n. 9. 50

— der Wirkliche Geh. Ober-Regierungsrat Josef Linhoff, der letzte Veteran der „Katholischen Abteilung". gr. 8. (V, 79 S. m. 2 Portr.) Freiburg i/B. 901. Herder. n. 1. —
Sonderabdruck aus: „Stimmen aus Maria-Laach".

Pfülf, Otto, Hermann v. Mallinckrodt. Die Geschichte seines Lebens. gr. 8. (XI, 638 S. m. Bildnis in Lichtdr. u. 10 Abbildgn.) Freiburg i/B. 892. Herder. n. 8. —; geb. in Leinw. n. 9. 60

— Hermann v. Mallinckrodt. Die Geschichte seines Lebens. 2., inhaltlich bereicherte Aufl. Mit v. Mallinckrodts Bildnis in Lichtdr. u. 10 andern Abbildgn. gr. 8. (XI, 571 S.) Ebd. 901. n. 8. —; geb. in Leinw. n. 9. 60

Pfullendorf [Schlagwort]

Pfullendorf, s.: Deutschland. Kürschner-Pelp.

Pfullingen [Schlagwort]

Pfullingen, s.: Deutschland. Kürschner-Pelp.

Pfullmann, C. G., Buchführung f. Handwerker u. kleinere Geschäftsleute. 8. (23 S.) Leipzig 876. Scholtze. n. — 80

Pfullmann, C. G., Buchführung f. Handwerker u. kleinere Geschäftsleute. 2. Aufl. 8. (23 S.) Leipzig 878. Scholtze. n. — 80

Pfund, Amalie (geb. Janssen), Freuden u. Leiden einer See-Reise, nebst Skizzen aus dem amerikan. Leben, nützl. Winke für alle in den nordamerikan. Zuständen „Uneingeweihte" u. namentlich für „Auswanderungslustige" enthltd. Neuende 866. (Kiel, Schröder & Co.) gr. 8. (VI, 147 S.) n. 20 ngr.

Pfund, Christoph Jakob (Nürnberg), Observationes jur. miscellae quarum caput quartum de dubiis quibusdam in successione ab intestato collateralium in capita sec. reg. so viel Mund, so viel Pfund. Präs. Georg Friedrich Deinlin. Altdorf (J. G. Meyer) 18. IX. 1743. 1 Taf., S. 53—82. (4.75) 26417

— — De probatione vitae. Specimen inaug. Altdorf (J. G. Meyer) 25. X. 1743. 24 S. (4.75) 26418
Widm. v.: Georg Fried. Deinlin.

Pfund, Georg

Eine kurtze Comödien von der Geburt des Herren Christi. Von den Prinzen und Prinzessinnen des Churfürstlichen Hofes im Jahre 1589 in Berlin aufgeführt. Nach der Handschrift, nebst geschichtlicher Einleitung herausgegeben. Verlag von L. Trautwein in Berlin. (1839.) 8°

Herausgegeben von Gottlieb Friedlaender. Der Verf. Georg Pfund (Pondo) von Eisleben war brandenburg. Hofmusicus, Domküster oder Stiftsverwandter zu Cöln a. d. Spree. Die Handschrift befindet sich in der kön. Bibliothek zu Berlin.

PFUND, Hermann (Ottersberg; Altona/Schlesw.-H.): Das Vorkommen der Beckenenge, die Arten und Grade derselben in der Münchener Frauenklinik (vom 1. Nov. 1883 bis 30. April 1885).- München: Finsterlin 1885. 2 Bl.,26 S.
21.5.1885 - Urk (Titel: De variis pelvium angustiis in clinica gynaecologica Monacensi observatis.); Chr 1884/85,21
Diss. Ingolst.-Landsh.-Mchn.

Pfund's, J., Reisebriefe aus Kordofan u. Dar-Fur 1875 bis 1876. Nach dem Tode d. Verf. hrsg. v. der geograph. Gesellschaft. Red. v. L. Friederichsen. Mit einem (phototyp.) Portr. d. Verstorbenen. [Aus: „Mittheilgn. der Geograph. Gesellsch. in Hamburg".] gr. 8. (186 S.) Hamburg 878. Friederichsen & Co. n. 4. —

Pfund, Jh. D. C., s. v. Jussieu, A., Elementarkurs der Botanik.

Pfund, J.D.C. (Übers.u.Comm.):

s.: Montagne, C.: Skizze zur Organographie und Physiologie der Classe der Schwämme. (Aus dem Französischen). Prag: 1844

Pfund, J. G. De Isocratis vita et scriptis. 22 S. . . . . . .
Berlin, J., Progr. 1833

Pfund, J[ohann] G[eorg]. Die Behauptung der schweizer. Neutralität durch die Gemeinde Hallau den 6. Mai 1833. Vortrag, gehalten ... [in] Hallau den 2. Dezbr. 1883. 8. Schaffhausen 1884.

Pfund, J[ohann] G[eorg]. Etwas aus der Hallauer Schulgeschichte. 15 S. 8. [Hallau, G. Pfund, 1902.]

Pfund, J[ohann] G[eorg]. Historisches über das Hallauer Forstwesen. 40 S. 8. Hallau, G. Pfund, 1902.

Pfund, J[ohann] G[eorg]. Die Hallauer Bergkirche St. Moritz. Geschichtlicher Vortrag, gehalten bei Anlass ihres 400-jährigen Jubiläums den 3. Januar 1892. [Mit 1 Illustration.] 8. Hallau 1893.

Lieder des Vaterlandes und der Geselligkeit [v. Johann Gottfried Pfund]. Berlin. 1814. 8°.

[F.] **Pfund,** Kurt *Albert Paul* [Reinholdshain, Kreishauptmannsch. Dresden]: Die Versorgung grosser Städte mit Milch. Dargest. auf Grund d. Verhältnisse in Dresden ... Heidelberg, *Druck v. J. Pässler, Dresden,* 1896; 3 Bl., 107 S., 1 Kt. 8.
Heidelberg, Phil. Fak., Inaug.-Diss. v. [6. Okt.] 1896

Die **Arbeiter-Unfälle** an den Holzbearbeitungs-Maschinen. Nach e. in Berlin aufgenomm. Statistik bearb. von **Max Pfund**. Hrsg. vom Verband der an Holzbearbeitungsmaschinen beschäft. Arbeiter Berlins u. d. Umgegend. *Berlin: E. Sauerzapf 1900.* (77 S.) 8° [F.] 00. 1866

Pfund, Max, Unsere Taktik. Ein ehrliches Wort zur Klärung. 8⁰. Berlin, Maurer u. Dimmick, 1891.

Pfund, Theod. Godof. Martin. (geb. Berlin 16. 4. 1817): De antiquissima apud Italos fabae cultura ac religione. Berolini (1845) (39 S.) 8°
Berlin, Phil. Diss. v. 23. Apr. 1845

Pfund, Th. G., Altitalische Rechtsalterthümer in der römischen Sage. Ein Versuch. gr. 8. (VIII u. 270 S.) Weimar 847, Landes-Industrie-Comptoir. 1 1/3 ß

Pfundel

— s. a. **Pfündel.**

Pfundel, Gottfried Michael (Jena), De possessione ipso jure in heredem transeunte tam secundum jura Romana quam Germanica examinata. Diss. jur. Dir. Daniel von Superville. Präs. Carl Adolph Braun. Erlangen (J. Fr. Becker) 8. II. 1744. 40 Seiten. (5.25) 26419
Gew.: Daniel von Superville.

Pfündel

— s. a. **Pfundel.**

Pfündel, Ch. F. W., De spasmis tonicis visco albo persanatis cum epicrisi. 25 pp. Jen. 4°. Erl. gel. Anm. 84,VI,40. *Gruner*, II, 135.
1783

Pfündel, Gottfr. Mich.: Commentatio de principio gentium universali omnem peregrinum esse hostem eiusque effectibus passim ex iure obviis. (Erlangae 1745.)

Pfündel, J. F., Geogr. f. Kind. 8. Leipz. Hilscher. (Compt. f. Litt.) 776.

— **Johann Wolfgang** (Oelsnitz/Vogtland), De hereditate fidelium, Ex Rom. VIII. comm. 17. Disput. Präs. Johann Deutschmann. Wittenberg (M. Schultz) 20. IX. 1703. (5.—) 26413

Pfunder, Alfred, a. Auggen in Baden: Aus d. psychiatr. Klinik zu Freiburg i. B.: Über Fetischismus mit zwei forensischen Fällen. Borna-Leipzig 1907: R. Noske. (74 S.) 8°
Freiburg i. B., Med. Fak., Ref. Hoche, Diss. v. 1908
[Geb. 4. Febr. 82 Auggen; Wohnort: Auggen; Staatsangeh.: Baden; Vorbildung: Oberrealsch. Freiburg i. B.; Ergänzungsprüfung in Latein Mannheim 00; Studium: Freiburg i. B. 1, München 1, Straßburg 1, Freiburg i. B. 2, München 2, Freiburg i. B. 3 S.; Coll. 7. Dez. 06; Approb. 3. Dez. 06.]

Pfundheller, Emil

Pfundheller, E. On the character of Lady Macbeth. Stettin. Stadt-G., 1873. 15 S. 4. **Progr.**

Pfundheller, Emil De discidio Pauli et Petri antiochensi. XXIII S.
Progr. *Tarnowitz* 1883.

Pfundheller, Emil [Dir. Dr.]: Über [sic!] die Erziehung des Willens. (Antrittsrede.) Barmen, Druck v. Steinborn & Co. (1890); S. 3 - 13; 4°
Barmen, RG, P 1890 (462)

Pfundheller, Emil, les poëtes français. Recueil de poésies françaises. 8. (XII, 355 S.) Berlin 875. Weidmann. n. 2. 40

Pfundheller, E., de ratione intercedente doctrinae novi testamenti ... extremo judicio secundum opera futuro. Jenae. *79 p.*
Schul-/Univ.-Schrift 1867

Pfundheller, Emil, Words from the Poets. A selection of English Poetry. gr. 16. (VII, 275 S.) Stettin 873, Dannenberg. [Berlin, Weidmann'sche Buchh.]
(*M 2,50.) *

Pfundheller, Emil, words from the poets. A selection. 2. ed. 8. (VIII, 283 S.) Berlin 884. Weidmann. n. 2. 40

Pfundheller, Emil, Wörterbuch m. Berücksicht. der Etymologie u. der Aussprache zu den Tales of a grandfather [history of Scotland] by Sir Walter Scott, Bart. gr. 8. (VI, 108 S.) Berlin 877. Weidmann. 1. 20

Pfundheller, H., Abschieds-Predigt über 4. Mose 6, 22—27, gehalten am 16. Septbr. 1888. 12. (14 S.) Stralsund 888, (Bremer.) * — 20

Pfundheller, H., Peter v. Cornelius u. der Campo santo in Berlin. 8. (23 S.) Berlin 889. Weidmann. n. — 50

Pfundheller, H., Bertel Thorwaldsen, sein Leben u. seine Werke. gr. 8. (45 S.) Halle 886. (Stralsund, Bremer.) n. 1. —

[Umschlagt.:] [F.] Der Kirchenbau des Protestantismus und die protestantischen Kirchen in Berlin. Von [Heinrich] **Pfundheller,** Prediger an St. Jacobi zu Berlin. *Halle a. S.: E. Strien 1895.* (22 S.) 1 Bd 8. [96.3440

Pfundheller, Jos.

Pfundheller, J., s. Angelfischer, der.

Pfundheller, Jos., der österreichische Angelfischer od. die Kunst des Angelns unter besond. Berücksichtigung der österreich. Verhältnisse. 8. (V, 136 S.) Wien 880. Manz. geb. n. 2. —

Pfundheller, Jos., die schwarze Bibliothek, s. Bibliothek.

Pfundheller, Jos., die schwarze Bibliothek. Eine Sammlung interessanter Criminalgeschichten mit Benützung authentischer Quellen. 1—10. Bd. Wien 861—63. Typograph.-literar.-artist. Anstalt. 16. Jeder Bd. (à ca. 20 Bgn.) n. 20 ngr.

— der Blumenkaiser. Oesterreichisches Zeit- u. Culturbild. Mit Holzschn.-Bildern nach Orig.-Zeichngn. v. Th. Breitwieser. gr. 8. (V, 153 S.) Ebend. 881. n. 6. —

Pfundheller, Jos., ein Gang durch die Vorzeit. Histor. Novellen. 8. Wien 846. (Mörschner's Wtw. u. W. Bianchi.) 1 ℛ

Pfundheller, Jos., ein Gang durch die Vorzeit. Histor. Novellen. 8. (17⅛ B.) Wien 846, (Mörschner's Wtwe. u. Greeß.)

Pfundheller, Jos., ein Gang durch die Vorzeit. Erzählungen. Neue (Titel-)Ausg. Wien (846)66. Capellen. gr. 8. (V, 272 S.) n. 16 ngr.

— Severin von Jaroszynski, s. Theater-Repertoir.
— die beiden Nachtwächter, Wiener.

—— Novellen u. Erzählungen. 2 Bdchn. gr. 12. (1. Bdchn. 9 B.) Wien 844, Tauer u. Sohn?

Pfundheller, Josef. Der österreichische Pitaval. Eine Sammlung der interessantesten Criminalfälle aus der vaterländischen Strafgerichtspflege. I. Bdchen. *Wien* 1858. Verl. von *Eduard Hügel.* Druck v *U. Klopf s. u. Alex Eurich.* X, 116 S. kl. 8°. Das Bdchn. 30 kr.

Pfundheller, Jos., der Preßproceß: „Presse contra Kirchenzeitung." gr. 8. (24 S.) Wien 859, [Mayer und Comp.] *

— der Preßproceß: „Presse contra Kirchenzeitung." Wien 859. Wendelin. gr. 8. (24 S.) n. 4 ngr.

— die Sünden der Gesellschaft. Beiträge zur Criminal-Statistik und Strafgerichts-Pflege in Oesterreich. Neue wohlfeile Ausg. Wien 861. Hügel. 8. (116 S.) n. 5 ngr.

Pfundt, O., s. Pfundt, Otto

Pfundt, Ernst, die Pauken. Eine Anleitung dieses Instrument zu erlernen. 8. (VI u. 39 S.) Leipzig 849, Breitkopf & Härtel. 9 ngr.

Pfundt, Ernst, die Pauken. Eine Anleitg., dieses Instrument zu erlernen. 2., verm. Aufl. gr. 8. (IV, 31 S.) Leipzig 880. Breitkopf & Härtel. n. 1. —

Pfundt, Max: Der Einfluß der Luftfeuchtigkeit auf die Lebensdauer des Blütenstaubes. Mit 1 Textfig. Leipzig: Borntraeger 1909. 40 S. 8° ¶ (Aus: Jahrbücher f. wissensch. Botanik. Bd 47, H. 1.)
Leipzig, Phil. Diss. v. 12. Nov. 1909, Ref. Pfeffer, Chun
[Geb. 10. Jan. 85 Stauchitz; Wohnort: Stauchitz; Staatsangeh.: Sachsen; Vorbildung: Realgymn. Chemnitz Reife O. 05; Studium: Freiburg i. B. 1, Leipzig 7 S.; Rig. 29. April 09.] [U 10. 3206

Pfundt, Otto

— Raumlehre, s.: Terlinden.

— Rechen-Aufgaben aus der Invaliden-, Kranken- u. Unfallversicherung, s.: Kauer, L.

Pfundt, O., Rechen-Aufgaben aus der Kranken-, Unfall- u. Invalidenversicherung, s.: Sulzbacher, A.

— Rechenbuch, s.: Kauer, L.

— Rechenbuch f. Fortbildungsschulen, s.: Tilger, F.

— Rechenbuch f. ein- bis dreikl. Volksschulen, s.: Terlinden.

– Rechenfibel, s. Kauer, L.

Pfundt, O., welche Anforderungen stellt die neuere Rechenmethodik an die Gestaltung d. Rechenbuches?, s.: Sulzbacher, A.

Pfundt, Otto, welche Forderungn. d. neueren Naturgeschichtsmethodik vermag d. Volksschule auch unt. ihren beschränkten Verhältnissen zu erfüllen?, s.a. Für die Schule aus d. Schule 73. Hft.

[F.] Welche Forderungen der neueren Naturgeschichtsmethodik vermag die Volksschule auch unter ihren beschränkten Verhältnissen zu erfüllen? Vortr., geh. auf d. 26. Hauptvers. d. Ver. f. Herbartische Pädagogik in Rheinland u. Westfalen v. Otto Pfundt, Seminarl. *Neuwied & Leipzig: Heuser 1898.* (23 S.) 1 Bd 8.
= Schule, Aus der, für die Schule. H. 73. [98. 9658

Pfundt, O., Wesen, Wert u. unterrichtlicher Betrieb der Freiübungen. Vortrag, geh. auf der 12. Hauptversammlung d. Rhein. Turnlehrer-Vereins. [Aus: „Rhein. Schulmann".] gr. 8. (16 S.) Neuwied 891. Heuser's Verl. n. – 50

Pfundt, Theod. Godofr. Martin, s. Pfund

Pfundtner, Johannes Otto

Pfundtner, O., des Reisebeschreibers Pausanias Lebens- und Glaubensanschauungen. gr. 4. (31 S.) Königsberg 868. (Berlin, Calvary und Comp.) *

Pfundtner, Johs. Otto, Pausanias Periegeta imitator Herodoti. Dissertatio inauguralis philologica. Königsberg 866. (Akademische Buchh. von Schubert & Seidel.) gr. 8. (57 S.) n. 10 ngr.

Pfundzollbuch, das hamburgische, v. 1369, bearb. v. Hans Nirrnheim, s.: Veröffentlichungen aus dem Staatsarchiv der Freien u. Hansestadt Hamburg. I. Bd.

Pfungen, O. Frhr. v., Notizen über amerikanische Holz-Debitage, s. Bericht über die Weltausstellung in Philadelphia 1876.

Pfungen, R. Frhr. v., üb. Atonie d. Magens, s.: Zeit- u. Streitfragen, klinische.

Der Alchymist. Eine Dichtung von Arthur Pfungst. *Leipzig: W. Friedrich [1893].* (106 S.) 8° [F.]
= Pfungst: Laskaris. Th. 2. [94. 6000

Pfungst, A., lose Blätter. Gedichte. 2., verm. Aufl. 12. (VIII, 132 S.) Leipzig 887. Friedrich. n. 2. —; geb. n. 3. —

[J.] Lose Blätter. Gedichte v. Arthur Pfungst. 2. verm. Aufl. *Berlin: F. Dümmler 1896.* (2 Bl., 132 S.) 1 Bd 8. [97. 2864]

Pfungst, Arthur· Ein Deutscher Buddhist (Oberpräsidialrat Theodor Schultze). Biograph. Skizze v. Dr –. Stuttgart F Frommann 1899 (50 S.) 8°

Pfungst, Arth., ein deutscher Buddhist (Oberpräsidialrat Theodor Schultze). Biographische Skizze. 2. verm. Aufl. gr. 8. (52 S. m. 1 Bildnis.) Stuttgart 901. F. Frommann. n. — 75
1. Aufl. (51 S.) Ebd. 899. n. — 75.

Pfungst, Arthur, über die Einwirkung der Nitroethane auf die Chlorhydrine mehrwerthiger Alkohole. Diss. Leipzig 1886, Gustav Fock. 8°. 20 S.

Pfungst, Arth. [aus Frankfurt a/M] Ueber d. Einwirkung der Nitroethane auf die Chlorhydrine mehrwerthiger Alkohole. Leipzig, Druck v Metzger u. Wittig, 1886. 20 + 1 S. 8°
Leipzig, Phil Fak Inaug.-Diss. v 15. Jun. 1886.

Pfungst, Arth., neue Gedichte. 12. (III, 89 S.) Leipzig 894. W. Friedrich. n. 2. —

[J.] Neue Gedichte. Von Arthur Pfungst. *Berlin: F. Dümmler 1896.* (2 Bl., 89 S.) 1 Bd 8. [97. 2865]

— neue Gedichte. 2. verm. Aufl. 12. (VII, 104 S.) Berlin 899. F. Dümmler's Verl. n. 2. —; geb. 3. —

Pfungst, Arth., neue Gedichte. 3., verm. Aufl. (VII, 123 S.) 8. Berlin 903. F. Dümmler's Verl. n. 2. —; geb. n. 3. —

— aus der indischen Kulturwelt. Gesammelte Aufsätze. (202 S.) gr. 8. Stuttgart 904. F. Frommann. n. 2. 60; geb. n. 3. 40

Pfungst, Arth. Laskaris. Eine Dichtg. 1. Thl.: Laskaris' Jugend. gr. 8. (153 S.) Lpz. 889, W. Friedrich. * 2 —; geb. * 3 —

— Laskaris II. Der Alchymist. Eine Dichtg. 8. (166 S.) Ebd. 893. n. 2. —; geb. n. 3. — (I. II.: n. 4 —; geb. n. 6. —)

Pfungst, Arth, Laskaris. E. Dichtg. 1. Thl.: Laskaris' Jugend. 2., durchgeseh. Aufl. gr. 8. (153 S.) Leipzig 895. Berlin, F. Dümmler's Verlag. n. 2. —

— dasselbe. 2. Thl.: Der Alchymist. 2., durchgeseh. Aufl. gr. 8. (166 S.) Berlin 896. F. Dümmler's Verlag. n. 2. —; geb. n. 3. —

— dasselbe. 3. [Schluß-] Tl.: Philalethes. gr. 8. (158 S.) Ebd. 897. n. 2. —; geb. n. 3. —

— Laskaris. Eine Dichtg. 3. Aufl. (Volksausg.) 8. (252 S.) Ebd. 898. n. 2. 40; geb. n. 3. 60

— Laskaris. Eine Dichtung. 4. Aufl. (Volksausg.) 8. (252 S.) Ebd. 901. n. 2. 40; geb. n. 3. 60

—— s. Sutta Nipâta, das.

— wer soll der „Deutschen Gesellschaft f. ethische Kultur" beitreten? Vortrag, geh. in den Abteilgn. München u. Frankfurt a. M. 8. (24 S.) Ebd. 895. n. — 40

Wer soll der 'Deutschen Gesellschaft für ethische Kultur' beitreten? Vortr. geh. in den Abteilgn München u. Frankfurt a. M. v. Dr. Arthur Pfungst. *Berlin: F. Dümmler 1895.* (24 S.) 1 Bd 8. [96. 1921]

Pfungst, Osk., das Pferd des Herrn v. Osten (der kluge Hans). Ein Beitrag zur experimentellen Tier- u. Menschen-Psychologie. Mit e. Einleitg. v. C. Stumpf sowie 1 Abb. u. 15 Fig. (193 S.) gr. 8. Leipzig 907. J. A. Barth. 4.50

Pfungstadt [Schlagwort]

Pfungstadt, s.: **Deutschland.** Kürschner-Pelp.

PFURTSCHELLER, Paul: Beiträge zur Anatomie der Coniferenhölzer - Wien 1877 40 S., 10 Abb. (Hdschr)- Diss. Phil. Fak : (Verh. zool. - bot. Ges. i Wien 1884)

Pfurtscheller, Paul Über die Innenhaut der Pflanzenzelle nebst Bemerkungen über offene Kommunikation zwischen den Zellen. 35 S. u. Taf. Progr. Frz. Jos. G. *Wien* 1883.

Pfurtscheller, Paul, zoologische Wandtafeln. 1—16. u. 18. Taf à 138×128 cm. Farbdr. Mit Text. gr 8. Wien, A. Pichler's Wwe. & Sohn. à n. 5. —; auf Pap. m. Stäben à n.n. 6 50; auf Leinw. m. Stäben à n.n 8. 50
1. Anthozoa, Korallentiere, Polyactinia=Vielarmige Korallentiere. (2 S.) (903) — 2. Lamellibranchiata, Muscheltiere. (Unio, Malermuschel.) (2 S.) (903.) — 3. Gastropoda, Bauchfüsser (Schnecken). Pulmonata, Lungenschnecken. (2 S.) (903.) — 4. Salachii (Plagiostomi), Haie. (2 S.) (903.) — 5. Echinoideae. Seeigel. (3 S. m. 1 Abbildg.) (904.) — 6. Hydromedusae. Hydra. (3 S. m. 1 Abbildg.) (903.) — 7. Cephalopoda, Kopffüsser. (Sepia officinalis.) (3 S. m. 1 Abbildg.) (903.) — 8. Mollusca (Mantelbildung). (3 S.) (903) — 9. Cestodes, Bandwürmer. (Taenia solium, der Hackenbandwurm des Menschen.) (3 S. m. 1 Abbildg.) (903.) — 10. Anthozoa (Octactinia). (4 S. m. 1 Abbildg.) (903) — 11 Asteroidea. Astropecten aurantiacus. (4 S. m. 1 Abbildg.) (904) — 12. Spongiae (Porifera) I. Sycon. Aplysina. (4 S. m. 1 Abbildg.) (904.) — 13. Hymenoptera. Apis mellifica. I. (4 S. m. 1 Abbildg.) (904.) — 14. Spongiae (Porifera) II. Euspongia officinalis. (3 S. m. 1 Abbildg.) (904.) — 15. Thoracostraca. Astacus fluv. I. (Flusskrebs.) (3 S. m. 3. Abbildgn.) (905) — 16. Hirudinei. Hirudo medicinalis, Blutegel (4 S. m. 1 Abbildg.) (905.) — 18. Ophidia I. Tropidonotus natrix. (904.)
Taf. 17, sowie der Text zu 18 sind noch nicht erschienen.

Pfurtscheller, Paul, zoologische Wandtafeln. 17 u. 19 bis 24 Taf. à ca. 138×130 cm. Farbdr. Mit Text. gr. 8. Wien, A. Pichler's Wwe. & Sohn.
17. Infusorien (Ciliata). (3 S. Text m. Abb.) (907.) Mit Stäben n 6.50; auf Leinw. n 8.50
19. Lagerung der Eingeweide. (2 S. Text m. Abb.) (907) Mit Stäben n 6.50; auf Leinw. n 8.50
20. Emys orbicularis L. (= E. lutaria). Sumpfschildkröte. (3 S. Text m. 1 Abb.) (908.) Mit Stäben n 6.50; auf Leinw n 8.50
21 Lithobius forficatus Steinkriecher. (4 S. Text m. 1 Abbildg.) nn 6.50 auf Leinw nn 8.50
22. Perca fluviatilis. Flussbarsch. (4 S. Text m. 1 Abb.) (909.) Auf Leinw. m. Stäben nn 10.50
23.24. Lepidoptera. Pieris brass. I u. II. (Je 4 S. Text m. Abbildgn.) (910.) Auf Leinw. m. Stäben à nn 10.50

Pfusch, Ernst, frisch gesungen, s.: **Heinrichs, Hans.**

Pfuschereien, reformatorische, des Jahres 1845 von 4 Doctoren. gr. 8. (1 B.) Charlottenburg 846, Bauer.

Pfüster, A. Memoiren vom März 1848 bis Juli 1849. Beitrag zur Geschichte der Wiener Revolution. 2 Bde. 8. Frankfurt a./M. 1850.

Pfutsch, Johann Heinrich (Quedlinburg / Sachsen), Fontes praedictionum in morbis. Diss. med. Leipzig (Langenheim) 17. X. 1760. 28 S. (4.75)
26420

Pfütsch, Hans Wilhelm Hilmar, approb. Arzt aus Hochheim, Kr Erfurt Aus d. Kgl. Psychiatr. u. Nervenklinik d. Universität Kiel. Über Psychosen im Verlauf des Typhus abdominalis. *Kiel 1903: H. Fiencke.* (14 S.) 8°
Kiel, Med. Diss. v [3. Aug.] 1903

Pfütze, Arno, die landwirtschaftlichen Produktiv- u. Absatzgenossenschaften in Frankreich, s.a. Zeitschrift f. die gesamte Staatswissenschaft. VI. Erg.-Hft.

Pfütze, Arno: Die landwirtschaftlichen Produktiv- und Absatzgenossenschaften in Frankreich. *Tübingen 1903: H. Laupp jr.* (96 S.) 8° ¶ [= Zeitschr f. d. ges. Staatswiss., Erg.H 6.]
Leipzig, Phil. Diss. v. [15. Juni] 1903

Pfütze, Kurt

Pfütze, *Max* Curt [aus Grottewitz]: Die Sprache in J. M. R. Lenzens Dramen.... Braunschweig, Druck v. G. Westermann, 1890; 1 Bl., 74 S., 1 Bl.. 8°
Leipzig, Phil. Fak., Inaug.-Diss. v. [27. Sept.] 1890

Pfütze, Oswald, Heimatskunde von Bautzen und Umgegend. Ein Beitrag zur Ergänzung und Belebung des geograph. und geschichtl. Unterrichts. Für die oberen Klassen der Volksschulen und die unteren und mittleren Klassen höherer Schulanstalten. Mit 1 (chromolithogr.) Karte von R. Böhme. gr. 8. (IV, 60 S.) Bautzen 884, (Rühl.) **

Pfütze, O., Heimatkunde v. Bautzen u. Umgegend. Ein Beitrag zur Ergänzg. u. Belebung d. geograph. u. geschichtl. Unterrichts. Für die oberen Klassen der Volksschulen, die unteren u. mittleren Klassen höherer Lehranstalten u. f. die Fortbildungsschulen. 2., verb. Aufl. gr 8. (IV, 67 S. m. 1 farb. Karte.) Bautzen 889. Rühl. n. 1. —

Pfützenreuter, Erich, prakt. Arzt. Ueber einen **Fall** eines rippenartigen Querfortsatzes am ersten Lendenwirbel bei Camelus bactrianus L. *Königsberg i. Pr. 1904: H. Herrmann.* (27 S.) 8°
Königsberg, Med. Diss. v 7 März 1904

Pfützner, Christian (Reval/Estland/Livland), De inscriptione apocalypseos Joanneae. Präs. Jo. Hermann von Elswich. Wittenberg (S. Kreusig) 19. VI. 1715. 30 S. (5.25) 26414

— — Dasselbe. Wittenberg (S. Kreusig) 19. VI. 1715. 30 S. (5.25) **26415**
Mit Widmung.

Pfützner, Ferdinand: Ueber die Aussprache des provenzalischen A. Halle a. S. 1884. Colbatzky 44 S. 8°
Halle-Wittenberg, Phil. Diss. v [12. Dez.] 1884
Geb. Gebesee (Kr. Weissensee) 29 10. 1857 V
Verf erlebte die nachträgliche Diplomerneuerung 1935 als Studiendirektor a. D in Gebesee, vgl. Anh. Nr ⁻⁻2.

Pfützner, Jul., Verzeichniss der in der Umgegend von Berlin vorkommenden Schmetterlinge nach eigenen vieljährigen Beobachtungen u. den Notizen der erfahrensten Berliner Sammler aufgestellt. [Aus Zeitschrift des entomologischen Vereins.] Berlin 867. (Calvary & Co.) gr. 8. (16 S.) n. 8 ngr

Pfützner, Martin, Referendar in Dresden: Der Fiskus als gesetzlicher Erbe. Dresden 1904: E. Pierson. (IX, 46 S.) 8°
Leipzig, Jur. Fak., Diss. v. 8. Dez. 1904
[Geb. 2. Nov. 77 Dresden; Wohnort: Dresden; Staatsangeh.: Sachsen; Vorbildung: Gymn. Plauen i. V. Reife O. 98; Studium: Freiburg i. B. 2, Leipzig 5 S.; Rig. 12. Febr. 03.]

Pfützner, Mart., der Fiskus als gesetzlicher Erbe. (VII, 46 S.) gr. 8. Dresden 905 Holze & Pahl. n. 1. —

Pfützner, Thomas: De templi posterioris prae priori g l o r i a , s. B i e l , Hieronymus Wigand

Pfyffer, Ludw., und seine Zeit, s. Segesser, A. Ph. v.

Pfyffer, Oberst., Histor. Schausp. in 5 Aufz. v. F. M. Crauer. 8. Luzern, Anich. 783.

Pfyffer Schultheiss Eduard Pf. in Luzern. Ein dramatisches Gemälde. (SA.) 8. Langenthal 1846.

Pfyffer, Plan descriptif d'une grande partie des cantons de Lucerne, d'Uri, de Schweitz, d'Unterwalden, de Zoug et de Glaris. 1777. fol. Sur toile. 2. 50

Pfyffer, P. Anton, Lob-Red Zu Ehren des heiligen Martyrers Leontius, Da die Erste Übersetzung seines heiligen Leibs ... begangen wurde, gehalten, Anjetzo ... In Truck gegeben Von P. Antonio Pf.... 4. Lucern 1747.

Pfyffer, Carl, s. P f y f f e r , Karl

Pfyffer, Casimir, s. P f y f f e r , Kasimir

Pfyffer, Edmund v[on]. **Kurzgefasste Geschichte und Litteratur der Stenographie. Zum Gebrauche in Vereinen, Anfänger- und Fortbildungskursen. Bearb. nach den Werken von (Hans) Moser, (S[ines]) Alge, (Alfred) Tschan, Dr. [Christian] Johnen, Prof. (Karl) Faulmann, [Franz] Hödel u. A. 16 S. 8. Luzern, Räber & Cie., 1901,** [fr. —. 80]

Pfyffer, Eduard. Anrede Seiner Exzellenz des Herrn Schultheissen E. Pf. bei dem Schlusse der ordentlichen Tagsatzung des Jahres 1832. 4. *o. O.*

Pfyffer, Ed., Nekrolog v. Thaddäus Müller, Stadtpfarrer u. Chorherrn v. Luzern. Gelesen in d. Helvet. Gesellsch. zu Langenthal d. 26. April 1826. Mit Müllers Portr. 8. Zürich 826. Schulthes. 9 gr

Pfyffer, Eduard. Präsidialvortrag Seiner Excellenz des Herrn Schultheissen E. Pf., bei Eröffnung der ordentlichen Tagsatzung in Luzern den 2. Heumonat 1832.
Ausg. A 8. Sursee
Ausg B 4. *o. O*

Pfyffer, Eduard. Rede Seiner Excellenz des Herrn Schultheissen E. Pf., beim Feste der eidgenössischen Tagsatzung auf dem Rütli, den 12. August 1832. 8. Trogen.

Pfyffer, Emil, s.: Kalender f. d. Textil-Industrie.

Pfyffer, Frz. Xaver

— Himmelfahrt Luthers. 8. Ebend. 748.

Pfyffer, Franz Xav., neue Controverspredigten. 4. Augsb. Wolf. 752.

Pfyffer, Frz. Xav., († d. 29. März 1750.) sämmtl. Predigten. (Nach seinem Tode gesammelt u. herausgeg.) 4 Augsb. 752. Wolf. 2 rt 16 gr

Pfyffer, Franz X., Christliche apostolisch-kathol. Wahrheiten von einer hohen Domkanzel (zu Augspurg) meistens wider die lutherische Lehr durch offentlich gehaltene Predigen standhaft erwiesen, gründlich verfätiget u. schon vormalen unwiderleglich hell mit allgemeinen weit erschallendem Ruhm, auch meistenteils zerschieden u. einschichtig an das Licht gestellet, nunmehro aber . . . wegen ihrer bekannten Vortrefflichkeit u. auf öfteres eifriges Verlangen aller Katholischen, so von solcher Wissenschaft haben, treulich zusammen gesamlet, in einen Band vereiniget u. zum Druck gegeben. Augsburg u. Würzburg, Veith, 1752. Fol., 901 S.

Die einzelnen Predigten mit ihren Thematen, 41 an der Zahl, bei Backer a. a. O., I 561—8. Über Pfyffer s. Werner, Gesch. S. 140—1.

Pfyffer, Hans [aus Döttingen (Kt. Aargau)]: Beiträge zur Lehre von den Erkrankungen des Wurmfortsatzes. Aarau 1897. 70 S. 5 Tabellen. 16 Fig. 8°.

Basel. Med. Diss. 1897 98

Pfyffer, J. J. X., s. Pfyffer zu Neueck, Joseph J. Xaver

Pfyffer, Joh[annes]. Ich will nach Sion. Ein praktisches Beicht- und Kommunionbüchlein für jung und alt. Verfasst von Joh. Pf, Pfarrer.... [Mit Vignetten und 2 Tafeln.] 160 S. 8. Einsiedeln.... Benziger & Co. A. G., 1910. [geb. fr. —. 70]

— Das übernatürliche Leben od. die heiligmachende Gnade zur Belehrung f. Christen aller Stände. (240 S. m. 2 Stahlst.) 16. Ebd. 910. Geb. in Leinw. 1.60; in Ldr. m. Goldschn. 2.40

Pfyffer, Ivo. Der Aufstand gegen die Helvetik im ehemaligen Kanton Baden. Im September 1802. 49 S. 8.

Jahresbericht über das Aargauische Lehrerseminar Wettingen Schuljahr 1903/04.... Beilage.... Baden, O. Wanner, 1904.

Pfyffer, Ivo, aus dem Kriegsjahr 1799. Der Versuch e. Aarüberganges bei Döttingen durch Erzherzog Karl am 17. VIII. 1799. gr. 8. (32 S.) Baden 899. (A. Doppler.) n. — 65

Pfyffer, Karl

Pfyffer, Carl, der Kanton Luzern, s. Gemälde, historisch-geographisch-statistisches, der Schweiz.

Pfyffer, Kasimir

(Pfyffer, Casim.,) Anleitung zur Führung v. Untersuchungen rc., s. Anleitung.

Pfyffer, Kasimir, Beleuchtung d. Ammann'schen Untersuchungsmethode u. Betrachtungen üb. das Strafrechtsverfahren überhaupt. gr. 8. (68 S.) Zürich 847, Orell, Füßli & Co. n. 1/3 ß

—— meine Betheiligung an d. Rathsherr Leu'schen Mordgeschichte. gr. 8. (7 3/4 B. u. P's. Portr.) Zürich 846, Orell, Füßli u. Comp.

—— aktenmäßige Darstellung rc., s. Darstellung.

— Entwurf eines Strafgesetzbuches und Strafrechts-Verfahrens für den Kanton Luzern. gr. 4. Luzern 835. Meyer. 1 ß

Pfyffer, Kasimir, das neue Erbrecht d. Kantons Luzern, erläutert. gr. 8. (7 1/4 B.) Luzern 838, Meyer.

Pfyffer, Casimir, und Kopp, [Jacob]. Erklärung des Herrn Dr. K' Pf' und Vortrag des Herrn Alt-Schultheiss K' im Gr. Rathe zu Luzern am 9. Juni 1846 über den Bericht des ausserordentlichen Verhöramtes betreffend den Stand der Untersuchung hinsichtlich des Aufruhrs vom 8. Dezember 1844. 8. (Zürich 1846.)

Pfyffer, Kas., Erläuterung d. bürgerl. Gesetzbuches d. Kantons Luzern. 1. Thl. Personen-Recht. gr. 8. (14 B. u. 3 lith. Verwandtschafts-Tab.) Luzern 832, Meyer.

—— Erläuterung d. bürgerl. Gesetzbuches d. Kantons Luzern. 2. Thl. Sachen-Recht. 1. u. 2. Hauptstück. gr. 8. Luzern, Meyer.

Hauptst. 1. Dingliche Rechte. 2 Hfte.
Hft. 1. Von d. Besitze, d. Eigenthum u. d. Dienstbarkeiten. ([illegible] B.) 835. 12 Gr.
„ 2. Von d. Pfandrechte u. d. Erbrechte. ([illegible] B.) 838 12 Gr.
2. Persönliche Rechte. (Obligationenrecht.) (19 1/8 B.) 839. 1 Thlr.
1 Thl. Ebendas. 1832. 20 Gr.

Pfyffer, Kasimir, Erläuterung des bürgerlichen Gesetzbuches des Kantons Luzern. 3. Thl. A. u. d. T.: Gesetz über das Civil-Rechtsverfahren im Kanton Luzern. Mit ergänz. Erläuterungen. gr. 8. (XVI und 152 S.) Luzern 851, Stocker. *

1. und 2. Thl. Luzern 1832—38. 2 Thlr. 27 1/2 Ngr.

—— Eröffnungsrede d. Gr. Raths d. Kantons Luzern, d. 21. Wintermonath 1831. 8. ... Luzern, Anich.

Pfyffer, Casimir. Eröffnungs-Rede des Präsidenten des Grossen Raths des Kantons Luzern, Doctor C' Pf', den 21ten Wintermonat 1831. Auf Anordnung des Grossen Raths gedruckt. 8. Luzern 1831.

—— über d. Folgen d. neuesten Staatsreformen in d. Schweiz, in Hinsicht auf Politik u. Kultur. Eine Rede, gesprochen in d. helvet. Gesellschaft u. zur Beherzig. dargelegt d. schweizer. Nation im May 1831. gr. 8. (2 B.) Zürich, Orell, Füßli u. Comp.

—— Geschichte der Stadt und des Kantons Luzern. Vom Ursprunge bis zur Staatsumwälzung im J. 1798. gr. 8. (XVI und 576 S.) Zürich 850, Orell, Füßli und Comp.

—— dass. — 2. (letzter) Thl. A. u. d. T.: Geschichte des Kantons Luzern während der letzten fünfzig Jahre. Von der Staatsumwälzung im J. 1798 bis zur neuen Bundesverfassung im J. 1848. gr. 8. (XVI und 740 S.) Ebds. 852.

Pfyffer, Casimir. Geschichte der Stadt und des Kantons Luzern, von Dr. K' Pf'. 2 Bände. Neue unveränderte wohlfeile Ausg. 8. Luzern 1861.

Band 1. Vom Ursprunge bis zur Staatsumwalzung im Jahr 1798.
Band 2. Von der Staatsumw' im J' 1798 bis zur neuen Bundesverfassung im J' 1848.

Pfyffer, Dr. Kas., Vor dreihundert Jahren oder der Pfyffer-Amlehn'sche Handel. Ein charakteristist. Gemälde aus der alten Republik Luzern. 56 Stn. 16. Luzern, Meyer'sche Buchdr. 1871

Pfyffer, Dr. Kas., aus dem Leben des weiland Grossrath Ludwig Placid Meyer von Luzern. VI. u. 65 Stn. 8. Luzern, Druck von C. M. Härdi. 1871

Pfyffer, Kasim., der Kanton Luzern, s. Gemälde, histor.-geograph.-statist., der Schweiz.

Pfyffer, Casimir. Der Kanton Luzern, historisch-geographisch-statistisch geschildert. Ein Hand- und Hausbuch für Jedermann. Von Dr. K' Pf'. 2 Theile. [Je Mit illustriertem Umschlag.] 8. St. Gallen und Bern 1858–1859.

Historisch-geographisch-statistisches Gemälde der Schweiz. Band 3.

—— Nachtrag zur Schrift: Meine Betheiligung an der Rathsherr Leu'schen Mordgeschichte und Appellation an die öffentl. Meinung. gr. 8. (88 S.) Zürich 848, Orell, Füßli und Comp.

—— das Obligationenrecht d. Kantons Luzern, erläutert. gr. 8. (18 7/8 B.) Luzern 839, Meyer.

Aus: Dess., Erläuterungen d. bürgerl. Gesetzbuches d. Kant. Luzern, 2. Thl., besond. abgedruckt.

—— über d. Preßfreiheit u. Publizität. Eine Rede ꝛc., gehalt. im Gr. Rath d. K. Luzern, d. 28. Brachm. 1828. 8. (1¾ B.) Luzern, Anich.

—— der Rechtsfreund für den Canton Luzern. Oder: Anleitung, die im Leben vorkomm. Rechtsgeschäfte nach den bestehenden Gesetzen u. Uebungen abzuschließen. 2 Abtheil. 8. (20½ B.) Zürich 812, Schultheß.

Pfyffer, Casimir Rede des Herrn Präsidenten Dr K' Pf' bei dem Schlusse der ordentlichen Wintersitzung des Grossen Rathes des Kantons Luzern, am 22. Hornung 1841. 8. *o. O*

—— und Jac. Baumgärtner, Reden üb. d. schweizer. Bundesreform. Geh. in d. Sitzung d. eidgenöss. Tagsatzung d. 28. Heumonat 1835. gr. 8. (2¾ B.) Bern, [Fischer.]

Pfyffer, Casimir Flüchtiger Rückblick auf das abgeflossene Dezennium in Beziehung auf den Kanton Luzern. Vorgetragen in der Kulturgesellschaft des Kantons Luzern von Dr. K' Pf' 8. Luzern 1842

Pfyffer, Casimir Rückblick auf die Revisions-Bewegungen im Kanton Luzern seit dem Jahre 1848 Von Dr K' Pf' 8. Luzern 1863.

Pfyffer, Kasimir. — Sammlung einiger kleinern Schriften Dr. Kasimir Pfyffer's nebst Erinnerungen aus seinem Leben. Zürich 866. (Schultheß.) gr. 8. (V, 482 S.) n. 1 ₰ 10 ngr.

Pfyffer, Casimir Der Sempacher-Krieg, eine historische Skizze. Bruchstück aus der Geschichte des Kantons Luzern. 8. Luzern 1844.

Pfyffer, Dr. Kasimir. Biographische Skizze. Zur Erinnerung f. seine Freunde. gr. 8. (16 S.) Luzern 875. Prell. n. — 40

— die Staatsverfassungen des Kantons Luzern und die Revisionen derselben. Luzern 870. (Prell.) gr. 8. (64 S.) 7½ ngr.

— das Strafrechts-Verfahren des Kantons Luzern vom J. 1865 mit einer Einleitung u. erläut. Anmerkungen, mit einigen Formularen nebst zwei Abhandlungen. Luzern 866. Schiffmann [Prell]. 16. (274 S.) n. 20 ngr.

Pfyffer, Casimir. Dr Jakob Robert Steiger und dessen Staatsprozess in Luzern. Ein Beitrag zu der Geschichte der jüngsten Ereignisse im Kant(on) Luzern. Hrg. von Dr. K' Pf'. Mit Steigers Portrait [Tafel]. 8. Luzern 1845
[1. Aufl.] — 2. Aufl.

— Zuruf an den eidgenöss. Vorort Luzern, bei Uebernahme der Leitung der Bundes-Angelegenheiten. gr. 8. Luzern 831. Meyer. ⅛ ₰ (Ist im Hauptwerke irrthümlich: Pfyffer zu Neueck zugeschrieben.)

Pfyffer v. Altishofen, Emanuel

Pfyffer v. Altishofen, Em., Betrachtgn. üb. d. Farben d. Pflanzen u. Blumen. [Aus: „Dr. Neuberts Gartenmagazin".] Lex.-8. (8 S. m. 2 Abb.) München 896. V. Höfling. n. — 40

— Blumenparterre-Album. Sammlung neuer Entwürfe zu Teppichbeeten u. Blumenparterres m. Bepflanzungsangaben, Konstruktionszeichngn. u. Anleitg. zum Uebertragen der Entwürfe aufs freie Land. 6 Lfgn. gr. 4. (62 S. m. Abb. u. 29 Taf.) Ebd. (899—901). à n. 1. —; (kplt. kart. n. 5. —)

— die Buchhaltung des Gärtners. Zum Selbstunterricht f. Handelsgärtner u. Baumschulenbesitzer, sowie zum Gebrauche an Gärtner-Lehranstalten hrsg. gr. 8. (79 S. m. Formularen.) Ebd. 900. Geb. n. 1. 60

Pfyffer v. Altishofen, E., die Chemie des Gärtners u. Landwirts, s. a. Schule, die, des Gärtners u. Landwirts. 1. Bd.

Die Chemie des Gärtners und Landwirts oder: Was muß der Gärtner u. Landwirt von d. Chemie, Pflanzenernährung ... wissen? Ein Lehrbuch z. Selbstunterr. ... sowie z. Gebr. an höh. Gärtnerlehranst. ... Von E. Pfyffer v. Altishofen. Illustr. Bd 1. Berlin: W. Werner 1905. 8°
[Umschlagt.:] Was muß d. Gärtner von d. Chemie ... wissen? Von Pfyffer.
— Schule, Die, d. Gärtners u. Landwirts. Bd 1. [04. 3394

— die Düngung der Gemüsekulturen. Zur Belehrg. f. Gärtner, Gartenbesitzer u. Landwirte. (VIII, 146 S. m. Abb.) 8. Leipzig 906. O. Lenz. n. 2. 50; geb. n. 3. 25

Pfyffer v. Altishofen, E., die Düngung der Obstkulturen. Zur Belehrg. f. Obstzüchter, Gärtner, Gartenbesitzer u. Landwirte. (VII, 151 S. m. Abb.) 8. Wiesbaden (909). R. Bechtold & Co. 1. 80

— Düngungsversuche m. schwefelsaurem Ammoniak, Superphosphat u. 40%igem Kalidüngesalz im Gartenbau. Vortrag, geh. in der Hauptversammlg. des Central-Obst- u. Gartenbau-Vereins f. das Fürstent. Reuß j. L. am 12. IX. 1906. (51 S. m. Abb.) gr. 8. Köstritz 906. (C. Seifert.) 1. —

— s.: Landschaftsgärtnerei u. Gartenarchitektur.

— Lehrbuch des gesamten Düngewesens. Zum Selbstunterricht f. Landwirte u. Gärtner, wie zum Gebrauche an landwirtschaftl. u. gärtner. Lehranstalten. (IX, 276 S. m. Abbildgn.) gr. 8. Berlin 906. H. Steinitz. n. 3. —; geb. in Leinw. n. 4. —

— Leitfaden der organischen Chemie f. Gärtner. Ein Lehrbuch f. den Unterricht an Gärtnerlehranstalten u. Gartenbauschulen, sowie zum Selbstunterrichte. 2., verm. Aufl. Mit e. Anh.: Einiges üb. Gärungschemie f. Obst- u. Weinbautechniker. Von R. Lorentz. (VII, 66 S.) 8. Leipzig 907. O. Lenz. — 75; geb. 1. 25

— s.: Neubert's Garten-Magazin.

— die Paeonien u. ihre Kultur, s.: Garten-Bibliothek, deutsche.

— Sammlung neuer Entwürfe zu Teppichbeeten u. Blumenparterres ... Berl. 1900. 29 Tvl. m. tilh. Tekst. 4°.
(M. Overtit.: Blumenparterre-Album).

— u. Joh. Obrist, d. einheim. u. tropischen Seerosen u. ihre Kultur od. Nymphaeaceen u. Nelumboneen, s.: Garten-Bibliothek, deutsche.

— gärtnerische Spezialkulturen. 1. Heft. 8. Leipzig 906. O. Lenz. n. 1. 20; geb. n. 1. 80
Die kraut- u. baumartigen Päonien u. ihre Kultur. Die einheim. u. trop. Seerosen u. ihre Kultur. 2. verb. Aufl. (VI, 89 S. m. Abbildgn.)

— Unterrichtsbriefe f. gärtnerisches Planzeichnen. Zum Selbstunterricht f. Gärtnerlehrlinge, Gärtnergehilfen u. Landschaftsgärtner. 6 Briefe. 4. (à 8 S. m. Abb.) Berlin-Carlshorst 900. 901. H. Friedrich. à n. — 40

— der kleine Villengarten, s. a. Gartenbau-Bibliothek.

Pfyffer von Altishofen, E.: Der kleine Villengarten, seine Anlage u. Ausschmückung. Eine kurze Anleitung. von E. Pfyffer von Altishofen, Gartenarchitekt. Mit 20 Abb. u. 3. Taf. Berlin: K. Siegismund 1900. (80 S.) 8°
= Gartenbau-Bibliothek. Bd 20.

Pfyffer v. Altishofen, E., wie bepflanze ich meine Blumenbeete im Herbst, um im Frühling e. schönen Blumenflor zu haben? Ein Wort an Gartenbesitzer, Blumenfreunde u. junge Gärtner. 12. (24 S.) Carlshorst-Berlin 899. H. Friedrich. —25

— s.: Zeitschrift f. Landschaftsgärtnerei.

Pfyffer v. Altishofen, Karl

Pfyffer von Altishofen, [Carl]. Récit de la Conduite du Régiment des Gardes Suisses à la Journée du 10 Aout 1792. Par le Colonel Pf' d'Altishoffen.... [Avec 1 planche et couverture illustrée.] 4. Lucerne 1819

Pfyffer-Feer, [Jacob]. Apologie des höchsten Finanz-Tribunals, welches Pf' F' dem Bürger [Carl Friedrich] Reinhard, Gesandten der französischen Republik, vorgelegt hat. [Mit 1 Tabelle.] 8. *o. O.* 1801.

Pfyffer v. Heidegg, Alph.

— s. Ist d. Kaiser zu trauen?

— Was ist eine Volksreligion? 8. Luzern 798.

Pfyffer v. Heidegg, Alph., Was ist Freiheit? 4. Luzern 798.

Pfyffer v. Luzern, K., über d. Folgen der neuesten Staatsreformen in d. Schweiz, in Hinsicht auf Politik u. Kultur. Eine Rede. gr. 8. Zürich 831. Orell. 3 gr

Pfyffer zu Neueck, Joseph J. Xaver

Pfyffer zu Neueck, J. J. X., Bilder aus dem Orient. 8. Zürich 842, Schultheß. 3/4 ₰

Pfyffer zu Neueck, J. J. X., Bilder der Vorzeit u. Gegenwart. Ein Festgeschenk für die reifere Jugend. Mit 6 schönen Lithograph. gr. 12. Aarau u. Thun 837. Christen. 1 ₰ ill. 1 1/3 ₰

— Festgeschenk f. d. Jugend. Neue Ausg. 8. (6 1/4 B. u. 2 ill. Bild.) Bern 841, Fischer.

Pfyffer zu Neueck, [Joseph J Xaver]. Freuden und Leiden einer kleinen Bergreise (von Luzern über den Gotthard, die Furka, den Grimsel und Brünig. Mit lythographirten Ansichten [3 Tafeln]). 8. Luzern 1839.

Pfyffer zu Neueck, J. J. X., Gedichte u. Novellen. 18 Bdchen. 8. Luzern 830. Anich. (Leipz., Schmidt). 8 gr

— Jugend-Phantasien. (Gedichte.) 16. (3 1/2 B.) Luzern 828, Meyer.

— Jugend-Phantasien. (Gedichte). 16. Luzern 828. (Leipzig, Schmidt). 10 gr

(Pfyffer zu Neueck, [Joseph J Xaver].) Das Linthal und die Sage von der Entstehung der Bantenbrücke. Mit einer lythographischen Abbildung [Tafel]. (Der Jugend Luzerns als Erinnerungsgabe bei ihrem dritten Jahresfest.) 8. Luzern 1838.

Pfyffer zu Neueck, J. J. X., († d. .. Nov. 1853), die Mordnacht v. Luzern. [1333.] Novelle. Mit 4 Kpfrn. gr. 8. (208 S. m. gest. Titel.) Basel 848, Schabelitz. 1 1/6 ₰

Pfyffer zu Neueck. *Neujahrsgeschenk* für die Jugend. Auf das Jahr 1836. Von Pfyffer zu Neueck. Mit 2 illuminirten [lithogr.] Bildern. Bern, C. Fischer u. Comp. VI, 93 SS. Kl.-8°. (Leicht benutzter) einfacher Lwd. 16.—
Geschichtliche Daten, kl. Erzählungen, Gedichte, z. T. im Dialekt.

— Novellen u. Gedichte. 2., verm. Ausg. gr. 8. (14 1/2 B. u. 1 Stnt.) Zürich 835, Schultheß.

Pfyffer zu Neueck, J[oseph] J X[aver]. Der Kurort Rigi-Scheideck bei Gersau. Beschreibung und Sage. Eine Gabe zur Erinnerung für die Kurgäste von R'-Sch' Mit zwei Abbildungen [Tafeln 8. Basel [1840].

— Skizzen v. der Insel Java u. derselben verschied. Bewohnern. 1—16 Hft. Mit 16 Kpf. u. Kart. Fol. Schafhausen 829—32. Hurter. Subscr.-Pr. (à 1 ₰ 12 gr) 6 ₰

— Sonnenblicke u. Nebelwolken Mit 1 Vign. 8. Luzern 831. Meyer, (Leipz., Schmidt). 9 gr

— der Spieler; Erzählung für das Volk. kl. 8. Stuttgart 846, Hoffmann's Verlagsh. 1/3 ₰

(Pfyffer zu Neueck, Joseph J Xaver].) Frischhanns Theilig († 1487), der Held von Irnis. Ein Neujahrsgeschenk für die Luzernerische Jugend. 1829. [Mit 1 Tafel.] 4. Luzern.

— Veilchenkränze für die Jugend, aus dessen Schriften. 1. Kranz. (Mit Titelbild, verziert. farbig gedrucktem Titel u. mehr. Holzschnitt-Vign.) 8. Luzern 841. (Regensburg, Manz.) geb. n. 1/3 ₰

— s. Wanderer, der, in der Schweiz.

Pfyffer zu Neueck, [Joseph J Xaver]. Weggis. Vorzeit und Gegenwart. [Mit 1 Tafel.] 8. Luzern 1853.

— Zuruf an d. eidgenössischen Vorort Luzern, bei Uebernahme d. Leitung der Bundes-Angelegenheiten. gr. 8. Luzern 831. Meyer, (Leipz., Schmidt). 3 gr

Pfyffer v. Wyher, (L.,) Panorama oder Zirkel-Ansicht v. Rigi-Berg. Mit e. Wegweiser f. Reisende in französ. Sprache. Luzern 820, Meyer. (Schmidt in Leipzig.)

Pfyffer von Wyher, Paul [Dr. aus Luzern]: **Wesen und Unterschied von Korrealität und Solidarität nach Römischem Recht ....** Göttingen, Druck d. Univ.-Buchdr. v. W. Fr. Kästner, 1887; 78 S. + 1 Bl. 8°
Göttingen, Jur. Fak., Inaug.-Diss. v. 28. Apr. 1886

Pfyffer v. Wyher, P., Wesen u. Unterschied v. Korrealität u. Solidarität nach römischem Recht. Inaug.-Diss. gr. 8. (79 S.) Göttingen 887. (Vandenhoeck & Ruprecht's Verl.) n. 1.60

Pfyl, B., u. P. Rasenack, über die Verpuffungs- u. Verbrennungsprodukte v. Zelluloid. (34 S. m. Abb.) Lex. 8. Berlin 909. J. Springer. 2.—
Sonderabdr. a.: „Arbeiten a. d. kaiserl. Gesundheitsamte"

Pfyl, Balthasar, aus Schwyz (Schweiz): **Ueber den Zusammenhang zwischen chemischer Constitution und anaesthesierender Wirkung bei aromatischen Oxy-amido-estern.** *München 1898: V. Höfling.* (67 S.) 8°
München, Phil. Diss. v. 1898

Pfyl, P. Damascen. Trauerrede auf weiland den Hochwürdigsten Fürst-Abten des Stiftes M. Einsiedeln, Beatus [Küttel], gehalten an dem Begräbnisstage, den 23sten May 1808. 8. Einsiedeln.

Phäder, s. Phaedrus

Phädon, s. a. Mendelssohn — Plato.

Phädon u. Naide; od. der redende Baum. Singsp. v. J. G. Jacobi. 8. Lpz. Göschen. 788.

Phaedon, der Platonische, übers. von Nüsslin, s. a. Plato.

Phaedon, der platonische, übers. und erklärt von Friedr. Aug. Nüsslin. gr. 8. (XVI und 272 S.) Mannheim 855, Löffler.

Phädra, v. Racine, bearb. v. Fr. Schiller. 12. Tübingen, Cotta. 805.

Phaedra. Ein Trauerspiel in 5 Aufzügen. Berlin [ca. 1893]. V: *Georg, Prinz von Preussen.* (Berl 1915, 1918)

Phädra und Hippolytus, ein Trauerspiel. Aus dem Franz. des Racine übersetzt. Leipzig. 1749. 8o. Gottsched I. S. 333.

Phaedra und Hippolitus. Trauerspiel in fünf Akten. Altona 1790. V: *Düsseldorf, Moses Laz.* (Ky)

— u. Hippolitus. Trauersp. 8. Altona. (Gräff in Lpz.) 790.

Phädra und Hippolitus. Trspl. in 5 A., (v. Mos. Laz. Düsseldorf). 8. Altona 790, (Lpz., Wienbrack). 6 gr.

Phaedrus

— vergl. Aesop.

Chrestomathia Phaedrina notis illustrata a J. C. Hartmanno. Altenb. 779. 8. 2 gr.

—— Fabeln in niederlausitzisch-serbischer Sprache, s. Faedrus.

Phaedrus. Etliche Fabeln in deutsche Verse gebracht. [Göttingen] 1729. Ü: *Heumann, Chph Aug.* (Ebert) (Degen)

— Fabeln, travestirt v. Karl Diefenbach. 2 Bde. 8. Frkf. a. M. 794. Zeßler. 1 Thlr. 8 gr.

— — Metrisch übers. v. J. P. Sattler. Nürnb. 798. 8. 8 gr.

— — Übersetzt und mit einem antiquarischen Wörterbuch erläutert von Oertel. Ansb. 802. 8. 14 gr.

—— Wörterbuch, s. Eichert, Otto.

—— Fabeln. Wörterbuch dazu, s. Schaubach, A.

— u. Philelphi angenehmste, sinn- u. lehrr. Fabeln zusammengetragen v. Karl Meuton. 12. Hamb. 750, 775 u. 781. Herold.

– Äsopische Fabeln, s. a. Bibliothek der Übersetzungen sämtlicher griechischer und römischer Klassiker.

— Aesopische Fabeln, s. a. Fabeldichter, römische.

— Äsopische Fabeln, übers. von Siebelis, s. Sammlung, neueste, ausgew. griech. u. röm. Classiker.
Vgl.: Faedrusowe.

—— Aesopische Fabeln, s. a. Universal-Bibliothek Nr. 1144.

— Aesopische Fabeln, metrisch übers. u. mit Anmerk. begleitet von H. J. Kerler. 3 Bdchen. 16. Stuttgart ..., Metzler. à 1/4 Thlr. — Das 3. Bdchen. enth. (6. Buch des Phädrus) Fabeln des Romulus.

Phaedrus. Fünf Bücher Esopischer Fabeln ... Halle 1719. Ü: *Kühl, Leonh. Chph.* (Ebert) (Degen)

Phaedrus. Äsopische Fabeln mit deutschen Anmerkungen. Eisenach 1781. Ü: *Schmid, Carl Ferdinand.* (Ebert) (MGT)

— Aesopische Fabeln, mit deutschen Anmerkk. (v. K. Fd. Schmid). 8. Eisenach 781. Wittekind. 5 gr.

Phaedrus, Äsopische Fabeln, teutsch in Reimfreyen Jamben übersetzt. Breslau 1785. Ü: *Gericke, Joh. Gottfried.* (Degen) (ML) (Ky)

— dies. in reimfreien Jamben übers. (v. J. G. Gericke). 8. Bresl. 785. W. G. Korn. 8 gr. 2e A. 8. Ebd. 788. J. F. Korn. 9 gr.

— dies. übers. mit Anmerkk. v. J. D. Büchling. gr. 8. Halle 798. Hendel. 12 gr.

— dies. in deutsch. Reimen, mit Anmerkk. v. F. X. Weinzierl. 8. Münch. 797. Lentner. 16 gr.

— Aesop. Fabeln, neu übers. v. Frz. Xav. Sperl. 8. Grätz 808. Ferstl. 8 gr.

— Aesop. Fabeln, übers. v. J. L. Schwarz. gr. 8. Halle 818. Schimmelpfennig. 18 gr.

— — In Trimetern übers. von Vogelsang. Leipz. 818. 8. 8 gr.

— dies. in Trimetern übers. v. C. A. Vogelsang. 8. Leipz. 819. (Steinacker).

— Aesopische Fabeln; in Trimetern übers. v. C. A. Vogelgesang. 2e verb. Aufl. gr. 8. Leipz. 824. Steinacker.

Phäders Aesopische Fabeln im Versmaße d. Originals übers. v. Friedr. Heinzelmann. gr. 8. (6¾ B.) Salzwedel 854. (Magdeburg, Creutz.) Thlr.

— auserles. Fabeln aus d. Äsop u. Phädrus, s. Fabeln, auch J. F. Schlotterbeck.

— ausgesuchte Fabeln, ausgewählt v. J. H. Campe, hrsgg. v. Heusinger, s. Encyklopädie d. latein. Classiker.

—— ausgewählte Fabeln. Erklärt von F. E. Raschig. gr. 8. (VIII und 87 S.) Leipzig 853. [Berlin,] Weidmannsche Buchh.

— ausgewählte Fabeln. Erklärt von F. E. Raschig. 2. Aufl. gr. 8. (VIII und 87 S.) Berlin 861, Weidmann'sche Buchh. Thlr.

— ausgewählte Fabeln. Erklaert v. F. E. Raschig. 3. Aufl. besorgt v. Rich. Richter. gr. 8. (XI, 85 S.) Berlin 871. Weidmann. — 75

— Fabeln in einer Auswahl u. mit Anmerkk., s. v. Brillowski, A. H., Auswahl von Fabeln.

— Fabeln, latein. u. französische, mit e. Vorrede v. Mart. Fr. Görgel. 8. Cassel 771. Hemmerde. Mit n. Tit. 795. Ebd. Luckhardt. 4 gl

— des, neu entdeckte Fabeln; aus d. Latein. übers. mit Anmerkk u. d. latein. Text z. Seite, v. K. A. Gruber v. Grubenfels 8. Wien 815. Gerold. 6 gl

— fables nouvellement traduites; le texte vis à vis la traduit avec des remarques et les fables que Mr. de la Fontaine etc. 8. Bresl. 751, 762 et 75. W. G. Korn. 12 gl

Phaedrus. Fables en français ... Liegnitz 1756. Ü: *Bierling, Frdr. Imman.* (Ky)

— fables en français avec des notes grammaticales et autres explications allem. par F. J. B. (Bierling). 8. Liegn. 756 Siegert. 5 gl

— fables en vers français par Jh. Jak. Gross. Avec Original latin à coté. Avec vign. 8. Bern 793. Haller. 18 gl

Phaedrus. Fables imitées d'Esope, revues et corrigées ... Dresde 1748. Ü: *Benard, Abraham Heinrich & Emanuel Vernezobre.* (Ky)

— fables imitées d'Esope, revues et corrigées par A. H. B (Abr. Hnr. Benard) et E. V. (Em. Vernezobre). 8. Dresd 748, 50 et 756. (Gerlach). 5 gl

— fables d'Esop, en latin et en français, avec des notes historiques et critiques. 8. Basel 771. Schweighäuser. 12 gl

— — lat. et fr. 8. Cassel, Griesbach. 795.

— fables d'Esope, en vers français, avec le latin à côté, av. vign. 8. Berne, Haller. 797.

— fabulae ed. G. A. Koch, s. Bibliotheca classica latina.

— — sine notis. 12. Amst. 716.

— fabulae ex rec. Pt. Burmanni, c. nova tab. appendice. 12. Halle 755. N. Edit. 8. ibid. 822. Waisenh.-B. 2 gl

— fabulae, welchen ebst d. richtigen latein. Texte, mit e. daraus gezogenen Sylloge Vocabulorum u. Samml. d. vornehmsten Phrasium u. Sententiarum, den ersten Anfängern in d. latein. Sprache zum Besten v. neuem hrsgg. v. J. F. Hirt. 8. Jena 756. ... 6 gl

— fabulae, den ersten Anfängern in d. latein. Sprache z. Besten hrsgg. v. J. J. Schatz. 8. Jena 765 u. 771. Gröker. 5 gl

— — c. progymn. poet. in us. scholar. 8. Lips. Sommer. 772.

— fabulae. Ex edit. Pt. Burmanni. 12. Nürnb. 773, 775, 792, 800, 815. Riegel u. W. 3 gl

— fabulae c. sylloge vocabulor., phrasium et sententiar. per Jh. Jak. Schatz. 8. Frankf. a. M. 776. Brönner.

— fabulae. Ex ed. Jak. Baden. 8. Copenh. 777 et 784. Pelt. 4 gl

— fabulae, ex recens. Pt. Burmanni. Acced. novarum appendix. 12. Würzb. 778, 790. Stahel. 3 gl Schrbp. 4 gl

— fabulae, ex recens. P. Burmanni, cum sel. notis etc. ed. J. G. S. Schwabe. Prs. I, II, III. Lib. I—V. Halle 779—81. Gebauer. 1 ₰ 21 gl

— — s. n. 8. Würceb. Stahel. 779.

— fabul. a recentioribus apologorum auctoribus composit. 8. Giessen, Heyer et L. 807.

— fabulae. Accod. Publii Syri sententiae, Aviani et Anonymi veteris fabulae. Ed. II. 8maj. Strassb. 810. (Treutte u. W.) 1 ₰

— fabulae. Cum vocabulario latino-germanico. Colon. 821. 8. 6 gr.

Phaedri fabulae. Ed. stereot. Lips. ap. Fleisch. 821. 8. 2 gr.

Phaedri Aug. liberti fabulae, ed. Billerbeck. Ed. nova. 8. Hannover 833. Hahn. 1/8 ₰ — Das Wörterbuch dazu 3e Aufl. 839. 5 gl

Phaedri fabulae, cum appendice duplici. Recens. ictibusque metricis instr. C. H. Weise. Nova edit. stereot. 16. Leipzig 843, K. Tauchnitz. 1/12 ₰ fein Pap. 1/8 ₰

Phaedri, Augusti Liberti, fabulae. Für Schüler mit erläut. u. eine richtige Uebersetzung fördernden Anmerkungen versehen von Johs. Siebelis. gr. 8. (XII u. 75 S.) Leipzig 851, Teubner. 1/4 ₰

— fabulae. Für Schüler mit erläuternden und eine richtige Übersetzung fördernden Anmerkungen versehen von Johs. Siebelis. 2. verb. Aufl. Leipzig 860. Teubner. 8. (XIV, 77 S.) 7½ ngr.

— fabulae. Für Schüler mit erläut. und eine richtige Übersetzung fördernden Anmerkungen versehen von Johs. Siebelis. 3., verb. Aufl. gr. 8. (XVIII und 78 S.) Leipzig 865, Teubner.

— fabulae cum appendice duplici. Recensuit ictibusque metricis instruxit C. H. Weise. Editionis ster. C. Tauchnitianae nova impressio. Leipzig 866. Holtze. 16. (IV, 96 S.) n. 2⅓ ngr.

Phaedri fabulae. Franc. Eyssenhardt recognovit Berlin 867. Weidmann'sche Buchh. gr. 8. (84 S.) 4½ ngr.

Phaedri fabulae. Accedunt Gudianae, Phaedrianae nec non Aviani Faernique fabularum appendices. Recensuit ictibusque metricis instruxit C. H. Weise. Nova editio stereotypa C. Tauchnitiana. Nova impressio. 16. (180 S.) Leipzig 870, Holtze.

Auf Velinp. (Ausg. von 1843)

Phaedri fabulae. Für Schüler mit Anmerkungen versehen von Joh. Siebelis. 4. Aufl. 1870, und 5. verb. Aufl. von Friedr. Aug. Eckstein. gr. 8. (XIV, 75 S.) Leipzig 874, Teubner.

Phaedri fabulae. Für Schüler mit Anmerkgn. versehen v. J. Siebelis. 6., verb. Aufl., besorgt von F. Pollo. gr. 8. (XVI, 77 S.) Leipzig 889. Teubner. — 75

– Fabulae Aesopiae.

— — c. Ernesti, v. Aesop. fabulae.

—— id. — cur. C. Zell, s. Auctores class. Vol. IV.

— id. lib. cur. Lünemann etc., s. Bibliotheca rom. class. Tom. VIII.

— — dies. im Ausz. v. Schulz ist d. Encyklopädie. 2n Thls. 2r Bd.

— — 12. Vesunt. (Levrault, Strasb.)

— — 12. Paris. (ibidem.)

— — c. not. I. Casp. Santarocci. 8. Frcf. Hermann.

—fabular. Aesopiar. libri V, ad optimorum librorum fidem accurate editi. 12. Cöln, Jo. Geo. Schmitz. 4 gr

— — 1 Vol. in-18. (Didot) (Leips., Fr. Fleischer.) (Pap. fin, 9 Gr. papier vélin, 18 Gr. format in-12, pap. vél. 1 Rthlr.)

* — — eaed. cum methaphrasi senariorum. In usum scholarum Cura Adami. 8. Lips. Sommer.

— — eaed., acc. Syrus Avianus et Anonymus. 8. maj. Zweybr.

[MAYR, JOHANN GEORG]. — PHAEDRI Augusti Liberti Fabularum AESOPIARUM novis emblematibus illustratarum libri V. Deß Alten berühmten Poeten Phaedri Keysers Augusti frey-gelassenen Aesopische Fablen, In funff Büchern verfaßt, sambt einem kleinen Anhang und schönen Moralien, Mit Neuen Emblematischen zierlich in Kupffer gestochenen Figuren illustrirt. Augsburg, J. U. Kraus, gedruckt von C. Brechenmacher, 1707. Kleinfol. *Allegor. Frontispiztitel.* 12 Bl. 18 S. *und 18 Kupfertafeln mit je 6 kreisrunden Vignetten von Johanna Sibylla Krausin geb. Küsell nach J. V. Vianen.* Mod. HLdbd. mit Rv. u. Rsch. Goldschnitt.

Schweiger II, 749. – Graeße V 256. FdF 1250. Nicht bei Praz. Erste Ausgabe dieser deutschen Übersetzung, die höchstwahrscheinlich von dem Johann Georg Mayr herrührt, der die Vorrede unterzeichnet hat.

PHAEDRI Augusti Liberti fabularum Aesopiarum. Libri V. Deß Alten berühmten Poeten Phaedri Keysers Augusti frey-gelassenen Aesopische Fablen, In Fünff Büchern verfaßt, sambt einem kleinen Anhang und schönen Moralien, Mit Neuen Emblematischen zierlich in Kupffer gestochenen Figuren illustrirt und ausgeziert. Von J. V. VIANEN del. & sculp. in Holland. Anjetzo aber von JOH. ULRICH KRAUSEN . . . in Teutscher Sprach herauß gegeben und verlegt. Augsburg, C. Brechenmacher, 1707. Kl.fol. 11 [statt 12] Bl. 18 S. *Mit Kupfertitel, u. 18 Kupfertafeln von Johanna Sibylla Krausin, geb. Küsell.* Leicht fl. Kart. (ohne Rücken). 150.—

Schweiger III, 749. 1. Ausgabe dieser Übersetzung, die vom Verleger J. U. Krause oder auch von Joh. G. Mayr stammt, der das Vorwort unterzeichnet. Die fein gestochenen Kupfer sind Kopien, nach denen J. V. Vianens, die zur Hoogstratenschen Ausg. v. 1701 geschaffen wurden.

— Cum paucis brevibusq. notis. Acc. Vindiciae Gudii a censuris Jac. Gronovii. Ed. J. C. Wolfius. Flensb. 709. 8.

— Cum emendationibus et commentariis J. G. Walchii. Acc. Symposii aenigmata, Gabriae fabulae, Antonini Lib. Metamorphoses, gr. et lat. cum notis Abr. Berkelii, et Senecae, item P. Syri sententiae. Lips. 713. 12. 8 gr. Oft wiederholt. Ib. 768. 8. 8 gr.

— — c. not. et access. I. C. Santaroc. 8. Marb. Müller. 722.

— — gall. et lat. c. n. Tanaq. Fabri. 8. Amst. 725.

— — c. novo comment. Burmanni. 8. maj. Mietau. (Sommer, Lips.) 733.

Schreibp.

— — c. comment. varior. ed. Burmann. 4. Amst. 737.

— Rec. suasq. annotatt. adjec. J. M. Heusinger. Isen. 740. 8. Ib. 772. 8. 3 gr. Ib. 800. 8. 3 gr.

— — eaed. c. not. Leonardi et Buchneri. 12. Jenae, Cröcker. 743.

— — m. deutsch. Anmerk. 12. Halle, Renger. 744.

— — dies. ganz deutsch, m. lat. Anm. 12. Ebend. 719.

Phaedri fabulae Aesop. libri V, c. emendatt. et comment. ad mod. Jh. Minellii, c. J. G. Walchii. 12. Leipz. 751. Ed. nov. 768. Weidmann. 8 gr

— fabular. Aesop. libri recte tandem captui pueror. accommodati etc. durch Emm. Sincerum. 8. Augsb. 752, 53. 6 gr

— fabulae Aesop. libri V et novar. fabular. appendix. Cura et studio Pt. Burmann. 12. Berl. ... Ed. VI. 752. Ed. n. 766. Lange. 5 gr

— fabulae Aesop. lib. V, acc. Syri sentent. et Catonis Disticha de morib. c. Jh. Pt. Miller I. 8. Berl. 753. Haude. u. Sp. 10 gr

— fabular. Aesop. libri V, in gratiam studios. juvent. notis illustr. cura Dav. Hoogestratani. 8. Amst. ... Ed. VI. 755.

— fabulae Aesop. libri V, latinitatis studios. gratia in privatos usus editi a Jh. Petschio. 12. Augsb. 760. Lotter.

— fabulae Aesop. Mit deutschen Noten, v. Emm. Sincer. 8. Frankf. a. M. 762. ... 6 gr

— fabulae Aesop. libri V et novar. fabular. appendix, cura et stud. Pt. Burmanni. 12. Leyden 765.

— Rec. cum paraphr. ed. J. N. Funccius. Acc. Symposii Aenigmata. Rintel. et Lips. 765. 8. Ib. 769. 8. 4 gr.

— fabulae Aesop. libri V, recens facili solutaque paraphrasi exposuit Jh. Nik. Funckius. 8. Rinteln 765. Ed. N. 769. Berlin. (Cnobloch in Leipz.) 4 gr

— — ed. Burmann. 12. Berl. Lange. 766.

— — Stud. P. Burmanni. 12. Berl. 766. Jetzt Reimer.

* — — eaed. cum emendatt. et commentariis ad mod. Joa. Minellii, quibus accesserunt Symposii Aenigmata, Gabriae Tabulae, Antonini liberalis metamorphoses, graece et latine, cum prioribus curis Abr. Berkelii, et Senecae, item Publii Syri Sententiae, cura et studio Jo. Geor. Walchii, qui et Diss. de stilo Phaedri et praefationem de officio interpretis praemisit. 12. Lipsiae, Weidmann. 768.

— — ed. Funk. 8. Lips. Böhme. 769.

— — eaed. lat. et gall. c. not. crit. et hist. 8. Bas. Schweighäuser. 771.

— — m. Syll. Vocabulor rc. v. Schatz. 8. Jena, Cröcker. 771.

— fabulae Aesop. libri V, cum metaphrasi senariorum. In usum scholarum studio M. T. A. (Gli. Adami). 8. Leipz. 772. (List in Berl.) 6 gr

— fabulae Aesop. libri V, recens. suasq. adnotatt. adj. Jh. Mch. Heusinger. 8. Eisen. ... Ed. N. 773. Griesbach. (Bärecke). 3 gl

— fabulae Aesop. libri V, cum novo commentario P. Burmanni. 8maj. Mitau 773. Hinz. (Berl., List). 1 ℔ Schrbp. 1 ℔ 18 gl

— fabular. Aesop. libri V, cum commentario Pt. Burmanni. 8maj. Ulm 773. Stettin. (Leipz., Serig). 1 ℔

Phaedri Augusti liberti Fabularum Aesopiarum libri 5 et novarum fabularum appendix. Halae 1778. 12°

— fabular. Aesop. libri V, cum integris commentariis Gudii, Ritterhusii, Rigaltii, Heinsii, Scheffeti, Praschii et excerptis aliorum. Cur. Pt. Burmann. 8maj. Leyd. 778. Luchtmans. 1 ℔ 12 gl

— fabular. Aesop. libr. V, ex recens. Burmanni; accod. novar. fabular. appendix. 8. Wien 778. Wimmer. 8 gl

— — c. sel. varior. notis ed. I. G. Schwabe. III Pts. 8. Halae, Gebauer. 779—81. (à 15 gr.)

— — — 8. Eisenach, Wittekind. 781.

— fabulae Aesop. libri V. Scholia Mogunt. adorn. ed. Jh. Kap. Müller. 8maj. Mainz (781.) Kupferberg. 4 gl

— — easd. ed. Baden. 8. Copenh. Pelt. 784.

— fabulae Aesop. Acc. Syri sentent., Aviani et Anonymi fab. 8maj. Biponti. Ed. accurat. cur. Kroll. 8maj. Bip. 784. (Treuttel u. W. in Strassb.) 13 gl Schrbp. 1 ℔ 8 gl

— fabulae Aesop. Mit Anmerkk. u. Wortregister, v. C. H. Jakob. gr. 8. Halle 785. Hemmerde u. Schw. 8 gl Von Neuem bearb. u. mit e. krit. Versuche verm. u. Wlh. Lange. 8. Ebd. 799. 2e A. (3e) Ausg. 828. 8 gl

— fabulae Aesopiae, mit e. deutsch-latein. Wörterbuche z. Gebrauche d. Schulen, v. J. G. Büchler. 8. Berl. 786. Eisfeld. 4 gl

— — ed. I. C. Müller. 8. maj. Mainz, Kupferberg. 786.

Phaedri Fabularum Aesop. l. V, c. not. F. J. Desbillons. 8 Manh. 786. (Löffler) 8 gl Schrbp. 18 gl

— c. not. F. I. Desbillons. 8. Mannh. Acad. Hdl. (Löffler.) 787.
Schreibp.

— — m. e. Wörterb. 8. Berlin, Schöne. 788.

— — dies. in reimfreyen Jamb. übers. v. Gericke. 8. Bresl. Korn d. ält. 788.

Phaedrus. Fabularum aesopiarum libri quinque in usum scholarum ... Leipzig 1790. H: *Tzschucke, Carl Heinrich.* (ErschDL)

Phaedrus, Fabulae Aesop. L. V. in us. scholar. ex rec. Burmanni ed. Tschucke. 12. Lips. Crusius. (F. C. W. Vogel.) 790. Rthlr.

— fabular. Aesopiar. lib. V, recte tandem captui puerorum accommodati; od. deutliche u. nach d. Begriffen d. Jugend end lich recht eingerichtete Erklärung d. Aesop. Fabeln, welche Phädrus in 5 Büchern hinterlassen. Mit Noten, deutsch u. latein Registern v. Em. Sincerus. 8. Frankf. a. M. 793. Brönner. 6 gl

— ad us. scholar. piarum. 12. Warschau 793.

— — dies. travestirt von Dieffenbach. 2 Bde. 8. Frankf. Zeßler. (Dietz.) 794. (à 16 gr.)

— — dies. übers. m. Anm. v. Büchling. gr. 8. Halle, Hendel. 796.

— fabulae Aesop. libri V et nova fabularum appendix. 8. Marb. 797. Krieger. 4 gl

— — dieselb. metrisch übers., a. d. Lat. v. J. P. Sattler. 8. Nürnb. Grattenauer. 798.

— — metrisch übers. v. Sattler. 8. Nürnberg. 798. Jetzt Eichhorn, auch Lauffer in Leipzig.

— — n. e. Uebers. in deutsch. Reimen v. J. J. Pracht. 8. Nürnberg, Stein. 798.

— — lat. und deutsch v. Weinzierl. 8. Münch. Lentner. 799.

— — dies. in deutsch. Reimen, m. Anm. v. X. Weinzierl. 8. Ebend. 797.

— — rec. Heusinger. 8. Eisen. Wittekind. 800.

— — idem lib. e. recens. P. Burmann. 12. Nürnb. Riegel et W. 800.

— fabulae Aesopiae. Zum Behuf d. Schulen u. d. eignen Lectüre hrsgg. u. mit e. Wörterbuch u. Anmerkk. begleitet v. Alb. Chr. Meinecke. 8. Lemgo 801. Meyer. 12 gl — Das Wörterbuch dazu 4 gl

Phaedrus Fabularum aesopiarum libri V mit grammatischen und erklärenden Anm. Lips. 1802 ... H: *Paufler, Christian Heinrich.* (Gi) (Ky) (ErschDL)

— — m. grammat. und erklär. Anmerk. gr. 8. Leipz. Rabenhorst. 802.

— — eaed. P. Syri aliorq. vet. sentent. c. not. R. Bentlei etc. a add. F. H. Bothe. 8. maj. Lips. Schwickert. 803.

— fabulae Aesop. ad opt. edit. coll. juvenumque instruct accomm., quibus append. tripart. fabularum Aviani et anonymor. addita est; c. J. J. Bellermann. 8. Erf. 805. (Keyser). 3 gl

— — eaed. et novar. fabular. append. st. et c. I. I. Bellermann. 8. Erf. Müller. (Keyser.) 805.

— Ad codd. et optimas edd. recogn. var. lectt. et commentar. adjecit Schwabe. Acc. Romuli fabulae. Cum tab. aen. Brunsvig. 806. 2 Vol. 8. 3 rthlr. 8 gr.

— — edit. I. G. Schwabe. 2 Vol. gr. 8. Brunsv. Vieweg. 806.

— fabular. Aesop. libri V, ad cod. Mss. et opt. edit. recogn. var. lect. et commentar. perpet. adj. J. H. S. Schwabe II Voll. 8maj. Braunschw. 806. Vieweg. 3 ℛ 8 𝔤𝔯

— — 8. Norimb. Riegel et W. 806.

— fabulae Aesopiae ex. opt. recens. juvent. edit. cur. Wlh. Leps. 8. Posen 808. Kühn. 6 𝔤𝔯

— Cum notis ed. Oertel. Ansb. 807. 8. 6 gr. Ist nicht vollständig.

— fabularum Aesopiarum libri V, cum append. fab. XXXIV in usum scholar. instruxit E. F. C. Oertel. 8. Ansb. 807 Gassert. 6 𝔤𝔯

— — dies. pros. übers., m. e. antiquar. Wörterb. erl., u. z. e. Leseb. für d. Jug. bearb. v. C. F. C. Oertel. 8. Ebd. 802.

Phaedrus. Fabulae Aesopiae. Accedit appendix fabularum a recentioribus Apologorum auctoribus compositorum. Gissae 1807. H: *Storck, Johann Justus.* (Ky) (HS)

— id. lib. Accedit appendix fabularum ex recentioribus Apologorum auctoribus composit. edit. J. J. St(orck). 8. Giessen 807. Heyer. 8 𝔤𝔯

— Cum appendice. Notis criticis illustravit F. N. Titze. Linc. 807. 8.

— fabulae Aesop. noviss. recogn. et emendatae. 8maj. Bip. (Wien) 808.

— fabular. Aesop. libri V et novar. fabular. appendix ad us. scholar. 8. Hannov. 809. Hahn. 2 𝔤𝔯

— fabul. Aesop. lib. V. et novarum fabularum Appendix. 8. Halae, Waisenbuchh. 810.

— fabulae Aesop. lib. V, mit Anmerkk. u. e. vollständ. Wortregister f. Schulen. Hrsgg. v. P. F. A. Brohm. 8. Berl 811. 2e A. 817. Schöne. 10 𝔤𝔯 3e A. 8. Ebd. 832. Dümmler. 12 𝔤𝔯

— fabular. Aesopiar. libri V, c. append. et c. not. crit. Fr Nik. Tietze. 8. Prag 813. Widtmann. 1 ℛ 8 𝔤𝔯

— Cum appendicibus. Norimb. 815. 8. 3 gr.

— — aus dem Latein. v. C. A. Struber. 8. Wien, Gerold. 815. Ist der Preis

Phaedrus ... Fabularum aesopiarum Libri quinque. Ex recensione Richardi Bentleji ... Berolini 1817. H: *Schmidt, Friedrich Wilhelm Valentin.* (Hitzig)

Phaedri, Aug. liberti, fabularum Aesopiarum libri quinque E rec. Bentleji. Ictus per accent. acut. expr. sunt discent, commodo. 12. Berlin, Rücker. 817.

— — Mit Anmerkungen und einem Wortregister herausgegeben von K. F. A. Brohm. 2te verb. Ausg. 8. Berlin, Schöne. 817.

— fabular. Aesop. lib. V et P. Syri aliorumque veterum sententiae ex rec. Bentleji passim Codd. Mss. auctoritate et ope reficta. Add. est glossar. schol. usui accomm. a K. Gli Anton. Post mortem patris ed. K. Glo. Anton. 8maj Zittau 817. Schöps. 16 𝔤𝔯 Weiss Pap. 18 𝔤𝔯

— — herausgeg. von J. C. Schwarz. gr. 8. Halle, Schimmelpfennig. 818.

Phaedrus, fabul. Aesopiarum libri V. Ed. nova. 8. Halle, Waisenhaus-Buchhdl. 819.

— — in Trimetern übers. von Vogelsang. 8. Leipzig, Steinacker und Wagner. 819.

— fabular. Aesop. libri V. Edit. stereotypa. 8. Braunschw. 820. Reichard. (Leipz., Fr. Fleischer). 2 𝔤𝔯

— fabular. Aesop. libri V. Ad edit. Burmanni. 12. Leyden 820. Luchtmans. 8 𝔤𝔯

— fabulae Aesop. Acced. J. Phaedri et Aviani fabulae, P. Syri sententiae et Dionys. Catonis Disticha, c. G. H. Lünemann. 8. Götting. 822. Deuerlich. 6 𝔤𝔯 Schrbp. 8 𝔤𝔯

— fabulae Aesop. libri V, cum vocabulario latin.-german. 16. Cöln 822. Rommerskirchen. 5 𝔤𝔯

— fabulae Aesop. libri V, ad opt. libror. fid. accur. editi: editio stereotypa. 12. Leipz. 822. Tauchnitz. 3 𝔤𝔯 Hbg. Pr. 2 𝔤𝔯 f. Pap. 4 𝔤𝔯

— id. lib. Mit Anmerkk. u. vollständ. Wort-Register. Für Schulen bearb. u. mit einem krit. Versuche versehen, v. W. Lange. 2e Aufl. 8. Halle 823, Hemmerde u. S.

— id. lib. libri V. et novar. fabular. appendix. Edit. Nova. 8. Halle 823, Waysenh.-B.

— Fabularum Aesop. libri V. Mit vollständ. Special-Lexicon f. Schulen. Herausgeg. v. H. L. J. Billerbeck. 8. Hannov. 824, Hahn. 3 gr. Wörterbuch dazu.

Phaedri fabularum Aesopiarum. Lib. V. Ad opt. libr. fidem accurate editi. 8. Heilbr. 824, Class.

— id. lib. Cum notis et emend. Fr. J. Desbillons ex ejus comm. pleniore desumptis. Ed. et animadvers. adjec. Fr. H. Bothe. 8. Manh. 824. Löffler.

Phaedri, fabular. Aesop. libri V, cum notis et emend. Fr. J. Desbillons ex ejus comm. pleniore desumptis. Ed. et animadvers. adjec. Fr. H. Bothe. 8. Manh. 825. Löffler. 9 𝔤𝔯 Schrbp. 12 𝔤𝔯 Postp. 18 𝔤𝔯

— id. lib. libri V. cum appendice duplici. Acced. Aviani et Faerni fabulae. Accurate edid. ictibusque metricis instrux. C. H. Weise. Edit. stereotypa. 12. Lips. 826, Tauchnitz. 6 gr. Velinp.

— fabulae Aesop. libri V. Ed. II. 12. Arnst. 827. Mirus. 1 𝔤𝔯

—— id. — Edit. II. 12. (2½ B.) Arnstadiae 827, [Ohlenroth.]

— fabulae Aesop. libri V. Mit grammat. u. erklär. Anmerkk. v. P. Ramshorn. gr. 8. Leipz. 827. Leo. 1 ℛ

—— id. — Mit e. Wortregister u. mit beständ. Hinweisungen auf Zumpts „Grammatik." Von Fr. Ad. Beck. 8. (12 B.) Coblenz 828, Hergt.

— fabulae Aesopiae, ad opt. libror. fid. editae cum var. lect. delectu et nondum vulgatis Desbillonii notis cur. Karl Zell. 8. Stuttg. 828. Hoffmann. 9 gℊ

— fabulae Aesopiae, ad opt. edit. coll. notisq. brevior. illustr. a L. Tencé. Accéd. P. Syri Mimi et aliorum sententiae, Dion. Catonis disticha. 8. Brüssel 829. (Lpz., Barth). 1 ℊ

Phaedri Aug. Fabulae Aesopiae. Prima Ed. critica, cum integra variet. Codd. Pithoeani, Remensis Danielini, Perottini et editionis principis, reliquia vero selecta. Acced. Caesaris Germanici Aratea ex fide Codd. Basil. Bern. Einsiedl. Freiberg. ed. Venetae 1488 emend. et suppleta. Pervigilium Veneris ad Codd. Salmas. et Pith. exactum ab Io. Casp. Orellio. Edit. I. (15¼ B.) 831. 1 Thlr. 4 Gr., E. II. aucta Phaedri Fabulis novis ab Ang. Maio redintegratis et Publii Syri Sententiis XXX Turici repertis. (19 B.) 8 maj. Turici 832, Orell, Fuessli et Soc.
Anhang apart, vgl. ders. „Fabulae novae."

—— id. — cum Appendice Fabularum. — Mit Anmerkn. u. e. vollständ. Wortregister f. Schulen. Hrsg. v. Karl Fr. Aug. Brohm. 4., verb. Aufl. 8. (10½ B.) Berlin 832, Dümmler.

— Fabulae Aesopiae. Nach Orelli's Textesrecension mit einem vollständ. Wortregister u. mit beständ. Hinweisungen auf die Grammatiken von Zumpt, Ramshorn u. Schulz zum Schulgebrauche herausg. 8. Leipz. 833. Brüggemann, jetzt Krappe. 3/8 ℊ

— fabulae Aesopiae ad opt. libror. fidem editae, adjectis praeter fabulas Gudianas et Burmannianas fabulis novis XXX. ex integerrimo cod. Vat. nunc primum suppletis in us. schol. novum ictum metricum dipodias demonstrantem induxit regulas grammat. Schulzii, Zumptii, Ramshornii prosodicas citavit, Lexicon plenam syllabarum quantitatem continens adjunxit Car. Jo. Hoffmann. 8. Berolini 836. libr. Plahn. (Nitze.) ½ ℊ

Phaedri Aug. lib. Fabulae Aesopiae, c. veteres tum novae atque restitutae. Ad fid. cod., Phithoeani, Remensis, Danielini et Perottini utriusq., quorum integra adjecta est varietas, et optimas edit. recogn., lacunas explevit, versus a Nic. Perotto solutos refecit, fabulas a Marq. Gudio et Petro Burmanno in versiculos redactas locis plurimis emend., quas hic praetermisit, libro singulari compreh. addidit Chrstn. Timoth. Dressler. Acced. Ugobardi Sulmon. Fabulae Phaedrianae e cod. Haeneliano et Duacensi c. utriusq. variet. accur. editae. 8maj. (14 B.) Budissae 838, Weller.

Phaedri Fabularum Aesopiarum libri V. Hrsg. v. L. Ramshorn. Neue Ausg. gr. 8. (24 B.) Leipzig 846, [Herm. Fritsche.

Phaedri Augusti liberti fabularum Aesopiar. libri V cum appendice fabularum. Mit Anmerkungen und einem vollständ. Wortregister für Schulen. Hrsg. von Carl Friedr. Aug. Brohm. 5., verb. Aufl. Besorgt von Rud. Brohm. 8. (XX und 191 S.) Berlin 848, Dümmler's Vrlgsh. *

— fabularum Aesopiarum libri V. Ad opt. exemplaria recognov. et in usum scholar. ed. Geo. Aenoth. Koch. Accedunt fabulae novae XXX e cod. Perottino restitutae. Edit. stereot. [Bibliotheca classica Latina II.] 8. (64 S.) Lipsiae 848, Ph. Reclam jun. n. 1/12 ℊ

— fabularum Aesopiar. libri V cum appendice fabularum. Mit Anmerkungen u. einem vollständigen Wortregister f. Schulen. Hrsg. von Karl Frdr. Aug. Brohm. 5. verb. Aufl. Besorgt von Rud. Brohm. 8. (XX u. 191 S.) Berlin 850, Dümmlers Verlag. n. ½ ℊ

— fabularum Aesopiarum libri V cum Publii Syri aliorumque veterum sententiis. Mit erklärenden Anmerkungen u. besondern grammat. Regeln zum Gebrauche der studirenden Jugend von Ignaz Seibt. gr. 8. (208 S.) Prag 850. (Calve.) n. ⅓ ℊ

Phaedri, Augusti Liberti, fabularum Aesopiarum libri V. Accedit fabularum novarum atque restitutarum delectus. Erklärt von C. W. Nauck. Berlin 855. Jonas' Sortbhdlg. 8. (XII, 132 S.) 12 ngr

Phaedrus. Fabulae aesop. Übersetzt von A. R. v. B. Leipzig 1857. Ü: *Buzzi, Andreas Ritter von.* (GGr. VI, 683)

— fabulae Aesopiae. Des Phädrus, Freigelassenen des Augustus, äsopische Fabeln. Uebersetzt von A. R. v. B. Leipzig 857. Teubner in Comm. 8. (XX, 172 S.) n. 16 ngr

— fabulae Aesopiae. Cum notis. Pest 862. Lauffer's Verlag. 8. (152 S.) n. 10 ngr

— fabularum Aesopiarum libri V cum triplici appendice fabularum novarum. Für den Schulgebrauch ausgewählt u. mit einem Wörterbuche versehen von Otto Eichert. Hannover 865. Hahn'sche Hofbuchh. gr. 8. (VIII, 133 S.) 10 ngr

— fabularum Aesopiarum libri V et appendices fabularum III. Ex Ms. Divionensi, Rinnicio, Romulo et codice Perottino, vestigiis Burmanni et Billerbeckii. Quois completum dictionarium latino-hungaricum accommodatum curante Ferdinando Kovács. Pest 865. Heckenast's Verlag. 8. (344 S.) n. 24 ngr

— fabulae Aesopiae. Recognovit et praefatus est Lucian Mueller. Leipzig 868. Teubner. 8. (XIV, 66 S.) n. 2½ ngr

— — Mit einem Wörterbuch für den Schulgebrauch hrsg. von A. Schaubach. Ebend. 870. 8. (XVII, 120 S.) 7½ ngr

—— dass. — cum appendice duplici. Recensuit ictibusque metricis instruxit C. H. Weise. Novae editionis stereotypae C. Tauchnitianae nova impressio. 16. (IV, 96 S.) Leipzig 870, Holtze.
Auf Velinp. (Ausg. von 1843)

Phaedri fabularum Aesopiarum libri V. Emendavit, adnotavit, supplevit Lucianus Mueller. gr. 8. (XL, 120 S.) Leipzig 877. Teubner. 3.—

Phaedri Augusti Liberti fabulae Aesopiae. Ed. Alex. Riese. Ed. ster. gr. 8. (X, 72 S.) Leipzig 885. B. Tauchnitz. —45

Phaedri fabulae Aesopiae. In usum scholarum selectas recognovit J. M. Stowasser. 8. (VIII, 57 S.) Prag 893. F. Tompsky. — Leipzig, G. Freytag. n. —50

Phaedri, Augusti Liberti, fabulae Aesopiae recensuit usus editione codicis Rosanboniani ab Ulixe Robert comparata Ludov. Havet. (XVI, 296 S.) gr. 8. Paris 895. Hachette & Co. nn 6.—

Phaedrus. Phaedri fabulae Aesopiae. Recensuit J. S. Speyer. 8. (XVI, 84 S.) Groningen 897. J. B. Wolters. n. —80

Phaedri Augusti liberti Fabulae Aesopiae. Recogn. et praef. est Lucianus Mueller. Ed. ster. Lipsiae: Teubner 1909. XIV, 66 S. 8°

— Fabulae Aesopiae selectae. 8maj. Monachii 839. libr. scholarum Regia. (Hof, Grau.) n. 1/12 ℊ

—— fabulae Aesopiae quum veteres tum novae atque restitutae. Ad optimor. libror. fidem recognov. atque de poetae vita et fabulis praefatus est Chrn. Timoth. Dressler. 8. (VIII und 84 S.) Lipsiae 850, Teubner.

Phaedri Augusti Liberti fabulae Aesopiae veteres et novae quas ad fidem tam Pithoeani quam Neapolitani contextus, cum codicum quinque Phaedrianorum scripturae speciminibus et variis lectionibus ed. Leop. Hervioux. gr. 8. (133 S.) Paris 896. Firmin-Didot & Co. n.n. 8.20

— fabulae Aesopicae. Nebst e. Uebersetz. in deutsch. Reimen v. J. J. Pracht. 8. Nürnb. 798. Stein. 18 gr

— dies. aus d. Latein. metrisch übers. v. Jos. Paul. Sattler. 8. Nürnb. 798. (Eichhorn; a. Lauffer in Leipz.) 8 gr

— dies. prosaisch übers. u. mit e. antiquar. Wörterbuche erläutert, f. die Jugend; v. C. F. C. Oertel. 8. Ansb. 802. (Gassert). 14 gr

—— Fabulae novae XXXII. E Cod. Vaticano redintegratae ab Ang. Maio. Suppl. edit. Orellianae. Acced. Publii Syri Codd. Basil. et Turic. antiquiss. cum sententiis circiter XXX. nunc primum editis. 8 maj. (3¼ B.) Turici 832, Orell, Fuessli et Soc.
Aus dess. „Fabulae Aesopiae ad Casp. Orellio," vgl. oben, besond. abgedruckt
Vgl. Fabeln.

— **fabulae novae et veteres.** Fabulae novae juxta collatas J. A. Cassiti et Cataldi Jannelii editiones Neapoli nuper emissas, cum selectis utriusque ex commentario notis, fabulae veteres juxta accuratiss. editionem Bipont., cum selectis doctiss. viri Schwabe ex commentario notis. (Ed ... Chambry). 8. Paris 812. Schoell. 1 ₰ 6 gr

— — caed. libri V. et novar. fabul. ex Ms. Divionensi Appendices duo. 8. Norimb. Riegel et W. 815.

— Fabulae nuper publicatae in Italia, quas emend. edd. animadvers. instruxit F. H. Bothe. 16. Heidelb. 822, Oswald

—— Fabulae selectae. Mit Anmerkn. v. Köne, s. Cornelius Nep.

— selectae fabulae (XXXIV) ad usum scholar. Selectas interpret. animadvers. suasque adj. Hnr. Braun. 8. Münch. 777. (Landsh., Storno). 4 gr

Phaedrus. Fabulae selectae, mit Anmerkungen . . . Berlin 1788. H: *Jördens, Carl Heinrich.* (NN) (OL) (Gi) (MGT) (ErschDL)

— fabulae selectae, mit Anmerkk. u. e. vollständ. Wortregister f. Schulen (v. K. H. Jördens). 8. Berl. 788. Schöne. 8 gr

Phaedrus. Noviter detectae fabulae triginta . . . Stuttg. et Tubingae 1812. H: *Hager, Jos.* (Ebert)

— Fabulae triginta, noviter detectae. 8. Tubingae, Cotta. 812.

— fabulae triginta noviter detectae. 8. Stuttg. 834. Cotta. ⅓ ₰

Phaedrus. Quae feruntur fabulae XXXII in Italia nuper repertae . . . Jenae 1812. H: *Eichstädt, Heinr. Carl Abrah.* (Ebert) (ErschDL) (Gi)

— Julii, quae feruntur, fabulae XXXII in Italia nuper repertae nunc primum in Germania editae adjunctis Dorvillii et Burmanni emendationibus. Fol. Jena 812. (12 Seiten.)

Phèdre, le, français, s. Bibliothek gediegener u. interessanter französischer Werke.

Phädrus, übers. von Siebelis, s. Bibliothek, Langenscheidt'sche, sämmtlicher griechischen und römischen Klassiker.

Phaedrus, Verdeutscht durch S. Franck. Jena (1716)
siehe Salomo Franck.

Phaedrus. Probe einer vorhandenen deutschen Uebersetzung der Aesopischen Fabeln . . . [Göttingen] 1730. Ü: *Neubur, Frdr. Christoph.* (Degen)

Phaedrus im Auszuge von Schulze mit Anmerkungen. Braunschw. 791. 2 Thle. 8. 13 gr.

Phaedrus in leichten deutschen Nachahmungen. Langensalza 1735. Ü: *Göbel.* (Ebert)

Phaedri Epicurei, vulgo Anonymi Herculanensis, de natura deorum fragmentum inst. et illustr. a C. Petersen. Pr. 1833. 52 S. 4°. 1.20

Phaedri, Epicurei, vulgo Anonymi Herculanensis, de Natura Deorum fragmentum instauratum et illustr. a Chrst. Petersen. Praemissum est indici scholar. in Gymnasio academ. semestri h. a. hiberno habendarum. 4 maj. (8¼ B.) Hamburgi 833, (Perthes-Besser et Mauke.)

Phahl, Joseph, s. Pfahl

Phalainodia

Phalainodia & Crocodilophenia, Wallfisch-und Crocodill-Gedicht, aus heilger Schrifft und Welt-Geschicht... Bremen (1702): Brauer. 28 S. 8

Phaland, d. grossherzogl. hessische Leibgarderegiment, s.: Röchling, C.

Phalänen, eine Unterhaltungsschrift für Forst- und Weidmänner, herausgegeben von W. F. Fischer u. a. m. 1s u. 2s Heft. Carlsruhe, Marr. 816 und 817. 1s Heft 15 Gr. 2s H. 12 Gr.

Phalaenen zur Unterhaltung für Forst- und Weidmaenner Hrsg V F Fischer - Carlsruhe Lfg 1-2. 1816-1818. - (M. n. ersch.)

Phalaenen. Leipzig 1817. V: *Müller von Gerstenbergk, Georg Friedrich Conrad Ludwig.* (GGr) (Ky) (MGT)

Phalänen. (Gedichte, von Fr. v. Gerstenbergk). 8. Leipz. 817 (Brockhaus). 1 ₰ 8 gr Schrbp. 1 ₰ 16 gr

Phalänen. (Gedichte, von Fr. von Gerstenbergk.) 8. Leipzig, Gleditsch. 817.

Briefe von Phalaris, aus d. Samml. Φαλάριδος ἐπιστολαί ausgewählt u. aus dem Griech. übers. v. F. Stäger. Pr. 1882. 35 S. 4°. 1.50

Phalaridis epistolae, gr. et lat. cum Dissertat. R. Bentleji et notis J. D. a Lennep, ed. L. C. Valkenaer. II Voll. 4maj. Gröning. 767, auch 777. Bökeren. 5 ℛ 12 ℊ Ed. alt. textu passim refecto correct. notisque add. auct. curavit Gf. H. Schäfer. 8maj. Leipz. 823. Er. Fleischer. 2 ℛ 12 ℊ

Phallus-Cultus in Japan. Yokohama 1896. V: *Schedel, Jos.* (Berl)

Phanodemi, Demonis, Clitodemi atque Istri *Ἀτθίδιον* et reliquorum libror. fragmenta colligere instituit C. G. Lenz. Ab illo praetermissa addit. omnia digessit et notulas adspersit C. G. Siebelis. 8maj. Lpz. 812. Schwickert. 12 ℊ

Phanokerana, Cölest., clypous fidei, Glaubensschild., od. Unters. d. Glaubensregeln christl. Glaubens. 4. Regensb. Bader. 729.

Phaenomena motuum irregularium, quos Planetae inferiores Venus et Mercurius ad annum salutis 1710 directionibus, stationibus et Retrogradationibus suis e terra spectandos praebent, exemplo Singulorum Periodi pro Hypotheseos Copernic. firmamento Geometrice demonstrata a J. G. Doppelmajoro Math. P. P. Opera J. B. Homanni. Norimbergae 1723? 1 Bl.

Phänomene u. Sympathie in d. Natur, (v. Cöl. Stöhr). 8. Cob. 795. 2e verb. A. 801. (Riemann). 1 ℛ

Phänomene u. Sympathie in der Natur, nebst dem Geheimniß, Wunden ohne Berührung vermöge des Vitriols sympathetisch zu heilen. Cob. 8°. Salzb. med. chir. Zt. 1797, II, 417. A. L. Z., 1796, n. 175.

1797

Phaenomenon coronarum solarium d. 26. Maii in coelo observatarum populari ratione in academia Julia curiosis explicatum. Helmstadii 1708. V: *Schmidt, Johann Andreas.* (StBFMath S. 164)

Phantasie bey Betrachtung einer Pfirsiche. [Halberstadt 1796.] V: *Eichholz, Friedrich Wilhelm.* (ML)

Phantasie, die, im Dintenfaß. Leipzig 859. Friese. gr. 4. (2 Bl., 31 S. m. Holzschn.) 25 ngr.

Phantasie, Die, in Lieben. Derbsatyrisches Gedicht. [Köln 1890.] V: *Hunold, Christian Friedrich.* (BGE IV³, 500)

PHANTASIE am 2. Oktober 1887, als am Gedächtnissfeste der Stiftung der rheinischen naturforschenden Gesellschaft in Mainz. Sämmtlichen Mitgliedern gewidmet von F. L. s. l. & a. 4°.

Phantasie, Eine patriotische. [Zürich 1891.] V: *Pestalozzi, Ludwig.* (Cat. d. Stadtbibl. Zürich. Zürich 1864—97.)

Phantasie u. Pflichtgefühl, 2 Erzählungen von Charlotte Haselich. 8. Liegnitz, Kuhlmey. 821.

Phantasie, eine preußisch-deutsche. 8. (68 S.) Hamburg 848, Hoffmann & Campe. 1/4 ℛ

Phantasie, Eine, am 17ten Sept. 1787. O. O. V: *Velthusen, Joh. Casp.* (Erman & Horn, Bibliogr. d. dtsch. Universitäten. 2. Leipz. u. Berl. 1904.)

Phantasiebilder, gesammelt am malerischen Ufer der Spree . . . Berlin 1834. V: *Maltitz, Gotthilf August Baron von.* (BrMm)

Phantasiebilder (Novellen) eines Blinden. Berlin 1845. V: *Cancrin (Kankrin), Georg Graf von.* (GGr)

Phantasie-Bilder eines Blinden. 8. (20¼ B.) Berlin 845. [Leipzig, Kößling'sche Buchh.]

Phantasie-Bilder eines Blinden. kl. 8. Berlin 845, Merin. 1⅓ ℛ

Phantasie- und Lebensbilder. Freie Uebersetzungen aus dem Engl. u. Französ. von Alexandra, Königl. Prinzessin von Bayern. Augsburg 858. Schmid. 8. (VII, 264 S.) n. 24 ngr.

Phantasiebüchlein f. Mißvergnügte u. Traurige. 8. Manh. 782. Löffler. 5 ℊ

Phantasiegemälde, od. Sagen aus der Geister- u. Zauberwelt. Mit Kpfr. 8. Prag ... (Leipzig, Joachim.) 3/4 ℛ

Phantasiegemälde oder Sagen aus der Geister- und Zauberwelt. Prag 1805. V: *Polt, Johann Joseph.* (GGr)

Phantasiegemälde von X. Y. Z. London [Wittenb.] 1798. V: *Kühne, Christian Friedrich Gottlob.* (MGT) (Ky) (Wr)

Phantasiegemälde, von X. Y. Z. (Chr. Fr. Glo. Kühne, nach Meusel v. Er. Fr. Kühne). 8. (Wittenb.) 798. Kühne. 16 ℊ

Phantasiegemälde von Og. Döring.
1822—1833. M. je 1 Kpf. — 1831, 32, 33. V je 2.—
Frankfurt/M. — Goed. VIII, 105, 240.

Phantasiegemälde. Von Ludw. Storch. 1840. 8. (18 B. u. 1 Stahlst.) Frankfurt a. M. (839), [Sauerländer's Verl.]

—— 1842. Von Gust. v. Heeringen. — A. u. d. T.: Die Brüder de Matos. Histor. Roman. 8. (21½ B. u. 1 Stahlst.) Frankfurt a. M. (841), [Sauerländer's Verl.]

Phantasiegemälde. Taschenbuch romant. Erzählungen f. . . . . Hg.: C. Herlossohn.
1846. M. 1 Stahlst.
1847. M. 1 Stahlst.
Leipzig.

Phantasie-Inquisition, die. Ueber das Verhältniß der Mittheilungen des Hrn. Theod. v. Kobbe zu den Werken eines gewissen Hrn. v. Münchhausen. gr. 8. (1 B.) Bremen 845, Kaiser.

PHANTASIE-KÖRBCHEN, Das, das ist prosaisch gedichtet und nicht gedichtet. Prag, gedruckt bei Franz Neureutter. 1809. 135 S.
Goedeke VI, 781, 152 (ohne Formatsangabe). — Selten!

Phantasien

— s. a. Fantasien.

– s.a. Ideenmagazin (H. 33 ff.)

Phantasien. Dresden 1775. V: *Behrisch, Henrich Wolfgang.* (Ky)

Phantasien, (von H. W. Berisch). 2 Thle. 8. Dresd. 775. Hilscher. 4 gl

Phantasien und botanische Bemerkungen auf einer Fussreise durch die schwäbische Alpe ... N. A. Halle a. R. o. J. V: *Pfaff, Chph Heinrich.* (Heyd)

Phantasien und Bemerkungen auf einer Fußreise durch einen Theil der schwäbischen Alpe im April 1794. Oeringen 1798. V: *Pfaff, Chph Hnr.* (Tübz 7, 39)

— u. Bemerkk. auf e. Fußreise durch einen Theil der Schwäbischen Alpen im April 1794. 8. Oehringen 798. (Joachim in Leipz.) 20 gl N. Ausg. (nur n. Titel). 8. Bartenst. 812. Firdorf u. K. 12 gl

— e. Britten. Eine Samml. unterhalt. Erzähll. u. Aufsätze. 8. Leipz. 792. (W. Rauck). 14 gl

— für ein künftiges Deutschland, von E. v. S.; hrsgg. v. E. M. Arndt. 8. Frkf. a. M. 815. Eichenberg. 1 ℛ

Phantasieen, freie, über Hamburg's bauliche Ausdehnung und äußere Verschönerung von C. F. R. Hamburg 854. Herold. 8. (83 S.) n. 12 ngr

Phantasieen, freie, über Hamburg's bauliche Ausdehnung und äußere Verschönerung von C. F. R. 8. (83 S.) Hamburg 854, [Nolte und Köhler.]

Phantasien auf einer Fußreise durch d. schwäb. Alpen. Von e. Weltbürger. Neue Ausg. 8. Bartenstein, Firdorff u. K. 812.

Phantasien auf einer Fußreise üb. die schwäb. Alpen. 3te Aufl. 8. Eßlingen, Firdorff u. K. 813.

— u. Gedichte. 8. Bresl. 785. Gebr. 12 gl

Phantasieen und Glossen aus dem Tagebuche eines konservativen Pädagogen. Ein Beitrag zu der Geschichte der pädagogischen Strebungen der Gegenwart. St. Gallen 856. Scheitlin u. Zollikofer. 8. (VII, 225 S.) 24 ngr

Phantasien, gutgemeinte, veranlaßt durch die Schrift, über die Veränderung der bürgerl. Rechtsverwaltung in Würtemberg. gr. 8. Tübing. 819. Laupp. 12 gl

Phantasien und Parlamentssachen, Hannöversche, aus den J. 1832—36. 1. Theil. Hannover 1840. V: *Niemeyer, G. F.* (Wa) (BrMm) (EngJ)

Phantasien, Constitutionelle, eines alten Steuermanns im Sturme des Jahres 1832. Hamburg 1832. V: *Rehberg, Aug. Wilh.* (Wa) (Ky)

Phantasien, constitution., e. alten Steuermanns im Sturme d. J. 1832. (Von A. W. Rehberg.) gr. 8. (8 B.) Hamburg, Fr. Perthes.

Phantasien über die Kunst, für Freunde der Kunst ... Hamb. 1799. N. A. Berlin 1814—15. V: *Wackenroder, Wilhelm Heinrich.* (Ky) (EE) (Cat. d. Stadtbibl. Zürich. Zürich 1864—97.) (Grisebach, Weltlitteraturkat. Berlin 1898—1900. I, 89.)

— üb. die Kunst, von e. kunstliebhabenden Klosterbruder (W. H. Wackenroder); hrsgg. von L. Tieck. 8. Berl. N. A. 814. Reimer. 1 ℛ 6 gl

PHANTASIEN der Liebe. (Ziemlich zahme Gedichte von verschied. Verfassern.) Mit Titelkpf. (Malvieux fec.) u. hübscher Titelvign. (Adam fec. V[iennae?]). (Breslau) In CommiBion bey Willhelm (sic!) Korn, o. J. (1793). 8°. (3 Mk. Scheible, vor 1885.)

Gestoch. Tit., 1 Bl. Inh., 142 S. (lat. Lett.) — Selten! Mit Beiträgen von Burger, Voss, Kosegarten, Kl. Schmidt, Klopfstock (so!), Holty, Gäcking u. A.

Phantasien der Liebe u. des Edelmuths, v. Wilhelm u. Lina. 812. Andrä. 9 gl

— der Liebe u. des Edelmuths, von Wilhelm u. Lina. 8. Leipz. 812. Bauer. 12 gl

Phantasien und Rhapsodien, Meine. Zürich 1785. V: *Meister, Leonh.* (Ky) »1783« ErschDl.) (Adel)

— meine, und Rhapsodien. 8. Zürich, Ziegler und S. 785.

—— militairische, s. Fantasieen.

— militärische, über Heerbildung, Heerverfassung u. was auf das Soldatenwesen Bezug hat. In zwanglosen Hften, (v. Alb. Grafen v. Pappenheim). 1s—6s Hft. 8. Augsb. 831, 32. (K. Kollmann). (à 12 gl) 3 ℛ

— moralische, üb. einige bedenkl. Verhältnisse des menschl. Lebens. 8. Leipz. 786. (Brockhaus). 7 gl

— moralische, üb. einige bedenkl. Verhältn. d. menschl. Lebens. 8. Leipz. Heinsius. (Gleditsch.) 786.

Phantasien meiner schlaflosen Nächte, geschrieben für fühlende Herzen und Leidende. Halberst. 1794. V: *Wallenrodt, Johanne Isabelle Eleonore von geb. Freiin von Koppy.* (MGT) (Schl) (Ky)

— meiner schlaflosen Nächte. Geschrieben f. fühlende Herzen, (v Jh. Jos. El. v. Wallenrodt). 8. Halberst. 794. (W. Rauch in Leipz) 5 gl

Phantasien in drei priapischen Oden dargestellt und im Wettstreit verfertigt ... Paris und London [17??]. V: *Bürger, Gfr. Aug., Joh. Hnr. Voss & Frdr. Leop. Graf Stolberg.* (BGE) (Grisebach, Weltlitteraturkat. Berl. 1898—1901. I, 249.)

PHANTASIEN; in drei priapischen Oden dargestellt, und im Wettstreit verfertiget, vvon *B(ürger)*, *V(oss)* und *St(olberg)*. Letzterer erhielt die Dichterkrone. Mit Titelkpf. (Amor, der den Pfeil schärft) nach Raph. Mengs, gez. v. Gröger, gest. v. Fr Bolt, 1800. Berlin. In allen guten Buchhandlgn. Das Format schwankt zwischen 8° u. 4°. 16 S. (In Hamburg, Stadtbibl., auch in Wien, Stadtbibl.: Secr A 90.) (80 Mk., br., Adolf Weigel, 1907; 180 Mk. [!] Hugo Streisand, Berlin, 1908.)

Carl Wallstein (handschrift. Notiz) „An dieser witz- und geistlosen Schweinerei hatte keiner der oben genannten Dichter Antheil, sie hat ihren Ursprung in der Schrift: Aktenstücke über einen poetischen Wettstreit, geschlichtet auf dem deutschen Parnass von *G. A. Bürger*. Berlin 1793. 8°" Sie enthält 3 Neujahrswünsche für den Professor (und erst seit 1795 Vicekanzler) der Marburger Universität Joh. Heinr. Chrn. Erxleben, nach gegebenen Endreimen von R. R. v Wildungen, Phil. Ludw. Bunsen und Frhrn. v Wülcknitz. — Siehe Eine humoristische Sängerfehde, entschieden durch *Gottfr. Aug. Bürger* (Marburg 1791). Berlin, 1874. Verlag von Franz Vahlen. 31 S. 8°.

Allem Anschein nach der erste Druck des unglaublich schamlosen Reimwerkes. Verschiedene Gründe lassen vermuthen, dass Jul. v Voss der Verfasser der Gedichte sei.

— — Dasselbe. Neuer Abdruck. Paris und London (Stuttgart, J Scheible), o. J. (c. 1865). 12°. 31 S. (In Wien, Stadtbibl. Secr A. 173.) (18 Mk., Hldrbd., Adolf Weigel, 1907)

Weller, fing. Dr, Anon.-Lex. III. p 269 (nach Hayn). S. auch Grisebach, Weltlittkat. Berlin 1898—1901. I, 249.)

— — Dasselbe, tit Phantasien, in drei priapischen Oden dargestellt und verfertigt von *Bürger*, *Voss* und *Stolberg* (Motto aus Hohe L. Sal. Kap. 7, V 6, 7, 8.)

Der Amethyst. Heft 11 Oktob. (so!) 1906, S. 343—351. — I. An die Feinde des Priaps. (11 sechszeil. Str). II. An Priap. (8 zehnzeil. Str). III. Wahl meiner künftigen Gattin und ihrer Eigenschaften. (17 vierzeil. Str.)

PHANTASIEN in drei priapischen Oden. Dargestellt und im Wettstreit verfertigt von Bürger, Voß und Stolberg. Letzterer erhielt die Dichterkrone. (Motto aus Hohe L. Sal. Cap. 7, V, 6, 7, 8. München, Verlag der Nymphenburger Drucke. (X. Bd. der Nymphenburger Drucke in 500 gezählten Expl., davon Nr. 1—25 auf Büttenpapier, welche vom Herausgeber gezeichnet wurden.) 8°. 22 S.
[E. VI, 168.]

Phantasien, Paedagogische. München 1838. V: *Aurbacher, Ludw.* (Kn)

Phantasien, Patriotische, oder einige Gedanken, Wünsche und Vorschläge betreffend die zunehmende Armuth der geringeren Volksklasse auf dem Lande ... Schleswig 1819. V: *Petersen, Dan.* (LS)

Phantasien, patriotische, oder Gedanken, Wünsche und Vorschläge, betreffend die zunehmende Armuth der geringern Volksklassen auf dem Lande rc. 8. Schleswig, Koch. 819.

— — veranlaßt durch die Schrift, über die Veränderung der bürgerl. Rechtsverwaltung in Würtemberg. gr. 8. Tübingen, Laupp. 819.

Phantasien, Patriotische, eines Cameralisten. Berlin 1790. V: *Nicolai, Chph. Frdr.* (Ky) V: *Klipstein, Philipp Engel.* (EB)

—patriotische, e. Cameralisten, (v. Fr. Nicolai?) gr. 8. Berl 790. Nicolai. 12 gr

Phantasieen, patriotische eines Ungars. Ein Wort zur Zeit. 12. (2⅝ B.) Wien 843, Tauer u. Sohn?

— poetische, und Possen, die lange Weile zu vertreiben. 8. Wien, Camesina.

Phantasien, politische, aus dem J. 1863. (68 S.) gr. 8. Berlin 910. Herm. Walther. 1. —

Phantasieen e. Realisten. Von Lynkeus. 2. unveränd. Aufl. 2 Tle. in 1 Bd. gr. 8. (VI, 192 u. III, 216 S.) Dresden 900. E. Reißner. n. 5. —; geb. n. 6. —

Phantasien auf der Reise und bei der Flucht vor den Franken ... Berlin 1797. V: *Ewald, Johann Ludwig.* (HS)

— auf der Reise u. bei d. Flucht vor den Franken, v. E. P. v B.; hrsgg. v. J. L. Ewald. 8. Berl. 797. Unger. 1 rℓ

Phantasien auf einer Reise des Friedens ... hsg. von J. L. Ewald. Hannover 1799. V: *Ewald, Joh. Ludw.* (HS)

— auf e. Reise durch die Gegenden des Friedens, v. E. P. v. B hrsgg. (verfaßt) v. J. L. Ewald. 8. Hannov. 799. Helwing 1 rℓ 12 gr Velinp. 2 rℓ 4 gr

Phantasien auf einer Reise nach Prag. Von K. Dresden u. Leipzig 1792. V: *Kleist, Franz Alexander von.* (Rud. Freih. v. Prochazka, Mozart in Prag. Prag 1898. S. 157) (Biblport)

— auf e. Reise nach Prag, (von Frz. A. v. Kleist). 8. Dresd 807. (W. Rauck in Lpz.) 8 gr

— v. Siegfr. Schmied, enth. 1) Lothar, oder Liebe läßt d. Widerstreit. 2) der Knabe Antonio. 3) die Verwandten, m. K. 8. Erlangen, Breuning. 803.

Holl. Dar.

Phantasien nach Tiedge's Urania. Ein poet. Versuch. 8. (4½ B.) Leipzig 841, Wienbrack.

PHANTASIEN, Vermischte, an einige Pariser Schönen, nebst einigen Historietten. O. O. (Halle, bey J Jak. Gebauern.) 1782. 8° 436 S. (In Stuttgart.) (2 fl 24 xr Scheible, vor 1870, 3 Mk. Ant. Creutzer, Aachen, 1909, 7 Mk. 50 Pfg. F W Haschke, 1912.) Selten!

Ziemlich harmlose Liebesgeschichten. — Fehlt in Kayser's Roman-Verz. Verleger nennt das Magaz. d. Buch- u. Kunst-Handels. Jahrg. 1782. Lpz. gr 8°. S. 761.

Phantasien z. ländl. Verzierungen u. Gartengebäuden (v Grohmann.) 16 Hfte, jedes mit 8—10 Kpf. Fol. Leipzig, 1802—6. Baumgärtner 24. —

Phantasien eines Weltbürgers auf einer Reise durch die Wirtembergische Alp. Stuttgart 1793. V: *Pfaff, Christoph Heinrich.* (Ky) (MGT)

Phantasien-Gemälde oder Sagen aus der Geister- und Zauberwelt. Prag 1799. V: *Polt, Joh. Joseph.* (BGE I², 233)

PHANTASIE-REISE durch Berlin bei Nacht, oder: O ziehet lieber den Schleier d'rüber Herausgegeben von F. E. Lunge. Hainichen i. Sa., G. C. Hoffmann, o. J. (um 1890). 8°. 48 S.

Sittenschilderungen, doch nicht erotisch.

PHANTASIE-Reise durch Berlin bei Nacht oder: o ziehet lieber den Schleier d'rüber. Hrsg. von F. E. Lunze. Druck und Verlag von C. G. Hoffmann, Hainichen in Sachsen. O. J. (c. 1888). 8°.

48 S. (incl. Tit.), 8 Bll. Verlag populärer Schriften d. Firma. —

Phantasiestücke e. Sächs. Communalgardisten. (Von L. v. Rango.) 1—3. Aufl. 8. ... Ronneburg 831, Weber. à

Phantasiestücke in Callots Manier. Blätter aus dem Tagebuche eines reisenden Enthusiasten . . . Bamberg 1814. V: *Hoffmann, Ernst Theodor Amadeus.* (MGT) »1814-15« (Hs. Mitth. Dr. A. Thöl) »1819« (Grisebach, Weltlitteraturkat. Berl. 1898—1900. I, 270.)

PHANTASIESTÜCKE in Prose (sol) und Versen. Ein Taschenbuch für das Jahr 1799. Mit (3) Kupfern (G Boettger sen. del. & sc). Osnabrück, bey Karl und Compagnie. 1798. 12° Lat Lett. (In Wernigerode: Fürstl. Stolberg'sche Bibl.) (5 Mk. 25 Pfg. M Hauptvogel, Gotha, 1908.)

Tit., II S Inh., 284 S. — 1 Hühnlein. Eine Kunde des Tags. (Erzählg.) 2. Amors Rache. (Dramat. Gedicht, S. 71—114.) 3 Rosen von Anakreons Laube. (28 hier und da etwas freie Gedichte, S. 115—186.) 4. Die Taube. Ein Neugriechisches Paramythion (Prosa, S. 187 bis 214). 5. Vermischte Poesien (6 Gedichte, S. 215—234). 6 Die Brockenfahrt Eine wahre Geschichte (S 235—266). 7 Mentor, sein Freund und der Prinz (Dialogform.) — Selten!

Phantasmagorie. Kinderlust im Schattenspiel. Poesneck 860. Thalmann. 4. (12 lith. Bl. u. 1 Bl. Text.) 9 ngr.

Phantast, Sir; od. es kann nicht seyn. Lustsp. 8. Bremen, Cramer. (Hilscher in Dresden.) 762.

PHANTASUS. Tausend und ein Mährchen vom Verfaſſer der grauen Mappe. (J C. L. Haken.) 3 Bände. Berlin 1802.

Selten. Mit ſchön geſchnittenen Titelblättern und Titelkupſern von Bolt. Es handelt ſich um die früheſte und wohl ſchönſte deutſche Ausgabe von »1001 Nacht«.

— — derselb. 3 Thl. 8. Berlin, Braunes.

Phantasus, tausend u. ein Mährchen. Vom Verf. d. „grauen Mappe". 2 Bde. 8. Berl. 802, 3. (Kummer in Leipz.) 4 ℛ 20 gℛ — Dass. 3 Bde. Ebd. 802, 3. N. A. 816. (L. Oehmigke). 7 ℛ

Phantasus. Tausend und ein Mährchen . . . Leipzig 1802. V: *Haken, Johann Christoph Ludwig.* (EE) »Magdeburg« (GGr)

Phantasus; e. Erzählung v. Fischer. 8, Zwickau, Schumann. 809.

Phantasus. Eine Sammlung v. Mährchen, Erzählungen ꝛc. v. Ludw. Tieck. 3 Bde. 8. Berl. Realschulbuchh. 812—16. (à 2 Rthlr. 12 gr.)

Phantasus. Ein Märchenkranz. Für die Jugend gesammelt aus den Werken der Brüder Grimm, v. Hauff, Liebeskind, Steffens, G. Schwab, Sophie v. Knorring, Kerner u. A. 16. (23¼ B. u. 4 Bild.) Coesfeld 845, [Riese's Verl.]

Phantasus. Eine Auswahl aus erzählenden Dichtungen der Romantiker . . . Hannover 1853. H: *Tellkampf, Ad.* (GGr)

Phantasus. Eine Auswahl aus erzählenden Dichtungen der Romantiker. Mit einleitenden Bemerkungen über die romantische Schule. Hannover 853. Rümpler. 16. (4 Bl., 502 S.) 1 ℛ. 15 ngr.

Phantasus, der kleine, Erzählungen und Gespräche im Freundeskreise, von W. A. Gerle. 2 Theile. 8. Leipzig, Hartmann. 821.

Phantasus des Morgenlandes, oder 1001 Nacht. Neu bearbeitet von J. C. L. Haken. 3 Bde. (Neue Ausgabe von: Phantasus, vom Verf. der gr. Mappe.) N. Ausg. 8. Berlin, F. Oehmigke. 816.

Phantasus, neuer. Romantische Familienbibliothek, hrsg. v. Paul Jüngling. 1. Bd. 12. Berlin 882. Kogge & Fritze, Sep.-Cto. n. 6. —; in Pergt. geb. n.n. 7. —

Aus zwei Welten, von A. J. Mordtmann. Das Wappen, von Th. Kutschmann. Der Ring, von A. J. Mordtmann. (576 S.)

Phantasus, neuer. Von Utis. 2 Bde. 8. (III, 300 u. III, 260 S.) Leipzig 887. Böhme. n. 5. 60; geb. n. 7. —

† Phantasus, (Herzog Maximilian in Bayern), Jacobina. Novelle. 16. (7½ B. u. 1 Bildn.) München 835, Franz.

† Phantasus, (Herzog Max [Jos.] in Bayern,) Novellen. 2 Thle. 8. (14¼ B.) München 831, (Franz.)

—— Skizzen-Buch f. 1834. 8. (5⅜ B. u. 1 Stnt.) München, Franz.

—— der Stiefbruder. Novelle. 8. (7½ B.) München 838, Franz.

Phantom Polen

Das Phantom Polens oder: Die Trauerspiele in Warschau. Historischer Roman. Mit vielen in den Text gedruckten Illustrationen. Th. 2.3. 1864

s. Schmeling, Karl [Verf.]

Phar, Adalb. St., (Hoffmann, Arno), Angst. Die Behandlg. u. Heilg. nervöser Angstzustände, Zwangsvorstellgn. u. psychisch-nervöser Leiden. Zum prakt. Gebrauch f. Leidende u. Ärzte, unter Berücksicht. der neuesten medizin., neurolog., psychiatr. u. psychotherapeut. Erfahrgn. (VIII, 116 S.) gr. 8. Leipzig 907. Webel. 3. —; geb. 4. —

-- Die Macht des Weibes u. deren Anwendung, s: Lektüre, interessante. 1. Bd.

Pharao der Zweite, Festsp. m. Turnerei, Krieg, Empörung, redenden Mumien u. and. Zauber in 6 Bild., 47 S., 8°.

Pharaospiel, das, gründl. Anweis., dasselbe mit Vortheil zu spielen, so wie die beim Pharao übl. Betrügereien genau aufgedeckt sind. 8. Leipz. 826. Centr.-Compt. 18 gℛ

Pharisäer, Die deutschen, vom Verfasser des »deutschen Gespenstes«. Leipzig 1847. V: *Klencke, Fch Hermann.* (Bl. f. litt. Unt. 1847. Nr. 341, S. 1363 f.)

Der Pharisäer und Cabbalist ein Lustspiel in fünf Aufzugen. O. O. und Dr 1757 8, 156 S.

Pharisaer und Cabalist, der; Lstspl. in 5 A. 8. Braunschw. 757. Schulbuchh. 4 gℛ

Pharmaceut, der. Korrespondenzblatt u. offizielles Organ des deutschen Pharmaceuten-Vereins. Referierende Zeitschrift üb. das Gesamtgebiet der Pharmacie des In- u. Auslandes. Red.: C. Dörrien u. O. Linde. 5. u. 6. Jahrg. 1888. 1889. à 24 Nrn. (B.) gr. 4. Neudamm, Neumann. à Jahrg. n. 3. 20

— dasselbe. 7. Jahrg. 1890. 24 Nrn. (B.) gr. 4. Ebd. n. 4. —

Jahrg. 1—4 nicht im Buchhandel.

Pharmaceut, der. Korrespondenzblatt u. offizielles Organ d. deutschen Pharmaceuten-Vereins. Red.: C. Dörrien. 8. u. 9. Jahrg. 1891. 1892. à 24 Nrn. (Bog.) gr. 4. Neudamm, J. Neumann. à Jahrg. n.n. 4. —

Pharmacie domestique et de voyage. Extrait de la 7. édition allemande de la macrobiotique du C. G. Hufeland. Bern 859. (Blom.) 16. (20 S.) n. 4 ngr.

Pharmacie, die, am Mittel- u. Niederrhein gewürdigt von e. Apotheker gr. 8. (1 ¼ B.) Düsseldorf 845, Stahl'sche Buchh. *

Pharmacie de poche, contenant les remèdes les plus efficaces contre les maladies les plus fréquentes. (Französisch, englisch u. spanisch.) 8. (21 S.) Magdeburg 887. (Wennhacke & Zincke.) n. — 50

Pharmacologia Browniana, oder Handbuch der einfachsten und wirksamsten Heilmittel . . . Stuttgart 1798. V: *Molwitz, Eberhard Friedrich.* (MGT) (EngM) (Ky) (Call)

Pharmacologia Browniana

Pharmacologia Browniana oder Handbuch der einfachsten und wirksamsten Heilmittel mit klinischen Bemerkungen im Geiste der geläuterten neuen Arzneilehre. 226 S., gbd.

Stuttgardtiae: Erhard 1798

Pharmacologia Browniana, od. Handbuch d. einfachen Arzneimittel, (von F. Molwitz). 8. Stuttg. 798. Erhard. (Hoffmann). 21 gl.

— **nosocomiorum, e. prakt. Handbuch zunächst f. das Feldlazareth u. Armenpraxis eingerichtet. 8. Stuttg. 801. (Hoffmann). 16 gl.**

— universalis, s. F. I. Voltelen.

Pharmacologie, antisyphilitische, od. Anleitung zur Kenntn. deri. rohen Arzneymittel, w. b. d. Lustseuche pflegen angewendt. zu werden. gr. 8. Bresl. Meyer. 791.

Pharmacologie, Russische Feld-, s. Feld-Pharmacologie.

Pharmacopée à l'usage des hospices civils. gr. 8. Coblence, Lassaulx et H. (Pauli et C.) 806.

Pharmacopoea Anticholerica, s. A. *Wilhelmi.*

Pharmacopoea Argentoratensis inclyti Magistratus iussu revisa . . . Argent. 1757. V: *Ehrmann, Johann Christian.* (ML) (Ky) (MGT)

— Argentoratensis, revisa et ad us. hodiern. accomm. (ed. Jh. Chr. Ehrmann I.) Fol. Strassb. 757. Treuttel u. W. 1 ₰ 4 gl.

* Pharmacopoea, zum Gebrauch f. die Arzneipraxis. Herausg. von W. F. Schulz. gr. 8. Berl. N. Soc. Buchh. 805.

— zum Gebrauch f. die Arzneipraxis; hrsgg. v. W. F. Schulz. gr. 8. Berl. 805. W. Oehmigke. (Sander). 14 gl.

— **Augustana**, renov. et aucta. fol. Augsb. Lotter. 735.

Pharmacopoea Austriaca. Viennae 1812. V: *Stifft, Andr. Jos. Freih. v., Joh. Frdr. Edl. v. Hieber, Val. v. Hildenbrand, Joseph Frz. v. Jacquin, Joh. Andr. v. Scherer, Phil. Carl Hartmann, J. Scharinger & J. Wödl.* (Call)

— austriaca. Auch unt d. Titel: Wiener neue Pharmacopöe. Mit Anmerkungen versehen von Joh. Barthol. Trommsdorff. gr. 8. Erfurt, Hennings. 814.

— — id. lib. Ed. secunda. 8maj. Viennae, Kupfer et Wimmer. 814.

— Austriaca. Oestreich. Pharmacopöe. Mit Anmerkk. v. J. B. Trommsdorf. gr. 8. Erf. 814. 2e A. 815. 3e A. gr. 8. Gotha 821. Hennings. 1 ₰ 4 gl.

Pharmacopoea Austriaca. Editio tertia, emendata. 8maj. Vindobonae, Gerold. 820.

— — Editio altera emendata a J. B. Trommsdorff. 8maj. Erfurt, Hennings. 821.
Auch unter dem Titel:
Oestreichische Pharmacopöe. Mit Anmerk. verse h von J. B. Trommsdorff. 3te Ausg.

Pharmacopoea austriaca. Editio V. Viennae 855. (Leipzig, Brockhaus.) gr. 4. (VIII, 272 S.) n. 1 ₰.

Pharmacopoea austriaca. Editio quinta. Viennae. 1855. Caes. Reg. aulae et imperii Typogr. (VIII, 272 S. 4.) Lwdbd.

Pharmacopoea austriaca. Edit. VI. Lex.-8. (X, 293 S.) Wien 869, k. k. Hof- und Staatsdruckerei. *
Vgl.: Ehrmann, M.

Pharmacopoea austriaca. Ed. VII. gr. 8. (XVIII, 380 S.) Wien 889. Hof- u. Staatsdruckerei. n. 5 —

Pharmacopoea austriaca, s.: Additamenta ad pharmacopoeae austriacae ed. VII.

Pharmacopoea austriaca. Ed. VIII. (XXVIII, 485 S.) Lex.-8. Wien 906. Hof- u. Staatsdruckerei. n. 7. —; kart. n. 8. —

Pharmacopoea Austriaco-castrensis. Viennae 1795.

Pharmacopoea

Pharmacopoea Austriaco-castrensis. Viennae: Schaumburg 1800. 98 S. 8°

— — **dies. a. deutsch.**

— — **Erläut. ders., s. Erläuterung.**

— — (Späterer Abdruck.) 8. Viennae 1820.

Pharmacopoea Austriaca-Provincialis. Viennae 1774. H: *Störck, Ant. Freih. v., Nicolaus Jacob Edl. v. Jacquin & Joh. Jac. de Well.* (BrMm) »Ed. secunda. Viennae 1777« H: *Störck, Ant. Frh. v.* (EB)

— Austriaco-provincialis ad. mand. 8. maj. Vien. Tendler. 780.

— — dies. a. deutsch.

— Austriaco-provincialis ad mand. 8maj. Wien 780. (Trattner). 16 gl. — Dass. auch deutsch. gr. 8. Ebd. 783. 16 gl.

Pharmacopoea Austriaca provincialis emendata ... Viennae 1794. V: *Störck, Ant. Freih. v., Joh. Mich. Schosulan, Nic. Joseph v. Jacquin, Joseph Frz. v. Jacquin, Czerny, Basgetha & Offermann.* (Call) V: *Jacquin, Jos. Frz. Edl. v., Nic. Jac. Edl. v. Jacquin, J. M. Schosulan & Ant. Freih. v. Störck.* (MGT) (Ky)

— Austriaco-provincialis emendata, (ed. N. J. v. Jacquin, A. v. Störk et J. M. Schosulan). 8maj. Wien 794. (Beck). 18 ℊ — Dass. deutsch (unt. d. T.: Provinzialpharmacopee ꝛc.) gr. 8. Ebd. 795. 18 ℊ

— Austriaco - provincialis emend. 8. maj. Vien. Wappler. (Beck.) 794.

— — dies. deutsch. (unt. d. Tit. Provinzialpharmacopee ꝛc.) gr. 8. Ebend. 795.

— — Taxe der in ders. enth. Arzneyen, lat. und deutsch. gr. 8. Ebend. 795.

Pharmacopoea Badensis. Heidelbergae 1841. V: *Geiger, Phil. Lor.* Fortgesetzt: *Joh. Hnr. Dierbach, Chn Frdr. Hänle, Ludw. Frdr. Hesse, Joh. Max Alex. Probst & Carl Fromherz.* H: *Fromherz, Carl.* (BrMm)

Pharmacopoea Badensis

Pharmacopoea Badensis. 353 S., gbd.

Heidelbergae: Winter 1841

— — Batava etc., s.a. Codex med. Europ. Sect. IV.

— Batava etc. edit. J. Fr. Niemann. II Tomi. 8maj. Leipz. 811 u. 12. Ed. II. auct. et emend. II Voll., cum VI tab. aen. 8maj. ibid. 824. Barth. 7 𝓈

Pharmacopoea Bavarica, jussu regio edita. Monachii 1822. V: *Hartz, von, Franz Xaver von Häberl, Frdr. Carl von Loe, Grossi, Hnr. Aug. Vogel, Carl Frdr. Phil. von Martius, von Brentano, Pettenkofer, Jos. Sigl & Joh. Andr. Buchner.* (Call)

Pharmacopoea bavarica. Ex jussu Regio edita. 8maj. München 824, Lindauer. Rthlr.

—— Baierische, auf Kgl. Befehl hrsg. Uebers. u. mit Anmerkn. (auch e. Commentar naturhistor. u. techn. Inhalts) v. Al. Sterler. (4 Abthln. mit vollständ. Register.) gr. 8. (89 B. u. 2¼ B. Tab.) München 822—29, Lentner.

— Baierische, auf königl. Befehl hrsgg, Aus d. Latein. übersetzt. gr. 8. Münch. 822. Lindauer. 1 𝓈 12 ℊ

Pharmacopoeae Bernensis tentamen. Composita et praeparata. Lex. 8. (VIII u. 859 S. m. 1 lith. Taf.) Bernae 852. (Zürich, Schulthess.) n. 3⅓ 𝓈

Pharmacopoea Borussica ... Berolini 1799. V: *Klaproth, Mart. Heinr., Joh. Ldw. Formey, Joh. Frdr. Sproegel, Joh. Chph Andr. Mayer, Joh. Andr. Riemer, Sigm. Frdr. Hermbstädt & Val. Rose.* (Call) Ed. IV. Berolini 1827. V: *Berends, Carl Aug. Wilh., Joh. Ldw. Formey, Carl Ferd. von Gräfe, Sigm. Frdr. Hermbstädt, Ernst Horn, Chph Wilh. Hufeland, Hnr. Frdr. Link, Joh. Chn Carl Schrader & Hnr. Staberoh.* (Call)

— Borussica, 4maj. Bresl. 801. W. G. Korn. 1 𝓈 12 ℊ

— id. lib. 4. Berl. 804. Acad. B. (Rottmann). 4 𝓈

— Borussica, od. Preuß. Pharmacopöe, aus d. Latein. übers. u. mit Anmerkk. begleitet v. K. W. Juch. Mit Arznei-Taxe. gr. 4. Nürnb. 805. 2e A. 808. 3e umgearb. A. mit d. Originaltext zur Seite v. K. W. Juch 817. Stein. 3 𝓈 12 ℊ 4e umgearb. Aufl. v. W. Raab. Mit Vorrede v. J. A. Buchner. (Latein. u. deutsch). gr. 4. Nürnb. 829—31. Stein. 3 𝓈 — Anhang 830. Ebd. 4 ℊ

Pharmacopoea

[Pharmacopoea Borussica. Deutsch:] Preussische Pharmacopoe [Pharmakopöe]. 3., verb. Ausg. Aus d. lat. Urschr. übers. Berlin: Nicolai 1813. VIII, 272 S. 8°

— Borussica. Editio III. emendata. 8maj. Berl. 814. Nicolai. 20 ℊ — Dass. deutsch. gr. 8. Ebd. 1 𝓈

— — Borussica, oder preußische Pharmacopöe. Aus d. Latein. übers. mit d. Originaltexte zur Seite und mit Anmerk. begleitet von C. W. Juch. 3te umgearb. Auflage. mit Arzney-Taxe. gr. 4. Nürnberg, Stein. 817.

Pharmacopoea

Pharmacopoea Borussica. ([Mitarb.:] Karl August Wilhelm Berends [u.a.] [Vorr.:] H[einrich] F[riedrich] Link.) Ed. 4. Berolini 1827: Academia regia scientiarum. X, 387 S. 8°

—— borussica, übers. und erläut. von F. Ph. Dulk, s.a. Dulk.

— Borussica od. Preuß. Pharmacopöe. übers. u. erläut. v. Fr. Ph. Dulk. Leipz. 827. 2e verm. u. verb. A. Mit Holzschn. u. 1 synopt. Tabelle. 2 Thle. gr. 8. Ebd. 829, 30. Voß. 8 𝓈 18 ℊ Berichtigungen zur 1n Aufl. 1 𝓈 12 ℊ Die synopt. Tabelle apart 18 ℊ

— Borussica. 4maj. Berl. Ed. IV. 827. Ed. V. 829. Plahn. 2 𝓈 6 ℊ Appendix ad Ed. IV. 4minor. ibid. 829. 8 ℊ

Pharmacopoea

Pharmacopoea Borussica. [Deutsch:] Die preussische Pharmakopoe. 4. Aufl. Übers. u. erl. von Friedr[ich] Phil[ipp] Dulk. Th. 1, 2. [Nebst] Anh. Leipzig: Voß 1828-30. 8°

Th. 1: Einfache Mittel. 1828.
Th. 2: Bereitete und zusammengesetzte Mittel. 1829.
Anh.: Nebst e. Beil.: Synoptische Tabelle der Atomgewichte. 1830.

Pharmacopoea

Pharmacopoea Borussica. ([Vorr.:] H[einrich] F[riedrich] Link.) Ed.5. Berolini: Plahn 1829. XIV,418 S. 8°

—— dies. 5. Ausg. Uebersetzung d. latein. Urschrift. (Von H. Staberoh. Mit Vorr. v. H. F. Link.) gr. 8. (29 B.) Berlin 829, Plahn.

Pharmacopoea borussica. Edit V. 4. Berlin 829. (H. Schultze.) 1 2/3 ₰

— dass. ins Deutsche übersetzt vom Medicinalrath Staberoh. 5e Ausg. gr. 8. Berlin 829. (H. Schultze.) 1 3/4 ₰

Pharmacopoea Borussica oder Preussische Pharmakopoe. Lat. u. deutsch mit Anm. u. Zus. begl. von Carl Wilhelm Juch. 4. völlig umgearb. Aufl. von W Raab. Mit e. Vorr. von Johann Andreas Buchner. Nürnberg 1830. XI. 498, 24 S.

—— id. — oder Preuß. Pharmakopoe. Latein. u. deutsch, mit Anmerkn. u. Zusätzen begl. v. C. W. Juch. 4., völlig umgearb. Aufl. v. W. Raab u. Trautwein. Mit Vorr v. J. A. Buchner. Nebst Anh. gr. 4. (69 B.) Nürnberg 830, Stein. Anhang (3 B.) apart, 4 Gr.

—— dies. — Die Preuß Pharmakopöe, übers. u. erläut. v. F. P. Dulk. 2 Bde. 1. Aufl. (121¼ B.) 827—29. 7 Thlr. 14 Gr., 2., verm. u. verb. A. (125¼ B. u. 3 Tab.) Nebst e. Beil.: Synopt. Tab. d. Atomgewichte. (10 B. kl. Fol.) 829, 30. 8 Thlr. 16 Gr., 3., verm. u. verb. A. (131 B., 1 gestoch. Tab. qu. Fol. u. 4 gedr. Tab., gr. Fol. u. gr. 4.) Nebst e. Beil.: Synopt. Tabelle üb. d. Atomgewichte d. einfach. u. mehr. zusammengesetzter Körper, u. üb. d. Verhältniß d. Bestandtheile der letzteren. (13 B. Fol.) Leipzig 833, 34, Voß. 8 Thlr. 18 Gr., Schrbp
Anhang zur 1. Aufl. / Synopt Tabelle] apart, vgl. Dulk, F. P.

—— Borussica. — Die Preussische Pharmakopöe, übers. u. erläut. v. Friedr. Phil. Dulk. 2 Thle. 4., verm. u. verb. Aufl. gr. 8. (142½ B., 2 Tab. u. 1 Kpfrt.) Nebst: Synopt. Tab. üb. d. Atomgewichte. Schmal gr. 4. (9½ B.) Leipzig 839, Voss.

Pharmacopoea Borussica. Ed. sexta Berolini 1846. XIV, 312 S.

Pharmacopoea borussica. Die preuss. Pharmacopöe übers. u. erläut. v. Fr. Ph. Dulk. 5., nach d. 6. amtl. Ausg. umgearb. Aufl. 1—9 Lfg. gr. 8. (75½ B.) Leipzig 846, 47, Voss. à Lfg. *

Pharmacopoea borussica. Edit. VI. br. Lex.-8. (XIV und 312 S.) Berolini 847, Deckersche geheime Ober-Hofbuchdr. **

Pharmacopoea borussica. Editio VII. Lex.-8. (XV und 260 S.) Berlin 862, v. Decker'sche geheime Ober-Hofbuchdruckerei. * 1 Thlr. 15 Ngr.; geb. **

— borussica. Badische Pharmacopoea in Vergleichung mit der preuss., nebst einer Reductionstabelle. Mannheim 868. Schneider. gr. 8. (4 S.) 4 ngr.

—— borussica. Verleichung der preussischen mit der badischen Pharmacopoea, nebst einer Reductionstabelle. gr. 8. (4 S.) Mannheim [Strassburg] 870, Schneider's Verlag. *

(——) Supplementum pharmacopoeae Borussicae Hamburgense, sistens medicamina Hamburgensibus usitata et recentiora nonnulla, quae in pharmacopoea Borussica, editionis VII non occurrunt. Auctoritate collegii sanitatis editum. Lex.-8. (231 S.) Hamburg 868, Mauke Söhne. *
Vgl.: Stromeyer, W.

Pharmacopoea castrensis. 8. maj. Vien. Kaulfuss. 796. Rthlr.

Pharmacopoea castrensis austriaca. Wien 1841.

Pharmacopoea castrensis Borussica, s.a. Goercke, Johann

— castrensis Borussica, s. a. Jh. Andr. *Riemer*.

Pharmacopoea castrensis Borussica

Pharmacopoea castrensis Borussica. (Editio prima) congessit Johann Andreas Riemer, editio altera, gbd.

Ed.1: Berolini: Maurer 1790
Ed.2: Regiomonti: Nicolovius 1807

Pharmacopoea castrensis Borussica. Berolini 1790. — Ed II u. III. 1791 u. 94. (Je 1 Bd.) 3 Bde.

Pharmacopoea castrensis Borussica. Berol. 1805. V: *Hermbstädt*, *Sigm. Frdr.* & *Joh. Görke.* (call)

— — — id. lib. Edit. IIItia. 12. Breslau, Fr. Korn. 813.

— id lib. Edit. III. 12. Bresl. 814. J. F. Korn. 4 gr

— Castrensis Borussica. Edit. IIItia. 16. Koenigsb. Nicolovius. 815. —

Pharmacopoea castrensis Borussica. 16. Konigsb. Ed. IV 823. (Lauffer in Leipz.) 6 gr

— castrensis boruss. Editio quarta. 8. Königsberg 823, Univers.-B.

— Collegii regalis medicorum Londinensis una cum Meadiana. Francof. et Lips. 1762. 134, 37 S.
(Ph. Mead. m. amrk. Titelbl. og Pag.).

– s.a. Apothekerbuch, Londoner.

— collegii regalis medicorum Londinensis. 8. Manh. 789. Löffler. 10 gr

Pharmacopoea, collegii regalis medicorum Londinensis. ed. altera, 8maj. Lipsiae, Benj. Fleischer. 816. Rthlr.

— — Collegii Regii Dublinensis. vide Codex medic. Europaeus Sect. I. p. 3.

— — Collegii Regii Edinburgensis. vide Codex medic. Europaeus Sect. I. p. 2.

— — Collegii Regii Londinensis. vide Codex medic. Europaeus Sect. I. p. 1.

Pharmacopoea Collegii Medicorum

Pharmacopoea Collegii Regii Medicorum Edinburgensis. Ed.1758, 1776 ed.ab Ern(st) Gottfr(ied) Baldinger, 1792, 1813, gbd.

Ed.1758: Bremae et Lipsiae: Foerster 1758
Ed.1776: Bremae: Foerster 1776
Ed.1792: { Edinburgi: Bell & Bradfute / Londini: Robinson } 1792
Ed.1813: { Edinburgi: Black & Brown / Londini: Underwood & Blacks } 1813
Ed.1776 u.d.Titel: Pharmacopoea Edinburgensis

Pharmacopoea

Pharmacopoeia [Pharmacopoea] collegii regii medicorum Edinburgensis. Secundum ed. Edinburgensis novissimae exempl. recusa. Bremae & Lipsiae: Foerster 1761. XII,146 S. 8°

—collegii med. Edinburgensis, ed. E. G. Baldinger. 8. Bremen 776. N. A. 784. Förster. 18 gr

— croatico-slavonica. (In kroat. u. latein. Sprache.) Ed. II. gr. 8. (XXI, 1035 S.) Agram 901. (G. Trpinac.) n. 18. 70; geb. in Halbfrz. n. 22. —

Pharmacopoea Danica

Pharmacopoea Danica. Regia autoritate a Collegio Medico Hauniensi conscripta. Ed.1772, 1786, 1840, gbd.

Ed.1772: Hauniae: Heineck & Faber 1772
Ed.1786: Francofurti et Lipsiae: 1786
Ed.1840: Hafniae: Reitzel 1840

Pharmacopoea Danica. Frankf. u. Leipzig 1786. H: *Hensler, Philipp Gabr.* & *Andere.* (Ky)

—id. lib. (ed. Ph. G. Hensler et Soc.) 4maj. Frkf. u. Leipz 786. Lincke. 18 gr

— Danica regia auctoritate a collegio med. Havniensi conscr. 4maj. Kopenh. 805. Brummer. 1 rß 12 gr

—id. lib. 8maj. Leipz. 821., s. *Codex* med. Europ.

—— Danica, regia auctoritate a Collegio Sanitatis Regio Hafniensi edita. 8maj. (21 B.) Hafniae 840, Reitzel. *

— Dublinensis, s. *Codex* medicam. Europ.

Pharmacopoea

[Pharmacopoea collegii regii medicorum Edinburgensis.] Pharmacopoea Edinburgensis. Additamenta adiecit Ernestus Godofredus Baldinger. Ed. in Germania altera. Bremae: Foerster 1784. XIII,423 S. 8°

Pharmacopoea elegans, nebst Verzeichniss, Angabe u. Dosirg. d. neuesten Arzneimittel u. Arzneimittelformen, aus d. Kronen-Apotheke S. Radlauer, Berlin w., Friedrichstr. 160. gr. 16. (86 S.) Berlin 895. (J. Goldschmidt.) n. — 50

Pharmacopoea exquisita ad observationes recentiores accommodata . . . Stuttgardiae 1798 [1797]. V: *Molwiz, Eberh. Frdr.* (Call) (Ky) (MGT)

— exquisita, ad observat. recentior. accommod. etc. 8. maj. Stuttg. Erhard. 798.

— exquisita, ad observat. recentior. accommod. etc. (ab F. Molwiz). 8maj. Stuttg. 798. (Hoffmann). 18 gr

— extemporanea, exhibens compos. medicamentor., ad observata et principia accommod. ed. F. C. Augustin. 8maj. Berl. 809. Ed. II. 822. Schmidt. 2 rß

— — Fennica. gr. 8. Aboae, Meyer. (Leipzig, Hartmann.) 819.

— Fennica. Editio II. gr. 8. (XVI u. 176 S.) Helsingforsiae 850. (Leipzig, Brockhaus.) n. n. 1½ rß

— Gallica etc., s. *Codex* med. Europ. Sect. II.

PHARMACOPOEA GERMANIAE. (Editores: Delegati societatis pharmacopolarum Germaniae septentrionalis: O. BERG. W. DANCKWORTT. HILDEBRAND. MIRUS. Germaniae meridionalis: MICH. PETTENKOFER. RIECKHER. WOLFRUM. Austriae: DAUBRAWA. v. WÜRTH.) Sumptibus editorum. 1865. In libraria Creutz (R. Kretschmann) Magdeburgi. Halis Saxonum typis Orphanotrophei. 8°.
Dasselbe. Editio II. Sumptibus editorum. ib. 1867. —

— Germaniae. Edit. I. 1865. et Edit. II. Magdeburg 867. Creutz'sche Buchh. gr. 8. (XII, 390 S.) n. 2 rß 10 ngr.

Vgl. Appendix.

Pharmacopoea Germanica.

—— —— s.a. Hirsch, B.

Pharmacopoea Germanica. 4°. Nebst den verfasd. Bestimmungen. Berlin. Julius Springer. M. 8.—, in Kattun geb. M. 4.50. — Deutsch v. H. Hager Ebd. M. 3. —, geb. M. 4.50. — Kommentar dazu, bearb. v. H. Hager. In Lfgn. à M. 2.- . — Edit. altera. gr. 4°. Ebd. M. 2.30, geb. M. 3.30.

Pharmacopoea Germanica. Berolini 1872. XII, 442 S
— Ed. altera. 1882 XIV, 354 S
— Ed. III. [U. d. Tit.:] Arzneibuch für das Deutsche Reich 3. Ausg. Neudruck unter Berücks. d. aus d. Nachträge vom 20. Dez 1894 sich ergebender Aenderungen u. Ergänzungen. [Nebst] Nachtrag. 1895.
— 4. Ausg. 1900 XXII, 516 S.
— 5. Ausg. [u. d. Tit.] Deutsches Arzneibuch. 1910. XXXVIII, 680 S.

Pharmacopoea Germanica. gr. 8. (XII, 442 S.) Berlin 872. v. Decker. n. 3. —; geb. n. 4. 50

— dasselbe. Deutsche Pharmakopöe. Aus dem latein. Texte ins Deutsche übers. v. Herm. Hager. gr. 8. (XII, 454 S.) Ebend. 872. n. 3. —; geb. n. 4. 25

— dasselbe. In's Deutsche übersetzt v. Ludw. Andr. Buchner. [Aus: „Commentar zur Pharmacopoea germanica v. Dr. L. A. Buchner."] gr. 8. (XVI, 385 S.) München 872. Oldenbourg. n. 3. —

Pharmacopoea germanica. Ed. altera. 4. (XIV, 354 S.) Berlin 882. v. Decker. n.n. 2. 30; geb. n.n. 3. 30

— dasselbe. Deutscher, der lateinischen Ausgabe zu Grunde liegender Entwurf. [Deutsche Ausg.] 4. (XII, 356 S.) Ebend. 882. n.n. 2. 30; geb. n.n. 3. 30

—— —— Arzneitaschenbuch dazu, s. Richter, Herm. Eberh.

—— —— Commentar dazu, s. Hager, Herm.

—— —— Vollständ. Wörterbuch dazu, s. Harz, C. O. — Opel, Friedr. Mor. Ed.

— Hanoverana. 8maj. Hannov. 819. Ed. alt. 832. Hahn. 2 ß

—— Hannoverana nova. 8maj. (26 B.) Hannoverae 833, Hahn.

— Hannoverana nova. (Mit 1 Bl. Berichtigungen.) 8maj. Hannoverae 833. Hahn. n. 1 2/3 ß

— Hannöversches aus d. latein. Urschrift übers. u. mit e. Anh. versehen v. J. L. W. Gruner. gr. 8. Hannov. 820. Hahn. 1 ß 12 gl

Pharmacopoea Hassiae Electoralis .. Cassellis 1827. V: *Heräus, Joh. Peter, Carl Andr. Wild & C. C. Gärtner.* (Call)

— Hassiae Electoralis potentissimi electoris jussu edita. Editio II. emendatior. Cassel 860. (Hanau, König's Sorthdlg.) gr. 8. (IV, 445 S.) n. 3 ß 10 ngr.

Pharmacopoea Helvetica ... Basileae 1771. V: *Haller, Albrecht v., Joh. Rud. Zwinger & Wern. Lachenal.* (Call)

— Helvetica, in II Partes div. Fol. Basel 771. Imhof. 3 ß Schrbp. 3 ß 16 gl

— helvetica. Schaffhausen 865. Brodtmann'sche Buchh. Lex.-8. (VI, 343 S.) n. 3 ß

— helvetica. Ed. altera. Lex.-8. (VII, 197 S.) Schaffhausen 872. Brodtmann. n. 3. 60

Pharmacopoeae helveticae supplementum. gr. 8. (IV, 166 S.) Schaffhausen 876, Brodtmann'sche Verlagsh. * 4 —

Pharmacopœæ helveticæ edit. altera ejusque Supplementi Extractum continens præcepta omnia præparatorum pharmaceuticorum et chemicorum in his libris recepta. 39 p. 16. Schaffhausen, Brodtmann. 1877. 1. 50

Pharmacopoea helvetica. Ed. III. Deutsche Ausg. gr. 8. (IX, 398 S.) Zürich 893. Art Institut Orell Füssli, Verl. n. 5. —

Pharmacopoea Helvetica. Editio 4a. Deutsche Ausgabe. XXXIV + 639 S. + *Corrigenda* 2 Bl. 8. Bern, Neukomm & Zimmermann, 1907. [fr. 9. —, geb. 12. —]

Pharmacopoea Helvetica. Editio 4a. Édition française. XXXIV + 655 + *Errata* 1 p. 8. Berne, Neukomm & Zimmermann, 1907. [fr. 9. —, geb. 12. —]

Pharmacopœa Helvetica. Editio 4a. Edizione italiana. XXXVI + 679 + *Correzioni* 1 p. 8. Berna, Neukomm & Zimmermann, 1908. [fr. 9. —, leg. 12. —]

— Hispanica — Londinensis — Lusitanica — Polonica — Rossica — Suecica, s. *Codex* medicament. Europ.

—— homoeopathica, s. Caspari, C., Dispensatorium.

— Hungarica. (Ungarisch u. lateinisch.) gr. 8. (XLVII, 581 S.) Budapest 871. (Rath.) n. 12. —

— hungarica. (In ungar. u. latein. Sprache.) Ed. III. (XX, 414, III, XIII u. 430 S.) gr. 8. Budapest 909. (L. Toldi.) nn 10.50; geb. nn 13. —

— Londinens., una c. Mediana. 8. Francf. (B. Fleischer, Lips.) 785.

— medicin.-chirurgische. Eine Auswahl neuerer Formeln aus d. Privat- u. Hospitalpraxis d. bedeutendsten Chirurgen, vorzügl. in England u. Amerika, zur Behandlung d. sogen. chirurgisch. Krankheiten. Nach d. 2n Ausg. aus d. Engl. gr. 12. Weimar 824. Ind.-Compt. 18 gl

Pharmacopoea militaris. A d. Lat v F Schaur Frankfurt 1759. —

— militaris, od. Soldatenapotheke. 8. Frankf. 759.

— militaris. Herausgegeb. von d. Oberdirektion des Feldmedizinalwesens in Dännemark. 12. Copenhag. Bonnier. 814.

— militaris, od. ausgewählte Samml. v. Arzneimitteln f. den Militärstand. 8. Kopenh. 818. Bonnier. (Wienbrack in Lpz.) 18 gl

— militaris. Efter allerhöieste Befaling udarbeidet af en dertil nedsat Commission. 8. Kjöbenhavn 840. Reitzel. 3/8 ß

Pharmacopoea militaris borussica. Berolini 1828, 41 47, 49, 50, 68. (Je 1 Bd.) 12. 6 Bde.

—— militaris Borussica. 16. (5 B.) Berolini 828, (Plahn.)

— militaris borussica. 16. Berlin 828. (H. Schultze.) 1/6 ß

— militaris borussica. 16. Berlin 841, Schultze. n. 6 1/4 ngl

— militaris Borussica. (6. Aufl.) 16. (78 S.) Berolini 847. (Herm. Schultze.) 1/6 ß

— militaris borussica. Editio IV. Berlin 868. A. Hirschwald. 16. (59 S.) geb. n. 8 ngr.

— nederlandica. Ed. IV. (XIX, 522 u. XXXVI S.) gr. 8. Amsterdam 905. J. H. de Bussy. nn 5.50

— norvegica. Regia auctoritate edita. Christianiae 854. (Leipzig, A. Dürr.) gr. 8. (XXII, 202 S.) nn. 1 ß. 15 ngr.

Pharmacopoea norvegica. Regia auctoritate edita. 8maj. (XXII und 202 S.) Christianiae 854. (Lipsiae, Lorck.) *

— Norvegica. Ed. altera gr. 8. (320 S.) Christianae 871. (Leipzig, Cnobloch.) n. 4. 50; geb. n. 5. 40

— — norvegica ed. II. 1872.

Pharmacopoea in usum nosocomii militaris Wirceburgensis, sammt Instruction ... Würzb. 1813. V: *Brünninghausen, Herm. Joseph & Alois Hofmann.* (Call) (Ky)

—in usum nosocomii militaris Wirceburgensis, sammt Instruktionen f. das ärztl. u. Verwaltungspersonale in d. würzburgisch. Militärhospitälern, (v. H. J. Brünninghausen). 4. Würzb. 815. Stahel. 12 gr

Pharmacopoea Nosocomii regii Fredericiani. 16. (2 B.) Hauniae 841, (libr. Gyldendal.) Thlr

Pharmacopoea nosocomiorum civilium Argentinensium. Jussu administratorum eorundem Nosocomiorum typis mandata. 8maj. (6 B.) Argentorati 830, Levrault.

—nova Hassiaca electoralis potentissimi electoris jussu edita. 8maj. Marb. 827. Krieger. 2 rℓ 3 gr

Pharmacopoea in usum officinarum reipublicae Bremensis conscripta. Bremae 1792. V: *Meier, Gerhard, Arnold Wienholdt* & *Joh. Heineken.* (Call) (MGT) (Ky) (BrMm)

—in us. officin. reip. Bremensis conscr. (ed. Jh. Heinecken et Meier et Wienholt). 8. Brem. 792. Cramer. 10 gr

— in us. officin. reip. Bremensis conscr. 8. Brem. Cramer. (Rabenhorst, Lips.) 792.

Pharmacopoea Oldenburgica... Oldenburgi 1801. V: *Gramberg, Gerhard Ant.* (Call) (MGT) (Ky)

—Oldenburgica, (ed. G. A. Gramberg). 8maj. Oldenb. 801. Schulze. 20 gr Postp. 1 rℓ

— Oldenburgica. 8. maj. Oldenb. Schulze. 802.

—Palatina. Fol. Manh. 764. Löffler. 2 rℓ 16 gr

Pharmacopoea Palatina. Manhemii 1803 [1802.] V: *Harrer, Hubert v. Walk, Schrott, Reisch* & *Betz.* (Call)

— Palatina. fol. Manh. Löffler. 803.

Pharmacopoea parva. Auszug aus der Pharmacopoea Borussica edit. VII für die ärztliche Praxis bearb. Aachen 1863. V: *Lersch, Bernhard Max.* (Ky)

— parva. Auszug aus der Pharmacopoea Borussica edit. VII für die ärztliche Praxis bearb. (von B. M. Lersch.) Aachen 863. Benrath & Vogelgesang. 16. (43 S.) 7½ ngr

Pharmacopoea pauperum

Pharmacopoeia pauperum, in usum nosocomii regii Edinburgensis. 76 S., gbd.

Francofurti et Lipsiae: Fleischer 1760

— — ead. 8. Lips. B. Fleischer. 762.

— pauperum in us. nosocomii Edinb. 8. Edinb. (Lange, Berl.) 765.

Pharmacopoea

Pharmacopoea pauperum. In usum instituti clinici Hamburgensis ed. a societate medica. Hamburgi: Herold 1781. 71 S. 8°

Pharmacopoea pauperum In usum Instituti Clinici Hamburgensis edita... Hamburgi 1785. V: *Weiss, Paulus Henricus, Carl Gfr. Deutrich* & *Andere.* (BrMm) »1781«. *Deutrich, Carl Gfr.* & *Andere.* (Call)

Pharmacopoea pauperum

Pharmacopoea pauperum in usum instituti clinici Hamburgensis, edita a Societate Medica. Editio secunda auctior et emendatior. 48 S., gbd.

Hamburgi: Herold 1785

—pauperum in us. instit. clin. Hamburgens. ed. a societ. 8maj. Hamb. 804. (Campe). (Karlsr., Braun). 12 gr

— pauperum in ius. instit. clin. Hamburg. ed. a societ. 8. maj. Hamb. Hoffmann. 805.

Pharmacopoea pauperum. Magdeburg 1812. 4.

— Preußische; aus d. Latein. mit Zusätzen v. C. A. Kraus. gr. 8. Braunschw. 805. Lucius. 1 rℓ

— Preußische, 5e Ausg. Uebersetzung der latein. Urschrift (v. H. Staberoh). Mit Vorrede v. H. F. Linck. gr. 8. Berl. 829. Plahn. 1 rℓ 18 gr

— — Rossica, Fennica et Polonica, s.a. Codex med. Europ. Sect. V.

Pharmacopoea Rossica

Pharmacopoea Rossica (et Fennica). Ed.nova auctior. 376 S., gbd.

Lipsiae et Soraviae: Fleischer 1821
(Codex med. Europaeus 5,1)

— Rossica navalis. 8. ibid. (Sommer, Lips.) 784.

— Rossica ac pharmacop. castrens. et navalis rossica. 8. Petersb. Logan. 782—84.

—Rossica ac pharmacop. castrens. et navalis Russica. (ed. H. Bacheracht). 8. St. Petersb. 784. Logan. (Cnobloch in Leipz.) 16 gr (W. Nauck in Leipz.) 8 gr; (auch List in Berl.) 8 gr

—— sangallensis oder Verzeichniss der von den öffentl. Apothekern des Kant. St. Gallen vorräthig zu haltenden Arzneimittel u. gesetzl. Vorschrift über deren Beschaffenheit u. Bereitungsweise. gr. 8. (4½ B.) St. Gallen 844, Scheitlin u. Zollikofer. *

— Saxonica deutsch, s. Apothekerbuch.

Pharmacopoea Saxonica... Dresdae 1820. V: *Leonhardi, Joh. Gottfried.* (Call) (MGT)

—Saxonica, jussu regio et auctoritate publica edita. 8maj. Dresd. 820. Walther. 1 rℓ 12 gr — Dass. deutsch, s. Apothekerbuch.

—— Saxonica jussu regio et auctoritate publica denuo edita, recognita et emendata. 4. (39 B. u. 1 Tab.) Dresdae 836, [libr. aul. Walther.] *

—— Slesvico-Holsatica regia auctoritate edita. (Cur. C. H. Pfaff.) 4. (68¼ B.) Kiliae 831, libr. Universitatis.

Pharmacopoea Slesvico-Holsatiaca regia auctoritate edita. Kiel 1832. H: *Pfaff, Chn Hnr.* (KY)

—Slesvico-Holsatica regia auctoritate edita. (Cur. C. H. Pfaff). 4. Kiel 832. Universitäts-B. 3 ₰ 21 gl.

— svecica, ad exemplar Holmiense a. 1775 recusa. Lips. et Altonae 1776. 144 S.

— — ead. 8. Alt. Iversen. 776.

Pharmacopoea

Pharmacopoea Suecica. Ad ex. Holmiense a 1780 recusa. Lipsiae & Altonae: Hellmann 1784. 130 S.8°

—Suecica, una cum pharmacopoea pauperum Helmensi. 8. Upsala 787. Acad. B. 16 gl. (Leipz., Brockhaus). 16 gl.

— — Sueca et Danica etc. vide Codex med. Europ. Sect. III.

—universalis, od. übersichtl. Zusammenstellung d. Pharmacopöen (von 27 Ländern u. großen Städten); der Dispensatorien von Braunschweig, Fulda, Hessen, Lippe u. der Pfalz; der Militärpharmacopöen Dänemarks, Frankreichs &c. Nach d. Pharmacop. univers. des A. J. L. Jourdan, mit Zusätzen. 1r Bd. in 2 Abtheill. u. 2r Bd. 1e u. 2e Hälfte. Nebst Nachträgen u. Verbesserr. u. Register üb. beide Bde. Lex.-8. Weimar 829 u. 30. Ind.-Compt. 2e mit Zusätzen verm. Aufl. 2 Bde. Lex.-8. Ebd. 832. 8 ₰ 18 gl.

—— universalis od. übersichtl. Zusammenstellung d. Pharmacopöen von Amsterdam, Antwerpen, Dublin, Edinburgh, Ferrara, Genf, London, Oldenburg, Würzburg; deren America's, Dänemark's, Finnland's, Frankreich's, Hannover's, Hessen's, Holland's, der Niederlande, Oesterreich's, Parma's, Polen's, Portugal's, Preußen's, Rußland's, Sachsen's, Sardinien's, Schweden's, Spanien's, Württemberg's; der Dispensatorien v. Braunschweig, Fulda, Hessen, Lippe u. d. Pfalz; der Militärpharmacopöen Dänemark's, Frankreich's, Portugal's, Preußen's, Rußland's u. von Würzburg; der Armenpharmacopöe von Hamburg; der Formularien u. Pharmacopöen Augustin's, Bories's, Brera's, Brugnatelli's, Cadet de Gassicourt's, Coxe's, Ellis's, Ferrarini's, Gray's, Hufeland's, Magendie's, Piderit's, Pierquin's, Ratier's, Rennie's, Saunders's, Sainte Marie's, Spielmann's, Swediaur's, Taddei's u. van Mons's. 2 Bde. A—Z. 1. Aufl., nach d. Pharmacopée universelle des A. J. L. Jourdan, bearb. u. mit Zusätzen verm. 828—30., u. 2. Ausg. (à 105¼ B.) Lex.-8. Weimar 832, Landes-Indust.-Compt. à Thlr.

—— universalis, od. übersichtl. Zusammenstellung d. Pharmacopöen, d. Dispensatorien, d. Militärpharmacopöen, d. Armenpharmacopöen, d. Formularien u. Pharmacopöen berühmter Aerzte u. e. Pharmacopöe d. homöopath. Lehre. 3., neu bearb. u. (mit d. Pharmacopöen v. Hamburg, Turin; der Armenpharmacopöe v. London; d. Formularien u. Pharmacopöen Del-Bue's, Gregory's, Philips's, Sembenini's u. Wood's) verm. Ausg. 2 Bde. Lex.-8. (119½ B.) Weimar 838—40, Landes-Industrie-Comptoir.

—— universalis. Eine übersichtliche Zusammenstellung der Pharmacopöen des In- u. Auslandes; wichtiger Dispensatorien, Militair- u. Armen-Pharmacopöen u. Formularien; m. e. Anhange, eine Pharmacopöe der homöopath. Lehre enthaltend. 4., neu bearb. u. verm. Ausg. 2 Bde. Lex.-8. Weimar, Landes-Industrie-Comp. [1. (58¼ B.) 845., 2. (65½ B.) 46. à 5 Thlr.]

Pharmacopoea Wirtenbergica. Accedit Taxa medicamentorum Stuttg: Erhard 1741 2°

Pharmacopoea

Pharmacopoea Wirtenbergica, in 2 p. divisa, quarum 1. materiam medicam, historico-physico-medice descriptam, posterior composita et praeparata, modum praeparandi et encheireses, exhibet... Ed. 3.,rev. et em. ([Vorr.:] Burcardus David Mauchart, J. W. Bilfinger.) P.1.2. Stutgardiae: Erhard 1754. 1 Bd 4°

[Sondert.:] Syllabus medicamentorum compositorum, in Pharmacopoea Wirtenbergica comprehensorum.

Pharmacopoea Wirtembergica in duas partes divisa ... Editio nova ... Stutgardiae 1771. H: *Reuss, D. A. R., Joh. Frdr. Breyer* & *Andere.* (BrMm) »1741« H: *Gesner, Joh. Albrecht.* (ML)

— — ead. 4. maj. Laus. Pott. 785.

Pharmacopoea

Pharmacopoea Wirtenbergica, in 2 p. divisa, quarum 1. materiam medicam historico, physico, medice descriptam, 2. composita et praeparata modum praeparandi et encheireses exhibet. Ed. denuo rev., aucta et em. Acc. ind. necessaria. ([Hrsg.:] Johannes Georgius Hopfengärtner, Christianus Fridericus [v.] Jaeger [1739-1808].) P.1.2. Stutgardiae: Erhard 1786. 1 Bd 4°

Pharmacopoea Wirtembergica

Pharmacopoea Wirtembergica, in duas partes divisa, quarum prior materiam medicam historico-physico-medice descriptam, posterior composita et praeparata modum praeparandi et encheireses exhibet. Jussu Serenissimi Domini Ducis adornata et pharmacopoeis Wirtembergicis in normam praescripta. Editio sexta aucta et emendata. 224 S., gbd.

Stutgardiae: Loeflund 1798

Pharmacopoeae würtembergicae novae pars altera, praeparata et composita complectens. 8maj. (15¾ B.) Stuttgart 845, libr. Schweizerbart. *
Pars I. ist noch nicht erschienen.

Pharmacopöe, s. Pharmakopöe.

Pharmacopoeia, s. Pharmacopoea.

Pharmakognostische Karte [Schlagwort]

Pharmakognostische Karte. Schelenz, Herm., pharmakognostische Karte f. die Arzneibücher Europas u. der Vereinigten Staaten von Amerika. Masstab am Äquator 1:45,000,000. 2. Aufl. 65×91,5 cm. Farbdr. Wien 899. G. Freytag & Berndt. n. 2.50

Pharmakopö(e)

Pharmakopoe, s. Bernatzik, W.

Pharmacopoe, s. Pharmacopoea.

Pharmacopöe und Arzneitaxe für das bei der hiesigen Armenanstalt angestellte medicinische Personal. Frankf. a. M. 1809. V: *Scherbius, Joh.* (Call)

— baierische. Auf königl. Befehl herausgeg. Aus dem latein. übersetzt. gr. 8. München 823, Lindauer.

Pharmakopoe für das Königreich Bayern. Neue Bearbeitung. Auf Königl. Befehl herausgegeben. München 856. Palm. gr. 8. (XII, 378 S.) n. 3 ₰.

Pharmakopoe für das Königreich Bayern. Neue Bearbeitung. Auf königlichen Befehl herausg. 2. Aufl. München 859. Palm. (Grubert.) 4. (XIV, 346 S.) n. 2 ₰ 20 ngr.

Pharmakopöe, dubliner, s. Codex der Pharmakopöen.

Pharmakopoe f. d. Kgl. sächs. Feld-Spitäler Dresden 1812.

—— für das Königr. Hannover. 1861. Lex.-8. (XVI und 784 S.) Hannover, Hahn'sche Hofbuchh.

— — Londoner 1851

Pharmacopöe, medicin.-chirurgische. Eine Auswahl neuerer Formeln aus d. Privat- u. Hospitalpraxis d. bedeutendsten Chirurgen, vorzügl. in England u. Amerika, zur Behandlung d. sogenannten chirurg. Krankheiten. Nach d. 2n Ausg. aus d. Engl. gr. 12. Weimar 824, Ind.-Compt.

Pharmacopöe, Preussische. 4. Ausg. Berl. 1827. Ü: *Staberoh, Heinr.* (Call) »5. Ausg. 1829« (Ky)

— die Preußische, 4e Aufl. ins Deutsche übersetzt (v. H. Staberoh.) gr. 8. Berlin 827, (Plahn.)

— dies., übersetzt u. erläutert v. Fr. Ph. Dulk. 1e bis 6e Liefg. gr. 8. Leipz. 827, Voß.

—— preussische. Im Auftrage des geh. Staats-Ministers etc. Hrn. Dr. Eichhorn, nach der 6. Ausg. der Pharmacopoea borussica übers. von Gurlt. gr. 8. (XVI und 312 S.) Berlin 847, Deckersche geheime Ober-Hofbuchdr.

Pharmakopöe, preussische. 7. Ausg. Hrsg. von G. A. Völcker. gr. 8. (XVI und 271 S.) Berlin 862, v. Decker'sche geheime Ober-Hofbuchdruckerei. 1 Thlr.; geb. *

Pharmakopöe für Schleswig und Holstein. 1831 Nebst den Nachträgen bis 1843 Deutsche Bearbeitung Leipzig. 1844 = Codex der Pharmakopoen. Sect 1 1 Bändchen. Leipzig. 1844. 8°

— siehe a. Codex der Pharmacopöen.

—— für das Königreich Württemberg. Neue Bearbeitung. Lex.-8. (XII und 486 S.) Stuttgart 847, Schweizerbart'sche Vrlgsh. *

Pharmakopöen, deutsche Bearbeitungen, s. Codex der Pharmakopöen.

Pharmacopoeen, die östreichische, preußische u. würzburgische; mit Bemerk. v. Niemann. 8. Halberst. Büreau f. Lit. u. Kunst. 814.

Pharmacopöen-Atlas, s. Artus, Wilib.

Pharsamon's Abenteuer, im Geschm. d. D. Quixotte, a. d. Frz. d. Marivaux. 2 Thle. 8. Altona, Hammerich. 793. 94. (1r: 1 Rthlr. 4 gr. 2r 20 gr.)

Pharsamons Abentheuer, im Geschmacke des Don Quixotte von Marivaux, neu übersetzt, 2 Theile, 8. Altona, 793-94. Hammerich. 2 Rthlr.

Pharus, e. Zeitschrift f. Politik, Philosophie u. Literatur; in zwanglos. Heften. 1n Bdes 1s u. 2s Hft. gr. 8. Berl. 809. (Duncker u. H.) 1 ₰ 16 gl

Pharus. Katholische Monatsschrift f. Orientierg. in der gesamten Pädagogik. Hrsg. v. Ludw. Auer. Red.: Jos. Weber. 1. Jahrg. 1910. 12 Hefte. (1. Heft. VIII, 96 S.) gr. 8. Donauwörth, L. Auer. 4. —

—Chymiae, oder Wegweiser zur Chymie. 8. Regensb. 752. Montag u. W. 3 gl

Pharus chymiae

Pharus chymiae oder hell-leuchtender Wegweiser zur chymischen Wissenschaft. Th.1 - 2, gbd.

Regensburg: Weiß 1752

Pharus am Meere d. Lebens, s. a. Coutelle, C.

Pharus am Meere des Lebens. Iserlohn 1873. H: *Coutelle, Carl.* (Öttinger, Moniteur. Suppl. Leipz. 1873.)

Pharus am Meere des Lebens. Anthologie für Geist u. Herz aus den Werken deutscher u. ausländ. Schriftsteller älterer u. neuester Zeit. Nach den Materien alphabetisch geordnet u. hrsg. v. Carl Coutelle. 2., verb. Aufl. 4 Bdchn. 16. (40 B.) Mülheim 845—47, [Rieten.] à * 10 Ngr. *

Pharus am Meere des Lebens. Anthologie für Geist und Herz aus den Werken deutscher und ausländ. Schriftsteller älterer und neuester Zeit. Nach den Materialien alphabet. geordnet und hrsg. von Carl Coutelle. 4. Aufl. 1858. und 5., revid. und ergänzte Aufl. gr. 16. (731 S. mit 1 Chromolithogr.) Iserlohn 860, Bädeker. 1 Thlr. 20 Ngr.; geb. *

—— dass. — Neue Folge. gr. 16. (V und 606 S. mit 1 Holzschnt.) Ebendas. 861. 1 Thlr. 20 Ngr.; geb. *

Pharus am Meere des Lebens. Anthologie für Geist und Herz aus den Werken deutscher und ausländ. Schriftsteller älterer und neuester Zeit. Nach den Materien alphabetisch geordnet und hrsg. von Carl Coutelle. I. (Thl.) 6.—8. Aufl. gr. 16. (733 S. mit 1 Holzschntaf.) Iserlohn 863—67, Bädeker. geb. mit Goldschn. *

Pharus am Meere des Lebens. Anthologie für Geist und Herz aus den Werken deutscher und ausländ. Schriftsteller älterer und neuester Zeit. Nach den Materien alphabetisch geordnet und hrsg. von Carl Coutelle. II. (Thl.) 3. Aufl. gr. 16. (VII und 604 S. mit 1 Holzschntaf.) Iserlohn 864, Bädeker. geb. mit Goldschn. *

Pharus am Meere des Lebens. Illustrirt von Adf. Schmitz. hoch 4. (585 S. mit eingedr. Holzschn. und 10 Holzschntaf.) Iserlohn 873, Baedeker. * M 20.; geb. *

Pharus am Meere des Lebens. Illustrirt von Adolf Schmitz. 2. Aufl. Lex.-8. (688 S. m. eingedr. Holzschn. u. Holzschntaf.) Iserlohn 878. Bädeker. n. 20. —; geb. n. 24. —

Pharus am Meere des Lebens. Illustrirt von Adf. Schmitz. 3. Aufl. Lex.-8. (III, 526 S.) Leipzig 888, Jul. Baedeker's Verlag. *ℳ 9.—; geb. mit Goldschn. * 12 —
Vgl.: Coutelle, Carl.

Verkehrs-Ausg. **Pharus-Atlas** Deutscher Städte. Gruppe 1. Berlin: Pharus-Verl. 1904. 2°

Pharus Auto-Strecke. No 1. Berlin: Pharus-Verl. [1907]. 8° [lith.] [kol.]

Pharus Auto-Strecke. Nr. 161. München—Feldkirchen—Aibling—Rosenheim—Traunstein—Salzburg K 1.20
Wien: Halm & Goldmann 1907.

Pharus-Auto-Strecke. Nr. 219. Wien—Floridsdorf—Poysdorf—Nikolsburg—Pohrlitz—Brünn in Umschlag K 2.—
Wien: Halm & Goldmann 1907.

Pharus-Autostrecke, Nr. 221. Wien—Preßburg—Raab—Komorn—Budapest K 2.—
Wien: Halm & Goldmann 1907.

Pharus-Auto-Strecke. Nr. 225. Wien—Purkersdorf—St. Pölten—Pöchlarn—Amstetten—Enns—Linz in Umschlag K 2.—
Wien: Halm & Goldmann 1907.

Pharus Autostrecke. Nr. 227. Wien—Klosterneuburg—Tulln—Krems—Zwettl—Gratzen—Budweis—Strakonitz—Pilsen K 2.—
Wien: Halm & Goldmann 1907.

Pharus-Auto-Strecke. Nr. 229. Linz—Wels—Lambach—Vöcklabruck—Straß—Walschen—Salzburg in Umschlag K 2.—
Wien: Halm & Goldmann 1907.

Pharus-Auto-Strecke. Nr. 231. Salzburg—Reichenhall—St. Johann—Wörgl—Schwaz—Innsbruck in Umschlag K 2—
Wien: Halm & Goldmann 1907.

Pharus-Buch Berlin m. Vororten. Wegweiser auf Schritt u. Tritt m. vielen Bildern, Bunttafeln u. den amtl. Nummern u. Bezeichngn. der Strassenbahnlinien. 8. (XXIV, 287 u. 11 S.) Berlin (902). Pharus-Verlag. — 80; m. farb. Plan — 50

Pharus-Gerichtsführer m. großem Pharus-Gerichtsplan v. (Groß-)Berlin u. Umgebung. 1:23,100. 77×102 cm. Farbdr. Wegweiser f. jedermann zum richt. Gericht in allen Rechtsangelegenheiten. Gemeinverständlicher jurist. Tl. v. Otto Herrmann. Nebst ausführl. Straßen- u. Ortschaftsregister m. Angabe des jeweil. zuständ. Gerichts, sowie e. Verzeichnis sämtl. beim Kammergericht u. im Bezirke der Landgerichte I, II, III Berlin, zugelassenen Rechtsanwälte u. Notare. (IV, IV, 68, 58 u. VIII, 16 S.) 8. Berlin (906). Pharus-Verlag. n. 3.—; geb. n. 4.—

Pharus-map and guide. London. 1:15,800. 71×93 cm. Farbdr. Nebst Text. (78 S.) Berlin (904). Pharus-Verlag. n. 2.—

Pharus-Plan Düsseldorf (mit d. Ausstellung). [Nebst] Führer durch d. Ausstellung. [Mit 1 Nebenkarte.] *Berlin: Pharus-Verl. [1902]; B. Giseviús, Berlin.* (24 S., 1 Kartenbl. 89×68 cm.) 8° [kol.]

Pharus-Plan Essen-Ruhr. 1:10000. Mit Führer. Berlin, 1905. Mit 15 S. Text.

Pharus-Plan. Geltungsbereich der Baupolizeiordnungen für Berlin und seine Umgebung. Bearb. in d. Plankammer d. Minist. d. öffentl. Arbeiten. Maßst. 1:30,000. [Mit 5 Nebenkarten.] *Berlin: Pharus-Verl. [1903]; Lith. B. Giseviús.* (1 Kartenbl. 116×68 cm mit Legende.) 8° [kol.] [Umschlagt.:] Pharus-Plan zu d. Baupolizeiordnungen f. Berlin u. Umgebung.

Pharusplan Groß-Berlin mit Umgebung. Berlin (1910?)

Pharus-Plan Kiel. 1 : 8500. ⟨Urheber C. Loewe.⟩ Berlin [1904.] Lithogr. Buntdruck. 1 Bl. Gr.-Fol., 68 80 cm. zusammengefaltet in Buchdeckel. 8°.

Pharus-Plan der königl. Hauptstadt Prag gefalzt in Umschlag K 1.—
Prag: Řivnáč 1910.

Pharus-Plan von Wien 1906. Gefalzt in Umschlag K 2.—
Wien: Halm & Goldmann 1906.

Pharusplan, Wien.
Große Ausgabe, 1907, K 2.—, kleine Ausgabe K 1.—
Wien: Halm & Goldmann 1907.

Pharus-Plan von Wien K —.60
Wien: Halm & Goldmann 1907.

Pharus-Städte-Atlas [Schlagwort]

Pharus-Städte-Atlas. Pharus-Atlas deutscher Städte. Mit beigefügten Strassen-Verzeichnissen u. vielen ortsbezügl. Angaben. Gruppe I. Pharuspläne von Berlin, Hamburg, München, Leipzig, Breslau, Dresden, Cöln, Frankfurt a. M., Nürnberg, Hannover (in Farbdr.) à 40×53 cm. Mit Text. (III, 22 S.) 40×28 cm. Berlin (903). Pharus Verlag. 6.—; geb. in Leinw. 7.—; in Ldr. m. Goldschn. 10.—; Verkehrsausg., geh. 3.—

— **Pharus-Städte-Atlas,** enth. die Pharus-Pläne von 1. Berlin, 2. Potsdam, 3. Bremen, 4. Breslau, 5. Cassel, 6. Cöln a. Rh., 7. Dresden, 8. Düsseldorf, 9. Frankfurt a. M., 10. Hamburg, 11. Hannover, 12. Kiel, 13. Königsberg i. Pr., 14. Leipzig, 15. Magdeburg, 16. München, 17. Nürnberg, 18. Stettin, 19. Stuttgart, 20. Wiesbaden m. Auffindungsvermerken f. alle Strassen, Plätze, öffentl. Gebäude, Denkmäler u. alle amtl. Stellen, m. illustr. Führern, Besuchs- u. Entfernungstafeln etc. Verkehrsausgabe. 1905/06. (191 S.) 40,5×28,5 cm. Berlin, Pharus-Verlag. Geb. in Leinw. n. 8.—

Pharus-Teltow-Kanal-Führer m. 2 grossen Pharus-Plänen (je 79×115,5 cm) u. 1 Wasserkarte (37×49 cm). Farbdr. Nach amtl. Mitteilgn. u. unter Mitwirkg. der Kanalverwaltg. hrsg. (60 S. m. Abb.) Lex. 8. Berlin (907). Pharus-Verlag. 4.—

Phase, Die neueste, der schleswig-holsteinischen Frage. Hamburg 1863. V: *Winterhoff, Peter Caspar.* (Cat. d. Stadtbibl. Zürich. Zürich 1864—97.) (schr)

Phase, die neueste, der Schleswig-Holsteinischen Frage. Ein Flugblatt, vom Baum der Erkenntniß gefallen und aufgelesen von einem großdeutschen Anti-Koburger. gr. 8. (24 S.) Hamburg 863, (J. F. Richter.) *

Phasen, die wechselnden, im geschichtlichen Sehkreis occidentalischer Cultur. Kartographisch skizzirt m. einleit. Text. (13 Taf.) (Von Adf. Bastian.) (I.) gr. 8. (31 S.) Berlin 900. D. Reimer. n. 1.50

— dasselbe, im geschichtlichen Sehkreis auf dem asiatischen Continent. (Von Adf. Bastian.) II. gr. 8. (14 S. m. 8 Karten.) Ebd. 900. n. 1.—

— dasselbe, im geschichtlichen Sehkreis hier u. da. (Von Adf. Bastian.) III. gr. 8. (15 S. m. 8 Karten.) Ebd. 900. n. 1.—

— dasselbe, im geschichtlichen Sehkreis u. ihre Rückwirkungen auf die Völkerkunde. (Von Adf. Bastian.) IV. Mit Tafeln. gr. 8. (VII, 48 S.) Ebd. 900. n. 1. 50

Phasma; Oper in 2 A. Wien 800. Wallishauffer. 6 gr

Phathologie und Theraple der Krankheiten des Verdauungs-Apparates mit besonderer Berücksichtigung der Diätetik. I. Theil: Dr. Th. Rosenheim, Krankheiten der Speiseröhre und des Magens, einschliesslich der Gastroskopie und Oesophagoskopie. Zweite, gänzlich umgearbeitete und erweiterte Auflage. Mit zahlreichen Holzschnitten. I. Hälfte. Gr.-8. (320 S.) 4.20
Wien: Urban & Schwarzenberg 1896.

Phaton; Trspl. 8. Berl. 770. Haude u. Sp. 5 gr

Phaeton eine Romanze . . . O. O. 1773. V: *Wagner, Hnr. Leop.* (ML) (Ky)

Phaetorius, K. G „Versuch über das Besteuerungswesen". Königsberg 1802.

Phèdre

— s.: Phädrus.

Pheifer, Jh. Andr., († . . .) üb. das allgem. Eigenthumsrecht. 8. Frankf. 775. Grademüller. 4 gr

Pheiffer, Osc. (geb. Altenkirchen, Rheinpr. 27. 6. 1844) De obligationibus correalibus. Berolini 1867. (68 S.) 8°
Berlin, Jur. Diss. v. 12. Aug. 1867

Phelan, J. On Philip Massinger. Diss. Leipzig 1878. 64 S.

Phelippe, de San

— Geschichte v. Spanien. 4 Bde. 8. Mitau 772 u. 73. (W. Nauck in Leipz.) 2 ℛ 4 gr

Phelippe, de San, Monarchie d. Hebräer, aus d. Span. ins Französ. übersetzt, u. aus d. Französ. v. C. St. Meintel, nach d. span. Original verbess. u. mit Anmerkk. versehen v. J. G. Meintel. 4. . . . 751.

Phelps' Karte der vereinigten Staaten v. Nord-America, ein Führer für Reisende. Enthaltend die Haupt-Eisenbahnen, Canäle, Routen der Dampfboote u. Eilwägen durch die Union. gr. Fol. Lith. u. color. St. Gallen 849, Huber & Co. in Comm. n. 28 ngl

Phelps, Austin, die stille Stunde od. Gemeinschaft m. Gott. Autoris. Uebersetzg. 8. (VII, 85 S.) Köln 883. (Bonn, Schergens.) n. — 60

Über Intervention in Cuba. Schreiben des ... Herrn Edward J. **Phelps** an den Herrn Levi P. Morton u. Manifest der Cubanischen Colonial-Regierung. Ins Deutsche übers. von Edmund Carl Preiss. *New York: (New York Herald) 1898.* (23 S.) 8° [01. 3940 8

Phelps, Edward J., über Intervention in Cuba. Schreiben an Ex-Vicepraesident Ex-Gouverneur Levi P. Morton, u. Manifest d. cuban. Colonial-Regierg. Ins Deutsche übers. v. Edm. Carl Preiss. gr. 8. (23 S.) New York 898. (G. E. Stechert.) n. 1. —

Phelps, Elisabeth Stuart, im Jenseits. Aus dem Amerikan. 8. (140 S.) Leipzig 884, J. Lehmann. geb. *

Phelps, Elisabeth Stuart, im Jenseits. Aus dem Amerikanischen. 2. sehr verb. Aufl. [6.—10. Tausend.] 8. (174 S.) Leipzig 885, Lehmann. *ℳ 3.—; geb. * 4 —
geb. mit Goldschn. * 4 20

Phelps, Elisabeth Stuart, im Jenseits. Aus dem Amerikan. 2. Aufl. 8. (174 S.) Leipzig 885. Fr. Richter. geb. n. 3. —; geb. n. 4. —; m. Goldschn. n. 4. 20

Phelps, Stuart, s.: Jenseits d. Weltmeeres.

Phelps, El. St., u. H. **Ward**, „Lazare, komm heraus!" Eine Erzählg. aus Christi Tagen. Aus „Come forth!" frei übertr. v. M. v. K. 8. (V, 258 S.) Leipzig 891. P. Hobbing. n. 3. —; geb. n.n. 4. 50

Phelps, Elisab. Stuart, ein eigenartiges Leben im Dienste des Herrn, s.: Zwißler's Hausbibliothek. 8. Bd.

Phelps, El. St., u. H. Ward, Liebe um Liebe. Eine Erzählg. aus Jerusalem zur Zeit Christi. Neue [Titel-] Ausg. v. „Lazare, komm heraus!" Nach „Come forth!" frei übertr. von M. v. K. 8. (V, 258 S.) Leipzig (891) 893. Stuttgart, Hobbing & Büchle. n. 1. —

Phelps, El. Stuart. Dans l'autre monde. Vision. Trad. librement de l'anglais. In-8°, 172 p. Genève et Bâle, H. Georg. 1885 2 —

Phelps, Miß Stuart, der stille Theilhaber. Frei dem Engl. nacherzählt von A. v. Schaeffer. 8. (372 S.) Hameln 887. Fuendeling. n. 3. 50; geb. n. 4. 50

Phelps, Sally, approb. Arzt aus Wreschen, Kr. Wreschen: **Aus d.** Poliklinik d. Herrn Prof. Mendel, Berlin. **Ueber eine Schlaflähmung** des Nervus medianus. *Leipzig 1904: B. Georgi.* (45 S.) 8°
Leipzig, Med. Diss. v. (8. März) 1904

Phelps, Stuart, s. Phelps, Elisabeth Stuart

Phelps, Revd. W., an historical Guide to the free city of Frankfort on Maine. Being a condensed account of the history, constitution, the political, municipal and commercial state of the town and its dependencies; with a brief Description of the Antiquities, Buildings and other objects worthy the notice and attention of strangers; together with an Appendix containing most useful information to visitors etc. With a plan of the town and a map of its environs. 12. Frankfort a/M. 844, Jügel. In Leinwand geb. n. $1^1/_6$ ℛ

van Phelsum, . . ., Naturgesch. d. Springwürmer. 2 Thle; aus d. Latein. übers. v. Jh. Weise. Mit Kpf. 8. Gotha 780. Ettinger. 1 ℛ

Phemel, Carl Wilhelm (Berlin), De morborum signis ex facie petendis. Diss. pathol.-semiot. Berlin (Nietack) 8. IX. 1836. 49 S. u. Biogr. (M.: E. Kroehl). (3.75) 26421
Oppon.: Aug. Hammer, Heinr. Jahncke, Gust. Aust. — Gew.: Johann von Wiebel, Theodor Kunde, Friedrich Zander.

Hie wirt gemelt der liepst vff erd, Wer den braucht gantz an all geuerd, Der mag selig werden hie vnd dort. Got geb vns gluck vnd lesent fort. (Von dem **phennig.**) (Der Gesellschaft f. deutsche Philol. in Berlin z. 28. Jahre ihres Bestehens.) [Hrsg.: Prof. Dr. Johannes **Bolte.**] *(Berlin 1904: H. S. Hermann.)* (4 Bl.) 8° [F.]
[Umschlagt.:] Ein Spruch vom Pfennig. [01. 4460

Pherecydis historici fragmenta; e variis scriptor. coll. emendav. illustr. F. W. Sturz. 8maj. Gera 789. Mit n. Titel. 798. Ed. II. 8maj. Leipz. 804. (Cnobloch). 1 ₰ 4 ℊ

Pherecydis Fragmenta E. var. scriptorib. colleg., emend., illustr., commentat. de Pherecyde utroque et philosopho et historico praemissit, denique Fragmenta Acusilai et indices adj Fr. Guil. Sturz. Editio II., aucta et emend. 8 maj. Lips. 824, Cnobloch.

Pheregratis et Eupolidis Fragmenta. Collegit et adnotat. adjec. M. Runkelius. 8 maj. (14¼ B.) Lipsiae 829, Weidmann. 1 Thlr. 6 Gr., Vlnp.

Phil, H., Ellen Troutwood. E. Erzählg. 8. (116 S.) Dresden 898. E. Pierson. n. 2. —; geb. n. 3. —

Phil, J. S., systema mundi; ex principiis monadicis meditatio metaphysica. 8maj. Nürnb. 774. Felssecker. 2 ℊ

Philae carmina, s.: Philes.

Philáconomi, Geo., arbeits. Land- u. Hausvater. 8. Frkf. 722.

Der Pan in der antiken Kunst. Eine archaeol. u. aesthet. Studie von Dr. Alex. Philadelpheus, Privatdoz. zu Athen. *Athen 1899: (Τυπ. Μ. Ἰ. Σαλιβεροῦ).* (23 S.) 8° [oo. 7979

Philadelphi, Eug., Grundveste der wahren Kirche. 12. Stuttg. 728.

Philadelphi, Eutr., ökonom. Balance v. Dänemark. 8. Kopenh. 760. Mumme. 6 ℊ

Philadelphia [Sachliches OW]

Philadelphia, Das Haus, in Godesberg und seine Bestrebungen für die Evangelisation der Katholiken Deutschlands . . . Barmen 1894. H: *Wiemann, Diedrich Bruno.* (Berl)

Philadelphia, Der kleine, eine Sammlung der ausgesuchtesten . . . Kunststücke aus der Magie . . . Helmstädt 1826. V: *Fiedler, Carl Ferd.* (MGT) (NN)

Philadelphia u. seine Umgebung. Lex.-8. (108 S. m. eingedr. Holzschn. u. 1 lith. Plan in qu. gr. 4.) Philadelphia 876. (Leipzig, Twietmeyer.) n. 4. 20

Philadelphia, d. große Zauberer, Scenen aus seinem Leben. Mit Kpf. N. A. 8. Leipz. 815. Joachim. 1 ₰

Philadelphia [Schlagwort]

Philadelphia — Plan von — Weimar 1828. 1 : 14,600. 1 Bl. a. d. W. Herzogs Bernhard v. Sachsen W. Reise nach Nord-America.

Philadelphia [Verfasser]

† Philadelphia II., (Geo. C. L. Schöpfer,) der Archimagus, s. Archimagus.

Philadelphia, die Kunst, Zauberer zu werden. Eine auf Erfahrg. begründete Anleitg., die natürl. Magie, im Gebiete der Mechanik, Physik, Optik, d. Magnetismus u. der Chemie durch Selbstunterricht sich anzueignen, um die wundererregendsten Kunststücke meist ohne großen Apparat u. bedeut. Kosten auszuführen, nebst e. besond. Abschnitt üb. Karten- u. Rechenkünste u. e. Anh., die Hellsehekunst betr. Mit 78 in den Text gedr. (Holzschn.-) Illustr. 8. (VIII, 215 S.) Wien 876. Hartleben. 2. 70

— Künste u. Geheimnisse, z. Belustigung f. Jedermann. 8. Lpz. 795. (Wienbrack). 8 ℊ

Philadelphia's, Wiegleb's, Pinetti's u. v. Eckartshausen's gesammelte Schriften über natürl. Magie, s. w. Poppe, J. H. M., Wunder-Schauplatz.

Philadelphia's, Wiegleb's, Pinetti's und v. Eckartshausen's gesammelte Schriften über natürliche Magie. ebd. 839. II. Bde. 12.

Philadelphia's, Meister, Zauberkabinet, auf's Neue hrsg. v. Philadelphia dem Jüngern. 23. Aufl. 12. (XXVIII, 154 S.) Kempten 886. Wenger. n. 1. —

Philadelphia Abend-Post : Jan ? 1865—1918?

Daily, evening except Sunday, 1865—1908, weekly, 1909—18. Independent, 1880—95, Republican, 1896—1918. Circulation: 1870, 2500 (est.), 1880, 8320, 1900, 5600, 1915, 5000. Edited & published by Aschmed & Co., 1865—72, by F. Friedländer & Co., 1873—89, edited by B. Friedländer, 1895—97, by Wilhelm Bürgermeister, 1897—1902; by Adolph Timm, 1902—08, by Alfred Schlesinger, 1908—11, by Ernest B. Fortmann, 1911—18, published by Post Printing & Publishing Co., 1889—97, by Central Newspaper Union, 1897—1904, by Alfred Schlesinger, 1904—11; by Ernest B. Fortmann, 1911—18.
Philadelphia, PA

Philadelphia Demokrat : May 25 [or, May 28], 1838—?

Weekly, May—Aug. 27, 1838; daily, Aug. 30—Oct. 1838; weekly, Nov. 7, 1838—? Democratic. Not to be confused with Der Demokrat, 1839—1918.
Edited & published by Hermann Burckhardt & Georg Rottenstein, May 1838—?, then, by Georg Rottenstein alone.
Philadelphia, PA

Philadelphia Fair-Zeitung : no. 1—13, Dec. 7, 1870—Jan. 2, 1871.

Irregular. Sub-title: Herausgegeben von dem Deutsch-Patriotischen Hülfs-Verein, zum Besten der Verwundeten und der Wittwen gefallener deutscher Soldaten. Large quarto, each issue 4 pages. Edited by a Committee: O. Seidensticker, M. R. Muckle, & F. Tiedemann. Published by German-Patriotic Aid Society, for assistance to wounded soldiers and widows and orphans, after the Franco-Prussian War.
Philadelphia, PA

Philadelphia Freie Presse : May 27, 1848—Dec. 31, 1887.

Semi-weekly, daily, morning except Sunday. Organ of a "sogenannte Arbeiterpartei," 1848—56, Republican, 1856—87. 1849—Dec. 31, 1859 as Die Freie Presse. For weekly edition, see Die Republikanische Flagge. For Sunday edition, see Sonntagsblatt der Freien Presse. Circulation: 1870, 6000 (est.), 1882, 7400. Edited by Wilhelm Rosenthal, 1848—?. Published by F. W. Thomas; by F. W. Thomas & Söhne; by Freie Presse Publishing Association, 1881—87.
Philadelphia, PA

Philadelphia Gazette : Jan. 25, 1879—Nov. 27, 1892.

Independent daily, evening except Sunday. Merged with Morgen-Gazette. Title varies: 1) Philadelphia Neue Zeitung, Jan. 25, 1879—Jan. 24, 1880. 2) Philadelphia Gazette, Jan. 26—July 11, 1880; 3) Philadelphia Gazette und Republik, July 12—Sept. 20, 1880, 4) Philadelphia Gazette Abend-Ausgabe, Sept. 21, 1880—Nov. 27, 1892. Circulation: 1885, 8000. Edited & published by Carl Theodor Mayer, 1879—92.
Philadelphia, PA

Philadelphia Gazette-Demokrat : Apr. 12, 1890—1954.]

Daily, [published morning and evening, 1890—1908, then, morning except Sunday, 1909—1954.] Independent, 1890—1918, Republican, 1919—36, Independent Republican, 1937—39, Independent, 1940—54. Title varies: 1) Morgen-Gazette, Apr. 12, 1890—Nov. 26, 1892; 2) Philadelphia Morgen-Gazette, Nov. 28, 1892—May 8, 1918, 3) Philadelphia Gazette-Demokrat, May 9, 1918—1954. Formed by union of Philadelphia Gazette, and Philadelphia Demokrat. For weekly edition, see Pennsylvanische Staats-Gazette. For Sunday edition, see 1) Philadelphia Sonntags-Gazette, 2) Philadelphia Sonntagsblatt. Circulation: 1910, 40,000; 1915, 35,000, 1925, 51,612; 1935, 50,160, 1940, 41,750. Edited by Carl Theodor Mayer, Apr. 12, 1890—1892; by Max Heinrici, 1892, by Carl Theodor Mayer, 1898—99, by Gustav Mayer, 1918—33, by E. Kiefer, 1933—39, by Louis Mayer, 1940—51; by Erich Friedmann, 1952—54. Published by Carl Theodor Mayer, 1890—92, by German Daily Gazette Publishing Co., 1892—1918; by Philadelphia Gazette Publishing Co., 1918—33, by Gustav Mayer, 1933—37; by Louis Mayer, 1937—39, by Philadelphia Gazette Publishing Co., 1940—54.
Philadelphia, PA

Philadelphia Herold : Jan. 6, 1894—May 2, 1942?

Independent weekly, published in English and German. Follows Vereins- und Logen-Zeitung, 1894—Jan. 10, 1925.
Philadelphia, PA

Philadelphia Post : 1839?—? **Philadelphia, PA**

Daily. Edited & published by Böttcher.

Philadelphia Schwäbischer Merkur : Jahrgang 1–3, no. 36, Sept. 5, 1885–July 14, 1888.

Weekly. Sub-title: Nachrichten aus Württemberg, Baden und Hohenzollern und Rundschau über alle wichtigen Ereignisse in der Welt. — Ein Wochenblatt für Unterhaltung und Belehrung, Sept. ? 1886–July 1888. Title varies: SCHWÄBISCHER MERKUR, Mar. 17–July 14, 1888. Also as "ganze Nummer" 1–140. Edited & published by C. Marius Baumann [for a time as the firm "Schwäbischer Merkur Association"], 1885–88. Circulation: 1888, 2500.

Philadelphia, PA

Philadelphia Sonntagsblatt : Jahrgang 1–66, Sept. 7, 1879–1944?

Sunday edition of 1) PHILADELPHIA DEMOKRAT 2) PHILADELPHIA GAZETTE-DEMOKRAT 3) PHILADELPHIA TAGEBLATT. Title varies: SONNTAGS-ZEITUNG DES TAGEBLATTES, 1879; 2) PHILADELPHIA SONNTAGSBLATT, 1879?–1921; 3) SONNTAGSAUSGABE DES TAGEBLATTS, 1922–July 20, 1930; 4) SONNTAGSAUSGABE DES PHILADELPHIA GAZETTE-DEMOKRAT. Circulation: 1880, 5000; 1885, 5500; 1890, 5400; 1895, 5600; 1900, 50,000; 1905, 19,500; 1915, 36,800; 1917, 27,000; 1925, 27,550; 1940, 7352.

Philadelphia, PA

Philadelphia Sonntags-Gazette : Nov. 27, 1892–?

Sunday edition of PHILADELPHIA GAZETTE-DEMOKRAT. Circulation: 1909, 40,000; 1915, 25,000; 1940, 42,250.

Philadelphia, PA

Philadelphia Sonntags-Journal : Dec. 3, 1876–1917.

Weekly, published as a Sunday paper. For weekly edition, see FAMILIEN-JOURNAL. Sub-title: Für Freiheit und Recht. — Zur Belehrung und Unterhaltung. Circulation: 1878, 2000 (est.); 1892, 3500; 1915, 28,000. Edited & published by F. Lisewski & A. Schulte, 1876–80; by Wilhelm Regenspurger, 1881–1917.

Philadelphia, PA

Philadelphia Tageblatt : Nov. 19, 1877–1944?

Daily morning except Sunday. Democratic, 1877–86; Independent, 1887–1905; Socialist, 1906–09; Independent, 1910–28; Labor, 1929; Independent, 1930–44. Sub-title: Offizielles Organ der Vereinigten Deutschen Gewerkschaften. Kamman states that the paper was excluded from Europe by anti-socialist laws of 1885. Merged with PHILADELPHIA GAZETTE-DEMOKRAT. For weekly edition, see WOCHENTLICHE AUSGABE DES PHILADELPHIA TAGEBLATT. For Sunday edition, see SONNTAGSBLATT. Circulation: 1880, 8000; 1890, 5900; 1897, 25,191; 1900, 41,000; 1910, 12,500; 1925, [illegible]; 1930, 3362; 1935, 2451; 1940, [illegible]. Edited by Louis Werner [associated with paper since Jan. 1879], 1904–18; by August F. Herbert, 1918–20; by F. A. Thomaser, 1920–28; by Richard Schaffler, 1929–33; by Herman Lemke, 1934–40; by Louis Mayer, 1940–44. Other editors: J. Frank, Paul Lossau, Wyl. C. A. Hepner, Darkow. Published by Tageblatt Publishing Association, 1877–1918; by Philadelphia Tageblatt Publishing Co. [Gustav Falkenstein, pres.], 1918–33; by Gustav Mayer, 1933–38; by Herman Lemke, 1938–40; by Philadelphia Gazette Publishing Co. [Louis Mayer, pres.], 1940–41.

Philadelphia, PA

Wöchentliche Ausgabe des Philadelphia Tageblatt : 1879–1929?

Weekly edition of PHILADELPHIA TAGEBLATT.

Philadelphia, PA

Philadelphia Volks-Blatt : Jan. ? 1872–1898.

Daily morning except Sunday. Democratic. Roman Catholic. Sub-title: Herausgegeben zum Besten des St. Vinzenz Waisenhauses in Tacony.
For weekly edition, see NORD-AMERIKA. Circulation: 1875, 5700; 1883, 5000; 1895, 6000. Edited & published by Joseph Berndt, 1872–74; edited by Joseph Berndt, 1875–86; by Jacob Kirchen, 1887; by Joseph Berndt, 1888–92; by Charles J. Young, 1893–98; published by German Volksblatt Society, 1875–76; by Philadelphia Volksblatt Society, 1876–98.

Philadelphia, PA

Philadelphia Wochenblatt : 1855–1858? **Philadelphia, PA**

Weekly. Merged with DIE NEUE WELT. Edited & published by Wilhelm Rosenthal.

Philadelphos, Dr. Vide a. Frauenfrage (Zur).

Philadelphos: Zur Frauenfrage. Heutiger Stand der Frauenfrage mit besonderm Bezug auf Dr. C. Pelmans Broschüre: Nervosität und Erziehung. Warum ist die Frau als Lehrerin und Arzt unentbehrlich? — Berlin: Oehmigke 1891. 31 S. 8°

Philadelphos, (pfdn.) f. Wiederherstellung, die, der ersten christl. Gemeinde.

Philadelphos, s.: Zur Frauenfrage.

Philadelphus, Dr., über d. Bleichsucht, e. Krankheit uns. Zeit. Eine Vorles. f. Eltern u. Erzieher. 8. (3½ B.) Tübingen 839, Laupp'sche Buchh.

Philadelphus, Zur Frauenfrage. Warum ist die Frau als Lehrerin und Aerztin unentbehrlich? 8°. Berlin 1891.

Philadelphus, der Staat, die Kirche u. die kölner Angelegenheit, od: zu welchem Ausgange wird d. kölner Angelegenheit führen? Nebst e. Beil. aus d. 12. Jahrh. gr. 8. (17 B.) Braunschweig 838, Westermann.

Philadelphus, Theod., Phantasmagorie. Od. die Kunst, Geister erscheinen zu lassen. Zur belustig. Unterhaltung. M. 1 Taf. Abbild. (4.) 8. (3 B.) Quedlinburg 833, Basse.

Philadelphus, Timotheus [Pseud.], s. Kayser, Johann

Philagathos, s.: Judenfrage, die, u. ihre Lösung.

Philaletes, s. Philalethes

Philaleth oder, Litterarische Sammlung von und für Nichtstudirte. Hamb. 1804. V: *Erbshäuser, Gg Hnr.* (Schr) (GGr)

Philaleth, ..., üb. die Folgen einer Vereinigung Sachsens mit Preußen sowohl f. diese beiden Königreiche, als f. Deutschland u. das ganze Europa. 8. Berl. 814. Wittich. 6 gr

Philaleth, ..., s. Monarch u. Volk.

Philalethae, Sincer. Academ. Natur. Cur. Socii unvorgreifliches Sentiment von dem elenden Zustand unterschiedener Kinder und erwachsenen Personen in St. Annaberg, einem academischen Freunde daselbst wohlmeinend communiciret. Chemn. 714. 8.

Philalethä, Eugen, lumen de lumine, od. ein neues magisches Licht. 8. Hof 750. (Grau). 5 gr

***Philaletha**, Eug. [Th. Vaughan], magia adamica oder das Alterthum der Magie. Aus d. Engl. Amst. 704. 8. *Leipz. 735. 8.

Philalethä, Eugen, magia adamica, oder d. Alterthum d. Magie, a. d. Engl. 8. Hof, Vierling (Grau) 749.

Philaletha, Eug., Magia adamica od. das Alterthum der Magie, als dererselben von Adam an herabwärts geleitete Erweisung, welcher e. ganz vollkommene Entdeckung des wahren Himmels, der Erden, oder deren Magorum, himmlischer Chaos u. erste Materia aller Dinge zugefügt. 322 S. Lpz. u. Hof. 8°.
1749

Philaletha, (Irenaeus Philoponus): Auserlesene chymische Traktätlein. Aus dem Englischen übers. von Johann Lange. 358 S., gbd.

Wienn: Krauß 1749

Philalethä u. a. auserl. 6 chym. Traktätlein ins Deutsche übers. v. J. Lang. 8. Wien, Krauß. 748.

Philaletha, Irenoph., Erklär. d. 15. Kap. d. Offenbar. Johannis. 4. Copenh. 744.

— Erklär. d. hermet.-poet. Werke. 8. Hamb. Gäth. 741.

Philaletha, Irenoph Vom Weinbau. 1711 -- [Zit. nach Heinsius] [Vielleicht identisch mit Knohll, Johann Paul Kurtze Beschreibung und Unterricht Des Wein-Baues ... 1711.]

Philalethe, Apocalypsis Iureconsultorum et scriptorum juris pseudonymorum. Sulzbach, Seidel. 805.

Philalethes od. d. Wahrheits-Freund. Ein Buch z. gesell. Unterhalt. v. E. u. M. 16. (16 1/8 B.) Cassel 840, Luckhardt'sche Bh.

Philalethes u. Dr. Schleiden. (Von Fr. v. Florencourt.) gr. 8. (1 B.) Hamburg 839, (Niemeyer.)

Philalethes, Thomas, oder der Wunderprüfer. Stendal 1805. V: *Russwurm, Johann Wilh. Barthol.* (Ky)

Philalethes, Thomas, od. der Wunderprüfer, (v. Jh. Wlh. B. Rußwurm). 8. Stendal 805. Franzen u. Gr. 6 gr.

Philalethes Molibergensis. 1909 [Pseud.]
s. **Schneider,** Emil. [10. 11514]

Philalethes Pädagogus, Ideen zu e. dem deutschen Nationalcharakter angemessenen Menschenbildung. Nebst e. Kritik der neuern Haupt-Erziehungsmethoden. 8. Gotha 818. Ettinger. 4 gr.

Philalethes (Pseud.), s.a. E r n e s t i , Joh. Heinrich Martin

Philalethes [Pseud.], s.a. G ü n t h e r , K. F.

Philalethes [Pseud.], s.a. J a n s s e n , Johann Anton Rudolph

Philalethes (Mor. Kronenberg). s.: Dämonengruppe, die, der Incubi u. Succubi.

†**Philalethes** [König Johann von Sachsen], s. **Dante Alighieri's göttliche Comödie.**
Vgl.: **Petzholdt, Jul.**

Philalethes. Zwei Gespräche in Bezieh. auf d. Leben Jesu v. Strauß. 8. (3 1/4 B.) Leipzig 836, (C. H. Reclam.)

Philalethes Gutachten üb. d. Frage: Ob die Gesetzgebung den Lieferungshandel mit Staatspapieren verbieten solle; mit besonderer Rücksicht auf Sachsen. gr. 8. Leipzig 825, Hartmann.

Philalethes, (K. F. Günther,) Gutachten üb. d. Frage: Ob die Gesetzgebung den Lieferungshandel mit Staatspapieren verbieten soll; mit besond. Rücksicht auf Sachsen. gr. 8. Leipz. 825. Lehnhold. 6 gr.

Philalethes, d. chemische Herkules, s.: **Faber, Pet. Johs.**

Philalethes, üb. Jesum u. s. Relig. Mein Vermächtn. an Elisa, s. Christus, Er, u. seine Lehre.

Philalethes, s.: Schule, die paritätische.

Philalethes, ..., (Jh. Hnr. Mt. Ernesti,) der offene Spiegel. 8. Istambul u. Monte Santo (Coburg) 799. (Niemann). 16 gr.

Philalethes, siehe: Vermächtniß, politisches, eines Russomanen.

Philalethes, die Wahrheit der heil. Evangelien und die Gottheit Jesu Christi. Schutzschrift gegen die Angriffe des Pfr. Vögelin in Uster in seiner „Geschichte Jesu", zur Belehrung und Warnung für alle christl. Familienväter, Lehr- und Volksbeamte. 8. (VIII, 160 S.) Zürich 868, Woerl.

Philalethes, die Wahrheit der hl. Evangelien u. die Gottheit Jesu Christi. Würzburg 870. Woerl. 8. (IV, 160 S.) 10 ngr.

Philalethes, weshalb hat unsere Kirche noch kein neues Bekenntnis? gr. 8. (39 S.) Göttingen 894. Vandenhoeck & Ruprecht. n. — 80

Philalethes, ..., (Geo. Fr. Gerh. v. Cöch,) ein freimüth. Wort über u. wider die 95 mystischen Irrsätze Cl. Harms. Altona 817. (Hammerich). 8 gr.

Philalethes, A. J., die historische Wahrheit üb. Luther's Ausgang. gr. 8. (VI, 177 S. m. 1 Bildnis.) Wien 901. (H. Kirsch.) n. 2. —

Philalethes, Anton [Pseud.], s.a. D o n i n , Ludwig

Philalethes, Anton, Buch der heiligen Liebe. 2. verb. u. verm. Aufl. kl. 8. (X u. 311 S.) Wien. Mechitharisten-Congregations-Buchh. 80 kr.
1867

— — Das Buch der praktischen Liebe. Ernste Winke nach der Geschichte und Erfahrung für denkende Menschen. kl. 8. (VI u. 152 S.) Ebd. 40 kr.
1867

— — Das Buch der thätigen Liebe. Ernste Blicke in die düstere Gegenwart. kl. 8. (VI u. 153 S.) Ebd. 40 kr.
1867

— — Gott in der Geschichte, oder: die waltende Vorsehung im Völkerleben an der Hand der wahren Geschichte betrachtet. Wohlmeinende Winke für Geschichtsforscher. 1868. kl. 8. (240 S.) Wien, Hummel's Verl.-Exped. 80 kr.
1867

Philalethes, Anton, s.a. L i c h t u. Finsterniß.

Philalethes, Anton (Ludwig Donin), Licht u. Finsternis oder: Kleine Quellen u. Studien über den jetzigen Zeitgeist. Wien, Sartori, 1866, 8°, IV, 166 S., 1,20 Mk.

— — Licht und Finsterniß oder kleine Quellen und Studien über den jetzigen Zeitgeist. 2. Aufl. 8. (IV u. 166 S.) Ebd. 60 kr.
1866

— — Licht und Finsterniß oder Kleine Quellen und Studien über den jetzigen Zeitgeist. 5. Auflage kl. 8. (242 u. IV S.) Ebd. 80 kr.
1868

— — Der größte Mann des neunzehnten Jahrhunderts. Ein kleiner Beitrag zur Erklärung der [illegible] des neunzehnten Jahrhunderts. 8. (VIII u. 276 S.) Ebd. [illegible]
1868

– s.a. P a t h o l o g i e , Die, des Zeitgeistes.

— — Die Pathologie des Zeitgeistes, oder: Alte Gedanken und neue Einfälle. 8. (222 S.) Ebd. 45 kr.
geb. 60 kr.
1865

– s.a. P r o v i d e n t i a .

Philalethes, Anton, Providentia oder das Walten der göttlichen Vorsehung auf Erden. Wien, Mechitaristen, 1867, 8°, VI, 344 S., 1,60 Mk.

— — Rom und die kath. [illegible] Gnadenorte, oder: [illegible] Gnadenquelle der [illegible] Erbarmungen in der [illegible] Gegenwart. 8. (IV u. 312 S.) Ebd. [illegible]

1868

— — Rom und die kath. [illegible] Liebe, oder die wahre [illegible] Rom. 8. (VIII u. 221 S.) Ebd. 70 kr.

1868

Philalethes, Anton, Der Same und die Frucht, oder: [illegible] Weber [illegible] Beleuchtung der Quelle [illegible] 5. Aufl. 1869. kl. 8. (208 S.) Wien, [illegible]

— s.a. Theismus u. Atheismus.

Philalethes, Anton, Theismus u. Atheismus, oder Glaube u. Unglaube, Wahrheit u. Lüge. Wien, Sartori, 1866. 8°. IV, 172 S., 1,20 Mk

— — Theismus und Atheismus oder: Glaube und Unglaube, Wahrheit und Lüge. 3. verbesserte Auflage. kl. 8. (X u. 200 S.) Ebd. [illegible]

1868

— s.a. Therapie des Zeitgeistes.

—— Therapie des Zeitgeistes. Aphoristische Angabe einiger Mittel zur Heilung des kranken Zeitgeistes. Wien, Klemm, 1866, gr. 8°, 195 S., 1,20 Mk.

— — Veritas, oder: Der wahre Fortschritt und scheinbare Rückschritt. Dargestellt mittelst einzelner Züge aus der Geschichte. 3. verb. u. verm. Aufl. Mit Titelbild. 1868. 8. (VII u. 288 S.) Wien, Gorischek 45 kr.

— — Die Vorsehung in der Natur und dem Menschenleben. Ein Trostbuch für Jung und Alt. 1868. kl. 8. (IV u. 258 S.) Ebds. 80 kr.

— — [illegible] kl. 8. [illegible] S. Ebd. [illegible]

1868

— — Das Walten der göttlichen Vorsehung im Staatenleben, an der Hand der wahren Geschichte aller Zeiten betrachtet. Ernste Winke für Staatenlenker. 1868. kl. 8. (IV u. 217 S.) Ebds. 80 kr.

— — Die erste Weltfrage an der Hand der wahren Geschichte und eigener Erfahrung betrachtet. Ernste Winke für denkende Schulmänner. 1868. kl. 8. (IV und 120 S.) Ebds. 40 kr.

Der grosse Weltkampf der Geister oder Himmel und Hölle von Anton Philalethes. 1. Aufl. Wien: Mechitharisten-Kongregation 1869. XI, 227 S. 8°
Üb. Entstehung, Aufnahme, Grundsätze, Zweck, Verbreitung der Frmr, Hochgrad-Frmr.

Philalethes, Anton, Der ernste Zeitblick. Eine kurze [illegible] Zeitbetrachtung. kl. 8. (60 S.) Wien, [illegible] 12 kr.

1870

— s.a. Zeitgeist, Der, auf der Klinik.

— — Der Zeitgeist auf der Klinik oder Betrachtungen über Betrachtungen eines alten Schulmannes. 8. 171 S. Ebd. 60 kr.

1866

— s.a. Zeitgeist, Der kranke.

Philalethes, Anton, Der kranke Zeitgeist, oder: Alte Einfälle und neue Gedanken. 8. (156 S.) Wien, Gorischek. 35 kr.

1865 geb. 50 kr.

Philalethes, C. G., (...) religiöse Ansichten u. Wünsche e. Laien; allen Freunden der Vernunft u. Wahrheit zur ernstl. Prüfung rc. vorgelegt. 8. Grimma 825. Göschen. 14 gl.

Philalethes, D. J. P., (Jh. Paul Pöhlmann,) die ächte Wahrsagerkunst, mit e. Lebensgesch. des Wahrsagers Barth. Lebrechts. 8. Erlang. 802. Palm. 8 gl.

Philalethes, Eugenius, s.: Woher u. wohin?

Philalethes, Hil. Sendschreiben an Dr Wilhelm Binder [Konvertit, wld. evang. Theologe] in Ludwigsburg, Verf der Schrift „Dr Karl Haas und die unredlichen unter seinen Gegnern", sowie anderer berühmter Schriften. Urach Luhrecht 1845

Philalethes, J. G. R., Napoleon's Bau u. Sturz, s.a. Napoleon.

— Napoleons Bau u. Sturz. gr. 8. Braunschw. 814. Vieweg. 18 gl.

†Philalethes, J. G. R., (Joh. Geo. Reinwald,) kurze Betrachtungen rc., s.a. Betrachtungen.

Philalethes, J. G. R., (Jh. Geo. Reinwald,) kurze Betrachtt. üb. Deutschlands Einigung in sn. Merkantilinteressen. gr. 12. Mainz 830. Kupferberg. 4 gl.

Philalethes, J. P., s. Philalethes, D. J. P.

Philalethes, Petrus, s.a. Liguori, der Geburtshelfer des Unfehlbarkeitsdogmas.

Liguori, der Geburtshelfer des Unfehlbarkeitsdogmas, ein Totengräber der Sittlichkeit. Ein Wort d. Entgegnung an die Verehrer Liguoris u. Gegner Grassmanns von Petrus Philalethes. *Barmen: D. B. Wiemann [1902].* (84 S.) 8° [J.]
— Streitschriften, Freundschaftliche. No 74. [illegible] 5

Philalethes, R., Varia ad jubilaeum reformationis Lutheri tertium et protestantismum spectantia. Zeitz (Okt.) 1817. 40 S. (4.—) 26422
Gew.: Theoph. Jak. Plank.

Philalethes, Theophilus, s.a. Ueber die kirchliche und politische Inquisition.

Philalethes, Theophilus (Joh. Bapt. Wenig S. J.), Über die kirchliche u. politische Inquisition. Ein Beitrag zur Klärung der Anschauungen über diesen Gegenstand. Wien, Sartori, 1875, 8°.

Der Verf. geht selbstverständlich auch auf die Galileifrage ein. Vgl. Theol Littbl. 1867, S. 757 f. Die Schrift war aus Vorträgen entstanden, welche P. Wenig 1872 im kath. Kasino zu Innsbruck gehalten hatte. Sie rief in d. modernen unkirchl. Kreisen große Entrüstung hervor, weil der Verf die Inquisition in Schutz nahm.

Philalethia, s.a. J. W. Reche.

Philalethia. Eine Zeitschrift f. Lehrer u. nachdenkende Freunde der Religion; hrsgg. v. J. W. Reche u. A. 1r Bd, 1s—3s Hft. 8. Duisb. u. Essen 810. Bädecker. 2 rl.

Philander. Musikal. Lustsp. von Pariotti. 8. Dresd. 752. –

Philander von der Linde [Pseud.], s. Mencke, Johann Burchard

Philander von der Palme, Vermischte Gedancken Von der Hahnrehmacherey (sic!) oder Discours von derselben Namen, Alter, Interesse und Strafe. Nebst nützlichen Cautelen, nicht in diesen Orden zukommen Und Guten Regeln vor diejenigen so bereits darinnen stecken. Alles mit vielen alten und neuen Exempeln erleutert und der Welt zum besten mitgetheilet von —. Mit (3theilig. satir.) Titelkpf. Gedruckt zu Cornopolis in (!) weissen Feder-Pusch. (c. 1730). 8°. 78 S. Sehr rar! (In Berlin: Yz 1681.)

— — Dasselbe. Ebd. 1738. 8°. 72 S. (12 Mk. Max Harrwitz, 1904.)

Philander von Sittewald [Pseud.], s.a. Moscherosch, Johann Michael

Philander v. Sittewald, s.a. Sittewald.

Philander v. Sittewald (Joh. Mich. Moscherosch), üb. die christlich-deutsche Erziehung der Jugend. (Neu hrsg. v. Schulze.) gr. 4. (26 S.) Löbau i/S. 891. (Oliva.) n.n. 1. 25

PHILANDERS von Sittenwald Joco-Seria. Oder 1 Hundert Lehr- und Sinnenreiche, wie auch lächerliche Begebenheiten. O. O 1710. 12°.
Goedeke, 2. A., III. p. 267, 35. — Höchst selten!

Philander v. d. Weistritz, s. Chr. Glo. Mengel.

Philander [Pseud.], s.a. Hopf, Ludwig [wirklicher Name]

Philander, Amor als Geheimsecretair in allen Liebesangelegenheiten. Ein vollständ. Original-Liebes-Briefsteller und Rathgeber für Liebende beiderlei Geschlechts. Nebst einer passenden Blumen-Sprache und 240 der schönsten und sinnreichsten Stammbuchs-Aufsätze 2c. 16. (126 S.) Erfurt 854, Bornemann. *

Philander, Amor als Geheimsecretair in allen Liebesangelegenheiten. Ein vollständiger Original-Liebes-Briefsteller und Rathgeber für Liebende beiderlei Geschlechts. Nebst einer passenden Blumen-Sprache u. 200 der schönsten u. sinnreichsten Stammbuchs-Aufsätze 2c. Erfurt 863. C. Gebhardi. 32. (128 S.) 5 ngr.

Philander, ..., neuer u. vollständ. Briefsteller, nebst Rechtschreib-kunst, Zeitungslexikon u. Titulaturbuch. 8. Frkf. a. M. 796. Brönner. 20 gr

Philander, ..., kurzgefaßtes französ.-latein. u. deutsches Lexicon der gewöhnl. fremden Wörter 2c. 8. Frkf. a. M. 796 Brönner. 3 gr

Philander, medizinische Märchen. 1. u. 2. Aufl. 12. (VII, 198 S.) Stuttgart 893. Levy & Müller. n. 2. 40; geb. m. Goldschn. n n. 3, 50

Philander (ps.) — Historische Nachricht von dem in gantz Europa weit und breit berühmten Blocksberge, in welcher erstlich gehandelt wird von dessen Lage, Gewächsen, Kräutern u. Blumen, wie auch von denen Hexen, Zauberern u. Unholden, welche gemeiniglich alle Jahr in der Walpurgis Nacht auf Gabeln, Böcken od. fliegenden Pferden von den (so!) Satan pflegen auf dieses Gebürge gebracht zu werden, da sie ihm denn opffern, mit ihm Essen, Trincken, Tantzen, Springen u. lustig seyn müssen. Nebst unterschiedenen merckwürdigen Historien, welche meistentheils von ihrer Farth (!) auf den Blocksberg handeln. Kurtz u. gut aufgezeichnet u. beschrieben von PHILANDERN. Mit Titelkupfer (Walpurgisnachtsfeier auf dem Blocksberg). Braunschweig u. Leipzig (o. Adresse), 1726. 8°. (In Dresden: Magica 422 m.)
46 S. (incl. Titel u. 1 Bl. Vorwort). Sehr curios u. rar!

— vollständ. französ. u. deutsches Titulaturbuch 2c. 8. Frankf. a. M. 766. Brönner. 4 gr

— gründl. Unterweis. z. deutschen heut zu Tage nöthigen Rechtschreibung. 8. Frankf. a. M. 796. Brönner. 3 gr

* **PHILANDER**, Der gantz neu-ausgeheckte und nun zum Vor-Schein kommende Kurtzweilige Zeit-Verkürzer, Welcher mit 700. auserlesenen lustigen Hof-Reden, lächerlichen Schwäncken, nachdencklichen Possen, nützlichen Erzehlungen, und artlichen Begebenheiten ausgebutzet, dass selbige bey Lust-liebenden Gesellschafften, vertraulichen Conversationen und angenehmen Collationen, in gleichen auf Reisen, unter Melancholischen Grillen und Zeitpassirungen, können gelesen und gebraucht werden. Wie dann selbige allhier, unter gewissen Titeln befindlich, Denen die Maulhenkolischen Einfälle zu vertreiben begierigen Lesern, Zur Wohlzulässigen Geistes-Erfrisch- und Aufmunterung in den Schrancken der Erbarkeit (!) bestehend vorgestellt werden. Von einem, Der sich nennet den Semper-Lustig und Nunquam Traurigen PHILANDER. Gedruckt unter der Presse im Jahr 1702. Kl. 8° (Auch in Breslau, Kgl. u. Univ.-Bibl.: Lit. Teut. I 12° 85.)

Philander, A. F., Blicke auf Pietisten, Neu-Evangelische und Mönchsleben. Eine ernste Mahnung an die Gegenwart, auf ihrer Hut zu sein. gr. 12. Grimma 836. Verlags-Compt. 3/8 Thlr

Philander, A. F., die Pietisten u. Neu-Evangelischen v. 10 Jahren, nebst Blicken auf das Leben u. Treiben der Mönche. 2., unveränderte Aufl. 12. (4 B.) Grimma 846, Verlags-Comptoir.

Philander, A. F., Raritäten aus d. Schatzkammer d. kathol. Kirche, vorzügl. d. Papstthums. gr. 8. (3½ B.) Leipzig 834, Lehnhold.

—— goldene Regeln üb. den Umgang mit Menschen. Ein Wegweiser f. Jedermann. Nach d. Werke d. Frh. v. Knigge bearb. 8. (4½ B.) Leipzig 834, Fort.

— goldene Regeln über den Umgang mit Menschen. Nach dem Werke des Freiherrn von Knigge bearbeitet. 8. Leipzig 834. Fort. (jetzt Melzer.) 1/3 Thlr

Philander, C., goldenes Kalb, ein Götzenbild, oder Wirkung d. Goldes. 8. Hamburg. 745.

— Leichenpredigten. 8. Dresd. Mieth. 711.

Philander, P. S., kleine Chronik der Stadt Freiburg i/B. von den ältesten Zeiten bis zum J. 1892. Nach den besten Quellen bearb. 12. (28 S.) Freiburg i/B. 892. F. E. Fehsenfeld. n. — 20

Philandronippus Heroldinger, siehe: Betrachtungen über die beste Art Volksvertreter zu wählen.

Philanthrop: Der Philanthrop
v.a. Blätter & Blüthen (Nachträge); Zürcher Intelligenzblatt (II).

Philanthrop, der, eine periodische Schrift. gr. 8. Mitau 777. Pnz. 6 gr

Philanthrop, Der; eine Monatsschrift. Mühlhausen 1778. H: *Thon, Joh. Adam Christian.* (MGT) (Ky)

— der, e. Monatsschrift, (v. J. A. Chr. Thon). 8. Mühlh. 778.

Philanthrop, der, od.: Blätter z. Beförder. d. Menschenkunde, d. Naturwissenschaften u. d. häusl. Erziehung. 1. u. 2. Jahrg. 1838 u. 39. à 52 Nrn. (½ Bog.) gr. 4. Berlin, Heymann. à *

Philanthrop, der. Zeitschrift für Unterhaltung u. zur Verbreitung gemeinnütziger Kenntnisse. Redakteur: Dr. Andresse. 1844. 144 Numm. (½ Bog.) Mit Holzschn., 4 lith. Taf. u. 1 Stahlst. 4. Berlin 844, Reichardt u. Co. 2 Thlr 6 ngr — 1845. Mit 4 lith. Taf. u. 1 Stahlst. 2 Thlr — 1846. 144 Numm. Mit Stahlst. Beilagen u. 1 Prämie an Werth 1 Thlr 4. Ebend. 1 Thlr 18 ngr

Philanthrop, der. Zeitschrift f. Unterhaltung u. zur Verbreitung gemeinnütziger Kenntnisse. Red.: Andresse. 1847. 144 Nrn. Mit Stahlst. 4. (½ Bog.) Berlin, Reichardt & Co. 1 ℛ 18 ngr

Philanthrop, der. Zeitschrift für die gesammten Bestrebungen auf dem charitativen Gebiete, für Wohlthätigkeit und Armenpflege. Hrsg. von Bernh. Heßlein. 1. Jahrg. 1882. 2 Nrn. gr. 8. (à Nr. 28 S.) Friedrichshagen b. Berlin. (Berlin, Zollern'sche Buchh.)
Nicht weiter erschienen.

Philanthropen, Die, von Freyburg oder die Stifter und Wohlthäter der Stadt Freiburg . . . Freiburg 1798. V: *Sautier, Heinrich.* (BaBb)

Philanthropie für Pferde . . . Deutschland [Giessen] 1795. V: *Crusius, Glieb Aug. Baumgarten.* (Wr)

Philanthropinum, Das in Dessau errichtete. Leipzig 1774. V: *Basedow, Johann Bernhard.* (GGr) (ADB)

Philanthropistenlieder erste Sammlung . . . Dessau 1779. H: *Wolke, Christian Heinrich.* (GGr)

Philanthropos, Die. Eine Idülle auf den Tod Ihrer Majestät . . . Maria Theresia. Pressburg 1807. V: *Dankovszky, Gregor Alois.* (GGr)

PHILANTHROPOS, St. (ps.), Die Epistel an die sieben abtrünnigen Glieder der tragikomischen Gemeine (!) zu Hammonia. 1797.

PHILANTROP, Bonifacius (ps.), Der öffentliche Ankläger Wochenschrift. 1803.
Weller, Lex. Ps. p. 434. — Sehr selten!

PHILANTROP, Pfifficus (ps.), Mixtur, welche eingenommen und gut verdauet alle ganzen und halben Narren zu curiren . . . . sucht. 1872.
Weller, Lex. Ps. p. 434.

Philantropin, s. Filantropin.

Philantropin: Die Philantropin
① Organ des Schweizer-Frauenverbandes ③ Der Philanthrop (?) ④ Die Frauenbewegung (Berlin) ⑤ Juni 1890—Dezember 1894 ⑥ 4° ⑦ Monatsblatt ⑧ Uster E. Weilenmann (Juni 1890—Dezember 1891); Zürich: F. Weideli (Januar 1891—Dezember 1894) ⑩ Fraternité. Sektion Zürich des Schweizer Frauenverbandes ⑪ Redaktions-Comitee der »Philantropin« (zeitweise Frl. Dr. med. Farner als Redaktorin); ein großer Teil der Artikel wurde verfaßt von Dr. phil. Meta von Salis-Marschlins ⑫ Frauenbewegung ⑬ Zh: Z; Be: L.

Philantropina, (Frau Elis. Bock), s.: Intimstes vom Intimen.

Philantropini, des warnenden Vaters, Klugheitsschule, (v. Ph. J. Leutwein 1) 8. Nürnb. 778. Geh. 5 gr

Philantropini Klugheitsschule, in gut. Rathe all. Unglücksfällen auszuweichen. 8. Nrnb. Geh. 778.

PHILANTROPOS (ps.), Die Frauenzimmer ohne Masque . . . . Gedruckt in diesem Jahr (c. 1720). 8°. (⅚ Rthl. Scheible, vor 1875; jetzt theurer!)
Nach Weller, Annal. II. p. 484 no. 1032, ein Wiederabdruck der „Jungfer-Anatomie" (s. d.). — Sehr rar!

Philaploikos, D., zwei Vorschläge zur Vereinfachung d. griechischen Unterrichts. gr. 8. (15 S.) Bautzen 882. (Weller.) n. — 50

Philaret, Bischof von Riga, Cyrillus und Methodius, die Apostel der Slawen. Aus dem Russischen. gr. 8. (44 S. und 1 Stat.) Mitau 848, Reyher.

Philaret, Geschichte der Kirche Russlands. 2 Thle. Ins Deutsche übers. v. Blumenthal. gr. 8. Frankfurt a. M. 872. Baer & Co. n. 11. —
I., nebst e. Erläuterg. d. Gottesdienstes der morgenländ. Kirche nach seiner symbol. Bedeutg. (XXII, 414 S.)
II., nebst dem russ. Catechismus. (VIII, 399 S.)

Philarète, Ch., die engl. Revolution, s. Bibliothek, europ.

Schreiben eines Frey-Måurers von Marpurg, an einen Freund in Franckfurt. [Unterz.:] Philaretus. [Dat.:] Marpurg 1752. 16 S. 4° [Umschlagtit.]
Sehr selten. Verteidigung von Wesen u. Einrichtungen des Bundes. Veranl. durch ein „von denen Schuchischen Schau-Spielern in Frankfurt a. M. zur Verhöhnung der Frey-Måurerey vorgestelltes Gauckel-Spiel".

Philastri, Augustini, Praedestinati etc. de haeresibus libri ed. F. Oehler, s. Corporis haereseologici tom. I.

Philaster, de haeresib. Liber c. not. Fabricii. 8. Hamb. Bohn. 721.

Philastrii, *Historia haeresium.*
— — Cum emend. et notis J. A. Fabricii. Hamb. 721. 8.

Philatelist, der. Organ für Postwerthzeichenkunde. Vereins-Zeitung des Internationalen Philatelisten-Vereins Dresden und seiner Sectionen. Vereinsorgan des Württemberg. Philatelisten-Vereins Stuttgart mit Zweig-Vereinen Gmünd und Ulm. Redact.: E. Petritz. 1. Jahrg. 1880. 7 Nrn. (à Nr. 1½ Bog.) gr. 4. Dresden. (Brandenburg, Koch's Hofbuchh.) **

—— dass. — 2. und 3. Jahrg. 1881 und 1882. à Jahrg. 12 Nrn. (à Nr. 1½ Bog.) gr. 4. (Ebendas.) à Jahrg. **

Philatelist, der. Organ für Postwerthzeichenkunde. Vereins-Zeitung des Internationalen Philatelisten-Vereins Dresden und seiner Sectionen. Vereinsorgan des Württemberg. Philatelisten-Vereins Stuttgart mit Zweig-Vereinen Gmünd und Ulm. Redact.: H. Schwaneberger. 4. und 5. Jahrg. 1883 und 1884. à Jahrg. 12 Nrn. (à Nr. 1½ Bog.) gr. 4. Dresden. (Brandenburg, Koch's Hofbuchh.) Jahrg. 1883 **
Jahrg. 1884 **

Philatelist, der. Organ f. Postwerthzeichenkunde. Vereins-Zeitg. d. Internationalen Philatelisten-Vereins Dresden u. seiner Sectionen. Vereinsorgan d. Württemberg. Philatelisten-Vereins Stuttgart m. Zweig-Vereinen Gmünd u. Ulm. Red.: H. Schwaneberger. 5—7. Jahrg. 1884—1886. à 12 Nrn. (1½ B.) gr. 4. Dresden (Leipzig, Heitmann). à Jahrg. n.n. 3. 50

Philatelist, der. Organ für Postwerthzeichenkunde. Vereins-Zeitung des Internationalen Philatelisten-Vereins Dresden und seiner Sectionen. Vereinsorgan des Württemberg. Philatelisten-Vereins Stuttgart mit Zweig-Verein Gmünd. Redact.: H. Schwaneberger. 6. und 7. Jahrg. 1885 und 1886. à Jahrg. 12 Nrn. (à Nr. 1½ Bog.) gr. 4. Dresden. (Brandenburg, Koch.) à Jahrg. ** 3 50

Philatelist, der. Organ für Postwerthzeichenkunde. Vereins-Zeitung des Internationalen Philatelisten-Vereins Dresden und seiner Sectionen. Vereinsorgan des Württemberg. Philatelisten-Vereins Stuttgart mit Zweig-Verein Gmünd. Redact.: H. Schwaneberger. 8. und 9. Jahrg. 1887 und 1888. à Jahrg. 12 Nrn. (à Nr. $1\frac{1}{2}$ Bog.) gr. 4. Leipzig, (Heitmann.) à Jahrg. ** 3 50

Philatelist, der. Organ f. Postwerthzeichenkunde. Vereins-Zeitg. d. Internationalen Philatelisten-Vereins Dresden u. seiner Sectionen etc. Redact.: H. Schwaneberger. 10. u. 11. Jahrg. 1889 u. 1890. à Jahrg. ca. 12 Nrn. (Bog.) gr. 8. Dresd. (Lpz., Heitmann.) à Jahrg. * 3 50

Folgende Jahrgge. nicht im Buchhandel, erscheinen im Selbstverlage d. Vereins.

Philatelisten-Adressbuch, internationales, m. Angabe der Sammelobjecte, Tausch-, Kauf- u. Verkaufs-Bedinggn. etc. der Sammler u. Händler, sowie Vereine, Zeitgn. u. Annoncen. Almanach philatelic international. — International philatelic directory. Lex.-8. (IX, 188 u. 7 S.) Leipzig (902). (H. Dege.) n. 3. —

Philatelisten-Kalender, deutscher, für 1877. 64. (50 S.) Leipzig, L. Senf. ** — 25

Andere Jahrgänge sind nicht erschienen.

Philatelisten-Kalender, illustrirter, pro 1881. Herausgegeben von Robert Deyhle. In-8°, 64 S. Born, Rob. Deyhle & Cie.

Philatelisten-Zeitung, mitteldeutsche. Officielles Verbands-Organ des mitteldeutschen Philatelisten-Verband u. seiner Orts-Vereine zu Altenburg, Asch i/B., Berlin etc., sowie der Gruppe der Localmarkensammler u. der internat. Vereinigg. v. Ganzsachensammlern zu Leipzig. Red. v. A. E. Glasewald. 3. Jahrg. 1894. 12 Nrn. (Bog. m. Abbildgn.) gr. 8. Gössnitz, A. Glasewald. n. 3. —

Philatelisten-Zeitung, mitteldeutsche. Offic. Verbands-Organ d. mitteldeutschen Philatelisten-Verband u. s. Orts-Vereine zu Altenburg, Asch i. B., Basel etc., sow. d. Gruppe d. Localmarkensammler u. d. intern. Vereinigg. v. Ganzsachensammlern zu Leipzig. Red. v. A. E. Glasewald. 4. Jahrg. 1895. 12 Nrn. (à ca. $1\frac{1}{2}$ Bog. m. Abb. u. Taf.) gr. 8. Gössnitz, A. Glasewald. n. 3. —

— dasselbe m. Beiblatt „Fälschungs-Nachrichten". Offic. Verbands-Organ d. deutschen Philatelisten-Verband u. d. Breslauer Philatelisten-Verein. Red. v. A. E. Glasewald. 5.—7. Jahrg. 1896—1898. à 12 Nrn. (à ca. 20 S. m. Abb.) gr. 8. Ebd. à Jahrg. n. 3. —

Kann auch halbjährlich bezogen werden.

Philatelisten-Zeitung, mitteldeutsche, mit Beiblatt „Fälschungs-Nachrichten". Officielles Verbands-Organ des deutschen Philatelisten-Verbandes u. seiner Ortsvereine etc. 8.—10. (11.—13.) Jahrg. 1899—1901. à 12 Nrn. gr. 8. (à ca. 24 S. m. Abbildgn.) Gössnitz, A. E. Glasewald. à Jahrg. n. 3. —

Philatelisten-Zeitung. (Früher Mitteldeutsche.) Offizielles Organ des deutschen Philatelisten-Verbandes u. seiner Ortsvereine etc. 18. u. 19. Jahrg. 1905 u. 1906. à 11 Nrn. (à ca. 20 S. m. Abbildgn. u. Taf.) Lex.-8. Gössnitz, A. E. Glasewald. à Jhrg. n. 3. 50

Philatelisten-Zeitung, oesterreichische. Internationales Organ f. die gesammten Interessen der Philatelie. Red.: L. Salzmann. 1. Jahrg. 1889. 12 Nrn. ($1\frac{1}{2}$ B.) hoch 4. Czernowitz. (Mähr.-Ostrau, Kittl.) n. 2. —

Philemonis grammatici, quae supersunt vulg. et emend. et auct. ed. Fr. Osann. Accod. anecdota nonnulla graeca. 8maj. Berl. 821. Dümmler. 1 ℛ 18 𝔤𝔤

Philemon oder der Becher der Liebe, eine Idylle. Prag 1781. V: *Opitz* (*Opiz*), *Joh. Ferdinand.* (BGE *VI/175) (KY 4/272) (GGr VI/731, Nr. 24; 717, Nr. 2/20) (WBL 21/68) (BiblPort)

Philemon oder von der christlichen Freundschaft. Den zerstreuten Bekennern des Herrn gewidmet von Frz. Delitzsch. 2. erweiterte Aufl. Stuttgart 858. S. G. Liesching. 16. (XIX, 252 S.) n. 24 ngr.

Enthält Aufsätze von Susanna Catharina v. Klettenberg, Maria Magdalena v. Trümbach, geb. v. Klettenberg, und Fr. C. v. Moser.

Philemon oder von der christlichen Freundschaft. Aufzeichnungen des Fräulein S. C. v. Klettenberg und ihres Freundekreises. Hrsg. von Frz. Delitzsch. 3. Aufl. Mit dem hier zum ersten Male erscheinenden (phototyp.) Bilde der „schönen Seele" aus dem Goethe'schen Nachlaß. gr. 16. (XVIII, 241 S.) [Gotha 878, Schloeßmann.] Bremen, Heinsius. * 2 80

geb. mit Goldschn. * 4 —

Philemon und Baucis; Schspl. in Versen (v. Konr. Gli. Pfeffel). 8. Straßb. 763. Treuttel u. W. 3 𝔤𝔤

Philemon u. Baucis; od. Gastfreyheit u. Armuth. Operette von Sabucönig. 8. Augsb. Stage. 792. –

Philemon und Baucis. Dorpat [1799]. V: *Müthel, Chn Wilh.* (GGr) (R-N)

Der kleine Komiker. Hrgg. v. Dr Philemon. Altona. 1869 8°

Philemon, von d. Nothwendigkeit des Studirens, insonderheit der Frauenzimmer. 8. Leipz. 753. 9 𝔤𝔤

PHILEONS und Bärenholds Vier Lustige Feld-Lieder. (1712.) 8°. 1 Bogen. Mit Musik. (2 Rthl. Oskar Richter, Bernburg, 1872; jetzt theurer!)

1) Die in die Cur genommene Jungfrau Badanella.
2) Der Jungfrau Badanella Buhlschaft.
3) Die Abstrafung des stolzen Füchsleins.
4) Die verlohrene Abbts-Kappen.

Sehr seltener Schweizerdruck aus d. Zeit des Toggenburger Krieges. — Weller, Lex. Ps. p. 437.

Philes, Manuel

Philae carmina graeca (gr. lat.) maximam partem e codd. Augustanis et Oxoniens. nunc prim. in lucem producta etc. Acc. ignoti poetae antiquio is carmen in S. Theodorum ex August. cod. nunc prim. editum: praemittitur Diss. de Philae vita, aetate et scriptis, cura G. Wernsdorf. 8. Leipz. 768. Breitkopf u. H. 1 ℛ 8 𝔤𝔤 Danzig 773. (List in Berl.) 2 ℛ

Philae, M., Carmina graeca c. Wernsdorf. 8. maj. Gedani. (Sommer, Lips.) 773.

Postpap.

Philes. Philae, Manuelis, carmina inedita. Ex cod. C. VII, 7 bibliothecae nationalis Taurinensis et cod. 160 bibliothecae publicae Cremonensis ed. Ae. Martini. hoch 4. (XV, 240 S.) Neapel 900. (Detken & Rocholl.) n. 8. –

***Philetae*,** Coi, fragmenta ed. C. P. Kayser c. praef. C. G. Heyne. 8. Götting. 793. (Vandenhöck u. R.) 8 𝔤𝔤

Philethae, Coi, fragmenta, a Kayser. 8. Gött. Vandenhök (Mohr et Z., Heidelb.) 793.

— Hermesianactis Colophonii atque Phanoclis reliquiae. Disposuit, emend., illustr. N. Bachius. Acced. Dan. Lennepii et Dav. Ruhnkenii observationes integrae. 8maj. Halle 829. Gebauer. 1 ℛ 12 𝔤𝔤 Schrbp. 2 ℛ

Phileutherius, (Jh. Konr. Füßly,) der Christ, ein Soldat unter d. heidnischen Kaisern, in d. Geschichte d. Kriegsobr. Moritz u. der Thebäischen Legion. 8. Frankf. u. Leipz. 765. (Meyer in Braunsch.) 10 gr.

Philg, Johann Jakob (Wiesbaden/Nassau), De medicamentis resolventibus. Diss. med. Präs. Georg Erhard Hamberger. Jena (J. Chr. Croeker) 17. IX. 1766. 27 S. (5.—) 26423
Widm. v.: Georg Erhard Hamberger, Samuel Gottlieb Ranis (dtsch.), Adolph Friedrich Hamberger (Oppon.), Rudolph Christian Pfaff (Oppon., dtsch.), Joh. Heinr. Hieronymus Friedrich Theodor Fischer (Oppon., dtsch.).

Philhind [Pseudon.] s. Stiegelmann, Adolf.

Philhind, s.: Was braucht Indien?

Philiatros, (psdn.,) s. Geschäftstaschenbuch, tägliches.

Philibert

— od. d. Verhältnisse, v. A. v. Kotzebue. 8. Königsb. Nicolovius. 809.

* Philibert, ou les Rapports de la Société p. M. de Kotzebue. 8. Vienne, Binz. 810.

— — derselbe in franz. Uebersetzung. 8. Wien, Schalbacher. 810.

Philibert. Eine religiöse Geschichte der Vorzeit. Erzählt f. die Jugend u. ihre Freunde. 12. (3½ B.) Fulda 845, Müller'sche Bh.*

Philibert, die beyden, Lustspiel von C. Lebrün. 8. Mainz, Kupferberg. 820.

Philibert, Karl, ein Roman ... Hamb. u. Meissen 1805. V: *Witte*, *Carl.* (MGT)

Philibert, Karl, ein Roman v. K. Witte. 2 Thle. m. K. 8. Hamb. Vollmer. (Liebeskind in Lpz.) 805.

Philibert u. Kasperl; od. die Weiber sind getreuer als die Männer. Oper in 3 Aufz. 8. Wien, Wallishäußer. 804. –

Philibert, der göttliche Friede zwischen der Theologie u. Philosophie der ersten sechs Jahrhunderte d. Christenthums. 3 Thle. 8. Innsbruck ... Wagner. Jetzt 1⅛ Rthlr.

Philibert, d. göttl. Friede zwischen d. Theologie u. Philosophie der ersten 6 Jahrh. d. Christenthums. 3 Thle. 8. Insbr. 800. Fischer. 1 Rthlr. 18 gr.

Philibert, d. göttl. Friede zwischen d. Theologie u. Philosophie d. ersten 6 Jahrh. d. Christenth. 3 Thle. 8. Insbr. Fischer. 800.

Philibert, ..., Auguste v. Kostheim u. Eduard v. Boley. 8. Erfurt 814. Müller. (Weygand in Leipz.) 16 gr.

Philibert, das göttliche Opfer des Gottmenschen Jesus Christus. 2 Thle. 8. Innsbruck ... Wagner. Jetzt ⅜ Rthlr.

— Philosophie der ältesten, f. denkende Philosophen der neuesten Zeiten. 8. Augsb. 792. Umgearb. von Al. Ad. Waibel. 8. Ebd. 820. Bolling. (Herbig in Leipz.) 1 Rthlr. 21 gr.

— Dass. 3 Thle. gr. 8. Insbr. 792, 93. Wagner. 6 Rthlr. 16 gr.

† Philibert, F., (Fr. Trautmann,) Leuchtkugeln aus d. Gebiete d. Theologie, Philosophie u. Politik. Biograph.-krit. Erörterungen. gr. 12. (4⅔ B.) Grimma 836, Verlags-Compt.

Philibert, J [Pseud.], s. Müller, J. Philibert

[Philibert, W de] Histoire des revolutions de la Haute Allemagne, Contenant les Ligues, et les Guerres de la Suisse, Avec une notice sur les Loix, les Mœurs & les différentes formes du Gouvernement de chacun des Etats compris dans le L. Corps Helvétique. 2 Tomes. 8. Zurich Et Paris 1766

Philidor, Franc. André Danican

Philidor, A. D., Analyse du jeu des Echecs, av. planch. 12. Strasb. König. 803.

Philidor, Andr. Dan., prakt. Anweis. zum Schachspiel; aus d. Französ. v. S. H. Ewald. gr. 8. Gotha 779. 2e A. 797. 3e Aufl. 810. Ettinger. 1 Rthlr.

Philidor, Franc. Andre Danican. Praktische Anweisung zum Schachspiel. Aus dem Französischen. Gotha 1793. 2. Aufl. 1797. 3. A. 1810. 4. A. 1833. 5. A. Halle 1840. Ü & H: *Ewald, S. H.* (Linde, Ein Jahrhundert d. Schachlitteratur. Berlin 1881) (Lasa, Verzeichniss einer Sammlung von Schriften über das Schachspiel. Wiesbaden 1887) (Hdschr. Mitth. von Friedrich Müller, München)

Philidor, André Danican, prakt. Anweisung zum Schachspiel. A. d. Franz. (2 Thle.) 4., verb. Aufl. 8. (22 B.) Gotha 833, Ettinger.

Philidor, André Domican, prakt Anweis. z. Schachspiel. A. d. Franz. (2 Thle.) 5. Ausg. 8. (21¾ B.) Halle 840, Heynemann.

— d. Kunst, im Schachspiel e. Meister zu werden. 8. Straßb. 791. König. 8 gr.

Philidor, André Danican, Lehrbuch des Schachspiels. 6. Aufl. Neu bearb. von Horwitz. Mit zahlreichen Diagrammen. gr. 8. (VIII und 120 S.) Halle 865, Heynemann.

Philidoria, s. Dufresne, J.

Philimon, Timoleon J., s.: Spiele, d. olympischen.

Philimund (ps.). Kunst u. Socialismus. Eine Studie. Berlin, W Rubenow, 1873. 8°. 16 S. (incl. Tit. in Einf.). Cart.
Bringt auch Interessantes über Richard Wagner. — Verboten vom k. Polizei-Präsidium Berlin, d. 23. Octob. 1875.

* **PHILINDGEN** IN VERSEN BESUNGEN. (Unterz.: *C.*) O. O 1771 8° 32 S. Lat. Typen. (1 Mk. 50 Pfg., Lehmann & Lutz, 1884, jetzt theurer!)
Goedeke IV (umgearb. Neudruck), 112, 46: a. An Philindgen. — b Die Geburt der Philinde. — c. Die Hofnung. — d. Der Vorsatz. — e. Der Frühling. — f. Der Widerruf. — g. Der Ball. — h. Ein Traum. — i. Die Verzweiflung. — k. Wünsche. — l. An Philindgen. — m. Philindgen. — n. Die Thräne — o. Die Reue. — p. Das Brautgedicht. (Alm. d. d. Mus. 1773, 95.)

Philint und Lucinde. Eine ländliche Operette von einem Aufz. Regensb. 1778. V: *Erdmann*, *Ludwig.* (GGr)

Philint u. Lucinde; od. Eins ist nicht das andere. Eine ländliche Operette. 8. Regensburg, Montag. 778.

Philip, s.a. Philipp

Philip, Beiträge zur Lehre über die Entwickelung der Trachea, s. Mittheilungen aus dem embryologischen Institute der k. k. Universität in Wien.

Philip, Caesar, Dr med., approb. Arzt aus Hamburg. **Aus d. anat. Institut d. Hafenkrankenhauses in Hamburg. ⟨Prosector Dr. Lochte.⟩ Ueber Entstehung und Häufigkeit der Aneurysmen der Aorta abdominalis.** *(Prag: Selbstverl. 1902.)* (35 S.) 8° [Umschlagt.] ¶ Aus Prager med. Wochenschrift, Jg. 27
München, Med. Diss. v 1902

Philip, Dietrich

--Der Corner Grocer NY. 1893 [?]

Philip, Dietrich. Enchiridion, oder Handbuchlein v d Christlichen Lehre und Religion. Lanc 1811

Philip, James *Charles* [aus Fordoun, Schottl.]: Das dielektrische Verhalten flüssiger Mischungen, bes. verdünnter Lösgn ... M. 3 Fig. im Text. (Aus: Zeitschr. f. physik. Chem., Bd. XXIV Heft 1.) Leipzig, W. Engelmann, 1897; 30 S., 1 Bl. 8.
Göttingen, Phil. Fak., Inaug.-Diss. v [9. Aug.] 1897

Philip, Max, [von Löhningen, Kt. Schaffhausen]: Ueber Derivate des Paraoxydiphenylamins. — Ueber die Einwirkung von Orthotoluidin auf Hydrochinon und Resorcin. [Vergl.: Journal f. prakt. Chemie Bd 34. S. 57—74]. Zür o. Dr 1885. 60 S. 8°
Zürich, Phil. Diss. [v 31 Juli 1885].

Philip, Max, Dr.: Das Pyridin und seine nächsten Derivate. Stuttgart: Metzler 1889. 68 S. 8°
Stuttgart Te. H., Hab.-Schr. v. 8. 6. 1889

Philip, Maximilian. (geb. Ruhrort 28. 1. 1837). De processus vermicularis perforatione. Berolini (1860). (32 S.) 8°
Berlin, Med. Diss. v. 6. Aug. 1860

Philip, Paul [aus Ruhrort]: Aus d. Poliklinik f. Nervenkranke d. Herrn Prof. Mendel in Berlin. 180 Fälle von peripherischer Facialis-Lähmung. ... Bonn, Univ.-Buchdr. v Carl Georgi, 1890; 86 S. 8°
Bonn, Med. Fak., Inaug.-Diss. v [5.] Jul. 1890

Philip, Paul, Gerichtsreferendar zu Aachen: Die Schadensersatzpflicht der Minderjährigen aus unerlaubten Handlungen. Borna-Leipzig 1907: R. Noske. (XI, 104 S.) 8°
Leipzig, Jur. Fak., Diss. v. 19. Juli 1907
[Geb. 3. März 84 Aachen; Wohnort: Aachen; Staatsangeh.: Preußen; Vorbildung: Kaiser-Wilhelm-Gymn. Aachen Reife O. 02; Studium: Lausanne 1, München 2, Bonn 3 S.; Rig. 12. Juli 05.]

Philiparie, E., Marussia, s.: Stahl, P. J.

Philipon, Rede üb. die Nothwendigkeit u. die Mittel, d. Lebensstrafe abzuschaffen. 8. Basel 786. Flick. (Neukirch). 8 gr.

Philipon, Carl, u. Ludw. Huart, Parodie des ewigen Juden. Aus d. Französ. v. Friedr. Funck. Mit 300 Holzschn. v. Cham. 10 Hfte. 8. (20 B.) Frankfurt a. M. 845, Oehler. à * 5 Ngr. *

Philipon de la Madelaine, L.,
s.a. Madelaine, L. Philipon de la

—üb. d. deutschen Briefstyl. Nach d. Französ. frei bearb. v. A. W. 8. Münch. 829. (J. Lindauer). 8 gr.

Philipon de la Madelaine, L., **Manuel épistolaire à l'usage de la jeunesse, ou instructions sur les divers genres de correspondance, suivies d'exemples puisés dans nos meilleurs ecrivains.** 15. édit., corr. et augm. d'un notice sur la vie de l'auteur. 12. (15 B.) Vienne 845, Gerold. Thlr.

Philipon **de-la-Madeleine, L., nouveau** manuel epistolaire **français,** renfermant les principales regles de l'art epistolaire, des instructions etc. faisant suite au Cours theor. et prat. de lang. franç. etc., par F. L. Ramstein. II Toms. 8. Prag 821. Calve. 1 Thlr 16 gr.

Philipona, P[ie]. Ein Führer der Gruyère, verfasst von P. Ph'. Hrg. von Verein der Gasthofbesitzer der Gruyère. [Illustriert.] II + 40 S. 8. Bern, Hubacher & Cie A. G., 1906. [fr. —.50]

Philipona, P[ie]. Guide de la Gruyère. Publié par les soins de la Société des hôteliers de la Gruyère. [Illustré.] II + 40 p. 8. Berne, Hubacher & Cie ⟨S. A.⟩, 1906. [fr. —. 50]

Philipowicz, Wlodimir: Johannes Mikulicz-Radetzky zum Gedächtnis. Czernowitz: Pardini 1907.

Philipp, Meister, oder der Segen der Bibel. Eine Erzählung für das christliche Volk. 8. (12 S.) Berlin 854, (J. A. Wohlgemuth.) Thlr.

Philipp und Anton; oder: Böse Beispiele verderben gute Sitten ... Landshut 1835. V: *Schneid, Joh. Nep.* (Ky)

— d. arme, e. Bambergische Gesch. vom Verf. d. Familie im Schwarzwalde. 3 Thle. 8. Halle, Hendel. 799–804. (I. 21 gr. II. 17 gr. III. 18 gr.)

Philipp, Der arme. Eine wahre Geschichte. Vom Verfasser der Familie im Schwarzwalde. Halle 1800. V: *Andrä, Friedrich Heinrich.* (BGE VI³, 176)

Philipp, der arme; e. Bamberg. Geschichte, (v. H. Fr. Andrä). 3 Thle. 8. Halle 800—802. Hendel. 2 Thlr 8 gr.

Philipp, Der arme, Kristaline, oder die Wassernixe eine Geistergeschichte ... Halle 1802. V: *Andrä, Friedrich Hnr.* (MGT) (ML) »1800—2« (Ky)

Philipp August oder die Waffenbrüder ... Uebers. ... Leipz. 1832. V: *James, George Payne Rainsf.* (EE)

Philipp August, od. die Waffenbrüder, von d. Verf. v. „Darnley 2c." (G. P. R. James). Uebers. (a. d. Engl.) u. mit erklär. Anmerkn. vers. v. O. L. B. Wolff. 3 Bde. 8. (65 B.) Leipzig 832, Kollmann.

Philipp August, König v. Frankreich. Dramat. Gedicht in 5 Aufzügen. 8. (VIII u. 198 S.) Berlin 850, G. Reimer. 5/6 Thlr

— V. d. durch die Prinzessin Ursini ganz besessene. 8. Berlin, Rüdiger. 719.

Philipp, Egalité, s. Egalité.

Der entlarvte Philipp Egalité in seiner wahren Gestalt. Oder Leben u. Schandthaten des Herzogs von Orleans. Nach dem Original aus d. Französ. übers. u. mit Anmerkgn. versehen. O. O. 1794. 8° VI u. 106 S.
Wahrscheinlich eine Uebersetzung von: La vie et les crimes de Philippe, duc d'Orléans. Cologne 1793. 8°. (1 Mk. 50 Pfg. Scheible, 1872.)

Philipp der Grossmütige. Beiträge zur Geschichte seines Lebens u. seiner Zeit. Hrsg. v. dem histor. Verein f. das Grossherzogt. Hessen. (VIII, 610 S. m. Abbildgn. u 11 Taf.) Lex.-8. Marburg 904. (N. G. Elwert's Verl.) n. 10. —; geb. n. 12. —

— u. Jacobine, od. eine Hand wäscht d. andere; e. Beytrag z. Gesch. d. Dorfpprediger, m. K. 8. Breslau, Gursch. (Sommer in Lpz.) 792.

Philipp u. Jacobine; oder: Eine Hand wäscht die andere; ein Beitr. zur Gesch. d. Dorfprediger, (von Chr. Aug. Peschek). 8. Leipz. u. Bresl. 792. (W. Rauck). 4 gl.

Philipp von Schwaben, s. Grotefend, W.

Philipp von Schwaben und Otto von Wittelsbach. 1859. V: *Kiederisch, Friedrich.* (Rudolf Krauss, Schwäb. Literaturgesch. II, S. 315) (Hdschr. Mitth. von Friedrich Müller, München)

Philipp II. König v. Spanien; e. dramatisches Gemälde, von Mercier, a. d. Frz. gr. 8. Liegnitz, Siegert. 783.

Philipp, s.a. Philip

Philipp, s.a. Philippe

Philipp der Großmüthige, Landgraf v. Hessen, Briefwechsel m. Bucer, s.: Publicationen aus den k. preußischen Staatsarchiven.

Philipp's des Carthäusers Marienleben, hrsg. von H. Rückert, s.a. Bibliothek der deutschen National-Literatur.

Philipp's, des Karthäusers, Marienleben, (übers.) von Wilh. Sommer. 16. (327 S.) Münster 859, Theissing'sche Buchh. *

Philipp, Prinz v. Sachsen-Koburg-Gotha, s.: Karl-udo.

Philipp IV., Königs von Spanien und der Schwester Maria von Agreda, Briefwechsel, s. Sammlung der vorzüglichsten mystischen Schriften aller kathol. Völker.

Philipp Ernst Fürst zu Hohenlohe Ausschreiben an seine Schultheissen und Untertanen Dat. Waldenburg Juni 1750. [Fing. Tit.

Philippus Ludovicus, Palatinus ad Rhenum com.: Oratio de Ottone Magno Witelsbacensi Bavariae Palatino comite Neoburgi 1566 scripta ad patrem Wolffgangum. (Biponti 1786.) [Schulprogr. f. Karl Ludwig August.]

Philipp. On Shakespeare's Julius Caesar. Berlin, Luisenstädt. R., 1849. Progr.

Philipp, illustr. Führer durch Hamburg u. die Nordsee-Bäder, s.: Storm.

Philipp, s.a. General-Bericht üb. d. Sanitäts- u. Medicinalwesen im Reg.-Bezirk Liegnitz.

Philipp, General-Bericht über das Sanitäts- und Medicinal-Wesen im Reg.-Bez. Liegnitz mit besond. Berücksicht. der J. 1883, 1884 und 1885. gr. 8. (IV, 158 S. mit Tab.) Liegnitz 886, (Reisner.) *

Philipp (I.). Generalbericht üb. das Sanitäts- u. Medicinal-Wesen im Reg.-Bez. Liegnitz m. besond. Berücksicht. der J. 1886, 1887 u. 1888. gr. 8. (IV, 175 S. m. 7 Tab.) Liegn. 890, (Scholz). * * 2 —

—— der Reg.-Bez. Königsberg. Ueber das Sanitäts-, Medicinal- und Veterinär-Wesen mit besond. Berücksicht. des Zeitraumes 1875—1880. gr. 8. (VIII, 216 S. mit 1 Tab., 4 Stnt. und 1 chromolithogr. Plan.) Königsberg 880, (Koch und Reimer.) **

Philipp, Predigt am 300jährigen Jubelfest des königl. Gymnasii zu Brieg, am 10. Aug. 1869 gehalten. Brieg 869. Bänder. gr. 8. (8 S.) 1½ ngr.

Philipp, Adolph. Also das ist New York. NY, n. d.

Philipp, Adph., kritische Darstellung der neueren Theorieen der Basedow'schen Krankheit. Diss. gr. 8. (44 S.) Berlin 894. (O. Coblentz.) n. 1. —

Philipp, Ad., Linguet, e. Nationalökonom d. XVIII. Jahrh., in s. rechtl., socialen u. volkswirtschaftl. Anschauungen, s.a. Abhandlungen, Zürcher volkswirtschaftl., Hft. 1.

Linguet, ein Nationalökonom des XVIII. Jahrhunderts, in seinen rechtlichen, socialen und volkswirtschaftlichen Anschauungen. E. Beitr z. Gesch. d. Nationalökonomie. Von Ad. Philipp, Dr d. Staatsw. *Zürich: A. Müller 1896.* (VIII S., 1 Bl., 107 S., 2 Tab.) 1 Bd 8.
= Abhandlungen, Zürcher volkswirtschaftl. H. 1. [97. 4754

Philipp, Adf., und Jul. Baron, Hamburger Theater-Dekamerone. 8. (VII, 344 S. mit 2 Holzschn.-Portr.) [Hamburg 881, Rabemacher.] Berlin, Neufeld.

Philipp, Albr., August der Starke u. die pragmatische Sanktion, s.a. Abhandlungen, Leipziger historische.

Philipp, Albrecht, a. Kleinwolmsdorf: August der Starke und die pragmatische Sanktion. Die Zeit des ersten Wiener Friedens ⟨1719—1727⟩. Leipzig: Quelle & Meyer 1907. (X, 68 S.) 8° ¶ (Erscheint vollst. in: Leipziger histor. Abhandlungen.)
Leipzig, Phil. Fak., Ref. Brandenburg-Seeliger, Diss. v. 24. April 1907
[Geb. 1. Febr. 83 Kleinwolmsdorf b. Radeberg i. Sa.; Wohnort: Dresden; Staatsangeh.: Sachsen; Vorbildung: Dreikönigsch. (Realgymn.) Dresden-N. Reife O. 05; Studium: Leipzig 8 S.; Rig. 13. Dez. 06.]

Philipp, Albrecht (Hrsg.), s.a. Satzungen des Verbandes Historischer Vereine an deutschen Hochschulen.

SATZUNGEN des Verbandes Historischer Vereine an deutschen Hochschulen und Verzeichnis der Mitglieder der zu ihm verbundenen Vereine, im Auftrage des Verbandes herausgegeben vom Verein für Geschichte und geschichtliche Hilfswissenschaften an der Universität Leipzig Roter Löwe. (Hrsg. ALBRECHT PHILIPP.) Leipzig 1908. (Druck von Oswald Schmidt.) 8°.

Philipp, (Alex. P. Wilson.) Abhandl. über die Verdauungsschwäche u. ihre Folgen, die sogen. nervösen u. gallichten Beschwerden; nebst Bemerkk. üb. die organ. Krankheiten, in welche sie zuweilen übergehen. Nach d. 2n engl. Ausg. übers. u. mit Anmerkk. versehen v. Dr. E. Wolf. gr. 8. Frkf. a. M. 823. Guilhaumann. 1 ₰ 8 gr.

— über Indigestionen ꝛc., s. Bibliothek d. ausländ. Litt. f. prakt. Medicin, 1r. Bd.

— Untersuch. über d. Gesetze d. Lebens. Aus d. Engl. übers. v. J. v. Sonnleitner. gr. 8. Stuttg. 822, Metzler.

Philipp, Ant., Überlieferung u. Datierung der Grottkauer Einung, s.a. Quellenstudien aus dem historischen Seminar der Universität Innsbruck. 1. Heft.

Überlieferung und Datierung der Grottkauer Einung von Anton Philipp aus Wigstadtl. Innsbruck Wagner 1909. S. 61 161 8°
(Quellen-Studien aus d. hist. Seminar d. Univ. Innsbruck. H. 1, [2]) [09. 13966

Philipp, August Oskar, s. Philipp, Oskar

Philipp, B. E., 24 Turnlieder, komp., Breslau, 30 S., 8°.

Philipp, Bruno, zum Rosengarten. Vier kleine Aufsätze m. einem Textabdrucke nach dem Berliner Ms. Germ. Quart 744 u. dem Münchener Cod. Germ. 429. gr. 8. (LXXI, 85 S.) Halle 879. Niemeyer. n. 3. 60

Philipp, (E.,) Aspasia. Ein Original-Drama in 5 Akten. gr. 12. Wien 827, Schrämbl. (Leipz., Liebeskind.)

Philipp, E., der Genius d. Vorsicht, d. Liebe u. des Völkerglücks; ein Wechselgesang am Tage d. Vermählung Franz des I. die Musik ist von Girowetz. Querfol. Wien, Rehm.

Philipp, E., Zeitgemälde nach erhabenen Gegenständen d. Wirklichkeit. Mit 1 K. 8. Wien, Tendler. 817.

Philipp, Carl, s. Philipp, Karl

Philipp, Caspar, s. Philipp, Kaspar

Philipp, Curt, s. Philipp, Kurt

Philipp, D., Real-Index, s. Journal, polytechnisches.

Philipp, D., Real-Index zu Dr. Dingler's polytechnischem Journal. Von Bd. LXXIX—CXVIII. Stuttgart 853. Cotta. Lex.-8. (2 Bl., 226 S.) 27 ngr.

Philipp, D., Real-Index zu Dr. Dingler's polytechnischem Journal. Von Bd. 119—158. Stuttgart 861. Cotta. Lex.-8. (2 Bl., 244 S.) 1 ℛℳ

Philipp, D., Real-Index zu Dingler's polytechnischem Journal. Von Bd. CLIX – CXCVIII. Fortgesetzt v. Jul. Philipp. Lex.-8. (257 S.) Stuttgart 871. Cotta. n. 3. 60

Philipp, D., alphabet. Sachregister der wichtigsten technischen Journale für den Zeitraum vom 1. Jan. 1847 — 31. Decbr. 1852. (12 Thle.) 8. (Vom 1. Jan. bis 30. Juni 1847 : 55 S. Vom 1. Juli bis 31. Dezbr. 1847 : 45 S. Vom 1. Jan. bis 30. Juni 1848 : 43 S. Vom 1. Juli bis 31. Dezbr. 1848 : 38 S. Vom 1. Jan. bis 30. Juni 1849 : 36 S. Vom 1. Juli bis 31. Dezbr. 1849 : 41 S. Vom 1. Jan. bis 30. Juni 1850 : 39 S. Vom 1. Juli bis 31. Dezbr. 1850 : 37 S. Vom 1. Jan. bis 30. Juni 1851 : 36 S. Vom 1. Juli bis 31. Dezbr. 1851 : 39 S. Vom 1. Jan. bis 30. Juni 1852 : 47 S.) Berlin 847 —52, Mittler & Sohn in Comm. (à 1/4 ℛℳ) 3 ℛℳ

— alphabetisches Sachregister der wichtigsten technischen Journale für den Zeitraum vom 1. Juli bis 31. Dezbr. 1852. Berlin 853. Mittler u. Sohn in Comm. 8. (52 S.) 7½ ngr.

—— alphabetisches Sachregister der wichtigsten technischen Journale für die Jahre 1852—54. 8. Berlin 852—55, (Mittler und Sohn.) à Jahrg.

—— dass. — für den Zeitraum vom 1. Jan. bis 30. Juni 1855. gr. 8. (65 S.) Ebds. 855.

—— dass. — für den Zeitraum vom 1. Juli bis 31. Dezbr. 1855. gr. 8. (59 S.) Ebds. 856.

—— dass. — für den Zeitraum vom 1. Jan. bis 30. Juni 1856. gr. 8. (59 S.) Ebds. 856.

—— alphabetisches Sachregister der wichtigsten technischen Journale für den Zeitraum vom 1. Juli bis 31. Decbr. 1856., 1. Jan bis 30. Juni 1857., 1. Juli bis 31. Decbr. 1857., 1. Jan. bis 30. Juni 1858., 1. Juli bis 31. Decbr. 1858., 1. Jan. bis 30. Juni 1859., 1. Juli bis 31. Decbr. 1859., 1. Jan. bis 30. Juni 1860., 1. Juli bis 31. Decbr. 1860., 1. Jan. bis 30. Juni 1861., 1. Juli bis 31. Decbr. 1861. gr. 8. (à Halbjahr 56—60 S.) Berlin 857—62, (Mittler und Sohn.) à Halbjahr

Philipp, D., alphabetisches Sachregister der wichtigsten technischen Journale für den Zeitraum vom 1. Jan. bis 30. Juni 1862., 1. Juli bis 31. Dezbr. 1862., 1. Jan. bis 30. Juni 1863., 1. Juli bis 31. Dezbr. 1863., 1. Jan. bis 30. Juni 1864., 1. Juli bis 31. Dezbr. 1864., 1. Jan. bis 30. Juni 1865., 1. Juli bis 31. Dezbr. 1865., 1. Jan. bis 30. Juni 1866., 1. Juli bis 31. Dezbr. 1866., 1. Jan. bis 30. Juni 1867., 1. Juli bis 31. Dezbr. 1867. gr. 8. (à Halbjahr 47—62 S.) Berlin 862—68, (Mittler und Sohn.) à Halbjahr

— alphabetisches Sachregister der wichtigsten technischen Journale für den Zeitraum vom 1. Jan. bis 30. Juni 1868, vom 1. Juli bis 1. Dezbr. 1868, und vom 1. Jan. bis 30. Juni 1869. (47; 49; 48 S.) Berlin 869, (Mittler und Sohn.) à Heft ℳ 1,20.

— dass. — vom 1. Juli bis 31. Dezbr. 1869. Fortgesetzt von Jul. Philipp. gr. 8. (55 S.) (Ebendas.) 870.

Philipp, Eduard, die deutsche Auslandsschule u. ihre Lehrer. Ein Wort an die Freunde u. Förderer der Erhaltg. des Deutschtums im Auslande; f. die deutschen Lehrer hrsg. (IV, 19 S.) gr. 8. Dresden 906. E. Pierson. n. — 50

Philipp, Ed., die deut. Auslandsschule. 906. Jetzt: Berlin, Verlag Berlin-Wien.

Philipp, Ed., schlesischer Bildersaal. Eine Sammlung histor. Novellen, Erzähln. u. Sagen schles. Vorzeit. 1. u. 2. Bdchn. 8. (13¼ u. 12½ B.) Breslau 831, 32, (Schulz u. Comp.) à

Der christliche Chorgesang. Einige Winke über s. Pflege u. Förderung in unseren Gemeinschaftskreisen von Ed[uard] **Philipp**, Lehrer. Berlin: Berl. Stadtmission (1908). 16 S. 8° 09. 6401

Philipp, Ed., der christliche Chorgesang. Einige Winke üb. seine Pflege u. Förderg. in unseren Gemeinschaftskreisen. (16 S.) 8. Berlin (909). Vaterländische Verlags- u. Kunstanstalt. — 30

Philipp, *Eduard* Dialogi Tacitini qui fertur de oratoribus quae genuina fuerit forma. 8 (S. 3—24).
Progr Staatsg. im II Bezirk *Wien* 1887.

Philipp, Ed., dialogi Tacitini qui fertur de oratoribus quae genuina fuerit forma. gr. 8. (34 S.) Wien 887, (Hölder.) *

—— und Rob. Philipp, Freikugeln, s. Freikugeln.

—— und J. Seeliger, Gallerie denkwürd. Personen aus d. Geschichte Schlesiens. Ein Festgeschenk f. d. reifere Jugend. Nach histor. Quellen bearb. M. 4 (ill.) Stndr. gr. 8. (6 B.) Breslau 834, (Schulz u. Comp.)

— u. J. Seeliger, Gallerie denkwürd. Personen Schlesiens. Ein Festgeschenk f. die reifere Jugend. Mit 4 ill. Kpf. gr. 8. Bresl. 832. (Schulz u. C.) 16 gr.

—— Geißelhiebe, s. Geißelhiebe.

PHILIPP, Eduard (ps.), („außerord. Poet., vieler gelehrten Gesellsch. unbekanntes Mitglied"), Geißelhiebe in Form satyrischer Aufsätze dem Zeitgeiste dargebracht. Breslau, Aderholz, 1830. 8°. 8 Bog. Selten!

Philipp, Ed., Geschichte d. Stadt Breslau. Mit 15 Abbildd. gr. 8. Bresl. 831. (A. Schulz u. C.) 3 ℔

—— Geschichte d. merkwürdigsten Feldzüge, Schlachten u. Belagerungen. Aus d. besten Geschichtswerken zusammengest. 2 Thle. 8. (39 B.) Breslau 834, Richtersche Buchh. 2 Thlr., Blnp.

Philipp, Ed., hab' immer d. Meer so lieb gehabt. 2 Strandgeschichten. (32 S.) 8. Heidelberg (907). E. Philipp. nn — 50

Philipp, Ed., Liebe od. Pflicht? Novelle. Aus dem Vläm. frei übers. — Strandgut. Erzählung (32 S.) 8. Langensalza 906. A. Thomas jun. (Nur direkt.) n. — 30

— Neuer Liederhort. Neue, weltl. Gesänge f. Schule u. Haus, gesammelt u hrsg. (70 S.) 8. Leipzig 907. F. Jansa. nn — 75

Philipp, Ed., s.: Merker, der.

Philipp, Ed., der Pascher. Erzähl. nach e. Sage aus d. Riesengebirge. 8. (...) Breslau 835. [Berlin, Richter.]

—— der Pfaffenkrieg. Novelle. 8. (3½ B.) Breslau 835. [Berlin, Richter.]

Philipp, (E.,) Purpurrosen. Romant. Erzähll. 8. Berlin 825, Burchhardt.

— Purpurrosen. Romant. Erzähll. 8. Berl. 825. (Krause). 12 gl

— die Tartaren vor Breslau, ein histor.-romant. Gemälde aus Schlesischer Vorzeit. 8. Breslau (Berlin) ... Richter. 1/6 ℔

Philipp, Ed. Der iambische Trimeter und sein Bau bei Sophokles. 38 S. 8. Progr. Neust. G. *Prag* 1879

Philipp, F., Betrachtungen über das Leben, die Tugenden u. Vorzüge der allerseligsten Jungfrau Maria auf alle Feste, für jeden Tag des Monats Mai u. für alle Samstage des Jahres. Aus dem Franz. übers. v. einem Mitgliede derselben Congregation (Brüder der christl. Schulen). Verm. m. einem Anh. von Morgen-, Abend-, Meß-, Beicht- u. Communion- u. anderen Gebeten. Autoris. Ausg. Mit einem Stahlstich. 8. (XII, 756 S.) Regensburg 878. Manz. 5. 40

Philipp, F. J., die selbstlehr. Rechenkunst in Fragen u. Antworten. 8. Manh. 802. Schwan u. G. 18 gl

Philipp, Friedrich

(—). — Pro-cancellarius Friedr. Philipp (Leipzig), Actum praesentationis juris candidati publice intimat, et ad eundem benevolum lectorem peramanter et officiose invitat. (Leipzig (I. Titius) 12. VIII. 1714.) (3.75) 26426

(—). — Pro-cancellarius Friedr. Philipp (Leipzig), Actum promotionis licentiandi in utroque jure publice intimat, et ad eundem benevolum lectorem peramanter ac officiose invitat. (Leipzig (I. Titius) 19. VIII. 1714.) (3.75) 26427

(—). — Pro-cancellarius Friedr. Philipp (Leipzig), Actum solennem praesentationis septem licentiandorum in utroque jure indicit et ad eundem lectorem benevolum officiose invitat. Leipzig (I. Titius) 8. XI. 1724. Mit Namen. (4.—) 26428

Philipp, Frid. (geb. Glückstadt 22. 9. 1834): An prophylaxis publica contra phthisin tuberculosam instituenda sit, ex causis et curatione morbi ostenditur. Berolini (1855). (32 S.) 8°
Berlin, Med. Diss. v. 2. Apr. 1855

Philipp, Friedrich [Praes.], s. Bellmann, Michael: De delegatione vulgo Von der Anweisung.

Philipp, Friedrich [Praes.], s. Bernhardi, Christian Ludwig: De agris vectigalibus. Von Erbzinss-Aeckern.

Philipp, Friedrich [Praes.], s. Büttner, Christian: De querela nonnumeratae pecuniae contra apocham movenda.

Philipp, Friedrich [Praes.], s. Dreysig, Gustav: De revocanda donatione ob ingratitudinem.

Philipp, Friedrich [Praes.], s. Hedluff, Gottfried: De successione ab intestato ex statuto Gorlicensi cum jure civili et Saxonico conferenda.

Philipp, Friedrich [Praes.], s. Hempel, Jacob: De recognitione documentorum.

Philipp, Friedrich [Praes.], s. Henrici, Christian: De praescriptione immunitatis a tributis.

Philipp, Friedrich [Praes.], s. Höfichen, Johann Christian: De rescissoria actione occasione Scti Vellejani.

Philipp, Friedrich [Praes.], s. Künhold, Friedrich Alexander: De vacua possessione.

Philipp, Friedrich [Praes.], s. Ranisch, Christian: De rhedis meritoris Vulgo Von Landkutschen.

Philipp, Friedrich [Praes.], s. Zimmermann, Johann Gottfried: De praescriptione dormiente, Von der Verjährung, welche eine Zeitlang ruhet.

Philipp, Georg

Philipp, zehn verschiedene Lottospiel-Systeme. 5. durchges. Aufl. (Neue [Titel-]Ausg.) (Wenedikt's Spielbücher.) (56 S.) 11. 8. Wien [896] (908). J. C. Mickl. 1. —

Philipp, (Georg), der glückliche Terno-Lottospieler. Eine kurze auf 30jähr. Erfahrung begründete Beweisführung, daß man nach der in dieser Schrift enthalt. Berechnung in der Zahlen-Lotterie bestimmt gewinnen muß. Nebst einem unumstößl. tabellar. Beweis, daß man auch mittelst des Extrato-Spieles früher als in einem Jahre rc. gewinnen muß. Vermächtniß eines wohlhabend gewordenen u. vernünft. Lottospielers. 2. bedeutend verm. Aufl. 12. (11 S. m. 1 Tab. in qu. Fol.) Wien 850, Wenedikt in Comm. 4 ngl — 3. bedeutend verm. Aufl. 16. (12 S.) Ebd. 852, in Comm. n. 4 ngl

Philipp, der glückliche Terno-Lottospieler. Vermächtniß eines wohlhabend gewordenen und vernünftigen Lottospielers. 4., bedeutend verm. Aufl. gr. 16. (12 S.) Wien 855 (56.) (Wenedikt.) *

Philipp, Georg. Frid. (geb. Königsberg i. Pr. 16. 3. 1798): De pentathlo sive quinquertio commentatio. Berolini (1827). (132 S.) 8°
Berlin, Phil. Diss. v. 3. Dez. 1827

Philipp, Gustav *Leopold* [aus Berlin]: Über die Desinfektion von Wohnräumen durch Formaldehyd ... Erlangen, k. b. Hofbuchdr. v. A. Vollrath, 1895; 24 S., 1 Bl. 8.
Erlangen, Phil. Fak., Inaug.-Diss. v. 30. Jan. 1895

— **Gustav Adolph** (Zeitz), De resorptione placentae novis observationibus illustrata. Diss. physiol.-obstetr. Berlin (G. Schade) 5. III. 1849. 32 S. mit Biogr. (M.: S. Reyher.) (3.25) 26429

Philipp, Hans: Beiträge zur Kenntnis des Gurjunbalsamöles, des Caryophyllens und des Pinens. Weida i. Th. 1910: Thomas & Hubert. 121 S. 8°
Leipzig, Phil. Diss. v. 10. Juni 1910, Ref. Beckmann, Hantzsch
[Geb. 27. März 85 Leipzig; Wohnort: Leipzig; Staatsangeh.: Bayern u. Preußen; Vorbildung: Realgymn. Leipzig Reife O. 04; Studium: Leipzig 12 S.; Rig. 27. Mai 10.] [U 10. 3207

Philipp, Hans, Leitfaden f. den Geschichtsunterricht an höh. Mädchenschulen. 6 Bde. gr. 8. Bielefeld, Velhagen & Klasing. Geb. 8. 80
1. Antike u. germanische Sagen. — Erzählungen aus der brandenburgisch-preuß. Geschichte. (VI, 79 S. m. Abb. u. Titelbild.) 909. Geb. 1. 10
2. Erzählungen aus der Geschichte des Altertums u. d. dtschn. Geschichte. (IV, 68 S. m. Abb.) 909. Geb. 1. 10
3. Geschichte d. Altertums. (VIII, 98 S. m. Abb.) 909. Geb. 1. 20
4. Deutsche Geschichte bis zum Ausgang des Mittelalters. (VI, 124 S. m. Abb.) 910. Geb. 1. 60
5. Vom Zeitalter der Reformation bis zum Tode Friedrichs des Großen. (V, 111 S.) 910. Geb. 1. 80
6. Von der französ. Revolution bis zur Jetztzeit. (IV, 138 S. m. Abb.) 910. Geb. 1. 80

Philipp, Hans: **Paläontologisch-geologische Untersuchungen** aus dem Gebiet von Predazzo. *Berlin 1904: J. F. Starcke.* (98 S.) 8° ¶(Aus Zeitschrift d. Deutschen geol. Ges., Bd 56.)
Heidelberg, Naturw.-math. Diss. v. 1904

Philipp, Hans, Gerichtsref.: **Verpfändung fremder Sachen.** Ein Beitrag zur Dogmatik u. Entwickelungsgeschichte d. röm. Pfandrechts. *Berlin 1900: Maschning & Kantorowicz.* (101 S.) 8°
Greifswald, Jur. Diss. v. [29. Dez.] 1900

Philipp, Heinr., die Führung der Standesregister nach dem Reichsgesetz üb. die Beurkundung d. Personenstandes u die Eheschließung vom 6. Febr. 1875. Handbuch zum prakt. Gebrauch f. Standesbeamte unter Beifügg. zahlreicher Erläuterungs-Beispiele. gr. 8. (IV, 92 S.) Schweidnitz 890. Heege. geb. n. 2. —

Philipp, Heinr., Repetitorium f. Regierungs-Referendarien der sechs östlichen Provinzen üb. die wichtigsten Zweige der Kommunal-Verwaltung. Dargestellt in Fragen u. Antworten unter genauer Angabe der Gesetzesquellen. 12. (IV, 131 S.) Berlin 883. C. Heymann's Verl. cart. n. 2. —

Philipp, Hermann [aus Mocker bei Thorn]: Multiple sarcomatöse Geschwülste in der Haut (Sarcoma molluscum.) .... Berlin, Druck v. G. Bernstein, 1886; 22 + 2 S. 8°.
Berlin, Med. Fak., Inaug.-Diss. v. 12. Jul. 1886.

Philipp, Hugo, s.: Arkadien.

— **vor sacrum. Gedichte. 12. (99 S.) Berlin 902. Stuttgart, A. Juncker. n. 2. —**

PHILIPP, J.
Platin und Platinmetalle auf der Wiener Ausstellung. Braunschweig, 1875. 8vo.

Philipp, J., Taschenbuch f. junge Seelsorger d. 19. Jahrh. 8. Grätz 817, Miller. 10 Kr

Philipp, Jacques (Hrsg.), s. Z e i t u n g , Österreichische illustrierte.

Philipp, Johann, a. Berlin: Über Bromderivate des p-Toluchinolins und über p-Chinolinaldehyd. Freiburg i. Br.: Speyer & Kaerner 1906. (38 S.) 8°
Freiburg i. B., Phil. Fak., Ref. Gattermann, Diss. v. 20. April 1906
[Geb. 23. März 81 Berlin; Wohnort: Freiburg i. B.; Staatsangeh.: Preußen; Vorbildung: Realgymn. Charlottenburg Reife M. 00; Studium: Freiburg i. B. 3, München 2, Freiburg i. B. 4 S.; Rig. 16. Febr. 06.]

Philipp, Jh. Chr. I., († ...) eigene Gedanken üb. den Verräther Judas, od. Vorstellung, wie d. Erlöser den Judas unter die Apostel habe aufnehmen u. Judas an ihm zum Verräther werden können. 8. Naumb. u. Leipz. 754.

Philipp, Jh. Chr. II., († d. 6. Dec. 1813.) der geschwind calculirende Kaufmann. gr. 4. Leipz. 792. Hilscher. 20 gr.

Philipp, Johann Paul Christian

Philipp, Jh. Paul Chr., Anleit. zu e. histor. Kenntniß d. bibl. Bücher, f. d. deutschen Stadt- u. Dorfschulen. 8. Zeitz 826. Webel. 4 gr.

— von dem hohen Berufe evangel. Religionslehrer; e. Predigt, 1817 gehalten. 8. Zeitz (817.)

— — (Zeitz), De caussis cur philosophiae studium sedulo sit tractandum. In memoriam convictus Mareschalliani. Wittenberg (C. Chr. Dürr) 30. VII. 1779. 16 S. (4.—) 26433

— Ehrengedächtniß des sel. Dr. Chr. Gotth. Kupfers. 8. Lpz. 815.

— epistola ad Eruditos, (enth. e. Fragment von e. alten Handschrift auf Pergament, welches e. Stück eines alten klass. latein. Schriftstellers zu seyn scheint) 4. Naumb. 784.

Philipp, J. P. C., Geschichte d. Stifts Naumb. u. Zeitz. 8. Zeitz, Webel. 801.

— **Johann Paul Christian,** Antiquissimorum juris civilis fontium sive legum duodecim tabularum historiam. Naumburg (Uhlig) Okt. 1786. 18 S. (4.—) 26432
Gratulationsschrift für Friedrich Christian Alexander von Seebach.

— Huldigungspredigt, d. 3. Aug. 1815 gehalten. 8. Zeitz 815.

— — **Interpretatio phil. Jes. XLIX, 6. 7. et 1. Petr. II, 21—24. scripsit simulque coronidis loco de vocabulo אַבְרֵךְ Gen. XLI. 43. Eisenberg (Schoen) (24. III.) 1811. 20 S. (3.75) 26435**
Gratulationsschrift für Christian Friedrich Schatz.

— — **De summa articulos in Theologia, quos vocant, fundamentales nostra aetate denuo asserendi necessitate. Comment. theol. Zeitz (Webel) 18. X. 1802. 16 S. mit Namen. (4.25) 26434**
Gratulationsschrift für Christian Gotthelf Kupfer.

— s. Notizen f. Prediger.

— Samml. zur Geschichte v. Sachsen, Meißen u. Thüringen u. d. Stift Naumburg-Zeitz insonderheit. 4 Stcke. 8. Zeitz 818. Webel. 8 gr.

— s. Themata u. Dispositionen.

— Unsterblichkeit u. ewiges Leben. gr. 8. Zeitz 808. Webel. 3 gr.

PHILIPP, J. Paul. Chr.: Wörterbuch des Chursächs. Kirchenrechts u. der Pastoraltheologie. *Zeitz*, Webel. 803. gr. 8. (2 Thl.)

— Wörterbuch d. kön. preuß. Kirchenrechts u. anderer in d. Monarchie geltend. Gesetze. 1e Liefer. 8. Zeitz 822. Webel. 18 gr.

Philipp, Johannes Adam, approb. Arzt aus Zeselberg: Unterbindung der Arteria subclavia in ihrem ersten Abschnitt nach Schussverletzung. Beitrag zur Casuistik d. Verletzungen d. Arteria subclavia. *Leipzig: G. Fock 1900 [vielmehr 1901/02].* (41 S.) 8°
Leipzig, Med. Diss. v. Febr. 1900

Philipp, Joseph —. Böhmisch-deutsches Elementar-Sprech- und Sprachbüchlein zum häuslichen Gebrauche für Kinder von — —. Prgg. Druck von Friedrich Rohlicek. 1854. (Česko-německá mluvnicka s příklady a úlohami k domáci potřebě pro ditky. Sepsal Josef Philipp.) 8. (70 S.)

Philipp, Joseph *(geb Katscher in Schles. [8.11.]1808)*: De elephantiasi. Vratislaviae (1833). (35 S.) 8°
Breslau, Med. Diss. v. 8. Okt. 1833

Philipp, Ist. Julius (geb. Berlin 1811): Nonnulla de morbis cordis organicis. Berolini (1832). (30 S.) 8°
Berlin, Med. Diss. v. 16. Juli 1832

— **I. Julius (Berlin), Nonnulla de morbis cordis organicis. Diss. med. Berlin (A. Petsch) 16. VII. 1832. 30 S. mit Biogr. (M.: Rieß). (3.—) 26430**
Oppon.: J. S. Kappeler, A. Moser, S. W. Wolff. — Gew.: Eduard Gans.

Philipp, Jul., s.a. Philipp-Heergesell, Jul.

Philipp, Jul., s.: Arkadien.

(**Philipp,** Iulius): • De connubio anydro ammoniaci et acidi sulfurosi. 44 S. 4° (2°)
Halle-Wittenberg, Phil. Diss. v. 13. Apr. 1866
Geb. Berlin 28. 8. 1843. V.

— **s.: Stimmen der Gegenwart.**

Philipp, Karl

Philipp, Carl: Beiträge zur Darstellung des persischen Lebens nach Muslih-uddin Sa'dî. T. 1. *Halle a. S. 1901.* (39 S.) 8° ¶(Erscheint vollst. bei M. Spirgatis in Leipzig.)
Halle. Phil. Diss. v. 11. Nov. 1901

Philipp, K.: Ertragstafeln f. die Forle. Entgegnung auf die Flugschrift d. Oberforstrats Schuberg. Emmending. 1896. 12 S. P.
[Vedlagt C. Schuberg: Zur endgiltigen Abwehr. 4 S.].

Philipp, Karl, deutsch-englisches u. englisch-deutsches Forstwörterbuch. gr. 8. (VIII, 107 S.) Neudamm (901). J. Neumann. Geb. in Leinw. n. 3.50

Philipp, Karl, aus Tiefenbach, Grh. Baden: Bürgerliches Gesetzbuch: Die Stellung des § 278 zu dem § 831. *Tübingen 1903: G. Schnürlen.* (47 S.) 8°
Tübingen, Jur. Diss. v. 1903

Philipp, Karl, Hülfstabellen f. Forst-Taxatoren. gr. 8. (32 S.) Karlsruhe 893. (O. Nemnich.) n. 1. 20

Philipp, Karl, Hilfstabellen f. Forst-Taxatoren. 2. Aufl. gr. 8. (III, 55 S.) Karlsruhe 896. Wiesbaden, O. Nemnich. n. 4. —

Philipp, Carl, Arzt aus Ludwigshafen a. Rh.-Friesenheim: Ueber das primäre Magensarcom und seine operativen Endresultate. *Heidelberg 1904: J. Hörning.* (32 S.) 8°
Heidelberg, Med. Diss. v. 1904

Philipp, Car. (Anton) (geb. Lubben [illegible] 1815): De parotitide. Berolini (1840) (32 S.) 8°
Berlin. Med. Diss. v. 1. Apr. 1840

Philipp, Carl. Über jodierte Phenylhydrazine und deren Derivate. Diss. Phil. Basel von K' Ph'.... 61 S. 8. Basel, Walz & Miéville, 1905.

Philipp, Karl, die forstlichen Verhältnisse Badens. (39 S.) 8. Freiburg i/B. 909. Herder. —.75

Philipp, Carl, „von dieser welt". Lyrische gedichte. (140 S.) 8. Strassburg 910. J. Singer. 2. —

Philipp, Kaspar

Philipp, Casp., Unterricht in den Perspectiv, n. e. leichten Methode, m. 60 K. 8. Amst. Expp. 767.

Philipp, Kurt

Philipp, Curt [aus Dresden]: Kondensationsprodukte von p-Amidophenol und dessen Äthern mit Aldehyden und Ketonen ... Dresden, Lehmann'sche Buchdr., 1894; 48 S. 8.
Rostock, Phil. Fak., Inaug.-Diss. v. [2. Nov.] 1893

Philipp, Kurt, a. Zwickau i. S.: Pierre Du Ryers Leben u. dramatische Werke. Zwickau 1905: Eichhorn & Posern. (130 S.) 8°
Leipzig, Phil. Fak., Ref. Birch-Hirschfeld u. Wülker, Diss. v. 19. Apr. 1905
[Geb. 31. Aug. 79 Zwickau; Wohnort: Zwickau; Staatsangeh.: Sachsen; Vorbildung: Realgymn. Zwickau Reife O. 01; Studium: Leipzig 7 S.; Rig. 18. Nov. 04.]

Philipp, Kurt, aus Kleinwolmsdorf: Die Verjährung dinglicher Ansprüche im Liegenschaftsrecht. *Dresden 1901: A. Hille.* (46 S.) 8°
Leipzig, Jur. Diss. v. 1901

Philipp, L. K. S. Gesetz, die Beglaubigung von Privaturkunden betr. vom 4. Novbr. 1890, nebst Ausführungsverordng. vom 5. Novbr. 1890, sowie Erläutergn. aus den Motiven u. Kammerberathgn., u. Formularen f. die Abfassg. v. Beurkundungsregistraturen. Handausg. zum Gebrauche in der Praxis. (2. Ausg.) 8. (III, S. 1—70.) Dresd. 891, Meinhold u. Söhne. cart. * 1 —
Ergänzungsheft zur 1. Ausg. (S. 31—70) unentgeltlich.

Philipp, Königl. Sächs. Gesetz, die Beglaubigung von Privaturkunden betreffend; vom 4. November 1890. Mit Erltgn. Leipzig 891.

Philipp, L., das höhere Schulwesen im Königr. Sachsen. Sammlung der auf dasselbe bezügl. u. der sonst einschlag. Gesetze, Verordngn. rc. Mit e. ausführl. Sachregister. 8. (VIII, 360 S.) Dresden 889. Meinhold & Söhne. geb. n. 3. —

Philipp, Louis [prakt. Arzt aus Crone a. Brahe]: Fälle von primärem Carcinom der Leber und der Gallenblase mit Abscessbildung [sic!] .... Greifswald, Druck v. Julius Abel, 1888; 27 S. 8°
Greifswald, Med. Fak., Inaug.-Diss. v. 14. Apr. 1888

Philipp, M., einfache Formenlehre d. attisch-griech. Verbums, f. Anfänger. 8. (8 B. incl. Tabn.) Tübingen 850, Osiander.

Philipp, M., Rechenhefte, s. Graul, H.

Philipp, Mauritius

Philipp, M., Commentatio de differentiis praescript. criminal. roman., et gallic. intercedentibus. 4. Gotting. Dieterich. 812.

Philipp, Max, a. Neukirch-Höhe: Beiträge zur ermländischen Volkskunde. Greifswald 1906: F. W. Kunike. (154 S.) 8°
Greifswald, Phil. Fak., Ref. Reifferscheid, Diss. v. 12. Mai 1906
[Geb. 11. März 76 Gluckau, Kr. Danzig; Wohnort: Neukirch-Höhe, Kr. Elbing; Staatsangeh.: Preußen; Vorbildung: Gymn. Pr.-Stargard Reife O. 99; Studium: Würzburg 2, Berlin 4, Greifswald 6 S.; Rig. 25. Nov. 05.]

Philipp, Max, Referendar, aus Altona: Inwieweit unterscheidet sich die Cession dinglicher Ansprüche von derjenigen persönlicher Ansprüche? *Altona 1899: P. Meyer.* (VIII, 66 S.) 8°
Erlangen, Jur. Diss. v. 30. Juli 1898

Philipp, M(ichael), aus Aschaffenburg-Damm: Zum Sprachgebrauch des Paulinus von Nola (353—431 n. Chr.) T. 1. *Erlangen 1904: Junge & Sohn.* (84 S.) 8° ¶(Teil d. eingereichten Arbeit; weiteres soll anderwärts veröff. werden.)
München, Phil. Diss. v. 1903

[F.] **Philipp**, *August* Oskar [aus Zwickau]: Die Zwickauer Mundart ... Leipzig-Reudnitz, Druck v. A. Hoffmann, 1897; 83 S., 1 Kt. 8.
Leipzig, Phil. Fak., Inaug.-Diss. v. [8. Juli] 1897

Philipp, Otto, Gefahren, welche der Jugend durch die Schund- u. Schmutzliteratur drohen u. ihre Bekämpfung, s. a. Greßler's, F. G. L., pädagogische Blätter, Heft 11.

Gefahren, welche der Jugend durch die Schund- und Schmutzliteratur drohen, und ihre Bekämpfung. Von Otto **Philipp**, Rektor. Langensalza: Greßler 1910. 47 S. 8°
(Greßlers Pädagogische Blätter. H. 11.) 11. 17

— Koedukation? s. a. Greßler's, F. G. L., pädagog. Blätter. Heft 9.

Philipp, [Otto]: Koëdukation? Vortrag auf einer amtl. Konferenz. — Langensalza: Gressler 1909. 19 S. 8° (Gresslers pädagog. Blätter. H. 9.)

— Die technischen Lehrfächer — e. Stück erziehender Unterricht, s. a. Greßler's, F. G. L., pädagogische Blätter. Heft 12.

Die technischen Lehrfächer – ein Stück erziehender Unterricht. Von Otto **Philipp**, Rektor. Langensalza: Greßler 1910. 26 S. 8°
(Greßlers Pädagogische Blätter. H. 12.) 11. 18

Philipp, Otto, Lenzespracht und Wintersturm. Poesie. 8. (V, 57 S.) Bonn 887, Hanstein. *

Philipp, Otto, der deutsche Zola? Enthüllungen. (73 S.) gr. 8. Wien 905. (Bielitz, W. Fröhlich.) n. 3. 40

Philipp, P., deutsche Klänge aus Ungarn, s. Billitzer, A.

Philipp, P. J., zur Diagnostik d. Lungen- u. Herzkrankheiten mittelst physical. Zeichen. Mit besond. Berücksichtig. d. Auscultation u. Percussion. gr. 8. (23¼ B. u. 1 Taf.) Berlin 836, A. Hirschwald.

Philipp, P. J., die Kenntniss von den Krankheiten des Herzens im 18. Jahrhundert. Ein Beitrag zur Geschichte der Medizin. gr. 8. (112 S.) Berlin 856, A. Hirschwald. *

—— die Lehre v. d. Erkenntniss u. Behandlung d. Lungen- u. Herzkrankheiten. Mit vorzügl. Hinsicht auf d. Auscultation, Percussion u. d. anderen physical. Explorationsmethoden. 2., gänzl. umgearb. Aufl. gr. 8. (33¼ B.) Berlin 838, A. Hirschwald.

— s. Jul. Sichel, Grundsätze die Augenheilkunde betreffend.

Philipp, Paul, s. a. Ziegenfuß, Alfr.

Philipp, Paul, Moritz v. Sachsen. Dramatische Dichtg. in 5 Akten f. die Volksbühne. 8. (IV, 79 S.) Dresden-Plauen (900). H. Focken. n. 1. 25

Philipp, Paul, Medizinalprakt.: Aus d. path. Inst. d. Univ. zu Kiel. Über Uterusmyome mit sekundären Verwachsungen. Kiel 1908: Fiencke. 30 S. 8°
Kiel, Med. Diss. v. 23. Juni 1909, Ref. Heller
[Geb. 4. Dez. 82 Kyritz; Wohnort: Kiel; Staatsangeh.: Preußen; Vorbildung: Gymn. Gotha Reife O. 02; Studium: Leipzig 1, Jena 6, Berlin 1, Kiel 2 S.; Coll. 9. Sept. 08; Approb. 15. Mai 09.] [U 09. 2280

Philipp, Paul (geb. Berlin 16. 5. 1846) Ueber Wärmedifferenzen der Brusthälften bei einseitigen Erkrankungen der Brustorgane. Berlin 1879. (31 S.) 8°
Berlin, Med. Diss.
nachgeliefert v. dem am 16. Dez. 1870 auf Grund gedruckter Thesen promov. Verf.

Philipp, Paul Wolfgang, Zwickau, Sachsen: Ueber Krebsbildungen im Kindesalter. München 1907 (L. Schumacher, Berlin). (91 S.) 8° ¶[Erscheint in: Zeitschrift f. Krebsforschung.]
München, Med. Fak., Ref. v. Bollinger, Diss. v. 22. Juni 1908
[Geb. 9. Juli 82 Zwickau i. Sa.; Wohnort: Dresden; Staatsangeh.: Sachsen; Vorbildung: Realgymn. Zwickau Reife O. 02; Studium: Leipzig 7, München 3 S.; Coll. 22. Juni 08; Approb. 31. Mai 08.]

Philipp, Peter

— Teufels Badstube, s.: National-Bibliothek, deutsch-österreichische.

Philipp, Pet., die beiden Fiedler. Roman aus der Zeit d. deutschen Bauernkrieges. 8. (III, 410 S.) Wien 891. Konegen. n. 5. —

Philipp, Pet., der Naturalismus in kritischer Beleuchtung. gr. 8. (16 S.) Leipzig 892. Literar. Anstalt A. Schulze. n. — 40

Philipp, Pet., Nirvana u. Samsara. Ghaselen. 8. (V, 77 S. m. Bildn.) Dresden 900. E. Pierson. n. 1.50; geb. n. 2.50

Philipp, Peter, im Strome der Zeit. Dramatische Dichtung in 5 Acten. 8. (116 S.) Wien 881. Rosner. n. 2. 40

—— Im Strome der Zeit. Dramatische Dichtg. 2. (Titel-)Aufl. 8. (116 S.) Ebd. 892. * 2 —

— Welt u. Leben. 8. (VIII, 126 S.) Dresden 894. E. Pierson. n. 1. 50; geb. in Leinw. m. Goldschn. n. 2. 50

Philipp, Pet., eine versinkende Welt. Dramatische Dichtung. gr. 8. (VII, 135 S.) Wien 877, Rosner. *
—— dass. — s. a. Theater, neues Wiener.

— eine versinkende Welt. Dramatische Dichtg. 2. (Titel-) Aufl. 8. (VIII, 135 S.) Leipzig 892. Literar. Anstalt A. Schulze. n. 2. —

— eine versunkene Welt, s.: Theater, neues Wiener.

Philipp, Rich., Beiträge zur Kenntnis v. Klingers Sprache u. Stil in seinen Jugend-Dramen. (Diss.) (108 S.) 8. Freiburg i/B. 909. C. Troemer. 2. —

Philipp, Richard, aus Stolp i. P.: Das **Recht auf die Gesellschaftsbeiträge.** *München 1903: M. Ernst.* (64 S.) 8°
Erlangen, Jur. Diss. v. 19. Febr. 1903

Philipp, Rob., Freikugeln, s. Freikugeln.

Philipp, Rob., Schulmeistergedanken üb. Frenssens Roman „Hilligenlei". 1. u. 2. Aufl. (32 S.) 8. Glauchau 908. A. Peschke. - - 50

Philipp, Rob (geb. Berlin 13. 1. 1844) Thesen Berlin (1870). (2 Bl.) 8°
Berlin, Med. Thes. v. 18. Juli 1870

Philipp, Robert, Użycie kartofli na krochmal, syrop, cukier, gummę, jako też fabrykowanie z nich doskonałego piwa, podług własnych wieloletnich doświadczeń, z tablicami. 12. Warschau 846. Orgelbrand. 1 *ℛ*

Philipp, S., über uns Menschen. (355 S.) gr. 8. Leipzig 908. E. A. Seemann. 4.—; geb. 5. —

Philipp, S., vier skeptische Thesen. gr. 8. (182 S.) Leipzig 898. O. R. Reisland. n. 3. 60

Philipp, S., Ursprung und Lebenserscheinungen der tierischen Organismen, s. Schriften, Darwinistische, Folge I.

Philipp, S., über Ursprung u. Lebenserscheinungen der tierischen Organismen. Lösung d. Problems über das ursprüngliche Entstehen organ. Lebens in unorganisierter Materie. [Darwinistische Schriften. Nr. 14.] gr. 8. (VI, 179 S.) Leipzig 883. E. Günther. n. 3. —

Philipp, Sam., s. Auswahl hebr. Classiker. 2. Collection: Hai Gaon.

Philipp, *Semmy* [pr. Zahnarzt]: Ein Beitrag zur Pneumonokoniosis chalicotica . . . Erlangen, k. b. Hofbuchdr. v. A. Vollrath, 1894; 39 S. 8.
Erlangen, Med. Fak., Inaug.-Diss. v. 15. Dez. 1893

Philipp, Wendelin —. Allgemeine politische und Handels-Geographie, mit besonderer Rücksicht auf den österreichischen Kaiserstaat. Für Handels-, Gewerbe- und Real-Schulen, wie auch zum Selbstunterrichte, von — —. I. Theil. (Die Staaten von Europa.) Prag. 1854. Druck von Friedrich Rohlicek. (522 S. und 2 Bl. gr. 8.) geh.

Philipp, Wendelin —. Allgemeine, politische u. Handels-Geographie mit besonderer Rücksicht auf den österreichischen Kaiserstaat. Für Handels-, Gewerbe- und Realschulen, wie auch zum Selbstunterrichte. Von — —. II. Theil. (Die außer-europäischen Länder.) Prag. 1855. Druck von Friedrich Rohlicek. (200 S. und 2 Bl. 8.) geh.

Philipp-Heergesell, Jul. (Jul. Philipp), den Hals voll Lügen. Novellen. (147 S.) kl. 8. Berlin 909. Schuster & Loeffler. 2.—; geb. 3. -

— Der steinerne Zeuge. Roman aus Berliner Architektenkreisen. (352 S.) 8. Stuttgart (909). Charlottenburg, A. Juncker Verl. 4. —

Philippa

s.a. Filippa.

Philippa, Königin, siehe: Ausland, das romantische, 55 — 69. Bd.

— s. Bibliothek, Europäische, 325 - 329. u. 375. Bd.

— s. Lucretia.

— s: Meister, alte.

— Trias, s.: Frech, Fritz.

Philippe von Geldern, s. Philippine von Geldern

Philippe II., s.: Correspondance sur les affaires des Pays-Bas.

Philippe, Prince de Saxe-Cobourg, s.: Kariudo.

Philippe v. Vigneulles des Metzer Bürgers Gedenkbuch, siehe: Bibliothek des literar. Vereins in Stuttgart, XXIV. Thl.

Philippe

Philipp, Fr., Betrachtungen üb. das Ordensleben. Autoris. Uebersetzg. aus dem Franz. 2 Bde. gr. 8. (XII, 650 S.) Dülmen 891. 892. A. Laumann. n. 6. —

Philipp, Br., Betrachtgn. üb. d. Ordensleben. Autor. Uebersetzg. aus d. Franz. 2 Bde. 2. Aufl. 8. (XVI, 446 u. VIII, 500 S.) Dülmen 896. A. Laumann. Geb. in Halbfrz. à Bd. n. 3. 50

— besond. Gewissensforschung f. Ordensleute. Aus d. Franz. 12. (VIII, 496 S. m. 1 Stahlst.) Ebd. 897. Geb. in Leinw. 2. —

Philippe, Frère. Les merveilles d'Irlande. Texte provençal, publié par Jacques Ulrich. 8. (VI, 80 S.) Lpz. 892, Renger. * 2 —

Philippe A, Gesch. d. Apotheker bei d. wichtigsten Völkern der Erde. Jena 1855

Philippe, Alexander, appr. Arzt a. Dessau: Aus der Kgl. Universitäts-Nerven-Klinik zu Kiel. Über einen Fall von Tumor cerebelli. Kiel 1905: H. Fiencke. (21 S.) 8°
Kiel, Med. Fak., Ref. Siemerling, Diss. v. 20. Mai 1905
[Geb. 8. Juli 79 Schafstedt, Kr. Merseburg; Wohnort: Dessau: Staatsangeh.: Preußen; Vorbildung: Gymn. Dessau Reife O. 99; Studium: Göttingen 2, Halle 3, Kiel 7 S.; Coll. 4. März 05; Approb. 28. März 05.]

Philippe, Ernst, aus Heidelberg: Ueber **Dithiobiurete.** *Heidelberg 1899: J. Hörning.* (39 S.) 8°
Freiburg i. B., Phil. Diss. v. 1899

Philippe, Ernst. Festschrift zum Fünfzigjährigen Jubiläum des Gesangvereins Frauenfeld 1855—1905. Verfasst von Dr. E' Ph'. IV + 86 S. 8. Frauenfeld, Huber & Co., 1905.

Philippe, Max, aus Dessau: Zur **Kenntnis des Acetylxylols.** *Dessau 1903: Weniger & Co.* (45 S.) 8°
Göttingen, Phil. Diss. v. [30. Jan.] 1904

Philippeus, Konstant., Materialien zu einer Lösung der Stickstoff-Frage in der Naturwissenschaft des Ackerbaues. Ein Beitrag zur Theorie des Düngens. Leipzig 860. C. F. Winter. gr. 8. (VII, 237 S.) n. 28 ngr.

Philippi, s.a.K. Ph. Bonafont.

Philippi, Die von der Marwitz und ihre Beziehungen zum Ordensstaate in Preussen. Königsberg 1890. Nur in kleiner Auflage gedruckt und nicht im Handel.

Philippi, geologisch-paläontologische Sammlg. im Museum f. Naturkunde, s.: Führer, volksthümliche, durch die königl. Sammlungen in Berlin. IV.

Philippi, eine Woche in Berlin u. Potsdam. Neuester u. billigster Wegweiser durch beide Residenzen u. ihre Umgebungen. Ein Verzeichniss aller Sehenswürdigkeiten beider Städte, nebst Angabe der Zeit, zu welcher sie den Besuchenden geöffnet sind. 16. (7¾ B. u. 1 Plan.) Berlin 846, Schepeler.

Philippi, eine Woche in Berlin und Potsdam. Neuester und billigster Wegweiser durch beide Residenzen und ihre Umgebungen. Ein Verzeichniss aller Sehenswürdigkeiten beider Städte, nebst Angabe der Zeit, zu welcher sie den Besuchenden geöffnet sind. Nach den besten Quellen bearb. 2. (Titel-)Aufl. 24. (123 S.) Berlin 848, J. Rocca.

Philippi, A., Adnotatiunculae ad legum formulas quae in Demosthenis Midiana exstant nonnullas. Pr. 1878. 8 S. 4°.

Philippi, A. Christoph Marlowe, eine literarhistorische Abhandlung. Düsseldorf, R., 1851. 52 S. Progr.

Philippi, A., sur l'origine de l'Alexandréide du Clerc Lambert. Düsseldorf 1846. Progr. der Realschule.

Philippi, A., De Philisto Timaeo Philochoro Plutarchi in Niciae vita auctoribus. Gel. 1874. 19 S. 4°.

— Selbstbiographie. [Aus: „Jahresbericht üb. die Fortschritte d. class. Altertumswissensch."] gr. 8. (22 S.) Berlin 896. S. Calvary & Co. n. — 80

Philippi, A.: Quaestionum Aristarchearum specimen prius. Gottingae 1865. 34 S. Schul-/Univ.-Schrift

Philippi, A., d. Student u. d. soziale Frage. 8. (25 S.) München 896. Academ. Verlag. n. — 50

Philippi, A., Symbolae ad doctrinam iuris Attici de syngraphis et de οὐσίας notione. Hab. 1871. 18 S. —.80

Philippi, Adf., s.: Album der Casseler Galerie.

Philippi, Adf., der Areopag u. die Epheten. Eine Untersuchg. zur Athenischen Verfassungsgeschichte. gr. 8. (XX, 367 S.) Berlin 874. Weidmann. n. 8. —

Philippi, Adf., Beiträge zu einer Geschichte des attischen Bürgerrechtes. Berlin 870. Weidmann. gr. 8. (XVI, 296 S.) n. 1 ₰ 20 ngr.

Philippi, Adf., einige Bemerkungen üb. den philologischen Unterricht. Akademische Rede, zur Feier des Stiftungsfestes der grossherzogl. hess. Ludwig-Universität am 10. Juli 1890 geh. hoch 4. (38 S.) Giessen 890. (Ricker.) n. 1. —

Die Blüte der Malerei in Belgien. Rubens u. d. Flamländer von Adolf Philippi. Mit 152 Abb. *Leipzig & Berlin: E. A. Seemann 1900.* (IX, 230 S.) 8°
— Philippi: Kunstgeschichtl. Einzeldarstellungen. Bd 5. [01. 6601

Die Blüte der Malerei in Holland von Adolf Philippi. Mit 299 Abb. *Leipzig & Berlin: E. A. Seemann 1901.* (XIII, 449 S.) 8° [F.]
— Philippi Kunstgeschichtl. Einzeldarstellungen. Bd 6. [03. 8641

Philippi, Adf., kunstgeschichtl. Einzeldarstellungen. Nr. 1—9. gr. 8. Leipzig, E. A. Seemann. n. 23. —
1. D. Kunst d. Renaissance in Italien. 1. Buch. D. Vorrenaissance. D. Bildhauer v. Pisa. — Giotto. — Fiesole. (XVI, 112 S. m. 50 Abb.) 897. Kart. n. 2. —
2. Dasselbe. 2. Buch. D. Frührenaissance in Toskana u. Umbrien. (VIII u. S. 113—312 m. 95 Abb.) 897. Kart. n. 3. —
3. Dasselbe. 3. Buch. Der Norden Italiens bis auf Tizian. Mantegna — Giorgione — Palma Vecchio. (VIII u. S. 313—416 S. m. 51 Abb.) 897. Kart. n. 2. —
4. Dasselbe. 4. Buch. D. Hochrenaissance. 1. Lionardo da Vinci u. s. Schule. (VIII u. S. 417—512 m. 58 Abb.) 897. Kart. n. 2. —
5. Dasselbe. 4. Buch. D. Hochrenaissance 2. u. 3. Michelangelo u. Raffael. (VIII u. S. 513—668 m. 96 Abb. u. 1 Lichtdr.) 897. Kart. n. 3. —
6. Dasselbe. 5. Buch. Tizian, Correggio u. d. Ende d. Renaissance. (VIII u. S. 669—814 m. 69 Abb.) 897. Kart. n. 3. — (1—6 in 2 Leinw.-Bdn. n. 16. —)
7. 3. Bd. 1. Lfg. D. Kunst d. 15. u. 16. Jahrh. in Deutschland u. d. Niederlanden. 1. Buch: D. 15. Jahrh. Die van Eyck u. ihre Nachfolger. — Altköln. — Martin Schongauer. (VIII, 140 S. m. Abb.) 898. n. 2. 50
8. 3. Bd. 2. Lfg. Dasselbe. 2. Buch. Die deutsche Kunst in ihrer Blütezeit. — Cranach. — Grünwald u. Hans Baldung. (IV u. S. 141—334.) 898. n. 3. —
9. 3. Bd. 3. Lfg. D. Renaissance im Norden. Quinten Massys. — Hans Holbein d. J. — Der Meister d. Todes d. Maria. (IV u. S. 335—450.) 898. n. 2. 50
(Nr. 7—9 [3. Bd.] kplt.: n. 8. —; geb. in Leinw. n. 10. —)

Philippi, Adf., kunstgeschichtl. Einzeldarstellungen. Nr. 10—14. IV. Bd. 1. u. 2. Lfg. V. Bd. u. VI. Bd. 1. u. 2. Buch. gr. 8. Leipzig, E. A. Seemann. n. 19. 50
10. IV, 1. Die Kunst der Nachblüte in Italien u. Spanien. 1. Buch: Italien im Zeitalter der Barock. (Bernini. — Die Caracci u. Guido Reni. — Caravaggio u. Ribera. — Poussin u. Claude Lorrain.) (VIII, IV, 140 S. m. 81 Abbildgn.) 900. n. 2. 50
11. IV, 2. Dasselbe. 2. Buch: Die neue Malerei in Spanien. Velazquez u. Murillo. (IV u. S. 145—258 m. 71 Abbildgn.) 900. n. 2. 50; (10 u. 11 in 1 Bd. n. 5. —; geb. in Leinw. n. 6. 50; in Halbfrz. n.n. 7. 50)
12. V. Die Blüte der Malerei in Belgien. Rubens u. die Flamländer. Mit 152 Abbildgn. im Text (XII, 230 S.) 900. n. 4. 50; geb. in Leinw. n. 6. —; in Halbfrz. n. 7. —
13. VI, 1. Die Blüte der Malerei in Holland. 1. Buch. Franz Hals, Rembrandt u. ihr Kreis. (VIII, 230 S.) 901. n. 5. —
14. VI, 2. Dasselbe. II. Die Landschafter u. Kabinettsmaler. Mit 299 Abbildgn. im Text. (X, IV u. S. 241—449.) 901. n. 5. —; (13 u. 14 in 1 Bd. n. 10. —; geb. in Leinw. n. 12. —; in Halbfrz. n. 13. —)

Philippi, Adf., Florence, s.: Art cities, famous. 4.

— Florenz, s.: Kunststätten, berühmte. 20.

Florenz. Von Adolf Philippi. Mit 222 Abb. *Leipzig: E. A. Seemann 1903.* (244 S.) 8° [F.]
— Kunststätten, Berühmte. No 20. [03. 7565

Philippi, Adf., die Frauenfrage. Eine zeitgeschichtl. Studie. 12. (VII, 70 S.) Bielefeld 894. Velhagen & Klasing. n. — 80

Philippi, Adf., Greif zu! Ein Wegweiser f. solche, die den Frieden Gottes suchen. (52 S.) kl. 8. Basel (906). Basler Missionsbuchh. n. — 40

— Handbuch der Kunstgeschichte, s.: Springer, Ant.

Die Kunst der Nachblüte in Italien und Spanien von Adolf Philippi. Mit 152 Abb. im Text. *Leipzig: E. A. Seemann 1900.* (VIII, IV, 258 S.) 8° [F.]
— Philippi: Kunstgeschichtl. Einzeldarstellungen. Bd 4. [00. 7973

Philippi, Adf., d. Kunst d. Rede. E. deutsche Rhetorik. 8. (XI, 256 S.) Leipzig 896. F. W. Grunow. Geb. in Leinw. n. 2. —

[F.] Die Kunst der Renaissance in Italien. Von Adolf Philippi. (In 5 Büchern m. Sondertit.) Bd 1. 2. *Leipzig: E. A. Seemann 1897.* 2 Bde 8.
1. M. 204 Abb. im Text. (XVI, 112, V—VIII, 113—312, V—VIII, 313—416 S.)
2. M. 223 Abb. im Text. (VIII, 417—668, V—VIII, 669—813 S.) [97. 7005

— die Kunst der Renaissance in Italien. 2., verm. Aufl. 2 Bde. (XIX, 478 u VIII, 424 S. m. 568 Abb.) gr. 8. Leipzig 905. E. A. Seemann. n. 16.—; geb. n. 20.—

– Die großen Maler in Wort u. Farbe. (96 u. 236 S. m. 120 Abb.) Lex. 8. Leipzig (909) E. A. Seemann Geb. in Leinw. 18.—

Philippi, Adolf, Polyeukt, ein christl. Trauerspiel in 5 Aufz. 8. (5 B.) Hamburg 845, Kittler.

Philippi, Adf., über die Reform der Doctorpromotion. Eine academ. Rede. 8. (24 S.) Giessen 876, Ricker. *

— über die römischen Triumphalreliefe und ihre Stellung in der Kunstgeschichte. Vorgelegt von Overbeck. hoch 4. (61 S. mit 3 lithogr. Taf. in qu. Fol.) Leipzig 872, Hirzel. *
Aus: Abhandlungen der k. sächs. Gesellschaft der Wissenschaften, besonders abgedruckt.

Philippi, Adolph [Arzt aus Köln]: Aus d. geburtshülfl. Klinik zu Bonn. Ueber Uterusruptur ... Bonn, Buchdr. J. Bach Wwe, 1894; 29 S., 1 Bl. 8.
Bonn, Med. Fak., Inaug.-Diss. v. [22. Dez.] 1894

Philippi, Alfred

Philippi, A., u. C. Griebel, elektrische Schnellbahnen zur Verbindung grosser Städte. gr. 8. (34 S.) Berlin 901. Polytechn. Buchh. A. Seydel. n. —80

Philippi, Bernardo E., Nachrichten über die Provinz Valdivia, besonders f. solche, die dorthin auswandern wollen. Mit 1 (lith. u. col.) Karte (in Fol.) 12. (VIII u. 124 S.) Cassel 851, Vollmann in Comm. n. 8 ngl

— neue Nachrichten über die Provinz Valdivia, besonders für solche, die dorthin auswandern wollen. [Ausgegeben am 1. Septbr. 1851.] 12. (47 S.) Ebd. 851, in Comm. 4 ngl

— neueste Nachrichten über die Provinz Valdivia, besonders für solche, die dorthin auswandern wollen. [Ausgeg. am 1. Jan. 1852.] 12. (61 S.) Ebd. 852, in Comm. 4 ngl

— Valdivia u. Chiloe in der Republik Chile nach den neusten Quellen entworfen. Fol. Lith. u. color. Stuttgart 849. (Cast.) n. 6 ngl

Philippi, C. W., praktische Anleitung zur Fabrikation von Kartoffelstärke, Traubenzucker, Perlsago, Eyersago, Dextrin, Gummi rc. Aus den Erfahrungen einer fünfjährigen, selbstständigen Praxis. Mit den nöthigen Werkzeichnungen zur Anlage der Fabrik. Ingenheim 858. (Stuttgart, Sonnewald.) 8. (42 S. u. 5 lith. Taf. in Fol.) verklebt n. 3 ℳ.

Philippi, Carl, s. Philippi, Karl

Philippi, Ch., siehe: *Schönberg-Cotta.*

— **Christian Gottfried** (Liegnitz/Schles.), De impedimentis, doctrinae evangelicae, ab hominum ΔΟΓΜΑΣΜΟΙΣ, ΥΨΩΜΑΤΙ, kai nohmati, objectis, ab apostolis virtute divina superatis. Diss. exeget.-theol. Ad Locum 2. Cor. X, 5. Präs. Christian Friedrich Boerner. Leipzig (I. Titius) 16. IV. 1722. 72 S. (5.—) 26438
Gew.: Ernst Christian Philippi v. Christian Friedrich Boerner.

— — Dasselbe. Leipzig (I. Titius) 16. IV. 1722. 72 S. (5.—) 26439
Mit Widmung. — Gew.: Ernst Christian Philippi v. Christian Friedrich Boerner.

— — De impedimentis eruditionis, a corrupto hominum intellectu, ejusque prima et secunda operatione, oriundis, una cum caussis ac remediis eorum. Diss. log. Leipzig (Titius) 23. IX. 1722. 40 S. (5.—) 26440

— — Dasselbe. Leipzig (Titius) 23. IX. 1722. 40 Seiten. (4.75) 26441
Mit Widmung.

— — u. (Respond.) **Johann Ernst Philippi** (Dresden) (Brüder), De impedimentis vitae honestae, ab actione sensuum, imaginationis, atque affectuum objectis, a recta autem ratione removendis. Diss. philos. Leipzig (I. Titius) Mai 1721. 44 S. (4.75) 26442

Philippi, E., Schiller's lyrische Gedankendichtung, in ihrem ideellen Zusammenhange beleuchtet. 8. (VIII, 122 S.) Augsburg 888. Votsch. n. 2.—

Philippi, Ed., s.a. Philippi, F Eduard F

Philippi, Ed. Geschichte der merkwürdigsten Feldzüge, Schlachten und Belagerungen 2 B (39 B) 8 Berlin 1834 6,00

Philippi, Eduard Quid sit quod vulgo iactatur fideiussores correos esse debendi, anquiritur Berolini (1849) (73 S.) 8°
Berlin, Jur. Diss. v. 30. Juli [vielmehr 4. Aug.] 1849

Philippi, Emil

Philippi, *Emil Ludolf Adam* [aus Breslau]: Beitrag zur Kenntniss des Aufbaues der Schichtenfolge im Grignagebirge ... M. 3 Taf. (Aus: Zeitschr. d. Deutsch. geol. Ges., Jg. 1895.) Berlin, Druck v. J. F. Starcke, 1896; 2 Bl., 665—734 S., 1 Bl., 2 Taf. m. 1 Erl.-Bl., 1 Kt. 8.
Strassburg, Math.-naturw Fak., Inaug.-Diss. v. 1896

Philippi, Emil: Aus der geburtshülfl. gynaekologischen Klinik zu Bonn. Beiträge zur Prognose der Zangenoperationen auf Grund des gynaekologischen Materials der Königl. Universitäts-Frauenklinik zu Bonn. *Bonn 1898: J. Bach Wwe.* (33 S.) 8°
Bonn, Med. Diss. v [23.] Juli 1898

Philippi, E., geologische Beobachtungen auf Kerguelen, s.a. Südpolar-Expedition, deutsche. II, 2.

Geologische Beobachtungen auf Kerguelen von E[mil] **Philippi.** Mit Taf. 15–22 u. 2 Abb. (Berlin: G. Reimer 1908.) (S. 187–207) 4°
= **Südpolar-Expedition.** Deutsche, 1901–1903. Bd 2, H. 2, 2.

– dasselbe auf der Possession-Insel (Crozet-Gruppe), s. Südpolar-Expedition, deutsche, 1901—1903. II, 4.

Philippi, E., geologische Beschreibung des Gaussberges, s.a. Südpolar-Expedition, deutsche. 1901—1903.

Geologische Beschreibung des Gaussbergs. Von E[mil] **Philippi.** Mit Taf. 2–7 u. 2 Abb. (Berlin: G. Reimer 1906.) (S. 49–71.) 4°
= **Südpolar-Expedition,** Deutsche, 1901–1903. Bd 2, H. 1, 2.

— Eisberge u. Inlandeis in der Antarktis, s.: Charakterbilder, geologische. 1. Heft.

— Geologie der Heard-Insel, s. Südpolar-Expedition, deutsche. II, 3.

— Geologie der Inseln St. Paul u. Neu-Amsterdam, s. Südpolar-Expedition, deutsche, 1901—1903. II. 5.

— Die Grundproben der deutschen Südpolar-Expedition 1901—1903, s.: Südpolar-Expedition, deutsche. II, 6.

— Die Grundproben der „Deutschen Tiefsee-Expedition", s.: Murray, Sir John.

Philippi, E., üb. Isohyodus suevicus nov. sp. Ein Beitrag zur Kenntnis d. fossilen Holocephalen. [Aus: „Palaeontographica".] gr. 4. (10 S. m. 2 Taf., 2 Pausebog. u. 2 Bl. Erklärgn.) Stuttgart 897. E. Schweizerbart. n. 5.—

Philippi, Emil. Das Rettungsboot, s. Spamer's, Otto, neue Volksbücher.

Philippi, E., die Ceratiten des oberen deutschen Muschelkalkes, s.a. Abhandlungen, paläontologische. N.F. IV.

Die Ceratiten des oberen deutschen Muschelkalkes. Von Dr. E. Philippi. Mit 21 Taf. u. 19 Abb. im Text. *Jena: G. Fischer 1901.* (114 S.) 4°
— Abhandlungen, Palaeontologische. N. F. Bd 4, H. 1.

— **Emil Ferdinand** (Dresden), Experimenta nonnulla de murium respiratione eorumque nutritione. Diss. med. Grimma (Typ. offic.) 28. III. 1845. 28 S., 1 Taf. (3.75) 26443
Seinem Vater gew.

Philippi, Erich: Ueber Ausschaltvorgänge und magnetische Funkenlöschung. 1909. VII, 62 S. 4° ¶ Auch bei Simion in Berlin 1910 u. in: Verhandlungen d. Vereins zur Beförderung d. Gewerbfleißes. Jg. 88.
Danzig, Dr.-Ing.-Diss. v. 13. 1. 1909

Philippi, Erich, über Ausschaltvorgänge u. magnet. Funkenlöschung. Mit 48 Fig., 3 Lichtbildern u. 14 Oscillogrammen. (VII, 62 S.) Lex. 8. Berlin 910. L. Simion Nf. 3. 50

Philippi, Erich, a. Berlin: Fortpflanzungsgeschichte zweier viviparer Cyprinodontiden. ⟨Einleitung, Kapitel 2 u. Zusammenfassung.⟩ (Berlin 1908: M. Driesner.) (48 S.) 8° ¶ (Soll vollst. mit Textfiguren u. Tafeln in den Zoologischen Jahrbüchern erscheinen.)
Berlin, Phil. Fak., Ref. F. E. Schulze, Diss. v. 5. Juni 1908
[Geb. 27. Aug. 80 Berlin; Wohnort: Berlin; Staatsangeh.: Preußen; Vorbildung: Dorotheenstädt. Realgymn. Berlin Reife O. 99; Studium: Berlin 9 S.; Rig. 13. Febr. 08.]

Philippi, Ernst

— Lineares Dinaphtanthracen. 3. Mitteilung. S. 123. IIb. 21 . . . .
Separatabdruck

— Kondensation von Pyromellitsäureanhydrid mit Benzol und mit Toluol. 2. Mitteilung. S. 122. IIb. 87 . . . .
Separatabdruck

— Notiz über den Schmelzpunkt des Anthrachinons. S. 121. IIb. 81 . . . .
Separatabdruck

Philippi Ernst, Dr.: Über eine Synthese von linearem Diphtaloylbenzol. 1. Mitteilung. S. 120. IIb. 455 . . . .
Separatabdruck

— Über den Verlauf der Einwirkung von Ammoniak auf β-Aminokrotonsäureester und β-karbäthoxylierten Aminokrotonsäureester. S. 122. IIb. 559 . . . .
Separatabdruck

— und Uhl Alfred: Über den Verlauf der Einwirkung von Ammoniak auf Dikarbintetrakarbonsäureäthylester. S. 122. IIb. 201 . . . .
Separatabdruck

Philippi, Ernst E., göttl. u. evang. Wahrh. in Haltung der Gebote Christi u. Gottes. 4, Merseb. Schubert. 724.

— 1r u. 2r Zuspruch, od. Unterr. v. d. heil. Schrift. 12. Lpz. Martini. 732.

— **Ernst Gottlob** (Dresden), *ΠΡΩΤΟΝ ΨΕΥΔΟΣ* circa principium juris naturae; seu primum falsum suppositum, communiter hactenus receptum, quasi totum jus naturae ex unica quadam propositione generali, omnes reliquas leges naturales sub se comprehendente, sit deducendum. Diss. jur. natur. Präs. Johann Ernst Philippi (Bruder). Halle/Magdeburg (J. Grunert) 3. IV. 1731. 28 S. (4.75) 26444
Gew.: Samuel von Coccejus v. Johann Ernst Philippi.

— **(Philippi), Ernst Otto Theodor** (Berlin), De ophthalmia scrofulosa. Diss. med. Berlin (Brueschcke), 15. VI. 1821. 23 S. u. Biogr. (3.—) 26445
Oppon.: O. Westphal, V. Wittcke, G. Lietzau.

Philippi, F., s.a. Philippi, Ferdinand

Philippi, F., s.a. Philippi, Friedrich

Philippi, F., s.a. Philippi, Friedrich Wilhelm Martin

Philippi, (F.,) Atricum hebraicum, od. grammatische Vorschule f. d. exegetisch-dogmat. Studium d. Schriften d. alt. Bundes, ein unentbehrl. Hülfsbuch f. alle, welche d. Beweisstellen d. alt. Test. ohne fremde Hülfe in der Ursprache lesen u. verstehen lernen wollen. Lexicon. 8. Neustadt 826, Wagner.

Philippi, zu dem Entwurfe e. Gesetzes üb. das Vormundschafts-Wesen f. den preuß. Staat. gr. 8. (32 S.) Elberfeld 870. Bädeker. — 75

Philippi, über den Entwurf einer Prozeßordnung in bürgerlichen Rechtsstreitigkeiten für den norddeutschen Bund. gr. 8. (16 S.) Elberfeld 869, Bädeker'sche Buchh. *

Philippi, F., Versuch über das Hypotheken-Recht in der preußischen Rhein-Provinz, seine Entstehung, Entwicklung und Verbesserung, mit Rücksicht auf die Gesetzgebung der Nachbarländer: Baden, die Niederlande, Belgien u. Frankreich. Elberfeld 860. Bädeker. gr. 8. (VII, 236 S.) n. 1 ₰ 15 ngr.

Philippi, F., die Vormundschaft in der preußischen Rhein-Provinz. gr. 8. (XVI und 339 S.) Elberfeld 859, Bädeker'sche Buchh. *

— die Vormundschaft in der preuß. Rhein-Provinz erläutert. 2. Aufl. Ebend. 870. gr. 8. (XVI, 383 S.) n. 2 ₰ 10 ngr.

Philippi, die Civilstands-Gesetze der preuß. Rhein-Provinz, s. Civilstands-Gesetze.

Philippi, F., die Civilstands-Gesetze in d. k. preuß. Rhein-Provinz. gr. 8. (19½ B.) Crefeld 837, Funcke'sche Bh. (?) *

Philippi, die Civilstands-Gesetze in der Königl. preußischen Rhein-Provinz zusammengestellt. 2. Aufl. Elberfeld 855. Bädeker. gr. 8. (XVI, 291 S.) n. 28 ngr.

Philippi, F., die Civilstands-Gesetze in der preußischen Rhein-Provinz. 3. Aufl. Elberfeld 865. Bädeker'sche Buchh. gr. 8. (XX, 336 S.) n. 1 ₰

Philippi, F. Eduard F.: „Beiträge zur Geschichte und Statistik der deutschen Messen", Frankfurt a. d. O. 1857. — Vorh.: Bibl. der Industrie- und Handelskammer Leipzig.

Philippi, F. E. F., Beiträge zur Geschichte und Statistik der deutschen Messen. Frankfurt a. O. 857. Harnecker. gr. 8. (VIII, 112 S.) n. 20 ngr

Philippi. Geschichte von Frankfurt a./O. 8. Frankfurt a./O. 1865.

Philippi, Ed., die Messen der Stadt Frankfurt an der Oder. gr. 8. (IV, 84 S.) Frankfurt a. d. O. 877, Harnecker und Comp. *

Philippi, F. E. F., der Tod Gustav Adolphs, Königs v. Schweden, in der Schlacht bei Lützen am 6. Nov. 1632. Zur Erinnerung bei d. 2. Säcularfeier. Nebst d. Bildn. (u. Fac-simile) d. Königs, u. 1 Schlachtplane (Fol.) gr. 8. (7¼ B.) Leipzig 832, (Reclam.)

Philippi, Felix, der Advokat, s. Universal-Bibliothek Nr. 2145 und 2384.

Philippi, Fel., Asra, s.: Universal-Bibliothek.

—— Daniela, s. Universal-Bibliothek Nr. 2145 und 2384.

— d. Dornenweg, s.a. Unterwegs u. Daheim.

Der Dornenweg. Schausp. in 3 Aufz. v. Felix Philippi. Breslau: S. Schottlaender 1896. (108 S.) 1 Bd 8°
= Unterwegs u. Daheim. (Ser.) II. (Bd) 11.

Philippi, Fel., das Erbe. Schauspiel in 4 Aufzügen. 8. (178 S.) Breslau 899. Schles. Buchdruckerei 2c. n. 2. —; geb. n. 3. —

Das Erbe. Schauspiel in 4 Aufz. von Felix Philippi. 2. Aufl. Breslau: Schottlaender, Leipzig: Steinacker [usw.] 1903 178 S. 8° A 12.12782

Philippi, Fel., die Ernte. Schauspiel in 3 Aufzügen. (182 S.) 8. Berlin (908). S. Schottlaender's schles. Verlags-Anstalt. 2. —

Philippi, Fel. Am Fenster, s. Universal-Bibliothek Nr. 2928.

Der Helfer. Schauspiel in 4 Aufz. von Felix Philippi. 2. Aufl. Breslau: Schles. Verl.-Anst. 1906. (218 S.) 8° [F.] [06. 10697

— Der Herzog v. Rivoli. Drama in 4 Akten. (200 S.) 8. Breslau 907. Berlin, S. Schottlaender's schles. Verlags-Anstalt. 2. —; geb. 3. —

Philippi, Fel., u. Max *Bernstein*, das *Münchener Hof-Schauspiel*. 15 Portraits m. Text. Die photogr. Orig.-Aufnahmen von *Fr. Müller*. München, Verlagsanst. f. Kunst u. Wiss. (vorm. Frdr. Bruckmann), 1884. 12⁰. Eleg. Orig.-Kalbldrb. m. reicher Vergold. u. Goldschn., in Etui.
3 Bll. (Vortit. u. Haupttit. in Roth- u. Schwarzdruck). 105 S. Schöne Ausstattung.

Der goldene Käfig. Schausp. in 4 Akten von Felix Philippi. *Breslau: S. Schottlaender 1900.* (179 S.) 8° [F.] [00. 4378

Das grosse Licht. Schauspiel in 4 Aufz. von Felix Philippi *Breslau: S. Schottlaender 1902.* (223 S.) 8° [F.] [02. 121.3

—— Das alte Lied. Schauspiel in 3 Aufzügen. 8. (VII, 128 S.) Berl. 891, Freund u. Jeckel. * 2 —

[F.] Mengersfelde. Schauspiel in 3 Aufz. v. Felix Philippi. *Breslau: S. Schottlaender [1898].* (140 S.) 1 Bd 8.(4.)
(Unterwegs u. Daheim.) [98. 8888

Philippi, Fel., die *Münchener Oper*. 12 Portraits mit Text. Die photograph. Orig.-Aufnahmen von *Fr. Müller*. München, Verlagsanstalt f. Kunst u. Wiss. (vorm. Frdr. Bruckmann). 1884. 12⁰. Eleg. Orig.-Kalbldrb. m. reicher Vergold. u. Goldschn., in Etui.
3 Bll. (Vortit. u. Haupttit. in Roth- u. Schwarzdruck, 1 Bl. Inh.), 74 S. Schöne Ausstattung. 1. Marie Basta. 2. Victoria Blank. 3. Lilli Dressler. 4. Anton Fuchs. 5. Eugen Gura. 6. Emilie Herzog. 7. August Kindermann. 8. Franz Nachbaur. 9. Gustav Siehr. 10.—11. Heinr. u. Therese Vogl. 12. Mathilde Wekerlin. —

— Pariser Schattenspiel. Dramatische Skizzen. 2 Tle. (V, 235 u. V, 218 S.) 8. Berlin-Charlottenburg (906. 07). Vita. à 3. —; geb. à 4. —

Das dunkle Thor. Schauspiel in 4 Aufz. von Felix Philippi. Breslau: S. Schottlaender 1903. (187 S.) 8°

Das dunkle Thor. Schauspiel in 4 Aufz. von Felix Philippi. 2. Aufl. *Breslau: Schles. Verl.-Anst. 1904.* (187 S.) 8° [F.] [04. 11339

[F.] Wer war's? Schauspiel in 3 Acten v. Felix Philippi. *Breslau: S. Schottlaender [1897].* (106 S.) 1 Bd 8.
(Unterwegs u. Daheim.) [98. 160

— Wohlthäter der Menschheit, s.: Universal-Bibliothek.

— die Wunderquelle, s.: Universal-Bibliothek.

— der grüne Zweig. Schauspiel in 3 Aufzügen. (165 S.) 8. Ebd. 904. n. 2. —; geb. n. 3. —

Philippi, Ferdinand

—— u. Carl Todt, die Ameise, s. Ameise.

— Analecta graeca, s. Analecta.

(Philippi, Karl Ferd.,) einige Andeutungen üb. d. Darstell. d. Geethe'schen Faust, s. Andeutungen.

Philippi, Karl Fd., Andeutungen zu e. pragmat. Geschichte u. Statistik d. Dresdner Armenwesens von s. ältesten Verfassung bis zu dessen Neugestaltung im J. 1831. gr. 8. Dresd. 832. (Arnold). 6 gr

——) Armenordnung f. d. Königr. Sachsen, s. Armenordnung.

Philippi, Ferd., die Berechtigung des Krieges. Predigt am 6. Sonntage nach Trin. 1870 in den Kirchen zu Gorschendorf u. Neukalen. Rostock 870. Stiller. gr. 8. (15 S.) 3 ngr

— siehe: Bibliothek, historische.

Philippi, Ferd., osterländische Blätter, s. Blätter.

— dramaturg. Brandraketen d. Dresdner Merkur, ein Feuerwerk f. Bühnenfreunde. 2 Hefte. gr. 8. Leipz. 826. (Brockhaus). 1 ₰ 18 gr

— dramaturgische Brandraketen d. Dresdener Merkur, ein Feuerwerk f. Bühnenfreunde. 1s u. 2s Heft. gr. 8. Leipz. 826, Gleditsch.

(——) Bürgerzeitung, s. Bürgerzeitung.

— Darstell. der latein. Prosodik, Rythmik u. Metrik, nach dem gegenwärt. Standpunkte d. Wissenschaft, z. Selbst- u. Schulunterrichte. gr. 8. Leipz. 826. Tauchnitz. 1 ⅌ 12 gGr

—— Echo d. neuest. paris. Feuilletons. s. Echo.

—— Echo d. neuest. engl. Tagespresse. s. Echo.

—— Historiae Graecorum epitome. — Lehr- u. Leseb. f. untere u. mittl. Classen d. Gymnasien. Mit vollständ. Wortregister. 8. (17 B.) Berlin 828, Rücker.

(Allgem. histor. Taschenbibliothek für Jedermann. Th. 35.) Geschichte von Dänemark v. Ferdinand **Philippi.** Bdch. 1 - 4. Dresden 1831 - 39. 8°.

— Gesch. von Dänemark. 1s Bdchen in 2 Abtheill. 8. Dresd. 832. Hilscher. 18 gGr

Philippi, (Karl) Ferd., Geschichte v. Dänemark. 1. Bdchn. (2 Abthln.) 8. (12 B.) Dresden 832. [Zittau, Nauwerck.] 18 Gr., hrbgs. Pr. Thlr.
Aus der „Allgem. histor. Taschenbibliothek" abgedruckt.

—— Geschichte v. Dänemark. 4 Abthln. 2. Ausg. gr. 12. (7⁵⁄₆ B. u. 32¹⁄₂ B. in gr. 16.) Leipzig 840, Brandes. Thlr.

— deutsche Geschichte für die Jugend. Ein Weihnachtsgeschenk für gute u. fleißige Kinder. Mit 6 Abbild. 8. Grimma 838. Verlags-Comptoir. ³⁄₄ ⅌

— Geschichte des Freistaats v. St. Domingo (Hayti). 3 Bdchen 8. Dresd. 826. Hilscher. 1 ⅌ 12 gGr (A. u. d. T.: histor. Taschenbibliothek, 11r Thl.)

— Gesch. d. Freistaats v. St. Domingo (Hayti.) 3 Bdchn (histor. Taschenbibl. 11r Thl.) 8. Dresd. 827, Hilscher.

—— Geschichte d. vereinigten Freistaaten v. Nordamerika. 3 Bdchn. 3. Ausg. gr. 16. (25³⁄₄ B.) Leipzig 840, Brandes.
Vgl. auch: Taschenbibliothek, histor.

Philippi, Karl Fd., die Geschichte d. vereinigten Niederlande. Nach Scheffer. 2 Bdchn. 8. Dresd. 826. Hilscher. 1 ⅌ 8 gGr (A. u. d. T.: histor. Taschenbibliothek, 4r u. 8r Thl.)

— Geschichte des Papstthums, s. Taschenbibliothek, historische, 121—127.

— Gesch. des Papstthums, 10 Bdchen in 15 Abtheill. 8. Dresd 828—32. Hilscher. 5 ⅌ 15 gGr

—— Gesch. d. Pabstthums. 1—10. Bdchn. (15 Abthln.) 8. (126 B.) Dresden 828—32. [Zittau, Nauwerck.] 5 Thlr. 15 Gr., hrbgs. Pr.
Aus der „Allgem. histor. Taschenbibliothek" abgedruckt.

Philippi, Karl Fd., s. Geschichte eines engl. Schillings.

— Gesch. d. vereinigten Staaten v. Nordamerika. 3 Bdchen. 8 Dresd. ... 2e A. 827. Hilscher. 1 ⅌ 12 gGr (A. u. d. T.: historische Taschenbibliothek.)

— Gesch. v. Venedig. 5 Bdchen. 8. Dresd. 828. Hilscher. 2 ⅌ (A. u. d. T.: histor. Taschenbibliothek.)

—— Gesch. v. Venedig. 5 Bdchn. 8. (48³⁄₄ B.) Dresden 828. [Zittau, Nauwerck.] 2 Thlr., hrbgs. Pr.
Aus der „Allgem. histor. Taschenbibliothek" abgedruckt.

—— die Geschichten d. sächs. Volks. Ein Lehr- u. Lesebuch f. sächs. Volksschulen. 8. (20³⁄₄ B.) Dresden 834, Arnold. 12 Gr., hrbgs. Pr.

Philippi, Ferd., die Geschichten d. sächsischen Volks. Ein Lehr- u. Lesebuch f. sächs. Volksschulen. 2. (Titel-) Ausg. 8. (XVI u 308 S.) Leipzig (834) 850, Arnold. 3 ngr

—— das Buch Henoch, sein Zeitalter und sein Verhältniß zum Judasbriefe. Ein Beitrag zur neutestamentl. Isagogik. Nebst einem Anhang über Judä V. 9. und die Mosesprophetie. gr. 8. (III, 192 S.) Stuttgart 868, Liesching. [Gütersloh, Bertelsmann's Verlag.] *

—— Herbstblätter. 1. Samml.: Marchesa di Norris. Mamana. Der Pseudo-Göthe. gr. 12. (10¹⁄₂ B.) Grimma 834, Verlags-Comptoir.

—— der Hochwächter ꝛc., s. Hochwächter.

— Katechismus d. Rhetorik nach Quinctilian. gr. 8. Leipz. 826. Baumgärtner. 18 gGr

— kl. latein. Kinderfreund, s. Leroy, erzähl. Lateiner.

—— der sächs. Communalgardist, s. 8. Bd.: Communalgardist.

— prakt. lat. Constructionslehre, ein Lehr- u. Lernbuch f. Alle, welche in d. class. Sprache d. alt. Roms einen guten Grund legen wollen; zum Schulgebrauch u. zum Selbstunterricht nach Gaultiers Methode bearbeitet. gr. 8. Stuttg. 826, v. Cotta.

— kl. lat. Conversations-Lexicon, ein lexicograph. Handbuch d. üblichsten latein. Sprüchwörter, Sentenzen, Gnomen u. Redensarten, wie sie oft in den deutschen Schriften vorkommen, mit Sinnentsprechender, freier Uebertragung. 2 Liefgg. A—Z. gr. 8. Dresd. 824 u. 25, Hilscher.

— kl. latein. Conversations-Lexicon, e. lexicograph. Handbuch d. üblichst. latein. Sprüchwörter, Sentenzen, Gnomen u. Redensarten, wie sie oft in den deutschen Schriften vorkommen, mit sinnentsprechender, freier Uebertragung. 2 Lieferr. A—Z gr. 8. Dresd. 824 u. 25. (Reimann in Leipz.) 2 ⅌

—— kleines latein. Conversationslexicon, e. lexicograph. Handbuch d. üblichsten latein. Sprichwörter, Sentenzen, Gnomen u. Redensarten, wie sie oft auch in deutschen Schriften vorkommen, mit sinnentsprechender, freier Uebertragung f. d. Jugend u. gebild., der latein. Sprache unkundige Leser. 2., wohlf. Ausg. 2 Lfgn. gr. 8. (33¹⁄₂ B.) Leipzig 833, Reimann.

—— Landtagsblätter d. constit. Sachsens, s. Landtagsblätter.

— der erzähl. Lateiner, s. Leroy

— der erzählende Lateiner, d. i. Selectae narratiunculae facetae ac lepidae pleraeque ignotae, ein prakt. Hilfsbuch zur Einübung der latein. Conversationssprache, bei dem Schulgebrauche u. bei Privatübungen. 3e unveränd. wohlf. Ausg. 8. Leipzig 833. (Melzer.) ³⁄₈ ⅌

—— der erzähl. Lateiner, d. i. Selectae narratiunculae facetae ac lepidae pleraeque ignotae, e. prakt. Hilfsb. z. Einübung d. latein. Conversationssprache, bei dem Schulgebr. u. bei Privatübungen. 2., umgearb. Aufl. Dresden 828. 18 Gr. u. 3., unveränd. wohlf. Ausg. (à 18¹⁄₄ B.) 8. Leipzig 833, Reimann.

— die Latinität d. Neuern, von d. Wiederaufleben der Wissenschaften bis auf unsre Zeit. 8. Leipz. 825. Tauchnitz. 18 gGr Fein Pap. 1 ⅌

Philippi, Ferd., die biblische u. kirchliche Lehre vom Antichrist. gr. 8. (79 S.) Gütersloh 877. Bertelsmann. n. 1.20

— s. Merkur, literarischer.

Philippi, Ferd., die Notwendigkeit und Verbindlichkeit des kirchlichen Bekenntnisses. Eine Festschrift zum 300jähr. Jubiläum des luther. Konkordienbuches [25. Juni 1880]. 8. (VIII, 110 S.) Gütersloh 880, Bertelsmann. *

— Paris wie es ist, s. Santo-Domingo.

- s. Planet, unser.

— kleiner griechischer Plutarch, ein Förderungsmittel des Privatfleißes beim Unterricht in d. griech. Sprache, s. Schule u. Haus. gr. 8. Leipz. 826, Cnobloch.

— Schul- u. Ephoralbote, s. Schul- u. Ephoralbote.

— latein.-deutsche Sprechubungen. Ein prakt. Hülfsbuch zur Einübung d. latein. Conversationssprache. 8. Lpz. 826. Focke. 16⅔

- s. Staatsbürger-Zeitung.

— der sächs. Stadtverordnete u. Communalgardist, s. 8. Bd.: Stadtverordnete, der.

- s. M. A. Thiers, Geschichte der franz. Revolution.

— Vitae excellent. Romanorum. Biographien berühmter Römer. gr 8. Nürnb. 826, Riegel u. W.

s. Wandelstern, der.

(—) Wanderungen durch das sächs. Erzgebirge, s. Wanderungen.

— allgem. Weltgeschichte f. Volksschulen. 8. (32 B.) Grimma 835, Verlags-Comptoir.

Philippi, Friedrich

— u. R. A. Philippi, botanische Abhandlungen. [Aus: „Anales del museo nacional de Chile".] gr. 4. Leipzig 893. F. A. Brockhaus. n. 4. —
I. Der Sandelholzbaum der Insel Juan Fernandez. Von F. Ph. II. Die Alcayota der Chilenen, Cidracayote der Spanier. III. Epipetrum bilobum Ph. IV. Stipa amphicarpa Ph. V. Elymus erianthus Ph. Von R. A. Ph. (11 S. m. 5 Taf.)

Philippi, Friedrich (Hrsg.), s. A b h a n d l u n g e n über Corveyer Geschichtsschreibung.

— — De adulterio desponsatorum vulgo Vom Ehebruch der Verlobten. Comment. jur. Editio novissima. Jena (Ritter) 1743. 31 S. (4.25) 26449

— Friedrich, De agris vectigalibus, Von Erbzinß-Aeckern. Frankfurt u. Leipzig (J. M. Burgkmann) 1712. (5.—) 26446

Philippi, F., s.a. Beiträge zur Wirtschaftsgeschichte d. Siegerlandes.

Philippi, Frdr., e. neues Beutelthier Chile's. [Aus: „Verhandlgn. d. deutschen wissenschaftl. Vereins zu Santiago".] gr. 8. (4 S.) Santiago 893. (Berlin, R. Friedländer & Sohn.) n. — 20

Philippi, Friedr., der Bürger-Aufstand von 1688 und der große Brand von 1689 in Kronstadt. Ein Beitrag zur Geschichte der Sachsen in Siebenbürgen. gr. 4. (39 S.) Kronstadt 878, (Zeidner.) *

Philippi, F., die Chroniken d. Mittelalters, s.: Geschichtsquellen, Osnabrücker.

Philippi, F.: s.: Friede, der westfälische.

Philippi, F., zur Geschichte der Reichskanzlei unter den letzten Staufern Friedrich II., Heinrich [VII.] u. Konrad IV. Mit Unterstützg. d. Directoriums der königl. preuss. Staatsarchive. Mit 12 Taf. in Lichtdr. u. e. Anh. üb. B. F. 1114. gr. 4. (III, 118 Sp.) Münster 885. Coppenrath. n. 10. —

Philippi, Fr., die ältesten Osnabrückischen Gildeurkunden (bis 1500) m. e. Anh. üb. das Rathssilber zu Osnabrück. Festschrift der Stadt Osnabrück zur 19. Jahresversammlg. d. Hansischen Geschichtsvereins am 27. u. 28. Mai 1890. Mit 2 photogr. Taf. und 1 Umdrucktaf. gr. 8. (VIII, 92 S.) Osnabrück 890. (Rackhorst.) n. 2. 50

— s.a. Jahre, 100, preußischer Herrschaft im Münsterlande.

100 Jahre Preußischer Herrschaft im Münsterlande. (Verf. F[riedrich] Philippi.) *Münster (Westf.): Coppenrath 1904.* (120 S.) 8° [F.] [...] 6

Die erste I n d u s t r i a l i s i e r u n g Deutschlands ⟨im Mittelalter⟩. Ein Vortrag von Dr. F[riedrich] Philippi, Geh. Archivr. Münster: Coppenrath 1909. VIII, 32 S. 8°

Philippi, Fr Eine Kirchenvisitation im Burzenlande vor 300 Jahren. S. 67—70. Progr *Kronstadt* 1879

[F.] Die Osnabrücker Laischaften. E. wirthschaftsgeschichtl. Studie v Dr. F[riedrich] Philippi, Archivrath. M. Quellenauszügen. *Osnabrück Rackhorst 1896.* (35 S.) 1 Bd 8. 96. 4275

Philippi, F., Landrechte d. Münsterlandes, s.: Veröffentlichungen der historischen Kommission f. Westfalen. I.

Philippi, F., zur Reconstruction der Weltkarte des Agrippa. Mit 5 autogr. Kartenskizzen. gr. 8. (25 S.) Marburg 880. Elwert's Verl. n. 1. 50

PHILIPPI, FRIEDRICH: Die deutschen Ritter im Burzenlande. Ein Beitrag zur Geschichte Siebenbürgens. SA aus den Kronstädter ev. Gymnasial-Schulprogramm vom Jahre 1860/61. Kronstadt 1861 Johann Gött. 140 S. - 8°

Philippi, Frdr., die deutschen Ritter im Burzenlande. Ein Beitrag zur Geschichte Siebenbürgens. (Abdr. aus dem Kronstädter evangel. Gymnasial-Schulprogramm vom Jahre 1860/1.) Kronstadt 861. (Haberl & Sindel.) Lex.-8. (140 S.) n. 16 *ngr.*

Philippi, F., s.: Siegel, die westfälischen, d. Mittelalters.

— — De subselliis templorum, vulgo Von Kirchen-Stühlen. Tract. jur. Leipzig (Schede) 1729. 56 S. (4.75) 26447

— — Dasselbe. Leipzig (G. A. Stopffel) 1745. 56 Seiten. (4.75) 26448

Philippi, Fridericvs ⟨geb. am 14 Juli 1853 in Elberfeld⟩: De tabvla Pevtingeriana. Accedvnt fragmenta Agrippae geographica … Bonnae, typ. C. Georgi 1876. 2 Bl., 43 S. 8.
Bonn, Phil. Fak., Diss. v. 3 Juni 1876

Philippi, Friedr. (Hrsg.), s. Osnabrücker U r k u n d e n b u c h.

— s. Urkundenbuch, preußisches.

— s. Urkundenbuch, Siegener.

-- das westfälische Vemegericht u. seine Stellung in der deutschen Rechtsgeschichte. gr. 8. (20 S.) Stettin 888. Herrcke & Lebeling. n. — 60

— zur Verfassungsgeschichte der westfälischen Bischofsstädte. Mit urkundl. Beilagen u. 4 geschichtl. Stadtplänen. gr. 8. (V, 104 S.) Osnabrück 894. Rackhorst. n. 3. —

Philippi, F., s. Wilmans, Roger, die Kaiser-Urkunden der Prov. Westfalen 777—1331.

Philippi, Friedrich Adolph

—— der Eingang des Johannesevangeliums (Kapitel 1, V. 1—18). In Meditationen ausgelegt. gr. 8. (V und 216 S.) Stuttgart 866. [Gütersloh, Bertelsmann.] *

Philippi, Frdr. Ad., Erklärung d. Briefes Pauli an die Galater. Aus dem handschriftl. Nachlaß der akadem. Vorlesgn. hrsg. v. Ferd. Philippi. gr. 8. (III, 214 S.) Gütersloh 884. Bertelsmann. n. 3. 20

—— der thätige Gehorsam Christi. Ein Beitr. z. Rechtfertigungslehre. gr. 8. (11 B.) Berlin 841, L. Oehmigke.

Philippi, Frid. Ado., de Celsi, adversarii Christianorum, philosophandi genere. 8. (7 B.) Berolini 836, [Thome.] *

—— der Glaube, die Rechtfertigung, das Kreuz. Drei Predigten zu Dorpat gehalten. gr. 8. (48 S.) Erlangen 850. [Frankfurt a. M.,] Heyder und Zimmer.

— kirchliche Glaubenslehre. Stuttgart, S. G. Liesching. 8.
I. Grundgedanken oder Prolegomena. 854. (2 Bl., 228 S.) n. 1 Thlr. 6 ngr.
II. Die ursprüngliche Gottesgemeinschaft. 857. (4 Bl., 391 S.) n. 1 Thlr. 24 ngr.

Philippi, Frdr. Ad., kirchliche Glaubenslehre. Stuttgart, S. G. Liesching. gr. 8.
III.: Die Lehre von der Sünde, vom Satan und vom Tode. 859. (V, 378 S.) n. 1 Thlr. 24 ngr.
IV.: Die Lehre von der Erwählung und von Christi Person und Werk.
1. Hälfte: Die Lehre von der Erwählung und von Christi Person. 861. (448 S.) n. 2 Thlr. 4 ngr.
2. Hälfte: Die Lehre von Christi Werk. 863. (356 S.) n. 1 Thlr. 24 ngr.

—— kirchliche Glaubenslehre. I.—IV. (Thl.) gr. 8. Stuttgart. [Gütersloh, Bertelsmann.] *
Inhalt:
(Thl.) 1. Grundgedanken oder Prolegomena. 2., verb. und durch Excurse verm. Aufl. (III und 340 S.) 864. * 1 Thlr. 18 Ngr.
" 2. Die ursprüngliche Gottesgemeinschaft. 2., verb. Aufl. (III und 399 S.) 867. * 1 Thlr. 24 Ngr.
" 3. Die Störung der Gottesgemeinschaft. A. u. d. T.: Die Lehre von der Sünde, vom Satan und vom Tode. 2., verb. Aufl. (395 S.) 867. * 1 Thlr. 24 Ngr.
" 4. 1. Hälfte. Die Wiederherstellung der Gottesgemeinschaft. 1. Hälfte. Die Lehre von der Erwählung und von Christi Person. 2., verb. Aufl. (477 S.) 868. * 2 Thlr. 4 Ngr.
" 4. 2. Hälfte. Die Lehre von der Erwählung und von Christi Person und Werk. 2. Hälfte. Die Lehre von Christi Werk. (356 S.) 863. * 1 Thlr. 24 Ngr.

Philippi, Friedr. Adph., kirchliche Glaubenslehre. IV, 2. Hälfte und V, 1.—3. Abthl. gr. 8. Gütersloh, Bertelsmann's Verlag. *
Inhalt:
IV. Die Wiederherstellung der Gottesgemeinschaft. A. u. d. T.: Die Lehre von der Erwählung und von Christi Person und Werk dargestellt. 2. Hälfte: Die Lehre von Christi Werk. 2. verb. Aufl. (352 S.) 870. *ℳ 5,40.
V. Die Zueignung der Gottesgemeinschaft. A. u. d. T.: Die Lehre von der Heilsordnung, von den Gnadenmitteln und von der Kirche. 1. Abthl.: Die Lehre von der Heilsordnung. 1. Aufl. (III, 316 S.) 867, und 2. Aufl. (299 S.) 874. *ℳ 4,80. —— dass. — 2. Abthl.: Die Lehre von den Gnadenmitteln und von der Kirche. 1. Hälfte. (S. 1—256.) 871. *ℳ 3. — 2. Abthl.: Die Lehre von den Gnadenmitteln, oder die Lehre vom Worte, von der Taufe und vom Abendmahle. 2. Hälfte. (S. 257—527.) 871. *ℳ 4,50. — Die Lehre von der Heilsordnung, von den Gnadenmitteln und von der Kirche. 3. Abthl.: Die Lehre von der Kirche. (292 S.) 875. *ℳ 4,50.
I.—IV., 1. Hälfte. 2. Aufl. Ebendas. 1864—68. *ℳ 22.

Philippi, Friedr. Ad., kirchliche Glaubenslehre. 6. (Schluß-)Bd. A. u. d. T.: Die Vollendung der Gottesgemeinschaft. gr. 8. (240 S.) Gütersloh 879, Bertelsmann. *

— dasselbe. 2. Abth. A. u. d. T.: Die Lehre von der Heilsordnung, von den Gnadenmitteln und von der Kirche. 2. Abth.: Die Lehre von den Gnadenmitteln, oder die Lehre vom Worte, von der Taufe u. vom Abendmahle. 2., verb. Aufl. gr. 8. (544 S.) Ebend. 881. n. 9. —

—— kirchliche Glaubenslehre. Hrsg. von Ferd. Philippi. 1.—3. Bd., 5. Bd. 2. Abthl. und Registerbd. gr. 8. Ebendas. *
Inhalt:
Bd. 1. Grundgedanken und Prolegomena. Durch Excurse verm. 3. verb. und verm. Aufl. (IV, 346 S.) 883. *ℳ 5,40.
" 2. Die ursprüngliche Gottesgemeinschaft. Durch Zusätze verm. 3. verb. und verm. Aufl. (III, 412 S.) 883. *ℳ 6,40.
" 3. Die Lehre von der Sünde, vom Satan und vom Tode. 3. verb. und verm. Aufl. (400 S.) 884. *ℳ 6,40.
" 5. Die Zueignung der Gottesgemeinschaft. 2. Abthl.: Die Lehre von der Heilsordnung, von den Gnadenmitteln und von der Kirche. 2. Abthl.: Die Lehre von den Gnadenmitteln, oder die Lehre vom Worte, von der Taufe und vom Abendmahle. 2. verb. Aufl. (544 S.) 881. *ℳ 9.
Registerbd. (IV, 135 S.) 882. *ℳ 2,40.
4. Bd., 5. Bd. 1. Abthl. und 6. Bd. Ebendas. 1868—80. *ℳ 20,60.

Philippi, Friedr. Ad., kirchliche Glaubenslehre. Hrsg. von Ferd. Philippi. 4. Bd.: Die Lehre von der Erwählung und von Christi Person und Werk. 1. Hälfte: Die Lehre von der Erwählung und von Christi Person. 3. verb. und durch Zusätze verm. Aufl. gr. 8. (V, 490 S.) Gütersloh 885, Bertelsmann. *
4. Bds. 2. Hälfte. Ebendas. 1870. *ℳ 5.40. — 1.—3. Bd., 5. Bd. in 3 Abthlgn., 6. Bd. und Register-Bd. Ebendas. 1874—81. *ℳ 42.90.

Philippi, Frdr. Ad., kirchliche Glaubenslehre. V. Die Zueignung der Gottesgemeinschaft. 3. Abth. gr. 8. Gütersloh 890. Bertelsmann. n. 4. 50
Die Lehre v. der Heilsordnung, v. den Gnadenmitteln u. v. der Kirche. 3. Abth. Die Lehre v. der Kirche. 2. Aufl., hrsg. v. F. Philippi. (292 S.)

Philippi, Frdr. Ad., kirchliche Glaubenslehre. VI. Die Vollendg. der Gottesgemeinschaft. 2. Aufl. gr. 8. (240 S.) Gütersloh 901. C. Bertelsmann. n. 4. —; geb. n.n. 4. 60

—— Herr Dr. v. Hoffmann gegenüber der lutherischen Versöhnungs- und Rechtfertigungslehre. gr. 8. (76 S.) Frankfurt a. M. 856, Heyder und Zimmer. *

Philippi, Friedr. Adph., Commentar über den Brief Pauli an die Römer. 3 Abthlgn. gr. 8. (XXIV und 648 S.) Erlangen 850—52. [Frankfurt a. M.,] Heyder und Zimmer.

Philippi, Friedr., Commentar über den Brief Pauli an die Römer. 2. verb. Aufl. Frankfurt a. M. 856. Heyder u. Zimmer. gr. 8. (XI, 643 S.) 2 Thlr. 15 ngr.

Philippi, Friedr. Adph., Commentar über den Brief Pauli an die Römer. 3., verb. u. verm. Aufl. Frankfurt a. M. 866. Heyder & Zimmer. gr. 8. (XVIII, 712 S.) 2 Thlr. 15 ngr.

Philippi, Frdr. Adph., Commentar üb. d. Brief Pauli an d. Römer. 4., unveränd. Aufl. gr. 8. (XX, 728 S.) Gütersloh 896. C. Bertelsmann. n. 8. —; geb. n. 9. 80

—— die kirchliche Lehre von der Person Christi. Vortrag vor einem Kreise von Männern und Frauen gehalten zu Rostock am 12. März 1861. gr. 8. (30 S.) Stuttgart 861. S. G. Liesching.

—— Predigt, gehalten am Bibelfeste den 17. Sonnt. nach Trinit. 1847 zu Dorpat. gr. 8. (18 S.) Dorpat 847, Karow. [Gläser's Verlag.]

— Predigt, gehalt. am Sonnt. Reminiscere 1848 beim academ. Gottesdienste zu Dorpat. gr. 8. (18 S.) Dorpat 848, Karow. [Glaeser.] 3 ngr.

— Predigt. Gehalten in der St. Jacobi-Kirche zu Rostock am S. Misericordias Domini 1860. Rostock, Stiller gr. 8. (15 S.) 3 ngr.

—— Predigt, gehalten zur Eröffnung der allgemeinen Missionsversammlung und Pastoralconferenz in Güstrow am 1. Septbr. 1863. gr. 8. (21 S.) Schwerin 863. [Halle, Schwabe.]

— Predigt, gehalten zur Eröffnung der allgemeinen Missionsversammlung und Pastoralconferenz in Güstrow am 1 Septbr 1863. Schwerin, Stiller. gr. 8. (21 S.) 3¾ ngr.

— Predigten u. Vorträge. Nebst zwei Anhängen. Hrsg. v. Ferd. Philippi. gr. 8. (VI, 180 S.) Ebend. 883. n. 2. 80

—— Symbolik. Akademische Vorlesungen. Als eine Festgabe zur 400jähr. Feier des Geburtstages Dr. Martin Luthers hrsg. von Ferd. Philippi. 2 Hälften. gr. 8. (VII, 464 S.) Ebendas. 883. à Hälfte *M 3;60. *

Philippi, Frid. Adolph. Theses theologicae. Berolini (1837) (2 Bl.) 4°
Berlin, Theol. Thes. v. 21 Okt. 1837

Die Vollendung der Gottesgemeinschaft. Dargest von Dr. Friedr. Ad[olf] Philippi, Prof. 2 Aufl. Gütersloh: C. Bertelsmann 1901 (240 S.) 8° [F.]
— Philippi Kirchliche Glaubenslehre. 6. (07. 80·9

Philippi, Friedrich Wilhelm Martin

Philippi, F., s.: Forschungen, morgenländische.

Philippi, Frdr. Wilh. Mart., Wesen u. Ursprung d. status constructus im Hebräischen. Ein Beitrag zur Nominalflexion im semitischen überhaupt. gr. 8. (VIII, 208 S.) Weimar 871. Böhlau. n. 5. —

Philippi, Fritz, unter den langen Dächern. Neue Erzählgn. vom Westerwald. Mit Buchschmuck v. K. Weckerling. (VII, 247 S.) 8. Heilbronn 906. E. Salzer. n. 3. —; geb. n. 4. —

Philippi, Fritz, unter den langen Dächern. Neue Erzählgn. vom Westerwald. Mit Buchschmuck v. K. Weckerling. 2. Aufl. (VII, 247 S.) 8. Heilbronn 907. E. Salzer. 3.—; geb. 4. —

Philippi, Fritz, einfache Geschichten. 8. (104 S.) Dillenburg 899. (C. Seel's Nachf.) n. —80; in Bibliotheksbd. n. 1.—

— Hasselbach u. Wildendorn. Erzählungen aus dem Westerwälder Volksleben. (Buchschmuck v. H. Seufferheld.) 8. (IV, 196 S.) Heilbronn 902. E. Salzer. n. 2. 40; geb. 3. 20

— Jeremia. Dramatische Dichtg. in 5 Aufzügen. (120 S.) 8. Ebd. 905. n. 2. —

Auf der Insel. Zuchthausgeschichten. Von Fritz Philippi. Berlin-Schöneberg: 'Hilfe' 1910. 170 S. 8° (11. 116

— Menschenlied. Neue Gedichte. (VIII, 103 S.) 8. Ebd. 906. Kart. n. 2. —

Adam Notmann. Ein Leben in d. Zelle. Roman von Fritz Philippi. Berlin: G. Grote 1906. (343 S.) 8° [F.]
— Sammlung, Grote'sche, v. Werken zeitgenöss. Schriftsteller. Bd 88. (07. 7

— aus der Stille. Lieder. 8. (96 S.) Ebd. 901. Geb. in Leinw. n. 2. —

— Westerwälder Volkserzählungen, s.: Hausbücherei, rheinische.

Philippi, Geo., Deutschland, wohin steuerst Du? Die Einwirkgn. der agrar. Fordergn. auf unsern Staat. gr. 8. (16 S.) Leipzig (902). R. C. Schmidt & Co. n. — 80

Philippi, Geo., Deutschland, wohin steuerst du?? Die Einwirkgn. der agrar. Fordergn. auf unsern Staat. 2. Aufl. (20 S.) gr. 8. Dresden 910. E. Pierson. — 80

Das Erbe. Ein Zukunftsbild. Offener Brief an die Regierung! (75 S.) gr. 8. Ebd. 910. 1. —

— Von der Erde u. vom Menschen. Bauerngeschichten. Mit Buchschmuck v. K. Weckerling. (III, 236 S.) 8. Ebd. 907. 3. —; geb. 4. —

— Grundbedingungen zur zeitgemäßen u. rentablen Bewirtschaftung e. Landgutes m. besserem Mittelboden. Die berecht. u. unberecht. Wünsche u. Fordergn. unserer Landwirtschaft vom Staate. Eine Abhandlg. an der Hand eigener Wirtschaftsmethode. gr. 8. (16 S.) Ebd. 901. n. — 40

— Landwirtschaftliches u. Etwas f. Alle. gr. 8. (48 S.) Berlin 898. Leipzig, R. C. Schmidt & Co. n. 1. 50

Landwirtschaftliches u. Etwas f. Alle. 2. Aufl. (60 S.) gr. 8. Ebd. 910. 1. 50

Die Seele des Staates. 1.—60. Taus. (15 S.) 8. Ebd. 909. — 20

- Vaterland. (21 S.) gr. 8. Berlin 908. L. Simion Nf. — 50

- Die berechtigten u. unberechtigten Wünsche u. Forderungen unserer Landwirtschaft vom Staate. Grundbedingungen zur zeitgemäßen u. rentablen Bewirtschaftg. e. Landgutes m. besserem Mittelboden. Eine Abhandlg. an der Hand eigner Wirtschaftsmethode. 2. Aufl. (16 S.) 8. Dresden 910. E. Pierson. — 80

Philippi, G., der Zusammenhang unserer Regierg. m. der göttlichen Führung. Eine Betrachtg. aus dem Leben, die auch v. der Weiterentwicklg. der Religion spricht. (11 S.) gr. 8. Leipzig 903. Berlin, R. C. Schmidt & Co. n. — 80

Der Zusammenhang unserer Regierung m. der göttlichen Führung. Eine Betrachtg. aus dem Leben, die auch v. der Weiterentwickelg. der Religion spricht. 2. Aufl. (12 S.) 8. Ebd. 910. — 80

Philippi, Georg Christ., Antrittspredigt gehalten am 4. Sonntage nach Ostern, zu Wolfenbüttel. gr. 8. (1 B.) Magdeburg 845, Falckenberg u. Comp. *

— **Georg Jakob** (Buschweiler/Elsaß), De feudo alienabili. Diss. jur. Präs. Christian Thomasius. Halle (Chr. A. Zeitler) 11. VII. 1709. 48 S. (5.—) 26450
Widm. v.: Christian Thomasius, Samuel Stryklus, Heinrich Bodin, Johann Peter Ludwig, Justus Henning Böhmer, Jakob Friedrich Ludwig.

— — Dasselbe. [Halle] (Chr. A. Zeitler) 11. VII. 1709. 48 S. (5.—) 26451
Gew.: Domibus Hanovicae ac Solms-Redelheimensi. — Widm. v.: Christian Thomasius, Samuel Stryklus, Heinrich Bodin, Johann Peter Ludewig, Justus Henning Böhmer, Jakob Friedrich Ludwig.

Philippi, H. Uber Vaginofixation der Gebärmutter (20 Fälle aus der gynäkolog. Klinik zu Basel). Mit 1 Tabelle. In-8⁰. 51 S. Basel. These. 1896.

Philippi, Hans. Ueber Indikationen und Kontraindikationen des Hochgebirges. Separatabdruck aus dem ... Sammelwerke «Davos, ein Handbuch für Aerzte und Laien.» 43 S. 8. Davos, Buchdr. Davos A.-G., 1905.

Philippi, H., die Lungentuberkulose im Hochgebirge. Die Indicationen u. Kontraindikationen desselben sowie die Anwendg. des alten Kochschen Tuberkulins. (VIII, 804 S.) gr. 8. Stuttgart 906. F. Enke. n. 6. –

Philippi, Hans, der Schleppvertrag der Binnenschifffahrt. (48 S.) gr. 8. Dresden 905. C. Weiske. n. 1. —

Philippi, Heinrich: Schmelz- und Lösungsversuche in der Reihe Kalk-Kieselsäure. 1908. 54 S. 8⁰
Berlin, Dr.-Ing.-Diss. v. 26. 6. 1908

Philippi, I., a St. Iacobo, epitome bibliothecae SS. Patrum Max. XXVII Vol. Lugd. impressae. II Tom. fol. Augsb. Veith. 719.

Philippi, (J.) kleine engl. Sprachlehre f. Anfänger. 8. Hamb. 822, (Herold jun.)

Philippi, J. (Red.), s. Staffette, Berliner.

Philippi, I., de subhastationibus. 4. Lips. Riese. 732.

— **Jo. Christian (Mecklenb.), De naturali scientiarum eruditionis nexu, limitibus, robore, atque defectibus, prima, sistens tum praecognita huius thematis necessaria, tum in specie nexum juris naturae, theologiae, atque prudentiae juris, praecipue positivi universalis. Diss. Präs. Jo. Ernst Philippi. Leipzig (I. Titius) 12. V. 1723. 55 S. (5.—)** 26453

— — Dasselbe. Leipzig (I. Titius) 12. V. 1723. 55 S. u. [Anmerkgn.]. (5.—) 26454

— — Dasselbe. Leipzig (I. Titius) 12. V. 1723. 55 S. u. [Anmerkgn.]. (5.—) 26455
Gew.: Gottl. Hieronymus von Leipziger.

Philippi, Johann Albrecht

BRIEFE, Anmuthige und Satyrische, in historischen Erzählungen über verschiedene Begebenheiten (von *J. A. Philippi*). Cölln am Rhein (Himburg in Berlin), 1764. Kl. 8⁰. (In Warmbrunn.) (12 Sgr. Scheible, vor 1870.)
Tit. u. 350 S. (286 ist Druckf.) — Ueber Protestanten, Katholiken, Juden, Carneval, Besessene, Tyroler Adel, Erziehung, Klosterleben etc.

Philippi, Joh. Albr. („k. Preussl. Policey-Director der Deutschen u. Französ. Nationen zu Berlin"). Briefe über verschiedene Gegenstände der Staats-Wirthschaft, *Policey* u. Moral. Berlin 1770, bey E. F. Himburg. Kl. 8⁰. Ppb., hübsches Expl.
Kpftit. u. 382 S. Interess. u. selten! U. a.: Der Coffee (!); die Handlungsgesellschaften; die hohen u. niedern Staatsbedienten; der Brauer u. die Obrigkeit; die geschlossenen Innungen u. Zünfte; die bestimmte Anzahl der Lehrbursche; die Lehr- u. Dienstzeit; die gezwungene Wanderung; die Polizey der Sicherheit, in Ansehung der Diebesheler (sic); Entwurf eines Pfandleiher- u. Trödlerreglements zur Verminderung der Dieberey; die Polizey-Taxen, nach vorgelegten Fragen betrachtet etc.

Philippi, Jh. Albr., († d. 9. Nov. 1791.) Briefe üb. verschiedene Gegenstände d. Staatswirthschaft. 2 Thle. 8. Berl. 770. (Reimer). 1 ₰

Philippi, J. A.: „Der vertheidigte Korn-Jude", Mit K. K., Berlin 1765 (Rüdiger). — Vorh.: Com. Bibl. Hamburg.

— **die wahren Mittel z. Vergrösserung e. Staats. 8. Berl. 753. Haude u. Sp. 8 gr.**

Philippi, Johann Albert: „Die wahren Mittel zur Vergrößerung eines Staates", Berlin 1753; neue Auflage Frankfurt a. M. und Leipzig 1759.

— **der vergrösserte Staat. gr. 8. Frankf. 759. (Berl.) 771. (Reimer). 20 gr.**

— vergrösert. Staat. gr. 8. Berl. Himburg. 771.

— **Staatsfehler d. europ. Höfe in französ. Gemälden. (Aus Ange Goudards, Interêts de la france mal entendus etc.) gr. 8. Berl. 765. Himburg. 16 gr.**

— **s. Voltaire, Kandide.**

Philippi, Johann Ernst (Hrsg.), s. a. Abriß, Kurtzer, einer gründlich gefasten thüringischen Historie . . .

Philippi, Johann Ernst, Kurtzer Abriß // Einer gründlich gefasten // Thüringischen // Historie, // Sonderlich von denen // Hertzogen zu Sachsen, // Als // Landgrafen in Thüringen, // Aus eines vornehmen ehemaligen // Sächsischen Ministers // Davon nachgelassenen Handschrift heraus gegeben, // Und mit // Außerlesenen Anmerckungen, // ins besondere auch // Uber den eigentlichen Zustand der Bistümer // Naumburg und Merseburg, etc. // ans Licht gestellet, // Von // D. Johann Ernst Philippi, // Oeffentlichem Professor der deutschen Beredsamkeit, etc. // Halle, zu finden bey Joh. Christoph Krebsen, 1732. - 298 S. und noch 37 Blatt (nicht paginiert) Register.
Auf dem Vorblatt steht die Widmung:
An die
Preißwürdige Deutsche
Redner Gesellschaft
zu Leipzig.

B. S. 8⁰. 524/2.

Philippi, J. Ernst, Cicero, ein groser Windbeutel rc. 8. Halle u. Lpz. 735.

FINDELKIND, Das, das ist: Eine aufgeräumte Widerlegung des Sendschreibens von fünf Schwestern aus der vertrauten Gesellschaft . . . (von *Johann Ernst Philippi*). O. O. 1733. 8⁰. Rar!
Anon. Lex. II. p. 100 (nach Meusel).

Philippi, Johann Ernst: De impedimentis vitae honestae, ab actione sensuum, imaginationis, atque affectuum objectis, a recta autem ratione removendis, s. Philippi, Christian Gottfried

— **Johann Ernst (Dresden), Jura eminentis dominii, quod majestati competit. Diss. jur. Halle/Magdeburg (J. Montag) 13. XI. 1727. 20 S. (4.50)** 26456
Widm. v.: Johann Peter von Ludewig, Justus Henning Böhmer.

— — **Dasselbe. Halle/Magdeburg (J. Montag) 13. XI. 1727. 20 S. (4.50)** 26457
Widm. v.: Johann Peter von Ludewig, Justus Henning Böhmer. — Angbdn. Widm. v.: Johann Peter von Ludewig, Christian Thomasius. Halle/Magdeburg (J. Fr. Krottendorff) 13. XI. 1727. 1 Bl.

Philippi, Johann Ernst [Praes.], s. P h i l i p p i, Ernst Gottlob. Πρωτον ψευδος circa principium juris naturae; seu primum falsum suppositum, communiter hactenus receptum,quasi totum jus naturae ex unica quadam propositione generali, omnes reliquas leges naturales sub se comprehendente, sit deducendum.

Philippi, Johann Ernst [Praes.], s. P h i l i p p i, Jo. Christian: De naturali scientiarum eruditionis nexu, limitibus, robore, atque defectibus, prima, sistens tum praecognita huius thematis necessaria, tum in specie nexum juris naturae, theologiae, atque prudentiae juris, praecipue positivi universalis.

Philippi, Johann Ernst, Sechs // Deutsche Reden // über allerhand // auserlesene Fälle, // nach den Regeln // einer natürlichen, männlichen // und // heroischen Beredsamkeit // ausgearbeitet // von // D. Johann Ernst Philippi, // Oeffentlichen Profeß. der Deutschen Beredsam= //keit auf der Universität zu Halle, wie auch Chur= //Sächsischen immatriculirten Advoc. etc. // Leipzig 732. // Verlegts Joh. Samuel Heinsius. - 4 Blatt (nicht paginiert) Titelblatt, Widmung und Vorbericht. - 84 S. Innen im Einbanddeckel steht die Widmung:

E. Löbl. Vertrauten Redner=
Gesellschaft zu Leipzig
wiedmet dieses
Halle, den ersten geringe Werck,
Jan. 173.. D. Johann Ernst Philippi.
B. S. T. 8°.433.

Philippi, J. Ernst, Regeln u. Maximen der edlen Reimschmiedekunst u. kriech. Poesie. 8. Altenb. 743. Rthlr.

PHILIPPI, JOH. ERNST Belustigende Academische Schaubuhne, Auf welcher die, Auf Universitaten im Schwange gehende, Tugenden und Laster. In Sieben Auftritten, Poetisch abgeschildert werden, Von M. LEBERECHT EHRENHOLD. Unter Aufsicht Herrn D. Johann Ernst Philippi, Immatric. Advoc bey hoher Landes-Regierung in Dreßden .. Franckfurth und Leipzig. 1749. 6 Hefte (wohl alles Erschienene) in 1 Bde. 4°. 46, 19, 24, 48, 46, 51 S. Guter Pgtbd. von ca. 1850 mit Ruckenbeschriftung.

H.-G. II, 116: (..auliefert sehr 1"") zitiert zwar „7 Hefte" doch ist es sehr unwahrscheinlich, daß das 7. Heft, welches nach Angabe des Verfassers eine Operette „Die poßirliche Justitz zu Liliput" enthalten sollte, je erschienen, bzw. uberhaupt geschrieben worden ist. Auch fur die spateren Ausgaben der Sammlung (Cothen 1749 und 1751, Nurnberg 1782) werden stets nur 6 Hefte angegeben und aus der „Nacherinnerung" des Verfassers (der dabei sein Pseudonym Ehrenhold luftet) geht hervor, daß die Operette nur geplant und erst abgewartet werden solle, „was die Herrn Journalisten von den sechs Auftritten sagen werden". Da Philipp, aber wohl schon um 1750 verstarb (so Goedeke und H.-G. nach Litzmann, ADB XXVI ware er allerdings erst 1758 verstorben), durfte dieses geplante 7. Heft nie zustande gekommen sein

EHRENHOLD, Leberecht (d. i. *Joh. Ernst Philippi*, geb. 1701 zu Merseburg, † um 1750 in Altenburg. — Goedeke IV, 23, 1 b, wo das folgende Werk f e h l t). — B e l u s t i g e n d e P o e t i s c h e S c h a u - B ü h n e. Zum Druck befördert von —. 4 Thle Cöthen in der Cörnerischen Buchhandlung, 1747. 4°. Zus. 20 Seiten. (In Aarau, Cantonsbibl. Mittheilung des Herrn Bibliothekars Dr H e r z o g.) Aeusserst rar!

1. Ein possirlicher Student Hanss Deimchen aus Norden .. nebst zwölf seiner lustigen Cameraden. 2. Die Akademische Scheinjungfer, als ein Muster aller Cocketten (!). 3. Herrn M. Amo, eines gelehrten Mohren, galanter Liebes-Antrag an eine schöne Brünette Madem. Astrine. 4. Der Mademoiselle Astrine parodische Antwort auf solchen Antrag eines verliebten Mohren.

Auf der Rückseite des Titels „Kurtzer Vortrab" (Vorrede des M. Leberecht E h r e n h o l d über seine vor weniger Zeit ans Licht gestellte 4 k u r t z w e i l i g e n G e d i c h t e a u s d e m S t u d e n t e n l e b e n. dat. Schönstedt. d. 18. May 1747) — Seite 20 (letzte) die N a c h r i c h t: „bei guter Aufnahme der Gedichte wird alle Monathe zu allgemeiner Belustigung mit 4 Gedichten fortgefahren". — Das M. M. V 1747, D 3a, verzeichnet nur Th. 1—3 dieser e r s t e n Ausgabe.

Vgl. Archiv f. Litteraturgeschichte IX, 112 ff.; Anon.-Lex. IV. p. 29.

SOTTISES g a l a n t e s d. i. G a l a n t e T h o r h e i t e n, a n g e z e i g e t i n e i n e m S e n d s c h r e i b e n a n H e r r n P r o f e s s o r G o t t s c h e d e n . . . . (von *Joh. Ernst Philippi*). O. O (Lübeck?) 1733. 4° Rar!

Anon.-Lex. IV p. 99 (nach W a n i e k, Gottsched, Lpz. 1897. S. 241), Cat. Bibl. M. A. Wilckens. Hamb. 1761. p. 696 hat „Lüb."

— v. d. Unmöglichkeit einer ewig. Welt. 8. Lpz. Heinsius. 743.

Philippi, Johann Jakob Martin

Philippi, J. J. M., s. a. Samml. sämmtl. neuen preuß. Gesetze ꝛc.

J. J. M. Philippi, Sammlung sämmtlicher neuen Preuß. Gesetze über die indirekten Steuern. Mit erläuternden Anmerkungen, Erklärungen, Rückweisungen und Beilagen. Köln, 1830. Nebst einem Nachtrage. Köln, 1836.

Philippi, Joh. Jak. Mart., Nachtr. z. Samml. sämmtl. neuerer preuß. Gesetze üb. d. indirecten Steuern, umfass. alle Abänderungen, welche solche, nach d. Erscheinen d. erstern, v. dems. Verf. im J. 1830 hrsg. Werkes bis z. 30. Apr. 1836, besond. durch Verträge mit Nachbar=Staaten, erlitten haben, nebst erläut. Anmerk., Erklärn., Rückweisn. u. Beiln. gr. 8. (19¼ B.) Köln 836, Bachem.

Philippi, Jos. Auf Befehl der Kaiserin, s. Volkstheater, Wiener.

Philippi, J., die kleine Gräfin, s.: Theater=Repertoir, Wiener.

Philippi, J., 's Kaiserlied, s.: Theater, neues Wiener.

— Wiener Volks=Humor. Solo=Vorträge gr. 8. (31 S.) Wien 893. A. W. Künast. n. — 80

Philippi, Julius (geb. Potsdam 28 . 5. 1834) De aneurysmate spontaneo. Berolini (1856). (28 S.) 8°

Berlin, Med. Diss. v. 26. Apr. 1856

Philippi, Julius (geb. Ottweiler im Rheinl. 23. 3. 1849). Ueber den Erstickungstod. Berlin (1874). (30 S.) 8°

Berlin. Med. Diss. v. 20. Febr. 1874

Philippi, Julius: De fissura uni. Heidelbergae 1832. Osswald. VI [vielmehr: VIII], 16 S. 8°

Halle-Wittenberg, Med. Diss., nachgeliefert von dem am 22. [vielmehr: 24.] Sept. 1831 auf Thesen promovierten Verf.

Geb. Hamburg [20. 11.] 1808. V Dzondi's Progr. vgl. Nr. 750.

— — Theses [zur Diss.]. De fissura ani. Halle / Sachsen (Schimmelpfennig) 24. IX. 1831. (—.50) 26460

Philippi, Julius: Das H a n d e l s r e c h t . . . von Chile, s. F e r n á n d e z Pradel, Arturo.

Philippi, Jul., das Handelsrecht, Wechselrecht, Konkursrecht u. Seerecht v. Chile, s.: **H a n d e l s g e s e t z e, die, des Erdballs. (Pradel, A.)**

Philippi, K., Herr J. G. Findel in Leipzig, Herausgeber und Redacteur des freimaurerischen Ordensblattes „Bauhütte" vor dem Leipziger Schöffengericht oder Aphoristische Beleuchtung der von dem pp. Findel herausgegebenen Brochüre Der Orden der närrischen Käuze (Odd-Fellows) vor dem Leipziger Schöffengericht. Bremen, Diercksen & Wichlein. 1880. 8. 16 S.

Philippi, Karl

Philippi, Carl, Frachtwesen u. Spedition, s.: Barth, Hans.

Philippi, Carl, d. concession. sächs. Schiffer-Verein in d. J. 1846—1895, s.: **J a h n e l, Carl.**

Philippi, Karl Ferdinand, s.a. P h i l i p p i, Ferdinand

Zum Goldnen Apfel: Liederkranz zum Schwesterfeste gewunden vom Br. [Karl Ferd.] **Philippi.** Or. Dresden. Loge zum goldnen Apfel. [Dresden] o. J. 8 Bl. 8° [Umschlagtit.]

7 Gesänge ohne Noten.

Maurerischer Lieder-Cyclus für Brüder. Dem geselligen Maurerverein der Loge zum goldenen Apfel [in Dresden] bei seiner 3. Stiftungsfeier freundlich dargebracht vom Br C[arl] F[erd.] **Philippi.** Dresden: 1818. 44 S. 8°
20 Gesänge ohne Noten.

Leichtes Sylbenräthsel für Brüder, vorgelesen in der g. u. v. □ z. g[oldnen] A[pfel] in Dresden]. $\frac{4}{2}$ 5818. [Unterz.: Karl Ferd.] **Philippi.** [Dresden: 1818.] 2 Bl. 8° [Kopftit.]
In Versen. „Wer fühlt sich nicht der Gottheit nah . . .“

Zwiegespräch in Räthselform vorgelesen in der g. u. v. □ z. g[oldnen] A[pfel] $\frac{3}{8}$ 5818. [Unterz.: Karl Ferd.] **Philippi.** o. O. [1818]. 2 Bl. 8° [Kopftit.]
Gedicht.

Philippi, Karl Wilhelm

Philippi, Carl Wilhelm (Jugenheim)
Thesen, welche zur Erlangung der Doctorwürde in der Medicin, Chirurgie und Geburtshülfe Samstag den 7. Mai 1864 ... öffentlich vertheidigen wird: C.W. Philippi, Dr. philos. aus Jugenheim.
Giessen: Brühl 1864. 2 Bl.
Dr. med. 7.5.1864. vorh. 26.

Philippi, **Martin** Essai sur l'enseignement des langues étrangeres surtout du français dans nos ecoles superieures. 36 S. 8. *Solingen* 1876.
Progr.

Philippi, Oscar: Über Vertragschluss durch Telephon ... Breslau, Druck v. E. Trewendt, 1896; 2 Bl., 55 S. 8.
Erlangen, Jur. Fak., Inaug.-Diss. v. 1896

Philippi, P., P. Schröter, Rob. Engels. Das Blaumännchen u. Frau Fichte. Zwei Märchen in Wort u. Bild. gr. 4. (13 farb. S. m. eingedr. Text.) Elberf. 891, Lukas. cart. * 1 75

Philippi, Richard: Über einige Ketone und Säuren des Diphenylamins. Rostock 1910: Adler. 45 S. 8°
Rostock, Phil. Diss. v. 19. Mai 1910, Ref. Kunckell
[Geb. 7. Febr. 83 Hamburg; Wohnort: Rostock; Staatsangeh.: Hamburg; Vorbildung: Oberrealsch. vor d. Holstentor Hamburg bis O. 03; Studium: Heidelberg 1, München 3, Rostock 5 S.; Rig. 13. Mai 10.] [U 11. 4165

Philippi, Rudolf Amandus

Philippi, R. A., Abbildung u. Beschreibung einiger chilenischer Fische. [Aus: „Anales del museo nacional de Chile“.] gr. 4. (19 S. m. 6 Taf.) Leipzig 893. F. A. Brockhaus. n. 10. —

Philippi, Rud. Amand., Abbildungen u. Beschreibungen neuer oder wenig gekannter Conchylien, unter Mithülfe mehrerer deutscher Conchyliologen hrsg. Mit Beiträgen von Anton, v. der Busch, Dunker, Koch, Pfeiffer u. Troschel. 1. Bd. (8 Lfgn.) gr. 4. (20 B. u. 48 Stnt.) Cassel 842—45, Fischer. * 8 Thlr. 10 Ngr. Ill. *

—— dass. 2. Bd. (8 Lfgn.) u. 3. Bd. 1. Lfg. gr. 4. (à Lfg. 6 Stnt. u. 3—4 B. Text.) Ebds. à Lfg. * 1 Thlr. Ill. à *

Philippi, Rud. Amand., Abbildungen und Beschreibungen neuer und wenig gekannter Conchylien etc. Mit Beiträgen von Mehreren. 3. Bd. 2—8. Lfg. gr. 4. (221 S. und 42 ill. Stnt.) Cassel 848—51, Fischer. à Lfg. *
1. und 2. Bd. und 3. Bd. 1. Lfg. Ebendas. 1847. * 34 Thlr. 20 Ngr. — Von dem 1. und 2. Bde. erschien eine Ausg. mit nicht ill. Tafeln, welche * 16 Thlr. 10 Ngr. kostet.

– Adeorbis, Solarium, Risella, s. Martini, Friedrich Heinrich Wilhelm: Systematisches Konchylienkabinett.

– Ampullaria, s. Martini, Friedrich Heinrich Wilhelm: Systematisches Konchylienkabinett.

— Analogien zwischen der chilenischen u. europäischen Flora. Wann ist die Cordillere zwischen Chile u. Argentinien entstanden? Uber Phalaropus antarcticus u. Wilsoni. [Aus: „Verhandlgn. d. deutschen wissenschaftl. Vereins zu Santiago“.] gr. 8. (17 S. m. 2 farb. Taf.) Santiago 893. (Berlin, R. Friedländer & Sohn.) n. 2. —

— Astrophyton Antoni, s.: Palaeontographica, I. Bd.

—— Beiträge zur Kenntniss der Tertiärversteinerungen des nordwestl. Deutschlands. gr. 4. (11 3/4 B. u. 3 Kpfrt.) Cassel 843, Fischer. *

Philippi, R. A., Bemerkungen üb. die Flora bei den Bädern v. Chillan. Albinismus unter den Vögeln Chiles. Ueber die chilenischen Seeigel. [Aus: „Verhandlgn. d. deutschen wissenschaftl. Ver. zu Santiago“.] gr. 8. (19 S.) Santiago 892. (Berlin, R. Friedländer & Sohn.) n. 1. —

— über Clypeaster altus, Cl. turritus u. Cl. Scillae, siehe: Palaeontographica, I. Bd.

—— Ueber die Cucurbita siceraria u. Cucurbita mammeata d. Molina. — Aphorismen üb. die Sklaverei u. den Sklavenhandel in den christlichen europäischen Staaten während d. Mittelalters bis in die Neuzeit. — Bemerkungen üb. die Versteinerungen v. La Bajada in Corrientes. — Einige Worte üb. die chilenischen Mäuse. gr. 8. (21 S.) (Ebd.) 891. * — 80
Vorstehende 2 Schriften sind aus: Verhandlgn. d. deutschen wissenschaftl. Vereins zu Santiago, besonders abgedruckt.

— die Delphine an der Südspitze Südamerikas. [Aus: „Anales del museo nacional de Chile“.] gr. 4. (17 S. m. 5 Taf.) Leipzig 893. F. A. Brockhaus. n. 7. 50

– Delphinula, Scissurella, Globulus, s. Martini, Friedrich Heinrich Wilhelm: Systematisches Konchylienkabinett.

Philippi, Rud. Amand., Enumeratio Molluscorum Siciliae, c. viventium tum in tellure tertiaria fossilium, quae in itinere suo observavit. 4maj. (38 1/4 B. u. 12 Stnt.) Berolini 836, Schroppii et Soc.

—— Enumeratio Molluscorum Siciliae cum viventium tum in tellure tertiaria fossilium quae in itinere suo observavit. Vol. II. Cont. addenda et emendanda, nec non comparat. faunae recentis Siciliae cum faunis aliarum terrarum et cum fauna periodi tertiariae. Fauna Molluscorum viventium et in tellure tertiaria fossilium regni utriusque Siciliae. 4maj. (38 3/4 B. u. 16 Stnt.) Halis Saxon. 844, Anton. 7 Thlr., ill.

Philippi, R. A.: Botanische Excursion in das Araukanerland ([S.-A.] 41. Bericht des Vereins für Naturkunde zu Kassel.) Kassel 1896. 31 S. 8°.

Philippi, Rud. Amandus, florula Atacamensis seu enumeratio plantarum, quas in itinere per Desertum Atacamense observavit. Cum tab. VI (lith.) Halle 860. Anton. gr. 4. (62 S.) n. 2 ℳ

Philippi, R., Florula Atacamensis seu enumeratio plantarum, quas in itinere per desertum Atacamense observavit. Cum tabb. VI. (lith.) Halle 870. Anton. Imp.-4. (62 S.) cart. n. 2 ₰

— der Guemul der Chilenen. [Aus: „Anales del museo nacional de Chile"] gr. 4. (8 S. m. 1 Taf.) Ebd. 893 n. 2. 50

Philippi, Rud. Amand., Handbuch der Conchyliologie und Malacozoologie. gr. 8. (XX und 548 S.) Halle 853, Anton. *

— drei Hirsche der Anden. [Aus: „Anales del museo nacional de Chile".] gr. 4. (15 S. m. 4 [2 farb.] Taf.) Ebd. 895. n. 6. —

— die Mactra-Arten Chiles [Aus: „Anales del museo nacional de Chile".] gr. 4. (9 S. m. 8 Taf.) Ebd. 893. n. 6. —

Philippi, R A Vorläufige Nachricht über fossile Säugethierknochen von Ulloma. Bolivia ([S.-A.] Zeitschrift der Deutschen Geologischen Gesellschaft Jahrg. 1893. S. 87—96.) (Berlin 1893.) 10 S. 8⁰

– Nautica, Amaura, s. Martini, Friedrich Heinrich Wilhelm: Systematisches Konchylienkabinett.

Philippi, R. A., Orthoptera Berolinensia. Dissert. inaug. entomologica. Acced. tab. II. col. 4 maj. (6½ B.) Berolini 830. (Enslin'sche Buchh.)

— die Pflanzenthiere Chiles. [Aus: „Anales del museo nacional de Chile".] gr. 4. (8 S. m. 2 Taf.) Ebd. 893. n. 4. —

– Phasianella, Bankivia, Lakuna, s. Martini, Friedrich Heinrich Wilhelm: Systematisches Konchylienkabinett.

Philippi, Rud. Amandus, Reise durch die Wüste Atacama auf Befehl der chilenischen Regierung im Sommer 1853—54 unternommen und beschrieben. Imp.-4. (X und 254 S. nebst 1 lithogr. Karte in Imp.-Fol. und 27 Stnt., wovon 7 ill. und 12 in Tondr., in Imp.-4. und qu. Imp.-Fol.) Halle 860, Anton.

— die Schliessschnecken, s.: Küster, H. C.

— die chilenischen Seehunde im Museum zu Santiago. [Aus: „Anales del museo nacional de Chile".] gr. 4. (55 S. m. 28 Taf.) Leipzig 893. F. A Brockhaus. n. 30. —

— Tertiärversteinerungen aus der argentinischen Republik. [Aus: „Anales del museo nacional de Chile".] gr. 4. (12 S. m. 4 Taf.) Ebd. 893. n. 5. —

Philippi, Ueber die Tertiärversteinerungen der Wilhelmshöhe bei Kassel. (Programm der höheren Gewerbeschule in Cassel. Schuljahr 1841—42.) Kassel. 4.

– Trochus, s. Martini, Friedrich Heinrich Wilhelm: Systematisches Konchylienkabinett.

– Turbo, s. Martini, Friedrich Heinrich Wilhelm: Systematisches Konchylienkabinett.

Philippi, R. A., die tertiären und quartären Versteinerungen Chiles. gr. 4. (266 S. mit 58 lithogr. Taf.) Leipzig 887, Brockhaus. In Mappe *

—— Verzeichniss der v. Friedrich Philippi auf der Hochebene d. Provinzen Antofagasta u. Tarapacá gesammelten Pflanzen. gr. 4. (VIII, 96 S. m. 2 Taf.) Lpz. 891, Brockhaus. * 10 —

— Verzeichniss der in der Gegend v. Magdeburg aufgefundenen Tertiärversteinerungen, s.: Palaeontographica, I. Bd.

Philippi, S., der bibl. Occident, od. d. Entstellung d. hebr. Sprache. gr. 8. Frankf. 822. Hermann. 8 gGr

Philippi, Sabine, vom frühen Leben. (62 S.) 8. Leipzig 910. Xenien-Verlag. 2. —

Philippi, Siegfr., sein Abenteuer, s.a. Thalia.

Sein Abenteuer. Schwank in 1 Akt von Siegfried Philippi. *Mühlhausen i. Th.: G. Danner [1899]* (40 S.) 8° [F.]
— Thalia. 52. [00. 9801

— das Amtsgeheimnis, s.a. Vereinstheater.

Das Amtsgeheimnis. Schwank in 1 Akt von Siegfried Philippi. *Mühlhausen i. Th.: G. Danner [1901].* (32 S.) 8° [F.]
— Vereinstheater. 104. [01. 8590

Philippi, Siegfr., die Anna-Lise, s.: Mehrakter. (Hersch, Herm.)

— Schmuhlchen Cohn auf Freiersfüßen, s.: Danner's, G., Herren-Bühne.

Philippi, Siegfr., der Dritte, s.a. Thalia.

[F.] Der Dritte. Schwank in 1 Akt. Nach d. Engl. v. Siegfried Philippi. *Mühlhausen i. Th.: G. Danner [1898].* (40 S.) 1 Bd 8.
— Thalia. [No] 38. [98. 9407

Philippi, Siegfr., das Fest der Handwerker, s.: Angely, L.

— Flocken im Winde, s.: Aufführungen f. Weihnachten u. Neujahr.

— die Fuchsfalle, s.a. Vereinstheater.

Die Fuchsfalle. Schwank in 1 Akt von Siegfried Philippi. *Mühlhausen i. Th.: G. Danner [1901].* (40 S.) 8° [F.]
— Vereinstheater. 105. [01. 8590

— Gegengift, s.a. Theater, kleines. 358.

Gegengift. Schwank in 1 Akt von Siegfried Philippi. Paderborn: B. Kleine [1905]. (24 S.) 8° [F.]
— Theater, Kleines. H 358. [05. 13621

Schweres Geschütz, s.: Thalia.

— Knibbe's Gewissensbisse, s.: Meißner's Vereinsbühne.

— Gott sei Dank, der Tisch ist gedeckt, s.a. Thalia.

Gott sei Dank, der Tisch ist gedeckt. Schwank in 1 Akt frei nach d. Franz. von Siegfried Philippi. *Mühlhausen i. Th.: G. Danner [1901.]* (27 S.) 8° [F.]
— Thalia. 85. [01. 6370 3

— Großfeuer, s.: Vereinstheater.

— die fidelen Handwerksburschen, s.a. Danner's, G., Herren-Bühne.

Die fidelen Handwerksburschen. Posse in 1 Akt mit freier Benutzung großen Nestroyschen Posse 'Lumpacivagabundus' von Siegfried Philippi. *Mühlhausen i. Th.: G. Danner [1903].* (36 S.) 8° [F.]
— Herren-Bühne, G. Danner's. No 40. [04. 2201

— Das Heiratsklamel, s.: Thalia.

— Die Henkersmahlzeit, s.: Lustspiele.

— die Herren der Schöpfung, s.a. Vereinstheater. Nr. 135.

Die Herren der Schöpfung Schwank in 1 Akt von Siegfried Philippi. *Mühlhausen i. Th.: G. Danner [1904].* (32 S.) 8°
= Vereinstheater. 135. [04. 1900 3

— der geprellte Hirsch, s.a. Danner's, G., Herrenbühne.

Der geprellte Hirsch. Schwank in 1 Akt von Siegfried Philippi. *Mühlhausen i. Th.: G. Danner [1901].* (26 S.) 8° [F.]
= Herrenbühne, G. Danner's. No 32. [01. 8202

— die Höllenmaschine, s.a. Mehrakter. Nr. 25.

Die Höllenmaschine. Schwank in 2 Akten von Siegfried Philippi. Mühlhausen i. Th.: G. Danner [1906]. (48 S.) 8° [F.]
= Mehrakter. No 25. [07. 6676 3

— Unsere blauen Jungen, s.: Meißner's Herrenbühne.

— Das Kaisergeburtstags-Schläfchen, s.: Festspiele zu Kaisers Geburtstag.

— blanke Knöpfe, s.a. Vereinstheater.

Blanke Knöpfe. Schwank in 1 Akt von Siegfried Philippi. *Mühlhausen i. Th.: G. Danner [1901].* (36 S.) 8° [F.]
= Vereinstheater 103. [01. 8589

— der Herr Kommissionsrat, s.: Teich's Vereinstheater. Nr. 17.

— Die Kompagnietante, s.: Vereinstheater.

— die Kraniche des Ibykus, s.a. Thalia. Nr. 111.

Die Kraniche des Ibykus. Schwank in 1 Akt von Siegfried Philippi. *Mühlhausen i. Th.: G. Danner [1901].* (40 S.) 8° [F.]
= Thalia. 111. [04. 16356 3

— Unsere alten Krieger, s.: Zentraltheater.

— Der Meisterschaftsfahrer, s.: Lustspiele.

— Der Militärengel. s.: Vereinstheater.

— die Reise nach dem Monde. Schwank in 3 Akten. 8. (144 S.) Mühlhausen i/Th. 897. G. Danner. n. 3. —

— Die Rekrutenaushebg. in Kalau, s.a. Danner's, G., Herren-Bühne.

Die Rekrutenaushebung in Kalau. Schwank in 1 Akt von Siegfried Philippi. Mühlhausen i. Th.: G. Danner [1907]. (40 S.) 8° [F.]
= Herren-Bühne, G. Danners. 62. [08. 5892 3

— 's Reserl vom Lindenhof, s.a. Mehrakter.

's Reserl vom Lindenhof. Volksstück in 2 Akten von Siegfried Philippi. Mühlhausen i. Th.: Danner [1909]. 52 S. 8°
(Mehrakter. Nr 39.) [09. 14813

— Die letzte Rettung, s.: Vereinstheater.

— Robert u. Bertram (Die lustigen Vagabunden) auf dem Maskenball, s.a. Meißner's Vereinsbühne.

— Robert u. Bertram, die lust. Vagabunden, s.a. Vereinstheater.

Robert und Bertram, die lustigen Vagabunden. Posse mit Gesang in 1 Akt. Nach d. bekannten grossen Räder'schen Posse frei zsgest. von Siegfried Philippi. *Mühlhausen i. Th.: G. Danner [1901]* (35 S.) 8° [F.]
= Vereinstheater 100. [01. 8586

— Der Nobelprinz, s.: Thalia.

— Romeo in der Kantine, s.: Festspiele zu Kaisers Geburtstag.

— Knecht Ruprecht, s.: Aufführungen f. Weihnachten u. Neujahr.

— Silvesterball, s.: Angely, L.

— Silvesternacht, s.a. Aufführungen f. Weihnachten u. Neujahr.

Sylvesternacht. Komisches Lebensbild in 1 Aufzuge von Siegfried Philippi. *Mühlhausen i. Th.: G. Danner [1903].* (40 S.) 8° [F.]
= Aufführungen f. Weihnachten u. Neujahr. No 12 [04. 7027

— d. Skatabend, s.: Vereinstheater.

— Die Soldatenfalle, s.: Lustspiele.

— ein Sonntag in Podejuch, s.a. Mehrakter. Nr. 17.

Ein Sonntag in Podejuch. Posse mit Gesang in 2 Akten von Siegfried Philippi. Musik von Anton Aich. *Mühlhausen i. Th.: G. Danner [1904].* (55 S.) 8°
= Mehrakter. No 17. [04. 16160 3

— das Spitzbubennest, s.a. Danner's, G., Theater-Abend. Nr. 36.

Das Spitzbubennest. Schwank in 1 Akt nach e. Idee von Brentano Sanders von Siegfried Philippi. Mühlhausen i. Th.: G. Danner [1906]. (36 S.) 8° [F.]
= Theater-Abend, G. Danner's. 36. [06. 14213 3

— das Stiftungsfest, s.a. Danner's, G., Theater-Abend. Nr. 33.

Das Stiftungsfest. Schwank in 1 Akt von Siegfried Philippi. Mühlhausen i. Th.: G. Danner [1905]. (36 S.) 8° [F.]
= Theater-Abend, G. Danner's. No 33. [05. 13060 3

— Turnerlist, s.: Vereinstheater.

— Meier's Vereinsabend, s.: Vereinstheater.

— Die Vorstandswahl, s.: Lustspiele. Nr. 14.

— verbotene Wege, s.a. Vereinstheater.

Verbotene Wege. Schwank in 1 Akt von Siegfried Philippi. *Mühlhausen i. Th.: G. Danner [1899].* (38 S.) 8° [F.]
= Vereinstheater 79. [00. 8587

— der Weiberfresser, s.a. Thalia. Nr. 129.

Der Weiberfresser. Lustspiel in 1 Akt von Siegfried Philippi. Mühlhausen i. Th.: G. Danner [1906]. (48 S.) 8° [F.]
= Thalia. 129. [06. 13824 3

— Weidmanns-Heil, s.: Thalia.

— Das Weihnachtsauto, s.: Aufführungen f. Weihnachten u. Neujahr.

— der Weihnachtsengel, s.a. Aufführungen f. Weihnachten u. Neujahr. Nr. 16.

Der Weihnachtsengel. Ein Junggesellenschwank in 1 Akt von Siegfried Philippi. *Mühlhausen i. Th.: G. Danner [1904].* (40 S.) 8° [F.]
= Aufführungen f. Weihnachten u. Neujahr. No 16. [04. 13616 3

— Weihnachtsfeier im Junggesellenklub, s.: Meißner's Weihnachtsbühne. Nr. 2.

— Nappelkopf's Wette, s.: Meißner's Vereinsbühne.

— Der Wunschzettel, s.: Weihnachtsbühne.

— Zu Befehl, Herr Unteroffizier!, s.: Vereinstheater.

Rede, bei der festlichen Einweihung des neuen M.·. Tempels der verein.·. Freunde im Or.·. von Mainz, gehalten von Simon **Philippi.** 28. Sept. 5834. [Mainz 1834: Zabern.] 8 S. 8° [Umschlagtit.]
Kl. 1254. Gegen die Verquickung von Frmrei u. Religion in der Frmrei u. gegen Scheinheiligkeit.

Philippi, W., Elektrizität im Bergbau. Vortrag. Düsseldorf, 1910. 20 S. mit 20 Abb.

Philippi, Wilh., üb. die Einrichtung v. gewerblichen Kranken- u. Pensionshilfskassen. gr. 8. (14 S.) Bonn 874. Weber. n. — 40

Philippi, Wilh., elektrische Kraftübertragung. (VIII, 386 S. m. 321 Abbildgn. u. 4 Taf.) Lex.-8. Leipzig 905. S. Hirzel. n. 16. —; geb. n. 18. —

Philippicae sacrae sive orationes doctissimorum ... ecclesiae procerum nomine in coronatas orthodoxae religionis aut pietatis hostes vibratae. Herbipoli 1726. V: *Boros, Joseph.* (ZÜRKL) (SO)

Philippides, Demetrius Daniel

Φιλιππίδου, Δημητρ. Δανιήλ., Γεωγραφικὴ νεωτερική. Βιέννῃ 791. Tom. I. 8. 3 rthl.

Philippikus, s.: Bismarck der Ganze.

Philippikus, s.: Invasion, die jüdische, u. das kathol. Deutschland.

Philippi-Mappe. Hrsg. vom Kunstwart. (7 [2 farb.] Taf. m. IV S. Text.) Fol. München (906). G. D. W. Callwey. n. 4. –

Philippine; eine Geschichte. 2 Thle. 8. Leipz. 781. (Brockhaus). 16 gr

Philippine; e. Gesch. 2 Thle. 8. Lpz. Junius. (Gleditsch.) 781.

Philippine, d. Burgfräulein v. Rabenau, s.: Neumann, Fr.

Philippine von Geldern, oder Geschichte Selims, des Sohnes Amurat. Leipzig 1792. V: *Naubert, Christiane Benedicte Eugenie geb. Hebenstreit.* (EE) (KY)

Philippe v. Geldern, od. Geschichte Selims, (v. B. Naubert). 2 Thle. 8. Leipz. 792. Weygand. 2 ₰ 8 gr

— der, eines Bauermädchens Liebes- u. Lebensgeschichte. 8. Liegn. 754. Siegert. 4 gr

Philippine auf der Redoute in Wien Oder die Vorsehung rächt die Unschuld der Tochter an den Vergehungen der Stiefmutter. Wien bei Christoph P. Rehm 1797. 88 S. 8°. V: *Richter, Joseph.* (Hdschr. Mitth. von Gustav Gugitz, Wien) (Hans Viktor Pisk: Josef Richter. Diss. Wien 1927. S. 141)

Philippinen [Schlagwort]

Philippinen, s. a Cuba. — Kriegsschauplatzkarten.

Philippinen. Handkarte, neueste, der Philippinen. 1 : 5,000,000. 41,5×32 cm. Farbdr. Glogau (899). C. Flemming. n. — 50

— Karte der Philippinen. (In 2 Sectionen: Nördliches u. südl. Blatt.) Nach den neuesten u. besten Quellen bearb. 1 : 2,500,000. Mit e. Plane der Stadt Manila 1 : 90,000. 2 Blatt à 38×49,5 cm. Farbdr. Mit illustr. Text auf dem Umschlag. [Aus: „Geogr. Rundschau".] Wien 899. A. Hartleben. n. 2. —

Philippis, Salvatoris de, Vade-mecum confessariorum, seu practica methodus sacramenti poenitentiae administrandi post bullam „apostolicae sedis". Ed. IV., emendatior et locupletior. 12. (VIII, 264 S.) Paris 891. Lethielleux. n. 1. 20

Philippoff, Michel: Sur les invariants des équations différentielles linéaires ... Heidelberg, C. Winter's Universitätsbuchh., 1892; 1 Bl., 64 S., 1 Bl. 8.
Heidelberg, Naturw.-math. Fak., Inaug.-Diss. v. [6. Dez.] 1892

PHILIPPON: Rede üb. d. Nothwendigkeit u. d. Mittel, d. Lebensstrafen abzuschaffen, gelesen in d. Akad. d. Wissensch. u. schönen Künste v. Besançon. *Basel.* 786. 8.

Philippopel [Schlagwort]

Philippopel, s.: Europa. Generalkarte.

Philippopolitanus, A. G., Antipanaceja, seu de causis, quae morbos difficiles curatu etc. 8maj. Wien 810. Schalbacher. 5 ₰ 8 gr

Belagerung von Paris. Die Schlacht am Mont-Valérien, am 19. Jan. 1871. Von *Philippoteaux*-Vater (m. dessen Portr.). O. O. u. J. (München 1887). Gr. 8°. Cart.°)
Hirsch.-Portr., 12 S., 1 Plan. Auf Rücks. des illustr. Orig.-Umschl.: Kgl. Hof- u. Univers.-Buchdr. von Dr. C. Wolf & Sohn.

Philippovic, Vera [aus Agram, Kroatien]: Swift in Deutschland. Agram 1903. 76 + 2 S. 8°.
Zürich. Phil. Diss. I. S. 1902 1903.

Philippovich von Philippsberg, Eugen

Philippovich, Eug. v., d. Neuberan. uns. Wirthschaftsverfassung im 19. Jahrh. [Aus: „Die Zeit".] gr. 8. (27 S.) Wien 895. Verlag „Die Zeit". n. — 50

Philippovich v. Philippsberg, Eug. v., üb. Aufgabe u. Methode der politischen Ökonomie. Antrittsrede. gr. 8. (55 S.) Freiburg i/Br. 886. Mohr. n. 1. —

Philippovich, Eug. v. Auswanderung u. Auswanderungspolitik in Deutschland, s.a. Schriften d. Vereins f. Socialpolitik.

Philippovich, Eug. von, Auswanderung u. Auswanderungspolitik in Deutschland. Berichte über die Entwickelung u. den gegenwärtigen Zustand des Auswanderungswesens in den Einzelstaaten u. im Reich. Im Auftrage des Vereins für Socialpolitik herausg. von E. v. Philippovich. Leipzig 1892. 8.
Ist: Schriften d. Ver. f. Soc.-Pol. 52. . . . . (D.)

— die Bank v. England im Dienste der Finanzverwaltung d. Staates. gr. 8. (VIII, 214 S.) Wien 885. Toeplitz & Deuticke. n. 6. —

Philippovich, Eug. v., die Entwicklung der wirthschafts-politischen Ideen im 19. Jahrh., s.a. Handbuch des öffentlichen Rechts der Gegenwart.

Philippovich, Eug. v., die Entwicklung der wirtschaftspolitischen Ideen im 19. Jahrh. 6 Vorträge. (VIII, 144 S.) 8. Tübingen 910. J. C. B. Mohr. 1.60; geb. 2.20

— wirthschaftlicher Fortschritt u. Kulturentwicklung. Vortrag, geh. am 9. März 1892 im Museum zu Karlsruhe. 8. (56 S.) Freiburg i/B. 892. J. C. B. Mohr. n. 1. —

Philippovich [v. Philippsberg], E., Gesetze üb. die direkten Steuern, s.a. Handbibliothek badischer Gesetze.

Philippovich, Eug. v. Gesetze über die direkten Steuern des Grossherzogthums Baden. gr. 8°. Freiburg 1888.

— Grundriß der politischen Oekonomie. 1. Bd. Allgemeine Volkswirthschaftslehre. [Aus: „Handbuch d. öffentlichen Rechts, Einleitungsbd."] Lex.-8. (VIII, 348 S.) Ebd. 893. n. 8. —; geb. n.n. 9. —

— Grundriß d. politischen Oekonomie. 1. Bd. Allgem. Volkswirthschaftslehre. 2., verb. u. verm. Aufl. [Aus: „Handbuch d. öffentl. Rechts, Einleitungsbd."] 3 Abthlgn. gr. 8. (XII, 392 S.) Freiburg i/B. 896. 97. Tübingen, J. C. B. Mohr. n. 9.40; geb. n.n. 10.40

Philippovich, Eug. v., Grundriß der politischen Oekonomie. 1. Bd. u. 2. Bd. 1. Thl. [Aus: „Handbuch d. öffentl. Rechts, Einleitgsbd."] gr. 8. Tübingen, J. C. B. Mohr. n. 17. —; geb. n.n. 19. —
1. Allgem. Volkswirtschaftslehre. 4., durchgeseh. Aufl. (XII, 407 S.) 901. n. 9.60; geb. n.n. 10.60
3. Aufl. (XII, 405 S.) Ebd. 899. n. 9.60; geb. n.n. 10.60
2. I. Volkswirtschaftspolitik. 1. Thl. 1. u. 2. Aufl. (VIII, 325 S.) Freiburg i/B. 899. n. 7.40; geb. n.n. 8.40

Philippovich, Eug. v., Grundriß der politischen Oekonomie. 1. u. 2. Bd. Lex.-8. Tübingen, J. C. B. Mohr. n. 18. —; geb. n. 20. —
1. Allgemeine Volkswirtschaftslehre. 6., rev. u. verm. Aufl. (XII, 431 S.) 906. n. 10. —; geb. n.n. 11. —
5. Aufl. (XII, 408 S.) 904. n. 9.60.
2. Volkswirtschaftspolitik. 1. Thl. 3., durchgeseh. Aufl. (VIII, 365 S.) 905. n. 8. —; geb. n.n. 9. —
Sonderabdrucke aus: „Handb. d. öffentl. Rechts, Einleitgsbd."

— Grundriß der politischen Oekonomie. I. u. II. Bd. [Aus: „Handb. d. öffentl. Rechts, Einleitgsbd."] Lex. 8. Ebd. 18.—; geb. 20. —
I. Allgemeine Volkswirtschaftslehre, 8., rev. Aufl. (15.—16. Taus.) (XII, 435 S.) 909. 10.—; geb. 11. —
7. Aufl. (XII, 432 S.) 908. 10.—; geb. 11.—.
II. Volkswirtschaftspolitik. 1. Tl. 5., rev. Aufl. (IX, 352 S.) 910. 8.—; geb. 9. —
1.—3. Aufl. (XI, 393 S.) 907. 9.—; geb. 10.—.
4. Aufl. (IX, 348 S.) 907. 8.—; geb. 9.—.

— s. Handbuch des öffentlichen Rechts. Einleitungsbd.

— s.: Produktivität, die, der Volkswirtschaft.

— der badische Staatshaushalt in den J. 1868—1889. Mit e. Eisenbahnkarte des Großherzogt. Baden. gr. 8. (XII, 263 S.) Freiburg i/Br. 889. J. C. B. Mohr. n. 6. —

— s.: Studien, Wiener staatswissenschaftliche.

[F.] Untersuchungen über die Lage des Handwerks in Österreich m. bes. Rücks. auf s. Konkurrenzfähigkt gegenüb. d. Grossindustrie. (Hrsg.: Eugen v. Philippovich.) *Leipzig: Duncker & Humblot 1896.* (XXIX, 690 S.) 1 Bd 8.
— Schriften d. Vereins f. Socialpolitik. [No] 71. [97. 2398

—— Allgemeine Volkswirthschaftslehre, s.a. Handbuch d. öffentlichen Rechts der Gegenwart in Monographien.

Allgemeine Volkswirthschaftslehre. Bearb. von Dr. Eugen Philippovich. 4. durchges. Aufl. *Tübingen & Leipzig: J. C. B. Mohr 1901.* (XII, 407 S.) 4° [F.]
— Handbuch d. öffentl. Rechts. Einleitungsbd, Abt. 3. [03. 1386, 6

Allgemeine Volkswirtschaftslehre. Bearb. von Dr. Eugen v. Philippovich. 5. durchges. Aufl. Tübingen & Leipzig: J. C. B. Mohr 1904. (XII, 408 S.) 4°(8°) [F.]
— Philippovich: Grundriß d. polit. Oekonomie. Bd 1.
— Handbuch d. öffentl. Rechts d. Gegenwart. Einl. Bd, Abt. 3. [06. 3957 4

Philippovich E v, Volkswirtschaftspolitik. I. (325 S) (Handbuch des öffentlichen Rechts. Einleitungsband 4) Freiburg 1899

— Volkswirtschaftspolitik. II. (393 S) (Handbuch des Öffentlichen Rechts. Einleitungsband IV. 2) Tübingen 1907

Volkswirthschaftspolitik. Bearb. v. Dr. Eugen v. Philippovich. 1. u. 2. Aufl. Th. 1. *Freiburg i. B., Leipzig & Tübingen: J. C. B. Mohr 1899.* 4°(8°) [F.]
— Philippovich: Grundriss d. polit Oekonomie. Bd 2.
— Handbuch d. Oeffentl. Rechts. Einl. Bd. Abth. 4, Th. 1. [99. 6968

— zur österreich. Wahlreform, s.: Hainisch, Mich.

— u. Paul Schwarz, Wohnungsverhältnisse in österr. Städten, insbesondere in Wien, s.: Verwaltung, sociale, in Oesterreich. I. 7.

— Wiener Wohnungsverhältnisse. [Aus: „Archiv f. soz. Gesetzgebg."] gr. 8. (67 S.) Berlin 894. C. Heymanns Verl. n. 1.20

— s.: Zeitschrift f. Volkswirtschaft, Sozialpolitik u. Verwaltung.

Philipps, über die Lage d. Isoklinen in Yorkshire, siehe: Jahrbuch, geograph., III.

Philipps, A., die Resultate der operativen Behandlung der Bauchfelltuberkulose. Eine v. der medicin. Facultät zu Göttingen gekrönte Preisschrift. gr. 4. (II, 37 S.) Göttingen 890. (Vandenhoeck & Ruprecht.) n. 1.50

Philipps, Arthur, s. Phillip, Arthur

Philipps (Aug.), Stammliste der Offiziere usw. des Infanterie-Regiments Vogel v. Falckenstein, s.: Schmid.

Philipps, E., keine direkten Steuern mehr! Die Notwendigkeit u. Möglichkeit ihrer Beseitigg. 2. Taus. gr. 8. (27 S.) Neuwied 893. Heuser's Verl. — 30

Philipps, G., s. Phillips, George

Philipps, Georgvs [!] (geb. am 11 Okt. 1837 in Köln): De articvli cvbitalis resectione ... Bonnae, form. F. Krvegeri (1861). 27 S., 2 Bl. 8.
Bonn, Med. Fak., Diss. v. 9 [nach d. Akten v. 10] Aug. 1861

Philipps, Gust Henr (geb. Opherdicke in Westf. 20. 11 1820) De fistula ani. Berolini (1843). (30 S.) 8°
Berlin, Med. Diss. v. 4. Juli 1843

Philipps, Joannes Georgius (geb. 1806 in Köln): De animi affectionibus in pectoris morbis præter vesaniam . . . Bonnae, excud. J. Lumscher Coloniensis 1830. 2 Bl., 18 S., 1 Bl. 4.
Bonn, Med. Fak., Diss. v. 6 Dez. 1830

PHILIPPS, Johannes (geb. am 9 Okt. 1841 in Dorp Gem. Erkrath): *wurde am 3 Aug. 1870 in Bonn zum Dr. med. promoviert. Seine Dissertation — Über Gelenkresektionen und deren Indikationen — scheint nicht erschienen zu sein.*

Philipps, Jos., der Sauerstoff. Vorkommen, Darstellg. u. Benutzg. desselben zu Beleuchtungszwecken nebst e. neuen Verfahren der Sauerstoff-Beleuchtg. Nach dem gegenwärt. Stande der Wissenschaft u. der Technik bearb. Mit in den Text gedr. Holzschn u. 2 lith. Taf. (in gr. 4.) gr. 8. (III, 50 S.) Berlin 871. Springer's Verl. n. 1. 50

Philipps, P (Red.), s. Streitfragen.

Philipps, Paul, üb. die Neubildung v. Arterien m. stark verdickter Muskularis in Pleuraschwarten. Diss. gr. 8. (15 S.) Kiel 891. (Gnevkow & v. Gellhorn) n. — 80

Philipps, Rich., s. Phillipps, Richard

Philipps, W., die Notwendigkeit e. organisirten Kampfes gegen die Unsittlichkeit. Vortrag. gr. 8. (24 S.) Berlin 890. Buchhandlg. d. Berliner Stadtmission. n. — 20

Philipps, W., τοῦτό ἐστι τὸ σῶμά μου. Vier Abhandlgn. üb. das Wort d. Herrn: „Das ist mein Leib". Ein Beitrag zur Sakraments- u. Abendmahlslehre. gr. 8. (VIII, 479 S.) Gütersloh 885. Bertelsmann. n. 8. —

Philipps, W., s.: Wichern-Feiern, die.

—— Schlechte Wohnungsverhältnisse, e. Quelle d. Unsittlichkeit. Vortrag. 8. (16 S.) Ebd. 889. — 10

— — s.a. Phillips

Philipps, Wilhelm, appr. Arzt a. Göttingen: Über Schädelschußverletzungen mit Benutzung der in der Zeit von 1878 bis 1902 in der Kgl. chirurgischen Universitätsklinik zu Göttingen behandelten diesbezüglichen 27 Kranken. Göttingen 1904: E. A. Huth. (80 S.) 8°
Göttingen, Med. Fak., Ref. Braun, Diss. v. 10. Apr. 1905
[Geb. 24. Juni 70 Sillium, Kr. Marienburg; Wohnort: Reckershausen, Hannover; Staatsangeh.: Preußen; Vorbildung: Gymn. Göttingen Reife M. 95; Studium: Göttingen 11 S.; Coll. 8. Aug. 04; Approb. 30. Mai 03.]

Philipps, [Wilhelm]: Was kann geschehen, um der Prostitution wirksam entgegen zu treten? Referat für die am 4. Mai 1896 tagende Kreis-Synode Berlin II. — Berlin (1896): Blanke. 19 S. 8°

Philippsborn, General-Uebersicht des täglichen Standes der Course von den in- u. ausländischen Staatspapieren an der Börse zu Berlin pro 1828—1835. 2 Bde. 4.

Philippsburg [Schlagwort]

Philippsburg, s.: Geologische Karten. **Spezialkarte (Baden).**

Philippsen, G G., s. Philipsen

Philippsen, Heinrich August Chr

Philippsen, H. A. C., u. C. Sünksen, das Dannewerk in Geschichte u. Sage nebst Führer durch das Dannewerk. 2., bedeutend erweit. Aufl. des „Führer durch das Dannewerk" m. 5 Ansichten u. 4 Karten. (VII, 118 S.) gr. 8. Hamburg (907). Grefe & Tiedemann. 2. —

Fører gennem Dannevirke af Heinrich Philippsen og Carl Sünksen. Dansk Udgave. Hamburg. 1903. 8°

Philippsen, H., u. C. Sünksen, Führer durch das Dannewerk. (31 S. m. 4 Taf. u. 1 Karte.) 8. Hamburg 903. Grefe & Tiedemann. n. 1. —; dänische Ausg. (30 S.) n. 1. —

Philippsen, H., Kultur- u. Naturbilder von Föhr. 8. (68 S. m. Abbildgn. u. 1 farb. Karte.) Föhr 902. Dr. med. Gmelin. (Nur direkt.) — 75

Philippsen, Heinr. Aug. Chr., s.: Schnittger's, C. R., Erinnerungen e. alten Schleswigers.

Philippsen, Joh., Predigten u. Reden. [Hrsg. nach dem Tode des Verf.] Hamburg 869. Nolte. gr. 8. (IV, 365 S.) n. 1 $\!\!$ 18 ngr

Philippsohn, Hans: Zur Casuistik der combinierten Strangdegenerationen. *München [1898]: Dr. C. Wolf & Sohn.* (39 S.) 8°
München, Med. Diss. v. 1898

Philippsohn, L., Esra der Schriftgelehrte. Biblische Novelle. Hebräisch v. S. Mandelkern. 12. (83 S.) Leipzig 901. (M. W. Kaufmann.) n. 1. 50

Philippsohn Moses, Modo libneh binah, ein Lehr- u. Lesebuch f. Liebhaber d. hebr. Sprache. 2 Thle 8. Leipz. 823, Wienbrack. 1r Thl. 20 gr. 2r Thl. 1 Rthl. 16 gr.

Philippsohn, O., s. Philippson, P.

Philippsohn, Ph(oebus) Mauritius: De natura medicatrice. Halae (1828): Ruff. XVIII, 40 S. 8°
Halle-Wittenberg, Med. Diss. v. 22. März 1828
[Beigedr.:] Sprengel, Curtius: De nova Dioscoridis editione rationem reddituros. (1828). vgl. Nr. 741.
Geb. Dessau [26. 7.] 1807 [V in Sprengel's Progr., vgl. Nr. 741]
Verf. schrieb sich später Philippson. In den Tabellen der preussischen Medizinalpersonen 1850 (unter Clötze) [Zentralarchiv Merseburg] lautet sein 1 Vorname Philipp.

Philippson, A. [pract. Arzt aus Hamburg]: Die Phelps'sche Methode der Klumpfussbehandlung .... Leipzig, Druck v. J. B. Hirschfeld, 1887; 2 Bl. + 17 S. 8°.
Würzburg, Med. Fak., Inaug.-Diss. v. 1887.

Philippson, A., die Phelps'sche Methode der Klumpfussbehandlung. Diss. Würzburg 1887, Stahelsche Univ.-Buchh. 8°. 17 S.

Philippson, A., die Prophylaxe der Gonorrhoe. Am 10. Jan. 1893 im Hamb. ärztl. Verein vorgetragen. [Aus: „Allg. med. Centralzeitg."] gr. 8. (8 S.) Berlin 893. O. Coblentz. n. 1. —

Philippson, Alfr., s.: Archiv f. Landes- u. Volkskunde der Prov. Sachsen.

Philippson, Alfred, und Gustav **Steinmann** Ueber das Auftreten von Lias in Epirus. [Die Kalke von Kukulcaes.] (Zeitschrift der Deutschen Geologischen Gesellschaft. Jahrg. 1894. Bd. 46. S. 115—126.) (Berlin 1894.) 12 S., 1 Tf. 8°

Philippson, Alfr., Beiträge zur Kenntnis der griech. Inselwelt, s.a. Petermann's, A., Mitteilungen, 134. Erg.-Hft

Philippson, Alfred: Beiträge zur Kenntnis der griechischen Inselwelt. Mit 4 Karten. Gotha 1901. IV 172 S.
= Ergänzungsheft zu Petermann's Geographischen Mittheilungen. No. 134. 8°

Philippson, Alfred· Die Entstehung der Flusssysteme. ([S.-A.] Verhandlungen des naturhistorischen Vereins der preussischen Rheinlande. Westfalens und des Regierungsbezirks Osnabrück. Jahrg. 55. 1898. S. 43—62.) Bonn 1898. 20 S. 8°

Philippson, Alfred· Zur Ethnographie des Peloponnes. ([S.-A.] Petermanns Geographische Mitteilungen. 1890. Heft 1 u. 2.) Gotha 1890. 20 S., 1 Krt. 4°

Philippson, A., u. L. Neumann, Europa. Eine allgemeine Landeskunde. Hrsg. v. Wilh. Sievers. Mit 166 Abbildgn. im Text, 14 Kartenbeilagen u. 28 Taf. in Holzschn. u. Farbendr. v. E. T. Compton, Th. v. Eckenbrecher, H. L. Heubner u. a. Lex.-8. (X, 635 S.) Leipzig 894. Bibliograph. Institut. Geb. in Halbfrz. n. 16. —; auch in 14 Hftn. à n. 1. —

Philippson, Alfr., Europa. 2. Aufl. des v. Alfr. Philippson u. Ludw. Neumann verf. Werkes, neu bearb. v. Ph. Mit 144 Abbildgn. u. Karten im Text, 14 Karten u. 22 Taf. in Holzschn., Aetzg. u. Farbendr. v. E. T. Compton, H. Heubner, E. Heyn, W. Kuhnert u. K. Oenike. (Allgem. Länderkunde. Unter Mitarbeit v. Emil Deckert, Frdr. Hahn, Willy Kükenthal, Alfr. Philippson hrsg. v. Wilh. Sievers. (2., gänzlich umgearb. u. erneuerte Aufl.) (XII, 761 S.) Lex.-8. Leipzig 906. Bibliograph. Institut. Geb. in Halbfrz. n. 17.—; auch in 15 Lfgn. à 1.—

Philippson, Alfred: Zur Geologie des Pindos-Gebirges. ([S.-A.] Sitzungsberichte der Niederrheinischen Gesellschaft für Natur- und Heilkunde zu Bonn. 1895.) (Bonn 1895.) 9 S. 8°.

Philippson, Alfr., Griechenland u. s. Stellung im Orient. M. 1 Karte v. Griechenland. [Aus: „Geogr. Ztschr."] gr. 8. (44 S.) Leipzig 897. B. G. Teubner. n. 1. —

Karte

, Geologische, des westlichen Kleinasien. Von **Philippson.** Bl. 1. 1:300 000. 1910.

— Landeskunde des europäischen Rußlands nebst Finnlands, s.a. Sammlung Göschen.

Landeskunde des Europäischen Russlands nebst Finnlands. Von Dr. Alfred **Philippson,** Prof., Halle a. S. Mit 9 Abb., 7 Textkt. u. e. lithogr. Kt. Leipzig: Göschen 1908. 148 S. 8°
(Sammlung Göschen. 359.) [11. 10033 5

— das Mittelmeergebiet, seine geographische u. kulturelle Eigenart. Mit 9 Fig. im Text, 13 Ansichten u. 10 Karten auf 15 Taf. (VIII, 266 S.) gr. 8. Leipzig 904. B. G. Teubner. n. 6. —; geb. in Leinw. n. 7. —

— Das Mittelmeergebiet, seine geograph. u. kulturelle Eigenart. 2. Aufl. Mit 9 Fig. im Text, 13 Ansichten u. 10 Karten auf 15 Taf. (X, 261 S.) gr. 8. Leipzig 907. B. G. Teubner. Geb. in Leinw. 7. —

Philippson, Alfr., der Peloponnes. Versuch e. Landeskunde auf geolog Grundlage. Nach Ergebnissen eigener Reisen. Nebst e. geolog. u. e. topographish-hypsometr Karte m. Isohypsen [in je 4 farb. Blättern, 1 : 300,000], 1 Profiltaf. u. 40 Profilskizzen im Text. Hrsg. m. Unterstützg. der Gesellschaft f. Erdkunde in Berlin. gr 8. (VII, 643 S.) Berlin 891. R. Friedländer & Sohn. n. 45. —; geolog. Karte allein n. 28. —; topographisch-hypsometr. Karte allein n. 12. —

Philippson, Alfred· Zur Pindos-Geologie ([S. A.] Verhandlungen der k. k. Geologischen Reichsanstalt. 1895. No. 10. S. 277—289.) (Wien 1895.) 13 S. 8°

Philippson, Alfred (Hrsg.), s.a. Reisen und Forschungen im westlichen Kleinasien.

— Reisen u. **Forschungen im westl. Kleinasien, s.a. Petermann's, A., Mitteilungen aus Justus Perthes' geograph. Anstalt. 167. Erg.-Heft.**

Philippson, Alfred: Reisen und Forschungen im westlichen Kleinasien. H. 1—5. (Schlußh.) Gotha 1910—1915. 4°
1. Einleitung. — D. westl. Mysien u. d. pergamen. Landschaft. Mit 9 Bildertaf., 1 geolog. Kte u. 1 Skizze im Text. 1910.

Philippson, Alfred Geographische Reiseskizzen aus dem Ural. ([S.-A.] Sitzungsberichte der Niederrheinischen Gesellschaft für Natur- und Heilkunde. 1898.) Bonn 1898. 54 S., 2 Tf. 8°

Philippson, Alfred Geologisch-geographische Reiseskizzen aus dem Orient. ([S.-A.] Sitzungsberichte der Niederrheinischen Gesellschaft für Natur- und Heilkunde zu Bonn. 1896/97.) Bonn 1897. 48 S. 8°.

Philippson, Alfr., Studien über Wasserscheiden. Veröffentlicht von dem Verein für Erdkunde zu Leipzig. gr. 8. (163 S. mit eingedr. Fig.) Leipzig 886, Duncker und Humblot. *

Philippson, Alfred, und Paul **Oppenheim**. Tertiär und Tertiärfossilien in Nord-Griechenland, sowie in Albanien und bei Patras im Peloponnes (Zeitschrift der Deutschen Geologischen Gesellschaft. Jahrg. 1894. Bd. 46. Heft 4 S. 800—822.) (Berlin 1894.) 23 S. 8°

— Thessalien u. Epirus. Reisen u. Forschungen im nördl. Griechenland. Hrsg. v. d. Gesellschaft f. Erdkunde zu Berlin. [Aus: „Zeitschr. der Gesellsch. f. Erdkde. zu Berlin".] gr. 8. (XI, 422 S. m. 8 Taf.) Berlin 897. W. H. Kühl. n. 12. —

Philippson. Alfred: Ueber die Typen der Küstenformen, insbesondere der Schwemmlandsküsten.
in. Festschrift für Ferd. Frhr v Richthofen. S. 1—40. Berlin 1893. 40 S 4°

Philippson, Alfred Zur Vegetationskarte des Peloponnes. ([S. A.] Petermann's Geographische Mitteilungen. 1895. Heft 12.) Gotha 1895. 7 S., 1 Krt. 4°.

Philippson, *Emil* [Dir. Dr.]: **Das neue Alumnatsgebäude.** Hannover, Druck v. C. Küster, 1890; S. 3—7, 3 Taf. 4°
Seesen am Harz, Jacobson-S, OP 1890

Philippson, E[mil], Dir. Prof. Dr **Gedenkblätter** aus dem ersten Jahrhundert der Jacobson-Schule in Seesen. *Goslar (1901): J. Jäger & Sohn.* (42 S.) 8° ¶ (Die Geschichte d Schule soll ausführlicher erscheinen, unter Zugrundelegung der Dir Jos. Arnheim'schen Programmschrift von 1867.)
Seesen a. H., Jacobson-S (R), Festschr. 1901 **

(**Philippson,** E[mil], Dir. Prof. Dr.): **Die Hundertjahrfeier der Jacobson-Schule nebst zwei Festpredigten und drei Festreden.** *Goslar (1902): J. Jäger & Sohn.* (80 S.) 8°
Seesen a. H., Jacobson-S (R), OP 1902 (778)

Philippson, E[mil], Prof. Dr., Dir. **Israel Jacob, ein Bild aus dem jüdischen Leben des 18. Jahrhunderts** (Rede zum Schulfest am 28. Juni 1902). *Goslar 1903: J. Jäger & S.* (16 S.) 8°
Seesen a. H., Jacobson-S, R, OP 1903 (798)

Philippson, Emil, der Mönch v. Montaudon, e. provenzal. Troubadour. Sein Leben u. seine Gedichte, bearb. u. erläutert m. Benutzg. unedirter Texte aus dem vatican. Handschriften No. 3206, 3207, 3208 u. 5232 sowie der estens. Handschrift in Modena. gr. 8. (99 S.) Halle 873. Lippert'sche Buchh. n. 2. 50

[**Philippson,** Emil, Dir Prof. Dr] **Verzeichnis** der Schüler der Jacobson-Schule in Seesen von Michaelis 1885 bis Michaelis 1901. *Seesen a. H. (1901): A. Gosewisch.* (32 S. 8° ¶(Forts. der 1808 u. 1885 von Gürbich hrsg. Schülerverzeichnisse — Soll ausführlicher erscheinen mit Angaben über Lebensschicksal u. gegenw Stellung.)
Seesen a. H., Jacobson-S (R), Festschr 1901**

Philippson, F. C., die Eisen-Industrie und die Eisen-Enquête, s. a. Blätter, freihändlerische.

— Eisen-Industrie u. Eisen-Enquête. Berlin 879.

Philippson, F. C., der Freihandel in Eisen u. seine Gegner. Hrsg. v. der freihändler. Vereinigg. gr. 8. (53 S.) Berlin 876. Puttkammer u. Mühlbrecht. n. — 80

Philippson, F. C., Handel u. Verkehr im 19. Jahrh., s. e Am Ende d. Jahrhunderts 7. Bd.

[F.] Handel und Verkehr im neunzehnten Jahrhundert. Von F E Philippson. *Berlin: S. Cronbach 1899* (191 S.) 1 Bd 8.
= Ende, Am, d. Jahrhunderts. Bd VII. 198. 10800

Philippson, F. C., über Colonisation, s. a. Zeitfragen, volkswirthschaftliche.

Philippson F C, über Kolonisation. (Zeitfragen, Volksw. 12-13) Berlin 1880

Philippson, F. C., die Reform der Patent-Gesetzgebung, bearb. im Auftrage des Handels- und Gewerbe Vereins für Rheinland und Westphalen, nebst Gesetzentwurf und einem Anhang, enthaltend die englische, französische, österreichische und preußische Patent Gesetzgebung. Düsseldorf 860. Schaub. gr. 8. (XII, 73 S.) n. 10 ngr.

Philippson F C, Tabaksbesteuerung. (Vortrag.) Bremen 1878

Philippson, F. E., s. Philippson, F. C.

Philippson, Gust., Geschichte der herzogl. Franzschule [Handelsschule] in Dessau von ihrer Entstehung 1799 bis zu ihrer Auflösung 1869. Dessau 869. Aue. gr. 8. (IV, 46 S.) n. 10 ngr.

Philippson, Gust., die Judenfrage von Bruno Bauer, näher beleuchtet. gr. 8. (2 B.) Dessau 843, Fritsche u. Sohn. *

Philippson, Gust., Schoschanim. Ein Blick in die Vergangenheit. Federzeichnungen aus dem Leben d. jüd. Volkes. 8. (IV, 84 S.) Berlin 871. Poppelauer. n. 1. 60

— die Zerstörung des ersten Tempels, s. Ernst, M. J., Zeitstimmen.

Philippson, Ludw., Ansprache an die israelit. Gemeinden Preußens, insbesond. der Provinz Sachsen über das die Verhältnisse der Juden betreff. Gesetz v. 23. Juli 1847. gr. 8. (15 S.) Magdeburg 847, Baensch. 3 ngr.

— s. Bibel, israelit.

Philippson, Ludw., s.: Bücher, die fünf, Moses.

Philippson, Ludw., der Bund Gottes. Predigt, gehalten zur Einweihung einer h. Schriftrolle in der Synagoge zu Quedlinburg. gr. 8. (1 B.) Magdeburg 842, Baensch.

Philippson, Ludw., zur Charakteristik der ersten jüdischen Synode. Die erste Resolution der Synode, beantragt u. motivirt. Berlin 869. Gerschel's Verlagsb. gr. 8. (19 S.) n. 5 ngr.

Philippson, Ludw., zur Einweihung der neuen Synagoge in Aachen am 18. und 19. Septbr. 1862. Zwei Reden nebst Festbericht. Aachen. (Leipzig, Wengler.) 8. (20 S.) n. 2 ngr.

— die Entthronten. Trauerspiel. Mit e. geschichtl. Anh. Leipzig 869. Leiner. 8. (134 S.) n. 15 ngr.

Philippson, Ludw., die Entwickelung der religiös. Idee im Judenthume, Christenthume u. Islam. In 12 Vorlesungen über Geschichte u. Inhalt des Judenthums dargestellt. gr. 8. (X u. 189 S.) Leipzig 847, Baumgärtner. 24 ngr.

Philippson, Ludw., die Entwickelung der religiösen Idee im Judenthume, Christenthume u. Islam u. die Religion der Gesellschaft. 2. verb. Aufl. gr. 8. (371 S.) Leipzig 874. Leiner. 4. 50

— dasselbe, s. a. Schriften, hrsg. vom Institut zur Beförderg. der israelit. Literatur.

— s. Festgottesdienst, der, bei d. Berliner Genossenschaft ꝛc.

—— die wahrhaftigen Forderungen der Religion. Predigt gehalten am 3. August 1844, Parash Ekeb, in Quedlinburg. gr. 8. (1 B.) Quedlinburg, Basse.

— weltbewegende Fragen in Politik u. Religion. Aus den letzten 30 Jahren. 2 Thle. Leipzig, Baumgärtner. gr. 8. n. 3 rf 5 ngr.
1. Thl. Politik. (VIII, 460 S.) 868. n. 1 rf 20 ngr.
2. Thl. Religion. 1. Bd. Allgemeines zur vergleichenden Religionswissenschaft. (VI, 416 S.) 869. n. 1 rf 15 ngr.

— neues israelitisches Gebetbuch für die Wochentage, Sabbathe und alle Feste zum Gebrauche während des Gottesdienstes und bei der häuslichen Andacht. 2. Aufl. Berlin 864. Gerschel. (Liebrecht.) gr. 8. (XVI, 549 S.) n. 1 rf 10 ngr.; Velinpap. n. 2 rf

Philippson, Ludw., kleines israelitisches Gesangbuch, enth. deutsche Lieder und Melodieen zu den hohen Festen, zur Todtenfeier, Confirmation, Trauung, Synagogenweihe und zu vaterländ. Festen. 8. (VII und 57 S.) Leipzig 855, Baumgärtners Buchh.

— Haben wirklich die Juden Jesum gekreuzigt? Berlin 866. Gerschel's Verlagsb. gr. 8. (47 S.) 7½ ngr.

— haben wirklich die Juden Jesum gekreuzigt? 2. Aufl. m. e. Vorwort v. M. Philippson. gr. 8. (64 S.) Leipzig (901). M. W. Kaufmann. n. 1. —

— die Hochschule f. die Wissenschaft d. Judenthums. Festrede, geh. bei der Eröffnungsfeier am 6. Mai 1872. gr. 8. (22 S.) Berlin 872. Gerschel. n. — 50

—— (?) Ὕλη ἀνθρωπίνη. Pars I. De internarum humani corporis partium cognitione Aristotelis cum Platonis sententiis comparata. Pars II. Philosophorum veterum usque ad Theophrastum doctrina de sensu. — Theophrasti de sensu et sensilibus fragmentum historico-philosophicum. Cum textu denuo recognito prima conversio latina et commentaria. — Aristotelis doctrina de sensibus. — Theophrasti fragmenta de sensu, phantasia et intellectu e Prisciani metaphrasi primum excerpta. 8 maj. (16½ B.) Berolini 831, [List et Klemann.]

Philippson, Ludw., das Ich. Ein Lehrgedicht. Besondere Ausg. 8. (64 S.) Leipzig 859, Baumgärtner'sche Verlagsbuchh.

Philippson, Ludw., die Juden, ihre Bestrebungen u. ihre Denuncianten. gr. 12. (1 B.) Magdeburg 838, Creutz'sche Bh.

— der Kampf der Preußischen Juden für die Sache der Gewissensfreiheit. Magdeburg u. Leipzig 856. Baensch. gr. 8. (XLIV, 218 S.) n. 1 ℛ 10 ngr.

—— kleiner Katechismus der Geschichte Israel's (bis auf unsere Zeit), der Bibelkunde, der Landeskunde des alten Palästina u. der jüd. Liturgik. 8. (3 B.) Leipzig 844, Baumgärtners Buchh.

—— kleiner Katechismus der israelit. Religion. 8. (2 B.) Leipzig 843, Baumgärtners Buchh.

— kleiner Katechismus der israelitischen Religion. 2. verb. Aufl. Leipzig 858. Baumgärtner. 8. (30 S.) 4 ngr.

Philippson, Ludw., Kescher ben Nethanial. Die Entthronten. Trauerspiel, ins Hebräische übers. von H. L. Teller. 8. (XXXIX, 182 S.) Krakau 888. (Wien, Lippe.) *

—— Kosmos. Eine religiöse Unterhaltungsschrift f. gottgläubige Gemüther aller Confessionen. (Religiöse Wochenschrift. 1. Jahrg. 1841. Nr. 1—39.) gr. 8. (19½ B.) Halberstadt, Lindequist u. Schönrock.

Philippson, Ludw., die drei Nationen, s.: Jugendbücherei, neue israelitische, „Saron".

— Predigt zur Einweihung der neuen Synagoge zu Eisleben am 30. Aug. 1850 gehalten. gr. 8. (16 S.) Eisleben 850, Kuhnt. 3 ngr.

—— Predigt, zur Einweihung d. neuen Synagoge in Erfurt d. 10. Juli 1840 geh. gr. 8. (1 B.) Erfurt, Otto.

—— Predigten, gehalten bei dem ersten Gottesdienste der Genossenschaft für Reform im Judenthum zu Berlin. Nebst der Einleitungsrede zum Gottesdienste, gehalten v. S. Stern. gr. 8. (4⅛ B.) Berlin 845, Simion. *

Philippson, Ludw., israelit. Predigt- u. Schul-Magazin, s. a. Predigt- u. Schul-Magazin.

—— israelitisches Predigt- und Schul-Magazin. 2., theils verm., theils vermind. Ausg. in 1 Bd. Zugleich ein Buch der Lehre für alle glaubenstreuen Israeliten. gr. 8. (XIX und 587 S.) Leipzig 853, Baumgärtners Buchh.

— israelitisches Predigt- und Schul-Magazin. 2., theils verm., theils verminderte Ausg. in 1 Bde. Zugleich ein Buch der Lehre für alle glaubenstreuen Israeliten. Leipzig 854. Baumgärtner. gr. 8. (XVIII, 587 S.) 2 ℛ.

— der Rath des Heils. Eine Mitgabe für das ganze Leben an den israelit. Confirmanden (Bar Mizwah) u. die israelit. Confirmandin oder beim Austritt aus der Schule. Leipzig 867. Baumgärtner's Buchh. 8. (VII, 303 S. mit chromolithogr. Titel u. 1 Stahlst.) geb. mit Goldschn. n. 1 ℛ 20 ngr.

Philippson, Ludw., der Rat des Heils. Eine Mitgabe f. das ganze Leben an den israelitischen Confirmanden [Bar Mizwah] u. die israelitische Confirmandin od. beim Austritt aus der Schule. Mit einem Stahlst. 2., durchgeseh. Aufl. 8. (IX, 306 S.) Leipzig 882. Baumgärtner. geb. m. Goldschn. 4. —

— Reden wider den Unglauben. Leipzig 855. Schnauß. 8. (96 S.)

— Reden wider den Unglauben. 2., verb. u. verm. Aufl. Ebend. 861. gr. 8. (2 Bl., 134 S.) 18 ngr.

—— die Religion der Gesellschaft und die Entwickelung der Menschheit zu ihr, dargestellt in 10 Vorlesungen. gr. 8. (X und 197 S.) Leipzig 848, Baumgärtners Buchh.

—— die israelitische Religionslehre. Ausführlich dargestellt. 1. Abthl.: Die Einleitung. gr. 8. (XVI und 284 S.) Leipzig 861, Baumgärtner's Verlagsbuchh.

—— die israelitische Religionslehre. Ausführlich dargestellt. 2. und 3. Abthl.: Die Lehre von Gott. — Die Gottesverehrung. gr. 8. (VII und 271 S.) Leipzig 862, Baumgärtner's Buchh.

Philippson, Ludw., die israelitische Religionslehre. Ausführlich dargestellt. (3. Bd.) 4. Abthl.: Der Lebenswandel. Leipzig 865. Baumgärtner's Buchh. gr. 8. (XV, 385 S.) 1 ℛ 10 ngr.

— die israelitische Religionslehre. Lehrbuch für die oberen Classen der Mittelschulen u. Gymnasien, sowie für den Confirmanden-Unterricht. gr. 8. (IX, 307 S.) Wien 878. Hölder. n. 3. —

Philippson, Ludw., über die Resultate in der Weltgeschichte. Sechs Vorlesungen. Leipzig 860. Baumgärtner gr. 8. (V, 189 S.) 22½ ngr.

—— die Rhetorik u. die jüdische Homiletik. In Briefen u. Abhandlgn. Nach dem Tode d. Verf. hrsg. v. M. Kayserling. gr. 8. (IV, 119 S.) Lps. 890, Grieben. * 1 50; geb. * 2 —

—— der dreimalige Ruf der Religion. Predigt zum Schebuoth- (Pfingst-)Feste. gr. 8. (12 S.) Leipzig 857, W. Baensch' Verlag.

— Saron, s. a. Schriften herausg. vom Institut zur Förderung d. israelit. Literatur.

Philippson, Ludw., Saron. Gesammelte Dichtungen in metrischer u. prosaischer Form. 2 Bde. 8. (46½ B.) Magdeburg 844, Falckenberg u. Comp.

—— Saron. 2., gänzlich umgestaltete und verm. Ausg. 1. Thl. Novellenbuch. 3. Bd. (Des ganzen Werkes 5. Bd.) 8. (VIII und 376 S.) Leipzig 863, Leiner.

— s.: Schrift, die heilige.

Philippson, Ludw, gesammelte Schriften. Hrsg. v. M. Philippson. 1.—27. Lfg. 8. Breslau 891. 892. Schles. Verlags-Anstalt. à — 40

1. Abth. Romane. 1. Bd. Jacob Tirado. Geschichtlicher Roman aus der 2. Hälfte d. 16. Jahrh. (374 S.) n. 5. —; geb. n. 6. —
1. Abth. Romane. 2. Bd. Sepphoris u. Rom. Ein histor. Roman aus dem 1. Jahrh. (XIII, 409 S.) n. 5. —; geb. n. 6. —
2. Abth. Novellen. 1. u. 2. Thl. Novellenbuch. 2 Bde (LII, 253 u. 267 S.) n. 9. —; geb. n. 11. —

— Sepphoris u. Rom. Ein histor. Roman aus dem 4. Jahrh. 2 Thle. 2. Aufl. Berlin 866. Gerschel's Verlagsb. br. 8. (XII, 417 S.) 1 ℛ 22½ ngr.

—— Siloah. Eine Auswahl von Predigten. Zur Erbauung, so wie insonders zum Vorlesen in Synagogen, die des Redners ermangeln. 1. u. 2. Samml. gr. 8. Leipzig, Baumgärtners Buchh. [1. (19½ B.) 843., 2. (19⅞ B.) 45. à 1 Thlr. 10 Ngr.]

—— dass. — 3. Sammlung. Eine Auswahl von Predigten nebst sechs Betrachtungen über die Unsterblichkeit der Seele. Zur Erbauung, so wie insonders 'zum Vorlesen in Synagogen, die des Redners ermangeln. gr. 8. (VIII und 336 S.) Ebendas. 858.

—— Siloah. Eine Auswahl von Predigten. Zur Erbauung, so wie insonders zum Vorlesen in Synagogen, die des Redners ermangeln. 1. Sammlung. 2. Aufl. gr. 8. (XIV und 297 S.) Leipzig 859, Baumgärtner's Verlagsbuchh.

Philippson, Ludw., Siloah. (Neue Folge.) Eine Auswahl v. Predigten. Aus dessen handschriftl. Nachlasse hrsg. v. M. Kayserling. (VIII, 173 S.) 8. Leipzig (904). M. W. Kaufmann. n. 2. 50

— Stimmen u. Stimmungen aus der Zeit. Eine erste Gabe. (Gedichte.) 8. (IV u. 47 S.) Magdeburg 849, Fabricius. n. ¼ ₰

Philippson, Ludw., gegen David Friedrich Strauß, der alte u. der neue Glaube. gr. 8. (51 S.) Berlin 873. Gerschel. n. 1. —

— an den Strömen durch drei Jahrtausende, s.: Schriften, hrsg. vom Institut zur Beförderg. der israelit. Literatur.

Philippson, Ludw., Tafel zur schnellen u. sichern Erlernung der doppelten (italienischen) Buchhaltung. Mit Erläuterungen. Autoris. deutsche Orig.-Ausg. 2., durchgesch. Aufl. Dessau 866. Baumgarten & Co. Imp.-Fol. (8 S. Text in gr. 4.) 15 ngr.

—— Jakob Tirado. Geschichtlicher Roman aus der 2. Hälfte des 16. Jahrh. gr. 8. (372 S.) Leipzig 867, Leiner. *

—— Wie sich der Statistiker, Staatsrath 2c. Dr. J. G. Hoffmann verrechnet! Eine Beleuchtung des Aufsatzes: Uebersicht „der Anzahl u. Vertheilung der Juden im preuß. Staate nach einer Vergleichung der Zählungen zu Ende der Jahre 1840 u. 1842" in Nr. 141 u. 182 der allg. preuß. Staatszeitung. 8. (3½ B.) Leipzig 842, Baumgärtners Buchh.

- s. Wochenschrift, religiöse.

—— Worte der Liebe, gesprochen zur Trauung seines Bruders in der Synagoge zu Halberstadt am 19. Mai 1842. gr. 8. (¾ B.) Halberstadt, Lindequist u. Schönrock.

- s. Zeitschrift des Judenthums.

Philippson, Ludw., s.: Zeitung, allgem., d. Judenthums

Philippson, Luigi

Philippson, L., u. L. Török, allgem. Diagnostik der Hautkrankheiten, begründ. auf patholog. Anatomie. gr. 8. (VIII, 86 S.) Wiesbaden 895. J. F. Bergmann. n. 3. 20

Philippson, (Luigi), dermatologische Diagnostik. Anleitung zur klin. Untersuchg. der Hautkrankheiten. Aus dem Ital. übers. v. Fritz Juliusberg. (VIII, 91 S.) 8. Berlin 910. J. Springer. 2.80; geb. in Leinw. n 3. 60

Vermeintliche Probleme in der Pathologie. Die allgem. Pathologie v. Standpunkte d. Arztes aus beurteilt. Von Dr. L[uigi] **Philippson**, Privatd., Palermo. *Wien & Leipzig: W. Braumüller 1904.* (VIII, 194 S.) 8° [04. 7001

Philippson, Mart., Max v. Forckenbeck, s.a. Männer der Zeit.

[S.] Max von Forckenbeck. E. Lebensbild v. Martin Philippson. *Dresden & Leipzig: C. Reissner 1898.* (3 Bl., 393 S., 1 Bl., 1 Portr.) 1 Bd 8. = Männer d. Zeit Bd VI. [98. 6607

Philippson, Mart., Friedrich III als Kronprinz u. Kaiser. Im Auftrage d. Komitees zur Erricht. der Oberlausitzer Ruhmeshalle zu Görlitz dargestellt. Mit dem Bildnis d. Kaisers nach dem Gemälde von H. v. Angeli. gr. 8. (VIII, 310 S.) Berlin 893 G. Grote, Sep.-Cto. 6 —; geb. n. 7. 50

Philippson, Mart., der Grosse Kurfürst Friedrich Wilhelm v. Brandenburg. 1. Tl.: 1640—1660. gr. 8. (VII, 452 S.) Berlin 897. S. Cronbach. n. 7. 50; geb. in Halbfrz. n. 10. —

Philippson, Mart., der grosse Kurfürst Friedrich Wilhelm v. Brandenburg. 2. Tl.: 1660—1679. gr. 8. (442 S.) Berlin 902. S. Cronbach. n. 7. 50; geb. in Halbfrz. n. 10. —

Philippson, Mart., der grosse Kurfürst Friedrich Wilhelm v. Brandenburg. 3. (Schluss-)Tl.: 1660—1688. (V, 514 S.) gr. 8. Berlin 903. S. Cronbach. n. 7. 50; geb. in Halbfrz. n. 10. —

Philippson, Mart., Geschichte Heinrichs des Löwen, Herzogs von Baiern u. Sachsen u. der welfischen u. staufischen Politik seiner Zeit. 2 Bde. Leipzig 867,68. Leiner. gr. 8. (VII, 381 S., 472 S.) Jeder Bd. n. 1 ₰ 15 ngr.

Philippson, Mart., neueste Geschichte des jüdischen Volkes, s.a. Schriften, hrsg. v. der Gesellschaft zur Förderung der Wissenschaft des Judentums.

Neueste Geschichte des jüdischen Volkes von Prof. Dr. Martin **Philippson**. Bd 1–3. Leipzig: Fock 1907–11. 8°
1. 1907. 2–3. 1911.
(Grundriss d. Gesamtwissenschaft d. Judentums. B. 3, 2 1)
(Schriften hrsg. von d. Gesellschaft z. Förderung d. Wissenschaft d. Judentums. 112.) A 12. 4106 5

Philippson, Mart., Geschichte des preußischen Staatswesens vom Tode Friedrichs des Großen bis zu den Freiheitskriegen. 1. u. 2. Bd. gr. 8. (X, 468 S.) Leipzig 880. 82. Veit & Co. n. 17. —
1. (X, 468 S.) n. 10. —. — 2. (VI, 384 S.) n. 7. —

Philippson's, Mart., Geschichte der neueren Zeit, s.a. Weltgeschichte, allgemeine.

Philippson, Martin. Geschichte der Neueren Zeit. Mit Porträts, Illustrationen und Karten. Berlin, G. Grote'sche Verlagsbuchhandlung 1886—1889.
3 Bde. 4°
I [Reformation und Gegenreformation.] 1886: Haupttit., Tit. 688 S., 1 Bl. m. 170 Abb.; 44 Taf.
II [Der dreissigjährige Krieg und das Zeitalter Ludwigs XIV.] 1887: Haupttit., Tit., 669 S. m. 134 Abb.; 44 Taf.
III [Die Zeit des europäischen Gleichgewichts und das Zeitalter Friedrichs des Grossen.] 1889: Haupttit., Tit., 765 S. m. 153 Abb.; 55 Taf.
(Allgemeine Weltgeschichte. Band 7—9.)

— Heinrich IV. u. Philipp III. Die Begründung des französischen Uebergewichtes in Europa. 1598 — 1610. 1. Thl. Berlin 870. F. Duncker. gr. 8. (XII, 399 S.) n. 2 ₰

Philippson, Mart., Heinrich IV. u. Philipp III. Die Begründ. d. französischen Uebergewichtes in Europa 1598—1610. 2. u. 3. Thl. gr. 8. (IV, 444 u. VII, 500 S.) Berlin 873. 76. F. Duncker. n. 14. — (1—3.: n. 20. —)

— Kulturgeschichte Europas seit dem Ausgange des Mittelalters bis z. Gegenwart. [Aus: „F. v. Hellwald, Kulturgeschichte".] 8. (343 S.) Leipzig 898. G. Planken. n. 8. —; geb. n. 4. 50

— das Leben Kaiser Friedrichs III. Mit e. Bildnis des Kaisers in Heliograv. gr. 8. (XIII, 431 S.) Wiesbaden 900. J. F. Bergmann. n. 7. —

— Das Leben Kaiser Friedrichs III. Mit e. Bildnis des Kaisers in Heliograv. u. e. fksm. Briefe Kaiser Friedrichs. 2., verm. Aufl. (XII, 485 S.) Lex. 8. Wiesbaden 908. J. F. Bergmann. 8.80; geb. 10. 80

Philippson's, Mart., Abhandlung: Les lettres de la Cassette, s. Sepp, Bernh.

— e. Ministerium unter Philipp II. Kardinal Granvella am span. Hofe (1579—1586.) gr. 8. (VII, 642 S.) Berlin 895. S. Cronbach. n. 12 -

—— de primordiis Henrici Leonis, ducis Saxoniae et Bavariae. Dissertatio inauguralis historica. gr. 8. (64 S.) Bonn 876. (Lempertz.) *

—— Wallenstein, s. a. Volks-Bibliothek, neue christliche.

Philippson M. Wallenstein. (Neue illustrierte Volksbibliothek II, 11-12) Stuttgart 1876

— Westeuropa im Zeitalter von Philipp II., Elisabeth u. Heinrich IV. } s. a. Geschichte, allgemeine, in Einzeldarstellungen.

Westeuropa im Zeitalter von Philipp II Elisabeth und Heinrich IV v. Martin Philippson. Mit Porträts, Illustrationen und Karten Berlin. 1882. = Allgemeine Geschichte in Einzeldarstellungen, hrgg v. W Oncken. Hauptabth. 3, Th. 2 8°.

—— das Zeitalter Ludwigs XIV., s. a. Geschichte, allgemeine, in Einzeldarstellungen.

Philippson, Dr Martin, Prof. an der Universität Brüssel. Das Zeitalter Ludwigs XIV Mit Illustrationen und Portraits (im Text und auf 19 Taf.) (Aus: „Allgemeine Geschichte in Einzeldarstellungen, herausgegeben von Wilhelm Oncken" III. Hauptabtheilung. 5. Th.) 8. Berlin 1879.

Philippson, Maur (geb. Magdeburg 29. 5. 1833): De arte obstetricia Francisci Mauriceau. Berolini (1856). (38 S.) 8°
Berlin, Med. Diss. v. 20. März 1856

Philippson, Moses, s.a. Philipson

Philippson, Mos., Leben Benedicts v. Spinoza. 8. Brnschw. 790. Schulbuchh. 8 gr.

— מורה בנ ורע od. Kinderfreund u. Lehrer. Ein Lehr- u. Lesebuch für die Jugend jüdischer Nation u. f. jeden Liebhaber der hebr. Sprache. 1r Thl. 8. Leipz. 808. Wienbrack. 20 gr. 2r Thl. 2e Aufl. 8. Ebd. 823. 1 ℛ 16 gr. Auch u. d. T.: Hebr. Elementarwerk rc. 2 ℛ 12 gr.

— üb. Verbesserung d. Judeneides; e. Gutachten. 8. Neustrelitz 797. (Albanus). 18 gr.

Philippson, P., theoretische u. praktische Anleitung f. Heilgehülfen, als Vorbereitung zu ihren Geschäften u. zum Bestehen der von der Behörde angeordneten Prüfung. gr. 8. (35 S.) Quedlinburg 852, Basse. 1/4 ℛ

Philippson, P., die Propheten Hosea, Joel, Jonah, Obadjah u. Nahum, in metr.-deutscher Uebersetzung. 8. (6 B.) Halle 828, (Ruff. ?)

Philippsohn, P., die Propheten Hosea, Joel, Jonah, Obadjah und Nahum, in metrisch deutscher Uebersetzung. 8. Halle 827, jetzt Lippert. 5/12 ℛ

Philippson, P., s. Propheten, die.

Philippson, Paula: Aus d. Kgl. Universitäts-Kinderklinik zu Breslau. Über den Eisengehalt der Leberzellen bei Neugeborenen und Kindern im ersten Lebensjahr. *Breslau 1904: Bresl. Genoss.-Buchdr.* (31 S.) 8°
Breslau, Med. Diss. v. 19. März 1904

Philippson, Ph., biographische Skizzen (berühmter Israeliten). 1—3. Heft. Leipzig, Leiner. gr. 8 [1. u. 2. Heft. (220 S.) 864. n. 25 ngr., 3. Heft. (264 S.) 866. n. 25 ngr.] n. 1 ℛ 20 ngr.

Philippson, Ph. M.

Philippson, P. M., Anweisung z. Erkenntniß, Verhüt. u. thätigen Hülfsleistung in Betreff d. asiat. Cholera, f. Prediger, Schullehrer rc. 8. (1½ B.) Magdeburg 831, Creutz.

Philippson, P. M., Beitr. z. Kritik d. Arzneikunde, s. Podalirius.

—— Beiträge zu d. Untersuchungen üb. d. Cholera morbus. 1. u. 2. Aufl. (à 14¾ B.) 8. Magdeburg 831, Creutz. à

Philippson, Ph. M., über die Gesichtslagen des Kindes bei der Geburt u. die Anwendung der Kopfzange bei denselben. Magdeburg 865. Heinrichshofen'sche Buchh. gr. 4. (23 S.) 7½ ngr.

Philippson, P. M., s. Hygiea.

— Propädeutik u. Methodik d. Medicin, für Gymnasiasten u. angehende Studirende der Medicin bearb. gr. 8. Magdeb., Heinrichshofen. 16 gr.

— die Sommerkrankheiten im Jahr 1831. Nach sn. Beobachtt. geschildert. gr. 8. Berl. 832. Th. Enslin. 1 ℛ 12 gr.

Philippson, Phöbus, und Ludw. Philippson, Novellenbuch. 1. Bd. 3. Aufl. A. u. d. T.: Saron. Gesammelte Dichtungen von Ludw. Philippson. 3. Aufl. 1. Thl. gr. 8. (VIII und 411 S.) Leipzig 857, [Klinkhardt.] Thlr.

Philippson, Phöbus, und Ludw. Philippson, Novellenbuch. 1. Bd. 3. Aufl. A. u. d. T.: Saron. Gesammelte Dichtungen von Ludw. Philippson. 3. Aufl. 1. Thl. Leipzig 857. Wallerstein. 8. (VIII, 411 S.) 1 ℛ. 10 ngr.

Philippson, Robert

Philippson, R., Dichtung u. Wahrheit, } s.: Album f. Liebhaber-Bühnen.

Philippson, Robert [Dr.]: Die ästhetische Erziehung. Ein Beitrag zur Lehre Kants, Schillers und Herbarts. Magdeburg, Druck v. E. Baensch jun., 1890; 1 Bl., 34 S. 4°
Magdeburg, (st.) König Wilhelms-G, OP 1890 (233)

Philippson, Rob., de Philodemi libro, qui est: *περὶ σημείων καὶ σημειώσεων* et Epicureorum doctrina logica. Dissertatio inauguralis. gr. 8. (78 S.) Berlin 881. (Mayer & Müller.) n. 1. 50

Philippsthal, Rob., zur Erinnerung an die Kaisertage in Hannover 12. bis 16. Septbr. 1889. Mit Abbildgn. der sämmtl. f. die Empfangs-Feierlichkeiten errichteten grösseren Bauten, Gruppen u. s. w. gr. 8. (72 S.) Hannover 889. Göhmann'sche Buchdr. n. 1.—

Philippsthal, R., s.: Festschrift zum 13. allgemeinen deutschen Neuphilologentage in Hannover.

Philippsthal, Geschichte des Vereins f. neuere Sprachen in Hannover seit seiner Gründung am 10. II. 1880 bis 10. II. 1905. Zur Feier des 25jähr. Bestehens des Vereins verf. (22 S.) gr. 8. Hannover 905. C. Meyer.
Sonderabdruck aus: „Neuphilolog. Zentralbl." n. — 50

Philippsthal, Rob., englisches Lesebuch, s.: Saure, Heinr.

Philippsthal, Robert [aus Hannover]: Die Wortstellung in der französischen Prosa des 16. Jahrhunderts .... Halle a. S., Plötz'sche Buchdr. (R. Nietschmann), 1886; 86 S. 8°.
Halle, Phil. Fak., Inaug.-Diss. v. 23. Jun. 1886.

Philippus. Christlicher Abreißkalender. Hrsg. u. Verlag Pastor Hugo Günther. Talofka, ersch. v. 1903 ab

Philippus, s.a. Philipp

Philippi a s. Trinitate, R. P., summa theologiae mysticae, in qua demonstratur via montis perfectionis, et in tres partes apte divisa secure et feliciter decurritur, manifestatis opportune, quae passim occurrere solent, periculis, nunc denuo in lucem prodit cura R. P. Bertholdi Ignatii a Sancta-Anna. 3 Tomi. Lex.-8. (510, 444 u. 561 S.) Freiburg i/Br. 874. Herder. 20. —

Philippus, Geo., Traum u. Wirklichkeit. Bilder aus dem Leben. Aus dem Norwegischen. 8. (228 S.) Wiesbaden 878. Limbarth. n. 2. —

Philippus-Büchlein zu Bibelstellen in dem Braunschweigischen im Jahre 1859 eingeführten Landeskatechismus. gr. 8. (IX, 126 S.) Leipzig 880. Böhme. n. 1. —

Philips, s.a. Phillips

Philips, Alfred [aus Offenbach a. M.]: Beiträge zur Kenntnis des Hydrastins.... Berlin, Druck v. M. Driesner, *1891*; 60 S., 1 Bl. 8°
Berlin, Phil. Fak., Inaug.-Diss. v. 6. März 1891

Philips, Bernhard

Philips, B., Hilfsbuch für chemische Praktikanten. gr. 8. (VIII, 330 S. m. 263 Holzschn.) Stuttgart 897. F. Enke. n. 8.—

Philips, Bernh., über einige unsymmetrische secundäre Hydrazine der aromatischen Reihe. Inaugural-Dissertation. gr. 8. (47 S.) Tübingen 888, (Frz. Fues.) *

Philips, Francis Charles

Philips, F. C., the strange adventures of Lucy Smith, s. Collection of British Authors.

Philips, F. C., as in a looking glass, s.: Collection of British authors.

Philips, F. C., poor little Bella, s.a. Collection of British authors.

Poor little Bella. By F[rancis] C[harles] **Philips.** Copyright ed. Leipzig: Tauchnitz 1897. 280 S. 8°
(Collection of British authors. Tauchnitz Ed. Vol. 3225.) [11. 8180

Philips, F. C., black and white, s.a. Collection of British authors.

Black and white. By F[rancis] C[harles] **Philips.** Copyright ed. Leipzig: Tauchnitz 1893. 271 S. 8°
(Collection of British authors. Tauchnitz Ed. Vol. 2904.) [11. 7938

Philips, F. C., An unfortunate blend, s.a. Collection of British authors.

An unfortunate Blend. By F[rancis] C[harles] **Philips.** Copyright ed. Leipzig: Tauchnitz 1904. 269 S. 8°
(Collection of British authors. Tauchnitz Ed. Vol. 3754.) [11. 6569

— Mrs. Bouverie, s.a. Collection of British authors.

Mrs. Bouverie. By F[rancis] C[harles] **Philips.** Copyright ed. Leipzig: Tauchnitz 1895. 280 S. 8°
(Collection of British authors. Tauchnitz Ed. Vol. 3043.) [11. 8049

— and P. Fendall, Margaret Byng, s.: Collection of British authors.

extenuating circumstances; a French marriage, s. Collection of British authors.

Philips, F. C., Eliza Clarke, Governess and other stories, s.a. Collection of British authors.

Eliza Clark, governess, and other stories. By F[rancis] C[harles] **Philips.** Copyright ed. Leipzig: Tauchnitz 1901. 278 S. 8°
(Collection of British authors. Tauchnitz Ed. Vol. 3494) [11. 8374

— a full confession and other stories, s.a. Collection of British authors.

A full Confession, and other stories. By F[rancis] C[harles] **Philips.** Copyright ed. Leipzig: Tauchnitz 1896. 288 S. 8°
(Collection of British authors. Tauchnitz Ed. Vol. 3137.) [11. 8118

— Constance, s.a. Collection of British authors.

Constance. By F[rancis] C[harles] **Philips.** Copyright ed. In 2 vol. Vol. 1. 2. Leipzig: Tauchnitz 1892. 8°
(Collection of British authors. Tauchnitz Ed. Vol. 2819/20.) [11 7685

— of course, s.a. Collection of British authors.

Of Course. By F[rancis] C[harles] **Philips.** Copyright ed. Leipzig: Tauchnitz 1893. 272 S. 8°
(Collection of British authors. Tauchnitz Ed. Vol. 2949.) [11. 7984

— Young Mr. Ainslie's courtship, s.: Collection of British authors.

Philips, F. C., a barrister's courtship, s.a. Collection of British authors.

A barrister's Courtship. By F[rancis] C[harles] **Philips**. Copyright ed. Leipzig: Tauchnitz 1907. 260 S. 8°
(Collection of British authors. Tauchnitz Ed. Vol. 3941.) [11. 8701

— the Dean and his daughter, s.: Collection of British authors.

— a devil in Nun's veiling and other stories, s.a. Collection of British authors.

A Devil in nun's veiling, and other stories. By F[rancis] C[harles] **Philips**. Copyright ed. Leipzig: Tauchnitz 1895. 287 S. 8°
(Collection of British authors. Tauchnitz Ed. Vol. 3088.) [11. 8687

— and Percy **Fendall**, Disciples of Plato, s.a. Collection of British authors.

Disciples of Plato. By F[rancis] C[harles] **Philips** and Percy Fendall. Copyright ed. Leipzig: Tauchnitz 1909. 298 S. 8°
(Collection of British authors. Tauchnitz Ed. Vol. 4130.) [11. 8890

— a doctor in difficulties, s.a. Collection of British authors.

A doctor in difficulties. By F. C. Philips. Copyright ed. *Leipzig: B. Tauchnitz 1893.* (263 S.) 8°
(Collection of British authors. Tauchnitz ed. Vol. 2878.) [00. 186 6

— u. Percy Fendall

— — A honeymoon — and after, s.a. Collection of British authors.

A Honeymoon – and after. By F[rancis] C[harles] **Philips**, and Percy Fendall. Copyright ed. Leipzig: Tauchnitz 1910. 268 S. 8°
(Collection of British authors. Tauchnitz Ed. Vol. 4191.) [11. 8705

— my little husband, s.o Collection of British authors.

My little Husband. By F[rancis] C[harles] **Philips**. Copyright ed. Leipzig: Tauchnitz 1894. 254 S 8°
(Collection of British authors. Tauchnitz Ed Vol. 3021.) [11. 8635

— Jack u. seine drei Flammen, s.: Engelhorn's allgemeine Romanbibliothek.

— Jack and three Jills, s.: Collection of British authors.

— If only etc., s.a. Collection of British authors.

If only etc. By F[rancis] C[harles] **Philips**. Copyright ed. Leipzig: Tauchnitz 1904. 269 S. 8°
(Collection of British authors. Tauchnitz Ed. Vol. 3710.) [11. 8337

— the luckiest of three and other stories, s.a. Collection of British authors.

The Luckiest of three, and other stories. By F[rancis] C[harles] **Philips**. Copyright ed. Leipzig: Tauchnitz 1896. 272 S. 8°
(Collection of British authors. Tauchnitz Ed. Vol. 3163.) [11. 8133

— that wicked Mad'moiselle etc., s.a. Collection of British authors.

That wicked Mad' moiselle etc. By F[rancis] C[harles] **Philips**. Copyright ed. Leipzig: Tauchnitz 1892. 269 S. 8°
(Collection of British authors. Tauchnitz Ed. Vol. 2852.) [11. 7913

— and C. J. **Wills**, a maiden fair to see, s.: Collection of British authors.

— — Sybil Ross's marriage, s.: Collection of British authors.

— Marriage, and other sketches, s.a. Collection of British authors.

Marriage, and other sketches. By F[rancis] C[harles] **Philips**. Copyright ed. Leipzig: Tauchnitz 1901. 239 S. 8°
(Collection of British authors. Tauchnitz Ed. Vol. 3532.) [11. 8403

— little Mrs. Murray, s.: Collection of British authors.

— and Percy **Fendall**, „my face is my fortune", s.: Library, the English.

— „One never knows", s.a. Collection of British authors.

One never knows'. By F. C. Philips. Copyright ed. In 2 vols. Vol. 1. 2. *Leipzig: B. Tauchnitz 1893.* 2 Bde 8°
(Collection of British authors. Tauchnitz ed. Vol. 2931. 2932.) [00. 187 6

– The fatal Phryne, s. Collection of British Authors.

– u. J. C. Wills

— — die verhängnisvolle Phryne, s.: Engelhorn's allgemeine Romanbibliothek.

— Miss Ormerod's protégé, s.a. Collection of British authors.

Mis Ormerod's Protégé. By F[rancis] C[harles] **Philips**. Copyright ed. Leipzig: Tauchnitz 1894. 261 S. 8°
(Collection of British authors. Tauchnitz Ed. Vol. 2970.) [11. 7996

— the question of colour and other stories, s.a. Collection of British authors.

A Question of colour, and other stories. By F[rancis] C[harles] **Philips**. Copyright ed. Leipzig: Tauchnitz 1895. 270 S. 8°
(Collection of British authors. Tauchnitz Ed. Vol. 3056.) [11. 8663

— A daughter's sacrifice, s. Collection of British authors.

— Schoolgirls of to-day and other sketches, s.a. Collection of British authors.

Schoolgirls of to-day, and other sketches. By F[rancis] C[harles] **Philips**. Copyright ed. Leipzig: Tauchnitz 1902. 246 S. 8°
(Collection of British authors. Tauchnitz Ed. Vol. 3594.) [11. 8452

– u. J. C. Wills

— — the Scudamores, s.: Collection of British authors.

— social vicissitudes, s.: Collection of British authors.

— wie in e. Spiegel, s.: Engelhorn's allgemeine Romanbibliothek.

—— a lucky young woman, s. Collection of British Authors.

Philips, Frz., Tage u. Jahre. (Mit Holzschn. v. Leo Prochownik.) gr. 8. (69 S.) Berlin 901. S. Cronbach. n. 2. —

Philips, Hermann [app. Arzt aus Münster i. W.]: Aus d. patholog. Institute zu Kiel. Statistik der erworbenen Syfilis ... Kiel, Druck v. H. Fiencke, 1896; 28 S., 1 Bl. 8.
Kiel, Med. Fak., Inaug.-Diss. v. [17 Nov.] 1896

Philips, Karl, Dr Preussens **Beruf.** (Gedicht, bei d. Feier d. 200jähr. Jubiläums d. Kgr. Preussen vorgetragen.) *Köln 1901: J. B. Heimann.* (S. 5—6.) 4°
Köln, R, OP 1901 (541)

Philips, Karl, Heil Wilhelm d. Siegreichen!, s: Börsch, Jos.

Philips, Karl, Dr.: Das alte **Jahrhundert.** (Gedicht.) *Köln 1900: J. B. Heimann.* (S. 3—4.) 4°
Köln, R, OP 1900 (533)

Philips, Karl, Klein Emmely u. andere Gedichte 12. (IV, 122 S.) Bonn 893. P. Hanstein. n 2 —; geb. in Leinw. m. Goldschn. n. 3. —

Philips, Carl, Lokalfärbung in Shakespeares Dramen. I. und II. Tl. gr. 4. (32; 31 S.) Colberg 888, Warnke. à Tl. *

Philips, Carl Nachruf an Kaiser Wilhelm I. Nachruf an Kaiser Friedrich. Heil dem Kaiser. 4 (S. 60—64)
Progr. Höh. Bürgersch. *Köln* 1889 (462).

Philips, Moritz: Beiträge zur Kenntnis des Kupfersilicids. 1904. 63 S. 8°
Berlin, Dr.-Ing.-Diss. v. 13. 1. 1905

Peter **Philips.** 'Dispiegate guancie amate'. 'Deine Wangen, Holde, prangen.' Achtstimmiges Madrigal aus 'Di Pietro Philippi Inglese ... Madrigali a 8 Voci' ⟨Antwerpen, 1598⟩. Deutscher Text von John Bernhoff. Hrsg. von W[illiam] Barclay Squire. (Leipzig: Breitkopf & Härtel [1907].) (15 S.) 4° [Kopft.]
— **Madrigale,** Ausgewählte, u. mehrstimmige Gesänge berühmter Meister d. 16. u. 17. Jhs. N. F. 31. lo7. 13709

[Karl Gottlob Sam.] Heun's Maurerlied, in Musik gesetzt von A. **Philipsborn.** [Dat.:] Gnadenfrei den 24. Juni 1813. [Breslau u. Berlin: 1813.]
„Der König rief und Alle, Alle kamen . . .“
[Allgem. Handbuch d. Frmrei. 3. Aufl. 1 (1900) S. 451.]

Philipsborn, Alex., die Klassifikation der einzelnen strafbaren Handlungen, s. a. Abhandlungen des kriminalistischen Seminars an der Universität Berlin. V. 2.

Philipsborn, Alexander, Referendar: Die Klassifikation der einzelnen strafbaren Handlungen. Berlin 1906: J. Guttentag. (143 S.) 8° ¶ (Abhandlungen des kriminalistischen Seminars an der Universität Berlin. N. F. Bd 5 H. 2.)
Rostock, Jur. Fak., Ref. Wachenfeld, Diss. v. 30. Okt. 1906
[Geb. 21. Nov. 82 Berlin; Wohnort: Berlin; Staatsangeh.: Preußen; Vorbildung: Königstädt. Gymn. Berlin Reife O. 01; Studium: Berlin 1, München 2, Straßburg 1, Berlin 3 S.; Rig. 26. Juli 05.]
(Nicht für den Austausch)

Philipsborn, Friedrich Wilhelm v., Kammergerichtsrefer.: Die Begriffe 'Handlung' und 'strafbare Handlung'. Ein Beitr. zu d. Grundfragen des Strafrechts. Borna-Leipzig 1910: Noske. VIII, 53 S. 8°
Heidelberg, Jur. Diss. v. 22. März 1910, Ref. v. Lilienthal
[Geb. 23. Juli 86 Strehlitz, Kr. Schweidnitz; Wohnort: Berlin; Staatsangeh.: Preußen; Vorbildung: Ritterakad. Liegnitz Reife O. 06; Studium: Heidelberg 3, München 2, Berlin 2 S.; Rig. 21. Dez. 09.] [U 10. 1970

Philipsborn, Guil. de, de natura depositi et mandati. Dissertatio inauguralis. Berlin 866. (Calvary & Co.) gr. 8. (55 S.) n. 10 *ngr.*

Philipsbourg [Schlagwort]

Philipsbourg — Plan du — Carl de Feignet Enseign. d'Arremberg. Gabriel Bodenehr excud. Augustae Vind 1 : 5400. 1 Bl.

Philipsen, G. G (Bearb.), s. Baur- und Schäfer-Ordnung

Philipsen, Henry [aus Lüneburg]: Über Wesen und Gebrauch des bestimmten Artikels in der Prosa König Alfreds auf Grund des Orosius (hs. L.) und der Cura Pastoralis ... Greifswald, Druck v. Julius Abel, 1887; 2 Bl. + 49 S. 8°.
Greifswald, Phil. Fak., Inaug.-Diss. v. 9. Mai 1887.

Philipsen, Kurt, Referendar im Kammergerichtsbezirk: Die **Vormerkung** nach Bürgerlichem Gesetzbuche. *Berlin 1903: W. Pilz.* (IX, 77 S.) 8°
Jena, Jur. Diss. v. (28. Juli) 1903

Philipsen, Kurt, die Vormerkung nach bürgerlichem Gesetzbuche. (IX, 77 S.) gr. 8. Berlin 903. Struppe & Winckler. n. 2. 50

Philipsohn, Mart., s.: Welten, Heinz.

Darchē nö'am oder Übersezung von Sefer Mischlē von Herrn Euchel nebst einigen moralischen Erzählungen, gesammelt und herausgegeben von Moses Philipsohn. Dessau 1809.

Philipson, A.

— die Kunst in Petinet zu sticken, im Geschmack d. engl. u. brüsseler Kanten ꝛc, 4. Leipz. 798. (Gr. Fleischer). 1 ℛ

— Berl. Lieblingsbeschäftigungen f. Damen. 1s Hft. 4. Lpz. G. Fleischer. 809.

— Muster v. couleurt gestickten Bordüren ꝛc. s. Muster ꝛc.

— Muster v. couleurt, gestickten Bodüren, zu Kleidungsstücken nach d. neuesten engl. Geschmack, Leipz. 799. (Magazin für Ind.) 1 ℛ 8 gr

— colorirte Muster z. Sticken u. Weben. 1s Hft. 4. Lpz. 798. (Gr. Fleischer). 1 ℛ 18 gr

Philipson, A., Sammlung neuer engl. Dessins gestickter Hembdermel. Leipz. Ind. Comt.

— color. Strickmuster zu Geldbörsen u. Kleidungsstück, 3 Hfte. Leipz. Er. Fleischer; (a. Magaz. f. Ind.) 4 ₰

— Strickmuster in engl. u. französ. Manier. 1s Heft. 8. Leipz. 805. (Er. Fleischer; auch Magazin f. Ind.) 20 gr illum. 1 ₰ 12 gr

Philipson, Hélène, Schweden. Seine Sprache, Land u. Leute. Ein Führer f. Reisende m. deutscher Uebersetzg., e. grammat. Anh. u. e. phonet. Wörterverzeichnis. (Mit schwed. u. deutschem Titel.) (III, 180 S.) 8. Leipzig (906). E. Haberland. Geb. in Leinw. n. 3. —

Philipson, Johann Jacob Martin: „Briefe über das kaufmännische Rechnungswesen, worin das einfache, das italienische, das englische und die vorzüglichsten neuern Systeme des Buchhaltens nach einer neuen und erleichterten Methode vorgetragen werden .....", Hannover 1813 (Hahn). — Vorh.: Bücherei der Industrie- und Handelskammer Leipzig.

Philipson, Jh. Jak. M., Briefe e. Vaters an seinen Sohn üb. d. kaufmänn. Rechnungswesen, worin das einfache, das italien., das engl. u. die vorzügl. neuern u. erleicht. Methoden vorgetragen 2c. gr. 4. Hannov. 812. Hahn. 2 ₰ 16 gr

Philipson, Moses, s.a. Philippson

Philipson, Mo., Leben Benedicts v. Spinoza. 8. Brschw. Schulbuchhdl. 790.

Philipson, M., üb. Verbesser. d. Judeneides. 8. N. Strel. Michaelis (Albanus) 797.

Philipson, Otto [aus Bramsche]: Beiträge zur Kenntnis der Brom- und Chlor-Derivate des β-Naphtylamins. Freiburg i. B., Buchdr. v. Chr. Ströcker, 1890; 52 S. + 1 Bl. 8°
Freiburg i. B., Phil. Fak., Inaug.-Diss. v 1890

Philipsthal, Hans: Ueber die Carunkeln der weiblichen Harnröhre. *Berlin 1898: O. v. Holten.* (32 S.) 8°
Berlin, Med. Diss. v 22. Apr 1898

Philirenus, Dubia und Erinnerungen, wegen d. Union. 4. Nrnb. 725.

PHILIRINI gründliche Erörterung der schwersten Fragen u. Controversien, welche so wohl in Theologicis als Moralibus, Physicis & Politicis bey jetziger Zeit auff die Bahn gebracht werden. 8°.
So in einem Cat. v Renger in Halle v J. 1709 (ohne Orts- u. Jahrsang.) angezeigt. — Der Pseud. nicht bei Weller

Philister, die geprellten, Posse in 3 Aufz. von A. von Seckendorf. gr. 8. Leipzig, Comt. f. Literat. (Cnobloch.) 821.

Philister, der, vor, in u. nach der Geschichte. Scherzhafte Erzählung. (v. Cl. Brentano). 8. Heidelb. 811.

Philister-Zeitung des Historisch-philologischen Vereines München. [1.] *München 1893: M. Pössenbacher.* 8° Jg. bzw. 11

Philites, C. A., de decremento altera hominum aetatis periodo seu de marasmo senili in specie. Dissertatio inauguralis medica. 8maj. Halle 808. (Rohrmann u. Schw. in Wien). 5 gr

Philites, Silvester Constantiniades (Epirota), Febrium verminosarum pathologiam. Diss. med. Göttingen (F. A. Rosenbusch) 26. II. 1785. 44 S. (5.—) 26462

Phillebois, X., s. Taschenbuch d. Wiener Universität.

Philleo, Calvin W., zwei Mal getraut, s. Bibliothek, amerikanische.

Philler, Martin, früherer Referendar: Die Rechtsstellung der Kinder aus nichtigen Ehen nach dem Bürgerlichen Gesetzbuch. Berlin 1906: E. Ebering. (101 S.) 8°
Rostock, Jur. Fak., Ref. Matthiaß, Diss. v. 20. Juli 1906
[Geb. 22. Aug. 70 Neuhaldensleben, Kr. Magdeburg; Wohnort: Berlin; Staatsangeh. Preußen; Vorbildung: Gymn. Elbing Reife O. 90; Studium: Bonn 1, Berlin 1, Freiburg i. B. 1, Breslau 4 S.; Rig. 7. April 06.]

Philler, O., das Gesetz über die Beurkundung des Personenstandes und die Form der Eheschließung vom 9. März 1874. Mit einem Kommentar auf Grund der Materialien. 8. (IV, 87 S.) Berlin 874, Vahlen. cart. *

—— dass. — und mit einem Anh. enth. 1) Die Vorschriften über die zur Eheschließung nothwend. Erfordernisse, 2) Die sämmtlichen amtlich vorgeschriebenen oder empfohlenen Formulare. 2. verb. und verm. Aufl. 8. (V, 106 S.) Ebendas. 874. cart. *

Philler, O., das Gesetz üb. die Beurkundg. des Personenstandes u. die Eheschließg. v. 6. II. 1875 in der durch das bürgerl. Gesetzbuch veränderten Fassg. Mit e. Kommentar unter Berücksicht. der preuß. Ausführungsgesetzgebg. sowie m. der Ausführungs-Verordng. des Bundesraths v. 25. III. 1899 u. den amtlich vorgeschrieb. Formularen hrsg. 2., erheblich verm. Aufl. 8. (VIII, 152 S.) Berlin 900. F. Vahlen. Kart. n. 2. 50

—— das Gesetz über den Eigenthumserwerb und die dingliche Belastung der Grundstücke, Bergwerke und selbstständige Gerechtigkeiten, die Grundbuch-Ordnung und das Stempel-Abgaben-Gesetz vom 5. Mai 1872. Mit einem Kommentar auf Grund der Materialien, der Rechtsprechung des Ober-Tribunals und der bisher. Gerichts-Praxis, sowie mit einem Anh., enth. die übrigen, bei Bearbeitung der Grundbuchsachen unentbehrl. Gesetze, welche noch Gültigkeit haben, und mit einem ausführl. Sachregister. gr. 8. (VIII, 151 S.) Magdeburg 871, Baensch. *

— das Gesetz üb. den Eigenthumserwerb u. die dingliche Belastung der Grundstücke, Bergwerke u. selbstständige Gerechtigkeiten, die Grundbuch-Ordng. u. das Stempel-Abgaben-Gesetz vom 5. Mai 1872. Mit e. Kommentar auf Grund der Materialien, der Rechtsprechg. d. Ober-Tribunals u. der bisher. Gerichts-Praxis, sowie m. e. Anh., enth. die übr., bei Bearbeitg. d. Grundbuchsachen unentbehrl. Gesetze, welche noch Gültigkeit haben, u. m. e. ausführl. Sachregister. gr. 8. (VIII, 151 S.) Magdeburg 872. E. Baensch. n. 3. —

Philler, O., Handausgabe der deutschen Grundbuchordng., nebst e. systemat. Darstellg. d. materiellen Liegenschaftsrechts u. der preuß. Ausführungsbestimmgn. Für die preuß. Praxis bearb. gr. 8. (VI, 245 S.) Berlin 901. O. Liebmann. Geb. in Leinw. n. 5. —

— Kommentar zu den Gesetzen vom 5. Mai 1827 üb. das preußische Grundbuchwesen. 1. u. 2. Nachtragshft. gr. 8. Ebend. 873. à n. 2. —
1. I. Zusätzliche Erläutergn. II. Die ministeriellen Ausführgs-Verfügn. (92 S.)
2. enth. die Einführungs-Gesetze f. das Jadegebiet, Neuvorpommern u. Rügen, Schleswig-Holstein, Hannover, den Bezirk d. Appellationsgerichts zu Kassel m. Ausschluß d. Amtsgerichts v. Vöhl, Ehrenbreitstein u. der Hohenzollernschen Lande. (106 S.)

— dass. deutsche Reichs-Civilehe-Gesetz. Das Gesetz üb. die Beurkundg. d. Personenstandes u. die Eheschließg. vom 6. Febr. 1875. Mit e. Kommentar auf Grund der Materialien u. m. e. Anh., enth. die sämmtl. Formulare. 8. (VI, 111 S.) Berlin 875. Vahlen. n. 1. 80

Philler, O., die Subhastations-Ordnung vom 15. März 1869 nebst Kostentarif. Mit e. Kommentar auf Grund der Materialien u. mit der allgemeinen Justiz-Ministerial-Verfügg. vom 20. März 1869, sowie mit den zur Zeit noch gült. Entscheidungen des königl. Ober-Tribunals, u. e. Anh., Formulare zu Verfüggn. in Subhastationssachen. Magdeburg 869. Baensch. 8. (IV, 62 S.) n. 10 ngr.

— die Subhastations-Ordnung vom 15. März 1869 nebst Kostentarif. Mit e. Kommentar auf Grund der Materalien u. m. der allgemeinen Justiz-Ministerial-Verfügg. vom 20. März 1869, sowie m. den zur Zeit noch gült. Entscheidgn. d. königl. Ober-Tribunals, u. e. Anh., Formulare zu Verfüggn. in Subhastationssachen. 2., m. e. Nachtrag verm. Ausg. 8. (IV, 76 S.) Magdeburg 872. E. Baensch. n. 1. 25

— Vorlesungen über das bürgerl. Gesetzbuch. gr. 8. (VIII, 512 S.) Leipzig 899. C. L. Hirschfeld. n. 10.80; geb. n. 12. —

(B) Philler, O., Vorlesungen üb. das B.G.B. 899. (xBL 32.) Jetzt: Tübingen, J. C. B. Mohr.

— die Vormundschaftsordnung vom 5. Juli 1875 nebst den m. derselben in Verbindg. steh. Gesetzen. Mit e. Kommentar. 8. (IV, 157 S.) Berlin 875. Vahlen. 2. 40

Philler, O., die Vormundschaftsordnung vom 5. Juli 1875, nebst den darauf bezügl. Gesetzen a. Gesetz, betr. die Kosten, Stempel u. Gebühren in Vormundschaftssachen, vom 21. Juli 1885, b. Gesetz, betr. die Geschäftsfähigkeit Minderjähriger u. die Aufhebg. der Wiedereinsetzg. in den vor. Stand wegen Minderjährigkeit, vom 12. Juli 1875, c. Hinterlegungsordng. vom 14. März 1879, d. Gesetz, betr. die Unterbringg. verwahrloster Kinder, vom 13. März 1878. Mit e. Kommentar. 2. Aufl. 8. (VIII, 252 S.) Berlin 885. Vahlen. cart. n. 4. —

— das Vormundschaftsrecht des deutschen bürgerlichen Gesetzbuchs nebst den verwandten Rechtsstoffen. Mit e. Kommentar unter Berücksicht. der preuß. Ausführungsgesetzgebg. hrsg. 3. Aufl. des preußisch-rechtl. Werkes. gr. 8. (IX, 384 S.) Berlin 900. F. Vahlen. n. 6. —; geb. n.n. 7. —

Phillibert, Jul., Erfurt unter französ. Oberherrschaft. In Briefen an einen Freund. 8. Erf. 814. Müller. 20 gr.

PHILLIBERT, Julius (ps.), Auguste von Kostheim und Eduard von Volny, oder die Franzosen in Deutschland. Eine Erzählung. Erfurt, Müller, 1814. 8° 139 S. Zahm.

Ungenau in Weller's Lex. Ps. p. 438, wo „Philibert" und „Voley".

Phillichodi, Droit naturel d'un père à son fils. II Vol. 8 Berne, Typ. 770.

Phillip, Arthur. Reise nach der Botany Bay auf Neuholland ... Stuttg. 1789. Ü: *Ehrmann, Theophil Friedrich.* (EngG) (MGT) (Ky)

Philipps, Arthur., Reise nach d. Botany-Bay a. Neuholland, a. d. Engl. 8. Stuttg. (Gräff in Lpz.) 789.

— Reise nach d. Botany-Bay; ein Auszug aus d. Tagebuche d. neuesten brittischen Entdeckungen in d. Südsee; aus d. Engl. v. M. Chr. Sprengel. Mit Kpf. gr. 8. Hamb. 791. Hoffmann. 1 rß 16 gr.

— Reise nach Neu-Süd-Wales, s. Bibliothek d. neuest. Reisebeschreibungen. 17r Bd.

Phillip, A. Reise nach Neu-Süd-Wales und der Botany-Bay. A. d. Engl. Nürnberg 1791. Ü: *Balbach, Joh.* (MGT) (Ky)

— Reise n. Neu-Süd-Wales. 2 Abth. m. K. gr. 8. Nrnb. Weigel. 791.

– s. Reisen nach Batany-Bay.

Phillipp, M., s. Philipp, Michael

Phillippe A., Geschichte der Apotheker bei den wichtigsten Völkern der Erde seit den ältesten Zeiten bis auf unsere Tage, nebst einer Uebersicht des gegenwärtigen Zustandes der Pharmacie in Europa, Asien, Afrika und Amerika. Aus dem Französ. übers. und mit einer Zusammenstellung der Förderer der Pharmacie alter und neuer Zeit verm. von Herm. Ludwig. 2. (Titel-) Aufl. 7 Lfgn. gr. 8. (1122 S. mit 2 Stnt.) Jena (854)57, Mauke.

—— Podalirius. Beiträge z. Kritik d. Arzneikunde, s. Podalirius.

—— Propädeutik u. Methodik d. Medicin, f. Gymnasiasten u. angeh. Studirende d. Medicin bearb. gr. 8. (11¼ B.) Magdeburg 832, Heinrichshofen.

—— die Sommerkrankheiten im J. 1831. Nach seinen Beobachtungen geschildert. gr. 8. (18½ B.) Berlin 832, Th. Enslin.

Phillipps, George, s. Phillips

Phillipps, Rich., über die Bildung u. Zusammenberufung d. Geschwornengerichte in England; aus d. Engl. übers. gr. 8. Weimar 819. Ind.-Compt. 8 gr. (Aus „Vorwärts" abgedr.)

Phillipps, (Rich.,) über die nächsten Ursachen d. maler. Erscheinungen d. Universums. Nach d. Engl. bearb. v. General von Theobald u. Prof. Dr. Lebret. Mit 4 Steintaf. gr. 8. Stuttg. 826, Steinkopf.

Phillips, s.a. Philips

Phillips, A., die Reichstags-Wahlen von 1867 bis 1883. Statistik der Wahlen zum konstituier. u. norddeutschen Reichstage, zum Zollparlament, sowie zu den ersten 5 Legislatur-Perioden d. deutschen Reichstages. 8. (XII, 273 S. m. 1 color. Taf.) Berlin 883. Gerschel. geb. n. 8. —

Phillips, A., Statistik der Wahlen in Berlin. gr. 4. (8 S. mit 1 chromolithogr. Karte der Reichstagswahlen von 1884 nach Stadtbezirken.) Berlin 885, H. S. Hermann.

Phillips, Adlf Edm., Zur Theorie des neuhochdeutschen Rhythmus. Berlin 1870. 8. Leipziger Inaug.-Diss.

Phillips, Mrs. Alfred

Phillips, Mrs. A., Benedicta, s.: Britannia-Bibliothek.

Phillips, B., s. Philips, Bernhard

Phillips, Ch., die subcutane Durchschneidung der Sehnen, od. die Operationen, welche zur Heilung der Klumpfüsse, des schiefen Halses, der Kontracturen der Hände u. Finger, der falschen Ankylosen des Knies, des Strabismus, der Myopie, des Stotterns etc. angewendet werden. Frei nach dem Franz. bearb. v. Kessler. gr. 8. (16 B. u. 12 Taf. Abbild.) Leipzig 842, Gebhardt u. Reisland.

Phillips, Georg (Jakob)

Phillips, Geo. Jac., quid jus catholicum et protestanticum statuerint de impedimento, quod vocatur deficientis conditionis appositae, explicatur. Dissertatio inauguralis. gr. 8. (VI, 84 S.) Berlin 864. (Puttkammer & Mühlbrecht.) n. 1. —

— das Regalienrecht in Frankreich. Ein Beitrag zur Geschichte d. Verhältnisses zwischen Staat u. Kirche. gr. 8. (VI, 452 S.) Halle 873. Buchh. d. Waisenh. n. 7. 50

Phillips, Georg: Der Ursprung des Regalienrechts in Frankreich. Halle 1870: Hendel. 51 S. 8°

Halle-Wittenberg, Jur. Hab.-Schr. v. 5. Juli 1870

Ersch. vollst. u. d. T.: Das Regalienrecht in Frankreich. Ein Beitrag zur Geschichte des Verhältnisses zwischen Staat und Kirche. Halle: Waisenhaus 1873. VI, 452 S. Verf. nannte sich darin G[eorg] J[akob].

Phillips, George

Phillips, Geo., üb. das baskische Alphabet. [Aus: „Sitzungsber. d. k. Akad. d. Wiss."] Lex.-8. (44 S.) Wien 870. Gerold's Sohn in Comm. n. — 60

— über das iberische Alphabet. [Aus: „Sitzungsber. d. k. Akad. d. Wiss."] Lex.-8. (74 S.) Ebend. 870. n. 1. 20

Phillips, Georg, Beiträge zur Geschichte der Universität Ingolstadt. (1. u. 2. Stck.) gr. 4. (8¼ B.) München 846, 47. (Literarisch-artist. Anstalt.) (à Stck. * 7 Ngr.) *

Phillips, Geo., Beiträge zur Geschichte der Universität Ingolstadt u. über das Studium der Geschichte, s. Verzeichniß der Vorlesungen, welche an der k. bayer. Ludw.-Max.-Univ. zu München ꝛc. gehalten werden.

Philipps, G., u. G. Görres histor.-polit. Blätter f. das kathol. Deutschland, s. Blätter.

—— und G. Görres' historisch-politische Blätter für das kathol. Deutschland, redig. von Jos. Edm. Jörg. (Jahrg. 1853—56. oder) 31 — 38. Bd. à Jahrg. 12 Hefte. gr. 8. München, (Literarisch-artistische Anstalt.) a Jahrg. *

—— und G. Görres' historisch-politische Blätter für das katholische Deutschland, redig. von Jos. Edm. Jörg. (Jahrg. 1857 — 61 oder) 39 — 48. Bd. à 12 Hefte. gr. 8. (à Heft ca. 88 S.) München, (Literarisch-artistische Anstalt.) à Jahrg. *

Phillips, Geo., der Codex Salisburgensis St. Petri IX, 32. Ein Beitrag zur Geschichte der vorgratianischen Rechtsquellen. (Aus den Sitzungsber. der k. Akad. der Wissensch. abgedr.) Wien 863. Gerold in Comm. gr. 8. (74 S. u. 1 lith. Taf. in 4.) n. 13 ngr.

Phillips, Geo., Compendium juris ecclesiastici, auctum atque emendatum ed. Frider. Henr. Vering. Edit. III, latinae versionis I., in qua potissimum spectatur concilium Vaticanum. gr. 8. (XXXII, 770 S.) Regensburg 875, Manz. *

Phillipps, George, die Diöcesansynode. 1. und 2., unveränd. Aufl. gr. 8. (XI und 219 S.) Freiburg im Br. 849, Herder'sche Vrlgsh. *

Phillips, George, die Diöcesansynode. gr. 8. (X u. 219 S.) Freiburg im Br. 849, Herder. — 2. unveränd. Aufl. 8. (X u. 219 S.) Ebd. 850. n. ⅚ ₰

— die Einwanderung der Iberer in die pyrenäische Halbinsel. [Aus: „Sitzungsber. d. k. Akad. d. Wiss."] Lex.-8. (46 S.) Ebend. 870. n. — 60

— ueber das lateinische u. romanische Element in der baskischen Sprache. [Aus: „Sitzungsber. d. k. Akad. d. Wiss.] Lex.-8. (22 S.) Ebend. 871. n. — 40

Phillips, Geo., über Erb- u. Wahl-Recht, mit besond. Beziehung auf d. Königthum d. german. Völker. Gelesen in d. öffentl. Sitzung d. k. bayer. Akad. d. Wissensch. am 28. März 1836. gr. 4. (2 B.) München, (Lindauer'sche Buchh.) *

— Erörterung der Frage: „Hat seit der Usurpation des deutschen Königsthrones durch Arnulf im J. 887 bis zum Aussterben der Sächs. Kaiser die karoling. Verfassung in ihren wichtigsten Grundsätzen ohne Unterbrechung fortgedauert?" — In den „Abhandlungen der hist. Classe der b. Acad. d. Wissensch. II. 1." enthalten.

Phillips, Geo., Deutsche Geschichte mit besond. Rücksicht auf Religion, Recht u. Staatsverfassung. 1. u. 2. Bd. (od. 3 Abthln.) gr. 8. Berlin, Dümmler. [1. 2 Abthln. (43⅓ B.) 832. 3 Thlr., 2. (35 B. u. 1 Stammt. gr. 4.) 834. 2 Thlr. 16 Gr.]

Phillips, Geo., Grundsätze d. gemeinen deutsch. Privatrechts, mit Einschluß d. Lehnrechts. 2 Bde. gr. 8. (45 B.) Berlin 829, Dümmler. Thlr.

—— Grundsätze d. gem. deutschen Privatrechts, mit Einschluß d. Lehnrechts. 2 Bde. 2., umgearb. Aufl. gr. 8. Berlin, Dümmler. [1. (40¾ B.) 838. 2⅚ Thlr., 2. (37¼ B.) 839. 2½ Thlr.]

—— Grundsätze des gemeinen deutschen Privatrechts mit Einschluß des Lehnrechts. 3., verb. Aufl. 2 Bde. gr. 8. Berlin 846, Dümmler, Vrlgsh. [1. (36¼ B.) 2 Thlr. 25 Ngr., 2. (46½ B.) 3 Thlr. 15 Ngr.]

s. Hildenbrand, Karl, die Purgatio canonica vulgaris.

— über e. in der Nähe v. Castellon gefundene iberische Inschrift. [Aus: „Sitzungsber. d. k. Akad. d. Wiss."] Lex.-8. (10 S. m. e. Steintaf. in qu. Fol.] Ebend. 871. n. — 50

Phillips George, Dr., Karl der Große im Kreise der Gelehrten. Vortrag, gehalten in der feierlichen Sitzung der Kaiserlichen Akademie der Wissenschaften am 30. Mai 1855. F. S. 1855 . . . . vgr.
Separatabdruck

—— Kirchenrecht. 2 Bde. à 2 Abthlgn. gr. 8. Regensburg, Manz. [1. Bd. (47⅝ B.) 845. (1. Abthl. * 1 Thlr. 15 Ngr. 2. Abthl. * 1 Thlr. 5 Ngr.) Zusammen * 2 Thlr. 20 Ngr., 2. Bd. (Abthlg. 1. (21¾ B.) Abthlg. 2. ... B.) 46. * 2 Thlr. 10 Ngr.] *

Phillipps, George, Kirchenrecht. 3. und 4. Bd. gr. 8. Regensburg, Manz. [3. (2 Abthlgn.) (XII und 792 und 104 S.) 848—50. * 3 Thlr. 5 Ngr., 4. (IV und 526 S.) 851. * 2 Thlr.] Thlr. *

Phillips, Geo., Kirchenrecht. 5. Bd. 1. Abthl. gr. 8. (XXXII und 412 S.) Regensburg 854, Manz. *

Phillips, Geo., Kirchenrecht. 1. Bd. 3. Aufl. gr. 8. (XVI und 743 S.) Regensburg 855, Manz. Thlr. *

—— Kirchenrecht. 5. Bd. 2. Abthl. gr. 8. (X und S. 413 —905.) Regensburg 857, Manz. *

Phillips, Geo., Kirchenrecht. 2. Bd. 3. Aufl. gr. 8. (X und 641 S.) Regensburg 857, Manz. *

—— Kirchenrecht. 6. Bd. gr. 8. (XII und 852 S.) Regensburg 864, Manz. *

Phillips, Geo. (II.), Kirchenrecht. 7. Bd. 2 Abthlgn. gr. 8. Regensburg, Manz. [1. Abthl. (XII, S. 1—610.) 869. * ℳ 8.; 2. Abthl. (VIII, S. 611—1028.) 872. * ℳ 6,40.]

Phillips, G., Kirchenrecht. Fortgesetzt v. F. H. Vering. 8. Bd. 1. Abtlg. gr. 8. (XXXIX, 476 S.) Regensburg 889. Verlags-Anstalt. n. 8. — (I—VIII, 1.: n. 74. 70)

— die deutsche Königswahl bis zur goldenen Bulle. (Aus d. Sitzungsberichten d. k. Akad. d. W.) Wien 858. Gerold in Comm. gr. 8. (186 S.) n. 1 ₰.

—— Lehrbuch des Kirchenrechts. (In 2 Abthlgn.) 1. Abthl. Lex.-8. (XIV und 476 S.) Regensburg 859, Manz. *

—— dass. — 2. Abthl. in 5 Lfgn. Lex.-8. (XII und 1303 S.) Ebendas. 860—62 *

—— Lehrbuch des Kirchenrechts. 2. verb. Aufl. gr. 8. (XXIV, 809 S.) Ebendas. 871. *

Phillips, Georg. Lehrbuch des Kirchenrechts. 3. Aufl. Regensburg 1881. H: *Moufang, Chr.* (Mitth. d. Verlagsbuchh.)

Phillips, Geo., Lehrbuch des Kirchenrechts. 3. verb. Aufl. Lex.-8. (XX, 854 S.) Regensburg 881, Manz.

—— die Lehre v. d. ehelich. Gütergemeinschaft, mit besond. Rücksicht auf Preuß. provinzielles u. allgem. Recht dargest. gr. 8. (19½ B.) Berlin 830, Dümmler.

Phillips, G, Leitfaden zu Vorlesungen über deutsche Reichs- und Rechtsgeschichte München 1842 8 . . . . (BB6)

— Walter Map. Ein Beitrag zur Geschichte König Heinrichs II. von England u. des Lebens an seinem Hofe. (Aus d. Sitzungsberichten d. k. Akad. d. W.) Wien 853. (Gerold.) gr. 8. (84 S.) n. 14 ngr.

— über die Ordalien bei den Germanen in ihrem Zusammenhange mit der Religion. Festrede für die Feier des 88. Stiftungstages der Akademie. gr. 4. (29 S.) München 847. (Franz.) n. 8 ngr.

Phillips, Geo., Prüfung d. iberischen Ursprungs einzelner Stammes- u. Städtenamen im südlichen Gallien. [Aus: „Sitzungsber. d. k. Akad. d. Wiss."] Lex.-8. (68 S. m. eingedr. Holzschn.) Wien 871. Gerold's Sohn in Comm. n. 1. 20

Phillips, Georg (Königsberg/Preußen), De Anglo-Saxonum re judiciaria. Diss. histor.-jur. Göttingen (Dieterich) (12. VI.) 1825. 22 S. (3.25) 26463
Gew.: Jakob Pestalutz, Wilhelm Baum, Erhard Bruno Abegg.

—— deutsche Reichs- u. Rechtsgeschichte zum Gebrauche bei akadem. Vorlesungen. gr. 8. (23 B.) München 845, literar.-artist. Anstalt. *

— Deutsche Reichs- u. Rechtsgeschichte zum Gebrauche bei akademischen Vorlesungen dargestellt. 2. verm. Aufl. gr. 8. (XIV u. 426 S.) München 850, Literarisch-artistische Anstalt. n. 1 ₰ 26 ngr.

— deutsche Reichs- und Rechtsgeschichte zum Gebrauche bei akadem. Vorlesungen. 3. stark verm. Aufl. München 856. Literar.-artist. Anstalt. gr. 8. (XVI, 443 S.) n. 2 ₰. 14 ngr.

— deutsche Reichs- und Rechtsgeschichte zum Gebrauche bei akademischen Vorlesungen dargestellt. 4. verm. Aufl. München 859. Literarisch-artist. Anstalt. gr. 8. (XVIII, 486 S.) n. 2 ₰ 14 ngr.

— engl. Reichs- u. Rechtsgeschichte seit d. Ankunft der Normannen im J. 1066. nach Christi Geburt. 2 Bde. gr. 8. Berl. 827 u. 828. Dümmler. 3 ₰ 6 gr

Phillips, Samson v. Tottington Abt von St. Edmund. Ein Beitrag zur Geschichte des Klosterlebens im Mittelalter. Lex.-8. (106 S.) Wien 864, (Gerold's Sohn.) *
Separatabdruck

—— vermischte Schriften. 2 Bde. gr. 8. (X und 1124 S.) Wien 855(56,) Braumüller. *

—— vermischte Schriften. 3. Bd. gr. 8. (VII und 508 S.) Wien 860, Braumüller's Verlags-Conto.

— siehe: Singers, Peter, metaphysische Blicke.

— eine baskische Sprachprobe nebst Einleitg. u. Commentar. [Aus: „Sitzungsber. d. k. Akad. d. Wiss."] Lex.-8. (36 S.) Ebend. 870. n — 60

— über den iberischen Stamm der Indiketen u. seine Nachbarn. Ein Beitrag zur Toponymie d. nordöstl. Hispaniens. [Aus: „Sitzungsber. d. k. Akad. d. Wiss."] Lex.-8. (46 S.) Ebend. 871. n. — 60

—— über das Studium der Geschichte, s. Verzeichniss der Vorlesungen.

—— die grosse Synode von Tribur. Dargestellt mit Benützung von Wiener, Münchner und Salzburger Handschriften. Lex.-8. (72 S.) Wien 865, (Gerold's Sohn.) * *
Vorstehende Schrift des Verf. wurde aus: Sitzungsberichte der k. Akademie der Wissenschaften, besonders abgedruckt.

— über den Ursprung der Katzenmusiken. Eine canonistisch-mytholog. Abhandlung. gr. 8. (IV u. 75 S.) Freiburg im Br. 849, Herder. 8¾ ngr

Phillips, Geo.: Versuch einer Darstellung der Geschichte des Angelsächs. Rechts. *Göttingen*, Dieterich. 825. 825. 8. (1 Thl. 4 Gr.)

— die Wohnsitze der Kelten auf der pyrenäischen Halbinsel. [Aus: „Sitzungsber. d. k. Akad. d. Wiss."] Lex.-8. (71 S.) Ebend. 872. n. 1. 20

Phillips, Percy Philip, Beiträge zur Kenntnis der D-d-Fenchenderivate u. der Fenchocarbonsäure. Diss. gr. 8. (52 S.) Göttingen 901. (Vandenhoeck & Ruprecht.) n. 1. 20

Phillips, Stephen, Herodes. Eine Tragödie. Autoris. deutsche Ausg. 1.—2. Taus. gr. 8. (147 S.) Mettmann 902. H. v. der Heyden. n. 3. 50; geb. n. 4. 50

Phillips, Steph., Marpessa. Deutsche Umdichtg. v. Gust. Noll. (Buchschmuck v. Walt. Tiemann.) (41 S.) kl. 8. Leipzig 904. Insel-Verlag. Geb. in Pergament n. 4. —

— die Sünde Davids. Autoris. deutsche Ausg. (64 S) 8. Mettmann (905). H. v. d. Heyden. n. 1. 50

Phillips, W., schlechte Wohnungsverhältnisse, e. Quelle d. Unsittlichkeit. Vortrag. 8. (16 S.) Berlin 889. Buchhandlg. der Berliner Stadtmission. — 10

— s.a. Philipps

The human-Boy. By Eden **Phillpotts**. Copyright ed. Leipzig Tauchnitz 1899. 279 S. 8°
(Collection of British authors. Tauchnitz Ed. Vol. 3392.) [11. 8360

Phillpotts, Eden, the human boy again, s.a. Collection of British authors.

The human Boy again. By Eden **Phillpotts**. Copyright ed. Leipzig Tauchnitz 1908. 279 S. 8°
(Collection of British authors. Tauchnitz Ed. Vol. 4040.) [11. 8780

— **Children of de mist, s.: Library, the English.**

Phillpotts, Eden, the good red earth, s.a. Collection of British authors.

The good red Earth. By Eden **Phillpotts**. Copyright ed. Leipzig: Tauchnitz 1901. 271 S. 8°
(Collection of British authors. Tauchnitz Ed Vol. 3511.) [11. 8356

Phillpotts, Eden, The Farm of the Dagger, s.a. Collection of British authors.

The Farm of the Dagger. By Eden **Phillpotts**. Copyright ed. Leipzig: Tauchnitz 1905. 295 S. 8°
(Collection of British authors. Tauchnitz Ed. Vol. 3811.) [11. 8604

— **The golden fetich,** s.a. Collection of British authors.

The golden Fetich. By Eden **Phillpotts**. Copyright ed. Leipzig: Tauchnitz 1906. 319 S. 8°
(Collection of British authors. Tauchnitz Ed. Vol. 3869.) [11. 8650

— **The striking hours,** s.a. Collection of British authors.

The striking Hours. By Eden **Phillpotts**. Copyright ed. Leipzig: Tauchnitz 1903. 280 S. 8°
(Collection of British authors. Tauchnitz Ed. Vol. 3653.) [11. 8494

— **The portreeve, s.: Unwin's library, vol. 44.**

Phillpotts, Eden, Lying prophets, s.a. Collection of British authors.

Lying Prophets. A novel. By Eden **Phillpotts**. Copyright ed. In 2 vol. Vol. 1. 2. Leipzig: Tauchnitz 1897. 8°
(Collection of British authors. Tauchnitz Ed. Vol. 3228/9.) [11. 8185

— **and Arnold Bennett, the sinews of war,** s.a. Collection of British authors.

The Sinews of war. A romance of London and the sea. By Eden **Phillpotts** and Arnold Bennett. Copyright ed Leipzig: Tauchnitz 1907. 319 S. 8°
(Collection of British authors. Tauchnitz Ed. Vol. 3953.) [11. 8711

— **Sons of the morning, s.a. Collection of British authors.**

Sons of the morning. By Eden **Phillpotts**. Copyright ed. In 2 vol. Vol. 1. 2. Leipzig: Tauchnitz 1901. 8°
(Collection of British authors. Tauchnitz Ed. Vol. 3485/6.) [11. 8367

– u. Arnold Bennet

— — **The statue, s.a. Collection of British authors.**

The Statue. By Eden Phillpotts and Arnold Bennet. Copyright ed. Leipzig: Tauchnitz 1908. 302 S. 8°
(Collection of British authors. Tauchnitz Ed. Vol. 4050.) [11. 8787

— **The whirlwind, s.a. Collection of British authors.**

The Whirlwind. By Eden **Phillpotts**. Copyright ed. In 2 vol. Vol. 1 2. Leipzig· Tauchnitz 1907 8°
(Collection of British authors. Tauchnitz Ed. Vol. 3955/6.) [11. 8713

Philo Alexandrinus

Philonis (Alexandrini) de aeternitate mundi. Ed. et prolegomenis instruxit Franc. Cumont. gr. 8. (XXXII, 76 S.) Berl. 891, G. Reimer. * 4 —

—— Buch von d. Weltschöpfung, s. Müller, J. G.

Chrestomathia Philoniana. Graece cum animadv. ed. Dahl. Hamb. 800. 802. 2 Vol. 8. 2 rthl. 12gr. (Vol. II. 1 rthl. 12gr.)

Philonis, Judaei, de Cophini festo et de Calendis Parentibus, cum brevi scripto de Jona ac Editoris interpretatione. Edebat Angel. Majus. 8maj. Mediolani, 808.
in charta maj.
in charta vel.

— **Geschichte d. Gesandtschaft d. jüdischen Nation an den röm. Kaiser Cajus; aus d. Griech. v. J. F. Eckhardt. gr. 8. Lpz. 783. Dyck. 9 gr**

— **Leben Moses; nach d. Griech. 8. Dresd. 778. Walther. 12 gr**

Philonis **Judaei opera omnia gr. et lat. ad ed. Thom. Mangey collat. aliquot MSS. cura Aug. Fr. Pfeiffer. V Tmi. 8maj. Erlang. 785—92. Walther. 10 rthl. Editio IIda. V Voll. 8maj. Ebd. 820. Heyder. 11 rthl. 16 gr**

Philonis Judaei Opera (cur. Richter), s.a. Bibliotheca sacra patrum eccles., Ps. II.

Philo. Opera omnia. Textus editus ad fidem optimarum editionum. Lipsiae 1823—30. H: *Richter, C. E.* (Hoff) (Ky) (Gi)

— Judaei Opera omnia. Text. ed. ad fid. opt. edit. (cur. C. E. Richter). VIII Voll. 12maj. Leipz. 828—30. Schwickert. 6 rthl. 8 gr Schrbp. 8 rthl. 4 gr (A. u. d. T.: Bibliotheca sacra. P. II.)

Philonis Judaei opera omnia ad librorum optimorum fidem edita. Editio stereot. Tom. 1—5. 16. Lipsiae, Teubner.
à Tom.
Vlnp. à Tom. —

Tom. 1. De opificio mundi. Legis allegoriarum libri III. De Cherubim. De sacrificiis Abelis et Caini. De eo quod deterius potiori insidiatur. (VI und 335 S.) 851.
2. De posteritate Caini. De gigantibus. Quod Deus sit immutabilis. De agricultura. De plantatione Noë. De ebrietate De sobrietate. De confusione linguarum. De migratione Abrahami. (373 S.) 851.
3. Quis rerum divinarum heres sit. De congressu quaerendae eruditionis gratia. De profugis. De mutatione nominum. De somniis libb. II. (344 S.) 851.
4. De Abrahamo. De Josepho. Vita Mosis. De decem oraculis [s. de decalogo]. De circumcisione. De monarchia. De praemiis sacerdotum. De animalibus sacrificio idoneis [s. de victimis]. De sacrificantibus [s. de victimas offerentibus]. 852.
5. De mercede meretricis. De specialibus legibus lib. II. De septenario. De festo cophini. De parentibus colendis. De specialibus legibus lib. III. et IV. [De judice et de concupiscentia]. De justicia [et de constitutione s. creatione principum]. De tribus virtutibus [de fortitudine, de humanitate s. caritate, de poenitentia]. De praemiis et poenis. De exsecrationibus. De nobilitate. Quod omni probus liber [s. quod liber sit quisquis virtuti studet]. De vita contemplativa. (340 S.) 852.

Philonis Judaei opera omnia ad librorum optimorum fidem edita. Editio stereot. Tom. 6—8. (ultim.) 16. Lipsiae 853, C. Tauchnitz. à Vol. 15 Ngr.
Vlnp. à Vol. 22½ Ngr.

Tom. 6. De incorruptibilitate mundi. In Flaccum. De virtutibus et legatione ad Caium. De mundo. Fragmenta. — Latine: Quaestionum et solutionum in Genesin sermo I et II. (408 S.)
7. Quaestionum et solutionum in Genesin sermo III. et IV., in Exodum sermo I. et II. Sermo de Sampsone. De Jona. (VIII und 455 S.)
8. De Deo etc. De providentia sermones II. De animalibus. — Indices: Aucheriani et Mangeyani (principiorum Philonianorum, nominum et rerum, locorum); indices critici II; index paginarum collatarum. (302 S.)

Philo Alexandrinus, opera quae supersunt ediderunt Leop. Cohn et Paul. Wendland. Vol. I. Ed. Leop. Cohn. Adiecta est tabula phototypica codicis Vindobonensis. gr. 8. (CXIV, 298 S.) Berlin 896. G. Reimer n. 9. —

Philonis Alexandrini opera quae supersunt, ediderunt Leop. Cohn et Paul. Wendland. Vol II. et III. Edidit W. gr. 8. (XXXIV, 315 u. XXIV, 306 S.) Berlin 897. 898. G. Reimer. à n. 9. —

— dasselbe. Ed. minor. Vol. I. et II. Recognovit C. 8. Ebd. n. 3 60
I. (X, 280 S.) 896. n. 1. 60. — II. (XIII, 306 S.) 897. n. 2. —

Philonis Alexandrini opera quae supersunt, edd. Leop. Cohn et Paul. Wendland. (Ed. maior.) Vol. IV. Ed. C. gr. 8. (XXXIV, 307 S.) Berlin 902. G. Reimer.
n. 10. —; (I—IV n. 37. —)

— dasselbe. Ed. minor. Vol. III u. IV. 8. Ebd. à n. 2. —; (I—IV n. 7. 60)
III. Recogn. W. (X, 290 S.) 893. — IV. Recogn. C. (XIII, 254 S.) 902.

Philonis Alexandrini opera quae supersunt, edd. Leop. Cohn et Paul. Wendland. (Ed. maior.) Vol. V. Ed. C. (XXXII, 376 S. m. 2 Taf.) gr. 8. Berlin 906. G. Reimer. n. 15. — (I—V: n. 52. —)

— dasselbe. Ed. minor. Vol. V. Recognovit C. (X, 306 S.) 8. Ebd 906. n. 4. —
Vol. I—IV. Ebd. 896—902. Erhöht. Pr. à n. 4. —.

Philoponi, Joa, de opificio mundi libri VII, s.: Scriptores sacri et profani.

—— libellus de opificio mundi, ed. Leop. Cohn, s. a. Abhandlungen, Breslauer philologische. 4. Bd. 4. Heft.

Philonis Alexandrini libellus de opificio mundi ed. L. Cohn. Gol. 1889. 108 S.

Philonis Judaei Sermones tres hactenus inediti I et II. de Providentia, et III. de Animalibus ex Armena versione antiquis. ab ipso origin. textu Graeco ad Verbum stricte exequuta, nunc primum in latinum fideliter Translati per P. Jo. Baptist. Aucher Ancyranum. fol. Venetiis St. Lazari 1822.

– Mechanicae syntaxis, s. Philo Byzantinus

Philonis Judaei liber de virtutibus s. de legatione ad Cajum Imperator. ed. S. Fr. N. Morus. 8. Leipz. 781. Schönemann. 4 gr.

Philonis Judaei de vita Mosis. Hoc est de theologia et prophetia idiomate graeco olim descripta et in tres libros divisa, nunc autem in linguam hebraicam translata auctaque c. notis in us. lector.; nec non adnexus liber quartus cont. Decalogum, quod est juris summar. ab eo ipsius auctore alibi interpret. His libellus quintus additus est de Essaeis et Therapeutis, in unum congessit et ed. in lucem impensis propriis Jos. Flesch. 8maj. (15¾ B.) Pragae 838. (Lipsiae, C. L. Fritzsche.) *

Philo's v. Alexandrien Werke, s. a. Schriften der jüd.-hellenistischen Literatur.

Die Werke Philos von Alexandria [**Philo** Judaeus] in deutscher Übers. hrsg. von Prof. Dr Leopold Cohn. T 1 Breslau: Marcus 1909. 8°
(Schriften d. jüd.-hellenist. Literatur in deutscher Übers. Bd 1, T 1) [o. 1833

Philo Byzantinus

Philon und Heron, vom Geschützbau, s. Kriegsschriftsteller, griechische.

Philo, de septem orbis spectaculis, s. a. Aelianus.

Philonis Byzantini de septem orbis spectaculis libellus. Gr. et lat. cum notis L. Allatii edidit, atque ad Coluthum et Musaeum animadvers. adj. L. H. Teucher. 8. Leipz. 793.

Philonis, Byz., libellus de septem orbis spectaculis, graece cum vers. lat. dupl. D. S. Boessii et L. Allatii. Textum recogn. notas Allatii, F. J. Bastii aliorumque et suas, alior. scriptorum vet. de iisdem septem spectaculis testimonia, fragmenta Callinici Soph. et Adriani Tyrii atque indicem graec. adj. J. C. Orellius, cum 2 tabulis aen. 8maj. Lips. W. Vogel. 816.
Charta script.
— membr.

— mechanicae syntaxis libri IV et V. Recensuit Rich. Schoene. gr. 8. (XII, 96 S.) Ebd. 893. n. 2. —

Philo de Conversationibus

Venus rebutée. Das ist: Allerhand neue, zum unverwelcklichen Ruhm des Tobacks gereichende, curieuse, lustige, moralische...Einfälle, nebst e. Discours vom Tobacks-Decoro und der so genannten Tobacks-Freyheit... Von Philone de Conversationibus [Philo de Conversationibus]. Cölln: Marteau 1722. 118 S. 8°

Philo Judaeus, s. Philo Alexandrinus

* Novum horologium universale seu analemma sciathericum, quo 1) horae diurnae & nocturnae, 2) linea aequinoctialis & meridiana, 3) horologia horizontalia & verticalia. 4) Propositiones trigonometricae, nova facilique methodo evolvuntur, ac plurima alia problemata eruuntur, praemissa brevi instructione vel potius introductione ad globi & sphaerae planae notitiam tyronibus accomodata, cum appendice de horis diurnis & quatuor mundi plagis ex umbra cujusvis hominis detegendis. Explanatum a *Philo Mathe.* 12. 72 Seit. ohne Anzeige des Druckorts. 1720.

Philo vom Walde (Johs. Reinelt), s. a.: Kubelka, E. V.

Philo vom Walde (Joh. Reinelt), schlesisches Dichterbuch, s.: Krause, Aug. Frdr.

Philo vom Walde, die Dorfhexe. Bauern-Komödie m. Gesang in 3 Akten. Mit e. Nachworte 8. (VII, 119 S.) Großenhain 891. Baumert & Ronge. n. 1 —

— s.: Familien-Kalender, allgemeiner.

Philo vom Walde (Joh. Reinelt), d. Hauptgrundsätze d. Naturheilverfahrens, s.: Licht — Luft — Wasser.

— Hausmannskost! Naturgemäßes Kochbüchlein, s.: Volksbibliothek, deutsche.

— Leute-Not. Erzählg. gr. 8. (VII, 310 S.) Großenhain 901. Baumert & Ronge. n. 2. 50

Philo vom Walde, Vinzenz Prießnitz, s.a. Volksbücher, gesundheitliche. Nr. 1.

— Vinzenz Prießnitz. Sein Leben u. sein Wirken. Zur Gedenkfeier seines 100. Geburtstages dargestellt. Mit 95 Illustr. nach Zeichnungen von Jos. Dmych, Karl Goebel ꝛc. gr. 8. (X, 239 S. m. 1 Bildnis.) Berlin 899. W. Möller. n. 5. —; geb. n.n. 7. —; erm. Pr. 3. —; geb. 4. —

— Vinzenz Prießnitz als Begründer der naturgemäßen Lebens- u. Heilweise, s. Licht—Luft—Wasser. II. 34.

— Vinzenz Prießnitz als Begründer des Wasser- u. Naturheilverfahrens. E. Studie. gr. 8. (35 S. m. Bildn.) Berlin 897. W. Möller. n. — 60: erm. Pr. n. — 20

—— s. Schindler, Josef, als Nachfolger v. Vinzenz Priessnitz in Gräfenberg.

— s.: Schläsinger, der gemütliche.

Philo vom Walde, s. Schlesien in Sage und Brauch.

— Sonderlinge. D. Kurpfuscher. Drei Paar Verlobte. D. kranke Gott. Lustsp. in 1 Aufz. (nebst e. Prolog als Anh.). Neue Folge d. „hygiein. Volksbühne". 8. (IV, 81 S.) Leipzig 895. Th. Grieben. n. 1. 20

— Sonntagskinder. Lieder u. Gedichte aus Schlesien. (230 S. m. Bildnis.) kl. 8. Großenhain (904). Baumert & Ronge. n. 1. 50; geb. n. 2. 50

Philo vom Walde, Vagantenlieder. 12. (VIII, 106 S.) Großenhain 888, Baumert und Ronge. *ℳ 1.50.; geb. *

—— Hygienische Volksbühne. Die gute Stube. — Wasser thut's freilich. — Der rechte Doktor. Lustspiele in 1 Aufzuge. 8. (IV, 79 S.) Lpz. 892, Grieben. * 1 —

—— Wie heilt man Krankheiten, s. Volksbibliothek, deutsche.

Philo, ... (A. F. F. L. Frhrr. v. Knigge,) endl. Erklär. wegen seiner Verbind. mit d. Orden d. Illuminaten. 8. Hannov. 788. Ritscher. (Hahn). 9 gr

Philo, Semp., der wahre Werth d. Schönheit e. Geliebten; unzielsetzlich bestimmt. 4. Erlang. 765. (Heyder). 4 gr

Philocalus, F. D., Calendar. antiquum sub anno CCLII. scriptum ad prim. editionem not. illustr. Fr. Xysto Schier, curis M. Rosnack, 4. Gräz. 781. (Ferstl). 12 gr

Philocalus, T. D., Calendar. antiq. s. a. 252 script. ad prim. edit. ed. Schier et Rosnack. 4. Gräz, Weingard (Ferstl.) 781.

Philochori, Atheniensis, librorum fragmenta a C. G. Lenzio collecta digessit et animadversionibus tum ejusd. Lenzii tum suis illustrata ed. C. G. Siebelis. 8maj. Lpz. 811. Schwickert, 16 gr

Rom und die Freimaurerei. Betrachtungen über einen Hirtenbrief des Bischofs Don Sebastian Dias von Larangeira. Von Philocrestos. Aus d. Portug. von einem Nichtmaurer. Dessau: Barth in Comm. 1874. 30 S. 8⁰ [Umschlagtit.]

Tt. 1728. Grund, weshalb die römische Kirche die Mrei verfolgt, kurze Analyse einiger Punkte des Hirtenbriefes, praktischer Nutzen u. wahrscheinlicher Folgen des Verfahrens des Bischofs.

Philocriticus Parrhesiastes, s.: Eisenbahn, die Chemnitz-Riesaer.

Philodeknos; ein Versuch üb. Verbesser. d. Landschulen, (von J. P. L. Snell). 16 Heft. 8. Frankf. a. M. 791. Pech. 6 gr

Philodemos, A. B.

Philodemos, die Magie der Worte. Ein Beitrag zur Verständigung der Geschichte aller Revolutionen. Den Deputirten der deutschen Kammern und allen deutschen Bürgern zur Beherzigung freundlich vorgelegt. gr. 8. Leipzig 841, Franke. 1/3 ₰

Philodemos, A. B., die Magie der Worte. Ein Beitr. z. Verständig. d. Gesch. aller Revolutionen. gr. 8. (6 B.) Leipzig 841, [Voigt u. Fernau.]

Philodemus Gadarensis

Philodem's Abhandlungen über die Haushaltung und über den Hochmuth und Theophrast's Haushaltung und Charakterbilder. Griechisch und Deutsch mit kritischen und erklärenden Anmerkungen von J. A. Hartung. Leipzig 857. Engelmann. 12. (184 S.) 18 ngr.

Philodemi *περὶ τοῦ καθ' Ὅμηρον ἀγαθοῦ βασιλέως* libellus. Ed. Alex. Olivieri. (X, 88 S.) kl. 8. Leipzig 909. B. G. Teubner. 2.40; geb. 2. 80

— Gadarensis epigrammata ed. G. Kaibel. Pr. 1885. 27 S. 4⁰.

Philodemi *περὶ εὐσεβείας* c. annott. ed. J. A. Hartung. Gel. 1865. 8 S. 4⁰.

Philodemi Epicurei de ira liber. E papyro Herculanensi ad fidem exemplorum Oxoniensis et Neapolitani nunc primum edidit Thdr. Gomperz. Leipzig 864. Teubner. Lex.-8. (198 S.) n. 3 ₰ 18 ngr.

— — Liber IV, ex voluminibus Herculanensibus Oxonii a. 1825 excussis ed. L. Spengel. S.-A. 1837. 96 S. 4⁰. 2.50

Philodemi de musica librorum qui exstant, ed. Joa. Kemke. 8. (XV, 112 S.) Leipzig 884. Teubner. 1 50

Philodemus, von d. Musik; ein Auszug aus dessen 4. Buche Aus d. Griech. e. herkulan. Papierrolle, übers. v. C. G. v. Murr; nebst einer Probe d. Hymnenstyls altgriech. Musik. Mit 2 Kpf. gr. 4. Dresd. 805. Berl. 806. (Duncker u. H.) 20 gr Hb. Pr. 8 gr

— Von d. Musik. Ein Auszug aus dess. IV. Buche. Uebersetzt v. C. G. v. Murr. Nebst e. Probe d. Hymnenstils altgriechischer Musik. 1806. 64 S. u. 2 Taf. 4⁰. 1.25

— *περὶ οἰκονομίας* qui dicitur libellus, ed. Christian. Jensen. Accedunt duae tabulae phototypicae. (XXXIV, 106 S.) kl. 8. Ebd. 906. 2.40; geb. in Leinw. 2. 80

Philodemi περὶ ποιημάτων libri secundi quae videntur fragmenta, s.: Hausrath, A.

— Fragmenta περὶ ποιημάτων ed. ab F. Dübner. Gel. 1840. 81 S.

Philodemi Rhetorica ex Herculanensi papyro lithogr. Oxonii excusa restituit, lat. vertit, dissertat. de graeca eloquentia et rhetor. notitiaque de Herculanensibus voluminibus auxit annotationibus indicibusq. instr. E. Gros. Adjecti sunt duo Philodemi libri de Rhetorica Neapoli editi. Lex.-8. (24½ B. u. 4 Schrifttaf.) Parisiis 840, Didot Fratres. *

— περὶ θανάτου Δ. Nach der Oxforder und Neapolitaner Abschrift herausggeb. v. S. Mekler. Gel. 1886. 52 S. 1.20

— über den Tod. 4. Buch. Nach der Oxforder u. Neapolitaner Abschrift hrsg. v. Siegf. Mekler. Lex.-8. (52 S.) Wien 886. (Gerold's Sohn.) n. — 80

Philodemos, über den Tod. 4. Buch. Nach der Oxforder und Neapolitaner Abschrift hrsg. von Siegfr. Mekler. Lex.-8. (52 S.) Wien 886, (Tempsky.) *
Aus: Sitzungsberichte der k. Akademie der Wissenschaften, besonders abgedruckt.

— de vitiis liber decimus. Ad voluminis herculanensis exempla Neapolitanum et Oxoniense distinxit supplevit explicavit Herm. Sauppe. Lipsiae 853. (Berlin,) Weidmann. gr. 4. (34 S.) n. 10 ngr

Philodemi volumina rhetorica ed. ... Siegfried Sudhaus. Vol. [1.] II. [Nebst] Suppl. *Lipsiae: B. G. Teubner 1892—96.* 3 Bde 8.
I. 1892. (LII, 385 S.) II. 1896. (XXVII, 371 S.)
Suppl. 1895. [A. T.:] Festschrift des classisch-philologischen Vereins zu Bonn z. Begrüssg d. XLIII. Versammlg deutscher Philologen u. Schulmänner in Köln. Φιλοδήμου περὶ ῥητορικῆς Α' Β' ... (XLII, 62 S.)
(Bibliotheca scriptorum Graec. et Rom. Teubneriana.)

PHILOGAMUS aus Paphos (ps.), Der verliebte Solande und die gegenliebende Floramene, d. i. hellpolierter Liebes-Spiegel. Mit Titelkpfr. O. O. 1709. 12°. (5 Mk., scharf beschn., L. Rosenthal, 1906.)
Höchst selten, wie alle Ausgaben. — Zuerst gedr. in dem Roman: Der Politische Stock-Fisch (s. d.), mit seinem Kunst-Stücke .... Merseburg 1681. 12°. S. 240—382 (Ende). (Expl. in Berlin.) — Dann als Einzeldruck. O. O. 1687. 12°. (Bibl. Kielmans-Egg. I. p. 1191.)

— — Dasselbe. Franckfurt und Leipzig (Augsburg) 1734. 12°. 15 Bogen.
Georgi's Europ. B.-Lex.; Cat. Meissner II.

Philogelos: Hieroclis et Philagrii facetiae edid. Alfr. Eberhard. Accedit commentatio. gr. 8. (76 S.) Berlin 869, Ebeling und Plahn. [Leipzig, Teubner.] (ℳ 2,50.)

Philogyn [Pseud.], s. Bernhardi, Elisabeth Eleonore

Philokalon, s.: Reinmenschliche, das, bei Richard Wagner.

—— s.: Wunder, das, von Marpingen in Kurlebach.

Philokalon (ps.), Das Wunder von Marpingen in Kurlebach. Eine materialistische Hypothese in Versen. 1877.
Weller, Lex. Ps. p. 440.

Philokalos. — Blüthen u. Früchte z. Belehr. u. Unterhalt. d. Jugend. 2 Thle. gr. 8. (42¼ B. u. 6 Abbild.) Frankfurt a. M. 839. [Leipzig, Kersten.]
Ist eine neue (3.) verschönerte Ausg. von: Kriegk, deutsches Lesebuch.

Philokalos, s. G. L. Kriegk, Lesebuch.

Philoklerus inner dem Gebürge Oder Vorschläge zur Verbesserung der Weltgeistlichkeit in Neubaiern. Augsburg und Leipzig o. J. [1807]. V: *Prugger von Pruggheim, Carl.* (GGr VI/665, Nr. 13/7) (BiblPort)

Philoktet; ein Schauspiel nach d. Griech. des Sophocles. Königsb. 1795. V: *Schmalz, Theodor Ant. Heinrich.* (MGT) (Hoff)

— Schausp. nach dem Griech. des Sophocles, v. Schmalz. 8. Königsb. Nicolovius. 795.

— — Daff. übers. v. Mertens. gr. 8. Tübing. Cotta. 810.

Philoktetes frei in der Form nach Sophokles. Von Jos. Gottf. Müller. 16. (XX und 121 S.) Celle 855, Capaun-Karlowa'sche Buchh. *

Philolaos des Pythagoreers, Lehren, nebst den Bruchstücken seines Werkes, v. Aug. Böckh, gr. 8. Berl. 819. Voss. 20 gr Schrbp. 1 rl 4 gr.

Philolog, Der europäische, oder das doppelte Alphabet, eine Anatomie der Wahrheit und der Lüge ... Amberg 1873—74. V: *Donin, Ludwig.* (EB)

Deutsches Philologenblatt. Korrespondenzblatt für den akademisch gebildeten Lehrerstand. Jg. 1–42.
Leipzig: Quelle u. Meyer 1893–1934. 4°
Hrsg.: A. Hoofe.

Philologiae novitates. Bibliographie neuer Erscheingn. aller Länder aus der Sprachwissenschaft u. deren Grenzgebieten. 1. u. 2. Jahrg. 1905 u. 1906. à 12 Nrn. (254 u. 212 S.) gr. 8. Heidelberg, O. Ficker.
Erschien bis Juni 1905 in Leipzig. à Jhrg. n. 3. —

Philologiae novitates. Bibliographie neuer Erscheingn. aller Länder aus der Sprachwissenschaft u. deren Grenzgebieten. Nebst wissenschaftl. Beiträgen. Hrsg. unter Mitwirkg. hervorrag. Fachgelehrter v. Heinz Hungerland. 3. Jahrg. 1907. 4 Hefte. (à ca. 48 S.) gr. 8. Heidelberg. Berlin, O. Ficker. 4. —

Philologica Hamburgensia. Für d. Mitglieder d. 48. Versammlung deutscher Philologen u. Schulmänner ausgest. von d. Stadtbibliothek zu Hamburg. (Vorr.: R[obert] Münzel.) Hamburg 1905: Lütcke & Wulff. (58 S.) 4°(8°)

Philologie. Eine Zeitschrift zur Beförderung des Geschmacks aus griechischer und römischer Sprache und Literatur.
Stuttgart: Löflund 1803–04. 8°
Hrsg.: Karl Viktor Hauff. Fortges. u. d. T.: Zeitschrift f. class. Litteratur. Tübingen 1805 f.

Philologie, Die deutsche, im Grundriss. Ein Leitfaden zu Vorlesungen ... Breslau 1836. V: *Hoffmann gen. von Fallersleben, August Heinrich.* (GGr)

Philologie, die, u. die Gymnasien. Antwort auf den in No. 5 der literar. Zeitung enthaltenen Aufsatz: Ueber das religiös-sittliche Bewußtsein der Philologen. gr. 8. (1 B.) Berlin 843, Trautwein u. Comp.

Philologie, die klassische, als Bildungsmittel. Eine histor. Skizze. Einsiedeln 869. Gebr. Benziger. gr. 4. (32 S.) 7 ngr.

Philologie, die klassische, in der schweizer. Gymnasialpädagogik. 1880. s.

Philologie und Naturwissenschaft. (Abgedr. aus den preußischen Jahrbüchern.) Berlin 861. G. Reimer. gr. 8. (19 S.) 3 ngr.

Philologos Germaniae Lipsiae congregatos m. Maio a. 1872 perofficiose salutant scholae Thomanae magistri. gr. 4. Leipzig 872, (Hinrichs'sche Buchh.) *

Inhalt:

Schümann, Johs., Johann Sebastian Bach, der Cantor der Thomasschule zu Leipzig. Schulfestrede am 12. Decbr. 1871. (S. 1—24). — Jungmann, Emil, Coniectanea Fulgentiana. (S. 25—42.) — Jeep, Ludw., de Claudiani codice Veronae nuper reperto commentatio critica. (S. 43—54.)

Philologue, le, moderne. (Der Neusprachen-Freund.) Etude facile et complète de la langue française. Revue bimensuelle. Publiée par A. Drouillot. 1. Jahrg. 1908. 24 Nrn. (à ca. 8 S.) Lex. 8. Linz, (R. Pirngruber). Erscheint nicht mehr. Postfrei 6. —

Philologus. Zeitschrift f. das klassische Alterthum. Hrsg. v. F. W. Schneidewin. 1. Jahrg. 4 Hfte. gr. 8. (55⅞ B.) Stolberg 846, Kleinecke's Buch. *

s.a. Anzeiger, philologischer.

Philologus. Zeitschrift für das klassische Alterthum. Hrsg. von F. W. Schneidewin. 2. Jahrg. 4 Hfte. u. Suppl.-Hft. 3—7. Jahrg. à 4 Hfte. gr. 8. Göttingen 847—52, Dieterich. à Jahrg. n. 5 ₰ Suppl.-Hft. zum 2. Jahrg. n. 16 ngr (Der Preis des 2—5. Jahrg. ist auf die Hälfte herabges.)

Philologus. Zeitschrift für das klass. Alterthum. Hrsg. von F. W. Schneidewin. 8—10. Jahrg. à Jahrg. 4 Hefte. gr. 8. Göttingen 853—55, Dieterichsche Buchh. à Jahrg. *

Philologus. Zeitschrift für das klass. Alterthum. Hrsg. von Ernst v. Leutsch. 11—18. Jahrg. à Jahrg. 4 Hefte. gr. 8. (à Heft ca. 200 S.) Göttingen 857—61, Dieterich'sche Buchh. à Jahrg. *

—— dass. — 12. Jahrg. Suppl.-Heft: Inscriptiones terrae coctae vasorum intra Alpes Tissam Tamesin repertas conlegit Guil. Froehner. gr. 8. (XXX und 86 S.) Ebendas. 858. *

—— dass. — 1. Suppl.-Bd. 6 Hefte. gr. 8. (III und 787 S.) Ebendas. 859. 60. *

—— dass. — 2. Suppl.-Bd. 1. und 2. Heft. gr. 8. (S. 1—250 mit 1 Tab. in qu. Fol.) Ebendas. 861. à Heft. * 28 Ngr. *

Philologus. Zeitschrift für das klassische Alterthum. Hrsg. von Ernst v. Leutsch. 2. Suppl.-Bd. 3.—6. Heft und 3. Suppl.-Bd. 5 Hefte. gr. 8. Göttingen 862—67, Dieterich'sche Buchh. [2. Bd. (III und S. 251—746.) 3. und 4. Heft. à * 20 Ngr., 5. Heft * 28 Ngr., 6. Heft * 24 Ngr., 3. Bd. (625 S. mit 5 Holzschn. und 1 Stnt.) 1. Heft * 24 Ngr., 2. Heft * 1 Thlr., 3. und 4. Heft * 1 Thlr. 6 Ngr., 5. Heft * 1 Thlr. 6 Ngr.] *

Philologus. Zeitschrift für das klassische Alterthum. Hrsg. von Ernst v. Leutsch. 19.—26. Bd. à 4 Hefte. gr. 8. (à Heft ca. 200 S. mit Stnt. in gr. 8. und qu. Fol.) Göttingen 862—67, Dieterich'sche Buchh. à Bd. *

Philologus. Zeitschrift für das klass. Alterthum. Hrsg. von Ernst v. Leutsch. 27.—34. Bd. Jahrg. 1868—1874. à Jahrg. 4 Hefte. (à ca. 192 S.) gr. 8. Göttingen, Dieterich'sche Buchh. 27.—33. Bd. à * 34. Bd. *

Philologus. Zeitschrift für das klassische Alterthum. Hrsg. von Ernst v. Leutsch. 35.—38. Bd. à 4 Hefte. gr. 8. (à Heft ca. 190 S.) Göttingen 875—79, Dieterich'sche Verlagsh. à Jahrg. *

— dasselbe. 3. Suppl.-Bd. 6. Hft. gr. 8. Ebend. 878. n. 5. —
Die römischen quellen des Livius in der 4. u. 5. dekade. Von Geo. Frdr. Unger. (240 S.)

Philologus. Zeitschrift für das klass. Alterthum. Hrsg. von Ernst v. Leutsch. 39.—43. Bd. à 4 Hefte. gr. 8. (à Heft ca. 200 S.) Göttingen 880—84, Dieterich'sche Verlagsh. à Bd. *

—— dass. — 4. Suppl.-Bd. 6 Hefte. gr. 8. Ebendas. *

Inhalt:

Heft 1. 2. Müller-Strübing, Herm., Ἀθηναίων πολιτεία. Die attische schrift vom Staat der Athener. Untersuchungen über die zeit, die tendenz, die form und den verfasser derselben. Neue textrecension und paraphrase. (S. 1—188.) 880. * ℳ 4.

» 3. Unger, G. F., der Periplus des Avienus. — Interregnum und Amtsjahr. (S. 189—333.) 882. * ℳ 3.

» 4. Enmann, Alex., eine verlorene Geschichte der römischen Kaiser und das Buch de viris illustribus urbis Romae. Quellenstudien. (S. 335—501) — Miscellen: 1. Becher, F., de locis quibusdam [Pseudo-]Ciceronis epistularum ad Brutum. (S. 503—510.) — 2. Kannengiesser, Ad., zu Lucretius VI 921—935. (S. 510.) 883. * ℳ 4.

» 5. Unger, G. F., die Zeitverhältnisse des Anaxagoras und Empedokles. (S. 511—550.) — Gurlitt, Ludw., die Briefe Cicero's an M. Brutus. In Bezug auf ihre Echtheit geprüft. (S. 551—630.) 883. * ℳ 2,40.

» 6. Förster, Rich., Analekten zu den darstellungen des raubes und der rückkehr der Persephone. (S. 631—736 mit 2 Taf.) 884. * ℳ 2,40.

— dasselbe. 5. Suppl.-Bd. 1—3. Hft. gr. 8. Ebend. 884. 86. n. 11. 60
1. Kritische Analekten v. W. Fröhner. (96 S.) Forschungen zur älteren attischen geschichte v. Hugo Landwehr. (S. 97—196.) n. 4. —
2. (S. 197—396.) n. 4. —
3. Des Presbyter Hadoardus Cicero-Excerpte, nach E. Narducci's Abschrift d. Cod. Vat. reg. 1762 mitgetheilt u. bearb. v. Paul Schwenke. (S. 397—588.) n. 3. 60

Philologus. Zeitschrift für das klass. Alterthum. Hrsg. von Ernst v. Leutsch. 44.—46. Bd. à Bd. 4 Hefte. gr. 8. (à Heft ca. 200 S.) Göttingen 885—87, Dieterich's Verlag. à Bd. *

Philologus. Zeitschrift f. das klass. Alterthum. Hrsg. v. E. v. Leutsch. 5. Suppl.-Bd. 4. u. 5. (Schluss-) Hft. gr. 8. Göttingen 886. 889. Dieterich's Verl. n. 4. 80 (5. Suppl.-Bd. cplt.: n. 16. 40)
4. Drei suasorien in briefform. Von Ludw. Gurlitt. (S. 589—626.) Attische archonten 292—260 v. Chr. Von G. F. Unger. (S. 627—714.) Ueber Xenophons todesjahr. Von G. F. Unger. (S. 715 u. 716.) n. 2. 40
5. Cornelius Labeo. Ein Beitrag zur spätröm. Litteraturgeschichte. Von W. Kahl. (S. 717—807.) Indices. Nachträge u. Berichtiggn. (S. 808—817.) n. 2. 10

— dasselbe. Hrsg. v. O. Crusius. Neue Folge. 1.—3. Bd. [Der ganzen Reihe 47.—49. Bd.] à 4 Hfte. gr. 8. (à Hft. ca. 180 S.) Göttingen 888—890. Dieterich's Verl. à Bd. n. 17. —

Philologus. Zeitschrift f. das class. Alterthum. Begründet v. F. W. Schneidewin u. E. v. Leutsch. Hrsg. v. Otto Crusius. Neue Folge. 4—7. Bd. [Der ganzen Reihe 50.—53. Bd.] à 4 Hfte. gr. 8. (à Hft. ca. 200 S.) Göttingen 891—894. Dieterich's Verl. à Bd. n. 17. —

Philologus. Zeitschrift f. das class. Alterthum. Begründet v. F. W. Schneidewin u. E. v. Leutsch. Hrsg. v. Crusius. Neue Folge. 7. Bd. [Der ganzen Reihe 53. Bd.] Ergänzungshft. gr. 8. Göttingen 894. Dieterich's Verl. n. 4. —
Die delphischen Hymnen. Untersuchungen üb. Texte u. Melodien v. O. Crusius. (160 S.)

Philologus. Zeitschrift f. d. class. Alterthum. Begr. v. F. W. Schneidewin u. E. v. Leutsch. Hrsg. von Otto Crusius. 54.—57. Bd. (Neue Folge. 8.—11. Bd.) à 4 Hfte. (à ca. 200 S.) gr. 8. Göttingen 895—898. Leipzig, Dieterich's Verl. à Bd. n 17. —

— dasselbe. VII. Suppl.-Bd. 1. u. 2. Hft. gr. 8. (384 S.) Leipzig 898. Dieterich's Verl. n. 10. —

Philologus. Zeitschrift f. das class. Alterthum. Begründet von F. W. Schneidewin u. E. v. Leutsch, hrsg. von Otto Crusius. 58.—61. Bd. (Neue Folge. 12.—15. Bd.) à 4 Hfte. gr. 8. (VII, 639 S. m. 3 Taf.; VII, 640; VIII, 649 S. m. 1 Taf. u. VIII, 646 S.) Leipzig 899 - 902. Dieterich. à Bd. n. 14. —

— dasselbe. 6. Suppl.-Bd. 1. Hälfte. I. gr. 8. (256 S.) Ebd. 891. n. 6. —

— dasselbe 6. Suppl.-Bd. 1. Hälfte. II. gr. 8. (III u. S. 257—400.) Ebd. 892. n. 3. 60

— dasselbe. 6. Suppl.-Bd. 2. Hälfte. gr. 8. (III u. S. 401—777.) Ebd. 893. n. 9. —

— dasselbe. VII. Suppl.-Bd. 3. u. 4. Hft. gr. 8. (III u. S. 385—768 m. 1 Tab.) Ebd. n. 10. —; (kplt. n. 20. —)

— dasselbe. VIII. Suppl.-Bd. 4 Hfte. gr. 8. (III, 656 S. m. 12 Abb. u. 3 Taf.) Ebd. 900. 901. n. 21. —

— dasselbe. IX. Suppl.-Bd. 1.—3. Hft. gr. 8. (S. 1—512.) Ebd. 902. n. 15. —

Philologus Zeitschrift f. das class. Alterthum. Begründet v. F. W. Scheidewin u. E. v. Leutsch, hrsg. v. Otto Crusius. 62.—65. Bd. (Neue Folge 16.—19. Bd.) à 4 Hefte. (VIII, 647 S. m. 2 Taf.; VIII, 644 S.; VIII, 642 S u. VIII, 649 S. m. 1 Abb. u. 3 Taf.) gr. 8. Leipzig 903—906. Dieterich. à Bd. n. 14. —

— dasselbe. IX. Suppl.-Bd. 4. Heft. (III u. S. 513—844 m. 1 Tab.) gr. 8. Ebd. 904. n. 12. — (Kplt. n. 27. —)

— dasselbe. X. Suppl.-Bd. 3 Hefte. (466 S. m. 1 Taf.) 8. Ebd. 905. 906. n. 15. 40

Philologus. Zeitschrift f. das class. Alterthum. Begründet v. F. W. Scheidewin u. E. v. Leutsch, hrsg. v. Otto Crusius. 66.—69. Bd. (Neue Folge. 20.—23. Bd.) à 4 Hefte. (VIII, 616; VI, 618; VI, 584 u. VI, 576 S.) gr. 8. Leipzig 907—10. Dieterich. à Bd. 14. —

Philologus. Zeitschrift f. das class. Alterthum. Begründet v. F. W. Scheidewin u. E. v. Leutsch, hrsg. v. Otto Crusius. X. Suppl.-Bd. 4. Heft. (III u. S. 467—718.) 8. Leipzig 907 Dieterich.
8. — (Kplt. 23. 40)

— dasselbe. XI. Suppl.-Bd. 4 Hefte. (III, 610 S.) gr. 8. Ebd. 908—10. 17. —

Philomathie. Von Freunden der Wissenschaft u. Kunst. s. Wachler, Ludw.,

Philomathie, Die, zu Brieg a. O. in den ersten 50 Jahren ihres Bestehens. 1860—1910. Brieg 1909. V: *Geyer, Paul.* (Berl 1910, S. 188)

Philomathie von F r e u n d e n der Wissenschaft und Kunst. Bd 1–3. Frankfurt a. M.: Hermann 1818–22. 8⁰
Hrsg.: Ludwig Wachler

Philomele, od. Victors u. Nataliens Gespr. üb. Stickkunst u. ihre Gränzen, 1s Heft 4. Lpz. Schäfer (Kuhn) 805.

Philomele. Hg.: Franz Gräffer.
(1825). 2 Bl. IV, 384 S.
(1826). 2 Bl. IV, 330 S.
Brünn, Goed. VIII, 116, 284.

Philomele. Herausg. v. Frz. Gräffer. 1r u. 2r Jahrg. 825 u. 26. Mit Kupfr. Brünn, Traßler. à 1 Rthl. 8 gr.

Philomele. Sammlg. auserlesener Gesänge f. gemischte (Frauen- u. Männer-) Stimmen ohne Begleitung. Mit Original-Compositionen deutscher Tonsetzer, hrsg. v. Th. Täglichsbeck. Ausg. in ausgesetzten Stimmen (Sopran, Alt, Tenor u. Baß.) 1—4. Hft. 8. (à 4 B.) Stuttgart 846, 47, Göpel. à

Philomele. Sammlung auserlesener Gesänge für gemischte (Frauen- und Männer-)Stimmen ohne Begleitung. Hrsg. von Th. Täglichsbeck. Ausg. in ausgesetzten Stimmen. 5. und 6. (letztes) Heft. gr. 16. (104 S.) Stuttgart 849, Göpel à Heft 7½ Ngr.

—– Partitur-Ausgabe. 1—4. Hft. 8. (9⅛ B.) Ebds. 846, 47. à

—— dass. — Partitur-Ausg. 5. und 6. (letztes) Heft. gr. 16. (V und S. 121—178.) Ebds. 849. à Heft 3¾ Ngr.

— Eine Sammlung guter schweizer. Volks- u. anderer leichter Gesänge für vier Männerstimmen. 1. Hft. qu. gr. 8. (16 S.) Schaffhausen 850, Brodtmann. ⅙ ₰

Philomele. Taschenbuch ... Für Alle, welche die edle Musica lieb haben und treu pflegen. Jg. 1. 2. Regensburg: Bößenecker (2: Brixen: Weger.) 1866–67.
Hrsg. Dominicus Mettenleiter

Philomena, die heil. Jungfrau und Martyrin, historischer Bericht, neuntägige Andacht und Lieder. 6., verm. Aufl. 18. (72 S.) Wien 860, Ueberreuter.

Philomena, das katholische Kirchenjahr. Eine Gedichtsammlg. (253 S.) Lex.-8. Wien 906. St. Norbertus. n. 4. —

PHILOMENUS (ps.), D e r W e c h s e l d e r Z e i t u n d d e s G l ü c k s i n d e n B e g e b e n h e i t e n e i n e r o b e r s ä c h s i s c h e n F a m i l i e, welche durch ihre beschwerlichen Reisen, ausgestandenen Gefährlichkeiten und endlich erlangte Ruhe die Betrüglichkeiten des Glücks vollkommen kennen lernen. Von einem daraus entsprossenen Sohne zum Druck befördert durch —. O. O. 1756. 8⁰. (2 Mk. 25 Pfg. Ferd. Steinkopf, Stuttg., 1883; jetzt theurer!)
Weller, Lex. Ps. p. 442. — Sehr selten!

Philomus, Anweis. z. gründl. Erkenntniß Gottes, d. Mensch. u. d. Welt. 8. Dresd. 752. Gerlach. 3 gl.

Philomusos. Ein Blatt zur Belehrung und Unterhaltung für Freunde der Tonkunst. Jahrgang 1. 1849 – 3. 1851. Sonderhausen: Eupel. Hrsg. von J. G. Lehmann

PHILOMUSOS, A., Einige heidnische Liedlein in freier Nachdichtung. 1877
Weller, Lex. Ps. p. 442. — Rar!

PHILOMUSUS, Literarischer Briefwechsel, oder aufgefangene curieuse Briefe. 1746.
Weller, Lex. Ps. p. 442. — Sehr selten!

Philomusus, Die Poetische Vergnügung, 3 Teile, Dresden (1713 und 1716)
siehe Johann Georg Gressel.

Philomusi, Nic., Institutiones epistolicae. Colon. 734. 8. 3 gr.

— Progymnasmata eloquentiae latinae in eloquentiam Ciceronianam. Colon. 736. 8. 5 gr.

Philon; e. Geschichte in Spaziergängen. 8. Leipz. 787. (W. Rauck). 16 ℊℊ

Philon; e. Gesch. in Spaziergängen. 8. Lpz. Sommer. 787.

Philon, s. Philo

Philonea inedita altera nunc demum recte ex vetere scriptura eruta. Edidit Constant. Tischendorf. Cum 2 tabulis (wovon 1 photogr. u. 1 in Tondr. lith.) Leipzig 868. Giesecke & Devrient. Lex.-8. (XX, 155 S.) cart. n. 2 ℛ

Philonesis, die Denkfreiheit ist in Gefahr. 8. Speyer ... Kolb. 4 ℊℊ

Philonis, s. Philo

Philoparchus, Germanus [Pseud.], s. Schweser, Chr. Heinrich

PHILOPATOR (ps.). — Stärcke der Liebe, vorgestellet in des spanischen Marchesen Don Roderigo und der Printzessin Dona Sylvia ManCadada, Staats- u. Liebes-Geschichte u. zu vergönneter Gemüths-Ergötzung verfertigt v. *Philopatore*, Einem Liebhaber des schönen Frauenzimmers. Mit Titelkpfr. Hamburg 1707. 8⁰. 511 S. Höchst selten! (4 Mk. 50 Pfg., Tit. scharf beschn., Rich. Bertling, Dresden, 1899.)
O. M. V 1707 G 3b. — Ungenau in Weller's Lex. Ps. p. 443, wo „Philipater" u. „Mancada".

Philopatrides [Pseud.], s. Weiss, Johann Adam

Philopatrius: „Der brandenburgische Patriot, oder unpartheilsche Beurtheilung der errichteten von Sr. königl. Majestät in Preussen octroirten Handlungs-Gesellschaft", Berlin und Potsdam 1751. — Vorh.: Com. Bibl. Hamburg.

Philope, d. unglückseligen, seltsame Begebenheiten, oder Lebensbeschreibung einer vornehmen Standesperson unt. diesem Namen beschrieben, m. K. 8. Lpz. Weidmann. 734.

Philoponus, Ioannes

Philoponus, s. a.: Ioannes Philoponus.

Philoponi, Ioa., in Aristotelis analytica posteriora commentaria cum anonymo in librum II, ed. Max Wallies, s.: Commentaria in Aristotelem graeca. XIII, 3.

Philoponi, Ioa., in Aristotelis analytica priora commentaria, s.: Commentaria in Aristotelem graeca. XIII, 2.

Ioannis **Philoponi** in Aristotelis libros de generatione et corruptione commentaria. Consilio et auctoritate Acad. Litter. Reg. Borussicae ed. Hieronymus Vitelli. *Berolini: G. Reimer 1897.* (x S., 1 Bl., 356 S., 2 Bl.) 1 Bd 8.
= **Commentaria** in Aristotelem Graeca. Vol. 14. P. II. [97. 3634

— in Aristotelis physicorum libros V posteriores commentaria, s.: Commentaria in Aristotelem graeca.

Philoponi, I., in Aristotelis physicorum libros III priores commentaria, s.: Commentaria in Aristotelem graeca.

Philoponi (olim Ammonii) in Aristotelis categorias commentarium, s.: Commentaria in Aristotelem graeca.

— **in Aristotelis meteorologicorum librum primum commentarium ed. Mich. Hayduck, s.: Commentaria in Aristotelem graeca. XIV. 1.**

– De opificio mundi, s. Philo Alexandrinus

Philoponus, Jo. De usu astrolabii ejusque constructione libellus. Ed. H. Hase. Bonnae 1839.

Philoptolemon kai Philoneikous monomachin. O. O. 1892. V: *Hildebrandslied.* Ü: *Seeck, O.* (?). (Baer 737/499)

[Philor. und Philot.]: Der Herr und Knecht mit philosophischen Augen betrachtet. Berlin 1763.

Philorthios, über Gymnasial-Zustände. gr. 8. (16 S.) Köln 848. J. G. Schmitz. 1½ ℊℊ

Philorthodoxus, Christianus (ps.), Ungeheuchelte theologische Unterredung von des Grafen Ludwig von Zinzendorfs Leben. 1746.
Weller, Lex. Ps. p. 445.

Philos, s.a. Bühne u. Prostitution.

Philos: Bühne und Prostitution. Ein Beitrag z. Sittengeschichte unserer Zeit. 1.-10. Taus. — Berlin, Leipzig: Singer [1907]. 41 S. 8⁰ (Zur Psychologie unserer Zeit. H. 11.)

— s.a. Heiratsschwindel.

Heiratsschwindel. Ein Beitrag z. Sittengeschichte unserer Zeit. Von Dr. **Philos.** 1.–10. Taus. Berlin-Leipzig: J. Singer & Co. (1907). (41 S.) 8⁰
= **Psychologie,** Zur, unserer Zeit. H. 10. [07. 11094

— s.a. Liebe, freie, freie Ehe

Freie Liebe, freie Ehe. Ein Beitrag z. Sittengeschichte unserer Zeit. Von Dr **Philos.** 1.–10. Taus. Berlin-Leipzig: J. Singer & Co. (1907). (38 S.) 8⁰
= **Psychologie,** Zur, unserer Zeit. H. 12. [07. 11096

— s.a. Liebe, die lesbische.

Die lesbische Liebe. Ein Beitrag z. Sittengeschichte unserer Zeit. Von Dr Philos. 1.–10. Taus. Berlin-Leipzig: J. Singer & Co. [1907]. (40 S.) 8°
= Psychologie, Zur, unserer Zeit. H. 9. [07. 1109]

— s. a. Mädchenhandel, der.

— Der Mädchenhandel. 1.–10. Taus. — Berlin, Leipzig: Singer [1907]. 43 S. 8° (Zur Psychologie unserer Zeit. H. 8.)

Philosofoff-Weser, Fernanda. Ueber das Verhalten der Pneumococcen und Leukocyten im Blute bei fibrinöser Pneumonie und ihre prognostische Bedeutung. Diss. Med. Univ. Zürich. *Kopftitel*: Aus der medizinischen Klinik in Zürich. 47 S. 8. Zürich, A. Markwalder, 1904.

Philosoph, der, s. a. compend. Bibliothek.

— der, od. Triumph der Religion; e. wunderbare Geschichte aus d. Schweiz. 8. Landsh. (Münch.) ... Weber. 3 gr

Philosoph, Der, aus Afrika. Frankf. u. Leipz. 1786—89. V: *Hiltebrandt, Carl Ephraim.* (MGT) (Ky)

— d., a. Afrika, 1r Th. 8. Frkf. Hermann. 786.

— der, aus Afrika, (v. K. E. Hiltebrandt). 3 Thle. 8. Frankf. a. M. 786—89. (Manh., Löffler). 16 gr

Philosoph, der von der Liebe betrogene,. 8. Nürnberg, Monath. 750.

Der christliche Philosoph oder Anfangsgründe der Weltweisheit ... Hamburg, Frankfurt, Leipzig 1753.

PHILOSOPH, Der Dresdensche. Dresden 1737 8°
Sehr rar!
Citirt unter period. Schriften in Ratzeberger's (Wagenseil's) Literar Alman. f 1831 München. 8° S. 291

Philosoph, d. dürftige, e. Erzähl., u. d. Arzt des Herz. rc. 8. Elberf. Büschler.

Philosoph, der dürftige; e. Erzählung, u. der Arzt des Herzens. 8. Elberf. 801. (Schönian). 10 gr

Philosoph, der, als Einjähriger. Memoiren e. schlechten Soldaten. Hrsg. v. Paulus Damascenus. (XI, 348 S.) 8. Braunschweig 904. Leipzig, R. Sattler. n. 4. —; geb. n. 4. 80

§ **PHILOSOPH,** Der, und das natürliche Frauenzimmer (Eine Dukaten-Pièce.) (Übersetzt.) O. O. (Leipzig, Kritzinger) 1770.
94 S. (incl. Tit.) Phantastische Erzählung, ziemlich freien Inhalts. Die Übersetzung ist sehr ungeschickt. — Fehlt Kayser unter Romanen. Auch ein Druck von 1790 vorhanden?? (Vielleicht Druckfehler in e. alten Scheible'schen Cat.)

— der, in d. Lüneburger Haide; eine Quartalschr. hrsgg. v. G. W. F. Beneken. 4 Bde. à 2 Hefte. 8. Lüneb. 801—3. Herold u. W. à Hft. 16 gr 5 ß 8 gr (Vom 3n Bde an auch u. d. T.: Niedersächsische Zeitschrift rc.)

Philosoph, Der, von Heidelberg. Heidelberg [1908]. V: *Spielberg, Otto.* (Berl 1909, S. 1557)

Philosoph, der, v. Heidelberg (od.: Vier Bücher Lebens-Philosophie). (563 S.) kl. 8. Heidelberg (908). Philosoph. Verlag. 5. —; geb. n 6. —

Der **Philosoph** für Jedermann. Bd. 1. Leipzig: Müller 1784–85.
Hrsg.: Joh. Jakob Ebert.

Der israelitische und christliche Philosoph. Straßburg: Levrault 1799. 8°
Hrsg.: S. W. Paulus.

Philosoph, Ein junger, des achtzehnten Jahrhunderts [Sohn J. J. Rousseaus]. Nach dem Franz. frei bearb. von L. Kruse. Leipzig 1838. V: *Muret, Theod.* (GGr IX, 414)

Philosoph, ein junger, d. 18. Jahrh. N. d. Franz. frei bearb. v. L. Kruse. 2 Thle. 8 (41 B.) Leipzig 838, Kollmann. Thlr.

Philosoph, Der moderne; a. d. Franz. O. O. 1790. Ü: *Reck, Johann Jacob Christian von.* (MGT)

Philosoph, der moderne. Lstspl. 8. Ansb. 790. (Gassert). 4 gr

— der moderne,. Lustsp. 8. Ansb. Haueisen. 790.

Philosoph, Neuer, für die Welt. Theil 1. Berlin [Ansp.] 1803. V: *Münch, Joh. Glieb.* (Fiker)

Neuer **Philosoph** für die Welt, fortgesetzt nach Engel. Ansbach: Gassert 1803. Den Tit. aufnehmend: Der Philosoph für die Welt. Leipzig 1775 ff.

Der Neutrale Philosoph bey dermaligen Kriegerischen Zeiten: Anno 1757. 4. 4 Bl. 13 Str.
Geht lasst mich doch mit eurem Streit
Ihr Zänker! ungeschoren.
— Dasselbe. Anderer Druck. 4. 4 Bl.

— der offenherzige; aus d. Französ. (v. S. Grynäus). 8. Basel 772. Imhof. 21 gr

Philosoph, Der, ohne es zu wissen. Ein Schauspiel in fünf Aufzügen ... München 1776. V: *Sedaine, Michel Jean.* (Haydinger)

— — dass. 8. Dresden, Walther. 776.

— d. polit., od. Anw. z. Klugh. im gem. Leben. 8. Halle.

Philosoph, Der spanische. V: *Lozek, Joh.* ([Hch. Wolfgang Behrisch] Die Wiener Autoren. Pressburg 1784. S. 132) (Biblport)

Der *Philosoph* am Spiegeltisch.
[Nicht erm.]
1796.

Der übernatürliche Philosoph, oder die Geheimnisse der Magie deutlich erklärt. Berlin 742. 8.

Philosoph, Der unwissende. A. d. Franz. Berlin u. Leipzig 1785. V: *Voltaire, François Marie Arouet de.* (BGE VIII[a]/250) (BiblPort)

Philosoph, Der verheurathete. Ein Lustspiel in fünf Aufzügen. Nach Destouches frey bearbeitet. Prag 1793. V: *Calve, J. G.* (BiblPort)

— der wahre,. Lustsp. von Araignan. 8. Frkft. Gebhardt u. K. 767.

— d., im Walde, od. üb. Vaterlandsliebe u. Bürgertreue; e. philosoph. Roman. 8. Berlin, Himburg. (auch Sommer in Lpz.) 796.

—der, im Walde, od. über Vaterlandsliebe u. Bürgertreue, (v. Dn. Gli. Gebh. Mehring). 8. Berl. 796. (Reimer; a. W. Rauck in Leipz.) 1 ₰ 8 ℊ

Philosoph oder Weise, Der, wie er seyn und nicht seyn — soll — muss — darf und kann . . . [Leipzig] 1060 [1800]. V: *Werneburg, Johann Friedrich Christian.* (Ky) (GGr)

Philosoph, Der, für die Welt. Leipzig 1775—77. V: *Engel, Joh. Jacob.* (MGT) (Ky)

—der, f. die Welt, (v. J. J. Engel). 2 Thle. 8. Leipz. 775 u. 777. 2e Aufl. 787. Dyck. 1 ₰ 4 ℊ 3r Thl. 8. Berl. 800. Mylius. 1 ₰ 4r Thl. od. neuer Philosoph f. die Welt, v. e. andern Verfasser. 1r Thl. gr. 8. Augsb. 803. Gassert. 18 ℊ N. Aufl. s. Engel.

Philosoph, der, f. die Welt, od. Beitrr. z. Beförd. d. Humanität, d. Weltklugheit u. d. Lebensgenusses. 8. (Leipzig, literar. Central-Compt.) 825

Philosoph, der, f. die Welt. Aufsätze von Schleiermacher, Jean Paul Friedr. Richter, Novalis, Friedr. Schlegel, Schelling, Niebuhr, Solger, F. A. Wolf, Joh. v. Müller rc. Eingeleitet von Th. Mundt. (Als Fortsetzung v. Engel's Philosophen für die Welt.) 16. (23 B.) Berlin 846, Mylius'sche Buchh. *

Philosoph, Der, ohne Zwang. Eine Wochenschrift. Wetzlar 1770. H: *Opitz (Opiz), Joh. Ferdinand.* (GGr VI/716, Nr. 2/3 »1768—1769«) (Ernst Kraus: Joh. Ferdinand Opitz. Prag 1909. S. 81) (BiblPort)

Der Philosoph ohne Zwang an den Liebhaber der Wahrheit, eine Wochenschrift nach dem engl. Geschmacke
Wetzlar: Winkler 1768–69. 4°
Hrsg. Joh. Ferd. Opitz.

Philosophe par Amour, ou Lettres etc. II Vol. 8. Frcf. Esslinger. 766.

— le, Ignorant. 8. Augsb. Stage. 767.

— le, Nègre, et les Secrets des Grecs. gr. 12. Frcf. Esslinger. 766.

— le, Nouvelliste, trad. de l'Angl. de R. Steele. II Tom. 8. Zürich, Orell. 737.

Philosophe sans le savoir. Coméd. p. Sédaine. 8. Dresde, Walther. 766.

Philosopheme über Gott, Welt **und Mensch** . . . Altona 1841. V: *Schröder, Friedrich August.* (A) (Ky) (BrMm) (NN)

Philosophen, Die, in einem Schauspiel. A. d. Frantz. . . . Franckf. u. Leipz. 1744. V: *Mylius, Christlob.* (Mn)

— die 8 irrenden; Schspl. 8. Hamb. 755. Hoffmann. (Campe). 2 ℊ

Philosophen, Die eingebildeten. Ein Singspiel in zwey Aufzügen aus dem Italienischen auf die Musik des Herrn Paisello übersetzt von Stephanie dem Jüngern. Stuttgart 1781. [1. Aufführung in Wien 22. V. 1781.] V: *Bertati, Joh.* (Bespr. Allg. Theateralmanach vom Jahre 1782, Wien, 57, 82) (O. G. Th. Sonneck, Catalogue of Opera-Librettos. Washington 1914. I. Bd., S. 506) (BiblPort)

Philosophen, die, nach der Mode. Lstspl. in 5 A. (v. J. Cph. v. Zabuesnig). 8. Augsb. ... v. Jenisch u. St. 6 ℊ

Philosophen der Neuzeit. Humana Comödia. Gedicht. Erlangen 1846. V: *Passy, Anton.* (Th)

Philosophen der Neuzeit. Ein Gedicht. gr. 8. (8⅞ B.) Erlangen 846, Bläsing. *

— d., v. Sans-Souci, heroisch-kom. Gedichte. 8. Trier. (Weber, Berl.) 791.

— der, v. Sans-Souci Correspond. mit Voltaire. 4 Bde. s. Friedrich II.

Philosophen, des, von Sans-souci Kriegskunst. Ein Lehr- u. Heldengedicht in sechs Gesängen. A. d. Franz. d. kgl. Dichters u. Helden übers. v. O. Meslin. gr. 12. (4½ B.) Königsberg 836, Bon.

Philosophen, des, v. Sans-Souci sämmtl. Werke, s. Friedrich II.

Philosophen, des, von Sans-Souci sämmtliche Werke, s. Werke.

Philosophen, Die, aus dem Uranus . . . Konstantinopel [Leipzig] 1796. N. A. 1812. V: *Pahl, Johann Gottfried v.* (GOr) (Wr) (AarK) (Gradmann, Gel. Schwaben. 1802.)

Philosophen, des, aus d. Uranus, freimüthige Bemerkk. üb. d. moral. u. literar. Zustand v. Deutschland, (v. J. G. Pahl). 8. Constantinopel 796. (Leipz., Andrä). 16 gr.

Philosophen, die, a. d. Uranus. Freymüth. Bemerkungen üb. d. polit. moral. u. literar. Zustand v. Deutschl. 8. Leipz. Joachim. 796.

— — dieselben. 8. Oehringen, Schmeißer. 808.

Philosophen, die, aus d. Uranus. Freimüthige Bemerkungen üb. d. politischen, moral. u. literar. Zustand von Deutschland. Neue Aufl. 8. Constantinopel. (Wartenstein, Kirdorff u. M.) 812.

— die verliebten, Lustsp. in Versen. 8. Leipz. Crusius. (Vogel.) 746.

Philosophen der neuen Welt. 1. Bd.: Der Tisch-Despot. Von Oliver Wendell Holmes. Deutsch von L. Abenheim. gr. 16. (481 S. mit 1 autogr. Facs. des Verf. in gr. 8.) [Stuttgart 876, Auerbach.] Berlin, Abenheim'sche Verlagsh. *
geb. *

Philosophensekte, Die neue, ein gefährliches Insekt für die wahre Religion, und den Staat . . . [Augsburg] 1784. V: *Chrismar, Frz Ant. von.* (BrMm)

Philosophes, les,. Comédie p. Palissot de Montenay. 8. Frcf. Esslinger. 760.

Philosophi abessini, ed. Enno Littmann, s. a. Corpus scriptorum christianorum orientalium. XXXI.

Philosophi Abessini ed. (2 interpretatus est) Enno Littmann. [1 2 Parisiis. C. Poussielgue; Lipsiae: O. Harrassowitz 1904. 2 Bde 8°
= Corpus scriptorum christian. orient. Script. aethiop. Ser. 1. T 31. [03.

Philosophia Aristotelica secundum explicationem S. Thomae Aquin. Salisburgi 1741. H: *Desing, Anselm.* (Hr)

Philosophia ad gustum moderni saeculi elaborata . . . Ulmae 1751. V: *Bezel, Joh. Nep.* (Barbier)

Philosophia ad gustum moderni seculi. 4. Ulm, Stettin, 751.

Philosophia novis splendoribus illustrata . . . Bambergae 1767. V: *Sans, Georg.* (Jes)

Philosophia Indica, s. *Oupnek'hat.*

— **Indica**, id. e.: Oupneck hat seu Secretum tegend., opus ipsa in India rariss. etc. stud. et op. Anquetil Duperon. Vol. II. 4. Strasb. Levrault. 802.

Philosophia Jobi, tribus meditationibus perpensa. Monachii 1787. V: *Seccard, Louis.* (Jes)

Philosophia Lacensis sive series institutionum philosophiae scholasticae ed. a presbyteris societatis Jesu in collegio quondam B. Mariae ad Lacum disciplinas philosophicas professis. [1 2.] Jus naturale. P 1 2 [Mehr nicht erschienen.] *Friburgi Br.: Herder 1885 1900.* 2 Bde 8°
1 2 = Meyer, Theod., S. J.: Institutiones juris naturalis. 1 2. [03. 14793

Philosophia. Lacensis sive series institutionum philosophiae scholasticae, edita a presbyteris societatis Jesu in collegio quondam B. Mariae ad Lacum disciplinas philosophicas professis. Institutiones theodiceae sive theologiae naturalis secundum principia S. Thomae Aquinatis ad usum scholasticum accommodavit Jos. Hontheim. gr. 8. (X, 831 S.) Freiburg i/B. 893. Herder. n. 8. —; geb. in Halbfrz. n. 10. —

Philosophia Lacensis sive series institutionum philosophiae scholasticae edita a presbyteris societatis Iesu in collegio quondam B. Mariae ad Lacum disciplinas philosophicas professis. Institutiones psychologicae secundum principia S. Thomae Aquinatis. Ad usum scholasticum accomodavit Tilmannus Pesch, S. I. Pars I. Psychologiae naturalis liber 1, qui est analyticus. gr. 8. (XV, 470 S.) Freiburg i/B. 896. Herder. n. 5. —; geb. in Halbfrz. n. 6. 60

— dasselbe. Institutiones psychologicae secundum principia S. Thomae Aquinatis. Ad usum scholasticum accommodavit Tilmannus Pesch, S. I. Pars I. Psychologicae naturalis liber II, qui est syntheticus. gr. 8. (XIV, 421 S.) Ebd. 897. n. 4. 50; geb. in Halbfrz. n. 6. 10

— dasselbe. Institutiones psychologicae secundum principia S. Thomae Aquinatis. Ad usum scholasticum accommodavit Tilmannus Pesch, S. J. Pars II. Psychologia anthropologica (Vol 3 totius operis.) (Finis.) gr. 8. (XVIII, 551 S.) Ebd. 898. n. 5. 50; geb. in Halbfrz. n. 7. 10

— dasselbe. Institutiones philosophiae naturalis secundum principia S. Thomae Aquinatis, ad usum scholasticum accommodavit Tilmannus Pesch, S. I. 2 voll. Ed. II. gr 8. (XXVIII, 444 u. XIX, 406 S.) Ebd. 897. n. 10 —; geb. in Halbfrz. n. 13. 50

Philosophia Lacensis sive series institutionum philosophiae scholasticae ed. a presbyteris societatis Iesu in collegio quondam B. Mariae ad Lacum disciplinas philosophicas professis. gr. 8. Freiburg i/B. 906. Herder. n. 8. —; geb. in Halbfrz. n. 10. —
Meyer, Thdr., Institutiones iuris naturalis seu philosophiae moralis universae secundum principia S. Thomae Aquinatis ad usum scholarem adornavit M. Pars I. Ius naturae generale, continens ethicam generalem et ius sociale in genere. Ed. II emendata. (XLVII, 502 S.)

Philosophia moralis, seu themata scholastica carmine epico elaborata. Viennae 1754. V: *Roman, Joseph.* (Jes)

— moralis seu Tractatus de Ethica, in scholis Philosophiae Lovanii dictatus. Edit. nova. 12maj. Mechl. 823. (Mainz, Müller). 8 gr.

— moralis sec. princip. Thomasiana. 8. Halae, Spörl. 723.

— morum in usum universitatis et Academiarum. 8. Budae, Typ. 796.

Philosophia morum in usum universitatis et Academiarum. 8. Ofen 796. Typ. 5 gr

Philosophia naturalis experimentis firmata. Halae 1753. V: *Krüger, Joh. Glob.* Ü: *Krull, Joh. Dietrich.* (Ky)

Philosophia patrum versibus praesertim leoninis rhythmis germanicis adjectis, juventuti studiosae hilariter tradita. Coblenz 869. Hergt. gr. 8. (III, 116 S.) n. 20 ngr.

— portatilis, sive: Flores selecti Adagiorum et sententiarum philosophicorum, Axiomata, Satyrae, Emblemata, et Epigramata ex veterum aeque ac recentiorum scriptis collecti, et ordine alphabetico in totidem fasciculos digesti. (ab Ad. Gouge). qu. 8. Wien 830. (Adolph). 16 gr

Philosophia practica hodiernis discentium usibus accommodata. Solodori 1816. V: *Suter, Joseph H.* (Ky) (AarK)

— practica hodiernis discentium usibus accommodata; (a J. H. Suter). III Tmi. 8. Solodori 816. (Müller in Mainz). 1 ℔ 4 gr

Philosophia Principis, Pedantismo opposita. Halae 1711. V (Th. 2): *Bertoldi, L.* (Myl) (Barbier)

— princip. pedantismi oppos. 8. Lps. Zeidler. 711.

De philosophia Sadducaeorum. Commentatio qua viro **Carl Gottfried Bauer** (Archidiakon z. St. Nicolai) sacra semisaecularia muneris eccles. gratulati sunt collegae Lipsienses. Lpz. (B. G. Teubner) 1836. 24 S., mit Namen d. Gratulanten. (4.50) 1271

Philosophia Salomonis

Philosophia Salomonis oder geheimes Cabinet der Natur und Kunst des Weisen Königes Salomons eröffnet durch den sogenannten Grossen und Kleinen Bauer, wahren Besitzern des königlichen Steins. 207 S., gbd., Abb.

Augsburg: Lotter 1753

Philosophia theoretica hodiernis discentium usibus accommodata. Solodori 1814—15. V: *Suter, Jos. H.* (Ky) (AarK)

— theoretica hodiernis discent. usibus accommodata, (a J. H. Suter). III Tom. 8. Solodori. (Müller in Mainz). 2 ℔

Philosophie

— üb. die allgemeine speculative, (v. J. N. Tetens). 8. Bützow 775. Böhner. 4 gr

Philosophie, Die anmuthige, in einer wahrhaften, obwohl verdeckten Liebes- und Heldengeschichte. Frankf. u. Leipz. 1713. V: *Glaubitz, Friedrich Erdmann von.* (RH)

— nach mathemat. Anschauung. gr. 8. Winterthur 806. Steiner. 10 gr

— auch eine, z. Geschichte z. Bildung d. Menschheit, (v. J. G. v. Herder). 8. (Riga) 774. Hartknoch. 8 gr

Philosophie, die, im Beginn des 20. Jahrh. Festschrift f. Kuno Fischer, unter Mitwirkung von B. Bauch, K. Groos, E. Lask, O. Liebmann, H. Rickert, E. Troeltsch, W. Wundt hrsg. v. W. Windelband. 2 Bde. (IX, 186 u. III, 200 S.) gr. 8. Heidelberg 904. 905. C. Winter, Verl. n. 10. 40; in 1 Halbfrz.-Bd. n. 12. 40

Philosophie, die, im Beginn des 20. Jahrh. Festschrift f. Kuno Fischer, unter Mitwirkg. v. O. Liebmann, W. Wundt, Ph. Lipps, B. Bauch, E. Lask, H. Rickert, E. Troeltsch, K. Groos hrsg. v. W. Windelband. 2. verb. u. um das Kapitel Naturphilosophie erweit. Aufl. (IX, 564 S.) gr. 8. Heidelberg 907. C. Winter, Verl. 14. —; geb. in Halbfrz. n 17. —

Berkeleysche Philosophie, s. Cook, Alfred.

§ **PHILOSOPHIE,** La, de la Canaille d. i. Die Ochsen-Philosophie, Wie sich selbige bey dem gemeinen unverständigen Pöbel in ihrer Religion, item in Heyrathen, Hochzeiten, Kind-Tauffen, auff Handwercken, etc. etc. præsentiret. Wobey allewege etwas vernunfftigers angegeben u. gezeiget wird. Aus d. Frantzos. ins Teutsche übersetzet Durch Casper Melcher Baltzern (fing.). Im Jahr 1705. 8°
Stellenw. derb-pikant Tit. u. 91 SS. Am Schluss noch 6 ungezählte Bll. (Bog G), enth. 2 sehr freie Gedichte: „Von dem Lob der Jungfern" u. „Die verkehrte Art der Weiber" (Vgl. Rachel. Ioach., Gedichte.)

* — — Dasselbe. Im Jahr 1723. 8° (In Berlin 2 Expll.: Bibl Diez. 8° 6674; Yy 3576, der Schluss von S. 233 an fehlt.)
Verschieden von der vorigen Schrift. — Seltene u. interessante Sammlung von abergläubischen Gebräuchen u. Volkssitten. Höchst wahrscheinlich ein deutsches Originalwerk.

Philosophie, la, de la Canaille, oder Ochsenphilosophie. Halle, Renger. 728.

Philosophie de la Canaille oder der die Poebels Philosophie, anzeigende d. Gegensatz a. d. echten Philosophie u. Politiclehren der Satyr. A. d. Franz. v. C. M. B. Mit satyr. Tit. Kupf. Frankf. 1760. Ü: *Baltzer, C. M.* (Antiquar. Anzeiger Nr. 4. F. Waldau-Fürstenwalde-Spree. 1910. Sub. 230.)

Philosophie, La, de la canaille oder der die Pöbels-Philosophie anzeigender (so!) philosophischer Satyr Aus dem Französischen von C. M. B. (Caspar Melchior Balthasar, fing.). Mit 1 satirischen Kpfr Frankfurt und Leipzig 1760. 8° 248 S. (4 Mk. Völcker, 1905.)
Behandelt auf 92 Seiten die Magie, den Aberglauben an Hexen, Werwölfe, Brockenfahrt etc. — Selten!

Philosophie du Catholicisme, avec la Réponse par Madame la Comtesse M[argy] de B[ruhl] et une préface par Ph. Marheinecke. Berlin 1816. V: *Ligne, Carl Jos. Fürst von Aremberg.* (AarF) (AarK)

Philosophie du Catholicisme par le Prince de L.... Avec la reponse par Mad. la Comtesse M.... de B.... et une Préface par Ph. Marheinecke. gr. 8. Berlin, Reimer. 816.

— — Dasselbe deutsch. gr. 8. Ebend. 816.

Philosophie, die, d. Christenthums. Ein Beitrag f. die allgemeine Union. Von e. Laien. gr. 8. (VI, 58 S.) Magdeburg 876. Faber in Comm. n. 1. 25

Philosophie der Ehe. Ein Beytrag zur Philosophie des Lebens . . . Leipz. 1800. V: *Krug, Wilhelm Traugott.* (BrMm) (ErschDL) (MGT) (Ky)

— der Ehe; ein Batr. zur Philosophie d. Lebens für beide Geschlechter, (von W. Tr. Krug). 8. Leipz. 800. (Brockhaus). 22 gr

— d. Ehe, ein Beytr. z. Philos. d. Lebens f. beyde Geschl. 8. Lpz. Hempel (Gleditsch) 800.

Philosophie, Die empfindsame, in Briefen an Cleis. Biel 1780. V: *Berghofer, Amand.* (MGT) »Dessau 1782« (Ky)

— die empfindsame, in Briefen an Chleis, (v. Am. Berghofer). 8. Dessau 782. Gel. Buchh. 4 gr

Philosophie d. Erlösungsplanes. Ein Buch für unsere Zeit, v. einem amerikan. Bürger. Nach dem Engl. v. J. Thomas. gr. 12. (VIII u. 202 S.) Frankfurt a. M. 848, Brönner. n. 16 ngr

Philosophie des Erlösungsplanes. Ein Buch für unsere Zeit von einem amerikan. Bürger. Für das deutsche Publikum bearb. nach der neuesten engl. Ausg., und mit analysirenden Fragen über jedes Kapitel versehen von W. Nast. 8. (226 S.) Cincinnati 859. (Philadelphia, Schäfer und Koradi.) geb. *

— d'une Femme. 8. Berne, Typ. 787.

— de la femme chrétienne. Dédiée à ses filles par Mme. Clotilde E. Edition aux frais de l'auteur. 8. (IV, 143 S.) Wien 874. Sintenis. n. 3. 60

Philosophie --- , Die Freye // PHILO- // SOPHIE, // In einem Poetischen // Aufzuge // wolte denen Freyheitliebenden // Gemühtern // Zu schuldiger Bedienung // erscheinen. // Im Jahr 1714. - 4 Blatt (nicht paginiert) Titelblatt, Vorrede und Vorgedicht. - 352 S. und noch 2 Blatt (nicht paginiert) Errata. - Auf 4 angehängten Blättern ein handschriftlicher Index.
Vergleiche: Gedancken-Spiel (B. S. T. 8° 25.).
Auf dem vordern Einbanddeckel steht in Golddruck:
H. MAGEN LIFS.
SOCIET. PHILOSOPH.
POETICAE.
D. D. D.
1 7 2 3.

Philosophie der Freiheit. Gütersloh 1877. V: *Classen, Joh.* (EB)

Philosophie der Freiheit. Dargestellt für deutsche Laien. 8. (329 S.) Gütersloh 879. Bertelsmann. n. 4. —

— die, der Gegenwart. Eine internationale Jahresübers., hrsg. v. Arnold Ruge. 1. Doppelbd. Literatur 1908 u. 1909. (XII, 632 S.) gr. 8. Heidelberg 910. Weiss'sche Univ.-Buchh. 15. —; geb. in Halbperg. 17. 50

— wider die schönen u. starken Geister, d. i. Betracht. üb die menschliche Natur u. Religion. Aus d. Italien. übersetzt v. Jord. Simon. 3 Thle. (A. u. d. T.: der entlarvte Freygeist, aus Gründen d. Religion u. Vernunft. Bamb. 772.) 8. Würzb. 771. (Wesché in Frankf.) 1 rf

— wider die schönen u. starken Geister, d. i. Betracht. über d. menschl. Nat. u. Rel. a. d. Ital. 3 Thle. 8. Bamb. Gobhard. 772.

Philosophie der Geschichte, oder über die Tradition. Frankf. 1827—39. V: *Molitor, Franz Jos.* (AarK) (Kl) (Ky) (Schmal) (Gla I, 2, 950)

— der Geschichte, od. üb. die Tradition, (von F. J. Molitor). gr. 8. Frankf. 827. Hermann. 2 rf 12 gr

Philosophie d. Geschichte, oder über die Tradition. gr. 8. Frankf 827. Reinherz.

Philosophie der Geschichte od. üb. die Tradition. (Von Frz. Jos. Molitor.) 2. Thl. gr. 8. (17¼ B.) Münster 834, Theissing.

Philosophie d. Geschichte, od. üb. d. Tradition. (Von Frz. Jos. Molitor.) 3. Thl. gr. 8. (46 B.) Münster 839, Theissingsche Buchh.

Philosophie der Geschichte oder über die Tradition. (Von Frz. Jos. Molitor.) 4. Thl. 1. Abthl. gr. 8. (XI und 434 S.) Münster 853, Theissing'sche Buchh.

— dass. — 2., neu bearb. und verm. Aufl. 1. Thl. 1. Lfg. gr. 8. (S. 1—400.) Ebds. 853.

Philosophie der Geschichte oder über die Tradition. 1. Thl. 2. Lfg. 2., neu bearb. und verm. Aufl. gr. 8. (IX und S. 401—752. Schluß.) Münster 857, Theissing'sche Buchh. Thlr.

— die, in ihrer neuesten Gestalt. 8. Wien 814. Bauer u. D. 20 gr Schrbp. 1 rf

Philosophie in anmuthigem Gewande . . . vom Verfasser der Sommernächte. Reval u. Leipzig 1781. V: *Knoll, Heinrich Christoph Friedrich.* (GGR IV, I, 602) (Zeitschr. f. Büch. N. F. 15, 1923, S. 118)

— in anmuthigem Gewande, in Dialogen u. Erzähll. 8. Reval 781. Albrecht. 14 gr

Philosophie, Eine, für das XX. Jahrhundert. Berlin 1899. V: *Kessler, Rowald.* (Berl 1909, S. 1557)

Philosophie, eine, f. das XX. Jahrh. von *.*. gr. 8. (274 S.) Berlin 899. C. Skopnik. n. 3. —; geb. 4. —

Philosophie der Justiz-Pflege bey dem Aufhebungssysteme der Leibeigenschaft . . . A. d. Engl. Neu Fahr-Wasser [Hamburg] 1792. V: *Lüttichau, Chn Frdr. Tonne von.* (Bruun, Bibl. Danica II, 996.)

—— **und Kabbala.** 1. Heft enth.: Abraham Abulafia's Sendschreiben über Philosophie und Kabbala. Thomas von Aquino's Abhandlung „de animae facultatibus." Nach Handschriften der k. Bibliothek in Paris und der Stadtbibliothek zu Hamburg nebst Erläuterungen und histor. Untersuchungen hrsg. von Adph. Jellinek. 8. (XVI und 48 S.) Leipzig 854, Hunger.

—**üb. die Kantische,** (v. G. L. Bekenn). 8. Bremen 791. Cramer. 8 gr

Philosophie des Catholicismus von dem Fürsten von L[igne] Nebst der Antwort von der Frau Gräfin M. von B[rühl] . . . A. d. Franz. Berlin 1816. Ü: *Couard, Christian Ludwig.* (Hitzig) (Koner) (MGT) (Ky) (Th)

—**des Katholicismus** v. d. Fürsten von L(igne); nebst d. Antwort d. Gräfin Margy B. (Brühl). Aus d. Französ. (von Ch. L. Couard). Mit e. Vorr. v. Ph. Marheinecke. 8. Berl. 816. Reimer. 12 gr Dass. Französ. Ebd. 16 gr

—— **für Kinder,** od. Worte e. Vaters an seinen Sohn üb. d Licht d. Offenbarung, u. d. christl. Weisheit. 1—3. Hft. gr. 12. (13½ B.) Landshut 836, Thomann'sche Buchh.

Philosophie, die, in Collision mit d. Liebe, od. Abt Magazeni u. sein Zögling; e. mehr als wahrscheinliche Gesch. m. K. 8. Wien, Alberti. 792.

— **u. Cultur,** die, der Neuzeit u. die Philosophie d. h. Thomas v. Aquino. Von Aurel. Adeodatus. — Die mittelalterliche Kunst im Ordenslande Preußen. Von Dittrich. [1. Vereinsschrift der Görres-Gesellschaft f. 1887.] gr. 8. (97 S.) Köln 887. (Bachem.) n. 1. 80

Philosophie, Die, der freyen Künste. A. d. Schwed. . . . [Berlin] 1805. Ü: *Schildener, Carl.* (MGT) (Ky)

—**die, d. freien Künste;** aus d. Schwed. übers. u. mit einem Anh. herausgg. 8. Berl. 805. Sanderſche B.; (auch Reimer). 6 gr

— **landläufige, u. landflüchtige Wahrheit.** Unprivilegirte Fordergn. e. Nicht-Subventionirten. gr. 8. (VIII, 82 S.) Leipzig 876. Krüger & Roskoschny. (?) n. 1. 50

—**des Lebens.** Ein Taschenbuch f. 1807. 8. Glogau 807. Neue Güntersche B. 8 gr

Philosophie des menschlichen Lebens nach der indischen Handschrift eines Braminen. Münster 1812. H: *Leonhart, Georg.* Ü: *Wintgen, Bernhardine v.* (Rass I, 200. 381.)

— **des menschl. Lebens,** nach d. indianischen Handschrift eines alten Braminen. 8. Münst. Coppenrath. 814. —

—**des Lebens u. d. Umgangs,** s. Recept-Taschenbuch z. Philosophie d. Lebens.

— **d. Lebens u. d. Umgangs,** oder d. Kunst, sich in alle Leute zu schicken, ein Taschenbuch auf 1806, 8. Lpz. Joachim. 805.

Philosophie des Magens in Sprüchen aus alter und neuer Zeit von Q. Ofellus jun. 8. (VIII, 142 S.) [Reudnitz 886, Osw. Schmidt.] Leipzig, Brehse. *M 2.—; geb. **

—**eines Mannes,** Gegenstück z. Philosophie e. Weibes, (v. Ign. Felner). 8. Basel 785. Schweighäuser. 3 gr

Philosophie d. gesunden Menschenverstandes. Von Hannas. gr. 8. (V, 258 S.) Leipzig 888. O. Wigand. n. 4. —

— **moderne.** Hrsg. v. Max Apel. 1.—6. Bd. 8. Berlin-Schöneberg, Buchverlag der „Hilfe". 9. 50

Apel, Max, die Weltanschauung Haeckels. Dargestellt u. kritisch beleuchtet. 2. durchgeseh. Aufl. 3. u. 4. Taus. (80 S. m. 1 Bildnis.) 910. (Bd. 1.) 1. 50
1. Aufl. (82 S.) 908. 1. —

Darwin, seine Bedeutung im Ringen um Weltanschauungen u. Lebenswert. 6 Aufsätze. Bölsche, Wilh., Darwins Vorgänger. — Apel, M., Darwinismus u. Philosophie. — Wille, B., wie die Natur zweckmäßig bildet. — David, E., Darwinismus u. soz. Entwicklung. — Penzig, Rud., Darwinismus u Ethik. — Naumann, Fr., Religion u Darwinismus. (123 S.) 909. (Bd. 4.) 1 —

Goldschmidt, Kurt Walt., der Wert des Lebens. Optimismus u. Pessimismus in der modernen Literatur u. Philosophie. (1.—4. Taus.) (111 S.) 908. (Bd. 3.) 1. —; erhöhter Pr. 1. 50

Kappstein, Thdr., Rudolf Eucken, der Erneuerer des deutschen Idealismus. (92 S. m. 1 Bildnis.) 909. (Bd. 5.) 1. 50

Odebrecht, Rud., kleines philosophisches Wörterbuch. Erklärung der Grundbegriffe der Philosophie. (1. u. 2. Taus.) (83 S.) 908. (Bd. 2.) 1. —; erhöhter Pr. 1. 50

Schleiermacher, der Philosoph des Glaubens. 6 Aufsätze. Troeltsch, Ernst, Schleiermacher u. die Kirche. — Titius, Arth., Schleiermacher u. Kant. — Natorp, Paul, Schleiermacher u. die Volkserziehung. — Hensel, Paul, die neue Güterlehre. — Eck, Samuel, die neue Moral. — Rade, Mart., Schleiermacher als Politiker, u. e. Vorwort v. Frdr. Naumann. (151 S. m. Bildnis.) 910. (Bd. 6.) 2. 50

— **moderne,** im Lichte der Ewigkeit. (Von Jak. Vetter.) (IV, 110 S.) 8. Geisweid 909. Verlagshaus der deutschen Zeltmission. — 80; geb. 1.20

MODESCHNALLEN. — Philosophie der Modeschnallen. Wien 1781. Kl. 8°. Sehr selten! (50 xr. J. Eisenstein & Co., Wien, c. 1892.)

— **die,** der griechischen **Mythologie** u. die Entdeckg. der Bedeutg. der Gottheiten u. Mythen. gr. 8. (41 S.) Elberfeld 873. Fassbender. n. — 50

—— **die,** der griechischen **Mythologie** und die Entdeckung der Bedeutung der Gottheiten und Mythen. 1872. *M 1,50. [und Neue Ausg.] gr. 8. (42 S) Elberfeld 873, Fröhling. *

Philosophie, Die, der Natur, a. d. Franz. Frankf. u. Leipzig 1773. V: *Izouard dit Delisle de Sales, Jean Bapt. Claude.* Ü: *Faulwetter, Carl Alexander.* (BB) (MGT) (Ky)

—die, d. Natur. 2 Bde. Aus d. Französ. übers. (v. K. A. Faulwetter). 8, Nürnb. 773. Monath u. K. 1 ₰ 4 gl

Philosophie der Natur, oder Versuch einer aus der Natur hergeleiteten und gegründeten Sittenlehre . . . a. d. Franz. Berlin [Ulm] 1787—88. V: *Izouard dit Delisle de Sales, Jean Bapt. Claude.* Ü: *Carove, E.* (Ky) (MGT)

—der Natur, od. Versuch e. aus d. Natur hergeleitet. u. gegründeten Sittenlehre f. d. Menschengeschlecht; aus d. Franzöf. (von .. Carove). 6 Bde. gr. 8. Berl. (Ulm) 787, 88. (Mayr in Salzb.) 4 ₰

Philosophie der Neuzeit. Ein Gedicht. Wien 1846. V: *Passy, Ant.* (EB

—nouv., du bon sens etc. 8. Wien 771. Ghelen. 8 gl

Philosophie, die, mit Obscuranten und Sophisten im Kampfe, ein Nachtrag zu Salats Schrift: Auch die Aufklär. hat ihre Gefahren. 8. Ulm, Wohler. 802. Rthlr.

Philosophie, Die, mit Obscuranten und Sophisten im Kampfe. Ulm 1803. V: *Salat, Jacob.* (MGT) (Ky) (Fr) (Th)

—die, mit Obscuranten u. Sophisten im Kampfe, e. Nachtrag zu Salats Schrift: Auch die Aufklärung hat ihre Gefahren. 8. Ulm 803. Wohler. 8 gl

—la petite, ou Principe de l'art de bien penser, de bien dire et de bien faire (par Ab. Burja). 8. St. Petersb. u. Leipz. 784.

Philosophie der Philosophie. Gotha 1840. V: *Köppen, Friedrich.* (Russell IV, 708) (Brockhaus, Konversations-Lexikon. 11. Aufl. IX, 16.)

— der Philosophie. gr. 8. (15⅛ B.) Hamburg u. Gotha 840. Friedrich u. Andr. Perthes.

— der Philosophie. 2. (Titel-)Ausg. gr. 8. (IV, 236 S.) Leipzig (1840) 877. Siegismund & Volkening. 3. —

— u. Politik in traulicher Vereinigung. gr. 8. Hamb., Vollmer. (Herold jun.) 16 gl

Philosophie, Die, der Religion. Augsb. 1772—1775. Augsburg 1780—1781. 1788. 2. Aufl. 1796. V: *Storchenau, Sigismund von.* (WrDiar 1772, Nr. 89 Anhang; 1775, Nr. 22 Anhang) (WBL 39/196)(BiblPort)

— d., der Religion, (v. S. Storchenau) m. Vign. 7 Bde. m. 5 Zugaben. 8. Augsb. Veith 772—86.

—die, der Religion, (v. S. v. Storchenau). 7 Bde mit Vign. u. 5 Bde Zugaben. 8. Augsb. 773—89. N. A. 8. Wien 807. Ant. Doll. 4 ₰

— slawische, enthltd. die Grundzüge aller Natur- u. Heilwissenschaften nebst einem Anhange Ueber die Willensfreiheit und die Unsterblichkeit der Seele. Prag 855. Ehrlich in Comm. 8. (XII, 564 S. u. 5 lith. Taf. in 4. u. Fol.) n. 4 ₰.

— d. deutschen Sprache, od. d. nothwendigste, a. d. Orthographie d. Syntaxe. 2 Thle. 8. Prag, Polt (Gräff in Leipz.) 805.

—der deutschen Sprache, od. d. Nothwendigste aus d. Orthographie d. Syntaxe. 2 Thle. 8. Prag 805. Polt. (Wienbrack in Leipz.) 20 gl

systematische, v. W. Dilthey, A. Riehl, W. Wundt, W. Ostwald, H. Ebbinghaus, R. Eucken, Fr. Paulsen, W. Münch, Th. Lipps, s. a. Kultur, die, der Gegenwart. I, 6.

Systematische Philosophie. Von W. Dilthey u. a. Berlin & Leipzig 1907. 432 S. (Die Kultur der Gegenwart. 1, 6.)

Systematische Philosophie von W(ilhelm) Dilthey, A. Riehl, W. Wundt [u. a.]. 2. durchges. Aufl. Berlin & Leipzig: B. G. Teubner 1908. (X, 435 S.) 4°(8°)
— Kultur, Die, d. Gegenwart. T. 1, Abt. 6. [08. 1411]

Die Philosophie als Theil der allg. Geistesbildung. 35 S.— Feldkirch, Progr. 1858.

— gegen naturwissenschaftliche Ueberhebung. Eine Zurechtweisg. d. Geo. Stiebling u. seiner angebl. Widerlegg. der Hartmann'schen Lehre vom Unbewußten in der Leiblichkeit v. A. T. gr. 8. (IV, 104 S.) Berlin 872. C. Duncker's Verl. n. 1. 50

Philosophie gegen naturwissenschaftliche Überhebung. Eine Zurechtweisung des Dr. med. Geo. Stiebeling und seine angebliche Widerlegung der Hartmann'schen Lehre vom Unbewußten in der Leiblichkeit. Von A. T. Leipzig 1872. V: *Taubert, A.* (= *Agnes von Hartmann geb. Taubert*). (Russell XVI, II, 2, 2097.)

— der gesunden Vernunft, s. Argens.

Philosophie, die wahre, d. Christenthums f. Jedermann, (v. C. Danielsen), gr. 8. Flensb. 775. 12 gl (s. auch Gedanken üb. die wahre Philosophie d. Christenthums).

— d. wahre, d. Christenth. f. Jedermann. gr. 8. Hamb. (Glöditsch in Lpz.) 777.

— wahre, d. prakt. Christenthums. 8. Münch. 782. Strobl. 9 gl

— eines Weibes. 8. Bregenz, Brentano.

Philosophie eines Weibes . . . Kempt. 1784. N. A. 1785. V: *Ehrmann, Mariane geb. v. Brentano.* (ML) (GGr) (Ky)

—eines Weibes, (v. Mar. Ehrmann). 8. Kempt. 784. Typ. (Dannheimer). 4 gl. N. A. 8. Ebd, 785. — Dass. Französ. 8. Bern 787. Typ. 8 gl.

Philosophie der Weiber. (Vertheidigung d. weibl. Geschlechts.) — [Leipzig:] (Meissner) [1802]. XX, 216 S. 8°

—der Weiber. 8. Leipz. 802. (W. Rauck). 1 ₰

Philosophie, Die, der sittlichen Wollust. Prag 1777. V: *Behrisch, Henrich Wolfgang.* (Ky)

—die, der sittl. Wollust, (von H. W. Berisch). 8. Prag 777. Mangold. 9 gl.

Philosophie, Die, unsers Zeitalters in der Kinderkappe . . . Pirna 1800. V: *Pölitz, Carl Heinrich Ludw.* (MGT) (Ky)

—die, unsers Zeitalters in d. Kinderkappe, (v. K. H. L. Pölitz). 8. Pirna u. (Dresd.) 800. Hbg. Pr. 803. Arnold. 1 ₰

Philosophie der ältesten für denkende Philosophen der neuesten Zeiten. Nürnberg 1792—94. V: *Gruber, Philibert.* (AarK)

§ **PHILOSOPHIN,** Die, bey guter Laune, in Gesellschaft eines Franciscaners. Zum angenehmen Zeitvertreib. Aus d. Französ. übers. O. O. 1765. 8°.
6 Bog. Ungemein rar!

Philosophinnen, Die, oder Hanswurst der Cavalier in London zu seinem Unglück. Wien [1764] 1768. V: *Ghelen, Jacob Anton Edler von.* (GGr)

Philosophinnen, die; od. Hanswurst als Cavalier zu seinem Unglucke. Lustsp. 8. Wien, Krauß. 768.

Philosophoff, Dmitri, der Zar u. die Revolution, s.: Mereschkowski, Dmitri S.

Philosophorum Graecorum veterum praesertim qui ante Platonem floruerunt operum reliquiae. Recens. et illustr. S. Karsten. Vol. I. — K. s. t.: Xenophanis Colophonii Carminum reliquiae. De vita ejus et studiis disseruit, fragmenta explicuit, placita illustr. Karsten. 8 maj. (15¼ B.) Haag 830, Frank.

Philosophorum graecor. veter. praesertim qui ante Platonem floruerunt operum reliquiae. Recens. et illustr. Sim. Karsten. Vol. I. Ps. 2. et Vol. II. 8maj. Amstelodami, Mueller. *
K. s. tit.:
Vol. I. Ps. 2. Parmenidis Eleatae carminis reliquiae. De vita ejus et studiis disseruit, fragmenta explicuit, philosophiam illustr. (14¼ B.) 835. * 2 Thlr. 14 Gr.
II. Empedoclis Agrigentini carminum reliquiae. De vita ejus et studiis disseruit, fragmenta explicuit, philosophiam illustr. (35¾ B.) 838. * 4 Thlr. 8 Gr.

PHILOSOPHRONIUS (ps.). — Insanientis Mundi Curatio Salubris. Der unsinnigen Welt heilsamste Cur, von *Philosophronio.* Leipz., Joh. Chr. Corner.
So im Frf. u. Lpz. O. M. V. 1717. J 2 a, s. l. f. n. p. — Ob erschienen? (Der Pseud. nicht bei Weller.)

Philosophumena quaedam doctorum ecclesiae de geniis, angelis, praecipue de diis tutelaribus. Osnabr. 1748. V: *Pertsch, Joh. Georg.* (Fiker)

Philosophus, hermetischer, od. Hauptschlüssel der zur Chemie gehör. Mittel. 8. Jena, Frommann.

Philosophus, Der lustige, Welcher Mancherley lacherliche und ergetzende Fragen und Antworten . . . vorbringet, allen ernsthafften catonischen Gemüthern zu einer Aufmunterung zur Frölichkeit dargestellet . . . Rinteln 1715. 2. Ausg. Franckf. u. Leipz. [Bremen] 1734. V: *Rottmann, Frdr. Julius.* (BGG) (BGE) (BrMm)

Philosophy, of the plan of salvation by an american citizen. Translated from English into Hebrew at the request of his brethren, the divinity students in the united presbyterian seminary Edinburgh by Isaac Salkinson. Altona 858. (Hamburg, Oncken.) 8. (XV, 164 S.) 18 ngr.

Philostratos, tägliches Geschäfts-Tagebuch für Aerzte, Wundärzte, Geburtshelfer etc. a. d. J. 1846 u. 1847. enth. Tab. f. jeden Tag u. Monat f. den Witterungs-Kalender etc. nebst e. Schwangerschafts-Kalender. 8. (à 17 B.) Düsseldorf, Bötticher'sche Buchh. à —

Philostratus

Philostrat, Flavius, Abhandlung über das Turnen (Gymnastikos), übers. v. Friedrich Cunze, Braunschweig 1902, 18 S., Gr.-8°.

Philostratus, Apollonius v. Tyana. Aus dem Griech. übers. u. erläutert v. Ed. Baltzer. Mit e. (lith.) Uebersichtskarte. gr. 8. (IV, 403 S.) Rudolstadt 883. Hartung & Sohn. n. 6. —; geb. n. 7. —

Philostrati, Flavii, de arte gymnastica libellus. Recognovit, latine reddidit, illustravit C. H. Volckmar. gr. 8. (VIII und 95 S.) Aurich 862, Spielmeyer. *

—— βίοι σοφιστῶν. — Flav. Philostrati vitae sophistarum. Text. ex codd. Romanis, Florent., Venetis, Paris., Londin., Mediolan., Havn., Oxon., Gudiano, Heidelbergensi recens. epitomam Romanam et Parisinam ineditas adjecit commentarium et indices concinn. Car. Lud. Kayser. Insertae sunt notae ineditae I. Casauboni, Bentleii, Huetii, Salmasii, Jacobsii, Th. Heysii; editae Valesii, Olearii, Jacobsii, A. Jahnii Acced. libellus Galeni περὶ ἀρίστης διδασκαλίας ex cod. Florentino emendatus, et qui vulgo inter Lucianeos fertur, *Νέρων* Philostrato vindicatus et ex cod. Palatino correctus. 8maj. (28¾ B.) Heidelbergae 838, J. C. B. Mohr.

Φιλοστράτου Ἐπιστολαί. Philostrati Epistolae quas ad codices recensuit et notis Olearii suisque instruxit Jo. Fr. Boissonade. 8maj. (15⅛ B.) Parisiis 842. [Lipsiae, Brockhaus et Avenarius.] Thlr. *

Philostratus d. Jüng., Flav., Ge- } s. Prosaiker, griech.
mälde, übers. v. A. F. Lindau, }

Philostratus, Flav., des Aeltern u. d. Jüngern Gemälde; Kallistratus: Standbilder. Uebers. von A. F. Lindau. 3 in 1 Bde Stuttgart: Metzler 1832—33.

Philostratus, Flavius: Libri de gymnastica. Ed. C. L. Kayser. Heidelbergae 1840. 192 S.

[Flavius] Philostratos. Über Gymnastik [De gymnastica]. Von Julius Jüthner. Leipzig & Berlin. Teubner 1909. VI, 330 S. 8°
(Sammlung wissensch. Kommentare zu griech. u. röm. Schriftstellern.) (Cg. 7379

Φιλόστρατος, Φλαυ., περὶ Γυμναστικῆς. — Flav. Philostratei libri de gymnastica quae supersunt nunc prim. ed. et interpretatus est C. L. Kayser. Accedunt Marci Eugenici imagines et epistolae nondum editae. 8maj. (13 B.) Heidelbergae 840. J. C. B. Mohr.

Philostratorum imagines et Gallistrati, statuae Textum ad fidem veterum libr. recens et commentar. adjec Fr. Jacobs. Observationes, archaeologici praesertim argumenti, addid Fr. Theoph. Welcker. 8 maj. Lips. 825, Dyk, 4 Rthl. 18 gr. Schreibp.

Philostrati maioris imagines, Ottonis Benndorfii et Caroli Schenkelii consilio et opera adiuti recensuerunt seminariorum Vindobonensium sodales. 8. (XXXI, 267 S.) Leipzig 893. B. G. Teubner. n. 2. 80

Philostrati minoris imagines et Callistrati descriptiones. Recensuerunt Carol. Schenkl et Aemil Reisch. 8. (LVIII, 82 S.) Leipzig 902. B. G. Teubner. n. 2. 40; geb. n. 2. 80

Philostratorum, *Opera*. Gr. et lat. cum varior. suisq. notis ed. G. Olearius. Lips. 709. f. 6 rthlr. 12 gr.

Philostratorum et **Callistrati** opera recogn. Ant. Westermann. — Eunapii vitae sophistarum iterum ed. Jo. Fr. Boissonade. — Himerii sophistae declamationes accurate excusso cod. optimo et unico XXII declamationum emend. Fr. Dübner. [Scriptorum Graecorum bibliotheca. Vol. XXXII.] Lex. 8. (XIII, 507, XXVIII u. 115 S.) Parisiis 849, Didot fratres. n. 4 ℳ

Philostrati, Flavii, Opera auctiora ed. C. L. Kayser. Accedunt Apollonii epistolae, Eusebius adversus Hieroclem, Philostrati junioris imagines, Callistrati descriptiones. 2 vol. 8. Leipzig, Teubner. [Vol. I. (XXXVIII, 413 S.) 870. ℳ 3,75.; Vol. II. (LII, 551 S.) 871. ℳ 4,50.]

Philostratorum, q. supers. omnia gr. et lat. c. not. Goth. Olearii. fol. Lips. Fritsch. 701.

Philostrati, Flavii, quae supersunt, Philostrati junioris imagines, Callistrati descriptiones edid. C. L. Kayser. Editio altera. Turici (853.) Meyer et Zeller. gr. 4. (LXXII, 529 S.) n. 4 ℳ. 4 ngr.

Flavius Philostratos, Schrift über die Gymnastik, übers. v. Jebbe, Leipzig 1891, 42 S., 8°.

Φιλοστράτου, Φλαουίου, τὰ σωζόμενα, Φιλοστράτου τοῦ Νεωτέρου εἰκόνες, Καλλιστράτου ἐκφράσεις. Philostrati Flavii, quae supersunt, Philostrati junioris imagines, Callistrati descriptiones, edidit C. L. Kayser. Pars I—III. 4 maj. Turici, Meyer et Zeller. [I. (38½ B.) 844., II. (22 B.) 46. 6 Thlr. 15 Ngr., III. (14½ B.) 46. 2 Thlr.]

Philostrate, Vie d'Apollonius de Tyane, avec l. comment. donnés en Angl. p. Ch. Blount, trad. en fr. IV Vol. gr. 12. Berl. Rottmann. 774.

Philostratus, Flav., Werke; aus d. Griech. übers. von D. Gph. Seybold. 2 Bde. gr. 8. Lemgo 776, 77. Meyer. 2 ℳ 2 gr.

Philostratus d. Ält., Flav., Werke, } s. a. Prosaiker, griech. übers. v. Fr. Jacobs,

— Werke; übers. v. Fr. Jakobs. 1s u. 2s Bdchn. 16. Stuttg. 828, 29. Metzler. 8 gr.

Philostratus Werke, übersetzt v. Fr. Jacobs. 3s—5s Bdchen. 16. Stuttgart 831, 32. Metzler. (à 1/6 ℳ) 1/2 ℳ

— Werke, übers. von Bekker und Christian, s. a. Prosaiker, griechische.

— des Aeltern u. des Jüngern, und Kallistratus Werke. übers. v. A. F. Lindau, G. J. Bekker u. A. H. Christian. 1s—3s Bdchn. 16. Stuttgart 833. Metzler. (à 1/6 ℳ) 1/2 ℳ

Philotas. Ein Trauerspiel. Personen. Aridäus, König, Strata . . . Berlin 1759. V: *Lessing, Ghold Ephraim.* (Mn)

Philotas. Ein Trauerspiel. Von dem Verfasser der preussischen Kriegslieder versificirt. Berlin 1760. V: *Lessing, Gotthold Ephraim.* B: *Gleim, Johann Wilhelm Ludwig.* (Less 52)

Philotas; Trspl. nach dem Origin. v. J. H. Steffens. 8. Celle 775. Schulze. 4 gr.

Philotas; ein Versuch zur Beruhigung und Belehrung für Leidende . . . Leipzig 1779—91. V: *Niemeyer, August Hermann.* (MGT) (Ky) (BrMm) »1786« (Cat. d. Stadtbibl. Zürich. Zürich 1864—97.)

Philotas, e. Versuch z. Beruhigung u. Belehrung f. Leidende, (v. A. H. Niemeyer). 3 Thle. 8. Leipz. 1r u. 2r Thl. 779, 82. 2e A. 783. 3r Thl. 791. 3e Aufl. 3 Thle. 808. Weidmann. 2 ℳ 8 gr Holl. Pap. 3 ℳ

Philotas. Trauersp. von Lessing. 8. Berl. Voss. 788.

Philotas, Beiträge z. Beruhigung u. Belehrung f. Leidende. 3 Thle. 3te verm. Auflage. 8. Leipzig, Weidmann. 808.

Philotas, E. E., der Schumacher Hamann u. seine Wundertropfen. Was er ist u. was sie sind. 8. Danzig 831. Ewert. 3 gr

Philotas, E. E., Vincent de Paul. Histor. Drama in 2 Akt. 8. Danzig 831. Ewert. 12 gr

PHILOTAS, E. E., Ruhestunden oder dramatische, novellistische und poetische Aufsätze. 1830.
Weller, Lex. Ps. p. 445. — Selten!

Philotea, oder Anleitung zum gottseligen Leben. Ein Erbauungsbuch für Alle, die den Herrn Jesum Christum und seine Erscheinung lieb haben. Nach dem gleichnamigen Werke des Frz. v. Sales, bearb. von Friedr. Wilh. Bodemann. 854. und neue (Titel-)Ausg. 8. (XII und 232 S.) Braunschweig 856, Schwetschke und Sohn. Thlr: *
fein Pap. *

PHILOTECHNUS. — Curieuser u. Gemüths-ergötzender Merkurius, von *Philotechno.* O. O. 1717. 8°.
Wagenseil, Unterhaltungsbuch etc. Bd. I. Nrnb. 1837. 8°. p. 203 (ohne Quellen-Ang.). — Sehr rar!
Weller, Lex. Ps. p. 445 hat „Philoteknus". (?)

Philoteknos. Ein Versuch über Verbesserung der Landschulen . . Frankf. a. M. 1791. V: *Snell, Johann Peter Ludw.* (Stri) (MGT) (Ky)

Philoteknos, ein Versuch über die Verbesserung der Landschulen, 1s Heft. 8. Frkf. Pech. 791.

Philoteknos, J. P., (J. P. Pöhlmann), etwas z. Beherzigung f. Jeden, der sich d. Schulstande widmen will. 8. Altenb. 801. Schnuphase. 12 gr

Philotesia. Paul Kleinert zum LXX. Geburtstag dargebracht v. Adf. Harnack, Herm. Diels, Karl Holl, Paul Gennrich, Emil Kautzsch, Ernst Breest, Eduard Simons, Dan. v. der Heydt, Emil Walt. Mayer, Eduard Frhr. v. der Goltz, Rud. Franckh, Hans Kessler, Jul. Kaftan, Karl Müller, Wolf Wilh. Grafen Baudissin, Carl Schmidt, Max Lenz, Emil Seckel. (III, 415 S.) Lex. 8. Berlin 907. Trowitzsch & Sohn. 12. —; geb. in Leinw. 14. —

Philothaph, eine Lektüre z. stillen Unterhaltung a. Gottesäckern. 8. Augsb. Stage. 799.

Philothea, Sonntagsblatt für religiöse Belehrung und Erbauung. Würzburg 1837—41. H: *Schamberger, Joh. Wilh. & Andere.* (winer)

Philothea. Ein Sonntagsblatt für religiöse Belehrung und Erbauung. Redacteur: Dr. Schamberger. 1r—4r Jahrg. 1837 1840. à 52 Numm. Mit Titelvign. gr. 4. Würzburg, Stahel. (à 1 2/3 Thlr) 6 2/3 Thlr

Philothea. Sonntagsblatt für religiöse Belehrung und Erbauung. 5.—10. Jahrg. 1841—1846. à 52 Numm. (Bog.) Mit Titelvign. gr. 4. Würzburg 841—46, Stahel'sche Buchh. à 1 2/3 Thlr

Philothea. Sonntagsblatt f. relig. Belehrung u. Erbauung. 11 u. 12. Jahrg. 1847 u. 1848. — Red.: J. M. Rückert. 13—16. Jahrg. 1849—1852. à 12 Hfte. od. 52 Nrn. gr. 4. (Bog.) Mit dem Ergänzungsblatt Theopista. 2—7. Jahrg. 1847—1852. à 12 Nrn. mit Beilagen. gr. 4. (à 1/2—1 B.) Würzburg, Stahel. à Jahrg. n. 1 Thlr 24 ngr

Philothea. Sonntagsblatt für religiöse Belehrung und Erbauung. Red.: J. M. Rückert. 17—22. Jahrg. 1853—58. à 52 Nrn. (à 1 Bgn.) Mit Beiblatt: Theopista. Ergänzungsblätter zur Philothea. 8—13. Jahrg. (à 24 Nrn. à 1/2 Bgn.) Würzburg, Stahel. gr. 4. Jeder Jahrg. 1 Thlr. 24 ngr.

Philothea. Blätter für religiöse Belehrung u. Erbauung durch Predigten, geschichtliche Beispiele, Parabeln rc. Mit dem Ergänzungsblatte „Theopista." Unter Mitwirkung mehrerer kathol. Geistlichen herausg. von J. M. Rückert. 23—29. Jahrg. 1859—65. à 2 Bde. oder 12 Hefte (à 4—5 Bgn.). Würzburg, Stahel. gr. 8. Jeder Jahrg. 1 Thlr 24 ngr.

— — Inhalts-Verzeichniß zum 1—24. Jahrg. und deren Beiblatt Theopista. 7—15. Jahrg. Zusammenstellung der darin enthaltenen Predigten der Zeitfolge nach. Ebend. 863. 4. (28 S.) n. 10 ngr.

Philothea. Blätter für religiöse Belehrung u. Erbauung durch Predigten, geschichtl. Beispiele, Parabeln rc. Mit dem Ergänzungsblatte „Theopista". Unter Mitwirkung mehrerer kathol. Geistlichen hersg. von J. M. Rückert. 30—32. Jahrg. 1866—68. à Jahrg. 2 Bde. oder 12 Hefte (à ca. 5 Bgn.). Mit Beilagen. Würzburg, Stahel'sche Buchh. gr. 8. Jeder Jahrg. 1 Thlr 24 ngr.

— — Hersg. von Heinr. Roman Wörner. 33—35. Jahrg. 1869—71. à Jahrg. 2 Bde. oder 12 Hefte (à ca. 5 Bgn.). Ebend. gr. 8. Jeder Jahrg. 1 Thlr 24 ngr.

— dasselbe. 36—41. Jahrg. 1872—1876 à 12 Hfte. (ca 5 B.) Mit Beilagen. gr. 8. Leipzig. Exped. d. Philothea. à Jahrg. 5. 50

— dasselbe. Inhalts-Verzeichniß Nr. 3 zur Philothea (XXV. bis m. XXXVI. Jahrg.] u. deren Beiblatt Theopista (XVI. bis m. XXVII. Jahrg.) Zusammenstellung der darin enthaltenen Predigten der Zeitfolge nach. gr 8. (36 S.) Ebend. 874. n. — 60

Philothea. Blätter für religiöse Belehrung u. Erbauung durch Predigten, geschichtliche Beispiele, Parabeln rc. Nebst dem Ergänzungsblatte „Theopista". Unter Mitwirkung verschiedener katholischer Geistlichen hrsg. von Heinr. Roman Wörner u. Frz. Alf. Muth. 42—47. Jahrg. 1878—1883. à 12 Hfte. (à ca. 5 B.) gr. 8. Leipzig, Exped. à Jahrg. 5. 50

Philothea. Blätter f. religiöse Belehrg. u. Erbaug. durch Predigten, geschichtl. Beispiele, Parabeln rc. Nebst dem Ergänzungsblatte „Theopista". Unter Mitwirkg. verschiedener kathol. Geistlichen hrsg. v. Frz. Alfr. Muth. 48—51. Jahrg. 1884—1887. à 12 Hfte. (ca. 5 B.) gr. 8. Leipzig, Exped. à Jahrg. 5. 50

Philothea. Blätter f. religiöse Belehrg. u. Erbaug. durch Predigten, geschichtl. Beispiele, Parabeln rc. Nebst dem Ergänzungsblatte „Theopista" Unter Mitwirkg verschiedener kathol. Geistlichen hrsg. v. F. A. Muth. 52. u. 53. Jahrg. 1888. 1889. à 12 Hfte (ca. 5 B.) gr. 8. Leipzig 888. Exped. à Jahrg. 5. 50

Philothea. Blätter f. religiöse Belehrg. u. Erbaug. durch Predigten, geschichtl. Beispiele, Parabeln rc. Nebst dem Ergänzungsblatte „Theopista". Hrsg. von Frz. Alfr. Muth. Generalregister zu Jahrg. 1—53. gr. 8. (110 S.) Würzburg 892. Stahel'sche Verlagsanst. n. — 80

— oder Anleitung zu einem frommen Leben, s. Fr. v. Sales.

Philothea, oder Anleitung zu einem frommen Leben. Aus dem Franz. des Franz v. Sales. Neu bearb. nach der Silbert'schen Uebersetzung. 3. verm. Aufl. 16. (19 7/8 B. u. 1 Holzschn.) Augsburg 846, Fahrmbacher. *

Philothea, oder Anleitung zu einem frommen Leben. Vom heil. Franziskus von Sales. Neu übersetzt von weil. J. P. Silbert. 4. Aufl. Mit einem Anhange von Gebeten. 12. (XXVI. 581 S.) Wien, Mechith Congr. Buchh. 1861 48 kr

Philotheens, (Paulin Erdt,) Frauenzimmer-Akademie z f. Liebhaberinnen d. Gelehrsamkeit. 8. Augsb. 783. Veith. 1 Thlr 5 gr

— Gedanken in ruhigen Stunden f. Frauenzimmer. 8. Augsb. 782. Veith. 14 gr

Philotheus, s.: Kehrt die Sündflut wieder?

Philothei de limitibus schema univ. totius creati, s. Genealogia mundi triplicis. 8. Nürnb. 774. Stein. 12 gr

Philotheus, Christian, Epistola ad virum plurimum reverendum dominum Samuelem Liebhardum de Luthero redivivo. O. O. (17. I. 1718). 12 S. (3.75) 26465

Philotheus, Iren., (...) auch ein Wort üb. die Stunden der Andacht, od.: was tadelt unsere Zeit an Geistlichen. 8. Münch. 821. Fleischmann. 14 gr

Philotimus, ein Beitr. zu d. Lehre v. Menschenerziehung rc. 8. Frankf. a. M. 808. Gebhardt u. K. 1 Thlr 8 gr

Philotus, Ein Versuch zur Beruhigung u. Belehrung für Leidende u. Freunde der Leidenden. Neue Aufl. Lpz. 1783. 1791. 8°.

1783

Philoxeni Mabbugensis tractatus tres de trinitate et incarnatione, ed. A. Vaschalde. s.: Corpus scriptorum christianorum orientalium. XXVII.

Philoxenus, Timoth., Telestis dithyrambographorvm reliqviae. De eorvm vita et arte commentatvs est, carminvm fragmenta collegit et explicvit Geo: Bippart. 8maj. (7 B.) Lipsiae 843, [libr. Koehler].

Philp, Rud., üb. allgemeine Bildung. Vortrag geh. im großen Hörsaal d. evangl. Gymnasiums zu Hermannstadt am 21 Novbr. 1874. 8. (27 S.) Hermannstadt 874. Michaelis in Comm. n. — 50

Philp, Rud., die Grundlage des menschlichen Glücks. Vortrag, gehalten im Hörsaal des evangelischen Gymnasiums zu Hermannstadt am 1. Dezember 1877. 8. (34 S.) Hermannstadt 878. Michaelis. n. — 60

Philp, Rud., Lebensphilosophie. Vortrag, gehalten im großen Hörsaal des evangel. Gymnasiums zu Hermannstadt am 21. Decbr. 1878. 8. (31 S.) Hermannstadt 879, Michaelis. *

Philp, Rud., zur deutschen Rechtschreibung. Eine Anregg. zur orthograph. Reform. gr. 8. (27 S.) Hermannstadt 875. Michaelis in Comm. n. — 50

— über den Vegetarianismus. Vortrag, gehalten im großen Hörsaal des evangelischen Gymnasiums zu Hermannstadt am 9. December 1876. 8. (40 S.) Ebend. 877. n. — 70

Philumeni de venenatis animalibus eorumque remediis. s.: Corpus medicorum graecorum. X, I.

Philumeni De venenatis animalibus eorumque remediis. Ex cod. vatic. primum ed. Maximilianus Wellmann. Lipsiae: B. G. Teubner 1908. (VII, 70 S.) 8°
— Corpus medicorum Graecorum. 10, 1, 1. [08. 8797]

Philurea, ein unterhaltend. Wochenblatt, besond. von u. f. Leipz. 1r Jahrg. f. das J. 1811. 4. Leipz. Gräff. 811.

Philurea, ein unterhaltendes Wochenblatt, besonders v. u. für Leipz. 1r Jahrg. f. das J. 1811. 4. Leipz. 811. (Wienbrack). 1 ℛ 8 gℊ

Phips, Constantine John Reise nach dem Nordpol. Auf Befehl Ihro Königl. Grossbrittannischen Majestät unternommen im Jahr 1773. Aus dem Englischen mit Zusätzen und Anmerkungen von Engel. Mit Kupfern. Bern 1777. X. 122, 304 S. 8°

— Reisen, oder die Seereisen d. Engländer, Holländer nach d. Nordpol, m. K. gr. 4. Bern, Typ. 796.

Phipson, über die Phosphorescenz bei den Mineralien, Pflanzen u. Thieren. Aus dem Französ. bearb. u. mit den neuesten Erfahrungen bereichert von Johs. Müller. Berlin 858. Huber in Comm. gr. 8. (46 S.) n. 10 ngr.

Phiseldeck, s. v. Schmidt.

Phiz [Pseud.]
s. Browne, Hablot Knight

Phlegmatikus, der; Nachspl. 8. Bresl. 799. (Gosohorsky). 4 gℊ

Phlegmatikus, der,. Ein Nachsp. 8. Bresl. Meyer. 799.

Phlegon Trallianus Opuscula graece et latine ex recensione Joannis Meursii . . . Ed. II. S. l. 1822. H: *Schütz, Chn Gfr.* (Ky)

Phlegontis, Trall., Opuscula graece et latine ex recens. Joan. Meursii. Acced. ejusdem et Guil. Xylandri animadv. atq. J. Meibomii de longaevis epistola. Iterum ed. animadv indicesq. adj. Jh. Geo. Fr. Franz. 8. Halle 775. Ed. II. emend. (c. Chr. Gf. Schütz). 822. Hendel. 16 gℊ

Phleps, Hermann: Zwei Schöpfungen des Simon Louis du Ry aus den Schlössern Wilhelmstal und Wilhelmshöhe bei Kassel. Berlin: Ernst 1908. 27 S., 4 Taf. 2°
¶ Auch als Buch. Um Vorw. u. Einl. verm. aus: Zeitschrift f. Bauwesen. Jg. 58.
Dresden, Dr.-Ing.-Diss. v. 24. 7. 1907

Phleps, Otto, geologische Beobachtungen üb. die im Becken Siebenbürgens beobacht. Vorkommen v. Naturgasen m. besond. Berücksicht. der Möglichkeit des damit in Beziehg. stehenden Petroleumvorkommens. (17 S.) gr. 8. Kronstadt 905. (Hermannstadt, F. Michaelis.) n. 2. —

Phleps, Otto, Erdkunde f. die Unterstufe, s.: Csallner, Rob.

— Grundzüge der Verfassung Ungarns, s.: Gmeiner, Aug.

— Die österreichisch-ungar. Monarchie, s.: Csallner, Rob.

Phleps, Otto, über das Skelett e. weiblichen Bison priscus Boj. sowie andere Bison u. Bosreste aus dem Diluvium Siebenbürgens. (44 S. m. 10 Taf.) gr. 8. Hermannstadt 907. (F. Michaelis.) 5. —
Sonderabdruck aus: „Verhandlgn. u. Mittlgn. d. siebenbürg. Vereins f. Naturwiss. zu Hermannstadt".

Phleps, Otto Der geologische Unterricht auf der höheren Stufe der Oberrealschule auf Grund von Exkursionen. S. 3—22. 4.
Ev Gymn. A. B. u. verb. Realschule *Nagyszeben (Hermannstadt)* 1909. Progr.

Philippi s. Philippi.

Die Schrift des Bischofs **Phoebadius** von Agennum „Gegen die Arianer" Eingel. u übers. v Johannes Dräseke Wandsbek. 1910 4°

Phöbe. Jahrbuch des christlichen Lebens. Mit Beiträgen von v. Zezschwitz, Williger, Meurer ɩc. hrsg. von Heinr. Fröhlich. 8. (VII und 204 S. mit 2 Holzschntaf.) Leipzig und Dresden 862, (Naumann.) **

Phöbe. Kalender und Jahrbuch des Diakonissenhauses zu Dresden. Hrsg. von Heinr. Froehlich. 1880 und 1881. gr. 8. (à Jahrg. 167 S.) Dresden, (J. Naumann.) cart. à Jahrg. *
— dass. — Hrsg. von Molwitz. 1882 und 1883. gr. 8. (146; 136 S.) (Ebendas.) cart. à Jahrg. *
— dass. — 1884. gr. 8. (131 S. mit 6 Lichtdr.-Taf.) (Ebendas.) cart. *

Phöbe. Kalender und Jahrbuch des Diakonissenhauses zu Dresden. Hrsg. von Molwitz. 1885—1889. gr. 8. (à Jahrg. ca. 124 S. mit Lichtdr.-Taf.) Dresden, (J. Naumanns Buchh.) cart. à Jahrg. *

Phöbe. Kalender u. Jahrbuch d. Diakonissenhauses zu Dresden f. d. J. 1890—1893. Hrsg. v. Molwitz. gr. 8. (à Jahrg. ca. 150 S.) Dresd., (J. Naumann's Buchh.). cart. à Jahrg. ** 2 —

Phöbe. Blätter aus der Diakonissenanstalt zu Speyer. Speyer: Diakonissenanstalt 1880 ff. 8°

Phöbe. Kalender u. Bibellesetafel für d. Diakonissenhaus zu Dresden auf d. J. 1896. gr. 8. (38 S.) Dresden, Verlag d. Diakonissen-Anstalt. Kart. n. — 50

Phöbe Lewis, oder Wochentags-Unterhaltungen mit einer erwachsenen Schülerin. Nach dem Engl. 12. (3 B.) Straßburg 842, Levrault'sche Buchh.

Phoebe, Emma, Definitive orbit of comet 1886 III, s.: Abhandlungen, astronom. Nr. 14. (Furness, Caroline E.)

Phöbus; ein Journal für die Kunst, von H. v. Kleist u. Ad. Hnr. Müller. 1r Jahrg. Mit Kpf. 4. Dresd. 808. Walther. 3 ℛ

Phöbus. Nürnberger Morgenblatt für Leser aller Stände. 1846. Aug.—Decbr. Redakt.: J. C. Stich. ... Nürnberg, Winter. pro Monat 1/8 ℛ

Phöbus. Wochenschrift für Poesie, Unterhaltung u. Literatur. Beiblatt zur „deutschen Kunst- u. Bühnenwelt". Redact.: Adalb. Reinold. Jahrg. 1865. 52 Nrn. (1/2 Bgn.) Hamburg. Leipzig, Mentzel. 4. n. 1 ℛ 10 ngr

Phoebus in ortu Serenis Aspectibus Arcum beneominosum in Coelo Alsatico depingens ... S. l. [1702]. V: *Reichardt, Franz.* (Jes)

Phöbus und Ludw. Philippson, Saron. Erster Theil: Novellenbuch, 1: Bd. 8. (20¼ Bog.) Leipzig 855, Schnauß. Ladenpr.?)
Wurde nicht durch den Buchhandel debitirt.

Phöbus, Mose Nehem. B. Meschullam, Nethiboth Ha-Schalom (Semitae pacis) opus bipartitum: a) Orchoth Chajim (Viae vitae) Novellae in Eben ha-Eser. b) Orchoth Mischpat (Viae juris) Novellae in Choschen Mischpat. Berolini 5619. (1858.) Adolf u. Co. 4. (135 Bl.) n. 2 ℛ. 10 ngr

— — s.a. Mose Nehemiah

Phoebus, Philipp

— s.a. Abbildung u. Beschreibung des &c. Schneiderschen Dampfapparats.

(Phoebus, Phil.,) Abbildung u. Beschreib. der in d. Berliner Cholera-Heilanstalt Nr. II. eingeführt. Erweiterung u. Verbesserung d. Schneiderschen Dampfbad-Apparates. M. 1 Stnt. gr. 8. (10 Seit.) Berlin 831, (List u. Klemann.)

—— und J. T. C. Ratzeburg, Abbildung u. Beschreibung d. Giftgewächse etc., s.a. Brandt, Joh. Friedr.

Phoebus, P(hilipp): Abbildung und Beschreibung der in Deutschland wild wachsenden und in Gärten im Freien ausdauernden Giftgewächse. Abth.1. Berlin: 1838

Phoebus, Phil., Abwehr von Schmähungen, welche Herr Dr. Jos. Pözl, o. ö. Prof. für bayerisches Strafrecht zu München, wegen einer 1859 zu Giessen vollzogenen medicinischen Promotion gegen mich gerichtet hat. Giessen 860. (Ricker.) gr. 8. (21 S.) 6 ngr

Phoebus, Philipp (Friedland/Westpreussen), Animadversiones nonnullae in normas cranioscopicas, camperianam imprimis et durerianam. Diss. med. Berlin (G. C. Nauck) 15. VI. 1827. VI, 47 S. mit Biogr. (3.75) 26467
Oppon.: J. F. Brandt, Wilh. Faber, M. Ascherson.

Phoebus, Phil., Anleitung zur ersten Hülfsleistung bei acuten Vergiftungen. 2. Aufl. (1½ B.) 836. ¼ Thlr., 3., verb. Ausg. 12. (2 B.) Stolberg a. Harz 840. (Leipzig, Thomas.)
Aus: Dess., Handbuch d. Arzneiverordnungslehre, besond. abgedruckt.

— kurze Anleitung zur ersten Hülfsleistung bei acuten Vergiftungen. gr. 8. Berlin 836. Hirschwald. n. 1/6 ℛ — 3e verb. Ausg. 12. Stolberg 840. Schmidt. ¼ ℛ

—— über pharmakodynamische Aequivalente für die Hauptbestandtheile der Mineralwässer und über einiges Verwandte. gr. 4. (35 S.) Giessen 859, Ricker. *

Phoebus, Phpp., Beiträge zur Würdigung der heutigen Lebensverhältnisse der Pharmacie. Für Aerzte u. Apotheker, f Staatsmänner u. Volksvertreter. 2. erweit. Bearbeitg. der im J. 1871 veröffentl: „Bemerkungen üb. die heutigen Lebensverhältnisse der Pharmacie" der Verf. gr. 8. (X, 159 S.) Giessen 873. Ricker. n. 4. —

Phoebus, Phil., die Delondre-Bouchardatschen China-Rinden. Lex.-8. (IV und 75 S. mit 1 Tab. in qu. gr. Fol.) Giessen 864, Ricker.

— de concrementis venarum osseis et calculosis. Commentatio pro ven. doc. 4. Berolini 832. (Schmidt in Stolberg.) n. ⅓ ℛ

—— de concrementis venarum osseis et calculosis. Commentat. 4maj. (6½ B.) Berolini 834, Hirschwald.

—— der typische Frühsommer-Katarrh oder das sogenannte Heufiber, Heu-Asthma. gr. 8. (XVI und 284 S. mit 1 Tab. in gr. Fol.) Giessen 852, Ricker.

— der typische Frühsommer-Katarrh oder das sogenannte Heufieber, Heu-Asthma. Mit 1 Tab. (in Fol.) Ebend. 862. gr. 8. (XVI, 284 S.) n. 2 ℛ

—— Deutschlands kryptogam. Giftgewächse, s. Brandt, Joh. Fr.

—— Handbuch d. Arzneiverordnungslehre. Als 2., gänzl. umgearb. Ausg. d. 1831 erschien. „Receptirkunst" d. Verf. (65 B.) 835, 36., 3., verb. Ausg. 2 Thle. gr. 8. (67½ B.) Stolberg a. Harz 839, 40. (Berlin, A. Hirschwald.) à

—— dass. — im Auszuge mit Genehmigung d. Verf. bearb. v. Geo. Trautvetter. — A. u. d. T.: Arzneiverordnungslehre. 12. (12½ B.) Stolberg a. Harz 840. (Leipzig, Thomas.)

Phoebus, Phil., Handbuch der Arzneiverordnungslehre. 3., verb. Ausg. 2. Abdruck. 2 Thle. gr. 8. (67½ B.) Berlin 842, Aug. Hirschwald, Verl.

— über den Keimkörner-Apparat der Agaricinen u. Helvellaceen, s. Acta n. phys.-med. Acad. Caes. Leopold. Carol. XIX. Prs. II.

—— über den Leichenbefund bei d. oriental. Cholera. gr. 4. (21¼ B.) Berlin 833, Hirschwald.

— über den Leichenbefund bei der oriental Cholera. gr. 4. Berlin 833. Hirschwald. (Schmidt in Stolberg.) 1¾ ℛ

— s. G. Th. Mans, Repertorium.

Phoebus, Phil., über die Naturwissenschaften als Gegenstand d. Studiums, d. Unterrichts u. der Prüfg. angehender Aerzte. gr. 8. (VIII u. 90 S.) Nordhausen 849, Büchting. 21 ngr

— die wichtigsten Regeln der Arzneiverordnungslehre. Zur Benutzung beim akadem. Unterricht u. zur Erinnerung für angehende Praktiker. 8. (VIII u. 92 S.) Ebd. 850. ½ ℛ

— specielle ärztl. Receptirkunst, od. Inbegriff der beim Verordnen d. einzelnen pharmaceut. Arzneimittel zu beobacht. Regeln, in alphab. Ordnung. Nebst e. Receptsamml. u. einigen and. Zugaben f. d. Praxis. gr. 8. (34½ B.) Berlin 831. Hirschwald.

Phoebus, Phil., Zur Vereinfachung der Arznei-Verordnungen. Gratulationsschrift zur Feier des 50jähr. Bestehens der kaiserl. Societät der Naturforscher zu Moskau. gr. 8. (VI und 65 S.) Giessen 856, Ricker. *

Phocas, s. Grammatici latini ex recensione Heinr. Keilii.

Phocion u. die Athenienser, in Vergl. mit d. Verhalten der Patrioten in Holland. gr. 8. Eisenach 787. Wittekind. 4 gr

Phocion

— Entretiens sur le rapport de la Morale av. la Politique, trad. du Grec. gr. 8. ibid. 795.

— Gespräch über Moral u. Politik, v. Nicoles und Mably. gr. 8. Zürich, Orell, F. u. Comp. 764.

- s. Nicocles.

Phocis [Schlagwort]

Phocis, s.: Geschichtskarten. Kiepert.

Phocylides, carmina gr. et lat. rec. I. A. Schier. 8. Lips. Hilscher. (Compt. f. Litt.) 751.

Phocylidis carmina, gr. et lat., cum select. annotat. aliq. vir doct. ed. J. A. Schier. 8. Leipz. 751. Louwe. 4 gr

Phokylides, Mahngedicht, s. Sammlung Griechischer und Römischer Classiker.

Phokylides, Mahngedicht, s. a. Theognis, Elegieen.

Phokylides Mahngedicht in metrischer Uebersetzung, mit beigefügtem Urtexte u. erläut. Anmerkungen. Ein Geschenk für die studir. Jugend v. Jos. Nickel. 16. Mainz 833. Rauch. n. 1/3 rℓ

Phokylides's Mahngedicht in metr. Uebersetz., mit beigefügt. Urtexte u. erläut. Anmerkn. Ein Geschenk f. d. studir. Jugend v. Jos. Nickel. 16. (3 B.) Mainz 833. [Bingen, Steingässer.]

Phocylidis, *Sententiae*. Gr. et lat. c. Bonikii. Lips. 710. 8. 4 gr.

Phokas, s. a. Theater, kleines.

[K.] Phokas. Religiöses Drama m. Musik in 3 Akten. SA. aus d. Münchener Jugendfreund. *München: J. G. Weiss* (aufgestemp.. *Paderborn: B. Kleine*) [1897]. (23 S.) 1 Bd 8. [98. 39]

Photianos, Johannes G., Lehrbuch der Gymnastik (Griech.). m. Abb., Athen 1883. 200 S., 8°.

Pholonis, Sempr., (Jh. Geo. Kraft,) der wahre Werth der Schönheit an einer Geliebten. 4. Erlang. 767.

Phoenikien [Schlagwort]

Phoenikien, s.: Geschichtskarten. Kiepert.

Phönix, Der, oder die Prüfung der Herzen, ein lyrisches Fest. Wien 1781. V: *Weidmann, Paul.* (Jahrb. der Grillp. Ges. XIII.)

Phönix, der, od. die Prüfung des Herzens; ein lyrisches Fest. 8. Dessau 783. Gel. Handl. 5 gr

Phönix, Der. Rheinisches Unterhaltungsblatt. Jahrgang 1 (1825)—1830. Mannheim. H (Jg. 1 = 1825): *Friederich, Johann Conrad.* (Ebrard, Friedr. Clemens & Louis Liebmann: Joh. Konrad Friederich. Frankfurt a. M. 1918. S. 311/12)

Der Phönix; rheinisches Unterhaltungsblatt. Jg. 1–6. Mannheim: Löffler 1825-30. 8°
Hrsg.: Neff, Kaufmann u. Leopold Zschiegner.

Phönix. Frühlings-Zeitung für Deutschland. Redigirt von Ed. Duller und Karl Gutzkow. 1r—4r Jahrg. 1835—1838. à 365 Numm. Mit Titelvign. Nebst Intelligenz-Blättern. Fol. Frankfurt a. M., Sauerländer. à n. 10 rℓ

Phönix. Belletrist.-literar.-artist. Zeitschrift. Hrsg. v. Ed. Duller. 1—4. Jahrg. 1835—38. Jan.—Juni. à 365 Nrn. (Bog.) Mit Intelligenzblatt. kl. Fol. Frankfurt a. M., [Sauerländer's Verl.] à J. *

Phönix, der, technische Mode-Zeitung für Herren-Kleidermacher. Herausgeg. von Alb. Döll. 1.—5. Jahrg. 1841—1845. 12 Liefg. Mit Mode-Kupf. u. techn. Zeichn. 1.—4. Jahrg. Lex.-8. Gotha, Verlags-Compt. à 2⅔ rℓ 5. Jahrg. Erfurt, Bartholomäus. n. 3 rℓ

— der, techn. Mode-Zeitung f. Herren-Kleidermacher, Fabrikanten, Schnittwaarenhändler u. Modisten. Hrsg. v. Alb. Döll. Jahrg. 1841 u. 42. à 12 Lfg. Jed. m. 12 pariser Orig.-Modekpfrn. u. Patronen. Lex.-8. Gotha, Verlags-Comptoir. [841. 2⅔ Thlr., 42. 2⅔ Thlr.]

Phönix, der, technische Mode-Zeitung f. Herren-Kleidermacher, Fabrikanten, Schnittwaarenhändler u. Modisten. Hrsg. v. Alb. Döll. 3. u. 4. Jahrg. 1843 u. 1844. à 12 Lfgn. à J. 12 pariser Original-Modekupfern u. Patronen. Lex.-8. Gotha, Verlags-Comptoir. à J.

— dass. (Neue Folge.) 1—3. Jahrg. 1845—47. 12 Lfgn. (½ Bog.) Mit 12 ill. Modekpfrn. u. 12 Patronen. Lex.-8. Erfurt, Bartholomäus. à J. *

— Allgemeine technische Moden-Zeitung für Herren-Kleidermacher ꝛc. Neue Folge. 4—8. Jahrg. 1848—52. à Jahrg. 12 Lfgn. (à Lfg. 1 Bog. mit 1 ill. Kpfr. und 1 lithogr. Musterbog. in Fol.) 4. Erfurt, Bartholomäus. à Jahrg.

Phönix, der, vereinigter Berliner-Moden-Verein. Allgemeine techn. Moden-Zeitung für Herrnkleidermacher. Redig. von B. Voigt unter Mitwirkung der ersten Schneider Deutschlands. 9—12. Jahrg. 1853—56. à Jahrg. 12 Nrn. (à 1 Bog. 1 ill. Modekpfr. und 1 lithogr. Musterbog.) Fol. Erfurt, Bartholomäus. à Jahrg. *

Phönix. Berliner-Moden-Verein. Allgemeine technische Modenzeitung. Redig. von B. Voigt unter Mitwirkung der ersten Schneider Deutschlands. 13—17. Jahrg. 1857—61. à Jahrg. 12 Nrn. (à 1 Bog., 1 ill. Modekpfr. und 1 lithogr. Musterbog.) Fol. Erfurt, Bartholomäus. à Jahrg. *

Phönix, der, vereinigter Berliner Moden-Verein. Redig. von B. Voigt, unter Mitwirkung der ersten Schneider Deutschlands. 18. und 19. Jahrg. 1862 und 1863. à Jahrg. 12 Nrn. (à 1 Bog., 1 ill. Modekpfr. und 1 lithogr. Musterbog.) Fol. Erfurt, Bartholomäus. à Jahrg. *

— Journal für deutsche, französische und englische Herren-Garderobe, technisches Organ des Berliner Moden-Vereines. Red. von B. Voigt. 20. Jahrg. 1864. 12 Nrn. (à 1 Bgn. Text, 1 color. Modekpfr. u. 1 lith. Musterbgn.) Ebend. Fol. n. 2 rℓ

—— der. Journal für deutsche, französ. und engl. Herren-Garderobe. Technisches Organ der Berliner Moden-Academie. Redact.: H. Diete. 20.—23. Jahrg. 1864—67. à Jahrg. 12 Nrn. (à 1 Bog., 1 ill. Modekpfr. und 1 lithogr. Musterbog.) Fol. Erfurt, Bartholomäus. à Jahrg. *
Jahrg. 1864 wurde von R. Voigt redigirt.

— Berichterstatter über neueste deutsche, französ. u. engl. Herrenmoden. Viertes techn. Zweig-Organ der europ. Moden-Akademie unter Red. von G. A. Müller, H. Klemm u. F. A. Schmidt. 24—26. Jahrg. 1868—70. à Jahrg. 12 Nrn. (B. mit 1 color. Modekpfr. u. 1 lith. Musterbgn.) Dresden, Exped. der europ. Modenzeitung. Jeder Jahrg. n. 2 ℛ

Phönix, der. Berichterstatter üb. neueste deutsche, franz. u. engl. Herrenmoden. Viertes techn. Zweig-Organ der europ. Moden-Akademie unter Red. v. G. A. Müller, H. Klemm u. F. A. Schmidt. 27. u. 28. Jahrg. 1871 u. 1872 à 12 Nrn. (B. m. 1 color. Modekpfr. u. 1 lith. Musterbog.) gr. Fol. Dresden, Exped. d. europ. Modenzeitg. à Jahrg. n. 6. —

— dasselbe. 29—32. Jahrg. 1873—1876 à 12 Nrn. (B. m. 1 color. Modekpfr. u. 1 lith. Schnitt-Taf.) gr. Fol. Ebend. à Jahrg. n. 7. —

Phoenix, der. Berichterstatter über neueste deutsche, französische u. englische Herrenmoden. Red.: H. Klemm. 33—38. Jahrg. 1877—1882. à 12 Nrn. (B. m. eingedr. planotyp. Zeichngn., Schnittbeilagen u. 1 color. Modekupfer.) gr. Fol. Dresden, Exped. der europ. Modenzeitung. à Jahrg. 7. —

Phönix, der. Berichterstatter üb. neueste deutsche, französ. u. engl. Herrenmoden. Red.: H. Klemm. 39—42. Jahrg. 1883—1886. à 12 Nrn. (B. m. eingedr. planotyp. Zeichngn., Schnittbeilagen u. color. Modekpf.) gr. Fol. Dresden, Exped. der europ. Modenzeitg. à Jahrg. n. 7. —

Phönix, der. Berichterstatter üb. neueste deutsche, französ. u. engl. Herrenmoden. Red.: H. Klemm. 43. Jahrg. 1887. 12 Nrn. (B. m. eingedr. planotyp. Zeichngn., Schnittbeilagen u. e. color. Modekpfr.) gr. Fol. Dresden 887. Exped. d. Europ. Modenzeitg. n. 7. —

— dasselbe. Red.: A. Strobel. 44.—46. Jahrg. 1888—1890. à 12 Nrn. (B. m. eingedr. planotyp. Zeichngn., Schnittbeilagen u. e. kolor. Modekpfr.) gr. Fol. Ebd. à Jahrg. n. 7. —

Phönix, der. Berichterstatter üb. neueste deutsche, französ. u. engl. Herrenmoden. Red.: Aug. Strobel. 47.—51. Jahrg. 1891—1895. à 12 Nrn. (Bog. m. eingedr. planotyp. Zeichngn., Schnittbeilagen u. e. kolor. Modekpfr.) gr. Fol. Dresden, Exped. d. Europ. Modenzeitg. à Jahrg. n. 7. —

— der. Berichterstatter üb. neueste deutsche, französ. u. engl. Herrenmoden. Red.: Rud. Tiesler. 52.—55. Jahrg. 1896—1899. à 12 Nrn. (à ca. 4 u. 10 S. m. planotyp. Zeichngn., 1 Reduktionsschema u. 2 [1 farb.] Modekpfrn.) gr. Fol. Dresden, Exped. d. europ. Modenzeitg. à Jahrg. n. 7. —
Kann auch vierteljährlich bezogen werden.

Phönix, der. Monatlicher Berichterstatter üb. neueste deutsche, französ. u. engl. Herrenmoden. Red.: Rud. Tiesler. 56.—58. Jahrg. 1900—1902. à 12 Nrn. gr. Fol. (à ca. 4 u. 8 S. m. Abbildgn., Modebildern u. Reduktionsschemata.) Dresden, Expedition der europ. Modenzeitg. à Jahrg. n. 7. —
Fortsetzung s.: Moden-Telegraph.

Phönix. Blätter der Gesellschaft für sociale u. polit. Interessen der Juden. Redigirt unter Verantwortlichkeit der Gesellschaft. Jahrg. 1847. Juli—Decbr. 26 Nrn. — Red.: Ed. Kohn. 2. Jahrg. 1848. 52 Nrn. gr. Fol. (Bog.) Hamburg, Berendsohn in Comm. 1847: 1½ ℛ 1848: n. 3 ℛ

— Politische Lieder u. Zeitstimmen aus Oesterreich. Hrsg. von L. Bowitsch u. C. Cerri. 1. Hft. gr. 8. (48 S.) Wien 848, Dorfmeister. (Leipzig, Hunger.) 6 ngr

—— der. Redig. von J. V. Zingerle. 1. Jahrg. 1850. 104 Nrn. (½ Bog.) gr. 4. Innsbruck, (Pfaundler.) *
Die Fortsetzung erschien unter dem Titel:

—— Zeitschrift für Literatur, Kunst, Geschichte, Vaterlandskunde, Wissenschaft und Theater. Hrsg. und redig. von Ign. V. Zingerle und Tob. Wildauer. 2. und 3. Jahrg. 1851 und 1852. à Jahrg. 52 Nrn. (Bog.) Imp.-4. Innsbruck, Wagner'sche Buchh. à Jahrg. *

— der. Zeitschrift für Literatur, Kunst, Geschichte, Vaterlandskunde, Wissenschaft u. Theater. 4. Jahrg. 1853. Redig. von Ign. V. Zingerle. 52 Nrn. (à 1 Bgn.) Innsbruck 853. Wagner. gr. 4. n. 2 ℛ. 16 ngr
Hat mit März 1853 zu erscheinen aufgehört.

— der, Zeitschrift zur angenehmen Unterhaltung für gebildete Leser. 1. Bd. 12 Hfte. 4. (à 48 S.) Berlin 852, Schnitzer. (à Hft. n. ⅙ ℛ) n. 2 ℛ

—— Eine Zeitschrift für Unterhaltung und Belehrung aus dem Gebiete der Kunst, Literatur, Wissenschaft und Industrie. Mit Ausschluß der polit. und socialen Fragen. Redig. von J. L. Klein. 1. Jahrg. Aug.—Decbr. 1853. 21 Nrn. (Bog.) gr. 4. Berlin, Stubenrauch und Comp. *
Die Fortsetzung erschien unter dem Titel:

— der. Eine Zeitschrift für Kunst, Literatur, Wissenschaft und Industrie. Mit Ausschluß der politischen u. socialen Fragen. Redig. von J. L. Klein. 2. Jahrg. 1854. 52 Nrn. (à 1 Bgn.) Berlin, Stubenrauch u. Co. gr. 4. n. 2 ℛ.

— oder Rapport der Seelen zwischen dem Diesseit und dem Jenseit. Beleuchtet durch S. v. F. Berlin 855. Literatur- u. Kunst-Compt. (Streerath u. Co.) 8. (2 Bl., 75 S. u. 3 lith. Taf.) n. 16 ngr

— — Mit 3 Steindrucktaf. Miniatur-Ausg. Ebend. 855. 16. (2 Bl., 108 S.) n. 1 ℛ. 10 ngr

Der Phönix : 1860—: New York, NY

—— Illustrirtes Central-Blatt für Industrie, Handel und Volkswirthschaft. Redact.: W. H. Uhland. 1. Jahrg. 1876. 52 Nrn. (à 2—4 Bog. mit eingedr. Holzschn.) Fol. Leipzig, Expedition.

—— dass. — 2. Jahrg. 1877. Nr. 1—13. (à 2—4 Bog. mit eingedr. Holzschn.) Fol. Ebendas. *
Nicht weiter erschienen.

— Illustrirtes Central-Blatt f. Industrie, Handel u. Volkswirthschaft. Red.: W. H. Uhland. 1. Jahrg. 1876. 52 Nrn. (à 2—4 B. m. eingedr. Holzschn.) Fol. Leipzig, Nefelshöfer in Comm. n. 16. —

Phoenix*-Darmstadt. Blätter für Bestattungsreform. Zulassung der Feuerbestattung usw. Darmstadt-Frankfurt a. M. Schriftleitung A. Courths. Darmstadt. Der Untertitel wechselt öfter: Blätter für Kulturentwicklung und Bestattungsreform usw. 1888—1900.

Phoenix. Blätter für Cultur-Entwickelung u. Bestattungsreform. [Jhg. 7. Nr. 5 ff. für Cultur-Entwickelung und Einäscherung der Toten.] Herausg. von der »Freien Vereinigung der deutschen Vereine zur Förderung der Feuerbestattung«. Jhg. 6—7. 1893—94. Darmstadt. Fol. . . . . (D.)

— Blätter für facultative Feuerbestattung und verwandte Gebiete. Organ des Verbandes der Vereine deutscher Sprache für Reform des Bestattungswesens und facultative Feuerbestattung. Jhg. 7. 1894. Wien. 4. . . . . (D.)

Phoenix. Blätter f. facultative Feuerbestattg. u vorw. Gebiete. Organ d. Verbandes d. Vereine deutscher Sprache f. Reform d. Bestattungswesens u. facultative Feuerbestattg. Hrsg. von d. Vereine d. Freunde d. Feuerbestattg. „D. Flamme" in Wien. Im Auftr. u. unt. Mitwirkg. d. Verbandes geleitet v. A. Kronfeld. 8.—10. Jahrg. 1895—1897. à 12 Nrn. (à ca. 16 S.) gr. 4. Wien. (Leipzig, Literar. Anstalt, A. Schulze.) à Jahrg. n. 4. 80
Nicht mehr durch d. Buchhandel zu beziehen.

— seu nuntius latinus internationalis. Linguae latinae ad usus hodiernos adhibendae sicut documentum editus Fasc. 1. 4 Nrn. (1/2 B.) Lex.-8. London 890. (Nutt.) n.n. 2. —

Der Phönix. Ein Taschenbuch für Freunde der Tonkunst. Berlin Schuster & Loeffler [1. 1909/1910.]

PHÖNIX, Der. Ein Mappenwerk. München, R. Piper & Co., 1909. 400 Expl. 12 Zeichnungen. Büttenkarton.
Inhalt: Pascin (Paris): Maison de Rendez-vous. — Somoff, Conſt. (Petersburg). Marquiſe und Pierrot. — Weisgerber, Alb. (München). Liebesſpiel. — Kley, Heinrich (Karlsruhe): Zentaurenpaar. — Jagerspacher, Guſtav (München) Ein Traum. — Chriſtophe, Franz (Berlin) Der erſte Unterricht. — Wilm, Hubert (München). Raſt. — Arnold, Karl (München): Der Händler. — Kopp, Otto (München): Auf Lesbos. — Geiger, Willi (München): Dem ſtarken Mann. — Yasuda Minori (Tokio): Die Hand. — Josha, Karl (München): Frühlingserwachen.

Phönix, Aktiengesellschaft für Bergbau und Hüttenbetrieb zu Laar bei Ruhrort. Düsseldorf, 1896. 23 S. mit Abb.

Phoenix, Actien-Gesellschaft für Bergbau und Hüttenbetrieb: Profil-Zeichnungen der Eisenhütte zu Eschweiler-Aue bei Aachen. Eschweiler-Aue bei Aachen 1897

'Phönix' Actien-Gesellschaft für Bergbau u. Hüttenbetrieb zu Laar bei Ruhrort. — Düsseldorf (1902): Bagel. 38 S. 4°

'Phoenix' Aktien Gesellschaft für Bergbau und Hüttenbetrieb zu Hoerde i. W gegrundet 1852 (Aachen) 1908 (La Ruelle). 104 S. 4° [oq. 1320 6]

Phönix, deutscher, od, das triumphirende Deutschland, Seitenstück zu Rußlands Triumph, od. das erwachte Europa. 2 Hefte. 8. Leipz. Joachim. 814.

Die altenglische Dichtung '**Phoenix**' Hrsg. u. erl. von Dr Otto Schlotterose Bonn P Hanstein 1908. (142 S.) 8°
= **Beiträge**, Bonner, z. Anglistik H 25. [o8. 13130 2]

Phönix in Helvetien am Ende des 18. Jhdts . . . [Zürich 1800.] V: *Werdmüller, Joh. Hnr.* (Cat. d. Stadtbibl. Zürich. Zürich 1864—97.)

GRATIS-Katalog. Geſchenk-Literatur für Herren. Budapeſt, Kunſtverlag Phönix (1895). Gr. 8°.
Beſchlagnahmt.

GRATIS-CATALOG, Geschenk-Literatur für Herren. Kunstverlag Phönix, Budapest.
Verboten v. L.-G. Wien, 16. Jänner 1895. § 516.

Der Phönix des Nordwestens: 1853? 1863?
Weekly Organ of Freie Gemeinde im Westen. Place of publication varies Oshkosh, later Milwaukee Edited & published by Gustav Grahl.
Sheboygane, WI

Phönix: Oberrheinischer Phönix
① Unterhaltungsblatt für gebildete Leser und Leserinnen ⑤ 10. 12. 1840 (Probe-Blatt)—1842 (?) ⑥ 4° ⑦ Wochenblatt ⑧ Basel: Prof. Dr. Joh. Eckenstein ⑨ Literarisches Intelligenzblatt (enthält Bücherannoncen) ⑩ Prof. Dr. Joh. Eckenstein ⑪ Prof. Dr. Joh. Eckenstein ⑮ 1841 belletristisches Beiblatt der Neuen Basler Zeitung (I); seit 12. 2. 1842 selbständig.

Phoenix redivivus od. die wiederlebende Festung, Stadt u. Grafschaft Glatz. 4. Wien 1760.

Phönix, der, u. d. kirchl. Wirren. Traumgesicht v. Conrad von d. Fulda. gr. 8. (3 3/4 B. u. Titlbild.) Cassel 838, Luckhardt'sche Buchh. Thlr. •

Phönix-Bibliothek. 1.—3. Bd. gr. 8. Kattowitz, C. Siwinna. Geb. in Leinw. à n. 4. 50
1. Der Kampf zwischen Bur u. Brite. Von Christian De Wet. Für die Jugend frei bearb. von A. Osk. Klaußmann. Mit Karten u. Illustr. (Neue Aufl.) (XII, 292 S.) (903.)
2. Mit Büchse, Spaten u. Ochsenstrick in Südwest-Afrika. Für die reifere Jugend. Von A. Osk. Klaußmann. Mit Kartenskizze u. Illustr. Titelzeichng. u. Farbenbild v. A. Dressel. (VIII, 300 S.) (903.)
3. Heiß Flagge u. Wimpel. Von A. Osk. Klaußmann. Mit Illustr., Farbenbild u. Titelzeichng. v. Willy Stöwer. (VII, 318 S.) (903.)

Phönix-Kalender

— **kleiner,** f. Schüler u. Schülerinnen. Notizbuch f. die deutsche Schuljugend. Michaelis 1905 bis Michaelis 1906. (61 S.) 16 Ebd. n. — 10

— kleiner, f. Schüler u. Schülerinnen. Notizbuch f. die deutsche Schuljugend. Ostern 1910 bis Ostern 1911. (59 S.) 16. Ebd. nn — 10

Phönix-Kalender für Schüler höherer Lehranstalten. Führer durch d. Schülerleben. Ein Studienkalender f. d. deutsche Schuljugend. [1.] Ostern 1904 bis Ostern 1905. Bearb. von Dr. H[ermann] Mensch. Leipzig-Kattowitz C. Siwinna [1904]. 8° [o4. 3643]

Phönix-Kalender f. Schüler u. Schülerinnen. Führer durch das Schülerleben. Ein Studienkalender f. die deutsche Schuljugend. Januar 1907 bis Ostern 1908. Bearb. v. Mensch. Ausg. A. (246 S. u. Schreibkalender.) 16. Ebd. Geb. 1. —; Ausg. B. (128 S. u. Schreibkalender — 60

Phönix-Kalender f. Schüler u. Schülerinnen. Führer durch d. Schülerleben. Ein Studienkalender f. d. dtsch. Schuljugend. Michaelis 1910—Dezbr. 1911. Bearb. v. Mensch. Ausg. A. (XVI, 252 S. u. Schreibkalender.) 16. Kattowitz, Phönix-Verlag. Geb. 1. —; Ausg. B. (XVI, 192 S. u. Schreibkalender.) — 60

— dasselbe. Jan. 1911—März 1912. Ausg. A. (XVI, 252 S. u. Schreibkalender.) 16. Ebd. Geb. 1. —

Phönix-Lehrer-Kalender f. Schulaufsichtsbeamte, Rektoren, Lehrer, Lehrerinnen u. Seminaristen f. d. J. 1910/1911. (200 S.) kl. 8. Ebd. Geb. in Leinw. — 80
Vgl.: Haese's Lehrer-Kalender.

Phönixnest, himml., oder Andachtsübungen. 8 Theile. 8. Wien, Trattner. 750.

DES HIMMLISCHEN PHÖNIX-NESTS anderter Theil, von denen Fest-Tagen des Herrns durch das ganze Jahr, oder Heilige Fasten-Zeit aufs neu in Druck gegeben (Theil aus: Das himmlische Phönix-Nest). Oedenburg 1775. 238 S. - 170 mm

Der **Phonographen-Freund**. Organ f. d. Gesamtgebiet d. Phonographie. No 1. *Halle a. S.: (H. Peter) 1903.* 8°
— **Ratgeber** f. Amateur-Photographen. Jg. 12. Beiblatt. [o3. 2970]

Phönomenon. Auserordentliches, so sich 1777, den 17. Merz zu Libach in Liefland zum Schrecken des ganzen Landes zugetragen hat. Daß sich eine Stadt in Lüften herunter gelassen, und von der Luft wiederum verzehret worden, und durch einen Geist welcher einen Schlosser in selber Gegend geoffenbahret hat, und Anno 1778. das Mehrere erkläret wird. Gedruckt nach dem Petersburgischen Original, 1778. Mit großem Titelkupfer. 8 Bl. 8°. Kart. 18.—
Visionen bei Libach unweit Ganznach in Livland. — S. 7 fg. die Vorzeichen des jüngsten Tages. S. 10 bis 13 die Prophezeiungen des hl. Malachias von Armagh über die Päpste.

Phormio. Lustsp. in 5 Akten, n. d. Lat. d. Terenz, v. J. G. S. Köpke. gr. 8. Posen u. Lpz. Kühn. 805.

Phoropoulos, Joachim D. [*Διακονος διδασκαλος της ορθοδοξου χριστιανικης θεολογιας και διδακτωρ της φιλοσοφιας*]: *Ειρηνη η Αθηναια αυτοκρατειρα Ρωμαιων*. 769—802. *Μερος α'*. 769—788 *Μετα εισαγωγης περι των πολιτικων συνεπειων της εικονομαχιας* 726—775 ... *Εν Λειψια* ... Lipsiae, apud Theod. Staufferum, 1887; 4 Bl. + 60 S. 8°
Jena, Phil. Fak., Inaug.-Diss. v. 1887.

Φοροπούλος, *Ιωακείμ Δ.*, *εἰρήνη ἡ Ἀθηναία, αὐτοκράτεια Ῥωμαίων* 769—802. *Μέρος α'*. 769—788. *Μετὰ εἰσαγωγῆς περὶ τῶν πολιτικῶν συνεπειῶν τῆς εἰκονομαχίας* 726—775. gr. 8. (VIII, 60 S.) Leipzig 887. Stauffer. n. 2. —

Phosphor. Humoristische Wochenschrift. Red.: Adf. Glaßbrenner. Jahrg. 1857. Juli—Decbr. 26 Nrn. (à ½ Bgn. m. Holzschn. im Text.) Hamburg, Jowien. Imp.-4. n. 1 *ℛ*.

—— dass. — Jahrg. 1858. 52 Nrn. (½ Bog. mit eingedr. Holzschn.) Imp.-4. Dresden. [Leipzig,] Schaefer's Verlag.
Ist nicht fortgesetzt worden.

Phosphor, vom religiösen Schwindel, wie solcher sich neuerlich in d. Streite d. preuß. Regierung mit d. röm. Curie z. Schau gestellt hat. Ein Fragment aus d. neuen u. neuesten Kirchen-Gesch. z. Beherzigung f. Jedermann. gr. 12. (5⅔ B.) Braunschweig 839, G. C. E. Meyer sen.

Phosphorismen. Gedanken über das Leben vom Standpunkte einer neuen Weltanschauung. Von Ernst Schalf. 8. (VIII, 75 S.) [Berlin 877.] Leipzig, Grieben's Verlag. *

Phosphorus, Fürstbürger, oder die Allerweltpfaffenharlekinade. Eine komische Geschichte aus der Sphäre des Monds. Alethiopel, gedruckt im dritten Jahre der Vernunft [Braunschweig 1797]. V: *Albrecht, Joh. Fch. Ernst* (?). (Baer 737/1045) S. a. III, 8908.

Phosphorus, Fürstbürger, oder die Allerweltpfaffenharlekinade. Alethiopel gedr. im 3. Jahre der Vernunft. [Braunschw. 1808.] V: *Woellner, Joh. Chph* [?]. (Bibl. Görres III, 88.)

Phosphorus, Fürstbürger, oder die Allerweltpfaffen-Harlekinade. 8. Alethiopel 808. (Vieweg in Braunschw.) 1 *ℛ*

Phosphorus. 1r Bd. 8. Jena 819. Schmid. 1 *ℛ* 12 *gℛ*

Phosphorus, Theoph., (,..) die Spuckgeister in d. Kirche u. im Staate, nach ihrem gegenwärtigen Treiben beleuchtet. 8. Ilmenau 824. Voigt. 12 *gℛ*

Photiades, I[oannes], Lesbius: Nonnulla de generatione. Tur. ex offic. Zürch. et Furr. 1838. 15 S., 1 Bl. 8°.
Zürich, Med. Diss. v. 4. Aug. 1838.

Photiades, Photios Demetrii: Ueber Verengerung des Kehlkopflumens durch membranoide Narben und durch directe Verwachsung seiner Wände. Strassburg, Buchdruckerei von R. Schultz u. Comp., Berger-Levrault's Nachfolger, 1876. 77 S. u. 1 Taf. 8°

PHOTINOS, Anton N. (Athen): De carcinomate. (Titel nach der Urkunde)
1.8.1866 – Urk; Γ 71
Diss.Ingolst.-Landsh.-Mchn.

Photius

[Photios], der Anfang des Lexikons des Photios. Hrsg. v. R. Reitzenstein. (LIV, 166 S. m. 2 Lichtdr.-Taf.) gr. 8. Leipzig 907. B. G. Teubner. 7. —; geb. in Halbfrz. 9. —

Photii, bibliotheca ex recensione Im. Bekkeri. 2 Tomi. 4 maj Berol. 824—25, Reimer. 5 Rthl. Schreibp.

Photii, sanctissimi patriarchae, archiepiscopi Constantinopoleos, epistolae XLV. E codicibus montis Atho nunc primum edidit A. Papadopulos-Keramous. (Mit griech. Titel.) gr. 8. (XVI, 131 S.) St. Petersburg 896. (K. L. Ricker.) n. 4. 50

Φωτίου τοῦ σοφωτάτου καὶ ἁγιωτάτου πατριάρχου Κωνσταντινουπόλεως ἐπιστολαί. Αἷς δύο τοῦ αὐτοῦ παρήρτηται πονηματία. Μετὰ προλεγομένων περὶ τοῦ βίου καὶ τῶν συγγραμμάτων Φωτίου ὑπὸ Ἰωα. Ν. Βαλέττα. London 864. Nutt. gr. 4. (III, 587 S.) geb. n. 10 *ℛ* 20 *ngr.*

— Lexicon, s. *Zonaras*.

— Lexicon cod. Galleano descript. R. Personus. II Partes. 8 maj. Lips. 823, Hartmann, 5 Rthl. Schreibp.

— Lexicon e Codice Galeano descripsit Ric. Porsonus. II Pts. 8 maj. Leipz. 823. Lehnhold. 5 *ℛ* Schrbp. 7 *ℛ*

Photii patriarchae lexicon. Recensuit, adnotationibus instruxit et prolegomena addidit S. A. Naber. 2 Vol. gr. 8. Leiden, Brill. [Vol. I. (459 S.) 864. * * 3 Thlr. 12 Ngr, Vol. II. Fasc. 1. (S. 1—224.) 865. * * 1 Thlr. 18⅓ Ngr, Vol. II. Fasc. 2. (S. 225—456.) 865. * * 1 Thlr. 23½ Ngr.] * *

Photii Constantinopolitani de spiritus sancti mystagogia, quem notis variis illustratum ac theologicae crisi subjectum nunc primum edid. J. Hergenroether. gr. 8. (XXXVI und 338 S.) Regensburg 857, Manz. *

Photii patriarchae opusculum paraenoticum. Appendix gnomica. Excerpta Parisina. Ed. Leo Sternbach. [Aus: „Sitzungsber. d. Akad. d. Wiss. zu Krakau".] gr. 8. (82 S.) Krakau 893. (Buchh. d. poln. Verlagsgesellschaft.) n. 3. —

Photii, sancti patris nostri patriarchae Constantinopoleos, orationes et homiliae LXXXIII, e codicibus Athonis, Edelbergae, Genevae, Hierosolymorum, Monaci, Mosquae, Parisiorum, Romae, Venetiae, Vindobonae, etc. ed. St. d'Aristarchi. 2 tomi. (In griech. Sprache, auch m. griech. Titel.) gr. 4. (CLXXXIV, 490 u. 592 S. m. 1 Bildnis.) Constantinopoli (900. 901) (Leipzig, M. Spirgatis.) n.n. 20. —

Photo-Börse, s.: Industrie, die photographische.

Photochromie und Lithochromie, s. Anweisung.

Photochromcatalog. 2 *Theile*. 8. (Zürich, Dezember 1900.)
[1.] Photochrom-Katalog. I. Gemälde-Reproductionen. ... Verlag Photoglob Co. Zürich. [Illustriert.] IV + VIII + 76 S.
[2.] Preisliste zum Photochrom-Catalog über Gemälde-Reproductionen. 1. Aufl. Prix-courant... . 11 S.

Photochromcatalog. 2 *Theile*. 8. (Zürich, Dezember 1901.)
[1.] Photochrom-Katalog. II. Gemälde-Reproductionen... . Verlag Photoglob Co. Zürich. [Illustriert.] IV + 120 S.
[2.] Preisliste zum Photochrom-Catalog über Gemälde-Reproductionen. 2. Aufl. Prix-courant... . 17 S.

Photochrom-Nummern-Katalog. 27 Ausg. vom Juni 1900. Nachtrag — Catalogue des Photochroms en ordre numérique 27me Ed du mois de juin 1900. Supplément. [Mit 1 Illustration.] II + 38 S. 8 (Zürich, Photoglob Co., 1 Mai 1902)

Photochrompostkarten. Photochrom- und Lichtdruck-Postkarten.... Verlag der Photoglob Co. — Cartes postales en couleurs et en phototypie.... Editées par la Photoglob Co. ([Katalog.] Zürich, Juni 1901.) 36 S. 8.

Photocol. Sammel-Atlas. Alb[um] I. Schweiz. Geographie, Geschichte, Literatur. (184 Photocols, nach Aufnahmen der Photoglob Cie. Zürich ausgeführt [mit Beischriften und 2 Karten].) [24 Bl. + 3 S.] quer-8. München, Kunst u. Verlags-Anstalt Photocol, [1901]. [geb. M. 7. 50]

Photogen und Solar-Oel der Sächsisch-Thüringischen Actien-Gesellschaft für Braunkohlen-Verwerthung in Halle a./S., deren Eigenschaften, Leuchtkraft u. Billigkeit, verglichen mit anderen Leuchtstoffen, nebst Gebrauchs-Anweisung. Magdeburg 858. (Halle, Schmidt.) gr. 4. (8 S. u. 1 lith. Taf. in Fol.) n. 5 ngr.

Photogramme aus dem nieder-österreichischen Landtage von Joa. Nep. Nonultra-Montanus. Wien 864. Manz & Co. 16. (29 S.) n. 8 ngr.

Photogramcatalog. Photogram-Katalog. Originalaufnahmen. Unveränderliche einfarbige Glanz-Photographien.... Photoglob Co. Zürich. 1901. VI + 153 S. 8.

Der Photograph. Bunzlau: Fernbach 1891–1900. 8°
Hrsg. Benno Fernbach.

Photograph, der, der preußische Oberst u. der Spion bei Helmstadt. Eine Roman-Episode im Mainthale aus dem Bundesfeldzuge im J. 1866. Würzburg 867. Julien. 16. (58 S.) 5 ngr.

Photographen-Bibliothek, deutsche. 1. u. 2. Bd. gr. 8. Weimar 889. Verlag der Deutschen Photographen-Zeitg. n. 4. 20
1. Ueber Aehnlichkeit in der Portraitphotographie. Studienblätter v. H. Arnold. (VII, 61 S.) n. 1. 20
2. Ueber die Bedeutung u. Verwendung d. Magnesiumlichtes in der Photographie. Von M. Müller. (VIII, 61 S. m. 15 Holzschn. u. 2 Taf.) n. 3. —

Photographen-Bibliothek, deutsche. 3. Bd. gr. 8. Weimar 894. Verlag der deutschen Photographen-Zeitg. Geb. n. 4. — (1—3. geb.: n. 8 80)
Die Darstellung der natürlichen Farben durch Photographie auf directem u. indirectem Wege od. Photographie u. Lichtdruck in natürl. Farben. Nach eigenen Erfahrgn. in histor. Folge bearb. v. Herm. Krone. Mit den eigenen, bisher noch nicht veröffentlichten Recepten. (VIII, 119 S. m. 12 Fig.)

Photographen-Bibliothek, deutsche. IV.–VI. Bd. gr. 8. Weimar, Verlag d. deutschen Photographen-Zeitg. n. 9. 50 (I.—VI.: n. 18. 30)
IV. D. Buchführung d. Photographen. Von Frz. Schmidt. 3. Aufl. (31 S.) 895. Geb. n. 1. —
V. Zur Geschichte u. Theorie d. photograph. Teleobjectivs m. bes. Berücksicht. d. durch d. Art d. Strahlenbegrenzg. bedingten Perspective. Von Mor. v. Rohr. (VII, 41 S. m. 7 Fig.) 897. n. 2. 50
VI. Einleitg. in d. Photochemie. Von Siegfr. Friedländer. (XII, 200 S.) 898. n. 6. —

Photographen-Bibliothek, deutsche. VII.—IX. Bd. gr. 8. Weimar, Verlag der deutschen Photographen-Zeitung. Geb. in Leinw. n. 15. —
VII. Kurz gefasstes chemisches Wörterbuch f. Gebildete aller Stände, Photographen, Pharmaceuten, Mediciner, Lehrer, Techniker etc. Von Carl Rothe. (VII, 192 S.) 900. n. 6. —
VIII. Sachverständige u. D. R. P. 64804. Von Bruno Meyer. (V, 90 S.) 903. n. 3. —
IX. Das neue photographische Schutzgesetz nach dem Regierungs-Entwurfe. Kritisch beleuchtet. Von Bruno Meyer. (XVI, 219 S.) 902. n. 6. —
Bd. I—VI Ebd. 889—898. n. 18. 30.

Photographen-Bibliothek, deutsche. X. Bd. gr. 8. Weimar, Verlag der deutschen Photographen-Zeitung. Geb. in Leinw. n. 2. 50
Zur Frage des Photographie-Schutzes. Von Bruno Meyer. (XII, 63 S.) 903. n. 2. 50
Bd. 1—IX. Ebd. 889—902. n. 33. 30.

Photographen-Kalender für Berufs-Photographen und Amateure, pro 1894. I. Jahrg. Herausgegeben von Max Jaffé, em. Fachlehrer a. d. k. k. Lehr- und Versuchs-Station für Photographie in Wien und Herausgeber der Zeitschrift „Die Photographie". I. Jahrg. 16. (176 S. mit Tagebuch) Eleg. geb. 1.60
Wien: Perles.

Photographen-Kalender, deutscher. Taschenbuch und Almanach für 1882. Hrsg. unter Mitwirkung bedeutender Fachleute von K. Schwier. 1. Jahrg. gr. 16. (LII, 104, 79 S.) Weimar, Verlag der deutschen Photographen-Zeitung. geb. und geh. *
—— dass. — für 1883. 2. Jahrg. Mit einer (photogr.) Kunstbeilage: Portr. II. kk. HH. Prinzessin Wilhelm und Sohn, von Edm. Risse, Berlin. gr. 16. (XIII, 134 S.) Ebendas. geb. *
—— dass. — für 1884. 3. Jahrg. Mit einer Kunstbeilage von Friedr. Müller, München [Lichtdr. von J. B. Obernetter, München]. gr. 16. (VII, 200 S.) Ebendas. geb. *
—— dass. — für 1885. 4. Jahrg. Mit zwei Kunstbeilagen. gr. 16. (268 S.) Ebendas. geb. *

Photographen-Kalender, deutscher. Taschenbuch und Almanach für 1886—1889. Hrsg. von K. Schwier. 5.—8. Jahrg. gr. 16. (279; 276; 311; 336 S. mit je 2 Kunstbeilagen.) Weimar, Verlag der Deutschen Photographen-Zeitung. geb. à Jahrg. *

Photographen-Kalender, deutscher. Taschenbuch u. Almanach f. 1890—1892. Hrsg. v. K. Schwier. 9.—11. Jahrg. 16. (346; 358; 311 S. m. Eisenbahnkärtchen v. Deutschland u. 2 Kunstbeilagen.) Weim., Verlag der deutschen Photographen-Zeitg. geb. à Jahrg. * 1 50

Photographen-Kalender, deutscher. Taschenbuch u. Almanach f. 1895. Hrsg. v. K. Schwier. 14. Jahrg. gr. 16. (327 S. m. Eisenbahnkärtchen u. 2 Kunstbeilagen.) Weimar, Verlag der deutschen Photographen-Zeitg. Geb. in Leinw. n. 1. 50

Photographen-Kalender, deutscher. Taschenbuch und Almanach für 1899. Hrsg. von K. Schwier. 18. Jahrg. 2 Thle. 12. (280 u. XIV, 322 S. m. Eisenbahnkärtchen u. 2 Kunstbeilagen.) Ebd.
Geb. in Leinw. u. geh. n. 2. 50; Einzelpr. à n. 1. 50

Photographen-Kalender, deutscher. Taschenbuch u. Almanach f. 1903. Hrsg. v. K. Schwier. 22. Jahrg. 2 Thle. Mit 1 Eisenbahnkärtchen v. Deutschland u. 2 Kunstbeilagen. 12. (344 u. XII, 452 S.) Ebd.
Geb. in Leinw. u. geh. n. 3. —; Einzelpr. à n. 2. —

Photographen-Kalender, deutscher. Taschenbuch u. Almanach f. 1907. Hrsg. v. K. Schwier. 26. Jahrg. 2 Tle. Mit 1 Eisenbahnkärtchen v. Deutschland. (1. Tl. 176 u. 108 S.) kl. 8. Ebd.
Geb. in Leinw. u. geh. n. 3. —; Einzelpr. à n. 2. —

Photographen-Kalender, deutscher. Taschenbuch u. Almanach f. 1911. Hrsg. v. K. Schwier. 30. Jahrg. 2 Tle. Mit 1 Eisenbahnkärtchen v. Deutschland u. 2 Kunstbeilagen. (196 u. 123 S. u. XII, 436 u. 244 S.) kl. 8. Weimar, Verlag der deutschen Photographen-Zeitg. Geb. in Leinw. u. geh. 3. —; Einzelpr. à 2. —

— schweizerischer, f. d. J. 1906. Bearb. v. C. Krüsi. 1. Jahrg. (VI, 197 S.) kl. 8. Zürich, Th. Schröter Nachf. Geb. in Leinw. n.n. 1. 50

— schweizerischer, f. d. J. 1910. Hrsg. unter Mitwirkg. zahlreicher Fachleute. 5. Jahrg. (IV, 179 S.) kl. 8. Zürich, A. Bürdeke. Geb. in Leinw. 1. 65
Jahrg. 1909 erschien u. d. T.: Schröter's schweizerischer Photographen-Kalender.

Photographen-Zeitung, allgemeine. Zeitschrift f. Photographie u. verw. Reproduktionsarten mit dem „Photograph-Vereinsblatt" (24 Nrn.). (Früher „Süddeutsche Photographen-Zeitung".) Red. von G. H. Emmerich. 3.–5. Bd. Apr. 1896—März 1899. à 12 Hfte. (à ca. 2½ Bog. m. Abb. u. Taf.) Lex.-8. München, G. D. W. Callwey. à Jahrg. n. 8. —; einz. Hfte. n. 1. —
Kann auch halbjährlich bezogen werden.

Photographen-Zeitung, allgemeine. Zeitschrift für künstler. Fach-Photographie m. der monatl. Beilage „Photograph. Motivenschatz". Red.: G. H. Emmerich. 6.—8. Bd. April 1899—März 1902. à 52 Nrn. Lex.-8. (à ca. 30 u. 30 S. m. Abbildgn. u. Taf.) München, G. D. W. Callwey. à Jahrg. n. 10. —; ohne Motivenschatz n. 4. —

— dasselbe. Red.: A. Miethe. 9. Bd. April 1902—März 1903. 52 Nrn. hoch 4. (à ca. 16 u. 8 S. m. Abb. u. Taf.) Halle, W. Knapp. à Jahrg. n. 10. —

Photographen-Zeitung, allgemeine. Zeitschrift für künstler. Fach-Photographie mit der monatl. Beilage „Photograph. Motivenschatz". Red.: A. Miethe. 10. Bd. April 1903—März 1904. 52 Nrn. (à ca. 16 u. 8 S. m. Abbildgn. u. Taf.) hoch 4. Halle, W. Knapp. n. 10. —
Fortsetzg., s.: Atelier, das, des Photographen.

Photographen-Zeitung, deutsche. Organ des deutschen Photographen-Vereins. Redact.: K. Schwier. 1. Jahrg. 1876. Octbr. — Dec. 7 Nrn. (à 1½ — 1 Bog.) gr. 8. Weimar, Verlag der deutschen Photographen-Zeitung. *

Photographen-Zeitung, deutsche. Organ des deutschen Photographen-Vereins, sowie der Photographen-Vereine zu Nürnberg u. Breslau. Red.: K. Schwier. 2—6. Jahrg. 1878—1882. à 52 Nrn. (à ½—1 B.) gr. 8. Weimar, Verlag der deutschen Photographen-Zeitung. à Jahrg. n. 8. —

Photographen-Zeitung, deutsche. Organ d. deutschen Photographen-Vereins etc. Red.: K. Schwier. 7—10. Jahrg. 1883—1886. à 52 Nrn. (à ½—1 B.) gr. 8. Weimar, Verlag der Deutschen Photographen-Zeitg. à Jahrg. n. 8. —

Photographen-Zeitung, deutsche. Organ d. deutschen Photographen-Vereins etc. Red.: K. Schwier. 11.—13. Jahrg. 1887—1889. à 52 Nrn. (à ½—1 B.) gr. 8. Weimar, Verlag der Deutschen Photographen-Zeitg. à Jahrg. n. 8. —

— dasselbe. 14. Jahrg. 1890. 52 Nrn. (à ½—1 B.) gr. 8. Ebd. n. 10. —

Photographen-Zeitung, deutsche. Organ d. deutschen Photographen-Vereins etc. Red.: K. Schwier. 15.—18. Jahrg. 1891—1894. à 52 Nrn. gr. 8. (à ½—1 Bog.) Weimar, Verlag der deutschen Photographen-Zeitg. à Jahrg. n. 10. —

— deutsche. Org. d. deutschen Photograph.-Vereins etc. Red.: K. Schwier. 19. Jahrg. 1895. 52 Nrn. (à ca. 14 S. m. 1 Abb.) gr. 8. Weimar, Verlag d. deutschen Photographen-Zeitg. n. 10. —

— dasselbe. 20.—22. Jahrg. 1896—1898. à 52 Nrn. (à ca. 12 S. m. Abb.) gr. 8. Ebd. à Jahrg. n. 10. —; mit monatl. Sonderbeilage dazu: Internationale Musterblätter v. Portrait-Aufnahmen, à Jahrg. n. 24. 40
Die Musterblätter des laufenden Jahrgangs sind allein nicht käuflich; s.: Berichtiggn. u. Nachträge zu Bd. XXX des Bücher-Lexikon.

— deutsche. Organ des deutschen Photographen-Vereins etc. Red.: K. Schwier. 23.—26. Jahrg. 1899—1902. à 52 Nrn. gr. 8. (à ca. 16 S. m. Abbildgn. u. Taf.) Weimar, Verlag der deutschen Photographen-Zeitg. à Jahrg. n. 10. —; monatl. Sonderbeilage dazu: Internationale Musterblätter von Portrait-Aufnahmen à Jahrg. n. 14. 40

— deutsche. Organ des deutschen Photographen-Vereins usw. Red.: K. Schwier. 27.—30. Jahrg. 1903—1906. à 52 Nrn. (XII, 832; XVI, 910; XVI, 828 u. XVI, 862 S. m. Abbildgn.) Lex.-8. Weimar, Verlag der deutschen Photographen-Zeitg. à Jhrg. n. 10. —; monatl. Sonderbeilage dazu: Internation. Musterblätter v. Portrait-Aufnahmen. à Jhrg. n. 14. 40

Photographen-Zeitung, deutsche. Organ des deutschen Photograph.-Vereines usw. Red.: Karl Schwier. 31.—34. Jahrg. 1907—1910. à 52 Nrn. (790, 702, 692 u. 578 S. m. 40, 31, 32 u. 37 Taf.) Lex. 8. Weimar, Verlag der deutschen Photographen-Zeitg. à Jahrg. 10. —: monatl. Sonderbeilage dazu: Internationale Musterbl. v. Portrait-Aufnahmen, vierteljährl. 3. 60; einz. Lfgn. 1. 20

— süddeutsche. Monatsschrift f. Photographie u. verwandte Reproductionsarten. Red. v. G. H. Emmerich. 1. Jahrg. April 1894—März 1895. 12 Hfte. (2 Bog. m Abbildgn.) Lex.-8. München, J Lindauer. n. 8. —

— süddeutsche. Monatsschrift für Photographie u. verw. Reproduktionsarten. Red. v. G. H. Emmerich. 2. Jahrg. April 1895—März 1896. 12 Hfte. (à ca. 32 S. m. Abb. u. Taf.) Lex.-8. München, G. D. W. Callwey. n. 8. —

— dasselbe, Fortsetzg., s.: Photographen-Zeitung, allgemeine.

Photographie, die. Zeitschrift f. Photographie u. verwandte Fächer. Unter Mitwirkg. hervorrag. Fachmänner hrsg. v. M. Jaffé. Red.: A. Albert. Jahrg. 1890. 12 Nrn. (B.) gr. 8. Wien, (Spielhagen & Schurich). n. 5. —

Photographie, die. Zeitschrift f. Photographie u. photomechan. Verfahren. Monatsschrift des Vereines photograph. Mitarbeiter in Wien. Unter Mitwirkg. hervorrag. Fachmänner hrsg. v. Max Jaffé. 2.—5. Jahrg. 1891—1894. à 12 Nrn. (Bog. m. Abbildgn.) gr. 8. Wien, (M. Perles). à Jahrg. n. 5. —

Photographie, die. Zeitschrift f. Photographie u. photomechan. Verfahren. Monatsschrift d. Vereines photograph. Mitarbeiter in Wien. Unt. Mitwirkg. hervorrag. Fachmänner hrsg. v. Max Jaffé. 6.—8. Jahrg. 1895—1897. à 12 Nrn. (à ca. 20 S.) gr. 8. Wien. (M. Perles.) à Jahrg. n. 5. —
Weiter nicht erschienen.

Photographie, die. Zeitschrift f. Fach- u. Amateur-Photographie. Red.: Rud. Goldlust. 12.—15. Jahrg. 1907—1910. à 12 Nrn. (à Jahrg. IV, 288 S. m. Abbildgn.) 31,5×23,5 cm. Stäfa-Zürich, Verlagsgesellschaft Gutenberg. à Jahrg. 6. 50; halbj. 3. 50; viertelj. 2. —; einz. Nrn. — 70

Photographie, die bildmässige. Eine Sammlg. v. Kunstphotographieen m. begleit. Text in deutscher u. holländ. Ausg., hrsg. v. F. Matthies-Masuren u. W. H. Idzerda. (Deutsche Ausg.) 1904/1905. 4 Hefte. (99 S. m. Abbildgn. u. 77 Taf.) 4. Halle, W. Knapp. Subskr.-Pr. à n. 4. —; Einzelpr. à n. 5. 50

Photographie ohne Retouche. Bilder aus dem Berliner Alltagsleben v. G. A. B. 3. Aufl. gr. 16. (80 S.) Altona 871. Verlags-Bureau. — 75

Photographie-Kalender für 1865 von R. Marneau. Wien, Wilhelm Ludwig. 60 kr.

Photographien, geschriebene, aus der 1. israelitischen Synode in Leipzig am 29. Juni 1869. Berlin 869. Gerschel's Verlagsh. gr. 8. (38 S.) n. 7½ ngr.

Photographien für Kunst und Industrie herausgegeben vom Kaiserlich Königlich Österreichischen Museum in Wien. (99 Abb.) auf 50 Bl in 1 Bd fol Wien

Photographien aus der Kunst- und Kunstgewerbe-Ausstellung zu München 1876. 120 Blätter. 4° München 1876

Photographien betreff die schweiz. Landesausstellung in Zürich 1883. 197 Taf. fol.

Photographien ohne Retouche. Bilder aus dem Berliner Alltagsleben. Berlin 861. Sandrog & Co. (Grothe.) 16. (62 S.) n. 5 ngr.

Photographien schweizer. Viehrassen, aufgenommen auf Anordnung des Central-Comite's bei Anlass der schweizer. landwirthschaftl. Ausstellung in Luzern. Lichtdruck von D. Obernetter in München. Luzern, Centralcomite der schweizerischen Landesausstellung in Luzern. 1882 25 —

Photographies de modes parisiennes. Jahrg. 1902. 12 Hfte. gr. Fol. (à 10 Bl. m. 10 Bl. Text in französ., deutscher u. engl. Sprache.) Steglitz-Berlin, Neue photograph. Gesellschaft. 100. —; einz. Hfte. n. 10. —; einzelne Blatt 1. 50
Erscheinen nicht weiter.

Photo-Handel. – Der Photo-Handel im Auslande. Nach d. amtl. Berichten des Kais. Vertretungen. Hrsg. vom Ver. d. Fabrikanten photogr. Artikel. T. [1.] Berlin 1909: Sommer. 8°

Photo-Humor. Berlin: Expedition 1900. 8°

Photo-Komik. Die Lichtbildkunst im Spiegel des Humors u. Witzes aller Länder. Hrsg. v. Focus Sonnenpinsel. (I. Bd.) 8. (IV, 84 S. m. Abbildgn.) Düsseldorf 894. Schmitz & Olbertz. n. 1 50

Photokomik, 2. Aufl, s.: Bitte recht freundlich.

Photolithographie des römischen Mosaiks bei Kreuznach und Kurze Erläuterung desselben. Kreuznach 1895. V: *Kohl, Otto.* (Berl)

Photolithographie, Die, mit Alberts photolithographischen Übertragungspapieren. Wien 1891. V: *Albert, August.* (EB)

Photophilus, J., (...) [Q] Briefe üb. die Lancastersche Methode.

Photophilus, (J.,) Briefe üb. die Lancastersche Methode im deutschen Sinne u. Geiste, oder das Nachtheilige d. Lancasterei. 8. Leipz. 827. Hartmann. Rthlr.

Photothek. Einzelwerke aus dem Gebiete der Photographie. 2. Hft. gr. 8. Düsseldorf. Leipzig, E. Liesegang. n. 1. —
Pigment-Verfahren. Photographien auf Porzellan, Glas, Emaille etc. zu übertragen u. einzubrennen. Von S. Opel. (30 S.) 899.

Phototypie, Benziger's, s. Benziger. Phototypie.

Phrantzes s. Phrantzac, Geo., Chronicon, graece nunc primum c. not. ed. F. C. Alter. c. fig. Fol. Wien 786. (Armbruster). 5 ℳ

Phrantzac, *Chronicon rerum Byzantinar.* Acc. Gennadii liber de fide christiana. Gr. et lat. c. notis ed. F. C. Alter. Cum figuris. Vienn. 796. f. 5 rthlr.

Phrantzes, Georgios. Χρονικὸν νῦν πρῶτον ἐκδοθέν. Wien 1796. H: *Alter, Franz Carl.* (ErschDL)

Phrantzes, Geo., Ioannes Cananus, Ioannes Anagnostes ex rec. Imman. Bekkeri. 8maj. (35¾ B.) Bonnae 838, Weber. * 2⅚ Thlr., Schrbp. * 3⅔ Thlr., Vlnp. *

Phrantzes, Georgius, Joannes Cananus, Joannes Anagnostes ex recens. Imman. Bekkeri. 8maj. Bonnae 839. Weber. n. 2⅚ ℳ Schreibp. n. 3⅔ ℳ Velinp. n 4½ ℳ (NB. Ist ein neuer Band vom Corpus script. hist. Byzantinae.)

Phrasen und Schlagwörter; ein Noth- und Hülfsbüchlein für Zeitungsleser. 2. Aufl. Paderborn 1863. V: *Reichensperger, August.* (zuwzür 1910)

Phrasen und Schlagwörter. Ein Noth- u. Hülfsbüchlein für Zeitungsleser. 862. (VIII, 80 S.) 7½ ngr. — 2., bedeutend verm. Ausg. Paderborn 863. Schöningh. 8. (XVI, 124 S.) 10 ngr.

Phraseologia Corneliana, oder Redensarten aus dem Cornelius Nep. 8. Marb. Kesler. (Hermann, auch Brönner in Frankf.) 759.

Phraseologia Germanico-latina . . . Moguntiae et Francof. ad M. 1751. Ed. II. 1766. V: *Goldhagen, Hermann.* (Jes) (SO) »1766«. H: *Wagner, Franz.* (KY)

— german.-latina, ex optimis classicis probatisque scriptoribus collecta (a Frz. Wagner). 4. Frankf. ... Ed. II. 766. Varrentrapp. 3 ß — Dass. deutsch. N. Aufl. 4. Ebd. 766. 3 ß

— german.-lat. corp. phraseol. lat. Frz. Wagner adjuncta. 4. Frft. Varrentrapp. et W. 767.

Phraseologia universa latina; secundis curis Sallustiana Caesariana, Liviana, Corneliana etc Phraseologiis ac denique indice verborum quae in foro militarii civili, sacroque obtinent. Edit. Nov. aucta et ement. c. praefat. M. Span. 8 maj. Vindob. 824, Geistinger. (Landshut, Krüll.)

Phraseologie

— od. kleine Gespräche, Briefe u. Erzähll. ins Französ. zu übers. 8. Hamb. 802. Villaume. 16 gr

Phraseologie, zusammengestellt aus der (latein.) Klassen-Lektüre. 8. (30 S.) Kreuzburg O/S. 887. Thielmann. — 30

— engl.-deutsche, od. Samml. v. mehr als 70,000 engl. Redensarten 2c. Laß. W. Hausner.

— engl.-deutsche, übersetzt von Hausner. 8. Strasburg, Levrault. 797.

Phraseologie für Ehstland. [Reval 1787.] V: *Luce, Joh. Wilh. Ludw.* (MGT)

— latein.-deutsche, aus d. besten klass. Schriftstellern, s. a. oben *Phraseologia* german.-latina.

— lateinisch-deutsche, a. d. besten klass. Schriftst. 4. Frft. Varrentrapp und W. 786.

Phraseologie üb. einen Theil d. cours de langue. 1r Thl. 8. Stuttg. 807. 2e A. 821. Steinkopf. 4 gr

Phrenologie, die, s.: Wochenbände.

Phronimos, L., die Stimme eines Kosmopoliten über Napoleon III. Gotha 861. Stollberg in Comm. gr. 8. (23 S.)
n. 5 ngr

Phrontisterium Faustinum. Das goldene Buch der Fausterklärer. Ein aristophan. Litteraturscherz von Zoïlothersitomastix. 2., fast unveränd. Aufl., nebst Vorwort u. Ergänzg. 4. (32 S.) Goetheopolis 895. (Bistritz, C. Binder.) n.n. 2. 25

Phrynichi Eclogae nominum et verborum Atticorum, cum notis P. I. Nunnesii, D. Hoeschellii, J. Scaligeri et Corn. de Paw partim integris partim contractis, edidit, explic. Chr. A. Lobeck. Accedunt fragment. Herodiani et notae, praefat. Nunnesii et Pauwii et *Parerga* de vocabulor. terminatione et compositione, de aoristis verbor. authypotactorum etc. 8maj. Leipz. 820. Weidmann. 3 ß 12 gr Schrbp. 4 ß 8 gr Velinp. 6 ß

Phul, August von

— Abriß der Geschichte des Mittelalters, s. Liebler, P. A., die deutsche Geschichte.

— - Andeutungen üb. d. Fortschritt u. d. Richtung d. deutschen Staats-, Kriegs- u. Hauswesens, Glaubens, Wissens u. Kunstschaffens, Gewerbfleißes u. Handels. Ein kulturgeschichtl. Leitfaden, f. Schulen u. z. Selbstunterr. bearb. 2., verm. Ausg. 8. (3¾ B.) Mannheim 840, Schwan- u. Götzische Hofbuchh.
1. Aufl. erschien anonym, s. Andeutungen.

Phul, Aug. v., Andeutungen über den Fortschritt u. die Richtung des deutschen Staats-, Kriegs- u. Hauswesens, Glaubens, Wissens u. Kunstschaffens, Gewerbfleißes u. Handels. Ein kulturgeschichtl. Leitfaden, f. Schulen u. z. Selbstunterricht bearbeitet. 3. u. 4. Ausg. 8. (à 3½ B.) Mannheim 842, 46, Götz. à

v. **Phul**, Aug., Bertold d. Bärtige. Liederkranz. 8. Manh., (Schwan u. G.) 8 gr

Phul, Aug. v., die Geretteten. Drama in 3 Akt., gegründet auf e. Ueberlieferung der Biographen d. Kriegshelden Markgr. Ludwig v. Baden. gr. 8. (6 B.) Mannheim 832, Schwan u. Götz.

Phul, Heinrich: Beiträge zur Constitutions-Bestimmung auf kryoskopischem Wege. *Heidelberg 1898: (Dr. Haas, Mannheim).* (35 S. mit Taf.) 8°
Heidelberg, Naturw.-math. Diss. v. [12. Mai] 1808

Phull, Carl Ludwig Freiherr von,
s. Phull, Karl Ludwig Freiherr von

Phull, Charles Louis de, s. Phull, Karl Ludwig Freiherr von

Phull, Karl Ludwig Freiherr von

Phull, Charles Louis de, Essai d'un système pour servir de guide dans l'étude des opérations militaires, suivi d'un précis de l'histoire militaire de France depuis le règne de Philippe de Valois, jusqu'à la paix de Fontainebleau en 1762. Original français publié pour la première fois par F. de Batz. Avec une préface de l'éditeur, traduite de l'allemand, une pièce additionnelle. gr. 8. (XLVIII und 255 S. mit 2 lithogr. Plänen in Fol.) Leipzig 853, Brockhaus. *

v. **Phull**, Carl Ludw. Frhr., Versuch einer systematischen Anleitung für das Studium der Kriegs-Operationen unter Hinweisung auf die gedrängte Uebersicht der Kriegsgeschichte Frankreichs seit der Regierung Philipps v. Valois bis zum Frieden v. Fontainebleau im J. 1762. Nach der französ. Urschrift erstmals veröffentlicht durch Frdr. Frhrn. v. Batz. Mit 1 Beilage, 1 Plane u. 1 Figurentaf. gr. 8. (XLVIII, 222 u. XXXV S. m. 2 lith. Taf. in Fol.) Stuttgart 852, Cotta. n. 1 ß 6 ngr

P. H. V.-Zeitschrift, Organ des Vereins zur Förderg. der Zucht u. Verwendg. v. Polizeihunden e. V., Sitz in Hagen i. W. Hrsg. vom Vorstande des Vereins. Schriftleiter: Gust. Meyer. 1. u. 2. Jahrg. Oktbr. 1909—Septbr. 1911. à 24 Nrn. (I. Jahrg. IV, 204 S.) Lex. 8. Berlin, Kameradschaft. à Jahrg. 4. —

Phylalethes

Φυλαληθης (so!), Dr. Martin Luther, der wahnsinnige, theuere Gottesmann. Auch ein Vademecum für Katholiken, die lutherisch werden wollen, gewidmet. Wien 1899, Sendbote des heiligen Josef.
Verboten v. L.-G. Wien, 25. IV. 1899. § 302.

Phylarchi Historiarum fragmenta. Coll. Jo. Frider. Lucht. 8maj. (10¼ B.) Lipsiae 836, Lauffer.

— Historiarum reliquiae, ed. A. Brueckner. 8maj. (3¼ B.) Vratislaviae 839. G. P. Aderholz.

Phylax. Ein laun. Gedicht v. August. gr. 8. (VIII, 56 S.) Frankfurt a. O. 872. Waldmann. n. 1. —

Phylis et Damon. Idyllion in nuptias Ignatii L. B. a Lang ... S. l. 1795. V: *Hödel, Joachim.* (Jes)

Phyllis, s.: Collection of British authors.

Phylloxera, le, en Suisse, durant l'année 1880. Rapport du Département fédéral du commerce et de l'agriculture. In-8°, 103 p. et 3 cartes. Berne, impr. Stämpfli. 1881.

Phylloxera [Reblaus], die, ihr Wesen, ihre Erkennung und Bekämpfung. Vier Vorträge, gehalten an der vom schweizer. Handels- und Landwirthschafts-Departement angeordneten Conferenz von Phylloxera-Experten in Zürich am 9. und 10. April 1880 von G. Schoch, J. Moritz, F. Mühlberg und Adf. Krämer. 1. und 2. mit Ergänzungen und Verbesserungen verseh. Aufl. gr. 8. (IX, 95 S. mit 1 lithogr. Taf. und 3 eingedr. Holzschn.) Aarau 880, Christen. *

Physica, Die hochedle, veste hochgelahrte und hocherfahrne, Abel. Duntaxat Griller, Unversteht Buchdrucker. [Halle] 1700. V: *Zeidler, Joh. Gfr.* (wr)

Physica restituta vet. philosophi c. exegesi. 4. Tub. Cotta. 725.

Physicatsordnung, s. Physikatsordnung

Physici et Medici graeci minores. Congessit, ad fid. codd. Mss. praesertim eorum, quos Beatus Diezius contulerat, veter. edit. partim emend. partim nunc prima vice ed., commentar. crit. indicibusq. tam rerum quam verbor. instr. Iul. Lud. Ideler. Vol. I. II. Smaj. Berolini, Geo. Reimer. [I. (28 B.) 841. 2⅙ Thlr., II. (29½ B.) 842. 2¼ Thlr.]

Physik, anorganische Chemie und Mineralogie. Für Landwirthe bearbeitet. Braunschweig, 1850. 8vo.
Encyclopädie der gesammten theoretischen Naturwissenschaften.

Physik, die, im Dienste der Wissenschaft, der Kunst und des praktischen Lebens. Unter Mitwirkung von J. van Bebber, C. Grawinkel, E. Hartwig ɔc. Hrsg. von G. Krebs. 5 Lfgn. gr. 8. (XVI, 583 S. mit eingedr. Holzschn. und 1 Tab.) Stuttgart 883,84, Enke. à Lfg. * ℳ 2. * geb. *

Physik. – Zur Physik des Meeres. Beobachtungen über Meeresströmungen, Temperatur und specifisches Gewicht des Meerwassers während der Nordseefahrt vom 21. Juli bis 9. September 1872. Bearb. v. Heinrich Adolph Meyer. (Berlin. 1875.) Siehe in: 2. Jahresbericht der Commission zur wissenschaftlichen Untersuchung der deutschen Meere in Kiel. Jg. 2. und 3. Fol.

Physik des Menschen für alle, die den Menschen kennen wollen. Leipz. 1781—82. V: *Ruhland, Marcus Philipp.* (ML) »1782—83« (Ky) »Die Menschen kennen lernen wollen. 1782—83.« (call)

Physik, die, der Menschen, für alle die, die Menschen kennen lernen wollen. 2 Thle. 8. Leipz. 782, 83. Weygand. 1 ℳ

Physik s.: Miniatur-Bibliothek.

Physik, Praktische. Jg. 1—6. 1888—1893. Magdeburg: Expedition.

Physik, praktische. Zeitschrift f. Physiker, Techniker, Ärzte, Fabrikanten, Mechaniker, Optiker etc. u. Organ f. den physikal. Unterricht. Unter Mitwirkg. hervorrag. Autoritäten u. bewährter Fachmänner hrsg. v. M. Krieg. 1.—3. Jahrg. 1888—1890. à 12 Hfte. (à 1—2 B. m. Illustr.) gr. 8. Magdeburg, Faber. à Jahrg. n. 6. —

Physik, praktische. Illustrierte Wochenschrift f. die gesamten wissenschaftl., techn. u. industriellen Interessen der Mechanik, Optik, Elektrotechnik u. s. w., sowie Organ f. den physikal. Unterricht. Hrsg. v. Mart. Krieg. 2.—5. Jahrg. 1889—1892. 2. u. 3. Jahrg. à 12 Hefte (à Heft 1—2 Bog.); 4. u 5. Jahrg. à 52 Nrn. (à Nr. 1½ Bog.) gr. 8. Magdeb., Exped. à Jahrg. * 6 —
2.—4. Jahrg. erschienen ursprünglich im Verlage von Faber in Magdeburg.

— dasselbe. Illustrierte Monatsschrift f. die gesamten wissenschaftl., techn. u. industriellen Interessen der Mechanik, Optik, Elektrotechnik u. s. w. u. Organ f. den physikal. Unterricht. Hrsg. v. Mart. Krieg. 6. Jahrg. 1893. 12 Hfte. (à ca. 24 S.) gr. 8. Ebd. n. 6. —; geb. n. 8. —

Physikalischer Atlas [Schlagwort]

Physikalischer Atlas, s. Atlanten. Berghaus.

Physikalische Karten [Schlagwort]

Physikalische Karten, s. a. Atlanten. Debes, E.

Physikalische Karten. Kiepert, H., physikalische Schulwandkarten der Erdteile. Nr. 1—8. Chromolith. Berlin 887—890. D. Reimer. n. 64. —; auf Leinw. in Mappe n. 108. —; m. Stäben n. 127. —
1. 2. Oestlicher u. westlicher Planiglob. 10 Bl. n. 10. —; auf Leinw. in Mappe n. 18. —; m. Stäben n. 22. —
3. Europa. 9 Blätter. 1 : 4,000,000. n. 9. —; auf Leinw. in Mappe n. 16. —; m. Stäben n. 19. —
4. Asien. 9 Blätter. 1 : 8,000,000. n. 12. —; auf Leinw. in Mappe n. 19. —; m. Stäben n. 22. —
5. Africa. 6 Blätter. 1 : 8,000,000. n. 8. —; auf Leinw. in Mappe n. 14. —; m. Stäben n. 16. —
6. Nord-America. 5 Blätter. 1 : 8,000,000. n. 7. —; auf Leinw. in Mappe n. 12. —; m. Stäben n. 14. —
7. Süd-America. 4 Blätter. 1 : 8,000,000. n. 6. —; auf Leinw. in Mappe n. 10. —; m. Stäben n. 12. —
8. Der grosse Ocean (Australien u. Polynesien). 8 Blätter. n. 12. —; auf Leinw. in Mappe n. 19. —; m. Stäben n. 22. —

Physikalische Karten. Kiepert's, Heinr., physikalische Wandkarten. Nr. 1—3, 6 u. 7. Farbendr. Berlin 894. D. Reimer. n. 32. —; auf Leinw. in Mappe n. 54. —; m. Stäben n. 63. —
1. 2. Westlicher u. östlicher Planiglob. 10 Blatt. 4. Aufl. Neubearbeitung v. R. Kiepert. à 45×55,5 cm. 894. n. 10. —; auf Leinw. in Mappe n. 16. —; m. Stäben n. 18. —
3. Europa. 1 : 4,000,000. 4 Blatt. 5. Aufl. Neubearbeitung v. R. Kiepert. à 64 × 78,5 cm. 894. n. 9. —; auf Leinw. n. 16. —; m. Stäben n. 19. —
6. Nord-Amerika. 1 : 8,000,000. Zeichnung v. R. Kiepert. 5 Blatt. 5., bericht. Ausg. à 44 × 57 cm. 893. n. 7. —; auf Leinw. in Mappe n. 12. —; m. Stäben n. 14. —
7. Süd-Amerika. 1 : 8,000,000. 4 Blatt. 4. Aufl. Neubearbeitung v. R. Kiepert. à 56 × 46,5 cm. 893. n. 6. —; auf Leinw. in Mappe n. 10. —; m. Stäben n. 12. —

Physikalische Karten. Kiepert's, Heinr., physikal. Wandkarten. Nr. 4 u. 8. Berlin, D. Reimer. à n. 12. —
4. **Asien.** 1 : 8,000,000. Zeichnung, Revision u. Höhenschichten von Rich. Kiepert. 5., bericht. Aufl. 9 Blatt à 45 × 56,5 cm. Farbendr. u. kolor. 896.
8. **Der grosse Ocean (Australien u. Polynesien).** 1 : 12,000,000. 4., vollst. bericht. Aufl. (Revision v. Rich. Kiepert.) 8 Blatt à 45,5 × 59 cm. Farbendr. u. kolor. 896.
auf Leinw. in Mappe n. 19. —; m. Stäben n. 22. —; u. lackiert n. 25. —

— **Staggemeier, Axel, general-maps for the illustration of physical geography. 1. part. 5 farb. Karten à 44,5×44,5 cm. Mit Text. qu. Fol. (1 Bl.) Kopenhagen 893. (Berlin, D. Reimer.)** n. 10. —; einzelne Blätter n. 2. —

Physicatsordnung und Instruction, Markgräfl. Badensche. Karlsruhe 1793. H: *Brauer, Johann Nic. Friedrich.* (HS) (MGT)

Physikats-Ordnung, od. Instruktion f. die Badischen Lande. 8. Frankf. a. M. 804. Gebhardt u. K.; (auch Braun in Karlsr.) 8 gr

Physikats-Ordnung od. Instruction f. d. Baadischen Lande. 8. Frankfurt, Gebhardt und K. (auch Macklot in Carlsruh.) 804.

Physiker, d., s. compend. Bibliothek.

Physiognomie, die, des Mondes. Versuch einer neuen Deutung im Anschluss an die Arbeiten von Mädler, Nasmyth u. Carpenter. Von Asterios. gr. 4. (88 S. m. 4 Taf.) Nördlingen 879. Beck. n. 2. —

Physiognomik, üb. die, z. Beförderung d. Menschenliebe, (v. G. Chr. Lichtenberg). 8. Götting. 778. Dieterich. 5 gr

Physiognomik u. Chiromantie, das ist: deutliche Anweisung, wie man aus dem Aeußern eines Menschen auf sein Inneres schließen könne vom Dr. H. Mit 3 Steintaf. 8. Naumb. 825, Wild.

Physiognomik, kleine, der Menschenrassen. Zum Unterr. f. d. Jugend, m. 32 (sauber) ill. Abbildn. (Karten). — Petite Physiognomique des Nations. Ouvrage servant à l'instruction de la jeunesse, orné de 32 grav. col. 16. (4½ B. Text.) Wien 833, Müller.

— **des Schädels.** Nach Gall's System. (Aus Albertus d. Gr. Kunst rc. abgedr.) Mit Kpf. 8. Leipz., Joachim. 4 gr

Physiognomist, d.,; od. keine Regel ohne Ausnahme. Lustsp. 8. Lpz. Linke. 778.

Physiognomistin, die, ohne es zu wissen. Lustsp. v. Lessing. 8. Berl. Voß. 776.

Physiologen-Congress, der 1. internationale, in Basel 10.—12. Septbr. 1889. Lex.-8. (18 S.) Basel 889, (Schwabe). * — 80
Aus: Corresp.-Bl. f. Schweizer Aerzte, besonders abgedruckt.

Physiologie, die gesammte, d. Menschen nach dem Standpunkte der Wiener medizin. Schule. Hrsg. v. der Red. der „allgemeinen Wiener medizin Zeitg."] Chefred.: B. Kraus. [Aus: „Allgemeine Wiener medizin. Zeitg."] Lex.-8. (VII, 835 S. m. eingedr. Holzschn.) Wien 872. (Graeser.) geb. n. 41. —

Physiologie, Die, des Menschen. Bearbeitet im Verein mit mehreren Physiologen ... Leipzig 1853. V: *Moser, Adolph.* (BRVV)

Physiologie von Paris, s. Paris.

Physiologie des Weibes. Von DEM. Mit 52 Holzschn. (im Text.) Leipzig 853. Wengler. 8. (IV, 163 S.) n. 1 rthl.

Physiologie des Weibes von Dr. C. M. Mit 55 Holzschn. (im Text.) 2., verb. Aufl. Leipzig 859. Wengler. 8. (VII, 127 S.) n. 1 rthl.

—— des Weibes von Dr. C. M. 3. Aufl. 1865. und 4., neuburchgearb. und stark verm. Aufl. gr. 8. (VII und 136 S. mit 58 eingedr. Holzschn.) Leipzig 867, Wengler's Nachfolger. *

—— des Weibes von Dr. C. M. 5. und 6. verb. und verm. Aufl. gr. 8. (VIII, 136 S. mit 58 eingedr. Holzschn.) Leipzig 869,71, Wengler's Nachf. *
—— dass. — 7. Aufl. gr. 8. (VIII, 136 S. mit 58 eingedr. Holzschn.) Coburg 872, Sendelbach. *
—— dass. — 8. Aufl. gr. 8. (VIII, 136 S. mit 58 eingedr. Holzschn.) Leipzig 875, Verlags-Institut. *

Physiologus, die aethiopische Uebersetzung des. Nach je einer Londoner, Pariser u. Wiener Handschrift hrsg., verdeutscht u. mit einer historischen Einleitung versehen von Fritz Hommel. gr. 8. (XLV, 166 S.) Leipzig 877. Hinrichs' Verl. n. 16. —

Physiologus Syrus, seu historia animalium XXXII. in S. S. memoratorum. Syriace. Nunc primum edidit, vertit et illustravit Olaus Gerhardus Tychsen. Rostochii 1795.

Physionotrace, oder die Kunst, Damen zu portraitiren ohne Pinsel u. Farben. Mit vielen illum. einzelnen Theilen, als: Nasen, Augen, Mund, Kleidungen rc. Wien, Müller. In Etui 1 fl — Dass. um Männer zu portraitiren. Ebd. 1 fl

Physiophilus, Ioannes

Physiophili, Joannis (d. i. Ignaz Edler *v. Born*, geb. 26. Dezbr. 1742 zu Karlsburg in Siebenbürgen, † 28. Aug. 1791 zu Wien, als k. k. wirkl. Hofrath in Münz- u. Bergwerkssachen), *specimen Monachologiæ* methodo Linnæana tabulis III æneis illustr., c. annexis thesibus .. quas præside .... Capistrano à mulo Antonii . . defendent P Tiburtius à vulnere Theresiæ et P. Theodatus à stigmatibus Francisci . . . Aug. Vindel., sumtibus P. Aloysii Merz, concionatoris ecclesiæ cathedralis (s. potius impr. Viennae Austr.). 1783. 4°. Hldrb.

Geistreiches Pamphlet, worin die Mönchsorden nach Linné classifizirt u. die Kennzeichen in allerhand Bekleidungs-Gegenständen auf 3 grosseren Tafeln abgebildet werden. Der Vf., Gründer der „Loge zur wahren Eintracht im Or. von Wien", war ein Freund Mozart's, sowie dessen College in der „Loge zur gekrönten Hoffnung im Orient in Wien"

Erster Druck. 24 Bll. in Einf. unpag. Mit 3 gefalt. Kpf.

(—) Dasselbe, *deutsch: Neueste Naturgeschichte des Mönchthums*, beschrieben im Geiste der Linnäischen Sammlungen und mit 3 Kpftaf. erkläret von P *Ignaz Lojola Kuttenpeitscher*, aus der ehemal. Gesellschaft Jesu. Nebst einigen erbaulichen Sätzen aus der Theologie u. dem Rechte der Natur der verschollenen Zeloten Oberteutschlands, *Fust. Pochlin, Jost, Kreutner, Gruber, Weissenbach, Sambuga* und Konsorten. (Satyr Vign.) In Oesterreich, auf Kosten der Exmönche, im Jahre des Lichts 1783. (München.) 8°. Tit. gestemp. Brauner Ldrb. m. Press.

8 Bll. Vorst., 48 S. Text, 3 Kpftaf. in kl. qu.-Fol. „Allen Feinden des Mönchthums u. aufrichtigen Freunden der Menschheit" gewidmet. — Rar!
Cfr. Hayn, Bibl erot., 2. Aufl. S. 217.

Physiophilus, J., opuscula, cont. monochologiam accusati Physiophili. Colleg., ed. et praef. est Aloys. Martius. 8maj. Wien 784. Beck. 12 gr

Physiophilus, I., opuscula, cont. Monochologiam, Accus. Physiophili ed. Martius. 8. maj. Viennae, Wappler. 784.

Physiotypia plantarum austriacarum. Der Naturselbstdruck in seiner Anwendung auf die Gefässpflanzen d. österreich. Kaiserstaats, mit besond. Berücksicht. der Nervation in den Flächenorganen der Pflanzen; Von C. v. Ettingshausen und A. Pokorny. Wien 856. k. k. Hof- u. Staatsdruckerei. (500 lith. Taf. in Fol. u. 1 Bd. Text in 4.) 106 rthl. 20 ngr.

Phytanthoza-Iconographia oder Eigentliche Vorstellung etlicher tausend von Joh. Wilh. Weinmann gesammleter Pflanzen in Kupfer gest. von Barth. Seuter, Joh. Elias Ridinger und Joh. Jac Haid, beschrieben von Joh. Gg. Nic Dieterichs, [Bd. 3. 4:] von Ambr. Carl Bieler. 4 Bde. Regensburg Lentz 1737, 39, 42; Neubauer 1745. 2°

FSC
www.fsc.org
MIX
Papier | Fördert gute Waldnutzung
FSC® C083411

Kolibri 360 GmbH
Ferdinand-Jühlke-Straße 7
99095 Erfurt, Deutschland
produktsicherheit@kolibri360.de